INTELLIGENT ASSISTANCE
ON URBAN RURAL BUILDINGS EARTHQUAKE DAMAGE TO
PREDICTION AND PRECAUTION FOR GOOD SAFE LIVING

城乡房屋智能辅助
震害预测和安居设防

杨玉成　编著
YANG YUCHENG

（中国地震局工程力学研究所）

（IEM.BBS.）

上海科学技术出版社

内 容 提 要

本书共分为五个篇章，分别介绍了编著者研究团队对城市和乡镇房屋的震害、预测、智能辅助决策系统的研究，以及安居设防与安全鉴定的创新驱动和应用历程。共汇集论文 105 篇，其中中文论文 83 篇、英文论文 22 篇。旨在以其震前、震时、震后系统的科技知识和经验，推进防震减灾和抗震救灾的应急功效，守望家国安居，大众生活幸福。

本书可供建筑工程、地震工程、防灾减灾工程、抗震救灾和人工智能专业的师生、技术和管理人员阅读参考。

图书在版编目（CIP）数据

城乡房屋智能辅助震害预测和安居设防 / 杨玉成编
著. -- 上海：上海科学技术出版社，2022.3
ISBN 978-7-5478-5498-3

Ⅰ．①城… Ⅱ．①杨… Ⅲ．①城乡－房屋－智能技术
－应用－地震预测－研究 Ⅳ．①P315.7

中国版本图书馆CIP数据核字(2021)第197370号

城乡房屋智能辅助震害预测和安居设防
杨玉成　编著

上海世纪出版（集团）有限公司
上海 科 学 技 术 出 版 社　　出版、发行
（上海市闵行区号景路 159 弄 A 座 9F－10F）
邮政编码 201101　　www.sstp.cn
上海雅昌艺术印刷有限公司印刷
开本 889×1194　1/16　印张 38.25　插页 6
字数 1 200 千字
2022 年 3 月第 1 版　2022 年 3 月第 1 次印刷
ISBN 978－7－5478－5498－3／TU·315
定价：398.00 元

序言(一)

在今年的两院院士大会和中国科技协会第十次全国代表大会期间,得知上海科学技术出版社即将出版《城乡房屋智能辅助震害预测和安居设防》论文集,编著者要我为之作序,我很高兴地答应了。我同意为之作序,不只是因为该论文集的主要贡献者杨玉成是我在以前的中国科学院土木建筑研究所(后来更名为中国地震局工程力学研究所)工作中相处跨甲子的老同事,更因为该论文集记录了我国在地震工程领域进步的一个个重要而又坚实的脚印。

杨玉成 1961 年刚从中国科学院力学研究所(北京)调到哈尔滨工作时,是从事核反应堆工程结构力学研究的(曾获全国科学大会奖)。1966 年邢台地震后他转为地震工程研究,一干就是一辈子,一直到退休后,乃至耄耋之年仍然坚持退而不休。他在工程力学研究所任职期间就是所里的一名"拼着命"干的富有创新精神的科技英才,他的科研成果在全所也是名列前茅的。由他主持的课题曾获国家科技进步奖 2 项、省部级科技进步奖 6 项,为我国工程抗震做出了重要的贡献。

早年,他多次深入地震现场,致力于地震震害调查和试验研究,为我国积累了大量有价值的第一手震害资料,并建立了数据库,在实际的震害研究中抓住科学线索,通过不断的分析和试验研究,发现并证实了重要的震害规律,揭示了结构地震破坏的机理和结构的抗震性能。

1978 年,杨玉成及其课题组的研究成果"唐山地震多层砖房震害总结和工程抗震分析"得到美国首届访华地震工程代表团的高度重视,认为杨玉成的成果对砖结构抗震有重要的科学价值,并在之后多次邀请他出席国际科学论坛介绍他的成果。

在我国"七五""八五"期间,国家自然科学基金委员会先后在土木工程领域支持了两个重大研究项目——"工程建设中智能辅助决策系统的应用研究"(由刘恢先院士和清华大学刘西拉教授主持)和"城市与工程减灾基础研究"(由胡聿贤院士和我主持),在这两个重大研究项目中,杨玉成都是重要子课题的主持人,并且都获得了重大进展,并于 1995 年摘得了国家科技进步二等奖。本论文集就是以此为主要内容加上之后取得的新成果经系统整理编撰而成的。

房屋建筑震害预测始创于 1980 年,杨玉成与其团队将其应用于河南安阳,1987 年荣获国家科技进步三等奖。震害预测研究在我国前后持续了 40 年,经过我国科技工作者与工程师们锲而不舍的长期努力,获得了一批重要的成果,并已经在多次地震中得到了印证。震害预测也已经成为地震工程领域中的一个具有明显中国特色的重要科学分支。论文集的出版也必将会大大地丰富地震工程科学的内容。

中国工程院院士

中国地震局工程力学研究所名誉所长

谢礼立

2021 年 6 月 14 日辛丑年端午

序言(二)

十分高兴能有机会向读者推荐这本在土木工程和结构工程领域里与人工智能、知识工程相关的珍贵的论文集,它不但记叙了从1987年开始在国家自然科学基金委等八个部局委的联合资助下启动的当时国内第一个重大基金项目"工程建设中智能辅助决策系统的应用研究"(刘恢先、刘西拉负责主持)的立项背景,系统概括了220名科技人员在统一的工作思路指导下经历五年(1987—1992年)努力的丰硕研究成果,而且还介绍了1993年后国家自然科学基金委在"八五"期间的另一个重大项目"城市与工程减灾基础研究"(胡聿贤、谢礼立负责主持)及随后完成的一些相关成果。

这本论文集收录了编著者杨玉成研究员直接参与上述工作的105篇论文,共分五个篇章,其中包括了中文论文83篇、英文论文22篇。从这些论文里可以了解到编著者和他的研究团队对城市和乡镇房屋震害的预测、智能辅助决策系统和安居设防、安全鉴定的创新驱动和应用历程。

杨玉成研究员是我在清华大学土木建筑工程系学习期间的学长,他从事科研工作的风格是我们学习的榜样。首先,他选择的科研方向是紧紧跟随国家发展需要的。自唐山地震发生以来,他一直瞄准城镇建筑的震害和安全不放,几十年不变。其次,他十分重视调查研究,特别重视数据库的建立和完善,紧紧抓住第一性的信息。最后,他积极开展国际交流与合作,学习国际同行的优势和长处。自参加工作以来,杨玉成研究员直接参加和主持完成的课题有20多项,负责主持获奖的国家级项目2项(其中二等奖1项、三等奖1项),负责主持获奖的省部级项目4项(其中二等奖3项、三等奖1项)。由于杨玉成研究员为我国防震减灾事业做出了贡献,1996年5月国家地震局向他从事抗震减灾工作三十年颁发荣誉证书,以此纪念。2019年,他又荣获中共中央、国务院、中央军委授予的庆祝中华人民共和国成立70周年纪念章(2019010585)。

希望大家能喜欢这本论文集,并从中受益。

上海交通大学讲席教授
上海交通大学BIM研究中心主任

刘西拉

2021年7月24日

前　言

当前在我国，人工智能技术及其相关专业正如火如荼地发展着。2019 年，已有 35 所高校新设人工智能专业，96 所高校新增智能科学与技术专业，而城乡综合防灾减灾、风险预测和安居设防、抗震救灾又是党和政府、人民群众深切关心的。本书基于的城市现有房屋震害预测智能辅助决策系统，在 1995 年荣获国家科技进步二等奖。这是 20 世纪八九十年代国家自然科学基金"七五""八五"重大项目"工程建设中智能辅助决策系统的应用研究"和"城市与工程减灾基础研究"中的研究成果，在当时是先进的、有远见的，具有前沿性。现看其智能技术虽已远远落伍于 4G、5G 技术，但也有其坚实的研究基础、科技创新的驱动过程，给当代留下的影响历久弥新，是今昔皆有学习和应用价值的。本书特点如下：

其一，坚实的底蕴。从 1966 年开始，对十多个地震现场的深入调查，为我国积累了大量具有高度科学价值的震害资料，并以 16 个地点的 400 多幢房屋的 1 000 多楼层、7 万多墙段的大数据与其相关知识，用统计分析方法，创建了震害程度与抗震系数的关系，创新了多层砖房抗裂抗倒双重设防准则的设计思想和二次判别的鉴定方法，具有中国特色，颇受国内外好评。"多层砖房抗震研究"获国家地震局科技进步二等奖，《建筑抗震鉴定标准》（GB 50023—1995）获建设部科技进步三等奖，由此建立了大数据知识库。

其二，家国情怀驱动创新。1980 年，16 个单位协同抗震鉴定豫北房屋，痛切唐山震害慎思担当安居设防，将豫北震前抗震鉴定提升，创新为震害预测。"豫北安阳小区现有房屋（多层砖房）震害预测"在 1986 年获国家地震局科技进步二等奖，1987 年获国家科技进步三等奖。

其三，学习中自主创新。1986 年夏，编著者赴美与斯坦福大学和加州大学伯克利分校合作研究，初涉专家系统领域，认为美方在用的专家系统外壳并不适用砖结构房屋工程，便自主编写了"多层砌体房屋震害预测专家系统"文件。在美期间修改文件三次，回国后次年形成编程雏形。在国家自然科学基金重大项目"工程建设中智能辅助决策系统的应用研究"中再次修改和充实文件，由硕士生、博士生先后编写汉化运行程序，经雏形—演示—使用—实用商品化。1989 年在我国率先创新建立可投入使用的"多层砌体房屋震害预测专家系统"，在 1991 年获国家地震局科技进步三等奖，两三年间便应用于 20 多个城市。

其四，在实践中建成智能系统，预测全市房屋的群体震害。编著者团队先后与三门峡、湛江、厦门、太原、无锡等城市抗震办合作，从小城市到中等城市再到大城市的不断实践，创新建成"城市现有房屋震害预测智能辅助决策系统"。该系统 1993 年获国家地震局科技进步二等奖，并被列为建设部科技成果重点推广项目；1995 年获国家科技进步二等奖。

其五，继而衍生应用，不忘初心家国安居设防。研究成果应用到城市抗震防灾规划和减灾对策，践行抗裂抗倒双重设防准则和现役房屋的抗震鉴定与其加固，创新抗震决策分析。建立试验数据知识的抗震模糊集，以汶川地震震害再论抗震抗倒设计，旨在实现"大震不倒"的安居工程。关联多灾种的综合防灾减灾、特种石化工程和极端生态环境的风险评估灾害防御，在震灾现场抗震救灾时进行损失评估和开创地震现场建筑物安全鉴定的先河，以及为丽江古城重建对策按原样修复发声。主编国标《地震现场工作第二部分：建筑物安全鉴定》（GB 18208.2—2001），进入 21 世纪实施至今，该国标 2018 年被列为中国地震局防震减灾科技成果一等奖的地震现场调查评估工作技术标准体系内容之一。

其六，纳新和兼听。在本书编写伊始，编著者于 2019 年暑回工程力学研究所，得到时任所长孙柏涛研究员的支持,容编著者在其研究团队 21 世纪发表的论文中纳新,秋冬与老伴在上海图书馆又查阅有关文献,以此遴选融合为震害预测和地震现场安全鉴定的发展现状。尤要诉说,早年编著者研究团队在砖、土、木结构方面的抗震知识和试验研究成果,当今正适合新农村建设的应用。还兼听到前任所长齐晓斋的建议,将国际地震工程权威 Housner 教授在《从地震(大的试验)中学习》中赞誉我国砖房抗震的图文和中国地震工程祖师爷——刘恢先院士亲自写的《砖结构模型试验》纲要作为敬重文献,以示震害调查和试验研究是地震工程中的两大要点,也示在我国砖结构抗震中的重要性。

本书内容分为五个篇章,汇集论文 105 篇,其中中文论文 83 篇、英文论文 22 篇。通过每篇章的开篇言和这些论文,可了解到编著者研究团队对城市和乡镇房屋的震害、预测、智能辅助决策系统的研究,以及安居设防与安全鉴定的创新驱动和应用历程。旨在以其震前、震时、震后系统的科技知识和经验,推进防震减灾和抗震救灾的应急功效,守望家国安居,大众生活幸福。

第一篇章　基础研究——地震震害调查和抗震性能试验,汇集论文 29 篇。开篇言介绍了建立大数据知识库的底蕴,包括:震害调查学习地震知识;统计分析创新抗裂抗倒双重设防准则多层砖房抗震研究获奖;国际地震工程界关注我国砖房抗震知识;探索机理静动试验重现震害现象;基底砂层隔震试验研究和应用;振动台模型地震模拟试验研究。

第二篇章　主题研究——家国情怀,合作和创新震害预测,汇集论文 22 篇。开篇言为创新震害预测的回顾,包括:起因——初心安居设防;非议——逆境我行我素;三足鼎立——获国家科技进步奖;震害预测加抗震决策分析;国际关注——中美国际合作研究。

第三篇章　专家系统——学中创新,预测房屋震害专家系统,汇集论文 10 篇。开篇言介绍了创建我国首个房屋震害预测智能化的历程,包括:中美合作研究赴美初涉专家系统;国家重大项目研究中建成专家系统;研究历程,雏形—演示—使(试)用—实用商品化;多层砌体房屋震害预测专家系统获奖。

第四篇章　智能辅助决策系统——践行“小—中—大”城市,汇集论文 19 篇。开篇言介绍了城镇房屋震害预测智能辅助系统的功能,包括:建立数据库,房屋由单体分类到多元检索;预测单体震害关系知识库到城市群体震害专用知识库;开发搜索技术识别高危害和动态减灾;评双 A 第一,获国家科技进步二等奖;智能系统的先进性和适用性。

第五篇章　衍生应用——不忘震害预测初心,安居设防,汇集论文 25 篇。开篇言介绍了震害预测的衍生应用,推进应急管理体系和能力的现代化,包括:城市抗震防灾规划和抗震减灾对策;抗裂抗倒设计和抗震鉴定加固安居决策;城市与工程多灾种综合防灾减灾研究;特种化工设备、极端生态环境的安全风险评估;地震现场的损失评估和建筑物安全鉴定、城镇重建对策;编制国标《地震现场工作第二部分:建筑物安全鉴定》,2018 年列入获奖体系。

特编录两篇敬重文献:① G. W. Housner 的《从地震(大的试验)中学习》(*Learning from Earthquake—Great Experiment*),陈达生译(摘录);② 刘恢先的《砖结构模型试验》纲要(1977 年 1 月 1 日),以及其 77 岁高龄亲临模拟实验室指导工作的照片(1989 年冬)。感谢主持“七五”“八五”重大项目的负责人谢礼立院士和刘西拉教授写了序言(一)、(二),为本论文集评述和推荐。

期望本书的出版对建筑工程、地震工程、防灾减灾工程、抗震救灾和人工智能专业的学科建设和管理及其人才的培养,对推进应急管理的科学化、专业化、智能化、精细化建设,对推进城乡房屋和工程震害预测、动态减灾和抗震韧性安居设防,具有积极意义和现实作用。

杨玉成

目 录

第一篇章 基 础 研 究
地震震害调查和抗震性能试验

1-0 开篇言 建立大数据知识库的底蕴 ·· 3

1-1 唐山地震多层砖房震害总结和工程抗震分析
·············· 杨玉成 杨 柳 高云学 朱玉莲 杨雅玲 刘一威 李玉宝 8

1-2 唐山地震多层砖房震害与强度的关系
·············· 杨玉成 杨 柳 高云学 朱玉莲 杨雅玲 李玉宝 刘一威 43

1-3 多层砖房抗裂抗倒设计地震荷载系数的统计分析 ············· 杨玉成 杨 柳 53

1-4 在阳江地震中多层砖房的震害及其地震荷载系数的反算(概要) ····· 民用建筑抗震组 61

1-5 多层砖房的震害统计 ······································· 邬天柱 杨玉成 71

1-6 多层砖房的震害现象和震害特征 ····················· 杨玉成 杨 柳 高云学 80

1-7 多层砖房的震害概率 ······················· 杨玉成 杨 柳 高云学 杨雅玲 139

1-8 寒冷地区砖结构房屋地震破坏特征和减轻震害的措施 ············· 高云学 杨玉成 143

1-9 冻土层对多层砖房动力特性的影响(概要) ··········· 邱玉洁 杨玉成 刘鸿绪 145

1-10 农村建筑抗震综述 ··· 杨玉成 146

1-11 土窑洞在中强地震中的抗震性能(附:山区民居抗震范例) ········· 杨 柳 杨玉成 149

1-12 足尺砖房模型抗震性能的试验研究 ········· 陈懋恭 夏敬谦 杨玉成 丁世文 张培珍 等 153

1-13 砖墙体抗剪强度试验结果的统计分析(概要) ········· 杨玉成 杨雅玲 楼永林 周炳章 158

1-14 设有隔震砂层的砖房模型振动台试验 ············· 高云学 杨玉成 白玉麟 吴沛云 159

1-15 振动台地震模拟试验输入波的选择和结论的真伪 ··················· 杨玉成 陈新君 162

1-16 七层钢筋混凝土异型柱支撑框架结构模型振动台试验研究
···················· 杨玉成 黄浩华 孙景江 陆锡蕾 等 166

1-17 无腹杆钢筋混凝土拱型屋架单层厂房振动台模型试验研究 ········· 杨玉成 李亦斌 陈新君 171

1-18 砖住宅楼系列模型地震模拟试验设计——多层砖房抗震性能三向振动台试验研究之一
···················· 杨玉成 崔 平 杨 健 陈新君 杨雅玲 178

1-19 抗震设防的六层砖房模型振动台破坏试验 ············· 杨玉成 杨 健 崔 平 杨雅玲 184

1-20 西藏高烈度区农牧民安居工程中的试验数据知识和抗震模糊集
···················· 陈 珊 孙柏涛 杨玉成 191

1-21 构造柱圈梁抗震体系砌体平房振动台试验研究 ········· 周 强 陈 珊 孙柏涛 杨玉成 197

1-22 The Analysis of Damage to Multistory Brick Buildings During the Tangshan Earthquake
····· Yang Yucheng Yang Liu Gao Yunxue Zhu Yulian Yang Yaling Li Yubao Liu Yiwei 199

1-23 Behaviour of Brick Masonry Buildings During Destructive Earthquakes
···················· Liu Huixian Yang Yucheng 203

1-24 Empirical Relationship Between Damage to Multistory Brick Buildings and Strength of
Walls During the Tangshan Earthquake ·················· Yang Yucheng Yang Liu 211

1-25 Experimental Research on Model Brick Building by Shaking Table
·················· Gao Yunxue Yang Yucheng Bai Yulin Song Xueyun 217

1-26 Earthquake Damage and Aseismic Measure of the Earth Buildings in the Contemporary
China (Introduction) ·················· Yang Yucheng Yang Liu 223

1-27 The Conceptual Analysis of Vulnerable Structures to Survive Severe Earthquakes
·················· Chen Dan Yang Yucheng Li Li 224

1-28 Earthquake Damage to Brick Buildings and Its Mitigation in Cold Region (Abstract)
·················· Gao Yunxue Yang Yucheng Tan Yingkai 233

1-29 Earthquake Damage to and Aseismic Measures for Earth-Sheltered Buildings in China
·················· Yang Yucheng Yang Liu 234

第二篇章 主 题 研 究

家国情怀,合作和创新震害预测

2-0 开篇言 创新震害预测的回顾 ·················· 245

2-1 现有多层砖房震害预测的方法及其可靠度
·················· 杨玉成 杨 柳 高云学 杨雅玲 陆锡蕾 杨桂珍 247

2-2 安阳市北关小区多层砖房的震害预测 ····· 杨玉成 杨 柳 高云学 杨雅玲 杨桂珍 陆锡蕾 253

2-3 安阳小区现有房屋震害预测科研成果通过鉴定 ·················· 会务组报道 杨玉成执笔 257

2-4 豫北安阳小区现有房屋震害预测 ·················· 杨玉成 等 259

2-5 辽宁三市典型多层砖住宅抗震性能评定和震害预测
·················· 陈金华 杨 柳 王敏权 苏志奇 杨雅玲 杨玉成 267

2-6 京津唐多层砖住宅震害概率预测 ·················· 杨 柳 杨玉成 杨雅玲 高云学 269

2-7 我国震害预测研究的进展概况 ·················· 杨玉成 273

2-8 航空部兰州多层砖房的震害预测 ·················· 杨 柳 高云学 杨玉成 杨雅玲 275

2-9 现有建筑物的抗震决策分析 ·················· 杨玉成 278

2-10 现有建筑物的震害预测和抗震决策分析 ·················· 杨玉成 283

2-11 关于建筑体型和立面处理的若干抗震问题 ·················· 杨玉成 杨 柳 高云学 陆锡蕾 287

2-12 震害预测研究 ·················· 杨玉成 290

2-13 多层砌体房屋震害预测 ·················· 杨玉成 302

2-14 房屋震害预测 ·················· 杨玉成 309

2-15 建筑震害预测方法研究(概要) ·················· 王开顺 杨玉成 314

2-16 Prediction of Earthquake Damage to Existing Buildings in Anyang, Henan Province
·················· Yang Yucheng et al. 316

2-17 Prediction of Earthquake Damage to Existing Brick Buildings in China
·················· Yang Yucheng Yang Liu Gao Yunxue Yang Yaling 324

2-18 Prediction of Damage to Brick Buildings in Cities in China ·················· Yang Yucheng Yang Liu 330

2-19 Effect of Configuration of Buildings on Earthquake Resistance and Its Management
·················· Yang Yucheng Yang Liu Gao Yunxue Lu Xilei 337

2-20 Progress of Research and Application on Prediction of Damage to Existing Buildings (Scheme)
·················· Liu Huixian Research Team Yang Yucheng 344

2－21 Prediction of Damage to Multistory Brick Buildings（Abstract）　················ Yang Yucheng　346
2－22 Aseismic Decision Analysis of Existing Buildings（Scheme）　··············· Yang Yucheng　347

第三篇章　专 家 系 统
学中创新，预测房屋震害专家系统

3－0 开篇言　多层砌体房屋震害预测智能化的历程　·· 351
3－1 多层砌体房屋震害评估系统雏形及其在美国的应用　················· 杨玉成　353
3－2 多层砌体房屋震害预测专家系统
　　············ 杨玉成　杨丽萍　杜瑞明　李大华　杨雅玲　高云学　董伟民　Howard Thurston　357
3－3 投入使用的多层砌体房屋震害预测专家系统 PDSMSMB－1
　　···························· 杨玉成　李大华　杨雅玲　王治山　杨　柳　360
3－4 PDSMSMB－1 多层砌体房屋震害预测专家系统的应用（概要）
　　···························· 杨玉成　李大华　杨雅玲　王治山　杨　柳　365
3－5 太原市居住建筑的单体震害预测　····················· 杨玉成　赵　琨　366
3－6 多层砌体房屋震害预测专家系统的研究和应用　····················· 杨玉成　370
3－7 震害预测专家系统（概要）　········· 杨玉成　杨雅玲　王治山　李大华　杨　柳　376
3－8 砖房的震害经验及其应用　····························· 蓝贵禄　杨玉成　377
3－9 An Expert System for Predicting Earthquake Damage to Urban Existing Buildings
　　·· Yang Yucheng et al.　382
3－10 An Expert Evaluation System for Earthquake Damage
　　·························· Yang Yucheng　Wang Z.　Yang Yaling　Yang L.　388

第四篇章　智能辅助决策系统
践行"小—中—大"城市

4－0 开篇言　城镇房屋震害预测智能辅助系统的功能　··· 395
4－1 城市震害预测中的房屋数据库　·························· 杨雅玲　杨玉成　398
4－2 用人-机系统方法预测三门峡市现有房屋震害、人员伤亡和直接经济损失
　　···························· 杨玉成　杨雅玲　王治山　吕秉志　402
4－3 湛江市现有房屋震害预测及其人员伤亡和直接经济损失估计（概要）
　　···························· 杨玉成　杨雅玲　王治山　杨　柳　409
4－4 厦门市现有房屋震害预测和潜势分布（概要）　··· 杨玉成　杨雅玲　王治山　杨　柳　高云学等　410
4－5 太原市现有房屋建筑的总体震害预测和损失估计（概要）
　　···················· 杨玉成　杨雅玲　王治山　林学东　郑　鹄　赵　琨　411
4－6 城市震害预测高危害房屋类型和高危害小区的搜索技术　········· 王治山　杨玉成　杨雅玲　416
4－7 城市现有房屋震害预测智能辅助决策系统　········· 杨玉成　王治山　杨雅玲　李大华　杨　柳　420
4－8 房屋建筑群体震害预测方法　········· 杨玉成　王治山　杨雅玲　李大华　杨　柳　426
4－9 对震害预测指标体系的建议　····························· 杨玉成　430
4－10 城市现有建筑物震害预测与防御对策专家系统——知识工程的建造和系统的应用
　　···················· 杨玉成　杨雅玲　王治山　李大华　杨　柳　434
4－11 城市现有建筑物震害预测与防御对策系统的研究与应用　····················· 杨玉成　438
4－12 专家系统在国际地震工程中的应用　················· 杨玉成　赵宗瑜　杨　柳　441

4－13 房屋震害预测图形智能系统的结构模块设计和在鞍山市示范小区中的实现
………………………………………………………… 王治山　杨雅玲　杨玉成　445
4－14 图形信息智能系统在沈阳铁西小区房屋震害预测中的应用(概要)
……… 王治山　杨玉成　杨雅玲　李国华　万木青　陈沈来　程　洁　贺富春　杨　栋　447
4－15 群体震害的快速预测法 ……………………………… 陈有库　谢礼立　杨玉成　448
4－16 设防城市的房屋预测震害矩阵与其应用 ………………………… 杨雅玲　杨玉成　452
4－17 Knowledge-Based System for Evaluating Earthquake Damage to Buildings
………………………… Yang Yucheng　Yang Yaling　Wang Zhishan　Li Dahua　Yang Liu　456
4－18 Research and Practice of Knowledge-Based System for Predicting Earthquake Damage to Urban
Buildings and Its Fortifying Countermeasures ………………………… Yang Yucheng　464
4－19 Man-Computer System for Prediction of Earthquake Damage to Existing Buildings in a City
………………………………… Yang Yucheng　Wang Zhishan　Yang Yaling　468

第五篇章　衍　生　应　用

不忘震害预测初心，安居设防

5－0 开篇言　智能辅助震害预测的衍生应用推进抗震防灾救灾现代化 ……………………… 477
5－1 安阳市城市抗震防灾规划通过评审 ………………………………………… 杨玉成　480
5－2 三门峡市抗震防灾基础工作研究及在城市建设中的作用(含专家评审意见)
……………………………………………………………… 杨玉成　吕秉志　481
5－3 克拉玛依石油城防御地震灾害的工程对策 ………… 王玉田　(杨玉成协助起草)　485
5－4 城市抗震减灾对策 ……………………………………………………… 杨玉成　489
5－5 鞍山市城市综合防灾研究实施方案和系统框图
………………… 杨玉成　杨雅玲　王治山　张志远　苏志奇　陈金华　505
5－6 城市与工程防灾减灾的冗裕理论以及鞍山市防灾投入的重点 ……… 杨玉成　杨雅玲　武力军　509
5－7 城市综合防灾的结合点和在鞍山市的示范研究(摘要)
………………… 杨玉成　王治山　杨雅玲　张志远　苏志奇　陈金华　512
5－8 鞍山市城市综合防灾系统的示范研究知识工程总体设计(摘要)
………… 杨玉成　王治山　杨雅玲　杨　柳　张志远　戴盛斌　苏志奇　陈金华　513
5－9 鞍山市城市火灾减灾信息研究(概要) ………… 杨雅玲　杨玉成　王治山　张志远　514
5－10 鞍山市区岩溶分布基本规律及其潜在灾害防治的初步探讨和小结(概要)
………………………………………………… 戴盛斌　杨玉成　张志远　515
5－11 设防城市的房屋震害统计和预测震害矩阵与其在鞍山市的应用 ……… 杨玉成　杨雅玲　516
5－12 论多层砖砌体住宅楼的抗倒设计——汶川地震映秀镇漩口中学宿舍楼震害探究
……………………………………………………………… 杨玉成　孙柏涛　520
5－13 乡镇中小学校舍抗震抗倒安居安学设防目标——汶川地震北川擂鼓镇中小学校舍震害
原因探究 ……………………………………………… 孙柏涛　周　强　杨玉成　531
5－14 用新标准实施房屋建筑的抗震鉴定
………………… 杨玉成　陈新君　李亦斌　杨雅玲　陈友库　林学东　杨　柳　赵宗瑜　538
5－15 加层房屋的抗震安全鉴定 ………… 黄　巍　常新安　杨雅玲　朱广萍　陈新君　杨玉成　543
5－16 新疆石油管理局乌鲁木齐明园地区房屋建筑的抗震鉴定和震害预测
………………… 杨玉成　杨雅玲　陈友库　林学冬　周四骏　赵宗瑜　王　燕　545
5－17 三座18墙宿舍不同加固措施的抗震效益和经济比较 ……… 陆锡蕾　杨玉成　杨　柳　549

5-18　独山子石化总厂炼油厂炼化生产装置抗震鉴定、震害预测与灾害防御研究(概要)

　　　………………………………杨玉成　罗奇峰　曹炳政　杨树龙　周四骏　孙景江　552

5-19　石化设备抗震抗风动力性能分析和安全性鉴定

　　　　　　　　………………………杨树龙　曹炳政　罗奇峰　杨玉成　孙景江　553

5-20　石化设备系统的动力相互影响分析　………………………曹炳政　罗奇峰　杨玉成　558

5-21　在极端环境中砌体结构的抗裂研究　………………杨玉成　杨雅玲　陈有库　赵宗瑜　王治山　562

5-22　地震现场建筑物安全性鉴定[摘录：丽江地震考察记录(1996)]　………………………杨玉成　566

5-23　1996年2月3日云南丽江7.0级地震丽江县城震害统计和损失评估

　　　………………………………杨玉成　袁一凡　郭恩栋　柳春光　杨雅玲　571

5-24　Statistics of Damage and Evaluation of Losses for Lijiang County Town in the Earthquake of February 03,
1996(Conclusion)　………　Yang Yucheng　Yuan Yifan　Guo Endong　Liu Chunguang　Yang Yaling　578

5-25　Existing Building Classification System (Schema)　………………………………Yang Liu　579

结语　………………………………………………………………………………581

附　　录

附录1　敬重文献　………………………………………………………………………587

　　从地震(大的试验)中学习(译文摘录)　………………………………G.W. Housner　587

　　砖结构模型试验和试验现场指导　………………………………………刘恢先　590

　　砖结构模型试验(大纲)　…………………………………………………刘恢先　591

附录2　刘恢先研究课题组研究报告集(1984—1988)　…………………………592

　　《地震危险性分析与现有房屋震害预测》前言、论文目录　………………………592

附录3　杨玉成研究团队新疆十八年(1992—2009)完成22项任务清单目录　………………597

PART **01**

第一篇章　基础研究
地震震害调查和抗震性能试验

1-0　开篇言　建立大数据知识库的底蕴 ··· 3

1-1　唐山地震多层砖房震害总结和工程抗震分析 ··· 8

1-2　唐山地震多层砖房震害与强度的关系 ··· 43

1-3　多层砖房抗裂抗倒设计地震荷载系数的统计分析 ·· 53

1-4　在阳江地震中多层砖房的震害及其地震荷载系数的反算(概要) ···················· 61

1-5　多层砖房的震害统计 ·· 71

1-6　多层砖房的震害现象和震害特征 ··· 80

1-7　多层砖房的震害概率 ·· 139

1-8　寒冷地区砖结构房屋地震破坏特征和减轻震害的措施 ··································· 143

1-9　冻土层对多层砖房动力特性的影响(概要) ··· 145

1-10　农村建筑抗震综述 ··· 146

1-11　土窑洞在中强地震中的抗震性能(附:山区民居抗震范例) ···························· 149

1-12　足尺砖房模型抗震性能的试验研究 ·· 153

1-13　砖墙体抗剪强度试验结果的统计分析(概要) ·· 158

1-14　设有隔震砂层的砖房模型振动台试验 ·· 159

1-15　振动台地震模拟试验输入波的选择和结论的真伪 ·· 162

1-16　七层钢筋混凝土异型柱支撑框架结构模型振动台试验研究 ··························· 166

1-17　无腹杆钢筋混凝土拱型屋架单层厂房振动台模型试验研究 ·························· 171

1-18　砖住宅楼系列模型地震模拟试验设计——多层砖房抗震性能三向振动台试验研究之一 ··· 178

1-19　抗震设防的六层砖房模型振动台破坏试验 ··· 184

1-20　西藏高烈度区农牧民安居工程中的试验数据知识和抗震模糊集 ···················· 191

1-21　构造柱圈梁抗震体系砌体平房振动台试验研究 ··· 197

1 - 22   The Analysis of Damage to Multistory Brick Buildings During the Tangshan Earthquake ⋯⋯⋯⋯⋯⋯ 199

1 - 23   Behaviour of Brick Masonry Buildings During Destructive Earthquakes ⋯⋯⋯⋯⋯⋯⋯⋯⋯⋯⋯⋯⋯⋯ 203

1 - 24   Empirical Relationship Between Damage to Multistory Brick Buildings and Strength of Walls

During the Tangshan Earthquake ⋯⋯⋯⋯⋯⋯⋯⋯⋯⋯⋯⋯⋯⋯⋯⋯⋯⋯⋯⋯⋯⋯⋯⋯⋯⋯⋯⋯⋯ 211

1 - 25   Experimental Research on Model Brick Building by Shaking Table ⋯⋯⋯⋯⋯⋯⋯⋯⋯⋯⋯⋯⋯⋯⋯ 217

1 - 26   Earthquake Damage and Aseismic Measure of the Earth Buildings in the Contemporary China

(Introduction) ⋯⋯⋯⋯⋯⋯⋯⋯⋯⋯⋯⋯⋯⋯⋯⋯⋯⋯⋯⋯⋯⋯⋯⋯⋯⋯⋯⋯⋯⋯⋯⋯⋯⋯⋯⋯⋯ 223

1 - 27   The Conceptual Analysis of Vulnerable Structures to Survive Severe Earthquakes ⋯⋯⋯⋯⋯⋯⋯⋯ 224

1 - 28   Earthquake Damage to Brick Buildings and Its Mitigation in Cold Region (Abstract) ⋯⋯⋯⋯⋯⋯ 233

1 - 29   Earthquake Damage to and Aseismic Measures for Earth-Sheltered Buildings in China ⋯⋯⋯⋯⋯⋯ 234

1-0 开篇言

建立大数据知识库的底蕴

抗裂抗倒统计分析,重现震害现象,探索破坏机理和减灾措施。

1. 震害调查学习地震知识

20世纪六七十年代是我国的地震高发期,十年间发生破坏性地震7级七次、6级四次、5级多次(《多层砖房的地震破坏和抗裂抗倒设计》,地震出版社,1981年,1-43)。

(1) 1965年乌鲁木齐6.7级地震。乌鲁木齐是中华人民共和国成立以来第一个遭受破坏性地震的大城市。在国家科委的组织下,中国科学院土木建筑研究所去当地调查震害两次(邢台地震前后),该市房屋在1949年10月前主要是土木平房,20世纪50年代初始建多层砖房,震害统计有千余幢。后参与调研的骨干相继离所,将所有原始调查资料(逐幢填写的表格、照片底片、设计图和总报告)交给我组保存使用。总报告未刊印,因刘恢先所长两问未解:一是多层砖房新建的为何比旧的破坏严重;二是邢台砖房比土房震害轻而乌鲁木齐却相反。我们在80年代做新疆石油局乌鲁木齐房屋震害预测和振动台模型试验时才得解:一是从新疆石油局档案资料中找到1950年俄文设计图,旧多层砖房是按苏联规范7度地震烈度设防的,其后新建的都未设防;二是两地土质不同,更主要的是新疆戈壁土上的地震记录频谱分析卓越段在多层砖房频段。这两点是预测震害极为有用的知识。

(2) 1966年2月东川6.5级地震。东川是1958年新建的抗震设防工矿城市,但民用建筑未设防,多层砖房70%被破坏。东川地震调查资料也交给我组保存使用。

(3) 1966年3月邢台6.8级和7.2级地震。其是中华人民共和国成立以来首个大震,数以百万计的土平房(表砖里坯和土坯墙)在震中地震烈度9、10度区几近全倒毁,7、8度区破坏严重,近半数倒塌。县城中的砖平房和数量很少的多层砖房震害轻得多。震害调查原始资料失传。1968年会同北京房管局考察震区

抗震加固措施。

(4) 1969年阳江6.4级地震。震后由国家地震局和建委抗震办公室组队调查震害,历时两个月。次年夏秋,由建委抗办陈寿梁带队再做深入调研和指导重建家园。在震中乡镇深受欢迎,老乡贴标语横幅感谢中央政府关怀派人前来。两次亲历酷暑做调查,我们所调查民用建筑和建研院工业建筑,分编两份报告集。研究报告《在阳江地震中多层砖房的震害及其地震荷载系数的反算》首次建立起震害和砖墙体强度的关系(见本书1-4文)。

(5) 1970年通海7.7级地震。首次采用胡先生提出的震害指数评定小区烈度和房屋破坏程度。震区广用穿斗木构架房,其抗震性能知识由刘锡荟、高云学做了分析总结。多层砖房场地影响明显,地震烈度10度区有不倒砖房,9度区建于护城河局部填土上有倒塌砖房。

(6) 1973年炉霍7.9级地震。震区多见两层藏房,底层立木柱易失稳倾斜倒,上层呈木壳不易震坏。

(7) 1974年4月溧阳5.2级地震。该地震发生在经济富裕、人口稠密的苏南地区,是此期间5级震害影响最大的,多层砖房上层多用空斗墙,震害较重,裂后墙体易松散,接连拉裂,外闪倾斜。由于这次地震,国家对那个年代我国广为使用的空斗墙房做出了限制和加强措施。

(8) 1974年5月昭通7.1级地震。这次震害考察很艰辛,在昆明,当地派军用直升机送我们到震区,从抗震救灾大本营出发,每人发一只小背包、一个军用水壶和几块干粮,便挥手送行。我们翻山越岭,用竹竿当作拐杖,过崩塌陡坡匍匐爬行。到前方宿营地时有股怪气味,早几日赶到的云南地震局同仁说是今早才埋的遇难者发出的。该地震振动频率高,竖向振动强烈。震中山区大滑坡、崩岩,摧毁村庄,房屋所存无几。回到昭通,我体力不支病倒,经示批准,由大师兄陈达生陪同返京。

(9) 1975年海城7.3级地震。震前有预报,有效

减免了人员伤亡,但房屋建筑仍未幸免。震后就重视研究破坏机理,意图重现震害,减免灾损。震后还接受编写房屋抗震科教片剧本的任务,并陪同峨眉电影制片厂到海城现场拍摄。难得有富余时间,逆向思维考察震害,找未震坏的房子,探究不坏原因和抗震措施。

(10) 1976年4月5日和林格尔6.3级地震。震中烈度8度,震后第四天我们才赶到现场,就扎进土窑洞和简易木架子房查看震损,这一不经意的专业举动,起到了安定灾民情绪的良好作用。军区司令员得知后,对我们大加赞扬,说北京来的同志就是好!因他刚刚才批评过来救灾的人不下汽车、不敢进窑洞是因为怕死!他还邀我们做总结,说要到自治区首府去,给我们吃好睡好补补身子。

土窑洞的抗震安全,国内很关注,国际也很关注,这项工作是我们的责任。震害调查总结着重当地的土窑洞(《土窑洞在中强地震中的抗震性能》见本书1-11文)。后因1985年国际生土建筑学术会议在北京召开,撰写《当代中国生土建筑的地震破坏与抗震措施》,并编入英文集(见本书1-26文)。会后《隧道和地下空间技术》来约稿,1987年在英国发表刊登(见本书1-29文)。为保安居,现今我国对生土房屋的抗震减灾仍甚为关注,从2018年的论文可见,如王飞剑等《窑洞外形特征对结构抗震性能影响研究》、周铁纲等《土坯墙体抗震加固的试验研究》、周强等《江西省既有生土结构房屋抗震性能及加固方法》。

(11) 1976年5月29日云南龙陵地震。连发7.3级和7.4级大震后又发生了五次6级余震。潞西、龙陵两县城房屋的累积震害现象明显。

(12) 1976年7月28日唐山7.8级地震。次年,我们组接受调研唐山大地震中多层砖房震害的任务,总结宏观震害经验知识。同河北省建委合作,《多层砖房的震害统计》和《多层砖房的震害现象和震害特征》(见本书1-5、1-6文)两文编入《唐山大地震震害》巨著。进而,我们着力研究"唐山地震多层砖房震害总结和工程抗震分析"(见本书1-1文)。

(13) 边境民俗地震考察记。1966年,云南绿春地震考察,半个世纪难以忘怀。邢台地震后,云南发生多次5级地震,那年5月,工力所派出两个调查小组,我在边境小组,组长是王承春和丁兆奎。苏师傅开车,抗美援朝的汽车兵,从昆明出发,一路南下,经元江上下高差400多米,就餐夜宿彝族客房。到绿春中越老挝边境城,县长早知我们要到来,介绍民族风俗,派翻译陪同,让带两匹马和马伙,两支长枪各10发子弹,说震区当地土司不久前才出逃去国外,还可能会遇上毒蛇野兽,要我们注意安全,要理解尊重哈尼族民俗。从县城到震区才百公里路,正在修公路,车行人走两天才到达,一路梯田,刀耕火种,民居简陋,竹木房架,屋中央火盆常燃,烤食煮水,架空阁楼放粮食。我们就住在阁楼板上。翻译和马伙夜宿山林。调查走山路又累又干热。有位老伯煮竹筒生鲜茶水给我们,真似甘露,中午也吃竹筒饭。有次来到一家门口见挂剪纸小人,停住脚步问啥意,说这家生小孩,要我们一定要进去,说当地风俗,有客从远方来是好运,大吉大利。调查回到村公所,必要热水泡脚解乏,晚饭又干又硬有蔬菜,村领导是位彝族中年妇女,有个十来岁男孩,常为我们当翻译,汉族只有两位中专毕业分配来的,一位卫生所女护士,一位生产指导兼会计,都喜欢打篮球。去绿春一个多月回到昆明,再到北京工作站,正好赶上周总理接见中科院,我们也有幸进了中南海见到周总理。

2. 统计分析创新抗裂抗倒双重设防准则,多层砖房抗震研究获奖

将从唐山大地震现场学习到的知识,建立起多层砖房震害数据库,进而着力计算房屋墙段的抗震强度系数,分析与震害的统计关系。当将计算值在图上标出了多层砖房不同烈度区墙段抗震强度系数与开裂的一一对应关系,以及高烈度区楼层墙体平均抗震强度系数与倒塌的对应关系,看到裂与不裂、倒与不倒的两条分界线,研究人员兴奋地得到了抗裂临界值 K_0 和抗倒临界值 K_{i0},还可算其可靠度,从而提出了多层砖房抗震设计抗裂抗倒双重设防准则,并探讨了多层砖房抗震设计地震荷载和地震动强度的关系。据此编写了《唐山地震多层砖房震害总结和工程抗震分析》(中国科学院工程力学研究所研究报告,1978年5月,见本书1-1文)。该报告为本书的首篇,以示其重要,也是《多层砖房的地震破坏和抗裂抗倒设计》专著成书的主要内容。该报告的核心内容为"唐山地震多层砖房震害和强度的关系",1981年发表在《地震工程与工程振动》第1卷第1期(见本书1-2文)。还将乌鲁木齐、东川、阳江、通海、海城等地震中多层砖房震害与砖墙体的抗震强度系数,同唐山大地震的墙体抗震强度系数与震害关系统计在一起,共415幢1053楼层70015墙段,汇总为《多层砖房抗裂抗倒设计地震荷载系数的统计分析》,论文发表在土木工程学报1982年

3月刊(见本书1-3文)。

多层砖房抗震研究成果在工程中得到广泛应用。专著《多层砖房的地震破坏和抗裂抗倒设计》售完12 000册,地震出版社又再版。《建筑抗震鉴定标准》(GB 50023—1995)在初审时,"多层砌体房屋"一章被评为国内领先、国际先进,要求别章也按此章修改,采用二级鉴定。该国标获建设部科技进步三等奖(杨玉成列位第二)。

在学术上,借以多层砖房抗震研究成果,$\lg\Delta$ - $\lg k_e$,呈现线性,地震各烈度区的K_0和K_{i0}有区间和期望值,佐证着刘恢先所长在"砖结构模型试验"中提出的两个学术观点:① 证明破坏程度与地面运动峰值的对数成正比;② 证明破坏程度有无阶梯性的阈值。

"多层砖房抗震研究"项目具有中国特色,水平先进,在国内外颇受好评。1983年获国家地震局(省部级)科技进步二等奖(杨玉成、杨柳、高云学、朱玉莲、杨雅玲、石兆吉)。

3. 国际地震工程界关注中国砖房抗震知识

1978年,美国地震工程访华团来工程力学所进行学术交流。会上我做了"唐山地震多层砖房震害总结和工程抗震分析"的报告,胡先生中译英还做解释。美国代表团将其列为最感兴趣、有价值的研究之一,团长国际地震工程权威 G.W. Housner 在五年之后的1983年7月29日东京召开的国际地震工学会上的报告 "Learning from Earthquake—Great Experiment" 中还称赞这是一个很好的例子,大段引述我们的研究成果。陈达生译为《从地震(大的实验)中学习》(《国外地震工程》,1984年第5期,见本书附录1敬重文献摘录)。

1978年11月,在罗马尼亚召开的东南欧工程师协会地震区建筑物的抗震保护会邀请刘恢先所长,他委派大组长陈懋恭去做报告《The Analysis of Damage to Multistory Brick Building During the Tangshan Earthquake》(见本书1-22文)。我请老陈署上名,答不用。

1980年6月,在南斯拉夫召开的地震工程国际研讨会,命题《Behaviour of Brick Masonry Buildings During Destractive Earthquakes》(见本书1-23文)。该会邀请刘恢先所长,他委派副所长章在墉赴会,英文稿是刘所长亲自所写,中文题名《破坏性地震中砖砌体房屋性态》中的"性态"一词为刘所长考虑再三才定下的。

1980年9月,在土耳其召开的第七届世界地震工程会议上,我们投稿《Empirical Relationship Between Damage to Multistory Brick Buildings and Strength of Walls During the Tangshan Earthquake》(见本书1-24文)。会务组邀杨玉成为专业组人员。

我们课题组的报告得到美国代表团的好评,还出版成书,又在国际学术会议上连发三篇论文。我们组的同志挺有成就感的,所里省里还给了我们组先进集体荣誉,我们深怀敬意,由衷感谢。是刘所长督导正确立论,胡先生进行学术指导,开启国际交流,地震局和建委的领导给予信任和扶持,所内外合作同志共同努力付出和协助。抗震强度是室主任朱继澄发动全室帮我们算的,还教我们分篇发表,宋雅桐指明大数据的重要应写出数值,微机计算是李玉宝帮我们编程的。英文论文是请门福禄先生、卢荣俭先生和王新颖女士中译英的。我们还要感激花精力挑我们毛病的同仁,促进我们再提高、要谨慎。

4. 探索机理静动试验重现震害现象

1) 静力试验

自海城地震开始,针对砖房的震害现象,科研、教学、设计等多个单位投入破坏机理的探索试验,初期的静力试验却都难以实现。直到1976年,我主持设计建造了一组4个足尺模型二层小楼,终于实现了震害重现:斜裂缝,主拉应力剪切破坏。其后我去唐山调研多层砖房震害,陈懋恭大组长带领20多人用近两年完成这组试验,夏敬谦做了深入分析。"砖房抗震性能的足尺模型试验研究"(见本书1-12文)于1986年获国家地震局科技进步三等奖(杨玉成列位第三)。

砖房的抗震能力很大程度取决于砖墙体的抗震强度,1983年《工业与民用建筑抗震设计规范》修订组搜集了国内有关单位的试验资料,我方会同辽宁省建筑科研所和北京市建筑设计院,选取试验条件类同的9个单位100个试件为样本做了统计分析,发现尺寸影响不容忽视,(向胡先生请教得到肯定后)得出修正的经验公式。1984年在第一届全国地震工程会议上汇报了《砖墙体抗剪强度试验结果的统计分析》研究成果(见本书1-13文)。

2) 动力试验

砖房振动台试验研究是在刘所长亲自指导、指令下进行的。元旦过后一上班,刘所长打电话叫我过去,进他办公室就叫我坐下,从公文包中拿出一页纸给我,说这是元旦晚上写的,看看有啥问题再找他。接过一页用中国科学院工程力学研究所稿纸写的砖结构模型试验（见本书附录1敬重文献），刘所长是知我底细的，做了十多年试验都是静力工程，未接触过动力试验，这是教我们，要我们怎么做，这是所长下的任务书，是指令！我们组既高兴又担心。做试验条件多难达到，有了所长亲笔要做砖房试验的"指令"，条件就好办了，高云学跑试验条件顺利了，最关键的7 cm×3.3 cm×1.6 cm小砖，砖厂也肯专门烧制，财务也不说太花钱了。

振动台试验先在1.3 m×1.2 m小振动台上做1/3.5模型试验，待工力所自行设计的5 m×5 m双向台投入运行，就做原型砖1/2模型试验。小台、大台先后都实现了砖房的两种震害现象，即主拉应力的剪切破坏直至倒塌和基底水平缝的摩擦滑移但不倒（见本书1-25、1-14文）。1-25文1984年发表在上海召开的国际地震工程专题讨论会上。

在大台上还做了唐山文化楼三层模型模拟试验（见本书1-15文）。调查文化楼震害在震后一年，陪同的唐山工程师介绍这三幢住宅楼设计是一样的，施工质量好的两幢倒了，差的却立着，很无奈说真不知怎么盖房子了，好几批来看过，有人怀疑是地震波造成的。我们测现场动力特性，大半天用不同方法也没测到通常的衰减波型；反复查看一条条裂缝，底层窗台下勒脚墙体周圈有水平缝，错位滑移达数厘米，砌筑砂浆才10号，而窗台以上不低于50号。后即又得知原来质量不好的只拆砌到勒脚。我还爬进倒塌房的底层楼板下查看，其勒脚和粘在残存板下2~3皮砖的砌筑砂浆均有50号。模型试验将砌筑砂浆不好的演绎为基底铺垫砂层，逐级加载试验，沿砂层出现水平缝，滑移、错位、稍有提离，不倒，墙体裂缝细微。然后吊起模型去砂层，黏结牢，模拟质量好的文化楼试验，墙体开裂，底层破碎，大块震落，换向振动，底层倒塌，上二层叠落破碎。就这样重现了唐山11度区三层砖房的震害现象，即用50号砂浆砌筑砖墙的倒塌，用低标号砂浆砌筑勒脚发生滑移而保全上部结构。

5. 基底砂层隔震试验研究和应用

唐山文化楼不倒的震害重现试验，我们将其衍生演绎为基底砂层隔震试验研究。这自然受到李立先生早年在所时研究基底砂层减震有争议的学术思想的启迪。本项研究的试验方案的制定得到清华大学陈聃教授的悉心指导。陈聃（主笔）、杨玉成、李立在1985年中日美三方减轻多种自然灾害的工程科学讨

论会上发表"脆性结构的隔震概念分析"的论文（见本书1-27文）。

"设有隔震砂层的砖房模型振动台试验"为地震科学基金资助的项目，遵照刘所长"砖结构模型试验"纲要，与振动台组、测试组、数控组和模态分析组共同完成。先在小振动台进行1~3层小砖1/3.5模型试验，其论文发表在1987年第二届全国地震工程学术会议上（见本书1-14文），进而在大台进行1~6层小砖模型和原型砖1/2模型1~3层试验（见本书1-15文）。研究生白亮完成学位论文《多层砖房基底滑移隔震的研究》（1988），毕业回云南应用基底砂层隔震技术设计住宅。在黑龙江德都寒冷地区，我们提出以隔震砂层来减免不同季节对砖房危害的抗震措施（见本书1-8、1-28文）。

20世纪八九十年代与辽宁、天津协同交流研究，辽宁省建科所楼永林、王敏权、苏志奇做了大量的试验研究、制定规程，发表《多层砖房底部滑移减震研究》（1995）。天津大学宋秉泽教授和研究生张晓临通过模型试验和理论分析，成就学业，发表《基底摩擦减震多层砖房设计研究》（1991）。新世纪多种高效隔震减震新技术广为应用，同济大学朱玉华、吕西林用三向振动台研究发表论文《滑移摩擦隔震系统在多向地面运动作用下的试验研究》（2002），窦运明、刘晓立等发表论文《沙垫层隔震性能的试验研究》（2005）。汶川地震后在国家自然科学基金的资助下，住房和城乡建设部立项许多单位开展砂层隔震应用研究，如田弯《高烈度寒冷地区村镇建筑简易复合隔震技术数值分析》（2015），尹志勇、孙海峰、景立平等《农居工程地基砂垫层隔震体系性能试验研究》（2019）。

真意想不到，唐山文化住宅楼不倒源由的冒险考察、揭秘、演绎为最"土"的砂层隔震减灾抗震知识，40多年来仍显活力。为保村镇农居安全，21世纪还在进一步研究，在新农村建房中得以应用。

6. 振动台模型地震模拟试验研究

为研究建筑结构抗震性能，进行振动台模型地震模拟试验，一定要选择适当的输入波，谨防无意或有意的技术性假冒，认真识别试验结论的真伪，确保试验结构的抗震安全性。为此，特写了《振动台地震模拟试验输入波的选择和结论的真伪》论文，发表在第一届全国土木工程防灾学术会议《结构工程师》1997年增刊（见本书1-15文）。具体工程项目的输入波选择和处理与其试验过程见本书1-16~1-21文。此外，

尚需关注寒冷地区新疆、黑龙江等地冬季冻土层对结构动力特性和破坏特征的影响（见本书1－28、1－8、1－9文）。

1989年在5 m×5 m振动台上进行第一个大型模型试验《七层钢筋混凝土异型柱支撑框架结构模型振动台试验研究》（见本书1－16文），刘所长寒冬亲临实验楼指导，大台主设黄浩华把关监测试验加荷过程直至发生类共振现象，决策又重复两次。孙景江在试验前做了理论分析预测模型的三层斜杆首先开裂，裂后结构仍能继续工作，得到了验证。该结构试验成果得到天津市建材设计院推广应用，建近百万平方米住宅，获天津市科技进步二等奖（省部级）。

克拉玛依市抗震设防由6度升为7度，大量采用新疆标准设计的无腹杆钢筋混凝土拱形屋架单层厂房，不符合国标要求。为此在大台进行模型试验，输入波选择弹性阶段Ⅰ、Ⅱ、Ⅲ类场地的迁安、EL Centro和宁河波，反应有明显差异，从强震数据库中调用喀什和疏附、羊种场等戈壁场地的地震波，反应激烈，尤以喀什波为大，破坏试验之。试验工况用有与无腹杆两种，其结果与计算分析有较好的一致性。本项研究成果（见本书1－17文）在新疆石油管理局的实际工程中应用，且为新修编的《建筑抗震鉴定标准》所采纳，新疆建委更欣然破解难题，从而在新疆全境得以应用，也积累了震害预测单层厂房的有用知识。

克拉玛依的砖住宅，全都做过抗震鉴定和震害预测，部分已做了抗震加固。在住宅改革中，对不同年代建造抗震设防不一的砖住宅，其抗震能力人人关心。为此，新疆石油局抗办和房产公司立项出资进行砖住宅楼系列模型地震模拟试验（见本书1－18、1－19文），验证其抗震能力，以确保职工购买的住房为地震安全房。选取量大面广的四种砖房：四层和五层不设防、六层设防和五层加固。1/4模型在5 m×5 m振动台上进行单向和三向振动试验，历经1997—1998年两年完成试验研究，并于1999年初通过鉴定验收，评委专家一致认为此项研究成果达到国际先进水平。这项试验研究成果进一步解决了克拉玛依砖房住宅的安全问题，安定民心、促进房改，同时也充实了我国多层砖房抗震设防体系和预测震害的知识。

汶川地震后的2010年回所，协助孙柏涛的三名研究生分析处理试验数据。集我试验经验和人工智能知识，指导陈珊撰写论文《西藏高烈度区农牧民安居工程中的试验数据知识和抗震模糊集》（2011，见本书1－20文）。博士周强六年后发表论文《构造柱圈梁抗震体系砌体平房振动台试验研究》（见本书1－21文），2017年还不忘当年共同探究署上我名。

震害调查和试验研究获得的大数据和深度学习的知识与其算法，是城乡房屋震害预测和安居设防智能辅助决策最关键的主要基础，是积累地震工程知识、培养造就抗震减灾人才必备的路径，是抗震救灾应急管理系统科学化、现代化的基础研究。

1-1　唐山地震多层砖房震害总结和工程抗震分析

杨玉成　杨　柳　高云学　朱玉莲　杨雅玲　刘一威　李玉宝

1　引言

1976年7月28日3时42分,河北省唐山市发生了7.8级强烈地震。宏观震中在市内,破坏中心烈度为11度,市区都在10度圈之内,地震波及整个唐山地区和北京、天津两市,使广大震区人民的生命财产遭受到很大的损失。

多层砖房是我国目前城镇住宅、学校、医院和办公等民用建筑的主要结构形式之一。在唐山地震的极震区,多层砖房大量倒塌,危及人员生命,尤其是在唐山市区造成了灾难性的损失;在地震波及区,多层砖房遭到不同程度的破坏,影响震后迅速恢复生产、安定生活。因此,认真总结多层砖房的震害经验,正确认识并尽可能地提高其抗震能力,在我国地震工程中是迫切需要进行深入研究的。

本文从地震破坏的概貌、破坏的统计数据和受震后的房屋动力特性等方面,概括地总结了多层砖房的震害。通过对301幢房屋65 953个墙段的抗震强度的计算,给出了不同烈度区多层砖房抗震强度系数的开裂临界值和高烈度区多层砖房抗震强度系数的倒塌临界值,从而相应地提出多层砖房按抗开裂和抗倒塌双重要求进行抗震设计的准则和若干抗倒塌的措施,并探讨了多层砖房抗震设计地震荷载与地震动强度的关系,为建设新唐山和地震区的房屋抗震设计提供了参考指标。

同时,本文提供了多层砖房这一种由脆性材料建筑的刚性结构,在强地震的震中区不同土质条件下的宏观工程反应及其沿近于地震主轴方向的衰减,以期作为地震工程学研究唐山地震,特别是震中区的地面运动的宏观基础材料。

2　多层砖房的震害调查

在中国科学院工程力学研究所首次唐山地震宏观考察初步总结之后,于1977年5—7月再次对多层砖房的震害进行了调查。调查地点为唐山市区,东矿区的范各庄矿生活区和卑家店古冶铁路工房区,滦县和昌黎县城、秦皇岛、天津和北京市区,其分布如图1所示。各调查点的宏观烈度和震中距列于表1。

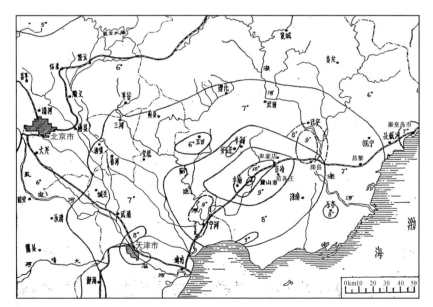

图1　唐山地震烈度分布图

本文出处:中国科学院工程力学研究所研究报告,编号78-025,1978年5月,1-48页。

表 1　调查地点的宏观烈度和震中距

地　点	宏观烈度	震中距/km
唐　山	10~11	≤6
范各庄	9	23
卑家店	9	26
滦　县	8(9)	50
昌　黎	7	84
秦皇岛	6(7)	126
天　津	7(8)	99
北　京	6	160

　　唐山市区的调查选取了 14 个小区（图 2），分布在新华路两侧，文化路和建设路之间，大城山、凤凰山和贾家山坡脚，陡河沿岸，以及路南区主破裂带附近。调查中，除新华中路临街主要建筑着重于带有钢筋混凝土构造柱的砖房和路南区主要调查裂而未倒的多层砖房外，一般在划定的小区内，将震前所有的多层砖房都统计到，尽量做到无遗漏。在现场逐幢调查震害和描绘建筑结构，并用砂浆回弹仪测定和宏观判断砌筑砂浆的标号，尽可能分清震害余震积累的影响和排除人为拆除的现象。对一些废墟已经清理的房屋，震害程度凭借介绍和 1976 年有关单位的调查资料，建筑结构以设计图为据，缺乏可靠资料的房屋不足以用来进行

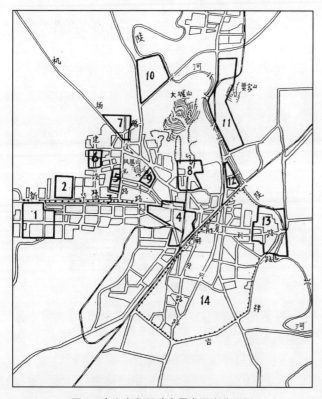

图 2　唐山市多层砖房震害调查分区图

抗震强度的计算，但也列入统计表中。在调查小区内还选取少量刚性砖平房，辅以分析多层砖房的抗裂设计地震荷载。

　　东矿区、滦县和昌黎的调查方法与唐山市区采用的方法相同。京、津、秦三市的调查是在当地有关单位的震害调查基础上，选取少量典型房屋进行的。这些调查地点房屋的震害一般是逐墙记载，而唐山市区房屋的震害是按层描述。

　　调查统计中的多层砖房，层数大多为二三层，少数为四五层，个别有七八层，高度达 20~30 m。墙体一般采用机制红砖混合砂浆砌筑，唐山还大量采用 150 号以上的建筑砖。楼（屋）盖多半为钢筋混凝土预制空心板，部分为现浇钢筋混凝土板，少数为木屋架瓦屋面。

2.1　震害概况

2.1.1　唐山市区

　　在唐山市地震烈度 10、11 度区内，多层砖房的震害特征表现为绝大多数倒塌、少数裂而未倒，墙体普遍产生斜向或交叉剪切裂缝，并伴有竖向裂缝，破损墙体有明显的滑移错位，屋盖预制板错动，板下墙体有不规则的水平缝。房屋的倒塌现象按震害程度可分为下列五种：

　　（1）全部倒平。整幢房屋的各层墙体破碎，散落四周，楼（屋）盖叠落在一起，侧移不大，如 255 医院的 6 幢三层病房和四层住宅、开滦总医院门诊楼东段（见本书 1-2 文的图 3）。也有底层窗台以下墙体残存者，如矿冶学院理化楼阶梯教室（图 3）。

图 3　矿院理化楼阶梯教室

　　（2）上层倒平，下层尚存。顶层或上部数层倒平，而底层或下部数层仅严重或中等破坏，这是较为普遍的震害现象。如五层的矿冶学院理化楼，上四层塌落在底层的楼板上（图 4），两幢四层住宅上两层倒塌（见

本书1-2文的图4)。又如五层的煤矿设计院,东段上三层倒平,西段上两层倒平(图5)。少数上层倒平的房屋不是塌落,而是向一侧甩出,如三面有平房相连的255医院门诊楼。

图4 矿院理化楼

图5 煤矿设计院

(3)倒塌。有的房屋一端或两端倒塌,有的中部倒塌,两端尚存,也有的房屋以走廊为界,一侧倒塌,另一侧未倒。如开滦三招(图6),中段七层(加半地下室)部分一塌到底,半地下室外露,两翼六层也大部倒塌,残墟呈V形。

图6 开滦三招

(4)外纵墙倒塌,横墙和内纵墙皆存,俗称开厢。从尚存的横墙外缘可见,有的横墙与倒塌的外纵墙间留直差(图7),有的横墙外缘被纵墙带落,有的横墙剪切破坏的外侧楔块连同纵墙一起倒塌(图8)。

图7 农具研究所

图8 唐山矿宿舍

(5)局部墙板塌落或掉落。在唐山市内裂而未倒的房屋中,多数有这种震害现象,如唐山矿托儿所、艺术学校和市二招东一楼(图9),墙角均有大块掉落。

图9 市二招东一楼

从唐山市多层砖房的宏观震害分布中,尚可明显地看到下列几个特点:

(1)多层砖房的震害现象往北逐渐减轻。

从路南主破裂带往北至新华路两侧,文化路、建设路之间,直至机场路,震害逐渐减轻。在路南和新华路两侧的多层砖房,绝大多数倒平,所存无几,而到文化路北口机场路两侧,大部分房屋为倒塌和局部倒塌,裂而未倒的房屋显著增多。市委办公楼和外贸局办公楼是采用同一图纸均用50号砂浆砌筑的四层房屋,前者位于新华路东端路北,震后倒平,后者在文化路北口机场路南侧,严重破坏。

(2)基岩上的多层砖房震害显著减轻。

市区北部的凤凰山、大城山和贾家山均为裸露的奥陶系灰岩残山,建于基岩上部不厚的密实土层上的多层砖房震害显著减轻,成为高烈度区中的低异常区。如坐落在基岩上的422水泥厂两幢灰楼住宅,破坏轻微(图10)。又如与外贸局同一图纸的建筑陶瓷厂办公楼,砂浆标号只有25号强,震害程度反而比外贸局办公楼轻。大城山南坡多层砖房的震害,随着覆盖上层的增厚而加剧,如开滦三中北教学楼,房北见基岩露头,震后中等破坏,而与其相距100多米的南教学楼,建筑结构类同,砂浆标号略高,因覆盖层增厚,震害明显加重,再往南过小窑马路,多层砖房大量倒塌。

图10　422水泥厂住宅

(3)陡河沿岸的多层砖房一般裂而未倒。

陡河由北往南流经市区东部,在Ⅰ级阶地前沿的近代冲积新土层中,夹有一层淤泥质黏性土,建于这一带的多层砖房震害大为减轻,只有少数因地裂缝穿过、滑坡或房屋抗震性能太差而倒塌,一般均裂而未倒。即使在路南区,破坏也较轻,如轻机厂办公楼(图11)、齿轮厂集体宿舍等。沿陡河两岸也形成一条高烈度区中多层砖房的低异常带。房屋墙体的开裂显示出软弱地基上的震害特征,如地基不均匀沉降致使墙体出现多道竖向裂缝(市建公司钓鱼台四层住宅);地基一端或两端局部下沉致使纵墙出现斜向裂缝(钢厂钓鱼台住宅南两幢);外纵墙地基下沉致使房屋沿纵轴竖向劈裂,裂缝上宽下窄(钢厂招待所)。而地基基础处理得较好或沉降较均匀的房屋,其震害现象仍为地震惯

图11　轻机厂办公楼

性力造成结构的剪切破坏(钢厂行政楼和钓鱼台住宅北两幢等)。

陡河沿岸刚性多层砖房破坏较轻,得益于幸存区域的宽度,沿河两岸为300~400 m。在河东,从Ⅰ级阶地后部起,多层砖房的震害并不因距震中远些而减轻,却复而又大量倒塌。从图12可明显见到,以钢厂附近的河东路为例,自河岸起至设计楼西、中段,多层砖房一般为严重破坏;在设计楼的中、东段之间,横穿一条宽约17 cm的地裂缝,设计楼东段倒塌;自此往东,钢厂中学、小学等多层砖房均倒塌。从钻孔资料也可见,79#孔在3.4 m以下有淤泥质亚黏土夹层,而80#孔没有。

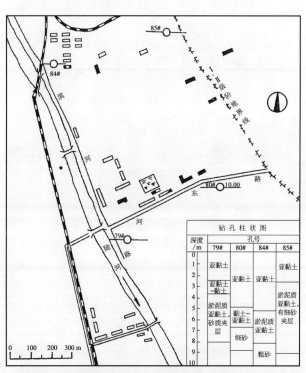

图12　唐山市路北河东小区多层砖房震害分布

(4)多层砖房中带有钢筋混凝土构造柱的砖墙裂而未倒。

唐山地震后,我们调查了10幢曾被称为带钢筋混凝土构造柱的砖混结构,其中有的只是门厅设个别柱,

如开滦总医院角楼、地区邮局营业楼;有的是局部内框架、内框架或加边柱组成的不完善的全框架,如煤研所主楼、地区旅馆门厅、电子局办公楼、新华新旅馆中厅、一所招待楼门厅;有的是组合柱,如矿院图书馆。在这8幢中,电子局办公楼和矿院图书馆都是底层倒塌,上层直落下来而未坍塌,地区邮局营业楼倒塌,一所招待楼门厅顶层墙架倒塌,其余4幢主体裂而未倒。多层砖房中带有钢筋混凝土构造柱,且与圈梁组成封闭边框的,我们仅调查到3幢,上述8幢均不属此列。

一所招待楼客房各层墙体均有斜向或交叉裂缝,滑移错位明显,四、五层后纵墙大量倒塌。而设有构造柱的楼梯间,横墙虽也每层均有斜裂缝,但滑移错位较一般横墙小得多,后纵墙不倒,仅三层有裂缝(图13)。如图所示,相邻无构造柱的外纵墙,三层有交叉裂缝,四层裂缝两侧楔块掉落,五层坍塌。靠内廊的两根构造柱都遭破坏,以二层柱头最为严重(图14),靠外纵墙的构造柱破坏轻微。表2给出了楼梯间墙、柱及其西侧相邻两横墙的震害。

图13 一所招待楼客房

六单位办公楼主体倒塌,门厅间一至三层有构造柱,裂而未倒(图15)。一层柱头基本完好,墙体开裂,但无滑移;二层柱头破坏也不明显,墙体裂缝略有滑移;三层柱头露筋,墙体明显滑移;四、五层无构造柱,也倒塌。

二轻局门厅设钢筋混凝土构造柱,东侧墙一至四层与圈梁形成带封闭边框的剪力墙,裂而未倒,而无内柱的顶层砖墙倒塌,外柱折断。西部无横梁的构造柱虽未倒,但砖墙体除底层外几乎全部倒塌。

(5)底层产生水平剪切破坏的多层砖房裂而未倒。

在调查中见到坐落在文化路西侧的三幢文化楼三层住宅其中前两栋倒塌,第三栋严重破坏,裂而未倒。这三幢楼采用相同的设计图纸,由同一施工队流水作业施工,竣工后施工和设计单位皆认为第三栋质量差。调查时宏观判断和用回弹仪测定砂浆标号,各楼底层有很大的差异。从已倒的第二栋的残垣来判断,内纵横墙在窗台标高以下为50号砂浆,窗台以上墙体已破碎散落,砂浆标号偏低,许多砖不沾灰,从黏结在底层楼板下第二皮砖上的砂浆来判断,较高的也不超过25号强,一般为25号。第三栋在底层自地面起到10~16皮砖,用回弹仪测定和宏观判断砂浆标号约为10号左右,砂浆呈灰褐色。窗台以上的砌体砂浆标号不低于50号,用砂轮磨灰缝时,砖反比砂浆疏松易磨。震后第三栋的裂缝以水平剪切为主,底层纵横墙普遍有水平缝,错位明显(图16),裂缝位置在墙根部、窗台和窗过梁高度,水平缝的滑移量最大达4~5 cm,由东往西略微减轻。

在路南机车厂工房住宅区有17幢多层砖房,仅存一幢两层住宅的中西两单元破坏较轻,纵墙和山墙沿火炕高度有水平缝,错位1 cm,墙体上部基本完好。此幢砂浆标号为25号强,滑移层的黏结情况不明,其他幢的标号也未测定。

图14 一所招待楼客房二层 **图15 六单位办公楼**
柱头破坏严重

图16 第三栋文化楼裂缝

表2 唐山市一所招待楼带构造柱的砖体的震害

层次	楼 梯 间		西侧横墙	
	内廊构造柱	西 横 墙	西 1	西 2
一	未见明显破坏	斜裂缝宽0.5 cm	楼盖外起第三块空心板裂缝,板下墙体竖缝宽4.0 cm	类同西1,竖缝宽3.5 cm
二	柱被墙错位外推,略倾斜,柱头混凝土酥裂、崩落,钢筋屈曲,柱身有4~5道水平缝,根部未见明显破坏	多道斜裂缝,3条错位缝,总宽3.0 cm	多道斜向和竖向缝,6条错位缝,总宽14.5 cm	类同西1,裂缝总宽15.0 cm
三	柱头混凝土酥裂,表皮大片崩落	裂缝总宽1.5 cm	裂缝总宽19.5 cm	裂缝总宽24.0 cm
四	柱头混凝土开裂,表皮局部崩落	斜裂缝总宽1.0 cm,外纵墙未倒	横墙多道裂缝,外缘连同外纵墙倒塌	类同西1
五	基本完好	斜裂缝宽0.3 cm	类同四层	类同四层

（6）纵墙承重的多层砖房破坏较轻,一般只倒顶层。

在我们调查的14个小区中,见到12幢纵墙承重的三层砖房。其中11幢的建筑结构布置基本类同,它们是煤研所东一和西一住宅、集体宿舍、唐山矿集体宿舍（2幢）,煤矿设计院住宅（2幢）,唐钢一炼更衣室和北工房住宅,其结构体系均不属于刚性多层砖房,由三或四道纵墙承重,底层用12 cm厚砖隔墙,上层为板条隔墙,屋盖除煤矿设计院的2幢为现浇钢筋混凝土梁板外,其他均为木屋架瓦屋面坡顶。它们的震害也类同,破坏均集中在顶层（图17）。轻者如北工房两幢住宅,仅顶角开裂,另一幢因地裂缝穿过而使端开间倒塌,其余6幢木屋盖的房屋均顶层倒塌或大部倒塌,两幢钢筋混凝土平屋顶的顶层向北倾斜,局部墙倒,使顶板斜塌。所有这些房屋的一、二层纵横墙裂缝均无明显滑移错位,属中等破坏,甚至更轻。

图17 唐山矿宿舍

另一幢在路南,为车辆厂三层东门宿舍,四道纵墙承重,在13开间中有两道24 cm厚的砖墙,其余为矿渣砖填充横墙,楼梯间和端山墙由横墙承重,楼（屋）盖为预制梁板,震后两楼梯间和端开间一塌到底,其余墙体裂而未倒（图18）,横墙底层破坏最重,砖墙滑移错位致使纵墙局部外鼓,矿渣砖墙剪切破碎。

图18 车辆厂三层东门宿舍

（7）高耸砖混结构房屋主体裂而未倒。

在调查中见到5幢六层和六层以上、屋顶标高超过20 m的砖混结构房屋（表3）。其中4幢是空旷的门厅或角楼,震后依然耸立在新华路上（图19、图20）。这4幢建筑在带钢筋混凝土构造柱的多层砖房中已谈及,其柱的设置多寡不一,承重结构不属同一类型。开滦总医院角楼只在门厅中部有两根独立柱,属砖墙承重结构,新华新旅馆中厅属不完全的框架承重结构,煤研所主楼和地区旅馆中厅都由砖墙兼局部内框架承重。它们的共同点不仅是高度均在20 m以上,且平面尺寸都小于高程,与相邻侧翼有变形缝分割,设有钢筋混凝土地下室。这4幢建筑的震害,3幢六层的均倒塌顶层或出顶小楼,八层的在五层处破坏最重,即最严重的震害都发生在自室外标高20 m左右处。而另一幢刚性结构体系的开滦三招,震后倒塌。

表3　唐山市高耸砖房

房 屋 名 称	屋顶标高/m	平面尺寸/m	层　数	地下室	变形缝	震　害
煤矿研所主楼	24.7	14.6 × 17.9	6	有	有	顶层倒塌
地区旅馆	21.7	14.6 × 16	6(7)	有	有	顶层和屋顶小楼倒塌
新华新旅馆	28.2(31.7)	18 × 16.7	8(9)	有	有	五层墙柱破坏最重
开滦总医院角楼	21.9(25.8)	18 × 19	6(7)	有	有	屋顶小楼倒塌
开滦三招	23.4[20.1]	7.2 × 15.4	7[6]	加半地下室	无	倒塌

注：小括号中数值为包括屋顶小楼的总层数和标高；中括号中数值为两翼的层数和标高。

图19　新华新旅馆

图20　开滦总医院角楼

2.1.2　东矿区

在东矿区调查了范各庄和卑家店两个点，震中距分别为23 km和26 km。范各庄西北2 km有沙河流过，地势平坦，地震中个别房基有轻微沉陷现象。卑家店北靠域山丘陵地，地基较密实。两地宏观烈度均为9度，多层砖房的震害相类似，多数严重破坏，少数中等，个别轻微，无整幢房屋倒塌现象。

遭到严重破坏的主要是三开间布置的办公楼和中小学教学楼。震害表现为纵横墙产生贯通的斜向或交叉裂缝，错位滑移明显，明角部位的斜裂缝纵横相交，形成V形楔块，有的楔块掉落。如范各庄班前会议室、卑家店古冶铁路小学。

遭到中等程度破坏的多层砖房，墙体虽有贯通的剪切裂缝，但无明显错位滑移，如范各庄单身宿舍。

2.1.3　滦县

滦县县城距主震震中约50 km，距7.1级强余震震中12 km。主震宏观烈度为8度，余震北部为9度。城关镇地势平坦，城东1 km多有滦河流过，地下水位较高，地震时有喷砂冒水现象。多层砖房的震害有下列特点：

（1）有的房屋因地基不均匀下沉而破坏，如县水电局办公楼附近喷砂冒水，地基下沉，外纵墙产生对称的斜裂缝，裂缝由三层向两侧倾斜，延伸到一层，缝宽

达2 cm，内纵横墙脱开，形成上宽下窄的纵向通缝，直至屋面，整个建筑遭到严重破坏。

（2）7.1级余震时，县城北部多层砖房震害明显加重，南部变化不大。主震时已遭破坏的县工业局，强余震时上层窗间墙酥裂欲坍，横墙斜裂，底层门窗间墙也产生斜裂缝。主震仅遭中等破坏的旅馆大楼，强余震时加剧为严重破坏。县卫生局办公楼主震时无明显破坏，在7.1级强余震袭击下顶层倒塌。

（3）7.1级余震时，出现倾覆倒塌现象。卫生局办公楼的二层门厅以西倒塌，从破坏的现场分析，倒塌的次序是先倒外纵墙，倒塌下来的范围近于房高，然后横墙在出平面外倾覆，整片墙面翻倒在楼盖上，最后屋盖塌落在倾翻的横墙上（图21）。门厅以东倒尽端开间，底层墙体全部开裂。

2.1.4　昌黎

距震中约84 km的昌黎县城，遭到地震烈度为7度的破坏。多层砖房多数完好或轻微损坏，个别中等破坏。

昌黎交通局二层7单元住宅、华北农大分校二层实验楼和三层单身宿舍震后无明显破坏，为基本完好。四层办公楼、三层少数窗间墙产生交叉裂缝及斜裂缝，个别横墙有轻微斜裂缝。昌黎房产二层10单元住宅，底层南北纵墙宽墙段有轻微斜裂缝，横墙完好，亦为轻

图21　卫生局办公楼二层门厅以西倒塌

微损坏。位于城关北山脚处的卫生科三层砖混结构，大部分墙体产生剪切裂缝，遭到中等程度的破坏。唯有位于城关东北角的果树研究所三层办公楼，破坏程度超过中等，底层内外墙全部产生贯通的交叉裂缝，中间局部凸出的三层，纵横墙也都开裂，个别墙段有滑移错位。

2.1.5　秦皇岛市

秦皇岛市区距震中126 km左右，该市按砖石结构规范和规程设计的多层砖房，仅少数遭受到中等破坏或轻微损坏，无倒塌。震害现象一般表现为门窗角开裂，预制板板缝开裂、错动，部分墙体出现斜向或交叉裂缝。

秦皇岛市的宏观烈度按地震烈度衰减规律在6度圈内，河北省地震局在修改烈度分布图时，改划为6度区中的7度异常区。从多层砖房的震害看，其比通常的6度区要重些，但不及阳江、乌鲁木齐等地震的7度震害。该市震害偏重，就我们所见，由以下因素所致：

（1）砌体的材质差。砌筑砂浆中的骨料级配不好，几乎全为粗砂，砂浆试块的抗压强度虽能达到设计标号，但施工时和易性不好，孔隙大，砌体的剪切强度低，受振后易松散。砖标号也普遍低，有的承重墙体使用的青砖不足50号。

（2）部分地区地基软弱，房基下有淤泥质土层，基础未做有效处理。如商检处理化楼、玻璃研究所宿舍和办公楼，均因地基不均匀下沉而加剧上部结构的破坏。

（3）楼（屋）盖整体性差。预制板下无坐浆，板缝灌浆质量差，不少房屋设计甚至不要求灌缝，并且在顶板上直接干铺焦渣。震后不仅许多房屋板缝开裂，预制板在墙上错动，而且不能将地震荷载有效地分配给抗侧力构件，使一些墙段过早地开裂，如学校中的教室横墙。

（4）个别房屋建筑结构布置不利抗震，导致局部

严重破坏。如卫生局办公楼，层数为2－4－3阶型，使凸出屋顶的四层小楼严重破坏，墙体向两层一侧错动。航务局五处四层住宅，底层做商店用，隔一开间设内柱，起抗震作用的横墙均被大门洞削弱，致使横墙出现严重的斜向裂缝。

2.1.6　天津市

原计划在有强震记录的天津医院四周进行多层砖房的宏观调查，以期将计算的多层砖房地震荷载的结果与强震记录相对应。调查时只发现大沽路文化局住宅因砂浆标号偏低，纵墙有剪切裂缝，其余多层砖房没有明显的地震剪切破坏现象，因此不得不改为在全市调查典型房屋。

调查时见到的近十多年来所建的多层砖住宅和教学楼受地域分布的震害差异并不显著，是较典型的宏观7度现象。凡按7度设防标准设计和施工的教学楼，破坏均较轻微，只是少数内纵墙宽墙面和教室横墙有微细的斜裂缝。如贵阳路中学，震后轻微损坏，其四周倒塌的多层砖房虽多，但都是三四十年代用海河泥砌筑的，年深日久、强度很低、质量很差的老旧房屋。遭到中等程度以上破坏的教学楼如天明中学、天明西里小学，也并非场地效应，而是砌筑砂浆标号偏低，前者由100号变化到10号，后者均只有4号强。天津市的1974－住标准住宅，震害也较轻，一般除了门窗角有裂缝外，只是填充内纵墙的宽墙面有斜向或交叉裂缝。调查中还见到少数住宅在外纵墙底层窗台高度有水平通缝。

1976年11月15日，宁河发生6.9级强余震，该余震使已破坏的多层砖房裂缝更为明显，但未使破坏显著加剧。天津市多层砖房的震害描述包括了余震的累积破坏在内。

2.1.7　北京市

北京市区的宏观烈度一般为6度，多层砖房墙体裂缝一般属于构造裂缝。如门窗口开裂、教室通气道或烟道有轻微竖向裂缝，或因局部地基下沉导致一些轻微的震害，只是个别房屋的墙体有剪切裂缝。如景山学校教学楼两道横墙有明显的斜向裂缝，192中教学楼中间一道横墙的二、三、四层均有斜裂缝，金顶中学教学楼也有斜裂缝产生。

在德胜门—莲花池一带，震害明显加重，为烈度异常区带，多层砖房的剪切破坏也较为普遍。如与景山学校教学楼设计图基本相同的马神庙小学，各层教室横墙普遍有斜向或交叉裂缝，183中五层教学楼的一、二层教室横墙也普遍有剪切裂缝。

2.2 震害百分率统计

这次在唐山、滦县、昌黎、秦皇岛、天津和北京，共调查多层砖房 542 幢，其中未计入砖木楼房和多层石房，但包括了少量局部外墙用块石砌筑的房屋。唐山市区共调查多层砖房 352 幢，占唐山市多层砖房的 38.4%。据普查资料，唐山市震前有多层砖房 916 幢，其中两层的 417 幢，三层的 398 幢，四层以上的 101 幢。唐山市另有多层石房 124 幢，砖木楼房 147 幢，它们的震害比多层砖房更为严重。在调查和普查多层砖房的幢数时，凡用变形缝分割成若干区段，且震害有差异的多层砖房，均按分割成的单元计数。

我们将房屋的震害程度分为以下六类：

(1) 倒平。整幢房屋一塌到底，或上部数层倒平，或房屋大部分倒塌，残垣占全楼 25% 以下。

(2) 倒塌。外纵墙全部倒塌，或木屋盖的顶层大部倒塌，或房屋部分倒塌的范围约占全楼 25% 以上。

(3) 严重破坏。房屋的主体结构破坏严重，墙体开裂，并有明显的滑移、错位，或酥碎、局部掉角，或个别墙板塌落。一般须经大修后方可使用，或已无修复价值。

(4) 中等破坏。房屋的主体结构及其连接多处发生明显裂缝或破坏，经过局部修复、补强或加固处理后仍可使用。

(5) 轻微损坏。主体结构基本完好，墙板只有局部轻微的裂纹或构造裂缝。不影响正常使用，只需稍加修理。

(6) 基本完好，也包括完好无损。

上述各类震害相应的震害指数为 1.0、0.8、0.6、0.4、0.2 和 0。在唐山市的 14 个小区中，多层砖房不同震害程度的百分率和震害指数列于表 4 中。路南主破裂带附近的小区，我们只着重于寻找裂而未倒的房屋，其余几乎全部倒平或倒塌，因此以调查幢数来统计震害百分率是无意义的，它的震害指数必定是大于表中的 0.9。

表 5 列出了各地调查房屋的不同震害程度的幢数，以及唐山市不同地基土质的三大区和范各庄、卑家店、滦县、昌黎等地的震害百分率和震害指数。据普查资料，全唐山市的综合震害百分率如下：倒平和倒塌的房屋占 75%，严重和中等破坏的占 22%，轻微损坏以下的只有 3%，综合震害指数为 0.85。多层砖房大多数在路北（Ⅲ类地基土），路南（Ⅱ类地基土）仅占 15% 左右，山坡脚和陡河沿岸总计也只有 15%，因此路北区的震害百分率和震害指数接近于全唐山市。

表 4 和表 5 中的震害指数标志着各调查地点多层砖房的综合震害程度。然而每幢多层砖房的抗震能力可以有成倍的差异，因此用多层砖房的震害指数来反映地震动的强度是不够可靠的，只能作为评定宏观烈度的参考指标。

表 4　唐山市多层砖房震害程度统计表

区号	小区名称	幢数	倒平 幢数	倒平 %	倒塌 幢数	倒塌 %	严重破坏 幢数	严重破坏 %	中等破坏 幢数	中等破坏 %	轻微破坏 幢数	轻微破坏 %	基本完好 幢数	基本完好 %	震害指数
1	新华路西端路南	30	21	70	6	20	3	10	0		0		0		0.92
2	新华路西端路北	29	15	52	9	31	5	17	0		0		0		0.87
3	新华中路临街	17	11	64	3	18	3	18	0		0		0		0.90
4	新华路东段西山口	43	18	42	15	35	6	14	4	9	0		0		0.82
5	文化路南段路西	21	8	38	5	24	6	29	2	9	0		0		0.78
6	建设路中段	40	16	40	10	25	13	32	1	3	0		0		0.80
7	文北路北口机场路	40	9	22	14	35	16	40	1	3	0		0		0.76
8	大城山南坡	18	0		2	11	10	56	2	11	4	22	0		0.51
9	凤凰山一所	7	0		3	43	4	57	0		0		0		0.69
10	大城山北—钓鱼台	22	0		2	9	11	50	3	14	5	23	1	4	0.47
11	陡河东—贾家山	33	0		8	25	12	36	7	21	3	9	3	9	0.52
12	路北河西	9	0		0		3	33	6	67	0		0		0.47
13	路南陡河	19	0		8	42	3	16	7	37	1	5	0		0.59
14	路南主破裂带附近	24	19	—	0		4		1		0		0		>0.9
累　计		352	117		85		99		34		13		4		

表 5　唐山地震区多层砖房震害调查统计表

区　号	调查地点	幢数	倒　平		倒　塌		严重破坏		中等破坏		轻微破坏		基本完好		震害指数
			幢数	%	幢数	%	幢数	%	幢数	%	幢数	%	幢数	%	
1.1~1.7	唐山市路北	219	98	44	62	28	52	24	8	4	0		0		0.83
1.8~1.11	唐山市陡河沿岸	67	0		17	26	18	27	21	31	9	13	2	3	0.52
1.10~1.13	唐山市山坡脚	42	0		6	14	25	63	4	9	4	9	2	5	0.53
1.14	唐山市路南	24	19	—	0	—	4		1	—	0		0	—	[0.96]
2.1	范各庄	30	0		0		21	70	7	23	0		2	7	0.51
2.2	卑家店	20	0		2	10	3	15	14	70	1	5	0		0.46
3	滦县	15	0		0 (2)	(13)	4 (4)	27 (27)	3 (3)	20 (20)	6 (4)	40 (27)	2 (2)	13 (13)	0.32 (0.40)
4	昌黎	17	0		0		1	6	5	30	4	23	7	41	0.20
5	秦皇岛	41	0	—	0	—	0	—	9		9		23	—	[0.14]
6	天津	40	0		0		4		7		9		20		
7	北京	27	0		0		0		7		15		5		
累　计		542	117		87		132		86		57		63		

注：小括号中数值为 7.1 级余震后的破坏率；中括号中数值据普查资料而得。

2.3　自振特性的测定

我们在唐山和秦皇岛两地用脉动仪对地震后产生不同震害的 18 幢多层砖房的自振特性进行了测定。自振周期和阻尼的测量结果列于表 6 中。

表 6　实测多层砖房周期和阻尼

地点	房号	房屋名称	周期/s			阻　尼		
			横　向		纵　向	n	$\lambda = \dfrac{1}{n}\ln\dfrac{A_0}{A_n}$	$\varepsilon = \dfrac{\lambda}{2\pi}$
			脉　动	冲　击	脉　动			
唐山市	1.2－3	煤研所东二住宅	0.25	0.25	0.37	10	0.274	0.044
	1.5－5	文化楼住宅第三栋	0.28	0.24	0.28	4	0.510	0.081
	1.6－1	休干所丁型住宅（Ⅱ）	0.17	0.17	0.18	3	0.360	0.057
	1.6－1	休干所丁型住宅（Ⅲ）	0.20	—	0.17	—	—	—
	1.7－1	外贸局办公楼	0.44	0.45	0.38	6	0.216	0.034
	1.7－8	跃进楼迁建住宅	0.31	0.31	—	10	0.279	0.044
	1.8－5	422 水泥厂灰楼住宅	0.16	0.17	0.13	18	0.236	0.038
	1.8－7	开滦三中南教学楼	0.20	0.20	—	6	0.152	0.024
	1.8－8	开滦三中北教学楼	0.18	0.18	—	10	0.137	0.022
	1.10－2	27 中新教学楼	0.34	0.35	0.36	5	0.144	0.023
	1.10－6	市建住宅	0.35	0.38	0.53	3	0.122	0.019
	1.11－12	建陶办公楼	0.42	0.40	0.45	5	0.294	0.047
	1.11－13	建陶单身宿舍	0.19	—	0.29	—	—	—
秦皇岛	5－1	设计处办公楼	0.31	0.31	0.28	15	0.257	0.041
	5－7	秦铁小学	0.17	0.20	0.17	4	0.195	0.031
	5－10	航务三中	0.24		0.24			
	5－15	汤河三层住宅	0.22		0.23			
	5－16	汤河四层住宅	0.31		0.32			

自振周期分别用脉动法和火箭推力器的冲击产生的振动来测量,其结果两者无显著差异。遭受严重破坏的房屋自振周期显著增长,建筑结构相同的房屋破坏程度越严重,周期越长,如外贸局办公楼比建陶办公楼长,开滦三中南教学楼比北教学楼长,休干所丁型住宅Ⅲ号比Ⅱ号长。图22绘出了实测多层砖房横向自振周期与房屋高度的关系,图中虚线是工程力学所1964年根据对多层砖房实测结果所推荐的经验公式,受震房屋的实测周期一般均比它要长。依据这次实测结果,遭受严重破坏的多层砖房横向自振周期与高度的回归直线为

$$T_x = 0.032\ 9(H_0 - 0.9)\quad (H_0 \geqslant 6\ \text{m})$$

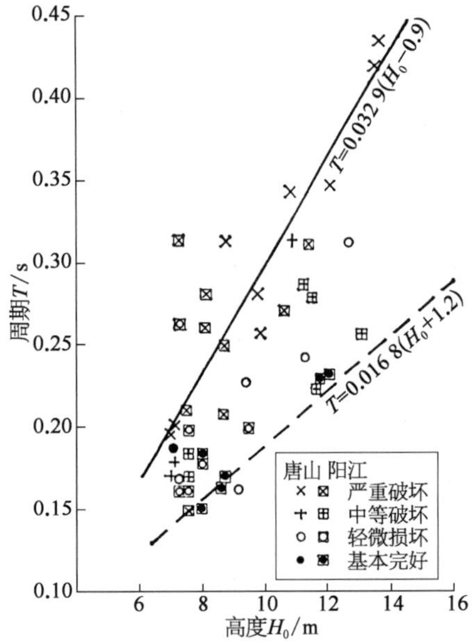

图22　实测多层砖房周期与高度的关系

在图22中还绘出了阳江地震后实测的周期,阳江地震中遭受严重破坏的多层砖房自振周期也分布于此直线的附近。

测量用的火箭推力器的作用力为500~800 kg,脉冲时间为0.2 s左右,由它所产生的振幅比脉动大50~100倍,房屋的阻尼比是按推力器冲击振动的振幅(A)自由衰减来求得的。从表6可见,房屋横向的ε值一般在0.02~0.05,横墙密的多层砖房比横墙稀的ε值要大,单开间的住宅比三开间的学校教学楼的ε值一般要大1倍左右。房屋破坏的严重程度对阻尼的测量结果的影响并不像自振周期那样显著。唯文化楼住宅第三栋的阻尼特大,市建住宅偏小,与震害性态有关。

用脉动法测量房屋的横轴和纵轴方向各层的振动位移,其结果与阳江地震后所测得的规律相同,即多层砖房遭受严重破坏后,仍以剪切变形为主,在唐山用脉动仪记录到微弱地震的结构振动位移,也以剪切变形为主。

3　砖墙体的抗震强度

唐山地震和近十多年来历次破坏性地震的震害经验表明,多层砖房抗御地震的能力主要取决于砖墙体的抗震(剪)强度。我们在唐山、范各庄、卑家店、滦县、昌黎、秦皇岛和天津等地调查的多层砖房中,计算了197个房号,共301幢房屋的883层次,共65 953段墙体的抗震强度。各地计算的数量列于表7。

表7　唐山地震中多层砖房墙体抗震强度的计算数量

地　点	房号数	幢　数	层次数	墙段数
唐　山	134	220	639	49 573
范各庄	7	15	44	2 145
卑家店	7	17	49	2 364
滦　县	10	10	23	2 110
昌　黎	9	9	24	2 447
秦皇岛	14	14	40	3 086
天　津	16	16	64	4 228
合　计	197	301	883	65 953

3.1　计算方法

刚性多层砖房在历次破坏性地震中,墙体上的裂缝形式一般为斜缝或交叉缝,即为主拉应力的剪切型破坏。因此,砖墙体的抗震计算按以下方法进行:

(1)地震荷载由平行于地震力方向的砖墙体来承受,即纵横墙分别承受两个方向的水平地震力。

(2)作用于各楼层的水平地震荷载按倒三角形分布,即

$$P_i = \frac{W_i H_i}{\sum\limits_{i=1}^{n} W_i H_i} Q_0$$

式中:W_i为集中在i层的重量,即i层的楼(屋)盖自重和活荷重,加i层与$(i+1)$层墙体的半高重量。楼盖活荷重一般按房屋使用功能,住宅、宿舍、办公楼和教室分别取为100 kg/m²、75 kg/m²、50 kg/m² 和25 kg/m²,不计屋盖活荷重。H_i为i层的高度,即自室外地坪算起楼面结构标高,坡屋顶加其坡高的1/3。Q_0为总地震荷载。

(3)楼(屋)盖只做平移和平面内的转动,墙体与楼盖、窗间墙和上下墙段之间均为固结。对只有平移的刚性楼盖,各墙段承受的地震力按层间各墙段刚度分配,即

$$Q_{ij} = \frac{k_{ij}}{\sum\limits_{j=1}^{m} k_{ij}} \sum\limits_{S=i}^{n} P_S$$

$$k_{ij} = \left(\frac{\mu' h_{ij}}{GA_{ij}} + \frac{h_{ij}^3}{EA_{ij} l_{ij}^2} \right)^{-1}$$

式中：h_{ij}为计算墙段的高度；A_{ij}为计算墙段的净截面积；l_{ij}为计算墙段的长度。并取 $u' = 1.2$，$G = 0.3E$。

刚心和质心有明显偏差的房屋，楼盖产生平面内的转动，各墙段上由扭转产生的附加地震力按静力法计算，取动力放大倍数 $\beta = 1$。

对层间刚度分布比较均匀的横墙，各墙段承受的地震力按横墙净截面积分配，即

$$Q_{ij} = \frac{A_{ij}}{\sum\limits_{j=1}^{m} A_{ij}} \cdot \sum\limits_{S=1}^{n} P_S$$

（4）砖墙体承受水平地震剪力的抗震强度，采用主拉应力公式计算：

$$(R_\tau)_{ij} = (R_j)_{ij}\sqrt{1 + (\sigma_0)_{ij}/(R_j)_{ij}}$$

式中：$(R_j)_{ij}$为砖砌体主拉应力强度；$(\sigma_0)_{ij}$为正压应力。

按《工业与民用建筑抗震设计规范》(TJ 11—1974)规定，取安全系数为2，则要求砖墙体的抗震强度为

$$(R_\tau)_{ij} \geq \frac{2\xi_{ij}}{A_{ij}}Q_{ij}$$

式中：ξ_{ij}为截面上的剪应力不均匀系数，按矩形截面取 $\xi_{ij} = 1.5$。

$$令 \quad K_{ij} = \frac{(R_\tau)_{ij}}{2\xi_{ij}} \cdot \frac{A_{ij}}{k_{ij}} \cdot \frac{\sum\limits_{j=1}^{m} k_{ij}}{\sum\limits_{i=1}^{n} W_i} \cdot \frac{\sum\limits_{i=1}^{n} W_i H_i}{\sum\limits_{S=i}^{n} W_S H_S}$$

并称 K_{ij} 为砖墙体抗震强度系数。因

$$Q_0 = C\alpha_{max}\sum\limits_{i=1}^{n} W_i$$

式中：C为结构系数；α_{max}为地震影响系数的最大值。故若 $K_{ij} > C\alpha_{max}$，则震后墙体不开裂；若 $K_{ij} < C\alpha_{max}$，则墙体破坏，差值越大，剪切破坏越严重；若 $K_{ij} = C\alpha_{max}$，则砖体处于开裂破坏的临界状态。将砖墙体抗震强度系数的开裂临界值写作 K_0。当在多层砖房抗震设计时，取 $C\alpha_{max} = K_0$ 时，则称 K_0 为多层砖房抗裂设计地震荷载系数。在乌鲁木齐、阳江、海城等地震后，我们曾用多层砖房的震害实例来求 K_{ij}，其临界值 K_0 是明显的。我们曾称这种方法为地震荷载系数的反算。

由各层纵横墙的 K_{ij} 值分别加权平均，得每一层砖墙体的平均抗震强度系数 K_i，称 K_i 为层间抗震强度系数。

这次唐山地震中的多层砖房墙体抗震强度的计算均是用电子计算机进行的。输入房屋的平立面尺寸、砂浆标号及其楼（屋）盖和墙体的单位面积重，输出 W_i、K_i、K_{ij}，以及其层间抗震强度系数的均方差和墙段抗震强度系数的最小率。并同时对秦皇岛市多层砖房

的墙体抗震强度系数用手算进行了复核，结果相符。

3.2 砖墙体砌筑砂浆标号的确定

砖墙体砌筑砂浆的标号对抗震强度的影响颇大。震害调查时，我们对砂浆标号的确定给予了极大的重视，但因缺乏精确的定量手段，一般也只是依据现场取样，进行宏观判断和用 HT－28 型砂浆回弹仪测定，并结合查阅设计标号，了解施工配比综合评定。

到现场前，我们压了一批各种标号的砂浆试块，进行宏观判断砂浆标号的练兵，在现场与其对比，作为宏观判断砂浆标号的依据。一般这种宏观判断的准确性大致为 $\pm\frac{1}{3}$ 级，即将 25 号砂浆可能判断为 25 号强或 25 号弱，一般不会判断成 10 号强或 50 号弱。

表8 砂浆标号的宏观判断和回弹测定

宏观判断	回弹值			弹击深度			回弹标号
	平均值	幢数	均方差率/%	平均值	幢数	均方差率/%	
50 号以上	39.8	3	—	0.50	3	—	
50 号	32.3	22	8.2	0.66	21	22.7	
50 号弱	28.3	2	—	0.85	2	—	(47)
25 号强	27.0	8	6.5	0.95	8	14.8	33
25 号	24.8	16	9.3	1.08	16	13.9	26
25 号弱	22.6	7	7.2	1.10	5	16.3	21
10 号强	17.4	2	—	1.35	2	—	(12)
10 号	16.0	8	13	1.67	8	15.6	

在现场，我们用回弹仪共测定了 80 幢房屋的砂浆标号。大量倒塌的房屋已无法测定，而一些无破损的房屋又不宜凿开墙面，也很少测定。在宏观判断为同一级标号的砌筑砂浆中，用回弹仪回弹所测得的平均回弹值和弹击深度的离散度不大。由表8可见，回弹值的均方差率小于13%，弹击深度的离散要大些，均方差率最高可达22.7%。按回弹仪的强度曲线，在其有效范围之内所得的砂浆标号，回弹值与宏观判断值也相接近。用回弹仪测定砂浆标号，仪器误差一般在30%之内。

有些房屋因设计要求或施工质量原因，砂浆标号变化较多，宏观判断和用回弹仪测定时，一般注意到内外墙和上下层的差异。对已清墟的房屋，砂浆标号只得依据原设计标号。

3.3 计算结果

表9~表14分别给出了唐山市区（14 个小区）、东矿区（范各庄和卑家店）、滦县、昌黎、秦皇岛和天津计算房屋的层间平均墙体抗震强度系数值与震害概况。

表9 唐山市多层砖房的震害与抗震强度系数

小区	房号	房屋名称	幢数	震害概况	墙段	各层层间平均抗震强度系数				
						1/-0.5	2	3	4/7	5/6
新华路西端路南小区	1.1-1	河北矿冶学院理化楼	1	上四层倒塌,叠落在底层顶板上	横	0.085 4	0.080 5	0.073 8	0.089 7	0.158
					纵	0.154	0.137	0.131	0.155	0.252
	1.1-2	河北矿冶学院学生宿舍	4	倒平	横	0.144	0.146	0.170	0.298	
					纵	0.065 8	0.069 5	0.083 6	0.156	
	1.1-3	河北矿冶学院新建学生宿舍	1	倒平	横	0.177	0.183	0.218	0.370	
					纵	0.163	0.173	0.209	0.360	
	1.1-4	255医院门诊楼	1	上二层往北甩出,底层墙体开裂	横	0.115	0.088 9	0.130		
					纵	0.160	0.138	0.200		
	1.1-5	255医院住院病房	6	倒平	横	0.098 1	0.109	0.167		
					纵	0.157	0.170	0.258		
	1.1-6	255医院医疗平房	3	严重破坏	横	0.445				
					纵	0.452				
	1.1-7	255医院传染科病房	2	严重破坏	横	0.332	0.506			
					纵	0.342	0.539			
	1.1-8	255医院住宅	1	倒平	横	0.204	0.212	0.254	0.447	
					纵	0.109	0.114	0.139	0.251	
	1.1-9	二十六中	1	严重破坏,横墙比纵墙重,底层比顶层重	横	0.321	(0.539)			
					纵	0.576	(0.921)			
	1.1-10	河北矿冶学院三层住宅	2	北幢残存底层,南幢残存底层部分横墙	横	0.253	0.192	0.297		
					纵	0.068 1	0.070 3	0.115		
	1.1-11	河北矿冶学院四层住宅	2	三、四层倒塌,残存一、二层	横	0.209	0.220	0.198	0.359	
					纵	0.234	0.247	0.220	0.401	
	1.1-12	汽车修配厂油库	1	墙体有细微的贯通斜裂缝,纵墙较明显	横	0.938				
					纵	0.607				
	1.1-13	河北矿冶学院危险药品库	1	基本完好	横	0.652				
					纵	0.773				
	1.1-14	河北矿冶学院传达室	1	严重破坏	横	0.473				
					纵	0.358				
新华路西端路北小区	1.2-1	煤研所主楼两侧	2	西侧倒平,东侧顶上两层倒平,叠落在三层顶板上	横	0.111	0.111	0.113	0.117	0.211
					纵	0.137	0.129	0.143	0.153	0.228
	1.2-2	煤研所东一、西一住宅	2	东一顶层近于全倒,西一顶层局部倒,一、二层中等破坏	横	0.154	0.142	0.266		
					纵	0.218	0.228	0.439		
	1.2-3	煤研所东二住宅	1	严重破坏,局部南纵墙外倒	横	0.273	0.304	0.486		
					纵	0.199	0.226	0.375		
	1.2-4	煤研所东四、东五住宅	2	东四严重破坏,东五西半部倒,东半部严重破坏(砂浆不匀)	横	0.204 0.275 0.343	0.230 0.316 0.403	0.383 0.545 0.710		
					纵	0.189 0.256 0.321	0.199 0.275 0.334	0.340 0.487 0.639		

（续表 9）

小区	房号	房屋名称	幢数	震害概况	墙段	各层层间平均抗震强度系数				
						1/-0.5	2	3	4/7	5/6
新华路西端路北小区	1.2-5	煤研所西二、西三、西四住宅	3	西三、西四倒平,西二大部倒塌,残存北半边	横	0.186	0.206	0.390		
					纵	0.225	0.252	0.472		
	1.2-6	煤研所集体宿舍	1	顶层倒塌,二层横墙较纵墙破坏严重,底层中等破坏	横	0.165	0.140	0.281		
					纵	0.244	0.283	0.571		
	1.2-7	煤研所同位素室	1	基本完好	横	0.698 (0.675)	括号内数不计混凝土护墙			
					纵	0.839 (0.792)				
	1.2-8	唐山地委甲型住宅	5	全倒	横	0.228 (0.306)	0.253	0.416		括号内数为设计值
					纵	0.150 (0.204)	0.168	0.274		
	1.2-9	唐山地委乙型住宅	5	全倒	横	0.212 (0.285)	0.234	0.376		
					纵	0.145 (0.209)	0.168	0.286		
	1.2-10	唐山地委平房住宅	1	轻微损坏,部分纵墙有细裂痕	横	0.749				
					纵	0.730				
新华中路临街小区	1.3-1（西）	二轻局办公楼西段	1	严重破坏	横	0.220	0.250	0.299		
					纵	0.309	0.343	0.397		
	1.3-1（中）	二轻局办公楼中段	1	四、五层倒塌,下层墙体破碎,局部墙倒	横	0.222	0.216	0.208	0.164	0.278
					纵	0.144	0.173	0.183	0.153	0.256
	1.3-1（东）	二轻局办公楼东段	1	近于倒平,残存底层	横	0.217	0.180	0.216	0.260	
					纵	0.254	0.225	0.272	0.329	
	1.3-2（短）	电子局办公楼短段	1	倒平	横	0.235	0.270	0.453		
					纵	0.220	0.263	0.446		
	1.3-2（长）	电子局办公楼长段	1	倒平,残存底层局部墙体	横	0.181	0.152	0.186	0.330	
					纵	0.204	0.218	0.264	0.454	
	1.3-3（Ⅰ）	地区旅馆Ⅰ区段	1	绝大部分倒塌,先倒上三层,后将一、二层砸穿。残存四开间卫生间	横	0.200	0.167	0.137	0.169	0.305
					纵	0.191	0.158	0.129	0.160	0.287
	1.3-3（Ⅱ）	地区旅馆Ⅱ区段	1	倒塌成阶形,东部塌到底,西半部残存底层和一至三层的西外墙、西北角楼梯间	横	0.235	0.179	0.215	0.380	
					纵	0.226	0.165	0.198	0.351	
	1.3-4	地区邮局新华中路分局	1	倒平,仅存门柱	横	0.165	0.199	0.216		
					纵	0.270	0.278	0.297		
	1.3-5（Ⅲ）	新华新旅馆Ⅲ区段	1	四、五、六层倒塌,三层大部也倒,残存半地下室和一、二层	横	0.241/0.250	0.165	0.137	0.117	0.147/0.251
					纵	0.199/0.187	0.135	0.127	0.107	0.133/0.226
	1.3-5（Ⅳ）	新华新旅馆Ⅳ区段	1	四、五、六层塌落在三层顶板上,一、二层大部残存,墙体破碎,前厅塌到底	横	0.246	0.164	0.148	0.125	0.156/0.267
					纵	0.192	0.163	0.151	0.127	0.159/0.268

小区	房 号	房屋名称	幢数	震 害 概 况	墙段	各层层间平均抗震强度系数				
						1/−0.5	2	3	4/7	5/6
新华中路临街小区	1.3−6（中）	六单位办公楼中段	1	残存一、二层和有构造柱的一至三层墙体，其余倒塌	横	0.192	0.210	0.168	0.161	0.247/0.314
					纵	0.188	0.172	0.139	0.146	0.238/0.257
	1.3−6（东）	六单位办公楼东段	1	残存底层大部和二层部分，其余倒塌	横	0.222	0.181	0.171	0.287	
					纵	0.212	0.162	0.161	0.283	
	1.3−7	电视机厂传达室	1	基本完好	横	0.893				
					纵	0.884				
新华路东段西山口小区	1.4−1	市委办公楼	1	二、三、四层倒平，底层残存	横	0.239	0.207	0.249	0.412	
					纵	0.219	0.200	0.243	0.413	
	1.4−2	开滦总医院门诊楼东段	1	全倒，底层局部残存	横	0.116	0.087 1	0.093 8	0.114	0.188
					纵	0.119	0.106	0.114	0.138	0.230
	1.4−3	开滦一招	1	中段四层楼倒平，两侧三层楼外纵墙皆倒，内墙严重破坏，局部倒塌	横	0.131	0.136	0.183	0.335	
					纵	0.120	0.128	0.166	0.128	
	1.4−4	开滦三招	1	七层的中段门厅塌到底，半地下室外露，六层的两侧残墟呈 V 形，倒塌上部一至四层	横	0.194/0.189	0.164	0.143	0.163/0.187	0.150/0.115
					纵	0.175/0.136	0.166	0.122	0.140/0.199	0.136/0.197
	1.4−5	河北煤矿设计院办公楼	1	西、中段四、五层，东段三层以上倒塌，下层墙体破碎（四、五层后接）	横	0.107	0.108	0.091 9	0.115	0.207
					纵	0.153	0.154	0.164	0.168	0.293
	1.4−6	开滦工程处办公楼	1	东侧严重破坏，西侧局部倒塌	横	0.152	0.145	0.188		
					纵	0.232	0.218	0.240		
	1.4−7	开滦工程处家属招待所	1	底层纵墙有细缝，横墙仅楼梯间有明显斜裂缝，顶层木楼盖，两墙角掉落	横	0.406	(0.625)			
					纵	0.287	(0.442)			
	1.4−8	河北煤矿医学院附属医院西小楼	1	底层横墙斜裂，纵墙门窗口开裂，顶层为木屋架比底层破坏重	横	0.243	(0.429)			
					纵	0.466	(0.757)			
	1.4−9	河北煤矿医学院附属医院收发室	1	轻微损坏，仅山墙窗角有斜裂缝，东南角有错位	横	0.765				
					纵	1.296				
	1.4−10	消防队新建宿舍	1	底层中等破坏，墙体开裂，上层尚未封顶的墙倒	横	0.436	(0.725)			
					纵	0.383	(0.605)			
	1.4−11	长途汽车客运站办公楼	1	局部倒塌	横	0.228	0.257	0.411		
					纵	0.183	0.207	0.339		
	1.4−12（东）	唐山矿托儿所东肢	1	一、二层横墙剪切裂缝，底层稍有滑移。二层楼梯间墙破坏严重，纵墙裂缝较轻	横	0.256	0.377			
					纵	0.251	0.421			
	1.4−12（北东）	唐山矿托儿所北肢东段	1	一、二层墙体普遍开裂。底层错位，二层与东肢相嵌处墙体酥裂	横	0.267	0.397			
					纵	0.263	0.387			
	1.4−12（北西）	唐山矿托儿所北肢西段	2	较东段横墙裂缝稍轻，二层尤轻	横	0.286	0.426			
					纵	0.242	0.347			

（续表9）

小区	房号	房屋名称	幢数	震害概况	墙段	各层层间平均抗震强度系数				
						1/-0.5	2	3	4/7	5/6
新华路东段西山口小区	1.4-13	唐山矿救护楼	1	一、二层横墙均严重开裂,滑移错位明显,并将纵墙外推	横	0.280	0.343			
					纵	0.358	0.574			
	1.4-14	唐山矿立新科办公室	1	纵墙大部分窗间墙和内横墙有斜裂缝,未错位	横	0.460				
					纵	0.497				
	1.4-15	开滦三招传达室	1	基本完好	横	0.828				
					纵	0.933				
	1.4-16	刘庄煤矿办公室	1	部分纵墙有剪切缝,横墙轻微损坏	横	0.782				
					纵	0.607				
文化路南段路西小区	1.5-1	广播电台平房	1	内外墙普遍有斜裂缝,窗上口水平缝,略错位,墙角破坏重	横	0.814				
					纵	0.562				
	1.5-2	三十八中教学楼	1	底层纵横墙普遍有裂缝,楼梯间墙和山墙错位明显,顶层破坏较重	横	0.151	(0.229)			
					纵	0.254	(0.380)			
	1.5-3	三十八中办公实验楼	1	倒平	横	0.133	0.145	0.188		
					纵	0.235	0.279	0.398		
	1.5-4	开滦煤矿设计院住宅	2	顶层向北倾斜,局部墙倒,顶板斜塌。底层墙体普遍有斜裂缝	横	0.154	0.143	0.237		
					纵	0.218	0.230	0.396		
	1.5-5(1~2)	文化楼三层住宅第一、二栋	2	底层倒塌,上层直落在窗台高度的墙上,残墟呈馒头状	横	0.196	0.298	0.540		
					纵	0.248	0.379	0.691		
	1.5-5(3)	文化楼三层住宅第三栋	1	底层窗台以下墙体普遍有1~2道水平缝,滑移明显,二层大部墙体在水平缝端伴有斜裂缝	横	0.264	0.298	0.534		
					纵	0.334	0.379	0.691		
	1.5-6	文化楼二层住宅	2	严重破坏,底层墙体普遍开裂,顶层墙角掉落	横	0.348	(0.554)			
					纵	0.257	(0.425)			
	1.5-7	"文革"楼住宅一、二、五至九栋	7	一、二、五、六栋外纵墙倾倒,一、二栋西端局部倒塌,余墙中等破坏。七、八、九栋大部倒塌	横	0.245	0.355			
					纵	0.208	0.295			
	1.5-7(3~4)	"文革"楼住宅第三、四栋	2	中等破坏	横	0.354	0.542			
					纵	0.341	0.506			
	1.5-8	文化楼住宅各自楼	1	外纵墙全部倒塌,横墙开裂	横	0.381	0.624			
					纵	0.228	0.245			
建设路中段小区	1.6-1	休干所丁型住宅	4	墙体普通开裂,并有明显错位,西北栋略轻	横	0.384	(0.766)			
					纵	0.432	(0.962)			
	1.6-2	休干所平屋顶住宅	2	严重破坏,墙体开裂,错位明显,纵墙外闪,东栋西端局部塌落	横	0.349	0.548			
					纵	0.243	0.385			
	1.6-3	工农兵楼二层住宅	2	外纵墙大部倒塌,带下局部横墙和楼板,西端局部倒塌,残存内墙破碎	横	0.249	0.363			
					纵	0.182	0.242			

（续表9）

小区	房号	房屋名称	幢数	震害概况	墙段	各层层间平均抗震强度系数				
						1/-0.5	2	3	4/7	5/6
建设路中段小区	1.6-4	工农兵楼三层住宅	7	除少数一塌到底，一般均二、三层倒塌，残存底层	横	0.247	0.191	0.308		
					纵	0.200	0.167	0.274		
	1.6-5	建设楼住宅	3	外纵墙倒塌，残存一至四层内纵墙和大部横墙，中段三、四层塌落后，砸到底	横	0.225	0.236	0.224	0.404	
					纵	0.159	0.166	0.144	0.250	
文化路北口机场路小区	1.7-1	地区外贸局办公楼	1	典型的严重剪切破坏，二层最重，一、三层次之	横	0.239	0.207	0.249	0.412	
					纵	0.219	0.200	0.243	0.413	
	1.7-2	跃进楼东拐角楼	1	严重剪切破坏，有内框架柱的底层北山墙最重，变砂浆标号的北肢三层和东肢二层次之	横	(0.185)	(0.215)	(0.254)	(0.462)	
					平均	0.196	0.236	0.276	0.500	
					纵	(0.208)	(0.256)	(0.297)	(0.538)	
	1.7-3	跃进楼甲型住宅	4	大部倒平	横	0.175	0.191	0.308		
					纵	0.139	0.167	0.274		
	1.7-4	跃进楼乙（丁）型住宅	2	乙型住宅外纵墙连同东、中单元南侧部分横墙倒塌，余震两开间倒平	横	0.213	0.243	0.224	0.393	
					纵	0.129	0.136	0.162	0.297	
	1.7-5	跃进楼丙型住宅	5	近于全倒平	横	0.183	0.200	0.320		
					纵	0.129	0.125	0.205		
	1.7-6	跃进楼戊型住宅	4	一般严重破坏，南一幢东单元倒，北一幢东单元南纵墙倒，北二幢中部倒两开间	横	0.239	0.270	0.463		
					纵	0.186	0.213	0.372		
	1.7-7	跃进楼厢房住宅	2	严重破坏，墙体酥碎，楼梯间及相连开间余震时塌到底	横	0.156	0.164	0.201	0.383	
					纵	0.172	0.182	0.228	0.423	
	1.7-8	跃进楼迁建住宅	4	三幢严重破坏，有剪切和竖向缝，一幢中等破坏（括号里表示50号砂浆）	横	0.245 (0.298)	0.272	0.471		
					纵	0.255 (0.293)	0.278	0.490		
	1.7-9	二十一中教学楼东段	1	东段严重破坏，墙体普通开裂，滑移错位明显	横	0.245	0.208	0.296		
					纵	0.294	0.250	0.339		
大城山南坡小区	1.8-1	市二招东一楼	1	内外墙均有严重的交叉裂缝，顶层为木屋盖，西南端墙角坠落	横	0.128	(0.167)			
					纵	0.107	(0.133)			
	1.8-2	市二招东二楼	1	底层墙体普遍有斜裂缝，二层纵墙大部、横墙少数开裂	横	0.165	0.222			
					纵	0.129	0.184			
	1.8-3	市二招东三楼	1	一、二层墙体仅底层部分外墙有斜裂缝。三层尚未封顶，纵横墙拉脱	横	0.287	0.323	(0.607)		
					纵	0.225	0.262	(0.493)		
	1.8-4	市二招车库	1	底层墙体严重交叉裂缝，顶层轻微损坏	横	0.208	0.411			
					纵	0.133	0.398			
	1.8-5	四二二水泥厂灰楼住宅	2	底层大部窗间墙和山墙有细微斜裂缝，门窗角有细裂缝，二层更轻	横	0.403	0.469	0.802		
					纵	0.226	0.264	0.457		

（续表 9）

小区	房 号	房屋名称	幢数	震害概况	墙段	各层层间平均抗震强度系数				
						1/−0.5	2	3	4/7	5/6
大城山南坡小区	1.8−6	四二二水泥厂红楼住宅	3	严重破坏，有两幢东北角和北纵墙局部倒塌。地处陡坎边	横	0.247	0.278	0.473		
					纵	0.179	0.204	0.356		
	1.8−7	开滦三中南教学楼	1	普遍有斜裂缝，横墙比纵墙严重，二层比一层严重	横	0.185	0.180			
					纵	0.286	0.305			
	1.8−8	开滦三中北教学楼	1	纵横墙破坏均比南教学楼轻。二层中等破坏，底层轻微	横	0.172	0.137			
					纵	0.243	0.241			
	1.8−9	人民楼三层住宅	1	建于回填坑上，主震严重破坏，余震局部倒塌	横	0.288	0.240	0.402		
					纵	0.251	0.207	0.351		
	1.8−10	人民楼四层住宅	2	建于回填坑上，北幢倒塌，中幢局部倒，余震全倒	横	0.228	0.178	0.214	0.379	
					纵	0.198	0.153	0.185	0.331	
凤凰山一所	1.9−1（Ⅳ）	市一所招待楼Ⅳ区段	1	各层墙体剪切破坏，二、三、四层墙体错位明显，三、四、五层北纵墙倾倒	横	0.197	0.165	0.144	0.173	0.292
					纵	0.180	0.160	0.125	0.154	0.257
	1.9−2（Ⅴ）	市一所招待楼Ⅴ区段	1	各层墙体剪切破坏，二、三、四层墙体错位明显，四、五层北纵墙倾倒，有构造柱墙体震害减轻	横	0.224	0.188	0.153	0.183	0.294
					纵	0.175	0.133	0.110	0.135	0.219
大城山北—钓鱼台小区	1.10−1	二十七中旧教学楼	1	纵横墙交接处拉裂，顶板错层处墙体有水平缝	横	0.222	0.271			
					纵	0.407	0.546			
	1.10−2	二十七中新教学楼	1	严重破坏，纵横墙普遍有剪切裂缝，顶层梁板错动	横	0.176	0.197	0.308		
					纵	0.272	0.290	0.447		
	1.10−3	陶瓷厂住宅	1	底层外纵墙有严重交叉裂缝，内墙稍轻，二、三层破坏轻微	横	0.286	0.332	0.575		
					纵	0.241	0.282	0.488		
	1.10−4	煤建公司住宅	2	门窗角有轻微八字缝	横	0.354	0.595			
					纵	0.390	0.575			
	1.10−5（甲）	冶金机械厂甲型住宅	4	门窗角轻微裂缝	横	0.253	0.383			
					纵	0.247	0.272			
	1.10−5（乙）	冶金机械厂乙型住宅	1	基本完好	横	0.309	0.504			
					纵	0.278	0.330			
	1.10−6	市建公司钓鱼台住宅	4	地基不均匀下沉而严重破坏，以竖向裂缝为主	横	0.208	0.214	0.287	0.517	
					纵	0.127	0.133	0.152	0.299	
	1.10−7（北）	唐钢钓鱼台住宅北幢	2	底层严重剪切裂缝，二层斜裂，三层纵墙斜裂，横墙只少数开裂，四层较轻，少数墙有斜裂缝	横	0.236	0.250	0.308	0.588	
					纵	0.185	0.201	0.252	0.485	
	1.10−7	唐钢钓鱼台住宅南幢	2	东西两端单元地基下沉，纵墙各向一侧斜裂，横墙局部斜裂。中间单元基本完好	横	0.236	0.250	0.233	0.452	
					纵	0.185	0.201	0.187	0.366	

（续表9）

小区	房号	房屋名称	幢数	震害概况	墙段	各层层间平均抗震强度系数				
						1/-0.5	2	3	4/7	5/6
陡河东—贾家山小区	1.11-1	唐钢中学教学楼	1	大部倒塌	横	0.191	0.193	0.283		
					纵	0.216	0.226	0.309		
	1.11-2	唐钢设计楼	1	东翼与中厅凸出的五层倒塌，其余墙体斜裂，中、东段之间地面一道横向裂缝宽达17 cm	横	0.169	0.171	0.198	0.303	0.146
					纵	0.126	0.130	0.151	0.234	0.161
	1.11-3	唐钢基建楼	1	地基不均匀下沉，东端破坏比西端重，墙体交叉裂缝，酥碎	横	0.192	0.163	0.192	0.319	
					纵	0.153	0.149	0.191	0.320	
	1.11-4	唐钢技术处图书馆	1	西部倒塌，东部残存，墙酥裂，地基不均匀下沉	横	0.205	0.289			
					纵	0.291	0.411			
	1.11-5	唐钢招待所	1	震后逐日加重，纵墙下沉，房屋沿纵轴劈裂，上宽下窄。底层外纵墙交叉裂缝、酥松。内墙斜裂，下层比上层重	横	0.175	0.181	0.216	0.381	
					纵	0.152	0.158	0.191	0.343	
	1.11-6	唐钢工会楼	1	基本完好，部分门窗角开裂	横	0.202	0.304			
					纵	0.308	0.457			
	1.11-7	唐钢研究所理化楼	1	底层窗间墙有细微裂缝	横	0.218	0.230			
					纵	0.257	0.398			
	1.11-8	唐钢一炼钢新办公楼	1	斜向呈交叉裂缝。底层横墙重，外纵墙轻	横	0.186	0.206	0.332		
					纵	0.331	0.217	0.349		
	1.11-9	唐钢一炼钢更衣室	1	顶层倒塌，一、二层墙有细微裂缝	横	0.084 5	0.090 9	0.173		
					纵	0.186	0.208	0.385		
	1.11-10	唐钢行政楼	1	剪切裂缝，底层严重，三层局部墙体有裂缝	横	0.263	0.306	0.435		
					纵	0.266	0.297	0.520		
	1.11-11（三）	唐钢北工房三层住宅	3	南幢地裂缝穿过，两端倒塌；另两幢木屋架的顶层两角开裂，底层轻微	横	0.156	0.177	0.340		
					纵	0.245	0.252	0.498		
	1.11-11（二）	唐钢北工房二层住宅	6	两端原系坑洼地，坑边两幢破坏较重，一山墙倒塌，余三幢中等破坏，一幢轻微损坏	横	0.182	0.226			
					纵	0.265	0.328			
	1.11-12	建筑陶瓷厂办公楼	1	剪切破坏，下两层比上两层重，二层东南角墙体小块掉落，外纵墙在削弱了的窗肚墙上有交叉裂缝	横	0.198	0.171	0.203	0.330	
					纵	0.184	0.165	0.197	0.330	
	1.11-13	建筑陶瓷厂单身宿舍	1	基本完好，局部地基下沉处有细裂缝	横	0.446	(0.654)			
					纵	0.428	(0.768)			
	1.11-14	建筑陶瓷厂北门车间办公楼	1	底层严重交叉裂缝，二层仅在圈梁下和墙角开裂。北端地基局部下沉，山墙倒塌	横	0.186	(0.386)			
					纵	0.291	0.399			
	1.11-15	唐钢炼铁厂办公楼	1	剪切破坏底层最重，墙角稍有掉落，内墙轻外墙稍重	横	0.224	0.253	0.414		
					纵	0.247	0.282	0.470		
	1.11-16	唐钢炼铁厂更衣室	1	基本完好	横	0.242	0.354			
					纵	0.369	0.503			

（续表 9）

小区	房号	房屋名称	幢数	震害概况	墙段	各层层间平均抗震强度系数				
						1/-0.5	2	3	4/7	5/6
路北河西小区	1.12-1	水泥工业设计院三单元住宅	1	底层西半部纵墙有单一方向的斜裂缝，山墙斜裂	横	0.166	0.183	0.325		
					纵	0.236	0.265	0.452		
	1.12-2	水泥工业设计院二单元住宅	1	底层窗间墙和横墙斜裂，一、二层间窗肚墙交叉裂缝	横	0.248	0.278	0.471		
					纵	0.171	0.193	0.330		
	1.12-3	水泥工业设计院办公宿舍楼	1	底层墙体斜裂，二层轻微损坏	横	0.182	0.265			
					纵	0.288	0.412			
	1.12-4	水泥工业设计院办公楼	1	底层墙体普遍有剪切裂缝，二层山墙斜裂，其余墙体细裂缝	横	0.290	0.431			
					纵	0.344	0.508			
路南陡河小区	1.13-1	轻机厂办公楼	1	底层墙体有斜裂缝，二层仅内纵墙大墙面有斜裂，顶层门窗角开裂	横	0.177	0.197	0.306		
					纵	0.186	0.208	0.331		
	1.13-2	染化厂办公楼	1	部分外墙有裂缝	横	0.440	0.583			
					纵	0.404	0.539			
	1.13-3	齿轮厂厂内集体宿舍	1	纵墙有斜向和竖向裂缝	横	0.184	0.260			
					纵	0.186	0.269			
	1.13-4	齿轮厂电工楼	1	底层墙体普遍有斜裂缝，二层个别墙体有斜缝	横	0.415	0.715			
					纵	0.480	0.717			
	1.13-5	齿轮厂河东单身宿舍	1	河岸滑坡。西端下沉，墙体严重斜裂，东半部轻微损坏	横	0.312	0.470			
					纵	0.254	0.390			
	1.13-6	地区交通局办公楼	1	北纵墙大部倒塌，并带下局部横墙和楼板，南纵墙仅两个承重墙垛塌到底，其余墙体大部斜裂	横	0.340	0.299	0.486		
					纵	0.255	0.251	0.414		
	1.13-7	轻机厂铸工车间生活间	1	严重开裂，东北角二、三层墙体与厂房相连处被撞落	横	0.134	0.141	0.167	0.298	
					纵	0.183	0.192	0.229	0.408	
路南主破裂带小区	1.14-1	机车厂南厂工房住宅	1	17 幢中仅存这幢中西两单元，外墙沿火坑高度有水平缝，并错位，延伸至横墙斜下裂	横	0.364	0.551			
					纵	0.305	0.470			
	1.14-2	机车厂东门宿舍	1	砖横墙和空心焦渣砖填充墙严重开裂错位，两端开间和楼梯间塌到底，承重的内外纵墙破坏均不严重	横	0.128	0.144	0.235		
					纵	0.331	0.336	0.530		
	1.14-3	艺术学校	1	墙体均剪切破碎，横墙错位甚大，纵墙呈蛇形，外墙角几乎全坠落，东端一开间塌落	横	0.275	0.315			
					纵	0.417	0.491			
	1.14-4	达谢庄小学	1	墙体均剪切破碎，外墙顶角和内墙交叉缝侧边的楔块坠落	横	0.278	0.253	0.405		
					纵	0.378	0.288	0.431		
	1.14-5	轻机厂地道桥三层住宅	2	倒平	横	0.245	0.271	0.461		
					纵	0.151	0.170	0.291		
	1.14-6	轻机厂地道桥四层住宅	1	近于倒平，残存底层一个单元	横	0.196	0.201	0.241	0.435	
					纵	0.119	0.123	0.151	0.275	

表 10　范各庄、卑家店多层砖房的震害与抗震强度系数

房　号	房屋名称	幢数	震害概况	墙段	各层层间平均抗震强度系数			
					1	2	3	4
2.1－1（Ⅰ）	范各庄班前会议室(西)	1	一层外墙四角掉落，一、二层横墙全部交叉错位，致使外墙产生竖向缝，内纵墙成波浪状，三层横墙中等破坏，因砂土液化地面严重龟裂	横	0.159	0.142	0.297	
				纵	0.310	0.252	0.403	
2.1－1（Ⅱ）	范各庄班前会议室(东)	1	立面凸出的四层四角全部坠落，一层东北角错位18 cm，一、二、三层横墙都有剪切缝，部分窗肚墙有水平缝	横	0.173	0.171	0.223	0.305
				纵	0.203	0.190	0.240	0.198
2.1－2	范各庄外宾招待所	1	一层内横墙开裂错位，北外墙在室内地面30 cm高处有通长水平缝，窗上口水平折断错位	横	0.242	0.373		
				纵	0.221	0.337		
2.1－3	范各庄单身宿舍	2	一层内外墙有交叉裂缝斜裂缝，二层横墙基本完好，山墙有交叉缝，三层西端内纵墙倾倒，平面凸出的楼梯间有竖缝	横	0.255	0.290	0.497	
				纵	0.205	0.233	0.400	
2.1－4	范各庄招待所医院	1	西端地基略下沉，底层横墙中等破坏，纵墙轻微损坏。二层基本完好，三层门窗口轻裂	横	0.266	0.303	0.521	
				纵	0.233	0.267	0.462	
2.1－5（Ⅰ）	范各庄拐角楼(北)	1	底层横墙交叉开裂，内外纵墙中、轻破坏。二层横墙多数完好，少数轻微，个别中等，纵墙基本完好。三层门窗角有轻微斜缝	横	0.229	0.259	0.435	
				纵	0.240	0.270	0.452	
2.1－5（Ⅱ）	范各庄拐角楼(东)	1	底层门窗角有细裂缝，平面凸出的楼梯间角处有轻微裂缝	横	0.286	0.327	0.562	
				纵	0.246	0.280	0.478	
2.1－6	范各庄托儿所	1	二层西山墙两角坠落，屋面向南错动，纵墙被横墙顶裂，横墙交叉缝、斜裂缝，底层窗间墙有斜裂缝	横	0.208	0.326		
				纵	0.316	0.459		
2.1－7	范各庄东小楼住宅	6	2#、5#楼底层纵横墙均严重酥裂，一层楼板向南错动，二、三层山墙角有斜向裂缝	横	0.292	0.343	0.605	
				纵	0.266	0.362	0.642	
2.2－1	卑家店古冶铁中三层教学楼	1	一层内墙有斜裂缝，外墙与横墙连接部位有竖向缝，窗间墙和窗肚墙均有裂缝，二、三层纵横墙有严重的交叉裂缝	横	0.167	0.190	0.323	
				纵	0.259	0.310	0.489	
2.2－2	古冶铁中二层教学楼	1	一层轻微破坏	横	0.188	0.270		
				纵	0.425	0.678		
2.2－3	古铁招待所宿舍	1	西翼北纵墙二、三层倒七开间，南外纵墙和山墙有斜裂缝和交叉缝，二层横墙有斜裂缝，三层屋面错位，东翼山墙及端角有多道不规则裂缝	横	0.309	0.356	0.615	
				纵	0.260	0.301	0.524	
2.2－4	古铁小学教学楼	1	内外墙均严重开裂，错位明显，西山墙有大斜裂缝，从顶层延伸到一层，二、三层间大面积外错	横	0.167	0.187	0.310	
				纵	0.196	0.216	0.351	
2.2－5	古铁新住宅	10	底层山墙斜裂，门窗角开裂，纵横墙交接处略拉裂。三层山墙有环形缝，二层空心楼板缝开裂，横墙与外纵墙拉裂	横	0.276	0.321	(0.604)	
				纵	0.345	0.406	(0.782)	
2.2－6	古铁医院	1	外纵墙基本完好，一、二层内墙大部分墙体有剪切缝，汽包窝开裂	横	0.374	0.563		
				纵	0.354	0.540		
2.2－7	唐山四十二中教学楼	2	底层窗间墙有轻微斜裂缝，一、二层内墙有斜裂缝，东南角门厅处局部塌落，三层未封顶，破坏严重	横	0.220	0.250	(0.405)	
				纵	0.280	0.313	(0.492)	

表 11　滦县多层砖房的震害与抗震强度系数

房　号	房屋名称	幢数	震　害　概　况	墙段	各层层间平均抗震强度系数			
					1	2	3	4
3-1	文教局办公楼	1	基本完好	横	0.275	0.407		
				纵	0.268	0.367		
3-2	粮食局办公楼	1	因地基下沉,外纵墙西端有斜、竖裂缝,二层大开间梁下局部有水平缝	横	0.278	0.392		
				纵	0.404	0.663		
3-3	水电局办公楼	1	因地基下沉,外纵墙、山墙斜裂,二层楼板与内纵墙拉裂,相应房间横墙与内纵墙拉裂,屋顶纵向通缝,门厅横墙有竖向缝	横	0.258	0.311	0.334	
				纵	0.299	0.363	0.478	
3-4	工业局办公楼	1	顶层四角崩落,窗间墙酥裂,错位达 5 cm,横墙斜裂,纵横墙连接处外鼓。底层窗间墙有交叉裂缝或斜裂缝	横	0.349	0.382		
				纵	0.344	0.371		
3-5	卫生局办公楼	1	主震无明显震害,7.1 级强余震时二层门厅以西倒塌,门厅以东倒尽端开间,底层墙体开裂	横	0.429	0.570		
				纵	0.333	0.441		
3-6	县医院门诊楼	1	底层拐角处因地基下沉,窗间墙局部有细斜裂缝,个别门窗角有八字细缝	横	0.271 (0.339)	0.404 (0.526)		
				纵	0.225 (0.351)	0.334 (0.540)		
3-7	地区汽车二队办公楼	1	外纵墙一、二层有斜裂缝,三层有交叉缝,三层内纵墙开裂,一至三层个别横墙有斜裂缝,四层圈梁下有水平缝,女儿墙有四段倒塌	横	0.326	0.261	0.318	0.580
				纵	0.220	0.209	0.254	0.466
3-8	农机修造厂办公楼	1	底层内纵墙北端有轻微斜裂缝,二层个别门窗角有八字缝,窗间墙个别处表面料石松动	横	0.236	0.341		
				纵	0.200	0.279		
3-9	旅馆大楼	1	主震时底层横墙开裂,二层震害重于下层(木屋盖)	横	0.183	(0.252)		
				纵	0.266	(0.314)		
3-10	县招待所西楼	1	由于有地裂缝通过,内外纵墙东端有斜裂缝,横纵墙连接处拉裂,二层部分门窗角开裂	横	0.227	0.320		
				纵	0.169	0.234		

表 12　昌黎多层砖房的震害与抗震强度系数

房　号	房屋名称	幢数	震　害　概　况	墙段	各层层间平均抗震强度系数			
					1	2	3	4
4-1	办公楼	1	一、二层内墙个别部位有斜裂缝,三层东段窗间墙有交叉裂缝和斜裂缝	横	0.155	0.158	0.131	0.207
				纵	0.143	0.148	0.121	0.202
4-2	招待所	1	底层南山墙及一横墙有交叉缝,二层北山墙有剪切缝,东端屋面板有裂缝并和横墙相连通,个别门窗角有斜裂缝	横	0.332	0.458		
				纵	0.231	0.306		
4-3	卫生院	1	砌筑砂浆标号不均匀,内外墙均有裂缝	横	0.170	0.175	0.290	
				纵	0.193	0.216	0.355	
4-4	房产单元式住宅	1	正面宽窗间墙和背面纵墙均在底层有细斜裂缝	横	0.215	0.314		
				纵	0.298	0.321		
4-5	果树研究所办公楼	1	底层内外墙有交叉缝,门厅两侧大梁下错位 2 cm,中间局部凸出的三层破坏最重,二层轻于一层,女儿墙未倒,三层女儿墙倒光	横	0.119	0.130	0.128	
				纵	0.156	0.171	0.109	

（续表12）

房 号	房屋名称	幢数	震 害 概 况	墙段	各层层间平均抗震强度系数			
					1	2	3	4
4-6	华北农大唐山分校实验楼	1	基本完好	横	0.227	(0.395)		
				纵	0.381	(0.564)		
4-7	华北农大唐山分校宿舍	1	基本完好	横	0.284	0.320	0.364	
				纵	0.228	0.258	0.292	
4-8	华北农大唐山分校住宅	1	东部三单元为冬季施工,外墙和内纵墙完好,部分横墙有剪切缝,西部二单元完好	横	0.311	0.358	0.619	
				纵	0.250	0.289	0.510	
4-9	昌黎交通局住宅	1	基本完好	横	0.193	0.272		
				纵	0.263	0.292		

表13 秦皇岛市多层砖房的震害与抗震强度系数

房 号	房屋名称	幢数	震 害 概 况	墙段	各层层间平均抗震强度系数			
					1	2	3	4
5-1	市设计处	1	底层大部横墙和纵墙大墙面有细微的剪切缝。部分外纵墙有水平缝,二层少数墙面的中部有细微剪切缝	横	0.120	0.135	0.198	
				纵	0.131	0.137	0.184	
5-2	地区外贸16#楼	1	基本完好	横	0.244	0.294	0.483	
				纵	0.251	0.282	0.423	
5-3	地区外贸商检处理化楼	1	地基局部下沉,致使底层横墙普遍开裂,二层少数横墙有细微裂缝	横	0.188	0.197	0.220	0.398
				纵	0.174	0.190	0.204	0.356
5-4	第七中学	1	教室间横墙有剪切裂缝,楼板普遍开裂,顶层尤重	横	0.995	0.104	0.161	
				纵	0.243	0.265	0.411	
5-5	市革委办公楼	1	基本完好	横	0.174	0.184	0.162	0.264
				纵	0.184	0.193	0.171	0.280
5-6	建设小学	1	底层横墙有明显剪切缝,纵墙轻微,二层门窗角局部开裂	横	0.115	0.151		
				纵	0.278	0.363		
5-7	铁路小学	1	轻微损坏	横	0.184	0.259		
				纵	0.235	0.296		
5-8	海阳路小学	1	底层横墙有斜裂缝,纵墙门窗角有细短裂缝	横	0.129	0.184		
				纵	0.235	0.290		
5-9	尚义街小学	1	正肢教室间底层横墙有斜裂缝,侧肢横墙北端严重,往南渐轻,屋顶楼板错动,板缝普遍开裂	横	0.140	0.199		
				纵	0.307	0.414		
5-10	港务局三中	1	轻微损坏	横	0.199	0.153	0.241	
				纵	0.260	0.224	0.348	
5-11	市委住宅(甲中单元)	1	基本完好	横	0.228	0.260	0.430	
				纵	0.220	0.252	0.433	
5-12	市委住宅(甲端单元)	1	基本完好	横	0.243	0.276	0.460	
				纵	0.197	0.226	0.392	
5-13	市委住宅(乙中单元)	1	基本完好	横	0.210	0.242	0.414	
				纵	0.187	0.222	0.374	
5-14	市委住宅(乙端单元)	1	基本完好	横	0.207	0.239	0.410	
				纵	0.226	0.269	0.457	

表 14　天津市多层砖房的震害与抗震强度系数

房　号	房屋名称	幢数	震　害　概　况	墙段	各层层间平均抗震强度系数				
					1	2	3	4	5
6-1	荣安街中学	1	一至四层教室横墙斜裂,其余一、二层横墙大都有裂缝,西北角局部下沉,部分外纵墙有水平或竖缝	横	0.114	0.117	0.133	0.163	0.257
				纵	0.209	0.210	0.235	0.282	0.283
6-2	贵阳路中学	1	基本完好,底层和屋顶小楼(六层)轻微损坏	横	0.181	0.144	0.163	0.152	0.242
				纵	0.212	0.177	0.199	0.170	0.280
6-3	利民道中学	1	轻微损坏,部分门上角有细裂缝,屋顶砖旋掉砖	横	0.156	0.137	0.168	0.299	
				纵	0.191	0.167	0.200	0.313	
6-4	五十九中学新教学楼	1	轻微损坏,底层四道教室横墙有细微斜裂缝,顶层部分门角和板间有裂缝	横	0.142	0.144	0.158	0.175	0.306
				纵	0.232	0.178	0.193	0.211	0.357
6-5	五十九中学旧教学楼	1	基本完好	横	0.165	0.172	0.207	0.355	
				纵	0.280	0.239	0.283	0.479	
6-6	育红中学教学楼	1	一、二层剪切裂缝,自西向东渐重,三层仅东山墙开裂,各层板下墙体有水平缝,底层走道墙顶尤明显	横	0.071 0	0.075 5	0.111		
				纵	0.097 6	0.099 8	0.137		
6-7	天明中学教学楼	1	底层基本完好,二层大部横墙剪切破坏,走道大墙面有细斜裂缝,三层破坏最重,四层个别墙有裂缝	横	0.165	0.114	0.108	0.141	0.143
				纵	0.271	0.150	0.147	0.179	0.186
6-8	柳滩中学教学楼	1	纵横墙间多半拉脱,缝上宽下窄,个别墙有斜缝和竖缝。与办公楼相接处局部撞坏	横	0.160	0.135	0.162	0.189	
				纵	0.251	0.211	0.249	0.287	
6-9	灰堆中学	1	一、二层横墙剪切破坏较普遍,走道大墙面有斜裂缝。三、四层墙板有错动现象	横	0.101	0.069 7	0.077 8	0.113	
				纵	0.148	0.107	0.119	0.174	
6-10	解放南路中学教学楼	1	轻微损坏,门窗角有细裂缝,个别墙有轻微斜裂缝	横	0.140	0.145	0.146	0.182	
				纵	0.189	0.195	0.196	0.234	
6-11	爱国道中学教学楼	1	基本完好,附墙烟囱破坏	横	0.164	0.170	0.171	0.214	
				纵	0.222	0.229	0.230	0.275	
6-12	红旗路小学	1	底层走道大墙面和一、二层横墙半数有斜裂缝,三层轻微破损	横	0.104	0.113	0.180		
				纵	0.158	0.168	0.256		
6-13	天明西里小学	1	各层横墙、外纵墙和内纵墙大墙面几乎全部开裂	横	0.065 1	0.068 2	0.103		
				纵	0.120	0.125	0.181		
6-14	北楼小学	1	基本完好,局部地基下沉	横	0.224	0.253	0.403		
				纵	0.277	0.285	0.449		
6-15	建筑仪器厂办公楼	1	基本完好,个别门窗角有轻微细裂缝	横	0.193	0.169	0.269		
				纵	0.139	0.151	0.205		
6-16	大沽南路文化局宿舍	1	内纵墙大墙面有明显的斜裂缝,一、二层外纵墙有细微斜裂缝	横	0.165	0.170	0.178	0.230	0.396
				纵	0.090 1	0.096 7	0.105	0.132	0.243

图 23 绘出了唐山市路北和路南两大区中,Ⅱ类地基土上的多层砖房抗震强度系数 K_i 与震害的关系。点集图中凡是倒平和倒塌的房屋,只绘出倒平(塌)层相应的层间平均墙体抗震强度系数值;裂而未倒的房屋,描绘了各层震害与强度指数的关系;同一层的横墙点在上格,纵墙在下,之间用直线相连,一个房号有数

幢的只连一条直线。点集图中舍弃了木屋盖房屋顶层和纵墙承重体系的房屋,它们不属刚性多层砖房之列。在图 23 中可以看到以下几点:

(1) K_i 值越小,震害越重。

(2) 在路北的各小区中,凡是抗震强度系数 $K_i >$ 0.25 的多层砖房,均裂而未倒。路南区少数尚存的多

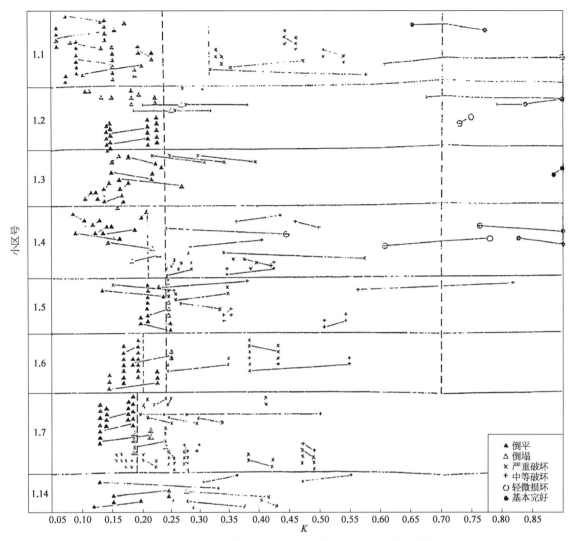

图 23　唐山市 II 类地基土上的多层砖房抗震强度系数与震害的关系

层砖房,其层间平均抗震强度系数(K_i)也都大于 0.25。

(3) 在各小区中,倒平(塌)与裂而未倒的房屋,K_i 值有较明显的界限,离散不大。新华路两侧和文化路、建设路之间,抗震强度系数的倒塌临界值(K_{i0})可取为 0.24;在文化路北口机场路两侧 1.7 小区降为 0.19。

(4) 抗震强度系数的倒塌临界值自南往北有逐渐减小的趋势;位于开滦煤矿唐山矿采空区附近的新华路东段西山口 1.4 小区,也有减小的趋势。抗震强度系数接近倒塌临界值的房屋,震害往往是局部倒塌。

(5) 由少数破坏轻微的多层砖房和刚性砖平房的抗震强度系数可以看到,唐山市路北区 II 类地基土上的多层砖房墙体抗震强度系数的开裂临界值 K_0 大致在 0.7 左右。

图 24 绘出了唐山市建于基岩及其山坡脚薄土层地基上的多层砖房震害与抗震强度系数的关系。图中对一般多层砖房只绘制了层间平均抗震强度系数,对

建于大城山南坡基岩 1.8 小区上的还绘制了各墙体抗震强度系数 K_{ij} 与震害的关系。图中舍弃了建于回填坑和陡坎边缘的房屋。从图 24 中可以看到以下几点:

(1) 建于大城山南坡基岩上的多层砖房,好坏两类墙体的 K_{ij} 值有较明显的界限,离散不大。墙体抗震强度系数的开裂临界值 K_0 可取为 0.24。

(2) 建于山坡脚上的多层砖房因受覆盖土层厚薄不一的影响,好坏两类 K_i 值的界限并不明显,抗震强度系数的开裂临界值在 0.32 左右。

(3) 建于基岩和山坡脚薄土层上的多层砖房,即使层间平均抗震强度系数低至 0.11 和 0.14 也未倒塌。建于凤凰山南坡 1.9 小区的房屋,K_i 值低于 0.14,也只局部倒塌。

图 25 绘出了唐山市陡河沿岸四个小区的多层砖房震害与层间抗震强度的关系。由图可见:

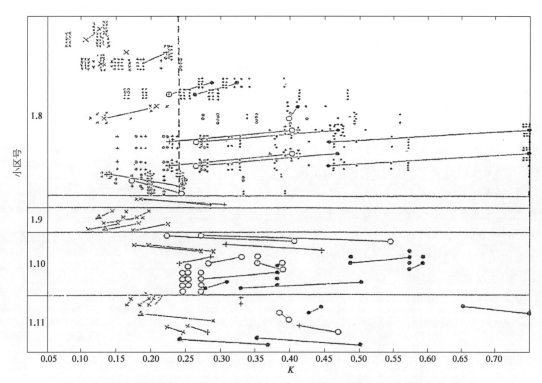

图 24　唐山市基岩及附近薄土层地基上的多层砖房抗震强度系数与震害的关系

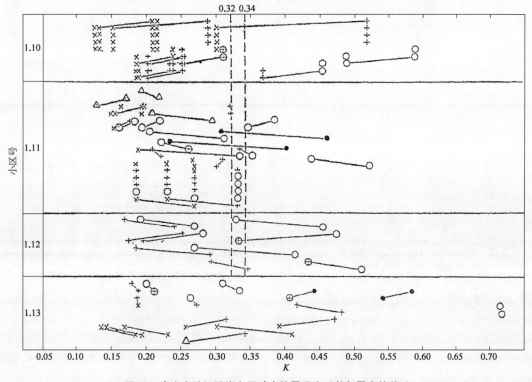

图 25　唐山市陡河沿岸多层砖房抗震强度系数与震害的关系

（1）抗震强度系数的倒塌临界值没有明确的界限,如果排除处于 I 级阶地后半部和明显由于地基失效而导致上部结构破坏的房屋,无论是在路北还是路南的陡河沿岸,即使抗震强度系数 K_i 低至 0.15,也未见倒平(塌)。

（2）陡河沿岸多层砖房抗震强度系数的开裂临界值也不很明确,路北大致可为 0.32~0.34,路南 1.13 小区更为宽阔,为 0.2~0.5。

（3）路南和路北的陡河沿岸的多层砖房都存在抗震强度系数 K_i 低至 0.2、只遭到轻微损坏的情况,这表明在陡河沿岸的局部地段,多层砖房抗震强度系数的开裂临界值可以低至接近于大城山南坡基岩上的 K_0 值,甚至更小。

(4)路北河西小区(1.12)的房屋垂直于陡河排列,图中自上而下表示距河岸从近到远。从计算的4幢房屋可以看到,离河岸越近,抗震强度系数的开裂值越小。也就是说,离河岸近,由于地基土中淤泥质土层厚,在强震下地基土的剪切变形对上部结构的消能作用越强,砖墙越不易开裂。

图26绘出了东矿区范各庄和卑家店两个小区的多层砖房层间抗震强度系数和震害的关系。其中卑家店古铁住宅顶层为木屋架,唐山四十二中顶层未竣工,这几个层次的点被舍弃。从图中可以得出范各庄多层砖房抗震强度系数开裂临界值约为0.30,卑家店的 K_0 值为0.32。

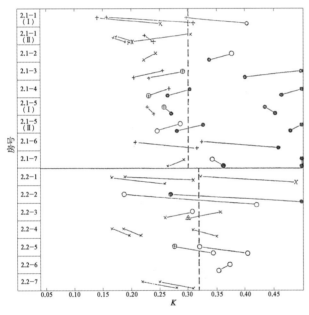

图26 范各庄和卑家店多层砖房抗震强度系数与震害的关系

图27和图28分别绘出了滦县和昌黎多层砖房抗震强度系数与震害的关系。由于这两地产生地震剪切裂缝的多层砖房并不多,难以由层间平均抗震强度系数定出开裂的临界值,因此在图上除标示出层间平均抗震强度系数外,尚对仅有的少量中等程度破坏的墙段也予以标出,以便恰当地确定出开裂临界值 K_0。由两图分别可见,滦县的 K_0 值约为0.21,昌黎的 K_0 值为0.15。滦县的震害未计入余震的影响,且将由于地基失效而导致上部结构破坏的县水电局办公楼和纵横墙间不连通成整体的县工业局办公楼这两幢严重破坏的房屋予以舍弃。

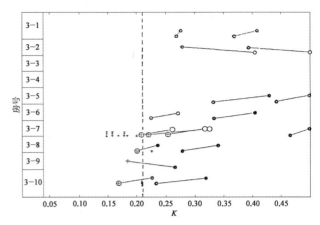

图27 滦县多层砖房抗震强度系数与震害的关系

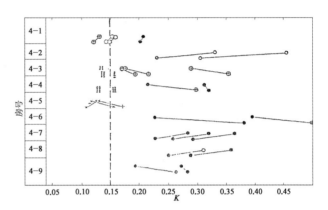

图28 昌黎多层砖房抗震强度系数与震害的关系

图29绘出了秦皇岛市多层砖房抗震强度系数与震害的关系。点集图中对墙体均为基本完好和轻微损坏的房屋只绘出了层间平均抗震强度系数 K_i,而对墙体有剪切裂缝的房屋绘出了各墙段的抗震强度系数 K_{ij} 与震害的关系。由图可见,秦皇岛市多层砖房墙体抗震强度系数的开裂临界值可取为0.115,但有较多的离散点。离散的原因其一是楼盖的整体性差,唯该市在分配层间地震荷载时将预制楼盖按半刚性计,若按刚性计则离散更大;其二是砂浆抗剪强度难以正确测定,粗砂调配的砂浆用回弹仪弹击时往往被弹碎,而测不到回弹值。在图中舍弃了省外贸商检处理化楼,此楼普遍存在有斜裂缝的底层横墙,平均抗震强度系数为0.188,远大于 K_0 值,这一计算结果进一步说明理化楼主要不是地震剪力对墙体的剪切破坏,而是外纵墙局部下沉和横墙地沟过梁砖支座压碎所致。

图30和图31分别绘出了天津市多层砖房层间平均抗震强度系数 K_i 和震害的关系,以及好(轻微损坏和基本完好)坏(中等破坏和严重破坏)两类墙体的抗震强度系数 K_{ij} 的分布率。分布率曲线据4 428个墙段

的不同 K_{ij} 值按 K_{ij} 的 0.01 分格,分别作出纵横墙的累计百分率曲线,其中破坏的墙段数为 453 个,对横墙将预制楼盖按刚性和半刚性的两种计算结果同时绘出。天津市多层砖房抗震强度系数的开裂临界值 K_0 由图 30 可见大致为 0.13。若取图 31 中好坏两类墙体分布

率的交点为开裂临界值,则纵墙的 K_0 值为 0.12,横墙的 K_0 值为 0.13。若用其交点表示离散率,纵墙为 6.9%,横墙按刚性和半刚性两种楼盖分配地震荷载时,分别为 9.5% 和 14.2%。若按开裂临界值取 0.13 计,纵墙离散值为 10%。

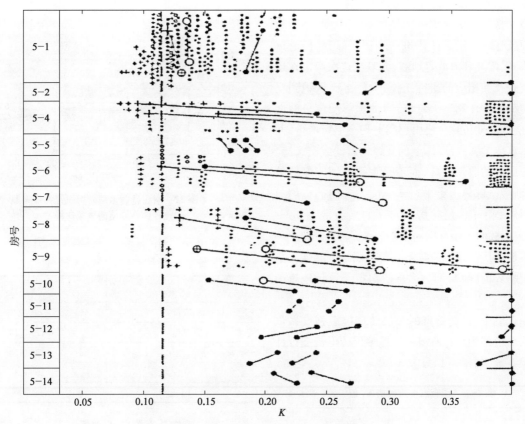

图 29　秦皇岛市多层砖房抗震强度系数与震害的关系

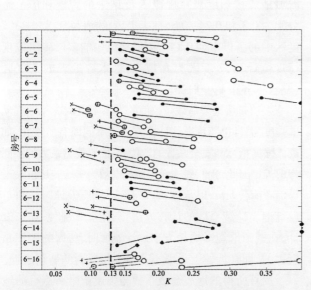

图 30　天津市多层砖房抗震强度系数与震害的关系

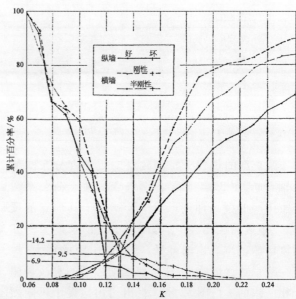

图 31　天津市多层砖房好坏两类墙体的抗震强度系数累计百分率

35

4 工程抗震分析

在唐山地震中,多层砖房的破坏造成了极为沉痛的灾难,由此而提供的工程抗震经验是十分丰富的。现将我们所认识的做如下分析。

4.1 抗裂设计地震荷载及其与地震动强度的关系

由脆性材料砌筑而成的刚性的多层砖房,其开裂破坏机理虽有一些问题尚待进一步深入研究,但通过对乌鲁木齐、阳江和海城等地震,尤其是这次唐山地震的震害调查及其相应的研究工作,大体上已认识到在水平地震荷载的作用下,多层砖房的地震反应呈剪切型,即各层的振动位移主要由层间剪切变形所产生,而不是整体弯剪型;一般墙体上的裂缝为斜缝或交叉缝,即为主拉应力的剪切破坏,而不是水平剪切或弯剪破坏;地震荷载全部传递给平行于地震力方向的抗侧力构件(墙体);由于多层砖房的自振周期通常在 $0.2 \sim 0.3\,\mathrm{s}$,地震荷载的大小可用一个系数 K_0 来表达,即 $Q_0 = K_0 W$。多层砖房的地震荷载系数若取墙体抗震强度系数的开裂临界值,则 K_0 即为多层砖房抗裂设计地震荷载系数。

唐山地震中,各调查点的多层砖房抗震强度系数的开裂临界值即为反算所得的该地多层砖房抗裂设计地震荷载系数,列于表 15 中。

表 15 各调查点多层砖房 K_0 值

地　点	K_0
唐山市	0.7
范各庄	0.30
卑家店	0.32
滦　县	0.21
昌　黎	0.15
天津市	0.13
秦皇岛	0.115

调查点的位置分布大致沿宏观烈度分布圈的长轴方向,图 32 绘出了各调查点的地震荷载系数与震中距的关系曲线。图中天津位于其他点的反向,以虚线圈画出,各点两侧水平线的长度为所在烈度区的范围。由图可见,随着震中距的增大,地震荷载系数逐渐减小,这与地震动强度的衰减规律是相一致的。由图 32 相应得出唐山地震中不同烈度区多层砖房的抗裂设计地震荷载系数 K_0,列于表 16 中。

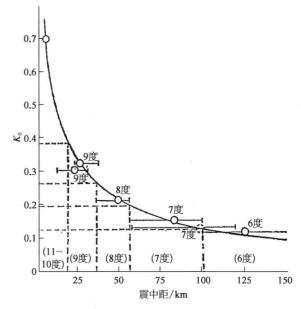

图 32 唐山地震多层砖房抗震强度系数开裂临界值的衰减曲线

表 16 唐山地震中不同烈度区多层砖房的抗裂设计地震荷载系数 K_0

烈　度	K_0
6 度	<0.12
7 度	0.12~0.19
8 度	0.19~0.26
9 度	0.26~0.38
10 度	>0.38

在海城、阳江和乌鲁木齐地震中,多层砖房地震荷载系数的反算结果大体也都在表 16 所给的范围之内。海城地震按烈度衰减规律,9 度区中的牌楼和华子峪分别为 0.3 和 0.24~0.36,8 度区中的海城镇为 0.23,7 度区中的营口市为 0.14。阳江地震中的多层砖房按现行规范计算,7 度区为 0.17,乌鲁木齐地震的 7 度区(乌鲁木齐市)为 0.125。

多层砖房地震荷载系数值的大小不仅取决于地震动的强度,而且也随着设计计算方法的不同而有所变化,如砌体强度指标和安全系数的取值、截面不均匀系数的不同考虑等。因此,我们称这地震荷载系数为多层砖房抗裂设计地震荷载系数,以示进行多层砖房抗震设计时必须与反算地震荷载系数的计算方法相对应。按此系数来设计,在遭到地震影响相当于设计烈度时,房屋的破坏是轻微的,即在墙体上一般不产生主拉应力的剪切裂缝。

反算所得的地震荷载系数与强震记录所测得的地震系数(a/g)在数值上是相当的。天津医院的强震仪在 6.9 级余震时,记录到的地面水平加速度最大值(a)

为 1.32 m/s²。主震时缺少地面记录,但从结构反应来推测,在唐山地震震害调查初步总结中所给出的约为 1 m/s²。而反算所得的地震荷载系数为 0.13(0.12~0.13)。北京(非异常区内)测得的主震地面水平加速度最大值为 0.5~0.6 m/s²,而一般多层砖房的 K_{ij} 值均大于 0.06,这也与一般多层砖房无剪切裂缝相对应。按图 32 中的曲线衰减外推北京的地震荷载系数为 0.08~0.09。

4.2 倒塌破坏机理和抗倒能力

由于强烈的地震动作用,使刚性的多层砖房产生自身无法承受的地震惯性力而倒塌。从唐山地震多层砖房大量的宏观震害现象进行分析研究,可以归纳成如下两种情况:

(1)多层砖房的墙体在出现主拉应力的剪切裂缝后进而滑移、错位、破碎、散落,直至丧失承受竖向荷载的能力而坍塌,简称为塌落。倒塌的房屋大多为这种情况。这种倒塌一般墙体碎落四周,楼(屋)盖像手风琴那样叠落在一起,侧移不大(图 33)。

 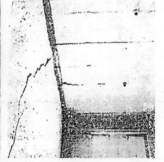

图 33　多层砖房墙体塌落　　图 34　楼(屋)盖的梁板与墙体间的错动、滑移

(2)有些房屋在地震惯性力传递到抗侧力构件的过程中,整体连接被摧毁,由于失稳而倒塌,简称为倾覆。倾覆现象一般是外纵墙首先倾倒,继而横墙也在出平面外倾倒,楼(屋)盖压在横墙上(图 21)。

房屋整体连接被摧毁的另一种状况是楼(屋)盖的梁板与墙体间的错动、滑移(图 34)。在多层砖房的震害中,有预制板局部抽落的,但未见整个楼(屋)盖滑出去的。

多层砖房纵横墙间的连接强度如果能采取必要的构造措施和确保施工质量,是能够得到保证的。导致倾覆的原因往往是在施工时缺乏可靠的连接(如留直槎,不埋设连接钢筋),或在构造上削弱了连接强度(如设烟道、留孔洞),以及对传递力的不均匀性未加以适当的控制(如木屋盖和预制屋盖的顶层不设圈梁,横墙承重的房屋外纵墙层间圈梁过稀)。唐山市二招东三楼屋顶已

安装预制板而尚未做封闭圈梁,纵横墙间留直槎埋设连接钢筋。地震时,顶层外纵墙成悬臂板,加之地震力的倒三角形分布,使传递力的不均匀性尤为突出,震后纵墙外倾,连接筋外露,呈颈缩或拉断,断头并有往回错位的现象(图 35)。但是,外纵墙

图 35　震后纵墙外倾,连接筋外露

倒塌的房屋并非都是连接被摧毁所致,有的是外纵墙的抗震强度系数低于横墙,并在倒塌临界值之下而倒塌,如唐山市工农兵楼二层住宅。有的因内横墙的剪切滑移破坏了外纵墙的整体连续性,使纵墙局部鼓起后,被推倒所致。图 36 是 255 医院传染科病房底层外纵墙被严重破坏的横墙向外推,窗间墙上下水平断裂后外错,有的破碎折断,乃至推倒。图 37 为唐山艺术学校三开间教学楼外纵墙被横墙推出,呈波浪形。

图 36　255 医院传染科病房底层外纵墙被严重破坏

本文所说的多层砖房的抗倒能力是指多层砖房在确保连接强度、防止倾覆倒塌的前提下,在墙体上出现主拉应力的剪切破坏之后抗御塌落的能力。这时房屋的抗倒能力系数 C_0 为房屋塌落倒平时的地震荷载与墙体开裂时的地震荷载之比。显然,墙体在开裂之后,房

图 37　唐山艺术学校三开间教学楼外纵墙被横墙推出

屋并不立即塌落倒平，即 $C_0 > 1$。

墙体抗裂能力是用抗震强度系数来表达的，即 K_{ij} 值越小，抗御地震荷载的能力就越小，墙体就越易开裂。多层砖房的抗倒能力并不像抗开裂那样只取决于墙体抗震（剪）强度，还与纵横墙的连接强度、墙体的抗滑移能力、酥散性和抗压强度等因素有关。但是，研究唐山地震多层砖房的震害，通过墙体抗震强度的计算，发现一般的刚性多层砖房抗震强度系数的倒塌临界值在唐山市各小区中也有较为明显的界限。这就是说，它的抗倒能力仍也可用抗震强度系数这一参数来描述。则多层砖房抗倒能力系数为抗震强度系数的开裂临界值与倒塌临界值之比，即

$$C_0 = \frac{K_0}{K_{i0}}$$

由唐山市多层砖房抗震强度系数的计算结果可见，抗倒能力系数 C_0 在 2.5~3.0，新华路两侧的倒塌临界值 $K_{i0} = 0.24$，开裂临界值 $K_0 = 0.7$，则 $C_0 = 2.9$。从海城地震中个别倒塌的房屋和屋顶小楼局部墙体震落的 K_{ij} 值中，可见 C_0 值也接近于 3。

唐山地震中，有的多层砖房一塌到底，有的只倒上层，其原因与地震荷载沿楼层的分布及其各层相应的抗倒能力有关。计算结果表明，层间平均抗震强度系数 K_i 与楼层震害的对应关系是极为明确的，在几乎所有计算的倒塌房屋中，都是在 K_i 值最小的一层倒塌，而上层随之塌落。如底层最弱，且强度系数小于该区的倒塌临界值，房屋便一塌到底；如若四层楼自三层改变砂浆标号，三层的强度系数最小，则只倒三、四层，残存一、二层，即使一、二层的抗震强度系数也小于倒塌临界值，一、二层仍然残存而不倒。当数层 K_i 值相近时，哪层首先倒平的可能性都有，如煤研所主楼两侧，西边倒平，东边倒上二层，实际上可能因施工的差异，仍然在最弱层倒平；还有一种情况是上层倒塌后，砸塌下层。

多层砖房在最弱层倒塌的这一现象表明，作用于各楼层上的水平地震荷载按剪切型振动的倒三角形分布的规律虽以弹性体系为基础，但仍适用于破损后的多层砖房，即仍可由它来确定层间抗倒能力的大小。倒塌与开裂所不同的是，开裂的裂缝不仅在强度系数最小层出现，而且也在强度系数小于开裂临界值的所有墙体上产生，最弱层的裂缝最严重；而倒塌只发生在最弱层。这一现象的出现不仅与倒塌时能量的逸散有关，也与强烈振动的强度、持续时间等因素有关。

综上所述，多层砖房的倒塌破坏机理要比开裂破坏机理复杂得多。目前我们初步认为，在排除因地基失效致使多层砖房倒塌的因素，以及确保地震惯性力在传递过程中的连接强度的条件下，多层砖房的倒塌机理是：墙体在产生主拉应力的剪切裂缝后，自振周期显著增长，地震反应仍呈剪切型；此时多层砖房的墙体虽已丧失抗震（剪）强度，但吸收地震能量的能力并非已经殆尽，地震能量将耗散在砌体间的滑移、错位和进一步酥散中，直至不断加剧破坏的砖砌体的抗压强度小于竖向荷载产生的正压应力时，房屋即丧失承受竖向荷载的能力而倒塌。多层砖房倒塌首先必须是抗震（剪）强度的破坏，而后与滑移量、酥散情况和抗压强度有关，其抗倒能力仍可粗略地用抗震强度来衡量。抗倒能力系数一般可取 2.5~3。

相对于延性结构来说，亦可将多层砖房的抗倒能力系数 C_0 称为亚延性系数。

多层砖房的倒塌机理和抗倒能力是有待进一步深入研究的，用强度系数一个参数来表达抗倒能力也是不够全面的，强度系数虽与滑移、酥散性、抗压强度相关联，但也未见均为线性相关。从震害现象也可看到，在单开间的多层砖房中布置少量的两开间，一般承重墙体的抗震强度系数要比非承重的纵墙大，而唐山地区交通局两个承重墙垛反而倒塌（图38）。显然，这是由于破碎了的承重墙垛承受不了较大的竖向荷载之故。

图38 唐山地区交通局两个承重墙垛倒塌

4.3 双重设计准则和抗倒措施

从多层砖房的震害出发，研究抗倒措施有其普遍性，也存在着一定的局限性，因此本文所谈及的抗倒措施是初步的，有赖于试验研究工作取得进一步的成果。

4.3.1 抗裂和抗倒双重设计准则

多层砖房的抗倒措施首先应在抗震设计中建立抗

开裂和抗倒双重设计这一准则。多层砖房是人员大量集中的地方，而地震区划又存在着发生意外大震的小概率，尤其是在当前，地震的预测预报还没有完全过关，唐山、海城和邢台等地震都发生在原定低烈度地区。因此，在多层砖房抗震设计中，建立"小震不裂，大震不倒"的双重设计准则是完全必要的。即在遭遇相当于设计烈度的地震时，保证砖房一般完好或只有轻微损坏；在遇到意外的大震时，能经得起高于设计烈度1~2度的地震的打击而不倒塌。

双重设计准则对于地震荷载和墙体抗震强度的要求与现行抗震设计规范有所不同。按现行规范进行多层砖房的抗震设计，7度的地震荷载系数取0.08，8度为0.16，9度为0.32，它要求最弱墙段，即所有墙段的抗震强度系数都满足此值。双重设计不以墙段的抗震强度系数作为验算的依据，它首先要求各层的层间平均抗震强度系数 K_i 大于相应烈度的抗裂设计地震荷载系数 K_0；同时，要求各层的抗倒能力，即层间抗裂强度系数与抗倒能力系数的乘积（K_0C_0）大于可能偶尔发生的大震的地震荷载系数。然后要求控制层间抗震强度系数的均方差率和墙体抗震强度的最小值。最小值以示最弱墙段可能出现剪切裂缝的地震荷载系数，并用以防止局部倒塌的发生。均方差率表示遇有相当于设计地震荷载的地震烈度时，可能开裂的墙段数不超过规定的限值。

双重设计准则还要求各层层间平均抗震强度系数一般应相接近，并满足下层高于上层，以防一塌到底的震害。纵横墙的层间平均抗震强度系数值一般也应接近相等，且尽可能满足承重的横（或纵）墙大于非承重的纵（或横）墙。如不满足这两个接近相等的条件，一般应调整砂浆标号，而不宜增加墙体面积。砖结构的抗震设计应遵循减轻自重、增强强度的方向来进行。

双重设计中的地震荷载系数应进一步研究，目前可暂按唐山地震不同烈度区多层砖房抗裂设计地震荷载系数值（表16）采用。若按此进行双重设计，地震荷载系数不是随烈度增一度而成倍增加。从表16可以看到，双重设计的7~8度地震荷载系数比现行规范的地震荷载系数值要高，而9度的下限要比现行规范的9度值低。这与双重设计的思想是相吻合的，即按7度上限或8度下限设计的多层砖房能经得起现行规范中9~10度地震的打击而不倒塌；按双重准则9度设计的砖房在遇有规范中的9度地震时，有些墙体出现中等破坏，但能经得起10度强震打击而不倒塌。这对多层砖结构房屋来说，是已满足抗震要求了。据我们

这次和过去对多层砖房抗震强度的计算结果表明，层间平均抗震强度系数小于0.12的房屋极其个别，而大量的多层砖房层间平均抗震强度系数在0.20左右。因此，按表16的地震荷载系数来进行多层砖房的双重抗震设计是可能的。

最小值和均方差率的限值在我们这次计算的房屋中，横墙的最小值与平均值的比一般大于0.85，均方差率在10%之内；纵墙的最小比值大多能满足0.65，均方差率大多也在25%之内。采用装配式钢筋混凝土楼盖的房屋，墙体抗震强度系数的不均匀性一般比整体楼盖要大，但规范所规定的分配原则是与实际不符的，因柔性楼盖的地震荷载不应按承载面积比例分配，而是承载区间的自身荷载。在我们的计算中，均用自身荷载。同时，计算结果还表明，一般的装配式楼盖按刚性分配比按半刚性分配地震荷载更为与墙体的震害接近，图31中给出了天津的两种计算结果。唯秦皇岛的楼盖刚性差，按半刚性较接近震害。因此，在计算最小值和均方差时，对装配式楼盖层间地震荷载的分配应视整体性程度而定，一般可按刚性楼盖考虑。

4.3.2 基岩和软土地基均为有利场地

在多层砖房抗倒措施中，最经济的是选择有利的场地。唐山地震的工程抗震经验表明，基岩与软土地基均为多层砖房抗倒的有利场地。

在唐山市大城山南坡的基岩或覆盖土层很薄的场地上建筑的多层砖房，与相邻的路北多层砖房的震害相差很大。从计算墙体抗震强度系数的结果来看，基岩上的房屋开裂临界值为0.24，而Ⅱ类土层上的倒塌临界值为0.24，这就是说，作用于基岩上的多层砖房的地震荷载只相当于Ⅱ类地基土上的1/3。基岩上的多层砖房震害较轻，在唐山地震中是普遍现象，在海城地震中也轻。基岩上的地振动不仅强度要小，而且振幅也小，因此当墙体开裂之后，它的滑移破碎程度也将大为减轻。

建在有淤泥质夹层软土地基上的刚性多层砖房，从唐山市陡河沿岸的四个小区来看，只有在地裂缝穿越、岸坡滑移、不均匀下沉等严重地基失效的区域才招致倒塌，一般都裂而未倒。由墙体抗震强度的计算结果可以看到，作用于有淤泥质亚黏土夹层上的多层砖房的地震荷载系数只相当于Ⅱ类硬土层上的30%~60%。淤泥质软土层在强烈地震作用下的剪切变形减轻了上部结构的地震动强度，对刚性多层砖房来说是抗倒塌的有利场地，但必须加强房屋基础的整体性和上部结构的刚性。在选择有利的软土层场地时，要注

意软硬交界的区域、河道转向的岸坡等易于引起地基失效的不利场地。

然而,在低烈度地区,软土地基上的多层砖房由于地基的不均匀沉降,震害会有局部加重的现象。在 7~8 度地震区,总的震害并不加重,如唐山地震中天津市的烈度定为 7 度圈内的 8 度异常区,它的工业厂房震害程度达到 8 度,而多层砖房只有 7 度震害,符合烈度的一般衰减规律。同样,海城地震中的营口市为 7 度中的 8 度异常区,多层砖房的震害也为 7 度。因此,在软土地基上建造刚性多层砖房,从双重设计准则来看,是有利的场地。

4.3.3 强化砖结构的抗震能力

提高砌筑砂浆的标号是增强多层砖房抗震能力的有效措施,但砂浆标号有一定的限值。故在砖砌体中用钢筋或钢筋混凝土构件来强化多层砖房的抗震能力,也是防止在意外大震中倒塌的有效措施。

唐山地震的工程抗震经验表明,用钢筋混凝土构造柱来增强多层砖房的抗倒能力,效果是显著的,在墙体开裂之后,构造柱可以阻止裂缝进一步滑移、错位和减轻酥碎现象的产生,而构造柱对抗裂即抵抗墙体上第一条斜裂缝的出现虽有作用,但效果不大。构造柱必须与层间上下圈梁及砖砌体连成整体,形成带边框的剪力墙。在水平地震力的作用下,从地震破坏机理和震害现象来分析,构造柱主要起抗剪的作用,而不是抗整体弯拉,因而要加强上下节点,尤其是在柱头要配置足够的箍筋。当竖向地震荷载影响系数大于 1 时,构造柱可发挥其抗拉作用。构造柱的设置应由底层直通到顶层,不宜只设在下层而将上层的取消。平面上应先满足于设在明角,若隔一开间或两开间布置钢筋混凝土构造柱,仍不能有效地增强无构造柱开间的抗倒能力。但是,带大量构造柱的多层砖房不仅增加费用,施工也比较困难,从建筑工业的发展来看,它是一种暂时的过渡性的抗震建筑形式。对面广量大的多层砖房的抗震,应研究改革墙体,大力采用新技术、新材料等更为经济有效的措施。对带构造柱的多层砖房进行抗震设计计算,可分为以下三步:

(1)确定控制墙体不开裂的抗震能力。采用构造柱的目的不在于防止墙体开裂,因此仍可用一般多层砖房抗裂设计计算方法,将剪力不均匀系数降低 10% 左右即可,不必按构造柱的强弱分别确定墙体的承载能力。

(2)确定控制墙体不严重破碎的抗震能力。砖结构在开裂之后,承受水平荷载的能力立即下降,即丧失

抗主拉应力强度,而只存在摩擦力。带钢筋混凝土边框的砖墙体在剪切破坏后,由于砖墙与钢筋混凝土边框仍为整体,因此除了摩擦力之外,可由钢筋混凝土柱来共同承受水平力。则它能抗御水平地震力的大小为

$$[Q] = Q_f + Q_{kh}$$

式中:Q_f 为砖砌体的摩擦力;Q_{kh} 为钢筋混凝土的抗剪能力。Q_f 和 Q_{kh} 按现行规范计算。对唐山市六单位办公楼和市一所招待楼中带构造柱的砖墙体进行计算的结果列于表 17 中,由表可见与震害现象有较好的对应关系。计算中地震荷载系数按不同小区的反算结果,分别取 0.63(10 度)和 0.47(9 度强),并在计算中列出采用和不采用安全系数的两种情况。

表 17 唐山市带构造柱的砖墙体抗震能力与震害的关系

房屋	层次	$[Q] - Q_{ij}(T)$		震　害
		计安全系数	不计安全系数	
六单位办公楼	1	−2.3	+11.3	柱头基本完好,墙体斜裂缝无滑移
	2	−17.6	−6.0	柱头破坏不明显,墙体裂缝稍有滑移
	3	−22.0	−12.4	柱头露筋,墙体明显滑移
	4	−32.1	−29.2	无柱,墙倒
	5	−19.0	−17.7	无柱,墙倒
一所招待楼	1	−13.1	+6.0	柱头未见明显破坏,墙裂缝宽 0.5 cm
	2	−17.4	−3.6	柱头破碎,钢筋屈曲,墙裂缝总宽 3 cm
	3	−25.9	−10.4	柱头多道裂缝,墙裂缝总宽 1.5 cm
	4	−17.5	−8.3	柱头开裂,墙裂缝总宽 1 cm
	5	−4.0	+1.9	柱头基本完好,墙裂缝宽 0.3 cm

(3)抗倒能力的估计。有构造柱的砖房的抗倒能力系数显然比钢筋混凝土的延性系数要小,但比多层砖房的抗倒能力系数 C_0 要大,一般可以用 C_0 来做估算。

用钢筋或钢筋混凝土构件来强化砖结构的抗震能力,另一种办法是加水平的钢筋混凝土带。墙角、纵横墙连接处和承重墙垛中设置水平钢筋,在多层砖房中已广泛应用,唐山地震的震害表明其也是行之有效的。唐山市二招东三楼如无连接筋,外纵墙有倾覆的可能。唐山市一所招待楼个别承重墙垛加配钢筋网,地震时没形成震害。配置在高标号砂浆砌筑的砖墙体中的水

平钢筋对砖砌体的抗裂和抗倒都能起一定的作用,若在多层砖房中加钢筋混凝土薄带,强化砖结构抗震能力的效果将比钢筋更为显著,而施工比构造柱要方便得多。在计算时,可以考虑砖砌体和钢筋(或钢筋混凝土薄带)共同承载,在墙体开裂之前,用两者变形一致的条件求出钢筋(或钢筋混凝土)所能发挥的作用及验算水平剪切破坏的可能性;当有斜缝后,按摩擦力和钢筋(或钢筋混凝土)受拉共同作用来控制砖砌体的加剧破损。

4.3.4 改变多层砖房的破坏形式

研究多层砖房的破坏机理,了解倒塌大多是由于墙体出现主拉应力的剪切裂缝后,在地震动的反复作用下,裂缝滑移、错位,墙体逐渐酥碎,两端楔块掉落,从而丧失承受竖向荷载的能力而塌落。如果能变更常规的设计,使多层砖房抗御水平剪切破坏的能力小于主拉应力,那么多层砖房的破坏形式就不是出现斜向或交叉裂缝,而是水平裂缝,则作用在开裂后的多层砖房上的地震荷载的能量耗散在薄弱层的水平摩擦错动中,保证了多层砖房具有承载竖向荷载的能力而不易倒塌。

唐山地震中的震害实例表明,多层砖房的水平剪切破坏是可能发生的。按现行规范来计算唐山市文化楼第三幢抗御主拉应力剪切破坏和水平剪切破坏的能力,均列于表18中。从计算结果可以看到,当不考虑竖向地震的叠加影响时,纵墙抗御水平剪切破坏的能力小于主拉应力剪切破坏的能力,承重横墙只有当薄弱层的抗剪强度较小(1.08 kg/cm^2)时,水平剪切破坏才可能发生;两者平均,即使薄弱层的抗剪强度达到1.2 kg/cm^2(即10号砂浆),也将出现水平剪切破坏。可见,文化楼第三幢水平剪切破坏并非地震波叠加的偶然因素所致,而是底层窗台以下墙体砂浆标号过低。在表中还列出了考虑竖向地震荷载系数的影响后两者的比较。显然,当叠加上抛的竖向荷载出现水平剪切破坏,反之,不易或不能出现。

表18 唐山市文化楼(第三幢)抗御主拉应力和水平剪切能力的比较

墙段	抗剪强度/(kg·cm⁻²)		不同竖向地震荷载系数下的抗剪能力(T)													
	一般墙体	薄弱层	-1.0		-0.5		-0.25		0		+0.25		+0.5		+1.0	
			主拉	水平	主拉	水平	主拉	水平	主拉	水平	主拉	水平	主拉	水平	主拉	水平
横墙	3	0		0		187		280		374		467		581		748
		0.6	436	131	531	318	572	411	609	505	646	598	679	712	717	879
		1.2		262		449		542		636		729		843		1 010
纵墙	3	0		0		165		248		333		413		495		660
		0.6	558	119	674	284	725	367	771	452	815	532	856	614	935	779
		1.2		238		403		486		571		651		733		898

对典型的单开间、双开间和三开间多层砖房承重墙体进行对比计算结果表明,通常的二至五层砖房均有出现水平剪切缝的可能,只是层数越高,要求底层一般墙体的砂浆标号越高,同时薄弱层的剪切强度越小。

从多层砖房双重抗震设计准则出发,当遇有意外大震时,房屋勒脚部位出现水平缝并产生滑移是完全被允许的。出现水平缝的构造措施除在勒脚部位用低标号砂浆砌筑几皮砖外,尚可采用较厚的油毡防潮层等常用技术,并应研究一些更为稳妥安全、吸能效果又好的措施。在邢台地震中,一些用厚约10 cm的芦苇层做防潮层的土房也起到了隔震的作用。

水平裂缝无约束的滑移量一般也不会将房屋推得很远。文化楼第三幢最大滑移量为4~5 cm。将典型的单开间三层砖房输入邢台地震的强震记录,按层间剪切型模型计算,其结果当最大加速度为2 m/s^2时,底层最大位移量为0.4 mm,3.51 m/s^2时为1.3 mm,将周期增长3倍,为3.4 mm。计算中的恢复力特性按理想弹塑性的滞回曲线,砖结构屈服(开裂)后,刚度明显下降,仅存摩擦恢复力,因此实际的位移量要比计算的大得多,但用它可说明位移量是有限的。

5 结语

通过对唐山地震中多层砖房震害的总结和工程抗震的分析,可归纳为如下几点:

(1)多层砖房的抗震设计应按"小震不裂、大震不倒"的双重设计准则进行。本文所提供的方法及其参数可供多层砖房双重设计参考。

（2）经过一定标准的抗震设计的多层砖房可以经受住 10 度地震的打击而不倒塌。唐山市路北凡层间抗震强度系数大于 0.25 的多层砖房均裂而未倒。多层砖房的抗倒能力系数为 2.5~3。

（3）唐山地震中不同烈度区的多层砖房抗裂设计地震荷载系数值与历次破坏性地震的地震荷载系数有较好的对应，表达了多层砖房的震害与地震烈度间的定量关系。我们认为本文提供的多层砖房抗裂设计地震荷载系数值可以作为震区多层砖房抗震设计的技术参数和确定地震宏观烈度的重要指标。

（4）唐山市不同地基土上的多层砖房的震害表明，高烈度区中存在着两种类型的低烈度异常区，即基岩和有淤泥质夹层的软土层，是建造刚性多层砖房的有利场地。在唐山地震时，大城山南坡基岩上的多层砖房地震荷载系数约为相邻区域Ⅱ类地基上的 1/3，陡河沿岸软土地基上的多层砖房地震荷载系数约为Ⅱ类土层上的 30%~60%。因此，在建设新唐山的城市总体规划布局中，应充分合理地利用这些低烈度异常区。

（5）本文所述的多层砖房的倒塌机理和抗倒措施是初步的，有待进一步深入研究。我们认为，本文提出的设置薄弱层、改变多层砖房破坏形式的做法是一个值得深入研究的问题。

（6）唐山地震中多层砖房震害的一些特点是唐山地震的地震动特性的反映，因此只作为其他震区的参考。

附记（致谢） 在调查过程中，得到了有关单位的大力协助，这些单位是河北省建筑设计院、唐山市建筑设计处和城建局设计处、开滦煤矿设计处、秦皇岛市抗震办和设计处、天津市建筑设计院和抗震研究所、北京市建筑设计院和房管局。唐山市建筑设计处刘东文和白玉生两位同志，先后与我们共同在唐山市进行了一个多月的调查。在震害总结中还应用了我所夏敬谦、连志勤、程志萍、瞿世汉等同志 1976 年 8 月的宏观考察调查资料和河北省建筑设计院邬天柱总工程师率领的唐山地区多层砖房震害普查小组的原始材料。三层砖房水平裂缝的滑移量计算由尹之潜、张长礼、李树桢同志协助完成。动力特性现场测量工作由仪器实验组周四骏、孟宪义等同志完成。秦皇岛多层砖房的抗震强度系数手算复核由宋寿南、孙瑞兰、谢蓬萱等同志完成。室主任朱继澄、大组长陈懋恭曾发动室组同志协助抗震强度系数计算，完成本项研究任务，在此特一并致谢。

1-2 唐山地震多层砖房震害与强度的关系

杨玉成 杨 柳 高云学 朱玉莲 杨雅玲 李玉宝 刘一成

1 引言

多层砖房是我国目前城镇住宅、学校、医院和办公楼等民用建筑的主要结构形式之一。在唐山地震的极震区,多层砖房大量倒塌,尤其是在唐山市区造成了灾难性的损失;在其他一些地震波及区,多层砖房也遭到不同程度的破坏,影响震后迅速恢复生产,安定生活。因此,正确认识多层砖房的抗震性能和寻求提高其抗震能力的途径,是一个重要的研究课题。

本文从地震破坏的特征和统计数据,概略地总结了多层砖房的震害,并用电子计算机计算了 301 幢房屋的 65 953 段墙体的抗震强度。通过震害和强度的对比,明显地看到在同一小区域内,多层砖房的破坏程度主要取决于砖墙体的抗震强度系数的大小,从而相应地给出了砖房在不同烈度区的抗裂系数和高烈度区的抗倒系数,为新唐山的建设和我国地震区房屋的抗震设计提供了参考指标。

本文所研究的多层砖房是由脆性材料建筑的刚性结构。它在极震区不同土质条件下的宏观反应及其沿接近于地震等震线主轴方向的衰减,还可作为研究唐山地震,特别是震中区地面运动的宏观基础材料。

2 多层砖房的震害概况

1976 年 7 月 28 日发生的唐山 7.8 级地震,宏观震中在唐山市内,破坏中心烈度为 11 度。我们调查了唐山市区、范各庄矿的生活区、卑家店古冶铁路工房区、滦县县城、昌黎县城、秦皇岛市区、天津市区和北京市区的多层砖房,其分布位置如图 1 所示。

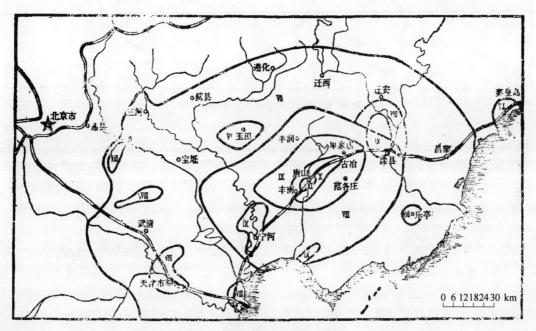

图 1 唐山地震烈度分布示意图

本文出处:《地震工程与工程振动》,1981 年 6 月,第 1 卷第 1 期,21-33 页。本文为本书 1-1 文的核心内容。

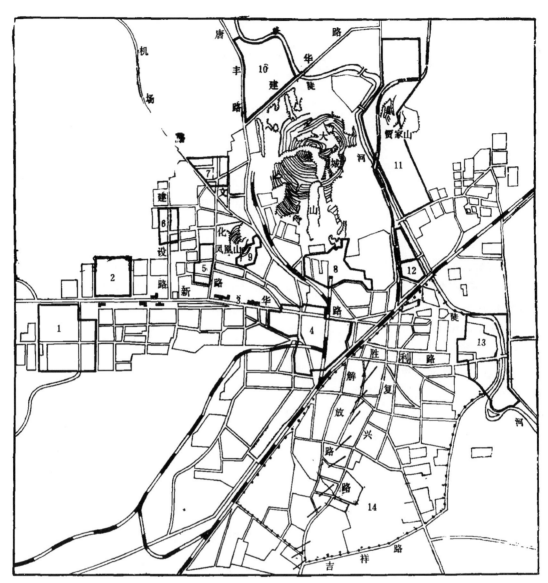

图 2　唐山市多层砖房震害调查分区图

在唐山市区我们选取了 14 个小区进行研究,如图 2 所示。我们调查了图中用黑粗线框出的这些小区中的所有多层砖房,和用黑点线框出的路南小区中裂而未倒的多层砖房及新华路临街主要建筑,共 352 幢。现场调查中,逐幢记录它们的震害,描绘其建筑结构,同时用砂浆回弹仪测定并根据经验判断砌筑砂浆的标号①。调查时尽量排除余震对震害的积累效应和人为拆除的影响。对一些已清墟的房屋,其震害程度参阅有关调查资料确定,建筑结构则以设计图为根据。对于缺乏可靠资料的房屋,未进行抗震强度的计算。在调查小区内,还选取了少量刚性砖平房,辅以确定多层砖房的抗裂系数。

在范各庄矿、卑家店、滦县和昌黎等地,采用与唐山市区相同的调查方法。北京、天津、秦皇岛三市在当地有关单位震害调查的基础上,深入调查少量的典型房屋。在这 7 个地点共调查多层砖房 190 幢。

2.1　震害特征

在唐山市区绝大多数多层砖房倒塌,少数裂而未倒的墙体也普遍有斜向或交叉裂缝,并伴有竖向裂缝。破损的墙体明显地滑移错位,屋盖预制板错动,板下墙体有不规则的水平缝。在极震区以外的地震波及区,常见的震害为砖墙体产生主拉应力的剪切裂缝,严重者局部倒墙或墙角掉落。

倒塌现象有以下四种:

---

①　现场取样,用手捏捻砌筑砂浆,与已知标号的砂浆试块相对比来确定经验判断值。

（1）全部倒平。即整幢房屋的各层塌落倒平（图3），有的房屋底层窗台以下的墙体残存。

图3　开滦总医院五层门诊楼倒平

（2）上层倒平，下层残存（图4），也较为普遍。

图4　河北矿冶学院四层住宅上两层倒平

（3）部分倒塌。房屋一端或两端倒塌，中间部分残存；也有中间倒塌两端残存者（图5）。

图5　开滦第三招待所中段倒平，两侧（六层）大部残存

（4）外纵墙倒塌，横墙和内纵墙残存，俗称"开厢"（图6）。有的横墙外缘连同外纵墙一起倒塌。

另外，在唐山市裂而未倒的一些房屋中，有局部墙体或楼板塌落现象（图7）；在9度区的房屋中有墙角掉落的；在7、8度区屡见屋顶附属建筑坠落。

通过大量震害现象的分析可以看出，刚性多层砖房由于地震惯性力的作用而引起的倒塌，一般有两种情况：

图6　唐山地区农具研究所三层办公楼外纵墙倒塌

图7　唐山地区交通局承重墙垛坍塌

图8　唐山市第一招待所招待楼墙垛破坏

（1）多层砖房大多是从墙体出现斜向或交叉裂缝开始的，进而产生滑移、错位、散落，直至丧失承受竖向荷载的能力而坍塌。从图8可以看到这种破坏的三个过程。这种倒塌现象一般呈现墙体散落四周，楼（屋）盖像纸牌那样叠落在一起（图9）。

45

图 9　河北矿冶学院五层教学楼楼
（屋）盖叠落在一起

（2）有些房屋因整体连接被破坏而失稳倒塌，一般是从外纵墙倾倒开始，继而横墙在出平面外倾倒，楼（屋）盖塌落在横墙上（图 10）。

图 10　滦县卫生局两层办公楼外纵墙倾倒，
顶层横墙倾覆，屋盖塌落

本文未讨论因地基失效而导致房屋破坏的情况，也未包括砖木楼房和多层石房。

唐山市多层砖房的震害分布有下列几个特点：

（1）从路南主破裂带往北，裂而未倒的房屋逐渐增多。

（2）市区北部的凤凰山、大城山和贾家山为裸露的奥陶系灰岩残山。建于基岩和薄的密实覆盖土层上的多层砖房，其震害显著减轻（图 11），形成高烈度区中的低异常区。

（3）陡河由北往南流经市区东部，Ⅰ级阶地前沿为近代冲积新土层，其中夹有一层淤泥质黏性土。这一带多层砖房的震害也大为减轻（图 12）。除在发震断层地段，和少数因地裂缝穿过房基、滑坡或房屋抗震性能太差而倒塌外，一般均裂而未倒。

图 11　422 水泥厂住宅轻微损坏

图 12　唐山市轻机厂单层钢筋混凝土厂房倒塌，
三层砖房裂而未倒（中等破坏）

（4）多层砖房中带有钢筋混凝土构造柱，并与圈梁形成封闭边框的砖墙，裂而未倒。

（5）有个别房屋在底层窗台下的墙体产生水平剪切裂缝，且滑移明显，裂而未倒（图 13）。与其相邻的同类房屋，因主拉应力的剪切破坏而倒塌。

图 13　唐山市文化楼第三栋住宅底层墙体的
水平剪切裂缝，全楼裂而未倒

（6）新华路两侧六层和六层以上的空旷门厅和角楼，震后依然存留。它们的高度均在 20 m 以上，平面尺寸都小于房高,并设有地下室。

(7)纵墙承重且用非刚性隔墙的多层砖房,一般顶层破坏比下层严重。其中采用木屋盖的房屋,倒塌也只发生在顶层。

2.2 震害百分率统计

我们将房屋的震害程度分为六类:

(1)倒平。整幢房屋一塌到底,或上部数层倒平,或房屋大部分倒塌,残垣只占全楼的小部分。

(2)倒塌。外纵墙大多倒塌,或采用木屋盖的顶层大部倒塌,或房屋部分倒塌。

(3)严重破坏。房屋的主体结构破坏严重,墙体开裂,并有明显的滑移、错位、酥碎、局部掉角,或个别墙板塌落,一般需经大修后方可使用,或已无修复价值。

(4)中等破坏。房屋的主体结构或其连接多处发生明显的裂缝,经过局部修复、补强或加固处理后,仍可使用。

(5)轻微损坏。主体结构基本完好,墙板只有局部轻微的裂纹或构造裂缝,不影响正常使用,只需稍加修理。

(6)基本完好,也包括完好无损的房屋。

与各类震害相应的震害指数分别为1.0、0.8、0.6、0.4、0.2和0。

按普查资料,唐山市区的多层砖房,震前共有916幢,震后倒平和倒塌的占74%,严重破坏和中等破坏的占23%,轻微损坏和基本完好的只占3%。表1列出了我们调查的14个小区的多层砖房不同震害程度的百分率和平均震害指数。将这14个小区按场地特征划分为四个部分:

(1)路北(Ⅱ类地基土),包括1.1~1.7的7个小区。

(2)山坡脚(基岩及附近薄土层地基),包括1.8、1.9两个小区和1.10、1.11两个小区的一部分。

(3)陡河沿岸(有淤泥质夹层的软土地基),包括1.12、1.13两个小区和1.10、1.11两个小区的一部分。

(4)主破裂带附近的路南区,即小区1.14。

它们的综合震害指数和震害百分率列于表2中。由表可见,多层砖房在震中区的破坏程度明显受到场地条件的影响。

在其他一些地震波及区,各调查地点的震中距、调查房屋的幢数、震害百分率和震害指数也列于表2中。由表可见,随着震中距的增加,震害指数逐渐减小。

表中的震害指数标志着各调查地点多层砖房的综合破坏程度,但各幢多层砖房的抗震能力可能有很大的差异。因此,在评定宏观烈度时,多层砖房的震害指数只能作为参考指标。

表1 唐山市多层砖房震害程度统计表

区号	小区名称	幢数	倒平		倒塌		严重破坏		中等破坏		轻微破坏		基本完好		震害指数
			幢数	%	幢数	%	幢数	%	幢数	%	幢数	%	幢数	%	
1.1	新华路西端路南	30	21	70	6	20	3	10	0		0		0		0.92
1.2	新华路西端路北	29	15	52	9	31	5	17	0		0		0		0.87
1.3	新华中路临街	17	11	64	3	18	3	18	0		0		0		0.89
1.4	新华路东段西山口	43	18	42	15	35	6	14	4	9	0		0		0.82
1.5	文化路南段路西	21	8	38	5	24	6	29	2	9	0		0		0.78
1.6	建设路中段	40	16	40	10	25	13	32	1	3	0		0		0.80
1.7	文化路北口机场路	40	9	22	14	35	16	40	1	3	0		0		0.76
1.8	大城山南坡	18	0		2	11	10	56	2	11	4	22	0		0.51
1.9	凤凰山第一招待所	7	0		3	43	4	57	0		0		0		0.69
1.10	大城山北—钓鱼台	22	0		2	9	11	50	3	14	5	23	1	4	0.47
1.11	陡河东—贾家山	33	0		8	25	12	36	7	21	3	9	3	9	0.52
1.12	路北河西	9	0		0		3	33	6	67	0		0		0.47
1.13	路南陡河	19	0		8	42	3	16	7	37	1	5	0		0.59
1.14	路南主破裂带附近	24	19	—	0	—	4	—	1	—	0	—	0	—	[0.95]
	累 计	352	117	—	85	—	99	—	34	—	13	—	4	—	[0.84]

注:中括号中的数值由普查资料得到。

表2 唐山地震多层砖房震害调查统计表

区 号	调查地点	震中距/km	幢数	倒平		倒塌		严重破坏		中等破坏		轻微破坏		基本完好		震害指数
				幢数	%	幢数	%	幢数	%	幢数	%	幢数	%	幢数	%	
1.1~1.7	唐山市路北	≤5	220	98	44	62	28	52	24	8	4	0		0		0.83
1.8~1.11	唐山市山坡脚	≤5	41	0		6	14	25	61	4	10	4	10	2	5	0.54
1.10~1.13	唐山市陡河沿岸	≤5	67	0		17	26	18	27	21	31	9	13	2	3	0.52
1.14	唐山市路南	0~2	24	19	—	0		4		1		0		0		[0.95]
2.1	范各庄	23	30	0		0		21	70	7	23	0		2	7	0.51
2.2	卑家店	26	20	0		2	10	3	15	14	70	1	5	0		0.46
3	滦县	50	15	0		0 (2)	(13)	4 (4)	27 (27)	3 (3)	20 (20)	6 (4)	40 (27)	2 (2)	13 (13)	0.32 (0.40)
4	昌黎	84	17	0		0		1	6	5	30	4	23	7	41	0.20
5	秦皇岛	126	41	0	—	0	—	0	—	9	—	9	—	23	—	[0.13]
6	天津	99	40	0		0		4		7		9		20		—
7	北京	160	27	0		0		0	—	7		15		5		—
累 计			542	117		87		132		86		57		63		

注：小括号中的数值为7.1级余震后的破坏率；中括号中的数值由普查资料得到。

3 抗震强度的计算

唐山地震和近十多年来历次破坏性地震的震害经验表明，多层砖房抗御地震的能力主要取决于砖墙体的抗震（剪）强度。我们用抗震强度系数 K_{ij} 来表示第 i 层第 j 段墙体的抗震能力（详见后述）。我们共计算了301幢房屋的883层65 953段墙体的抗震强度。各调查点计算的数量列于表3中。

表3 唐山地震中多层砖房墙体抗震强度的计算数量

地 点	幢 数	层 数	墙段数
唐 山	220	639	49 573
范各庄	15	44	2 145
卑家店	17	49	2 364
滦 县	10	23	2 110
昌 黎	9	24	2 447
秦皇岛	14	40	3 086
天 津	16	64	4 228
合 计	301	883	65 953

3.1 计算方法

在抗震设计时，一般先按设计烈度给出地震荷载：

$$Q_0 = C\alpha_{\max}\sum_{i=1}^{n}W_i = K\sum_{i=1}^{n}W_i \tag{1}$$

式中：Q_0 为底层地震剪力；C 为结构影响系数；α 为地震影响系数；W_i 为集中在第 i 层的重量。因多层砖房的自振周期一般均在0.3 s以下，故地震荷载系数可用一常数 K 来表示。然后按倒三角形分配给各层，于是第 i 层的地震荷载为

$$P_i = \frac{W_i H_i}{\sum_{i=1}^{n}W_i H_i}Q_0 \tag{2}$$

式中：H_i 为第 i 层楼盖结构面至室外地坪的高度。第 i 层的地震剪力为

$$Q_i = \sum_{i=1}^{n}P_i \tag{3}$$

再按抗侧力构件（砖墙体）的刚度分配地震荷载，第 i 层第 j 段墙体分配到的地震剪力为

$$Q_{ij} = \frac{k_{ij}}{\sum_{j=1}^{m}k_{ij}}Q_i \tag{4}$$

式中：k_{ij} 为 i–j 墙体的刚度。最后按《工业与民用建筑抗震设计规范（试行）》（TJ 11—1974）进行第 i 层第 j 段墙体的强度验算，要求满足下列条件：

$$(R_\tau)_{ij} \geq \frac{2\xi_{ij}}{A_{ij}}Q_{ij} \tag{5}$$

式中：$(R_\tau)_{ij}$ 为第 i 层第 j 段墙体的容许抗震抗剪强度，按主拉应力公式计算；2 为安全系数；ξ_{ij} 为 i-j 墙体的剪应力不均匀系数，按矩形截面取为 1.5；A_{ij} 为 i-j 墙体水平净截面面积。

受震房屋的抗震强度计算不是用墙体的抗震强度来校核是否满足所受到的地震力，而是先算出每一段墙体的抗剪强度之后，由抗震强度和地震荷载的分配关系来推算对应于 i-j 墙体的 K 值——K_{ij}。按式（5），若令

$$(R_\tau)_{ij} = \frac{2\xi_{ij}}{A_{ij}} Q_{ij}$$

同时，利用上述式（1）～式（4），则得

$$K_{ij} = \frac{(R_\tau)_{ij}}{2\xi_{ij}} \cdot \frac{A_{ij}}{k_{ij}} \cdot \frac{\sum\limits_{j=1}^{m} k_{ij}}{\sum\limits_{i=1}^{n} W_i} \cdot \frac{\sum\limits_{i=1}^{n} W_i H_i}{\sum\limits_{i=1}^{n} W_i H_i} \qquad (6)$$

我们称 K_{ij} 为第 i 层第 j 段墙体的抗震强度系数，并把它当作衡量多层砖房 i-j 墙体固有的抗震能力的指标。这就是说，在房屋遭遇到地震时，当 $K_{ij} > C\alpha_{\max}$ 时，该墙体经得住地震荷载的作用而不开裂；当 $K_{ij} < C\alpha_{\max}$ 时，则墙体开裂，差值越大，破坏越重；若两者相等，则 i-j 墙体处于主拉应力剪切破坏的临界状态。假如用 K_{ij} 来表示房屋承受到的地震荷载，则此地震荷载便是 i-j 这一墙段不开裂的最大值。我们曾将计算墙体抗震强度系数 K_{ij} 的这种方法，称为地震荷载系数的反算。

从以往几次地震的房屋震害情况的计算结果来看，在同一烈度区的小区域内，开裂与不开裂墙体的 K_{ij} 有一个临界值 K_0。我们称它为"抗裂系数"。当考虑到第 i 层各段纵横墙的抗剪强度、刚度和净截面面积的差异，对所有的 K_{ij} 值分别就各层纵横墙进行加权平均，可以得到第 i 层纵向和横向墙体各自的楼层平均抗震强度系数 K_i，即

$$K_i = \frac{\sum\limits_{j=1}^{m} \dfrac{K_{ij} k_{ij}}{(R_\tau)_{ij} A_{ij}}}{\sum\limits_{j=1}^{m} \dfrac{k_{ij}}{(R_\tau)_{ij} A_{ij}}} = \frac{1}{\sum\limits_{j=1}^{m} \dfrac{1}{K_{ij}}} \qquad (7)$$

实例计算结果表明，对于房屋的倒塌，K_i 也有一个临界值，凡是 K_i 小于这个临界值的楼层，房屋便在这一层倒塌。我们将楼层平均抗震强度系数的这个倒塌临界值 K_{i0} 称为"抗倒系数"。

3.2　结果分析

这里仅介绍唐山市各小区多层砖房的抗震强度系数的点集图和各地的抗裂系数随震中距的衰减曲线。

图 14 表示唐山市 II 类地基土上各小区的多层砖房抗震强度系数与震害的对照。凡是倒平和倒塌的房屋，图中只绘出倒平（塌）层的 K_i 值，例如一塌到底的房屋，只绘出底层的 K_i 值；再如一幢五层房屋，上部三层倒塌，只绘出第三层的 K_i 值；未倒的房屋，绘出了各层 K_i 值和相应的震害。图中同一层的横墙的 K_i 点在上，纵墙的 K_i 点在下，用直线把它们连接起来。个别 K_i 值两侧连有水平线，表示该值可能变化的范围。由图 14 可明显看到以下几点：

（1）K_i 值越小，震害越重。

（2）在路北各小区中，凡是 K_i 值大于 0.25 的房屋，都不倒塌；在路南区少数尚存房屋的 K_i 值也都大于 0.25。

（3）在各小区中，倒平（塌）与裂而未倒的房屋，K_i 值有较明显的界限，离散不大。抗倒系数 K_{i0} 在路北一般为 0.24，由南往北有逐渐减小的趋势，最北的计算小区（1.7）的 K_{i0} 降为 0.19。

（4）轻微损坏和基本完好的房屋甚少，抗裂系数 K_0 大致为 0.7。

图 15 表示唐山市建于基岩及其山坡脚薄土层地基上的多层砖房的抗震强度系数与其震害的关系。图中舍弃了建于回填坑和陡坎边缘的房屋。在这图中，不仅绘出了建于基岩上的房屋，楼层平均抗震强度系数 K_i 与震害的对应关系（用大的符号表示），而且还绘出了各墙段抗震强度系数 K_{ij} 与震害的关系（用小的符号表示），墙体开裂与不开裂的 K_{ij} 值有其明显的界限，抗裂系数 K_0 为 0.24。山坡脚上的多层砖房因受覆盖土层厚薄不一的影响，临界值的界限不明显，K_0 大致在 0.32 左右。

图 16 表示唐山市建于陡河沿岸的多层砖房的抗震强度系数与其震害的关系。若在图中排除少数处于地裂缝穿越、岸坡严重滑移及建于 I 级阶地后半部的房屋，在路北陡河沿岸的多层砖房抗裂系数大致为 0.32～0.34；在路南陡河沿岸，K_0 值的变化范围更大。在路南和路北均有个别房屋的 K_i 值只有 0.2，仍然破坏轻微。开裂临界值随淤泥质夹层土的增厚而减小，这在唐山市 1.12 小区中可明显看到，该区计算房屋的位置垂直于陡河排列，离河岸越近，抗震强度系数的开裂临界值越小。

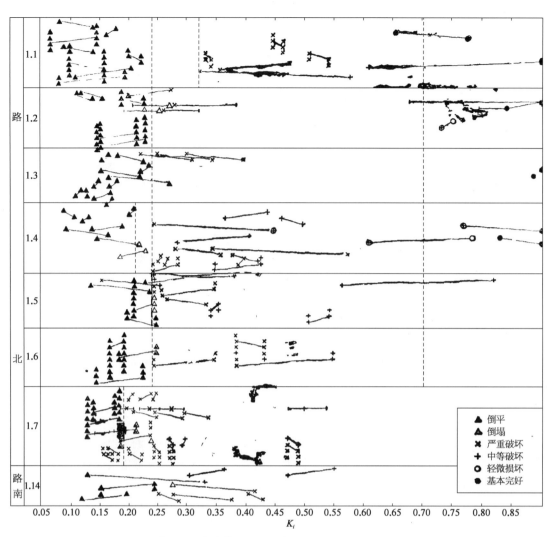

图 14　唐山市 Ⅱ 类地基土上多层砖房抗震强度系数与震害的关系

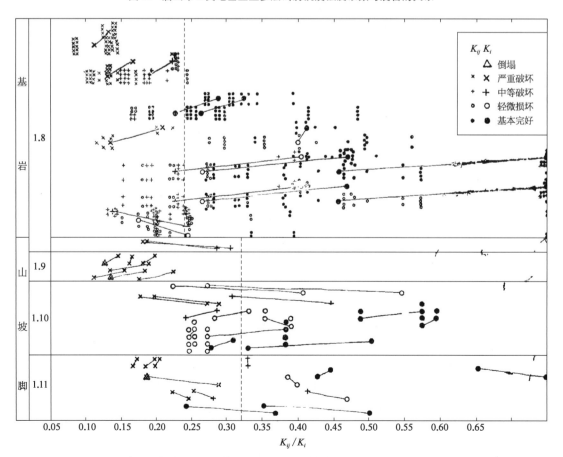

图 15　唐山市基岩及山坡脚薄土层地基上的多层砖房抗震强度系数与震害的关系

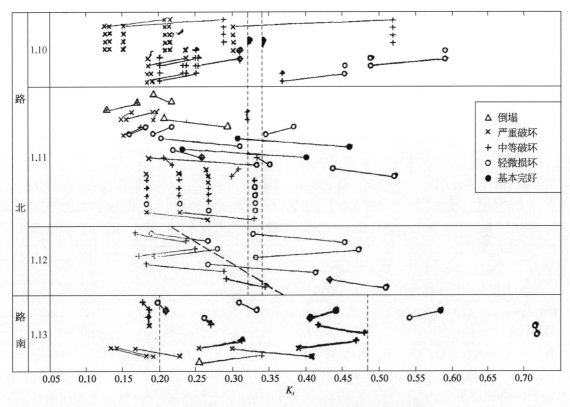

图 16 唐山市陡河沿岸多层砖房抗震强度系数与震害的关系

在唐山地震的一些波及区,各调查点的抗震强度系数的开裂临界值,即抗裂系数 K_0 如下:范各庄为0.30,卑家店为0.32,滦县为0.21,昌黎为0.15,天津为0.13,秦皇岛为0.12。K_0 值一般随震中距的增大而减小,这与地震动强度的衰减规律相一致。但其中范各庄与卑家店的关系则有些异常,这是因为震中距取为宏观 11 度区几何中心至调查点的距离,而实际上卑家店更接近于 10 度等震线。图 17 绘出了抗裂系数(K_0)与震中距(Δ)的关系曲线,在图右上角绘出的 $\lg K_0$ 与$\lg \Delta$ 之间的系数,大体上呈线性关系,用幂函数表示的回归方程为

$$K_0 = 2.1\Delta^{-0.6} \qquad (8)$$

式(8)由地震波及区的 6 个点所得,相关系数 $r = 0.985$,标准残差 $\zeta = 0.016\,2$。这些调查点分布在接近于等震线主轴方向,在北东 $54° \sim 80°$,而唐山地震的等震线呈椭圆形。因此,式(8)所给出的多层砖房抗裂系数与震中距的关系不适用于等震线的其他方位。用来计算唐山市区 K_0 值的房屋位于主破裂带的北侧,因此在图中没有直接采用唐山市区各调查小区的震中距($\Delta \leqslant 5$ km),而是由式(8)外推至 $K_0 = 0.7$ 的震中距($\Delta = 6.2$ km)。它比唐山市各调查小区的震中距都大,而与这些小区在极震区椭圆形等震线附近的分布

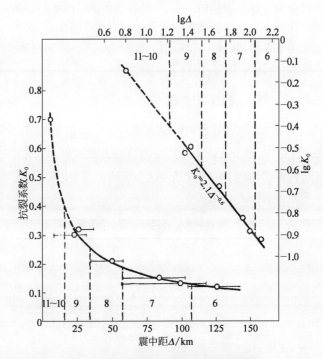

图 17 唐山地震多层砖房抗震强度系数开裂临界值(抗裂系数)的衰减曲线

大致相对应。在图 17 中,我们将延伸线段用虚线画出。图中各调查点两侧的水平线表示该点所在烈度区的范围,各点均按烈度衰减规律画出,未考虑烈度异常。图中划分烈度区的竖直虚线由图上相邻烈度界限

的平均值画出。这样,我们便可从图 17 的 $K_0 - \Delta$ 曲线得到唐山地震中各烈度区多层砖房的抗裂系数。

通过对 K_{ij} 和 K_i 计算结果的分析,我们还可以看到,凡 $K_{ij} < K_0$ 的墙体,不管是在任何一层的任何墙段,一般均开裂。但倒塌通常只发生在最弱层,尽管未倒楼层的 K_i 值可能也小于临界值 K_{i0}。例如,矿冶学院四层住宅的一、二、三层的 K_i 值均小于该小区的倒塌临界值,而最小的 K_i 值在第三层,故只倒上面三、四两层,而不是一塌到底。由震害和计算结果还可见,只倒塌外纵墙的房屋,并非都是连接被破坏所致,而是有些由于外纵墙的抗震强度系数低于横墙,且在倒塌临界值之下;有的则由于横墙剪切滑移,外推纵墙,使它倒塌。

当然,多层砖房抗震强度系数与震害之间的对应关系有一定的离散性。以天津为例,由 4 428 段墙体的 K_{ij} 值确定的 K_0,离散率约为 10%。但必须指出,非刚性的砖房由于其基本振型并非剪切型,按本文方法计算所得的结果,与其震害是不相符的。因此,对于纵墙承重且用非刚性隔墙的砖房和施用木屋架的顶层,其计算结果在本文中未曾反映。

在计算 K_{ij} 时,误差来自许多方面,最直接的是砖砌体砂浆标号。我们估计,由经验判断、回弹仪测定和设计施工标号综合确定的砂浆标号一般可能发生的偏差为 1/3 级(按 4、10、25、50、100 号分级),如 25 号砂浆,可能误为 25 号弱或 25 号强。

4 K_0 与 K_{i0} 在工程中的应用

若在抗震设计中取地震荷载系数 $C\alpha_{max}$ 值为 K_0,则 K_0 即为多层砖房抗裂设计地震荷载系数。将由图 17 所得的唐山地震中不同烈度区多层砖房抗裂设计地震荷载系数列于表 4。

表 4　多层砖房抗裂设计地震荷载系数

烈　度	K_0
6	<0.12
7	0.12~0.19
8	0.19~0.26
9	0.26~0.40
10	>0.40

根据过去几次地震中多层砖房抗震强度系数的计算结果,不同烈度区的抗裂设计地震荷载系数与唐山地震所给的范围相符。海城地震中,按烈度衰减规律,9 度区的牌楼和华子峪,抗裂设计地震荷载系数分别为 0.3 和 0.28;8 度区的海城镇为 0.23;7 度区的营口市

为 0.14。阳江地震中的 7 度区为 0.17。乌鲁木齐地震中的 7 度区为 0.12。

多层砖房在墙体开裂之后并不立即塌落倒平,仍有承受地震荷载的能力。我们将抗裂与抗倒系数之比看作多层砖房的抗倒能力,称之为裂倒比:

$$C_0 = \frac{K_0}{K_{i0}} \qquad (9)$$

唐山市多层砖房抗震强度系数的统计分析结果表明,裂倒比 C_0 约为 3。新华路两侧的抗倒系数为 0.24,抗裂系数大致为 0.7,$C_0 = 2.9$。从海城地震中个别倒塌的房屋和屋顶小楼局部震落的墙体中所得的 C_0 值也接近于 3。

5 结语

通过对多层砖房的震害总结和砖墙体抗震强度的计算分析,可得如下几点结论:

(1)多层砖房的抗震设计应按"小震不裂、大震不倒"的双重设防准则进行:第一,在遇到相当于设计烈度的地震时,保证砖房一般完好或只有轻微损坏;第二,能经得起高于设计烈度 1~2 度的地震的打击而不倒塌。

(2)按一定标准进行过抗震设计的多层砖房,可以经受住 10 度地震的打击而不倒。事实上,唐山市路北凡 K_i 值大于 0.25 的多层砖房均裂而未倒。多层砖房抗裂抗倒系数之比约为 3。

(3)唐山地震中,取得的不同烈度的 K_0 值,它与历次破坏性地震的地震荷载系数有较好的对应关系,因此可以用它来作为设计的技术参数及作为地震宏观烈度的定量指标。

(4)唐山市多层砖房的震害存在着两种类型的低烈度异常区,反映了烈度的场地效应。基岩和有淤泥质夹层的软土带都是建造多层砖房的有利场地。基岩上的 K_0 只为相邻区域 II 类地基土的 1/3。软土地基上的 K_0 为 II 类土层上的 30%~60%。

(5)多层砖房的倒塌大多是在墙体产生主拉应力的剪切裂缝后,砌体间错位、酥碎,直至丧失承受竖向荷载的能力而塌落。然而,个别房屋不是发生主拉应力的破坏,而是在底层窗台以下的砌体产生水平剪切裂缝,整幢房屋裂而未倒。这种震例值得深入研究。

最后应指出,上述这些结论是从唐山地震的特点中得出的,因此当推广应用到其他地震区时要谨慎。此外,我们对震害现象的分析还只是初步的,尚有待于更深入地进行工作。

1-3 多层砖房抗裂抗倒设计地震荷载系数的统计分析

杨玉成　杨　柳

1　引言

按现行抗震设计规范建造的多层砖房,在遭遇到的地震影响相当于设计烈度时,从大量实际震例来看,它的墙体大多是开裂的,且有一些遭到严重的破坏;同时,它是否可以抗御超过预期的地震烈度而不倒塌,设计时也是不清楚的。在我国,近十多年来的历次破坏性地震的震害经验表明,未考虑抗震设防的多层砖房一般在遭受到 7 度地震时开始出现破坏,即墙体开裂;8 度时,破坏较为普遍;9 度时,大多数破坏严重,少数倒塌;而在 10 度和 11 度区,则大量倒塌。然而,在唐山、海城和通海等地震中,在 7、8 度区都还存在一些震后仍然基本完好或破坏轻微的房屋,在 10 度区还存留少量裂而未倒的房屋,在这些房屋中,除了有的因场地特殊之外,它们都具有较好的抗震性能。影响建筑物抗裂抗倒能力的因素是众多的,而对用脆性材料建造的刚性多层砖混结构房屋来说,通常它们的振型为剪切型,自振周期在 0.3 s 以下。因此,若具有相同的场地条件,施工质量又得到保证,则它们的抗裂抗倒能力便主要受房屋设计时所采用的地震荷载系数大小的控制。本文依据多层砖房双重设防准则,计算了乌鲁木齐、东川、阳江、通海、海城和唐山等地震中 16 个地点 400 多幢房屋的 1 000 多层次、7 万多个墙段的抗震强度,在与其震害相对照的基础上,用统计分析方法得出了不同地震烈度区多层砖房的抗裂设计地震荷载系数和高烈度区的抗倒设计地震荷载系数,并对它们的可靠度进行了分析。

多层砖房的双重设防准则是在总结唐山地震的震害经验中提出的,旨在建造"小震不裂,大震不倒"的多层砖房,即遭到设计烈度的地震时不破坏,遭到高于设计烈度 1~2 度的地震时不倒塌。1978 年 7 月,美国地震工程和减轻灾害代表团来华访问时,我们曾在学术交流报告中阐述了。同年 11 月,又在罗马尼亚召开的地震区建筑物抗震会议的宣读论文中提及。

本文是进一步研究的结果,它的基础材料包括我所十多年来积累的多层砖房震害资料与有关科研成果。

2　结构体系特性

目前建造的民用砖结构房屋大多是刚性的;结构横轴方向为非刚性的甚少,只见于一些横墙间距较大的工厂车间和新中国成立前或新中国成立初期建造的砖木楼房。刚性多层砖房在振动时以剪切变形为主;非刚性的则有较明显的弯曲变形。地震破坏形式:刚性砖房一般始于砖墙体的剪切破坏或纵横墙间的连接破坏;非刚性的多半是超出墙平面外的弯曲破坏。

本文在统计分析时所选择的结构体系局限于刚性砖房,并以下列三点为前提:

(1) 纵横墙体之间的连接强度是得到保证的,即结构不致因纵横墙连接强度不足而破坏。

(2) 砖砌体水平灰缝的黏结是良好的,如果存在薄弱的黏结层,可能会导致水平剪切破坏。

(3) 不包括因地基失效而造成的上部结构破坏。

大量宏观震害表明,这样的刚性多层砖房,它的破坏首先是在砖墙体上发生斜向或交叉的主拉应力剪切裂缝,进而滑移、错位,墙体酥碎、散落,直至丧失竖向承载能力而塌落。

多层砖房的震害程度分六类统计:倒平、倒塌、严重破坏、中等破坏、轻微损坏和基本完好。在统计震害属性时,将倒平和倒塌两类归属于"倒塌"(简称"倒");严重和中等破坏两类归属于"开裂";轻微损坏和基本完好两类归属于"良好"(简称"好")。若将开裂和倒塌相对于良好而言,统称为"坏";良好和开裂相对于倒塌而言,统称为"立"。

对于采用钢筋混凝土或砖拱楼盖、木屋盖房屋,也在所选择的结构体系之列,但在分析时将其顶层舍

本文出处:《土木工程学报》,1982 年 3 月,第 15 卷第 1 期,15－26 页。

弃掉。

3 抗震强度系数

如前所述,多层砖房抗御地震的能力主要应取决于砖墙体的抗震强度,即抗剪能力。由于地震的随机性和结构的多样性,墙体抗震强度与震害之间并不存在一一对应的确定性数学关系。但将大量经受过地震检验的房屋依据每个墙段所遵循的力学规律,用统计方法分析同一小区域内各多层砖房墙体的不同震害,可以得到抗震强度系数与震害属性之间的相关关系,以用于工程实践。

在砖墙体抗震强度和震害关系的统计分析中,按惯用的抗震设计方法做如下基本假定:

(1)地震荷载由平行于地震力方向的墙体承受,即纵横墙分别承受两个方向水平地震力。

(2)地震荷载系数取为一个不随结构自振周期而变化的常数。

(3)层间地震荷载按倒三角形分布。

(4)层间各墙段承受的地震荷载按侧移刚度分配。若楼、屋盖除做平移外,还明显地存在水平面内的转动,则需计入扭转的影响,其动力放大系数取为1。

(5)砖墙体的抗震强度。它的抗剪强度采用主拉应力的公式来计算。

由此,推导出了一个无量纲的系数,即抗震强度系数:

$$K_{ij} = \frac{(R_\tau)_{ij}}{2\xi_{ij}} \cdot \frac{A_{ij}}{k_{ij}} \cdot \frac{\sum\limits_{j=1}^{m} k_{ij}}{\sum\limits_{i=1}^{n} W_i} \cdot \frac{\sum\limits_{i=1}^{n} W_i H_i}{\sum\limits_{i=1}^{n} W_i H_i} \quad (1)$$

式中:$(R_\tau)_{ij}$为第 i 层中 j 墙段的抗剪强度,为了与现行抗震设计规范一致,采用安全系数为2,将 $(R_\tau)_{ij}/2$ 的值视为实际墙体的抗剪强度;ξ_{ij} 为截面上的剪应力不均匀系数,本文计算时均取为 1.5;A_{ij} 和 k_{ij} 分别为第 i 层中 j 墙段的净截面面积和侧移刚度;W_i 为集中在 i 层的重量;H_i 为第 i 层的高度;n 和 m 分别为房屋的层数和第 i 层中核算方向(横或纵)的墙段数。在具体墙段的抗剪强度和截面积一定的情况下,K_{ij} 就表示第 i 层第 j 墙段固有的最大抗地震荷载能力,若根据确定的地震荷载分配值,则 K_{ij} 就表示这一墙段的抗震能力,我们称 K_{ij} 为这一墙段的抗震强度系数。

当考虑到第 i 层各段纵横墙的抗震强度、刚度和净截面面积的差异,分别将纵、横墙的 K_{ij} 值加权平均,可得第 i 层纵、横墙体的平均抗震强度系数 K_i,即

$$K_i = \frac{\sum\limits_{j=1}^{m} \dfrac{K_{ij} k_{ij}}{(R_\tau)_{ij} A_{ij}}}{\sum\limits_{j=1}^{m} \dfrac{k_{ij}}{(R_\tau)_{ij} A_{ij}}} \quad (2)$$

将式(1)代入式(2),取 ξ_{ij} 为常数,则式(2)便简化为

$$K_i = \frac{m}{\sum\limits_{j=1}^{m} \dfrac{1}{K_{ij}}} \quad (3)$$

K_i 值表示 i 层墙体纵(横)向整体的固有抗震能力,即从整体来说抗地震荷载的最大值。由式(3)可见,K_i 是 i 层中各横向或纵向墙段 K_{ij} 的倒数平均值的倒数,这表明在同一层墙段中,K_{ij} 值越小的墙段,起的作用越大。在计算 K_i 时,凡 K_{ij} 与 K_i 之差等于及小于3倍标准差者计入统计总体,大于3倍的均舍弃。舍弃的墙段变形一般以弯曲为主,抗剪作用甚小。

4 统计分析的基本方法

将同一小区域内纳入计算的多层砖房所有墙段(或楼层)作为统计总体,K_{ij}(或 K_i)的计算结果是一系列不同的数值,从它与其震害的关系中寻找好、坏墙体(或立、倒房屋)的临界值,把抗震强度系数的这一临界值作为抗裂(或抗倒)设计地震荷载系数的统计分析值。求临界值的方法一般有下列三种。

4.1 点集图估计

将统计总体中各墙段的抗震强度系数 K_{ij} 与其震害的对照关系用点集图的形式表示,并按震害的宏观属性用直方图标出 K_{ij} 值的分布频次。图1、图2分别为乌鲁木齐市多层砖房横墙 K_{ij} 与震害关系的点集图和频次分布直方图。在每一个地点,好、坏两类墙体的抗震强度系数的临界值(抗裂系数)或立、倒两类房屋的抗震强度系数的临界值(抗倒系数)可由点集图并参照直方图大致分辨出来。我们曾用这种统计估计方法给出了阳江、海城和唐山地震中多层砖房的抗裂系数 K_0 和抗倒系数 K_{i0}。

4.2 频次累积分布曲线交点的概率法

为做进一步的统计分析,本文采用好、坏两类墙体(或立、倒两类房屋)抗震强度系数的频次累积分布曲线来确定临界值,如图3所示(图中,破坏墙体的累积分布曲线由破坏墙体的频次自最大抗震强度系数往渐小的方向即自右往左进行累积而得;良好墙体的累积分布曲线自左往右累积而得)。两条累积分布曲线交点的横坐标 K_0 便是好、坏两类墙体抗震强度(抗裂)系数的临界值,交点的纵坐标值为离散率。类同图3,也可求得抗倒临界值和它的离散率。

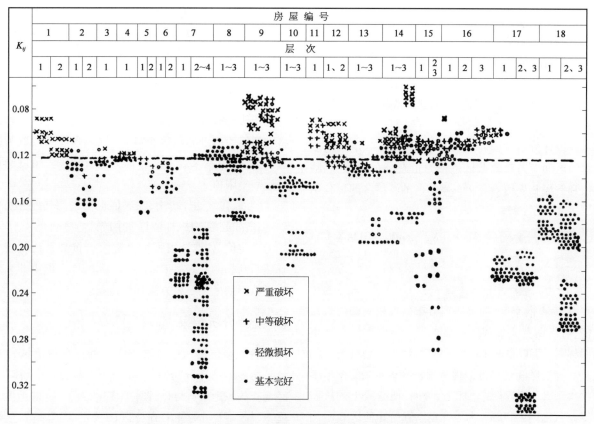

图1　乌鲁木齐市多层砖房墙体抗震强度系数(K_{ij})与震害的关系

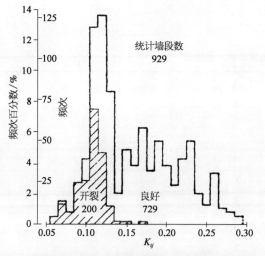

图2　乌鲁木齐市多层砖房墙体抗震强度系数频次分布直方图

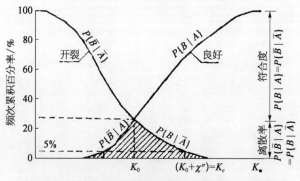

图3　好、坏两类墙体抗震强度系数频次累积分布曲线

取频次累积分布曲线的交点为临界值，还可求得它的可靠度和进行预测的概率运算。若将统计总体中，震后良好的墙体记作事件 A，破坏的墙体记作事件 $\bar{A}$，则良好墙体的概率为 $P\{A\}$，破坏墙体的概率为 $P\{\bar{A}\}$。再将抗震强度系数大于临界值的墙体记作事件 B，小于的为事件 $\bar{B}$，则抗震强度系数大于临界值的概率为 $P\{B\}$，小于临界值的概率为 $P\{\bar{B}\}$。由图3可见，临界值取好、坏两条累积分布曲线的交点，用概率来描述，也就是在震后良好的墙体中，抗震强度系数大于此值的概率 $P\{B|A\}$，相等于在震后破坏的墙体中，抗震强度系数小于此值的概率 $P\{\bar{B}|\bar{A}\}$，即

$$P\{B \mid A\} = P\{\bar{B} \mid \bar{A}\} \tag{4}$$

这个概率便是用抗震强度系数的临界值来分辨宏观属性的符合度，即可靠度的点估计值。临界值具有一定置信度的可靠度，可由统计属性的总数和失效（不符合）数从有关可靠度的表格中查到许多等效的可靠度-置信度对。通常将95%的置信度作为大概率数，由它得到的可靠度（表2中第7栏）当然比点估计要低。

预测抗震强度系数大于临界值的墙体，震后确然良好的概率可利用条件概率公式计算：

$$P\{A \mid B\} = \frac{P\{AB\}}{P\{B\}} = \frac{P\{A\}P\{B \mid A\}}{P\{B\}} \quad (5)$$

若将震后未倒塌的房屋记作事件 A'，倒塌的为 $\bar{A}'$，楼层平均抗震强度系数大于倒塌临界值的记作事件 B'，小于的为 $\bar{B}'$。同理，也可进行倒、立的概率运算。

4.3 95%置信度的概率法

在统计分析中，临界值也可取为具有一定置信度的置信区间。若将离散区近似为正态分布，则开裂临界值和倒塌临界值具有95%置信度的置信区间可分别用下式来表示：

$$P_f\{(K_0 - \chi\sigma) < K_0 < (K_0 + \chi\sigma)\} = 0.95 \quad (6)$$

$$P_f\{(K_{i0} - \chi\sigma) < K_{i0} < (K_{i0} + \chi\sigma)\} = 0.95 \quad (7)$$

式中：σ 为离散区中的 K_{ij}（或 K_i）相对于 K_0（K_{i0}）的标准差；χ 为离散率5%时与正态分布函数相应的随机变量值，可借助有关数理统计表求得。当离散区有严重的偏移时，用正态分布来计算置信区间，将会有较大的偏差。置信区间也可近似地从累积分布曲线的图形上直接得到，即相应于纵坐标为5%时，两曲线上的抗震强度系数之间的区域。K_0（或 K_{i0}）值的置信区表示当抗震强度系数小于置信区间的下限值时，墙体大多是破坏的（或房屋大多是倒塌的），良好的墙段（或未倒的房屋）只为其总良好墙段数（或未倒的房屋数）的5%；反之，当抗震强度系数大于置信区间的上限值时，墙体大多是好的（或房屋大多是不倒的），破坏的墙段（或倒塌的房屋）也只为其总破坏墙段数的5%。

为使设计中考虑抗震的多层砖房遭受到设计烈度的地震影响时，破坏墙体的数量少些，刘恢先教授建议将破坏墙段占破坏总数5%时的抗震强度系数取为抗裂系数，并用 K_c 来表示。K_c 即为具有95%置信度的置信区间上限值。

此外，在统计分析中，临界值也可采用其他方法来确定，诸如等概率法，即使每一个统计总体的 $P\{A \mid B\}$ 均为一定值，如取抗震强度系数大于抗裂系数时震后确然不开裂的良好率 $P\{A \mid B\} = 0.95$。但由此来求临界值不如上述三种方法那样直接。

5 统计分析结果

各地多层砖房墙体抗震强度的计算数量见表1。计算房屋的选择分"抽样"和"全体"两类。"全体"系经调查的该地所有可做计算的多层砖房。有的地区房屋数量较多（如乌鲁木齐、营口、天津、秦皇岛），仅做抽样调查，有的地区只计算调查资料完备的房屋，也叫抽样。

表1 多层砖房墙体抗震强度系数的计算数量

地 点		发震日期	震级	震中距/km	烈度	幢数	层次数	墙段数	选 样
乌鲁木齐		1965年11月13日	6.7	20	7	18	47	983	抽样
东 川		1966年2月5日	6.5	16	8	4	9	344	抽样
阳 江		1969年7月26日	6.4	26	7	28	28	251	全体底层主震方向墙段
通海	曲 溪	1970年1月5日	7.7		10	4	7	354	糖厂全体
	峨 山				9	3	5	239	原护城河填土地基
海城	华子峪	1975年2月4日	7.3	4	9	27	36	936	全体
	牌 楼			12	9	4	8	250	全体
	海 城			18	8	18	18	450	全体底层
	营 口			38	7	8	12	255	抽样
唐山	唐 山	1976年7月28日	7.8	≤6	10~11	220	639	49 573	所选小区全体
	范各庄			23	9	15	44	2 145	全体
	卑家店			26	9	17	49	2 364	全体
	滦 县			50	8	10	23	2 110	全体
	昌 黎			84	7	9	24	2 447	全体
	天 津			99	7	16	64	4 228	抽样
	秦皇岛			126	6强	14	40	3 086	抽样
总 计						415	1 053	70 015	

表2　多层砖房墙体抗震强度系数的统计分析结果

烈度	地点	统计总数	抗裂系数 K_0	抗倒系数 K_{i0}	可靠度 点估计	可靠度 95%置信度	离散度 百分率	离散度 标准差	$P\{A\mid B\}$ 或 $P\{A'\mid B'\}$	$P_j = 0.95$ K_0或K_{i0}置信区间 累计曲线图形	$P_j = 0.95$ K_0或K_{i0}置信区间 正态分布计算	$\dfrac{X\sigma}{K_0}$/%
6	秦皇岛	679	0.128		86	83	14	0.018	0.99	0.110~0.161	0.110~0.146	14
7	乌鲁木齐	929	0.122		78	73	22	0.011	0.97	0.104~0.134	0.108~0.136	12
	天津	4 228	0.126		91	89	9	0.020	0.98	0.112~0.138	0.114~0.138	9.5
	营口	255	0.144							(0.13~0.18)		(16)
	昌黎	2 447	0.158		83	79	17	0.033	0.98	0.12~0.19	0.123~0.193	22
	阳江	130	0.176		93	89	7	0.024	0.98	0.170~0.178	0.168~0.184	4.5
8	滦县	1 736	0.219		91	89	9	0.048	0.99	0.170~0.234	0.191~0.247	13
	东川	313	0.222		74	69	26	0.037	0.70	0.21~0.29	(0.174~0.270)	15~13(22)
	海城	422	0.231	(0.08)	93	91	7	0.028	0.97	0.226~0.236	0.222~0.240	3.9
9	华子峪	915	0.279		82	78	18	0.033	0.89	0.230~0.300	0.234~0.324	16
	范各庄	2 145	0.297		71	66	29	0.058	0.78	0.177~0.360	0.217~0.377	27
	牌楼	250	0.302		84	79	16	0.062	0.77	0.220~0.372	0.240~0.364	20
	卓家店	1 802	0.324		74	69	26	0.064	0.86	0.230~0.404	0.240~0.408	26
10弱	曲溪	204	0.35		71	65	29	0.090	0.72	0.226~0.480	0.226~0.474	35
10~11	唐山机场路	48		0.189	75	63	25	0.019	0.90	0.156~0.214	0.165~0.213	13
	唐山新华路	230	(0.70)	0.237	92	89	8	0.030	0.95	0.233~0.245	0.224~0.250	5.5

统计分析结果列于表2,表中统计总数除唐山为层次数外,其他均为墙段数,且只包括刚性砖混结构,舍弃了砖木结构房屋和砖混木结构的顶层。其中秦皇岛只选择了有震害的房屋。唐山倒塌的房屋只统计倒塌楼层的最下层(一般是抗震强度最弱层)。

由表2可见,不同地震烈度区的抗裂系数在一定的范围内变化。从图4可见,唐山地震多层砖房的抗裂系数与震中距的关系所得到的 K_0 值:6度区小于0.12,7度区为0.12~0.19,8度为0.19~0.26,9度为0.26~0.40,10度区大于0.40。可明显地看到,表2其他地震中各烈度区的 K_0 值大体上也都在上述范围之内。图4绘

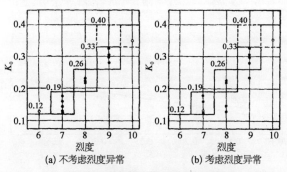

图4　不同烈度区的多层砖房抗裂系数 K_0

出了不同烈度区中 K_0 值的分布,比较两幅分图,可见不考虑烈度异常的 K_0 值分布规律性较好。表2中的烈度值均未计异常[①],即采用按震动的总衰减趋势确定的烈度。

在表2中还列出了抗裂系数的点估计可靠度(符合度)和相应离散率(失效数)。这些结果可从图5中的好、坏两类墙体的 K_{ij} 累积分布曲线直接得到。抗裂系数可靠度的点估计为75%~90%,烈度越高可靠度越差。95%置信度下的可靠度比点估计大约降低5%。图6绘出了不同烈度区抗裂系数 K_0 值的可靠度和离散率。

从累积分布曲线还可计算多层砖房墙体抗震强度(抗裂)系数大于 K_0 值的墙体震后确然不开裂的概率 $P\{A\mid B\}$。由表2和图7可见,7、8度区除了东川因场地条件复杂而使 $P\{A\mid B\}$ 值(为70%)偏低外,其余均在97%~99%;在9度区,一般为80%左右。由好、坏两类墙体抗震强度系数的累积分布曲线的交点所确定的抗裂系数估计墙体不开裂的概率比该系数的符合度要高一些,尤其是在7、8度区,这对于抗震设计的安全性来说正是所希望的。

图4分图中：
(a) 不考虑烈度异常
(b) 考虑烈度异常
纵轴 K_0，横轴 烈度 6 7 8 9 10；标注值 0.40、0.33、0.26、0.19、0.12

---

① 天津市宏观烈度定为7度区中的8度异常点,营口市有7度区的高异常点一说,均是由于工业厂房和高柔结构破坏严重所致;海城镇由于大量老旧房屋破坏严重和个别砖房的倒塌,也有8度的高异常点一说;秦皇岛市为6度中的7度异常点,是河北省地震局后改的。

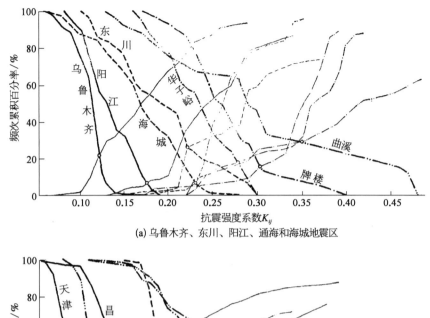

(a) 乌鲁木齐、东川、阳江、通海和海城地震区

(b) 唐山地震区

图5 各地多层砖房好、坏两类墙体抗震强度系数的频次累积分布曲线
（粗线为开裂墙段，细线为良好墙段）

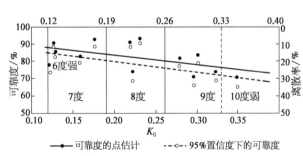

图6 多层砖房抗裂系数 K_0 的可靠度

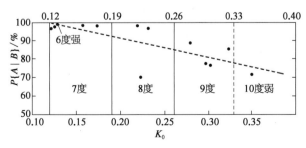

图7 多层砖房墙体抗震强度系数大于抗裂系数 K_0 时震后确然不开裂的概率

抗裂系数 K_0 值具有95%置信度的置信区间，也在表2中列出。置信区间的幅度（$\chi\sigma/K_0$）与 K_0 的关系表示在图8中。由图8可见，幅度（$\chi\sigma/K_0$）为10%～25%，相当于离散率的大小，它也是烈度越高，抗裂系数的置信区间越宽。图9绘出了不同烈度区抗震强度系数具有95%置信度的置信区间的上限值 K_c，显然 K_c 比 K_0 值大。

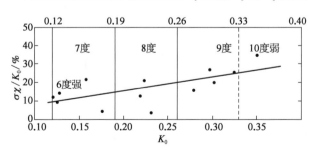

图8 多层砖房墙体抗裂系数具有95%置信度的置信区间幅度（$\chi\sigma/K_0$）

由 $P\{A\mid B\}=0.95$ 得到的抗裂系数绘于图10。与由累积曲线交点所得到的 K_0 值相比，7度区要低一些，

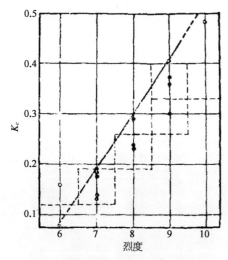

图9　抗裂系数具有95%置信度的
置信区间上限值 K_c

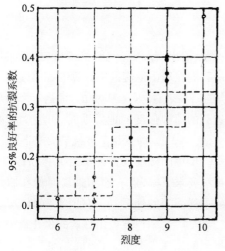

图10　抗震强度系数大于抗裂系数时
震后墙体有95%良好率的 K_0 值

9度区则要高一些。

对于抗倒系数,在现有的地震资料中,只有唐山、海城两地。依据唐山市区的统计分析结果,如果多层砖房各层纵横墙的层间抗震强度系数均大于0.24,当遭遇到相当于唐山市新华路—文化路、建设路一带的地震影响(10~11度)时,一般是不会倒塌的,它的宏观属性的可靠度由表2可见,为92%,预测震后不倒的概率 $P\{A'|B'\}$ 为95%;如果考虑到的地震影响相当于唐山市文化路北口机场路附近(10度),要使多层砖房免于倒塌的 K_i 值应高于0.19。如果设计的多层砖房的 K_i 值达0.08,当遭遇到相当于海城地震时海城镇的地震影响(8度强)时,便有倒塌的危险。

在9度区的华子峪、牌楼、范各庄和卓家店四个地点,K_i 值大于0.17的房屋均未倒塌。范各庄有一幢房屋的一、二层横墙的 K_i 值分别为0.159和0.142,外墙

四角掉落。

唐山、海城两地的抗裂和抗倒系数之比为

$$C' = K_0/K_{i0} \approx 3$$

由此,可将多层砖房的抗倒与抗裂能力之比近似地取为3。

6　离散原因的讨论

抗震强度系数与震害的对应关系存在着一定的离散,其原因主要来自下列几方面:

(1)结构在地震时的实际工作状态与基本假设的差异。刚性多层砖房的自振周期一般在0.3 s以下,故假设地震荷载系数为一不随周期而变化的常数,按抗震规范计算也为常数,而从地震反应分析看到,虽然多层砖房的破坏主要也取决于加速度幅值的大小,但也与结构和地震波频谱特性有关。同时,层间地震荷载按倒三角形分布的假设与线弹性地震反应分析相比,也有差异。在本文的统计分析中,阳江和海城只计算底层,符合度就比计算各层的其他地点要好;而在高烈度区由于最弱层破坏后地震荷载的重分布和忽略竖向地震荷载的影响,离散率远较低烈度区要大。

(2)宏观判定房屋震害程度的统计属性与实际破坏的差异。为尽量避免这类人为差异,凡由作者和所在地民用建筑抗震组调查的房屋,震害是按统一的标准判定的。

(3)房屋结构有关参数的计算值与真实状况的差异。在这方面影响最大的是墙体的砌筑砂浆标号,我们是依据设计标号、现场判断和回弹仪测定综合确定的计算标号,可能会有1/3级的误差,即25号的砂浆可能被判定为25号弱或强。同时,砂浆的不均匀性也是不可避免的。乌鲁木齐抗裂系数的离散率在7度区中最高,这与它的砂浆标号无实测值有关。

(4)场地条件的影响也是明显的,因此对每一统计总体中的多层砖房,一般应具有相同的场地土质条件。东川的抗裂系数离散率较高,主要是因场地条件变化较大。不同场地可使抗裂抗倒系数有较大差异,在唐山市建于大城山南坡基岩上的多层砖房抗裂系数只为0.24,建于陡河沿岸有淤泥质夹层地基上的多层砖房抗裂系数也只为0.24~0.34,它们为邻近一般土层上多层砖房抗裂系数的1/2~1/3。而在峨山建于原护城河填土地基上的多层砖房抗倒系数竟达0.18。

7　结语

建于Ⅱ类地基土上的刚性多层砖房,抗裂抗倒设

计地震荷载系数建议按表 3 采用。如此,多层砖房在连接强度得到确保的前提下,抗震强度系数大于抗裂设计地震荷载系数的墙体($K_{ij} > K_0$),当遭遇到相当于设计烈度的地震影响时,一般是不会开裂的;当偶尔遭到大震时,房屋各层墙体的楼层平均抗震强度系数乘以裂倒比($C' = 3$)后均大于抗倒设计地震荷载系数($3K_i > K_{i0}C'$ 即 $K_i > K_{i0}$),一般说房屋不致因墙体抗震强度不足而倒塌。从工程抗震来说,可靠度是足够的。

表 3　多层砖房设计地震荷载系数

$\xi^{①}$	设计地震荷载系数	烈　度				
		6	7	8	9	10^{②}
1.5	抗裂 K_0	<0.12	0.12~0.19	0.19~0.26	0.26~0.33	
	抗倒 $K_{i0}C'$				0.26~0.40	0.40~0.70
	1974 年规范 K		0.08	0.16	0.32	
1.2	抗裂 K_0	<0.15	0.15~0.24	0.24~0.32	0.32~0.41	
	抗倒 $K_{i0}C'$				0.32~0.50	0.50~0.88
	1978 年规范 K		0.10	0.20	0.40	

注:① 计算抗震强度系数中采用的剪应力不均匀系数。
　　② 10 度上限值是偏高的。

最后,尚需说明的是,按双重设防准则对多层砖房进行抗震设计,应包括满足抗裂抗倒要求的墙体抗震强度,并满足连接强度系数大于抗震强度系数的条件;考虑地基基础对抗裂抗倒这两个要求的不同影响;注意局部构件的不利抗倒因素(如个别承重墙垛)和砖结构抗震的强化措施(如加构造柱)对抗裂抗倒能力的增加等方面。而本文所阐及的内容是其最基本点,即要使砖墙体的抗震强度系数满足抗裂抗倒设计地震荷载系数的要求。有关的计算方法仍可采用现行的抗震设计规范,只需选取本文表 3 的地震荷载系数。抗震强度系数的计算公式可采用式(1)和式(2)。按双重设防准则进行抗震设计,可不要求所有墙段的 K_{ij} 都大于 K_0,只要满足 $K_i > K_0$。因整幢房屋的抗倒能力是取决于 K_i 而不是 K_{ij}。这样,当遇有设计烈度的地震时,虽少数墙段出现裂缝,但就整幢房屋来说,是不破坏的。从我们在唐山地震区中计算的 301 幢多层砖房 883 层次的结果来看,$K_i = 0.09$ 的,即遇有海城地震时海城镇遭到的那种强度的地震动时,可能倒塌的楼层有 3%;$K_i = 0.12$ 的,即满足 7 度抗裂要求下限,遇有 9 度地震可能倒塌的楼层也只有 6%;$K_i = 0.19$ 的,即满足 8 度抗裂要求下限,遇有唐山地震时像在唐山市北部遭到的那样强烈的地震动,可能倒塌的楼层也只有 33%;$K_i = 0.24$ 的,即遇有唐山地震时像在唐山市新华路两侧遭到的那样强烈的地震动,仍可能不倒塌的楼层有 50%;$K_i = 0.26$ 的,即遇有 8 度强的地震仍不破坏、10 度强的地震不倒塌的楼层只有 40%。由此可见,在一般地震区按双重设防准则对多层砖房的墙体进行抗震设计是可以实现的。

1-4 在阳江地震中多层砖房的震害及其地震荷载系数的反算(概要)*

民用建筑抗震组

1 引言

在 1969 年 7 月 26 日广东阳江地震中,多层砖房遭到不同程度的破坏。本文在总结宏观调查和测试结果的基础上,进一步分析它的抗震性能,并着重于墙体抗剪强度的核算,从而求得了阳江地震中多层砖房的地震荷载系数和凸出屋顶小楼的动力放大倍数。

2 震害概况

阳江地震 6.4 级,震源深度 5 km,震中烈度达 8 度强,县城烈度为 7 度。地面震动具有明显的方向性,震中与 6、7 度区均近南北向。

阳江的多层砖房大多为二、三层,个别达四层。砌体类型主要有实心墙和双层空心墙两种,其他类型的(如空斗墙、纵配筋墙垛和墙柱内框架)数量很少。双层空心墙是当地传统的砌砖法,砖墙分里外两层,中间留宽约 10 cm 的空隙,上下贯通,拉结丁砖甚少,约隔二十顺一丁,呈梅花形布置,砖墙里外层均用带刀灰卧砌,其表侧为纯石灰膏条(俗称盅灰),内侧用白灰泥浆条,近来有改用五顺一丁满铺砂浆的砌法。楼盖大多为钢筋混凝土或木的。多数木楼板上铺有大方砖面层。有些楼盖是由钢筋混凝土大梁、木栅和木楼板组成。屋盖有钢筋混凝土或木的平顶和冷摊瓦屋面硬山搁檩或木屋架的坡顶。此外,阳江多层砖房具有南方建筑特色,房屋外围几乎都有一面或多面的砖柱外廊,临街房屋有骑楼,近来有修筑通长阳台和大挑檐的。平顶一般都有出屋顶的小楼。

调查了 79 幢多层砖房,按主体结构的震害程度,分倒塌、严重破坏、中等破坏、轻微损坏和基本完好五类进行统计,列于表 1,都是与邻房没有联系或影响极小的独立房屋。在 7 度区的有 53 幢,县城除了双层空心墙的老旧房之外,力求做到无遗漏,共 52 幢。8 度区 10 幢,平岗有 9 幢。6 度区的 16 幢在闸坡和东平。

表 1 多层砖房遭受不同震害的幢数

| 震害 | 烈度 | 结构 | | | | | | 幢数 |
| | | 楼(屋)盖 | | | 墙体 | | | |
		钢筋混凝土	木	混-木	实心	双层空心	其他	
倒塌	7	—	3	—	2	1	—	6
	8	—	3	—	1	2	—	
严重破坏	7	2	10	2	8	6	—	16
	8	—	2	—	2	—	—	
中等破坏	6	—	3	1	2	2	—	17
	7	—	4	6	5	4	1	
	8	—	3	—	1	2	—	
轻微损坏	6	—	2	1	2	1	—	23
	7	5	8	5	11	2	5	
	8	—	2	—	—	2	—	
基本完好	6	2	5	2	7	—	2	17
	7	3	3	2	6	1	1	
累计		12	48	19	47	23	9	79

表 2 和表 3 分别列出了 7 度区 32 幢实心墙房屋和 14 个屋顶小楼的平面示意图、建筑结构和震害概况。

多层砖房的震害现象可归结为如下几点:

(1) 最常见的震害是墙体开裂。在 7、8 度区遭到严重和中等破坏的墙体,个别是因地基和施工质量较差而造成外,大部分均因墙体抗剪力强度不足所致。如:1 号房出现严重的交叉裂缝(照片 1);照片 2 最大缝宽达 4 cm;采用大悬臂的挑檐和阳台的平岗会议室,墙体严重酥裂(照片 3);在 6 度区中遭到中等破坏的两幢房屋,在平面局部凸出处墙体破裂(照片 4)。

本文出处:中国科学院工程力学研究所地震工程研究报告,1973 年,1-26 页;工程力学研究所地震工程研究报告,第三辑,1997 年。

* 本文由杨玉成、陈懋恭执笔,本书做了压缩删略。参加现场调查和计算的工作人员还有杨柳、高云学、张大名、龙建昌、连志勤、陈光桐、丁世文、周雍年、沈乃杰、邱平、熊建国、夏敬谦等。现场调查是我所会同广东省建筑设计院和阳江县建筑工程公司一起进行的。

表 2 多层砖房震害调查表

房屋编号	底层平面示意图	层数	高度/m	墙厚/cm	砂浆标号	楼盖和屋盖	震害程度	震 害 概 况
1		2	3.55 — 6.55	24	25	现浇钢筋混凝土梁板。平屋顶上用侧砖做搁栅,上铺大方砖	严重破坏	底层东山墙有严重交叉裂缝,宽达 7 mm。内墙亦有交叉裂缝,西山墙有微细裂缝。纵墙在梁下和窗口上下有水平或斜裂缝。二层西山墙屋面下沿圈梁有水平细缝。5 道半砖填充墙(偏东布置)大多数有微细裂缝
2		2	4.8 — 8.5	墙 24 横向配筋柱 底层 62×49	底层墙 25 柱 100 二层墙 10 柱 50	装配整体式钢筋混凝土楼盖。西侧屋盖同楼盖,上铺大方砖面层,东侧屋盖和楼梯现浇。楼盖和屋盖均无变形缝	严重破坏	西侧底层承重墙均有严重交叉裂缝,宽达 40 mm,纵横空斗填充墙普遍出现严重交叉裂缝,纵墙垛窗口上下断裂。二层窗台处有水平细缝,半砖填充墙无损。东侧底层纵墙有交叉或斜裂缝,墙垛有水平细缝,山墙有斜裂缝。二层立砖和半砖填充墙震裂,部分外鼓或上端掉落
3		2	4.25	东侧底层 24 顶层 24 空斗	25	预制钢筋混凝土槽形板,无圈梁。现浇钢筋混凝土楼梯、阳台和挑檐	轻微损坏	东侧半砖隔墙有斜裂缝,并有局部下沉。底层西山墙窗台下有竖向裂缝。中段框架大梁与预制板间有通长水平裂缝,个别延伸至柱旁的墙面,出现竖向裂缝。部分预制板的板缝开裂
4		2	3.8 — 7.3	墙 24 柱 37×37	25	现浇钢筋混凝土梁板。空花女儿墙高 90 cm,厚 24 cm	轻微损坏	底层轴②外墙角有斜裂缝。一、二层前墙中段和二层部分后墙窗台下有裂缝
5		2	4.4 — 7.6	墙 24 柱 50×50	25 (填充墙 4)	木搁栅木楼板,现浇钢筋混凝土纵横梁(柱顶)、圈梁和阳台,木楼梯。现浇钢筋混凝土屋盖。女儿墙高 70 cm,厚 24 cm	严重破坏	底层楼梯间横墙严重交叉裂缝,向北错动,最大缝宽 32 mm;门厅横墙和外山墙均有斜裂缝和门窗口的水平裂缝;半砖填充墙大多有交叉裂缝;东侧比西侧严重。纵墙窗口上下底层全部断裂,顶层部分有水平或斜裂缝,南墙比北墙严重,1.6 m 高门脸墙根部有水平裂缝
6		2	4.5 — 8.7	底层外墙 37 其余 24	25	木搁栅木楼板上铺素混凝土面层。木檩木望板上铺双层大方砖。女儿墙高 120 cm,厚 24 cm。混凝土梁木楼梯	主体基本完好	女儿墙根部有水平细裂缝
7		2	3.45 — 6.34	墙 24 柱 37×37	25	预制钢筋混凝土空心楼板,现浇外廊。硬山搁檩双层土瓦抹脚。砖砌外楼梯	轻微损坏	所有山墙在山尖根部出现弧形细裂缝,外山墙较明显。顶层前墙窗口上下有水平或斜向细裂缝。瓦片下滑
8		2	3.7 — 7.3	墙 24 柱 37×49	22	现浇钢筋混凝土梁板楼盖和楼梯。混凝土梁,木檩木板大方砖屋盖。女儿墙高 30 cm,厚 24 cm	中等破坏	二层纵墙在窗台普遍出现水平裂缝,底层亦有,但较轻。二层东西翼窗口多数有水平或斜裂缝

（续表 2）

房屋编号	底层平面示意图	层数	高度/m	墙厚/cm	砂浆标号	楼盖和屋盖	震害程度	震害概况
9		2	4.0 | 7.4	24	20	预制钢筋混凝土楼板，现浇圈梁、阳台和楼梯。现浇屋盖上铺大方砖。女儿墙高 85 cm，厚 24 cm	轻微损坏	东南转角处底层窗上角与二层窗下角之间有一条宽约 1 mm 的斜裂缝。二层少数门窗口有细裂缝
10		2	3.55 | 6.75	中段 18 两侧和楼梯间 24	20	现浇钢筋混凝土梁板。空花女儿墙高 90 cm。外廊 4 砖柱	主体轻微损坏	底层门窗口大多数有微细短裂缝，二层较少
11		3	4.3 | 7.3 | 10.3	墙 24 柱 49×49 49×62	20	现浇钢筋混凝土楼盖。木屋架双层土瓦	中等破坏	底层西山墙有交叉裂缝，宽达 3 mm，东山墙有斜裂缝。二层西山墙有斜裂缝，窗口上下水平裂纹，南阳台砖柱上下断裂。三层楼面上 10 cm 处墙柱有水平裂缝。西山墙山尖根部有弧形裂缝。阳台砖栏杆断裂沿墙角开裂至屋顶
12		3	4.0 | 7.5 | 11.0	底层 28 二层 24 三层内纵墙 12 其余 24	20	木搁栅木板上铺大方砖楼盖。硬山搁檩冷摊土瓦。高 80 cm、厚 24 cm 的封檐墙	轻微损坏	底层内纵墙小窗与门洞间有斜裂缝。东墙裂缝较多。外纵墙两端各两开间窗肚墙一至三层均有竖向或斜裂缝，东墙较西墙轻。两外山墙山尖根部有弧形裂缝，个别窗肚墙有竖向裂缝
13		2	3.8 | 6.8	墙 24 柱 37×37	20	木搁栅木板上铺大方砖楼盖。大梁、走廊和楼梯为现浇钢筋混凝土。硬山搁檩冷摊土瓦	基本完好	南北山墙在山尖根部有轻微弧形裂缝。二层部分窗口有裂纹
14		2	3.8 | 6.8	墙 24 柱 37×37	20	木搁栅木板上铺大方砖楼盖。大梁、走廊和楼梯为现浇钢筋混凝土。硬山搁檩冷摊土瓦	基本完好	南北山墙在山尖根部有轻微弧形裂缝。二层部分窗口有裂纹
15		2	3.85 | 7.2	24（西墙混凝土窗框）	20	现浇钢筋混凝土梁，预制板	基本完好	预制板之间、梁板之间有裂缝。西阳台略向外倾
16		2	4.1 | 7.9（后楼地坪高一层）	24	15	现浇钢筋混凝土梁板。女儿墙高 80 cm，厚 24 cm	基本完好	后砌隔墙有松动。前楼二层内纵墙个别门上有轻微斜裂缝

（续表2）

房屋编号	底层平面示意图	层数	高度/m	墙厚/cm	砂浆标号	楼盖和屋盖	震害程度	震害概况
17		2	4.6 — 8.6(轴①~③) 7.3(轴③~⑦)	24	10	现浇钢筋混凝土梁板楼盖。轴①~③屋盖同楼盖。轴③~⑦为木屋架冷摊土瓦	基本完好	南北纵墙垛在二层楼面处有水平裂缝。东侧二层窗上口有斜裂缝
18		3	4.85 — 8.85 — 12.85	底层外墙37 其余24	10	木梁木楼板。现浇钢筋混凝土梁板屋盖。女儿墙高100 cm，厚24 cm	中等破坏	二层东山墙近前墙段有斜裂缝。三层东山墙有严重交叉裂缝。前檐女儿墙局部倾倒。后墙有交叉细裂缝
19		2	3.85 — 6.95	墙24	10	木梁木楼板上铺大方砖。木屋架冷摊土瓦	轻微损坏	山墙有细裂缝。檐口掉瓦
20		2	3.4 — 6.5	墙24 柱30×30 43×30	4	木梁木楼板上铺大方砖。木屋架木斜梁冷摊土瓦屋面四坡水。砖拱外廊	严重破坏	前廊外倾，砖拱脚和中央大多开裂。墙四角屋顶斜梁处有竖向裂缝。门窗角开裂，窗肚墙有竖或斜裂缝。二层窗上口普遍开裂
21		2	3.9 — 6.75	墙24 柱37×49	4	木搁栅木楼板上铺大方砖。木屋架冷摊土瓦。屋顶封檐墙高75 cm，厚12 cm	轻微损坏	二层前墙在窗台有水平裂缝，部分墙段有错动。门窗上角有八字短裂缝。后墙和吊顶拉开。屋架支承处稍有拔动
22~25(四幢)		2	3.85 — 6.95	墙24 柱49×49	4	木梁木楼板上铺大方砖。木屋架冷摊土瓦。封檐墙高180 cm，厚24 cm	22 25 严重破坏 23 24 倒塌	22号房：西部墙体普遍开裂，南北山墙严重外闪，西墙也外闪，木屋架外拔1~2 cm，木檩外拔5~6 cm。东部墙体也开裂，略比西部轻，纵横墙间严重拉裂，走廊木梁外拔。封檐墙多处出现竖直裂缝，严重外闪，内转角处约5 m倾倒。 23号房：北端一榀屋架因木料腐朽被震落，相邻两开间屋面坍塌。纵横墙拉裂，门窗口开裂，外廊柱顶水平断裂。封檐墙严重开裂，西北角外闪达18 cm。 24号房：在主震后3天北部屋顶倒塌，其他破坏类同23号房，略轻。 25号房：破坏与22号房类同，略轻，封檐墙未倾倒
26~31(六幢)		2	3.7 — 7.1	墙24 (二层内墙12) 柱49×37	4	木搁栅木楼板上铺大方砖。硬山搁冷摊土瓦。砖拱外廊	26 27 轻微 28 31 中等 29 30 严重	26、27号房：外廊拱外倾，部分拱中央开裂，西端前墙门窗口开裂。 28号房：拱外倾，多数开裂，纵横墙顶拉裂，前墙门窗口有竖向或斜裂缝。 29、30号房：外廊严重外倾，拱开裂。底层西山墙有严重竖向和斜裂缝。其他破坏比28号房亦重。 31号房：破坏类同28号房，底层西山墙有裂缝

（续表2）

房屋编号	底层平面示意图	层数	高度/m	墙厚/cm	砂浆标号	楼盖和屋盖	震害程度	震 害 概 况
32		2	3.6 — 6.9	墙底层和楼梯间24 其余18 柱底层24×49 二层24×37	50 单刀灰	木搁栅木楼板上铺大方砖。现浇钢筋混凝土屋盖、走廊和楼梯。女儿墙高85 cm, 厚18 cm	轻微损坏	东山墙在一、二层窗口有斜裂缝。前后墙部分窗口开裂

表3　屋顶小楼震害调查表

房屋编号	平面示意图	层高/m	墙厚/cm	砂浆标号	屋盖类型	震 害 概 况
2	560×350 42°	2.2	24 （北墙内墙12）	10	木檩木板大方砖	墙根有微细水平裂缝
3	700×280 20°	2.1 — 2.5	24	25	预制钢筋混凝土板	东西墙根有水平裂缝，门上角有竖向裂缝，南墙顶角有小段水平裂缝
4	860×500 24°	2.5	24	25	现浇钢筋混凝土板	墙顶和墙根有水平细裂缝，多数窗口有水平或竖向短裂缝
5	365×550 56°	2.4	24	25	木檩木板大方砖	部分窗口有竖向短裂缝
6	700×1 140 24°	3.0	24	25	木檩木板大方砖	外墙窗口上下有水平裂缝，窗下角有竖向裂缝，墙角有斜裂缝，内墙门上有竖向裂缝
8	310×400 30°	2.2	24	22	现浇钢筋混凝土板	约半数门窗角有裂缝
9	480×340 50°	2.2	24	20	现浇钢筋混凝土板	门上口至两墙角有裂缝，墙顶和墙根有水平短裂缝，南墙窗口有短裂缝
10	550(690)×300 20°	2.5	墙18 柱37×37	4	现浇钢筋混凝土板	东西墙有交叉裂缝，砖柱上下断裂，窗角开裂

（续表3）

房屋编号	平面示意图	层高/m	墙厚/cm	砂浆标号	屋盖类型	震害概况
15	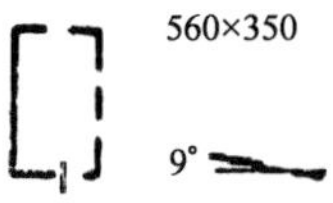 560×350 9°	2.5	24	20	预制钢筋混凝土梁板	梁板间有裂缝，最大缝宽3 mm
16（前楼）	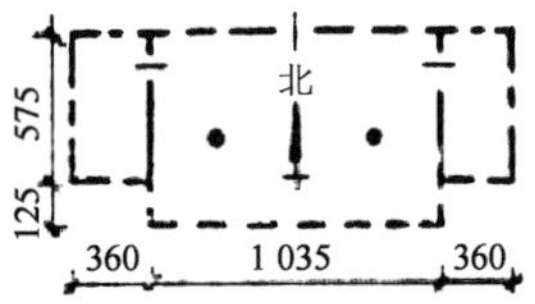 北 575 125 360 1 035 360	3.8	墙24 柱φ50	15	现浇钢筋混凝土梁板	横墙均有交叉裂缝，最大缝宽10 mm，纵墙窗口上下有竖向或斜裂缝，窗台平和柱顶均有水平裂缝
16（后楼）	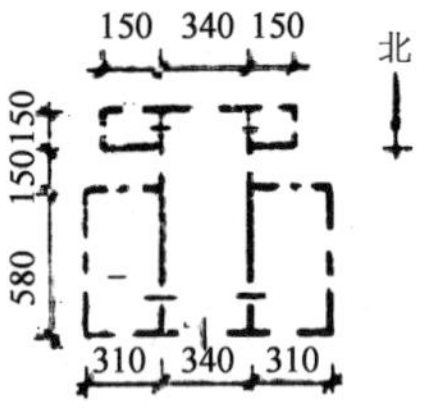 北 150 340 150 150150 580 310 340 310	3.8	24	6	现浇钢筋混凝土梁板。屋顶有容量10 t砖水箱，地震时有1/3水	如图2所示
17	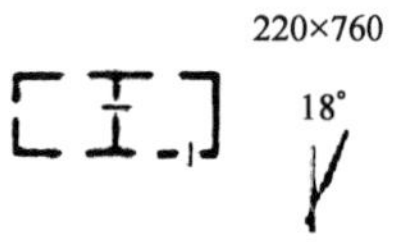 220×760 18°	2.4	24	10	现浇钢筋混凝土板	墙顶有水平细缝，南墙门下角与窗台间有斜裂缝
32	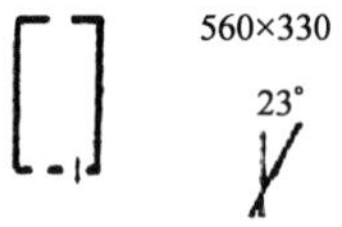 560×330 23°	2.4	24	4	现浇钢筋混凝土板	如图1所示
33	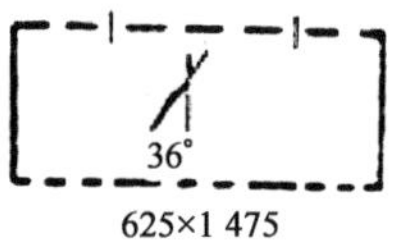 36° 625×1 475	3.4	24（横墙空斗）	25	现浇钢筋混凝土梁板。85 cm高女儿墙	空斗横墙有严重交叉裂缝，纵墙窗口上下有水平裂缝

（2）被震倒的房屋数量很少，主要由于年久失修、木料腐朽或连接不牢靠、稳定性差所造成。

（3）砖混结构的房屋，底层墙体的破坏比上层严重，且平行于主震方向的墙体比垂直的严重。

（4）砖木结构的房屋，顶层破坏比下层严重，且垂直于主震方向的墙体易开裂。

（5）凸出屋顶的小楼，墙体开裂较为普遍，且有水平裂缝，未见有倒塌的实例。图1和图2分别为32号和16号后楼的屋顶小楼的裂缝展开图。

3 自振特性的测定

房屋的自振特性是在地震一年后用脉动仪测定的。

脉动测量多层砖房自振周期的结果绘于图3，一般在0.3 s以下。但实测周期比尹之潜、王承春等20世纪60年代实测的经验公式所得的结果要长，且具有房屋破坏程度愈严重自振周期愈偏长的趋势。

用脉动仪量测由较小推力激振所产生的振动，求得阻尼比列于表4。由表可见，横墙密的比稀的房屋、阻尼要大；砂浆标号高的房屋比低的阻尼也要大；阻尼愈小，破坏愈严重。

照片1　1号房屋东端墙严重开裂,最大缝宽达7 cm,裂缝均沿砖缝剪开

照片2　2号房屋西端墙严重开裂,西南角落水管断裂,水平错位4 cm

照片3　平岗会议室墙体严重酥裂,西端墙濒于倒塌

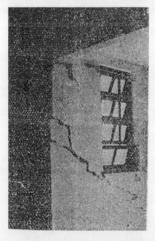

照片4　东平公社办公楼平面凸出处墙体破裂

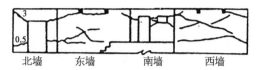

图1　32号房屋屋顶小楼裂缝展开图
［图中数字为裂缝宽度(单位:mm)］

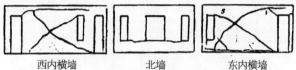

图2　16号房屋后楼屋顶小楼裂缝展开图

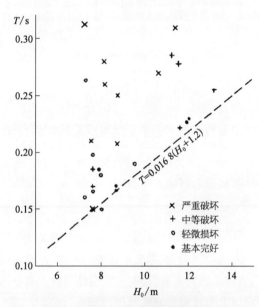

图3　实测多层砖房周期与高度的关系

表4　多层砖房实测阻尼

房号	T/s	$\dfrac{A_0}{A_n}$	n	$\lambda = \dfrac{1}{n}\ln\dfrac{A_0}{A_n}$	$\varepsilon = \dfrac{\lambda}{2\pi}$
6	0.19	1.92	3	0.217	0.035
11	0.22	2.06	5	0.144	0.023
20	0.25	1.75	5	0.112	0.018
21	0.26	1.75	3	0.187	0.030

对9幢房屋,用脉动法测量它们的横轴和纵轴方向各层的振动位移,其结果的相对值绘于图4。由图可定性地看到:① 以剪切变形为主,无内隔墙和内墙甚少的房屋,弯曲变形较为明显;② 木屋盖房屋的顶层(墙顶)位移,比钢筋混凝土屋盖要大;③ 屋顶小楼的层间位移梯度远比主体结构大。

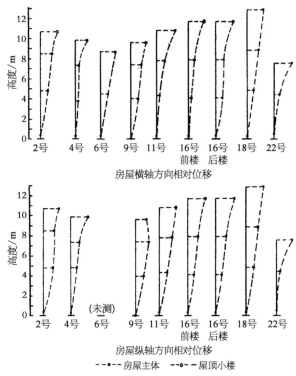

图 4 实测多层砖房振型

4 地震荷载系数的反算（曾与规范编制组讨论）

对于刚性结构的多层砖房，整幢房屋的地震荷载——基底剪力可用下式表示：

$$Q_0 = KW \qquad (1)$$

式中：Q_0 为基底剪力，即底层地震剪力；K 为地震荷载系数，或称基底剪力系数；W 为结构总重量。取房屋底层半高以上的自重和地震时所负的实际荷重。式（1）虽用静力的形式表达，但也为按反应谱理论短周期部分的表达式。

反算地震荷载系数的方法，先假设在房屋底层的每一个墙段上，由水平地震力引起的剪应力与静力计算而得的竖向应力所产生的最大主拉应力，达到允许计算强度时所需的底层地震剪力，从而由式（1）得出地震荷载系数 K 值的大小。按惯用的抗震核算方法，系数 K 可用下式表示：

$$K = \frac{A_i \sqrt{R_{0i}(R_{0i} + \sigma_{0i})}}{v_i \xi_i W}$$

式中：A_i 为墙段的净截面积；R_0 为墙体按阶梯形出现斜缝的主拉应力计算强度；σ_0 为墙段底层半高处的竖向正压力；v_i 为剪应力沿墙断面分布不均匀系数，取矩形截面值为 1.5；ξ 为剪力分配系数，墙段上分配到

的地震剪力与底层地震（总）剪力 Q_0 的比值。

底层地震剪力在各墙段上的分配随楼盖结构形式而不同，反算时的分配原则大致如下：① 现浇和装配整体式钢筋混凝土楼盖，简化为按墙净面积比分配。若刚度中心和质量中心相差甚大，还需计算附加扭转所产生的地震力。② 木楼盖，每道墙只承担自身侧力荷载面积的地震力，同一道墙上的各墙段按侧移刚度分配。③ 一般装配式钢筋混凝土楼盖，取上述两种分配结果的平均值。

将 28 幢的 259 个底层墙段进行地震荷载系数的反算。墙体震害分为四类：严重破坏——整个墙体出现交叉或斜向裂缝，并有明显的滑移错位现象；中等破坏——墙体出现贯通的交叉或斜向裂缝；轻微损坏——墙表皮开裂或因局部应力集中而产生短裂缝；基本完好，也包括完好无损的。不同震害程度的墙段数列于表 5。反算的墙体都是大致平行于主震方向的。

表 5 不同震害程度的墙段数

震害程度	砂浆标号			墙段数
	25	10	4	
严重破坏	9	0	4	13
中等破坏	21	0	7	28
轻微损坏	10	6	3	19
基本完好	102	48	49	199
总　计	142	54	63	259

反算房屋的砂浆标号值，是用回弹仪测定的。仪器误差为 27%。已拆砌的墙体，按设计。表 5 中所列的砂浆标号，是将各种相邻近的值归纳为 25、10 和 4 号三种。

K 系数的反算结果绘于图 5 中，从图中可以看到：

259 个墙段的地震荷载系数的反算结果是一系列不同的 K 值。实际上，一次地震对同一烈度区的所有多层砖房应有同一个地震荷载系数。因此，破坏（严重破坏和中等破坏）与完好（基本完好和轻微损坏）两类墙体之间的临界值 K_0 即为这一烈度区多层砖房的实际地震荷载系数。

用 25 号砂浆砌筑的好、坏两类墙体的 K 值，基本上各分布在一边，交叉点不多。绘成好、坏两类墙体所占的百分率曲线（图 6），假定两曲线的交点 K 为临界值 K_0，则阳江地震 7 度区多层砖房按计算强度所得的地震荷载系数为 0.19。如将不同震害程度的墙体的 K 值按自身数量的百分率绘出分布曲线（图 7），由图可见，遭到严重破坏、中等破坏、轻微损坏和基本完好的

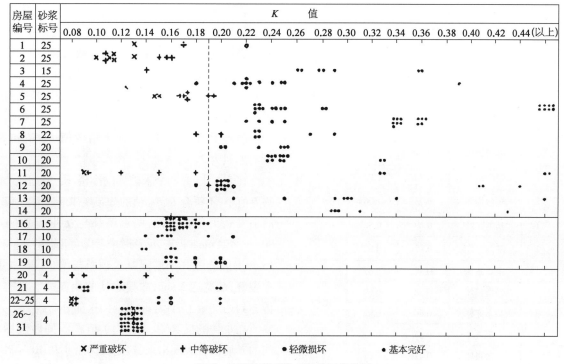

✗ 严重破坏 ＋ 中等破坏 ● 轻微损坏 ● 基本完好

图 5 地震荷载系数 K 值的反算结果

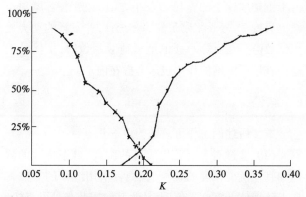

图 6 好、坏两类墙体(25 号砂浆)在不同 K 值时的分布

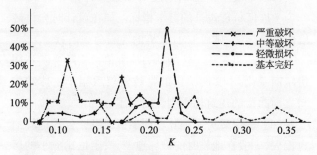

图 7 不同震害程度的墙体(25 号砂浆)的 K 值分布百分率

墙段,K 值分布区域逐向大值,其最大百分率分别在 0.11、0.17、0.22 和 0.25 附近。

用低标号砂浆砌筑的墙体,很大部分未破坏的墙体的 K 值也小于 K_0 值,且不同震害程度的 K 值分布缺乏规律。这不仅是由于统计的房屋幢数太少,更主要的是由于多数用低标号砂浆砌筑的墙体,其破坏不是由主拉应力来控制的。若考虑干摩擦滑移条件来反算 K 值,其结果表明,低标号砂浆砌筑的墙体很大部分受滑移条件控制,K 值的分布明显移向大值。因此,在通常的抗震核算中不考虑滑移条件,对低标号砂浆砌筑的墙体影响极大。

5 屋顶小楼的动力放大倍数

凸出屋顶的小楼,从它的震害现象和自振时的相对位移可见,在地震时它的运动加速度要比主体结构的顶层大得多。它的地震荷载系数 K_P 与主体结构的地震荷载系数之比,我们把它称为动力放大倍数。

屋顶小楼地震剪力的反算方法与基底剪力相同,作用于小楼的地震荷载,一般按下述公式计算:

$$P_g = K_P \frac{W_g h_g}{\sum W_i h_i} W$$

式中:K_P 为屋顶小楼按各层间地震荷载分布计算的地震荷载系数;$h_i(h_g)$ 为第 i 层(小楼)顶板的高度,当室内外为刚性地面时,从室外地坪算起,非刚性则从基础顶面算起,但不大于 50 cm;$W_i(W_g)$ 为集中在第 i 层(小楼)的重量。

对 14 个小楼的 37 个墙段进行了地震荷载系数的反算,屋顶小楼地震荷载系数 K_P 的好、坏两类墙体的临界值为 0.37~0.38,约比主体结构大 1 倍,即屋顶小楼按各层间地震荷载分布计算的动力放大倍数约为 2。

表6 屋顶小楼地震荷载系数的反算结果

房号①	墙号①	震害程度	地震荷载系数		
			K_P	K_W	K_W/K_P
2	1	轻微损坏	0.55	0.90	1.63
	2	轻微损坏	0.55	0.90	
3	1	轻微损坏	0.71	1.17	1.64
	2	轻微损坏	0.71	1.17	
4	1	轻微损坏	0.75	1.08	1.45
	2	轻微损坏	0.73	1.06	
5	1	基本完好	0.49	0.82	1.68
	2	基本完好	0.49	0.82	
6	1	中等破坏	0.37	0.67	1.80
	2	轻微损坏	0.38	0.69	
	3	基本完好	0.46	0.82	
	4	中等破坏	0.37	0.67	
8	1	轻微损坏	0.42	0.77	1.85
	2	轻微损坏	0.41	0.75	
9	A	中等破坏	0.37	0.56	1.53
	B	轻微损坏	0.38	0.57	
10	1	中等破坏	0.22	0.39	1.75
	2	中等破坏	0.22	0.39	
15	A	基本完好	0.25	0.44	1.74
	B	基本完好	0.25	0.44	
16（前楼）	1	中等破坏	0.15	0.29	1.99
	2	中等破坏	0.14	0.28	
	3	严重破坏	0.14	0.28	
	4	严重破坏	0.15	0.29	
16（后楼）	1	中等破坏	0.10	0.20	1.96
	2	基本完好	0.38	0.75	
	3	中等破坏	0.15	0.29	
	4	严重破坏	0.14	0.28	
	5	基本完好	0.38	0.75	
	6	严重破坏	0.10	0.20	
17	1	基本完好	0.20	0.34	1.70
	2	基本完好	0.21	0.35	
	3	基本完好	0.18	0.31	
32	1	中等破坏	0.20	0.35	1.74
	2	中等破坏	0.20	0.35	
33	1	严重破坏	0.33	0.52	1.97
	2	严重破坏	0.33	0.52	

注：① 1、2、…为表3中屋顶小楼平面自左至右的墙段，A、B为自上至下。

若屋顶小楼的地震荷载只取集中到小楼顶板自身的重量 W_g，反算所得的地震荷载系数 K_W 也列于表6中。屋顶小楼按自身重量计算的动力放大倍数略大于3。用这种方法来核算小楼的抗剪强度是比较方便的，但它完全忽略了主体结构的影响。K_P 与 K_W 的比值也由表6可见，在 1.5~2.0。

凸出屋顶小楼的动力放大倍数值 K_P/K 和 K_W/K 分别近似为2和3。

在表6中，有两个未破坏的小楼，K_P 值远比小楼的临界值小，不符合 K、K_W 值的分布规律。这因为17号房的小楼是个狭长平面，两端墙都与女儿墙（650 cm × 90 cm × 24 cm）相连，反算时未考虑女儿墙的共同作用。15号房因装配式钢筋混凝土顶板与梁（3根）之间出现裂缝，最宽达3 mm，故使小楼的地震荷载没有全部传递到两端墙上，计算时未减去这部分荷载。

在小楼的反算中，K_P（K_W）值在不同砂浆标号之间的矛盾没有表现出来，这是因为用4和10号砂浆砌筑的墙体，除了2和17号房之外，都震坏了，也可能是由于小楼墙体上的正压力较小之故。然而，若屋顶小楼也只按25号砂浆砌筑的墙体统计，并不影响动力放大倍数值。在反算小楼的地震荷载系数时，主体结构遭到破坏后的消能作用也未考虑在内。

6 结语

本文所述的工作可总结为以下几点：

（1）通过对多层砖房震害的调查、自振特性的测定和砌体抗剪强度的核算，我们首次用统计的方法来探求砖墙体开裂临界值，并认为其地震荷载是可行的。

（2）本文所给出的地震荷载系数的临界值 K_0 可作为7度区抗震设计的参考指标。如在设计时允许砖墙体出现裂缝，则可取小于 K_0 的地震荷载系数。

（3）凸出屋顶小楼的动力放大倍数实际上随不同房屋而变化，本文所给出的常数值仅适用于主体结构与立面凸出的建筑均属刚性的房屋。

（4）多层砖房实测脉动周期值比经验公式计算值愈偏大，一般在地震时的破坏愈严重；阻尼比愈小的房屋也愈易破坏。

（5）多层砖房的抗震设计不仅应核算它的墙体抗剪强度，更重要的是在构造上确保它不被震倒。

（6）为了寻求普遍适用于我国多层砖房的地震荷载系数，对近年来受震地区的房屋进行建筑结构和震害的调查，以及开展砖砌体抗剪强度的试验研究是必要的。

1-5 多层砖房的震害统计*

邬天柱　杨玉成

1 引言

多层砖房是唐山地震区城镇房屋的主要建筑结构形式之一,一般作为居住、办公、学校和医院等民用建筑。在这次地震中,多层砖房的破坏极为严重,在唐山市区,多层砖房大量倒塌,造成了数以万计的人员伤亡;在地震波及区,多层砖房遭到不同程度的破坏,影响震后迅速恢复生产、安定生活。

地震区的多层砖房大多是在 20 世纪 50 年代后建造的。房屋的层数在中小城镇多为二三层,少数为四层和四层以上,而京津两市有较多的五六层房屋。一般房屋的外墙厚 37 cm,内墙厚 24 cm,用混合砂浆砌筑普通黏土砖。在唐山市,外墙有用建筑砖的,建筑砖的标号在 150 号以上,厚度为 6.5 cm,与黏土砖的内墙之间只能每隔 5 皮砖咬一次槎。少数房屋的墙体用毛石或粗料石砌筑。楼盖和屋盖多数用现浇或预制钢筋混凝土梁板,而在 50 年代中期之前建造的房屋则以木楼板、木屋盖的为多。房屋的建筑结构布置多见为内廊式和单元式,由横墙或纵横墙混合承重,少数为纵墙承重。除了近期京津两市建造的房屋按 7 度设防、滦县按 8 度设防外,其余一般均未考虑抗震设防。

在调查统计唐山地震区多层砖房的震害程度时,按整幢房屋的破坏现象分为六类,各类的震害情况大致如下:

(1)全毁。整幢房屋一塌到底,或上部数层倒平,或房屋的大部倒塌、局部残存。

(2)倒塌。外纵墙近乎全部倒塌,或采用木屋盖的房屋顶层大部分倒塌,或房屋的承重结构部分倒塌。

(3)严重破坏。房屋的主体结构破坏严重。墙体开裂,并有明显的滑移、错位或酥碎,甚至局部掉角、部分外纵墙倾倒或个别墙板塌落。这类房屋须经大修方可使用,或已无修复价值。

(4)中等破坏。房屋的主体结构或其连接部位多处发生明显的裂缝,或填充墙、附属建筑等破坏严重,甚至倒塌。这类房屋经局部修复或加固处理后,仍可使用。

(5)轻微损坏。非主体结构局部有明显的破坏,或少数墙、板有轻微的裂纹和构造裂缝,或个别墙体偶有较明显的裂缝,但绝大部分墙体无明显的破坏。轻微损坏的房屋不影响正常使用,一般只需稍加修理。

(6)基本完好。少数非主体结构有局部轻微的破坏,或个别门窗洞口、墙角、砖券和凸出部分等偶有轻微裂纹。包括完好无损的房屋。

在统计时,多层砖房中全毁和倒塌的幢数与总幢数之比为倒塌率;中等破坏和其以上的幢数与总幢数之比为破坏率。在一个小区域内多层砖房的平均震害程度用震害指数 I 来表示,即

$$I = \sum in_i / N$$

式中:i 为震害程度的指数,相应于上述六类震害程度的指数值,分别为 1.0、0.8、0.6、0.4、0.2 和 0;n_i 为该小区内 i 类破坏房屋的幢数;N 为总幢数。

2 唐山市区多层砖房的震害统计

唐山市区震前共有多层砖石房屋 1 187 幢,其中 771 幢倒平全毁,162 幢部分倒塌,倒塌率为 78.6%;严重和中等破坏的房屋分别有 158 幢和 63 幢,破坏率(包括全毁、局部倒塌、严重和中等破坏)为 97.2%;仅遭轻微损坏和基本完好的不到 3%。

依据唐山市区的街坊和场地土质条件,将多层砖房的分布划分为 26 个小区格,用英文字母 A~Z 表示。表 1 列出了全市各小区的房屋幢数、震害程度、倒塌率和震害指数。各区的震害指数标在图 1 中。图 2 为倒塌率分布图。

本文出处:《唐山大地震震害(二)》,刘恢先主编,地震出版社,1986 年,6-18 页。

*　本文中唐山地区的震害资料是河北省建委多层砖房震害普查组在邬天柱总工程师的组织亲领下,经现场调查、调用档案和听取当地汇报后所做的记录。1 187 幢多层砖房确认为普查,复现震前唐山、震时废墟。邬总欣然协同做震害统计分析,杨玉成和杨柳到石家庄致全力合作半月完成本文。天津市房管局、天津市建筑设计院和北京市房管局提供震害统计资料。本文下文《多层砖房的震害现象和震害特征》中的 171 幅平面图是邬总派 6 位描图员绘制的。

表1　唐山市多层砖房震害统计表

地　点	区　号	总幢数	震害程度						倒塌率/%	震害指数
			全毁	倒塌	严重破坏	中等破坏	轻微损坏	基本完好		
铁路南 （Ⅱ类土）	A	25	22	2	1				96	0.97
	B	56	43	8	4	1			91	0.93
	C	26	23	2	1				96	0.97
	D	49	43	4	2				96	0.97
	E	20	20						100	1.0
铁路北 （Ⅱ类土）	F	28	26	0	2				93	0.97
	G	26	24	1	1				96	0.98
	H	43	36	4	3				93	0.95
	I	61	38	16	7				89	0.90
	J	44	36	6	2				95	0.95
	K	91	79	8	4				96	0.96
	L	88	67	2	11	5	3		78	0.88
	M	90	80	6	3	1			96	0.96
	N	47	36	4	6	1			85	0.92
	O	118	61	23	31	3			71	0.84
	P	80	41	16	19	4			71	0.83
基岩	Q	31	4	11	12	4			48	0.70
	R	25	4	3	3	12	3		28	0.54
山坡脚	S	30	2	5	6	10	7		23	0.50
	T	47	21	2	13	5	5	1	49	0.71
	U	41	10	7	11	5	4	4	41	0.61
陡河 沿岸	V	18	13	4	1				94	0.93
	W	19	7	1	3	7	1		42	0.66
东缸窑	X	44	21	17	5	1			86	0.86
北　郊	Y	31	9	7	6	4	5		52	0.67
西　郊	Z	9	5	3	1				89	0.89
全市总计		1 187	771	162	158	63	28	5	79	0.87

在大城山、凤凰山和贾家山一带，建于基岩及其较薄的密实覆盖土层上的多层砖房，震害显著减轻，形成了高烈度区中的低烈度异常区。大城山区格 R 和大城山南坡区格 S 的倒塌率分别只为 28% 和 23%，在这两个区格中倒塌的 14 幢房屋大多是建在陡坎或山坳的填土层上。这两个区格的震害指数分别为 0.54 和 0.50，其平均震害程度只相当于烈度 9 度弱。

陡河一级阶地前沿为近代冲积新土层，夹有一层淤泥质亚黏土或淤泥质亚砂土。这一带的多层砖房除在发震断层穿越陡河的 V 区格几乎全部倒塌外，震害大为减轻，在 T、U 和 W 区格中，只在地裂缝穿过房基、滑坡处或房屋因抗震性能太差而有倒塌的，一般均裂而未倒。从图 1 和图 2 可以明显地看到，在唐山市区沿陡河两岸的大部分地带，出现了高烈度区中多层砖房的低烈度异常。

总的来看，在唐山市区范围内，多层砖房的震害分布往北是逐渐减轻的。北郊的 Y 区与市区Ⅱ类土层上的区格相比，倒塌率和震害指数明显下降；在唐山市区的西郊，震害也比市内减轻，Z 区格与新华路两端的 H 区格相邻，可见震害指数也要小些。

3　唐山地区多层砖房的震害统计及震害与烈度的关系

在唐山市和唐山地区，总共调查了多层砖石房屋 2 285 幢，调查地点如图 3 所示。各地震害程度的统计结果列于表 2。表 1 和表 2 是根据河北省建委多层砖房震害普查组和工程力学研究所调查组的资料，逐幢核对后进行统计的。

据唐山地震烈度分布图,11 度区包括唐山市区的铁路两侧,共有多层砖石房屋 952 幢,相当于图 1 中 A~O、V 和 W 等 17 个小区格,以及 Q、R 和 U 3 个小区格的南半部。在 11 度(包括低烈度异常)区中,倒塌房屋 779 幢,倒塌率为 81.8%。

10 度区(表 2)包括唐山市区的北部、丰南县县城、胥各庄、唐山市郊的开平镇、马家沟和古冶等,共调查多层砖石房屋 337 幢,倒塌率为 68%。

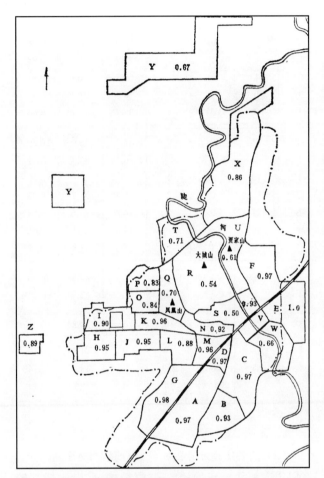

图 1 唐山市区多层砖房震害指数分布图

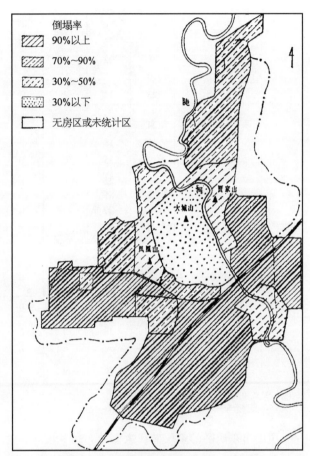

图 2 唐山市区多层砖房倒塌率分布图

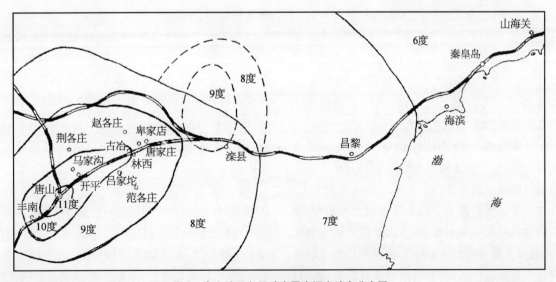

图 3 唐山地区多层砖房震害调查地点分布图

表2　唐山地区多层砖房震害统计表

烈度	地点		震中距①/km	房屋幢数	震害程度						倒塌率/%	破坏率/%	震害指数
					全毁	倒塌	严重破坏	中等破坏	轻微损坏	基本完好			
11	唐山市	路南	震中<5	204	166	17	12	8	1		89.7	99.5	0.93
		路北		748	498	98	99	37	13	3	79.7	97.9	0.87
10	唐山市		<7	235	107	47	47	18	14	2	65.5	93.2	0.78
	丰南		8	23	22	0	1				95.7	100	0.98
	开平		9	22	10	5	6	1			68.2	100	0.82
	马家沟		10	43	24	9	9	0	1		76.7	97.7	0.86
	古冶		23	14	2	3	4	3	2		35.7	85.7	0.60
9	林西		24	98	28	15	31	21	3		43.9	96.9	0.69
	荆各庄		15	18	0	3	7	5	3		16.7	83.3	0.51
	吕家坨		19	35	0	0	2	13	19	1	0	42.9	0.29
	范各庄		22	44	3	2	19	18	0	2	11.4	97.7	0.53
	赵各庄		25	81	9	3	46	21	0	2	14.8	97.5	0.59
	唐家庄		27(26)	67	15	9	6	37			35.8	100	0.61
	卑家店		29	39	3	6	13	16	1		23.0	97.4	0.57
9~8	滦县		7.1级震中50	17	0	2	4	5	4	2	11.8	64.7	0.40
8					0	0	4	5	6	2	0	52.9	0.33
7	昌黎		84	23	0	0	3	5	5	10		34.8	0.21
6强	秦皇岛市	海滨	110	28	0	0	1	5	10	12	0	21.4	0.16
		市区②	126	508	0	0	5	64	206	233	0	13.6	0.14
		山海关	142	38	0	0	2	1	15	20	0	7.9	0.14

注：① 震中距以11度区几何中心计。
　　② 烈度分布图中为6度区中的7度异常区。

唐山市东矿区的多层砖房大多分布在9度区，包括林西、吕家坨、范各庄、赵各庄、唐家庄、卑家店和荆各庄等，共调查多层砖石房屋382幢。这一带的马家沟、赵各庄、唐家庄、卑家店和林西等地基岩埋深较浅，一般在十几米以内；吕家坨和范各庄附近，地表多粉细砂层，地下水位也较高。多层砖房的震害指数除了吕家坨之外，都在0.5~0.7，破坏率一般都在90%以上，其间相差并不悬殊。但是，它们的倒塌率却在小于50%的范围内变化较大，说明下列两点：

（1）吕家坨的多层砖房无一倒塌，破坏率、震害指数都明显较低，震害程度低于8度的滦县，是9度区中的低烈度异常区。该矿虽位于一东西向断裂带上，但不存在震害加重的现象。然而从场地土质来看，该矿区周围地震时大量喷水冒砂，为大面积的砂土液化区，从而减弱了地震动对结构的作用，使刚性的多层砖房的震害大为减轻。同时，在吕家坨及其附近的农村民房的震害也普遍较轻。

（2）荆各庄是新建的矿区，震前数月才开始生产，多层砖房都是新建的砖（石）混结构，质量一般都较好，震害也较轻，仅三幢部分为冬季施工的住宅，外纵墙大片倒塌，并带落少量空心板。

表2中多层砖房的震害一般均为7.8级地震和7.1级地震的累积现象，滦县县城在7.8级地震时为8度区，7.1级地震时县城北部震害明显加重，为9度区，因此在统计表中分别按8度和8~9度列出。

7度区的昌黎县城多层砖石房屋的震害显著减轻，即使是清朝末年所建的中学教学楼也只是严重破坏。

在秦皇岛市，调查了海滨区（北戴河）、海港区（市区）和山海关区，共有多层砖石房屋574幢。秦皇岛市区的地基土虽均属滨海沉积层，但层次分布不均，大致以文化路为界，东部属Ⅱ类场地土，为中粗砂和亚黏土；西部属Ⅲ类场地土，为人工填土、淤泥或淤泥质土；沿海则为Ⅱ、Ⅲ类土夹杂带，以Ⅲ类土为主，汤河两岸均为Ⅲ类地基土。为比较低烈度区场地土对多层砖房震害的影响，将市区划分为四个区格（图4）统计多层砖混和砖混木结构的震害（未计入多层砖木和石墙的房屋），其结果列于表3。西南区格的震害指数最高，为0.21；西北次之，为0.17。由此可见，在低烈度区，当以软土层作为持力层时，常因地基不均匀下沉而加重多层砖房的破坏。河北省地震局将秦皇岛市区划为6度区中的7度异常区，该市的海滨区和山海关区仍为6度。从多层砖房震害统计来看，这三个区的震害指数并非市区最高，而是随震中距的增大，震害逐渐减轻。

距的关系曲线，震中取11度区的几何中心。图7绘出了不同烈度区中的多层砖房震害指数，由图可见，唐山地震中各地多层砖房的震害指数大多在1980年修订的地震烈度表建议值的范围内。图6、图7中偏离最大的点，即为吕家坨，其次是10度区中的古冶和丰南，古冶因邻近9度区而偏低，丰南的房屋因抗震能力一般均较差而偏高。

表4　唐山地区不同烈度区中多层砖房的震害统计

单位：%

震害程度	烈　　度					
	11	10	9	8	7	6强
全　　毁	69.7	49.0	15.2	0	0	0
倒　　塌	12.1	19.0	9.9	0	0	0
严重破坏	11.7	19.9	32.5	23.5	13.1	1.4
中等破坏	4.7	6.5	34.3	29.4	21.7	12.2
轻微损坏	1.5	5.0	6.8	35.3	21.7	40.2
基本完好	0.3	0.6	1.3	11.8	43.5	46.2

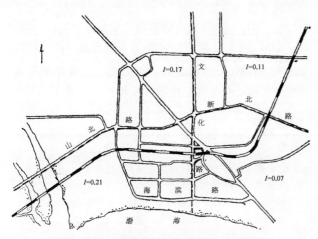

图4　秦皇岛市区多层砖房震害调查分区图

表3　秦皇岛市区多层砖房震害分区统计表

区格	幢数	震害程度				破坏率/%	震害指数
		严重破坏	中等破坏	轻微损坏	基本完好		
东　南	114	0	3	34	77	2.6	0.07
东　北	143	1	13	51	78	9.8	0.11
西　北	165	2	24	87	52	15.8	0.17
西　南	48	0	12	27	9	25.0	0.21
全市区	470	3	52	199	216	11.7	0.13

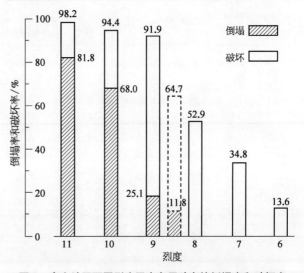

图5　唐山地区不同烈度区中多层砖房的倒塌率和破坏率

唐山地震中多层砖房的震害与地震烈度的关系见表4，如图5~图7所示。表4列出了不同烈度区的多层砖房震害分布率，图5绘出了它们的倒塌率和破坏率。从表4和图5中可见，10、11度区中仍有极少多层砖房免遭破坏，少量的免于倒塌；9度区中绝大多数破坏，但倒塌的为少数；在8度区以下，未见到倒塌的，破坏率随着烈度的衰减而明显下降。

表示各地多层砖房平均震害程度的震害指数值列在表2中。图6绘出了这些调查地点震害指数与震中

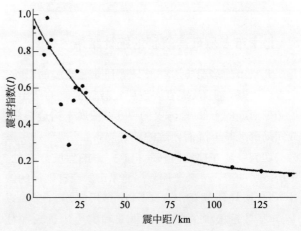

图6　唐山地区多层砖房的震害指数与震中距的关系

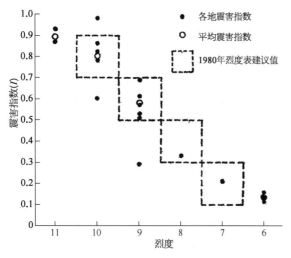

图7 唐山地区不同烈度区中多层砖房的震害指数

4 天津市多层砖房震害的统计结果

天津市区多层砖房的震害情况由各单位调查结果列于表5。在地震中遭到破坏的大多是老旧房屋。这些旧楼房大多用海河泥白灰浆砌筑，并经洪水浸泡，年久失修，倒塌率为15.2%，破坏率为51.7%。在市区六个区中，老旧房屋的3/4集中在和平区，因此天津市的房屋震害显得和平区最重。然而单就其老旧房屋的震害统计，倒塌率最高的是河西区，为29%；破坏率最高的是南开区，为80%。新中国成立后建造的多层砖房大多为基本完好或只有轻微的损坏。据天津市建筑设计院分类抽样调查统计的结果，中小学教学楼的震害比各类住宅都要重。表中工程力学研究所的调查范围仅限于设置强震仪的天津医院附近。由表5可见，新中国成立后建造的多层砖房平均震害指数为0.11，新中国成立前的为0.35，震害程度相差1度以上。

宁河6.9级地震使天津市已破坏的多层砖房裂缝更为明显，但一般未使破坏程度升级。天津市多层砖房的震害统计包括各次地震的累积破坏在内。

表5 天津市多层砖房的震害统计 单位：%

调查单位	建筑类型		震害程度					震害指数	备 注
			倒塌	严重破坏	中等破坏	轻微损坏	基本完好		
天津市房管局	新中国成立前建造旧楼房		15.2	14.8	21.7	24.2	24.1	0.346	未考虑抗震设防
天津市建筑设计院	新中国成立后建造多层砖房	1953—1974年建住宅	0	0	2	38	60	0.084	未考虑抗震设防
		1974年通用住宅	0	0	9.8	19.5	70.7	0.078	按7度抗震设计
		墩式住宅	0	0	5	16	79	0.052	按7度抗震设计
		底层商店住宅	0	0	11.8	23.5	64.7	0.094	按7度抗震设计
		中小学教学楼	1.2	19.6	19.7	21.4	38.1	0.249	168幢大多不设防
		合 计	0.2	3.9	9.7	23.7	62.5	0.111	上述五类平均值
工程力学研究所	新中国成立后建造多层砖房		0	8	8	17	67	0.114	天津医院附近
天津市教育局	局属中小学教学楼		15.3		12.8	20.9	51		40.7万m²大多不设防

5 北京市多层砖房震害的统计结果

北京市的多层砖房一般只遭到6度地震的影响，大多仍为基本完好，震害多发生在较高房屋的凸出部位和变形缝的上部，墙体上的裂缝一般属于构造裂缝，或因局部地基下沉而导致的轻微震害，只是个别房屋为剪切裂缝。在德胜门—莲花池一带的烈度异常处，多层砖房的震害才较普遍。据北京市房产管理局的统计资料，该局所属楼房3 564幢（多层砖房占95%以上，包括数量极少的框架、内框架和砌块建筑），按住宅、学校和办公三类分别统计震害程度的结果列于表6。北京市房产管理局的震害统计与本文前述震害程度的评定标准略有差异，使破坏率和震害指数稍偏高。

表6 北京市多层砖房震害统计

建筑类型	幢数	震害程度				破坏率/%	震害指数
		严重破坏	中等破坏	轻微损坏	基本完好		
住 宅	2 961	109	305	1 199	1 348	14	0.14
中小学	442	34	77	105	226	25.1	0.16
办 公	161	23	41	50	47	39.8	0.25
合 计	3 564	166	423	1 354	1 621	16.5	0.15

6　不同建筑类型的多层砖房震害程度比较

表 7 列出了唐山地区不同建筑类型的 2 285 幢多层砖房的震害统计结果。其中居住建筑 1 575 幢，占 69%，包括住宅、宿舍、招待所和旅社等，一般为单开间布置，横墙承重。教学楼包括实验室、图书馆及托儿所、文化馆、俱乐部在内，有 154 幢，一般以三开间布置为主，纵横墙承重。医疗机构包括门诊楼、住院部、防疫站和疗养所等，有 77 幢。各种办公楼为 289 幢。后两类建筑多为单、双开间布置，也有布置少量多开间的。多层砖房中做其他用途的，如商店、车间、车库等，有 190 幢，它们的布置不一，有的较为空旷。

表 7　不同建筑类型的多层砖房震害统计

地点	建筑类型	幢数	震害程度						倒塌率/%	破坏率/%	震害指数
			全毁	倒塌	严重破坏	中等破坏	轻微损坏	基本完好			
唐山市区	居住	773	515	98	102	35	19	4	79	97	0.87
	教学	100	57	17	19	6	1		74	99	0.85
	医疗	34	27	3	4				88	100	0.94
	办公	168	97	30	21	15	5		76	97	0.84
	其他	112	75	14	12	7	3	1	80	96	0.86
丰南	居住	9	9								
	教学	1	1								
	医疗	1	1								
	办公	7	6	0	1						
	其他	5	5								
东矿区	居住	360	66	40	116	110	24	4	29	92	0.60
	教学	27	2	1	7	15	2		11	93	0.50
	医疗	12	3	1	4	3	0	1	33	92	0.62
	办公	32	7	7	12	5	1		44	97	0.69
	其他	30	16	6	4	2	2		73	93	0.81
滦县	居住	6			2(1)	3(4)	1(1)				
	医疗	2		0(1)		2(1)					
	办公	5			2(2)		1(1)	2(2)			
	其他	4		0(1)	0(1)	2(1)	2(1)				
昌黎	居住	9				1	4	4		11	0.13
	教学	4			1	1	0	2		50	0.25
	医疗	1				1					
	办公	7			2	1	1	3		43	0.26
	其他	2						1			
秦皇岛	居住	418			4	38	161	215		10	0.12
	教学	22			1	8	8	5		41	0.25
	医疗	27				6	9	12		22	0.16
	办公	70			2	12	40	16		20	0.20
	其他	37			1	6	13	17		19	0.15

注：括号中的数据为余震后的数据。

由表 7 可见，在烈度较低的秦皇岛和昌黎，教学楼的破坏率和震害指数都要比居住建筑高，在表 5 和表 6 中，天津和北京的统计结果也是如此。而在高烈度区的唐山市区和东矿区却得出了相反的统计结果，教学楼的倒塌率和震害指数反而比居住建筑要低。清华大学建工系唐山地震调查小组在唐山市文化路—建设路一带的新市区调查了 11 所中小学的 21 幢教学楼，倒塌率比附近的其他多层砖房（主要是住宅）低得多，其值见表 8 所列。在唐山市区和东矿区，教学楼的层数一般较住宅少，体型也大多较规整，在住宅震害中常见的外纵墙坍塌或倾倒的现象在教学楼中是难以见到的。

表 8　唐山市新市区教学楼和住宅倒塌率的比较

建筑类型	调查幢数	裂而未倒		小部分倒塌		大部分倒塌		全部倒塌	
		幢数	%	幢数	%	幢数	%	幢数	%
二三层教学楼	21	10	47.6	5	23.8	1	4.8	5	23.8
住宅等	241	24	9.9	46	19.1	37	15.4	134	55.6

在唐山市区和东矿区,医疗用的多层砖房倒塌率都高于居住和教学用的多层砖房。在低烈度区的秦皇岛,医疗建筑的破坏率介于居住和教学两类建筑之间,这与横墙分隔的开间数有关。

7 不同结构类型的多层砖房震害程度比较

表9列出了唐山地区不同结构类型的多层砖房的震害统计结果。结构类型按房屋的墙体材料和楼屋盖的形式分为五类。砖混结构有1 547幢,占多层砖房总数的68%,它们的楼盖和屋盖除钢筋混凝土构件外,也包括数量很少的密肋空心砖板和砖拱楼盖在内。砖木结构系指楼盖和屋盖都为木构件,有261幢。砖混木结构的房屋有166幢,它的楼盖和屋盖之一为木构件,一般用钢筋混凝土楼盖、木屋盖。石墙房屋有267幢,它们有的是内外墙均用毛石或粗料石砌筑,有的外墙用石、内墙用砖。底层用石

墙、上层用砖墙的房屋在统计表中列为砖石墙类,有44幢。石墙和砖石墙两类房屋共有311幢,占多层砖石房屋总数的14%。

砖木结构的房屋与砖混结构的房屋相比,无论是在极震区还是地震波及区,震害都要严重得多。在唐山市区,砖木结构的房屋近乎全部倒塌,倒塌率为97%,而砖混结构的房屋约有25%裂而未倒。在东矿区,砖木结构的房屋有2/3倒塌;而砖混结构的房屋倒塌的还不到1/3。从天津和秦皇岛两市来看,砖木结构的房屋破坏率高达50%左右,而砖混结构的房屋却只有15%左右。砖木结构的房屋大多建造年代较久,砌筑墙体的砂浆标号较低,木构件在墙体上往往只是简单地搁置,缺乏锚固措施,也没钢筋混凝土圈梁,结构的整体性较差。砖混木结构的房屋由表9可见,震害指数与砖混结构的房屋大体接近,一般来说,采用木屋盖的顶层破坏稍重些。

表9 不同结构类型的多层砖房震害统计

地点	结构类型	幢数	震害程度						倒塌率/%	破坏率/%	震害指数
			全毁	倒塌	严重破坏	中等破坏	轻微损坏	基本完好			
唐山市区	砖混	799	468	126	125	57	21	2	74	97	0.84
	砖木	147	137	6	2	2			97	100	0.98
	砖混木	104	58	20	23	1	1	1	75	98	0.85
	石墙	124	103	9	7	3	2	2	86	94	0.90
	砖石墙	13	5	1	1	0	4				
丰南	砖混	10	9	0		1			90	90	0.96
	砖木	12	12						100	100	1.0
	砖混木	1	1								
东矿区	砖混	256	44	29	95	67	18	3	29	92	0.60
	砖木	35	14	10	3	8			69	100	0.77
	砖混木	28	2	9	5	12			39	100	0.61
	石墙	116	30	5	33	45	3	2	29	91	0.60
	砖石墙	26	4	2	7	3	8				
滦县	砖混	10		2(0)	3(4)	2(1)	1(3)	2(2)	20(0)	70(50)	0.44(0.34)
	砖木	1				1(1)					
	砖木混	1				1(1)					
	石墙	4				1(1)	3(3)			40(40)	0.32(0.28)
	砖石墙	1			1(0)	0(1)					
昌黎	砖混	12			2	2	3	5		33	0.17
	砖木	2				1	1				
	砖混木	2				2					
	石墙	7			1	0	1	5		14	0.11
秦皇岛	砖混	460			4	50	174	232		12	0.12
	砖木	34			4	12	14	4		47	0.29
	砖混木	60				6	39	15		10	0.17
	石墙	16				2	0	14		10	0.08
	砖石墙	4					4				

注:括号中的数据为余震后的数据。

在唐山地区,常用毛石叠砌墙体,这不仅在建造平房中大量使用,还用以建造楼房,且大多为石混结构。由表9可见,唐山市区采用石墙的房屋,比砖混结构的房屋倒塌率要高些;而在东矿区,这两类房屋的倒塌率则相近。从唐山市区的震害统计小区格和东矿区的各矿点来看,砖房和石房的倒塌率互有高低。在东矿区,采用石墙较多的有四个矿区,其中两个矿区的石房破坏重,另两个则反之。马家沟和唐家庄分别有21幢和22幢石房,前者全都倒塌,后者却无一倒塌。赵各庄有石房37幢,倒塌率为27%,震害指数为0.68;砖混结构的房屋倒塌率只为5%,震害指数为0.52。林西有19幢石房,倒塌率为16%,震害指数为0.54,砖房的倒塌率却高达43%,震害指数为0.70。由震害调查可见,石房的震害程度更加取决于它的砌筑质量和砂浆标号。统计结果也表明,石房震害程度的离散性也比砖房要大。

8 现浇和装配式钢筋混凝土楼屋盖的多层砖房震害程度的比较

采用预制钢筋混凝土圆孔空心板作为楼屋盖的多层砖房在唐山地震区中大量倒塌,因此人们对装配式楼屋盖的房屋抗震性能疑虑很大。为此,表10列出了

高烈度区采用装配和现浇这两种楼屋盖多层砖房的震害,并做了全面的统计比较。统计结果表明,在唐山市区,装配与现浇楼屋盖房屋的震害相差不大,倒塌率分别为76%和72%,震害指数分别为0.84和0.83,装配的略微高一些。在东矿区,它们的倒塌率相等,均为30%,震害指数分别为0.63和0.61。由此可见,在多层砖混结构的房屋中,虽从结构的整体性来看,现浇钢筋混凝土楼屋盖总要比装配的优越,但钢筋混凝土楼屋盖是整体现浇还是预制装配,并不是多层砖房震害轻重的主要因素。

9 不同层数的砖混结构房屋震害程度的比较

唐山市区和东矿区不同层数的砖混结构房屋的震害列于表11。表中大多为二三层,四层和四层以上的房屋数量不多,故合为一栏。由统计结果可见,二层房屋倒塌率和震害指数比三层的低;而四层和四层以上的房屋也要比三层的低,这是由于大多数四层房屋的砖墙体提高了第一、二两层的砌筑砂浆标号,有的还增加了底层墙体的厚度。东矿区中的四层砖混结构房屋因大部分在烈度低异常区的吕家坨,所以震害显得特别轻。

表 10 现浇和装配楼屋盖的多层砖房震害比较

地点	楼屋盖	幢数	全毁	倒塌	严重破坏	中等破坏	轻微损坏	基本完好	倒塌率/%	破坏率/%	震害指数
唐山市区	现浇	164	97	21	23	20	3	0	72	98	0.83
	装配	599	354	99	90	37	17	2	76	97	0.84
东矿区	现浇	53	11	5	16	17	4	0	30	92	0.61
	装配	168	29	22	69	43	4	1	30	97	0.63

表 11 不同层数的砖混结构房屋震害比较

地点	层数	幢数	全毁	倒塌	严重破坏	中等破坏	轻微损坏	基本完好	倒塌率/%	破坏率/%	震害指数
唐山市区	二	332	191	43	51	34	11	2	70	96	0.82
	三	374	233	62	48	21	10	0	79	97	0.86
	四(以上)	93	44	21	26	2	0	0	70	100	0.83
东矿区	二	140	22	16	52	38	9	3	27	91	0.59
	三	106	22	12	42	28	2	0	32	98	0.65
	四	10	0	1	1	1	7	0	10	30	0.32

1-6 多层砖房的震害现象和震害特征

杨玉成 杨 柳 高云学

1 引言

在唐山地震中,多层砖房的倒塌和破坏的严重程度是空前的。本文阐述不同烈度区,重点是高烈度区多层砖房的震害现象及其特征。

砖墙体砌筑砂浆的标号对多层砖房的抗震影响颇大。在现场调查时,除了已清理残墟的房屋依据原设计的砂浆标号加以记录外,一般用砂浆回弹仪测定和用手捏捻砌筑砂浆与已知标号的砂浆试块进行对比来做出宏观判断。

2 10~11 度区多层砖房的震害

10~11 度区多层砖房的资料主要记述唐山市区的震害,也涉及丰南县和唐山市的开平、马家沟、古冶等地的震害。

2.1 唐山市区多层砖房的震害

在唐山市区选取 14 个小区,作为调查震害的重点。1~6 和 14 区的地震烈度为 11 度,7 区为 10 度,8~13 区为较特殊的场地。图 1 中用黑粗线框出的 11 个小区,调查了其中所有的多层砖房;用黑点线标出的 3 个小区,在京山铁路线以南的 14 区主要调查了裂而未倒的多层砖房,在北端的 10 区中有 17 幢倒平或已拆除而又无技术资料的两层砖石房屋未包括在内,在沿新华路的 3 区只调查了临街主要建筑。这 14 个小区内共调查 335 幢,占唐山市区多层砖房总数的 28.3%。表 1 列出了其中 197 幢房屋的震害和建筑结构概况(房号 1~110),它们基本上反映了全市区多层砖房震害的概貌。现按小区分述如下:

1 区——新华路西端路南小区

1 区是唐山市京山铁路线以北多层砖房震害最为严重的地段。区内地势平坦,土质均匀,地基土从地表 2~4 m 范围内为亚黏土,以下为细砂层,并有砂质黏土层重复出现。地基土属 Ⅱ 类,地基承载力一般采用 18 tf/m²。基岩潜山在此附近骤然加深,覆盖土层厚度

在 100 m 以上。

区内共有多层砖房 32 幢,它们的震害程度和分布位置如图 2 所示。区内 25 幢三层及三层以上房屋全部倒塌,且大多倒平全毁。7 幢两层的房屋半数全毁,其余严重破坏。在表 1 中列入了该区内的 21 幢房屋的震害和建筑结构概况(房号 1~10)。

2 区——新华路西端路北小区

区内地势平坦,土质均匀,地表下 3~4 m 内为亚黏土,以下有细砂层,共有多层砖房 27 幢,它们的分布位置与震害程度如图 3 所示。其中有 20 幢房屋的震害和建筑结构概况列入表 1(房号 11~18)。

煤研所的 9 幢多层砖住宅中,横墙承重的 6 幢,2 幢裂而未倒,2 幢部分倒塌,2 幢全毁倒平;纵墙承重的 3 幢砖混木结构只塌顶层。煤研所主楼(房号 15)5 个区段的破坏状况也不一。

煤研所中还有 4 幢多层砖房未列入表 1,其中二层的两幢,托儿所倒塌顶层,水采办公楼裂而未倒;两幢三层的实验、办公楼都倒塌。

位于该区东北角的地委住宅区的 10 幢三层楼(房号 17、18)、北端的四层房地产住宅和西端的三层地方煤矿宿舍均为砖混结构,横墙承重,也都倒塌。该区西北角的市消防一中队,西段为二层空旷车库,东段为三层宿舍,无变形缝,倒塌。

3 区——新华中路临街小区

在新华中路两侧,调查了市二轻局办公楼(房号 19)、地区旅馆(房号 20)、市电子局办公楼(房号 21)、地区邮局(房号 22)、新华新旅馆(房号 23)和市六单位办公楼(房号 24),它们的分布位置标在图 1 中。这 6 幢房屋大多用变形缝分割为若干区段,共有 17 个区段。其中 5 个区段局部采用内框架或不完全的框架,12 个区段为砖结构,裂而未倒的砖混结构只有二轻局办公楼的西段(三层),其余三至六层的 11 个区段全部倒塌。它们的震害和建筑结构概况见表 1 的房号 19~24。

本文出处:《唐山大地震震害(二)》,刘恢先主编,地震出版社,1986 年,19-113 页。

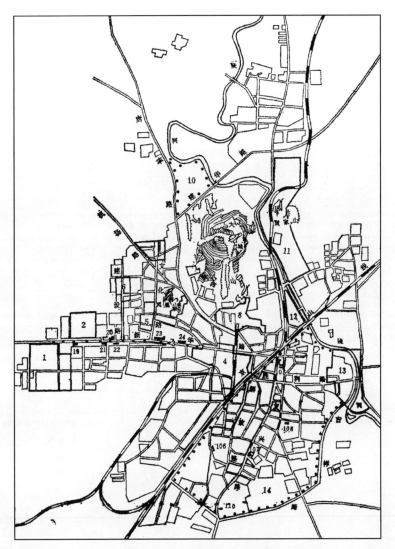

图1 唐山市区震害调查分区图

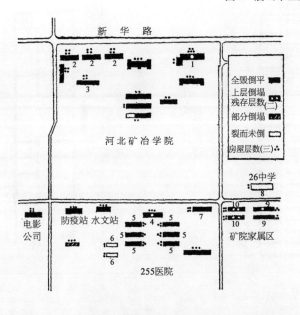

图2 1区多层砖房震害示意图
（房号同表1,下同）

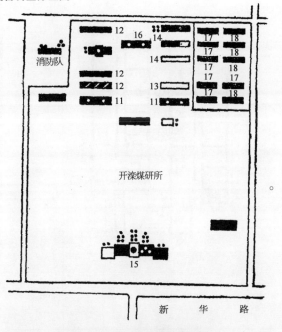

图3 2区多层砖房震害示意图
（图例同图2,未标层数的均为三层）

表1 唐山市多层砖房震害

房号	房屋名称	平面图/cm	层数	楼层标高/m	砂浆标号	建筑结构	震害程度	震害概况
1	河北矿冶学院理化楼		五	3.75 7.35 10.95 14.55 17.90	外25 内10	1960—1963年建，L形平面，主楼五层和翼肢为两层阶梯教室，楼层标高4.65 m和10.6 m。变形缝宽2 cm。3：7灰土垫层，毛石基础。外墙建筑红砖，底层49 cm，以上均为37 cm；内墙黏土砖，一、二层和各层楼梯间37 cm；其余均24 cm。外清水，内抹灰，个别房间同抹水泥砂浆墙面。现浇钢筋混凝土梁板楼（室）盖，纵横墙承重	全毁倒平	主楼尚存底层，上四层叠落在底层楼板上。翼肢楼板倒平，底层窗同梁高度的墙上垫，落在窗台高度的墙上
2	河北矿冶学院学生宿舍		四	2.90 5.80 8.70 11.65	10 走道填充墙50	1959—1960年建，共4幢。3：7灰土垫层厚45 cm，焦渣白灰水泥浆砌筑片石基础，横墙承重，外墙37 cm，内横墙24 cm，隔开间设宽1.0 m的书柜孔洞。走道填充纵墙12 cm，砌置在梁上。现浇钢筋混凝土密肋空心砖楼盖，钢筋混凝土平板小坡顶层，挑檐42 cm，顶层板条吊顶，无保温层。1964年因内墙体裂缝对一二层墙体曾做加固，抹水泥砂浆1.5 cm。墙垛处做消火栓洞用水泥砂砌砖堵塞。二层墙体砖缝1 cm，洞孔用钢筋混凝土加固	全毁倒平	4幢全部一塌到底
3	河北矿冶学院学生新宿舍	类同房号2	四	2.90 5.80 8.70 11.65	25	平立面与4幢旧宿舍类同。震前刚竣工，尚未交付使用。楼屋盖均采用预制空心板。内走廊纵墙24 cm，承走廊板重。横墙不留书柜孔	全毁倒平	全楼一塌到底
4	255医院 门诊楼		三	3.40 6.80 10.20	10	1953年建，西、南、东三侧与平房相连，其纵墙、横墙承重，外墙和底层内纵墙37 cm，其余内墙24 cm，内抹灰，局部面饰。现浇钢筋混凝土大梁和密肋空心砖屋盖	倒塌	二三层向北一塌到底，底层墙体普遍有斜向或交叉裂缝
5	255医院 病房楼					共6幢。1953年建，建筑结构与门诊楼类同，但无门头外廊，楼中段无门厅，一端为外楼梯，另一端有电梯间	全毁倒平	全部一塌到底，电梯井一般尚未摔碎

（续表 1）

房号	房屋名称	平面图 /cm	层数	楼层标高 /m	砂浆标号	建筑结构	震害程度	震害概况
6	255医院传染科病房楼	(平面图)	二	3.20／6.80	25	共2幢。地震时主体工程已完，墙体和楼屋盖的面饰工程尚未开始。灰土垫层24cm，毛石基础。外墙37cm，内墙24cm。预制空心板楼屋盖。两道现浇钢筋混凝土走廊承重，横墙和内走廊，设在两端，西端为外窗承重。窗上口位置挑檐70cm，楼梯同设在两端外挑梁式楼梯	严重破坏	一、二层墙体严重开裂。底层横墙有交叉裂缝，滑移错重，有的将窗间墙从圈梁下推出20cm左右，有的窗间墙严重外鼓，甚至折断，局部碎落。内纵墙变形，已呈波浪形。两幢震害基本相同
7	255医院住宅	(平面图)	四	3.00／6.00／9.00／12.00	25	4单元组合平面，灰土垫层45cm，用1：3：9焦灰浆砌毛石基础。所有12cm厚墙均做灰浆砌墙体。垫层厚15cm，日用50号砂浆砌横墙24cm，隔墙12cm	全毁倒平	一塌到底
8	26中教学楼	(平面图；地下道口)	二	3.33／6.44	75	1967年建，毛石基础。人防工程深2.3m。外墙37cm，砌筑砂浆饱满，均用50号砂浆。预制空心板楼屋盖，4支点木屋架，瓦屋面。二层纵墙和山墙设有拉通的圈梁，两端设外楼梯和砖柱支承的雨罩	严重破坏	走廊内纵墙朝中轴倾斜，中段显著，且底层错重。纵横墙之间开裂情况：内纵墙与横墙多在烟道处，外纵墙与横墙多在进入横墙1~2块砖处；横墙切缝口上下有水平缝，错位约5cm，外纵墙尖有弧形墙缝山墙震落，西端两草震落，西端明显错位
9	河北冶金学院三层住宅	房号9单元平面 房号10单元平面	三	2.80／5.60／8.40	底层横墙25 其余10	两幢4单元组合平面，1959年建。外墙37cm，承重横墙24cm，两端横墙12cm，上层为板条墙。内墙面抹灰。12cm墙用25号砂浆，砖券，小砖券用50号砂浆，硬山搁檩瓦屋面	全毁倒平	南幢倒平，北幢残存底层，墙体严重破坏
10	河北冶金学院四层住宅	类同房号9	四	3.00／6.00／9.00／12.00	1,2层50 3,4层25	两幢4单元组合平面，建于1972年。外墙37cm，隔墙24cm，横墙12cm，墙内面抹灰，预制空心板楼屋盖	全毁	两幢房屋的三、四层均倒塌在二层楼盖上，残存的一、二层墙体严重破坏

（续表 1）

房号	房屋名称	平面图/cm	层数	楼层标高/m	砂浆标号	建 筑 结 构	震害程度	震 害 概 况
11	开滦煤炭科学研究所 东二住宅 西二住宅		三	3.00 6.00 9.00	25	两幢4单元组合平面,1956年建,三纵墙承重砖混木结构。外墙和底层内纵墙37cm,二、三层内纵墙和单元横墙24cm,一、二、三层厨房横墙底砖12cm,隔墙条隔断墙,人字木屋架。厨房条隔断墙。外墙用建筑砖,内墙用黏土砖。现浇钢筋混凝土梁板楼盖,苇箔吊顶,水泥瓦,未设圈梁	部分倒塌	两幢破坏类同,均顶层倒塌,一、二层尚好。横墙在设烟道和通风道处酥裂掉砖。东一楼二层单元横墙底砖在中等破坏程度较轻;西一楼底层裂缝较轻;西二楼二、三层外墙破坏较重;汉二层东南角横墙有明显的裂缝,内纵横墙角有较多的剪切裂缝
12	开滦煤炭科学研究所 西三住宅 西四住宅		三	2.85 5.70 8.55	25	3单元住宅,原地道上,毛石基础。西三楼建在原地道上,局部基础加深至3m。白渣白灰筑砌,厚37cm,内墙黏土砖,楼梯、厕所、肚墙24cm。空心板楼盖。西三、西四楼施工时先砌内墙,后砌外墙;西三、西四楼规格质量差,且目砌的质量差,规格差	全毁倒平	西二楼的南半侧、三层倒塌;南北半侧中间层塌。北半侧外墙向外倒塌;南纵墙向外倒塌,三层的二、三层向外倒塌,残存墙体也向外凸出。西三、西四楼全数倒平
13	开滦煤研所东二楼住宅		三	3.20 6.40 9.60	50	1964年建,4单元组合平面,灰土垫层、灰渣垫层。炉渣白灰浆砌毛石基础,厚37cm,内墙建筑砖,承重横墙对楼梯厚墙外减少12cm,窗台下圈梁12cm,填充墙砌筑砂浆宏观判断砌体施工质量较好,砌体测试达50号。观判断和单元弹仪测定均达50号,一般横墙上伸进1.5m。楼盖为18cm预制空心板,系在横墙上砌1.0m高砖墩,再铺1.2m×1.2m预制钢筋混凝土薄板挑檐板出墙80cm	严重破坏	内外墙普遍有严重剪切裂缝,局部南纵墙向外倒滑移明显;南部二、三层向外倒塌。屋顶酥碎倾倒,薄板落在室盖空心板上
14	煤研所东四东五楼住宅		三	2.95 5.90 9.10	设计 25 实测 10~25	两幢均为4单元组合平面,东单元七单元组合平面。其余为五开间,毛石基础。纵横墙承重,外墙24cm,重内墙24cm,接处处设拉结,并同时砌筑。外墙在窗台部位墙很少都有。东四楼冬季施工,砌筑砂浆不均匀,宏观判断10~50号以上一层内横墙用了不足50号细石混凝土。屋顶板上抹3cm厚单抹,东半部的一层外清水,内抹灰。预制空心板上打8~12cm厚道土,9cm白灰土。屋顶板上口设圈梁,上口设圈梁上借位	严重破坏 倒塌	东四楼一、二层纵横墙严重剪切裂缝,错位明显,三层窗墙盖处挫伤。东山墙在外墙交处水平错位。南纵墙中部建筑墙断裂,水平错位。返工重砌,7.8级地震晚个开间的三层外纵墙也倒塌。7.1级地震,此处的三层外纵墙倒塌。三层在层圈梁上借位单元楼梯同北半部倒塌,东半楼西半部倒塌,东半部残存,墙体破碎

（续表 1）

房号	房屋名称	平面图 /cm	层数	楼层标高 /m	砂浆标号	建筑结构	震害程度	震害概况
15	开滦煤研所主楼		五（六）	4.00 — 7.60 — 11.20 — 14.80 — 18.40 — 24.70	25	1956 年建，由 5 个区段组成。中间六层，两端五层。五、六层区段间设单加地下室，两侧五层。五、六层区段的楼板搭在六层区段区段变形缝的牛腿上。西翼为架空旷的礼堂，一层相当于两层高，东翼为短柱两层，局部两层，设钢筋混凝土短柱。两翼与五层区段间设双墙变形缝。地下室结构，因基槽开挖到 3.2 m 深基础水。砂，做混凝土基础；其余均为毛石基础。墙厚：五层区段的内墙 1~3 层为 37 cm，以上 24 cm；外纵墙以上为 37 cm，内墙的一二层为 49 cm，山墙 37 cm，内墙 62 cm，其余均为 37 cm。两翼外纵墙均为板条墙灰。六层区段的下五层为双排内柱，隔墙也设 4 根内排内柱（半）框架结构和楼梯间的明角，门厅前檐置 4 根组合柱，门厅前檐也设 4 根组合柱和楼梯间的明角，其余二层外墙厚 49 cm，顶层和楼梯间的明角，其余均为 37 cm。各层楼盖均为现浇钢筋混凝土梁板。屋面二层楼盖上铺 6 cm 水泥焦渣，水磨石面层。一层和顶层吊天棚。油三色。	全毁倒平 部分倒塌	六层区段的顶层倒塌，五层区段两侧一塌到底，折断。五层区段西侧，五层层柱叠落在三层顶上，东侧顶上两层倒塌，叠落在三层。西翼礼堂两端山墙支承现部全部倒塌，只剩礼堂混凝土屋盖，东翼全毁浇钢筋混凝土屋盖，局部两层残留五层区段间房重的剪切裂缝及窗间墙，有严东纵向有 1 cm 宽的长裂缝
16	煤研所宿舍		三	3.30 — 6.60 — 9.90	25	1956 年建。毛石基础，四纵墙承重。外纵墙和部分横墙建筑砖厚 37 cm。内纵墙墙厚 24 cm。隔墙 24 cm。隔墙底层为 12 cm，二、三层为板条墙。墙面外清水，内抹砂浆。砂浆强度底层不匀。现浇钢筋混凝土梁板，木屋架，瓦屋面。	倒塌	三层倒塌，二层严重破坏，底层内横墙，内横墙剪切酥碎。内外纵墙破坏较微，底层踢脚板处有水平缝
17 18	地委甲乙型住宅		三	3.20 — 6.40 — 9.60	底层 50 二、三层 25	1972 年冬始建，甲、乙型各 5 幢，均为 3 单元住宅。灰土垫层，不足，毛石基础。外墙黏土红砖，75 号，厚 37 cm，内墙粉煤灰砖，厚 24 cm 或 12 cm。现浇空心板楼盖，楼屋盖上水泥砂浆抹顶制空心板楼盖。屋盖板上水泥砂浆抹面，板下抹灰。5 cm 草泥和 10 cm 焦渣	全毁倒平	全部倒平，个别残存底层

（续表1）

房号	房屋名称	平面图/cm	层数	楼层标高/m	砂浆标号	建筑结构	震害程度	震害概况
19	二轻局办公楼		四（五）	3.60 6.90 10.20 13.50（13.70） 17.50	一、二层和东段中段的三层 50，其余 25	1974年建，由变形缝分割成三段。东段为四层砖混结构；中段五层，门厅五层，底层三层门厅用配筋混凝土柱，前檐4根到顶，内部用配筋砖柱，西段三层砌毛石基础。外墙37 cm，东段底层厚48 cm；中段内墙大多为37 cm，一、二层内横墙厚37 cm，其他内墙为24 cm。中段前柱混凝土150号，混凝土24 cm。⑮轴墙柱与墙相连。中柱40×40 cm，混凝土柱150号，自平衡挑檐，每层外挑2 m。预制空心板楼屋盖。自平圈梁，每层在窗上口设圈梁。	倒平 倒塌 严重破坏	东段近于倒平，残存底层。中段四、五层倒塌，下层局部墙倒，残存的墙体破碎。无⑤轴梁柱横墙，1~4层墙体造柱未倒，但墙体破坏。独立中柱在⑲轴构造柱平齐有水平缝；三层柱头压酥，钢筋外露；上层折断。西段墙体严重开裂，西北角顶部墙体掉落；南端开间倒塌。
20	地区旅馆		五（六）	-4.77 3.20 6.40 9.60 12.80 16.00 20.00	100 75 50 25	1975年建，用变形缝分割为三段。西段五层砖混结构，三个两开间的房间开间加至，墙上设构造柱。中段六层加地下室，前半部为双排内框架。一、二层柱30×55 cm，三层柱30×45 cm，上柱30×45 cm，南面自二层南面为四层砖混结构，东立面。外墙和内墙分别在钢筋混凝土圈块台。砂浆标号：西一层、中一、二层和卫生间100号；东一层为75号；西二层、中三层为50号；其余均为25号。基础：外墙毛石基础，内墙混凝土素砼圈梁。形基础和素混凝土圈梁。墙面外饰，内抹灰，内24 cm。其中楼梯、卫生间、板、板、柱。预制空心板楼盖，框架梁、板、墙均现浇。西段横墙拉通一道，东段拉三道。	全段 倒平 倒塌	西段除4间卫生间的各层均尚存外，其他东倒平；中段五层顶倒塌，三层柱头破坏；西段残存底层，梯间和1~3层的西外墙。
21	电子局办公楼		四	3.60 7.05 10.50 13.95	50	L形平面，用变形缝分割为三段。短肢东段三层，前半部为双排内框架；长肢中、西两段，四层砖混结构，毛石基础。外墙37 cm，加37 cm内墙和各层楼梯间底层内墙，其余24 cm。内框架各层楼梯间同墙37 cm，其余24 cm。内框架外墙圈梁。预制空心板楼盖。内框架柱和梁均现浇。	全段 倒平	内框架结构底层倒塌，二、三层整体塌落；砖混结构一塌到底。

（续表1）

房号	房屋名称	平面图/cm	层数	楼层标高/m	砂浆标号	建筑结构	震害程度	震害概况
22	地区邮局新华中路分局		三	4.50　8.00　—　12.44	一、二层 50　三层 25	灰土垫层，50号砂浆砌石基础。门厅外墙及门厅横墙均37 cm，其各层外墙24 cm，余内墙有两根钢筋混凝土柱。断面30 cm×50 cm。预应力空心板楼屋盖。各层在窗上口设圈梁	全毁倒平	全楼倒毁，仅存两根门厅柱
23	新华新旅馆（见《唐山大地震震害（二）》专篇）							
24	六单位办公楼		（四）五	3.45　6.90　10.35　13.80　17.40	上三层 25　其余 50	地处采空区上。全楼用变形缝分割成三段。门厅和楼梯间内墙角1~3层用钢筋混凝土构造柱。两侧的外墙，每段均同层有横墙及一道内纵墙做钢筋混凝土地梁。毛石基础。变形缝宽3 cm，中段三层内墙37 cm，其余24 cm，一、二层和两侧外重纵墙隔3皮砖加φ4钢筋。预制空心板楼屋盖。各层窗上口设圈梁	全毁倒平	一层大部，二层部分残存。门厅和楼梯间的1~3层残存。门厅横墙的三层有产生明显滑移的斜裂缝，二层有贯通的斜裂缝，错位很小。三层门厅门柱两端开裂，柱上端混凝土局部崩落
25	市委办公楼（全毁倒平、平面图和建筑结构同房号49）							
26	开滦矿务局总医院主楼（见《唐山大地震震害（二）》专篇）						倒塌	7.8级地震时倒塌，底层部分残存
27	第一招待所		（四）三	3.30　6.60　10.20　(13.80)	10	中间四层，两翼三层。无变形缝，毛石基础。各层外墙及中段内横墙37 cm，其余墙24 cm，全部建筑砖。现浇钢筋混凝土楼盖，两翼砖拱至顶，中段木屋架、瓦屋面，板条天棚	倒塌	7.8级地震时中段倒塌。其余震时墙体普遍产生交叉裂缝，外纵墙，北侧大房间的梁板塌落
28	开滦矿务局 第三招待所		（七）六	(-4.00)　3.60　6.90　10.20　13.50　16.80　20.30　(23.40)	一、二层 50　其余 25	中厅七层，两翼六层。有半地下室。筏式基础，外墙除顶层24 cm和中段北纵墙49 cm外，均为37 cm。内墙以上均为24 cm，中厅二层和楼梯墙37 cm，18 cm，其余18 cm，顶层二层为纵墙承重，三层楼盖和屋面现浇。半地下室和顶层设圈梁	全毁倒平	中段倒平，两翼大部倒塌，残墙呈V形。东翼北半部残留两层，南半部上层倒塌，五层以下残留6开间；西翼南半部残留5开间，北半部倒塌，四层以下残留端头3个开间。残墙支离破碎。地下室柱头混凝土酥裂崩落，钢筋呈灯笼状

（续表1）

房号	房屋名称	平面图/cm	层数	楼层标高/m	砂浆标号	建筑结构	震害程度	震害概况
29	河北煤矿设计院办公楼	（平面图：200×200、100×270、5×350、750、550、750、600、900、240、100）	五	3.60—7.20—10.80—14.40—18.00	25	原为1957年建成的三层办公楼,1976年又续建两层。东南角3开间有地下室。毛石基础。外墙、一、二层内墙和三层内纵墙厚37 cm,其余内墙为24 cm。所有外墙和原建的厕所、洗脸间内墙体用建筑砖,续建的两层砂浆标号较高。新、旧楼盖均为现浇梁板。	倒塌	7.8级地震时,西、中段续建的两层倒塌,东段连同原有的三层塌落。各层墙严重酥裂。7.1级地震后,东层楼梯间一塌到底,西侧北部3开间资料室倒塌。
30	开滦工程处 办公楼	房号30（平面图：150×150、200×200、90×250、6×375、5×350、100、750、280）房号31（平面图：150×210、150×180、100×275、162、4×325、540、200、540、100）	三	3.85—7.25—10.65	一、二层25 三层10	混凝土垫层。浆砌毛石基础。外墙、分段墙和底层内墙为37 cm,其余内墙为24 cm,板条隔断。楼屋盖均为现浇梁板。	倒塌	东段严重破坏,西段局部倒塌。
31	开滦工程处 招待所		二	3.35—6.70	25强	内、外墙均为24 cm。现浇钢筋混凝土楼盖、木屋架、瓦顶。	严重破坏	底层外纵墙有细裂缝;横墙仅楼梯间有明显斜裂。门角开裂;顶层两角震落。
32	煤医西小楼	房号32（平面图：135×170、90×250、4×370、210、465、586、237、586）房号33（平面图：150×150、7×330、480、200、480、210）	二	3.75—7.00	25	1949年前建造。外墙37 cm,内墙24 cm,填充墙12 cm。现浇钢筋混凝土楼盖、木屋架、铁皮屋面。	中等破坏	南侧室内地面出现一道断裂,南纵墙下沉并外闪,内纵墙拉裂,横墙上有斜裂缝,重于底层。
33	消防队宿舍		二	3.10—6.20	25强	设计三层,地震时施工到第二层。煤矸石地基、毛石基础,有地基梁。外墙37 cm,内墙24 cm,预制楼盖,每层有圈梁。	底层中等破坏	南侧地基稍下沉,引起横墙斜裂,纵墙有竖向裂缝。顶层未封盖的悬臂墙倾倒。
34	长途汽车站办公楼	（平面图：100×250、150×150、100×250、6×325、5×325、520、200、520、200、7×330、9×300）	三	3.10—6.20—9.30	25	地处唐山矿采空区。有两道变形缝,毛石基础、钢筋混凝土地基。层两西端用变形缝分为三段。外墙和分段墙厚37 cm,内墙厚24 cm。空心板楼盖、现浇钢筋混凝土盖。	倒塌	局部倒塌。
35	唐山矿托儿所	（平面图：5×300、485、175、180、6×325、900、9×300、100×250、700×250、370、170）	二	3.40—6.80	25	东、北两楼组成L形平面。东、北楼用变形缝分为三段式,均为单外侧外廊式。毛石基础,地坪标高做30 cm×50 cm钢筋混凝土地基梁。外墙、走廊墙和分段墙37 cm,内墙24 cm。现浇廊柱24 cm×37 cm,预制空心板楼盖、现浇钢筋混凝土盖。	严重破坏—中等破坏	东楼一、二层门窗口上有通长水平缝,横墙有斜裂缝。二层门、窗间部位横墙均有交叉裂缝;屋盖局部明显错位。顶部北端楼梯间墙和底部的墙和屋盖松溯于倒塌。南端楼梯间外墙下有水平通缝。北楼东段一、二层墙开裂;底层东段错位,二层墙普遍开裂,底层较东段裂缝稍轻,二层尤轻。

（续表1）

房号	房屋名称	平面图/cm	层数	楼层标高/m	砂浆标号	建筑结构	震害程度	震害概况
36	唐山矿救护楼		二	3.50 — 6.60	一层 50，二层 25强	底层西端开间作为车库。毛石基础。外墙37 cm，内墙24 cm，窗台下料石贴面。现浇钢筋混凝土梁板，屋盖吊天棚	严重破坏	底层外纵墙窗上、下口及楼板下有水平及斜裂缝，门过梁砌体酥松动；内纵墙有交叉缝；二层纵墙有不规则的斜缝，横墙和窗位下有水平和斜缝，窗台下错位明显；楼梯间墙角错动外推，西端窗间墙和西北角角墙塌落
37	38中学 教学楼		二	3.75 — 7.25	10	1955年建。外墙37 cm，内墙24 cm，窗肚墙内外均凹进12 cm。底层窗台下砌块石。现浇钢筋混凝土楼盖、瓦屋面，吊天棚。屋架下设圈梁	严重破坏	底层纵横墙窗端有斜向或交叉裂缝，楼梯间墙有明显斜缝。顶层纵横墙同拉裂，东山墙掉头，屋盖局部塌落
38	实验楼		三	3.60 — 7.20 — 10.80	25	1955年建。中段三层，两端大房间处为两层。一、二层外墙24 cm，其余37 cm，三层为板条灰墙。底层窗台下为浆砌块石。现浇钢筋混凝土楼盖。女儿墙24 cm。	全段倒平	一塌到底，1~3层叠落在一起
39	开滦矿务局设计院住宅		三	3.00 — 6.00 — 9.00	25	1958年建。共两幢，东两幢2单元，西幢4单元。三层纵墙承重。底层内纵墙和上层底层内纵墙、楼梯间纵墙37 cm，楼梯间横墙24 cm。底层厨房厨墙24 cm。填充灰墙。用钢筋混凝土楼盖。砂浆标号不均匀。	严重破坏	西幢顶层向北倾斜，纵墙多处有斜裂缝以上断裂，出纵墙1 m多，西北角局部塌落，两幢顶层的底层纵横墙普遍有斜裂缝
40	文化楼 三层住宅		三	3.15 — 6.30 — 9.45	50（10~25）	1964年建。3幢3单元住宅，施工质量评定：第一、二幢较好，第三幢质量差。建筑布置：第一、二幢除单元入口由南向改为楼梯间外，其余相同。纵横墙承重。现浇楼层盖，一般为砖墙及外墙37 cm，其余重墙。毛石基础。灰浆判断和回弹仪测定砂浆标号：第二幢标号25号左右，其余楼层差别较大，最高的不超过25号，最低只约10号左右；第三幢标号底层10~16皮砖以下，砂浆标号不低于50号，以上拆重砌，砂浆标号50号左右，个别内纵与上部也重砌，砂浆标号与上部一致	第一、二幢倒平。第三幢严重破坏	第一、二幢底层窗倒塌，二、三层大部落在原在窗台高度的墙上，只约10皮砖未塌。第三幢横墙普遍有水平裂缝，错位明显，根部水平缝错量较大。东端单元破坏最重，底层上下砂浆一致的内破坏墙体斜裂缝，滑移达4~5 cm的砖块西断径。纵墙有严重的交叉裂缝与发展的细裂缝，顶层从门窗上口到板下普遍有不规则的水平缝。楼梯间横墙有竖向斜裂缝，局部凸出横墙有竖向缝

（续表 1）

房号	房屋名称	平面图/cm	层数	楼层标高/m	砂浆标号	建筑结构	震害程度	震害概况
41	文化楼二层住宅	（平面图：房号41）	二	3.00—6.00	25	1967年建。两幢两单元住宅。外墙37 cm,内纵墙承重墙24 cm,隔墙12 cm。现浇钢筋混凝土楼屋盖,硬山搁檩,瓦屋面,双坡水。	严重破坏	两幢内外墙体均普遍有交叉裂缝,屋面掉瓦,烟囱倒塌。北幢西端屋角局部塌落,南幢西单元2~3开间的顶层局部塌落
42	"文革"楼住宅	（平面图）	二	3.00—6.00	第三、四幢25 其他10	两单元组合平面,同一图纸先后建9幢,1969年建成。北数第一、二幢用青砖,其余用红砖。建筑场地北高南低,第三、四幢处为凹坑填土。毛石基础。外墙37 cm,内横墙为24 cm,均为12 cm厚梯间和单元内纵墙为24 cm外,预制空心板楼盖,槽形板屋盖上铺10 cm厚焦渣层。顶层有圈梁。	中等破坏—倒塌	第一、二幢外纵墙倾倒,西端局部倒塌,其余墙体中等开裂;第三、四幢墙体中等裂缝,底层裂缝普遍,二层纵墙外闪,纵墙有细裂缝,顶板下拉裂达4 cm,横墙有细裂缝,顶板倾倒,第五、六幢严重开裂;第7~9幢大部倒塌
43	文化楼各自住宅	（平面图：底层、一层）	二	3.00—6.00	内墙25 外墙10	共16开间,每户上下一开间。山墙37 cm,楼梯间为轻质隔墙,内纵墙12 cm到顶,内横墙为24 cm,预制空心板楼盖,硬山搁檩,瓦屋面,板条抹灰天棚。	倒塌	外纵墙全部倒塌,横墙开裂
44	休干所丁型住宅	（平面图）	二	3.20—6.20	50	4幢单元式住宅,建于1965年。外墙37 cm,承重内墙24 cm,填充空心楼板,木屋架,四坡水,预制空心楼板,瓦屋面,板条架的结构体系布置灰天棚。	中等—严重破坏	3幢严重破坏,西北幢中等破坏。纵横墙普遍开裂,大多清除对楼向或交叉裂缝支座处清除错位,纵墙在屋架支座外闪,西南纵墙外闪8 cm;西北幢南闪12 cm,北幢外闪4 cm,墙纵顶烟囱倒塌,屋顶烟囱普遍倾倒
45	休干所平顶住宅	（平面图）	二	3.10—6.20	25	两幢两单元组合平面。西边一幢为接平房。外墙37 cm,内墙24 cm,隔墙12 cm。面外清水,内抹灰,预制空心板楼屋盖。	严重破坏	西幢墙体普遍开裂,纵横墙均有斜向或成交叉裂缝,错位明显,东南角纵墙外闪二层窗顶开裂,纵墙外闪达50~60 cm,东北角墙体掉落,东北角窗券砌体倒塌,屋顶烟囱倒塌类同

（续表 1）

房号	房屋名称	平面图/cm	层数	楼层标高/m	砂浆标号	建筑结构	震害程度	震害概况
46	工农兵楼二层住宅		二	$\dfrac{2.90}{5.80}$	内纵25 其余10	两幢3单元住宅，建于1972年。灰土垫层37 cm，白灰炉渣砌片石基础。外墙37 cm，内横墙24 cm，两道内纵墙一般12 cm。设独立砖柱，山墙与内纵墙交接处，支承回阳台。二层房四隅回阳台。每5皮砖加2φ4钢筋，每边长95 cm。墙面外清水，内抹灰。预制预应力空心板楼盖	倒塌	两幢破坏类同。外纵墙大部倾倒，带下局部横墙和楼板。西单元端部倒塌，部分12 cm厚墙充墙倒塌
47	工农兵楼三层住宅		三	$\dfrac{2.86}{\dfrac{5.72}{8.58}}$	底层和12 墙25 其余10	7幢5单元组合平面，建于1972—1974年。片石基础。外横墙37 cm，内纵墙除单元端开间外，均12 cm。二、三层房四隅外山墙与内纵墙交接处加2φ4钢筋。每隔5皮砖屋盖。顶层窗上口设圈梁，在楼两端开间的纵墙增至两开间	倒塌 全毁 倒平	7幢房屋破坏类同，除少数倒平处，一般二、三层倒塌，底层残存。南端两幢有两开裂而未倒
48	建设楼住宅		四（三）	$\dfrac{2.90}{\dfrac{5.80}{\dfrac{8.70}{11.60}}}$	一、二层内50 外25 三、四层内25 外10	两单元住宅，南一幢三层，原场地中部有一池塘，局部加深处理，冬季施工，质量较差。外纵墙24 cm，隔墙12 cm，房四隅、端开间内纵墙和内山墙与外纵墙交接处加2φ4钢筋，自一层起，每5皮砖。预应力空心板楼盖，内墙面抹灰。顶层窗上口设圈梁	倒塌	3幢破坏类同，均中间倒平处，上层先塌落，砸到底层上。两端外纵墙倾倒，残存1~4层内纵墙和部分横墙
49	地区外贸局办公楼		四	$\dfrac{3.30}{\dfrac{6.60}{\dfrac{9.90}{13.20}}}$	50	毛石基础。外墙、楼梯间和门厅横墙设地梁。底层内外墙二层以上和门厅横墙37 cm，其他24 cm，窗台下暖气洞内凹25 cm。预制空心板楼盖，门厅、厕所、挑檐均为现浇钢筋混凝土。各层在窗上口设圈梁，在内纵墙和门厅横墙拉通，楼梯间横墙通	严重破坏	墙体严重剪切破坏，二层最重。底层次之，三层裂缝在楼板下有水平位移，四层纵横墙在顶板上口错位断错，山墙外闪。外纵墙交叉裂缝发生在窗槛墙部位，上、三、四层两前角局部掉出墙。四层顶板前角空心板错动，板缝掉落。四层顶板开裂；三层大部板缝宽

房号 50~57 跃进路住宅区（详见《唐山大地震震害（二）》专篇）

（续表1）

房号	房屋名称	平面图/cm	层数	楼层标高/m	砂浆标号	建筑结构	震害程度	震害概况
58	21中教学楼		三	3.60 / 7.20 / 11.20	50 / 25 / 25	T形平面，门厅教学办公楼为两层，双墙变形缝设在东肢西侧。办公楼：毛石基础。外墙37 cm，内墙24 cm；教学室仅顶层，其余室间横墙和中间走廊墙的纵墙均为37 cm。墙面外清水，内抹灰。楼屋盖采用预制空心楼板，一、二层均设圈梁。二层兼作窗作窗过梁。	严重破坏	教学楼北翼屋顶向西倾斜塌落；办公楼西端局部倒塌，墙角和屋顶局部坍下沉，其余墙体普遍严重开裂，并有明显滑移，门厅掉角。
59	市第二招待所 东一楼		二	3.30 / 6.60	4	20世纪50年代初初建造。毛石基础。青砖外墙37 cm，内墙24 cm，上铺砂浆砌筑。现浇钢筋混凝土楼盖。屋盖：屋盖墙硬山搁檩，木望板，条天棚。	严重破坏	内外墙有交叉裂缝。底层墙位严重；内墙面抹灰大片掉落，二层西南墙角坠落。
60	市第二招待所 东二楼		二	3.25 / 6.50	4 / 10	毛石基础，毛石勒脚。青砖墙体均24 cm。二层东南角原为大房间，顶天棚。二层吊天棚。道12 cm填充墙	严重破坏	内外墙有斜向或交叉裂缝，底层墙重于顶层。二层楼板一皮砖下错动并外闪，内纵墙有中等斜缝，内横墙有中等或轻微裂缝，两隔墙有倾倒。
61	市第二招待所汽车库		二	3.60 / 6.80	25(50) / 25	外墙37 cm，内墙24 cm，4根钢筋混凝土内柱到顶。底层前檐T形结构梁，梁柱为次梁空心板结构，两道圈梁，外楼梯	严重破坏	底层横墙有斜裂缝，两角角砖柱根部严重剪断，并与山墙剪切缝连通。错位严重，二层窗角有细八字缝，填充墙有轻微裂缝
62	市第二招待所东三楼		三	3.00 / 6.00 / 9.00	25	地震时未竣工，三层预制板已上墙，各层墙板均未做面层，岩基，毛石基础，钢筋混凝土地基梁，外墙37 cm，内墙24 cm，双墙变形缝3 cm，到二、三层居设置3厚改为18 cm。内外墙未咬槎。楼屋盖用空心板，走道设圈梁，各层均呈田字形布置	一、二层轻微损坏；顶层严重破坏	三层纵墙外闪，纵横墙脱开，拉结钢筋外露，有的须缩。有横墙裂断，断头也有须缩现象。横墙裂缝多在靠外墙的上角在下墙1.2 m左右开始，斜向下至墙半高，竖直顶层一开间浮搁在墙顶上的预制板震落。一、二层墙体未见明显破坏。

（续表1）

房号	房屋名称	平面图/cm	层数	楼层标高/m	砂浆标号	建筑结构	震害程度	震害概况
63	启新水泥厂灰楼住宅	(平面图)	三	3.00 / 6.00 / 9.00	70	两幢两单元住宅，地震时尚未使用。基岩毛料石基础，有地梁。承重内横墙24 cm，其余37 cm。外墙以上四角及山墙与内墙相交处，每5皮砖加2φ5钢筋及窗洞。预应力空心板楼屋盖。屋面铺7 cm粉煤灰，2 cm水泥砂浆找平和4 cm厚细石钢筋混凝土。每层有圈梁	轻微损坏	底层、二层窗间墙有细微斜缝，二层比底层轻。屋面板轻微错动。屋顶21个小烟囱仅一个扭转，其余完好
64	启新水泥厂红楼住宅	(平面图)	三	2.90 / 5.80 / 8.70	25强	3幢一单元住宅。风化石陡坡土层，距房10 m多为灰楼住宅，结构基本上与灰楼住宅相同，只是内纵墙不在同一轴线上，山墙有窗洞。楼屋盖均为现浇楼屋盖。顶层二、三层为五行一咬的大马牙槎砌筑，均无拉筋	严重破坏　部分倒塌	墙体普遍有剪切裂缝，错位酥碎，内横墙外半部裂缝大多以竖斜走向至墙下角。纵横墙间大部拉裂，有两幢东南端房间和北纵墙连同局部横墙、楼板倒塌
65	开滦三中 南教学楼	(平面图)	二	3.40 / 6.80	25强 / 25弱	毛石基础。外墙37 cm，内墙24 cm，水泥内抹，墙面外清水。白灰焦渣砌建筑墙。楼屋盖均为现浇楼屋盖。纵向有窗过梁	严重破坏	底层横墙交叉缝，北纵墙沿窗台有水平缝，下斜缝，柱头水平缝。二层横墙斜缝，北纵墙外闪，屋盖与圈梁下一皮砖位置错动，最大达12 cm，南纵墙倒塌
66	北教学楼	(平面图)	二	3.40 / 6.80	25弱 / 10	房北有基岩显露，平面布置与南教学楼相同，改内楼梯为外楼梯	中等破坏	南纵墙有斜裂缝，北纵墙梁下有交叉缝，窗间墙有水平缝。教室纵墙在黑板上部有水平缝及交叉缝，北纵墙上部斜缝，东山墙外闪10 cm，西山墙上部斜裂缝
67	人民楼住宅	(平面图)	四（三）	3.00 / 6.00 / 9.00 / 12.00	底层50 上层25	3幢三单元组合平面，两幢四层，一幢三层，原设计为四层，施工中因中间地梁出现的回填裂缝，建在原址有大坑的回填土上。毛石基础。外墙37 cm，内横墙除内楼梯对称部分为24 cm外，其余为12 cm，预制空心板楼屋盖	倒平（严重）	两幢四层住宅倒塌，北幢主震时倒平，中幢主震时局部倒塌，强余震时倒平；三层的一幢严重破坏，余震时局部倒塌

（续表 1）

房号	房屋名称	平面图 /cm	层数	楼层标高 /m	砂浆标号	建筑结构	震害程度	震害概况
68	市第一招待所五号楼（见《唐山大地震震害（二）》专篇）						严重	见本文表 2，照片 11
69	27中 旧教学楼		二	3.30|6.60（6.30）	50弱	1970 年建，毛石基础，建筑砖墙，全部 24 cm，墙面外清水，内抹灰。预制钢筋混凝土空心楼层盖，顶层一道圈梁。女儿墙高 80 cm。两端教室和中段门厅二层标高较中段教室低 30 cm	中等破坏	女儿墙倒塌，纵横墙交接处有竖缝，二层比底层震害重。一层横墙标高变化处的横墙出现通长水平缝
70	新教学楼		三	3.45|6.90|10.35	50	持力层为煤矸石，毛石基础，埋深 1.6～2.8 m。一层窗台线下为毛石砌筑，其余为粘土砖。外墙 37 cm，内墙 24 cm，墙面外清水，内抹灰。预制空心板楼层盖，三层走廊用槽形板，钢筋混凝土大梁。一层预制，二、三层现浇。各层有圈梁，顶层挑檐的悬臂梁与挑檐圈梁一起浇灌	严重破坏	各层纵墙均有斜向或交叉裂缝，梯间严重开裂，楼梯间的交叉裂缝严重；内横墙错位不明显；东山墙在顶板下全部断裂，错板动。楼板破下裂，顶圈梁板有错动
71	陶瓷厂住宅		三	3.00|6.00|9.00	50弱	两单元组合平面，竣工后尚未使用。毛石基础，外墙 37 cm，内墙 24 cm，隔墙 12 cm。预制空心板楼层盖	严重破坏	底层纵墙剪切破坏，外纵墙交叉裂缝严重；内横墙滑移，错位不明显；二、三层板有轻微裂缝
72	煤建公司住宅		二	3.10|6.20	25强	各自楼型，两幢。两幢西起西端 10 开间，后建东端 8 间。毛石基础，外墙窗台下用毛石砌筑，外墙窗台下用毛石砌筑 37 cm，外墙面外清水，内抹灰。1976 年先建西端 10 开间，内纵墙 18 cm，其余为粘土砖。预制空心板楼层盖，两道圈梁	轻微损坏	门窗角有八字裂缝，西起第一、六间纵墙有一三层纵横墙间东端外纵墙有轻微裂缝

（续表 1）

房号	房屋名称	平面图/cm	层数	楼层标高/m	砂浆标号	建筑结构	震害程度	震害概况
73	矿山机械厂 甲型住宅	（平面图）	二	3.20—6.40	10 强	三单元组合平面，4幢。毛石基础。底层外墙为焦渣次砌毛石，厚40 cm，厚40 cm；内墙24 cm砖墙，二层除山墙37 cm，其余均24 cm 黏土砖墙。预制空心板屋盖。	轻微损坏	门、窗角有轻微裂缝
74	乙型住宅	（平面图）	二	3.20—6.40	25	一幢三单元住宅。同甲型	基本完好	未见明显破坏
75	市建公司钓鱼台住宅	（平面图）	四	2.90—5.90—8.85—11.80	25 强	4幢两单元住宅。北临陡河，地基软弱毛石基础。外墙37 cm，其余12 cm。楼梯间部分24 cm，内夹抹水。预制空心板楼屋盖。冬季施工。圈梁一道，顶层一道。4幢住宅平、立面分割略有差异。	严重破坏	4幢震害类同。地基不均匀沉陷。平面凸出的楼梯间竖向开裂并外闪。外纵墙裂缝下层比上层重，多为竖向裂缝，少数窗间墙上有斜裂缝
76	唐钢钓鱼台住宅	（平面图）	四	3.00—6.00—9.00—12.00	50 弱 个别 10~25	4幢单元式住宅。北一幢四单元，北两幢六单元，南两幢都是三单元，均设一道双墙变形缝。地基软弱，南两幢的西端和北两幢的东端楼建在原排水渣沟上。内墙24 cm，外墙37 cm，局部加厚墙12 cm，居室中段留烟囱，局部加固。砂浆标号大多为50号弱，四层为25号弱为10号；南一幢三四层为25号弱。除厨房、厕所楼盖为现浇外，均为空心板楼盖。用装配式墙悬嵌楼梯，每层窗口上设圈梁	严重破坏 ／ 中等破坏	北边的两幢底层纵横墙普遍有剪切裂缝，错位明显；二层有斜裂缝；三层纵横墙有斜裂缝，横墙只是无烟道的居室有斜裂缝，四层横墙上口有通长水平裂缝，个别窗间墙上有斜裂缝。南边的两幢虽震害轻，但震害比北幢轻，属中等破坏，西两端均因下沉产生破坏；纵墙局部有斜裂缝；中间单元横墙及嵌固处的墙体没见明显震害

（续表1）

房号	房屋名称	平面图/cm	层数	楼层标高/m	砂浆标号	建筑结构	震害程度	震害概况
77	唐钢中学教学楼	（平面图，标注：660 300 660、180×220、100×250、4×900、6×300、820、530、2×470、416 540）	三	3.60 —— 7.20 —— 11.20	25 强	L形平面，无变形缝。灰土垫层，毛石基础。外墙焦碴砖，内墙黏土砖，除三层楼中间走廊纵墙和横墙24 cm外，其余是37 cm。外墙面局部面饰，内墙面抹灰。楼屋盖除门厅和楼梯为现浇钢筋混凝土外，均为预制大梁空心板。每层设圈梁，顶层在窗上口，一、二层在窗上口挑檐下	倒塌	门厅及其相邻间倒塌。北肢山墙倒塌，四开间同的大教室和单走廊1~3层尚存，三层窗间墙上下断裂，错动并倾斜。东肢大部倒塌，残存的一层严重破坏，墙体普遍开裂，错位明显
78	唐钢设计楼	（平面图，标注：240×180、160×180、100×250、7×350、400 800 400、7×350、600 275 600、100×300）	四 （五）	3.60 —— 7.20 —— 10.80 —— 14.40 —— 18.00	25 强	门厅五层两侧四层，无变形缝。原设计为三层，后加高。毛石基础，门有门洞的五层全空切，中段横墙37 cm，其余横墙24 cm。预制钢筋混凝土空心板和楼屋盖。每层有圈梁，并在分段横墙拉通，顶层内纵墙有圈梁	倒平、严重破坏	门厅与东段间地面有一道横向裂缝，宽达17 cm。东段7.8级地震时局部倒塌，7.1级地震时中段顶层倒平；中段顶层倒塌，西段外墙、纵墙下沉，走廊顶层纵向裂缝，纵横墙有斜向裂缝。顶层局部塌落
79	唐钢基建楼	（平面图，标注：150×250、4 240、380、5×330、560、5×330、380、545 225 545、100×160、130×100）	四	3.25 —— 6.50 —— 9.75 —— 13.00	25 强	位于设计楼西，相距16 m。中央有双墙变形缝，两侧结构相同。毛石基础，门厅和楼梯间横墙及底层内墙37 cm，其余24 cm。空心板楼屋盖	严重破坏	室内地面自窗台至房屋不均匀沉陷。东重西轻。外闪濒于倒塌，内纵墙有斜向裂缝和交叉缝
80	唐钢技术处图书馆	（平面图，标注：90×245、15×325、130×100、600、130）	二	3.35 —— 6.70	25 弱	悬挑外廊式。毛石基础，外墙37 cm，内墙24 cm，墙面外清水，内抹灰。楼屋盖用工字钢大梁和走廊大梁挑檐，预制空心板，外楼梯	倒塌	西部10开间倒塌。东部残存5开间外廊墙有交叉裂缝，严重错位，压酥，窗洞变形。上层倾斜塌落。横墙有通长水平贯通裂缝

（续表1）

房号	房屋名称	平面图/cm	层数	楼层标高/m	砂浆标号	建筑结构	震害程度	震害概况
81	唐钢招待所		四	3.20 6.40 9.60 12.80	25	西距陡河岸边约50 m。有一道双墙变形缝。北部17开间,南部14开间,距西外墙约1.5 m的防空通道,横穿基础。毛石基础,转为与房屋平行的南北走向约5~6 m处,在防空通道上做现浇钢筋混凝土板。墙面外清水墙。墙面外抹灰37 cm,内墙24 cm。预制钢筋混凝土楼盖,顶层青砖墙,一道圈梁。	严重破坏	主震后破坏不重,后来逐渐加重,震后10个月竟瀕于倒塌。纵墙同墙同墙基逐日下沉而外闪,裂隙随墙基逐日下沉而加宽,上层窗间和交叉墙有竖向、斜向和交叉裂缝。东侧横墙连同楼板与内墙拉开,形成上宽下窄的纵向通缝。顶层墙有斜缝和交叉缝,纵横墙有交叉缝。地面开裂,呈波浪状,高差数十厘米,防空通道外局部下沉约50 cm
82	唐钢工会楼		二	3.60 7.20	25	悬挑外廊式,以双开间和三开间布置为主,共28开间。其中东段10开间。毛石基础,青砖外墙37 cm,内墙24 cm。一层圈梁代窗过梁,二层圈梁及屋盖系在钢梁上铺预制空心板。	基本完好	底层外墙局部有轻微裂缝(厂方介绍:此楼南之俱乐部用桩基础;楼北、地下油池用筏式基础)
83	钢铁研究所理化楼		二	3.90 7.80	外墙25 二层 内墙10	1950年建。毛石基础,室内抹灰较厚。外墙37 cm,内墙24 cm,墙灰厚于4 cm。现浇钢筋混凝土楼盖,木屋架,四坡水,瓦屋面	轻微损坏	一层窗间墙同墙有轻微剪切裂缝
84	唐钢第一炼钢厂新办公楼		三	3.30 6.60 9.90	25	毛石基础。建筑砖外观,清水砖外墙37 cm,室内抹灰,50号砂浆以上。底层外墙24 cm,墙砌筑砂浆号较高,预制空心板楼盖。一道地基梁,每层圈梁。	中等破坏	外纵墙的底层窗上下口,窗下口有水平缝,个别窗户有细微斜裂缝。山墙外纵墙向或成交叉裂缝。二层窗间墙内纵墙柱有严重交叉裂缝,内或成交叉裂缝,在二楼窗下有近半米裂缝。一楼同墙,在楼梯下有水平缝,左右有近半米的水平缝
85	唐钢第一炼钢厂更衣室		三	3.30 6.60 9.90	10强	1958年建。毛石基础,青砖内纵墙37 cm,室内抹灰。纵墙承重。青砖24 cm。现浇钢筋混凝土楼盖,人字木屋架,用钢圈梁。东楼梯的西侧设单墙。无天棚。现浇钢筋混凝土倒T形梁吊单墙变形缝	顶层倒塌	顶层倒塌,一、二层墙体有轻微裂缝。北外纵墙中段,一、二层外纵墙有底层剪切缝

（续表1）

房号	房屋名称	平面图/cm	层数	楼层标高/m	砂浆标号	建筑结构	震害程度	震害概况
86	唐钢行政楼		三	3.40 — 6.80 — 10.20	50以上	地基软弱,毛石基础。外墙窗台下为建筑砖,其余为焦渣砖,内墙用黏土砖。外墙37 cm,内墙24 cm。施工砌筑砂浆标号,判断80号50号以上。楼盖均用工字形钢梁和预制空心板,通道长悬挑外廊和雨罩,顶层圈梁在窗上口设圈梁	严重破坏	底层横墙有严重剪切裂缝,向东西两方向错位约12 cm,北端比南端错位重,似有地基局部下沉迹象。纵墙大多为横墙错位外推造成的裂缝;三层圈梁下有水平裂缝,剪切圈梁下有水平裂缝
87	钢厂北工房三层住宅		三	3.00 — 6.00 — 9.00	25强	3幢三单元住宅,位于工厂区以北,陡河以东至地下一阶台的。北边两墙开三纵墙和底层内纵墙对应。毛石混凝土墙承重体系。外墙37 cm,其余为24 cm。板条抹灰隔墙,空心板楼盖,人字木屋架,瓦屋面,钢筋混凝土梁,板条抹灰天棚,无圈梁	中等破坏倒塌	一条地裂缝贯穿南边一幢,其西端单元二、三层倒塌。西端单元顶角开裂,中、北两幢顶角开裂。北因人字木屋架水平推力所致,顶层开裂。纵横墙间拉裂。山墙在三层楼板处有水平缝,二层部分外纵墙有斜裂缝
88	钢厂北工房二层住宅		二	3.00 — 6.00	白灰砂浆10	6幢三单元住宅。现浇混凝土楼屋盖。纵横墙承重体系。外墙37 cm,内承重墙24 cm,二层中部横隔墙12 cm。板条抹灰隔墙,女儿墙高50 cm。北1~3幢原为大坑回填,房屋震前就有明显下沉,震震前曾做加固处理	轻微损坏	北一幢西山墙倒塌,顶层西墙两角开裂;北二幢层顶墙大部斜裂缝。顶层斜裂,明显外移,震前地基有不均匀下沉,房中段有竖向裂缝。北四幢有纵墙有斜裂缝,比第三层轻;北五幢有轻微斜裂
89	办公楼	类同房号49	四	3.40 — 6.80 — 10.20 — 13.60	25强	采用唐山地委外贸局办公楼图纸施工。位于陡河东岸贾家山西南。西部基础比东部深,挖至老土,最深处达4 m左右,仍为毛石基础	严重破坏	各层窗肚墙几乎都有交叉裂缝,一、二层同最重,往上逐层渐轻。内纵横墙有剪裂缝,一、二楼墙有剪切缝,个别地方已呈酥碎状态。东南端角,在二层窗上口高度,有小块砌体掉落
90	建筑陶瓷厂单身宿舍		二	3.00 — 5.90	50	灰土垫层,毛石基础。墙厚24 cm,砌筑砂浆设计10号,宏观判断和回弹仪测定部为50号。现浇钢筋混凝土楼板、木屋架吊天棚,水泥瓦屋面。墙面外清水、内抹灰,无圈梁	基本完好	由于地基略有不均匀沉陷,在北外纵墙的回旋楼梯同部位有一条裂缝,其下到二层窗下口,从下到屋面也未见瓦屋面下有裂缝,其余完好

（续表 1）

房号	房屋名称	平面图/cm	层数	楼层标高/m	砂浆标号	建筑结构	震害程度	震害概况
91	建筑陶瓷厂北门车间办公楼		二	3.25 —— 6.50	25	位于陡河东，贾家山以西。基底土质北部较好，南部差。楼梯间以南做钢筋混凝土基础，上砌毛石。北部只做毛石基础。墙厚：内24 cm，外37 cm，砌筑砂浆不均匀，约25号。墙面外清水，内抹灰。预制空心楼屋盖，顶层设圈梁	严重破坏	底层墙体普遍有严重的交叉裂缝。二层墙体破坏较轻，圈梁下开裂，墙角错动，西纵墙略外倾。北端地基局部下沉，地面开裂，北端开间横墙裂缝，北端纵墙体倒塌
92	唐钢炼铁厂办公楼		三	3.30 —— 6.60 —— 9.90	外墙50 内墙25~50	毛石基础。外墙、中厅和楼梯间横墙37 cm，其余内墙24 cm。窗台下有气窗。墙面外清水，内抹灰。预制空心板楼屋盖。系按市委四层办公楼图纸略加修改施工	严重破坏	底层横墙破坏最重，普遍有较大的青纵墙错位，并使内外纵墙外敞开裂。各层横墙有掉落，二层纵横墙普遍开裂，内墙较外墙重。窗口横墙开裂普遍较轻。建陶办公楼破坏程度较建陶办公楼稍轻
93	炼铁厂高炉更衣室		二二	3.20 —— 6.40	25	基槽开至原土层，毛石基础，一般在2 m以上。外墙37 cm，内墙24 cm。室内抹灰，预制空心板屋盖，无圈梁	基本完好	没见明显震害
94	水泥工业设计院 三单元住宅		三	3.10 —— 6.20 —— 9.30	25	东临陡河。毛石基础，施工时已处理。三纵墙承重，外墙和通长内纵墙37 cm。单元中段横墙24 cm，填充墙12 cm。一、二层冬季施工，现浇钢筋混凝土楼盖，在外墙上加厚12 cm，用作外圈梁	中等破坏	震后东西两端下沉，底层纵墙两侧呈相反方向的斜裂缝，窗下口水平缝。西山墙底层两角有不规则的斜裂缝，并向外错动，东北角各层均有斜裂缝
95	水泥工业设计院 二单元住宅		三	2.90 —— 5.80 —— 8.70	25强	东临陡河，原地基为大水池，设地基础。砌毛石基础，淤泥清除，断面50 cm×40 cm，配筋4ϕ22+4ϕ25。外墙37 cm，内墙24 cm。预制空心板楼屋盖，窗肚墙12 cm，顶层有斜裂缝，顶层有在单元墙上拉通的圈梁	中等破坏	底层窗间墙有斜向或交叉裂缝，横墙有斜裂缝，窗肚墙有交叉裂缝。东北角墙有斜裂缝，一、二三层轻微损坏

（续表1）

房号	房屋名称	平面图/cm	层数	楼层标高/m	砂浆标号	建筑结构	震害程度	震害概况
96	水泥工业设计院宿办楼	（平面图）150×200、90×250、13×375、600、600、220、009、009	二	3.50—7.00	25	1965年建,毛石基础。外墙37 cm,内墙24 cm,用手工青砖砌筑。现浇钢筋混凝土楼屋盖。女儿墙墙高0.5 m,东端与小楼相接	中等破坏	底层横墙有剪切裂缝。有斜墙相接的窗间墙上出现竖缝并向外敷出。内纵墙有斜裂缝,板下有水平缝,二层震害轻微,纵墙接小楼处有水平缝,东端接小楼平面凸出处,局部外敷
97	水泥工业设计院办公楼	（平面图）182×240、100×250、90×250、150×170、6×360、6×360、1200、600、250、600、150	二	3.60—7.20	50	基础和底层于1967年冬季施工。毛石基础,外墙37 cm,内墙24 cm,砖砌钢筋混凝土楼屋盖	中等破坏	底层墙体普遍有剪切裂缝,窗间墙和房四角有斜裂缝,四角角动明显。二层山墙有轻微裂缝,四角角有水平缝。门厅下口有竖向斜缝,沿窗下口处竖向斜裂,与纵墙相接处有长些竖向缝。附近喷水冒砂,有明显的地裂缝
98	轻工机械厂厂办公楼	（平面图）90×250、150×170、16×340、540、540、220、009、009、60	三	3.20—6.40—9.90	25	房北墙距陡河护堤210 m。灰土垫层,石基础,内走廊墙兼作防空洞,外墙37 cm,内墙24 cm,底层有钢筋混凝土楼屋盖,现浇空心板屋盖。门厅、卫生间	中等破坏	横墙:底层有轻微裂缝,二、三层完好。纵墙:底层大部分斜裂缝;二层内纵墙部分有斜裂缝,个别窗墙面斜裂,三开间大房间外纵墙沿窗台有宽3个窗竖向斜裂缝;中段平面凸出处,1～3层墙角均开裂
99	染化厂办公楼	（平面图）120×210、150×170、100×250、9×330、600、600、009、009	二	3.00—6.00	75～50	距陡河约500 m。片石基础,外墙37 cm,内墙24 cm,墙角设拉结筋。施工质量良好,预制空心板屋盖,每层有圈梁,女儿墙高约70 cm	轻微损坏	楼梯间平面凸出部分墙体相连裂,底层楼梯间东侧有斜裂缝,个别窗的外纵墙部分有斜裂缝,纵墙沿窗下有竖向斜缝,三开间大房间外纵墙间有水平缝
100	齿轮厂集体宿舍	（平面图）150×160、100×240、16×310、24、12、18、500、180、500、50	二	3.00—6.00	10	1968年建,毛石基础,窗台以下墙体也为浆砌明石。外墙37 cm,内纵墙和楼梯间,卫生间横墙24 cm,其余18 cm,墙面外清水,内抹灰。预制空心板楼盖,现浇钢筋混凝土屋盖	中等破坏	门厅墙体开裂,并在顶部有水平缝,外纵墙窗上口有水平缝,错位明显。窗位间墙面外清裂缝,但不普遍,内纵墙门口上口有斜裂缝

（续表 1）

房号	房屋名称	平面图/cm	层数	楼层标高/m	砂浆标号	建筑结构	震害程度	震害概况
101	齿轮厂电工楼	（平面图，尺寸标注：150×110、150×200、100×245、4×615、600、500）	二	3.10〜6.20	100	毛石基础，底层窗台以下为浆砌石。外墙37 cm，内墙24 cm，二层在东半部有两道12 cm填充墙。顶层设圈梁，墙面外清水，内墙抹灰。屋盖为预制钢筋混凝土槽形板和空心板。外楼梯，悬挑外廊	中等破坏	底层窗间墙大部有斜裂缝，有的自梁下竖直开裂再转斜向发展。底层山墙有斜裂，西北角转角贯通性斜裂缝位2.5 cm。底层内墙有贯通性斜裂缝
102	齿轮厂河东单身宿舍	（平面图，尺寸标注：100×250、128×150、11×330、540、540、80、180）	二	3.00〜6.00	25	西距陡河约25 m。毛石基础，外墙37 cm，内墙24 cm。墙面外清水，内墙抹灰。预制空心板楼盖	中等破坏	河岸滑坡，房西端下沉，导致房西半部纵墙斜裂，开间外纵墙有裂缝
103	地区交通局办公楼	（平面图，尺寸标注：100×250、150×180、6×330、6×330、560、640、640、225）	三	3.30〜6.60〜9.90	50	西临陡河，1973年建。二层，两年后续建第三层，按市委四局办公楼稍加修改后施工。毛石基础，底层内墙和楼梯间门厅，三层两开间为空井24 cm会议室，其余24 cm墙，外墙均为24 cm。预制空心板楼盖。每层有圈梁，设在窗口上标高，与大梁同时浇灌。有地下道横穿门厅	严重破坏倒塌	整幢房屋均有下沉，门厅部位下沉最大，水泥地面多道裂缝。主震时仅北纵墙局部倒塌，大部分墙在主震后震碎。当晚强余震后，北纵墙和楼板倒塌连同两个横墙。底层窗墙倒南侧两个双开间，底层梁板塌，二层梁板饭掉楼高，南未掉下，其余纵横墙均有斜向成交叉裂缝
104	轻机厂铸工生活间	（铸工车间，平面图，尺寸标注：138×240、80×240、120×170、7×300、150、512）	四	3.20〜6.40〜9.60〜12.80	25	东临陡河。附于18 m跨铸工车间南端，毛石基础，屋顶板高于车间屋脊，各层外墙均为24 cm，顶层墙高80 cm，女儿墙80 cm。二，四层无圈梁，外楼梯。楼盖为现浇大梁，预制空心板	严重破坏	东北角变形缝旁二，三层墙体震落，其余墙体严重开裂，并有错位
105	齿轮厂浴室	（平面图，尺寸标注：173×142、80×240、11×300、1140）	二	3.20〜6.20	25	底层为浴室，顶层为卫生所。两端砖柱，二层墙体断面49 cm×49 cm，二层墙37 cm，底层墙均24 cm，顶层窗上口设圈梁，底层内墙充填12 cm，顶层墙24 cm，外楼梯。楼盖为现浇大梁，预制空心板；屋盖用小肋槽形板	严重破坏	东部两根砖柱略有下沉，底层南纵墙的窗间墙错位，二层横墙严重开裂并有交叉裂缝。二层内墙压酥，南纵墙下墙缝有交叉裂缝

（续表1）

房号	房屋名称	平面图/cm	层数	楼层标高/m	砂浆标号	建筑结构	震害程度	震害概况
106	机车厂东门宿舍		三	3.20 — 6.40 — 9.60	50	场地原为大坑,基槽挖至3.8 m,打木桩。毛石基础,上下都做钢筋混凝土地梁。纵横承重,内横墙除楼梯间和对着楼梯的一道砖厚24 cm砖墙外,其余和底层纵墙37 cm,二、三层填充墙用空心板,现浇楼梯,冬季施工。外墙和纵墙24 cm。楼屋盖为预制大梁和空心板,走廊用平板	严重破坏—倒塌	两个楼梯均从三楼塌到底。两山墙连同两端开间倒塌,西北角倒两步墙开间。内横墙除楼梯间砌土砖墙酥碎,炉渣砖墙均严重开裂,粘土砖墙错动。外纵墙在一层窗上口至窗间墙二层水平折断,少数窗间墙有斜裂缝,二层窗间墙大部有斜向或交叉裂缝,东纵墙凡和24 cm连接的一、二层窗间窗间,均向外鼓出
107	艺术学校教学楼		二	3.45 — 6.90	50 — 25强	毛石基础,内外墙除底层窗为24 cm,其余内外墙均为37 cm。砌筑砂浆密实、饱满,墙面外清水,内清灰。楼盖为现浇大梁,预制空心板,屋盖为现浇梁板和挑檐	严重破坏 倒塌	纵横墙墙遍布裂缝,顶层破坏较重,外墙角几乎全部坠落。底层角墙严重,东北角倒塌。内墙错位,使外纵墙面呈现竖裂缝,纵墙上下口水平裂缝和墙以竖缝为主,也有剪切裂缝,内纵墙剪切缝也有水平缝
108	达谢庄小学教学楼		三	3.60 — 7.20 — 11.20	100 — 50 — 50	毛石基础,内外墙除底层窗为49 cm外,标号均为37 cm。墙面中下做水泥抹石面,除中段楼板面拉毛,勒角墙面拉毛,均为预制混凝土过梁现浇。三层圈梁连续成闭合钢筋混凝土圈梁,三层圈梁与挑檐现浇	严重破坏	各层内外墙均有严重的交叉斜裂缝,普遍有较大的滑移错位。滑纵顶凸出处墙体局部剥落;二、三层教室墙面交叉裂缝破碎,其一侧连同门墙垛在余震时塌落,且使二层门过梁折断,三层一端下重
109	轻机厂地道桥住宅		三（四）	3.00 — 6.00 — 9.00 — 12.00	25	三层的两幢,分别为三单元和四单元的L形平合平面;四层基础:毛石基础,对承重横墙和外墙37 cm,其余内墙24 cm。一层有钢筋砖圈梁和二层有钢筋混凝土圈梁,三层圈梁配4ϕ6,预制空心板楼屋盖	全毁 倒平	除四层的残存层一个单元外,其余全部倒平
110	机车车辆厂南厂工房		二	2.90 — 5.80	25强	三单元组合平面。内横墙和走廊南侧内纵墙外墙37 cm,其余内墙24 cm。三层有钢筋砖圈梁,预制空心板楼屋盖。南向居室底层有火坑	中等破坏 倒平	尚存中、西两单元,纵墙和山墙沿火坑高度有水平缝,错位1 cm,内横墙有从水平缝延伸出米的斜缝直至地坪,上结合墙体基本完好(该住宅区与该房屋类似的16幢砖房均倒平)

4 区——新华路东段西山口小区

该区地处采矿波及区,地势北高南低,地表人工填土厚 0.8~2.1 m,含有较多的煤矸石,下为亚黏土并夹有细砂层,厚度不一。该区共有多层砖房 46 幢。图 4 绘出了它们的震害程度和分布位置。在该区中,三层和三层以上的砖房都局部倒塌或倒平全毁,其中包括唐山市最高的两幢多层砖房——开滦总医院主楼(房号 26)和第三招待所(房号 28)。在该区中,续建的房屋也都倒塌,其中有平房续建为二层的 4 幢煤医宿舍和四合院平面的唐山矿办公楼、三层续建为五层的河北煤矿设计院办公楼(房号 29)。在二、三层砖房中,凡采用木屋架瓦顶的,顶层破坏较重或倒塌,下层一般不倒且震害较轻。该区 13 幢房屋的震害与建筑结构概况列于表 1 中(房号 25~36)。

5 区——文化路中段路西小区

该区地势西北高东南低,坡度为 0.5‰~1‰,地表下 1.7 m 内为亚黏土,以下 10 m 深度内为细砂层,其间夹有少量粉砂层。震后未见喷水冒砂和地表破坏现象。

该区有多层砖房 20 幢,它们的震害程度和分布位置如图 5 所示,有 19 幢房屋的震害和建筑结构概况列在表 1 中(房号 37~43)。区内 3 幢二层砖混木结构房屋和 2 幢三层的纵墙承重砖混结构房屋均顶层震害最重。3 幢三层文化楼住宅,施工时被评为质量优良的两幢倒塌,施工质量评为差后勒脚以上拆除重建的反而裂而未倒。

6 区——建设路中段小区

在建设路中段的两侧,共有多层砖房 45 幢,包括路东的休干所、工农兵楼和运输楼,路西的建设楼、铁路工房、矿工楼、齿轮厂宿舍、蔬菜公司宿舍、冶金矿山指挥部宿舍和办公楼等,它们的震害程度和分布位置绘在图 6 中,有 18 幢房屋的震害和建筑结构概况列于表 1 中(房号 44~48)。

该区地基土虽属Ⅱ类,但夹层较多。地表至 2.5 m 为亚黏土,2.5~7.2 m 为夹有粉砂层的细砂,7.2~11.2 m 为夹有亚黏土薄层的黏土,以下又为细砂。黏土层的孔隙度和压密系数比其他土层要大得多,分别为 53% 和 0.031,亚黏土层为 37.3% 和 0.009。地基承载力一般取 15 tf/m²。该区西北角有水塘,南端有沟洼,震后未见地表破坏现象。

该区内的二层砖房没有整幢倒平全毁的,其中休干所 4 幢丁型砖混木结构住宅(房号 44)震害最轻。而三、四层住宅则都倒平全毁或大部倒塌。该区层数最高的矿山冶金指挥部办公楼(未绘在图 6 中,也未列入表 1),五层的东肢和四层的南肢均仅局部塌落,大部裂而未倒,六层的角楼倒塌,该楼虽场地不良,但东肢连同角楼有地下室,且施工要求较严,冬季施工墙体砌筑砂浆标号提高一级,该楼按 8 度设防要求设计。

7 区——文化路北口机场路小区

该区在地震烈度等震线的 10 度区内,东起文化路北口跃进楼住宅区,往西沿机场路延伸半公里。场地土一般为Ⅱ类,有些房屋坐落在局部不良的地基上。区内有多层砖房 40 幢,除一幢为二层之外,均为 20 世纪六七十年代建造的三、四层砖混结构房屋。与上述 6 个小区相比,震害较轻,有 40% 的三、四层砖房裂而未倒。图 7 绘出了它们的震害程度和分布位置,有 24 幢房屋(房号 49~58),其中只有房号 48、49 两幢,房号 50~57 的列入了表 1,跃进楼住宅区的房屋在《唐山大地震震害(二)》中有文章详述。

区内早期建造的住宅,砂浆标号偏低,只有 10 号,均倒塌。该区中两幢有底层商店的四(五)层拐角楼住宅,东幢(房号 50)夹角为 77°,裂而未倒;西幢(房号 51)为 103°,上层倒毁、底层残存。该区中的四层地区外贸局办公楼,为典型的严重剪切破坏,与 4 区中倒毁的市委办公楼按同一设计图施工(11 区中的建筑陶瓷厂办公楼也按此图施工)。

8 区——大城山南坡小区

该区位于大城山南坡和坡脚处,南至小窑马路,共有多层砖房 22 幢,仅 3 幢倒塌,它们的震害程度和分布位置如图 8 所示,其中 14 幢房屋的震害和建筑结构概况列在表 1 中(房号 59~67)。

该区大多数房屋的基础直接坐落在基岩上,如启新水泥厂的 2 幢灰楼住宅(房号 63)、市第二招待所的 3 幢招待楼(房号 59、60、62);有的建在很薄的覆盖土层上,如开滦三中的南教学楼(房号 65)。而震害较重的房屋都位于局部不良的地基上,如人民楼住宅(房号 67)、启新水泥厂的 3 幢三层红楼住宅(房号 64)。

9 区——凤凰山第一招待所小区

唐山市第一招待所位于凤凰山东南坡脚,土质大部分为岩石风化土。该所有 5 幢招待楼,它们的震害程度和分布位置如图 9 所示。一号楼和三号楼为 20 世纪初建造的砖木楼房,铁皮屋顶,顶层倒塌。二号楼和四号楼为 50 年代建造的三层砖混木结构房屋,二号楼的顶层倒塌,一、二层严重破坏;四号楼的中段和两翼均二、三层倒塌,底层尚存,后翼为内框架结构,严重破坏。五号楼(房号 68)的震害和建筑结构见《唐山大地震震害(二)》专篇详述。

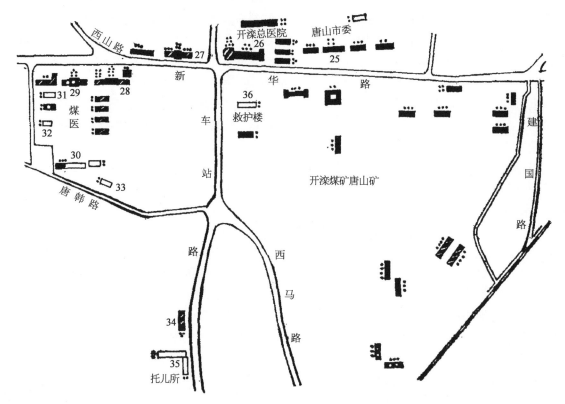

图4　4区多层砖房震害示意图
（图例同图2）

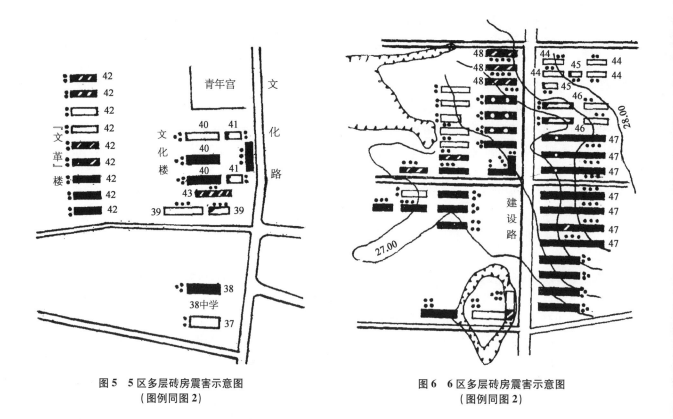

图5　5区多层砖房震害示意图
（图例同图2）

图6　6区多层砖房震害示意图
（图例同图2）

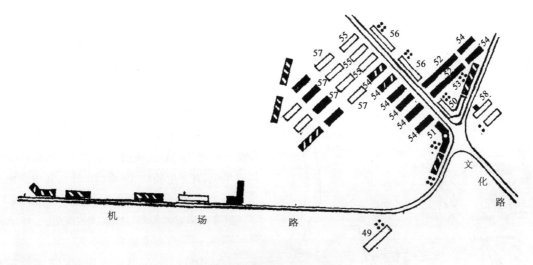

图7　7区多层砖房震害示意图
（图例同图2，未标层数的均为三层）

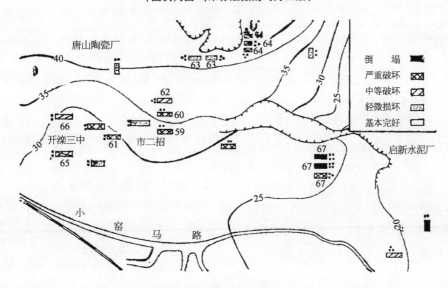

图8　8区多层砖房震害示意图

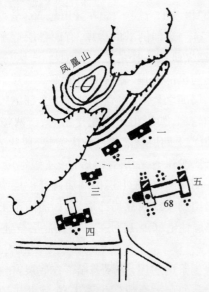

图9　9区多层砖房震害示意图
（图例同图2）

10区——大城山北钓鱼台小区

该区处在10度区内，位于大城山北坡山脚下，地势西南高、东北低，相差近10 m。地基土变化较大，西南端为大城山北坡风化残岩，并有长年堆积的煤矸石；陡河沿岸为软土地基，据小区东北角的钻孔资料，表层为轻亚黏土，孔隙度45.5%，压密系数0.032，塑性指数7.8，液性指数0.91。地表下3~7 m为中砂，并夹有淤泥质亚黏土层。

在该区调查了多层砖石房屋23幢，它们的震害程度和分布位置如图10所示，其中18幢房屋的震害和建筑结构概况列于表1（房号69~76）。其余5幢中，位于该区西北角的冶金厂3幢三层砖混结构住宅，2幢用25号砂浆砌筑的严重破坏，另一幢（厢房）用白灰砂浆砌筑的倒塌；市建公司的2幢宿办楼，建在该区西南角软硬不匀的地基上，三层的严重破坏，四层的倒塌。

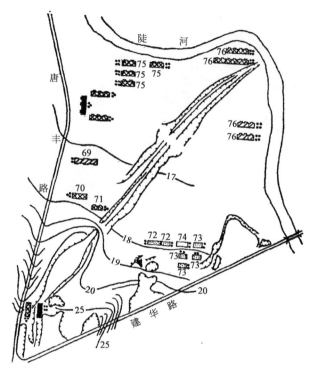

图10　10区多层砖房震害示意图
(图例同图8)

11区——陡河东贾家山小区

该区为沿陡河东岸一级阶地的狭长带,由河东路向北,宽约半公里,长约2 km(图11)。该区的大部分在地表持力层下有淤泥质亚黏土夹层,据图11中85号孔资料,含水量和孔隙比极大($\varepsilon_0 > 1.1$),单位容重较小,压缩性大(压缩系数为0.069)。该区北部的贾家山为灰岩残山。

在该区调查多层砖房34幢,其中9幢倒塌,12幢严重破坏,7幢中等破坏,3幢轻微损坏,3幢基本完好。该区24幢房屋的震害和建筑结构概况列于表1(房号77~93),这些房屋除了少数位于小区北部10度区外,其余都在11度区内,可见该区多层砖房的震害与其他小区相比明显减轻。在该区东南角有一条宽达17 cm的地裂缝从唐钢设计楼(房号78)中厅与东段之间穿过,设计楼西段纵墙下沉,东段倒塌。自此地裂缝往东,多层砖房几乎全都倒塌。在该区中部,另有一条地裂缝,穿过北工房三层住宅(房号87)的南一幢和二炼钢厂办公楼,住宅的两端开间倒塌,办公楼大部倒塌。在该区内出现多处喷水冒砂,如基建楼(房号79)室内冒砂高至窗台,房屋不均匀沉陷。

12区——路北河西小区

该区位于陡河西岸的一级阶地(图11),地表土持力层下有淤泥质亚黏土夹层。夹层土厚在陡河岸边约为3 m,自东往西渐薄。小区内有多层砖房9幢,大多

中等破坏,仅有一幢二层小楼的北纵墙倒塌。表1列入了自岸边往西排列的4幢房屋(房号94~97)的结构与震害概况。

13区——路南陡河小区

13区地基土中也有淤泥质夹层,震后地表多处破坏。处于地震断裂带穿越地段的多层砖房全部倒塌。在此地段之南的轻工机械厂、齿轮厂、染化厂、地区交通局等单位,有多层砖房19幢(图11),其中倒塌8幢,严重破坏3幢,中等破坏7幢,轻微损坏1幢。表1中列出了该区8幢房屋的震害和建筑结构概况(房号98~105)。

14区——路南主破裂带小区

在京山铁路线以南、陡河以西的II类地基土上,共有多层砖石房屋135幢,因处于7.8级地震的发震断层主破裂带地区,房屋几乎全部倒塌,幸存无几。在表1中列出了7幢房屋的震害和建筑结构概况(房号106~110),分布位置如图1所示。尚存的房屋中,机车厂东门宿舍(房号106)、达谢庄小学教学楼(房号108)、艺术学校教学楼(房号107)和南厂工房住宅区中的一幢多层砖房(房号110)也都有墙体大块掉落甚至局部倒塌。在南厂工房住宅区中还有两幢石房未倒。

2.2　多层砖房的倒塌现象

在唐山地震的10、11度区中,多层砖房的倒塌现象大致可分为下列四种情况。

2.2.1　整幢房屋倒平全毁

整幢房屋的各层墙体破碎,散落四周,楼屋盖叠落在一起,侧移不大。如矿冶学院5幢四层的学生宿舍(1区房号2、3)、255医院的6幢三层病房楼(1区房号5)、开滦总医院的五层主楼(4区房号26)全都一塌到底(照片1)。全部倒平的房屋,有的各层近乎同时坍塌,如开滦煤研所主楼的五层西侧楼(2区房号15),主震时瞬间全部坍塌,叠落的高度不及二层。有的底层先倒上层随之叠落,在叠落过程中全部倒毁或保持较完整的轮廓,如唐山市文化楼第一、二两幢住宅(5区房号40),上两层叠落后呈长馒头状(照片2);凤凰路二层开滦矿住宅,上层叠落后在7.1级地震中坍塌。也有倒平的房屋,是在上层倒塌后砸穿下层空心板楼盖而使全楼倒毁或残存局部墙体,如唐山市工农兵楼的7幢三层住宅(6区房号47),有的底层被砸塌,有的残存。

有些倒平的房屋,楼屋盖塌落在底层窗台线高度的墙体上。如上述两幢文化楼住宅、河北矿冶学院理化楼西端的二层阶梯教室(1区房号1)(照片3)。在

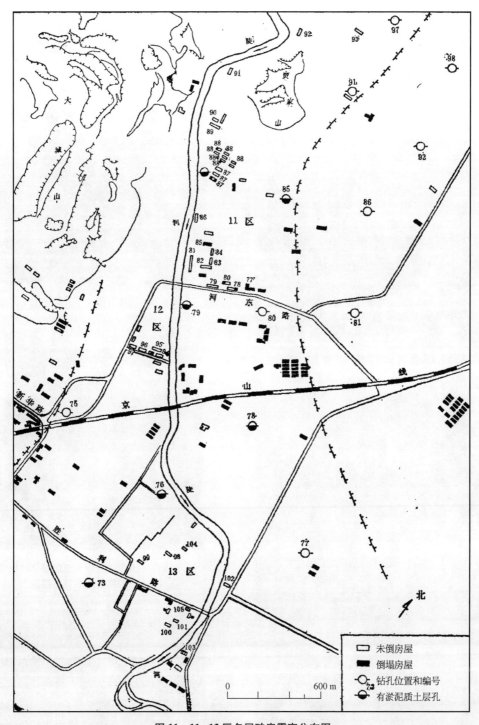

图 11　11~13 区多层砖房震害分布图

全毁倒平的房屋中，也有残存个别开间甚至片段垣墙的，如唐山地区旅馆西侧楼（3 区房号 20），五层的客房绝大部分倒塌，上三层先倒，砸穿一、二层，而 4 个开间的卫生间却耸立着（照片 4）。

2.2.2　上层倒平，下层尚存

顶层或上部数层倒平，而底层或下面数层严重或中等破坏，也是较为普遍的震害现象。只倒顶层的，如唐山市三层的路南供电所，后接的空旷顶层，塌落在二层顶板上。只尚存底层的，如河北矿冶学院的五层理化楼（1 区房号 1），上部四层塌落在底层的楼板上（照片 5）；开滦 64 住宅，三层砖混结构，上两层倒塌（照片 6）。上部数层倒平，下部也尚存数层的，如唐山市新华新旅馆的六层东侧楼（3 区房号 23），倒塌上部三层，第三层部分被砸毁，一、二层尚存。河北煤矿设计院的五层办公楼，原为三层，后又接两层，震后西段上两层倒平，东段上三层倒平。

采用木屋盖、钢筋混凝土楼盖的房屋,在屋盖和顶层墙体倒塌之后,往往下层破坏并不很重。如开滦煤研所采用人字木屋架的东一、西一住宅(2区房号11)和集体宿舍(2区房号16),顶层墙体外闪,屋盖掉落,而下层仅中等或严重破坏;唐山市第一招待所二号楼、开滦煤矿唐山矿三层宿舍,木屋盖的顶层倒塌,下层尚存。这类震害如照片7所示。

照片1　开滦总医院五层主楼一塌到底

照片2　文化楼住宅底层倒塌,上两层叠落

照片3　河北矿冶学院二层阶梯教室楼屋
盖塌落在底层窗台高度的墙上

照片4　地区旅馆4个开间的卫生间未倒

照片5　河北矿冶学院五层理化楼倒塌的
上四层叠落在底层楼板上

照片6　开滦64楼三层住宅,上两层倒塌

2.2.3　部分倒塌

房屋部分倒塌的现象是多种多样的。有的房屋大部分倒塌,残存少部;有的中部倒塌,两端尚存;有的倒塌一端或两端;也有的房屋以走廊为界,一侧倒塌,一

照片 7　开滦煤研所东三住宅木屋盖的
倒塌顶层

侧尚存。如开滦一招（4 区房号 27）和开滦三招（4 区
房号 28），都是门厅倒塌，三招中段门厅地上七层一塌
到底，半地下室外露，六层的两侧楼上部四层局部倒
塌，残墟呈 V 形；一招的四层中段倒平，三层的两侧楼
用建筑砖砌筑的外纵墙倒塌。唐山市东缸窑纸花厂办
公楼为三层 L 形平面的砖混结构，角楼和东端倒塌
（照片 8）。跃进楼乙型住宅（7 区房号 53），南北两侧
分别由两个作业组施工，南半侧近乎全部倒塌，北半侧
只倒塌大部分外纵墙。开滦煤研所东四住宅（2 区房号
14），施工时局部返工的墙体倒塌。启新水泥厂建
在陡坎边的 3 幢红楼住宅（8 区房号 64），其中两幢东
北角和北纵墙局部倒塌。跃进楼的 4 幢戊型住宅（7
区房号 55），地基不良处局部倒塌。

照片 8　L 形平面的纸花厂办公楼角楼和东端倒塌

2.2.4　外纵墙倒塌，横墙和内纵墙尚存

这种倒塌现象俗称"开厢"，常见下列四种：① 纵
横墙连接不牢，甚至直槎砌筑无拉接，震后仅整片外纵
墙倾倒的。② 外纵墙连同部分横墙一起倒塌，如唐山
铁道学院三分部家属住宅。唐山马家沟矿耐火材料厂
的三层招待所，下两层的外纵墙和横墙外缘倒塌，顶层
尚存。③ 仅外纵墙底层的窗间墙局部倒塌，如开滦矿
西山口住宅的底层（照片 9）。④ 在以单开间为主、布
置有少量双开或多开间的房屋中，仅承重纵墙垛连同

支承的大梁和楼板塌落，如地区交通局办公楼（13 区
房号 103），南纵墙仅有的 2 个承重墙垛塌落。

照片 9　开滦矿住宅底层窗间墙震害

此外，在一些严重破坏的房屋中，也有墙体掉角或
个别墙板塌落的。如唐山矿托儿所（4 区房号 35）、市艺
术学校（14 区房号 107）和市第二招待所东一楼（8 区房
号 59）墙角均有大块掉落（照片 10）；唐山地区外贸局四
层办公楼（7 区房号 49），不仅墙顶角和破碎的窗肚墙局
部掉落，三、四层中双开间的空心板也有坠落的。

照片 10　市第二招待所东一楼墙角掉落

2.3　10~11 度区裂而未倒的多层砖房

在唐山地震的 10~11 度区内，裂而未倒的多层砖
房，唐山市区有 255 幢，丰南县城 1 幢，开平 7 幢，马家沟
10 幢，古冶 9 幢。这 282 幢房屋可分成下列八种情况。

2.3.1　建在基岩或较薄覆盖土层上的房屋

在唐山市的大城山、凤凰山和贾家山一带，多层砖
房建在基岩及其附近较薄覆盖土层上，与建在邻近 Ⅱ
类地基土上的相比，震害显著减轻，尤以大城山及其南
坡最为突出，该处除了建在局部不良地段的房屋外，无

一倒塌,宏观烈度可低2度左右。

2.3.2 建在持力层下具有软土夹层的地基上的房屋

在唐山市陡河两岸300~400 m的范围内,地表3~5 m以下,有一层黑灰色软塑状态的淤泥质亚黏土,一般厚1.5~3.0 m。建筑在这种地基上的多层砖房,震害意外减轻,成为高烈度区中的低异常带。唐钢工会楼(11区房号82)、唐钢北工房单身宿舍(底层外墙石砌)、建筑陶瓷厂单身宿舍(11区房号90)和唐钢炼铁厂更衣室(房号93)4幢二层房屋都基本完好。陡河沿岸的多层砖房只是在发震构造断裂带附近、地裂缝穿越处、岸坡滑移、不均匀下沉等严重地基失效的区域才招致倒塌,除了房屋抗震性能很差的,一般都裂而未倒。陡河沿岸多层砖房的震害与相邻的Ⅱ类地基土上的震害相比较,相当于宏观烈度低1~2度。

在唐山市区,建于上述两种有利于多层砖房抗震场地上的房屋,有117幢裂而未倒,其中25幢破坏轻微或基本完好。

2.3.3 砖墙体的抗震强度较高的房屋

多层砖房的抗震能力主要取决于砖墙体的抗震强度,它与层数、墙体截面积和砌筑砂浆标号有关。从这些裂而未倒的震例可见,在新华路、建设路和文化路一带,二层房屋的墙体砌筑砂浆都不低于25号,如255医院传染病房(1区房号6)、唐山矿托儿所(4区房号35)、休干所平顶住宅(6区房号45)等,都采用25号砂浆;休干所丁型住宅(6区房号44)、唐山矿救护楼(4区房号36)等,采用50号砂浆。在唐山市北部,三层单开间房屋的砌筑砂浆不低于25号,四层的一、二两层不低于50号,如跃进楼的4幢迁建住宅中(7区房号57),3幢用25号砂浆砌筑墙体的房屋严重破坏,1幢用50号的中等破坏,而在跃进楼住宅区中凡用10号砂浆砌筑的房屋全都倒塌;又如用50号砂浆砌筑的四层地区外贸局办公楼(7区房号49),裂而未倒。在唐山市铁路以南裂而未倒的房屋中,三层达谢庄小学教学楼(14区房号108),砂浆标号在调查房屋中是最高的,底层100号,上层50号;二层的艺术学校(14区房号107),墙体也用50号砂浆砌筑。在丰南县城,唯一没有倒塌的二层武装部办公楼,砌筑砂浆标号设计为25号,实际施工为50号。在开平、马家沟和古冶,建筑结构布置得当的二、三层裂而未倒的砖混住宅和办公楼,砌筑砂浆都不低于25号,如三层的马家沟矿办公楼,为内廊式单开间布置,在二、三层南侧的中段有大的会议室。

2.3.4 有钢筋混凝土构造柱的砖墙体

唐山市多层砖房中,用构造柱和圈梁构成封闭边

框的砖墙体未倒塌。这种砖墙体上的裂缝形式仍为斜向或交叉的,当构造柱未破坏时,墙体的裂缝宽度不大。构造柱的破坏一般在柱头出现裂缝,严重者柱头混凝土裂崩,甚至酥碎、钢筋屈曲;当柱头破碎,墙体有明显的滑移错位后,柱的中部即产生水平裂缝(照片11)。

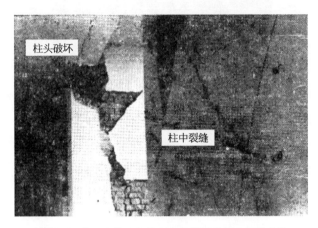

照片11　唐山市第一招待所五号楼楼梯间二层构造柱柱头破碎、钢筋屈曲,柱中多道水平缝

唐山市第一招待所五号楼(9区房号68)的客房楼梯间,四角设有钢筋混凝土构造柱,并与各层圈梁拉结。震后,客房各层墙体大多有斜向或交叉裂缝,滑移错位明显,四、五层后纵墙倒塌;设有构造柱的楼梯间横墙,虽也有斜裂缝,但滑移错位较一般横墙小得多,后纵墙未倒,且仅第三层有裂缝,靠内廊的两根构造柱都遭到破坏,以二层柱头最严重(照片11),靠外纵墙的构造柱破坏轻微。楼梯间各层砖墙、构造柱及其西侧相邻两横墙的震害列于表2。

由表可见,楼梯间横墙的裂缝要比西1和西2横墙小得多,而西1和西2墙则相差无几。同时,从外纵墙的倒塌来看,只是有构造柱和圈梁组成封闭边框的楼梯间没有倒。这表明构造柱对限制墙体的进一步破坏和倒塌效果是显著的,但对相邻无柱墙体的作用并不明显。

唐山市六单位办公楼(3区房号24),在门厅四角和楼梯间的两内角的1~3层设钢筋混凝土构造柱(楼梯间外墙无柱),柱断面37 cm×37 cm,竖筋4ϕ16,箍筋ϕ6~ϕ25,各层都有圈梁。震后,该楼倒塌,残存一层大部、二层部分和三层有构造柱部分的墙体。门厅构造柱的一层柱头基本完好,墙体开裂但无明显滑移;二层柱头破坏也不明显,墙体裂缝略有滑移;三层混凝土柱头局部崩落,钢筋外露,墙体明显滑移(照片12)。楼梯间的三层外纵墙和部分横墙倒塌。

表 2　唐山市第一招待所五号楼带构造柱砖墙体的震害

层次	楼梯间		西侧横墙	
	内廊构造柱	西横墙	西 1	西 2
一	未见明显破坏	斜裂缝宽 0.5 cm	楼盖外起第三块空心板裂缝,板下墙体竖缝宽 4.0 cm	类同西 1,竖缝宽 3.5 cm
二	柱被墙错位外推,略倾斜,柱头混凝土酥裂、崩落,钢筋屈曲,柱身有 4~5 道水平缝,根部未见明显破坏	多道斜裂缝,3 条错位缝,总宽 3.0 cm	多道斜向和竖向缝,6 条错位缝,总宽 14.5 cm	类同西 1,裂缝总宽 15.0 cm
三	柱头混凝土酥裂,表皮大片崩落	裂缝总宽 1.5 cm	裂缝总宽 19.5 cm	裂缝总宽 24.0 cm
四	柱头混凝土开裂,表皮局部崩落	斜裂缝总宽 1.0 cm。外纵墙未倒	横墙多道裂缝,外缘连同外纵墙倒塌	类同西 1
五	基本完好	斜裂缝宽 0.3 cm	类同四层	类同四层

照片 12　唐山市六单位办公楼有构造柱的门厅 1~3 层残存

唐山市二轻局办公楼(3 区房号 19),在门厅设钢筋混凝土构造柱,前檐柱到五层顶,内柱至四层,东侧墙构造柱与圈梁形成带封闭边框的剪力墙,门厅西部的构造柱无横梁拉结。构造柱混凝土标号为 150 号,外柱断面 36 cm×72 cm,竖筋 4ϕ20+2ϕ16,内柱 40 cm×40 cm,竖筋 4ϕ20,箍筋均为 ϕ6~ϕ25。震后,该楼中段的四、五层倒塌,下层墙体破碎,局部墙倒。有构造柱和圈梁的东侧墙 1~4 层墙体开裂,五层墙体倒塌,外柱折断;无横梁的西部墙,构造柱虽未倒,但砖墙体除底层外几乎全部倒塌;无墙的中柱,在一、二层梁柱结合处有水平缝,三层柱头压酥、钢筋外露。

唐山地震的工程经验表明,用钢筋混凝土构造柱增强多层砖房砖墙体的抗倒能力,效果是显著的,在墙体开裂之后,构造柱可以阻止滑移、错位和减缓墙体酥碎现象的产生,但对抗裂,即抵抗墙体上第一条斜裂缝的出现,效果不大。只有构造柱而没有圈梁的墙体,或只在墙体的一侧设构造柱,同无构造柱的墙体一样,在唐山市也招致倒塌。

2.3.5　底层窗台下墙体有贯通水平缝的房屋

坐落在文化路西侧的 3 幢文化楼三层住宅(5 区房号 40),其中第一、二两幢倒塌,第三幢严重破坏,裂而未倒。这 3 幢采用同一个设计图纸,由同一施工队施工,当时检查质量都认为第三幢质量差,差者反而不倒。深入调查时发现,各楼底层的砂浆标号用回弹仪测定和宏观判断均表明有很大差异。从已倒的第二幢残垣判断,内纵横墙在窗台标高以下为 50 号,窗台以上墙体已破碎散落,砂浆标号偏低,许多砖和砂浆没有黏结,从底层楼板下第二皮砖上的砂浆判断,强度一般为 25 号,较高的也只有 25 号强。第三幢在底层自地面起到 10~16 皮砖,砂浆标号只有 10 号左右,砂浆呈灰褐色;窗台以上的砌体(拆除重砌)砂浆标号不低于 50 号,用砂轮磨灰缝时,砂浆反而比砖难磨去。震后第三幢房屋的破坏以贯通的水平裂缝为主,底层纵横墙普遍有水平缝,错位明显,裂缝位置在墙根部和窗台高度,水平缝的滑移量最大达 4~5 cm(照片 13),由东往西略微减轻;底层个别内纵墙为交叉裂缝,检查其砌筑砂浆,墙体上下均不低于 50 号,估计也是后砌的。图 12 为文化楼第三幢中单元南向居室的各层裂缝图,平面图见表 1。

为了取得多层砖房墙体出现水平裂缝后阻尼变化的资料,在文化楼第三幢住宅的动力特性实测过程中,采用微型火箭推力筒激振、撞击和张拉后突然释放等多种方法进行了反复测试,各楼层测点的振动衰减都非常快,3~4 周后就极为微弱,阻尼比为 0.081,大于一般多层砖住宅的 1 倍。

照片13　文化楼住宅第三幢东北角墙体的水平裂缝

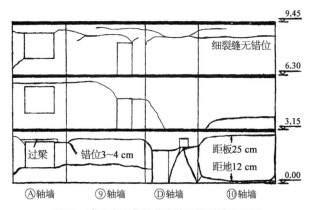

图12　唐山市文化楼住宅第三幢裂缝展开图

另外,在唐山市机车车辆厂南工房住宅区有17幢多层砖房,仅存一幢两层住宅(14区房号110),破坏较轻的两单元纵横墙在沿火炕高度有水平缝,错位1 cm,上部墙体基本完好。

2.3.6　纵向墙体承重的房屋

在唐山地震的极震区,一些纵墙承重的砖混结构和砖混木结构房屋,开裂和倒塌的震害现象大多首先出现在顶层。

在14个调查小区中,有12幢纵墙承重的三层砖房,其中11幢的建筑结构基本类同,即煤研所的东一楼、西一楼(2区房号11)和集体宿舍(2区房号16),唐山矿的2幢集体宿舍,煤矿设计院的2幢住宅(5区房号39),唐钢一炼更衣室(11区房号85)和北工房的3幢住宅(11区房号87),均由三或四道纵墙承重,底层用12 cm厚砖隔墙,上层为板条抹灰隔墙,屋盖除煤矿设计院的两幢为现浇钢筋混凝土梁板外,其他均为木屋架、瓦屋面、坡顶,它们的结构体系均不属于刚性房屋,震害现象都集中在顶层。轻者如北工房的两幢住宅,仅顶角开裂,经多次余震,墙体渐破坏明显,外纵墙被人字架所推,顶层开裂,纵横墙拉开,三层外山墙沿楼板面有水平裂缝,二层部分外纵墙有斜裂缝。北工房另一幢住宅因地裂缝穿过房基,端开间倒塌。其余6幢木屋盖的房屋,均只顶层全部或大部倒塌。两幢钢筋混凝土平屋顶的房屋,顶层向北倾斜,局部墙倒,屋盖斜塌。这些房屋的一、二层纵墙,裂缝均无明显的滑移错位,属中等破坏,甚至更轻。机车车辆厂东门三层宿舍(14区房号106),四道纵墙承重,矿渣砖填充横墙,楼梯间和端山墙由横墙承重,楼屋盖均为预制梁板,震后两楼梯间和两端开间一塌到底,其余墙体裂而未倒,横墙底层破坏最重,矿渣砖填充墙破碎,墙体滑移错位,纵墙局部外鼓。这幢房屋的结构与1975年地震时倒平的海城招待所配楼有类同之处,只是它没发生扭转,砖墙体砂浆标号高些,楼屋盖为预制板,个别开间的墙体倒塌后,未引起连锁反应。

2.3.7　高耸房屋

在新华路两侧,有5幢六层以上、屋顶标高超过20 m的房屋,见表3所列。

表3　唐山市高耸房屋

房屋名称		屋顶标高/m	平面尺寸/m	层数	地下室	变形缝	震　害
煤矿研所主楼		24.7	14.6×17.9	六	有	有	顶层倒塌
地区旅馆门厅		20.0(21.7)	14.6×16	六(七)	有	有	顶层和屋顶小楼倒塌
新华新旅馆	中厅	28.2(31.7)	18×16.7	八(九)	有	有	五层墙柱破坏最重
	东侧	21.7	36.3×12.6	六	加半地下室	有	倒塌
开滦总医院角楼		21.9(25.8)	18×19	六(七)	有	有	屋顶小楼倒塌,3~6层倒大部
开滦三招		23.4[20.1]	72×15.4	七[六]	加半地下室	无	倒塌

注:小括号中数值为包括屋顶小楼的总层数和标高;中括号中数值为两翼的层数和标高。

其中前4幢是空旷的门厅或角楼。开滦总医院角楼(4区房号26),砖墙承重结构,在两根承重的钢筋混凝土独立柱的以西部分未倒塌;煤研所主楼(2区房号15)和地区旅馆中厅(3区房号20),都是前半部门厅由钢筋混凝土柱承重(按中心受压柱、连续梁设计),后半部楼梯间由砖墙承重;新华新旅馆中厅(3区房号23)原设计为内框架承重结构,后在砖墙中增设钢筋混凝土柱,属不完全的假框架。它们的共同点不仅是高度均在20 m以上,且平面尺寸小于高度,与相邻侧翼由变形缝分割,设有地下室。这4幢建筑物的震害:3幢六层的,顶层或出顶小楼均倒塌,八层的在第五层破坏最重,即最严重的震害都发生在距室外地坪标高20 m左右处。而刚性体系的六层砖混结构房屋——开滦第三招待所(4区房号28)和新华新旅馆东翼(3区房号23),震后都倒塌。

在建设路上有2幢L形平面的房屋,它们的六层角楼也都超过20 m。建设路北端的水泥设计院角楼,为框架结构,与西、北两肢用变形缝分割,震后仅正在施工的顶层墙体倒塌。建设路中段的冶金矿山指挥部角楼,与五层的北肢连成一体,震后角楼一塌到底,北肢的顶层和外纵墙倒塌。

2.3.8　施工质量较好的房屋

唐山市北部唐丰路路东的冶金厂3幢三层74型住宅未编房号(图10),南北朝向的两幢裂而未倒,东西朝向的厢房楼倒塌。调查结果显示,厢房楼的墙体砌筑砂浆为10号,另两幢为25号。

建设路北端的水泥设计院(图13)有4幢四层住宅(由北往南顺次排列)和L形平面的办公楼(西、北两肢设计三层,地震时建成两层),出现间隔倒平全毁的现象。震后,1、3号两幢一塌到底;2号的三、四层倒塌,一、二层外形残存,二层楼盖和内墙几乎全被砸塌,底层12 cm厚的内纵墙也几乎全部倒塌;4号西半部塌到底,东半部外形裂而未倒,只东北角一开间在7.1级地震中倒塌,先塌底层,二层随之坍塌,内纵墙大部倒塌,所存无几。水泥设计院的住宅于1975年秋开始施工,1、2号两幢和3、4号两幢分别由两个班组施工,震前主体工程均已完成,抹灰工程仅4号已做2~4层。2、4号两幢是在未进入严冬时施工的,砖墙体的施工质量比1、3号两幢要好,其中只倒塌上两层的2号被评为施工质量好的样板,而4号的施工进度比2号快,主体工程最早完工。设计要求住宅的砖墙体用50号水泥砂浆砌筑,实际标号不详。在住宅南面的办公楼,倒塌的东肢为单边走廊双开间的大房间,未倒的南肢

为中间走廊,以单开间为主。

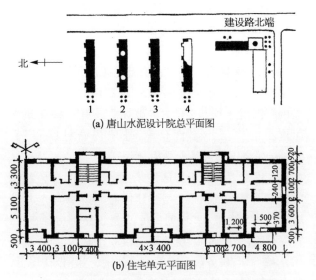

(a) 唐山水泥设计院总平面图

(b) 住宅单元平面图

图13　唐山水泥设计院总平面图和住宅单元平面图

3　8~9度区多层砖房的震害

在9度区中的林西、荆各庄、吕家坨、范各庄、赵家庄、唐家庄和卑家店,以及8~9度区中的滦县,共调查到多层砖石房屋399幢,大多数为中等和严重破坏;有近1/4的房屋倒塌;轻微损坏和基本完好的房屋数量更少,分别为30幢和6幢。这次地震中多层砖房在8~9度区的破坏现象与历次地震一样,大多发生在墙体上,楼盖和屋盖的破坏较常见于木结构。

3.1　范各庄和卑家店

范各庄矿生活区和卑家店铁路工房区距震中分别为23 km和26 km。范各庄西北2 km有沙河流过,地势平坦,地震中个别房基有轻微沉陷。卑家店北靠域山丘陵地,地基较密实。两地的多层砖房,范各庄有31幢,卑家店有24幢,它们的震害程度和分布位置分别如图14、图15所示。在表4中,列出了范各庄的13幢和卑家店的17幢房屋的震害和建筑结构概况(房号111~124)。遭到严重破坏的房屋,震害表现为纵横墙产生贯通的斜向和交叉裂缝,错位滑移明显,明角部位的斜裂缝纵横相交,形成V形楔块,有的楔块掉落,如范各庄矿班前会议室(房号111)(照片14)、卑家店古冶铁路小学(房号121)。

在范各庄矿生活区中未列入表4的18幢房屋中,12幢为三层宿舍,砖墙承重,现浇和预制钢筋混凝土楼屋盖各6幢,均因严重破坏而拆除。区内西端一幢旧班前会议室,建筑布置类同新班前会议室(房号111),砌筑墙体砂浆用25号,楼屋盖均为现浇

钢筋混凝土梁板,震后地基下沉,7.8级地震时四层倒塌,余震时全楼倒毁。该区中部两幢长外廊的三层宿舍和二层办公楼,前者砖墙承重,空心板楼屋盖,严重破坏;后者一层石墙,二层砖墙,空心板楼屋盖,倒塌。该区东端的四层住宅(砖墙承重,空心板楼屋盖)和二层小学教学楼(一层石墙,二层砖墙,现浇钢筋混凝土梁板)均中等破坏。还有一幢建筑平面较小的二层主副食仓库,外墙内砖柱,底层高6.6 m,现浇钢筋混凝土梁板,倒平。

在皁家店铁路工房区中未列入表4的7幢房屋中,2幢为三层的铁路工房自建住宅,南外纵墙整片倒塌。其余5幢都为二层的房屋,3幢铁路工房各自楼,底层石墙,二层砖墙,现浇钢筋混凝土板,2幢严重破坏,1幢倒塌;机务段1幢单元式住宅,空心板楼屋盖,严重破坏;另1幢采石场各自楼,底层石墙,二层砖墙,空心板楼屋盖,外廊外楼梯,主体中等破坏,纵墙掉一角。

3.2 滦县

滦县县城在7.8级地震时遭到8度地震的破坏,7.1级地震时,县城北部为9度,多层砖房震害明显加重。如县卫生局办公楼(房号129)(照片15),7.8级地震时仅轻微损坏,7.1级地震时倾倒。县城地势平坦,距城东1 km多有滦河流过,地下水位较高,有的房屋因地基不均匀下沉而遭到严重破坏,如县水电局办公楼(房号127)附近有喷水冒砂现象。县城中17幢多层砖房的震害程度和分布位置如图16所示。在表5中列出了其中10幢房屋的震害和建筑结构概况(房号125~134)。滦县在震前属8度抗震设防区,近年建造的多层砖房抗震性能多数较好,也有少数设计得很不合理。

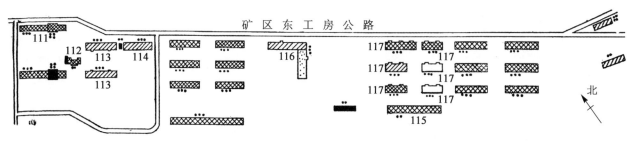

图14 范各庄矿生活区多层砖房震害示意图(房号同表4,下同;图例同图8)

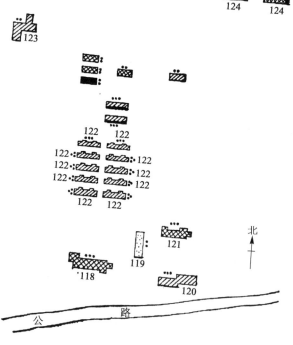

图15 皁家店铁路工房区多层砖房震害示意图
(图例同图8)

照片14 范各庄矿班前会议室震害

表 4　范各庄、卑家店多层砖房震害

房号	房屋名称	平面图/cm	层数	楼层标高/m	砂浆标号	建筑结构	震害程度	震害概况
111	范各庄矿班前会议室	（平面图）	三（四）	3.8 / 7.6 / 11.4 / 15.2	25强 / 50	用双墙变形缝分为东西两段。东段平面凸出部分为四层。毛石基础，外墙和四层部分的各层内墙 37 cm，底层内墙部分为 24 cm。窗间墙大部为 24 cm。一层为三开间大房间，二、三层均为单开间，上部为隔断墙的下部为 12 cm 砖墙，与纵墙无拉结。四楼为空华箱抹泥。会议室、走廊为空室。墙面外清水，内抹灰。预制大梁、空心板楼盖	严重破坏	一层外墙四角坠落，东北角的有裂缝交叉错缝并错位，致使外纵墙产生竖向裂缝。一、二层横墙普遍有剪切并普遍。内纵墙普遍呈波浪状。三层横墙因剪切破裂，东段较西段明显。层的四角竖向角裂。在楼板下大平，二、三层坪因落。楼构件严重龟裂，室内坪凹陷，室内清起。砂土液化产重龟裂，走廊与南侧楼坪连通，四角坪凹陷。三层板缝宽 8 cm，二层沿纵向裂缝通，整幢楼南半侧墙体外倾。变形缝 3 cm，整幢楼南半侧墙顶略外倾缝两侧墙在三层有碰撞
112	范各庄矿宾客招待所	（平面图）	二	4.0 / 8.0	25强	毛石基础，外墙和大厅两侧内横墙 37 cm，其余内墙 24 cm。外墙用建筑砖。前檐墙面外饰，内抹灰。屋盖为现浇钢筋混凝土大梁；楼盖为现浇大梁、预制空心板。儿墙实墙，东端设在西端。一间平房	严重破坏	一层内横墙有严重剪切裂缝，最大错位达 15 cm。大厅北侧外墙在室内地坪上有 30 cm 处有贯通的水平缝。一层东，南面窗间窗下有竖向缝，二层南面有大多裂缝。斜裂缝二层东端北墙有处有水平缝。西端楼梯间有一开间水平缝，并带落一开间内墙。二层北纵墙
113	范各庄矿单身宿舍	（平面图）	三	2.95 / 5.90 / 8.85	25强	共 2 幢。外墙 37 cm，内墙 24 cm，墙面外清水，内抹灰。砌筑砂浆不饱满，标号不匀。现浇钢筋混凝土楼盖	中等破坏	一层纵横墙均有斜裂缝或交叉裂缝，其余纵横墙体有基本完好；三层北侧外墙西端部有一开间倒塌，东端有一开间斜，并倾斜，平面凸出的楼梯间与楼面交界。底层纵外纵墙有交叉裂缝，横墙斜向或交叉破缝，三层楼梯间顶角横墙有斜裂缝。南幢：底层轻于南幢。北幢：震害轻于南幢
114	招待所和医院	（平面图）	三	3.4 / 6.8 / 10.2	50	毛石基础，外墙 37 cm，内墙 24 cm。墙面外清水，内抹灰。楼屋盖均为现浇钢筋混凝土梁板	中等破坏	西端地基略下沉，使个别内外纵墙门窗严重开裂。底层横墙一般属剪切破坏，门厅轻微；纵墙裂缝一般较微细，二层中等与轻微之间。三层除西端外纵墙有斜裂缝外，一般上口有裂缝。三层门窗基本完好

（续表 4）

房号	房屋名称	平面图/cm	层数	楼层标高/m	砂浆标号	建筑结构	震害程度	震害概况
115	范各庄矿托儿所	（平面图，标注 3×974、6×330、974、330、3×974、100 550 175）	二	3.15 — 6.30	25 强	原为单层平房，后除两端 3 个开间外均接成二层，有双墙变形缝一道，砖柱推广廊式。底层外墙和二层外墙 37 cm，内抹灰。预制空心板楼屋盖，走廊为现浇钢筋混凝土。顶层窗过梁连成圈梁。	严重破坏	二层西山墙两角坠落，屋面向南错动，横墙所推广产生竖缝。底层窗间墙斜裂缝，窗上口有通长水平缝。
116	范各庄矿拐角楼	（平面图，标注 530 200 520 50、7×340、11×350、90×365、176、150、225、530 200 530）	三	3.35 — 6.70 — 10.5	50	L 形平面，用双墙变形缝分为正、侧两肢。缝宽 3 cm。外墙 37 cm，内墙 24 cm，墙面外清水，内抹灰。现浇钢筋混凝土楼屋盖。砖砌女儿墙，高 70 cm。施工质量较好。	中等破坏 / 轻微损坏	正肢：底层横墙除西北角两道外，均有剪切裂缝，但较细微。二层仅东北角两道内横墙有明显的斜裂缝。三层门窗上口有细裂缝。侧肢：震害较正肢轻。门、窗上角有裂缝，楼梯间平面凸出处裂缝较明显；横墙轻微损坏。
117	范各庄矿东小楼住宅	（平面图，标注 370 350 280 350 370、670 380 50、单元平面）	三	3.0 — 6.0 — 9.0	50	1960 年建，共 6 幢，除西北角的一幢为三单元外，均为二单元。底层为右单元三单元，均为二单元。底层外墙 40 cm，内墙焦渣灰砌筑。上层外墙 37 cm，内墙 24 cm，隔断墙 12 cm，墙面外清水，内抹灰。现浇钢筋混凝土楼屋盖。	严重破坏 / 基本完好	西北幢严重破坏，东南顶角局部塌落。底层北纵墙均严重酥裂，滑移向南错动。内纵墙横墙端均有斜向或斜交叉裂缝，楼板向南错动；二、三层山墙角有斜裂缝；楼板间有强余震时局部塌落。西中幢中等破坏，东南幢底层有多道裂缝；二层不规则裂则墙，门上角可见错动。内横墙有中等斜裂缝一道，东山墙间门上砖券有轻微松动。东南幢基本完好，东端顶角轻微裂缝。西南纵墙同墙缝有交叉裂缝；底层窗间墙有交叉裂缝，底山墙有局部塌落。西南纵墙同窗间墙有轻裂，内纵墙有交叉裂缝；底层窗间墙有斜或交叉裂缝，底山墙有轻酥裂。东南幢基本完好，西南端基本基角交叉裂缝一道，东南幢基角有斜裂缝。

（续表 4）

房号	房屋名称	平面图 /cm	层数	楼层标高 /m	砂浆标号	建筑结构	震害程度	震害概况
118	古冶铁路中学教学楼		三	3.8(3.4)／7.6(6.8)／11.4(10.2)	50	1961年开工，1965年建成。东段四开间办公室与西段教学楼错层，每层差40 cm，其间设变形缝。毛石基础。外墙37 cm，内墙24 cm，墙面外清水、内抹灰。预制大梁、空心板楼盖。	严重破坏	教学楼各层均严重破坏，顶层尤重。一层横墙剪切破坏，内纵墙有交叉、八字裂缝。外纵墙的窗间墙产生的竖向裂缝；内纵墙和一、二层同窗间墙有斜裂缝；外墙大部分窗间墙的窗间墙产生交叉裂缝。三层内纵墙有交叉斜裂缝明显。二、三层楼盖普遍开裂，在大梁上裂通。二、三层盖两端内外墙破坏也甚严重。办公室破坏稍轻。
119	铁中二层教学楼		二	3.8／7.6	25	1975年施工，地震时主体工程已完。毛石基础。外墙37 cm，内墙24 cm，墙面外清水、内抹灰。钢筋混凝土预制空心板楼盖。	底层轻微损坏	底层内纵横墙体有少量裂缝。顶层破坏较底层严重。震后即将二层拆除。
120	古冶铁路分局招待所宿舍		三	2.95／5.90／8.85	50	1963年建，东西两段轴线相错约6 m，无变形缝。毛石基础。外墙37 cm，内纵墙仅双开间24 cm，内横墙24 cm，其余12 cm，墙面外清水、内抹灰。预制空心板楼盖。	中等破坏	南纵墙的窗肚和窗间墙有通长的细微裂缝，二层窗下口有通长水平缝。内纵墙顶部有水平缝，三层顶部位有斜缝，略错位。一、二层内横墙有斜裂缝，东西两段接合部窗下口有细裂缝。西段内横墙则贯通缝。西段窗下口的细裂缝，二、三层倒丁七开间。
121	铁路小学教学楼		三	3.90(3.35)／7.8(6.7)／11.7(10.5)	25 强	主楼建成后，东端续建三开间，且错层。毛石基础。外墙37 cm，内墙24 cm，墙面外续建部分的填充横墙12 cm，内抹灰。楼屋盖均为预制长向空心板，纵墙清水、内抹灰。续建部分的墙体承重	严重破坏	各层内纵横墙普遍有严重的交叉裂缝，一层内纵墙缝宽4～5 cm，内纵墙、南纵横墙有抹灰掉落，门窗口震落坏碎；一层为斜缝、南纵墙的窗间墙开裂；一、二、三层多为窗上下角的竖向斜缝，二、三层为窗上下角的竖向剪切裂缝；单走廊的北外纵墙有剪切破碎酥裂。西山墙有水平缝，错位明显。顶部北墙凸出部位，墙体破碎酥裂。北外墙有从上斜下地的大裂缝，窗肚大块大块向外斜出，错位向地的墙体破坏更重，二层填充墙倾倒

（续表4）

房号	房屋名称	平面图/cm	层数	楼层标高/m	砂浆标号	建筑结构	震害程度	震害概况
122	铁路新住宅	房号122 单元平面（5×340，480、280、120）	三	3.2—6.4—9.6	50	两单元平面，共10幢。毛石基础。外墙37 cm，内承重横墙和对楼梯纵墙24 cm，其余内墙底层12 cm，上层用空心砖，墙面外清水，内抹灰。预制空心板楼盖。木屋盖硬山搁檩，瓦屋面。楼梯和阳台	中等破坏	顶层外纵墙稍外倾，与横墙拉裂；山墙尖有弧形裂缝；楼梯间凸出处有竖向裂缝。二层门窗上角开裂，在端开间有错位。外纵墙与上横墙间有斜裂缝。纵横墙的上角开裂。底层山墙门窗间上横墙和外纵墙掌外纵墙门窗角和横墙有开裂
123	铁路医院	房号123平面（8×300，5×300，3×300，400、220、400、240、280、400、500、220、330、220、400、400、120×200、150×200）	二	3.7—7.4	50	设双墙变形缝，分成L形和T形两段。毛石基础。外墙37 cm，内墙除L形段的走廊北墙12 cm外，均24 cm，窗肚墙减薄12 cm，墙面外清水，内抹灰。预制空心板楼盖	中等破坏	一、二层内墙大多有轻微至中等的剪切裂缝；部分外纵墙的窗肚有裂缝，其余基本完好。东、西山墙底层有斜裂缝
124	42中教学楼	（4×900，685，385，625、285、625，190×210，100×250）	三	3.4—6.8—10.2	50	共2幢。地震时西幢主体工程已完正做内部装修；东幢铺上屋面板，未做顶层圈梁。毛石基础。外墙和楼梯间横墙37 cm，其余内墙24 cm。预制大梁、空心板楼盖，各层设钢筋混凝土圈梁	严重破坏	两幢西端门厅均倒塌；两幢倒二、三层连同楼梯间一起倒塌。底层窗同横墙同横墙有轻微裂缝；东幢窗同内纵墙有斜裂缝；东幢三层窗内纵墙在窗下口2~3皮砖处水平断裂，错位。有的两角有斜裂缝；一、二层内纵墙在窗错端普墙有斜裂缝；各层横墙普遍有大块崩落

表 5　滦县多层砖房震害

房号	房屋名称	平面图 /cm	层数	楼层标高 /m	砂浆标号	建筑结构	震害程度	震害概况
125	文教局办公楼		二	3.3—6.6 (7.5)	25	毛石基础。外墙37 cm，内墙24 cm，墙面外清水，内抹灰。两道钢筋混凝土圈梁。楼屋盖均为预制空心板。楼梯用装配式嵌式会议室。二层东端两开间为空会议室。中段二层层高较两侧高90 cm。基—挑檐步跑。	基本完好	未见明显震害
126	粮食局办公楼		二	3.4—6.8	50	建于1973年，按三层设计。毛石基础，埋深2 m。窗台以下用石砌；内外挑墙37 cm。顶层有挑木板条抹灰断内横墙。楼屋盖均为预制钢筋混凝土横墙，两道钢筋混凝土圈梁。	基本完好	两端地基略有下沉，使底层外纵墙在西端窗间墙上有一条竖向裂缝（图19），窗下有一条水平裂缝。二层大梁下局部有水平缝，其余基本完好。
127	水电局办公楼		三（二）	3.5—7.0—10.5	50	中间为三层，两端各两开间为二层。平面凸出的三开间，顶层为空即会议室。毛石基础。外墙37 cm，内墙24 cm。楼屋盖为预制钢筋混凝土槽形板。女儿平面凸出处挑屋顶高出约1 m。中央平面凸出设钢筋混凝土挑檐。	严重破坏	地面有喷水冒砂，地基不均匀下沉，外纵墙端各3个开间下斜向山墙根部的裂缝（图19），7.1级地震后底层裂缝宽达2 cm。底层山墙有斜向裂缝，门厅两山墙竖裂，其余内墙本完好。二三两层山墙和横墙严重开裂处撕裂。三层山墙沿南走廊墙与横墙交接处撕裂，在楼板和屋面上可见宽约5 cm的纵向通缝。
128	工业局办公楼		三	3.3—6.6	50—25（强）	1975年建，非正规设计。毛石基础，有地梁，外承重内纵墙37 cm，内横墙24 cm，墙面外清水，横墙砌成开口的，用苇箔做走廊隔断墙。楼屋盖均为预制空心板，2道钢筋混凝土梁，现浇大梁。	严重破坏	顶层外墙角崩落；窗间墙有斜裂缝，错位最大达5 cm，横墙或底层窗间墙有交叉斜裂缝。7.8级地震时已严重破坏，震后破坏加剧

（续表5）

房屋编号	房屋名称	平面图/cm	层数	楼层标高/m	砂浆标号	建筑结构	震害程度	震害概况
129	卫生局办公楼		二	3.45—6.90	50—25（强）	毛石基础。外墙和楼梯间墙37 cm，其余墙24 cm，墙面外清水，内抹灰，内外墙间咬槎甚少，并设烟道，无拉结筋。楼屋盖均为预制空心板。顶层做圈梁。钢筋混凝土圈梁。屋面做10 cm厚焦子灰防水保温层。	轻微损坏—倒塌	7.8级地震时无明显震害，属轻微损坏。7.1级地震时二层西半部倒塌，底层有严重的剪切裂缝。倒塌外纵墙大多倒塌，东半部外纵墙和端开间倒塌，内纵墙倒塌。外纵墙倒向外，横墙倾覆在楼盖上，屋面板落在翻倒横墙上。
130	县医院门诊楼		二	3.6—7.2	25	1976年建。毛石基础，埋深2 m，地基土为细砂。外墙，门厅和楼梯间横墙37 cm，其余墙24 cm，墙面外清水，内抹灰。砌筑砂浆强度不匀。楼屋盖为预制空心板，顶层设圈梁。	轻微损坏	附近喷水冒砂，有较小的地裂缝，散水坡有裂缝。底层拐角处窗间墙有细微斜缝，个别门窗拐角处有八字缝，南纵墙在楼板下有细微水平缝。

（续表 5）

房号	房屋名称	平面图/cm	层数	楼层标高/m	砂浆标号	建筑结构	震害程度	震害概况
131	汽车二队宿办楼		四	3.2—6.4—9.6—12.8	50	用两条双端变形缝分为三段。地震时外墙面已面饰。1~3层的地面和墙面抹灰均未做。毛石混凝土基础。外墙和底层内墙37 cm，上层内墙24 cm。内墙砌筑砂浆标号判近50号。楼屋盖均为预制空心板。在二、四层窗上口设圈梁。砖砌女儿墙	中等破坏	7.8级地震时已中等破坏分为三段。地震时外墙面已中等破坏；7.1级地震后，震害明显加重，房屋中段的前后女儿墙最重，并塌环雨草。三层破坏最重，外纵墙有文叉缝，内纵墙开裂，部分横墙有斜缝。四层圈梁下有水平裂，边板开裂，部分横墙和个别外纵墙和一、二层的外纵墙和个别横墙有斜裂缝
132	农机修造厂宿办公楼		二	3.4—6.8	25	1975年建。毛石基础。外墙42 cm（砖墙外贴料石），内墙24 cm，用青砖砌筑，表面料石10号。楼屋盖均为预制钢筋混凝土圈梁，两道钢筋混凝土圈梁，在内纵墙和中间两道横墙上拉通。女儿墙高约1 m	轻微损坏	底层北端内纵墙有轻微斜缝，个别窗间墙表面料石有松动；二层局部门窗间有斜裂缝。底层同墙面表角有八字裂缝
133	旅馆大楼		二	3.6—7.2	10	1958年建。毛石基础。底层毛石外墙40 cm，用白灰砂浆砌筑。内墙和二层外墙为砖墙24 cm，用白灰砂浆砌筑。楼屋盖均为预制空心板，木屋架，瓦屋面	中等严重破坏	7.8级地震时，底层横墙和部分内纵墙开裂，二层局部破坏。7.1级地震后，破坏加重，上层局部倒塌
134	县招待所西楼		二	3.3—6.6	10	1974年建。毛石基础。底层料石外墙40 cm；二层外砖墙37 cm，内砖墙24 cm。用旧城端砖砌成，楼屋盖为预制空心板，2道钢筋混凝土圈梁，屋面设挑檐和女儿墙。楼梯间设在东、西两角有变形缝	轻微损坏	有两条小的地裂缝在房屋东端穿过。内外纵墙东端有两条裂缝自上而下下斜向中部分裂墙同开裂。二层局部分门窗角开裂，其他基本完好

照片15 滦县卫生局办公楼在7.1级地震时倾倒

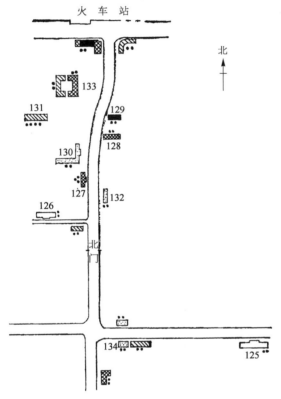

图16 滦县多层砖房震害示意图(房号同表5,图例同图8)

图16中有7幢房屋未列入表5,北端路西的服务楼,7.8级地震时严重破坏,7.1级地震时西段斜塌;路东的邮局楼,7.8级地震时仅轻微损坏,7.1级地震时震害加剧,属中等破坏。旅馆大楼(房号133)西部的新楼,石墙承重,空心板楼屋盖,纵横墙有交叉裂缝,属中等破坏。北门外路西的新华书店为砖木楼房,中等破坏,上层重、下层轻。县委招待所(房号134)的东楼,地基下沉使东山墙和端开间塌落。招待所路北的二层百货商店,为石墙房屋,只在纵墙上有轻微裂缝。南端的旅馆五部,为由平房接建的二层楼,严重破坏。

3.3 8~9度区倒塌的多层砖房

在8~9度区,多层砖石房屋倒塌98幢,其中约有

2/3在邻近10度区的林西和唐家庄(分别为43幢和24幢)。其他各处凡按砖石结构设计规范设计,虽未考虑抗震设防的多层砖房,一般没有倒塌。在8~9度区倒塌的房屋,多数有明显的不利于抗震的因素,大致为以下几种。

3.3.1 建在回填土地基上

这类倒塌的例子较多,如林西矿区西南角3幢二层砖混结构的单身宿舍,震后基础下沉15 cm,全都倒塌;卑家店的唐山柴油机厂三层内廊式宿舍,一层为石墙,二、三层用建筑砖,且一、二层均设圈梁,倒塌。再如唐山市区低烈度异常的大城山南坡山脚,倒塌的人民楼住宅(房号67)也建在回填土地基上。

3.3.2 老旧的砖木结构

砖木结构的老旧房屋,在9度区大多倒塌。如林西矿的6幢二层小楼全都塌顶;党委办公楼、第二招待所及唐家庄矿的3幢体型复杂的二层护士楼全部倒塌,但该矿有6幢旧小楼,建在山坡上的5幢未倒,仅山坡下的1幢倒塌。

3.3.3 后接楼层

原为平房或楼房再加层的,在9度区也多见倒塌现象。如唐家庄矿化验室、林西矿的医院门诊楼和锻压车间生活间由平房接为二层,林西矿的女福利楼由二层接为三层,都倒塌。

3.3.4 施工或材料质量差

施工时纵横墙间缺乏咬槎或拉结的例子,在外纵墙倒塌的多层砖房中是常见的,如卑家店的铁路工房2幢三层家属住宅。有的倒塌的房屋是由于墙体的砖质酥松、强度低,如卑家店7007厂三层内廊式砖混结构的单身宿舍。

3.3.5 低标号砂浆砌筑的毛石承重墙

倒塌的毛石墙承重房屋,多见墙体用白灰泥浆或白灰砂浆(10号和10号以下)砌筑。如林西矿在20世纪50年代初期建造的2幢二层石房、赵各庄矿的8幢74住宅。而用50号砂浆砌筑的林西开滦矿机械厂3幢二层毛石墙房屋只轻微损坏。

3.3.6 房屋空旷且不正规

供商业服务或仓库用的房屋,一般较为空旷。其中临街的,多有建筑装饰和布置不规整等弱点,倒塌的较多。如林西矿新立大街办事处、理发馆、南门新华书店、南门前街食堂、防疫站和南市场百货楼6幢临街的二层楼全部倒塌。

3.3.7 砖混木结构房屋的顶层

在9度区中,砖混木结构房屋的顶层全部或部分

倒塌的较为多见。如唐家庄矿的 6 幢二层南山宿舍（砖拱楼盖、木屋盖、瓦屋面）、二层的砖混木结构旧办公大楼和医院病房楼都顶层倒塌。再如赵各庄矿三层老办公楼，屋顶两端局部倒塌；林西矿的二层职工休息室，山墙局部倒塌；采用硬山搁檩水泥瓦屋面的二层托儿所，两山墙倒塌。上述这些房屋的顶层，都未见设有钢筋混凝土圈梁。

3.3.8 建筑结构布置上有局部弱点

倒塌的房屋中，有的在建筑结构布置上存在明显的弱点或缺陷。如滦县站前服务楼，中西段间用单墙变形缝分割，西段为纵墙承重的二层空旷砖房，一端无山墙，震后西段向南斜塌，前纵墙后倾，后纵墙倾倒，大梁一头落地。7.1 级地震的震中区沙河驿，二层砖混结构的部队医院由于门厅承重砖柱破坏，使楼盖失去支撑，造成房屋中部倒塌。位于卑家店的唐山市 42 中两幢教学楼（房号 124），门厅采用砖柱承重，震后门厅倒塌（照片 16）。林西矿两幢悬挑外廊的二层井口库和矿灯房，7.8 级地震时，前者倒塌，后者因外廊承重墙垛破碎而歪斜，7.1 级地震时倒塌。位于唐山市低烈度异常区的唐山钢铁公司技术处图书馆（房号 80），也因悬挑外廊承重砖墙垛的破坏而斜塌（照片 17）。再如滦县卫生局办公楼（房号 129），它的烟道设在外纵墙和横墙的交接处，致使连接极弱，7.1 级地震时外纵墙倾倒，继而横墙倾覆，屋盖坠落。

照片 16 唐山市 42 中教学楼砖柱门厅破坏，局部倒塌

3.3.9 墙体抗震强度不足

在 8~9 度区的刚性多层砖房也有因墙体抗震强度不足而倒塌的。荆各庄矿 4 幢三层住宅（7~10 号楼）中，有 3 幢在墙体严重剪切破坏之后，外纵墙部分倒塌。其中 10 号楼住宅南纵墙的一、二层近于全部塌落，仅存三个较窄的厨房窗间墙，三层少数窗间墙塌

照片 17 唐山钢铁公司技术处图书馆外廊砖墙垛坍塌

落；北纵墙的底层大部分窗间墙在剪切破碎后塌落。范各庄矿的新旧两幢办公楼（班前会议室）均为中段四层、两侧三层的砖混结构，旧楼为现浇钢筋混凝土屋盖，新楼除四层屋顶外均为空心板，因砌筑墙体的砂浆标号旧楼低于新楼，震后新楼严重剪切破碎，仅四层小楼墙角掉落；旧楼在 7.8 级地震时四层小楼倒塌，7.1 级地震时全楼倒塌。

4 6~7 度区多层砖房的震害

唐山地震中 6~7 度区多层砖房的震害资料除了得自昌黎、秦皇岛和北京等地以外，还包括天津市区。天津虽为 7 度区中的 8 度异常区，但刚性多层砖房的平均震害程度未超过一般的 7 度区。

4.1 昌黎

距震中约 84 km 的昌黎县城遭到地震烈度为 7 度的破坏，共调查多层砖石房 23 幢，表 6 列出了其中 9 幢多层砖石房的震害和建筑结构概况（房号 135~143）。其中：

（1）严重破坏 3 幢：果树研究所办公楼（房号 139）和部队卫生院（房号 137），这两幢房屋均位于城关镇以北，破坏严重可能与场地有关；城关中学办公楼，二层，白灰砂浆砌筑的块石外墙，木楼板，木屋架，陶瓦顶，轻质内墙，外墙全部酥裂。

（2）中等破坏 5 幢：① 部队办公楼（房号 135），中等破坏偏轻；② 城关中学教学楼，二层，单边走廊，白灰砂浆砌筑的砖墙，木屋架，陶瓦顶，现浇钢筋混凝土楼板（由木楼盖改建）；③ 部队旧办公楼，二层，砖木结构，东山尖连同局部屋面掉落；④ 胜利旅馆，二层，白灰砂浆砌筑砖墙，现浇钢筋混凝土楼板，椽檩木，焦渣平顶，女儿墙倾倒并将砖墙上部拽倒，窗间墙酥裂；⑤ 浴池营业楼，二层，白灰砂浆砌筑砖墙，预制平板楼屋盖，有内柱，二层窗间墙酥裂。

表 6　昌黎多层砖房震害

房号	房屋名称	平面图 /cm	层数	楼层标高 /m	砂浆标号	建筑结构	震害程度	震害概况
135	部队办公楼	（平面图）	四	3.6／6.9／10.2／13.5	25／25／10／10	1974年建。毛石基础。钢筋混凝土地基梁。外墙37 cm，内墙24 cm，三、四层横墙分别减少2道和6道。顶层有厚12 cm填充墙，墙面外清水、内抹灰。预制空心板楼盖。二、四层设钢筋混凝土圈梁。	中等破坏	部分墙体剪切破坏。一层楼梯间横墙有斜裂缝；一、二层内纵横墙有斜裂缝；三、四层东段外纵墙的大部窗间墙裂缝，个别横墙开裂。四层东段一填充纵墙倒塌，一道三开间宽墙的内纵墙有交叉裂缝。平面上中部凸出的东墙面有斜裂缝
136	部队招待所	（平面图）	二	3.3／6.0	25	毛石基础。外砖墙37 cm，底层窗台下墙粗料石。内墙24 cm，墙面外清水、内抹灰。砌筑砂浆号不匀，二层①～③两开间为空旷大房间。预制空心板楼盖。无圈梁	轻微损坏	底层①～②开间的山墙和横墙有交叉裂缝。二层顶板窗台上下有八字裂缝。在东上段山墙为空，缝，以及屋面板间有斜裂缝，并使横墙上角开裂
137	部队卫生院	（平面图）	三	3.6／6.9／10.5	25	位于城关镇以北，与两侧轴线相错1.5 m。毛石基础。减少4道内横墙，外墙37 cm，墙面外清水、内抹灰。楼屋盖均为预制空心板，屋面上有27 cm厚焦渣做水泥焦渣隔音层。现浇钢筋混凝土楼盖保温层	严重破坏	内外墙有贯通裂缝，错位明显，有的达2～3 cm。中段和门厅两侧相连部位，楼梯上间，以及内纵墙的宽墙面破坏尤重
138	房产住宅	（组合平面）一层／二层	二	2.9／5.8	10强	各自楼建筑，共10个单元，进户门际两端外均相邻布置。毛石基础。外墙37 cm，内纵墙和单元墙24 cm，墙面外清水、内抹灰。现浇钢筋混凝土楼盖	轻微损坏	底层南北外纵墙的宽墙面上均有细斜裂缝
139	果树研究所办公楼	（平面图）	三（二）	3.7／7.4／11.1	10	位于城关镇以北，距小河约30 m，黑色淤泥质地基土。毛石基础。中间三层，两侧各5个开间二层，无变形缝。外墙37 cm，内墙24 cm，水泥浆外墙面、内墙面抹灰。楼屋盖均为现浇钢筋混凝土梁、板，板条抹灰天棚。屋面17 cm厚焦渣钢筋混凝土保温层，空花女儿墙，中部三层尚有钢筋混凝土挑檐，挑出70 cm	严重破坏	底层内外纵横墙均有交叉裂缝，两端门边上均下缝最大达4 cm，门厅两侧墙在大梁下缝宽2 cm；三层略轻，一层三层破坏最重，女儿墙全部倒塌，二层女儿墙未倒

（续表 6）

房号	房屋名称	平面图/cm	层数	楼层标高/m	砂浆标号	建筑结构	震害程度	震害概况
140	华北农大唐山分校实验楼		二	3.3 — 6.6	25	外墙和底层内纵墙 37 cm，其余内墙 24 cm，墙面外清水，内抹灰。楼盖用预制钢筋混凝土实心板，厚 12 cm，四坡水陶瓦屋面，吊天棚木屋架，间距 80 cm	基本完好	仅个别墙顶角有裂缝，其余未见明显震害
141	华北农大唐山分校宿舍		三	3.1 — 6.2 — 9.5	50 — 50 — 25	50 号浆砌毛石基础，钢筋混凝土地梁。外墙 37 cm，内墙 24 cm，内抹灰。墙面外清水，内抹灰。各层设钢筋混凝土圈梁，每隔三开间在横墙拉通。预制空心板楼盖。檐板挑出 55 cm	基本完好	未见明显震害
142	华北农大唐山分校住宅		三	30 — 6.0 — 9.0	75 — 50 — 50	五单元组合平面，有双墙变形缝，分东西两段，东单元 3 个单元冬季施工。西半部地基为砂层，50 号浆砌毛石基础，东部原有小河，施工时挖到深 3 m，做毛石混凝土基础。外墙 37 cm，内墙 24 cm，墙面外清水，内抹灰。预制空心板楼盖，每层有圈梁。檐板挑出 50 cm	轻微损坏	东段部分内横墙有轻微斜裂缝，西段基本完好
143	交通局住宅		二	2.85 — 5.70	10	各自楼建筑，为 3 个甲单元和 4 个乙单元的组合平面。毛石基础，外墙 37 cm，单元墙 24 cm，内隔墙 12 cm。预制空心板楼盖，白灰焦渣防水保温层	基本完好	未见明显震害

（3）轻微损坏5幢：① 部队招待所（房号136）；② 房产各自楼式住宅（房号138）；③ 华北农业大学唐山分校住宅（房号142）；④ 化肥厂单身宿舍楼，三层，外墙石砌厚40 cm，内砖墙用25号砂浆砌筑，空心板楼屋盖；⑤ 新华书店门市部，二层，石墙房屋，用25号砂浆砌筑，现浇钢筋混凝土梁板和内柱，后面窗间墙震裂。

（4）基本完好10幢：① 华北农业大学唐山分校实验楼（房号140）；② 华北农业大学唐山分校宿舍（房号141）；③ 昌黎交通局住宅（房号143）；④ 三层农校教学楼，25号砂浆砌筑砖墙，空心板楼屋盖；⑤ 县招待所三层前楼，25号砂浆砌筑24 cm厚砖墙，外贴块石至40 cm厚，空心板楼屋盖；⑥ 五金公司二层营业楼，25号砂浆砌筑砖墙，有内柱，空心板楼屋盖；⑦ 交通局三层办公楼；⑧ 百货批发站二层办公楼；⑨ 糖厂二层宿办楼；⑩ 化肥厂二层办公楼。后4幢均为40 cm厚石外墙，内为砖墙，25号砂浆砌筑，空心板楼屋盖，震后在内外墙交接处，个别有裂纹。

4.2 秦皇岛

秦皇岛市区距震中约126 km，表7列出了14幢房屋的震害和建筑结构概况（房号144～157）。该市按砖石结构规范设计的多层砖房很少遭明显破坏。遭受破坏的砖混结构房屋大致存在下列缺陷：

（1）地基基础不良。玻璃研究所办公楼因地基不均匀下沉，上部结构破坏，墙体多处出现明显裂缝；一幢三层住宅，西端邻近回填坑，地基基础未做妥善处理，该端单元墙体开裂；遭到中等程度破坏的地区外贸商检处理化楼（房号146），建于滨海软土地基上，沿外墙的地沟在穿越横墙处所设钢筋混凝土过梁，在靠外墙一端，施工时仅用不足50号的青砖两块干垫，震后除基础略有下沉，导致房屋破坏外，更明显的是作为支座的青砖大部被压碎，使底层横墙普遍开裂。

（2）纵横墙连接不牢。最为突出的震例是油毡厂的二层宿舍，北外纵墙大部倾倒（照片18）。玻璃纤维厂的二层住宅也有一幢部分纵墙倾倒。这两幢房屋的烟道均设在横墙与外纵墙的交接处，烟道两侧用立砖砌筑，与纵墙无连接。

（3）建筑体型不利。在远震区的软土地基上，一般凸出屋顶的小楼破坏较严重，如海员俱乐部（照片19）。再如卫生局办公楼（房号157），层数为二一四一三，立面呈阶形，中段上两层遭严重破坏，砖墙体向二层一侧错动，最大缝宽10 cm。尚义街小学教学楼（房号152）由震害所见，存在着明显的扭转效应，加重了墙体和楼屋板的破坏。

照片18 秦皇岛市油毡厂宿舍外纵墙倾倒

照片19 秦皇岛市海员俱乐部凸出屋顶小楼严重破坏

（4）楼屋盖整体性差。该市在安装预制空心板时，板下大多不坐浆，板缝灌浆质量也差，甚至有的房屋设计就未要求灌缝和抹面，便在屋顶板上干铺焦渣。震后，许多房屋的板缝开裂，预制板在墙上错动，且使一些砖墙体开裂，如第七中学教学楼（房号147）、尚义街小学教学楼（房号152）。

（5）砖墙体抗震强度不足。例如：建设路小学（房号149）和海阳路小学（房号151）的教室间底层横墙，市设计处办公楼（房号144）的底层横墙和一、二层纵墙的宽墙面，出现斜向和交叉裂缝。该市的砌筑砂浆骨料级配不好，几乎全为粗砂，砂浆试块的抗压强度虽能达到设计标号，但施工时和易性不好、孔隙大，砂浆与砖表面的黏结率小，砌体的抗剪强度较一般同标号的偏低，受震易松散。

4.3 天津市

天津市在震中西南约99 km处，地基土较为软弱。市区震害分布有较明显的差异，非刚性结构的老旧砖房集中的街坊震害较重；而1949年后建造的刚性砖混结构，震害的地域分布差异并不显著。表8列出了分散在天津市区的14幢（房号158～171）多层砖房的震害和建筑结构概况。

表 7　秦皇岛多层砖房震害

房号	房屋名称	平面图 /cm	层数	楼层标高 /m	砂浆标号	建筑结构	震害程度	震害概况
144	设计处办公楼		三	3.45 / 6.90 / 10.35	10	毛石基础，埋深 1.95 m，有钢筋混凝土地梁，地基承载力 15 tf/m²。内外墙均 24 cm，南纵墙有外出 24 cm×24 cm 砖垛。砌筑砂浆标号设计为 25 号，宏观判断和回弹仪测定一般只有 10 号，且砂料级配不良。一、二层有现浇钢筋混凝土圈梁，位置在窗顶标高。楼屋盖为预制预应力空心板和大梁。预制挑檐板。三层东端两开间为扩会议室	轻微损坏 中等破坏	底层多数横墙有细斜向或交叉裂缝；南纵墙在窗台高度有水平细裂缝，墙梁上较明显；北纵墙少数窗间墙有斜向细裂缝。一、二层内纵墙窗间墙宽度细裂缝，面的中部有斜或交叉墙角，有的仪抹灰层爆皮。横墙有细裂缝，顶层部分门窗角和屋面板下有的细裂缝
145	地区外贸16号楼	类同房号 144	三	3.45 / 6.90 / 10.35	50	按市设计处办公楼图纸，于 1974 年建造。因天然地坪 2 m 以下为软弱土层，基础埋深改为 1.5 m，并在内外墙均设地梁。楼屋盖改为非预应力钢筋混凝土板。用粗水泥砂浆砌筑	基本完好	未见明显震害
146	地区外贸商检处理化楼		四	3.75 / 7.5 / 11.25 / 15.0	50	地震时主体工程已完，正做内装修。基础除西端部分墙和柱为钢筋混凝土，均为毛石基础，埋深 2.5 m；基底宽 1.5 m，凡横墙承重的开间，其纵墙基底宽缩小为 1 m。室内周围有地沟，设计要求地沟穿越墙基础的过梁，一端搭在地梁伸出的牛腿上，施工时未设牛腿，而干垫青砖两块。外纵墙一层横墙 37 cm，二层 49 cm，其余墙 24 cm，门厅和楼梯间横墙 24 cm，全部用质地疏松的青砖，粗水泥砂浆砌筑墙体。每层窗上口设圈梁。楼屋盖均为预制空心板。女儿墙高 80 cm，宽 18 cm	中等破坏	地基略有下沉。底层 24 cm 横墙普遍开裂，裂缝自地沟上角；横墙内端起斜向外墙上有竖向缝；梁与内纵墙交接处有切断砖块。地沟两条裂缝均自支座同砖块，过梁下纵墙面均未抹灰，大部被压酥。二层墙体也有细微竖缝，斜缝较少。三、四层墙体基本完好，走廊地面沿内纵墙有细微裂缝

（续表7）

房号	房屋名称	平面图/cm	层数	楼层标高/m	砂浆标号	建筑结构	震害程度	震害概况
147	第七中学教学楼		三	3.6 — 7.2 — 10.8	10强 — 25弱	肢长不等的Π形教学实验楼，无变形缝。内外墙均24 cm，正立面有50 cm×24 cm出墙砖垛。砌筑砂浆墙为25号，纵观判断为50号，纵墙和承重纵墙设计一般为50号，纵观判断为10号强至25号弱。现浇钢筋混凝土大梁，预制空心板楼盖。底层设钢筋混凝土圈梁，二、三层设钢筋砖圈梁，配3φ6钢筋，位置在窗上口。	中等破坏	顶层空心板缝普遍开裂，有的并错位，致使三层墙体开裂比一二层明显。三四开间的教室间横墙有斜向或交叉细缝。纵墙烟囱在门窗角有细缝。附墙烟囱在顶层顶部分有3条水平缝。
148	市委办公楼		四	3.75 — 7.20 — 10.65 — 14.10	50 — 50 — 25 — 25	1973年建。中段与两侧间设双墙变形缝，缝宽2.5 cm。外墙37 cm，每开间有12 cm×49 cm砖墙垛。内墙除门厅两横墙37 cm，均24 cm。中段门厅4个内墙角设现浇钢筋混凝土柱。中厅的楼盖和楼梯为现浇钢筋混凝土板。其余楼盖均用预制空心板。屋面空心板上刷冷底子油一道，干铺焦渣保温层，水泥砂浆找平，二毡三油防水。	基本完好	仅个别门窗角有细小裂缝
149	建设小学教学楼		三	3.8 — 8.2 — (7.6)	10外纵25	中段三教室的二层屋盖高出两端60 cm，窗肚墙内嵌12 cm，内墙24 cm，墙面外清水，内抹灰。中段37 cm，面外清水，内抹灰。钢筋混凝土大梁。预制空心板楼盖。	轻微损坏 中等破坏	底层横墙普墙有明显的斜向或交叉裂缝，纵墙宽缝有倒八字形裂缝。三层门窗角有裂缝，部分预制板裂缝开裂；二层烟囱道与横墙交接处大多有竖向裂缝。
150	铁路小学教学楼		二	3.45 — 6.90	10强 — 25	1974年建。二层悬挑外廊，东端两开间为单层。毛石基础。内外墙均24 cm，墙面外清水，内抹灰。预制空心板楼盖。	轻微损坏	二层东山墙和楼梯间东端有轻微斜裂缝，个别门窗角细短裂缝。底层未见明显震害。

（续表 7）

房号	房屋名称	平面图/cm	层数	楼层标高/m	砂浆标号	建筑结构	震害程度	震害概况
151	海洋路小学教学楼		二	3.45—6.90	10 强	1965年建。毛石基础。内墙和走廊外纵墙24 cm，其余内墙37 cm。砌筑砂浆标号不匀，东端较弱。墙面外清水，内抹灰。装配整体式楼屋盖，预制钢筋混凝土大梁和倒T形檐板，在8 cm焦渣层上，做5 cm 50号轻质混凝土和3 cm厚细石混凝土面层，现浇钢筋混凝土挑檐板	中等破坏	底层山墙和横墙有斜裂缝，纵墙门窗角有裂缝；二层部分门上砖券开裂。南侧室内地面沿房屋纵轴有水平裂缝，地基局部下沉
152	尚义街小学教学楼		二	3.75—7.35	25 强	L形教学楼，正肢为内廊，侧肢为单面走廊，无变形缝。正肢端山墙与砖围墙相连。毛石基础。内外墙均24 cm，正立面每开间有24 cm×24 cm砖垛，外墙局部面饰。钢筋混凝土大梁，预制空心板楼屋盖，现浇楼梯。平衡挑檐，出墙60 cm。空心板下不坐浆，屋面板上干铺焦渣10 cm，抹水泥砂浆层，做二毡三油防水层	中等破坏	底层正肢教室间横墙有斜裂缝；门厅与教室间横墙有细斜裂缝，纵墙轻微开裂。侧肢端教室的山墙有斜裂缝，且山墙和横墙多有错位；纵墙多有轻微裂缝，楼梯间横墙有明显斜裂缝。二层墙体大部有轻微裂缝，端开间纵横墙也有斜裂缝，门厅与教室间宽端松动且有错动，两端较重，尤其侧肢。屋面板多数开裂，板缝较大部分开裂。楼板局部开裂
153	港务局三中教学楼		三	3.6—7.2—10.8	25	毛石基础。外墙和楼梯间横墙37 cm，其余内墙24 cm。墙面外清水，内抹灰。钢筋混凝土大梁，预制空心板楼盖，现浇楼梯	轻微损坏	底层楼梯间东山墙有一道斜裂缝，其余未见明显震害

（续表7）

房号	房屋名称	平面图/cm	层数	楼层标高/m	砂浆标号	建筑结构	震害程度	震害概况
154	74通用住宅		三	3.0 — 5.8 — 8.8	25	市委家属住宅和汤河小区住宅均采用74标准单元组合而成，为一梯两户，每户用火炕一铺。山墙和北纵墙37cm，厨房用12cm隔断墙，其余墙体24cm。预制空心板楼盖，设计只要求屋面板间用1:3水泥砂浆灌缝，干铺焦渣保温层；楼盖板缝无浆灌缝要求。每层设钢筋混凝土圈梁，位置在窗上口，代过梁。	基本完好 轻微损坏	3幢市委家属住宅基本完好。10幢建港指挥部汤河小区住宅中，2幢遭到轻微损坏，顶层居多，空心板缝开裂到板角和单元墙施工洞和单元上的施工洞开裂（8幢施工到两三层的，严重者走廊板掉落）
155	汤河小区底层商店住宅		四	3.5 — 6.3 — 9.1 — 12.1	50 — 50 — 25 — 25	主体四层，前檐外包单层。地震时主体工程已完。底层做商店，现浇钢筋混凝土梁、柱，二层以上为住宅，采用74通用住宅标准图。底层留有通道，门洞，双柱变形缝分为三段。	轻微损坏	底层未见明显震害，三、四层局部有轻微裂缝，顶层面面开裂
156	航务五处商店住宅		四	3.0 — 5.9 — 8.8 — 11.7	50 （底层）	底层为商店，上层为单元式住宅。底层结构采用横墙和单根钢筋混凝土梁间布置，且用横墙间布置，二层，门洞和电线管。北纵墙山墙37cm，南纵墙和内墙24cm，砌筑砂浆骨料粗，孔隙大。现浇钢筋混凝土梁、柱，预制空心板楼盖。	中等破坏	上层基本完好，底层几乎无裂缝，多见横墙有斜向或交叉裂缝，且多横墙部位。个别门洞，横墙V形裂缝。上有电闸箱和电线管处产生水平或竖向裂缝，个别靠土柱略有下沉
157	市卫生局办公楼		二 四 三	3.60 — 7.05 — 10.50 — 14.30	25	立面错层，无变形缝。东段3开间为二层，中间楼梯间为三层；西段10开间为三层，其余内墙24cm，外墙石面层。中段门厅和山墙37cm，墙有24cm×24cm墙垛，水刷石面层。预制空心板楼盖。	中等破坏	中段三、四层墙体普遍开裂，四层屋面向东错动约10cm，东山墙外闪，西北角纵墙间拉开约5cm；二层墙体破坏轻微。东西两段主体基本完好，东段二层门窗角有短裂缝，底层交接处可见微细裂缝，唯中段交接处有明显破坏

表 8　天津市多层砖房震害

房号	房屋名称	平面图/cm	层数	楼层标高/m	砂浆标号	建筑结构	震害程度	震害概况
158	荣安街中学教学楼		五（四）	3.6 7.2 10.8 14.4 18.0	25强 50弱	主体教室四层，西端五层，无变形缝。钢筋混凝土条形基础。外纵墙24 cm，其余墙37 cm，四、五层两端纵墙100。砌筑砂浆及1~4层底层实测底层50号弱，二、三层50号强，四、五层25号弱，墙面外清水，内抹灰。顶层大梁25号弱。每层大梁、空心板楼屋盖。预制过梁，钢筋混凝土挑檐板	中等破坏	西北角原有化粪井震后局部下沉，该处楼梯间的纵横墙1~3层开裂，门厅万大梁松动。四、五层的西山墙及上口有水平缝。其余横墙除单开间外，一、二层几乎均有斜向或交叉裂缝。教室外纵墙在窗肚上的竖向缝均较为普遍。走廊外纵墙梁有斜裂缝，底层个别纵墙梁有裂缝
159	贵阳路中学教学楼		五	3.6 7.2 10.8 14.4 18.0	100 50 50 25 25	始建于1972年，后按 TJ 11—1974 抗震规范的7度抗震试行要求改设计。主体五层，汉门厅有局部凸出的小楼。钢筋混凝土条形基础。外墙，中段门厅和楼梯横墙37 cm，二层以上外墙内墙37 cm，其余内出砖墙24 cm×24 cm，底层各层窗肚墙为抹石。预制大梁，空心板楼屋盖。板上做3 cm厚细石混凝土现浇层。每层设钢筋混凝土圈梁、兼作窗过梁，深入横墙1 m。有会花乙山墙	轻微损坏	局部凸出的小楼有水平缝，墙根部有水平缝，预制板裂缝开裂。底层个别墙顶有细微微斜裂缝
160	利民道中学教学楼		四	3.6 7.2 10.8 14.4	25 左右	1957年建。墙厚除四层内纵墙和两端横纵墙24 cm外，均37 cm。砌筑砂浆。底层大多低于25号，上层大多判断底层25号。墙面外清水，内抹灰。楼盖为现浇钢筋混凝土梁、板、木屋架、横墙硬山到顶，瓦屋面	轻微损坏	顶层走廊部分砖砌劵荜砖，砸坏吊顶。正立面门脸山尖砖落，南纵墙顶稍外闪，个别门上角有裂缝
161	59中学新楼		五	3.65 7.30 10.95 14.60 18.25	100 100 100 50 50	1974年建。外墙厚：除底层内纵墙49 cm，均37 cm。内墙厚：除底层内纵墙37 cm，均24 cm。墙面外清水，内抹灰。预制钢筋混凝土大梁、空心板屋盖	轻微损坏	底层4道分室门缝裂裂，部分空心板顶有细裂缝，顶层较明显。顶层门上角开裂

（续表8）

房号	房屋名称	平面图/cm	层数	楼层标高/m	砂浆标号	建筑结构	震害程度	震害概况
162	59中学旧楼	（平面图，尺寸：180、540、300、540；360、470；480、490、410、410；2×900、4×900；180×210、100×260）	四	3.6 7.2 10.8 14.4	50	1963年建。外墙、楼梯间横墙和底层内纵墙37 cm，其余内墙24 cm，墙面外清水、内抹灰。预制钢筋混凝土空心板屋盖	基本完好	未见明显破坏
163	育红中学教学楼	（平面图，尺寸：600、240、600；470、423、800；6×300、800、270；3×900、400；220×200、100×260、80×120）	三	3.6 7.2 10.8	4	1959年建。灰土基础，用炉灰砂浆砌筑，外墙和门厅横墙37 cm，内墙24 cm，墙面外清水内抹灰。预制钢筋混凝土楼板，教室长向大梁，现浇钢筋混凝土密肋空心砖板	中等破坏	门厅以东，底层横墙均有裂缝，震害自西向东加重，山墙上的交叉裂缝最重，而门厅东侧仅内部中部有裂缝，东部7开间门底板下2皮砖处的墙体上有水平缝，部分板缝开裂。二层震害同底层，程度略轻。顶层东山角和顶板下有轻的裂缝，门上角有中等破坏的微裂缝。西部基本完好
164	天明中学教学楼	（平面图，尺寸：4×330、750、610、600、750；330、660、1200；150×150；510、510、180；870、330、390；750、210×2、330；3×900；100×250、180×180）	五 （四）	3.0 (3.4) 6.0 (6.8) 9.0 (10.2) 12.0 (13.6) (17.0)	10 — 100 — 50 — 100	正肢教学楼层高3.4 m，主体五层，西端办公楼为四层，层高3 m，错层处无变形缝，上下层均37 cm，错层梁处24 cm，仅错层处墙体纵墙承重，底层教室纵墙内加12 cm，内墙一般24 cm，砌筑砂浆墙37 cm，底层纵墙和楼梯间墙逐层降低一级，逐层多变，底层、二、三层对应墙段逐层降低，五层西山墙为9，大部四，宏观判断底层25号强，四层25号。其余50号强，二、三层砂浆标号表见9，四，教学楼下层为10号，大部25号强，四层25号。预制钢筋混凝土大梁和空心板楼屋盖	中等破坏	正肢教学楼：底层基本完好，二层教室间在门窗和高窗间有交叉缝，走廊墙有斜向细裂缝，西楼梯间横墙有斜向斜裂缝；三层破坏较重，墙体水平断裂；交接处有撞裂，墙角外推10 cm；大部西山墙有严重交叉缝，位移外推10 cm；大部错层处横墙有交叉缝，错层处墙角有斜裂缝。四层错层有交叉缝，滑移错位。五层西山墙下端有斜裂缝。五层错层处屋面板上的24 cm外墙，错层下端位2 cm，错层墙体基本完好。四层办公楼墙体基本完好，有交叉裂缝

（续表8）

房号	房屋名称	平面图/cm	层数	楼层标高/m	砂浆标号	建筑结构	震害程度	震害概况
165	柳滩中学教学楼	（平面图，尺寸标注：480 480、2×660 330、420 270 570 330 390、190×180、100×90、100×280、300 420 380）	四（三）	3.6（3.1）— 7.2（6.2）— 10.8（9.3）— 14.5	100（50）— 50 — 50（25）— 25	教学楼四层，层高3.6 m，办公楼三层，层高3.1 m，设沉降缝，走廊用踏步台阶。钢筋混凝土条形基础，均用24 cm墙，教室端除外墙37 cm外，均24 cm，教室墙厚加36 cm。砌筑砂浆标号宏观判断与设计基本相符。除门厅，楼梯，卫生间，挑檐为现浇钢筋混凝土梁板外，楼屋盖均为预制大梁和空心板。每层设圈梁，兼作窗过梁。	中等破坏	教学楼与办公楼连接处墙体断裂；四层楼梯休息平台处墙体有水平缝。教学楼梯四层纵横墙多半拉动，缝隙上宽下窄，最大达6 cm；屋面板松动。少数拐角楼梯横墙有斜裂缝，个别墙段有竖向缝。办公楼单面走廊外墙下口普墙有水平缝。
166	灰堆中学教学楼	（平面图，尺寸标注：630 630、270、390、360、4×900、180×200、100×80、100×200、240×300、1 200、600、900、150×200、330、540 390）	四	3.6 — 7.2 — 10.8 — 14.4	50 — 25 — 25 — 25	冬季施工，房屋两侧和西端有人防通道。钢筋混凝土条形基础，内外墙均36 cm。墙面外抹清水。墙埽。二层，山墙和横墙均24 cm墙埽，一层内墙加24 cm强，四层内墙10号强，四层墙4号强。实测判断断内墙标号，一层山墙25号，三层山墙角4号强，外墙与标号基本相符。预制大梁，空心板楼盖。每层设计圈梁，有3.5 cm厚细石混凝土现浇层。预制大梁现浇圈梁，兼作窗过梁。	中等破坏	一层内纵墙大墙面上有斜裂缝，外纵墙窗下有少量竖裂缝，横墙普遍有斜裂缝或斜向竖裂缝。二层内外墙有斜切裂缝。山墙和横墙有剪切裂缝，楼板松动。三层部分横墙顶和门窗有斜裂缝，板在墙顶错动。四层墙角有八字缝，窗口下有水平缝。沿个别烟道孔有文叉缝。窗口有向上延伸斜裂缝。西端大门两侧墙根部有水平缝。
167	红旗路小学教学楼	（平面图，尺寸标注：540 540 240 530、3×960、980、3×960、215×200、120×80、100×260）	三	3.6 — 7.2 — 10.8	10	1962年建。外墙，门厅和楼梯间横墙37 cm，其余内墙24 cm，用白灰炉渣浆砌筑。楼盖和屋盖均为预制大梁，小肋，现浇5 cm厚细石混凝土吊顶。木渣灰板，钢筋混凝土吊顶。女儿墙高1 m。	中等破坏	底层半数内纵墙和一、二层门厅，楼梯间横墙门窗有斜裂缝，三层门窗角开裂，交叉裂缝。窗口四周与横墙墙体脱开。吊顶四角梁下有吊顶开裂。

（续表8）

房号	房屋名称	平面图/cm	层数	楼层标高/m	砂浆标号	建筑结构	震害程度	震害概况
168	天明西里小学教学楼	类同房号167	三	3.6 / 7.2 / 10.8	4强	建筑布置类同红旗路小学，仅门厅和大楼梯间位置相调换。预制钢筋混凝土槽形板楼屋盖，纵墙承重。预制钢筋混凝土槽形板刨花板吊顶	严重破坏	各层外墙，内横墙和内纵墙的宽裂缝几乎均平斜向或交叉裂缝，三层内墙和墙外墙角的V形缝缝较重
169	北楼小学教学楼		三	3.5 / 7.0 / 10.7	50	1963年建，据场地介绍原是苇塘，地下水位高。毛石基础。外墙37 cm，内墙24 cm，墙面外清水，内抹灰。预制空心板楼屋盖，每层设钢筋混凝土圈梁	轻微损坏	附近有两处喷水冒砂，室外有地面裂缝，室内地面有轻微裂缝。部分墙体有轻微裂缝和基下沉。二层西端预制板缝松动和开裂，门上口有八字缝
170	建筑仪器厂办公楼		三	3.3 / 6.6 / 9.9	10	20世纪50年代建。一、二层外墙和底层横墙37 cm，其余内外墙24 cm，墙面外清水，内抹灰。现浇钢筋混凝土楼盖。屋顶为二坡水硬山搁檩，瓦屋面，吊天棚。二层顶设钢筋混凝土圈梁	基本完好	个别门窗角有细裂缝
171	大沽南路文化局住宅		五	3.0 / 6.0 / 9.0 / 12.0 / 15.0	25弱	1974年建，冬季施工。内外墙一般24 cm，山墙37 cm，卫生间横墙和纵墙部分内纵墙12 cm，墙面外清水，内抹灰。预制空心板楼屋盖	轻微损坏	内纵墙上有明显的宽裂缝，以一层纵墙上有细微斜裂缝，一二层纵墙上有细微斜裂缝，以二层纵墙为最重

在天津市多层砖混结构的房屋中,住宅的震害比中小学教学楼要轻。天津市的 74 通用住宅一般除了门窗角有裂缝外,只是纵向内墙的宽墙面上有斜向或交叉裂缝。教学楼中凡按 7 度设防标准设计和施工的,破坏也较轻微,只有少数内纵墙的宽墙面和教室横墙有细微的斜裂缝。如贵阳路中学教学楼(房号 159),震后损坏轻微,它附近倒塌的多层砖房虽多,但都是 20 世纪三四十年代用海河泥砌筑的强度很低、质量很差的老旧房屋。在 50 年代和 60 年代初建造的一些中小学教学楼,砌筑墙体的砂浆标号偏低、体型复杂,遭到破坏的较多。如严重破坏的天明西里小学教学楼(房号 168),砂浆标号只有 4 号强;中等破坏的天明中学教学楼(房号 164),各层墙体的设计砂浆标号(现场宏观判断见括号中的砂浆标号)见表 9。且该教学楼体型复杂,墙体破坏三层最重,二层次之,横墙远比纵墙严重,尤其是端山墙和错层处。

表 9　天明中学教学楼各层砂浆标号

层次	教室区段				办公室区段
	外纵墙	楼梯间墙	走廊内纵墙	内横墙	
一	100	100	100	50	50(50)
二	50(25 强)	50(25 强)	50	25(25)	25
三	25(25)	25	25	10(北 10 南 25 弱)	10
四	10(25)	10	10	10	10
五	10	10	10	10	—
	(10~25 不均匀)				

在天津市区的软弱土地基上,刚性多层砖房并不像厂房、高柔结构和老旧房屋那样震害加重。如在取得强震记录的天津医院附近,用作居住、办公、教学的刚性多层砖房一般是轻微损坏或基本完好,因地震惯性力而造成明显破坏,只有大沽路住宅区中文化局的一幢五层住宅(房号 171);而西莱园大楼住宅因建于故河道上,被地裂缝穿越房基导致严重破坏,美满一号和美满二号住宅也因地基失效而遭到破坏。

有少数住宅的底层外纵墙在窗台高度出现水平通缝,这是天津市多层砖房震害的一个特点,但在破坏房屋的统计总数中只为极少数,大量的仍然是剪切破坏和因地基失效而导致上部结构的破坏。

4.4　北京市

北京市区的宏观烈度一般为 6 度,多层砖房墙体裂缝大多属构造性裂缝,如门窗口开裂、中小学教学楼的教室通气道或烟道等削弱部位有轻微竖向裂缝。只有个别房屋的墙体出现明显的剪切裂缝,或因局部地基下沉导致一些轻微的震害。

在德胜门—莲花池一带,震害明显加重,为烈度异常区,多层砖房的剪切破坏也较为多见。如马神庙小学、183 中五层教学楼和三里河中学均遭到较重破坏。

在北京市的各类多层砖房中,学校教学楼的震害比较明显,在上述烈度异常区中,教学楼的震害相当普遍。震害最重和最突出的是采用北京市建筑设计院 61-2 小 24 班通用图建造的教学楼。该通用图未考虑抗震设防,主体为四层,层高 4.2 m,西北角部分为五层,底层高 3.7 m,中间层 3.4 m,两部分的顶层均为 4.1 m,并附有单层的锅炉房和传达室,各部分之间无变形缝。建筑平面如图 17 所示。楼屋盖均为预制长向板,一般为纵墙承重,仅东、西两楼梯间东侧的 5 m 开间为横墙承重。外墙厚 37 cm,内墙厚 24 cm,底层砌筑砂浆内墙为 100 号,外墙垛每隔 5 皮砖配 $\phi4$ 钢筋网一层,上层砌筑砂浆除外墙垛外均降至 25 号。上述马神庙小学和景山学校教学楼均采用该通用图(景山学校仅将锅炉房通长布置在②~④轴之间)。震害的特点有三:第一,⑥轴的破坏最明显,尤其是 CE 山墙段,景山学校仅此墙有明显剪切裂缝,马神庙小学此墙破坏最重,图 18 为该墙段各层的裂缝分布图。第二,教室横墙的斜向或交叉裂缝,上层重、底层轻,楼梯间横墙的裂缝,一、二层为重。第三,从马神庙小学的震害中还可看到,不承楼板重的山墙外闪,墙板间拉开,也以⑥轴最为严重,拉开达 3~4 cm。

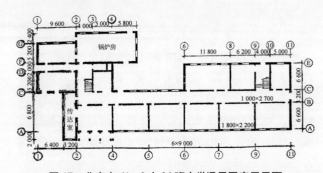

图 17　北京市 61-2 小 24 班小学通用图底层平面

北京市少数几幢高层砖住宅(八、九层),总高度在 20 m 以上,均不在烈度异常区,震害较轻,且比同样高度的内框架住宅要轻,只有少数门上口墙体有裂缝,屋顶板与墙体间稍有水平错动,可见墙板间和板间的微细裂缝。

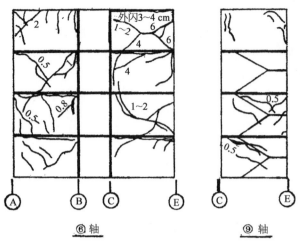

照片 20　唐山市第一招待所
五号楼纵墙垛震害

图 18　北京市马神庙小学横墙裂缝图

在北京市属建房标准较低的二、三层空斗墙住宅，震害较轻，多为震前旧有问题的发展，且主要表现在屋顶层，如钢木小屋架推动檐墙外闪引起顶层墙体裂缝加大。在这次地震中，未见北京市的空斗墙房屋因墙体抗震强度不足而开裂的。

5　多层砖房的震害特征

由震害资料可见，刚性和非刚性多层砖房的震害现象和特征有明显差异；在软土地基上的多层砖房，震害又有其特点；震后多层砖房的自振特性也有一定的变化。

5.1　刚性多层砖房的震害特征

对刚性多层砖房，从墙体开裂到房屋倒塌，有剪切型破坏和倾覆型破坏两种。

5.1.1　剪切型破坏

多层砖房在唐山地震中的震害大多是剪切型破坏，有三种形式：

（1）主拉应力的剪切破坏。一般是先在墙体上出现斜向或交叉裂缝，进而滑移、错位、破碎、散落，直至丧失承受竖向荷载的能力而坍塌。倒塌的房屋墙体散落四周，楼屋盖像薄饼那样叠落在一起，且侧移不大。破坏大致可分为四个阶段：开裂—滑移—碎落—压塌。照片 20 是唐山市第一招待所五号楼纵墙垛的震害，显示了这种剪切破坏的特征。

（2）水平剪切破坏。沿砖砌体的灰缝先出现水平通缝截面的裂缝，然后滑移和错动。破坏的位置通常在楼屋盖的梁板附近，也有发生在砖砌体之间的。这种破坏的进一步加剧有导致部分预制板抽落的现象。

（3）弯剪破坏。裂缝形式也为水平缝，发生在墙

照片 21　皂家店唐山市 42 中学教学楼纵墙垛弯剪破坏

体的上下两端，并往往伴有受压区的崩裂。这种破坏一般发生在细高的窗间墙和门间墙上（照片 21）。

5.1.2　倾覆型破坏

唐山地震中，有不少刚性多层砖房是在整体连接遭到破坏后倾覆的。破坏过程先是在外纵墙与横墙之间拉裂，裂缝上宽下窄，进而墙体外倾，最终失稳而致倒塌。这种破坏多半只是外纵墙倾倒，但也有在外纵墙倾倒后，继而横墙也在出平面外倾倒，楼板压在横墙上的震例。破坏大致可分为三个阶段：拉裂—外倾—倾倒。

5.2　非刚性多层砖房的震害特征

非刚性多层砖房的破坏形式主要为弯曲型。其破坏特征表现为房屋在横向出平面外的弯曲，先在墙体出现通长的水平弯拉裂缝，裂缝的位置一般在离楼板面不远处或窗下口，在受压面上也可能有压崩；破坏严重者，进而墙体外倾，导致房屋倾倒，倾倒房屋的墙体和楼屋盖折向一侧。弯曲破坏通常发生在房屋的顶层，且房屋的中段往往要比有刚性山墙的两端

严重。这类破坏在采用木屋盖的房屋中最为常见。弯曲破坏大致也可分为三个阶段：弯裂—外倾或倾折—倾倒。

5.3 软土地基上的多层砖房震害特征

唐山地震时，有的多层砖房由于建筑场地的破坏导致上部结构的震害。如唐山市陡河沿岸，有些地裂缝穿越房基，使墙体出现竖向和斜向裂缝，严重者局部倒塌。天津市建于故河道上的西菜园大楼住宅，整幢房屋从下到上劈裂，最大缝宽30~40 cm。这种裂缝一般是下层宽、上层窄。建在软土地基上的多层砖房除由地表明显的破坏所致外，还有下列震害现象和特征。

5.3.1 房屋倾斜

在天津塘沽新港地区，多层砖住宅的震陷现象极为明显，如震前两年建造的望海楼住宅区，三层的一般震陷量为15~20 cm，四层的近30 cm；房屋的倾斜率由震前的1.2‰~3.4‰增加到2.4‰~6.9‰。汉沽区政府办公楼下沉30 cm，宁河交通局办公楼下沉6~7 cm，这两幢房屋的正门门廊顶板都向里倾斜，廊柱上端开裂。

5.3.2 纵墙上产生有规则的斜裂缝

如滦县水电局办公楼（房号127），房屋中段三层部分沉降较多，外纵墙的斜裂缝在墙面上呈八字形（图19）。又如唐山钢铁公司钓鱼台住宅（房号76），南面两幢的地基均两端下沉，致使两端单元外纵墙都有斜裂缝，裂缝方向都由外端向里斜向下方，外纵墙面上的裂缝呈倒八字形。这类裂缝一般下层比上层宽。

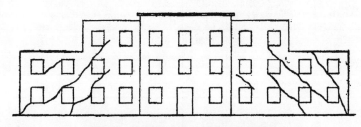

图19 滦县水电局办公楼外纵墙裂缝图

5.3.3 整幢房屋沿纵轴竖向掰裂，上层裂隙比下层宽

如唐山钢铁公司招待所（房号81），外纵墙的震陷甚为严重，且震后逐日加重，整幢房屋沿纵轴上下裂通，裂缝上宽下窄，在震后10个月测得的内纵墙与居室地面之间的缝宽为1.5 cm，二、三和四层内纵墙与居室楼板之间的缝宽分别为8 cm、11 cm和15 cm。该招待所底层外纵墙的交叉缝，地震后裂缝细微，过了10个月，窗间墙已松散欲坍，横墙的斜裂缝，下层比上层重，都是从靠外纵墙的上角斜向下方的，底层山墙上的两条斜裂缝由外向里，呈倒八字形。

5.3.4 外纵墙的水平裂缝

在天津市的多层砖房中，有十多幢住宅的底层外纵墙在窗台高度出现水平通缝。比较典型的如台北路2号煤建住宅，底层的外纵墙沿窗台高度有通长的水平通缝，并在同一高度向横墙延伸一段，然后斜向地面。再如佟楼的土产公司住宅，为墩式建筑，也有这类破坏。

5.4 受震后的房屋动力特性

对唐山和秦皇岛两地不同震害的18幢多层砖房测定了自振特性，实测是在震后10个月用脉动仪进行的。激振源为风脉动和微型火箭推力筒。

5.4.1 自振周期

实测结果列在表10中。用脉动法和微型火箭推力筒所测得的数值相差很小。遭受地震破坏的房屋周期显著增长，破坏程度愈严重，周期增长愈多，且房屋越高，周期的相对增长值也越大。一般的两层砖房在遭到严重破坏后，自振周期约增长40%，六层的增长接近80%。

5.4.2 阻尼

受震房屋的阻尼比是根据火箭推力筒冲击房屋后产生的自由衰减振动的记录，量测其振幅的递减量算得，其值也列在表10中。图20绘出了三个典型的测量记录。实测结果表明：阻尼比随墙体的截面面积与建筑面积之比的增大而增大；受主拉应力剪切破坏的房屋，震害的严重程度对阻尼比的影响不大；房屋的不同破坏形式对阻尼比的影响较为明显，以竖向裂缝为主的房屋阻尼比减小，以水平裂缝为主的房屋阻尼比增大。

5.4.3 基本振型

实测11幢受震后的多层砖房基本振型，其结果绘在图21中。实测资料表明，多层砖混结构的房屋，即使遭受严重破坏，用脉动法测得的基本振型与震前类同，一般仍以剪切变形为主。采用木屋盖的房屋，顶层的位移要比采用钢筋混凝土屋盖的房屋大得多，形状近于呈弯曲变形。

表 10　实测多层砖房周期和阻尼

地点	房屋编号	房屋名称	房屋高度/m	墙体与建筑面积比/%	周期/s 横向 脉动	周期/s 横向 冲击	周期/s 纵向 脉动	阻尼 λ ($\lambda = \dfrac{1}{n}\ln\dfrac{A_0}{A_n}$)	阻尼比 ε ($\varepsilon = \dfrac{\lambda}{2\pi}$)	震害
唐山	13	煤研所东二住宅	9.90	6.39	0.25	0.25	0.37	0.274	0.044	严重破坏
	40	文化楼住宅(之三)	9.75	7.79	0.28	0.24	0.28	0.510	0.081	水平裂缝严重破坏
	44	休干所丁型住宅(之二)	7.03	7.34	0.17	0.17	0.18	0.360	0.057	中等破坏
	44	休干所丁型住宅(之三)	7.03	7.34	0.20	—	0.17	—	—	严重破坏
	49	外贸局办公楼	13.65	6.08	0.44	0.45	0.38	0.216	0.034	严重破坏
	57	跃进楼迁建住宅	8.70	8.69	0.31	0.31	—	0.279	0.044	竖向裂缝严重破坏
	63	启新水泥厂灰楼住宅	9.20	9.14 / 5.03	0.13 / —	0.13 / 0.17(纵)	0.16	0.321 / 0.236	0.051 / 0.038	轻微损坏
	65	开滦三中南教学楼	7.10	2.79	0.20	0.20	—	0.152	0.024	严重破坏
	66	开滦三中北教学楼	7.10	2.57	0.18	0.18	—	0.137	0.022	中等破坏
	70	27中新教学楼	10.80	3.42	0.34	0.35	0.36	0.144	0.023	严重破坏
	75	市建住宅	12.10	9.16	0.35	0.38	0.53	0.122	0.019	竖向裂缝严重破坏
	89	建陶办公楼	13.50	6.37	0.42	0.40	0.45	0.294	0.047	严重破坏
	90	建陶单身宿舍	7.10		0.19	—	0.29	—	—	基本完好
秦皇岛	144	设计处办公楼	10.80	5.07	0.31	0.31	0.28	0.257	0.041	中等破坏
	150	秦铁小学	7.20	3.43	0.17	0.20	0.17	0.195	0.031	轻微损坏
	153	航务三中	11.25		0.24	—	0.24	—	—	轻微损坏
	154	汤河三层住宅	9.40		0.22		0.23	—	—	轻微损坏
	155	汤河四层住宅	12.70		0.31		0.32	—	—	轻微损坏

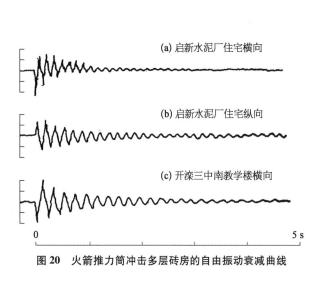

(a) 启新水泥厂住宅横向

(b) 启新水泥厂住宅纵向

(c) 开滦三中南教学楼横向

图 20　火箭推力筒冲击多层砖房的自由振动衰减曲线

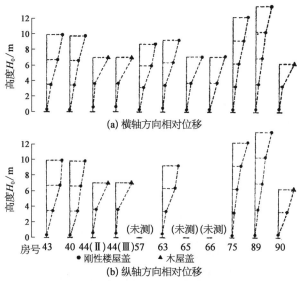

(a) 横轴方向相对位移

(b) 纵轴方向相对位移

图 21　唐山多层砖房实测基本振型(房号同表 1)

1–7 多层砖房的震害概率[*]

杨玉成　杨　柳　高云学　杨雅玲

1 引言

本文用统计分析的方法给出了多层砖房的宏观震害概率、砖墙体的破坏概率和房屋的倒塌概率。并以此为基础,提供了多层砖房抗裂抗倒设计计算的有关参数。还通过对现有多层砖房抗震能力的估计,指出按目前抗震规范设计的五六层砖混结构房屋在 7 度区的设防标准偏低。

2 宏观震害概率

多层砖房的震害程度一般分为六类:基本完好、轻微损坏、中等破坏、严重破坏、部分倒塌和全毁倒平。相应的震害指数分别为 0、0.2、0.4、0.6、0.8、1.0。按地点或按幢数统计的宏观震害概率分别列于表 1,两者无明显的差异。图 1 绘出了平均震害程度与烈度的统计关系。

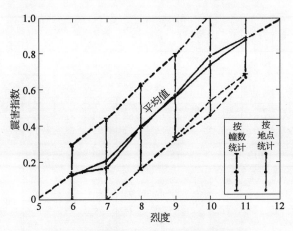

图 1 多层砖房在不同烈度区的震害程度

3 砖墙体的破坏概率

对于刚性多层砖房,我们用墙体抗震强度系数作为统计特征值(见《土木工程学报》1982 年 15 卷 1 期,本书 1–3 文)。在统计中将震后良好的墙体记作事件

A,破坏的墙体为 $\bar{A}$,墙体抗震强度系数大于临界值 K_0 的墙体记作事件 B,小于的为 $\bar{B}$,进而计算四个条件概率:$P\{B|A\}$——良好的墙体中抗剪强度系数大于 K_0 值的概率;$P\{\bar{B}|\bar{A}\}$——破坏的墙体中抗震强度系数小于 K_0 值的概率;$P\{A|B\}$——抗震强度系数大于 K_0 值的墙体中确实良好的概率;$P\{\bar{A}|\bar{B}\}$——抗震强度系数小于 K_0 值的墙体中确实破坏的概率。从各地的墙体抗震强度和震害的关系算得的条件概率列于表 2。条件概率的大小与 K_0 的取值相关,表中每一烈度取 6 个 K_0 值。

以震害概率为基础进行多层砖房墙体的抗震分析(设计或震害预测)时,墙体抗裂设计地震荷载系数若取不同的 K_0 值,相应的良好与破坏的概率便随之变化。以 7 度为例,当分别取 K_0 为 0.19、0.17、0.15、0.13、0.12 和 0.08 时,抗震强度系数大于 K_0 的墙体中确实良好的概率 $P\{A|B\}$ 分别为 1.0、0.99、0.98、0.95、0.93 和 0.86,而破坏的墙体中,抗震强度系数小于 K_0 的概率 $P\{\bar{B}|\bar{A}\}$ 分别为 0.98、0.95、0.90、0.73、0.61 和 0.14。这表明,当 K_0 取为 0.15 及其以上时,$P\{A|B\}$ 和 $P\{\bar{B}|\bar{A}\}$ 这两个概率均是令人满意的;当 K_0 为 0.13 或 0.12 时,概率下降;当 K_0 取为 0.08 时,$P\{\bar{B}|\bar{A}\}$ 很低,也就是说满足现行抗震规范 7 度设计要求的墙体绝大多数是开裂的。用 $P\{A|B\}$ 和 $P\{\bar{B}|\bar{A}\}$ 来反映结构的安全程度,当设计地震荷载系数取值越大,这两组概率也越大,即越安全。同时,抗震设计的经济性可用另外两组概率来反映。也以 7 度为例,当 K_0 取为 0.19、0.17、0.15、0.13、0.12 和 0.08 时,则良好的墙体中,抗震强度系数大于 K_0 的概率 $P\{B|A\}$ 分别为 0.63、0.71、0.83、0.91、0.95 和 1.0,抗震强度系数小于 K_0 的墙体中,确实破坏的概率 $P\{\bar{A}|\bar{B}\}$ 分别为 0.39、0.44、0.55、0.66、0.70 和 0.92。由这两组数值可见,7 度区按规范取 K_0 值较经济,而取 0.15 时预测为破坏的墙体中,有近半数将是不破坏的。

本文出处:《地震工程动态》,1984 年 12 月,25–29 页。

[*] 本文所述抗震强度系数和地震荷载系数均按 TJ 11—1974 规范计算,如按 TJ 11—1978 规范,均须乘以 1.25。

表 1　多层砖房宏观震害概率

震害程度	平均值 M(%)／变异系数 Q	按幢数统计						按地点统计					
		烈　度						烈　度					
		6	7	8	9	10	11	6	7	8	9	10	11
基本完好	M	47.0	40.7	14.8	1.6	0.6	0.3	52.9	41.0	12.2	1.4	0.4	0.3
	Q	0.13	0.16	0.34	1.1	1.4	3.7	0.2	0.39	0.56	1.2	1.9	3.7
轻微损坏	M	37.6	39.9	16.1	7.8	5.6	1.5	32.8	27.6	18.9	10.1	10.5	1.6
	Q	0.09	0.15	0.50	1.9	1.4	2.4	0.25	0.33	0.49	1.7	1.4	2.6
中等破坏	M	11.4	15.1	36.2	30.7	6.7	4.7	11.8	17.3	34.5	28.9	9.2	5.6
	Q	0.23	0.15	0.29	0.46	0.94	2.0	0.70	0.30	0.28	0.55	0.96	2.0
严重破坏	M	4.0	4.0	27.5	37.5	19.9	11.7	2.4	13.0	25.9	37.3	20.4	11.5
	Q	0.37	1.4	0.31	0.54	0.34	0.78	0.90	0.62	0.31	0.52	0.38	0.87
部分倒塌	M	0	0.3	4.0	9.3	18.8	12.1	0	1.1	7.5	11.0	16.4	11.9
	Q		4.5	1.9	0.64	0.52	0.64		2.0	1.6	0.7	0.67	0.79
全毁倒平	M	0	0	1.3	13.1	48.4	69.7	0	0	1.0	11.3	43.1	69.1
	Q			1.6	0.83	0.34	0.34			2.0	0.95	0.59	0.41
震害指数	平均值	0.14	0.17	0.39	0.57	0.79	0.89	0.13	0.21	0.40	0.56	0.74	0.88
	标准差	0.16	0.17	0.23	0.23	0.25	0.20	0.16	0.22	0.23	0.23	0.28	0.21
	变异系数	1.1	1.0	0.59	0.41	0.31	0.23	1.2	1.0	0.57	0.41	0.37	0.23
统计数量		4 357	1 147	149	450	341	952	6	5	5	9	9	15

表 2　多层砖房墙体震害概率

单位：%

项　目		内　容															
烈　度		7						8					9				
地　点		乌鲁木齐	天津	昌黎	阳江	平均	综合	滦县	东川	海城	平均	综合	华子峪	范各庄	牌楼	卑家店	平均	综合
1	K_0	0.08						0.16					0.26					
	$P\{B\|A\}$	100	100	100	100	100	73	97	99	100	99	67	84	85	93	89	88	73
	$P\{\bar{B}\|\bar{A}\}$	11	35	2	7	14		2	39	45	29		71	50	50	57	57	
	$P\{A\|B\}$	80	92	90	80	86		95	55	63	71		67	68	46	81	66	
	$P\{\bar{A}\|\bar{B}\}$	92	100	75	100	92		4	99	100	68		86	72	93	73	81	
2	K_0	0.12						0.19					0.30					
	$P\{B\|A\}$	88	94	97	100	95	80	94	98	98	97	76	78	70	85	83	79	80
	$P\{\bar{B}\|\bar{A}\}$	83	90	29	43	61		48	52	67	56		96	74	88	67	81	
	$P\{A\|B\}$	95	99	92	86	93		97	61	73	77		93	78	76	84	83	
	$P\{\bar{A}\|\bar{B}\}$	65	66	50	100	70		30	97	98	75		87	66	93	67	78	
3	K_0	0.13						0.22					0.32					
	$P\{B\|A\}$	76	91	95	100	91	81	91	93	98	94	86	75	67	85	76	76	80
	$P\{\bar{B}\|\bar{A}\}$	98	94	50	50	73		92	75	91	86		96	82	89	74	85	
	$P\{A\|B\}$	99	99	95	88	95		100	74	91	88		93	83	78	85	85	
	$P\{\bar{A}\|\bar{B}\}$	53	58	54	100	66		35	93	98	75		85	66	93	61	76	
4	K_0	0.15						0.23					0.33					
	$P\{B\|A\}$	65	80	89	98	83	82	89	74	95	86	83	75	64	82	73	74	82
	$P\{\bar{B}\|\bar{A}\}$	100	98	82	79	90		96	76	96	89		96	88	94	78	89	
	$P\{A\|B\}$	100	100	98	94	98		100	70	96	89		93	87	87	87	89	
	$P\{\bar{A}\|\bar{B}\}$	44	38	46	92	55		30	79	95	68		85	66	92	60	76	

（续表2）

项目		K₀	0.17						0.24					0.37					
5		$P\{B\vert A\}$	49	62	78	95	71	77	83	73	90	82	82	47	54	42	62	51	77
		$P\{\bar{B}\vert\bar{A}\}$	100	99	87	93	95		96	81	98	92		100	97	97	89	96	
		$P\{A\vert B\}$	100	100	98	98	99		100	75	97	91		100	96	87	92	94	
		$P\{\bar{A}\vert\bar{B}\}$	35	25	31	84	44		22	80	91	64		73	63	78	54	67	
		K₀	0.19						0.26					0.40					
6		$P\{B\vert A\}$	37	50	72	92	63	75	75	67	55	66	77	20	52	9	54	34	73
		$P\{\bar{B}\vert\bar{A}\}$	100	99	95	100	98		100	87	99	95		100	100	100	94	98	
		$P\{A\vert B\}$	100	100	99	100	100		100	79	98	92		100	100	100	94	98	
		$P\{\bar{A}\vert\bar{B}\}$	30	20	28	78	39		17	77	72	55		64	62	70	49	61	

表3　10、11度区多层砖房倒塌概率　　　　单位：%

地点	条件概率	楼层墙体平均抗震强度系数临界值(K_{i0})												
		0.15	0.16	0.17	0.18	0.19	0.20	0.21	0.22	0.23	0.24	0.25	0.26	0.27
唐山市区北部(10)	$P\{B'\vert A'\}$	100	91	83	83	74	65	57	57	57	39			
	$P\{\bar{B}'\vert\bar{A}'\}$	44	44	44	60	92	92	92	96	96	100			
	$P\{A'\vert B'\}$	62	60	58	63	89	88	87	93	93	100			
	$P\{\bar{A}'\vert\bar{B}'\}$	100	85	73	79	79	74	70	71	71	64			
	综合	76	70	64	71	84	80	76	79	79	76			
唐山市中心区(11)	$P\{B'\vert A'\}$	100	99	99	99	99	99	99	98	97	91	82	74	72
	$P\{\bar{B}'\vert\bar{A}'\}$	38	48	55	58	67	78	79	87	94	96	99	99	100
	$P\{A'\vert B'\}$	50	54	58	60	66	74	75	83	91	93	99	99	100
	$P\{\bar{A}'\vert\bar{B}'\}$	100	99	99	99	99	99	99	98	98	94	90	86	85
	综合	72	75	78	79	83	80	84	88	92	95	94	92	90

K_0 的取值应根据经济和安全综合决策，在表2中作为决策分析的一个特例，以两者等权列出综合值，即四个条件概率的平均值。当7、8、9区 K_0 取统计分析的中值0.15、0.22和0.33时，条件概率的综合值较高，分别为0.82、0.86和0.82；而 K_0 按现行规范取值，7、8度的综合值较低。

4　多层砖房的倒塌概率

从宏观震害概率可见，在7、8度区倒塌的多层砖房只占总数的0.3%和5.3%，9度区不到1/4，而在10、11度区，多层砖房的倒塌则是大量的。对刚性多层砖房的倒塌，在10、11度区仍进行统计分析，用楼层墙体平均抗震强度系数 K_i 作为统计特征值，若倒塌临界值 K_{i0} 取一系列的数值，K_{i0} 的最大值取到了考虑安全的两个条件概率($P\{A'\vert B'\}$——楼层墙体平均抗震强度系数大于 K_{i0} 的房屋确实不倒塌的概率和 $P\{B'\vert A'\}$——倒塌的房屋中楼层墙体平均抗震强度系数小于 K_{i0} 的概率)均达到1.0，而 K_{i0} 的最小值也取到了考虑经济的

两个条件概率($P\{B'\vert A'\}$ 和 $P\{\bar{A}'\vert\bar{B}'\}$)均达到1.0。表3列出了唐山市10、11度区中，Ⅱ类地基土上多层砖房的这四个条件概率。对于10度区，通海地震中曲溪的多层砖房当 $K_{i\min} \geq 0.218$ 时，均没有倒塌，这可作为表3中10度区多层砖房在 $K_{i0} \geq 0.21$ 时具有90%以上不倒塌概率的一个检验。

对7、8、9度区的刚性多层砖房，虽尚无足够的资料从震害和抗震强度的关系得出像10、11度区那样一系列的倒塌概率，但也可得到某些特定情况的倒塌概率。在7度区，进行抗震强度计算的刚性多层砖房无一倒塌，当 K_i 等于或略大于0.06时，震害程度为严重破坏。由此推断，当 $K_i \geq 0.06$ 时，在7度区的倒塌概率接近于零。

8度区中进行抗震强度计算的多层砖房 K_i 值除倒塌的海城招待所配楼底层横墙为0.079外，均大于0.08，其中 $K_i < 0.12$ 的房屋破坏相当严重。由此估计，当 K_i 为0.09~0.12时，在8度区的倒塌可能为小概率值，当 $K_i \leq 0.08$ 时，倒塌概率可能已相当可观。在

唐山地震的 9 度区，统计表中倒塌的多层砖房有 101 幢，其中 2/3 是在邻近 10 度区的林西和唐家庄两地。但缺乏进行统计分析所必备的资料。在 9 度区中有资料可进行计算的华子峪、牌楼、范各庄和卑家店这四个地点，建于一般土层上的多层砖房当 $K_i \geqslant 0.17$ 时，倒塌概率为零，而从个别的受震房屋估计，当 K_i 近于 0.14 时，可能出现倒塌小概率值。但峨山的有关资料表明，建于不良填土地基上的多层砖房，即使 K_i 达到 0.19，也发生倒塌。

5 抗裂抗倒设计

若多层砖房的抗震设计按抗裂抗倒双重设防准则进行，验算楼层平均墙体抗震强度时，设计地震荷载系数在 7、8、9 度区分别取为 0.15、0.22 和 0.32，则当遭遇到相当于设计烈度的地震影响时，整幢房屋便不出现中等及中等以上程度的破坏，其安全概率 7 度在 0.90 以上，8、9 度在 0.85 以上。且当基本烈度为 5、6 度时要求 K_i 值分别不小于 0.06 和 0.10。这样便隐含着当遭到高于设计烈度 2 度的大震影响时，可能倒塌的概率为，7 度时接近于零，8、9 度时为小概率值，10 度时不超过 10%，即一般说来不发生倒塌现象。如果设防准则中抗裂设计的安全概率和隐含的不倒塌概率可以降低，则设计地震荷载系数值也可相应减小。当然，多层砖房的抗震设计应从强度和构造措施两方面来考虑，这里仅在构造措施得到保证的前提下，涉及强度问题。

6 现有多层砖房抗震能力的估计

图 2 为唐山、安阳、辽宁三地多层砖房楼层墙体平均抗震强度系数频次累积分布曲线。其中唐山地震区的大多未考虑抗震设防；安阳的只少数经抗震设计；辽宁的为锦州、丹东、大连三市的典型住宅，大多为海城地震后按 7 度设计。若按上述建议的安全概率，从图 2 得到的各地多层砖房墙体抗震强度不满足抗裂要求的楼层百分数列于表 4。由图和表可见，当遇有 7 度地震时，辽宁横墙的破坏比唐山要

少，但纵墙要多；8、9 度时，辽宁的破坏都将比唐山的严重。显然，这与房屋的总层数有密切的关系，统计房屋的平均层数，唐山地震区为 2.92 层，安阳为 3.37 层，辽宁为 5.03 层。同时，由于规范允许对非承重纵墙抗震强度的要求可降低 1/3，导致辽宁新建住宅中纵向墙体平均抗震能力明显地较横向弱。对辽宁按 7 度设防的六层标准住宅 1978 辽住-1 和辽住-2，预测的各烈度下的震害程度均高于我国多层砖房宏观震害程度平均值。由此可见，按现行抗震规范 7 度设计的五六层砖房，总的来看砖墙体抗震能力还不如过去未设防的二三层刚性砖房的平均抗震能力，这表明我国现行的抗震设计规范对 7 度区的这类多层砖房的设防标准偏低。

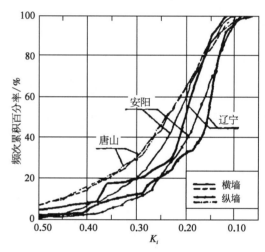

图 2　多层砖房楼层墙体平均抗震强度

表 4　墙体抗震强度不满足抗裂要求的楼层数　单位：%

地 点	墙 体	烈 度		
		7	8	9
唐 山	横	14	42	74
	纵	16	41	73
安 阳	横	14	51	83
	纵	32	69	91
辽 宁	横	10	64	82
	纵	40	72	89

1-8 寒冷地区砖结构房屋地震破坏
特征和减轻震害的措施

高云学　杨玉成

1 引言

我国有许多地震区分布于东北、青藏高原、天山、阿尔泰山及祁连山等冻土区。冻土地区在地表冻结深度达到一定厚度时,刚性多层砖房的地震震害加剧。人们对冻土地区房屋的严重冻害现象早已给予关注,但对冻土区特殊的地震震害现象尚未引起足够重视。

因此,探讨冻土地基对房屋地震震害的影响和研究冻土上的房屋抗震措施,对减少我国冻土地震区地震伤亡和经济损失有着重大的现实意义。

2 冻土上建筑物的地震震害特征

1986年隆冬季节,在我国黑龙江省德都县先后发生了两次5级以上地震。冻深近3m,其震害的主要特点是刚性结构房屋比柔性结构房屋的震害明显严重。比如,震中的沾河林业局有7幢三层刚性砖混结构楼房,2幢中等破坏,5幢严重破坏。其山墙和承重横墙普遍出现典型的交叉裂缝或斜裂缝,并产生滑移错位。横墙上的裂缝与楼盖预制混凝土楼板间的裂缝连通,墙体裂缝最宽达1.0cm。许多横墙与内外纵墙间产生竖向裂缝,最大宽度也大于1.0cm。许多楼盖预制板间出现裂缝,预制板向外纵墙方向窜动,与内纵墙根部形成大于3cm的裂缝。外纵墙在窗台下产生水平裂缝。楼板在靠近外纵墙的位置连同上下层墙体产生的裂缝所造成的楔形块体向室外滑移,致使外纵墙在一、二层之间的楼盖位置外鼓。局部凸出的四楼会议室西山墙的震害现象尤重。

单层砖木结构房屋部分隔墙倒塌,分户墙碎裂,纵横墙间产生竖向裂缝,山墙尖倒塌,屋顶小烟囱大量倒塌。各类结构房屋均未见因地基失效产生的震害。

土木结构多系使用15年以上的老旧房屋,有的已属危房,大多为简易木栀架或木柱木屋架、草顶或瓦顶

房屋。然而这类房屋震害很轻,除火墙与小烟囱的震害和砖木结构大致相同外,一般仅在窗角出现有八字或倒八字裂缝,墙包柱处墙体产生轻微的竖向裂缝,主体结构很少见有严重破坏。空旷房屋和砖墙(柱)承重的厂房除个别外,很少有明显震害。

同年8月16日,上述地区又发生两次5级以上地震,震级比冬季时的大,但与冬季发生地震的震害特征截然相反。除部分出屋顶小烟囱倒塌、破坏外,刚性的多层砖房和单层砖木平房基本上没有产生新的严重震害,许多即使原已产生破坏尚未完全修复的刚性结构房屋,其震害也没发展。而冬季震害很轻的木架围护墙结构平房,震害却较重,尤其是位于沼泽地附近的这类房屋,大量濒于倒塌。有些房屋出现因地基不均匀沉陷产生的震害。

3 冻土地基上房屋地震震害特征原因的探讨

隆冬季节的沾河林业局,冻结线达2.8~3.0m,地表形成厚而硬的冻土层。其有利的一面是冻土层有较高的强度和承载能力,所以不论是Ⅱ类地基土或沼泽地上,都不致产生不均匀沉陷导致房屋破坏。但沾河位于震中区,地震动的高频成分较强,而最重要的是冻土层对震动频谱形状有明显的影响,使原来的地面卓越周期相对变短。

为探讨冻土层地面卓越周期对房屋震害的影响,我所于1986年3月30日凌晨1时对沾河林业局招待所附近的地表土层进行了地脉动测量,此时的沾河地区大地尚未化冻。所测地脉动的功率谱如图1所示。可见,该场地脉动有两个较大的谱峰,其最大峰频为5.4Hz(相当于周期0.18s),第二峰频约4.5Hz(相当于0.22s),在0.22~0.32s处,频峰也较丰富。谱图上的高峰值即表示能量强。一般场地脉动的谱效应与地震波是一致的。这种振动周期恰好与二、三层砖房屋

本文出处:《东北地震研究》,1989年9月,第5卷第3期,71-76页。

的自振周期相合或接近,使房屋引起共振或类共振,加剧了二、三层砖房屋的震害。空旷房屋和土木结构草泥房的周期较长,因而不致引起共振。相反,在夏季,表土化冻,周期就增大,特别是沼泽地邻近的木架草泥房,多数濒临倒塌。

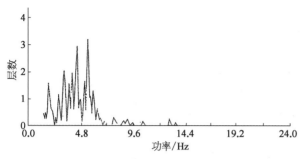

图1 沾河林业局招待所附近地脉动功率谱

4 冻土上的刚性房屋应采取的抗震措施

显然,在解决冻土地基上房屋的抗震问题时,除了考虑在正常情况下房屋将受到的地震荷载外,还必须考虑冻土地区因季节变化引起的地面卓越周期改变和地表土层对地震动的放大作用给各种建筑物带来的不同危害,尤其是冻土地基给刚性房屋带来的危害。只用传统方法提高结构自身的抗震能力是不经济的。为此,我们提出以"隔震砂层"来防止或减轻地震时建筑物上部结构的非弹性变形,以提高结构的抗震能力,并减轻地震震害。

隔震砂层措施即在房屋的基础梁与房屋墙根部特设的钢筋混凝土圈梁之间铺设一道经过处理的砂层。该砂层将把上部结构与基础隔开。当地震动达到一定强度时,上部结构沿砂层开始滑动,且使结构自振周期突然改变,从而减小其结构反应。它的好处是把变形主要限制在隔震层上,能较准确地控制传到结构上的最大地震力,提高地震作用下结构的安全度。尤其可使砖结构这种廉价的脆性结构通过隔震措施用于高烈度区。

一系列模型试验的结果表明,这种措施是有效的。图2为单层砖房模型在单水平向模拟地震振动台上,

当输入相同的 EL Centro 地震波时有隔震砂层和无隔震砂层的结构加速度反应的比较。由图可见,有隔震砂层时,结构加速度达 $0.4g$ 左右即因上部结构沿隔震砂层滑动便不再增加,因而保护了上部结构不受地震力的破坏。而无隔震砂层,结构加速度反应值随台面加速度的提高继续提高,直至破坏。

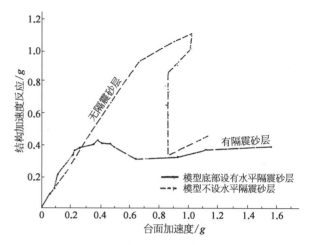

图2 有隔震砂层和无隔震砂层的单层砖模型房屋输入 **EL Centro** 地震波屋顶加速度反应值的比较

5 结语

通过对寒冷地区地震震害调查、现场实测和实验室模拟地震振动台上抗震措施的试验研究,可以得出以下两点看法:

(1)寒冷地区的冻土地基加剧了刚性结构物的地震震害,这主要是因为冻土地基较其在夏季时的卓越周期变短,与刚性结构房屋的自振周期相接近,引起共振或类共振所致。

(2)"隔震砂层"隔震措施是减轻寒冷地区冻土上刚性结构地震震害的有效方法之一。其性能持久稳定,不需维修,不妨碍建筑物的正常使用,也不占用使用空间,因而是很经济的。

对沾河林业局、松花江林管局基建处、工程力学研究所振动测试室的白玉麟、李金骥、安绍思等同志的密切配合和协同工作,作者深表谢意。

1-9 冻土层对多层砖房动力特性的影响(概要)*

邱玉洁 杨玉成 刘鸿绪

通过对不同冻土层厚度上多层砖房微幅振动的检测,利用时域和频域识别方法,研究了冻土层厚度对多层砖房固有频率(平移和扭转)振型和阻尼的影响。

通过对多层砖房在不同地质条件下不同冻土冻层和融层厚度情形实测结果的分析,得出以下结论:

(1) 多层砖房的平移振动频率和扭转振动频率随冻层加厚而逐渐增大,随融层加厚逐渐减小。各种冻层厚度情况下与无冻层情形相比,平移第一自振频率(包括纵向和横向)增大 0.3~0.5 Hz,平移第二自振频率(包括纵向和横向)增大 2~4 Hz,扭转频率增加 0.2~0.7 Hz。粉质黏土地基冻层最深时,纵向频率增大 14.6%;砂砾地基冻层最深时,纵向频率增大6.93%;细砂地基冻层最深时,纵向频率增大 6.0%。

(2) 多层砖房第一平移振动频率和扭转频率的阻尼随冻层加厚而增大,随融层加厚而阻尼减小。结构的纵向平移振动阻尼最大变化 1.83 倍,横向平移振动阻尼最大变化 2.79 倍,扭转振动阻尼最大变化 4.2 倍。

(3) 多层砖房随冻层加厚,振动幅值减小,频率升高,结构刚度加大,振型的曲率减小。从图1能直观地看出冻深和冻融对结构振型的变化状态。

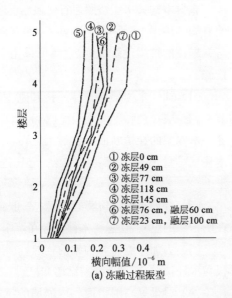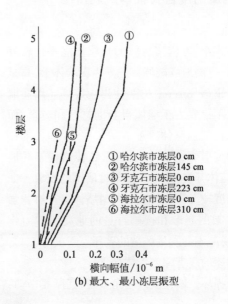

① 冻层 0 cm
② 冻层 49 cm
③ 冻层 77 cm
④ 冻层 118 cm
⑤ 冻层 145 cm
⑥ 冻层 76 cm,融层 60 cm
⑦ 冻层 23 cm,融层 100 cm

(a) 冻融过程振型

① 哈尔滨市冻层 0 cm
② 哈尔滨市冻层 145 cm
③ 牙克石市冻层 0 cm
④ 牙克石市冻层 223 cm
⑤ 海拉尔市冻层 0 cm
⑥ 海拉尔市冻层 310 cm

(b) 最大、最小冻层振型

图1 结构振型图

本文出处:《世界地震工程》,1996 年 11 月,第 12 卷第 4 期,51-54 页。

* 本文研究项目属国家自然科学基金资助项目。

1-10 农村建筑抗震综述

杨玉成

1 引言

我国幅员辽阔,地震区农村建筑的类型繁多,但具有普遍性的主要有以下三种形式:① 木构架房屋(穿斗木构架、木柁架等);② 土墙或石墙房屋(夯土墙、土坯墙、毛石砌筑墙等);③ 砖房。在邢台、通海、海城和唐山等地震中,农村房屋遭到大量破坏,我们经过震害调查,在总结破坏性地震中农村建筑震害经验的基础上,归纳了一些普遍性的规律,针对上述建筑类型的房屋,提出以下一些抗震措施。

2 木构架房屋的震害特征和抗震措施

2.1 震害特征

在农村建筑中,木构架房屋的抗震性能是比较好的。一般来说,它的地震破坏首先发生在墙体上,只是当墙体遭到严重破坏后,木构架才出现破坏。然而墙体的震害程度不仅取决于墙体自身的材料和质量,而且往往还与木构架的整体刚度有关。在地震时,木构架可能发生的变形要比墙体大得多,致使木构架和墙体之间脱开、墙体开裂,甚至发生架推墙倒的现象。如果木构架的刚度较大、变形较小,同时墙体有足够的强度来约束木构架的变形和抗御自身的地震惯性力作用,则木构架房屋不会发生严重的破坏。

木构架房屋的震害程度大体如下:

(1)轻微损坏。墙柱间或墙角开裂,瓦屋面松动,下滑。

(2)中等破坏。纵横墙间严重开裂,山尖或檐墙顶局部掉落,檐瓦大片掉落。

(3)严重破坏。墙体大片倒塌,木架拔榫,甚至倾斜。

(4)倒塌。屋盖塌落,墙架倒毁或木构架上层折断、倾倒。

木构架房屋由于构架的结构形式,墙体的材料和施工质量及老旧程度不同,震害程度可有较大差异。一般来说,在遭到中等程度的地震时(烈度为7~8度),采用毛石或土坯砌筑的围护墙体便有不同程度的破坏。当遭到9度地震时,房屋的破坏严重,毛石和土坯墙大多倒塌,但架倒顶塌的现象还是不多的。倒塌的多半是采用简易木架的房屋,或者是连接不牢靠的三角形木屋架和构造上有薄弱点的柁架房屋,常见的还有木料糟朽的老旧房屋。有许多震例表明,建在基岩上的穿斗木构架房屋,即使遇有9度强甚至10度地震,土石墙倒塌殆尽,木架仍无明显破坏。

2.2 抗震措施

农村木构架房屋按照遇有中强地震时不倒墙或即使有局部倒塌也要尽量避免伤人,遇有强烈地震时不落架塌顶的抗震设防准则,主要可采用下列几项抗震措施:

(1)加强木构架的整体连接和刚度,尤其是梁柱节点。一般在柱和屋架或大柁(梁)之间加设剪刀撑,穿斗木构架的穿枋断面不宜过大,节点处不过分削弱木柱。尽量不采用简易木构架,尤其是在软弱场地土上。

(2)合理布置柱与墙的位置。一般宜将木柱紧贴在围护墙的里皮,切忌将木柱全包在墙中。

(3)为加强墙体与构架的连接,在墙体中设加筋板与木柱拉结,或用墙缆拉结墙和柱。

(4)尽量提高围护墙和内隔墙的抗震性能,防备墙倒伤人。宜用木板做抗震墙。土坯墙均应咬槎砌筑,并增设连接筋;不采用卵石垒砌,毛石宜选用块料;南方地区传统的空斗砖墙,砌筑方法需改进,宜增加拉结丁砖。当采用土、石围护墙时,在墙体的上半部可用轻质墙,如芦苇、荆条抹泥等。

(5)慎防木料糟朽,设柱脚石,梁柱节点一般不应埋在墙里。

本文出处:《地震工程动态》,1982年7月,1-4页。

3 土坯墙房屋的震害特征和抗震措施

3.1 震害特征

土坯墙承重房屋的震害特征往往表现为纵横墙间拉裂,出现竖向裂缝,严重者墙体外倾。这是由于土坯的抗拉强度很低,纵墙或横墙在传递自身的地震惯性力给抗侧力构件的过程中,连接部位的土坯被拉断。一旦纵横墙间开裂后,墙体便失去整体作用,变成单片墙,进而墙体由于自身的惯性力和屋顶的水平力的作用而外倾倒塌,屋顶随之塌落;若檩条搭接在墙上的长度不足,可因墙体外倾过大而使檩条掉落,出现墙体不倒而屋顶塌落的现象。也有因檩条的支座处墙体被压酥而造成塌顶的。在土房的墙体上虽也有主拉应力的斜向或交叉裂缝,但不多见。

邢台、通海、唐山等大地震中,土坯墙承重的房屋在10度和9度强的地区几乎全都倒毁,幸存无几。而在9度地震区,各地的土房倒塌率相差较大。通海地震区由于该地的土房一般是在震前十年内建造的,土质、施工和维护又都较好,只有个别土房倒塌,大多为严重破坏。邢台地震中,土搁梁和表砖里坯墙的房屋绝大多数倒塌,甚至在8度区,这两类土房也有近半数倒塌的;而在邢台地震的9度区,硬山搁檩的土房只有少数倒塌。从各地震区的震害来看,硬山搁檩的土房是具有一定抗震能力的,如果地基较好、构造合理,保证墙体砌筑质量和维修,当遭受8度地震时不致倒塌。

土筑墙房屋的抗震性能与土坯墙类同,河北农村的震害经验表明,当在土中掺入草料筑墙,抗震能力明显增强。

采用土拱顶的窑洞,抗震性能比较差,7度时便可能发生前檐墙倾倒和拱顶坍塌的震害,8度时大多倒塌。

3.2 抗震措施

震害经验和试验研究的结果虽都表明,土坯墙承重的房屋比木构架房屋的抗倒能力要差。但也看到,只要按照房屋抗震的一般原则,在设防烈度为7度的农村,建造硬山搁檩的土房,即使不采用特殊的抗震措施,也是可行的;在8度设防区,应采取一些简而易行的抗震措施;在9度设防区,就必须采取严格的抗震措施,以避免局部倒塌和倒毁。建造土房时,一般可采用下列抗震措施:

(1)在制作土坯时,土中掺草。试验表明,掺入0.5%的草(重量比),抗弯、抗剪强度可增加50%~100%。土筑墙中更应掺草。

(2)纵横墙咬槎砌筑,并应埋设芦苇、竹片或木板等做拉结筋,以增强墙体的整体性。若在前后墙之间和两山墙之间用通长的钢筋或铁丝拉结(位置在墙上部,墙外侧垫木板),是土墙抗震的有效措施,在加固修复中常被采用。

(3)减轻屋盖的自重,翻修灰泥屋顶时,需铲除旧土后再做新顶。增强屋盖的整体性及其与墙体的连接。檩条在内墙上要榫接或满墙搭接,并用扒钉钉牢;檩下垫通长的木板;椽檩四出檐的屋盖对防止墙体外倾有良好效果。

(4)结构形式推荐采用每开间都有横墙的硬山搁檩土房,平立面布置要规整,尺度不宜过大。外砖里坯墙不宜在地震区建房中采用。

(5)采用简而易行的减震措施。如做垫砂基础;用芦苇等材料在外墙勒脚部位做防潮隔碱层,在所有内墙的相同高度处也设置。

4 砖结构房屋的震害特征和抗震设计

4.1 震害概况

砖房的震害一般比土房要轻,这在高烈度区尤为明显;在6、7度区,也有比土房的震害要重的,如乌鲁木齐地震。从震害统计来看,砖房在遭受不同烈度的地震影响时,震害程度大致如下:7度区有少数破坏;8度区有半数左右的砖房遭到破坏,以中等破坏的为多,倒塌是极个别的;9度区严重破坏和倒塌的数量总计为半数左右,其中倒塌的数量较少,尤其是砖平房;在10度区,无筋砖砌体房屋的倒塌是大量的。然而,在不同地震烈度区中,震害程度的例外情况也是常常发生的。例如通海地震,烈度为9度的峨山镇的砖房,破坏程度反比10度区的曲溪严重得多;在海城地震中,9度区的赵家堡两层砖房,主体结构只有轻微裂纹,而8度强的海城镇却大量破坏,并有倒平的砖楼房。砖房的震害差异主要来自墙体的抗震强度和场地条件。如在唐山大地震中,唐山市区的砖房大多倒塌,然而建在大城山、凤凰山和贾家山的基岩及其附近薄土层上的砖房,一般不发生倒塌,甚至有的不开裂;建在陡河沿岸有淤泥质夹层上的刚性砖房大多也没有倒塌。从墙体强度来看,各层墙体抗震强度系数都大于0.25的多层砖房一般也不倒塌。

4.2 震害特征

从大量的震害现象分析,刚性和非刚性砖房的震害特征是不同的。对于横墙布置较密、楼屋盖具有足够的整体刚度,并与墙体连接良好的刚性砖房,由于地面的振动而遭到破坏的特征有下列三种：

（1）主拉应力的剪切破坏。这是最常见的，砖房大多是从墙体出现斜向或交叉裂缝开始，进而滑移、错位、散落，直至丧失承受竖向荷载的能力而坍塌。倒塌的房屋墙体散落四周，楼屋盖叠落在一起。且侧移不大，有的整幢房屋一塌到底，有的只倒上面数层。

（2）水平剪切破坏。在砖墙体的水平灰缝或在楼屋盖的梁板与墙体之间出现裂缝，并有水平滑移和错动，这种破坏的进一步加剧，有预制楼板局部抽落的震例，未见因滑移过大而倒塌的房屋。

（3）倾覆破坏。这种破坏往往是由于外纵墙与内横墙之间缺乏连接或连接强度不足所致。常见的震害是外纵墙与横墙之间拉裂，严重者外纵墙外倾，直至失稳而倾覆倒塌。也有在外纵墙倒塌后，继而横墙也在出平面外倾倒，屋盖或连同楼盖压在横墙上的。

对于横墙间距过大、楼屋盖整体刚度又很差的非刚性砖房，它的震害特征一般为出平面外的弯曲破坏、在墙体的受拉面出现通长的水平弯拉裂缝、在受压面可能出现局部压碎崩落现象，严重者墙体外倾，直至房屋倾倒。

4.3 抗震设计方法

对居住、办公、学校、医院等民用建筑，首先在构造上要求它的结构形式是刚性的。这类建筑中的非刚性砖房在我国一般是在 20 世纪 50 年代初期或更早期建造的。对刚性砖房来说，如果施工质量得到保证，连接强度一般是足够的。因此，它的预期破坏特征是主拉应力的剪切破坏。显而易见，刚性砖房抗御这样的地震破坏的能力主要取决于砖墙体的抗震抗剪强度。

按照我国工业与民用建筑抗震设计规范，房屋的最大基底剪力为

$$Q_0 = K \sum_{i=1}^{n} W_i$$

地震荷载系数 K 由规范给出。此外，为了对砖房进行抗裂抗倒双重设计，地震荷载系数还可采用从我国近 20 年来破坏性地震中由统计分析所得的经验值（表1）。在设计时，如果墙体的抗震强度满足由地震荷载系数采用开裂临界值 K_0 算得的剪力，则遇有相当于设计烈度的地震影响时，砖墙体一般是不开裂的；如果各层纵横墙体各自的平均抗震强度都满足由地震荷载系数的倒塌临界值 K_{i0} 算得的剪力，则遇有相当于设计烈度的地震影响时，砖房是不倒塌的，但破坏相当严重。

表1　抗裂抗倒设计地震荷载系数

ξ[①]	地震荷载系数		烈　度				
			6	7	8	9	10
1.5	TJ 11—1974 规范 K			0.08	0.16	0.32	
	开裂临界值 K_0	范围	<0.12	0.12~0.19	0.19~0.26	0.26~0.40	0.40~0.70
		中值		0.15	0.22	0.33	0.55
	倒塌临界值 K_{i0}	范围		<0.06	0.06~0.09	0.09~0.13	0.13~0.23
		中值			0.07	0.11	0.18
1.2	TJ 11—1978 规范 K			0.10	0.20	0.40	
	开裂临界值 K_0	范围	<0.15	0.15~0.24	0.24~0.32	0.32~0.50	
		中值		0.19	0.28	0.41	
	倒塌临界值 K_{i0}	范围		<0.08	0.08~0.11	0.11~0.17	0.17~0.29
		中值			0.09	0.14	0.23

注：① 剪应力不均匀系数。

附记　汶川大地震震例验证了在震中极震区符合7、8 度抗震设防的，四、五层砖房能经受 10、11 度地震而不倒（见本书 5 - 11、5 - 12 文）。山区民居处理好场区地基基础，自建房穿斗木构架结构和二、三层砖房能安然居住（见本书 1 - 11 文附）。

1-11 土窑洞在中强地震中的抗震性能
（附：山区民居抗震范例）

杨　柳　杨玉成

1 引言

作为民居的土窑洞是西北地区特有的建筑物。然而，西北是个多地震地区，震级达到8.5级的海原大地震和8级的古浪大地震就发生在该地区，中强地震则屡有发生。土窑洞是经受不住强烈地震的袭击的，在历次中强地震中也大量破坏。因此，土窑洞的抗震能力为人们所关注。

西北地区的土窑洞主要有崖窑和拱窑两种。崖窑系开凿崖壁而成（图1、图2）。拱窑又称土旋窑，系用土坯砌筑而成（图3、图4）。对这两种构造土窑洞在中强地震中的表现介绍如下。

图1　山保岱村轻微损坏的崖窑

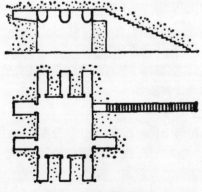

图2　院落坑式崖窑

图3　一间房村轻微损坏的拱窑

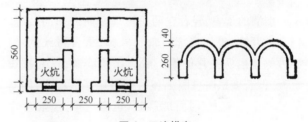

图4　三连拱窑

2 震害特征

2.1 崖窑

崖窑的震害程度主要取决于崖体的稳定性和土体的结构和强度。如西吉县蒙宣公社一座有衬砌的崖窑，在1920年8.5级海原大地震中经10度地震的打击并无破坏，继续使用50年后，又经1970年西吉地震，仍安然无恙。但也有的崖窑，仅经6~7度地震影响就发生倒塌。

崖窑的倒塌大多是由于崖体在地震中产生大范围滑坡或者崖壁崩塌造成的。有的崖窑虽未坍塌，但大量崩落的松散土体堆积在窑口前沿，或者堵塞洞口。开挖在柱状节理发育的土体中的窑洞，地震中往往拱体大片崩落，有的拱体顶部因年久风化而局部土块崩落。而较为轻些的震害则造成拱体产生龟裂或者水平

本文出处：《地震工程动态》，1982年10月，16-19页。

裂缝、环向裂缝。崖窑外接拱窑或者砌有土坯前脸的，往往在相接处开裂或者局部崩塌、前脸外倾。一些土质较好的崖窑则完全无震害或者震害轻微，其破坏仅仅为拱顶局部掉皮，或者抹泥层产生发丝状细缝。

有衬砌的崖窑震害一般比无衬砌的轻。拱顶设有木支撑的崖窑一般土体较差，因此强化抗震能力的作用并不明显。

2.2 拱窑

土坯拱窑在中强地震中破坏相当普遍，6度区即出现震害，7度区大多在中等破坏以上，基本完好的在7、8度区甚少。

在和林格尔震区，拱窑的震害在拱圈和四周围护墙上均可见到，而拱圈的支承墙震害则不多见。拱圈上通常的震害表现为纵向裂缝和环向裂缝，破坏严重的拱顶纵向水平通缝，裂缝宽度可达 $1 \sim 2\ cm$，少数拱体龟裂，拱顶落坯。

拱圈前端部的破坏远比内部严重，表现为前墙与拱体拉开，拱顶落坯，尤其是碹拱时为填塞楔形空隙的土，严重者可全部掉落。在内墙通道处，裂缝也较多。

前墙的震害，轻者在两角出现竖向或斜向裂缝，门窗券开裂，进而局部掉角和外倾，重者可致倒塌。两外侧墙也易失稳倒塌。后墙比前墙矮，这对抗震有利，但若碹拱时拱圈土坯后倾斜贴于后墙上，则对后墙产生后推力，因而地震时，也有后墙外倾，甚至倾覆的震例。

当拱窑一侧靠土崖时，地震中由于支承拱脚的两面侧墙振动不一致，使得另一侧拱体破坏严重。同木构架土房相连的单拱窑，由于木构架土房刚度小、变位大，两者振动不一致，相互作用，破坏也较一般严重。半地下式拱窑由于拱脚稳定，故破坏轻微。

3 破坏率统计

我们对和林格尔极震区的20多个自然村进行了挨户逐间的调查和统计，获得了该地土窑洞较详细的震害资料。

在进行震害统计时，按窑洞的破坏程度分五类，即倒塌、严重破坏、中等破坏、轻微损坏和基本完好，对各类破坏程度的描述见表1（为了和木构架土房的抗震性能进行比较，木构架土房的震害程度也列在表1中）。

对每个自然村的窑洞进行震害统计时，采用通常的震害指数方法，震害指数是以数字形式来表示一个

建筑物的震害程度。统计中先根据实际宏观震害，定出每间窑洞的震害指数，再求出整个自然村的平均震害指数，作为全村窑洞的震害指标。相应各种破坏程度的震害指数见表1。

表 1　各类房窑的破坏程度

类别	震害程度	房窑类型			震害指数
		木构架土房	拱　窑	崖　窑	
1	倒塌	墙倒架落；屋顶大部塌落；墙倒架歪	拱体塌落	土嵌崩塌；拱体大块崩落	1.0
2	严重破坏	屋顶局部塌落；墙倒架正	拱体局部掉坯；前墙、侧墙倒塌；拱体龟裂或有较宽的裂缝	拱体局部小块塌落；拱体龟裂或有较宽的纵向、环向裂缝	0.75
3	中等破坏	局部墙倒；墙体明显开裂	拱圈有明显的环向或纵向裂缝；前墙严重开裂或局部掉角；侧墙外倾	拱圈有明显的环向或纵向裂缝；表皮大片掉落	0.50
4	轻微损坏	墙在柱边部位有细竖缝；局部墙皮剥落	拱顶表皮开裂掉皮；拱圈有发丝裂缝；前墙角开裂	拱顶表皮开裂掉落、局部掉坯；拱圈有发丝裂缝	0.25
5	基本完好	个别柱边墙有竖向发丝裂缝；完好	有少量间断的细裂缝；原有裂缝掉皮无明显发展；完好	有少量间断的细裂缝；原有裂缝掉皮无明显发展；完好	0

4 土窑洞抗震性能的估计

从地震调查中可以看到，土窑洞的抗震能力一般比木构架土房差。为了更好地认识土窑洞的抗震性能，将土窑洞与农村中普遍采用的木构架土房进行比较。为此，对和林格尔地震中的调查点按震害指数分别绘出拱窑、崖窑同木构架土房的震害相关曲线，以便估计它们的抗震能力。

4.1 拱窑

以木构架土房的震害指数 $I_{木}$ 为横坐标，拱窑的震害指数 $I_{拱}$ 为纵坐标，同一个自然村的木构架土房和拱窑的震害指数就可在图上得到一个相关点，21个自然村的相关点全部绘在图5中。由图可见，这些点是分散的，但根据它们的分布规律，拱窑与木构架土房的震害相关性可以粗略地用一条直线来表示。

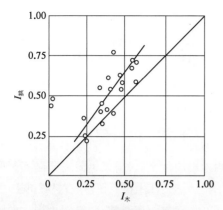

图5　拱窑-木构架土房相关线图

从图5可见，几乎所有相关点都落在45°线的上方或附近，即拱窑的震害指数一般均比木构架土房高，这表明在同一个居民点，拱窑的破坏程度比木构架土房要重。直线向下延伸与45°线越接近，这表示两种结构在烈度很低时震害程度相接近，均为基本完好。当木构架土房的震害指数为0.55，即多数房屋为中等破坏时，则拱窑的震害指数达到0.75，即一般为严重破坏，这与宏观现象是吻合的。同时从这一直线也可看出，拱窑对烈度的敏感性较木构架土房为高，它的倾角大于45°，因此它比木构架土房更早地产生破坏和倒塌。当烈度较低时，两类结构的差异不大，随着烈度增高，两者差异逐渐增大。

根据历次地震的经验，木构架土房在7度区的震害一般为轻微损坏至中等破坏，即震害指数在0.25～0.50范围内；而在8度区大多为中等破坏，少数为严重破坏，即震害指数可达到0.5以上。依此，相应地来看拱窑在不同烈度区的震害，从震害相关线可见，当木构架土房的震害指数在0.5以上时，拱窑的震害指数则近于0.75，这表明大部分拱窑的震害将达到严重破坏和倒塌。因此，拱窑在8度区便会造成大量人员伤亡。在7度区，拱窑的震害指数为0.5左右，即一般震害达到中等破坏程度，因此7度区修建拱窑时要慎重处理，结构上要加以改进，选择较好的场地和土料，同时要注意施工质量。在6度区，木构架土房的一般震害在轻微损坏之内，即震害指数在0.25以下，从相关线可见，拱窑的相应震害指数低于0.3，则震害程度一般为轻微损坏，少部分中等破坏，在结构上和施工中采取措施后，震害可控制在轻微损坏以下。

应该指出，对拱窑抗震性能的上述估计，只适用于与和林格尔震区相同的结构。拱窑是我国西北地区农村住房的主要建筑形式之一，各地拱窑的建筑结构有一定的差异，其抗震能力也不尽相同。

4.2　崖窑

依据同一个居民点的木构架土房和崖窑的震害指数，绘出崖窑与木构架土房相关线图(图6)。由图可见，在45°线两侧均分布有相关点，线上方多、线下方少。这表明崖窑的抗震性能一般说来不如木构架土房，但其震害指数波动范围较大，这是因为崖窑的抗震性能往往由场地、土质和覆盖层厚度等条件所决定。因此，在满足场地和土质条件的前提下，适当地注意开间、净空和内隔墙厚度，崖窑的抗震性能还是较好的。

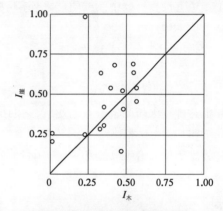

图6　崖窑-木构架土房相关线图

5　提高土窑洞抗震能力的措施

土窑洞虽然在中强地震中较普遍地遭到破坏，在民居中，拱窑的抗震能力可以说是最差的一种，但其抗震潜力并未完全枯竭，尤其是拱窑这种刚性结构，它的特点是具有一定的承受竖向荷载的能力，但同时对地基或横墙引起的拱脚变位非常敏感。因此，加强拱窑的整体性、减少支承墙的横向变位可大大提高抗震能力。对于增强土窑洞抗震能力，大体上可采取如下措施：

崖窑要建在土质密实、崖体稳定、坡度较平缓的场地，应避开条状凸出的山嘴、高耸的山包及不稳定的陡坎。

崖窑前不宜接砌拱窑或土坯前脸，并应仔细处理好窑口，因为这个部位是最容易招致破坏的，必须注意增强崖面的稳定。窑洞开间不宜大于2.5 m，窑内隔墙厚度不宜小于2 m，不宜在窑内墙壁上开凿过多的壁龛，也不宜开挖层窑。窑顶应设直通地面的通气孔，以防崖面受震塌落后室内人员窒息。特别要指出，如有条件，崖窑内可全部做衬砌，这是能提高其抗震能力的。

拱窑除了注意选择有利于抗震的建筑场地外，在建筑结构上还应注意下列各点：

（1）采用三跨连续拱或将更多的拱连成一排。不用单拱、一窑接两房或两窑接一房的布置形式。拱窑一侧也不宜支承在土崖上。

（2）加强整体性，前后墙要与拱圈支承墙和侧墙同时咬槎砌筑。在前墙背面两拱之间部位应加扶壁垛，侧墙外侧也要加扶壁垛。内横墙厚度宜大于两拱圈加半坯。若有条件，可设置闭合木板圈梁。

（3）半圆拱圈宜支模砌筑，不宜将层层土坯后倾贴砌，以致在拱体前端形成无支承的楔形土体，导致过早破坏。

（4）烟道宜设在隔墙中间或侧墙之外，不要布置在前脸。

（5）增强土坯强度，提高施工质量。

6 结语

土窑洞这种黄土高原上特有的建筑，它的抗震能力与通常的木构架土房相比，一般来说是较低的，因此在历次中强地震中大量地遭到破坏。采用目前的建筑结构形式和材料，在 8 度以上高烈度区修建拱窑是不适宜的。在采取抗震措施后，拱窑的震害程度在 7 度区可控制在中等破坏以下。崖窑的抗震能力主要取决于场地、土质等条件，只要崖体稳定、土质密实，又是抗震有利场地，崖窑的抗震能力比拱窑要强得多。

附：山区民居抗震范例（照片 4 张）

汶川地震周年日后，随郭迅研究团队到彭州市查看震毁的小鱼洞镇江大桥。在桥塥六社村见一农家院子依然完好。看后问大爷才知，这院子用十多吨水泥先填实场地，房基坚硬，大震时震跳得很，这块山石地不裂不塌。正房侧房单层穿斗木构架，大爷是老木匠，盖房建屋牢靠，地震时摇动厉害，但只掉檐口瓦，架不歪，内墙坏了些。后房二层楼梯间三层砖墙预制混凝土板层层内外有圈梁，纵横墙间有构造柱，震后有交叉裂缝，窗四角有八字裂缝，不位移，缝细微。此可谓抗震范例。

1－12　足尺砖房模型抗震性能的试验研究[*]

陈懋恭　夏敬谦　杨玉成　丁世文　张培珍　等

1　引言

在我国近 20 年以来的地震中,砖结构房屋的破坏给人民的生命财产造成了严重损失,仅唐山地震砖结构房屋就倒塌了千余幢。因此,研究砖结构房屋的破坏机理、提高砖房的抗震性能具有十分重要的意义。我们进行了四幢足尺砖房模型试验,其中三幢为侧荷载作用下静力试验,一幢为动力试验。试验的目的在于探讨下列内容：① 水平侧向力作用下,砖结构整体模型的破坏特征;② 正压力与砖砌体抗剪强度的关系;③ 水平配筋构造措施的效果;④ 砖房动力特性(频率、阻尼比及振幅)及房屋破坏后动力特性的变化等问题。

本文介绍的是三幢足尺砖房模型在侧向荷载作用下的试验。试验结果表明砖房的主要抗侧力构件是墙体,破坏前无明显塑性界限,破坏总是突然的,沿墙体对角线方向首先开裂,其变形能力很小。初裂时相对位移反应为 0.6 mm/m 左右,具有脆性材料的特征。文中还给出了砖墙的抗剪强度与正压力的关系,为修改抗震规范提供了资料。为了改善砖结构房屋的脆性性质,提高其抗震能力,本文还研究了墙体配筋和钢筋混凝土带两种水平构造措施,试验表明这种构造措施对改善砖砌体的延性性质、提高其极限承载能力具有良好的效果,可供我国砖结构房屋抗震设计与加固参考使用。

2　模型的设计与制作

试验模型设计成足尺的二层单间房屋,它的平面尺寸为 4 m×4 m,开有一门一窗,层高 2.8 m。为了相互利用作为施加水平荷载的反力支座,将四幢尺寸相同的模型布置成正方形,相互间距 1.0 m,其布置与编号如图 1 所示。房屋墙厚 24 cm,用 75 号黏土砖和 25 号水泥白灰混合砂浆砌筑,楼盖与屋盖为预制钢筋混凝土空心板,预制板搁置在无门窗的抵抗侧力的横墙上,整幢房屋相当于横墙承重体系。在楼、屋盖标高处,设置有断面为 24 cm×18 cm 的钢筋混凝土圈梁。基础埋深 1.2 m,用毛石和 50 号水泥砂浆砌筑,四幢模型房屋的基础为 70 cm 宽条形基础互相连接起来。在 4 号模型房屋的横墙内设置了提高砌体抗剪能力的构造措施,即在房屋上层横墙的 1/4、1/2 和 3/4 层高处各设有一道断面为 24 cm×6 cm 的钢筋混凝土带,每条带内各配置 2φ6 mm 钢筋,同样在底层横墙的层高处的砖缝内配有 2φ6 mm 钢筋。上层混凝土带和下层钢筋带延伸入纵墙中,达门窗洞口。

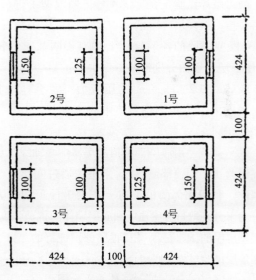

图 1　足尺模型房屋平面布置

模型施工时遵守现行操作规程的有关规定,严格控制砂浆强度,当砌至标高 1.32 m 和 4.12 m 时,预留了两批砂浆试块测定砂浆强度,并在试验前利用砂浆回弹仪测定了横墙的砂浆强度,见表 1。

本文出处: 中国科学院工程力学研究所研究报告,1983 年,1-26 页。

* 本研究课题由民用建筑抗震组大组长陈懋恭负责。本文由夏敬谦、陈懋恭执笔整理。杨玉成将其图表文略做删减。参加本专题研究的还有庞士荣、连志勤、黄泉生、朱玉莲、杨柳、高云学、任维平、黄万春、杨桂珍、杨淑文、周四骏、孟宪义、常世龙、蔡桂芝、李桂荣、杨雅玲、曲惠珠、白玉林等。杨玉成主持模型设计建成和 1 号模型试验。

表1　砖模型砌筑砂浆标号测定

房屋编号	墙名称	砂浆强度/(kg·cm⁻²)
1号顶层	南　墙	34
	北　墙	30
1号底层	南　墙	36
	北　墙	39
2号顶层	南　墙	31
	北　墙	26
2号底层	南　墙	26
	北　墙	36
3号顶层	南　墙	30
	北　墙	23
4号底层	南　墙	33
	北　墙	38
4号顶层	南　墙	30
	北　墙	19

3　试验方法

3.1　加荷方式和设备

静力破坏试验是在1、2、4号三幢模型上进行的，为了模拟一般多层砖房墙体中实际的压应力情况，在1、2号模型房屋的各层楼板上加有不同数量的铸铁块，使各层横墙内分别产生 $0.59\ \text{kg/cm}^2$、$0.98\ \text{kg/cm}^2$、$1.36\ \text{kg/cm}^2$ 和 $2.15\ \text{kg/cm}^2$ 的压应力。为了对比水平配筋的效果，4号模型房屋墙中的压应力与1号模型房屋的相同。

水平荷载是用液压千斤顶沿房屋中心轴线单点作用在试验房屋的顶部圈梁上，水平力通过圈梁传给两横墙的。利用相邻的模型房屋作为千斤顶的反力支座。为了分别取得房屋顶层和底层墙体的抗剪强度，各幢模型房屋的试验是顶层和底层分别进行的。为了防止在顶层试验过程中底层首先破坏，试验时利用一套张拉设备将底层固定保护起来，使它不会因受力过大而先行破坏。作为反力支座的相邻模型也相应地加以固定保护，以免遭到破坏。试验过程中对作为支座的模型房屋和受保护的底层同时进行监测，监测结果表明，固定保护措施是有效的，变形都很小，处于线弹性阶段。

此外为了防止水平力矩对试验模型的倾覆作用，在两纵墙上分别施加了相当于正应力 $0.2\ \text{kg/cm}^2$ 和 $1\ \text{kg/cm}^2$ 的反力矩荷载。

3.2　仪表布置和试验步骤

为了量测抗侧力横墙内的应力分布，沿墙面的两条

对角线上各布置了五个电阻应变片测点，测量的方向与对角线垂直，即接近于主拉（压）应力的方向。为了消除砖砌体的非均质影响，采用 200 mm×10 mm，600 Ω 的特长标距电阻片，粘贴时每片都斜向跨越三条水平灰缝和两条垂直灰缝，这样测量的结果接近于在此基距范围内砌体应变的平均值。为了解纵横墙的工作状态，在模型房屋墙底层中也布置了电阻片。为了解水平构造措施的效果，在4号模型中砌入灰缝内和埋入混凝土带内的钢筋上施工时，贴了短标距的电阻应变片，以测量钢筋的应变。

试验过程中，从地面至屋顶圈梁沿高度布置了多个百分表，以测量各层的水平变位，并在各层楼板及基础顶面装置了倾角仪，测量各层楼板包括基础顶面的倾斜量。这样就可以分析得到墙体单纯的层间剪切变位值。

试验时水平荷载是单向重复循环加载，即分级加载到某一最大值再分级卸载，构成一个循环，后一个循环的加荷最大值比前一个循环提高 2 000 kg 左右。如此反复并逐步提高最大荷载，经 3~5 个循环后，直至墙体开裂破坏。开裂后再加荷 1~2 个循环，以观察荷载与刚度下降和砖砌体的抗滑移能力。

4　试验结果与分析

4.1　砖墙的破坏特征

正如预期的那样，模型房屋首先从承受侧力的横墙开始破坏，破坏前墙体无明显的屈服点。在水平力的作用下，墙体在对角线方向沿灰缝突然开裂，裂缝首先从墙体中部开始，迅速向对角线两端延伸。继续施加水平荷载，裂缝延伸到墙角后折向纵墙做水平延伸，这样的破坏现象与地震中所看到的典型震害是一致的。破坏裂缝图如图2所示。在4号模型房屋中，顶层墙体由于加了三道很强的钢筋混凝土带，把整个横墙分割成四段矮墙，限制了贯穿整个墙面的斜裂缝产生，破坏时只在最下面的那段矮墙内出现了较平缓的斜裂缝；配有钢筋的底层墙则仍沿对角线方向出现了多条斜裂缝，与钢筋相交。

4.2　承载能力与正应力的关系

表2给出了墙体初裂荷载 P_c 与极限荷载 P_u 的数值，对于压应力较小的1号和2号模型的上层，$\dfrac{P_c}{P_u}=1$，也就是说墙体在出现了第一条裂缝之后，基本上已无强度储备。1、2号模型的底层墙体的正压力分别增加到 $1.36\ \text{kg/cm}^2$ 和 $2.15\ \text{kg/cm}^2$，初裂之后极限荷载还略

有所提高,其$\frac{P_c}{P_u}$分别为 0.94 kg/cm² 和 0.98 kg/cm²,说明墙体出现裂缝后强度储备也是不大的。从表中可以看出,压应力从 0.5 kg/cm² 提高到 2.15 kg/cm²,极限荷载从 11.2 t 增加到 21.0 t,亦即不考虑剪力不均匀的影响(剪力不均匀系数 $\xi = 1$)时,极限抗剪强度可以从 1.10 kg/cm² 提高到 2.07 kg/cm²,说明墙体的抗剪强度随着压应力的增加而有显著提高。图 3 中分别绘出了剪力不均匀系数 $\xi = 1$、$\xi = 1.2$、$\xi = 1.5$ 三条抗剪强度和压应力的试验曲线,图中还绘出了我国抗震规范中对砖房抗震验算所用的强度表达式。尽管我们的试验数据较少,而且压应力变化范围不够宽,但仍可从图中看出试验结果与规范值有较大差别。当 $\xi = 1.5$ 时,$\sigma_0 < 1.4$ kg/cm²;规范值偏高;而当 $\sigma_0 > 1.4$ kg/cm² 时,规范值偏低。当 $\xi = 1.2$ 时,TJ 11—1978 规范值比试验值普遍偏高,故建议进行更多的墙体试验后对规范所给的强度表达式予以修正。

在墙体出现裂缝后,再进行循环加荷试验表明墙体有明显的强度退化现象,第二次循环极限荷载比首次的降低 6%~19%,第三次的极限荷载又降低了 3%~11%。

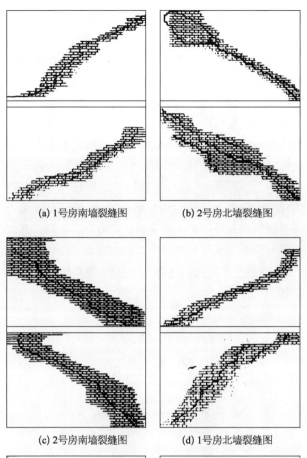

(a) 1号房南墙裂缝图　(b) 2号房北墙裂缝图

(c) 2号房南墙裂缝图　(d) 1号房北墙裂缝图

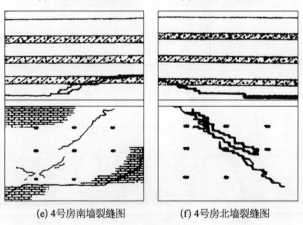

(e) 4号房南墙裂缝图　(f) 4号房北墙裂缝图

图 2　破坏裂缝图

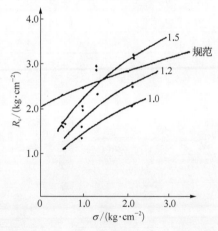

图 3　剪力不均匀系数对承载能力与正压应力关系的影响

表 2　模型初裂和极限值与加载关系

模型编号及试验层数	砂浆强度/(kg·cm⁻²)	尺寸 $L \times h \times b$/cm	高宽比 $\frac{h}{L}$	压应力 σ/(kg·cm⁻²)	水平荷载/t		平均剪应力/(kg·cm⁻²)		最大剪应力($\xi Q = 1.5Q$)		$\frac{P_c}{P_u}$
					初开裂 P_c	极限 P_u	初开裂 τ_c	极限 τ_u	初开裂	极限	
1号上层	32	424 × 253 × 24	0.596	0.59	11.20	11.20	1.10	1.10	1.65	1.65	1.00
2号上层	28.5	424 × 253 × 24	0.596	0.98	13.45	13.45	1.32	1.32	1.98	1.98	1.00
1号下层	37.5	424 × 260 × 24	0.613	1.36	18.72	19.60	1.81	1.93	2.71	2.89	0.94
2号下层	31	424 × 260 × 24	0.613	2.15	20.65	21.0	2.03	2.07	3.04	3.10	0.98
4号上层	25	424 × 253 × 24	0.596	0.59	13.75	14.40	1.36	1.41	2.03	2.12	0.96
4号下层	35.5	424 × 260 × 24	0.613	1.36	19.50	21.60	1.91	2.12	2.87	3.13	0.90

4.3 荷载–位移变化

试验过程中,直接量测了试验层墙体的位移值,它包括了房屋本身的弹塑性变形和因土壤变形引起的移动和转动。除掉基础的平移和转动影响后,1、2号模型房屋墙体顶部的初裂位移平均值为 1.82 mm,极限位移平均值为 2.0 mm。配有构造措施的 4 号模型的开裂位移平均值为 2.07 mm,极限位移平均值为 4.81 mm。房屋各层墙体的层间变位试验值中,基础转动使墙体顶部产生的水平位移占总位移的 10% ~ 30%,将 1 号模型上层测得的位移值列于表 3。上下层的荷载与位移关系曲线分别表示于图 4。

表 3　1 号模型上层位移测量值

P/t	1 号上层南墙			1 号上层北墙		
	$\Delta_1 - \Delta_0$ /mm	Δ_a /mm	Δ/mm	$\Delta_1 - \Delta_0$ /mm	Δ_a /mm	Δ/mm
1.56						
4.70	0.370	00.146	0.224	0.26	0.146	0.114
7.81	0.780	0.354	0.426	0.64	0.354	0.286
9.40	1.03	0.464	0.566	0.86	0.464	0.396
11.02	1.35	0.597	0.753	1.34	0.597	0.747
11.38	1.97	0.670	1.300	3.64	0.670	2.97
9.40	2.06	0.403	1.657	6.52	0.403	6.117

注:Δ_1—试验层墙体顶点的总位移;Δ_0—基础水平位移;Δ_a—由基础转动使试验层房屋顶点产生的位移;Δ—试验层墙体顶点变形所产生的位移。

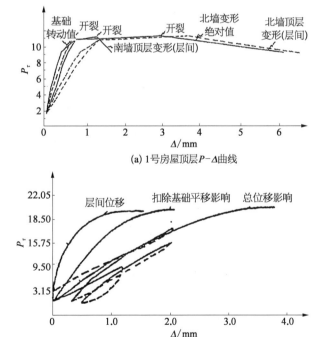

(a) 1号房屋顶层P-Δ曲线

(b) 1号房屋底层P-Δ曲线

图 4　1 号房屋上下层荷载与位移的关系曲线

图 5 是模型的骨架曲线。从骨架曲线上看,其大体可分为弹性段、弹塑性段和下降段。图 5a 是具有不同正压力的 1 和 2 号模型房屋各层南墙和北墙的曲线的对比。从图中看出,各试验层的墙体极限荷载有明显的差别,随着压应力的增加,极限荷载有明显增加,亦即抗剪强度有明显的提高。在开裂之前,同一模型的南北两墙的变位曲线,尤其是起始阶段,基本上是一致的,说明南北墙的起始刚度基本相同,施加的水平荷载基本上没有偏心,即模型房屋未产生扭转变形。但南北两墙出现裂缝的时刻总略有差异,于是出现第一条裂缝后南北墙抵抗水平荷载的能力有了差别。开裂之后继续施加水平荷载所产生的南北墙的滑移量就不一致,两条变形曲线的尾部互相分离,模型也就产生了扭转。

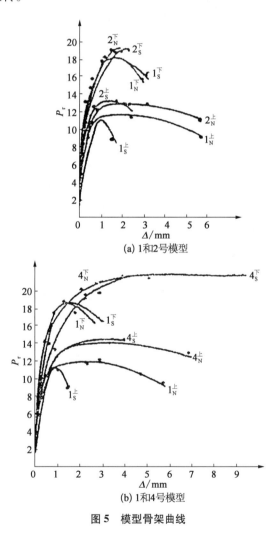

(a) 1和2号模型

(b) 1和4号模型

图 5　模型骨架曲线

图 5b 是墙内压应力相同而构造不同的 1 和 4 号模型。从图中可以看出,增加了配筋及混凝土带的 4 号模型各层的初裂和极限荷载都分别比 1 号模型有所提高。明显的区别在于当 1 号模型达到荷载最大值

时,随着水平位移的增长而荷载逐渐下降,4号模型房屋的位移曲线在开裂之后有较长的滑移段,滑移量达4~8 mm,而此时荷载的降低不明显,基本上维持了极限荷载的数值。

4.4　墙体应力与应变分布

尽管利用电阻片量测不同材料构成的砖墙是个新的尝试,加之室外影响因素较多,但从1号模型墙体的应力与应变关系及其分布(图6)仍可看出,在水平侧向荷载较小时,墙面各点应变值增长不大,当荷载加到初裂前的一、二级荷载值时,应变值才有较大幅度的增

长,墙面出现裂缝的那条对角线上的应力全部为拉应力,与它垂直的另一条对角线上的应力则全部受压。穿过裂缝或靠近裂缝的测点应变值很大,而其他部位的测点应变则迅速衰减下来。

从应变量测结果看出,在水平侧向力的作用下,除横墙产生主应变外,纵墙还有拉应变。

4.5　抗震构造措施的效果

墙体采取水平钢筋或钢筋混凝土带,可以提高砖房的抗侧力极限承载力,在同样的压应力下,加有钢筋混凝土带的墙体抗剪强度平均提高28%,配钢筋墙体的抗剪强度平均提高10%。试验表明,放在砖缝内的钢筋与对砌体是能共同工作的。从钢筋应变量测结果可见,当外力较小时,钢筋的应力很小,钢筋所起作用很小;砖砌体在开裂阶段,钢筋的应力急剧增大;极限荷载时钢筋发挥其屈服强度为40%~60%,墙体开裂后,继续加水平荷载,裂缝不断扩展,但钢筋仍能很好地发挥作用,使墙体抵抗侧力的能力在相当大的变形范围内仍能保持住极限荷载的值。

此外,由测得的圈梁和相邻墙体的变位值比较一致可知,圈梁保证了预制楼板的整体性,能与墙体很好地共同工作。

5　结语

从足尺砖房模型试验结果可得出以下看法:

(1)砖结构房屋的墙体在地震中是主要抗侧力构件首先遭到破坏的。试验表明砖墙体属脆性材料,破坏前无明显弹塑性界限,总是突然开裂。以主拉应力剪切变形为主的墙体的破坏,重现了震害现象。其特征是在墙体的对角线方向沿灰缝出现斜裂缝,裂缝首先从中部区域开始,向对角线两端迅速延伸。砖墙的剪切变形很小,一般初裂时对应于高度的相对变形仅为0.6 mm/m左右。

(2)尽管试验中压应力的变化范围不大,但随着压应力的增加,抗剪强度有明显的提高,试验结果表明现有抗震规范给出的验算公式应给予修正。压应力的大小对砖墙的延性影响不明显。

(3)墙体采用配水平钢筋或钢筋混凝土带的构造措施,施工是简便易行的,不但可提高其极限承载能力,而且可改善砖砌体的震害性态和延性性质,这对于提高砖房的抗裂和抗倒能力是有一定作用的。

(4)试验表明,现在采用的砌筑工艺可以保证纵墙与横墙的共同工作,在水平力的作用下纵墙对房屋的抗弯能力和房屋的刚度均有影响。

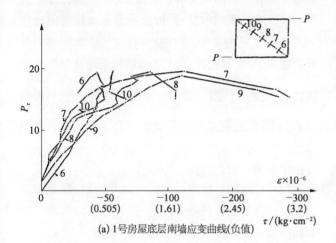

(a) 1号房屋底层南墙应变曲线(负值)

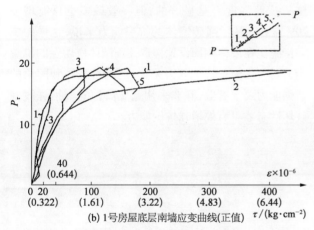

(b) 1号房屋底层南墙应变曲线(正值)

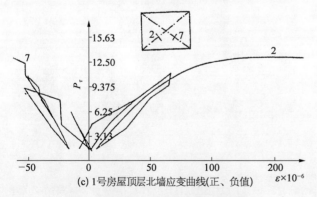

(c) 1号房屋顶层北墙应变曲线(正、负值)

图6　1号房屋上下层南北墙应变曲线

1–13 砖墙体抗剪强度试验结果的统计分析（概要）[*]

杨玉成　杨雅玲　楼永林　周炳章

用砖或砌块建造的房屋，其抗震能力在很大程度上取决于它们的墙体抗剪强度。为此，国内外许多单位对无筋和加筋的砖或砌块墙体进行了大量的抗剪强度试验研究。然而，国内外的学者都是由各自的试验结果来进行分析和比较的，因此他们所给出的经验公式或理论计算和规范规定值的比较相互间均具有一定的差异。本文采用由抗震规范编制组汇集了国内一些单位的无筋砖墙体抗剪强度的试验资料来进行统计分析，样本容量为100，其试验装置类同，通过统计获得了各单位只通过各自的试验资料所无法了解到的有用信息。统计分析与相关资料表明：

（1）砖墙体抗剪强度试验的尺寸影响不容忽视。对非足尺试件的尺寸影响，目前本文暂不给出按本次统计的线性经验换算公式，待试验数据增多后，再进一步做出尺寸影响的经验公式，且有必要进行更多数量的足尺墙体抗剪强度试验。由尺寸影响推断，在抗震设计规范中所采用的安全系数（$K = 2$）实际上并不表示强度的储备量，对初开裂近乎无安全储备，对破坏极限则接近于所采用的剪应力不均匀系数的数值。

（2）验算抗震强度时砖砌体的抗剪强度采用现行规范中的表达式是合适的。但试验值与按主拉应力破坏模式计算结果的相关性比按 0.7 倍的剪切-摩擦破坏模式计算结果稍不紧密，因此验算时也可采用经验公式，即 0.7 倍的剪切-摩擦破坏模式。前者物理力学概念明确，与震害相符合，且为目前抗震设计规范所采用，问题是在正压应力或 $\frac{6_\circ}{R_J}$ 较小时偏差明显，且可能偏于不安全；后者虽离散较小，但仍感作为供规范采用的经验公式，试验数据尚不够充足，且在正压应力大时，有偏于不安全的趋势。

（3）比较用主拉应力破坏模式和剪切-摩擦破坏模式来计算砖墙体抗剪强度的结果，还可以推断出在无筋砖墙体中配置水平钢筋或混凝土薄带，对提高墙体的抗剪强度将是显著的，但一般最多也只能增强70%左右。从增强砖墙体的抗裂能力来说，这样的抗震措施比在墙体四周设置构造柱和圈梁所增强的抗裂能力要大。但从抗倒能力来说，还是构造柱和圈梁的增强能力要更有效，除非采用基底摩擦隔震措施改变破坏性态才可有效增强抗倒能力。

本文出处：《第一届全国地震工程学术会议论文集》，D－11，上海，1984 年 3 月，1－10 页。

*　统计样本试验单位：辽宁省建筑科学研究所 27 篇；四川省建筑科学研究所 19 篇；北京市建筑设计院 17 篇；同济大学 14 篇；工程力学研究所 8 篇；陕西省建筑科学研究所 6 篇；华南工学院 5 篇；河南省建筑材料研究所 3 篇；天津大学 1 篇。

1–14　设有隔震砂层的砖房模型振动台试验[*]

高云学　杨玉成　白玉麟　吴沛云

1　引言

为研究控制砖结构房屋地震破坏的性态和减免倒塌的措施，在1.5 t振动台上输入地震波，进行设有隔震砂层砖房模型的摩擦滑移–倾抬提离试验。试验结果表明，这种措施的效果明显，砖房模型的主要破坏被限制在上部结构沿砂层的摩擦滑移和试验过程中的倾抬提离上。随着模型高宽比的增大，结构的倾抬提离量和加速度峰值急剧增加。

本文仅为试验研究报告的部分内容。

2　试验模型和测试仪器

本项研究在1.5 t水平振动台上进行了7个砖房模型试验，其中单层模型5个，二、三层各1个，除3个单层模型外，均在砖墙根部设有隔震砂层。模型尺寸如图1所示，模型砖尺寸为 7 cm × 3.3 cm × 1.8 cm，大致为普通黏土砖的1/3.5，用水泥白灰细砂砂浆砌筑模型砖墙体，灰缝厚3 mm左右。有关砖房模型参数见表1。

表1　模型砖房基本参数

房号	层数	层间砖墙尺寸/cm				模型自重/kg					荷载/kg			总重/kg	模型高/cm	高宽比	隔震砂层
		进深	开间	高	厚	层间墙重	底圈梁		楼盖	屋盖	二层	三层	屋盖				
							下	上									
1	1	120	93	77	7	334		48		237			810	1 429	89	1∶1.35	无
2	1	120	93	77	7	334		48		237			810	1 429	89	1∶1.35	无
3	1	120	93	77	3.3	158		48		237			610	1 053	89	1∶1.35	无
4	1	120	93	77	3.3	158	63	48		237			610	1 116	96	1∶1.25	普通
5	1	120	93	77	3.3	158	63	48		237			610	1 116	96	1∶1.25	筛选
6	2	120	93	77	3.3	158	63	48	167	237	200		410	1 441	179	1∶0.67	筛选
7	3	120	93	77	3.3	158	63	48	334	237	100	100	230	1 586	262	1∶0.46	筛选

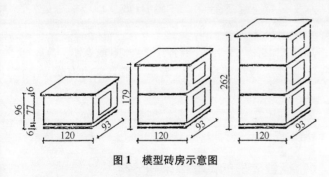

图1　模型砖房示意图

模型的隔震构造措施，系在固定于振动台台面的钢筋混凝土圈梁与模型砖房墙根部的钢筋混凝土圈梁之间铺放砂层，厚约8 mm左右。隔震砂层有两种，4#

模型用普通河砂，静摩擦系数近于0.7；5#~7#模型用经过筛选级配的河砂，静摩擦系数为0.4左右。

模型试验的电控液压模拟地震振动台，台面尺寸为 1.3 m × 1.2 m，最大承载能力为1.5 t，输入正弦波和压缩时间轴的4个地震波：① EL Centro（1∶3.5 和 1∶10）；② Parkfield（1∶3.5 和 1∶16）；③ Pacoima Dam（1∶3.5 和 1∶6）；④ 宁河地震天津医院波（1∶3.5）。

试验所用的主要仪器：测试加速度为 V401–伺服式加速度计（日本）、8306–低频加速度计（丹麦）；速度为 DCJ–伺服式拾振器（本所制）；位移为 DL–50 位移计（日本），Fx–61（阜新）、Wy–15D 和 Wy–75D 位移

本文出处：《第二届全国地震工程学术会议论文集》，武汉，1987 年 11 月，475 – 480 页。
* 本项研究为地震科学基金资助项目。

计(安徽)。测试 1#~4#模型同时用紫外光记录和磁带记录,5#~7#模型只有磁带记录。磁带记录器为 RTP－600B、RTP－50IL(日本)。记录的时程曲线由 MDR－Z80 微型计算机绘制,功率谱曲线由 7T08S 信号处理机绘制。

各模型分别在台面、缝上(墙根部)、各层楼盖和屋盖的中部布设水平加速度、速度和位移计,在台面和屋盖的前后布设竖直加速度和位移计。同时,在模型一端的中央设两只 FX61 大位移计分别测砂层上下圈梁的水平位移;在模型两侧砂层的上下圈梁间设 Wy－15D 位移计和 Wy－75D 位移计,量测砂层上下结构与底圈梁间的滑移量。

3 模型砖房的试验过程和宏观现象

3.1 1#~3#模型试验(见本书 1－25 文)

这 3 个模型为一般砖平房,无隔震措施。1#模型试验最终在两横墙上均出现交叉裂缝,为典型的砖房地震破坏的剪切模式;2#模型在墙根改变为低砂浆标号处出现水平缝,纵横墙间出现竖向裂缝,虽反复多次试验,模型并未倒塌;3#模型墙厚比 1#、2#模型薄一半,改为 3.3 cm,倒塌现象为典型的砖房地震破坏的塌落模式。总结这三个模型试验后,做出下述试验。

3.2 地震模拟振动台数字迭代控制试验和隔震砂层摩擦系数的测定

在进行设有隔振措施的模型砖房试验之前,振动实验室数控组利用 MDR－Z80 微机系统对 1.5 t 电液振动台输入的不同时间比例常数的模拟地震波进行了脱机数字迭代控制,使台面再现地震时程,以模拟磁带方式提供激励输入信号,并对再现地震时程和付氏幅值谱做了误差分析,符合良好。迭代试验时的台面承载接近模型试验状态,在砂层上圈梁固定相当于模型重量的铅块,数字迭代控制只限在砂层滑动之前。

对经过筛选、级配和加掺料的河砂,在振动台上做测定摩擦系数的试验。测试结果:不同砂层的摩擦系数为 0.2~0.7,包括滑动摩擦和滚动摩擦(以下在用到砂层滑移一词时,一般含砂子滚动在内)。图 2 为隔震砂层摩擦试验的加速度记录。由图可见,在砂层发生滑移后,上圈梁的加速度峰值不再随台面加速度而增大,且相位有明显的滞后。

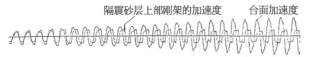

图 2 隔震砂层摩擦试验正弦振动加速度记录

3.3 4#~7#模型试验

4#~7#模型均设有隔震砂层,试验过程如下:

(1)用模态参数识别方法测定模型纵横两向的固有频率和阻尼比。

(2)结构特性反应试验,输入 7 种地震波,台面加速度由 0.05g 逐级增加,控制在 0.2g 以下。

(3)砂层初动试验,输入 EL Centro(1：3.5)地震波,加速度由 0.2g 逐级增加,至结构出现肉眼可见的滑移,再分别输入相同于初动值的加速度的正弦波和其余 6 种地震波。

(4)结构破坏试验,选用 EL Centro 地震波或滑移量较大的地震波,加速度逐级增加,至台面可能输出的最大加速度为止,然后用此最大加速度值,输入其余地震波和正弦波进行测试,并录像(两台)和宏观记录每次试验的残余滑移量。

两个单层模型的宏观试验现象,在试验过程中都只滑移而无提离,模型偏扭不明显,砖墙体无破坏,砂层上部结构的滑移量随着台面加速度增加而加大。输入不同地震波,台面和上部结构的位移有明显差异,Parkfield 和宁河地震波较 EL Centro 地震波位移大;时间压缩比为 1/6、1/10 和 1/16 的地震波滑移不明显。

二、三层模型砖房的试验现象:使上部结构产生肉眼可见滑移的台面加速度值提高了;二层模型除有明显的滑移,还可见略有提离现象,砖墙体无破损;三层模型在试验过程中可明显看到结构因倾抬提离而摇摆,两圈梁间的缝隙张合,滑移量比一、二层模型要小得多。三层模型的破坏除砂层外,还发生在砖墙体上,三层的砖墙体与楼板间产生细微水平裂缝;二层两横墙均有细微斜向和水平缝,并与纵墙窗台下部的细微水平裂缝连通;底层第二皮砖缝(改变砂浆标号处)产生细微水平裂缝。但继续反复输入各地震波,加大加速度值,二、三层砖墙体裂缝无明显发展,底层除隔震砂层缝隙明显张合,墙体水平裂缝也有发展,并逐渐加重,有错位。试验最终底部两皮砖连同墙根圈梁向一端错动,较上部结构错出 40 mm,较下圈梁错出 17 mm。

4 模型砖房的试验结果和分析

本文仅给出模型砖房的水平加速度、水平位移和滑移量的部分试验结果。

4.1 加速度

从 4#~7#模型的试验结果可看到以下几点:

(1)输入不同地震波的结构加速度反应略有差

异,但都不大。图3为5#模型的屋顶加速度(峰值)与台面加速度(峰值)的关系。

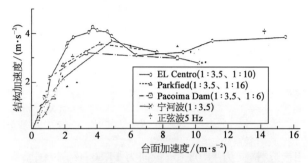

图3　5#单层模型输入不同地震波屋顶的加速度反应

(2)4#和5#模型在发生滑移后,结构的加速度反应最大值(a_{max})不再增长,这两个模型的a_{max}分别为$0.6g \sim 0.7g$和$0.3g \sim 0.4g$(图3)。

(3)随着模型层数的增加,输入不同地震波时结构的墙根、楼层和屋顶的加速度反应都明显增加,但也只在初始有明显摇摆时结构反应才出现较高的加速度峰值,随后加速度峰值又被控制在较低的滑移水平上。5#(单层)、6#(二层)和7#(三层)模型输入 Parkfield(1:3.5)地震波后进行结构反应的加速度比较,同时给出含有倾抬提离作用在内的结构反应最大加速度峰值和滑移段的加速度峰值(一、二和三层模型分别约为3 m/s^2、4 m/s^2和7 m/s^2)。

(4)加速度沿楼层高度的分布并非为倒三角形,二层模型输入不同地震波,滑移后中间楼层的加速度均小于底层墙根和屋顶的加速度;三层模型不同地震波的反应还有所差异,楼层加速有的反应大,有的反应小。

4.2　位移和滑移

试验结果表明:

(1)模型砖房输入不同地震波时台面和上部结构的位移反应随台面加速度的增大而增加。

(2)输入不同地震波时,台面和结构的位移量都有明显差别,即宁河波和 Parkfield 波的位移量要远大于 EL Centro 波的位移量,而滑移量相差得更大。

(3)台面与墙根和屋顶位移,单层模型比较接近;

二层模型相差较明显,且随测点位置的增高位移加大,而墙根的最大位移仍与台面相差不大。

(4)一、二层模型结构位移反应与台面的波形基本一致,滑移时有明显的相位差;三层模型由于发生明显的倾抬提离,结构的位移波形与台面很不相像。

(5)4#单层模型连续输入 5 次 EL Centro(1:3.5)波,采用隔震砂层措施多次加载的滑移量虽有所增大,但模型的最大滑移量仍与台面的最大位移相当。

5　结语

从模型砖房隔震试验的上述部分结果,表明设置基底砂层改变了结构的地震动性态,可得到以下几点看法:

(1)采用隔震砂层作为控制中低层砖房地震破坏和减免倒塌的措施是有效的。如能适当限制高宽比,可使砖房在遭遇中等地震时墙体不开裂破坏;强烈大震时,主要破坏控制在隔震砂层,房屋不倒塌,而结构的最大滑移相当于地震时地面的最大位移值。

(2)当房屋高宽比过大时,倾抬提离明显,将使上部结构产生严重的摇摆,导致墙墙体的破坏。因此,这种措施不宜用于高宽比大,可能产生较大倾抬提离的砖结构房屋。

(3)限于振动台的性能,砖房模型和试验方案的设计有较多的局限性,本措施的实验应用将有待于大振动台上足尺模型砖房试验结果的验证。

附记　由该项试验书写的本文和"Experimental Research on Model Brick Building by Shaking Table"(本书 1-25 文),是遵照刘所长"砖结构模型试验"指令开展的,并得到地震科学基金资助。

清华大学陈聃教授悉心指导制定该研究项目的试验方案,谨致谢意。

该项试验是课题组与本所振动台试验组、振动测试组、数控组和模态分析组同志共同完成的。

1-15 振动台地震模拟试验输入波的选择和结论的真伪

杨玉成　陈新君

1 引言

地震的作用是随机的,在相同峰值的不同地震动作用下,同一结构的反应可以差异很大。同样,在相同地震作用下,不同结构的反应也可以差异很大,且在试验的过程中结构的特性又是有变化的。因此,由一个或几个模型的试验来评价它的地震安全性是有一定困难的,但模型试验既昂贵又费时,往往只能如此。试验的有效性关键之一是输入振动台的模拟地震动的选择,如不严格认真选择适当的输入波,试验结果可能是无效的,在这一点上,要谨防有意或无意的技术性假冒渗入结构抗震领域。本文列举三类不同结构的房屋模型的振动台试验,即新疆无腹杆钢筋混凝土拱形屋架单层砖墙柱厂房、天津七层钢筋混凝土斜撑框架和唐山地震中有基底隔震作用的三层砖混结构房屋的模型试验。在输入波的选择上,都使其结果达到了有效的程度,并以此来说明振动台地震模拟试验中选择输入波的一般原则和方法,及其从试验记录分析选择输入波的可信程度,以辨别试验结论的真伪。

2 新疆单层砖墙柱厂房模型试验的输入波与其结果

该试验的目的是对在克拉玛依市采用无腹杆钢筋混凝土拱形屋架的单层厂房的抗震性能做出评价,重点是拱形屋架无支撑对厂房屋盖体系稳定性和抗震性能的影响。

模型结构取原型的端部 3 间,几何比为 1∶3,跨度 4 m,柱距 1.5 m,一端山墙承重,一端敞口,柱顶高 2.43 m,屋面板顶高 3.25 m,前纵墙门口 1.10 m × 1.25 m,前纵墙上窗口和后纵墙上下窗口均为 0.50 m × 0.50 m。 计算基频,原型厂房的横向为 4.30 Hz,模型结构的横向为 11.67 Hz,两者之比为 1∶2.71,模型纵向基频为 15.02 Hz。实测模型基频与计算

相接近,横向为 11.08 Hz,纵向为 14.80 Hz。该试验详见本书 1-17 文,本文仅阐述其输入波的选择。

模型结构的弹性试验选择 5 条地震波,即迁安、EL Centro、宁河、疏附和喀什加速度时程曲线,其中前 3 条是常用的在Ⅰ、Ⅱ、Ⅲ类场地上记录到的,后 2 条是在戈壁土场地上记录到的,输入振动台时的时间轴压缩比为 1∶3,近于原型和模型的基频比,图 1 为其经压缩时间轴的地震动谱曲线。弹性试验结果显示,模型结构的加速度反应与由输入地震波的频谱分析所预估的完全一致,即输入迁安波的反应很小,输入宁河波近于刚体运动,输入 EL Centro 波反应较明显,输入疏附波和喀什波的反应激剧,尤以喀什波为大。从图 2 和图 3 中的墙柱顶端的侧移和拱屋架出平面的位移来看,也是喀什波和疏附波为大。

模型结构的破坏试验选用喀什波,其理由有三:一是用戈壁土场地的记录,与原型厂房的场地土性状相同,且弹性反应在这 5 条地震波中最大;二是模型结构的谱峰幅频率将随破坏加重而下降,要求在此过程中输入波的频谱较丰富,且预估可能在其卓越区段模型结构破坏;三是破坏试验的模拟地震动在模型结构的纵向,预估模型破坏过程的横向频率降落范围处于喀什波的谱谷区段,这可避免敞口端横向反应过大,而疏附波则不然。

试验结果,模型结构从弹性阶段到初裂和破坏,正经历了输入的喀什波的频谱幅值次高区段（12~15 Hz）到频谱幅值高峰区段（2~7 Hz）,并在峰幅卓越频谱区墙体开裂和严重破坏。该模型结构的加速度功率谱密度函数的峰幅频率,弹性阶段为 15.6 Hz,初开裂（轻微损坏）为 5.9 Hz,明显开裂（中等破坏）为 4.1 Hz,严重开裂（破坏）为 3.2 Hz。且在破坏过程中,由于模型结构对振动台的反馈作用得到振动台数控系统的有效控制,每次输入的台面加速度时程曲线的功

本文出处:《结构工程师》,1997 年增刊,《第一届全国土木工程防灾学术会议论文集》,上海,同济大学出版社,98-102 页。

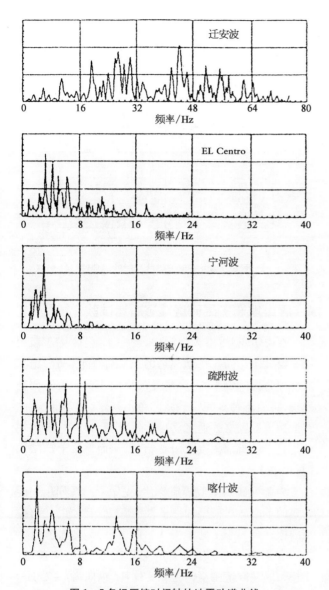

图1　5条经压缩时间轴的地震动谱曲线

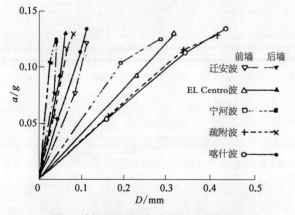

图2　墙柱顶端侧移与台面加速度的关系

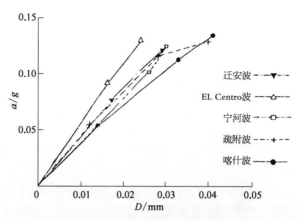

图3　拱屋架出平面位移与台面加速度的关系

微幅激振测得的共振频率比谱峰幅频率高得多,初开裂为13.32 Hz,明显开裂为12.4 Hz,严重开裂为11.2 Hz。

3　天津七层钢筋混凝土斜撑框架模型试验的输入波与其结果

该试验的目的重点是研究异型柱斜撑框架结构体系抗震能力的可控性和斜杆开裂后的抗震作用。模型与原型的几何比为1∶3,取双跨双开间,柱网为1.7 m×1.1 m,总高为6.6 m,层高为0.9 m。横向基频:原型房屋实测为2.35 Hz,模型微幅振动测得为8.52 Hz,模拟地震动谱峰值为7.32 Hz。该框架试验详见本书1-16文,本文也只阐述其输入波的选择。

弹性试验选用 EL Centro、Parkfield 和宁河三种地震波的加速度时程曲线作为模拟地震动输入,时间轴的压缩比为1∶3.3。试验结果也如同上述,由输入波的频谱特性所预估的那样,输入 Parkfield 波模型的加速度反应、总位移和层间位移均最大,宁河波最小。

破坏试验的输入波并不像上述试验那样选用弹性试验中结构反应最大的,即不选用 Parkfield 波,而是选用宁河波。这并不只因宁河波是天津特定场地上所记录到的,用它来做天津的模型试验符合场地条件相同的要求,更主要的是考虑到模型结构在框架的斜撑破坏之后,谱峰幅频率要明显降低,预估将进入输入振动台的宁河波的频谱卓越区段,而 Parkfield 波的频谱卓越区段与模型结构弹性状态和初裂阶段的谱峰幅频率相接近,也就是说,欲使模型结构初开裂,Parkfield 波的加速度峰值可小于宁河波,即 Parkfield 波比宁河波易使该模型结构开裂;在开裂之后,模型结构的谱峰幅频率进入宁河波的频谱卓越区段,而离开 Parkfield 波的频谱卓越区段,即宁河波比 Parkfield 波易使模型结构破坏加剧。倘若选用 Parkfield 波,在斜撑开裂之后,再增大输入波的加速度,模型结构的破坏并不明显加

率谱性状基本一致。因此,这个模型对模拟地震动有明显的反应,试验是有效的。倘若输入迁安波或宁河波来模拟地震动试验该模型结构,其结果便缺乏实际应用价值,结论是虚伪的。还需指出一点,模型墙体初裂后用

重,由此便可得出该结构的破坏与初裂时的地震动加速度之比甚大,这样的结论对于有确定场地的该结构来说,是个假象。在破坏试验过程中,模型结构的谱峰幅频率当三层斜杆出现初开裂时为 5.45 Hz;三层多根斜杆出现裂缝时为 5.37 Hz;当破坏较明显时,三层斜杆混凝土崩落,一、二、四、五层斜杆普遍出现裂缝和一、三层柱根、柱顶出现水平裂纹,模型结构的谱峰幅频率降为 4.96 Hz;当破坏进一步加剧,一至六层斜杆均有裂缝,三层斜杆混凝土大块掉落、钢筋弯曲,下部三层柱裂缝普遍,在此试验中发生类共振现象,反应激剧,谱峰幅频率为 3.5 Hz。图 4 和图 5 分别为模型弹性试验中输入 Parkfield 波和宁河波时用螺栓与台面拧紧做固结的模型底板面和三层顶加速度记录的谱曲线,图 6 为输入宁河波类共振时底板面和三层顶加速度记录的谱曲线。类同上述试验,微幅振动测得试验过程的模型基频变化比谱峰幅频率要下降得少,分别为 7.12 Hz、7.12 Hz、6.40 Hz 和 5.60 Hz。这一点在由地震动加速度时程的谱曲线来选择输入波时必须注意的。

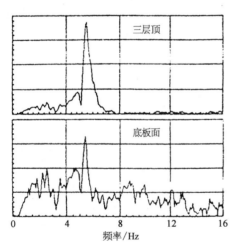

图 4 弹性阶段输入 Parkfield 波的谱曲线

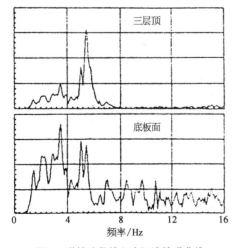

图 5 弹性阶段输入宁河波的谱曲线

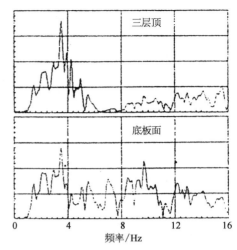

图 6 输入宁河波类共振时的谱曲线

4 唐山地震多层砖房震害对比试验

在 1976 年唐山大地震中,震中 11 度区有 3 幢用同一设计图在同一场地建造的三层砖住宅,两幢施工质量评为优的倒平,另一幢差的反而未倒。震害调查发现,砖墙体勒脚砌筑砂浆颜色不同,标号甚低,这才查询到该幢底层曾返工将墙体拆至窗台以下,震害现象正是在勒脚部位发生滑移错位,从而保全上部结构(见本书 1-1 文)。

为验证砖房基底隔震作用,先做了一系列用小砖砌筑的单层砖房模型和一至六层基底设砂层的砖房模型的振动台试验(见本书 1-14、1-25 文和工力所 1988 年白良硕士学位论文),探索实现隔震的可能性,小模型的基频范围横向为 11~34 Hz,纵向为 6~25 Hz。输入 7 种不同的地震波和时间轴压缩比,即 EL Centro 波(1:3.5 和 1:10)、Parkfield 波(1:3.5 和 1:16)、Pacoima Dam 波(1:3.5 和 1:6)和宁河波(1:3.5),试验结果表明,设砂层的刚性砖房滑移初动可控制在 $0.3g \sim 0.4g$,取决于砂层的滑移滚动摩擦系数。输入地震动的加速度峰值达 $1.2g \sim 1.5g$ 时也不滑脱,最大滑移量都在墙厚限度内。输入时间轴压缩比为 1:6、1:10 和 1:16 的地震波,结构反应和滑移都不明显;时间轴压缩比为 1:3.5 的地震波,Parkfield 波的滑移量较大,宁河波次之,EL Centro 波较小,而台面的位移量宁河波最大。这表明对设砂层且无限位装置的砖房模型,输入不同的地震动都可有效地实现基底隔震作用。但模型的高宽比对结构的地震反应起控制作用,当高宽比为 1:1.5 以下时,初动滑移后,增大输入地震动,上部结构的加速度反应不再增大;当高宽比为 1:0.5 左右时,结构反应以提离摇摆为主,它只能减少结构的部分反应;当高宽比为 1∶0.8 左右时,结构反应还以滑移为主。基底未设砂层的单层模型,其破坏现象为剪切交叉裂缝,进而两侧砌块震落,丧失承载竖向荷载能力而倒塌。

试验小模型后,用原型砖砌筑几何比为 1∶2 的砖房模型,输入波与其时间轴压缩比为 Parkfield(1∶1.4)、宁河(1∶2)和 EL Centro(1∶1.4)。基底设砂层的二层砖房模型在这 3 种地震波作用下的结构反应均以滑移为主,无明显提离,输入波的最大加速度达 $1.1g \sim 1.2g$,上部结构只在底层墙体有轻微的斜裂缝。基底设砂层的三层砖房模型,当地震动为 $0.3g$ 左右时,略有滑移提离,在 $0.5g \sim 0.6g$ 时,滑移提离明显,模型四角的滑移残余量在输入宁河波和 EL Centro 波后为 2 mm 左右,而 Parkfield 波达 $20 \sim 30$ mm,且第二层墙体有裂缝,当输入宁河波 $1.12g$ 时的残余量还只有 10 mm 左右。基底黏结的三层砖房模型在 $0.4g \sim 0.5g$ 时底层墙体初裂,$0.6g \sim 0.7g$ 时裂缝明显相当于中等破坏的震害,对这 3 种地震波仍以 Parkfield 波的反应为大。然后,输入只用 EL Centro 波,$0.96g$ 时严重破坏;重复 $0.914g$ 时,墙体局部掉落;加至 $1.27g$,底层墙体破碎,多块掉落,第二层墙体仍只轻微裂缝;再加两次 $1.6g$,底层墙体大块掉落,3 片残垣断壁支承上部结构;换向振动 $1.16g$,底层倒塌,上二层叠落破碎。1/2 的模型试验重现了唐山地震中在 11 度区三层砖住宅的震害现象,即用 50 号砂浆砌筑的砖房倒塌,用低标号砂浆砌筑勒脚的砖房发生滑移而保全上部结构。

5 选择输入波的一般原则和方法

为使振动台模拟地震动试验的结果有效,从以上三例可初步归纳选择输入波的基本原则和一般方法,至少应有下述四点:

(1)必须符合试验目的的要求。这看来似乎是句空话,每个试验都按其目的进行,在本文所讨论的问题上,这是特别要关注的。如我们拟将做砖混住宅的加层加固与原房的抗震性能对比试验,加层加固前后房屋的动力特性不同,模型结构的动力特性也不同,倘若选用同一地震波的相同时间轴压缩比作为输入波,可能会对加层加固前后的某一模型的结构反应有利而对另一模型不利。再如,有的做隔震效果或对比试验,选用一个或几个地震波的压缩比输入,其结果有隔震措施的上部结构反应减少

50%,就称隔震效果良好,这可能是不实际的,采取隔震措施后的模型结构和原型房屋的基频都大大下降,我们可另选择一个输入波使其上部结构反应减少得更多,也可以让其反应增大。

(2)尽量类同试验对象的场地条件。众所周知,不同场地上的结构地震动反应是不同的,但在振动台模拟地震动试验的输入波选择上,大家并不都认真对待这一不同。如对上海和广州Ⅲ类场地上的高层建筑进行振动台模型试验,倘若选用 EL Centro 波输入,且在时间轴压缩上不做周密的处理,我们认为其结果可能要比实际的地震反应小。

(3)输入地震动的加速度时程曲线的时间轴压缩比,以接近模型结构与原型房屋的基频比为宜。为此,在振动台模拟地震动试验之前要先测试和(或)计算模型结构与原型房屋的动力特性,然后再确定压缩比。在此,值得讨论的是有的试验采用人工质量法的动力相似理论,利用量纲分析将模拟地震动试验结果直接推断到原型房屋,我们认为,由于其频率比为模型结构与原型房屋频率比的开方,分析频谱特性其地震动反应便有明显的差异,这与动力相似的分析是不相一致的。

(4)输入波的频谱特性要适用于模型结构试验过程各阶段的动力反应,并要求振动台数控系统具有良好的迭代功能。在弹性试验阶段,输入波的频谱特性不应有明显的变化;在破坏试验过程中,模型结构的频谱特性变化极为明显,因结构的反馈作用,输入波的频谱特性按目前振动台的控制水平不可能一成不变,也没必要追求完全一致,只要基本不离谱,频谱特性差不多即可。而试验数据的处理要求对试验过程各阶段输入波的台面加速度时程记录和模型结构反应的加速度时程记录都做频谱分析,用以判别试验的有效性。

6 结语

提高振动台模拟地震动试验的水平,确保试验结果的有效性,因素是多方面的,正确选择输入波只是其中之一,且是关键之一。我们讨论这问题,是因它在技术上的欺骗性特别大,容易引起误导,认为试验总是真的,结果可信;更重要的是诚望共同来重视和改进振动台模拟地震动试验,以改善和提高工程结构的抗震能力,减免在地震中的损失。

1−16 七层钢筋混凝土异型柱支撑框架结构模型振动台试验研究

杨玉成　黄浩华　孙景江　陆锡蕾　等*

1 引言

多层和中高层建筑常采用增强砌体、钢筋混凝土框架或框架-剪力墙抗震结构体系。为了在住宅中推广使用框轻节能结构体系，天津市建筑材料工业设计院和国家地震局工程力学研究所进行合作研究，在地震模拟振动台上试验一个缩尺比为1∶3的钢筋混凝土异型柱支撑框架结构的七层模型，原型是中国新型建筑材料公司天津市分公司程林庄路轻型建筑示范住宅。

模型试验目的是通过宏观破坏现象和测试数据的分析研究，对这种结构体系的抗震性能做出进一步的评价，重点是结构的可控性和斜杆开裂后的作用，对节点因预估可靠故只做宏观观察。在试验前，已对即将竣工的程林庄住宅进行过动力特性的实测，对模型用空间有限元法进行了时程动力反应分析。

该模型于1989年在国产最大的5 m×5 m双向水平地震模拟振动台上进行了首个大型结构破坏性试验（图1），并通过鉴定。该结构体系的研究成果曾获天津市科技进步二等奖。五年来，在天津推广使用，有近百万平方米的住宅采用了这种撑框抗震结构体系，取得了显著的经济效益。为了在推广应用中使有关部门对这种结构的抗震性能能有进一步的认识，故将此试验结果进行广泛交流，并说明在使用中应注意的问题和有待更深入研究的问题。

2 模型和测点布置

七层钢筋混凝土异型柱撑框结构体系的模型与原型的几何比为1∶3，取双跨双开间，模型柱网为1.7 m×1.1 m，底板为3 m×4 m，总高为6.6 m，层高均为0.9 m，底板梁高0.3 m。柱、板带、斜杆和节点为现浇，在纵横两向的中跨设置斜撑，断面为70 mm×

图1　首个大型结构破坏性试验

50 mm。细石混凝土强度等级：一、二层为C30，三、四层为C25，五至七层为C20。一、二层斜杆和柱的纵向钢筋用φ8，三层和三层以上用φ6。预制空格大板，混凝土强度等级为C20。模型简图如图2所示。节点的厚度在施工时增加了10~15 mm。为避免模型试验时扭转，模型用两向等跨，原型的跨度为4.8 m和5.1 m。在模型的各层楼板上均匀施加铁块荷载1 kN/m²，模型总重172 kN，其中荷重52 kN，上部结构自重83 kN，

本文出处：《地震工程与工程振动》，1995年3月，第15卷第1期，53−66页。

* 参加试验和分析的人员还有：国家地震局工程力学研究所大台组徐文德、吕启惠、林荫琦、金维轩、骆文琼、周成吉，数控组刘永昌、高亚民、关淑贤，工民建抗震室杨柳、高云学、丁世文、张培珍、杨雅玲；天津市建筑材料设计院肖建国、何秉信、李凯、王燕。

底梁板重 37 kN。

模型试验共布置 64 个测点。在模型 Y 轴方向(房屋横向)进行试验时,布置加速度计(A)10 个、大位移计(D)8 个、层间位移计(DL)10 个、应变计(S)36 个;在模型 X 轴方向(房屋纵向)进行试验时,只将加速度计和大位移计转换方向。全部测点由 VAX - 11/730 数控系统采集、存储和测读,并绘制时程曲线和富氏谱。此外,在一层和七层各设一个监测加速度计(a),由 HP3582A 频谱分析仪和 XY26000A4 记录仪量测和绘图。模型测点布置也如图 2 所示。

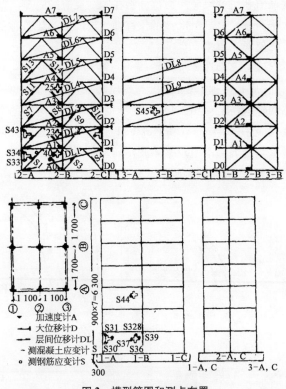

图 2　模型简图和测点布置

3　试验过程和破坏现象

试验分调试、弹性、初裂和破坏四个阶段。弹性阶段在 X、Y 两个方向分别进行,初裂和破坏阶段只在 Y 向进行。台面输入 EL Centro、Parkfield 和宁河三种地震波,压缩比均为 1 : 3.3,经迭代后,在弹性和初裂阶段输入波形和台面反应波形基本一致。在模拟地震动试验前和各个阶段试验后,用敲击法量测模型的自振特性。

调试阶段——Y 向,输入名义加速度峰值为 0.15g 的随机波和三种地震波。

弹性阶段 1——Y 向,依次输入经迭代后三种地震波,名义为 0.2g 和 0.4g,模型结构未见裂缝。

弹性阶段 2——X 向,依次输入名义峰加速度为

0.15g 和 0.3g 的宁河地震波,0.10g 和 0.20g 的 EL Centro 和 Parkfield,模型结构未见裂缝。

初裂阶段 1——名义 0.7g 宁河波,在 AB 跨间的三层斜杆上出现两条裂缝,一条在靠边柱的斜杆上端接近节点处,一条在靠中柱的斜杆中部一侧。

初裂阶段 2——0.8g,上述两斜杆的上端都有近呈周圈的一道裂缝,在斜杆中部的裂缝未见发展。

初裂阶段 3——1.0g,三层斜杆的裂缝稍有发展,在 AB 跨边柱斜杆上端又出现了一条裂缝,BC 跨靠中柱的斜杆中部有一道周圈裂缝。其他楼层的构件均未见裂缝。

破坏阶段 1——名义 1.4g 宁河波,模型构件有明显的破坏。监测加速度计 a_1 的值为 1.424g,a_7 的值为 4.123g。

斜杆:三层最重,AB 跨靠边柱的斜杆上端与节点交接处一下角混凝土小块崩落,露筋长近 10 cm,另一斜杆与节点交接处也有多道裂缝;BC 跨斜杆上端与节点交接处也开裂,杆身有多道不贯通的裂缝,在靠中柱的斜杆下端与节点交接处有一周圈裂缝。四层次之,两组斜杆的上节点处均有裂缝。一、二层斜杆有细裂缝。五层纵向斜杆中部一侧有裂缝(以后未见发展)。

柱:首层,2 - A 和 2 - C 柱的 T 形翼缘有多道水平缝,根部明显,但未裂通;1 - A 角柱顶 T 形腹板外侧贴电阻片的孔边有短细裂缝(后不发展),3 - A 角柱根部腹板内侧有一细裂缝。三层 2 - A 柱顶 T 形腹板端部有一水平缝。

板角:一层 3 - A 和 1 - C 角柱处的空格板板角实心块有上下贯通的细裂缝,二层 3 - C 角柱处空格板板角实心块的下皮开裂,上皮未见裂缝。

破坏阶段 2——1.7g,有类共振现象,破坏明显加剧。重复一次,宏观观察反应似略小,破坏发展不明显。这两次试验数控系统保护装置跳闸未采集数据。名义 1.7g 的第二次监测加速度计 a_1 的值达 3.12g,a_7 的值达 4.86g;头一次监测记录都饱和。

斜杆:三层 AB 跨靠边柱的斜杆上端 10~15 cm 混凝土全掉落,裸露钢筋略微弯曲(近 15 cm 内无箍筋),另一斜杆上端下皮混凝土崩落,露筋长约 10 cm,杆上部有 4 道周圈裂缝;BC 跨两斜杆杆身和两端多道裂缝。斜杆裂缝四层普遍,一层较多,二、五层少且短,六、七层未见。

柱:首层 2 - A 和 2 - C 柱水平裂缝各多达 9 条,大多周圈裂缝,柱下部裂缝分布较密往上渐稀,柱顶腹板有裂缝,1 - A 柱中下部翼缘外侧有 3 道水平缝。七层 1 - A 柱顶角有微细裂缝。

节点：AB 跨首层上节点中部有一条裂缝,方向沿靠中柱的斜杆。

板角：无明显发展。

破坏阶段 3——调整数控系统保护装置,监测点 a_1 移至底板梁顶面 a_0。台面输入名义 1.7g 宁河波,发生类共振,监测点的 a_0 为 3.33g,a_7 为 4.44g。模型破坏稍有加重,三层 AB 跨靠边柱斜杆上端裸露的钢筋弯曲,上节点出现沿斜杆方向的裂缝。一至五层斜杆的裂缝略有增多,六层斜杆也有微裂。柱的裂缝除首层 2－A、2－C 和 1－A 柱稍有发展外,1－C 柱首层中下部有 3 道微裂;2－A 柱二层中部和上部的腹板各有 1 道水平缝,三层中上部有 3 道水平缝,四层有 1 道。角柱处的空格板板角一至三层大多有微细裂缝,四层也较多,七层仅个别;有斜撑的四个边柱处的空格板板角近半数也有微细的裂缝。板角裂缝的位置有的在实心角块上,大部在空格板边肋与实心角块相接处的边肋上,个别裂缝由空格板边肋延伸到现浇板带。

4 模型试验结果的分析

对本项试验结果的分析,归纳为以下几个方面。

4.1 模型结构的动力特性

（1）模型结构谱峰值的频率随破坏程度的加剧有明显的下降,列于表 1 中。在最后发生类共振现象的破坏试验中,结构与台面纪录的谱峰值频率同为 3.5 Hz,还不到初始状态的一半,且由于结构共振的反馈使台面输入峰加速度由名义 1.7g 增大为测得的 3.4g。

（2）用敲击法微幅振动测得模型横向各阶段试验后的谱峰值频率也见表 1,比模拟地震动试验高。模型纵向基频也随破坏而下降,模型纵向模拟地震动时的基频只有弹性阶段。

表 1 模型试验各阶段的基频 单位：Hz

轴	测试方法	初始	调试	弹性	初裂	轻坏	破坏
横向	模拟地震动	7.32	5.53	5.45	5.37	4.96	3.50
	敲击微幅振动	8.52	7.20	7.12	7.12	6.40	5.60
	比 值	1.16	1.30	1.31	1.33	1.29	1.60
纵向	模拟地震动			4.23			
	敲击微幅振动	6.12	5.40	5.30	5.20	4.90	4.72
	比 值			1.25			

（3）用脉动法实测程林庄住宅横向基频为 2.35 Hz,纵向 2.73 Hz,实测时该住宅临近完工。由此推断,程林庄住宅在遭到明显破坏前不致发生类共振现象。

（4）用敲击法分别测得纵向、横向和扭转的各 7

个振型,不同试验阶段的 7 个振型的频率比变化不大,横向各个振型的平均频率比为 1：3.75：6.60：9.08：11.13：13.04：14.58。在试验的各个阶段,基本振型均以剪切变形为主。从模拟地震动试验的频谱看到,模型各楼层第二频率的谱峰从弹性阶段到破坏均不显著,只在类共振时频谱的高频成分相当丰富,故在设计时可不考虑高振型的影响。

4.2 模型结构的加速度和位移反应

（1）由时程曲线看到,各层的反应波形基本类同,层数越高反应越显模型结构的动力特性。各层的加速度峰值和位移峰值一般都分别在同一反应的时刻。输入宁河波和 Parkfield 波的位移即主波峰值远比其他的波峰值要高得多。

（2）模型在弹性阶段输入三种地震波的反应,从台面(底板梁顶)峰加速度与各层峰加速度、屋顶总位移的峰值(图 3 和图 4)可见,宁河波较其他两波的弹性反应小,EL Centro 和 Parkfield 波在接近模型弹性阶段基频处的频谱也较宁河波要高。由于该模型试验服务于天津,故模型的破坏试验采用宁河波。

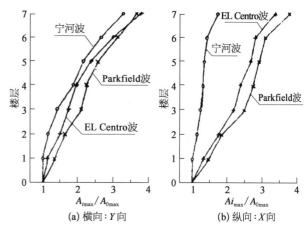

图 3 模型结构弹性阶段台面峰加速度与各层峰加速度的比值

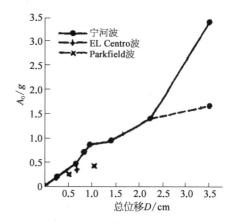

图 4 模型横向台面加速度峰值 A_0 与顶部总位移峰值 D 的关系

（3）每次试验中，各层加速度的反应以与台面加速度峰值比为放大倍数，其值列于表2。可见，放大倍数逐层增大，从弹性到初裂阶段的放大倍数变化不大，从初裂到破坏，各层均略有下降。在类共振时，有明显的变化，放大倍数降低且各层（除个别层外）相接近。模型结构的各层对照表2和图3，模型横向第六、七两层的放大倍数有明显的增大。因此，在该体系的抗震设计中，顶层应按《建筑抗震设计规范》（GBJ 11—1989）采用顶部附加地震作用系数，对第六层也可考虑附加作用。

表2　模型横向输入宁河波各层的加速度反应放大倍数

输入名义加速度/g	0.2	0.4	0.7	0.8	1.0	1.4	1.7
A_{0max}/g	0.191	0.482	0.712	0.870	0.972	1.424	3.443
一层	1.047	0.094	1.271	1.122	1.062	1.031	1.244
二层	1.126	1.205	1.440	1.343	1.029	0.996	1.202
三层	1.429	1.438	1.670	1.544	1.221	1.236	1.285
四层	1.890	1.700	1.824	1.616	1.853	1.509	1.187
五层	2.152	1.871	2.086	2.003	2.010	1.730	0.886
六层	2.723	2.666	2.723	2.585	2.383	2.269	1.250
七层	3.461	3.210	3.482	3.275	2.915	2.895	1.405

（第一列中间部分为 $\dfrac{A_{imax}}{A_{0max}}$）

（4）模型结构横向的屋顶总位移峰值与台面加速度峰值在不同试验阶段的关系。从图4可见，初开裂时的变化速率反而比弹性阶段要小，破坏时位移速率又增大。由加速度时程曲线经二次积分后得到的位移时程曲线与测得的位移时程曲线基本一致，这表明大位移与加速度结果是相对应的。

4.3　模型的层间位移和斜杆的应变

（1）层间位移时程曲线的形状与加速度时程曲线的形状相同，而不同于大位移时程曲线；斜杆应变时程曲线的形状与层间位移时程曲线相一致。两相邻斜杆的应变时程曲线相位相反，各层同一侧的斜杆应变时程均为同相位。各层的层间位移峰值和斜杆应变峰值一般都在同一反应的时刻。

（2）图5为各层层间位移峰值与台面加速度峰值的关系，图6为一至五层的斜杆应变峰值与台面加速度峰值的关系。由图显而易见，在弹性阶段三层比其他层明显要大，这与模型结构的破坏首先发生在三层相一致。且对这种结构仍可推断：破坏受层间位移的控制。斜杆初裂时的层间位移角为 1/780～1/600，杆身初裂的层间位移角接近 1/600，由于在斜杆与节点连接处存在附加弯矩，此处可能比杆身早些开裂。试验表

明，这种结构体系的层间弹性位移角限值按《建筑抗震设计规范》中的框架-剪力墙结构类型采用是合适的，即装修要求高的为 1/800，其他为 1/650。这两个限值也标绘在图5中，由图可见，板柱斜撑结构体系若按此要求设计，试验表明可以符合当遭受小震影响时一般不受损坏或不需修理仍可继续使用的设防要求。

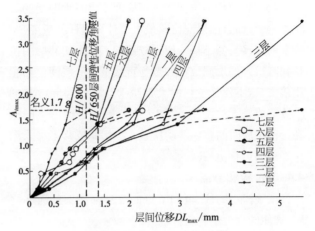

图5　模型横向（轴2）台面加速度峰值 A_{0max} 与各层层间位移峰值 DL_{max} 的关系

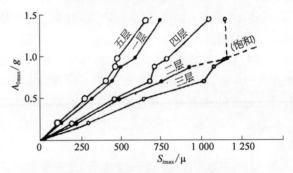

图6　模型横向台面加速度峰值与斜杆混凝土应变的关系

（3）斜杆在初裂后，经历了6次模拟地震作用，测得的层间位移表明，即使在一根斜杆可能由于上端无箍筋的混凝土崩落丧失压杆作用的状态下，斜撑系统仍起作用。轻度破坏时，台面加速度峰值（1.42g）与初裂时（0.71g）之比为2，薄弱层的层间位移峰值（2.96 mm）与初裂时（1.15 mm）之比为2.6；类共振破坏时薄弱层的层间位移峰值（5.44 mm）为初裂的4.7倍，台面峰加速度为初裂的4.8倍，若台面峰加速度按输入的名义值计为初裂的2.4倍。试验结果表明，该结构在设计时如满足层间弹性位移角限值的要求，当遭受设防烈度的地震影响时的损坏程度，符合经一般修理仍可继续使用的抗震设防要求。

（4）对于无斜杆的边框架（轴③）的测试结果，无论是时程曲线还是富氏谱的形状和谱峰频率，与有斜杆的中框架均一致，但三、四和五层的层间位移不仅比

有斜杆的要大，且位移分布也不一样，弹性阶段四、五层与三层的层间位移相当，进入初裂阶段四层的层间位移比三层近乎大1倍，五层也比三层大，直到类共振破坏，四层的层间位移还略大于三层。由于模型制作和加载严格控制偏心，动力特性和模拟地震动的测试表明，扭转效应不明显。

（5）各层层间位移和斜杆应变不仅时程曲线的形状相一致，而且由层间位移最大值计算斜杆的应变，与应变的直接量测结果一般也较接近。但由相邻层的位移相减得到的层间位移一般与直接量测的层间位移相比偏大，这不仅是位移的大数减大数得到层间位移的小数造成较大的误差，可能更主要的还是模型连同振动台在试验时的整体转动所致。故层间位移不可采用相邻层的位移值相减。

4.4 柱、板和节点

试验模型的柱、板和节点的开裂都在斜杆破坏之后，破坏的程度也较斜杆轻。

（1）从宏观现象看到，异型柱的裂缝集中在有斜撑的框架边柱，尤以底层明显，中柱未见裂缝；无斜撑的边框架，角柱虽有裂缝，但少而轻。从柱的应变测量可进一步看到：

① 柱应变时程曲线的形状与斜杆应变时程曲线的形状相一致，边柱翼缘和腹板（肋）上钢筋的应变时程曲线是相同的，且与其连接的斜杆应变的相位相同，但在边柱上端腹板中的钢筋应变比翼缘中的要大，而边柱下端翼缘中的钢筋应变比腹板中的要大（图7）。这表明试验时模型的边柱混凝土开裂，是由模型的整体倾覆力和层间柱端弯矩共同作用所致。

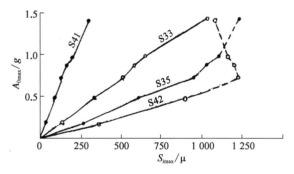

图7 模型横向台面加速度峰值与边柱钢筋应变的关系
S33和S35——一层柱上端翼缘和腹板的钢筋应变；
S41和S42——二层柱下端腹板和翼缘的钢筋应变

② 有斜撑的框架柱的钢筋应变比无斜撑的边框架柱的钢筋应变要大。

③ 在破坏试验时，有斜撑的边柱钢筋已达到或接近弹性极限，拉应变的峰值与柱混凝土的开裂相符合。

（2）空格板的板角裂缝在试验过程中观察到的不多，但从中框架和边框架的层间位移值的明显差异和柱子钢筋应变值的明显差异及在试验破坏阶段初角柱处空格板的板角便发生冲剪裂缝来看，模型结构的楼盖水平刚度是不足的，该结构体系的楼盖部分应适当改进。

（3）该模型的板柱节点除七层屋盖的一个顶角局部有裂缝外，其他均未发现损坏。斜杆与柱的节点均未见裂缝；斜杆上端与板带的节点有两个在类共振破坏时出现裂缝。试验表明对该结构的节点的预测是可信的，它的开裂不仅比斜杆、柱子和空格板都晚，而且损坏的程度也轻。

5 结语

双方在试验研究报告中有三点共识作为主要结论：

（1）由1:3模型试验推断，天津市程林庄住宅异型柱支撑框架结构体系能符合抗震设防要求。但在推广使用这个体系时，尚应做进一步的完善和改进。

（2）试验研究表明，异型柱支撑框架结构可以控制斜杆比柱和板带（或梁）先开裂，试验前的理论分析预测模型的三层斜杆首先开裂，得到了验证。多次模拟地震动试验表明，斜杆在开裂之后不仅仍能继续工作，而且具有较好的反应特性和抗震消能作用，从而减轻和延缓主体结构的地震破坏。对于异型柱支撑框架结构的抗震性能，通过一个模型试验是不可能期望有非常深入的认识的，但这个试验已给人们一个基本的认识，该结构体系有较好的抗震效应，并提供了一个概念，在异型柱框架结构的抗震设计中可采用斜撑作为抗侧力构件，且当遭遇地震后，即使斜杆轻度开裂，也可不加修理继续使用。因此，在中高层建筑中采用钢筋混凝土异型柱支撑框架抗震结构体系是适宜的，但它对设计要求较高。

（3）试验研究表明，在异型柱支撑框架结构体系的抗震设计中，适度控制斜杆的开裂且不致压崩是至关重要的，层间弹性位移角的限值按《建筑抗震设计规范》中的框架-剪力墙结构类型采用是合适的，在顶层以及顶部两层采用附加地震作用系数是必要的。

还有三个尚待进一步研究的问题：

（1）设计轻框结构如何避开类共振，确保大震不倒。

（2）支撑框架是空间结构体系，设计简化为平面框架，忽略扭转和层间刚度差是偏于危险的。

（3）如何改进支撑的设计，使其成为消能减震支撑，控制结构的破坏。

1－17 无腹杆钢筋混凝土拱型屋架单层厂房振动台模型试验研究

杨玉成 李亦斌 陈新君[*]

1 引言

克拉玛依的地震设防烈度在 1990 年以前为 6 度，现为 7 度，房屋建筑从 1991 年开始抗震设防。在现有的单层厂房和空旷砖房中，大量采用无腹杆的钢筋混凝土拱型屋架，屋盖体系一般均不设上弦横向支撑，在《工业与民用建筑抗震鉴定标准》中，对跨度不大于 15 m 的无腹杆钢筋混凝土组合屋架，要求在单元两端应有上弦横向支撑；而在新疆通用图集《预制钢筋混凝土双铰拱屋架》(新 G761)中，未要求设上弦横向支撑，只有整体连接的要求。为明确这类房屋是否必须进行加固，新疆石油管理局抗震办公室和国家地震局工程力学研究所共同对此类房屋开展试验研究。

本项研究的目的是通过模型试验的破坏现象和测试数据的分析，对这类单层厂房的抗震性能做出评价，重点是拱型屋架有无上弦横向支撑和装配整体式屋面板与拱型屋架连接的可靠程度对厂房屋盖体系稳定性和抗震性能的影响，并结合计算分析综合评价其地震安全性。

2 模型设计和动力特性计算

模型和原型的几何比为 1∶3，取 3 个开间。模型的平立面尺寸和构造如图 1 所示，一端山墙承重，一端敞口加钢筋混凝土柱框和角钢保险支撑。前纵墙大门敞口用钢筋混凝土边框，梁通长。有两道钢筋混凝土圈梁兼作过梁，山墙设弧形压顶圈梁。拱型屋架和屋面板的制作参照新疆的标准图集新 G761 和 XG843。拱矢跨比为 1/7，截面 120 mm × 180 mm，下弦 2φ25 钢筋，钢板包头。槽形屋面板高 80 mm，宽 195 mm，长 1.48 m，板厚 24 mm，槽空填砖。模型屋盖的连接按新疆标准图集做法，屋面板间纵横向板缝加筋 φ4 与拱屋架上的预留插筋 φ6－205 一起现浇在拱顶的板缝混凝土中。为了试验其连接得好坏的影响，在三榀拱屋架的中间一榀屋架的拱顶不留插筋，改为预埋钢板，用螺栓与屋面板连接；拱型屋架间的上弦横向支撑用 φ12 钢筋。模型材料方面，墙柱为一般黏土红砖，MU7.5，砌筑砂浆强度等级设计为 M5，试块平均强度 4.03 MPa。拱屋架的混凝土设计强度等级为 C30，试块平均强度为 27.87 MPa，板、圈梁和敞口加强边框的混凝土强度等级为 C20。模型的底板和底圈梁重 106.6 kN，上部房屋重 125.6 kN，前墙门口和敞口配重 29.4 kN，屋顶加载 35.7 kN，台面总荷重为 297.3 kN。模型屋盖自重(包括槽板填砖)为 2.46 kN/m²。屋面加载后的屋盖荷重与原型相当，为 4.44 kN/m²。

为了设计试验模型和有效地控制试验过程，采用有限元空间体系，计算模型结构和原型房屋的动力特性，计算中做如下假设：

(1) 模型结构固接在底圈梁上，底圈梁、底板和振动台系统不参与计算。

(2) 柱与拱的连接为铰接。

(3) 槽型屋面板的板面以整体等效薄板来划分板单元，并将槽板的端肋和拱上的填缝混凝土简化为杆件，与拱和板单元一端铰接、一端固接。

(4) 大门敞口的混凝土边框与砖柱变形一致，共同作用，取混凝土的有效增强系数为 0.7。

模型结构计算单元的节点为 212 个，计算结果如下：当有上弦横向支撑时，空载和加载后的横向基频(f_6)分别为 12.66 Hz 和 11.67 Hz，纵向基频(f_8)分别为 17.27 Hz 和 15.02 Hz；在加载后去掉上弦横向支撑时，横向基频(f_2)为 11.67 Hz，纵向基频(f_4)为 15.02 Hz。空间振型有明显的扭转效应，图 2 和图 3 为无支撑的模型横向基本振型(M2)和纵向基本振型(M4)。从振型和主要节点的相对振幅的计算值可见：

本文出处：《地震工程与工程振动》，1997 年 3 月，第 17 卷第 1 期，54－69 页。

　* 参加本项研究的课题组成员还有陈有库、杨雅玲、杨柳、赵宗瑜，振动台测试组成员有刘永昌、高亚民、孙铁山、林荫琦、金维轩、周成吉关淑贤、任贵兴、王颖、杨青、张尚志等。本项试验研究得到新疆建筑设计院总工袁金西高级工程师的大力支持和在全疆推广应用。

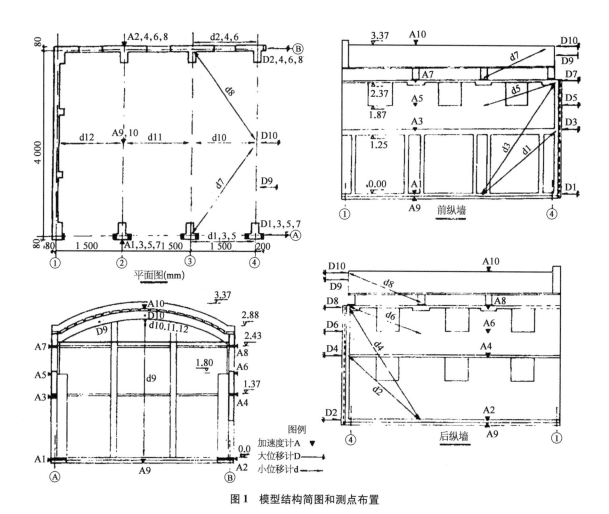

图 1　模型结构简图和测点布置

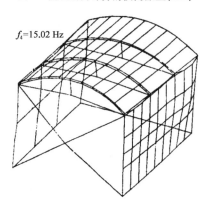

图 2　模型结构计算的横向振型（M2）

图 3　模型结构计算的纵向振型（M4）

（1）模型结构以横向振动为主的基本振型有较大的纵向分量，同样以纵向振动为主的基本振型则有较大的横向分量。

（2）纵向振幅前纵墙比后纵墙要大，而同一墙面的4条轴线在相同的位置（高度）节点振幅差异不明显。

（3）当以横向振动为主时，前后纵墙在同一条轴线的相同位置振幅差异不明显，但在不同的轴线，敞口端的振幅最大，山墙端最小。

（4）从底到顶各节点的振幅符合基本振型的分布形式。

原型房屋的计算取 9 个开间，两端由山墙承重，划分单元的节点数为 301 个。屋盖荷重取 4.04 kN/m²，不设上弦横向支撑。计算结果如下：横向基频（f_3）为 4.30 Hz，图 4 为它的空间振型。原型房屋与模型结构的横向基频比为 1∶2.715，较模型和原型的几何比 1∶3 小 9%。对比图 4 和图 2 可见，恰似模型结构截取原型房屋山墙端的 3 个开间的空间振动。

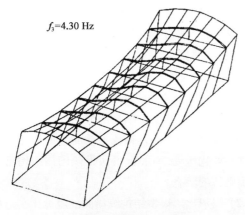

f_3=4.30 Hz

图 4　原型房屋计算的横向振型（M3）

3　模型的测点布置和输入地震动

模型试验每次布置 32 个测点（图 1），其中加速度计（AC）10 个、大位移计（DH）10 个、小位移计（DL）12 个，由数控系统采集、存储、测读和打印，并绘制时程曲线和谱曲线。

振动台试验选用 5 条地震加速度时程，其中 3 条为常用的在 I、II、III 类场地上记录到的地震动，即迁安、EL Centro 和宁河。为更适合克拉玛依特定场地上房屋的模型试验，特地选用了 2 条在新疆戈壁土场地上记录到的地震动，即喀什水电站地震动和疏附地震动。新疆的这 2 条地震时程记录是 1985 年 8 月 23 日乌恰 7.4 级地震后，9 月 12 日 6.8 级强余震的记录。图 5 为喀什记录的加速度、速度和位移时程曲线。模型试验的 5 条地震时程记录，时间轴的压缩比均为 1 : 3，图 6 为其输入振动台的加速度时程曲线的谱曲线。

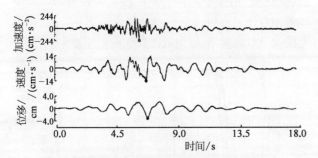

图 5　喀什地震波的加速度、速度和位移时程曲线

4　试验过程和破坏现象

模型试验分为四个阶段，在模拟地震动试验前和各个阶段后，还用正弦微幅激振测动力特性。

（1）弹性试验。输入 5 种地震加速度时程进行纵向模拟地震动试验，记录各测点的纵向加速度和位移，在敞口端顶部监测横向效应。振动台输入的名义峰值

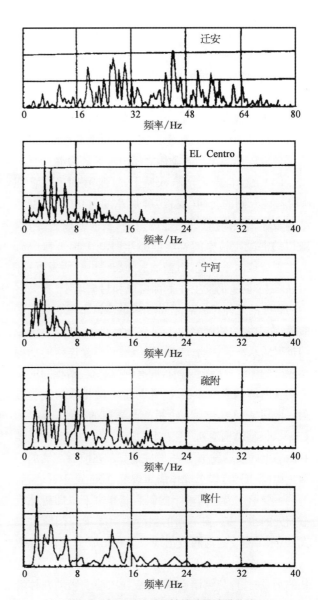

图 6　5 条经压缩时间轴的地震动谱曲线

加速度为 0.05g、0.10g 和 0.15g，模型结构的工况为有支撑、连接紧状态。

（2）工况试验。工况有 3 种状态，即有支撑、连接紧状态，无支撑（割断支撑）、连接紧状态和无支撑、松连接状态。工况试验只输入疏附和喀什 2 种地震加速度时程，进行纵向振动试验，也分 3 级加载。特别需要加以说明的，在用电焊弧切割断支撑后，当振动台启动升压时发生失控颤动现象，并损伤模型。砖墙体在底圈梁上一、二皮砖处部分裂开，屋盖板与封檐墙和山墙间大部裂开，门过梁与砖砌体间也有开裂，纵墙上部的窗间墙局部有细微的水平和斜向裂纹，一角延伸到山墙。修补裂缝用锯片在墙内外开宽，缝深各约 2 cm，填补环氧水泥砂浆，再刷白外墙。工况试验在修复的模型上进行。

（3）初裂试验。纵向输入喀什加速度时程 0.2g

和0.3g，模型结构未查到可见裂缝。在0.5g时，振动台输入的峰加速度为0.57g，台面纪录到0.537g，查看到的初裂现象：前纵墙在下圈梁兼门过梁与砖砌体之间有水平缝，上圈梁兼窗过梁与填充封檐墙之间也有通长的水平缝，窗口还有短裂缝；在后纵墙拱屋架的填充封檐墙四周出现裂缝，上层窗口也出现短裂缝；在山墙上槽板压顶圈梁与砖砌体之间出现弧形裂缝。

（4）破坏试验。输入喀什加速度时程，增到0.72g，记录到的台面（底板）峰加速度为0.666g，模型结构破坏，裂缝有较为明显的发展，在前纵墙上，门洞敞口的混凝土边框的梁端全都开裂，3个窗下口都有八字裂缝或水平通缝，封檐墙上的裂缝也有所发展；在后纵墙上，裂缝仍发生在上部窗口和封檐墙上，且大多为初裂缝的延伸和加剧，在靠山墙的窗口出现一条水平裂缝；在山墙的两圈梁间出现一条斜裂缝，并与前纵墙门过梁的水平缝裂通；屋顶面上，松开螺栓连接的那榀拱屋架的填缝混凝土与槽板间有细微裂纹，槽板间的灌缝在靠山墙端有一条裂开，并与封山女儿墙的裂缝连通。增到1.43g，台面（底板）记录到的峰加速度为1.338g，模型结构遭到严重破坏，振动过程中观察到纵墙和山墙上的裂缝发生错动，缝隙透亮。在前后纵墙的门窗过梁（下圈梁）以上墙体满布裂缝，前墙重于后墙，裂缝的主要形式为窗间墙上的斜裂缝和窗下口即砖柱变截面处的水平缝，窗下角的斜缝裂至圈梁兼门窗过梁上，填充封檐墙的周圈也出现裂缝在山墙上，斜裂缝在两圈梁间连通，在上部圈梁的下面一、二皮砖处出现通长的水平缝，且与纵墙连通，槽板在山墙上错动并掉墙皮，封山女儿墙有多条短裂缝。屋面上，在中部两榀拱屋架的填缝混凝土与槽板之间有通长细缝，在槽板间也有3条细缝。在墙根部，灰缝有开裂的迹象但不明显。

综上所述，模型结构在弹性试验阶段，承受0.2g完好无损。在工况试验阶段，承受0.2g也不开裂。在去支撑、松连接的不利工况下，增加到0.5g，砖砌体发生初裂，相当于轻微损坏的震害程度；增加到0.7g，砖砌体裂缝有明显发展，混凝土构件和屋面板间初开裂，相当于中等破坏的震害程度；增加到1.4g，模型结构达到相当于严重破坏的震害程度，而屋盖体系仍稳定，还只在混凝土灌缝的新旧之间裂开。由此可见，这样的屋盖体系抗震能力强于砖墙体。

5 测试记录和结果分析

5.1 模型结构的自振特性

（1）自振频率。模型结构弹性状态纵横向的基本

频率空载时纵向基频为16.60 Hz，横向为12.84 Hz；在屋面加载后，分别为14.80 Hz和11.08 Hz。与计算频率相比，相差都在5%左右。弹性试验后，纵横向基频分别为13.32 Hz和10.64 Hz。初裂后分别为12.40 Hz和9.88 Hz。在破坏试验后，分别为11.20 Hz和9.56 Hz，比加载后的模型结构的原始弹性状态分别下降了24.3%和13.7%。从微幅振动测得的模型自振频率的这一变化所见，一般也可认为该砌体结构已进入了严重破坏的状态。

（2）阻尼比。模型结构纵横向的阻尼比在空载时分别为1.28%和1.52%，在加载后分别为2.90%和2.17%，在弹性试验和修复损伤后分别为2.78%和1.48%，在破坏后分别为1.60%和1.30%。在计算模型动力反应时，取阻尼比为2%，在计算结构原型时取为5%。

（3）振型。模型结构在弹性状态纵横向基频的空间振型实测值与计算结果在几个主要的方面是相一致的。两者的差异在于模型结构实测的空间扭转效应加大，但就其总体来看，模型结构由计算结果绘制的空间振型基本上可反映它的实测振动特性。

5.2 加速度反应和频谱分析

（1）弹性试验。从模型结构的纵向输入5种地震加速度时程，在轴②的前后纵墙上，各测点的加速度峰值与台面（底板顶面）之比即放大倍数，绘于图7中。由图可见，迁安反应很小，宁河近于刚体运动，EL Centro反应较明显，疏附和喀什反应激剧，尤以喀什为大；前后纵墙反应并不一致，前墙大、后墙小，两者的均值（除迁安）沿模型结构的高度接近线性分布。从不同的测点还可得到，4条轴线的纵向反应相接近，但模型结构呈空间振动，横向效应较纵向反应要小。

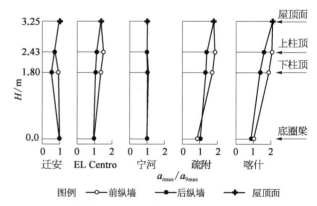

图7 不同地震作用下各测点的反应与台面的峰加速度比值

（2）工况试验。从试验结果各测点与台面的加速度峰值之比可看到，模型结构去支撑和松连接之后，降

低了屋盖的整体刚度,屋顶的结构反应均略有增大,峰加速度的放大倍数随输入变化,疏附和喀什分别为1.98、2.11、2.42和1.75、1.72、1.83。

（3）初裂-破坏试验。各测点的加速度峰值即放大倍数,轴②纵向各测点结果绘于图8,上部结构纵横向各测点的放大倍数与台面峰加速度值的关系绘于图9,可见模型结构在砖墙体开裂前后,上部结构的加速度反应都呈非线性。初裂之前比在工况试验中可更明显地看到,前纵墙和屋顶的加速度动力放大倍数随输入加速度峰值的增大而增大;后纵墙也随加载而有所增大,但没前纵墙那样明显。开裂之后,前纵墙和屋顶的纵向测点加速度反应便急骤下降,在严重破坏时的放大倍数可小于1;后纵墙虽也有所下降但不显著。在初裂-破坏过程中,横向效应更为明显,加速度反应也呈非线性,放大倍数随加载增大,初裂时最为显著,轴④的横向效应放大倍数均超过前后墙的纵向,墙体开裂后急骤下降,到严重破坏时横向效应的放大倍数只有0.6。

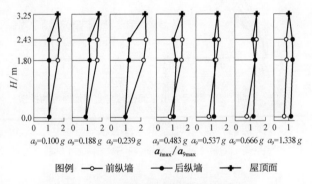

$a_9 = 0.100\ g$　$a_9 = 0.188\ g$　$a_9 = 0.239\ g$　$a_9 = 0.483\ g$　$a_9 = 0.537\ g$　$a_9 = 0.666\ g$　$a_9 = 1.338\ g$

a_{imax}/a_{9max}

图例　○—前纵墙　●—后纵墙　+—屋顶面

图8　初裂和破坏试验各测点的反应与台面的峰加速度比值

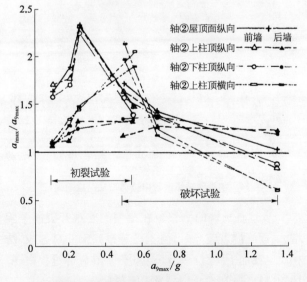

　　　　轴②屋顶面纵向——+
　　　　　　　　　　　　　前墙　后墙
　　　　轴②上柱顶纵向——△--▲
　　　　轴②下柱顶纵向——○--●
　　　　轴②上柱顶横向——□--■

初裂试验　　破坏试验

a_{9max}/g

图9　上部结构的峰加速度放大倍数与台面峰加速度的关系

（4）频谱分析。对模型试验各阶段的加速度反应做频谱分析,以进一步了解模型结构的动力特性和破坏过程及其与输入地震动的关系。为此,选取输入喀什和疏附加速度时程中有代表性的11次试验,将各测点的加速度曲线做功率谱（ASD）和传递函数（TRF）,由此可见:

① 模型结构从弹性阶段到初裂和破坏试验,经历了输入的喀什加速度时程的频谱幅值次高区段（12～15 Hz）到频谱幅值高峰区段（2～7 Hz）,并在峰幅卓越频谱区模型墙体开裂和严重破坏。因此,这个模型对模拟地震动有明显的反应,试验是有效的。倘若输入迁安或宁河加速度时程,其结果便缺乏实际应用的价值。

② 模型结构从初始的弹性阶段到最终的破坏试验,输入疏附加速度时程的几次试验,它的功率谱也无明显变化。这表明,模型结构在不同阶段对振动台的反馈作用,得到振动台数控系统的有效控制。

③ 从弹性阶段到破坏试验,模型结构的动力反应和频谱特性都有明显的变化。在弹性阶段由微幅激振测得的共振频率与传递函数的谱峰频率相接近;模型初开裂,微幅激振的共振频率略高于谱峰频率,破坏之后两者已无比较意义。

④ 对不同的工况,从频谱也更明显地看到,屋盖有无支撑,由传递函数所得的共振频率相同,而其前后墙的功率谱峰幅值之差则明显增大,也如加速度反应分析无支撑时前墙的谱峰值明显增大,而后墙的变化不显著。

⑤ 对模型结构的初裂和破坏,从频谱分析可有更进一步的认识,宏观观察是在 TTK 4 次试验中墙体出现裂缝,而频谱分析表明在 TTK 3 次试验中已有变化,即可能出现未观察到的微细裂纹;破坏之后的谱峰值与其频率均随开裂程度的加剧而下降,在最后的破坏试验中,频率为 3.2 Hz,在高频部分也出现众多的谱峰,且模型结构不仅在上下测点之间,甚至上部测点间的谱峰频率也不一致,这就表明模型结构的整体性已遭到破坏;从横向效应的加速度功率谱也可看到,在最后的破坏试验中,谱峰值降得很低,模型结构已丧失其整体空间作用。

5.3　墙柱和屋架的位移

（1）弹性试验。纵向输入 5 种地震加速度时程的墙柱顶端侧移与台面（底板顶面）加速度的关系绘于图10。屋架拱脚与拱顶之间的相对位移,即拱型屋架的出平面变形和倾斜与台面加速度的关系绘于图11。

由图可见,墙柱的侧移,敞口的前纵墙比后纵墙要大得多,在不同地震作用下可达 3~7 倍;喀什加速度时程最大,疏附次之。拱型屋架的出平面变形和倾斜由轴③屋架拱脚与轴④屋架拱顶间的相对水平位移测得,其值比前墙柱顶的总侧移量要小一个量级,山墙轴①与屋架轴②间的相对位移要比屋架间的相对位移大 1 倍多。

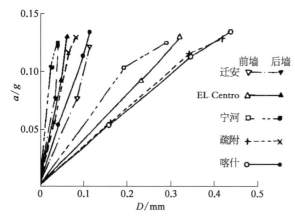

图 10　不同地震动作用下墙柱顶端的
侧移与台面加速度的关系

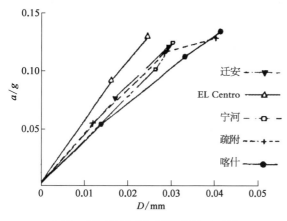

图 11　不同地震动作用下拱屋架出平面
位移与台面加速度的关系

（2）工况试验。不同工况下墙柱顶端的侧移与台面加速度的关系绘于图 12,出平面变形和倾斜与台面加速度的关系绘于图 13。对于工况试验的结果,墙柱顶端的侧移在去支撑之后,前墙有所增加,输入喀什加速度时程时增大 24%,疏附增大 12%;后墙喀什增大 14%,疏附小 10%。前后纵墙位移量的差异比弹性阶段更大。出平面变形和倾斜的水平位移量在去支撑之后有明显的增大,达 60%~82%。放松轴③屋架与板之间的连接,与只去支撑的位移量相当;在屋盖体系中去掉支撑、松掉连接虽降低了它的整体刚度,但在小载荷作用下的工况试验中屋盖仍保持整体运动。

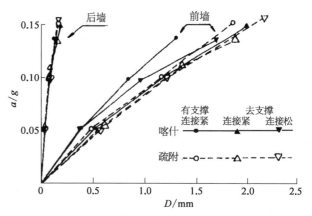

图 12　不同工况下墙柱顶端的侧移与台面加速度的关系

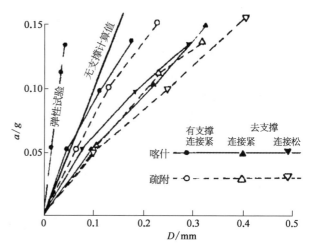

图 13　不同工况下拱屋架出平面位移与台面加速度的关系

（3）初裂-破坏试验。用大、小位移计同时记录位移时程曲线,其最大值绘于图 14 中,由图可见:

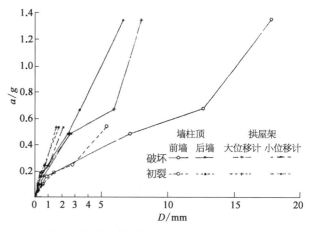

图 14　初裂和破坏试验中位移与加速度的关系

① 墙柱顶端的侧移也在模型的宏观开裂前急骤增大,而当严重破坏时,由于已越过频谱的卓越段,结构反应反而下降,位移增长也缓慢。在破坏过程中,前墙的位移也均比后墙大,为 3 倍左右。

② 当宏观观察到裂缝时,墙柱位移的残余值有

0.2 mm 左右。当达到严重破坏时,前后墙柱顶端的侧移分别达 17.8 mm 和 6.6 mm,位移残余值达 2.5 mm 左右,震时看到墙体的裂缝透亮,震后观察到墙体存有裂隙。

③ 在破坏阶段,拱屋架的出平面水平位移也急骤增大;屋架与山墙之间的变位明显大于拱屋架之间的变位,试验过程中位移可达到 4.2 mm,残余变形接近 2 mm,故山墙顶端破坏明显。砖墙体明显破坏时,屋架之间的变形急骤增加,震后也查看到在拱顶的板间有裂纹,残余变形 0.1 mm 以上,墙体严重破坏,屋架拱顶间的相对位移最大值还只有 1.1 mm,残余变形还不到 0.3 mm,这表明拱屋盖虽在架板之间的连接已松开,但板缝之间的通长钢筋和现浇混凝土灌缝仍起到保障屋盖的整体性作用。

综上所述,拱型屋架间去支撑松连接,对抗震是不利的,加大结构反应,尤以拱屋架的出平面水平位移显著。同时,试验结果又表明,这类拱型屋盖在无支撑时,抗震能力仍比支承它的砖墙柱强,在墙体初开裂时,屋盖完好无损;墙体严重破坏时,拱屋架的位移角虽比前纵墙的位移角将近大 1 倍,但屋盖体系仍不失稳,整体性仍良好,只后填混凝土与预制板间有微细裂纹,拱屋架之间的变位只有前墙顶侧移的 1/16,后墙顶侧移的 1/6。因此,这种无上弦横向支撑的拱型屋盖体系在克拉玛依 7 度地震设防区,在砖墙柱的抗震能力得到保障的前提下,屋盖体系的地震安全性即稳定性是可得到保障的。

6　拱型屋架房屋抗震性能计算分析

该类房屋的抗震性能计算分析包括墙柱的抗震承载能力分析和屋盖体系的稳定性分析。

对模型结构的计算,对采用 12 m、15 m 和 18 m 跨度拱型屋架在有无吊车和前纵墙有无大敞口的不同单层砖墙柱厂房的计算均详见国家地震局工程力学研究所 1995 年 2 月本课题组的研究报告,其结果表明:克拉玛依市现有跨度不大于 15 m 无上弦横向支撑的拱型屋架单层砖墙柱厂房,当建在 Ⅰ、Ⅱ 类场地上且现状无损的,在遭遇 7 度地震影响时,屋盖系统处于稳定状

态,承重墙柱的抗震强度也可满足 7 度抗震设防要求,可不再做加固处理;跨度为 18 m 的该类房屋,其屋架拱铰和拱顶的相对位移和角位移较大,为增强其稳定性,应有可靠的支撑系统。

计算分析与试验研究的结果有较好的一致性,这表明计算模型、计算简图和基本假设是合理的,但计算分析只在线弹性范围内进行,且对试验模型的参数按原始结构取值。

7　结语

本项研究取得下列主要成果,并已在新疆石油管理局的实际工程中应用:

(1) 试验和计算分析研究都表明,无腹杆钢筋混凝土拱型屋架的单层房屋,当跨度不大于 15 m 且屋盖构件有整体连接时,其抗震能力一般强于砖墙柱,屋盖系统的稳定性可满足 7 度抗震设防的要求,对已建的该类房屋可不再在厂房单元两端加设上弦横向支撑。这一研究成果已被新修订的《建筑抗震鉴定标准》所采纳。

(2) 试验研究同时表明,该类房屋的屋盖系统无上弦横向支撑,对抗震是不利的,会降低房屋的整体性和屋盖的稳定性,加大结构的地震反应,为确保地震安全性,对不设上弦横向支撑且应当进行抗震承载力验算时,应考虑不利影响系数,其值可取为 0.9,即考虑降低空间作用的效应。新建该类房屋时,宜在厂房单元两端增设上弦横向水平支撑,而不采用影响系数。

(3) 对屋盖体系的整体性措施,达不到新 G761 图集中要求的,即拱型屋架上弦顶面未预留与预制板的连接筋,或屋面板的纵横向板缝中未加通长钢筋和现浇豆石混凝土,或拱屋架支座处未设现浇钢筋混凝土圈梁和与拱脚无可靠连接的,均应在厂房单元的两端增设上弦横向水平支撑,并达到装配式无檩屋盖的支撑布置要求和单层厂房圈梁的设置要求。

(4) 对跨度不小于 18 m 的拱型屋架房屋,为增强屋盖系统的稳定性,保障地震安全,应有可靠的支撑系统,包括在厂房单元两端设置上弦横向支撑。

1-18　砖住宅楼系列模型地震模拟试验设计
——多层砖房抗震性能三向振动台试验研究之一

杨玉成　崔　平　杨　健　陈新君　杨雅玲[*]

1　引言

　　近年来,新疆频频发生地震,克拉玛依石油城的抗震设防自 1991 年起由 6 度上升为 7 度,20 世纪七八十年代建造的砖住宅楼均无抗震设防措施,90 年代按 7度抗震设防要求新建的砖房又较高,90 年代中后期对建于场地条件较差的部分不设防的住宅楼还做了抗震加固。在住房改革中,对这些不同年代建造的抗震设防不一的砖住宅楼的抗震能力,人人关心。为此,在福利分房改为商品售房后,新疆石油局抗震办公室和房产公司决定立项组织和出资进行砖住宅楼的模拟地震动试验研究,验证其抗震能力,确保职工购买的住房均为地震安全房。这是开展这项试验的直接目的,即通过房屋模型在地震模拟振动台上的破坏试验,从破坏过程的宏观现象和测试数据的分析研究中,评价各类砖住宅楼的抗震性能和在克拉玛依可能遭受到不同烈度的地震影响时的震害程度和安全保障能力,并指出易震损的薄弱部位,提出改善、提高其抗震性能的措施,以减轻震损和确保在地震时的安全。

　　最近 20 年来,我国对多层砖房进行了大量试验和计算分析,研究其抗震性能和破坏机理,使多层砖房的抗震设计、鉴定和加固标准化,并建立了多层砖房预测震害的专家系统。但是,地震震害现象的试验重现,尚不够满意,未能将对震害现象的分析和推断进展到从试验过程的数据记录和重现地震破坏现象来揭示其抗震性能和破坏机理。1976 年,在刘恢先教授的指导下,在砖房的静力试验和振动台模型试验中,首次重现斜裂缝的震害现象,从而证实多层砖房墙体开裂破坏的抗震抗剪理论。20 多年后的今天,大型三向振动台的建成使我们有条件来实现在试验中重现震害现象的追求。而企业与研究所之间的合作,使这项研究具有

资金和活力,通过模拟地震试验深入研究多层砖房的抗震性能,分析其抗裂抗倒的机理,这是开展该项试验研究所进一步期望的。

　　这项多层砖房抗震性能三向振动台的系列模型试验研究历经两年,由中国地震局工程力学研究所和新疆石油局房产公司合作完成,并已于 1999 年初通过鉴定验收,评委专家一致认为,此项研究成果达到国际先进水平。

2　试验房屋选型和模型设计

　　砖住宅楼的抗震性能试验选取在克拉玛依量大面广的四种类型的砖房,这在我国砖住宅楼中也具代表性:

　　(1) 不设防的纵墙承重四层砖混结构住宅,条形单元组合,20 世纪 80 年代初期采用通用设计图建造。

　　(2) 不设防的点式五层砖混结构住宅,品字形单元组合(三单元不相等),20 世纪 80 年代中后期采用通用设计图建造。

　　(3) 经抗震加固的点式五层砖混结构住宅,20 世纪 90 年代中后期外加混凝土构造柱和圈梁,名义上 7度抗震加固,实际上采取 8 度加固措施。

　　(4) 7 度抗震设防的 6 层砖混结构住宅,条形单元组合,20 世纪 90 年代中后期采用通用设计图建造。

　　模型设计受振动台台面尺寸和台面荷重的限制,试验模型与原型房屋的几何比为 1∶4,4 层和 6 层条形建筑取原型的中间一个单元,5 层点式建筑为其整幢缩尺。模型墙体的砌筑用一般红砖锯割成的小砖,尺寸为 5.3 cm × 2.5 cm × 2.5 cm,砂浆强度等级设计模型时同原型。楼屋盖梁板布置和承重体系同原型,空心板改用平板替代。圈梁和构造柱的设置及混凝土强度等级也同原型,主筋用 $\phi4$,箍筋用铁丝。各模型的尺寸、自重和楼屋盖均布铁块的荷载,见表 1。

────────────────

　　本文出处:《地震工程与工程振动》,1999 年 12 月,第 19 卷第 4 期,110-117 页。

　　* 参加该项试验的振动台测试组成员有徐文德、任贵兴、金维轩、林荫琦、李金骥、高亚民、关淑贤、杨青、王颖和胡宝生,课题组成员还有王治山、张培珍、赵宗瑜、杨柳、周四骏、王鹏,新疆石油管理局还有康建军、杨建国、王宏、熊新等。试验模型由张尚志和孙铁山等施工制作。

表1　各模型的基本参数

参　　数	模 型 层 数			
	4层	5层	5层加固	6层
模型长/m	3.38	4.68	4.68	4.41
模型宽/m	2.22	3.71	3.71	2.30
模型高/m	2.98	3.81	3.81	4.35
模型自重/kN	118.2	213.5	226.8	187.8
楼盖荷载/(kN·m⁻²)	3	1.5	1.5	2
屋盖荷载/(kN·m⁻²)	4.5	1.5	1.5	3
台面总荷重/kN	218.2	295.5	308.8	305

表2　试验模型楼层墙体平均抗震强度系数

模型	砂浆强度	墙体	楼 层					
			1层	2层	3层	4层	5层	6层
4层	(一致)	纵向	0.506	0.388	0.452	0.671		
		横向	0.341	0.258	0.320	0.515		
5层	设计值	纵向	0.485	0.353	0.396	0.513	0.974	
		横向	0.714	0.526	0.596	0.780	1.502	
	测试值	纵向	0.431	0.315	0.351	0.452	0.851	
		横向	0.631	0.446	0.526	0.685	1.310	
6层	设计值	纵向	0.389	0.310	0.337	0.271	0.353	0.613
		横向	0.635	0.512	0.544	0.445	0.563	0.938
	测试值	纵向	0.363	0.288	0.255	0.271	0.353	0.613
		横向	0.596	0.480	0.426	0.445	0.563	0.938

3　模型的抗震强度系数和模拟比

3.1　砖墙体抗震强度系数

多层砖房抗御地震的能力主要取决于砖墙体的抗震（剪）强度。在本书1-1文中推导出一个表示抗震能力的无量纲系数——砖墙体抗震强度系数，以此作为预测震害的判别值。在《建筑抗震鉴定标准》中，用楼层抗震能力指数作为判别值，也是个无量纲值。按《建筑抗震设计规范》（GBJ 11—1989）中的参数计算各楼层纵向和横向各自的墙体平均抗震强度系数K_i，可用下式表示：

$$K_i = f_{VEi} \cdot \frac{A_i}{G_{eq}} \cdot \frac{\sum_{i=1}^{n} G_i H_i}{\sum_{i=i}^{n} G_i H_i} \qquad (1)$$

式中：K_i为第i层纵向或横向墙体平均抗震强度系数；f_{VEi}为第i层纵向或横向墙体的抗震抗剪强度设计值；A_i为第i层纵向或横向墙体在楼层半高处的净截面面积；G_{eq}为结构等效总重力荷载；G_i为集中于第i层顶板处的重力荷载代表值；H_i为第i层的计算高度。

对试验模型也按一般的多层砖房计算各层砖墙抗震强度系数。各模型的楼层墙体抗震强度系数K_i值列于表2。表中分别列出按模型设计和实测的墙体砌筑砂浆强度等级计算的K_i值。模型的实测砂浆强度为砂浆试块抗压强度和砌体通缝抗剪强度这两种测试结果的综合值。其中4层模型测试值与设计值相符，底层为M5，上层为M2.5；5层模型施工时砌筑砂浆有意稍偏低，测试结果底层为M4，上层为M2；6层模型测试结果一、二层稍偏低，第三层砂浆配比可能施工有误，实测值底层取M8.5，二层M4.4，三层M3.0，上层M2.5。两个5层模型同时施工，后做加固。

在试验前，计算模型的楼层墙体抗震强度系数，以用于预估模型的破坏和设计试验模型的模拟地震动加载值。从表2可见，按现行的计算分析方法，4层模型的第二层抗震强度系数最小，为薄弱层，其次为第三层，且横向墙体的抗震强度系数较纵向要小得多，即预估模型的二、三层横墙将先开裂破坏；5层模型的薄弱层为二、三层，其次为一、四层，且纵向墙体较横向要弱，即预估模型的纵墙将先开裂，且二、三层破坏较重；6层模型的最弱层为第三层，四、二两层与其相差也不多，次之是五、一两层，且纵向墙体较横向要弱得多，即预估纵向墙体的三、四和二层墙体将先开裂。模拟地震动的加载，即设计输入振动台的地震动台面加速度的最大峰值也基于抗震强度系数的大小，4层模型弹性阶段试验控制纵向在0.25g以下、横向在0.20g以下，并预估纵向在0.25g~0.35g、横向在0.2g~0.3g模型墙体初开裂；5层模型弹性阶段试验控制纵向在0.2g以下、横向在0.3g以下，并预估纵向在0.25g~0.35g、横向在0.3g~0.4g模型墙体初开裂。试验结果是否与现行的分析方法一致、预估是否得当，这正是要通过试验来验证的。

3.2　抗震能力模拟模式和模拟比

在多层砖房的地震动模拟试验中，我们建立了一个抗震能力模拟模式，即基于多层砖房的抗震能力主要取决于墙体的抗震强度，将原型房屋与试验模型的抗震强度系数之比作为抗震能力的模拟比。并期望在模型设计和施加荷重时，使原型房屋和试验模型的各层纵横向墙体抗震强度系数之比为同一值，其抗震能力有同一模拟比，但受材料、几何比、振动台台面总荷重和结构承重体系的限制，实际上很难做到统一，故应尽量使之相接近。

各楼层纵向和横向的抗震能力模拟比 β_i 即为下式：

$$\beta_i = K_i^B / K_i^M \qquad (2)$$

式中：K_i^B 和 K_i^M 分别为原型房屋和试验模型的第 i 层抗震强度系数。若正如期望那样，各层纵横向的 β_i 均相同，原型房屋与试验模型总体的抗震能力模拟比 β 即为 β_i，当各 β_i 相接近时，总体的抗震能力模拟比 β 可用下式表示：

$$\beta = \frac{1}{2n} \sum_{i=1}^{n} (\beta_{i, L} + \beta_{i, T}) \qquad (3)$$

式中：n 为楼层数；$\beta_{i, L}$ 和 $\beta_{i, T}$ 分别为各层纵横向的抗震能力模拟比，当有明显差异时，可分别采用。若个别楼层的 β_i 有明显差异时，宜在计算总体抗震能力模拟比 β 中舍掉，再做单独处理。

表 3 列出该项试验的原型房屋与其模型的各层纵横向墙体抗震强度系数之比值与其总体的抗震能力模拟比值。

表 3   原型房屋与试验模型的楼层墙体抗震强度系数之比和总体抗震能力模拟比

模型	砂浆强度	墙体	楼层							总体模拟比
			1 层	2 层	3 层	4 层	5 层	6 层	平均	
4 层	（一致）	纵向	0.569	0.580	0.586	0.645			0.595	0.58
		横向	0.581	0.597	0.578	0.610			0.592	
5 层	设计值	纵向	0.396	0.419	0.407	0.388	0.348		0.392	0.44
		横向	0.374	0.392	0.379	0.362	0.326		0.367	
	测试值	纵向	0.445	0.470	0.459	0.440	0.398		0.442	
		横向	0.423	0.442	0.430	0.412	0.374		0.416	
6 层	设计值	纵向	0.488	0.500	0.487	0.502	0.484	0.483	0.491	0.49
		横向	0.444	0.455	0.452	0.465	0.458	0.473	0.458	
	测试值	纵向	0.523	0.538	0.643	0.502	0.484	0.483	0.529	
		横向	0.473	0.485	0.577	0.465	0.458	0.473	0.486	

由表 3 可见，4 层模型中抗震强度系数的比值，纵横向墙体很接近，4 层平均值分别为 0.595 和 0.592，但顶层明显偏大，因 4 层模型是纵向承重，若再变化楼盖荷重，势必纵横向的比值要加大差异。5 层模型的抗震强度系数比值，纵横向相差 6% 左右，且顶层偏小，因总荷重已达台面承载的限值，不能在屋顶再增加荷载来增大其比值。6 层模型在设计时各层的比值较接近，只因第三层的砂浆强度等级施工时明显偏低，使其比值明显偏高。

在该项试验中，以抗震能力模拟模式所得的模拟比，4 层模型若取纵横向各层抗震强度系数之比的平均值为 0.59，因顶层不控制破坏程度，若不计入其比值，则 4 层模型总体抗震能力模拟比可为 0.58。5 层模型纵横向各层的平均值为 0.43，若也不计顶层，则 5 层模型总体抗震能力模拟比可为 0.44，若模拟比在纵横向分别取值，仅相差 3%~4%。6 层模型中平均值为 0.51，若不计偏离的第三层，总体的模拟比为 0.49，因第三层是薄弱层，其模拟比影响到模型的破坏程度及其对原型房屋抗震能力的推断，故这 6 层模型除总体

模拟比外，尚需考虑薄弱层纵横向的抗震能力模拟比。

4 输入地震动的选择和压缩比

在三向振动台上做模拟地震动模型试验，选用 5 条地震加速度记录，其中 3 条为常用的在 I、II、III 类场地上记录到的地震动，即迁安波、EL Centro 波和宁河波。为更适合在克拉玛依特定场地上房屋的模型试验，特地选用 2 条新疆戈壁土场地上记录到的地震动，即疏附波和种羊场波。这 2 条地震加速度记录是 1985 年 8 月 23 日乌恰 7.4 级地震、9 月 12 日 6.8 级强余震的记录，地震编号为 WQ13。

疏附台（M2701）的场地土质表层为砂质黏土，厚 13 m，底部为戈壁砾石层。选用疏附台的地震加速度记录编号为 5B14 - 031（SN 向）、5B14 - 032（UD 向）和 5B14 - 033（EW 向），其峰值加速度分别为 22.84 cm/s²、8.26 cm/s² 和 23.12 cm/s²，对应时间为 9.13 s、18.13 s 和 11.45 s；其峰值位移分别为 0.55 cm、0.25 cm 和 0.48 cm，对应时间为 14.24 s、18.17 s 和 14.25 s。

种羊场台（M2704）的场地土质为山前平原，表层

为黄土状土层,厚约 6 m,其下为风化砂岩。选用种羊场台的地震动记录编号为 5B16 - 036(SN 向)、5B16 - 037(UD 向)和 5B16 - 038(EW 向),其峰值加速度分别为 105.34 cm/s²、32.04 cm/s² 和 127.62 cm/s²,对应时间为 2.08 s、5.40 s 和 2.20 s;其峰值位移分别为 0.85 cm、0.26 cm 和 1.16 cm,对应时间为 2.10 s、5.11 s 和 3.20 s。

振动台进行模型试验输入的地震动,时间轴的压缩比均为 1 : 3,这同原型房屋与模型结构的一阶频率比相当。4 个模型在施加荷重后,自振频率的测试结果见表 4。

表 4　试验模型的自振频率　　　　单位: Hz

频　率	试验模型			
	4 层	5 层	5 层加固	6 层
纵向(y)频率	11.4	10.0	11.0	8.56
横向(x)频率	12.5	9.68	11.0	9.20

在疏附台和种羊场台记录到三个方向的地震动,经压缩时间轴后成为驱动振动台的加速度时程曲线(图 1),它们的功率谱(ASD)连同迁安、EL Centro 和宁河的纵横两向地震动压缩时间轴后的加速度时程曲线功率谱(ASD),一并绘于图 2。

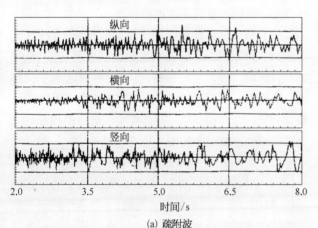

(a) 疏附波

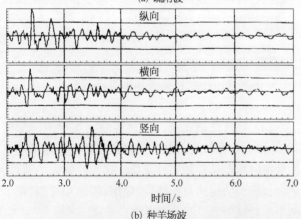

(b) 种羊场波

图 1　驱动振动台经压缩时间轴后的疏附地震动和种羊场地震动

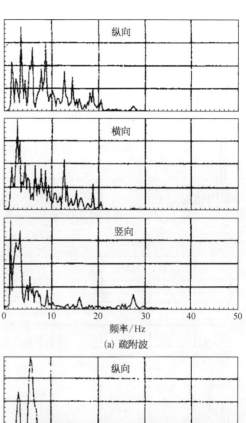

(a) 疏附波

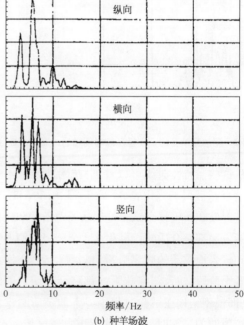

(b) 种羊场波

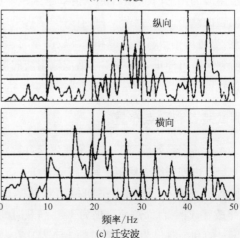

(c) 迁安波

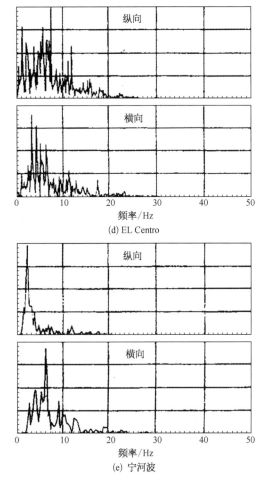

图2 驱动振动台的5条经压缩时间轴的地震动谱曲线

从这些谱特性曲线可以看到,疏附波两个水平向的频谱卓越区段相当丰富,类同于 EL Centro 波,因此选用疏附波在实施整个试验过程从场地条件和频谱特性这两方面都是合适的。再从这 4 个砖房模型的频率特性和输入地震动的频谱分析可以预估到,在模型试验的各个阶段,输入新疆疏附波都将会有明显的结构反应,即模型结构在试验过程中降下的一阶频率都将处在疏附波的压缩时间轴后的频谱卓越区段。这样,每个模型的整个试验过程都将有有效的结构反应。还要注意,当砖房模型墙体开裂和破坏较严重时,其下降的一阶频率有可能正处在种羊场波或疏附波的谱峰最大值位置,从而加剧模型结构的破坏。

5　测试装置和测点布置

这 4 个砖房系列模型的试验是在我国自行研制的三向 6 个自由度的地震模拟振动台上进行的。三向台是在原有的 5 m × 5 m 双水平向振动台的基础上于 1997 年改建成的,台面总荷重仍为 30 t,满载时的最大加速度 x 向和 y 向仍为 $1g$,新增的 z 向为 $0.7g$。实际

工作时,因供油系统尚未增量,在该项试验中三向模拟地震动时的最大加速度,双水平向均已达到 $0.5g$ 左右,竖向已达到 $0.25g$ 左右,这满足该项模型试验所需的模拟地震动强度,即达到相当于 8 度地震的要求。

数据测试由加速度计、大位移计和小位移计记录。测试用的拾振计也均由工程力学研究所自行研制。全部测点由 VAX – 11/730 数控系统采集、存储和测读,并绘制时程曲线和谱曲线。

加速度计测点布置在模型中央靠墙根处,模型底板(梁)和屋盖板上纵(y)横(x)向和竖(z)向各一个,各层楼盖板上只有纵横向测点各一个,在 4 层和 5 层模型的屋顶角部还设置纵横水平向加速度计各一个。

大位移计用于量测模型结构各楼层和台面(底梁板)相对于地面的位移。大位移计测点安装在纵横向外墙中间的各层楼屋盖和底板顶面位置,水平拉线,固定到钢架上。小位移计用于量测模型结构墙段的层间位移,横向测点布置在山墙各层的两端,上下对角拉线;纵向测点布置在外纵墙的两端或选定墙段的两端,也是各层上下对角拉线。

在该项系列试验中,精心布置大小位移计,直接测得位移值,而不是用测得的加速度两次积分来算得位移值。还有两点是需要指出的:

(1)用大位移计量测的模型结构相对于台面(底梁板)的总位移和层间位移,它包括模型结构剪切、弯曲和台面倾斜所产生的侧移,且由于台面的水平位移较结构侧移一般要大得多,属大数减大数所得到的小数,误差较大,砖模型结构在弹性阶段试验中测量的大位移相减值一般是无效的。

(2)用小位移测得的是量测墙段的层间剪切位移,不是结构的层间位移。在该系列试验中的位移测量值,可用以解释结构的破坏机理,小位移计的测量值与墙体破坏的宏观现象相吻合,大小位移计的测量值反映出结构和墙段位移的关系。

6　试验过程

4 个砖房模型结构的模拟地震动试验均分为三个阶段:

(1)弹性阶段试验。振动台输入 5 种不同地震动,比较它们在单向水平激振时及新疆两种地震动三向激振时模型结构的弹性反应。在弹性试验的前后,还测试模型结构的自振特性、频率、阻尼和振型,在下两个阶段试验后只测自振频率。

(2)初裂阶段试验。只输入新疆的两种地震动,

做纵横水平单向和三向试验,在试验中特别关注初开裂的模拟地震动强度、开裂部位和形态,重复加载和三向激振对开裂墙体的影响。

(3)破坏阶段试验。只输入疏附波,也先做两个水平单向,再做三向激振试验,5层加固模型最后又加大输入,做纵横水平单向试验。

在各个模型的试验中,模拟地震动强度均达到了相当于原型房屋经受8度地震的影响,4层和6层模型的单向水平激振相当于8度强,5层加固模型横向激振相当于9度地震的影响。试验终了,不设防的4层和5层模型结构均为严重破坏;7度抗震设防的6层模型结构也为严重破坏,且有小块砌体掉落;5层加固模型结构墙体裂缝受约束不扩展,试验终了的破坏程度仍为中等。这4个模型在试验中水平单向和三向输入基底(模型底梁板顶)的最大加速度峰值、试验终了模型结构的破坏程度、模拟原型房屋受震的加速度和相当的烈度一并列于表5中。

表5　模型试验输入基底的最大加速度峰值和试验终了的破坏程度与其模拟原型房屋受震的加速度和烈度

单位:10^{-2} m/s^2

试验模型	激振方向	单向		三向		地震烈度	破坏程度
		模型	原型	模型	原型		
4层	x横向	492	285	476	276	8~8$^+$	严重
	y纵向	544	321	452	262		
	z竖向	/		286	166		
5层	x横向	474	209	421	185	8	严重
	y纵向	440	194	569	250		
	z竖向	/		198	87		
5层加固	x横向	1 040	458	308	136	8~9	中等
	y纵向	546	240	429	189		
	z竖向	/		118	52		
6层	x横向	662	324	503	246	8~8$^+$	严重
	y纵向	488	239	476	233		
	z竖向	/		232	114		

7　结语

从该项地震模拟试验的设计和最终结果中,可以看到以下几点:

(1)砖住宅楼模型试验所选择的原型房屋为4、5、6层,对抗御地震有不设防、设防和后加固的,结构承重体系有纵向、横向和纵横向的,建筑类型有点式和条形单元组合的,且有较大窗洞和较大开间的,这在我国城镇砖住宅楼中具有广泛的代表性,可用以进一步研究其抗震性能和解决克拉玛依砖住宅的地震安全问题,充实我国多层砖房抗震创新体系的知识。

(2)在地震模拟试验中,输入波的选择为其关键之一。在该项试验中找到一条我国自行记录的三向地震动——疏附波,它不仅适合试验对象克拉玛依的场地,且其频谱特性适合多层砖房从弹性到破坏整个过程的地震动模拟试验。疏附波的频谱卓越区段相当丰富,类同于 EL Centro 波。

(3)在地震模拟试验中,测试技术的正确运用和数据的有效采集也是一个关键。砖房试验对振动台输入波的失真度只要求"八九不离谱",强调的是加速度和位移拾振测点布置的合理、记录的可信和获取。该试验中所用的加速度计和位移计也是我国自行研制的。

(4)在振动台模拟地震试验中,要实现众多因素的相似是件难事。在该项试验中,强调多层砖房地震破坏的主要因素,即通过多层砖房楼层墙体抗震强度系数创新地建立了一个抗震能力模拟模式,从而求得模拟比,并要求各楼层的纵横向抗震能力模拟比相接近,以求得总体抗震能力模拟比。

(5)由试验推断这4个模型的原型房屋的抗震能力:5层不设防的点式住宅楼较弱,但该不设防的住宅楼也具有一定的潜在抗震能力;4层和5层不设防的住宅楼在受到相当于8度地震影响时不致倒塌,符合7度抗震要求。7度设防的6层住宅楼在受到8度地震影响时也将遭到严重破坏,出现砖砌体掉角,这表明按现行抗震设计规范7度要求建造的砖住宅楼虽符合7度设防要求,但尚有改进之处。按8度抗震措施做外加固的5层砖住宅模型的试验结果,抗震加固效果甚好,在受到相当于7度强至8度弱的三向激振的地震影响和9度的单向激振的地震影响时,仍为中等破坏。

附记　这4个模型在试验过程中的破坏现象、单向和三向激振的反应、重复加载的影响和破坏机理的分析、对原型房屋抗震能力的评价、抗震薄弱环节与其处理及抗震性能的改善,将在各模型的有关试验报告中再做阐述。本书1-19文仅示例六层模型住宅试验。

此项试验得到中国石油天然气集团总公司王优龙副总工程师、新疆石油管理局高鼎城副局长、王玉田副总工程师和房产公司王楠经理的大力支持,在他们的指导下立题、选型和编制试验大纲。还得到夏敬谦、刘永昌、黄浩华等研究员在学术上的帮助,特致谢意。

1-19　抗震设防的六层砖房模型振动台破坏试验

杨玉成　杨　健　崔　平　杨雅玲

1　引言

在以往震害经验和试验研究的基础上,1997—1998 年的两年间,我们在 5 m × 5 m 三向振动台上进行了以四个模型为一系列的模拟地震动试验。试验目的:为当前房改中保障砖住宅楼的地震安全提供科学依据,也为进一步完善我国多层砖房的抗震体系获取新知识。

本文为其系列试验中对按现行抗震设计规范 7 度设防一般要求建造的六层砖住宅楼,在三向振动台上进行模拟地震动的模型试验。试验模型取原型房屋中间一个单元,几何比为 1∶4,原型房屋总高 17.5 m,普通黏土砖实心墙体,内墙厚 24 cm,北外纵墙中段厚 49 cm,窗肚墙减薄 12 cm,其余外墙均为 37 cm,预制空心板楼屋盖,承重体系一般为横向,南侧两端房间为纵墙承重,最大开间为 3.9 m,相应窗洞口为 2.1 m × 1.4 m,基础顶和二、四、六层设圈梁,内外墙交接处的

南侧每开间和北侧隔开间、楼梯间四角和承重梁端设置构造柱。

弹性阶段试验用 5 种地震波,开裂试验用种羊场波和疏附波,破坏试验用疏附波,该地震波适合模拟地震动试验全过程,其谱特性与 EL Centro 波相近。模型简图和测点布置如图 1 所示。测点共 42 个,A 为加速度计 16 个,D 为大位移计 14 个,d 为小位移计 12 个,脚注 1~6 为楼层(i),O 为底梁板上的测点。

2　试验过程和破坏现象

试验共进行 32 次,分弹性、开裂和破坏三个阶段。模型墙体上的裂缝分布如图 2 所示。

2.1　弹性阶段试验

弹性阶段输入迁安、EL Centro、宁河、种羊场和疏附 5 种地震波,先进行水平单向模拟地震动试验,横向和纵向各激振 6 次,疏附波加载二级。横向激振响应峰值加速度底梁记录最大值为 0.241g,经查模型结构

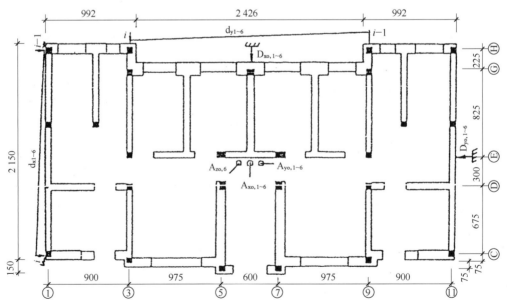

图 1　六层模型平面简图和测点布置(单位:mm)

本文出处:《结构工程师》,1999 年增刊,《第二届全国土木工程防灾学术会议论文集》,上海,同济大学出版社,223-230 页。

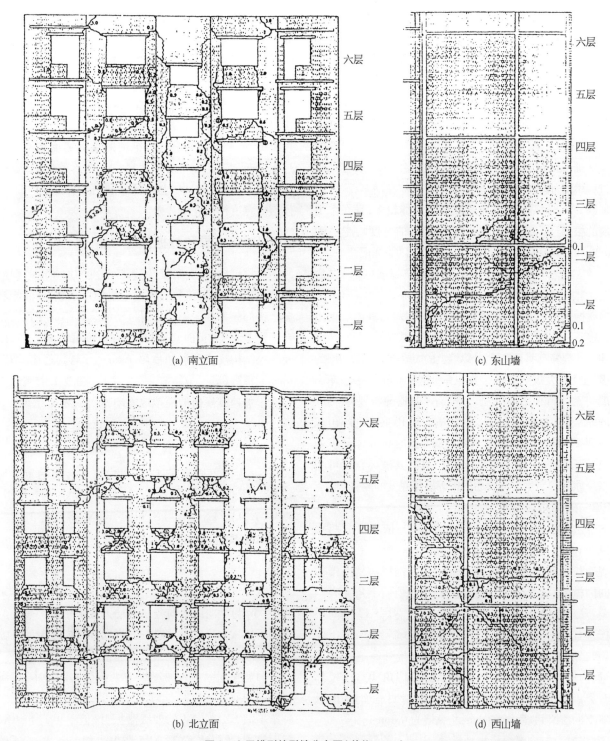

(a) 南立面

(b) 北立面

(c) 东山墙

(d) 西山墙

图2　六层模型的裂缝分布图(单位：mm)

无裂缝。纵向在第四次激振当输入种羊场波加载(记录编号 CY1)时，响应峰值加速度底梁记录值为0.214 g，模型在外纵墙窗角多处出现微细裂纹，在图2中以①标记。南纵墙上的裂纹出现在东数第二间的一层窗上角，二层窗下角，三、四层窗上下角，五层窗下角；西数第二间的一层窗肚中部、三层窗下角；楼梯间二、二层窗上角。北纵墙上的裂纹出现在一层两端窗

下角和二、三、四层中间两窗的下角。

为在这阶段的试验中不再使墙体开裂，且尽可能使模型结构呈弹性反应，便降低输入加速度值，经两次纵向和两次三向的模拟地震动试验后，裂缝未见延伸，也无新的裂缝出现。

2.2　开裂阶段试验

该试验阶段只用种羊场波和疏附波加载，也先横

向激振 6 次,纵墙上的裂纹没有明显发展。种羊场波和疏附波加载 CX2 和 FX3,横向墙体也未见开裂;种羊场波加载 CX3 和 CX4 后,在西山墙上用放大镜隐约可见裂纹;疏附波加载 FX4 和 FX5 后,在西山墙的根部一、二皮砖之间出现两段水平缝,西山墙一、二、三层的轴 E~H 墙段中部有斜向或水平的短裂纹;东山墙的一层靠轴 C 的墙体有多条短裂纹,三层也有一小段。东西山墙的这些细裂纹在图 2 上用②标记。纵向激振 5 次,在试验过程中两外纵墙上的裂缝逐次稍有延伸和增多,疏附波加载 FY5 时,两外纵墙上出现的短裂缝较多,且在东山墙的根部还出现半条水平缝,其裂缝的宽度均未达到 0.2 mm。这阶段出现的裂缝,在图 2 中以③标记。

三向激振试验三次,第一次用种羊场波(CZ2)试激振,墙体已有的裂缝只个别稍有延伸。第二次种羊场波三向激振(CZ3),外纵墙上的裂缝又有些发展,西山墙上出现多条短的裂缝。最后用疏附波做三向激振(FZ2),砖墙体上的裂缝有明显发展,外纵墙上的裂缝以二、三、四层为多,往上已发展到五层,六层也在个别窗下角有裂缝;东山墙一、二层和西山墙一、二、三层有不贯通的斜裂缝;内纵墙的二层东端间门上角开裂,内横墙轴 10 底层北端出现斜裂缝。构造柱和圈梁未见裂缝。此时砖墙体已多处明显开裂,纵向墙体的裂缝多于横向,其破坏程度可相当于原型房屋遭受地震后的中等破坏程度的震害。

2.3 破坏阶段试验

破坏阶段用疏附波进行 4 次试验,依次横向两次纵向和三向各一次。FX6 横向激振,东山墙一、二层出现通长斜裂缝,西山墙的二、三层也出现斜裂缝,楼梯间内横墙一、二层也出现斜裂缝,内纵墙门上角又有一角开裂,裂缝最大宽度仍在 0.2 mm 左右。FX7 横向激振,西山墙一、二层和三、四层出现通长斜裂缝;东山墙一、二层也呈通长斜裂缝,二、三层交接处有通长水平缝;内横墙轴 6 底层有斜裂缝,轴 1C 墙角构造柱根部开裂。FY6 纵向激振,纵向墙体的裂缝明显加宽,南纵墙上的裂缝最宽达 1.2 mm,北纵墙为 0.8 mm。

最后,三向激振模拟地震动,山墙上的斜裂缝穿透了墙中部的构造柱和圈梁,混凝土有裂纹,轴 1C 墙角构造柱根部混凝土崩落,露出因施工预埋偏位而弯折的钢筋;外纵墙裂缝满布一至六层,南向的两个大间和楼梯间外纵墙,一至六层窗口上下角的裂缝相连通,呈近乎竖向,个别窗肚墙斜裂,大窗洞口的侧边上部墙体普遍劈裂,尤以在无圈梁的一、三、五层,裂缝自窗顶角过梁端附近往下斜到洞侧边,裂缝并不沿灰缝,而将砖砌体劈开形似楔块,个别崩落;北纵墙中段削弱了的窗

肚墙呈交叉裂缝,两端厨房和卫生间的外纵墙窗口也几乎均在窗角处有连通上下的竖向裂缝;内纵墙各层门上角几乎都有不同程度的裂缝,一、二、三层还有交叉或斜裂缝;内横墙的斜裂缝,一层较普遍,二、三、四层也有不同程度的斜裂缝;女儿墙多处有竖向裂缝,西山墙的女儿墙根部有通长水平裂缝;出屋顶小烟囱,一个震倒,一个根部开裂。外纵墙的裂缝宽度有不少超过 1.0 mm,窗口侧边砌体劈裂尚未崩落的楔块,竟有宽达 5 mm 左右的。试验终了,模型破坏已达严重,墙体裂缝宽度标记在图 2 中。

3 加速度记录和数据处理分析

对模型的 32 次激振,记录各测点的加速度时程曲线,求得动力放大倍数和模拟地震作用系数,进而绘制多个谱峰频率的振型和求得模型结构频率的变化。在台面(模型底梁板面)记录到的加速度峰值($a_{0\,max}$),以及各层结构反应的加速度峰值($a_{i\,max}$)与其之比,即动力放大倍数($a_{i\,max}/a_{0\,max}$),列于表 1。在表 1 中还列出相应于加速度峰值的模拟地震动作用系数 α_{max},即

$$\alpha_{max} = \sum_{i=1}^{n} a_{i\,max} G_1/g \sum_{i=1}^{n} G_i \qquad (1)$$

式中:g 为重力加速度;G_i 为集中在各楼层的重力荷载值。该模型的 G_i 值分别为 44.4 kN、43.9 kN、43.9 kN、43.9 kN、44.4 kN 和 45.6 kN,将其近似为等同,则 α_{max} 的算式可简化为

$$\alpha_{max} = a_{0\,max} \sum_{i=1}^{6} \eta_i/6g \qquad (2)$$

式中:η_i 为纵向或横向各层的动力放大倍数。表 1 的排列不依试验序次,而按横向、纵向和三向激振的各输入地震波的序次列出。由表 1 和谱分析的结果可见:

(1)在同一输入波逐级增大载荷的激振中,底梁板面的加速度峰值并非均逐级增大,如横向激振输入种羊场波 CX1~CX4 的四级激振,该值不相上下,CX2 反而最大;疏附波 FX3~FX5 激振也相差不大,FX4 的最大。模型结构总体的各层反应,模拟地震动作用系数均随逐级加载而增大。再从各层的动力放大倍数来看,模型结构反应的加速度最大峰值一般为逐层增大,但也不尽然,在不同工况下各楼层的反应不仅明显不同,且其速率也不同,有近乎不变甚或负增长。这正表明结构反应与输入波的频谱特性及结构动力特性密切相关。这一点在多层建筑的振动台模拟试验分析中很重要,它要直接记录各层结构的反应才能取得。

表1 输入台面(底梁)的峰加速度最大值和各层结构反应

序号	激振方向	拾振方向	输入地震波	记录编号	$a_{0\,max}$/gal	各层 $a_{i\,max}/a_{0\,max}$							α_{max}
						底梁	一层	二层	三层	四层	五层	六层	
1	横向(x)	横向(x)	迁安	QX1	130	1,0	1.034	0.958	0.948	1.218	1.540	2.164	0.170
3			EL Centro	EX1	122	1.0	0.990	0.860	1.133	1.355	1.748	2.508	0.175
2			宁河	NX1	109	1.0	0.997	0.943	1.173	1.239	1.329	1.647	0.133
4			种羊场	CX1	241	1.0	1.030	1.016	1.028	0.768	0.978	1.760	0.264
15				CX2	273	1.0	1.030	1.033	1.022	1.100	1.131	1.508	0.310
17				CX3	252	1.0	1.151	1.339	1.435	1.283	1.390	2.165	0.368
18				CX4	271	1.0	1.126	1.332	1.453	1.405	1.595	2.341	0.418
5			疏附	FX1	112	1.0	1.006	0.992	1.084	1.092	1.429	2.109	0.144
6				FX2	159	1.0	1.026	1.043	1.082	1.295	1.524	2.161	0.215
16				FX3	233	1.0	1.013	0.989	1.040	0.912	1.190	2.068	0.280
19				FX4	200	1.0	1.160	1.397	1.518	1.631	1.873	2.364	0.331
20				FX5	299	1.0	1.026	1.315	1.545	1.489	1.605	2.582	0.477
29				FX6	398	1.0	1.039	1.106	1.361	1.410	1.436	2.229	0.569
30				FX7	662	1.0	1.013	1.106	1.136	1.073	1.242	1.942	0.829
7	纵向(y)	纵向(y)	迁安	QY1	85	1.0	0.904	1.058	1.404	1.235	1.451	2.055	0.115
9			EL Centro	EY1	119	1.0	0.965	1.019	1.084	0.864	0.931	1.362	0.123
8			宁河	NY1	103	1.0	0.945	0.973	1.038	0.958	0.874	1.659	0.111
10			种羊场	CY1	214	1.0	1.015	1.132	1.399	1.399	1.410	1.687	0.287
21				CY2	225	1.0	1.000	1.425	1.718	1.735	1.884	2.258	0.376
23				CY3	488	1.0	0.788	0.762	0.907	0.944	0.956	1.478	0.475
11			疏附	FY1	43	1.0	0.886	1.225	1.765	1.992	2.216	2.949	0.079
12				FY2	121	1.0	0.999	1.321	1.624	1.456	1.642	2.214	0.187
22				FY3	211	1.0	0.832	0.912	1.359	1.654	1.474	2.096	0.293
24				FY4	279	1.0	1.037	1.294	1.498	1.721	1.443	2.313	0.433
25				FY5	379	1.0	1.111	1.346	1.312	1.643	1.648	2.546	0.607
31				FY6	446	1.0	0.995	1.179	1.294	1.560	1.703	2.602	0.694
13	三向(x)(y)(z)	x	种羊场	CZ1	96	1.0	1.069	1.094	/	1.243	/	1.937	0.162
		y			110	1.0	0.942	1.187	1.479	1.402	1.721	2.103	
		z			42	1.0	/	/	/	/	/	1.425	
26		x		CZ2	197	1.0	1.149	1.667	2.000	2.104	2.165	3.464	0.412
		y			213	1.0	1.043	0.976	/	1.113	/	1.663	
		z			182	1.0	/	/	/	/	/	1.401	
27		x		CZ3	210	1.0	1.181	1.974	2.453	2.377	2.465	3.684	0.495
		y			266	1.0	1.152	1.188	/	1.107	/	1.624	
		z			206	1.0	/	/	/	/	/	1.933	
14		x	疏附	FZ1	40	1.0	1.025	1.118	/	1.906	/	3.051	0.074
		y			40	1.0	1.021	1.342	1.832	1.908	2.260	2.704	
		z			31	1.0	/	/	/	/	/	1.004	
28		x		FZ2	332	1.0	1.010	1.207	1.517	1.673	1.676	2.538	0.532
		y			307	1.0	1.182	1.705	/	1.822	/	2.616	
		z			246	1.0	/	/	/	/	/	2.006	
32		x		FZ3	503	1.0	1.000	1.103	/	1.454	/	2.221	0.613
		y			476	1.0	0.974	0.972	1.160	1.187	1.249	2.181	
		z			232	1.0	/	/	/	/	/	1.940	

（2）墙体的初开裂，纵向在 CY1 激振时，a_{0max} 为 0.214g，α_{max} 为 0.287；横向在 CX4 时用放大镜才隐约见裂纹，a_{0max} 为 0.271g，α_{max} 为 0.418；在 FX5 时山墙开裂，a_{0max} 为 0.299g，α_{max} 为 0.477。这一试验结果是对我国震害统计分析得出的多层砖房抗裂设计方法的一次验证。试验终了，最大的 a_{0max} 和 α_{max} 与初开裂时的比值仅为 2 左右，也才严重破坏而不发生局部倒塌。至于该模型在大窗口侧边砖墙体个别掉落和构造柱根部混凝土崩落，前者是模型试验所获得的新知识，说明 GBJ 11—1989 抗震设计规范的表 5.3.1 中要求在较大洞口两侧设置构造柱的缘由，后者纯属施工质量问题。

（3）谱曲线的形态在同一次试验中，上部各层很一致，反映出模型结构的动力特征，但一、二层尤其是底梁，既反映出输入波的谱特性，又显示受模型结构反馈影响的谱特性（图3）。由众多不同强度的频率所集合的模拟地震动，在每次试验中模型结构谱峰最大值的频率处，各层的谱幅值均逐层增大，由其相对应的各层加速度比值绘制的主振型均以剪切型为主，而与其他频率相对应的各层谱幅值，不尽然如此，且有的楼层远超过主振型的幅值。

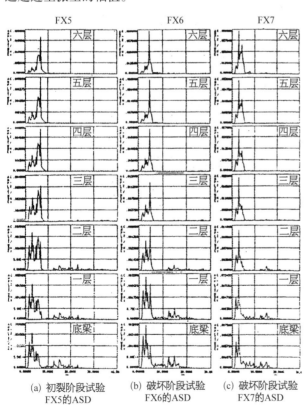

(a) 初裂阶段试验 FX5的ASD　　(b) 破坏阶段试验 FX6的ASD　　(c) 破坏阶段试验 FX7的ASD

图 3　加速度功率谱（ASD）示例

（4）在模型结构的加速度功率谱密度函数和传递函数（图4）中，谱峰频率皆随破损程度的加剧而明显下降。两者在各试验阶段的基（主）频与其变化率在

试验终了，纵横向分别下降到30%左右和40%左右，此值表明模型结构已达严重破坏，且纵向墙体的破坏重于横向。用微幅振动测得的基频与其变化率，均高于模拟地震动试验值。还值得注意的是，由图4可见，一、二阶频率的谱峰值有的相差不大，故二振型的影响不容忽视。

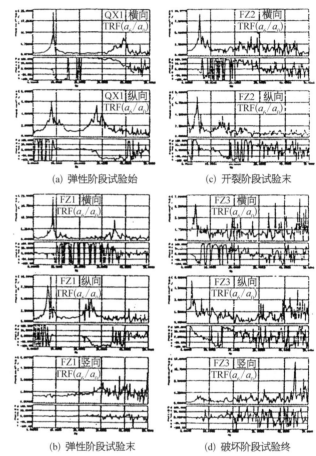

(a) 弹性阶段试验始　　(c) 开裂阶段试验末

(b) 弹性阶段试验末　　(d) 破坏阶段试验终

图 4　加速度传递函数（TRF a_6/a_0）示例

（5）三向激振时在横向和纵向分别拾振的加速度及其谱曲线，与在同一试验阶段单向激振荷载相接近的横向和纵向加速度及其谱曲线有较好的一致性，说明在现行设计中以纵横两向分别验算抗震能力，就其多层砖房的动力特性而言是可行的。

4　位移记录和数据处理分析

用大位移计记录台面（底梁）和各楼层相对于地面的位移，得到模型结构各层相对于基底的位移（$D_1 - D_0$）；用小位移计记录量测北纵墙中段和西山墙各层的层间位移。32 次激振的位移记录与其数据处理详见试验研究报告，本文示例：图5为大小位移计在破坏试验中的记录，图6为位移分布图，图7为 $P-\Delta$ 曲线。直读位移记录和分析结果，可见以下几点：

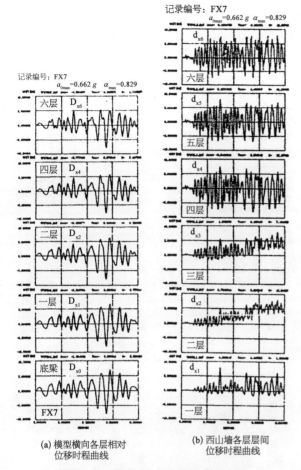

记录编号: FX7
$a_{0max}=0.662\,g$ $\alpha_{max}=0.829$

（a）模型横向各层相对
位移时程曲线

（b）西山墙各层层间
位移时程曲线

图5 大小位移计在破坏试验中的记录

（1）判读层间位移曲线,可得位移量和诠释墙体开裂破坏的宏观现象,如墙体初开裂、开裂过程及程度、量测墙段裂缝总宽度等。西山墙初开裂的层间位移值接近 0.2 mm,当达到 0.3 mm 时裂缝明显,且底层和三层先开裂,FX5 激振时底层时程曲线负半轴变异,FZ2 时三层也稍不正常;FX6 时一、二、三层负半轴都不正常,FX7 时位移记录漂移,墙体滑移错位;五、六层的层间位移甚小,均在 0.2 mm 以下,故未裂。北纵墙中段的层间位移在 0.3 mm 以上才开裂,当在 0.3~0.6 mm 时窗角出现短裂纹,超过 0.6~0.7 mm 时有较长裂缝,且三层的层间位移最大,四层次之,FY6 时二至六层的负半轴受阻并存在漂移,墙体严重开裂。但大位移曲线要在处理后才得相对位移,该值为大数减大数的小值,误差较大,砖房模型试验中只是在初开裂之后才有效,且该值汇模型结构的剪切、整体弯曲和台面倾斜的侧移。

（2）西山墙和北纵墙中段的层间位移和模型结构的纵向相对位移分布在弹性阶段呈剪切型,而横向相对位移呈弯剪型分布,其后均受墙体开裂的影响。纵向相对位移小于北纵墙中段的层间位移累计值,这因该段墙体的开裂破坏较模型结构纵向墙体总的破坏要

重。模型结构横向相对位移的层间斜率较西山墙除底层外的层间位移要大,且在相同试验阶段较纵向相对位移也要大,这主要因模型结构的高宽比为 2.16,整体弯曲的影响较大,而纵向长度还稍小于高度。而西山墙的底层由于底梁固定螺栓拧紧的预拉应力使之根部较早出现水平裂缝,故开裂后位移明显增大。相对位移因误差较大,图中分布规律没层间位移好。

（3）从 $P\text{-}\Delta$ 曲线看到,墙体在开裂前层间位移与模拟地震动作用系数有较好的线性关系,偏离点个别,各层层间弹性位移的大小可由其斜率表示。在弹性和开裂阶段重复加载对其关系的影响不大,在破坏试验中,FY6 时的作用系数为 FY5 的 1.13 倍,各层层间位移比达 2~3,FZ3 时的作用系数比 FY6 的还小,而其层间位移却猛增,位移曲线多个峰值平头,大于位移计测量的饱和值 4.5 mm。这表明一旦砖结构严重破坏,遭受即使再小一些地震烈度的影响,也仍有危险。这一点当用 $P\text{-}\Delta$ 曲线来评估多层砖房的抗震安全时至关重要。

（4）三向激振记录到的层间位移与单向激振的相比,从累计分布曲线的形态即定性看,并无明显差异。在模拟地震动作用下的位移量,除上述已指出破坏试验的最后 FZ3 激振时骤增外,在 $P\text{-}\Delta$ 曲线的关系上,三向激振的弹性层间位移比单向激振大 5%~10%。

5 结语

（1）由模型试验推断原型房屋的抗震能力,当遭受到 6 度小震时完好无损,6 度强至 7 度弱时基本完好,7 度设防烈度的地震时轻微损坏,7 度强至 8 度弱时中等破坏,8 度罕遇地震时严重破坏,总体上符合我国抗震设防的要求。

（2）模型试验揭示出该住宅楼存在明显的抗震薄弱环节,主要集中在纵向墙体。纵横向墙体的抗震能力相差偏大,纵向自承重墙开裂过早且偏重。外纵墙大窗口侧边砖墙体破坏最为严重,削弱的窗肚墙重现实际地震中交叉和斜向裂缝,窗口下角试验中最早出现裂缝。

（3）为改善砖住宅楼的抗震性能,减免地震损失,适应我国 21 世纪初的经济发展,建议在抗震设计和修订规范时,应在 2.1 m 及以上宽的窗口两侧设构造柱;外墙窗下砌体宜加水平钢筋或做板带兼窗台板;将自承重墙抗震调整系数 0.75 取消或提高,或由构造柱设置和门窗口边框加强措施,采用墙体抗震能力增强系数 1.1~1.3;窗肚墙可设暖气窝,但不宜削弱减薄过多,以免在小震时开裂。为适应城市建设发展的需要,在严格控制刚性砖房的高宽比,避免整体弯曲加重震害的同时,应对

多层砖房创新设计方法提高其限制层数和总高度。

（4）三向震动台模拟地震动试验重现了砖房地震破坏现象。重复加载过程在弹性阶段对模型结构的动力特性影响不大；在开裂阶段可有明显变化，而其承载力降低不明显；在破坏阶段重复加载急剧加重破坏，故砖房一旦遭到严重破坏，再遭受地震便难保安全。

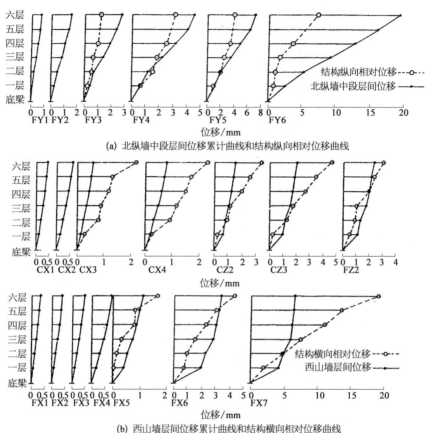

(a) 北纵墙中段层间位移累计曲线和结构纵向相对位移曲线

(b) 西山墙层间位移累计曲线和结构横向相对位移曲线

图6 位移分布图

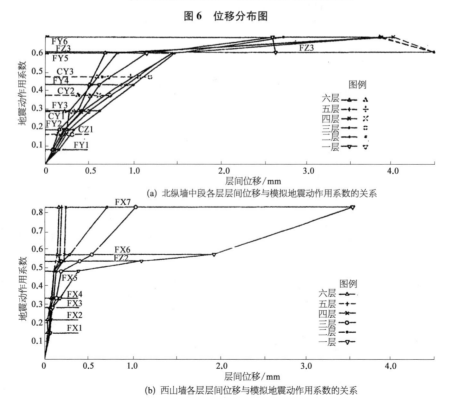

(a) 北纵墙中段各层层间位移与模拟地震动作用系数的关系

(b) 西山墙各层层间位移与模拟地震动作用系数的关系

图7 P-Δ 曲线

1-20 西藏高烈度区农牧民安居工程中的试验数据知识和抗震模糊集[*]

陈 珊 孙柏涛 杨玉成

1 引言

2010 年,拉萨市政府为了落实全国防震减灾工作会议部署的民居地震安全工程,在中国发展研究基金会的协调下,作为中国地震局资助援建西藏建设的项目,指派工程力学研究所承担"西藏自治区农牧民安居工程抗震加固试验"。目的是为西藏地震高烈度区既有的和拟将建设的传统的砌体房屋增强抗震能力,改善其抗震性能,提高抗御强烈地震的能力,评估可经受住强烈地震的结构类型和抗震措施,以减轻地震灾害的损失,建设西藏农牧民安居工程,保障西藏同胞的地震安全。

西藏是我国地震多发地区,拉萨市当雄县是我国大陆抗震设防烈度最高(9 度)的十个城镇之一,处于班戈-当雄断裂带交汇处,建筑工程抗震设计时所采用的抗震设防烈度不低于 9 度,设计基本地震加速度值不小于 0.4g。文中的两组 5 个试验模型,原型是当雄县传统的民居,在振动台进行模拟地震试验。

在我国地震工程中,自 20 世纪 80 年代开始运用知识工程中专家系统和智能辅助决策,取得了丰硕的成果。本文从大量的试验数据信息和图形信息中提取抗震知识,建立试验模型的地震动作用强度、破坏状态同抗震设防三水准的模糊集,为西藏地震高烈度区农牧民建设安居工程提供评估依据。

2 试验模型特征和数据

试验的 5 个模型与原型的几何比均为 1∶3,所用材料相同,按人工质量的相似关系,用于地震模拟试验的动力特性数据,模型与原型的频率 f 为 1.732 倍,时间 t 和周期 T 为 0.577 倍,加速度 a 和重力加速度 g 均为 1。

模型的原型砌体平房均为矩形建筑平面 9.8 m × 5.8 m,层高 2.9 m,建筑高 3.2 m,墙体厚 290 mm,采用实心混凝土砌块砌筑。木屋盖中间立木柱,上铺泥土,模型砌块强度 4.21 MPa,砌筑砂浆强度模型 1 与模型 2 为 4.3 MPa,模型 3 为 0.94 MPa,模型 2-1 和 2-2 均为 6.2 MPa。

模型 1 的原型为当地典型的 60 m² 户型民居,如图 1 所示;模型 2 的墙体内外用打包带网加固,如图 2 所示;模型 3 用低强度砂浆砌筑,半边用打包带网加固;模型 2-1 用构造柱圈梁增强的拟建民居,如图 3 所示;模型 2-2 用构造柱圈梁抗震体系增强、增设内横墙再用打包带加固,如图 4 所示。

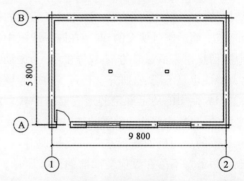

图 1 模型 1 平面图

图 2 模型 2 房屋

本文出处:《世界地震工程》,2011 年 6 月,第 27 卷第 2 期,9-15 页。

* 国家自然科学基金重点项目(50938006)。

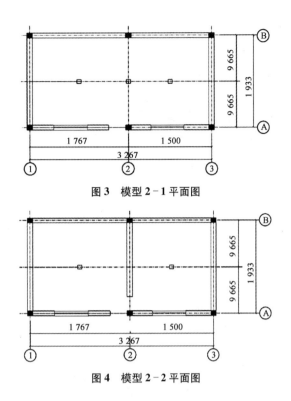

图 3　模型 2－1 平面图

图 4　模型 2－2 平面图

3　结构动力特性和输入波的选择

结构的动力特性是固有的,但又随着结构的损坏程度而变化,而地震是偶发的,即使在同一地震中记录到的地震信息也是不一样的,不仅强度不一,振动的波形、动力特性也是不同的,研究者有将其描述为模糊信息,而工程界期望能从不确定的地震信息中获取解决工程实际的信息,构成抗御地震的知识,比较公允认同获取地震波的反应谱曲线信息。也就是说,抗震的结构自振频率最好不落在反应谱曲线的谱峰区域,以减轻地震反应。而模拟地震动试验却是相反,一般要选择结构地震反应大的地震波输入振动台进行试验,且其场地类别又相近的。

在以往的试验中,EL Centro 波是常用的,它有较宽的谱峰区,而在当前的试验中,往往是要从地震记录的数据库中选择同场地条件对其结构反应又较大的地震波进行输入。

在本试验中,选取了 4 种压缩后的地震波,即 EL Centro 波 X 与 Y 向卓越周期分别为 0.589 s 和 0.151 s,迁安波 X 与 Y 向分别为 0.079 s 和 0.061 s,卧龙波分别为 0.25 s 和 0.053 s,江油波的卓越周期分别为 0.101 s 和 0.087 s,它们的反应谱曲线如图 5 所示,我们预估江油波对这 5 个模型的地震反应较大,试验数据待以验证。

表 1 为模型 2－1 的测试数据,这 5 个模型在弹性阶段输入江油波时得到的反应值和动力放大倍数均是最大的,选择的输入波是正确的。

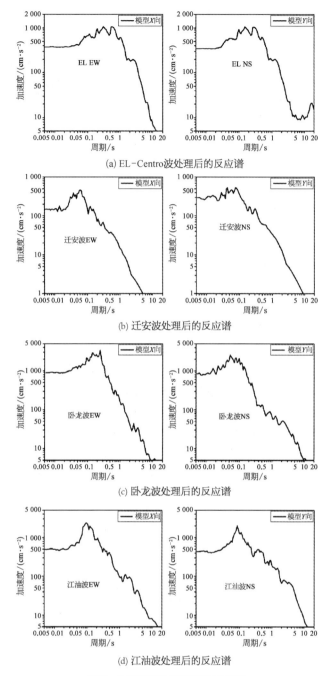

(a) EL-Centro 波处理后的反应谱

(b) 迁安波处理后的反应谱

(c) 卧龙波处理后的反应谱

(d) 江油波处理后的反应谱

图 5　4 条地震波处理后的反应谱

4　试验信息和知识获取

在 5 个模型试验中布设了 8 个加速度传感器(计)和 4 个位移传感器(计),测试记录结构和基底 X 与 Y 向加速度和位移,其中 3 个模型还布设了 20 只应变计,测试墙体薄弱部位的应变。试验分 7～10 级加载,输入地震波强度,从 $0.1g$ ～ $1.0g$ 或 $1.2g$,采集到大量的信息,有图形信息和数据信息,从这些信息中获取抗震和评估结构的抗震能力,其框图如图 6 所示。

表1 模型2-1结构弹性反应加速度峰值和动力放大倍数

模型编号	输入地震波名义加速度峰值/g	X 向						Y 向					
		基底加速度峰值/g	结构反应加速度峰值/g				动力放大倍数	基底加速度峰值/g	结构反应加速度峰值/g				动力放大倍数
			西南墙角	东北墙角	屋顶中部	总体均值			西南墙角	东北墙角	屋顶中部	总体均值	
2-1	EL Centro 0.1	0.065 4	0.074 8	0.070 4	0.081 0	0.075 4	1.15	0.055 6	0.057 4	0.057 1	0.064 4	0.059 6	1.07
	迁安 0.1	0.073 3	0.073 2	0.074 2	0.138 2	0.095 2	1.30	0.032 8	0.043 4	0.038 7	0.070 8	0.051 0	1.55
	卧龙 0.1	0.063 5	0.074 0	0.069 6	0.112 9	0.085 5	1.35	0.036 0	0.040 6	0.038 0	0.054 7	0.044 4	1.23
	江油 0.1	0.082 9	0.140 8	0.105 1	0.331 0	0.019 2	2.32	0.084 7	0.142 7	0.094 5	0.212 5	0.015 0	1.77
	卧龙 0.15	0.130 0	0.126 8	0.130 5	0.279 9	0.017 9	1.38	0.059 6	0.066 9	0.064 4	0.092 1	0.074 5	1.25
	江油 0.15	0.116 9	0.215 0	0.145 1	0.478 5	0.027 9	2.39	0.125 6	0.267 0	0.146 2	0.374 2	0.262 5	2.09

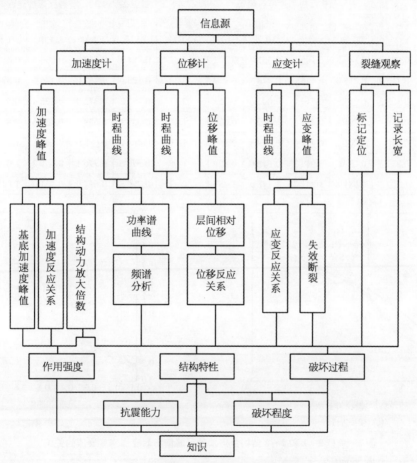

图6 模型试验信息-知识系统框图

从框图中的内容可得知以下的试验信息：表2为模型2-1破坏过程加速度反应和动力放大倍数，图7为模型2-1和2-2结构横向峰值加速度与基底加速度的关系，可见这两个模型的结构特性是不同的。图8为模型2-1和2-2谱峰频率与基底加速度峰值的关系，从中可见模型破坏过程频谱的变化，模型2-1横向频谱低刚度差，纵横墙破坏重频谱下降多。图9为这两个模型的层间位移与基底加速度的关系，同样可见模型2-1结构特性不同，出平面位移大。图10

为模型1的3个应变计应变与基底加速度的关系，可见裂缝贯通在不同的加载级、应变最大值和失效值。图11a和b分别为模型2-1与模型2-2的裂缝分布图。

5 抗震设防三水准与破坏程度的模糊集

我国的建筑抗震设防目标是三水准，即"小震不坏，中震可修，大震不倒"。在规范中，大、中、小地震是确定的，而其目标是模糊的。在试验中分三个阶段，即弹性、开裂和破坏，意与三水准相对应，但试验加载过程是分级不连续的，不能给出相同于三水准加速度的模型试验基底加速度峰值，只能用三个试验阶段实际基底加速度峰值的范围与相应的模型破坏状态，即模糊集来对照三水准的模糊设防目标。比如模型2－1，在小震烈度7.5度、加速度为0.15g时，实际基底加速度峰值不小于0.168g（模糊集），模型未开裂，震害评估为完好无损；在中震烈度9度、加速度为0.4g时，实际基底加速度峰值为0.419g~0.611g（模糊集），墙体开裂，震害评估为轻微至中等；在大震10度、加速度为0.8g时，实际基底加速度峰值为0.832g~1.307g（模糊集），墙体开裂严重，震害评估为严重破坏。模型2－1的初裂在0.168g和0.419g之间，试验无确定值，相当于小震与中震之间；同样，在0.619g和0.832g之间严重破坏，在中震和大震之间也无明确的试验数值。5个模型的对应关系见表3。

表2　模型2－1破坏过程加速度反应和动力放大倍数

模型编号	输入名义加速度峰值/g	X 向						Y 向					
		基底加速度峰值/g	结构反应加速度峰值/g				动力放大倍数	基底加速度峰值/g	结构反应加速度峰值/g				动力放大倍数
			西南墙角	东北墙角	屋顶中部	总体均值			西南墙角	东北墙角	屋顶中部	总体均值	
2－1	0.1	0.082 9	0.140 8	0.105 1	0.331 0	0.192 3	2.32	0.084 7	0.142 7	0.094 5	0.212 5	0.149 9	1.77
	0.15	0.116 9	0.215 0	0.145 1	0.478 5	0.279 5	2.39	0.125 6	0.267 0	0.146 2	0.374 2	0.262 5	2.09
	0.2	0.168 3	0.244 3	0.219 1	0.602 0	0.355 1	2.11	0.150 2	0.372 0	0.186 4	0.535 7	0.364 7	2.43
	0.3	0.418 8	0.391 4	0.419 6	1.019 6	0.610 2	1.46	0.338 1	0.659 5	0.421 6	0.872 0	0.651 0	1.93
	0.5	0.610 5	0.701 1	0.717 6	0.879 8	0.766 2	1.25	0.461 2	0.688 9	0.607 0	1.141 0	0.812 3	1.76
	0.8	0.831 5	0.880 0	0.914 2	0.813 0	0.869 1	1.05	0.578 6	0.776 1	0.655 2	1.070 7	0.834 0	1.44
	1.0	1.307 1	1.081 1	1.241 2	1.148 9	1.157 1	0.89	0.780 8	0.657 9	0.961 6	1.048 4	0.889 3	1.14

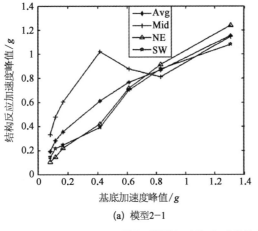

(a) 模型2－1

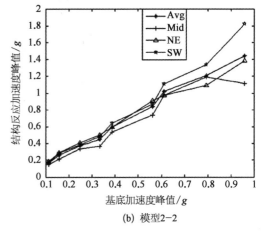

(b) 模型2－2

图7　模型2－1和2－2结构反应加速度峰值与基底加速度峰值的关系

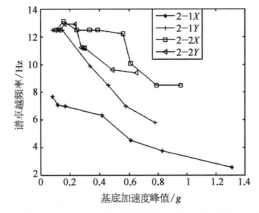

图8　模型2－1和2－2谱卓越频率与基底加速度峰值的关系

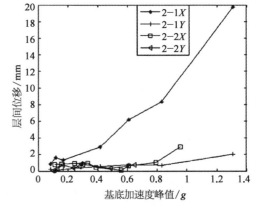

图9　模型2－1和2－2层间位移与基底加速度的关系

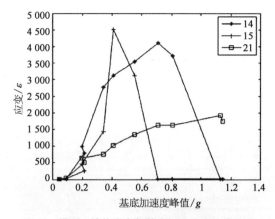

图 10　模型 1 墙体应变与基底加速度峰值的关系

6　结语

从模型试验的数据和图形信息获取的抗震知识，对模型的原型西藏农牧民高烈度区民房的抗震能力可做出如下评估：

（1）模型 1 的原型。当地传统的建筑质量好的 60 m^2 民居，基本符合村镇建筑抗震规程 9 度设防的要求，即"小震不坏，中震主体结构不致严重破坏"。

（2）模型 2 的原型。在模型 1 原型的墙体内外用打包带网加固，且加固质量好，不伤及墙体整体性，基本符合建筑抗震规范 9 度设防的要求。

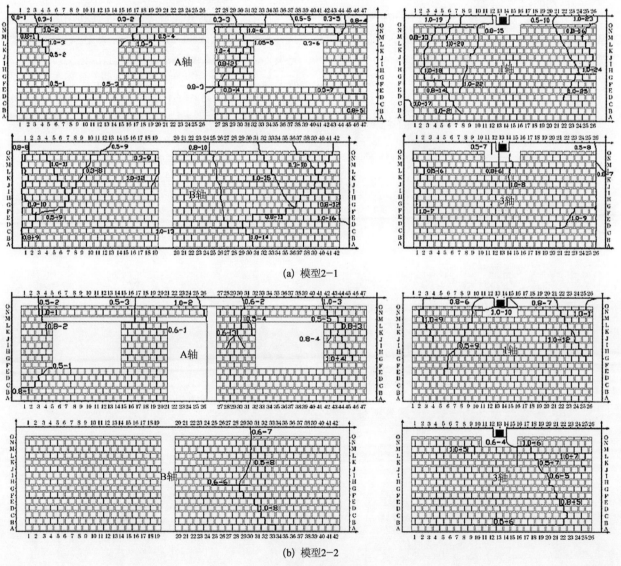

(a) 模型2-1

(b) 模型2-2

图 11　模型裂缝分布图

表3 原型房屋抗震设防三水准与模型试验破坏状态的对应关系

原型房屋抗震设防		模型1	模型2	模型3	模型2-1	模型2-2
三水准目标	烈度 加速度/g	破坏状态 加速度/g	破坏状态 加速度/g	破坏状态 加速度/g	破坏状态 加速度/g	破坏状态 加速度/g
小震不坏	≥7.5度 ≥0.15	基本完好 <0.20	基本完好 ≤0.21	完好无损 ≤0.14	完好无损 不小于0.168	完好无损 不小于0.388
中震可修	≥9度 ≥0.4	中等破坏 0.35~0.71	轻微至中等 0.42~0.76	中等破坏 0.23~0.46	轻微至中等 0.419~0.611	轻微损坏 0.56~0.611
大震不倒	≥10度 ≥0.8	严重破坏 0.81~1.14	严重破坏 ≤1.26	严重破坏 0.60~0.64	严重破坏 0.832~1.307	中等破坏 0.791~0.958

(3)模型3的原型。建造质量一般的平房,如用打包带网加固,勉强基本符合村镇建筑9度抗震设防的要求,不加固则达不到。

(4)模型2-1的原型。拟建的60 m² 民居,采用构造柱圈梁抗震体系,基本符合建筑抗震9度设防的要求。

因4个模型的原型都有出平面振动问题,都评估为"基本"。

(5)模型2-2的原型。拟建的加了内横墙结构,改变了结构特性,采用构造柱圈梁抗震体系,可经得住大于9度,直到10~11度强烈地震动。

附记 5个模型各自的试验过程和结果分析,以及对原型房屋抗震能力的评述,详见本项目的结题研究报告,参见陈珊、姚新强的硕士学位论文(中国地震局工程力学研究所)和周强的博士学位论文(哈尔滨工程大学)。本书1-21文仅示例有构造柱的平房模型试验。

1－21 构造柱圈梁抗震体系砌体平房振动台试验研究

周 强 陈 珊 孙柏涛 杨玉成

1 引言

西藏是中国地震多发地区,具有强度大、分布广等特点。当雄县位于西藏自治区中部,藏南与藏北的交界地带,拉萨市北部 170 km,是我国大陆抗震设防烈度最高的十个城镇之一,处于班戈-当雄断裂带交汇处。当地抗震设防烈度为不低于 9 度设计,基本地震加速度值不低于 0.4g,设计地震分组为第二组,场地类别为 II 类。

通过本次试验,对拟建 60 m² 户型构造柱圈梁抗震体系的单层混凝土砌块砌体房屋抗震性能有进一步的了解和验证,以及对打包带加固措施进行验证。旨在改善西藏砌体平房的抗震性能,提高抗御强烈地震的能力,改善抗震加固工程中拟采用的打包带加固技术的加固方法及流程,以减轻地震灾害的损失,建设西藏农牧民安居工程,保障西藏同胞的地震安全。

2 模型的试验测试方案

本文试验模型的原型为拟建 60 m² 户型砌体平房,纵横墙交接处设有构造柱,墙顶设圈梁,木结构平屋盖,建筑高度为 3.2 m,层高为 2.9 m,内外墙均为 300 mm 厚混凝土实心砌块加墙体抹灰,砌块尺寸为 190 mm × 190 mm × 290 mm,原型平面尺寸为 9.8 m × 5.8 m。

模型的建筑平面有两个方案,其一为传统民居无隔墙隔断的砖木平房,称模型 2－1;另一拆除中间木柱,改为一横墙隔断,该模型的各片墙体内外还用打包带加固,称为拟建模型 2－2。两个模型和原型的尺寸比为 1∶3,模型 2－1、2－2 平面和材料配比及相似关系见本书 1－20 文。

3 试验过程及模型破坏现象分析

试验选用 EL Centro 地震波、唐山地震迁安波、汶川地震卧龙波、江油波,4 条地震波时间压缩 0.577 倍后作为振动台台面输入波。模型 2－1 和 2－2 先后进行模拟地震动试验,均分为三个阶段。

(1)结构弹性阶段试验。模型 2－1,振动台输入 4 种地震波,比较 X、Y 水平双向输入时模型结构的弹性反应,选出江油波(结构弹性阶段反应较大,同时考虑了当雄与江油的场地同为 II 类第二组)继续逐级加载输入;模型 2－2,振动台只输入江油地震波,观察结构弹性阶段的反应,并与模型 2－1 做比较。

(2)墙体初裂试验。两个模型都只输入江油波,做 X、Y 水平双向输入试验,在试验中特别关注初开裂的模拟地震动强度、开裂部位和形态。

(3)破坏试验。两个模型继续逐级加载输入江油波,特别关注裂缝发展和分布,以及模型破坏较为严重时的地震动强度。试验结束,两个模型均在基底名义加速度为 1.0g 时破坏,对照明显可见:模型 2－1 破坏严重近于破碎,纵横墙有多道斜向和交叉裂缝,墙体裂缝最宽达 2 mm,外闪 10 mm,圈梁有多道竖向裂缝,两道纵墙都有水平缝,构造柱也有水平缝;模型 2－2 的破坏,前纵墙裂缝一般为窗角裂缝延伸的斜向和竖向裂缝,且上至圈梁,后纵墙裂缝在宽墙面上中部有竖缝向下斜裂和中部一小段水平缝,后纵墙另一半和内横墙未见裂缝,两外山墙在木梁下有通长裂缝,轴 1 横墙两上角有裂缝,横墙裂缝都延伸到圈梁,构造柱未见裂缝。裂缝图可见本书 1－20 文。

4 模型结构动力特性及弹性反应分析

4.1 模型结构动力特性

模型振动台试验过程中,用白噪声对每一级数的地震作用加载后的模型进行扫频,目的是对模型动力特性的变化情况进行检测。两个模型在各级地震加载后不同阶段的基频及阻尼比实测值如图 1、图 2 所示。

本文出处:《哈尔滨工程大学学报》,2017 年,第 38 卷第 10 期,1650－1660 页。

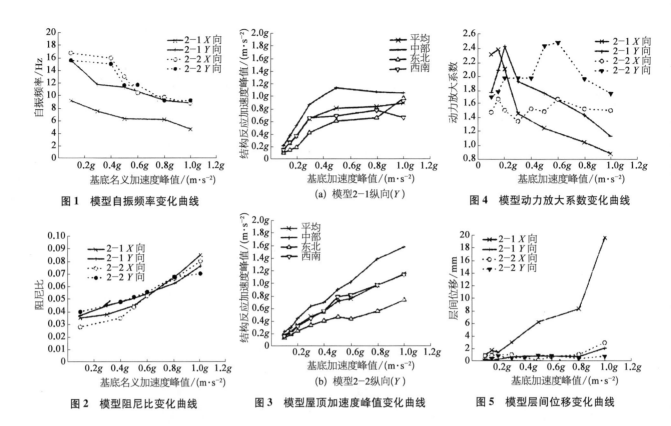

图1　模型自振频率变化曲线

图2　模型阻尼比变化曲线

(a) 模型2-1纵向(Y)

(b) 模型2-2纵向(Y)

图3　模型屋顶加速度峰值变化曲线

图4　模型动力放大系数变化曲线

图5　模型层间位移变化曲线

4.2　模型结构的弹性反应和动力放大倍数

两个模型在各级地震动输入时,将结构上3个测点记录到的加速度峰值和均值,在图3分别绘出了这两个模型纵向(Y)结构反应加速度与基底加速度峰值的关系。这两个模型的关系曲线差异甚大,模型2-1呈二次曲线,而模型2-2近直线,这表明两个模型结构的振动特性不同。

动力放大倍数由图4可见,模型2-1大于2-2;模型2-2的横向均在1.5左右;纵向曲线有个高跳。

4.3　模型结构位移反应

层间位移与基底加速度峰值的关系曲线如图5所示。有内横墙的模型2-2的横向层间位移只有模型2-1的15%,两个模型纵向层间位移都比横向小得多。

5　结语

(1)相比于模型2-1,模型2-2设置了构造柱圈梁抗震体系,增加了内横墙,且用打包带网内外加固,试验过程中表现出了较好的抗震性能,这对拟建民居和已建民居的加固都具有借鉴意义。对于传统空旷民居,新建时不应采用无内横墙方案,加固时宜增加内横墙;而对于有内横墙且采用构造柱圈梁抗震体系的民居,这种房屋本身抗震能力就很强,对于新建民居可不需再用打包带网加固,在高烈度区其抗震能力是可满足的,而对已建民居可以用低价的打包带网加固,并要用高强度砂浆抹面使之成为整体。

(2)两个试验模型由于在实验室施工,施工质量比较好,而且所用砂浆强度也较高,打包带网加固制作也比较致细,对模型2-2墙体的伤害不大;承重墙体与屋盖檩条的连接,试验模型用搭接和下面垫板的方式,但仍在连接部位出现了裂缝,屋盖体系产生整体性震害。结构的木梁与木柱的连接、木柱与基础的连接在模型加工过程中均采用了加强措施,试验没有产生破坏。这些连接部位在大量村镇民居建筑中都应加强,并注重施工质量的监督,这也是建筑抗震抗倒措施的重要部分。

(3)西藏自治区拉萨市当雄县拟建的传统建筑形式的60 m²民居,采用构造柱圈梁抗震体系增强,可达到村镇建筑9度抗震设防目标,基本符合建筑抗震三水准设防的要求。当再增加内横墙改变结构体系,更有利于抗震。如若房屋墙体再用打包带网加固,抗震抗倒的能力更强,地震安全性更得以保障。

1 – 22　The Analysis of Damage to Multistory Brick Buildings During the Tangshan Earthquake[*]

Yang Yucheng　Yang Liu　Gao Yunxue　Zhu Yulian
Yang Yaling　Li Yubao　Liu Yiwei

1　Introduction

At 03 : 42 am. July 28, 1976 (Peking Time), a strong earthquake of magnitude 7.8 occurred in Tangshan, Hopei Province, China. The macroscopic epicenter was located in the city of Tangshan. The intensity in the meizoseismal area was 11. The whole metropolitan area was enclosed within the isoseismal of intensity 10. The shock struck the whole Tangshan region and, as well as Tientsin and Peking. Life and property loss were great.

Multistory brick building is one of the main types of structures used for dwelling house, school, hospital and office building in cities and towns in China. In the meizoseismal area of the Tangshan earthquake, a great amount of such buildings collapsed, leading to loss of life, and, especially, catastrophic loss was caused within the city of Tangshan. In other areas, such buildings also suffered different degrees of damage, affecting rapid restoration of production and normal living condition.

Based on the statistical data of damaged buildings, an analysis of the damage to multistory brick buildings is made in this paper. From the evaluation of aseismic resistance for 65953 pieces of wall in 301 brick buildings, "cracking-resistance coeffcient" for areas of different intensities and "collapse-resistance coefficient" for area of higher intensities are given respectively for the aseismic design. Meanwhile, the damage patterns of brick buildings and the damage attenuation in meizoseismal areas along the causative, fault for different soil conditions are provided in this paper in order to give some references for the study of the ground motion in the Tangshan earthquake.

2　Damage to the Multistory Brick Building

2.1　General Aspects

Locations, where field investigation of damage to brick buildings had been carried out, were: the metropolitan area of Tangshan City, Fan-ge-chuang and Beigiadian, Lan County, Tsangli County, Chinhuangdao, Tientsin and Peking.

According to the statistics made by the building department in Tangshan, there were 916 brick buildings in the city of Tangshan before the earthquake, most of them being two or three-story and the rest four or five story with a few of seven or eight-story. After the earthquake, 75% of them were totally or partially collapsed, 22% seriously or moderately damaged and only 3% survived with slight damage.

14 zones in the metropolitan area were chosen for the study. 352 brick buildings in total were investigated. We tried to make statistics as accurate as possible so that no buildings in these zones would be out of inspection. For the zones in the south of the railway, we have only inspected the cracked but yet existed buildings, while for the buildings along the Sinhua Street only those facing the street were inspected.

Damage to buildings are rated in six grades, viz. totally destroyed, collapsed, seriously damaged, moderately damaged, slightly damaged and practically undamaged, and the corresponding damage indices for the above damage degrees are 1.0, 0.8, 0.6, 0.4, 0.2 and 0

Source: The Permanent Conference of South East European Engineers Congress, Earthquake Protection of Construction in Seismic Areas, Romania, Nov, 1978 (IEM 1136 – 1146).

* 会议邀请刘恢先所长,他委派懂俄语的民用建筑抗震大组长陈懋恭赴会,并请门福禄中译英本文。

respectively. The average damage index of the whole city of Tangshan is 0.85.

According to the site conditions, we sum up 14 small zones an four larger areas:

the area in the south of the railway in the nearby of the main rupture fault;

the area in the north of the railway (Class Ⅱ soil);

the area along the hill sides; and

the area along the banks of the Dou River.

The degree of damage is closely related to site conditions.

In other 7 more remote zones, 190 brick buildings have been investigated. The damage index obviously decreases with the epicentral distance.

2.2 Damage Patterns

Most of the multistory brick buildings in Tangshan were totally collapsed, but only a few still existed with the walls having diagonal or x cracks, vertical cracks generally; the damaged walls had evident shearing displacement; the precast roof slabs displaced and the walls beneath them had irregular horizontal cracks. Outside the city of Tangshan, the common damage pattern was shearing cracks caused by the principal tensile stresses in the walls and, sometimes, fall of wall corners for the more serious cases.

The collapsed buildings may be classified into four categories as follows:

(1) Totally destroyed, i. e. the whole building collapsed without remaining floors, or only those walls below the window sill level on the ground floor still remained.

(2) Partially destroyed, i. e. upper stories of the building collapsed while the lower ones still stood. This was the most common damage pattern.

(3) Partially collapsed, i.e. one or both ends of the building collapsed, or only the middle section collapsed with both ends survived.

(4) Seriously damaged, i.e. the exterior longitudinal walls were overturned while the transverse ones and interior longitudinal ones remained standing, and sometimes, part of transverse walls fell down together with the exterior wall.

In addition, there were some existing buildings in Tangshan, of which some parts of walls or floor slabs collapsed.

It is convinced that the collapse of multistory brick buildings may be principally attributed to the failure of the walls caused by too great seismic inertia forces in the strong ground motion. By analysing a great number of cases, causes of collapse may be classified into the following types.

Type 1: For the majority of collapses, the walls were firstly cracked by diagonal tension, and then misplaced, dislocated, ruptured and eventually lost loadbearing capacity which lead to the collapse of the whole building. In such cases, the broken walls usually fell around the building. The collapsed stories fell together like a stack of cards or pan cakes.

Type 2: Usually the exterior longitudinal wall was firstly overturned and then the transverse wall succeedingly fell, owing to the integrity of the building was destroyed. The roof or floor slabs fell on the overturned transverse walls.

From the damage to multistory brick buildings in Tangshan, it can be seen that:

(1) The number of cracked but not yet collapsed buildings gradually increased from the south of the railway, where the main fault existed to the north.

(2) Fenghuang, Dacheng and Giagia mountains are all of naked limestone of Ordovician system. The multistory brick buildings built on base-rock or an overlying thin layer of dense soils were slightly suffered.

(3) In the front of the terrace of the Dou River, there is a recent alluvium soil layer, with an interlayer of silty clay. Damage of multistory brick buildings in this area was much lessened. Only few buildings collapsed owing to the passing through of ground cracks or the poor workmanship of the building. At the same time, industrial mill buildings in this area suffered serious damage.

(4) Those brick buildings with reinforced concrete constructional columns and spandrel beam, thus forming a closed frame only cracked but yet stood.

(5) Some cracked but yet stood buildings had horizontal shear cracks in the first story and obvious displacement of the wall.

(6) High-raise six-story or more than six-story brick

buildings with front hall on the first floor remained standing. The height of these buildings were usually greater than 20m and their plane dimensions were smaller than their heights.

(7) Damage of the multistory brick buildings with longitudinal bearing walls were more serious in the upper stories than in the lower stories. And generally, for those with wooden roofs, only upper stories collapsed.

3 On the Calculation of Earthquake Resistance

3.1 Method of calculation

Earthquake resistance of a multistory brick building depends mainly on the aseismic strength of the walls. A coefficient, called aseismic coef. K_{ij}, is used to represent the shear resistance of a wall element j in the story i.

Following our aseismic code TJ 11—1974, we check the strength of the walls, $(R_\tau)_{ij}$[①], taking the safe factor as 2, the shear strength of wall elements of a building, is calculated first, and then calculate K_{ij} according to the following formula,

$$K_{ij} = \frac{(R_\tau)_{ij}}{2\xi_{ij}} \cdot \frac{A_{ij}}{k_{ij}} \cdot \frac{\sum_{j=1}^{m} k_{ij}}{\sum_{i=1}^{n} W_i} \cdot \frac{\sum_{i=1}^{n} W_i H_i}{\sum_{s=i}^{n} W_s H_s}$$

K_{ij} indicates the maximum seismic load on the building that can be sustained by the wall element without failure. In the above formula, where

$W_i(W_s)$ —lumped weight at the $i(s)$ th story;

$H_i(H_s)$ —height of the $i(s)$ th story, calculated from the ground surface;

A_{ij} — net cross section of the wall element;

k_{ij} —rigidity of the wall element;

ξ_{ij} —non-uniformity coef. of shear stress;

$(R_\tau)_{ij}$ —shearing strength of brick masonry used in the check of earthquake resistance from normal tensile stresses.

Therefore, if coef. K_{ij} is taken as the seismic load which the building can be sustained, then it is the critical value below which cracks cannot occur on the wall element $i-j$.

We have calculated a large number of K_{ij} of existing wall elements in damaged areas of several previous earthquakes. The results indicate that under certain earthquake intensities there is a critical value of K_{ij}, below which majority of walls suffered cracking. We name this value as "cracking resistance coefficient K_0".

Moreover, a value K_i, for a given story i can be obtained by averaging the weighted values K_{ij} of all the transverse and longitudinal walls in story i to indicate the earthquake resistance of that story. The calculated results shows that there is also a critical value of K_i. Those stories having smaller values than that of K_i would collapse mostly. We name this value as "collapse resistance coefficient K_{i0}". It must be pointed out that though cracks should occur on walls wherever $K_{ij} < K_0$ holds, collapse would only occur in the weakest story regardless of the fact that the value K_i of some uncollapsed stories may also be smaller than K_{i0}. For example, only the upper two but not all stories of a four-story building were collapsed with $K_i < K_{i0}$ for all stories, but K_i of the third-story has the minimum value.

3.2 Analysis of Results

65953 wall elements in 883 stories of 301 buildings in total were calculated, of which 220 buildings (49573 wall elements) were situated in 14 small zones in Tangshan.

Only K_i of collapsed stories are plotted for the totally destroyed buildings, while for the cracked and not yet collapsed buildings, the relation between damage and K_i of all stories is plotted. K_i of transverse walls in the same story are plotted in the upper, while those of longitudinal walls are plotted in the lower. A line is drawn between two K_i. It is evident that in the north of railway those buildings, having K_i greater than 0.25, did not collapse, and in the south, K_i of few survived buildings was also greater than 0.25. The collapse aseismic coef. K_{i0} was usually 0.24 in the north of the railway. This value has a tendency of decreasing from south to north. K_{i0} decreases as 0.19 in the utmost north zone. The crack-resistance coef. is about 0.7.

Not only the relation between K_i and damage (by large symbols), but also the relation between K_{ij} of wall

---

① Q_0、P_i、Q_{ij}、$(R_\tau)_{ij}$ 算式见本书 1-24 文。

elements and damage (by small symbols) are shown. For buildings built on bedrock, K_0 is about 0. 24, and for buildings at the too of hill, the critical value of K_0 is not obvious, being about 0. 32, possibly affected by the variation of thickness of overlying soil.

In the zones north of railway K_0 equals $0.32 - 0.34$, while in the zones south of railway K_0 varies in a wider range. The critical value of cracking decreases with the increase in depth of the intercalation of silty clay. It can easily be seen in the 1.12 area in Tangshan. Buildings in the area were all located perpendicular to the bank of the Dou River. The nearer the bank, the smaller the K_0 value.

In the seismic areas remote from Tangshan, such as Fan-ge-Chuang, Beigiadian, Lan County, Changli, Chinhuantao and Tientsin, values of K_0 were calculated. Such values decreases with the increase of epicentral distances, this is in agreement with the attenuation of intensity.

It may be seen that crack-resistance coef. decreases with the increase of the epicentral distance.

In aseismic design, if we take the value of K_0 as the seismic coef., then K_0 may be also regarded as the "design crack-resistance seismic coef." We get K_0 for different intensities as follows: less than 0.12 for intensity 6, $0.12 - 0.19$ for intensity 7, $0.19 - 0.26$ for intensity 8, $0.26 - 0.38$ for intensity 9 and >0.38 for intensity 10. The above results are obtained from the Tangshan earthquake. For certain previous earthquakes, the calculated results of K_0 are in agreement with those given above. For the Haicheng earthquake, the K_0 values are as follows:

$0.28 - 0.36$ for intensity 9;

0.23 for intensity 8;

0.14 for intensity 7.

For the Yang Jiang earthquake, K_0 is 0.17 for intensity 7, while for the Wulumu qi earthquake it is 0. 12 for intensity 7.

Of course, there exists variance between the relationships of damage and K_{ij}. Taking K_{ij} for tientsin as an example, the variance is about 10% from the average.

As multistory brick buildings do not collapse immediately after cracking, we define the ratio of K_0 to K_{i0}, as the ability of collapse-resistance, viz. $C_0 = K_0/K_{i0}$ For the Tangshan earthquake, $C_0 = 2.5 - 3.0$, and for the Haicheng earthquake C_0 approaches as 3.

4 Conclusions

Based on the results given above, we may conclude that:

(1) In the aseismic design of multistory brick building, two design criteria may be required. Firstly the building should be guaranteed to be intact or slightly damaged only for the given earthquake intensity. Secondly the building should not collapse even for an intensity higher than the given intensity $1 - 2$ grades.

(2) Those carefully designed multistory brick buildings may survive in an earthquake of intensity 10. In fact, those buildings with K_i greater than 0. 25 have all survived without collapse in the area north of railway in Tangshan.

(3) Values of K_0 obtained from the Tangshan earthquake coincide fairly well with those obtained from other former destructive earthquakes. So K_0 may be used as a design parameter and also as a quantitative measure of earthquake intensity.

(4) Damage to multistory brick buildings in Tangshan reflects the effect of site conditions. There are two types of anomalous area. Rock sites and soft soil sites with intercalation of silty clay are both favourable to such buildings. K_0 of buildings on rock sites is only 1/3 of that on Class Ⅱ sites, and for buildings on soft sites, K_0 is about 30% - 60% of that on Class Ⅱ sites.

(5) Collapse of multistory brick buildings was generally caused by the cracking of bearing walls, followed by off-set of wall, crushing of bricks, and ultimately, loss of bearing ability of walls. There were, however, a few exceptions, where the buildings were not damaged by diagonal cracks but by horizontal cracks at the level below the window sill in the first story, but the building remained standing. This damage pattern is worthy to be further studied, because the formation of horizontal cracks may probably protect the building from collapse.

Finally, it should be noted that the above conclusions are only suitable to the Tangshan earthquake. Generalization to other cases should be cautiously made whereas a further study should be needed also.

1 – 23 Behaviour of Brick Masonry Buildings During Destructive Earthquakes[*]

Liu Huixian   Yang Yucheng

1 Introduction

For thousands of years, the traditional buildings in China including residences, offices, temples, palaces etc. are mostly built of timber frames with adobe or brick walls. Since the recent century, brick structures with timber floor and roof became popular gradually. After the Liberation, for saving of timber, brick buildings are generally built of bearing walls with precast or cast-in-place reinforced concrete floors. Concrete structures are usually used for industrial buildings and relatively higher buildings. Brick buildings have many merits: they are fairly durable, fire-proof, rich in raw materials, versatile in construction, requiring less construction equipments, low-cost etc. On the contrary, their shortcomings are land-consuming, fuel-consuming, labor-consuming, heavy in weight, low strength, difficult in quality control etc. Overall, they are adaptable to the present status of Chinese economy and productivity. Therefore, up to the present, brick building is still the most common type of building in China, although the trend is to be superseded by modern constructions. Even in the future, at a time when brick buildings become obsolete, the huge amount of existing brick buildings cannot be all replaced in a short period. Hence, the understanding of the earthquake resistance of brick buildings and how to bring it up is a vital problem of earthquake engineering in China.

2 General Performance Under Earthquake

Unreinforced brick buildings have been condemned to be nonresistant to earthquake in USA and Japan. The

Chinese engineers recognize the weakness of such structures and yet endeavor to find out how weak they are. The recent destructive earthquakes provide opportunities for observing their performance under real earthquake. The damages are listed in five grades, from intact to collapse. The buildings investigated are of many varieties, comprising single and multi-story buildings of various types of floors and roofs and mostly not designed for seismic risk. For moderate intensities Ⅶ and Ⅷ, the majority of buildings suffered only moderate damage and collapses were exceptional, so it is possible to limit the damage of brick buildings to moderate level and preclude any collapse by proper design and construction.

Under intensity Ⅸ, brick buildings were generally heavily damaged to an extent not easily repaired and occasionally collapsed. Two distinct cases may be cited here. During the 1970 Tonghai earthquake, in the township, Eshan where the intensity rating was Ⅸ, most of the 2 – story brick buildings were either collapsed or partially collapsed while the traditional timber-framed 2 – story buildings with infilled adobe walls were still standing although shattered in bad shape. Another case is in the township Haicheng during Haicheng earthquake, where most of the multi-story brick buildings were badly damaged by diagonal or X-shaped cracks and the worst case is a collapsed three-story building with the floors stacked up like pan cakes. From these instances, it is clear that unreinforced brick buildings cannot stand an earthquake of intensity Ⅸ but most of them may be able to escape total collapse.

Under intensity Ⅹ, collapse is unavoidable for

Source: Proceedings of the International Research Conference on Earthquake Engineering, Yugoslavia, Jun, 1980, 393 – 403 (IEM 781 – 791).

* 会议邀请刘恢先所长,他委派副所长章在墉赴会。本文是刘所长亲自书字行文立论阐见实例的英文稿,并特命题译为《破坏性地震中砖砌体房屋的性态》。

reinforced brick buildings. The most crucial test was the 1976 Tangshan earthquake. The meizoseismal area covers the densely populated urban districts and a surface fault trace went right through the city of Tangshan where the intensity rating was X to XI. Many engineering units have sent their parties to the field for damage survey. The report of the party sent by Hebei Province is cited here for illustration. The investigation covers 1187 multi-story brick buildings in the city area. The scale of the damage index is as follows:

Total collapse	1.0
Partial collapse	0.8
Seriously damaged	0.6
Moderately damaged	0.4
Slightly damaged	0.2
Practically undamaged	0.0

Out of the 24 blocks on the map, there are 14 blocks with an average damage index value above 0.8, which clearly demonstrates the incapability of unreinforced multi-story brick buildings in resisting intensive earthquakes.

It should be noted that the multi-story buildings investigated have a variety in construction. The majority of them are 2 to 3 stories; there are also some higher buildings of 4 to 7 stories. There are three types of wall masonry, namely, brick, rubble and mix of brick and rubble; five types of floor and roof, namely, cast-in-place concrete, precast hollow concrete units, mix of the above two types, concrete floor with timber roof and timber floor with timber roof. The number of combinations of story number, masonry material and floor-roof type exceeds twenty if the buildings are accordingly classified. Does such variation in construction affect the earthquake resistance very much? People do think so. After the earthquake, the loosely connected precast floor units were blamed as the evil responsible for the collapse of the buildings. However, the statistics show little difference between the behaviour of the buildings with precast floor units and those with cast-in-place concrete. There is also little difference between buildings with concrete roof slabs and those with timber roof trusses. However, buildings with timber floors were worse than those with concrete floors. Rubble walls are usually deemed inferior to the brick walls in earthquake resistance because of its weight and lack of bedding, but damage statistics also indicate little difference between them.

There was also experienced that bungalows and buildings properly designed and constructed may survive from intense earthquake of intensity X without any notable damage. During the 1966 Xingtai earthquake, an old post office of brick construction situated in a township at close distance to the epicenter survived with little damage while the surrounding adobe dwellings are practically demolished. During the 1970 Tonghai earthquake, again, two brick-masonry dormitories (Fig.1) of a sugar refinery proximate to the causative fault had only fine cracks on the walls while the surrounding mill buildings of composite reinforced concrete and brick masonry construction and timber-framed dwellings are all badly shattered. Some other instances were found in Tangshan during the 1976 event. A brick-built bath house (Fig. 2) stood without

Fig.1

Fig.2

damage amid the ruins of many mill buildings of reinforced concrete and steel construction. A four-story building had the central hall reinforced with concrete columns but not the rest of the building; as a result, the central hall survived from the quake while the rest part had collapsed (本书 1 - 1 文图 16).

3 Pattern of Failure

Brick masonry is a brittle material, so brick buildings naturally failed in a brittle manner during earthquakes. Survivals from great earthquakes have witnessed to the fact that the collapse of buildings generally occurred in a few cycles of intense shaking, the duration being estimated at few seconds. As the failure is brittle, the fracture pattern reflects the stress pattern directly, and a careful study of the fracture pattern would reveal the mechanism of failure. In post-earthquake surveys, following patterns of failure are generally observed.

(1) Shear failure in diagonal tension. This type of failure is most common and is characterized by the diagonal cracks running across the wall surface. The severity of cracking is in proportion to the intensity level. The most vulnerable parts for such failure are the wall piers between windows and the cross shear walls. The cracks may run undirectionally across the wall surface or appear in X-shape, and sometimes extend diagonally from corners of openings. For weak mortar, the cracks may follow the mortar bonds of masonry; for stronger mortar, it is not uncommon that the cracks cut through the solid bricks, Fig.3 is a set of pictures showing patterns from small cracks at low intensities to almost unrepearable ones at high intensities.

(b)

(c)

Fig.3

(2) Failure by direct horizontal shear. The failure is generally indicated by horizontal fissures on the wall, extended along the mortar bond either in the masonry proper or between the floor slab and the masonry underneath. Sometimes, it results in dislocation of masonry at the fissures(本书 1 - 2 文图 13).

(3) Failure by off-plane bending of the walls. Such Failures generally occured at top and bottom of walls indicated by horizontal tension cracks and crushing of masonry on one side of the walls due to excessive bending stress. Fig.4 is a typical example.

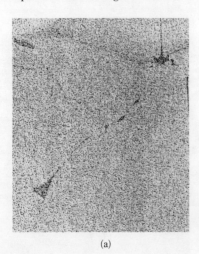

(a)

Fig.4

（4）Loss of connection between walls at intersections. This kind of failure frequently happened at the intersections of the longitudinal exterior walls and the transverse interior walls due to the incapability of the bond between them in resisting the inertial forces. As a result, the exterior walls fell down as shown in Fig.5.

Fig.5

（5）Partial failure or partial collapse. There are several patterns of this kind. Sometimes the corners of the building collapsed presumably due to unsymmetrical bending or torsional effects. Some other times, certain part of the building collapsed without conspicuous reasons. It is not uncommon that the upper stories of a higher building collapsed while the lower stories were saved, and occasionally the lower story collapsed while upper stories safely seated upon the ruins of the lower story. Some examples are shown in Fig.6.

（6）Total collapse. In most cases, the collapsed building resulted in a pile of debris, which makes the analysis of the cause of failure unfeasible. There were also many instances in which all floors of the building apparently collapsed simultaneously with the floor slabs stacked up like pancakes（Fig.7）. Such failures were not uncommon during the Tangshan earthquake, and naturally brought heavy casualties to the people. It is difficult to envisage the mechanism of failure. Simultaneous failure of the walls by story shear is rather unlikely; more probable is the vertical compression on weakened masonry imposed by the gravity load and the impact, of sudden failure of certain story.

It may be concluded from the above review of failure patterns that the failure of brick buildings under

(a)

(b)

Fig.6

(a)

(b)

Fig.7

earthquake is mainly due to three causes: ① shear failure of masonry; ② loss of bond between wall elements; ③ crushing of masonry after shear failure under vertical loads. By observing these features of failure and taking measures against them, brick buildings are not fatally nonresistant to earthquake.

4　Empirical Design Criteria for Multi-story Buildings

As shown by experience, the earthquake resistance of brick buildings is much dependent upon the shear strength of masonry walls, so checking the wall strength against earthquake loads becomes the major step towards aseismic design. However, the earthquake loads are uncertain and the method of dynamic analysis for brick buildings remains to be explored by theoretical and experimental studies. The Chinese engineers are thus obliged to seek rule of thumb for design purpose directly from earthquake experience by statistical analysis of earthquake damage. The recent destructive earthquakes provide opportunities for doing so.

According to the current Chinese aseismic building code, the max. base shear for brick buildings, which are generally of rigid type of structure, is given as

$$Q_0 = K \sum W_i \qquad (1)$$

where W_i is the weight of lumped mass at the i-th floor and K is an equivalent static coefficient. The corresponding horizontal earthquake load at i-th floor is taken as

$$P_i = Q_0 W_i H_i / \sum_i W_i H_i \qquad (2)$$

where H_i is the height of W_i to the base of the structure. P_i is then distributed to all the wall elements in the plane of loading of story i in proportion to the shear stiffness. Finally, the shearing stresses in the wall elements are checked against the allowable stresses which can be in turn determined from the shearing strength and the vertical compressive stress of the masonry.

By reversing the design procedure, we can evaluate a tolerable value of K for any given wall element from the allowable shearing stress of the element. Let such K-value be called as the "aseismic coefficient" of the wall element in question and be designated by K_{ij} where i represents the story number and j represents the element number.

Apparently, for a certain building, K_{ij} depends upon the cross-sectional area, the shear strength and the gravity stress of the element j and serves as an index of its resistance to earthquake.

For any story i of a building, the coefficient K_{ij} would be different for different wall elements, or in other words, varying with j. As redistribution of stress among the wall elements in the same story is possible when any one of them is overstressed, the earthquake resistance of the whole story would neither be governed by the weakest nor by the strongest wall element but rather by the average strength of all elements. So it would be logical to use certain weighted average value of K_{ij} with respect to j to represent the earthquake resistance of the whole story. Such average value may be called as "story aseismic coefficient" and taken as:

$$K_i = m \Big/ \sum_{j=1}^{m} (1/K_{ij}) \qquad (3)$$

where the quantity in the bracket is the weighting factor. In other words, the average throws more weight on the weak elements which mostly govern the failure of the structure.

With the above concepts in mind, two useful criteria can be derived from the damage data of recent earthquakes.

4.1　Critical Aseismic Coefficient for Cracking of Masonry

It was discovered in recent earthquakes that the damages to wall elements in buildings at a certain locality has apparent dependence upon their aseismic coefficients. The higher the coefficient, the less the damage.

Fig.8 depicts the typical plots illustrating the degree of damage of the wall elements with respect to the aseismic coefficient at Wulumuqi, the capital of Xinjiang, where the intensity rating was Ⅶ during an earthquake in 1965. Fig.8a shows clearly the attenuation of damage with respect to the increase of the value of K_{ij}. A demarkation line is drawn on the figure to indicate the point of change from being damaged to partially undamaged. Fig. 8b displays the histogram of the values, K_{ij} of the investigated wall elements. The shaded part corresponds to the seriously and moderately damaged elements and designated as "cracked" elements while the blank part corresponds to the slightly damaged and the undamaged ones and denoted as "uncracked" elements. In Fig.8c, the shaded part of the histogram is transformed into a cumulative relative frequency curve drawn from right to left for the cracked elements in terms of the percentage of their total number. The K_{ij}-value at 5% relative frequency on the curve is called as the "critical aseismic coefficient for cracking of masonry" and designated by K_c because it implies that if all the buildings were designed for a base-shear coefficient equal to K_c, cracking of masonry would be partially (95%) prevented. In Fig.8c, such cumulative frequency curves are drawn for a number of places under different earthquake intensities and the value of K_c are taken as shown. In the figure, K-value at the intersection of cumulative curves for both cracked and uncracked

elements is also marked out as K_0. Obviously, K_c depends upon the earthquake intensity. The higher the intensity, the greater the value of K_c. In order to explore this relationship, the K_c values are plotted against the earthquake intensity and the epicentral distance in Fig.9, from which following values of K_c may be taken for design purpose as an upper bound.

For intensity	VI	$K_c = 0.08$
	VII	0.19
	VIII	0.30
	IX	0.41
	X	0.52

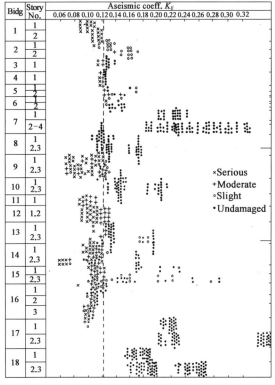

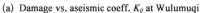

(a) Damage vs. aseismic coeff. K_{ij} at Wulumuqi

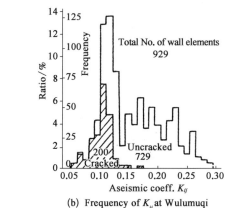

(b) Frequency of K_{ij} at Wulumuqi

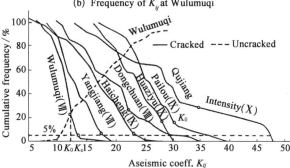

(c) Cumulative frequency curves for K_{ij} values of cracked walls

Fig.8

It should be noted that the above values do not follow the generally accepted rule that the earthquake load is doubled for raising of one grade in intensity.

4.2 Critical Aseismic Coefficient for Collapse of Building

Apparently, the collapse of building is more dependent on the story earthquake resistance rather than on the resistance of any individual wall element. It would

be possible to relate the value of the story aseismic coefficient, K_i to the collapse of building. Following the procedure for determining the critical aseismic coefficient, K_c for cracking of masonry, a similar coefficient, K'_c for collapse of building can be determined. Of course, K'_c does not exist for moderate earthquake intensity where buildings seldom collapsed.

Fig.10 shows a plot for the buildings in the downtown

district of Tangshan. The buildings are classified into "collapsed" and "not collapsed". Fig. 10a shows the histogram of the K_i-values and Fig. 10b shows the cumulative relative frequency curve for the collapsed buildings. The K_i-value corresponding to 5% frequency is taken as the "critical story aseismic coefficient for collapse of building", K'_c which is found to be 0.24 in the figure. As compared with Fig. 9, it is seen that K'_c is smaller than K_c for the same earthquake intensity.

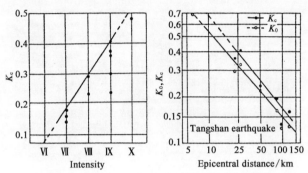

Fig. 9 K_c-values vs. intensity and epicentral distance

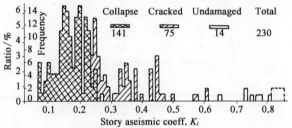

(a) Frequency distribution of story aseismic coeff. K_i in downtown district of Tangshan

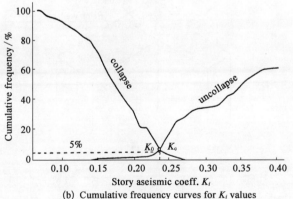

(b) Cumulative frequency curves for K_i values in downtown district of Tangshan

Fig. 10

5 Effect of Soil Condition

Rock foundation is known to be favourable to flexible structures but it is rather controversial in the case of stiff structures like brick buildings. In China, there was no conclusion on this until the occurrence of the Haicheng and the Tangshan earthquakes. During both earthquakes, the brick buildings on rock foundation were less damaged than on ordinary firm foundation. The most conspicuous case is in the city area of Tangshan. Buildings on the rocky hilly area and its surrounding suffered much less damage than those on firm soil in the downtown district as shown by the distribution of damage indices. Furthermore, the collapse ratio in the former case is <50% while in the latter case is 70%−97%. Some apartment houses on rock foundation were along the hillside(本书 1 − 2 文图 11); the damage was very slight. This can be also seen from the values of the afore-mentioned coefficient K_0. In the hilly area, K_0 is in the range of 0.24 − 0.40 while in the downtown area, it attains 0.70.

Similar situation happened in Haicheng earthquake. The township Haicheng is situated on firm alluvial deposits. Most of the multi-story brick buildings were subject to serious cracking and the intensity was rated at Ⅸ. However, a factory seated on rock was practically unharmed.

The reason for less damage on buildings founded on rock may be attributed to the ground-motion characteristics. It was observed during the aftershocks of Haicheng earthquake that the ratio of peak ground acceleration on rock to that on alluvial soil was 0.46 at Haicheng and 0.32 at Dashiqiao on the average.

It should be noted that while rock foundation is favourable to brick buildings, soft alluvial foundation was also found to be advantageous in some cases. In Tangshan, the Dou river runs through the city. Within 300 − 400 m on both banks, the damage to brick buildings is conspicuously reduced in comparison with the downtown area. It was thought that a layer of plastic clay buried at 3 − 5 m below the ground surface might have some isolation effect upon the input seismic wave while the surface layer serves as the supporting stratum to the buildings.

Advantage of soft foundation may be associated with its longer predominant period in comparison with the natural periods of brick buildings. It was observed in Haicheng earthquake that the brick buildings are much less damaged than the long-period structures, such as chimneys and mill buildings, in Yinkou, a port situated on soft alluvial soil of the delta of the Liao River.

6 Recommendations to Design

（1）In view of the uncertainty involved in the assessment of earthquake risk, the brittle manner of failure and the serious consequence following the failure, it is suggested that brick buildings should be designed to meet two requirements. First, for moderate earthquake, they should be kept in an uncracked condition; second, for unexpected earthquake of exceedingly high intensity, they should be capable of escaping from collapse. In other words, for the former case, the base-shear coefficient (K) should be chosen not less than the critical aseismic coefficient for cracking of masonry (K_c) and for the latter case, not less than the critical aseismic coefficient for collapse of building (K_c').

（2）Shear strength and ductility of the walls should be improved as much as possible by means of good mortar and reinforcements. The experience of destructive earthquakes indicates that the failure of brick buildings was mainly due to the inadequacy of the wall strength.

（3）Adequate bond should be provided between the longitudinal and the transverse walls, between the precast units and between the floorslabs and the bearing walls to ensure the integrity of the building. The usual practice of using closed loops of reinforced concrete tie-beams at different floor levels to tie up the wall elements is highly recommended.

（4）It is advisable to insert cast-in-place reinforced concrete columns in the masonry at intersections of longitudinal and transverse walls as sketched in Fig.12. These columns together with the tie-beams constitute a second defence line against collapse after the failure of the masonry walls. Previous static tests on concrete frames with infill walls have shown that the shear strength of the composite system equals to the sum of the strengths of the frame and the wall and the ductility of the system is even better than the concrete frame alone.

Recent static tests on building models also indicate that the concrete columns improve the strength and the ductility a great deal. In excited vibration tests, the model provided with columns can stand intense shaking for several hours without failure while the model not provided with columns collapsed in a few seconds.

It is believed that if all the above points are observed, the brick masonry structures so designed will be capable of resisting strong earthquake.

Fig.11

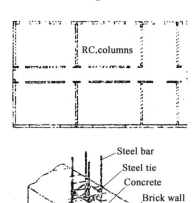

RC.columns

Steel bar
Steel tie
Concrete
Brick wall

Fig.12

注释 本文的 K_{ij}、K_0、K_i 与本书 1 - 1、1 - 2 和 1 - 3 文中的定义相同，刘所长引进了 95% 的可靠度，即不大于 5% 的开裂和倒塌的临界抗震系数 K_c 和 K_c'。

1 – 24 Empirical Relationship Between Damage to Multistory Brick Buildings and Strength of Walls During the Tangshan Earthquake[*]

Yang Yucheng   Yang Liu

1 Introduction

On July 28, 1976 at 03:42 a.m. (Beijing time), a strong earthquake of magnitude 7.8 occurred in Tangshan, Hebei Province, China. The macroscopic epicenter was located in the city of Tangshan. The intensity in the meizoseismal area was 11. The whole metropolitan area was enclosed within the isoseismal of intensity 10. The shock struck the whole Tangshan region as well as Tianjin and Beijing. Life and property loss were great.

Multistory brick building is one of the main types of structures generally used for dwelling house, school, hospital and office building in cities and towns in China. In the meizoseismal area of the Tangshan earthquake, a great amount of such buildings collapsed, leading to heavy casualties, especially in the city of Tangshan. In other areas, such buildings also suffered different degrees of damage, affecting rapid restoration of production and normal living condition. Hence, it is very important in the field of earthquake engineering of China to sum up earnestly the lessons learned from the damage to the multistory brick buildings as well as to have an understanding and raise its earthquake resistant capability.

2 Damage to Multistory Brick Buildings

2.1 Damage in the Urban Area of Tangshan City

The city of Tangshan is divided into two parts by the railway. In the eastern part of the city, Dou River runs through from north to south, while to the north there lies Dachen Hill, Fenghuang Hill and Jiajia Hill, all of naked limestone of Ordovician System. A surface fault trace goes right through the southern part of the city. There were 1187 multistory brick buildings in the city before the quake, most of them being of two or three stories and the rest four or five stories with a few of seven or eight stories. Such buildings were generally built of brick bearing walls with reinforced concrete floor and roof, only a few were of stone walls or wooden roof and floor. After the quake, most of the buildings were collapsed, only a few survived with cracked walls and obvious dislocation. It is seen from the figure that for buildings to the south of the railway and in the downtown along Xinhua St., the collapse ratio is above 90%, while for those near Dacheng Hill, the collapse ratio is below 30%. For buildings on soft soil sites with intercalation of silty clay along Dou Hiver, most of them did not collapse, except those in the area where the causative fault passed. Among multistory brick buildings in the city, 78% were totally or partially collapsed, 19% seriously or moderately damaged and only 3% survived with slight damage. According to the type of structures, the collapse ratio is 74% for buildings with brick walls and reinforced concrete floors, 97% for buildings with wooden floor and roof, and 93% for buildings with stone walls. As to buildings with precast and cast-in-place reinforced concrete floor elements, the collapse ratio cover 77% and 73%, respectively.

2.2 Damage Statistics in Other Areas

Outside the city of Tangshan, the common damage pattern is shearing cracks caused by the principal tensile stresses in the walls and, sometimes fall of wall corners in

Source: Proceeding of the Seventh World Conference on Earthquake Engineering, Istanbul, Turkey, Sept, 1980, Vol 6, 501 – 508 (IEM 70 – 77).

* 会务组收到本文后邀杨玉成为专业组人员,本文请卢荣俭中译英。

the more serious cases. all located in the east of the long axis of the isoseismals. It is obvious that the damage to multistory brick buildings decreased with the increase of epicentral distance.

2.3 Damage Patterns

Based on the post-earthquake surveys, the damage patterns of rigid multistory brick buildings due to the effect of seismic inertia force may be classified into three categories as follows:

(1) Shear failure in diagonal tension. For the majority of collapsed buildings, the walls were cracked by diagonal tension at first, and then displaced, dislocated, crushed, fell and eventually lost their bearing capacity, leading to the collapse of the whole building. In such cases, the collapsed walls usually fell around the building, with floor slabs decked up like pancakes. Some buildings totally collapsed, while in some buildings, the upper stories collapsed with lower stories survived.

(2) Loss of bond between wall elements. This kind of failure was often found due to the weakness of the connections between exterior longitudinal walls and interior transverse walls. Cracks often formed in the wall corners. Usually only exterior walls were overturned, due to the loss of stability. Sometimes, the exterior walls were firstly collapsed, and then the interior transverse walls overturned with roof or floor slabs falling on them.

(3) Failure by direct horizontal shear. The failure is generally indicated by horizontal fissures on the wall, and cracks between floor slab and walls. Sometimes, displacement and dislocation occurred. For serious cases, part of precast floor slabs fell down, but no collapse due to too great dislocation was found.

The number of non-rigid multistory brick buildings was not so many. The damage features, different from that of the rigid one, can be characterized by the failure of off-plane bending and the occurrence of horizontal fissures on walls. For serious cases, the brick masonry overturned, and even collapsed.

3　Calculation of Earthquake resistance of Walls

3.1　Method of Calculation

Earthquake resistance of a multistory brick building depends mainly on the aseismic strength of the walls. A coefficient, called aseismic coef, K_{ij}, is used to represent the lateral resistance of a wall element j in the story i.

In aseismic design, we first calculate the main seismic load as follows:

$$Q_0 = K \sum_{i=1}^{n} W_i$$

where W_i is the weight of lumped mass at the i-th story and K is an equivalent static coefficient. The corresponding earthquake load at i-th story is taken as

$$P_i = Q_i W_i H_i / \sum_{i=1}^{n} W_i H_i$$

where H_i is the height of W_i calculated from the ground surface. Then distribute the load to the wall elements according to their rigidity (K_{ij}), viz.

$$Q_i = (k_{ij} / \sum_i k_{ij}) \sum_{i=i}^{n} P_i$$

Finally, following the aseismic code of China, we check the shear strength of the walls, $(R_\tau)_{ij}$, according to the following formula, taking the safe factor as 2

$$(R_\tau)_{ij} \geqslant 2\xi_{ij} Q_i / A_{ij}$$

where A_{ij} is the net cross sectional area of the wall element, and ξ_{ij} the non-uniformity coef. of shear stress, is 1.5.

Reversing the above procedure, the shear strength of wall elements of a building, is calculated forst, and then according the above formulas, the aseismic coef. is calculated with K instead of K_{ij}. Thus

$$K_{ij} = (R_\tau)_{ij} A_{ij} \sum_{j=1}^{m} k_{ij} \sum_{i=1}^{n} W_i H_i / (2\xi_{ij} k_{ij} \sum_{i=1}^{n} W_i \sum_{i=i}^{n} W_i H_i)$$

For a certain building, K_{ij} apparently depends on the weight of the building the cross-sectional area and the shear strength of the element j, and serves as an index of its resistance to earthquake. Coef. K_{ij} indicates the max. K of seismic load on the building that can be sustained by the intact wall element.

We have calculated a large number of K_{ij}'s of existing wall elements in damaged areas of certain previous earthquakes. The results indicate that under certain earthquake intensities there is a critical value of K_{ij}. This value is termed as "cracking resistance coefficient K_0". When K_{ij} of the wall is greater than K_0, the wall will not crack.

Moreover, a value K_i, for a given story i can be obtained by averaging the weighted values K_{ij} of all transverse or longitudinal walls in story i to indicate the earthquake resistance of that story. Such average value may be called as "story aseismic coefficient" and is equal to

$$K_i = \sum_{j=1}^{m} \frac{K_{ij}k_{ij}}{(R_\tau)_{ij}A_{ij}} \Big/ \sum_{j=1}^{m} \frac{k_{ij}}{(R_\tau)_{ij}A_{ij}}$$

The results of calculation show that there is also a critical value of K_i. We name this value as "collapse resistance coef. K_{i0}". When the aseismic coefs. K_i of all stories of a building are greater than K_{i0}, the building will not collapse generally.

3.2 Selection of Buildings for calculation

Aseismic coefs. of 301 buildings located in the effected area of the Tangshan earthquake are calculated, including 65953 wall elements from 883 stories (see Table 1). 14 zones in the urban area of Tangshan are chosen for the study according to the classification of soil and arrangement of blocks. Detailed damage inspections were made to all multistory brick buildings located in the small zones outlined by solid lines. For the zones outlined by dotted lines, we only inspected the cracked but yet existed buildings in the south of the railway and some chief buildings along the Xinhua St. The aseismic coefs. are

calculated for all multistory brick buildings with brick walls and reinforced concrete floors in the aforementioned 14 zones, Fangezhuang, Beijiadian, Luan County and Chang Li etc. In the cities of Tianjin and Qinhuangdao, only a few typical structures were chosen for calculation. In calculation, some buildings with wooden roof are chosen, but the upper story is omitted in the analysis. All the non-rigid brick buildings are excluded.

Table 1 Total number of buildings taken in the calculation in the Tangshan earthquake

Name of town or city	Building	Story	Piece of wall
Tangshan	220	639	49 573
Fangezhuang	15	44	2 145
Beijiadian	17	49	2 364
Luan County	10	23	2 110
Chang Li	9	24	2 447
Qinhuangdao	14	40	3 086
Tianjin	16	64	4 228
Total number	301	883	65 953

3.3 Analysis of Results

Fig. 1 shows the relation between damage and the

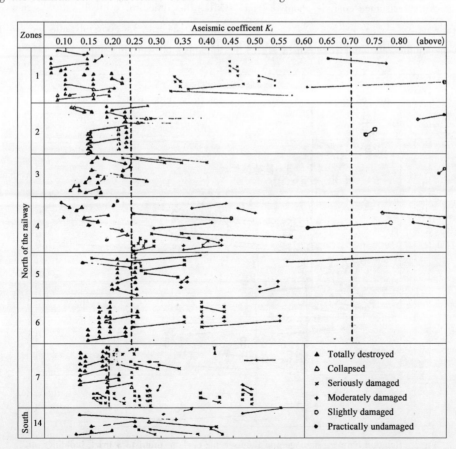

Fig.1 Relation between damage and the aseismic coef. of multistory brick buildings on Class Ⅱ Boil in Tangshan City

story aseismic coef. K_i of the building on the site of Class Ⅱ. In this figure, only K_i of the lowest collapsed stories are plotted for the totally destroyed buildings and buildings in which only the upper stories collapsed, while for the cracked buildings, the relation between damage and K_i of all stories is plotted. K_i of transverse walls in the same story are plotted on the top, while those of longitudinal walls are plotted below. A line is drawn between these two K_i's. It is evident from Fig.1 that in the north of railway, those buildings, having K_i greater than 0.25, did not collapse, and in the south, X_i of few survived buildings was also greater than 0.25. In Fig.2, K_i values for the small zones 1 – 6 are classified into "collapsed" and "uncollapsed". The cumulative frequency curve for "collapsed" is drawn from right to left, while that for "uncollapsed" is drawn from left to right. The value on the abscissa where the two curves intersect is K_{i0}; and that on the ordinate represents the discrepancy. From Fig.2, the collapse aseismic coef. K_{i0} is 0.24 with the discrepancy 7.5%. From Fig.1, K_{i0} value has a tendency of decreasing from south to north. K_{i0} decreases to 0.19 in the upmost north zone. The cracking resistance coef. is about 0.7 for the north of the railway.

Fig.3 shows the similar relation (as shown in Fig.1)

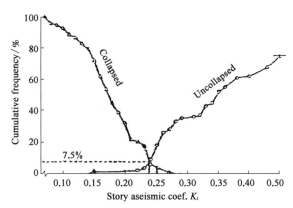

Fig.2 Cumulative frequency curves for K_i Values of collapsed and uncollapsed buildings in the zones 1 – 6 of Tangshan City

for buildings built on rock in the hill area and its surrounding. In the figure, not only the relation between K_i and damage (denoted by large symbols), but also the relation between K_{ij} of wall elements and damage (denoted by small symbols) are shown, for buildings built on bedrock. The cracking resistance coef. 0.23 with the discrepancy 17.7% is obtained from K_{ij} of the cumulative frequency curves for "cracked" and "uncracked" wall elements as shown in Fig.4. And for buildings at the toe of hill, the cracking critical value is not obvious, being about 0.24 – 0.33, possibly affected by the variation of thickness of overlying soil.

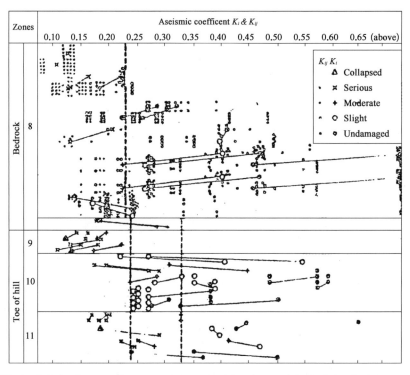

Fig.3 Relation between damage and the aseismic coef. to multistory brick buildings on bedrock and on the near thin soil layer in Tangshan City

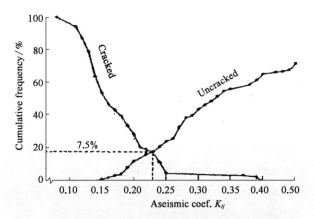

Fig.4 Cumulative frequency curves for K_{ij} Values of cracked and uncracked walls built on bedrock in Tangshan City

Fig. 5 gives the same relations for buildings located along banks of the Dou River. The damage is conspicuously reduced in comparison with the site of Class 11. In calculating zones, most of the buildings were uncollapsed with cracks on walls, but the cracking critical value is not obvious either. In the zones north of railway, K_0 is about 0.20－0.34, while in the zones south of railway, K_0 varies in a wider range. It is quite possible that the critical value of cracking decreases with increase in depth of the intercalation of silty clay.

In the seismic areas long away from Tangshan, such as Fangezhuang, Beijiadian, Luan County, Chang

Li, Qinhuangdao and Tianjin, values of K_0 were calculated. It may be seen that cracking resistance coef. decreases with the increase of the epicentral distance. This is in agreement with the attenuation of intensity. Fig. 6 gives the curves showing relation between K_0 and the epicentral distance and the regression equation is as follows:

$$K_0 = 2.1\Delta^{-0.6}$$

the coef. correlation of which is 0.98.

From Fig. 6, we get K_0 for different intensities as follows: less than 0.12 for intensity 6, 0.12－0.19 for intensity 7, 0.19－0.26 for intensity 8, 0.26－0.40 for intensity 9 and 0.40 for intensity 10. The above results are obtained from the Tangshan earthquake. For pertain previous earthquakes, the calculated results of K_0 are in agreement with those given above. For the Haicheng earthquake, K_0 values are 0.28 and 0.30 respectively for two towns in area of intensity 9, 0.23 for a town in area of intensity 8, and 0.14 for a city in area of intensity 7. For the Yangjiang earthquake, K_0 is 0.17 for intensity 7, while for the Wulumuqi earthquake it is 0.12 for intensity 7 and for the Dongchuan earthquake, it is 0.22 for intensity 8.

Of course, there exists discrepancy between the

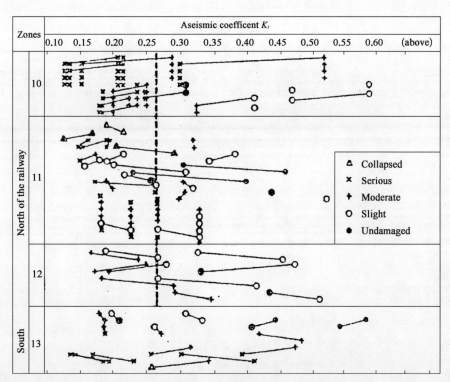

Fig.5 Relation between damage and the aseismic coef. of multistory brick buildings along the Dou River in Tangshan City

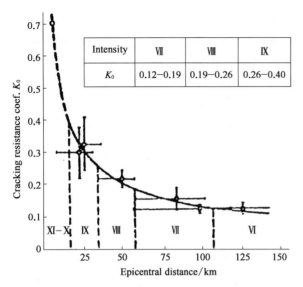

Intensity	VII	VIII	IX
K_0	0.12—0.19	0.19—0.26	0.26—0.40

Fig.6 Relation between the cracking resistance coef. of multistory brick buildings and epicentral distance in the Tangshan earthquake

relationships of damage and the aseismic coef. For value K_0, the discrepancy is generally greater in the area of higher intensity than in the area of lower intensity, about 10% for intensity 7, about 20% for intensity 9.

4 Conclusions

Based on the results given above, we may conclude that:

(1) In the aseismic design of multistory brick building, two requirements should be kept in mind. Firstly, the building should not crack in the predicted moderate earthquake. Secondly, the building should not collapse in an unexpected earthquake of higher intensity even $1-2$ grades higher than the expected intensity.

(2) Those carefully designed multistory brick buildings can survive in an earthquake of intensity 10. In fact, those buildings with K_i greater than 0.25 have all survived without collapse in the area north of railway in Tangshan.

(3) Values of K_0 obtained from the Tangshan earthquake coincide fairly well with those obtained from the other previous destructive earthquake. So K_0 may be used as a design parameter and also as a quantitative measure of earthquake intensity.

(4) Damage to multistory brick buildings in Tangshan reflected the effect of site conditions. There were two anomalous areas. Rock sites and soft soil sites with intercalation of silty clay are both favourable to such buildings.

(5) Collapse of multistory brick buildings was generally induced by the shear cracking in diagonal tension of bearing walls, followed by off-set of brick masonry, fracture of walls, and ultimately, loss of bearing ability of walls. The calculating method in this paper is established according to this type of failure.

Finally, it should be noted that the above conclusions are drawn from the specific features of Tangshan earthquake. Generalization of conclusions to other cases should be made carefully. However, the behaviors of rigid brick masonry buildings in meizoseismal areas for different soil conditions and the damage attenuation along the long-axis of the isoseismal provided in this paper also give some information for the study of the ground motion in the Tangshan earthquake.

1 – 25　Experimental Research on Model Brick Building by Shaking Table[*]

Gao Yunxue　Yang Yucheng　Bai Yulin　Song Xueyun

1　Introduction

Most of brick buildings in China are rigid structures supported by brick walls and with R.C. floors. Earthquake damage to this kind of brick buildings often observed is diagonal or X-shape on walls, and then displaced, dislocated, crushed, falling and eventually lost their bearing capacity, leading to the collapse of the whole building. Sometimes V-shape or diamond shape cracks occur at the corner of exterior walls, for serious cases, falling of corners may occur. For minority of buildings, horizontal cracks and off-set occur on the walls near by the ground, the floors or at the level of window sill. For poor connection between transversal and longitudinal walls or buildings built with poor mortar, vertical cracks frequently occur between the walls, or even inclination and oversetting of longitudinal wall may result.

In order to investigate the earthquake damage mechanism of brick buildings, so that earthquake resistance of such buildings will be accurately determined and their capacity of earthquake resistance will be improved and increased as much as possible, based on field investigation of damage to brick buildings during destructive earthquakes in recent years and statistical analysis of such damaged buildings, brick building model tests (three in one group) were performed on shaking table of 1.5^{T} capacity by sine wave and simulated ground motion.

2　Test Models

The brick building model is shown in Fig. 1, dimension of walls of the model is 120 cm × 93 cm ×

89 cm. The basic parameters of the test models are listed in Tab. 1. Walls were laid with model bricks of 7 cm × 3.3 cm × 1.8 cm and cement-lime mortar, but bricks in the two lower courses were laid with high strength cement mortar. Depth of the brick joints were usually about 0.4 cm. Strength of mortar in Table 1 referred to the compressive strength of 7 cm × 7 cm × 7 cm mortar specimen. R. C. roof slab of the model is 6 cm in thickness, extending out 10 cm from each side of exterior walls. Leaving 1 cm spacing on two side of roof neal by interior surface of longitudinal wall, so that the slab is supported by transversal walls uniaxially. Loads on the roof consist of lead weights fixed in the slab with bolts and of concrete mass (12 cm in depth) cast on the bottom surface of the slab. No. Ⅲ model was placed on a 6 cm R.C. slab and then bounded with the R.C. spandrel beam after the test of No. Ⅱ model.

Table 1　Basic parameters of the test models

No. of model	Dimension of brick wall of model/cm			Thickness of wall /cm	Strength of mortar/ (kg · cm^{-1})	Weight roof/kg	Dead load /kg	Total weight /kg
	Length	Width	Height					
I	120	93	77	7	6.2	467	580	1 429
Ⅱ	120	93	77	7	4.9	467	580	1 429
Ⅲ	120	93	77	3.3	14.3	467	380	1 220

Thus, the conditions of model test are: properties of materials used are basically similar to those used in prototype; scale of the model is 1 : 3.5; total load on the roof system is 3.5 times of the design load for prototype structure approximately; normal pressure at half of the height of the model is approximately equal to that of real single story brick building.

Source: Proceeding of International Workshop on Earthquake Engineering, Shanghai, China, 1984, Vol PB – 6, 1 – 16 (IEM 489 – 504).
* 国家地震工程专题由中国教育部和联合国开发计划署主办,高云学赴会做报告。本文请陈达生中译英。

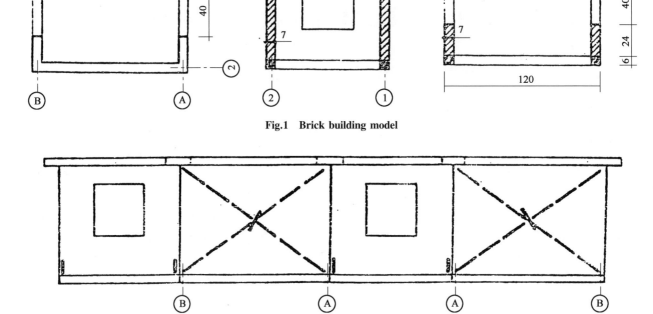

Fig.1 Brick building model

Fig.2 Arrangement of measuring points on the model

3 Test Device and Layout of Measuring Points

Dimension of the 1.5^T horizontal uniaxial shaking table is 130 cm×120 cm. Hydraulic pressure of the table is controlled by electric current. Test record shows that effect of the horizontal vibration of the table is very small in the perpendicular direction, but obvious rotation occurs with the sine vibration of the table. So horizontal vibration of the Table is accompanied by vertical vibration produced by rotation.

Acceleration was measured by the piezoelectric accelerometer, GZ−2 amplifier and SC type photo recorder, also some associated with magnetic tape recorder. Measuring points were located on the table surface and at the center of the roof slab respectively. In order to detect the effect of torsion of the model on overturning, measuring points were arranged at the two ends of the roof slab facing the axis of the transversal wall and in the direction perpendicular to horizontal direction for No. I model. RDZ − 1 accelerograph, DCJ and RCJ accelerometer were added for each measurement.

Velocity and horizontal displacement of the table and roof slab were measured by DCJ servo-accelerometer supplied with integration. Process of cracking of walls and relative displacement after cracking of the wall for No. III model were observed by high-speed camera.

For No. I model, strain gauges were arranged on the diagonals on the exterior surfaces of transversal walls. Six strain gauges with gauge length 20 cm were uniformly placed along each diagonal. Strain gauges perpendicular to the diagonal were also deployed. At the bottom of longitudinal wall, facing the axis of transversal wall, vertical strain gauges with gauge length 10 cm were placed. For No. II and III models, number of strain gauges on the diagonals was reduced to three. Locations for measuring for No. I model are shown in Fig.2.

4 Input Seismic Wave and Dynamic Characteristics of the Models

The input seismic wave for No. I model in the earthquake simulation test is shown in Fig.3a; those for No. II and III model are shown in Fig.3b. Natural frequency and damping of the models were measured by means of resonance. Test results are listed in Table 2.

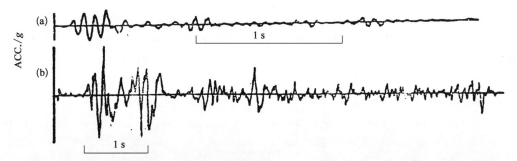

ACC./g

(a)

1 s

(b)

1 s

Fig.3　Input seismic wave in tests

Table 2　Dynamic characteristics of the models

No. of model	Natural frequency /(r·s⁻¹)	Damping ratio	Amplification factor of acceleration in resonance
I	43	0.047	8.7
II	40	0.044	8
III	48	0.034	13

5　Analysis of Test Results

5.1　Distribution of Strain on Walls

Shown in Fig.4 is the distribution of strain measured on the diagonal of the transversal wall of No. I model at the elastic stage. It can be seen that strains at the center are greater than those at the ends and the strain at the upper end is less than that at the lower end, showing that coupling of bending and shear occurs when static lateral load or sine vibration is applied.

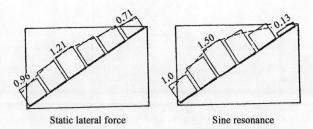

Static lateral force　　　　Sine resonance

Fig.4　Distribution of strain on the diagonal of the model wall

For all three models, strain at the bottom of longitudinal wall, due to bending and measured by the vertical strain gauge, is greater than the max, strain on the diagonal of transversal wall, either in sine vibration test or in static lateral thrust test.

In earthquake simulation test, strains at the center of the diagonal are still greater than those at the ends, and difference of the strains at the two ends is smaller than that in sine vibration test. This shows bending of the whole model is not so obvious as in sine vibration test.

5.2　Damage to Models During Sine Vibration Test

It has been predicted from the distribution of strains at the elastic stage in sine vibration test and further proved in other tests that, when the intensity of the input sine vibration attains a certain value, a horizontal crack appears first at the bottom of the longitudinal wall and, extends to the transversal wall, but no other cracks appears until No.1 model fails as the input acceleration is 1.8g.

Fig. 5 shows relation between acceleration of the shaking table and that on the top of No. I model during sine vibration test (39cyc/s).

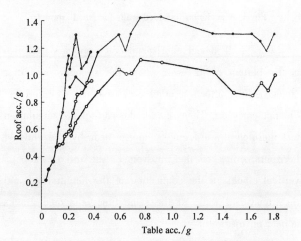

Fig.5　Relation between acceleration of the shaking table and that of the model during sinusoidal vibration test

5.3　Damage to Models During Earthquake Simulation Test

For No. I model, when the model is subjected to sine vibration test, horizontal crack appears at the bottom of the brick wall where strength of the mortar was changed. Then, the model is subjected to earthquake simulation test (acceleration is estimated as 2g. approximately), typical earthquake damage pattern reoccur: on the transversal wall, diagonal cracks and X-shape cracks with the

219

horizontal crack at the center of wall appear; while larger vertical cracks appear in the connection between the longitudinal and the transversal wall; the horizontal crack at the bottom extends and across the whole transversal wall. Apparent displaced and offset also occur. From breakage of strain gauge could show that the diagonal crack appeared at the center of wall first of all, then and extend to the corners. Process of cracking was 1/20 s. Fig.6 shows cracks on the unfolded wall No.I model.

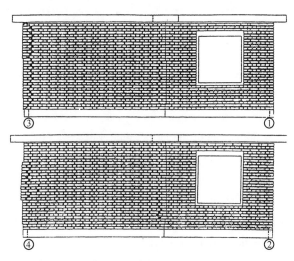

Fig.6 Cracks on unfolded walls for No. I model

For No. II model, horizontal crack appears first also at the bottom of the wall where the strength of mortar changes. But, after fine crack appeared sine vibration test did not carry on. Then, under the earthquake simulation test inclined upward cracks appear near by the ends of horizontal crack on the transversal wall and develop as vertical cracks in the connection of the longitudinal and the transversal wall. At the same time, diagonal cracks appear on the wall.

For No. III model, thickness of the wall is half of that in No. II and III model, and the strength of mortar has to be increased (see Table 1). The model subjected to strong earthquake simulation test, crack appears also first of all at the bottom of the wall where strength of mortar was changed. Through some tests, although development of horizontal crack at the bottom makes wall seriously displaced and offset, the model does not collapse. Eventually, the model collapses in the case when a horizontal crack appears at the center of transversal wall and displaced and offset occurs between upper and lower

wall for the crack, simultaneously center of transversal wall offsets out outwards, thus losing the bearing capacity for vertical load, collapse occurs.

5.4 Relation Between Damage to Models and Peak Values of the Motion of the Shaking Table

Relation between max. accelerations of the shaking table and max. response accelerations of No. II model for 13 repeated tests with input wave as Fig.3b (dominant frequency = 13.2 cycles) are shown in Fig.7. From the figure, during No. 2 − No. 6 tests, acceleration of the model increases linearly, measured acceleration response wave of the model is in consistent with that of the table and extend of damage was not observed again; for No.7 and No.8 test, the above waves are basically identical, but the phases are somewhat different, and the model is slightly damaged; for No.9 and No.10 test, response of the model decreases, difference in phase of two waves becomes apparent, and damage develops obviously; after No.11 test, response of the model greatly diminishes, wave shape and phases between the response of the model and the table are entirely different, and the model is seriously damaged but still does not collapse.

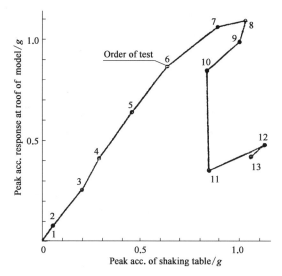

Fig.7 Relationship between max. acceleration of the shaking table and the model

It is shown by the tests that damage to the model are divided in stages, i. e., slightly damaged, moderately damaged, seriously damaged. For a certain range of acceleration of the table, response of the model increases linearly, but no damage is observed; over the above range, the model will be slightly damaged; when damage develops to a certain extent, damage to the model also develops although the motion of the table is slightly lowered; however, when the amplitude of the table increases considerably, the model will be seriously damaged, but still not demolished. Actual damage to the model for different stages (after No.8, 10, 11 and 13 tests) is shown.

Failure test of Ⅲ model was performed with input seismic wave. It is found that development of cracks on wall correlates closely with peak velocity. Fig. 8 is the actual measuring record for Ⅲ model. From the highspeed photography record and the time at which the strain gauge at the bottom of longitudinal wall ruptures, development of the first crack on the model can be seen: First, in Fig.8 location 1, length of the crack is 53 cm. The time between initiation and closing of the crack is 0.029 s. At location 2, the crack has extended to 71.4 cm, at location 4, the crack passes through all wall pieces.

5.5 Effect of Duration and Repeated Earthquakes on Damage to Structure

From the acceleration record and the corresponding velocity record, it is seen that, before the first crack passes through the wall, the wave form of the response of the model and that of the table are well in consistence,

but too seen from Fig.8 that after the first crack passes through the wall of Ⅲ model, there is difference between the response acceleration waves and phases of the model and the table. As time goes on, this difference will become larger. Change of the crack can be observed in the high speed photography record. In Fig. 8, at location ∇_1 (2 s), the shape of the crack is just the same as that after the first test (8 s), at that time the width of the crack is somewhat smaller. When subjected again to the above input seismic wave (max. acceleration of the table is raised to about 2.27g), wall of the model has already slide along the brick cracked joint, there is no regularity for the response of the model. It can be seen from Fig.9 that relative displacement of the model (displacement of the roof to that of the table) also correlates with the velocity of the table, showing that, after cracking of the model, although peak accelerations are all lower than the dominant peak value in subsequent vibration, the model will suffer much damage while the peak velocity will be larger. In Fig. 9, at location ∇_2, damage to the model becomes more serious; at location ∇_3 (near 1 s) and location ∇_4 (about 1.5 s) damage to the model is shown respectively. After No.2 test (8 s), damage to the model is shown.

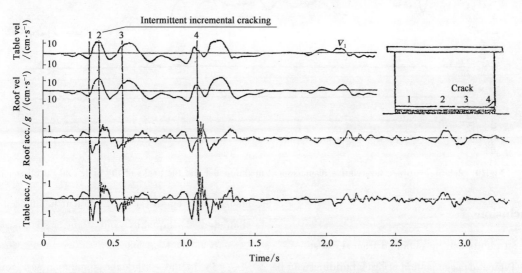

Fig.8　Relation between the cracking of the model and the peak value of the motion of the table

In order to examine further the effect of duration and repeated strong earthquakes, seismic wave was input twice successfully to the shaking table, i.e., max. acceleration of 2.27g. appeared twice in a test, time history of which is shown in Fig.10. From the figure it is seen that, at the first stage, acceleration response of the model approaches to zero, but its relative displacement is near 6 cm. when the simulated seismic wave was input to the table again, relative displacement of the model changed obviously, being 13 cm. (max. value). At the same time, the longitudinal wall below window ledge of the model collapsed, and transversal wall off-set out of the plane along the horizontal joint, but the model did not collapse. Damage at location ∇_5 in Fig.10 is shown. When the above twice seismic wave was input once again to the table, a horizontal crack and offset appeared on the center of transversal wall and then ruptured. As a result, the whole model collapsed due to losing the bearing capacity of vertical load.

From the model test, it is shown that the effect of duration and repeated earthquakes is divided into stages: when a model is subjected to smaller ground motion so that no damage will be induced, effect of duration on damage is not obvious; when a model is subjected to ground motion so that slight damage will be induced, effect of duration will be not large enough to intensify the damage; when a model is subjected to a certain extent of damage, duration will make the structure offset along the crack and intensify the damage; while a model has been more seriously damaged, duration will make the damaged section falling off the structure till collapsed.

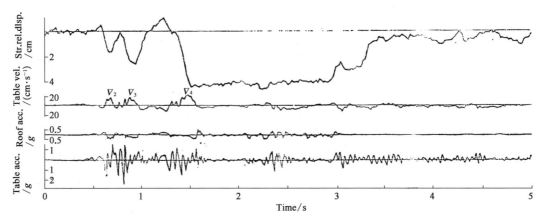

Fig.9　Relation between the relative displacement of the model and the peaks of motion of the table

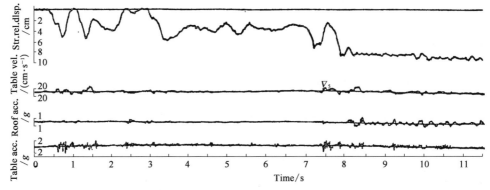

Fig.10　Relation between the relative displacement of the model and the peaks of the table and duration

6　Conclusions

Several points can be obtained from the tests:

(1) Typical damage pattern of brick buildings can be reoccurred by means of earthquake simulation test on a uniaxial horizontal shaking table.

(2) The model can suffer a ground motion repeatedly without collapse. When suffered to a ground motion, acceleration of which is one time greater than that at cracking, the model does not collapse. The model collapses in the case when it is suffered to strong simulated earthquakes and then wall loses bearing capacity for vertical load.

(3) In the earthquake simulation test, cracking of the wall and development of damage to model have a close relationship with the peak velocity.

(4) Effect of duration and repeated earthquakes on damage to brick buildings depends on the damage degree of the building (slightly, moderately or seriously).

1 - 26　Earthquake Damage and Aseismic Measure of the Earth Buildings in the Contemporary China (Introduction)*

Yang Yucheng　Yang Liu

In the history of China, the collapse of great amount of earth buildings in earthquake caused great loss of life, For example, during 1920 Haiyuan Earthquake more than two hundred thirty thousand people died, during 1656 Huaxian Earthquake about eight hundred thirty thousand people died and during 1303 Hongdong Earthquake more than one hundred thousand people died. In all these cases, the principal building material is earth. In our time, Xingtai Earthquake claimed casualties of more than ten thousand people, Earthquake damage to earth buildings thick disastrous results still is the most serious natural hazard problems.

Behavior of earth buildings in the recent high tide of seismic in China since the sixties, aseismic measures for earth buildings and the proposed construction in the seismic region are presented in this paper.

1　Earth Buildings Classification System and Survey of Damage in the Seismic Region
1.1　Earth Building Type
1.2　Survey of Damage
2　Characteristics of Damage to Buildings with Adobe Bearing Walls and Their Aseismic Measures
2.1　Characteristics of Damage
2.2　Aseismic Measures
3　Characteristics of Damage to Buildings with Adobe-arched Roof and Their Aseismic Measures
3.1　Characteristics of Damage
3.2　Aseismic Measures
4　Characteristics of Damage to the Cave Dwelling and Their Aseismic Measures
4.1　Characteristics of Damage
4.2　Aseismic Measures
5　Prospect for Earth Architecture in Earthquake Region

We hold that to construct building with adobe arched roof will be unsuitable in seismic region of northwest China and it is taken as residence to be too dangerous indeed. However. the architecture and the structure of the building will be endued with a new content or be replaced with other kind of construction, such as in Haiyuan earthquake area, the newly built adobe building with wood frame, used as residence, is increased sharply in recent years. Cave dwelling may possess fair aseismic capacity, if precipice is stable during earthquake. Judged by development of dwelling construction, cave dwelling may suit residential demand of the people. if it can gain. stronger aseismic capacity. It may be accepted as a construction of a great future in loess plateau, of course, architecture and structure of cave dwelling should be changed largely.

Source: Proceedings of the International Symposium on Earth Architecture, Beijing, China, Nov, 1985, 453 - 463 (IEM 1012 - 1022).
　*　国际学术会由建设部抗震办公室主办,杨玉成做报告,同杨柳赴会。会后国外刊物约稿,见本书 1 - 29 文,内容同本文,故本书仅简介本文。

1 – 27 The Conceptual Analysis of Vulnerable Structures to Survive Severe Earthquakes[*]

Chen Dan   Yang Yucheng   Li Li

1 Introduction

China is a high seismic country. Because of the economical condition and local material and construction tradition, vulnerable structures are still widely used in this country. Those structures are poor in aseismic capacity, especially are not able to survive extreme earthquake condition. As a historical lesson and also to be expected in future, there always exists an epicentral area with such level of intensity that vulnerable structures have been and will be severely damaged, even in moderate earthquakes. Due to the great uncertainty of the locations of the epicenters and the wide distribution of vulnerable structures all over the county, the earthquake damage of vulnerable structures with their disastrous results becomes one of the most serious natural hazard problems in China.

Among the vulnerable structures, the brick masonry building structure is the most popular one in China. They exist extensively in rural areas, towns even in lots of major cities. The unreinforced brick structure has the properties common to most of the vulnerable structures—weak in strength, brittle in deformation, low seismic energy dissipation capacity and low ability to keep in integrity after local damage occurrence. So unreinforced brick structure can be looked upon as the typical vulnerable structure.

Table 1 shows the percentage of damaged or collapsed multistory brick buildings occurred at various intensities during some destructive earthquakes in past twenty years in China (Yang and others, 1984). It indicates that most brick buildings were damaged, and the collapse percentage was quite high if the intensity of that region was nine or higher than nine. Scale "nine" is usually the intensity of epicentral region of an earthquake, the magnitude of which is "six-seven" or roughly equals "seven". Those events occurred frequently in China.

Table 1

Extent of damage	Intensity					
	6	7	8	9	10	11
Basically intact	52.9	41.0	12.2	1.4	0.4	0.3
Slight damage	33.8	27.6	18.9	10.1	10.5	1.6
Medium damage	11.8	17.3	34.5	28.9	9.2	5.6
Serious damage	2.4	13.0	25.9	37.3	20.4	11.5
Partial collapse		1.1	7.5	11.0	16.4	11.9
Total collapse			1.0	11.3	43.1	69.1

Table 2 lists the earthquakes occurred in China in the past twenty years (Yang and others, 1981; IEM, 1979; Chen and others, 1979). During the five earthquakes the brick masonry structures were heavily damaged in the high intensity area.

Tangshan earthquake in 1976 was an unusual severe event, but it provides very important condition to learn useful lesson for brick masonry structures to resist severe earthquake, especially to resist unexpected strong seismic effect. Fig. 1 presents the collapse percentage distribution of multistory brick buildings over Tangshan City during the 1976 earthquake (Yang and others, 1981). Obviously, there is about one half of the city area where the brick buildings almost entirely collapsed. The collapse percentage of multistory brick buildings in the city was 79%, and so directly resulted in the life loss of more than one hundred thousand people.

Source: Proceeding of PRC-US-Japan Trilateral Symposium/Workshop on Engineering for Multiple Natural Hazard Mitigation, E – 17, Beijing, China, Jan, 1985, 1 – 15 (IEM 1101 – 1115).

  * 会议由中国国家地震局、美国国家科学基金会和日本文部省主办,陈聃撰文做报告,同杨玉成赴会。

Table 2

Earthq.	Date of earthq.	M	Locaition	I.	Percentage			Remark
					Collapsed	Damaged	Slight or intact	
Xingtai	1966 Mar. 8 and 22	6.8	Maoerzhai	9⁺	86	14	0	Single story
			Dacaozhuang		37	49	0	
			Baijiazhai	9	0	10	90	
		7.2	Xiwangdujia	9⁻	0	32	68	
Tonghai	1970 Jan. 5	7.7	Qujiang sugar factory	10	89	11	0	Long span roof
					0	50	50	
			Eshan	9	75	25	0	Multistory
Haicheng	1975 Feb. 4	7.3	Dashiqiao	9	4	87	9	
			Huaziyu		0	75	25	
			Fenzong Pailou et al.		15	69	16	
Longling	1976 May. 29	7.4	Longling tea factory	9	62	38	0	Long span roof
			Zhenan		50	50	0	
Tangshan	1976 Jul. 28	7.8	Tangshan	11	82	16	2	Multistory
					65	28	7	
			Fengan	10	96	4	0	
			Kaiping		68	32	0	
			Majiagou		77	23	0	
			Guye		36	50	14	
			Linxi		44	53	3	
			Jinggezhuang		17	67	16	
			Lujiatuo		0	43	57	
			Fangezhuang	9	11	84	5	
			Zhaogezhuang		15	83	2	
			Tangjiazhuang		36	64	0	
			Beijiadian		23	74	3	

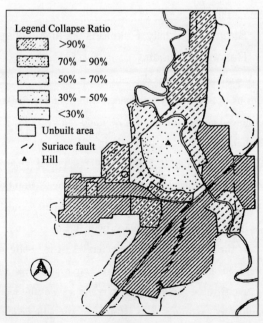

Legend Collapse Ratio
- ▨ >90%
- ▨ 70% – 90%
- ▨ 50% – 70%
- ▨ 30% – 50%
- ▨ <30%
- □ Unbuilt area
- ⁄⁄ Suriace fault
- ▲ Hill

Fig.1

The typical low-rise multistory masonry buildings consist of bearing brick walls with concrete floor slabs. They belong to rigid and brittle structural type. The damage usually start with the crack once the seismic force exceeds the shear resistance capacity of the wall. The subsequent seismic vibration of the wall after cracking causes the masonry wall body to slide along cracks, to split up into pieces, and to break down. The continuously disintegrating process of the wall body up to the final loss of vertical load bearing capacity is the basic collapse mechanism of most of the building structures during earthquake. Of course, before the loss of vertical load bearing capacity, the brick wall has only little or entirely loses the horizontal shear resistance capacity.

Obviously, to increase the shear resistance strength of the masonry wall is a straight way to prevent the cracking and collapse (Yang and others, 1978, 1980). But there is still no guarantee for this critical treatment to ensure those masonry structures to survive unexpected strong seismic effect.

According to the field investigation, design practice, experimental and theoretical study carried out in China to improve the aseismic behavior of brick masonry structures and other weak brittle structures, two different concepts could be established for those structures to survive severe earthquake.

(1) Strengthening approach. It includes not only the reasonable requirement of wall strength but the suitable reinforcement to provide a certain amount of ductility. In China, according to the good performance during Tangshan earthquake, to strengthen the brick walls with reinforced concrete columns have been widely used as one of the measures to improve their capacity against collapse during earthquakes. To strengthen the brick wall with horizontal or vertical bars is also used as an effective measure.

(2) Isolation approach. This concept has been studied and developed both experimentally and theoretically in China for simple structures. Because the base isolation for those structures is friction mechanism, which is different from the plastic deformation mechanism of ductile structures to resist severe earthquakes. This approach could be referred to "non-ductile" approach.

2 Strengthening (Ductile) Approach

2.1 Field Investigation

There are many types of strengthening of the brick building structures with reinforcement, for example, to place horizontal or vertical reinforcement bars in mortar layer of masonry wall or in hollow masonry unit with grouting, to add reinforced concrete columns, etc. The basic purposes of these strengthening measures are not only to increase the structural strength but the structural ductility which is important especially in resisting the severe earthquake beyond the expected design level. For avoiding final collapse of the structure, these measures or strengthening members are required to be able to prevent the disintegrating motion after cracking or local damage of the walls under extreme earthquake condition.

In Tangshan Earthquake, the masonry structures and brick walls with reinforced concrete columns behaved very well in comparison with unreinforced masonry buildings which almost all collapsed. Those reinforced concrete columns (so-called "construction columns") in brick walls had not been designed in detail as those columns of R/C frames in earthquake resistant structures. Although those columns were connected with the R/C tie beams, but the connection was much simpler than the ductile R/C beam column joint. Construction columns were constructed at the same time with masonry work and used the brick wall as form. All those walls with construction columns did not collapse even in the highest intensity area in Tangshan city. The crack style of the wall strengthened with construction columns were still the same as that of unreinforced masonry walls. The width of wall cracks were small, if the columns were not damaged. Only in the case of that the columns were broken (usually at the endscolumn heads) could the walls be cracked in pieces with obvious slip. Even in this case, the column had only horizontal crack at the middle part along the story height, it still can help the wall to keep the capability to support the upper part of the structure (Zhou, 1980; Yang and others, 1978, 1981).

Construction column has an important function that is to prevent or to interrupt the disintegrating process of masonry structure and avoid the final total collapse in severe earthquake.

2.2 Strength-Ductility Relationship and Collapse Response Spectra

According to the pseudo-static cyclic loading tests of the specimens of brick wall strengthened with reinforcement and/ or reinforced concrete column (Zhu and others, 1983; Niu and others, 1984; Liu and others, 1981) the simplest restoring force model of those strengthed masonry structures can be established as shown in Fig.2. Point A is the crack point (crack only in the masonry part) and B is the "yield" point (local damage both in the masonry wall and in the strengthening members). The noticeable property in many cases is the negative stiffness slope (negative β value) after yielding. Some tests of the models of multistory masonry wall structure strengthened with reinforced concrete members also indicated that the skeleton curve after yielding goes downward, as shown in Fig.3 (Zhang and Na, 1984).

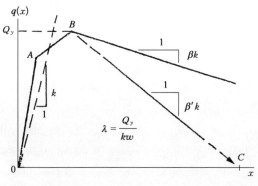

Fig.2

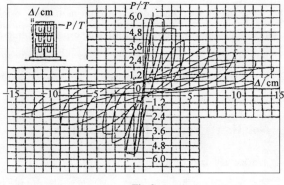

Fig.3

Because most of the masonry buildings are low-rise structures, the response spectra of simple system might be useful to understand some basic seismic response characteristic of the masonry structures strengthened with reinforcement and reinforced concrete columns.

Due to the rigid behavior of those structures, the short period range of the spectra should be noticed. According to the field survey and full scale vibration tests, the natural period of masonry buildings is shorter than 0.3 s (lower than five stories) (Yang and others, 1981).

Fig.4 shows the collapse strength spectra of structures with above mentioned models of negative β values. $\lambda_c = Q_c/kW$ is a dimensionless number, where Q_c is minimum yield strength value to avoid the collapse of the structure, W is the total weight of the structure, and k is the ratio of peak ground acceleration to gravity acceleration. The spectra were calculated through nonlinear response analysis with the definition that collapse means the response hysteretic curve reaches point C (the complete loss of the strength) (Chen, 1982).

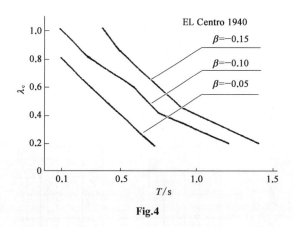

Fig.4

Therefore the collapse strength spectra indicate the requirement of the strength to avoid the collapse of the structure with different values of natural period and different β values. The general trend of $\lambda_c(T)$ curves is monotonically decreasing with increasing of T. The region under $\lambda_c(T)$ curve represents the condition causing collapse. It is evident from collapse spectra that the greater the value of $|\beta|$ (greater slope), the easier will be the collapse of the structure, and higher strength is needed to prevent collapse.

The experimental study of plain brick wall (without strengthening with reinforcement) has shown that its brittle behavior is presented by the quick drop of the strength after cracking. According to spectral characteristic mentioned above, it needs much more strength to resist earthquake than those walls strengthened with reinforcement (with moderate slope of post-yielding stiffness). But due to the degradation of the strength under cyclic loading, the ductility effect provided by the strengthening reinforcement might not be as "perfect" as ductile R/C open frame behaves. It depends upon different strengthening measures and loading types. Therefore, strength requirement is still the most important requirement for brick and other masonry structures even that with strengthening reinforcement.

Fig.5 presents the residual strength spectra of the same restoring force model system (average spectral value of artificial earthquake input). Residual strength coefficient is the ratio of the residual strength after the earthquake to the original yield strength. The spectral curves show that the residual strength values are low in the range of short period, especially when $|\beta|$ values increase (Cheng, 1984).

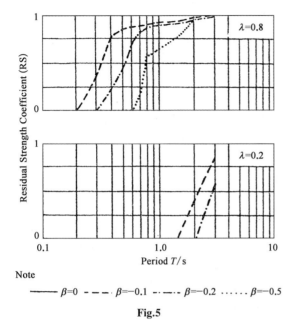

Note

——— β=0 – – – β=−0.1 –·—·· β=−0.2 ······ β=−0.5

Fig.5

The residual strength spectra indicate that in the case of very low strength (for example, λ = 0.2) which is lower than that the ordinary masonry structure design requires, rigid (short period) structures with negative postyielding stiffness of the restoring force model will completely lose the strength (Fig.5).

According to the characteristics of collapse strength and residual strength spectra discussed above, the measures of strengthening which can reduce the post-yielding slope (|β| value) of the restoring force skeleton curve of masonry structure will be helpful to improve the seismic behavior of the structure.

The functions (other than strength and ductility) of the strengthening measure of masonry building—to keep the integrity of the structure after initial crack and damage and to avoid the "falling-down"—are important in prevention of the total collapse.

2.3 Design Practice and Survival Percentage Estimation

Recently, to strengthen the brick walls with reinforced concrete columns has already been popularized in design and construction of multistroy masonry buildings in seismic zone in China. It is specified in the seismic design code that in the zone of intensity 8, if every transversal bearing wall is to be strengthened by columns the allowable maximum height of the building can be up to 6 stories. In general, construction columns are placed at the intersections and corners of transversal and longitudinal

walls. The cross-section is specified to be 24 cm×18 cm, with it vertical bars of 12 mm diameter and tie bars of 6 mm diameter at every 25 cm high along the column.

According to the statistical study of the aseismic capacity and earthquake damage of multistory brick masonry buildings in the past earthquakes, the damage (cracking) percentage of unreinforced brick masonry buildings which locate in the zone of intensity 8 and are subject to the corresponding design earthquake will be quite high. The damage percentage might reach 80% in that case. In the case of extreme earthquake condition such as in Tangshan city north the collapse percentage of the same structures as mentioned above can probably reach 50%. The hardening coefficient of the multistory brick masonry building strengthened with construction columns is about 1.3 to 1.5 (Yang and other,1981), therefore the collapse percentage might be expected to be reduced to the value of 15%.

3 Isolation (Non-ductile) Approach

3.1 Survival Evidence

Although there has not been any practical example of designed base isolation structure which has experienced strong earthquake, but some existing vulnerable structures in China survived severe earthquakes due to the horizontal sliding near the wall footing level. Those structures may be looked upon as the evidence which shows the effective results of base sliding mechanism to protect the structure from complicated strong ground motions during earthquake.

Those evidence structures are as follows (Li, 1984):

(1) Jilin earthquake of 13th April 1960. The only farm house survived was an old earth structure with a neck section at the root of the wall as a result of weathering, and the structure seemed to slide with crack at that neck level.

(2) 1966 Xingtai earthquake. On the 8th of March strong earthquake induced a horizontal crack in a brick building, which survived during subsequent more strong earthquakes of 22th March.

(3) Bohai earthquake of 18th July 1969. Many adobe houses yard with reed layers near the wall bases for

moisture-proof purpose survived that strong earthquake.

(4) Tangshan earthquake of 28th July 1976. A 3 - story brick residential building near the central part of Tangshan city survived that severe earthquake due to the sliding motion along the horizontal crack at the lower level of the first story wall.

The most interesting recent example of survived structures is the 3 - story brick building in Tangshan city (the location is pointed out in Fig. 1 as a small circle). The field investigation and initiatory analytical study has been carried out in detail (Yang and others, 1978, 1981). The crack occurred was probably due to the weak masonry wall portion all around the building from the ground level up to about 90 centimeters. The strength of that part was so low that almost no shear strength resistance could be provided. There were other two buildings which were constructed according to the same design drawings with better quality (without such weak masonry "ring belt" just above the ground level) but both entirely collapsed. The maximum residual slip between the sliding crack surfaces of the survived building was about 5 cm.

In order to understand the survival mechanism of that building, analytical study of that building model has been carried out according to a nonlinear dynamic response analysis approach (Chen, 1984).

The structural model has been simplified to be multi-degree of freedom system with friction element at the bottom. The vertical axial force effect on the shear strength of the wall and the friction resistance at the sliding surface is taken into account. The structural stiffness of the system is calculated according to the material properties and the structural dimensions, and is checked and adjusted to match the natural period obtained by field vibration survey. The input includes both horizontal and vertical ground motion. Because there is no strong motion records in Tangshan city during the main shock, some other earthquake records have been used in calculation. Therefore the results are just conceptually meaningful in mechanism explanation.

Fig.6 shows the time histories of sliding displacement $U(t)$, the resistance on the horizontal sliding surface $R(t)$ and the base shear force of the structure $F(t)$, when

the inputs are magnified horizontal and vertical components of EL Centro 1979 earthquake (Array 11). From those time histories, one can see that the base shear force is controlled to be not more than about 800 t which is just smaller than the shear resistance capacity of the brick wall even the peak horizontal acceleration is $0.6g$ that will certainly damage the structure in ordinary case. This is the effect of base sliding. The initial sliding occurs at about 0.4 s when the horizontal ground acceleration just reaches $0.28g$. The subsequent stronger acceleration pulses are isolated by the following sliding motions. The whole structural response history shows that the internal forces of the walls never exceed the corresponding shear strength values.

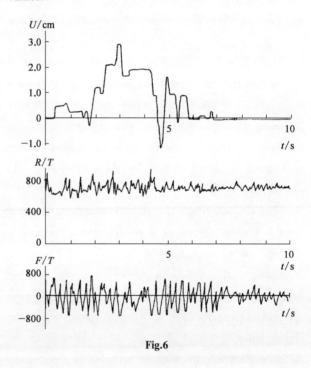

Fig.6

3.2 The Theoretical Bases of Friction Isolation Concept for Rigid Brittle Structures

The frictional sliding motion in a structure can dissipate seismic energy. The sliding friction mechanism with large displacement for structures to survive severe earthquakes could be referred to "non-ductile" energy dissipation which is different to the plastic deformation energy dissipation mechanism of conventional ductile structures to resist severe earthquakes. This concept is useful to those brittle structure, if the condition requires a least amount of or even no additional steel material to be provided for resisting unexpected (exceeding the normal design level) severe earthquakes. Friction sliding base isolation is one of the approaches relating to that concept. The seismic force F of a simple structure with friction base isolation can be expressed in terms of the friction coefficient μ of the sliding base.

$$F \leqslant \mu(1 + k_1)W$$
$$k_1 = (\ddot{Y})_{max}/g$$

where $\ddot{Y}$ is vertical ground acceleration and W is the weight of the structure. It is evident that the smaller the value of μ, the lower will be the upper bound of the seismic force. Therefore, if isolating material with low friction property is used, the seismic force of the isolated structure will be restricted below the level which even weak (low strength) structure can survive severe earthquake. From the point of view of the damage-collapse process of vulnerable structure discussed previously, the isolation approach to prevent seismic collapse is basically to prevent the occurence of initial crack in the brittle wall at the very beginning of the process. So isolation approach allows the structure to keep in brittle style to survive severe earthquake, as being verified by above-mentioned field evidences.

But the advantage gained in reducing the seismic force is at the expense of a certain amount of sliding displacement between the structure and the base. The amplitude of the sliding displacement in the response history is an important parameter in practice because appropriate measures have to be adopted according to the sliding range to permit slippage without damage to the structure. Therefore the possible maximum slip especially that of rigid structure is a matter of concern in friction base isolation approach.

Fig.7 is an example of the slip spectra (Chen, 1982). The slip spectra show that the maximum amount of sliding produced in a low friction case will generally but not necessarily be greater than that obtained with high base friction. Although the slip spectrum curves do not have apparent trend associated with the period T, they all seem to have certain peak values which are in the longer period range. That means more rigid structures might have less slip response. It seems that even for the case of very low friction the slip value of rigid structures ($T < 0.3$ s)

would not exceed the corresponding peak ground displacement very much. That means friction base isolation approach is more beneficial and suitable to rigid structure than to flexible one to survive earthquake.

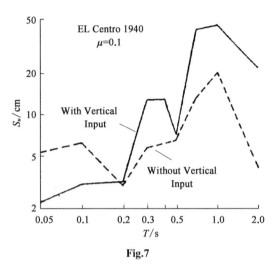

Fig.7

According to the basic equations of motion and their numerical results, the structural displacement (structural deformation) of a simple structure with friction base isolation can be expressed in terms of friction coefficient μ, natural period of corresponding fixed structure T, and vertical ground acceleration. Since the numerical results indicate that the vertical ground acceleration does not affect the structural displacement very much, following expression may be adopted for approximately estimating the peak structural displacement value D for uncracked and undamped case (Chen, 1984).

$$D = 25\mu T^2 (\text{cm})$$

This simple relationship between D and T also shows that the short period rigid structure will have much less deformation response than that of flexible structure of longer period when base isolation is provided. The characteristic that rigid structure responds with small deformation fits the property of rigid brittle structure which has low deformation capacity.

3.3 Material-Measure Feature and Damage Prediction

Friction sliding isolation has very simple construction form, it needs only a flat sliding surface at the wall bottom all round the structure. Considering the practical measure treatment, it is especially suitable to small structures and buildings which have been and will be constructed in huge amounts in rural area and towns in China. The important problem to be solved is the sliding material which has to be cheap, easy to apply, effective and durable. Of course, it is preferable to set reinforced concrete wall beam or to lay several layers of brick with higher strength mortar just above the sliding surface to prevent the disintegrating effect on the upper structure due to some unexpected local action.

One of the simplest material measures is to use sand grains. The round grains selected from the natural sand can be used as isolation layer material which is spread over the sliding surface. Dynamic frictional coefficient of the sand grains equals to 0.2, which is a statistical value obtained from shaking table tests. Small house models (Fig.8) were tested on shaking table to verify the isolating effect of thin layer of sand grains. The model structures were built with adobes. When input acceleration reached $0.2g$, the upper part slided without collapse (Li, 1982, 1984). The single-story brick building models were also tested on shaking table input simulated ground motion in IEM (Gao and others, 1984).

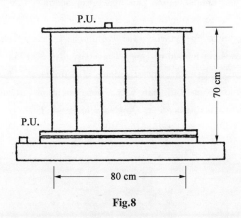

Fig.8

In isolation approach, the structure is still kept in brittle style. The important design parameter is the ratio of the strength to the applied load, in which the effect of vertical ground motion on the seismic force has to be considered. A probabilistic estimation of a design factor, the effective friction coefficient, and the damage prediction of rigid brittle isolated structure has been carried out (Chen, 1982).

In this study, simulated stochastic ground acceleration time histories were used to represent the horizontal and vertical seismic ground motions. The ensemble peak acceleration average was specified to be $0.5g$ in the horizontal direction. The variability of the

coefficient of friction has been taken into account, and an average friction level of $\mu = 0.2$ was chosen. Based on the reliability requirement, the design effective coefficient of friction which considers the vertical ground motion effect was obtained to be 1.4μ. The relationship between the failure probability P_f of the structure and the coefficient of variation of μ, δ_μ has been given (Fig.9).

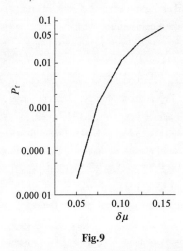

Fig.9

That means if seismic force $0.28W$ is used in design of a brittle structure isolated by sand layer that structure can survive an earthquake of peak acceleration $0.5g$, and if δ_μ is lower than 0.15, the damage probability (the probability of that seismic force exceeds structural strength) will be lower than 6%.

4 Conclusions

There are two different approaches which can enable a vulnerable structure to survive the condition of the extreme earthquake. To strengthen th brittle structure with reinforced member provides certain ductility, but its function to prevent disintegration is very important to avoid collapse. Friction isolation approach which keeps the structure in original brittle style is a simple and cheap way for the structure to survive seismic overload. It is especially suitable to rigid structures.

References

Chen, D., Ductility Spectra and Collapse Spectra for Earthquake Resistant Structures, Proceedings of 7th European Conference on Earthquake Engineering, 1982.

Chen, D., Earthquake Response Control by Sliding Friction, Proceedings of US-PRC Bilateral Workshop on Earthquake Engineering, 1982.

Chen, Do., The Analysis of Earthquake Slide-uplift Response of Structures by Combined Element Models, Proceedings of Sino-American Symposium on Bridge and Structural Engineering, 1982.

Chen, D., Non-ductile Energy Dissipation and Its Effect on Earthquake Response Control, Proceedings of National Conference on Earthquake Engineering, China, 1984.

Chen, D., Sliding-Uplifting Response of Flexible Structures to Earthquakes, Proceedings of 8th World Conference on Earthquake Engineering, 1984.

Chen, L., et al., 1976 Longling Earthquake, Seismological Press, 1979.

Cheng, M., The Earthquake Response Spectra of Strength and Stiffness Degradation Models, Master Thesis, Department of Civil Engineering, Qinghua University, 1984.

Gao, Y., Yang, Y., et al., Experimental Research on Model Brick Building by Shaking Table, Proceedings of International Workshop on Earthquake Engineering, Shanghai China, 1984.

IEM, 1975 Haicheng Earthquake Damage, Seismological Press, 1979.

Li, L., Base Isolation Measures in Aseismic Structures, Proceedings of US-PRC Bilateral Workshop on Earthquake Engineering, 1982.

Li, L., Base Isolation Measure for Aseismic Buildings in China, Proceedings of 8th World Conference on Earthquake Engineering, 1984.

Liu, S., Zhang, H., et al., A Study of the Earthquake Resistant Properties of Brick Building with Additional Construction Columns, Journal of Building Structures, 1981.

Niu, Z., et al., A Study of Aseismic Strengthening for Multistory Brick Buildings by Additional R/C Columns, Proceedings of 8th World Conference on Earthquake Engineering, 1984.

Yang, Y., et al., Summary of Damage to Multi-story Brick Buildings in the Tangshan Earthquake and Engineering Analysis, IEM, No.78 - 05, 1978.

Yang, Y., Yang, L., Empirical Relationship Between Damage to Multistory Brick Buildings and Strength of Walls During the Tangshan Earthquake, Proceedings of 7th Conference on Earthquake Engineering, 1980.

Yang, Y., et al., Earthquake Damage to Multistory Brick Buildings and Their Design for Anti-Cracking and Anti-Collapse, Seismology Press, 1981.

Yang, Y., et al., Prediction of Earthquake Damage to Existing Brick Buildings in China, Proceedings of 8th World Conference on Earthquake Engineerings, 1984.

Zhang, L., Na, S., The Study of Nonlinear Earthquake Response and Aseismic Strengthening of Multistory Masonry Buildings with Interior Frames, Proceedings of National Conference on Earthquake Engineering, China, 1984.

Zhou, B., Effective Measures to Improve the Earthquake Resistant Properties of Brick Buildings, Proceedings of 7th World Conference on Earthquake Engineering, 1980.

Zhu, B., et al., A Study on Aseismic Capacity of Brick Masonry Buildings Strengthened with Reinforced Concrete Columns, Academic Journal of Tongji University, No.1, 1983.

Earthquake Damage Investigation of Multistory Masonry Buildings in Tangshan City, Department of Architecture and Civil Engineering, Qinghua University, 1978.

1 – 28　Earthquake Damage to Brick Buildings and Its Mitigation in Cold Region（Abstract）[*]

Gao Yunxue　Yang Yucheng　Tan Yingkai

Abstract

Features of earthquake damage to the buildings in frozen region should be considered. In China there are a number of earthquake areas distributing in frozen soil region in Northeast China, the Qinghai–Xizang Plateau, Tian mountain, Aertai mountain and Qilian mountain. When the frozen soil depth reaches a certain value, the earthquake damage to rigid multistory brick building will be aggravating. Because freezing makes soil layer hard and therefore its predominant period shortens, which may be equal or close to the period of the rigid multistory brick building, the resonance might occur. This result has been demonstrated by the earthquake damage during the 1986 Dedu earthquake in the Heilongjiang province. In this paper a seismic base isolation measure of sand layer laid between the brick wall and the foundation is recommended. The results of modeling test on shaking table indicate that this measure is efficient to mitigating damage.

1　Introduction

2　The Features of Earthquake Damage to Buildings on Frozen

3　Discussion on Reason of the Features of Earthquake Damage to Buildings on Frozen Ground Soil

4　Aseismic Measures for Rigid Buildings on Frozen Ground

5　Conclusions

Two conclusions may be made from the there resorts：

（1）Frozen ground may be made seriousness the earthquake damage to brick buildings. It is salient cloven in cold region.

（2）Friction isolation approach is a simple and cheap way for the brick buildings to survive seismic overload and mitigation earthquake damage to in cold region.

Source：Proceedings of International Symposium on Cold Region Development, Vol.2 – 1, Harbin, China, Aug, 1988, 1 – 9.

　＊　国际发展冻土地区讨论会（ISCORD88）在哈尔滨召开,高云学参会。本文由王虎栓按本书 1 – 8 文译成并做发言,故本书仅列出标题简介本文。

1 – 29　Earthquake Damage to and Aseismic Measures for Earth-Sheltered Buildings in China[*]

Yang Yucheng　Yang Liu

1　Introduction

In the history of China, the collapse of many earth buildings during earthquakes has caused great loss of life. For example, during the 1920 Haiyuan earthquake, more than 230 000 people died; during the 1656 Haixian earthquake, approx. 830 000 died; and during the 1303 Hongdong earthquake, more than 100 000 people died. In all of these cases, the principal building material was earth. In our time, the Xingtai earthquake claimed the lives of more than 10 000 people. Earthquake damage to earth buildings, with its disastrous results, is a most serious natural hazard in China.

2　Earth Architecture Classification System

A classification system for earthsheltered buildings is shown in Table 1. The three major structural types are further subdivided according to construction materials and building methods.

In addition to the aforecited earth architecture types, many buildings with wooden frames or brick columns make use of adobe masonry or rammed earth construction in their cladding or partition walls. Because the aseismic capacity of those buildings is mainly dependent on their bearing structure, earthquake damage related to cladding and partition mud walls is not presented in this article.

Since the 1960s, 121 earthquakes of $M \geqslant 6$ intensity have been recorded in mainland China. Thirty-six of these earthquakes, occurring in 17 seismic regions, caused serious structural damage and had disastrous social impacts.

Life and property losses were great in the 1976 Tangshan earthquake (M7.8) and the 1975 Haicheng earthquake (M7.3). In these cases, bearing structures

Table 1　Classification system for earth buildings in China

Type 1: Buildings with mud bearing walls	Type 2: Adobe buildings with brick veneer	Type 3: Cave dwellings and buildings with arched adobe roofs
Type 1 – 1: Purlins supported on transversal walls (no transversal beam). Type 1 – 1 – 1: Adobe masonry or rammed earth construction, with dried grass or lime added to the mud in the construction of the adobe and ramming walls. Type 1-1-2: Adobe or rammed earth construction, with no additives to the mud. Type 1 – 2: Transverse beams supported on longitudinal walls; only with non-bearing interior transversal walls or no partitions. Type 1 – 2 – 1: Mud walls with wood columns; transverse beams supported on thin wood columns, creating an unstable frame. Type 1 – 2 – 2: No wood columns; transverse beams supported on mud walls.	Type 2 – 1: Adobe buildings with brick facing. Type 2 – 1 – 1: Distribution of course bond in a plum blossom shape. Type 2 – 1 – 2: Distribution of course bond in a transversal strip with alternating lines. Type 2 – 2: Adobe buildings with brick striping veneer. Type 2 – 2 – 1: Corner of the adobe walls are covered with brick. Type 2 – 2 – 2: Adobe walls are encircled in brick.	Type 3 – 1: Cave dwellings. Type 3 – 1 – 1: Cave dwellings alongside a precipice. Type 3 – 1 – 2: Cave dwellings alongside a pit, under the ground surface. Type 3 – 2: Buildings with an arched adobe roof. Type 3 – 2 – 1: Adobe masonry or rammed walls and arched adobe roof. Type 3 – 2 – 2: Arched adobe roof and adobe walls; arched foothold supported on the ground.

Source: Tunnelling and Underground Space Technology, 1987, Vol.2, No.2, 209 – 216. Printed in Great Britain.
[*]　作者感谢该期刊编者对我们的英文稿做了修饰, 通顺文字, 弄清晰照片。

mainly were of brick and wood; mud walls were used as cladding and partition walls in rural buildings.

Few bearing structures were made of clay in the regions of western Sichuan Province, where the 1973 Luhuo earthquake (M7.9), the 1976 Songpan earthquake (M7. 2), and the 1981 Daofu earthquake (M6. 9) occurred, and in the regions of western Yunnan Province, where the 1976 Longling earthquake (M7.4) occurred. Therefore, an analysis of damage to earth architecture for the other 11 seismic regions where earthquakes of $M \geqslant 6$ intensity occurred (with the exception of the aforementioned six earthquakes), and for three seismic regions where earthquakes above M5. 5 occurred, is presented below. This information has been compiled from the authors' survey of state seismic and other records.

(1) 1962 Heyuan earthquake (M6.1). Most of the rural buildings in this city belong to the $1-1$ and $1-2$ types of earth architecture. In the area of intensity 8, nearly all of these types of buildings were damaged, but only a minority of them collapsed. In the area of intensity 7, about half of these types of buildings were damaged, and fewer than 0.5% of the total buildings collapsed.

(2) 1965 Yuanqu earthquake (M5.5). There are many cave dwellings in this seismic region, situated in south Shanxi province along the north bank of the Huang River. In the area of the earthquake's center, many cave dwellings collapsed; and in the village, nearly all such dwellings collapsed. In the area of intensity 7, the majority of the cave dwellings were damaged, but a minority collapsed. In the area of intensity 6, the minority of cave dwellings were damaged, and a few collapsed. In the area of intensity 5, a few of the cave dwellings were slightly damaged, and only a few collapsed.

(3) 1965 Wulumuqi earthquake (M6.8). In the urban area of Wulumuqi city, many buildings were constructed with mud bearing walls, including a few with brick veneer. The intensity of the earthquake in the city was 7. According to statistical data for the entire city, 5.1% of the mud-wood structures were damaged; 9.2% of the brick-wood structures were damaged (but only 3.8% of the single-story brick-wood buildings); and 18.4% of the brick-concrete structures were damaged

(13. 7% of the single-story brick-concrete buildings were damaged). The percentage of damage to the mud buildings was smaller than the percentage of damage to brick buildings.

(4) 1966 Dongchuan earthquake (M6. 5). The majority of the rural dwellings in this area were of wood frame construction; a minority had mud bearing walls. In the area of intensity 9, 50%-90% of the mud buildings collapsed. In the area of intensity 8, a minority of such buildings collapsed or were seriously damaged; about half of them were moderately damaged, e.g. collapse of gable top, wall cracking. In the area of intensity 7, a few mud buildings collapsed, and a minority were obviously cracked on the walls. In the area of intensity 6, no mud buildings collapsed and none but the very oldest were seriously damaged.

(5) 1966 Xingtai earthquake (M7.2). In the rural area and town in the seismic region, most of the buildings belong to the $1-1-2$, $1-2-1$, or $2-1-2$ types of earth architecture. Earth architecture in this seismic region has suffered the most serious damage in the modern history of China. In the area of intensity 10, nearly all of the aforementioned earth architecture collapsed or was seriously damaged. In the areas of intensity 8 and 7, the damage percentages (including collapsed buildings) were 50%-80% and 10%-50% respectively.

The damage to buildings of the $2-1-2$ type of earth architecture was more serious than the above ratios, and the collapse ratio approached the upper limits given above in the corresponding areas of intensity. For example, in the Zou village (where the earthquake intensity was 7), the collapse percentage was 11% and the damage percentage (not including collapsed buildings) was 35%. It is obvious that the few mud buildings of the $1-1-1$ architecture type mitigated the overall damage percentages. For example, in Xiyanzhuang (earthquake intensity of 9), the collapse of adobe buildings was 99.5%; the collapse of the $1-1-1$ type dwellings with dried grass added in tamping the walls was only 40%.

(6) 1967 Hejian earthquake (M6.3). In the rural areas of this earthquake region, most of the buildings belong to the 1 and 2 types of earth architecture, including some of the $1-1-1$ type. In the latter types of buildings,

more dried grass is added to the mud when tamping the wall; therefore, the damage to such buildings was less than for adobe masonry structures. The damage to adobe buildings with brick facing was most serious; cracks in the brick facing and cases of the facing separating from the adobe wall were common, and many eaves of brick facing fell off of the structures.

Table 2　Damage and collapse ratios for buildings with mud bearing walls vs. wood frames

Data from	Tianshan area		Academia Sinica investigation team	
Type of structure	Mud wall	Wood frame	Mud wall	Wood frame
Damage	6.4%	2.2%	2.4%	6.7%
collapse	0.9%	2.3%	0.2%	0.65%

(7) 1969 Bohai earthquake (M7.4). The shock from this earthquake struck the coastal area of Hebei and Shandong provinces, where foundations of mud buildings typically are made of brick or stone. In the area of intensity 7, the gable collapsed or the roof collapsed in approximately one-third of the old mud buildings, whereas the new buildings were merely cracked at the corner of the wall. In the area of intensity 6, some adobe buildings with brick facing were damaged when the facing separated from the adobe wall or collapsed.

(8) 1969 Yangjiang earthquake (M6.2). In this rural area there are many adobe buildings, including some with brick facing. The damage in the epicentre of the earthquake (intensity 8) was more serious than elsewhere. For example, in Yanxi village, 11% of the adobe buildings collapsed; 20% were seriously damaged; and 50% were moderately damaged. Some adobe buildings were only slightly cracked or were basically intact in the area of intensity 7 and 8.

(9) 1970 Tonghai earthquake (M7.7). In the area where this earthquake occurred, most of the buildings were wood-frame structures with mud or wooden cladding and partition walls; only a few structures had bearing walls made of mud. In the area of intensity 7, the damage to mud-bearing-wall structures, in general, involved slight cracking, which occurred at the connection of the walls or at the joining of the longitudinal and transverse walls. In the area of

intensity 8, the majority of such walls suffered moderate or serious damage, i.e. serious cracking between the longitudinal and transverse walls, or outward incline of the walls. In the area of intensity 9, the majority of such buildings were seriously damaged and the minority collapsed; still, a few were left basically intact. Even in the area of intensity 10, there were no collapsed or seriously damaged buildings with mud bearing-walls.

(10) 1970 Xiji earthquake (M5.5). There are three types of earth architecture (3 − 1, 3 − 2, and 1 − 1) in this seismic area; the largest percentage of residences are type 3 − 2 (adobe arched roof). Some buildings with adobe arched roofs are single span. For the magistoseismic area (intensity 7), the damage percentages for buildings with adobe arched roofs were: 64% collapsed, 24% damaged, 3% slightly damaged, 9% intact. The damage percentages for cave dwellings were: 42% collapsed, 14% damaged, 13% slightly damaged, and 31% intact. A row cave dwelling with adobe lining which was hit by both the 1920 Haiyuan earthquake (intensity 10) and this earthquake (at the epicentral area) remained basically intact. In the area of intensity 7, the majority of buildings with adobe arched roofs were damaged and a minority collapsed. In the area of intensity 6, such buildings commonly were cracked, but few collapsed.

(11) 1974 Yongshan earthquake (M7.1). This earthquake occurred in mountainous country in which most of the buildings were made of mud, with rammed earth walls. In the town, there were more two-story buildings with rammed earth walls. There was little difference in damages to single-story vs two-story structures. In the area of intensity 9, the majority of the structures collapsed and a minority were seriously damaged. In the area of intensity 8, the majority were cracked or partially collapsed. In the area of intensity 7, nearly half of the structures were cracked at the connection of the walls or in the wall, at the supporting point of the transverse beams.

(12) 1976 Helingeer earthquake (M6.2). While precipice cave dwellings and buildings with adobe arched roofs are used as residences in this seismic region, the majority of structures have wood frame and adobe cladding walls as auxiliary hulls. Most of the buildings with adobe

arched roofs are continuous three- or multi-span structures. The damage percentages to such buildings at intensity 6 and 7, respectively, were: 2% and 8%, collapsed; 34% and 58%, damaged (including moderate and serious damage—i.e. longitudinal cracks and circular cracks or crazing in the arch; front wall cracks or partially collapsed; and the upper part of the side walls inclined outward or collapsed): 51% and 24%, slightly damaged; and 13% and 10%, intact. The damage percentages for cave dwellings at intensity 6 and 7, respectively, were: 7% and 16%, collapsed: 27% and 38%, damaged; and 32% and 31%, slightly damaged.

(13) 1979 Liyang earthquake (M6.0). A 5.5 magnitude earthquake also had occurred in this region in 1974. Most seriously damaged in these earthquakes were wood-frame buildings with cladding brick walls (hollow masonry); next most seriously damaged were those with mud bearing-walls. Less severely damaged were brick buildings. The adobe wall structures were more seriously damaged than structures with earth-rammed walls.

(14) 1982 Haiyuan earthquake (M5.7). In the epicenter of the earthquake (intensity 7), the earth architecture buildings are of the 3−1, 3−2, or 1−1 types. For the two types of buildings with adobe arched roofs, i.e. 3−2−1 and 3−2−2 types, the damage was minor in some cases, e.g. collapsed walls, and serious in others, e.g. side walls inclined outward, front and back walls cracked or collapsed, apex of arch cracked or partially collapsed. Damage to the cave dwellings included a few collapsed structures and major damage to others, including destruction by a large-scale precipice slide, peeling off of the face wall, cracked arch ring, and collapse of the top of the arch. Damage to buildings with mud bearing walls was minor, and few of these structures collapsed.

3 Structures with Adobe Bearing-Walls

3.1 Damage Characteristics

Damage patterns for buildings with adobe bearing walls include pulling apart of the longitudinal wall from the transverse wall, vertical cracks, and outward incline of the wall (Fig.1). These types of damage are caused by insufficient tension of the adobe. Adobes in the wall

connections are pulled apart, leaving the walls standing separately. The adobe wall then inclines outward, owing to its inertia force and the horizontal push of the roof, and may even collapse. If the supporting length of the beam or the purlin on the wall is too short, the beam or purlin will fall to the found, owing to the deflection of the wall. In such a case, the result is that the roof and wall will collapse successively (Fig.2), while the wall may remain standing.

Fig.1 Longitudinal wall of an adobe building, overturned in an area of intensity 8

Fig.2 Building in which a bearing wall of rammed earth collapsed in an area of intensity 8

Sometimes the roof will collapse due to the crush of the adobe at the support of the beam or the purlin. Although both adobe buildings and brick masonry buildings are vulnerable, rigid structures, damage patterns to brick-wall structures are mainly inclined cross cracks, which rarely occur on the adobe wall (Fig.3). There is less difference in the damage to buildings with rammed earth walls and those with adobe walls.

Fig.3   The diagonal crack on the longitudinal wall of this adobe building occurred in an area of intensity 8

As a general rule, damage to adobe buildings with brick facing follows the following pattern. First, the brick facing cracks and separates from the adobe wall (Fig.4); then the facing falls off; and finally, the adobe wall collapses. In a strong earthquake, such as the Xingtai and Tonghai earthquakes, nearly all the buildings with adobe bearing-walls collapsed in the area of intensity 9 + and 10. In the area of intensity 9, the collapse ratio of the adobe buildings differed more in various locations.

Fig.4   The damage to the brick facing of this adobe building occurred in an area of intensity 7

In the Tonghai seismic region, the majority of adobe buildings were seriously damaged, with only a few collapsed, due to the fact that most of the adobe buildings had been built in recent years (within 10 years before the earthquake occurred), and the materials, workmanship, and maintenance of the buildings were satisfactory.

In the Xingtai earthquake, most of the buildings with

exterior adobe bearing-walls (transverse beams supported on longitudinal walls) and brick facing collapsed. Even in the area of intensity 8, about half of these types of adobe buildings collapsed. However, in the area of intensity 9, only a small number of buildings with interior and exterior adobe bearing-walls, i. e. with purlins and rafters extending outside of the walls, collapsed.

A few adobe buildings with brick facing survived this severe earthquake. In these buildings, unlike in traditional construction, the distribution of the joint with facing and adobe created a plum blossom shape. That these buildings survived the earthquake with minimal damage proves that this type of building has a considerable capacity for earthquake resistance. If built on a sound foundation with a rational structural layout, good workmanship and maintenance, buildings with purlins supported on adobe bearing-walls will not collapse—even in earthquakes of up to intensity 8.

3.2   Aseismic Measures

Although earthquake experience and results of experimental investigation (Fig. 5) show that adobe bearing-wall buildings are less collapse-resistant than wood-frame buildings, it is still possible to build the former type of structure without taking special aseismic measures—even in regions of intensity 7—provided that the buildings are constructed using general aseismic design principles.

Fig.5   Explosion earthquake testing of mud buildings was performed by IEM in the field affected by the Tonghai earthquake

If such buildings must be built in seismic regions of intensity 8, some simple aseismic measures should be adopted. In seismic regions of earthquake intensity 9, careful aseismic measures must be adopted to avoid building collapse during an earthquake.

The following aseismic measures may be adopted in building structures with adobe or rammed earth bearing walls:

(1) Dried grass or straw may be added to the mud when making the adobe. Experimentation shows that adding 0.5% of dried grass (by weight) will increase the strength of the adobe 50%–100%. Dried grass added in the ramming process of constructing mud walls also increases their earthquake resistance. Of course, cement, lime, or shell lime also may be added in mud wall construction.

(2) Reed, straw, bamboo or wood plate may be placed at the junction of the exterior and interior walls in order to improve their integrity. In addition, the interior walls should be well bonded with the exterior walls. A more reliable measure is to use steel bars of load wire, anchored on steel or wood plate to the wall, to tie the walls opposite each other in order to avoid pull-apart and collapse of those walls.

(3) Reduce the weight of the roof and improve its integrity and connection with the walls. For example, the old mortar (mud or dried grass) should be removed before a new layer of mortar is laid on the roof; the purlins and rafters supported on the exterior walls should extend outside of the wall; and wood plate should be placed under the supports of the purlins.

(4) The building should be laid out so that there are transverse bearing walls in each panel. The plan of the building should be regular in shape, and the area of each panel should not be too large. Use of an adobe wall with brick facing is not recommended; if brick facing is used, the joints should be distributed in a plum-blossom shape (see Fig.6).

(5) Simple shock-isolation measures should be adopted. For example, in the Haicheng earthquake, damage was reduced if the foundation of the buildings had a sand layer. It is recommended that a reed or straw layer approx. 5 cm thick be placed on the wall about 0.5 m above ground level. Such a layer, or a sand layer, applied on the interior and exterior walls will help isolate or absorb severe shocks.

Fig.6 Adobe building with brick striping veneer, left intact in an area of intensity 7

4 Structures with Adobe Arched Roofs

4.1 Damage Characteristics

Damage to buildings with an adobe arched roof may occur in the arched roof, front wall, back wall and/or side wall. Following is a detailed description of damage patterns to such structures.

The front wall inclines outward, pulling apart from the arch and the side walls; and the mud used to fill in the gaps between the front wall and arch roof caves in (Fig.7). When the earthquake strength is of intensity 7 and above, some front walls tend to collapse or overturn (Fig.8) because the junction of the front wall with the arch roof lacks structural integrity. When earthquake intensities are less than 7, the arched lintels of the door and the windows on the front wall tend to crack (Fig.9).

Fig.7 During an earthquake the front of this arch cracked and earth in the vicinity of loosened and fell off

Cracking, and even collapse, may occur at the corners where the front wall meets the side walls.

Fig.8 Collapsed front wall of an adobe arched roof structure

Fig.9 Seriously cracked front wall of an adobe arched roof structure

When the back wall does not connect with either the arched roof or side wall, the back wall tends to incline outward and to overturn. However, when the roof is sloped so that the back wall is lower than the front wall and the windows on the back wall, if any, are smaller, the damage is reduced.

Two side walls bear the lateral pressure of filled earth on the roof and pushed force of the arched roof. The damage pattern for these walls is to incline outward and overturn (Fig.10), and for the side arch to collapse. The interior transverse wall generally is hardly damaged or only slightly cracked.

Circular cracks commonly occur on the arched roof. While damage to the front of the arch is especially

Fig.10 Collapsed side wall and partially collapsed back wall of an adobe arched roof structure

serious, hardly any cracking occurs on the back of the arched roof. At the top of the passageway in the interior walls, many irregular cracks often occur due to the stress concentrations. Longitudinal cracks reaching nearly to the top of the arch constitute another common damage pattern (Fig.11). The damage to the side arch (which is greater than the damage to the middle arch), involves increasing span length and widening of cracks, together with increasing deformation of the side wall. When the span length reaches the critical value where the bearing capacity of the arch is lost, the arched roof collapses.

Fig.11 Damage to this adobe arched roof structure included a longitudinal crack and peeled-off plaster at the top of the arch

When one of the arch bases is supported on natural earth and the other is supported on a mud wall, the damage to the structure is greater. If a building with an adobe arched roof abuts on the other type of building, e.g. a wood-frame building, damage will also be greater, due to the great disparity in rigidity and dynamic properties between the two structures. Damage will be slighter for a semi-embedded building with an adobe arched roof supported on stable ground.

4.2 Aseismic Measures

The following aseismic measures are recommended for adobe arched-roof structures.

(1) Buildings should be constructed with three-span or multi-span arched adobe roofs, rather than with singlespan arches. The arch should be 30 – 40 cm thick, and should be laid vertically with the formwork so that no gap occurs between the front wall and the arched roof.

(2) The junction of the front or back wall with the bearing transverse wall or side wall must be laid to maximize structural integrity. The connecting material to be used, e.g. reed, wood strip, should be embedded into the junction of the walls.

(3) The side walls should be strengthened and their stability increased, e.g. by increasing their thickness or setting up inserted columns, to prevent lateral movement.

(4) Neither doors nor windows should be made in the side wall and any passageway in the interior wall should be made as small as possible.

(5) Lime or straw should be added to the mud used to make adobe in order to increase the strength of the adobe.

(6) Buildings with adobe arched roofs should not be allowed to abut on other types of buildings, and the two arch footings or multi – span buildings should not be supported on mud wall and natural earth, respectively.

5 Cave Dwellings

5.1 Damage Characteristics

Cave dwellings have been totally or partially destroyed primarily by precipice landslip or landfall (Fig.12). The earthquake survey indicates that damage to cave dwellings was extremely heavy when the caves are built on bad sites; collapse has occurred even in regions of intensity 6 or 7. Because the face of a cave dwelling typically suffers corrosion by climatic influences such as wind and rain, the cave's surface is loosened and, thus, the surface earth easily peels off and slides down during an

earthquake. The damage endangers not only the cave dwelling, but also its residents, as the loosened earth may plug the entrance door, leading to suffocation of people inside the cave and making rescue difficult.

Fig.12　A precipice landfall destroyed this cave dwelling

When a cave face wall built of stone, brick or adobe is attached to the face of the cave dwelling without connection, the cave face wall often tends to incline outward or even collapse. If a cave is dug on the precipice where the column joints are developed, the lump of mud at the top of the arch is more likely to cave in. If the front of the cave dwelling abuts an adobe arched roof building, circular cracking often occurs at the junction. In regions of intensity 7 or above, adobe arched roof buildings may collapse and plug the entrance to the cave dwelling. However, damage to cave dwellings appears to be minimized if the precipice is firm and stable enough to withstand an earthquake ground motion of intensity 8 – 9.

5.2 Aseismic Measures

The following earthquake – resistance measures may be considered in constructing cave dwellings.

(1) The site selected for a cave dwelling should provide a dense earth structure and stable precipice; sites characterized by strip spurs, towering hills, and unstable steep cliffs should be avoided.

(2) The outside of a cave dwelling should not abut a building or higher facing wall.

(3) Cave dwellings should be no more than one story

high, and more niches should not be dug on the wall of a cave dwelling, in order to maintain its structural integrity.

(4) The partition of a cave dwelling should be at least 2 m thick, and bays should be no more than 3 m wide.

(5) If the lining is made of brick or stone, construction work should be particularly careful. If possible, the lining and front face wall should be constructed of newer types of construction materials.

6 Prospects for Earth Architecture in Earthquake Regions

Earth architecture has long provided a safe form of residence. Its vitality as an architectural form interrelated closely with natural conditions, economic levels, and social consciousness. However, the chief function of any architecture in a seismic region should be to provide adequate safety to residents.

At present, because of the high demand for improved residential conditions, earth architecture is not suited to housing development in the greater part of the seismic regions of China. For example, after the 1966 Xingtai earthquake. the Chinese government provided subsidies for people to rebuild their homes. Nearly all of them built brick houses, which incurred no damage during the 1981 Xingtai earthquake (magnitude 5.8). Thus, there is little incentive for people in these regions to build earth homes.

In cases where adobe walls or rammed earth walls have provided the bearing structure for earth homes, it has been found that these types of structure will not incur considerable damage, nor will they collapse in areas of intensity 7. At the end of the 1960s and the beginning of the 1970s, based on summaries of the experience of earthquake damage and considerable study of aseismic behavior of mud buildings and popular science trends, construction of some earthquake-resistant mud buildings was carried out in rural China. However, at present, earth architecture cannot meet the demands for residential buildings in the seismic regions of eastern, northern, and southern China, where the people look forward to constructing brick or wood-frame homes.

In the seismic regions of southwest and northeast China, where the traditional custom before the 1960s was to build wood-frame structures, it appears that earth architecture will not be adopted in the near future.

In the seismic region of northwest China, cave dwellings and buildings with adobe arched roofs are extremely practical and economical in terms of their use of native materials from the loess plateau. However, the earthquake-resistant capacity of such structures is too poor. Particularly for buildings with adobe arched roofs, damage may occur in regions of intensity 6, and considerable damage—even collapse—may occur in regions of intensity 7 or greater. Although during the recent seismic high tide in China, earthquakes of only magnitude 5 – 6 occurred in this region, they caused more serious loss than occurred in other regions during earthquakes of corresponding magnitudes. It is important that attention now focus on seismic-related problems associated with this type of earth architecture. Studies to date have indicated that the earthquake-resistant capacity of this type of earth architecture temporarily is difficult to improve, and that we should look for economic countermeasures that can be applied to solve the problems with these types of dwellings.

We hold that construction of buildings with adobe arched roofs is unsuitable in seismic regions of northwest China, and that such residences are, indeed, dangerous. This type of architecture is being replaced gradually with other types of construction, as has been the case following the Haiyuan earthquake, where the use of newly built adobe buildings with wood frames has increased greatly in recent years.

Cave dwellings may possess fair aseismic properties, provided that the precipice upon which such dwellings are built is stable during an earthquake. Judging by the development of residential construction, cave dwellings may well suit demands for housing, provided that this type of construction can achieve greater capacity for earthquake resistance. If it does, and if the architecture and structure associated with cave dwellings are improved, cave dwellings in China's loess plateau may be accepted as a construction type with a great future.

第二篇章 主题研究

家国情怀,合作和创新震害预测

2-0 开篇言 创新震害预测的回顾 …………………………………………………………………… 245

2-1 现有多层砖房震害预测的方法及其可靠度 …………………………………………………… 247

2-2 安阳市北关小区多层砖房的震害预测 ………………………………………………………… 253

2-3 安阳小区现有房屋震害预测科研成果通过鉴定 ……………………………………………… 257

2-4 豫北安阳小区现有房屋震害预测 ……………………………………………………………… 259

2-5 辽宁三市典型多层砖住宅抗震性能评定和震害预测 ………………………………………… 267

2-6 京津唐多层砖住宅震害概率预测 ……………………………………………………………… 269

2-7 我国震害预测研究的进展概况 ………………………………………………………………… 273

2-8 航空部兰州多层砖房的震害预测 ……………………………………………………………… 275

2-9 现有建筑物的抗震决策分析 …………………………………………………………………… 278

2-10 现有建筑物的震害预测和抗震决策分析 …………………………………………………… 283

2-11 关于建筑体型和立面处理的若干抗震问题 ………………………………………………… 287

2-12 震害预测研究 ………………………………………………………………………………… 290

2-13 多层砌体房屋震害预测 ……………………………………………………………………… 302

2-14 房屋震害预测 ………………………………………………………………………………… 309

2-15 建筑震害预测方法研究(概要) ……………………………………………………………… 314

2-16 Prediction of Earthquake Damage to Existing Buildings in Anyang, Henan Province ……… 316

2-17 Prediction of Earthquake Damage to Existing Brick Buildings in China ……………………… 324

2-18 Prediction of Damage to Brick Buildings in Cities in China ……………………………………… 330

2-19 Effect of Configuration of Buildings on Earthquake Resistance and Its Management ………… 337

2-20 Progress of Research and Application on Prediction of Damage to Existing Buildings(Scheme) … 344

2-21 Prediction of Damage to Multistory Brick Buildings (Abstract) ………………………………… 346

2-22 Aseismic Decision Analysis of Existing Buildings (Scheme) …………………………………… 347

2-0 开篇言

创新震害预测的回顾

震害预测现已成为地震工程中的一门学科,是抗震防灾救灾应急管理体系的工作内容之一。国内外众多学者、工程技术人员在从事震害预测的研究和工作,现已培养了一批硕士、博士。目前回顾我国的地震工程事业,开展震害预测才 40 年。

1. 起因——初心安居设防

唐山大地震前海城地震后,自 1975 年秋国家地震局三令五申要我们去唐山地区进行房屋抗震鉴定,当时因唐山、滦县基本烈度才 6、7 度,地震预报也只有 5~6 级,按几度鉴定一直未定下来。1976 年 4 月,内蒙古和林格尔发生地震,我们一去就是两个多月才回来,局里指示等过了大暑天再去唐山开展既有房屋建筑工程的抗震鉴定,而河北省地震局的同志从内蒙古即去唐山搞地震测报,遭灾殉职。

唐山大地震导致 24 万人死亡,市区房屋绝大部分倒毁。要是在震前鉴定,肯定认为大多数房屋抗震是安全的,便会造成重大失误。20 世纪 70 年代末 80 年代初预报,晋冀豫交界地区有可能发生大震。1980 年,国家建委抗办组织在河南豫北地区开展房屋抗震鉴定,会上,中国建研院抗震所、一机部机械院、四川建科所和北京建筑设计院等同仁荐要我主持,抗办同意,便确定由工力所和河南省抗办负责,还拨五万元经费支持。在安阳现场我们几经商议,深感责任重大,大伙儿都在慎思怎么能安居设防,不能只按设防烈度 7、8 度鉴定。我在会议室里来回走圈,提出要按可能遭受 6、7、8、9 和 10 度地震做出震害判断,在安阳选个各类房屋都有的小区每栋房屋都做,在豫北各市只选做几栋典型房屋,这样能心安理得地安居设防。董伟民还提出,再配合地震危险性分析,作为豫北抗震防灾的依据,得到参加工作的 16 个单位的共识,还做了分工,按其所长各负责一类房屋,并借用当时热议中的预测发展国民经济的"预测",首次提出了现有房屋的"震害预测"。由此,建委抗办将原鉴定工作任务下达为"豫北安阳现有房屋震害预测研究"课题(见本书 2-4 文)。

2. 非议——逆境中我行我素

现有房屋的震害预测开始时在工力所遭到非议,并不都赞同,更不认为是创新。年度评奖有的说,这类似于烈度评定,何况多层砖房的抗震性能研究已获得国家地震局的科技进步二等奖,多层砖房的震害预测(见本书 2-1 文)就不应再给奖了,学术委员会只评为四等奖。我们课题组没要,认为"震害预测"有更大的科学价值,科研处有人建议可争取下年再报评。

非议更甚的是,职称评定时有人提出,我在震害预测中推导的抗震强度系数算法是错的,搞得学术委员会一时是非难定。当我出差赶回所向刘所长说明此项研究时,刘所长说:"要是错的,我怎么还能用你的呢? 会上我也才一票。"刘所长鼓励我,搞科研要承受得起反对,要有"我行我素"的精神。事后我才知道是刘所长请王孝信老师复核并对抗震强度系数做了简化的。

在胡先生访美归来,有人又去说我之错时,胡先生明确肯定了我们做的是对的,是有价值的,这一非议才得以平息。胡先生在出访前曾听我们汇报和讨论。

逆境中有幸得到两位所长(刘所长、胡所长)和王孝信老师的支持和帮助,使震害预测站住脚,发展了起来,由衷感谢老所长和王老师的支持和信任。说这段话是想告诉年轻人,搞科研创新不会是一帆风顺的,会导致偏见,甚至对算法的歧视,受到挫折,不要气馁,要坚持科学的"我行我素"。

3. 三足鼎立——获国家科技进步奖

在 1981 年建委开展城市抗震防灾的试点,确定由建研院抗震所负责烟台,地质所负责徐州,安阳、烟台和徐州三个城市由三个主持单位先后采用不同的震害预测方法,形成三足鼎立。历经二三年后,在黄山召开验收推广会。会上评议认为抗震所用的模糊评判方法对于工程界深奥了点;地质所用的易损性分析方法不太适用于建筑工程;工力所用的震害统计和抗震能力分析的震害预测经验法实用可信。其后,工力所年底评成果,对于豫北安阳小区现有房屋震害预测研究(见本书2-2、2-4文)给二等奖还是三等奖,评委意见各一半,若是三等奖就不能报国家地震局奖。会上,谢君斐所长说他参加建委抗办的评审验收会,会上我所的方法受到好评,这才统一了意见,评为工力所二等奖,上报国家地震局。到了局里,在是否上报国家科技进步奖的征询中,也是意见对半,好在陈司长说半数赞同就多上报一个项目。"豫北安阳小区现有房屋(多层砖房)震害预测研究"在所、局向上报不报中最终上报了,并在1986年和1987年分别获国家地震局科技进步二等奖和国家科技进步三等奖(杨玉成、杨柳、高云学、杨雅玲、郁寿松)。获奖证书见本书彩页。

4. 震害预测加抗震决策分析

多层砌体房屋震害预测方法的应用(见本书2-1文)初期,我们如期完成安阳小区现有房屋的震害预测研究(见本书2-2文)。同时,我们先后与河南省和辽宁省抗办合作,对安阳、鹤壁、焦作、新乡四市和大连、锦州、丹东三市的典型多层砖房(见本书2-5文)通过逐幢现场调查,收集工程资料、采集信息预测震害。后还为多本书籍撰写有关震害预测与其抗震防灾对策的论文或章节,有魏琏、谢君斐1989年主编的《中国工程抗震研究四十年(1949—1989)》(见本书2-15文),国家地震局震害防御司1991年4月编写的《工程地震研究》(见本书2-12、2-13文),郭增建、陈鑫连1991年11月主编的《城市地震对策》(见本书2-14文)。

在安阳小区现有房屋震害预测科研成果通过专家鉴定后(见本书2-3文),航空部请谢君斐所长邀我们去兰州对两厂住宅楼预测震害和进行抗震鉴定(见本书2-8文),正如鉴定安阳小区震害预测委员会专家所言,"希望对抗震加固范围及经济效果等做进一步研究"。对此我们进而做了抗震决策分析,在当年加固潮中提出了有1/3房屋不值得加固而需拆除的建议。这一科学结论说出了那时多方谁都不敢说的话,得到有关部委的抗办和省市主管部门的认可,这也了却了他们的一桩心事。抗震决策分析这是首例。震害

预测加抗震决策分析具有明显的社会效益和经济效益。航空部兰州两厂多层砖房震害预测和抗震加固决策分析(见本书2-10文)在1988年获工力所科技进步三等奖。时间才是最好的评判者,在21世纪,科学的抗震决策分析仍在被广为采用,如戴国莹《现有建筑加固改造综合决策方法和工程应用》(2006)、周长东等《震后建筑应急加固方案优选研究》(2010)、郑山锁等《基于费用效益分析的建筑物加固决策体系研究》(2019)。

5. 国际关注——中美国际合作研究

20世纪80年代,在地震工程和灾害防御领域中开创的震害预测和抗震决策分析,从国内到国际被关注、被肯定为科技进步,是创新。国家地震局主持的大陆地震活动性和地震预报国际会议,我并没有投稿论文《河南安阳现有建筑的震害预测》(见本书2-16文),更不知情,却被推荐选上。1982年9月,我赴北京参会,用中文报告,同声翻译英语。头一次参加这样的国际会议,挺兴奋的。这期间,在国际会议上还发表了多篇有关震害预测和减灾的论文。

1984年第八届世界地震工程会议论文见本书2-17文。

1986年中美砖结构抗震学术讨论会论文见本书2-18文。

1981年中美通过建筑、城市规划和工程减轻地震灾害讨论会论文见本书2-19文,和其后(1986年)的中文稿见本书2-11文。

同中美国际合作研究项目的课题也相契合。1984—1988年期间,由所长刘恢先教授负责主持了两项研究:① 地震科学联合基金资助的"京津冀地震烈度区划与现有房屋震害预测";② 中美地震工程合作研究的"地震危险性分析与现有房屋抗震性能评定和加固"。有幸在刘恢先研究课题组开展研究,其间发表的研究成果汇编在《地震危险性分析与现有房屋震害预测》研究报告集中,见本书附录2的论文目录和本书2-6、2-7、2-9、2-10文和2-20~2-22文。其后,在所长刘恢先院士的引领下,震害预测才有进一步发展创新为专家系统和智能辅助决策系统。

2-1 现有多层砖房震害预测的方法及其可靠度

杨玉成　杨　柳　高云学　杨雅玲　陆锡蕾　杨桂珍

1 引言

在我国现有的多层建筑中,大多数是砖结构房屋,其中住宅、学校、办公楼和医院等建筑,多层砖房约占90%以上。在我国近20年来的地震中,这种由脆性材料砌筑的房屋的破坏给人民的生命财产造成了极为严重的损失。仅唐山市的多层砖房就倒塌933幢,伤亡人数以10万计。因此,在最近几年,我们进一步研究评定多层砖房抗震能力的方法,开展震害预测工作,采取减轻地震灾害的措施,以防患于未然。

多层砖房的震害预测不像抗震鉴定那样,只检查房屋各个部件是否满足鉴定标准中相应烈度的要求,而是要估计在可能遭遇到的各种烈度的地震时,整幢房屋的震害程度、破坏部位和区域性的震害分布。预测现有多层砖房震害的方法是建立在总结我国历次破坏性地震中大量多层砖房的震害经验的基础上的。采用的数学模型也充分考虑到目前我国抗震设计中采用的一些做法,以便于工程技术人员的应用。这种预测是以400多幢房屋1 000多层次7万多段墙体的抗震强度与震害的统计关系[1]作为主要判据,同时考虑到建筑结构各部件的作用和所在场地的影响,对房屋的抗震性能进行综合性的评定。

预测震害的烈度范围为6~10度。

应用这一方法,我们在河南省安阳市进行了区域性的震害预测,还在焦作、新乡、鹤壁开展了典型建筑的震害预测。辽宁省建研所与我们合作在锦州、大连、丹东,甘肃省建筑勘察设计院在兰州,安徽省建研所在合肥等地也开展了典型建筑的震害预测。

2 震害程度分类

多层砖房的震害是多种多样的,主要是砖墙体的剪切破坏,即在墙体上出现斜向或交叉裂缝,严重时将产生滑移、错位、破碎、散落,直至因丧失承受竖向荷载的能力而坍塌。也有水平剪切、弯曲或倾覆破坏的现象,以及楼(屋)盖和地基基础的震害。在震害调查中,可把多层砖房的震害程度分为基本完好、轻微损坏、中等破坏、严重破坏、(部分)倒塌和全毁(倒平)六类。在震害预测中,也按这六类来划分。不同震害程度的分类标准和相应的震害指数列于表1中。多层砖房全毁和倒塌的幢数与总幢数之比(或建筑面积比)称为倒塌率;具有中等破坏以上震害程度的幢数与总幢数之比(或建筑面积比)称为破坏率。

表1　多层砖房震害程度分类标准

震害程度	破坏现象	震害指数
基本完好	没有震害;或少数非主体结构有局部轻微的破坏;或个别门窗洞口、墙角、砖券和凸出部分偶有轻微裂纹	0
轻微损坏	非主体结构局部有明显的破坏;或少数墙、板有轻微的裂纹和构造裂缝;或个别墙体有较明显的裂缝。 不影响正常使用,一般只需稍加修理	0.2
中等破坏	非主体结构普遍遭到破坏,包括部分填充墙、附属建筑的倒塌;或主体结构及其连接部位多处发生明显的裂缝。 经局部修复或加固处理后,仍可使用	0.4
严重破坏	主体结构普遍遭到明显的破坏;或部分有极严重的破坏,包括墙体的错位、酥碎,甚至局部掉角、部分外纵墙倾倒或个别墙板塌落。 须经大修方可使用,或已无修复价值	0.6
倒塌	主体结构部分倒塌,包括外纵墙近乎全部倒塌;或木屋盖房屋的顶层大部倒塌;承重结构部分倒塌	0.8
全毁	一塌到底;或上部数层倒平;或房屋大部倒塌,仅有残垣	1.0

3 震害概率

多层砖房在遭遇不同烈度的地震时的震害程度大致如下:

7度——少数破坏,多数基本完好和轻微损坏。

本文出处:《地震工程与工程振动》,1982年9月,第2卷第3期,75-86页。

8度——半数左右破坏,个别倒塌。

9度——多数破坏,倒塌和不破坏的均为少数。

10度——多数倒塌。

从乌鲁木齐、东川、阳江、通海、海城和唐山六个地震有关多层砖房震害的调查资料中分别统计6~11度区的震害概率,列于表2中。多层砖房的统计总数为7 000多幢。

表2 多层砖房的震害概率   单位:%

震害程度		烈 度					
		6	7	8	9	10	11
基本完好	M	52.9	41.4	12.2	1.4	0.4	0.3
	Ω	0.20	0.39	0.56	1.2	1.9	3.7
轻微损坏	M	32.8	27.7	18.9	10.1	10.5	1.6
	Ω	0.25	0.32	0.49	1.7	1.4	2.6
中等破坏	M	11.8	18.5	34.5	28.9	9.2	5.6
	Ω	0.70	0.35	0.28	0.55	0.96	2.0
严重破坏	M	2.4	11.2	25.9	37.3	20.4	11.5
	Ω	0.90	0.77	0.31	0.52	0.38	0.87
部分倒塌	M	0	1.1	7.5	11.0	16.4	11.9
	Ω		2.0	1.6	0.70	0.67	0.79
全毁倒平	M	0	0	1.0	11.3	43.1	69.1
	Ω			2.0	0.95	0.59	0.41
平均震害指数	平均值	0.13	0.20	0.40	0.56	0.74	0.88
	标准差	0.16	0.21	0.23	0.23	0.28	0.21
	变异系数	1.23	1.04	0.57	0.41	0.37	0.23

注:M—平均值(%);Ω—变异系数。

在6度区的统计总体中,有6个统计子样,即阳江的东平和闸坡、沈阳、北戴河、秦皇岛、山海关和北京市由房产管理局统管的房屋,共4 154幢;7度区中有5个统计子样,即乌鲁木齐、阳江、营口、昌黎和天津医院附近,其中乌鲁木齐为160万 m²,另四地共146幢;8度区也有5个统计子样,即东川的新村,阳江的平岗、海城镇、海城地震区除海城镇以外的8度区和滦县(不包括余震震害),共149幢;在9度区的统计总体中,有9个统计子样,即峨山、海城地震的9度区、林西、荆各庄、吕家坨、范各庄、赵各庄、唐家庄和卑家店,共450幢;10度区也有9个统计子样,即曲溪、古冶、马家沟、开平、丰南和唐山市的东缸窑小区、大城山北钓鱼台小区、文化路和建设路北端至机场路小区及市区西北部,共317幢;11度区的统计子样全部是唐山市按场地条件和街坊划分的小区,共15个子样,976幢。在这些统计子样中,绝大部分房屋是不考虑抗震设防的。因此,当在震害预测中应用这一统计结果时,应考虑到设防区域的烈度和经过抗震设计的房屋的数量。同时还

要说明两点:场地条件的影响已经反映在变异系数之内,不必再降低或提高烈度;不同烈度区的统计资料中,因6度区除沈阳是一个震害较轻的子样外,其余均较重,故6度区的震害平均值似偏重。

4 震害预测的步骤和方法

多层砖房的震害预测在取得可靠的设计、施工和房屋现状的资料后,可按震害预测框图(图1)进行,大致分为下列三个步骤。

4.1 判别房屋的结构体系,估计震害的形式,确定预测的途径

多层砖房的震害预测,首先要确定它的结构体系是刚性的还是非刚性的。多层砖房结构体系的属性一般取决于刚性横墙的间距和楼屋盖在平面内的刚度,也与房屋的高宽比有关。结构体系的属性由实测房屋的基本振型来确定。以剪切型为主的多层砖房属于刚性体系;弯剪型的属于非刚性结构体系。根据工程经验,大致可按如下几种情况划分:

每开间都设置刚性横墙的房屋,一般属于刚性结构体系;

两三开间设置刚性横墙,且采用现浇或装配整体式钢筋混凝土楼屋盖的房屋,一般属于刚性结构体系;

采用木楼盖的房屋,当双开间以上设置刚性横墙时,一般属于非刚性结构体系;

采用非整体式装配钢筋混凝土楼屋盖的房屋,每四、五开间以上设置刚性横墙时,一般属于非刚性结构体系;

采用非整体式装配钢筋混凝土楼屋盖的房屋,当每三、四开间设置刚性横墙时,往往伴生刚性和非刚性结构体系的震害现象,一般不属于良好的刚性结构体系;

当房屋的总高度大于建筑平面尺寸,且较空旷时,也多半不属于刚性结构体系。

对于刚性的多层砖房,它们的震害形式一般是剪切破坏,由统计分析得出震害预测的可靠度良好。对于非刚性体系,会出现弯曲破坏的形式,工程实用的震害预测方法仍以刚性房屋的预测结果为基础,再考虑弯曲破坏的不利因素和结构空间作用的有利影响,凭预测人员的工程抗震经验直接判断。在我国非刚性砖房(多数是老旧的砖木楼房)与刚性砖房相比,在数量上是很少的。

4.2 震害预测的主要判据:砖墙体的抗震强度系数和安全系数

大量的震害经验表明,多层砖房的震害主要发生

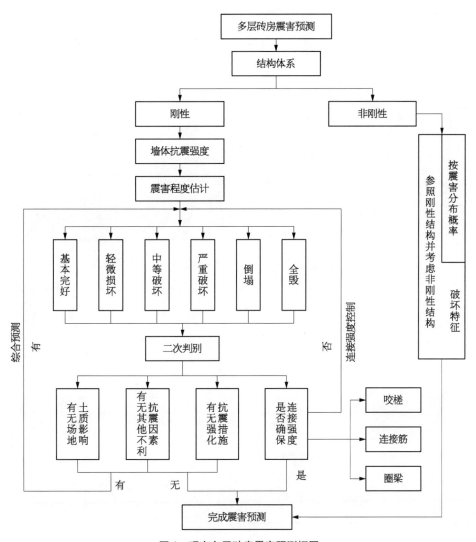

图1 现有多层砖房震害预测框图

在砖墙体上,这类房屋的抗震能力主要也是取决于砖墙体的抗震强度。因此,多层砖房用墙体抗震强度系数作为评定震害的标准(表3)。表中多层砖房第 i 层第 j 段墙体的抗震强度系数的 K_{ij} 和第 i 层横墙或纵墙各自的楼层平均抗震强度系数 K_i,在文献[1-5]中系按我国现用的抗震计算方法推导而得;表中的抗震强度系数的开裂临界值 K_0 和倒塌临界值 K_{i0},在这些文献中,据大量的震害实例均经统计分析而得。

在工程抗震设计和鉴定中,习惯于用安全系数。多层砖房的震害若用墙体抗震强度的安全系数来进行预测,它的判别标准列于表4。表中的抗震强度的安全系数震害临界值是由表3的抗震强度系数与抗震规范中不同烈度的地震荷载系数的比,再乘以规范采用的安全系数2而得的。由表4也可预测按抗震规范设计和鉴定标准鉴定的房屋遇有设计或鉴定烈度的地震影响时可能出现的震害程度。

4.3 二次判别,综合预测多层砖房的震害

在用墙体抗震强度估计震害程度的基础上,再考虑其他因素,进行二次判别,综合预测震害。其内容大致为下述四个方面。

4.3.1 连接强度是否确保

纵横墙的连接强度是确保多层砖房整体性的主要指标。当连接强度大于抗震强度时,便可认为连接是得到确保的,此时砖墙体的抗震能力仅取决于它的抗震强度系数;如果连接强度小于抗震强度,则用连接强度 K_e 来替代表3中的抗震强度系数 K_i 值进行震害预测。如果因连接强度不足而到达严重破坏值,即认为是部分倒塌,因其严重破坏现象往往为外纵墙的外倾,直至倾倒。

连接强度一般由咬槎砌筑、连接钢筋和圈梁来保障。如果所有纵横墙连接部位都是咬槎砌筑的,一般情况下连接强度无须再进行核算,便认为是确保的;如

表3　多层砖房用墙体抗震强度系数来预测震害的判别标准

烈度	抗震强度系数				
	开裂临界值 K_0		倒塌临界值 K_{i0}		
	范围	中值	范围	中值	
6	$0.05 \leqslant K_0 < 0.12$	0.08			
7	$0.12 \leqslant K_0 < 0.19$	0.15	$0.04 \leqslant K_{i0} < 0.06$	0.05	
8	$0.19 \leqslant K_0 < 0.26$	0.22	$0.06 \leqslant K_{i0} < 0.09$	0.07	
9	$0.26 \leqslant K_0 < 0.40$	0.33	$0.09 \leqslant K_{i0} < 0.13$	0.11	
10	$0.40 \leqslant K_0 < 0.70$	0.55	$0.13 \leqslant K_{i0} < 0.23$	0.18	

震害程度	
基本完好	$K_{ij\min} \geqslant K_0$
轻微损坏	$K_{ij\min} < K_0,\ K_{i\min} \geqslant K_0$
中等破坏	$0.6K_0 \leqslant K_{i\min} < K_0$
严重破坏	$K_{i0} \leqslant K_i < \begin{cases} 0.6K_0\ (n_0 \geqslant 1) \\ 0.7K_0\ \left(n_0 > \dfrac{1}{2}n\right) \\ 0.8K_0\ \left(n_0 > \dfrac{2}{3}n\right) \\ 0.9K_0\ \left(n_0 \geqslant \dfrac{3}{2}\right) \end{cases}$ n—楼层数;n_0—K_i 不满足的个数,若各层纵、横墙都不满足,$n_0 = 2n$
部分倒塌	非承重墙 $K_{i\min} < K_{i0}$ 承重墙垛 $\dfrac{\sigma_{0i}}{\sigma_{0ij}}K_{ij} < K_{i0}$,且 i 墙所在楼层 $K_i < 0.7K_0$
全毁倒平	承重墙 $K_{i\min} < K_{i0}$

注:1. K_{ij}—第 i 层第 j 段墙体抗震强度系数,计算如下:

$$K_{ij} = \frac{R_{\tau ij}}{2\xi} \cdot \frac{A_{ij}}{k_{ij}} \cdot \frac{\sum_{j=1}^{m} k_{ij}}{\sum_{i=1}^{n} W_i} \cdot \frac{\sum_{i=1}^{n} W_i H_i}{\sum_{i=1}^{n} W_i H_i}$$

若可用面积比近似刚度比分配地震荷载,则

$$K_{ij} = \frac{R_{\tau ij}}{2\xi} \cdot \frac{\sum_{j=1}^{m} A_{ij}}{\sum_{i=1}^{n} W_i} \cdot \frac{\sum_{i=1}^{n} W_i H_i}{\sum_{i=1}^{n} W_i H_i}$$

式中:$R_{\tau ij}$ 为第 i 层中 j 墙段的抗震抗剪强度;2 为安全系数值;ξ 为截面上的剪应力不均匀系数;$A_{ij}、k_{ij}$ 为墙段的净截面面积和侧移刚度;W_i 为集中在 i 层的重量;H_i 为第 i 层的高度;$m、n$ 为第 i 层中计算方向(横或纵)的墙段数和房屋的层数。

2. K_i—第 i 层墙体楼层平均抗震强度系数,计算如下:

$$K_i = \frac{m}{\sum_{j=1}^{m} \dfrac{1}{K_{ij}}}$$

若手算时用楼层墙体(横或纵)的平均正压应力 σ_{0i} 和平均抗震抗剪强度 $R_{\tau i}$,ξ 一般均取为常数,则 K_i 与 K_{ij} 的近似式类同。

3. 表中抗震强度系数的临界值按抗震规范 TJ 11—1974 计算,ξ 取 1.5,若按 TJ 11—1978 规范计算,ξ 取 1.2,则 $K_0、K_{i0}$ 值均乘以 1.25。

果纵横墙间留马牙槎,并按构造要求设置了足够多、足够长的连接钢筋和有位置正确、横向拉结足够的钢筋混凝土圈梁,连接强度也可认为是确保的。

表4　多层砖房用墙体抗震强度的安全系数预测震害的判别标准

震害程度			烈度		
			7	8	9
基本完好	最弱墙段的安全系数大于或等于	范围	3.0~4.8	2.4~3.2	1.6~2.5
		中值	3.8	2.8	2.1
		参考值	4	3	2
轻微损坏	最弱墙段的安全系数小于	范围	3.0~4.8	2.4~3.2	1.6~2.5
		中值	3.8	2.8	2.1
		参考值	4	3	2
中等破坏	最弱楼层的平均安全系数大于严重破坏值,小于	范围	3.0~4.8	2.4~3.2	1.6~2.5
		中值	3.8	2.8	2.1
		参考值	4	3	2
严重破坏	每个楼层的平均安全系数都大于倒塌值,多个楼层的平均安全系数均小于	范围	2.4~3.8	1.9~2.6	1.3~2.0
		中值	3.0	2.2	1.6
		参考值	3	2	1.5
	最弱楼层的平均安全系数大于倒塌值,小于	范围	1.8~2.8	1.4~2.0	1.0~1.5
		中值	2.2	1.6	1.2
		参考值	2	1.5	1.2
部分倒塌	非承重墙的最弱楼层安全系数小于(或)承重墙垛 j 所在楼层严重破坏,且 j 墙垛用 σ_{0i}/σ_{ij} 折减后的安全系数小于	范围	1.0~1.5	0.75~1.1	0.56~0.81
		中值	1.2	0.9	0.7
		参考值	1.2	0.9	0.7
全毁倒平	承重墙的最弱楼层安全系数小于	范围	1.0~1.5	0.75~1.1	0.56~0.81
		中值	1.2	0.9	0.7
		参考值	1.2	0.9	0.7

注:按抗震规范设计的多层砖房遇有设计烈度地震影响时,一般不致发生粗线以下的震害;符合鉴定标准的房屋,一般不致发生粗虚线以下的震害。

4.3.2　有无增强抗震能力的措施

在现有多层砖房中,常采用两种增强的措施,即构造柱和圈梁。配筋砖砌体和面层可在砖砌体抗震强度中直接给予反映。已加固房屋的震害预测有待加固效果的进一步研究,目前只能凭经验或按加固效果良好来估计。

有构造柱房屋的震害预测可采用抗裂强化系数 C_1 和抗震强化系数 C_2。对每开间都设置构造柱,并与圈梁一起对砖砌体形成封闭的边框时,则

C_1 一般可取为 1.1，C_2 为带构造柱的多层砖房墙体抗震能力与未加柱时的比[1]，可高达 1.5～2.0。C_1 只用于预测轻微损坏和中等破坏的震害，C_2 用于预测严重破坏以上的震害。对并非每开间都设置构造柱的房屋，预测轻微损坏时，只对有柱的墙体乘以 C_1；预测中等程度以上的震害，C_1、C_2 至少应视构造柱数和纵横墙交接数比值的大小对其强化作用进行折减。

圈梁的增强作用除了反映在连接强度中之外，当用墙体抗震强度来预测的震害为部分倒塌时，若最弱层有圈梁，则可能不至于使上层塌落，因此可采用钢筋混凝土圈梁抗震强化系数，并以此来判别预测的震害可否降为严重破坏。

4.3.3 建筑结构有无不利于抗震的因素

对于建筑结构的局部影响，往往需要预测者具有一定的震害经验和综合判别的能力。有些因素用数值来表示目前尚有困难。预测时，特别要注意那些由于个别部件的破坏而可能酿成房屋倒塌的部位。要注意下列几种情况：

（1）刚心和质心明显偏离的房屋，应附加扭转影响系数 β。

（2）对于凸出屋顶的小楼，地震作用的放大倍数虽与小楼和主楼的面积比有一定的关系，但在震害预测时仍可像抗震设计那样取为定值。从抗震强度和震害的统计分析结果来看，可取为 2[6]。如果只是预测小楼为全部倒塌，对整幢房屋的震害评定来说，至多也只为局部倒塌，甚至还可能降为严重破坏以下，这要看小楼是属于主体结构的一部分，还是水箱间、楼梯间等附属建筑。同样，女儿墙、烟囱、装饰物等凸出屋顶的附属建筑，如果预测为倒塌，而主体的震害程度预测为中等破坏以下，那整幢房屋的震害程度至多也只能预测为中等破坏。

（3）当结构各部分的刚度分布相差悬殊（如刚性多层砖房中设置无变形缝分割的内框架门厅），或建筑体型复杂时，应考虑变形可能不协调而造成的局部破坏，即局部墙体过早开裂，甚至局部倒塌。

（4）个别承压构件的破碎、失稳而导致房屋的局部倒塌。

（5）当楼屋盖对墙体存在侧推力时，应考虑局部墙体和楼屋盖自身过早开裂，甚至局部倒塌。

（6）填充墙、烟道、通风道、垃圾道等对震害的影响，预测时也应适当注意。

（7）必须注意现有房屋的老旧程度和施工质量。

4.3.4 场地条件和地基基础的影响

场地对多层砖房震害的影响是明显的，在预测时应充分给予注意，但要搞清地下情况的困难程度比搞清上部结构要大得多，因此在震害预测中具有较大的不确定性。一般来说，基岩、在足够稳定的持力层下有淤泥质软夹层和有可能液化的粉细砂夹层的地带，多层砖房的震害明显减轻；而未处理得当的回填土地基、软硬不均的地基、不稳定的山坡、陡坎、可能发生断裂的地段、可能出现较明显的震陷的软土地区等，对多层砖房的抗震是不利的。震害预测时，根据震害经验和有关的研究报告[7-10] 推测，大体上可以给出场地对震害的影响系数。

5 震害预测的判别式

多层砖房震害预测的判别式采用墙体抗震强度系数和二次判别的综合修正系数来表达。

基本完好：$\dfrac{c_1 efg}{(1+a)(1+\beta)d}K_{ij\min} \geqslant K_0$

轻微损坏：$\dfrac{c_1 efg}{(1+a)(1+\beta)d}K_{ij\min} < K_0$，

$\dfrac{c_1 efg}{(1+a)(1+\beta)d}K_{i\min} \geqslant K_0$

中等破坏：$0.6K_0 \leqslant \dfrac{c_1 efg}{(1+a)(1+\beta)d}K_{i\min} < K_0$（当 $K_0 \geqslant K_i$ 或 K_e 时）

$0.6K_0 \leqslant \dfrac{fg}{(1+a)}K_{e\min} < K_0$（当 $K_0 < K_i$ 和 K_e 时）

严重破坏：

$$K_{i0} \leqslant \frac{c_2 efg}{(1+a)(1+\beta)d}K_i < \begin{cases} 0.6K_0\ (n_0 \geqslant 1) \\ 0.7K_0\left(n_0 > \dfrac{n}{2}\right) \\ 0.8K_0\left(n_0 > \dfrac{2}{3}n\right) \\ 0.9K_0\left(n_0 > \dfrac{3}{2}n\right) \end{cases}$$

n— 楼层数

n_0—K_i 不满足的个数，若各层纵横墙都不满足，$n_0 = 2n$

局部倒塌：$\dfrac{c_2 c_3 efg}{(1+a)(1+\beta)}K_{i\min} < K_{i0}$（当 $K_e \geqslant K_i$ 或 K_0 时，非承重墙）

$\dfrac{c_2 c_3 efg}{(1+a)(1+\beta)} \cdot \dfrac{\sigma_{0i}}{\sigma_{0ij}}K_{ij} < K_{i0}$（当 $K_e \geqslant K_i$ 或 K_0 时，承重墙垛，且 j 墙段所在楼层 $K_i < 0.7K_0$）

$$\frac{fg}{1+a}K_{\text{emin}} < 0.6K_0 (当 K_e < K_i 和 K_0 时)$$

全毁倒平：$\dfrac{c_2 fg}{(1+a)(1+\beta)}K_{\text{imin}} < K_{i0}$（承重墙）

在判别式中，K_{ij} 和 K_i 为墙体抗震强度系数，K_e 为连接强度系数；K_0 和 K_{i0} 为抗震强度系数的开裂临界值和倒塌临界值，按表 3 的数值采用。如果令判别式改用墙体抗震强度的安全系数，则临界值也应采用安全系数的临界值，即为表 4 的数值。在判别式中的二次判别系数分别如下：a 为结构体系影响系数，刚性结构体系 $a=0$，非刚性结构体系的地震影响大致可按下列情况取值，顶层 $a=0.3\sim0.5$，底层横墙 $a=-(0.1\sim0.3)$；$\beta(\bar{\beta})$ 为墙段（楼层墙体）扭转影响系数；c 为结构强化系数，c_1 为构造柱的抗裂强化系数，取 $c_1=1.1$；c_2 为构造柱的抗震强化系数；c_3 为钢筋混凝土圈梁抗震强化系数，取 $c_3=1.1\sim1.3$；d 为计算屋顶小楼时的动力放大倍数，取 $d=2$；e 为建筑结构局部不利的影响系数，取 $e\leqslant1$；f 为房屋老旧和施工不良的折减系数，取 $f\leqslant1$；g 为场地条件和地基土的影响系数。

一般稳定土层，即 Ⅱ 类场地土，取 $g=1$。其他场地土大体可按下述情况取值：基岩为 $1.5\sim2.0$；山坡密实的薄土层或砂卵石层为 $1.2\sim1.5$；稳定的持力层下有淤泥质软夹层或饱和粉细砂层为 $1.0\sim1.7$；卓越周期较长的稳定的地基土取 $1.0\sim1.5$，坐落在软弱土层上取 $0.8\sim1.0$；震陷可能明显的土层、回填土、陡坎、山尖、故河道、断裂等不良场地取 $0.7\sim0.9$；如果预测地区已进行了烈度小区划，则可按小区划的结果来提高或降低烈度的要求，而不考虑 g 值的变化，即取 $g=1$。

6 震害预测的可靠度讨论

对现有房屋的震害预测，即使将建筑结构和场地土质的情况调查得很清楚，由于地震的不确定性、结构和场地土质与震害关系的不确定性，预测结果还是不可能完全可靠的。对于只用主要判据来预测震害的多层砖房，可靠度由震害与墙体强度的经验性关系中的符合度和条件概率给出，将《多层砖房的地震破坏和抗裂抗倒设计》一书中的有关数据汇总在表 5 中。对于需要进行二次判别综合预测震害的多层砖房，可靠度尚待通过经受地震的房屋来检验。由于我国现有的多层砖房大多为刚性的砖混结构，纵横墙的连接强度一般也能确保，因此对于建在 Ⅱ 类场地土上的多层砖房，一般来说，表 5 中的概率值大体上可用来估计预测震害的可靠度。

表 5　用抗震强度系数预测多层砖房震害的可靠度

烈度	地 点	抗震强度系数临界值的可靠度		大于 K_0 好/%	小于 K_0 坏/%	大于 K_0c 不倒/%	小于 K_0c 倒塌/%
		点估计	95%置信度				
6	秦皇岛	86	83	99	39		
7	乌鲁木齐	78	73	97	45		
	天 津	91	89	98	61		
	昌 黎	83	79	98	35		
	阳 江	93	89	98	79		
	平 均	86	82	98	55		
8	滦 县	91	89	99	35		
	东 川	74	69	70	78		
	海 城	93	91	97	90		
	平 均	86	83	89	68		
9	华子峪	82	78	89	79		
	范各庄	71	66	78	64		
	牌 楼	84	79	77	88		
	卑家店	74	69	86	58		
	平 均	78	73	82	72		
10	曲 溪	71	65	72	81		
	唐山机场路	75	63			90	65
11	唐山新华路	92	89			95	91

参考文献

[1] 杨玉成, 杨柳, 高云学. 多层砖房的地震破坏和抗裂抗倒设计[M]. 北京：地震出版社, 1981.

[2] 本书 1-2 文.

[3] 本书 1-24 文.

[4] 本书 1-23 文.

[5] 本书 1-3 文.

[6] 本书 1-4 文.

[7] 胡聿贤, 章在墉, 田启文. 场地条件对震害和地震动的影响[R]. 中国科学院工程力学研究所研究报告（78-010）, 1978.

[8] 谢君斐, 石兆吉. 天津市震害异常的初步探讨[R]. 中国科学院工程力学研究所研究报告, 1978.

[9] 高云学, 石兆吉. 唐山市陡河沿岸多层砖房低震害异常的探讨[R]. 中国科学院工程力学研究所研究报告（80-019）, 1980.

[10] 刘曾武, 首培烋, 陶夏新. 场地土质条件对地震动影响的尺度[R]. 中国科学院工程力学研究所研究报告（78-038）, 1978.

2－2 安阳市北关小区多层砖房的震害预测[*]

杨玉成　杨　柳　高云学　杨雅玲　杨桂珍　陆锡蕾

1 引言

晋冀豫交界地区尤其是豫北地区存在着发生强烈地震的背景,近年是我国地震重点监视区之一。因此,自1980年在这个地区开展了震害预测的研究。

安阳是河南省北部的最大城市,基本烈度为8度。多层砖房是该市最主要的建筑结构类型,有近百万平方米。预测震害的北关小区位置如图1所示。小区内,1981年5月前已建成的多层砖房有352幢,建筑面积29.1万 m²。它们大多是在20世纪60年代初才开始建造的砖混结构,50年代建造的砖木楼房数量不多,个别是30年代的老房。层数以二三层的居多,近年才建四五层,最高六(七)层。在《工业与民用建筑抗震设计规范》(TJ 11—1974)颁布以后,该市部分多层砖房按7度设防,1979年后,要求按8度设防。

1980年11月—1981年5月,对北关小区内的多层砖房逐幢调查现状和测定典型房屋的动力特性,并依此预测它们在遭遇6~10度地震影响时的震害。

该小区地形平坦,场地土一般都属Ⅱ类,只有局部地表土较软弱的为Ⅲ类。万金渠流经小区中部,并曾几经改道,但受此渠影响的多层砖房数量不多。

砖结构的抗震性能主要取决于墙体面积和砂浆标号。预测震害时,采用的砖墙体的砂浆标号一般以现场调查时的回弹仪测定值或宏观判定的标号为准,未经实测的房屋按设计标号采用。纵横墙的连接强度对砖结构的抗震能力也有重要影响。纵横墙连接从外观上看质量是有保障的,调查中未曾发现因纵横墙连接不好而造成的破坏现象。因此,在预测震害时均未考虑连接强度不足的影响。

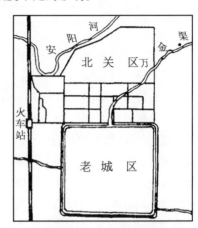

图1　北关小区位置图

预测震害按其破坏程度分为六类,即基本完好、轻微损坏、中等破坏、严重破坏、部分倒塌和全毁倒平。

2 震害预测的结果

预测小区内多层砖房遭受不同地震烈度影响时的震害矩阵见表1,表中分别按幢数和建筑面积[①]统计,两者结果很接近。

北关小区中多层砖房震害预测的结果与我国多层砖房震害概率的统计平均值相比,除6度区之外,破坏率和倒塌率都要高一些。从震害指数看,几乎都接近于平均值加标准差的一半,即为 $M(1 + \Omega/2)$,也可以说,接近相应烈度的上限值。若将小区内多层砖房预测的震害指数与以往地震相比,10度时相当于唐山东缸窑、机场路两侧,或马家沟、开平;9度时相当于唐山东矿区的林西和唐家庄;8度时相当于海城镇;7度时低于阳江,高于营口、昌黎、乌鲁木齐。

本文出处:《华北地震科学》,1983年9月,第1卷第1期,73－80页。

* 参加现场工作的同志还有逢永湖、孟宪义、周四骏、于春凤、丁世文。在调查中得到安阳市建委、安阳市抗震办公室、安阳县建筑厂、安阳地委设计室、安阳市房管局和新乡铁路分局安阳房产段的大力协助。

① 按房屋外墙中线计,并包括外廊面积在内。

表1 北关小区多层砖房震害预测矩阵

烈度	震害程度/%												震害指数	
---	基本完好		轻微损坏		中等破坏		严重破坏		部分倒塌		全毁倒平			
	A	B	A	B	A	B	A	B	A	B	A	B	A	B
6	68.2	69.5	27.8	28.9	4.0	1.6	0		0		0		0.07	0.06
7	12.8	11.4	33.5	31.5	42.6	48.6	10.5	8.4	0.6	0.03	0		0.31	0.31
8	0		9.1	8.6	45.5	43.7	36.9	43.5	8.2	4.0	0.3	0.2	0.49	0.49
9	0		0.3	0.03	10.5	10.5	54.0	61.5	24.4	23.6	10.8	4.3	0.67	0.64
10	0		0		0		18.2	18.5	31.5	37.0	50.3	44.5	0.86	0.85

注：A 按幢数统计，B 按建筑面积统计(表2～表4同)。

北关小区的震害预测结果比我国历次地震中多层砖房的平均震害要重，其主要原因如下：

（1）安阳多层砖房外墙厚一般为 24 cm，且门窗洞口较多。它虽比南方(阳江和通海)地震区多层砖房的抗震能力强些，但比北方(海城和唐山)差。

（2）从多层砖房震害预测方法的可靠度来分析，预测的结果震害偏重是必然的。因我们所采用的预测方法主要的判据是墙体抗震强度，用此方法预测为良好而震后确实好的概率高于震前预测为破坏而震后确实坏了的概率。例如，在 7 度时预测为良好的震后确实是不坏的概率为98%，而预测为破坏的震后确实是坏的概率为55%；在 8 度时，确实是好的概率为89%，坏的概率为68%；在 9 度时，分别为 82% 和72%。如果只用主要判据的可靠度来估计预测结果的可靠性，以 7 度为例，在小区中的 352 幢多层砖房中，预测为良好的有 163 幢，则在震后确实是好的应为 163 × 0.98 = 160(幢)；而预测为破坏的有 189 幢，则在震后确实是坏的应有 189 × 0.55 = 104(幢)，其中 3 幢预测为好的和 85 幢预测为坏的多层砖房，震后并不一定确实如此，其震害程度可能相差一级。

遭受 6～10 度地震影响时，北关小区多层砖房的震害预测图见本书彩页。

3 不同结构类型的比较

小区中多层砖房的结构类型主要有砖混、砖木和砖混木三种。表2列出了多层砖房按不同结构类型预测震害的统计结果，分别以幢数和面积为单位。由表可见，砖木结构的震害指数比砖混结构要高，可有地震烈度半度至 1 度之差。这是因为砖木结构的抗震能力一般比砖混结构要差，且小区中的砖木结构大多建于 20 世纪 50 年代或更早，墙体的砌筑砂浆标号较低。这个预测结果与我国其他地震区的震害统计也是吻合的。在地震调查中，砖混木结构的震害接近于砖混结构，而小区的预测结果介于砖木和砖混结构之间。这是因为在预测房屋中受到一定数量的非正规设计的民居的影响，同时也因近几年按抗震设防要求建造的多层砖房均为砖混结构的缘故。

4 不同建筑形式的比较

将多层砖房的建筑形式分为五种，即单元式（住宅）、内廊式（包括中间和单边内廊）、外廊式（包括砖柱外廊和悬挑外廊）、民居和其他（包括商店、车库、空旷楼房等），并将教学楼单独列出。表3 为按不同建筑形式进行统计的预测震害的结果。由表可见，单元式住宅的预测震害最轻，民居和其他两种形式要重得多。内廊式房屋的抗震性能一般是较好的，但由于在小区内包括较多的砖木楼房，因此震害指数也高于小区的平均震害指数。

5 抗震加固问题

在 1981 年 5 月前，小区中已抗震加固的多层砖房有 14 幢，共 23 714 m²，占小区多层砖房的 8%。加固措施多为构造柱、外圈梁和钢拉杆，少数用增强面层的。表4 列出了加固房屋震害预测的统计结果，它的震害指数略低于小区的平均数，8 度时可能严重破坏的为 21.4%，9 度时可能倒塌的仍有 20.3%。

通过区域性的震害预测，可从总体出发，对小区中的多层砖房进行抗震加固，以提高抵御地震的能力。若按鉴定标准的总则来确定需要加固的房屋，我们可以理解为：先考虑的应是预测在 8 度时可能发生局部倒塌和全毁倒平的房屋，这在小区中有 12 209 m²，只占建筑总面积的 4.2%。再应考虑的是预测在 8 度时可能发生严重破坏的房屋，这样的震害虽"一般不致倒塌伤人或砸坏重要生产设备"，但有些房屋在震后已无修理的价值,不能满足"经修理后仍可继续使用"的要求,这在小区内连同倒塌的共有 138 861 m²,占 47.7%。在这里应该说明的是,鉴定标准中所指的"修理"应理解为一般修理,而不是大修和翻修。如果是后者,预测严重破坏的房屋便不需要加固了。由此可见,如果按鉴定标准来确定加固的房屋数量,只着眼于防止倒塌这一点那是很有限的;倘若不允许发生严重破坏,加固的数量便相当大。若按双重设防准则来确定需要加固的房屋,不仅要考虑在 8 度地震时预测为倒塌的房屋,而且还要考虑在高于基本烈度时(即 9 度)可能倒塌的房屋。在小区中,预测在 8 度时可能发生破坏,同时在 9 度时可能倒塌的房屋有 81 486 m²,占 27.9%。其中除去无加固价值的和可以不加固(即使倒塌也不致伤人和砸坏重要设备)的房屋,需要加固的占 20%～25%。我们认为从抗裂抗倒两方面来确定需要加固的房屋,在目前的条件下是比较合适的。当然,无论按哪种方法,都需要考虑房屋的重要性。

6　结语

通过对安阳市北关小区的震害预测,可归纳为:

(1) 小区中多层砖房的抗震性能属一般。当遭遇到 8 度地震影响时,大多数房屋将发生中等或严重破坏,基本完好和倒塌的房屋数量都很少。北关小区多层砖房震害预测的统计结果对安阳全市乃至豫北地区的多层砖房震害预测有一定的参考价值。

(2) 小区中大多数房屋的纵向墙体的抗震能力远较横向弱,这在今后新建房屋的设计中应加以改进。

(3) 小区中的民居抗震性能一般较住宅要差得多,目前自建民宅楼房逐渐增多,应注意普及房屋抗震知识和加强新建房屋的抗震性能的审定工作。

(4) 小区中预测为 8 度倒塌的房屋,建议有关部门及时采取抗震防灾的对策,而预测在 9 度时不发生严重破坏,同时 10 度仍不倒塌的房屋,经有关部门认真复核后,可以作为抗震防灾中的"安全岛"使用。

(5) 小区中有 20%～28% 的多层砖房按 8 度抗震设防需要加固,而安阳市有关部门上报需要加固的房屋约占现有房屋的 80%。如果按这种比例,依据预测结果估算加固费,仅小区内多层砖房可少投资 100 万元左右(一般加固费为 5～10 元/m²,此值按 6 元/m² 计),此项科研经费仅 9 000 元,约占可能少投资费的 1%。可见,开展震害预测的经济效益是很显著的。

表 2　北关小区不同结构类型的多层砖房震害预测的比较

烈度	结构类型	震害程度/%												震害指数	
		基本完好		轻微损坏		中等破坏		严重破坏		部分倒塌		全毁倒平			
		A	B	A	B	A	B	A	B	A	B	A	B	A	B
6	砖混	79.6	73.7	18.2	25.6	2.2	0.7	0		0		0		0.05	0.05
	砖混木	58.2	51.9	38.2	44.3	3.6	3.8	0		0		0		0.09	0.10
	砖木	33.3	29.5	55.6	60.9	11.1	9.6	0		0		0		0.16	0.16
7	砖混	16.5	10.6	37.4	32.2	39.1	50.5	7.0	6.7	0		0		0.27	0.31
	砖混木	3.6	0.5	36.4	40.7	40.0	30.9	18.2	27.7	1.8	0.2	0		0.36	0.37
	砖木	3.2	0.7	17.5	20.0	60.3	66.3	17.4	12.8	1.6	0.2	0		0.39	0.38
8	砖混	0		11.8	7.3	55.2	47.0	29.1	43.5	3.5	2.0	0.4	0.2	0.45	0.48
	砖混木	0		1.8	0.3	40.0	43.2	47.3	42.6	10.9	13.9	0		0.53	0.54
	砖木	0		1.6	0.5	15.9	19.7	58.7	62.4	23.8	17.4	0		0.61	0.59
9	砖混	0		0.4	0.1	13.9	9.6	67.0	67.9	13.9	20.3	4.8	2.1	0.62	0.63
	砖混木	0		0		1.8	0.3	43.7	45.4	43.6	33.5	10.9	20.8	0.73	0.75
	砖木	0		0		1.6	0.5	17.5	26.7	47.6	58.8	33.3	14.0	0.82	0.77
10	砖混	0		0		0		24.8	22.5	36.1	36.9	39.1	40.6	0.83	0.84
	砖混木	0		0		0		3.6	0.6	36.4	41.8	60.0	57.6	0.91	0.91
	砖木	0		0		0		3.2	0.7	11.1	15.9	85.7	83.4	0.97	0.97

表3 北关小区不同建筑形式的多层砖房震害预测

烈度	结构类型	基本完好		轻微损坏		中等破坏		严重破坏		部分倒塌		全毁倒平		震害指数	
		A	B	A	B	A	B	A	B	A	B	A	B	A	B
6	单元式	83.1	80.2	16.9	19.8	0		0		0		0		0.03	0.04
	内廊式	58.6	60.3	37.1	37.6	4.3	2.1	0		0		0		0.09	0.08
	外廊式	73.7	76.9	21.0	20.0	5.3	3.1	0		0		0		0.06	0.05
	教学楼	73.3	68.9	26.7	31.1	0		0		0		0		0.05	0.06
	民　居	64.9	63.2	29.7	31.2	5.4	5.6	0		0		0		0.08	0.08
	其　他	53.9	51.7	41.0	46.0	5.1	2.3	0		0		0		0.10	0.10
7	单元式	18.6	15.9	32.2	24.2	45.8	56.9	3.4	3.0	0		0		0.27	0.29
	内廊式	14.3	10.4	27.1	28.6	45.7	49.8	12.9	11.2	0		0		0.31	0.32
	外廊式	9.5	8.1	42.1	48.0	37.9	36.5	10.5	7.4	0		0		0.30	0.29
	教学楼	13.3	10.1	46.7	37.7	33.3	46.5	6.7	5.7	0		0		0.27	0.30
	民　居	13.5	14.5	32.4	33.8	46.0	41.8	5.4	7.3	2.7	2.6	0		0.30	0.30
	其　他	7.7	4.2	23.1	27.7	41.0	38.1	28.2	30.0	0		0		0.38	0.39
8	单元式	0		15.3	14.7	62.7	52.8	22.0	32.5	0		0		0.41	0.44
	内廊式	0		10.0	6.3	31.4	30.5	48.6	57.5	10.0	5.7	0		0.52	0.53
	外廊式	0		6.3	5.2	56.9	59.8	30.5	31.3	6.3	3.7	0		0.47	0.47
	教学楼	0		13.3	10.1	53.4	50.4	33.3	39.5	0		0		0.44	0.46
	民　居	0		8.1	9.5	39.2	40.2	43.2	39.3	9.5	11.0	0		0.51	0.50
	其　他	0		5.1	2.6	25.6	29.5	43.6	40.8	23.1	21.6	2.6	5.5	0.58	0.60
9	单元式	0		0		16.9	15.4	74.6	73.3	8.5	11.3	0		0.58	0.59
	内廊式	0		0		11.4	8.1	45.7	53.6	32.9	34.5	10.0	3.8	0.68	0.67
	外廊式	0		0		10.5	9.9	63.2	63.9	15.8	19.5	10.5	6.7	0.65	0.65
	教学楼	0		0		13.3	10.2	73.4	75.5	13.3	14.3	0		0.60	0.61
	民　居	0		1.3	2.0	6.8	7.6	40.5	40.8	36.5	33.9	14.9	15.7	0.71	0.71
	其　他	0		0		5.1	2.6	33.3	36.2	35.9	26.7	25.7	34.5	0.76	0.79
10	单元式	0		0		0		27.1	22.4	55.9	56.3	17.0	21.3	0.78	0.80
	内廊式	0		0		0		17.1	12.1	22.9	27.3	60.0	60.6	0.89	0.90
	外廊式	0		0		0		22.1	27.4	34.7	34.1	43.2	38.5	0.84	0.82
	教学楼	0		0		0		26.7	24.2	40.0	36.3	33.3	39.5	0.81	0.83
	民　居	0		0		0		9.5	11.1	21.6	21.8	68.9	67.1	0.92	0.91
	其　他	0		0		0		10.3	7.4	17.9	12.6	71.8	80.0	0.92	0.95

表4 北关小区已加固的多层砖房震害预测

烈度	基本完好		轻微损坏		中等破坏		严重破坏		部分倒塌		全毁倒平		震害指数	
	A	B	A	B	A	B	A	B	A	B	A	B	A	B
6	71.4	74.3	21.4	22.2	7.2	3.5	0		0		0		0.07	0.06
7	0		50.0	68.4	42.9	28.1	7.1	3.5	0		0		0.31	0.27
8	0		0		71.4	78.6	28.6	21.4	0		0		0.46	0.44
9	0		0		0		78.6	79.7	14.3	16.8	7.1	3.5	0.66	0.65
10	0		0		0		14.3	15.6	50.0	46.8	35.7	37.6	0.84	0.84

2-3 安阳小区现有房屋震害预测科研成果通过鉴定

会务组报道 杨玉成执笔

1 引言

根据地震地质资料,河南省北部存在着发生中、强地震的背景。自 1980 年开始,由河南省建委抗震办公室和中国科学院工程力学研究所负责,组织 16 个单位,承担了由原国家建委抗震办公室下达的"豫北安阳小区现有房屋震害预测研究"课题。在两年多的时间内进行了大量工作,经过大力协同、各方配合,现已完成任务,并于 1983 年 11 月 15 日通过鉴定。科研成果鉴定委员会由 18 名教授、副教授、副研究员、高级工程师和主任工程师组成。同济大学副校长徐植信教授任主任委员,清华大学张良铎教授任副主任委员。

2 课题意义

鉴定委员会经过讨论审议后一致认为,现有房屋震害预测研究在国内还是一项新课题。预测地区一旦发生破坏地震后,能够有计划地取得震前与震后的对比资料,这对于深入研究震害分布特点和结构破坏机理、改进设计和预测方法、验证措施效益等有着重要的实际意义和科学意义。它可以作为震前抗震加固、损失估计、经济效益分析等的基本依据,也可用于制定应急计划、城市规划和土地利用规划等,同时对目前正在大面积开展的抗震鉴定和加固工作有着一定的参考价值。

3 研究内容

震害预测研究小区位于安阳市城区的北部,面积近 2 km²。该区内有居民 10 844 户、42 227 人,建筑面积近 70 万 m²,绝大多数房屋是在新中国成立后建造的。其中砖结构房屋占 82.7%,钢筋混凝土结构占 8.9%,砖和钢筋混凝土混合承重结构占 3.6%,土结构占 3.7%,木结构占 1.1%。房屋类型大致可分为六类,

它们分别由下述单位承担震害预测的研究:多层砖房为工程力学所和安阳机械厂,空旷砖房为四川建研所,工业厂房为机械工业部抗震办公室和第六设计院、西北建筑设计院和安阳机床厂,内框架房屋为北京市建筑设计院和河南省建筑设计院,多层框架房屋为建研院抗震所,城镇平房为河南省抗震办公室、安阳地区设计室、河南省地震局和安阳市房管局,安阳市建筑设计所、安阳市抗震办公室协同各单位进行工作。

研究小区中预测震害的房屋是在 1980 年 11 月和 1981 年 5 月分两批逐幢进行现场调查的,并收集有关设计施工资料,实测了典型建筑的动力特性。研究课题的主要任务是预测当遭遇到可能发生的不同烈度的地震影响时,小区内的每一幢房屋的震害,并给出震害分布图。震害程度是按主体结构的破坏程度、非主体结构的破坏程度及修复的难易程度来划分的,通常分为五或六级,即基本完好、轻微损坏、中等破坏、严重破坏和倒塌,倒塌也可再分为部分倒塌和全毁倒平。

4 震害预测的烈度范围

该市抗震设防的基本烈度为 8 度。根据国家地震局和河南省地震局等单位提供的地震地质背景资料,以及工程力学研究所所做的地震危险性分析,该市可能遭受的最高烈度为 10 度,但概率很小;且当遭遇 5 度和 5 度以下的地震影响时,通常认为建筑物是不发生震害的。因此,预测研究小区中现有房屋的震害,按可能遭遇的地震影响为 6~10 度五种烈度进行。

5 研究小区的地质条件

安阳市地形平坦,土层分布较均匀,冲积层厚约 80 m,地下水位埋深 6~8 m。由中南电力设计院和安阳市建筑设计所进行工程地质的勘察和土性分类,由

本文出处:《地震工程动态》,1984 年 1 月,20-22 页。

工程力学所进行土层平均剪切模量的测定和土层反应的动力分析。研究结果表明,整个场区除表层填土对抗震不利以外,其下部亚黏土层较稳定,承载力较高,作为建筑场地一般均较好。鉴定委员会一致认为,整个研究小区内,按Ⅱ类土考虑,不考虑局部场地条件影响是合宜的。

6 现有房屋的震害预测方法

一般以抗震规范和抗震鉴定标准为主要依据,得出房屋的综合抗震能力,并在我国近年来破坏性大地震宏观震害统计资料的基础上,确立判别震害程度的标准。对各类房屋震害预测方法的评价,鉴定委员会一致认为:

(1)多层砖房。以结构强度系数为主要判据,以构造措施等条件做二次判别,并以我国多次破坏性地震中大量的震害统计资料做检验。所以认为这一方法依据可靠、方法合理,可以推广使用。

(2)工业厂房。用树状图方法并参照震害实例做出预测,逻辑思维比较清楚,可以推广使用,但对强度宜做补充规定。

(3)多层框架。逐幢对结构进行了动力计算,但对构造措施不符合规定时如何考虑及仅以层间位移作为判据尚需进一步研究。

(4)空旷砖房。考虑因素比较全面,但宜根据主次有所区别。

(5)内框架。以强度和构造措施的抗震能力指数进行算术平均做出预测,由于这类房屋震害资料较少,尚需进一步积累资料。

(6)城镇平房。量大面宽,种类繁多,难以用统一标准做出可靠评定,对采用一个与震害指数相类似的方法进行综合预测做了探索,对今后预测有参考价值,但尚需与以往震害做对照。

7 震害预测的结果

在研究小区中,对每一幢房屋都预测了当遭到6~10度地震影响时的震害程度,并按不同烈度分别绘出五张预测震害分布图。预测结果表明,安阳市现有房屋的抗震能力从总体来看属一般,当遭遇到8度地震影响时,现有房屋大多数将发生中等或严重破坏,基本完好和倒塌的均较少。但该市房屋较唐山、海城地震区的城镇房屋略差,主要表现为住宅建筑的纵向墙体抗震能力较弱,这在今后的新设计房屋中应加以改善。小区现有房屋的震害预测与我国近年来不同烈度区的震害率相接近。这一预测结果一般来说反映了目前我国以砖结构为主的、不设防或仅少数建筑考虑抗震设防的、具有Ⅱ类场地土的城镇房屋震害率。

对安阳研究小区现有房屋的震害预测结果,鉴定委员会一致认为预测的结果大部分是可信的。但由于震害资料中各类房屋数量多少不一,且有些方法在一定程度上依靠预测者的工程经验和判断,所以其可信度也有所差别。当然,所有这些都有待于未来真实地震的检验,特别是10度地震。

鉴定委员会还建议,在现有成果基础上进一步完善、简化和改进,以便于推广应用,并希望对抗震加固范围及经济效果等做进一步研究。

2-4 豫北安阳小区现有房屋震害预测

杨玉成 等*

1 引言

根据地震地质资料,河南省北部存在着发生中、强地震的背景。1980年以来,国家地震局工程力学研究所和河南省抗震办公室会同其他单位,在该地区最大的城市——安阳市开展了现有房屋震害预测的研究。

安阳市是著名的殷墟所在地,现有人口约50万,市区面积近31 km²,建筑面积约有400万 m²。抗震设防基本烈度为8度。

2 震害预测框图

预测现有房屋的震害,不仅要考虑房屋实际抗震能力的差异,而且要考虑可能遭遇不同烈度地震的影响。当建筑物遭遇5度和5度以下的地震时,通常是不发生震害的,因此预测震害的地震烈度自6度开始。烈度的上限值由对该地区有影响的历史地震资料和地震地质背景来确定。房屋的抗震能力是以我国多次破坏性地震的大量震害经验作为依据,结合抗震设计规范和鉴定标准的规定,用一综合的指数(或树状图)来标志。对于区域性的震害预测,在预测每幢房屋的震害后,还给出震害矩阵和震害分布图;对典型建筑震害分析,不仅预测其震害程度,而且还分析震害发生的部位和发展的过程。

图1为安阳市现有房屋震害预测的框图,下面将按它的主要步骤来讨论震害预测的方法和结果。

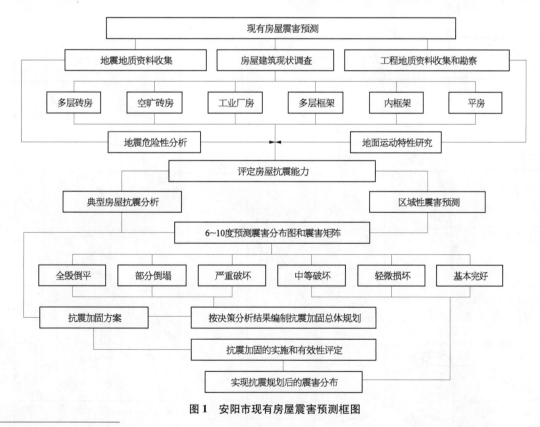

图1 安阳市现有房屋震害预测框图

本文出处:《地震工程与工程振动》,1985年9月,第5卷第3期,39-53页。

* 参加豫北安阳小区现有房屋震害预测专题组的单位有国家地震局工程力学研究所、河南省抗震办公室、四川省建研所、建研院抗震所、机械部抗震办公室、机械部第六设计院、西北建筑设计院、北京市建筑设计院、河南省建筑设计院、安阳地区设计室、河南省地震局、安阳市房产管理局、安阳市建筑设计所、中南电力设计院、国营安阳机械厂和安阳市抗震办公室。

3 地震地质背景和预测震害的烈度

豫北地区位于太行山脉南段东侧,新构造运动强烈,据历史记载,1001—1980 年间,以安阳市为中心的 10 万 km² 范围内,共发生 $M \geqslant 3$ 的地震 120 次,其中 $M \geqslant 5$ 的 23 次,$M \geqslant 6$ 的 7 次,$M \geqslant 7$ 的 2 次。安阳市区附近地震地质构造复杂,被北北东向与北西西向近于正交的断裂所切割,对安阳市影响较大的断裂如图 2 所示,主要有下列各条:

(1)磁县断裂。1830 年在它的附近曾发生 7.5 级大震,当时安阳"城垣、衙署、民舍坍塌十分之五,城郊地面发生裂缝",这是历史上安阳遭受到的最大震害。如果在此复发 1830 年那样的大震,安阳市遭到的最大地震影响可能达到 9 度。

(2)汤阴地堑两侧的断裂。特别是青羊口断裂的北端,一旦发震并延伸到安阳断裂,则安阳市邻近震中,可能遭到的最大地震影响,可达 9 度强。

(3)横贯安阳市的安阳断裂,当其邻近发生强烈地震时,有可能诱发 5 级左右的地震。

(4)从区域地质构造看,安阳市以东 80 km 左右的断裂带,即使未来发生 7.5 级的地震,其影响也不会超过 8 度;以西约 60 km 的断裂虽微震频繁,但震源浅,对安阳的影响不大。根据章在墉和陈达生同志 1982 年春对安阳市的地震危险性分析,该市可能遭受的最高烈度为 10 度,但概率很小。

综上所述,预测安阳市现有房屋的震害,按可能遭遇的地震影响为 6~10 度五种烈度进行。

4 工程地质和场地条件

安阳市地形平坦,土层分布较均匀,大致如图 3 所示。冲积层厚约 80 m,地下水位埋深 6~8 m。对安阳市区场地的研究结果表明:

(1)整个场区除表层填土对抗震不利以外,其下部亚黏土层较稳定,承载力较高,作为建筑场地一般均较好。按照抗震设计规范来划分场地土,除局部零星地区外,均属Ⅱ类。

(2)市区场地土的平均剪切模量为 1.9×10^4 t/m²,最大值与最小值之比只有 1.5,而唐山市区和海城镇的这种比值均高达 3~4。可以推断,安阳市一旦遭遇地震的袭击,不会像唐山、海城那样在市区内

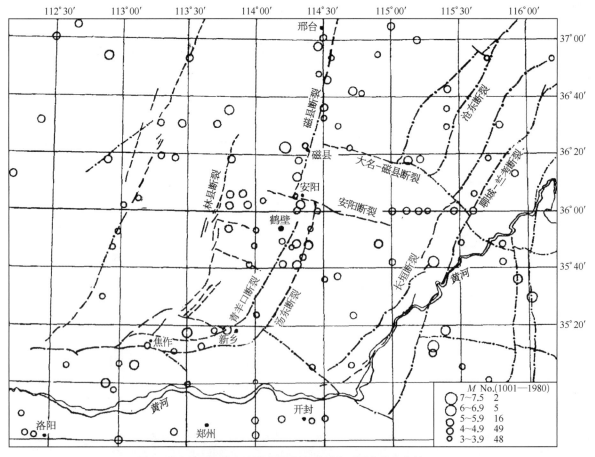

图 2　豫北及近邻地区地震地质图(据鹤壁市地震办公室资料,1981)

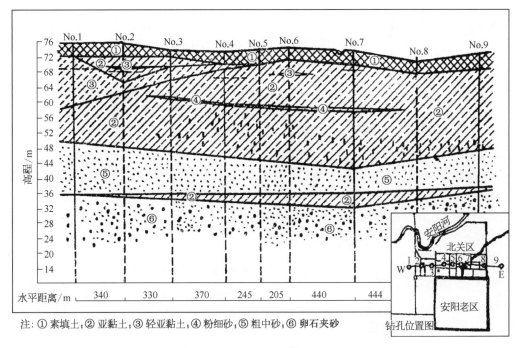

注：① 素填土；② 亚黏土；③ 轻亚黏土；④ 粉细砂；⑤ 粗中砂；⑥ 卵石夹砂

图3 安阳市土层分布（东-西剖面）

出现明显的烈度异常。

（3）用土层反应分析来研究安阳市区的场地效应，其结果表明，除局部不良地段之外，无多大差异。即对同一类建筑物，如果它的上部结构具有相同的抗震能力，在整个研究场区的任何位置，其破坏大致将是相同的；但对不同的建筑类型，周期较长的柔性结构在遭遇8、9度地震时，其破坏程度可能较通常Ⅱ类土层上的为重，从大范围来看，安阳市区地处斗状地堑之中，一旦遭到地震袭击，除低矮的刚性建筑外，一般建筑物的震害程度可能比地堑外的建筑要严重。

（4）市区场地有数层轻亚黏土和饱和砂层。根据颗粒分析和标准贯入击数的研究结果，并考虑地下水位埋深和有效覆盖压力，可认为这些轻亚黏土层不存在液化的可能；而新近沉积的细砂层，在8度地震时有可能液化，但此夹层一般较薄，分布范围较小，对整个市区场地的影响不大。因此，预测现有房屋震害时，可不考虑地基的液化。

综上所述，在预测安阳市现有房屋的震害时，不考虑场区内小区烈度的差异，仅对个别坐落在局部不良地段的房屋考虑场地的影响。

5 房屋现状调查和分类

预测震害的房屋是1980年11月—1981年5月在现场逐幢进行调查的，并收集有关设计施工资料，实测典型建筑的动力特性（共73幢）。

在安阳市的现有房屋中，砖结构占80%以上，钢筋混凝土结构数量不多，有少数平房为木构架或土墙承重。房屋类型大致可分为多层砖房、空旷砖房、工业厂房、城镇平房、多层框架和内框架房六类。其中多层砖房的数量最多，约占建筑总面积的40%，砖平房次之。土和木结构的平房多半是老旧房屋；其他类型的老旧房屋数量很少。在我国《工业与民用建筑抗震设计规范》颁发以前，安阳市只有少数工业厂房考虑抗震设防；规范颁发之后，有些建筑按7度设计，个别按8度；1979年后要求均按8度设防，但缺乏严格的抗震审核。

6 各类房屋的震害预测方法

各类房屋的抗震能力大多以结构的强度作为主要判据，然后考虑结构的整体性和个别构件的破坏对整体的影响，以及结构的动力特性和地基土质条件的影响，进行综合判别。

现有房屋的预测震害程度按主体结构的破坏程度、非主体结构的破坏程度及修复的难易程度来划分，通常分为五或六级：

基本完好——没有震害，或非结构部件偶尔有极轻微的破坏。

轻微损坏——非主体结构局部有明显的破坏，或主体结构局部有轻微的破坏，不影响正常使用，一般只需稍加修理。

中等破坏——非主体结构普遍遭到破坏，或主体结构多处发生破坏，经局部修复或加固处理后仍可使用。

严重破坏——主体结构普遍遭到破坏，或部分有极严重的破坏，须经大修方可使用，或已无修复价值。

倒塌——主体结构部分或全部倒塌，也可将倒塌再分为部分倒塌和全毁倒平两级。

震害程度和抗震能力的对应关系一般是依据我国多次破坏性地震中该类房屋在不同烈度区的统计关系和鉴定标准的要求得出的。

各类房屋震害预测的方法简述如下。

6.1 多层砖房

多层砖房抗震能力指数的大小由强度系数和二次判别系数来确定。强度系数基本上按我国现行抗震设计规范的方法计算。二次判别系数也称为构造系数和场地影响系数，对有些房屋来说比较简单，如按规范设计的建在 II 类场地土上的刚性砖混结构，一般均可不考虑；有些房屋比较复杂，二次判别系数的影响因素众多，而且往往需要预测者具有一定的震害经验和对工程的综合判别能力。

多层砖房的强度系数用第 i 层第 j 段砖墙体的抗震强度系数 K_{ij} 和第 i 层墙体的楼层平均抗震强度系数 K_i 来表示：

$$K_{ij} = \frac{R_{\tau ij}}{2\xi} \cdot \frac{A_{ij}}{k_{ij}} \cdot \frac{\sum\limits_{j=1}^{m} k_{ij}}{\sum\limits_{i=1}^{n} W_i} \cdot \frac{\sum\limits_{i=1}^{n} W_i H_i}{\sum\limits_{i=i}^{n} W_i H_i}$$

$$K_i = \frac{m}{\sum\limits_{j=1}^{m} \dfrac{1}{K_{ij}}}$$

式中：$R_{\tau ij}$ 为第 i 层中 j 墙段抗震抗剪强度；2 为安全系数；ξ 为截面上的剪应力不均匀系数；A_{ij}、k_{ij} 为墙段的净截面面积和侧移刚度；W_i 为集中在 i 层的重量；H_i 为第 i 层的高度；m 为第 i 层中计算方向（横或纵）的墙段数；n 为房屋层数。

多层砖房的二次判别系数用下式表示：

$$K^{\text{II}} = cef/(1+\alpha)(1+\beta)d$$

式中：α 为结构体系影响系数，刚性体系 $\alpha = 0$，非刚性体系根据震害经验，大致按下列情况取值，顶层 $\alpha =$

0.3 ~ 0.5，底层横墙 $\alpha = -(0.1 ~ 0.3)$；β 为扭转影响系数，其值由计算而定；c 为结构强化系数，当纵横墙间均设有钢筋混凝土构造柱时，其值可由计算给出；d 为建筑结构局部不利的影响系数，对于凸出层顶的小楼，动力放大倍数取 2~3；e 为房屋老旧程度和施工不良的折减系数；f 为场地条件影响系数，对安阳市的多层砖房一般取为 1，即不考虑只有个别地基不良的建筑取为 0.7~0.9。

对于多层砖房来说，二次判别系数也可视为强度系数的修正值，它的抗震能力指数同强度系数和二次判别系数的关系式为

$$K = K^{\text{I}} K^{\text{II}}$$

其中，对每一段砖墙体的强度系数，K^{I} 即为 K_{ij}；对于每一层的砖墙体，K^{I} 即为 K_i。预测震害程度的判别标准见表 1。

表 1 多层砖房用抗震能力指数来预测震害的判别标准

项 目		内 容				
烈 度		6	7	8	9	10
K_0	范围	0.05~0.12	0.12~0.19	0.19~0.26	0.26~0.40	0.40~0.70
	中值	0.08	0.15	0.22	0.33	0.55
K_{i0}	范围		0.04~0.06	0.06~0.09	0.09~0.13	0.13~0.23
	中值		0.05	0.07	0.11	0.18
震害程度	基本完好	$(K_{ij}^{\text{I}} K_{ij}^{\text{II}})_{\min} \geqslant K_0$				
	轻微损坏	$(K_{ij}^{\text{I}} K_{ij}^{\text{II}})_{\min} < K_0$ $(K_i^{\text{I}} K_i^{\text{II}})_{\min} \geqslant K_0$				
	中等破坏	$0.6K_0 \leqslant (K_i^{\text{I}} K_i^{\text{II}})_{\min} < K_0$				
	严重破坏	$K_{i0} \leqslant K_i^{\text{I}} K_i^{\text{II}} < \begin{cases} 0.6K_0 (n_0 \geqslant n) \\ 0.7K_0 \left(n_0 > \dfrac{1}{2}n\right) \\ 0.8K_0 \left(n_0 > \dfrac{2}{3}n\right) \\ 0.9K_0 \left(n_0 \geqslant \dfrac{3}{2}n\right) \end{cases}$				
	部分倒塌	非承重墙：$(K_i^{\text{I}} K_i^{\text{II}})_{\min} < K_{i0}$ 承重墙垛：$(K_{ij}^{\text{I}} K_{ij}^{\text{II}})_{\min} < K_{i0}$ 且 $K_i^{\text{I}} K_i^{\text{II}} < 0.7K_0$（$j$ 墙所在楼层）				
	全毁倒平	承重墙：$(K_i^{\text{I}} K_i^{\text{II}})_{\min} < K_{i0}$				

注：K_0—砖墙体开裂临界值（按 1974 抗震规范计算）；K_{i0}—砖墙倒塌临界值；K_{ij}^{I}—第 i 层第 j 段墙体抗震强度系数；K_{ij}^{II}—第 i 层第 j 段墙体抗震能力二次判别系数；K_i^{I}—第 i 层墙体（纵或横）楼层平均抗震强度系数；K_i^{II}—第 i 层抗震能力二次判别系数；n—楼层数；n_0—抗震能力 $K_i^{\text{I}} K_i^{\text{II}}$ 不足的个数，若各层都不满足 $n_0 = 2n$。

6.2 单层空旷砖房①

根据《工业与民用建筑抗震鉴定标准》的规定，并参照海城、唐山和道孚地震中空旷房屋的震害经验总结，对抗震强度和抗震构造措施分别进行评定后，以连续量计分（抗震能力指数）的形式做综合评定。

关于抗震强度，强度核算采用常规的核算方法，即按抗震设计规范求出横向地震荷载后，再依砖石结构设计规范求出排架砖柱的安全系数 K。令规范要求的安全系数为 K_1，且用系数 $m = K/K_1$ 表征某栋房屋砖柱的安全度。当 $m > 1$ 时，砖柱是足够安全的；$m < 1$ 时，柱子有可能破坏。因预测震害分为五类，故 m 值亦分为 $m \geqslant 1$、$1 > m \geqslant 0.8$、$0.8 > m \geqslant 0.4$、$0.4 > m \geqslant 0.1$ 和 $m < 0.1$ 五个区间，分别以 1、2、3、4、5 为抗震能力指数。当砖柱在某一烈度下的抗震能力指数已为 5 时，则再高一度的抗震能力指数取为 6，并依次类推。指数越大抗震能力越低。

关于抗震构造措施，抗震构造措施的评定内容为《工业与民用建筑抗震鉴定标准》第五章"单层空旷砖房和单层砖柱厂房"所列各项，同时考虑附属房屋（前、后和侧厅）的影响。由于震害分为五类，故对每项抗震构造措施的评定亦分为五级。依该项措施的重要程度（标准提出的应设措施为重要措施，宜设措施为非重要措施）、满足程度和质量好坏，分别给以 1.1、2.2、3.3、4.4、5.5（重要措施）和 0.9、1.8、2.7、3.6、4.5（非重要措施）五个等级的抗震能力指数。当某项要求未指明适用于某烈度时，或者各个烈度均适用时，则以 7 度为准，分别给以上列指数；6、8、9 和 10 度的抗震能力指数则按 7 度的指数分别减一级（7 度为第一级时不减）、加一级、加两级和加三级。当某项措施对 7、8 和 9 度有不同的要求时，则 7、8、9 度按要求分别按不同情况给一至五级的抗震能力指数，6 度依 7 度的指数减一级（7 度为第一级时不减），10 度依 9 度的指数加一级。对各项措施得到的抗震能力指数求算术平均值，即为该房屋属于抗震构造措施方面的抗震能力指数。

对强度和构造措施的抗震能力指数求算术平均值，即为房屋的综合抗震能力指标，并给出相应的震害预测。平均指数小于 1.5 时，房屋基本完好；平均指数为 1.5~2.49、2.5~3.49、3.5~4.49 和大于 4.5 时，房屋的震害分别为损坏、中等破坏、严重破坏和倒塌。

6.3 内框架房屋②

强度不足是内框架房屋墙柱破坏的主要原因，施工质量、平面布局、体型、地基情况等都影响着房屋的抗震性能。但是要以确切的"数量"来表示内框架房屋的震害预测结果，还有不少困难，在这次预测中仅做初步尝试。

确定抗震强度以现行抗震规范和鉴定标准为基本准则，对有条件的工程按规范规定的方法，以墙体强度作为主要因素进行计算，用算得的安全系数与规范和鉴定标准的规定进行比较。采用下述关系式：

$$I_1 = (1.1 \sim 0.25)K_7$$
$$或 I_1 = (1.13 \sim 0.39)K_8$$
$$或 I_1 = (1.1 \sim 0.43)K_9$$

式中：I_1 为按房屋墙体抗震强度估计的指数；K_7、K_8、K_9 分别为在 7、8、9 时计算所得的墙体平均安全系数。

关于构造因素，根据房屋的体型（如有无高低错落）、结构布置（如横墙间距、层高、承重形式、单排柱还是双排柱或多排柱）、构造措施等有利条件和不利条件来分析薄弱环节，对照震害实例的分析，估计在多大烈度下会在哪些部位出现问题。采用下述关系式：

$$I_2 = 0.137L + 0.001\,9a + 0.071\,6n + 0.131h + \\ 0.081\,6/p + 0.005\,61\,\bar{a} + 0.263t - 1.691$$

式中：I_2 为按房屋的构造特征估计的指数；L 为房屋遭受的地震烈度，如为 8 度则 $L = 8$；a 为房屋最大横墙间距(m)；n 为层数；h 为平均层高(m)；p 为柱排数；$\bar{a}$ 为横墙平均间距，$\bar{a} =$ 房屋长度 / 横墙道数(m)；t 为房屋体型，按 0.2~0.8 取值，平面布置合理且立面无高低错落者取 0.2，平面布置很不合理且立面有高低错落者取 0.8。

在估计房屋的震害时，采用下述综合式：

$$I = \frac{I_1 + I_2}{2} + \Delta I$$

式中：ΔI 为根据房屋的施工质量、地基状况、使用情况、老化程度及其特殊因素而定的调查值，在 -0.2~0.2 选用。

对预测 6 度与 10 度时的震害，不能用上式估算，但可从 7 度和 9 度的计算结果向外延伸，并参考 I_2 的计算结果。综合指数与预测震害的关系：$I = 0$ 为基本完好；$I = 0.2$ 为轻微损坏；$I = 0.4$ 为中等破坏；$I = 0.6$ 为

---

① 四川省建研所廖书堂执笔。
② 北京市建筑设计院寿光执笔。

严重破坏;$I \geqslant 0.8$ 为倒塌。

6.4 多层全框架房屋[①]

预测框架房屋的震害主要是根据抗震规范、鉴定标准和《高层建筑结构设计与施工规定》,同时参照钢筋混凝土结构地震震害的资料。由于框架房屋数量少,只有 5 幢,因此在预测其震害时,是逐幢对结构进行常规计算和构造鉴定的,此外还对其中两栋进行了弹塑性分析和输入地震波分析。在计算中,结构基本周期采用脉动法实测周期乘以 1.2 的系数计算,结构刚度按 D 值法计算,结构振型按豪尔塞法计算。

现以安阳饭店为例。该建筑是一栋七层(局部八层)的现浇框架结构。建造场地土为 II 类。对此结构进行了如下几种验算。

6.4.1 强度验算

该结构的横向抗震能力较弱,故仅做了横向的强度验算。其结构影响系数 C 值见表 2。按规范要求,7、8 度均满足,9 度不满足。

表 2 结构影响系数 C 值

烈 度	C 值	
7	底 层	0.67
	四 层	0.68
8	底 层	0.34
	四 层	0.35
9	底 层	0.17
	四 层	0.18

6.4.2 简化弹塑性分析

层间位移和变位角的计算结果见表 3。表中 $\Delta_P^S(1)$ 为底层弹塑性层间位移(也就是最大层间位移);$\Delta_P(N)$ 为结构顶点弹塑性位移。根据有关试验资料,框架的层间变位角在小于 $1/100 \sim 1/150$ 时处于弹性范围,故 9 度时该结构可能进入弹塑性状态,而有较重破坏。

表 3 层间位移和变位角的计算结果

烈度	位移/cm		变位角
7	$\Delta_P^S(1)$	0.33	1/1 000
	$\Delta_P(N)$	1.33	1/20 000
8	$\Delta_P^S(1)$	1.10	1/300
	$\Delta_P(N)$	3.23	1/800
9	$\Delta_P^S(1)$	3.48	1/90
	$\Delta_P(N)$	6.66	1/400

6.4.3 输入地震波分析

取了两片有代表性的框架,输入加速度最大峰值为 $0.2g$ 的天津地震波,进行平面框架地震反应分析,其结果见表 4 和表 5。

表 4 中部七层框架地震反应分析

层次	位移/cm	层间位移/cm	变位角	层间剪力/t
1	2.14	2.14	1/148	23.85
2	5.58	3.52	1/94	25.14
3	9.43	4.14	1/80	26.87
4	13.30	3.91	1/84	25.78
5	15.48	2.75	1/120	18.74
6	17.00	1.96	1/212	9.44
7	17.31	0.86	1/523	2.74

表 5 带水箱八层框架地震反应分析

层次	位移/cm	层间位移/cm	变位角	层间剪力/t
1	2.17	2.17	1/145	24.22
2	5.39	3.27	1/101	24.56
3	8.40	3.25	1/102	23.30
4	10.64	2.74	1/120	19.40
5	11.94	3.07	1/167	20.79
6	13.97	4.41	1/94	19.56
7	17.85	5.91	1/91	14.57
8	18.45	0.97	1/330	4.03

输入地震波的计算表明,框架梁柱杆件全部开裂,有若干梁端出现塑性,某些层进入塑性状态。

6.4.4 扭转验算

由于该建筑的质量中心与刚度中心偏心约为建筑总长度的 1/8,故考虑了扭转影响。根据计算,扭转对承受水箱的边框架产生的影响最大,因此将加重破坏程度。

此外,该结构大部分柱截面较小($25\ cm \times 37\ cm$),轴压比不小,都大于 0.4。柱内箍筋采用 6 mm 直径钢筋,箍筋间距大,配筋率为 0.09%,节点核心区未设置箍筋。填充墙未与框架连接。

综上所述,该建筑在不同烈度时的破坏程度如下:6 度为基本完好;7 度为轻微损坏,填充墙出现裂缝;8 度为中等破坏,框架梁柱有较大裂缝;9 度为严重破坏;10 度为倒塌。

---

① 建研院抗震所尤明英执笔。

此外,该建筑南北两边各与一栋五层砖混结构相连,相接处仅设置一道沉降缝,估计因碰撞会加重破坏。

6.5　城镇平房①

平房量大面广,建筑结构很不统一,评定抗震能力的标准很难掌握一致,经反复实践和试用分析,采用了一个简单的综合指数来评定抗震能力,并与宏观烈度的评定工作相对应,来进行震害预测。

城镇平房抗震能力指数 K 由房屋鉴定项目分项指数综合而得。分项指数并不按强度和构造分为两大类,而是将对房屋抗震能力起作用的各个部件都作为一项,如砖墙承重平房,综合指数为墙体厚度、横墙间距、砂浆标号、檐高、圈梁、门窗、孔洞、屋盖、施工质量等 12 个分项指数的乘积,每一个部件当满足抗震规范或鉴定标准要求时为 1,不满足的按程度逐级下降。

每一幢房屋的综合指数在现场调查表中便给出,在一个小区中某一类房屋平均耐震指数为

$$\bar{X} = \frac{F_1 K_1 + F_2 K_2 + \cdots}{F_1 + F_2 + \cdots} = \frac{\sum FK}{\sum F}$$

式中:F_1、F_2 为每幢房屋建筑面积;K_1、K_2 为每幢房屋耐震指数。

同时还可得出该类房屋的抗震能力指数分布曲线。平房按承重体系分砖墙、木骨架和土坯墙三类,每一类房屋在某一烈度时不同破坏程度的百分率参照 1980 年修正的烈度表的基础资料,以及我国多次破坏性地震中各类平房的宏观震害资料初步确定。这样便可按抗震能力指数的大小来排队,得到每一平房与预测震害程度的对应关系。

这种预测方法是基于目前我国仍将平房的宏观震害作为评定宏观烈度的主要参照物,同时按上述方法也考虑了不同房屋实际抗震能力的差异,故在初步给定破坏率后,还再抽查各类房屋 30 幢以上,适当修正破坏率,从而确定预测震害与抗震能力指数的关系。

平房分东、中、西三个区同时进行工作,东、中两区采用了上述方法,西区数量较少,是逐幢分析进行评定的。

6.6　单层工业厂房②

单层工业厂房震害预测的方法是建立在震例调查的基础上的,具有震害程度"量"的概念。

根据单层厂房震害的特点,它的抗震能力取决于

天窗、房盖、柱、墙四个部件的结构强度和构造措施及场地的影响。预测单层工业厂房的震害,是先分别预测这四种构件在不同烈度时的震害程度,再由最薄弱环节的震害及其对整幢房屋的影响,综合评定该厂房的震害程度。

震害评定采用树状图,它综合多种因素,对比类似震例,除考虑强度之外,着重归纳了有关单层厂房抗震性能的构造特征,并和鉴定项目相对应,按照评定者的思维逻辑编制成程序。即分别按照不同地震烈度把各部位结构特征和可能发生什么震害编成树状图。树状图的分枝末端代号表示预测各部位受损导致的建筑物震害等级,这些预测结论是综合震例资料确定的,再用逐个震例来检验,逐步调整,使它比较符合一般规律。运用树状图预测震害速度快、结论明确,不需要繁重的计算,还能够指出结构的薄弱环节及加固措施。

单层工业厂房在遭遇 7、8、9 度地震时的预测震害绘有详尽的树状图。6 度地震时,单层厂房一般无大震害,只是墙体等发生局部裂缝,个别结构有重大缺陷,如结构不稳定、结构已经严重腐蚀等,可能发生重大震害。10 度地震的震害预测主要参照唐山地震中类似厂房的震害进行估计。

7　研究小区震害预测结果

在安阳市选择北关小区进行区域性震害预测的研究,该区面积近 2 km²,建筑面积近 70 万 m²,小区内各类房屋的数量列于表 6。其中砖结构房屋占 82.7%,钢筋混凝土结构占 8.9%,砖和钢筋混凝土混合承重结构占 3.6%,土结构占 3.7%,木结构占 1.1%。

表 6　安阳市北关小区现有房屋数量统计表

房屋类型	幢　数	建筑面积/m²	百分率/%
多层砖房	352	291 375	42.5
工业厂房	62	69 425	10.1
空旷砖房	80	40 109	5.9
多层框架	5	24 007	3.5
内框架	11	15 940	2.4
平　房	15 626(间)	244 342	35.6
总　计		685 198	100

对研究小区中每一幢房屋都预测了当遭到 6~10 度地震影响时的震害程度,表 7 为研究小区现有房屋

---

①　安阳地区设计室何文超执笔。
②　机械部第六设计院陶谋立执笔。

的预测震害矩阵，若按所给出的结果，与我国不同烈度区的震害概率的期望值相接近。这一预测结果一般来说反映了目前我国以砖结构为主的、不设防或仅少数建筑考虑抗震设防的、具有Ⅱ类场地土的城镇房屋震害率，研究小区的预测震害矩阵，基本上可反映安阳市区的震害，其中老城区中的旧平房较多，震害要比研究小区严重些。

表7　安阳市北关小区现有房屋预测震害矩阵

震害程度	单位	烈度				
		6	7	8	9	10
基本完好	m²	497 255	169 326	18 102	0	0
	%	72.6	24.7	2.6		
轻微损坏	m²	160 592	253 145	115 678	9 134	43
	%	23.4	37.0	16.9	1.3	0
中等破坏	m²	26 388	214 735	300 569	132 022	331
	%	3.9	31.3	43.9	19.3	(0.05)
严重破坏	m²	925	43 720	212 070	372 673	200 046
	%	0.1	6.4	30.9	54.5	29.2
倒塌	m²	38	4 272	38 779	171 369	484 778
	%	0	0.6	5.7	25.0	77.8

8　抗震加固

自1978年以来，安阳市加固了一些房屋，它们大多是多层砖房。加固措施多数采用外加钢筋混凝土构造柱，钢筋混凝土（或钢）圈梁和钢拉杆，也有采用面层来增强砖墙体的。这些房屋在未加固前抗震能力一般较差，加固后的预测平均震害程度以多层砖房为例，与研究小区中全部多层砖房的平均震害程度相接近。

从抗震总体规划出发，考虑到当前的国民经济条件和抗震技术水平，在安阳市需要加固的一般房屋为预测在8度（基本烈度）时发生严重破坏或更严重的震害，同时在9度时可能倒塌的房屋，这在研究小区中占25%，其中除去已无加固价值和可以不加固的房屋（即使倒塌也不致伤人和砸坏重要设备的房屋），需要加固的房屋约为20%。我们认为，为保障人民生命财产安全，按抗裂抗倒双重设防准则来确定需要加固的房屋，在我国目前的条件下是比较适宜的。对重要的房屋，需加固的房屋预测震害应比一般房屋轻一挡。

我们还对17幢房屋（多层砖房6幢[①]、空旷砖房5幢、内框架房屋1幢、工业厂房5幢）做出了抗震加固的设计施工图或具体实施方案。

9　结语

通过小区震害预测的研究，可归纳出以下几点结论：

（1）该地区的场地条件一般属Ⅱ类场地土，对震害的影响并无明显差异，但当遇到强烈地震时，柔性结构可能比一般Ⅱ类土层上的震害要严重些。

（2）安阳市现有房屋的抗震能力从总体来看属一般，当遭遇到8度地震时，现有房屋大多数将发生中等或严重破坏，基本完好和倒塌的均较少。但该市房屋较唐山、海城地震区的城镇房屋略差，主要表现为住宅建筑的纵向墙体抗震能力较弱，这在今后新设计的房屋中应加以改善。

（3）当前在地震区普遍开展抗震加固工作，通过预测，对现有房屋的抗震性能可做到心中有数，给抗震管理部门提供了依据，以便克服盲目性，分清轻重缓急，合理安排加固工程。

震害预测实际上是对现有建筑进行一次综合性的全面鉴定，因此对于抗震加固和节约资金有现实意义。安阳市原计划需要加固的建筑约占总建筑面积的80%，以小区为例，该区建筑面积为68.5万 m²，预测结果表明，从目前的技术和经济水平来看，有20%~30%的房屋需要进行加固处理，比原设想的可减少30万 m²。因此，现有房屋的抗震加固应在震害预测的基础上进行，以提高抗震加固的有效性和经济效益，按每平方米10元计算，即可节约国家投资约300万元。该课题的研究经费不到小区内可节约加固费的2%。

（4）震害预测是城市抗震规划和地震防灾的前提和主要内容，它为合理制定地震防灾规划提供了依据，为制定临震时多种抢险救灾方案提供了条件。

在安阳市凡预测为遭受8度地震时可能倒塌的房屋，建议有关部门及早采取抗震防灾措施；而预测为9度时不发生严重破坏，同时在10度时仍不倒塌的房屋，经有关部门认真复核后可作为抗震防灾中的安全岛。

---

①　国营安阳机械厂陆锡蕾（见本书5-17文）。

2-5 辽宁三市典型多层砖住宅抗震性能评定和震害预测

陈金华[**]　杨　柳　王敏权[*]　苏志奇[**]　杨雅玲　杨玉成

1 引言

辽宁现有的多层住宅建筑绝大多数是砖混结构的房屋。这种由脆性材料建成的房屋在我国几十年来的地震中遭到了很大的破坏。1975年海城7.3级地震是这一地区最大的破坏性地震。为减轻潜在的地震损失,大连、丹东和锦州三市被列为重点抗震防灾城市。因此,我们对这三个城市中一些较有代表性的多层砖住宅进行了抗震性能评定与震害预测研究,以期为抗震加固、改进抗震设计和在城市规划中考虑抗震防灾提供依据。

大连、丹东、锦州三市的基本烈度均为7度。三市的多层砖住宅大多数是在海城地震以后建造的,一般按TJ 11—1974抗震规范设计,较多采用辽宁省住宅通用设计标准图(以下简称辽住)或各市自行设计的不同类型的通用图。本文选取了这三市中的29幢多层砖混住宅,其中大连7幢、丹东8幢(包括2幢加气混凝土砌块楼)、锦州8幢(包括已加固房屋1幢)和辽宁住宅通用设计标准图的不同组合型6幢,按双重设防准则判断抗裂抗倒能力,预测当遭受6～10度地震影响时的震害。计算分析中,墙体的砂浆标号以现场用砂浆回弹仪所测的回弹值为准,对不便回弹的房屋均按设计标号取值。

三市多层砖住宅建筑概况(略)。

2 双重设防准则与砖墙体抗震强度系数

在一般抗震设计中,地震荷载是给定的。要求设计者根据设防标准按规范规定验算墙体的抗震抗剪强度。然而,满足规范要求的房屋在遭遇到预定的地震影响时是否开裂,超过预期烈度多大开始倒塌都是不清楚的。按抗裂抗倒双重准则,不仅可以判断在遭遇到相当设计烈度的地震影响时的房屋震害,而且可判断在遇到意外大震时的震害程度,以及能经受住高于设计烈度多大的打击而不倒塌。它的计算方法是先计算出砖墙体的抗震抗剪强度,然后由抗震抗剪强度和地震荷载的分配关系计算出房屋各层的每个墙段的抗震强度系数K_{ij}和每层的横(纵)向平均抗震强度系数K_i。K_{ij}是衡量多层砖房第i层第j段墙体抗震能力的指标;K_i是衡量多层砖房第i层横(纵)向墙体的平均抗震强度的指标。

对大连、丹东、锦州三市典型多层住宅和辽住标准图,用电算分别算出每幢房屋的各段墙体的抗震强度系数K_{ij}和每层横(纵)墙体平均抗震强度系数K_i,得到各层墙体的抗震强度系数最小值和平均值,可见底层的抗震强度系数一般较小,而顶层较大。这表明地震中呈剪切型破坏的多层砖住宅往往出现底层破坏重、上层较轻的震害现象。对于各层楼采用不同砂浆标号砌筑的房屋,砂浆标号突变的楼层其K_i值亦突变。譬如有许多五层房屋,一、二和五层用50号砂浆砌筑,三、四层用25号,则计算表明,K_i值在三层发生突变,三层成为各层中最薄弱的楼层。此外,多层砖住宅的纵向墙体开启门窗洞口较多,其抗震强度系数普遍弱于横向墙体。

丹东的两幢砌块楼也依此计算,因无震害经验,结果仅供参考。

3 震害预测的结果

3.1 震害程度的分类

大量震害表明,刚性多层砖住宅的震害主要是砖墙体的剪切破坏,即在墙体上出现斜向或交叉裂缝,严重者滑移、错位、酥碎、散落,直至丧失承载能力而倒塌。多层砖住宅的震害程度一般分为基本完好、轻微

本文出处:《第一届全国地震工程会议论文集》,E-11-1-9,上海,1984年3月。

[*] 辽宁省建筑科学研究所。

[**] 辽宁省建委抗震办公室。

损坏、中等破坏、严重破坏、部分倒塌和全毁倒平六类。

3.2 震害预测结果

这 29 幢砖混住宅结构体系属性均属刚性。在取得设计、施工和房屋现状等资料后，计算墙体的抗震强度系数，并依此作为主要判据，对多层砖住宅进行震害估计；再综合考虑影响结构抗震的各种因素，如建筑场地条件的影响、纵横墙体的连接强度是否确保、有无强化措施、有无不利因素等，进行二次判别，给出房屋震害的预测结果。

这些多层砖住宅一般都具有体型规整、建筑结构对称、质量和刚度分布均匀的特点。纵观三市典型多层砖住宅，可以看出不利抗震的因素主要有以下几点：

（1）纵墙承重，火炕上楼的房屋结构体系不尽合理。火炕增加了地震荷载，经估算，有火炕的房屋与无火炕的同样房屋相比，其可抗御的地震烈度约降 1/4 度。

（2）凸出屋顶的水箱间，局部极易破坏和容易带来次生灾害。

（3）楼梯间外纵墙从下至顶用混凝土预制块或砖砌筑的花格窗，破坏了纵墙的连续性，削弱了纵向抗震能力。

（4）以 1/4 砖砌筑的间隔墙与两侧墙体无拉结措施，地震时易失稳倾覆。

（5）用 6 cm 厚立砖砌筑阳台扶手，容易破坏；有些烟道、通风道和垃圾道设计不够合理等。

上述不利于抗震的因素在震害预测中予以适当考虑。然而，在这些住宅中未见有因主体结构的局部不利因素而可能造成震害明显加重之处。同时，这些住宅都无构造柱，仅按一般 7 度设防设置构造措施，故不必考虑抗震强化系数。已加固的一幢房屋按加固有效考虑，预测震害时适当提高该房屋的抗震能力。

三市典型多层砖住宅的纵横墙连接强度，从施工情况来看，无论是先砌外墙、留马牙槎、再后砌内墙，还是先砌内墙，后砌外墙，一般能按照抗震构造要求设置拉结筋和圈梁。因此，在预测震害时，可认为这些房屋的整体性和纵横墙间的连接强度能够得到保证。

场地条件对多层砖住宅的震害影响是明显的，预测震害时必须充分重视。本文预测的大连、锦州两市的多层砖住宅，一部分建在基岩及其风化层上，一部分建在Ⅲ类土上。对前者，场地土质影响系数在地震烈度 6~9 度时取 1.2，10 度时取 1.5；对后者，各种烈度下均取 1.0。丹东建在淤泥质黏土上且用灌注桩基础的房屋，场地土质影响系数也取 1.0。对辽住标准图均按Ⅱ类场地土质条件进行震害预测。

以墙体抗震强度系数为主要判据，同时考虑其他有利于和不利于抗震的因素，再对照判别标准预测震害。

三市 29 幢住宅的抗震强度系数（各层）和预测震害（逐幢）的表 1（略）。

4 结语

（1）大连、丹东、锦州三市海城地震后建造的多层砖住宅一般符合 7 度抗震设防要求。在遭遇地震烈度 6 度时，大都基本完好；7 度时明显有裂缝；8 度时多为严重破坏，个别中等破坏；9 度时多为严重破坏，个别外墙倒塌；10 度时多为全毁倒平。

（2）五六层横墙承重的多层砖住宅，顶层墙体采用 50 号砂浆，必要性不大，可以降低为 25 号，节省下来的水泥可用于提高下层墙体的砂浆标号，以增强底层或中间层的抗震能力。如将五层住宅的第三层由 25 号改为 50 号砂浆，这样未增加任何费用，又提高了房屋的抗震能力。

（3）为更有效地进行抗震加固和节约资金，建议抗震加固工作应在震害预测的基础上进行。本文所涉及的一幢加固房屋，并不需要加固。

（4）多层砖住宅纵墙的抗震能力普遍较横墙弱，建议设计多层砖住宅通用标准图时，适当提高纵向墙体的抗震能力。

（5）五六层砖住宅不宜火炕上楼。凸出屋顶的水箱间地震时容易破坏和带来次生灾害，在可能的条件下，建筑群以集中供水供暖为宜。用立砖砌筑的 6 cm 厚间隔墙地震时易失稳倾覆，应切实做好与两侧墙体的连接。阳台扶手也不宜用立砖砌筑。楼梯间外墙不宜从下至顶做成缺乏水平传力构件的通长花格窗洞。

2-6 京津唐多层砖住宅震害概率预测[*]

杨　柳　杨玉成　杨雅玲　高云学

1 引言

北京、天津和唐山地区是我国地震重点监测地区。在 1976 年唐山大地震中,唐山市多层砖房的大量倒塌使人民生命财产蒙受了巨大的损失,北京和天津两市的多层砖房也遭到不同程度的破坏。为了提高三市多层砖房的抗震能力和减少未来地震的潜在危害,大震后对原有抗震能力较差的房屋进行了抗震加固,对新建房屋均按 8 度设防。本文对人们普遍关切的京津唐的多层砖住宅在未来地震中的潜在震害进行了预测,给出确定性震害、震害概率和全概率。并将唐山大地震前、后设计的房屋做了对比,选取的样本均为三市中标准设计的住宅,见表 1。

表 1 京津唐三市标准砖住宅的预测震害

房号	房屋名称	层数	层高/m	设计砂浆标号	设防标准	预测震害					易损性系数
						6	7	8	9	10	
1	北京 1974 住-1	5	2.95	75,50,25,25,25	7 度	●	+	×	×	▲	0.52
2	天津 1974 住-2	5	2.9	50,50,25,25,25	7 度	●	○	+	×	△	0.40
3	天津宅 1963-402	4	3.0	25,25,10,10	不计加固	●	+	+	×	△	0.44
4	唐山人民楼住宅	4	3.0	50,25,25,25		●	○	+	×	▲	0.44
5	唐山跃进楼甲型	3	3.0	25,10,10		●	+	+	×	▲	0.48
6	唐山跃进楼丙型	3	3.0	25,10,10		○	+	×	×	▲	0.56
7	北京 1980 住 2-5(5)	5	2.7	100,75,50,50,50	8 度	●	○	+	+	×	0.36
8	北京 1980 住 2-5(6)	6	2.7	100,100,75,50,50,50	8 度	●	○	+	+	×	0.36
9	天津 1980 住 5-5	5	2.7	100,100,50,50,25	8 度	●	○	○	+	×	0.28
10	天津 1983 住 1-5	6	2.7	100,100,75,50,50,25	8 度	●	○	+	+	×	0.32
11	唐山 1970 住-3	3	2.8	75,50,50	8 度	●	●	○	+	×	0.24
12	唐山 1980 住-4	4	2.8	100,75,50,50	8 度	●	●	○	+	×	0.24

京津唐三市潜在地震的危险程度采用本项研究课题中陈达生教授 1987 年的分析结果,预测震害的烈度范围为 6~10 度。多层砖住宅的预测震害程度分为六级:基本完好、轻微损坏、中等破坏、严重破坏、部分倒塌和全毁倒平,分别用符号●○、+、×、△、▲表示。震害指数域为 0~1.0,表征各级震害程度的震害指数分别为 0.0、0.2、0.4、0.6、0.8 和 1.0。为了表征房屋的抗震能力,便于进行各类房屋之间抗震能力的比较,取各烈度的震害指数 I_i 的平均值 F_V 为易损性系数,F_V 如下所示:

$$F_V = \frac{1}{5} \sum_{i=6}^{10} I_i$$

显然,易损性系数越大,则房屋抗震能力越差,地震中越容易损坏,若 $F_V = 1$,则房屋遇有 6 度地震,就会一塌到底;反之,易损性系数越小,抗震能力则越强,若 $F_V = 0$,即使遇有罕见的大震,房屋也安然无恙。

本文出处:国家地震局工程力学研究所研究报告,1985 年;中美地震工程合作研究项目"地震危险性分析与现有房屋震害预测研究"报告集,1989 年,245-254 页(见本书附录 2 论文目录)。

* 本文为地震科学联合基金资助项目"京津冀地区地震烈度区划和现有房屋震害预测"中的一部分研究内容。该课题由刘恢先研究教授院士负责。

2 确定性震害的预测

京津唐三市多层标准砖住宅的震害预测,采用本书 2-1 文的方法,北京和唐山按Ⅱ类场地土计,天津的场地土对刚性砖房有利,由震害统计分析所得的场地有利系数为 1.2,预测结果和易损性系数也在表 1 中给出。

从预测结果可明显看到,京津唐三市在唐山大地震后建造的多层砖住宅抗震性能均有提高,预测震害显著减轻,易损性大为降低。大震前的 6 幢标准住宅,它们的抗震能力基本达到 7 度要求,平均易损性系数为 0.47。三市按 8 度设防的住宅,遇 9 度大震不倒,即使遭遇罕见的 10 度地震也不致倒毁。北京的房屋易损性系数为 0.36,天津的为 0.28 和 0.32,三四层的唐山房屋易损性系数更低,为 0.24。这些房屋在遭遇设防烈度 8 度的地震影响时,仅部分砖墙可能会出现裂缝,构造柱一般不致受到破坏,在地震后可修复。

3 震害概率的预测

在某一烈度(I_i)下多层砖住宅达到和超过 D_J 震害程度时的震害(破坏和倒塌)超越概率如下所示:
$$P_i(D_J) = P(D \geq D_J \mid I_i)。$$

求在遭遇不同地震影响时的破坏超越概率和倒塌超越概率,先按本书 2-1 文计算抗震强度系数,再用本书 2-18 文的方法,由文中图 5 和图 6 查得。这些标准砖住宅的预测结果列在表 2。预测时用墙体抗震强度系数最小值求震害程度为轻微损坏的超越概率;用楼层抗震强度系数的最小值求震害程度为中等破坏的超越概率,并用它的 1.67 倍求震害程度为严重破坏的超越概率;用非承重墙体(纵墙)的楼层抗震强度系数最小值求部分倒塌的超越概率,用承重墙体(横墙)的楼层抗震强度系数最小值求震害为全部倒塌的超越概率。对于一般为横向承重的住宅来说,纵向抗震能力均比横向弱,破坏和部分倒塌的震害均由纵墙控制。中等破坏的超越概率可称为破坏概率,指中等破坏至全部倒塌的震害。部分倒塌的超越概率称为倒塌概率,指部分倒塌和全部倒塌的震害。

表 2 京津唐三市多层砖住宅的震害超越概率

房号	5 ●	5 ○	6 ●	6 ○	6 +	7 ●	7 ○	7 +	7 ×	8 ○	8 +	8 ×	8 △	9 ○	9 +	9 ×	9 △	9 ▲	10 ×	10 △	10 ▲
1	1.0	0	1.0	0.09	0	1.0	0.87	0.53	0.02	1.0	0.88	0.56	0	1.0	0.99	0.88	0.27	0.01	1.0	0.93	0.49
2	1.0	0	1.0	0.05	0	1.0	0.78	0.23	0	0.98	0.77	0.19	0	1.0	0.98	0.77	0.05	0	1.0	0.75	0.03
3	1.0	0	1.0	0.01	0	1.0	0.65	0.32	0.03	0.93	0.84	0.25	0	1.0	0.98	0.83	0.09	0	1.0	0.83	0.26
4	1.0	0	1.0	0.05	0	1.0	0.80	0.27	0	0.97	0.80	0.23	0	1.0	0.98	0.78	0.06	0	1.0	0.76	0.40
5	1.0	0	1.0			1.0	0.88	0.42		1.0	0.87	0.35	0	0.99	0.85	0.15	0.01		1.0	0.88	0.49
6	1.0	0	1.0	0.19	0.01	1.0	0.91	0.58	0.02	1.0	0.91	0.49	0	1.0	0.99	0.90	0.28	0	1.0	0.96	0.39
7	1.0	0	1.0	0			0.60	0.07	0	0.92	0.58	0		0.99	0.93	0.33	0		0.96	0.03	0
8	1.0	0	1.0	0			0.68	0.15	0	0.96	0.70	0		0.97	0.48	0			0.99	0.16	0
9	1.0	0	1.0	0			0.40			0.87	0.38			0.98	0.87	0.05			0.87		
10	1.0	0	1.0	0			0.55	0.03		0.90	0.47			0.97	0.90	0.17			0.89		
11	1.0	0	1.0	0			0.03			0.52	0.18			0.92	0.75	0			0.46		
12	1.0	0	1.0	0			0.36	0.01		0.84	0.39			0.98	0.87	0.05			0.81		
1~6(平均)			破坏概率 0			破坏概率 0.39				破坏概率 0.05				破坏概率 0.90		倒塌概率 0.15			倒塌概率 0.85		
7~10(平均)			破坏概率 0			破坏概率 0.06				破坏概率 0.53				破坏概率 0.92		倒塌概率 0			倒塌概率 0.05		
11~12(平均)			破坏概率 0			破坏概率 0.01				破坏概率 0.28				破坏概率 0.81		倒塌概率 0			倒塌概率 0		

从表 2 可见,当遭遇 6 度地震影响时,按 8 度设防的多层砖住宅无震害;符合 7 度设防的房屋有一幢破坏概率为 0.01,其余均为 0。7 度时,按 8 度设防的多层砖住宅的平均破坏概率京津五六层的为 0.06,唐山三四层的为 0.01,京津两市唐山大地震前的多层砖住宅平均破坏概率为 0.36,表明少数遭受破坏。8 度时,按 8 度设防的五六层住宅,破坏概率达 0.53,三四层的为 0.28;而唐山大地震前的平均破坏概率达 0.85。9 度时,按 8 度设防的住宅平均破坏概率为 0.88,近乎必然破坏,但无倒塌;唐山大地震前的房屋,平均倒塌概

率达 0.15。10 度时，按 8 度设防的五六层砖住宅倒塌概率，北京的两类标准住宅分别为 0.03 和 0.16，即少数房屋外纵墙倒塌，津唐的标准住宅仍不致倒塌；唐山大地震前的房屋，平均倒塌概率高达 0.85。

4 条件概率和平均震害指数的预测

在实际地震中，同类建筑即使在相同的场地条件下，也将出现不同的震害。因此，震害预测时不仅需要知道各种不同烈度下的破坏和倒塌超越概率，而且需

要给出指定烈度下不同震害程度的条件概率，即给定不同烈度下震害程度的分布状况，其值可由下式求得：$P(D_J \mid I_i) = P_i(D_J) - P_i(D_J + 1)$。其中 I_i 为指定的地震烈度，取 6～10 度；D_J+1 为比震害程度 D_J 重一级的震害程度。

按表 2 中京津唐三市多层砖住宅的震害超越概率求得各烈度下不同震害程度的条件概率值，列于表 3。由表 3 可很直观地看到各类房屋在不同烈度下的震害分布率。

表 3　京津唐三市多层砖住宅的预测震害分布率

房号	烈度																			
	6			7				8				9						10			
	●	○	+	●	○	+	×	●	○	+	×	●	○	+	×	△	▲	+	×	△	▲
1	0.91	0.09	0	0.13	0.34	0.51	0.02	0	0.12	0.32	0.56	0	0.01	0.11	0.61	0.26	0.01	0	0.07	0.44	0.49
2	0.95	0.05	0	0.22	0.55	0.23	0	0.02	0.21	0.58	0.19	0	0.02	0.21	0.72	0.05	0	0	0.25	0.72	0.03
3	0.99	0.01	0	0.35	0.33	0.29	0.03	0.07	0.09	0.57	0.27	0	0.02	0.15	0.74	0.09	0	0	0.17	0.57	0.26
4	0.95	0.05	0	0.20	0.53	0.27	0	0.03	0.17	0.57	0.23	0	0.02	0.20	0.72	0.06	0	0	0.24	0.36	0.40
5	0.90	0.10	0	0.12	0.46	0.42	0	0	0.13	0.52	0.35	0	0.01	0.14	0.70	0.14	0.01	0	0.12	0.39	0.49
6	0.81	0.18	0.01	0.09	0.33	0.56	0.02	0	0.09	0.42	0.49	0	0.01	0.09	0.62	0.28	0	0	0.04	0.57	0.39
平均	0.92	0.08	0	0.19	0.42	0.38	0.01	0.02	0.13	0.50	0.35	0	0.01	0.15	0.69	0.15	0	0	0.15	0.51	0.34
7	1.0	0	0	0.40	0.53	0.07	0	0.08	0.34	0.58	0	0.01	0.06	0.60	0.33	0		0.04	0.93	0.03	0
8	1.0	0	0	0.32	0.53	0.15	0	0.04	0.26	0.70	0	0.03	0.49	0.48	0			0.01	0.83	0.16	0
9	1.0	0	0	0.60	0.40	0	0	0.13	0.49	0.38	0	0.02	0.11	0.82	0.05			0.19	0.81	0	0
10	1.0	0	0	0.45	0.52	0.03	0	0.10	0.43	0.47	0	0.03	0.07	0.73	0.17			0.11	0.89	0	0
11	1.0	0	0	0.97	0.03	0	0	0.48	0.34	0.18	0	0.08	0.17	0.75	0			0.54	0.46	0	0
12	1.0	0	0	0.64	0.35	0.01	0	0.16	0.45	0.39	0	0.02	0.11	0.82	0.05			0.19	0.81	0	0
平均	1.0	0	0	0.57	0.39	0.04	0	0.16	0.39	0.45	0	0.03	0.09	0.70	0.18			0.18	0.79	0.03	0

不同类型的房屋在某一烈度下的平均震害程度，即该烈度下的震害指数，可由不同震害程度的条件概率分别乘以对应的震害指数求和得到，算式如下：

$$\overline{I}_i = \sum P_J(D_J \mid I_i) \, \overline{I}_J$$

式中：$\overline{I}_J$ 为表征震害程度 D_J 的震害指数，震害程度 D_J 的范围从基本完好至全毁倒平。京津唐这些标准砖住宅在不同烈度下的震害指数在表 4 中列出，从表 4 看到它们所对应的震害程度同表 1 中由确定性震害预测得到的结果大多相一致，少数相差者震害指数也近于临界状态。表 4 中的易损性系数比表 1 的平均低 0.05，即预测确定性震害程度比由震害概率核算的震害程度平均高 1/4 级，这表明两者的预测结果相吻合。

5 危害性全概率的预测

为了评估京津唐三市这些标准砖住宅在 50～100 年基准期的潜在震害，按下式计算危害性全概率：

表 4　京津唐三市多层砖住宅的预测平均震害指数

房号	烈度					易损性系数
	6	7	8	9	10	
1	0.02	0.28	0.49	0.63	0.88	0.46
2	0.01	0.20	0.39	0.56	0.76	0.38
3	0	0.20	0.41	0.58	0.82	0.40
4	0.01	0.21	0.40	0.56	0.83	0.40
5	0.02	0.26	0.44	0.60	0.87	0.44
6	0.04	0.30	0.48	0.63	0.87	0.46
平均	0.02	0.24	0.44	0.59	0.64	0.43
7	0	0.13	0.30	0.45	0.60	0.30
8	0	0.17	0.33	0.49	0.63	0.32
9	0	0.08	0.25	0.38	0.56	0.25
10	0	0.12	0.27	0.41	0.58	0.28
11	0	0.01	0.14	0.33	0.49	0.19
12	0	0.07	0.25	0.38	0.56	0.25
平均	0	0.10	0.26	0.41	0.57	0.27

表5　京津唐三市多层砖住宅50年和100年基准期危害性全概率

房号	50年					100年				
	轻微损坏	中等破坏	严重破坏	部分倒塌	全部倒塌	轻微损坏	中等破坏	严重破坏	部分倒塌	全部倒塌
1	0.179	0.105	0.028	0.003	0.001	0.316	0.193	0.056	0.007	0.002
2	0.106	0.038	0.006	0.001	0	0.195	0.074	0.012	0.001	0
3	0.002	0.048	0.011	0.001	0	0.154	0.091	0.021	0.002	0
4	0.128	0.061	0.016	0.002	0.001	0.234	0.115	0.031	0.064	0.002
5	0.147	0.077	0.020	0.003	0.001	0.267	0.145	0.040	0.006	0.002
6	0.171	0.095	0.027	0.004	0.001	0.303	0.170	0.052	0.009	0.002
平均	0.136	0.071	0.018	0.002	0.001	0.245	0.133	0.035	0.005	0.001
7	0.115	0.035	0.004	0	0	0.212	0.069	0.008	0.001	0
8	0.126	0.051	0.005	0	0	0.233	0.095	0.010	0.001	0
9	0.055	0.010	0.001	0	0	0.106	0.019	0.001	0	0
10	0.070	0.014	0.001	0	0	0.132	0.028	0.002	0	0
11	0.029	0.014	0.001	0	0	0.056	0.028	0.002	0	0
12	0.070	0.023	0.002	0	0	0.133	0.044	0.004	0	0
平均	0.078	0.025	0.002	0	0	0.145	0.047	0.005	0	0

$$P_T(D \geq D_J) = \sum_{i=6}^{10} \sum_{j=j}^{c} P(D_J \mid I_i)\left[P_T(I_i) - P_T(I_{i+1})\right]$$

式中：$P_T(D \geq D_J)$ 为 T 年间震害程度达到和超过 D_J 的危害性全概率，D_J 分别取轻微损坏至全毁倒平 (D_c)；$P(D_J \mid I_i)$ 为烈度为 I_i 时震害程度 D_J 的条件概率（表3）；$P_T(I_i)$ 为 T 年间场址遭受烈度达到或超过 I_i 的超越概率，在京津唐三市的地震危险性分析结果中，8度的年超越概率分别为 8.43×10^{-4}、4.35×10^{-4} 和 8.51×10^{-4}；I_{i+1} 为大于 I_i 烈度1度的烈度；T 为基准期限，取50年和100年。

京津唐三市标准砖住宅在50年和100年基准期可能发生从轻微损坏到全毁倒平的各级不同震害程度的全概率列于表5。

从表5可见，京津唐按8度设防的标准砖住宅破坏全概率，也就是出现或超过中等破坏以上的震害概率都比较低。50年期间平均为2.5%，最高为5.1%，至于超过严重破坏的全概率就更小了。唐山大地震前建造的标准住宅，50年期间破坏全概率平均为7.1%，最高为10.5%；100年期间破坏全概率平均为13.3%，最高为19.3%；50年和100年的倒塌全概率平均分别为0.2%和0.5%，最高分别为0.4%和0.9%。

6　结语

通过对北京、天津和唐山三市唐山大地震前后设计的多层标准砖住宅的震害预测，可以看到以下几点：

（1）按现行抗震规范7度和8度设计的多层砖住宅，震害预测结果表明：遇有设防烈度的地震时，一般为轻微损坏或中等破坏，属可修复的范围；遇有低于设防烈度一度的地震时，一般为基本完好或轻微损坏，仍可正常使用；遇有高于设防烈度一度的地震时，不致发生倒塌。但按7度设防的住宅，遇有9度地震便有少数倒塌，10度时近乎必然倒塌；而按8度设防的住宅，即使遇有10度地震，也只有个别房屋外纵墙倒塌，一般不致倒毁。

（2）京津唐三市在唐山大震后按8度设防要求建造的标准砖住宅，抗震能力比大震前的标准砖住宅明显提高，满足"小震不坏，大震不倒"的设防要求。

（3）京津唐三市大震前的住宅，预测震害概率与这三市中同类房屋在本书1-5文统计大震中的震害分布基本一致，这表明预测方法是可信的。唐山（10度）预测的确定性震害为全毁倒平，倒塌概率为0.76~0.96；天津（7度）预测的确定性震害为轻微损坏和中等破坏，破坏概率为0.23和0.32；北京（6度）预测震害为基本完好，轻微损坏概率为0.09。

（4）在50~100年基准期，京津唐三市标准砖住宅预测的危害性全概率按8度设防的，最大的破坏全概率为5.1%~9.5%，平均破坏全概率为2.5%~4.7%；大震前的住宅最大的破坏全概率为10.5%~19.3%，平均破坏全概率为7.1%~13.3%。用全概率来作为建筑物设防标准的取值，是有待进一步研究的问题。

2-7 我国震害预测研究的进展概况

杨玉成

对未来地震的灾害预先做出估计并制定抗震防灾对策,是减轻地震灾害的一个关键步骤。在地震重点监测地区和抗震设防重点城市开展震害预测工作是非常必要的。震害预测需要地震学、地质学、工程学、经济学、社会学等多学科密切配合,问题十分复杂,目前国内外都还缺乏成熟的方法。

我国的震害预测研究是在 1976 年唐山地震之后开始的。1966 年邢台地震之后,工程力学研究所协同建设部门最先在京津地区对现有建筑进行了抗震鉴定和加固工作,到 20 世纪 70 年代初,抗震鉴定工作已在我国地震区普遍开展。1975 年,国家地震局根据中长期地震预报,向工程力学研究所下达在唐山地区开展抗震鉴定的任务,并在 1976 年初再三强调要在当年进行工作。由于当时唐山市的基本烈度只为 6 度,几经商讨鉴定的烈度标准,才定下秋天进入现场开展抗震鉴定的计划。唐山大地震的发生告诫了我们,只按基本烈度对现有建筑进行抗震鉴定是不够的,应在地震危险性分析和地震预报的基础上,按可能遭遇的不同烈度进行震害预测。在我国,最早开展现有房屋建筑震害预测的地区是豫北。自 20 世纪 70 年代末,晋冀豫地区连年被列为我国地震重点监测地区,为此,工程力学研究所和河南省抗震办公室在原国家建委抗震办公室的资助下会同 16 个单位自 1980 年秋起在豫北地区开展为期两年的震害预测工作。这项研究包括在安阳市选取 2 km² 的一个小区作为现有房屋震害预测的试点;还在新乡、焦作、鹤壁等市选取若干典型房屋预测震害。安阳小区现有房屋震害预测科研成果于 1983 年通过鉴定。在我国,对整个城市的区域性震害预测工作是在 1981 年原国家建委确定烟台和徐州两市为全国城市抗震防灾规划的试点城市之后,分别由建研院抗震所和国家地震局地质研究所及其有关单位共同进行,并于 1984 年年底完成的。在此期间,我国的一些城市和地区相继陆续开展或准备开展这项工作。一个与现有房屋震害预测有关的中美合作研究项目于 1984 年开始进行,我国参加研究的单位是国家地震局工程力学研究所和城乡建设环境保护部抗震办公室,美国是斯坦福大学和加利福尼亚大学。

地震造成的损失有多种原因,我国历次破坏性地震表明,大多是由于建筑物的破坏所造成的。而在日本,最严重的损失却是地震原生灾害诱发的次生灾害——火灾所造成的。因此,在我国进行震害预测,先根据不同的烈度或不同概率标准的地震动参数预测各类房屋建筑的震害,以及工程设施和设备的震害,在此基础上再进一步做出人员伤亡、经济损失和社会影响的估计。预测的震害不仅由地震动对工程的直接作用所造成,还包括由滑坡、塌方、震陷、砂土液化等地表破坏的影响在内。对场区的地震动特性和地表震害的估计,从广义上来说,也包括在震害预测的研究工作中,但通常将场区问题作为另一个研究专题,即地震影响小区划,并将它和地震危险性分析都作为进行震害预测的基础性工作。

震害预测的对象可以是建筑物的单体,对它的破坏程度甚至破坏部位和破坏的发展过程做出估计,也可以是一个小区、整个城市乃至一个地区的建筑物群体,或某一类建筑物,对它们的破坏程度和破坏概率做出估计。进行单体建筑的震害预测是典型的或特别重要的建筑和重大工程所必需的,它不同于抗震鉴定,鉴定标准是人为规定的,鉴定结果是评判满足标准的程度,并不预测可能发生的破坏程度。对指定区域内的建筑物全体预测震害,量大面广,一般先做建筑分类,然后可在抽样预测的基础上做统计分析;对面积不大的小区或城镇,则可在逐幢预测的基础上做统计分析。这两种预测,都要求预测方法有足够的可靠性且简便易行。

在最近这几年,我国在开展现有房屋建筑震害预测方法的研究中做了大量工作,取得了一定的进展,特别是通过对安阳小区、烟台市和徐州市的现有房屋建

本文出处:《世界地震工程》,1985 年,第 4 期,1-4 页,"地震危险性分析与现有房屋震害预测研究"报告集,1989 年(见本书附录 2 论文目录)。

筑的震害预测工作,推进了我国震害预测方法的研究。目前,有的方法比较合理,经过专家技术鉴定认为可以推广使用,有的还属探索阶段,有待改进完善。这些方法总的可归纳为"经验"法和"理论"法两种。经验法是利用过去的震害资料,以统计为工具,寻求不同烈度与各类房屋建筑破坏程度的关系,从而来估计现有房屋建筑在未来地震中的破坏。这种方法一般都可用来预测指定区域或某类房屋建筑的震害,其中有的也可用来预测单体建筑的震害。理论法是根据假设的地震和给定的结构性能,建立地面运动参数和结构反应特性的关系,同时也得凭借以往震害的经验,理论分析一般只用来预测单体建筑的震害。在安阳、烟台、徐州等地的震害预测工作中,主要是采用经验法,即依据我国近 20 多年来的破坏性地震的震害资料,经统计分析、模糊评判或易损性分析后,预测该地区某类房屋建筑或(和)单体建筑可能招致的破坏。只是对钢筋混凝土结构的个别厂房和框架房屋,曾采用理论分析法来预测震害或评定抗震性能。

截至 1984 年年底,在我国各地现有房屋建筑的震害预测中,曾经采用过的方法列表简述如下(见表 1)。

震害预测不管采用哪一种方法,其结果都包含有一定程度的不确定性。因此,可靠度分析在震害预测的各种方法中都是极为重要的。当然,预测是否准确,不只是取决于预测方法和预测技术是否得当,更加依赖于过去的经验和资料是否丰富。上述表 1 中,有的预测方法预测结果与以往地震的宏观震害符合良好。如安阳多层砖房的震害预测,科研成果鉴定委员会一致认为,这一方法以结构强度系数为主要判据,以构造措施等条件做二次判别,并以我国多次破坏性地震中大量的震害统计资料做检验,可以认为这一方法依据可靠、方法合理,可以推广使用。再如工业厂房,鉴定委员会认为,用树状图方法并参照震害实例做出预测,逻辑清楚,可以推广使用,而对强度宜做补充规定。

我国近 20 年来频繁地发生破坏性地震,有着大量可应用的震害资料,当代一大批地震和工程抗震专家、科技人员有从邢台地震到唐山地震的现场实践经验。因此,我国有条件从以往付出的巨大损失中认真积累资料、总结经验,深入研究震害分布特点和结构破坏机理,改进、完善和探索新的震害预测方法和技术,提高预测结果的可信程度,为当前的抗震加固和编制抗震防灾规划提供基本依据,以减轻未来地震对我国经济建设和人民生命财产的危害。1985 年初,城乡建设环境保护部颁发了《城市抗震防灾规划编制工作暂行规定》,明确要求国家重点抗震城市在编制规划中要进行震害预测,这必将推动震害预测研究的发展,并促使这项科研工作更紧密地为我国四化建设服务。

表 1　截至 1984 年年底我国各地现有房屋建筑震害预测方法

建筑类别	提出单位	方法要点	应用地点
多层砖房	国家地震局工程力学研究所	统计分析二次判别预测单体和区域	安阳、新乡、焦作、鹤壁、合肥、蚌埠、淮南、铜陵、阜阳、锦州、丹东、大连、兰州、德州、下关,广州军区,航空部242、135厂
	建筑科学研究院工程抗震所	多元回归模糊评判预测区域	烟台
砖柱厂房和钢筋混凝土柱厂房	机械工业部第六设计院	树状判别图预测单体和区域	安阳、新乡
	机械工业部设计总院	弹塑性动力分析预测单体	安阳
		逐步回归分析预测单体和区域	烟台
空旷砖房	四川省建研所	强度计算综合判别预测单体和区域	安阳、焦作、新乡
	建筑科学研究院工程抗震所	模糊评判预测区域	烟台
	机械工业部设计总院	逐步回归分析预测单体和区域	烟台
多层钢筋混凝土框架	建筑科学研究院工程抗震所	弹塑性动力分析预测单体	安阳
		可靠性分析预测单体	烟台
内框架房屋	北京市建筑设计院	统计分析综合判别预测单体和区域	安阳
平房	安阳地区设计室	分类排队按烈度标准划分,预测区域	安阳
老旧房屋	天津市建筑设计院地震工程研究所	聚类分析模糊评判预测区域	烟台
砖烟囱	天津市建筑设计院地震工程研究所	统计分析二次判别预测单体和区域	烟台
各类房屋建筑	国家地震局地质研究所	易损性分析预测区域	徐州、乌鲁木齐

2-8 航空部兰州多层砖房的震害预测

杨 柳 高云学 杨玉成 杨雅玲

1 引言

在航空部新兰仪表厂和万里机电厂的福利区中,现有 20 世纪 50 年代末期建造的多层砖结构房屋 74 幢,用作住宅、宿舍、小学校和托儿所,其中四层的 9 幢、三层的 63 幢、二层的 2 幢,建筑面积共计 102 752 m²。它们位于兰州市区西北的安宁乡费家营,安宁西路以北,511 路以南,579 路以西,只新兰小学在此东侧,两厂福利区南北相距 400 多米。

这批房屋由甘肃省城市建筑设计院设计,建筑工程部第三工程局施工。约 2/3 的房屋外墙为 30 cm 厚的空隙墙,半数内墙厚 18 cm,砌筑砂浆设计为 25 号,施工时因材料紧缺大多以黄泥代替。由于建筑结构质量差,以及湿陷性黄土遇水下沉等原因,许多房屋的地基已发生不均匀沉陷,内外墙体出现不容忽视的裂缝,同时有半数房屋的楼盖采用预制薄板,挠曲甚为明显,并有开裂现象,因此近年来已将少量房屋予以加固、拆除更新或局部重砌。在 8 度地震区,这批房屋的潜在危害性较大,为此,有必要对它们进行抗震性能分析和震害预测,以期为抗震决策分析,即采取加固措施或不加固,还是逐步拆除更新提供有关的依据。

对这批房屋的现场调查是在 1985 年元旦前后进行的,工作内容包括逐幢调查预测房屋建筑结构和现状,并用砂浆回弹仪测定和宏观判断墙体砂浆标号;对 16 幢具有代表性的房屋用脉动法和用火箭推力筒或木槌撞击激振,测定房屋的动力特性;对正欲拆除的一幢四层房屋的墙体进行了砌体抗剪强度的实测。

2 场地土质条件

对该场地,国家地震局兰州地震研究所已做过研究,他们提供了该场地的研究分析的原始资料。场地的土质资料是中国市政工程西北设计院勘察提供的。

该场区地处黄河北岸Ⅱ级阶地的阶面上,为第四

系全新统地层,地形平坦,地势自东北向西南逐渐变低,向黄河倾斜,标高大致在 1 533~1 547 m。土层分布:地表为人工填土,其下为黄土状轻亚黏土,厚度最大可达 12 m 多,再下为亚黏土,厚 0.5~2.5 m,夹有多层亚砂土和粉砂凸透镜状薄层。黄土状土层为Ⅱ~Ⅲ级自重湿陷土。再往下为砂卵砾石层,厚度可达 9 m,卵石层下面为红褐色黏土和亚黏土层。地下水位在砂卵砾石层上约 1 m,随季节有波动。根据兰州地震研究所的研究,地震沉陷在震害预测时可不予考虑,同时从土层分布和地下水位来看,也不必考虑液化的影响。

根据兰州地震研究所对兰州市的地震小区划研究,兰州市区的黄土及黄土状土大多相当于规范中的Ⅱ~Ⅲ类,而接近于Ⅱ类土。按他们所给出的设计反应谱曲线,以及我们对这批房屋的动力特性的实测结果,在震害预测时,地震荷载系数仍按 α_{max} 值取。兰州所将兰州市的建筑场地分为 6 类,新兰仪表厂和万里机电厂福利区属第Ⅴ类,由此,当遇有破坏性地震时,该场地的震害将比兰州市区的平均震害可能严重些。但是从地面运动的特性来看,在该区实测信号的处理中,得到有每秒 2.1 周的强烈地面脉动,即周期为 0.48 s,这在孙崇绍、陈丙午 1982 年《兰州市建筑场地抗震小区划》和清华大学来晋炎等 1983 年在兰州市房屋动力特性实测中也都测量到兰州市有稍大于 2 周的地面脉动。由此推断,对于这批预测的房屋来说,由于周期短,场地的影响将比其他周期更长一些的房屋有利。

3 震害预测方法

对这批多层砖房的震害预测,采用我所杨玉成等 1982 年提出的方法。这个预测方法 1983 年通过技术鉴定,认为"依据可靠、方法合理,可以推广使用"。

多层砖房的抗震能力由强度系数和二次判别系数确定。由于这批房屋的砌筑砂浆标号很低,强度系数除按我国现行的抗震设计规范的方法和杨玉成等

本文出处:《世界地震工程》,1986 年,第 2 期,24-28 页。

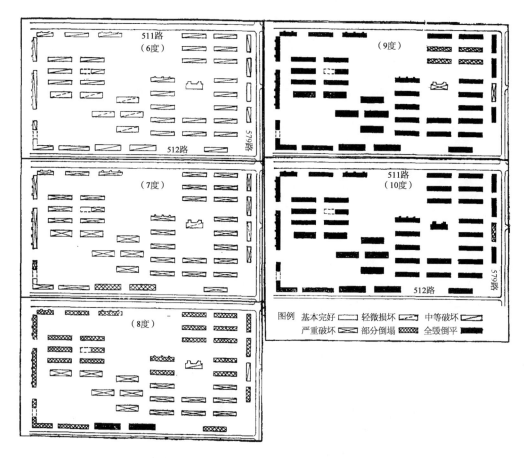

图1 航空部兰州万里机电厂多层砖房预测震害分布图

1982年提出的公式计算外,还按摩擦滑移条件来计算砖砌体的抗剪强度,选择两者的大值,用来计算强度系数。这是因为低标号砂浆砌筑的墙体当正压力达到一定值时,按规范计算的抗剪强度往往小于滑移条件,而剪切力引起墙体的破坏,必须克服滑移摩擦力,否则不可能产生缝隙。这在《多层砖房的地震破坏和抗裂抗倒设计》一书中已论及。同时,这次对拆除房屋墙体抗剪强度现场实测也表明,低标号砂浆砌筑的墙体抗剪强度用这种选择的方法来确定是合适的。

在我们1982年提出的二次判别系数中,因这批房屋均属刚性结构体系,则结构体系影响系数 $a = 0$。在74幢房屋中,除了3幢L形平面和2幢半侧为砖柱承重房屋外,其他均不存在扭转影响,扭转影响连同建筑结构局部不利的影响系数一起考虑。这批房屋没有凸出屋顶的小楼,则局部放大系数 $d = 1$。有13幢已做了加固,对隔间外加钢筋混凝土构造柱和圈梁、拉杆的房屋,抗裂强化系数 c_1 取1.06,抗倒强化系数 c_2 取1.2~1.3。在一侧外加了通长框架阳台的房屋,与只加构造柱的房屋一样考虑强化系数,但根据测振资料,框架与砖房间的整体作用并不理想,取不良系数0.85~0.9。有些房屋还在墙体两面加了水泥砂浆面层,现场调查时了解到,

在面层施工中,铲除墙体的原抹灰层时,砌体多被扰动,因此对原墙体按砂浆无强度来考虑。如果抹面层完全有效,按辽宁建筑科学研究所的试验结果,抹面层的抗剪强度为1.4倍的抗压强度平方根($R_L = 1.4\sqrt{R_S}$),三层住宅的底层强化系数为1.8倍,二层为2.8倍。对于新兰小学,底层墙体抹面层的强化系数为1.5,但现场检查可有10%~30%的空鼓,故取强化折减系数0.75。这批房屋的建筑结构局部不利的影响系数较多,对硬山搁檩木屋盖,根据过去震害统计资料,顶层取0.60~0.65,木屋架房屋的顶层取0.55;对实心墙现浇钢筋混凝土楼盖的楼层取1.0;对实心墙预制薄板楼盖或空隙外墙现浇楼盖的楼层取0.95;对空隙外墙预制薄板楼盖取0.90;对空心大方砖砌体取按实心墙计算强度的0.75倍。房屋老旧和施工质量不良的折减系数根据现状调查和动力特性的实测结果,取0.85~0.95。局部地基不良影响系数 g 对邻近防空地道的取0.9;对地基有局部下沉的房屋,已在房屋现状的老旧程度中考虑。黄土震陷根据孙崇绍、陈丙午1982年的研究可不考虑;湿陷问题也不考虑,因为即使在地震中供水管破坏而大量漏水,湿陷也将发生在震后。

根据我们1984年提出的判别标准,用强度系数

与二次判别系数之积预测在可能遭遇不同地震烈度（6~10度）影响时的房屋震害程度，分为 6 类，即基本完好、轻微损坏、中等破坏、严重破坏、部分倒塌和全毁倒平。这个判别标准是由我国历次破坏性地震中大量的多层砖房震害实例的统计分析而得。

4　震害预测结果

当预测多层砖房震害的区域遭受 6~10 度地震的不同影响时，万里机电厂每幢房屋的预测震害结果如图 1 所示。

这两厂用低标号砂浆砌筑的多层砖房在遭受不同地震影响时的震害矩阵（不同地震烈度时预测震害程度百分率）由表 1 给出。表 1 还给出了综合这两厂 74 幢房屋的震害矩阵。

从表 1、图 1 的预测结果来看，新兰仪表厂和万里机电厂在 20 世纪 50 年代末期建造的这批多层砖房抗震能力极差：在遭遇 6 度地震影响时就有可能大多为中等破坏；7 度时几乎所有房屋将遭到破坏，且大多为严重破坏，并出现了部分倒塌；当遭受当地的基本烈度 8 度地震影响时，几乎所有房屋都将严重破坏或倒塌，严重破坏率为 27%，倒塌率高达 65%；而在 9 度时，几乎所有房屋将是全毁倒平或部分倒塌，倒塌率高达 90%。这些房屋中已经加固的 13 幢抗震能力虽有所提高，但也极为有限，表 2 给出了它们在遭受不同地震烈度时预测震害程度的百分率。还必须说明的是，对用框架阳台加固的房屋，在预测中尚未包括住户自行在阳台上加砌的墙、添搭的棚及置放不当的物件等的破坏和坠落。可以预计到，它们的破坏将比房屋自身在更弱的地震影响下发生，在强烈有感地震的影响下，就可能发生破坏和置放物的坠落。

表 1　航空部兰州两厂多层砖房的预测震害矩阵

震害程度	单位	两　厂					新兰仪表厂					万里机电厂				
		6	7	8	9	10	6	7	8	9	10	6	7	8	9	10
基本完好	幢 %	11/14.9	0	0	0	0	9/32.1	0	0	0	0	2/4.3	0	0	0	0
轻微损坏	幢 %	9/12.2	6/8.1	0	0	0	3/10.7	4/14.3	0	0	0	6/13	2/4.3	0	0	0
中等破坏	幢 %	54/72.9	8/10.8	6/8.1	0	0	16/57.2	8/28.6	4/14.3	0	0	38/82.7	0	2/4.3	0	0
严重破坏	幢 %	0	55/74.3	20/27	6/8.1	0	0	14/50	6/21.4	4/14.3	0	0	41/89.2	14/30.5	2/4.3	0
部分倒塌	幢 %	0	5/6.8	46/62.2	12/16.2	2/2.7	0	2/7.1	18/64.3	8/28.6	1/3.6	0	3/6.5	28/60.9	4/8.7	1/2.1
全毁倒平	幢 %	0	0	2/2.7	56/75.7	72/97.3	0	0	0	16/57.1	27/96.4	0	0	2/4.3	40/87	45/97.9

表 2　已加固多层砖房的预测震害矩阵

震害程度	单位	烈　度				
		6	7	8	9	10
基本完好	幢 %	6/46.2	0	0	0	0
轻微损坏	幢 %	3/23.1	1/7.7	0	0	0
中等破坏	幢 %	4/30.7	8/61.6	1/7.7	0	0
严重破坏	幢 %	0	4/30.7	5/38.5	1/7.7	0
部分倒塌	幢 %	0	0	7/53.8	12/92.3	1/7.7
全毁倒平	幢 %	0	0	0	0	12/92.3

5　结语

综上，新兰仪表厂和万里机电厂福利区中 20 世纪 50 年代末期建造的多层砖房抗震能力甚低，当兰州市遭遇到基本烈度 8 度的地震影响时，这些房屋的震害将是极为严重的，必将危及人民生命财产的安全和工厂的生产。因此，对这批房屋在震害预测的基础上应进行抗震决策分析，及早制定抗震防灾对策和临震应急措施。

2-9 现有建筑物的抗震决策分析*

杨玉成

1 引言

我国自 1966 年邢台地震之后，开始对现有建筑物进行抗震鉴定和加固；1976 年唐山地震之后，对大量的现有建筑物进行了抗震加固。从 1977 年到 1985 年年底，全国共加固了 1 亿 9 800 万 m² 的各类工业与民用建筑，4 670 多座重要桥梁，近百座大、中型水库和一大批烟囱、水塔和重要设备，用于抗震加固的经费约 27 亿元。目前我国尚有 4 亿 5 000 万 m² 的建筑物和工程设施需要进行抗震加固，"七五"计划期间将有 1 亿 m² 得到加固[①]。由此推测，为改善和提高现有建筑物和工程设施的抗震性能，至少还需 50 亿元加固费。投资额如此巨大，足见抗震决策分析的必要性。

对现有建筑物进行抗震加固，旨在提高抗震能力，减轻地震损失，这肯定是需要的。但是并不是所有的现有建筑物都需要又都值得进行抗震加固，也就是说，并非所有的现有建筑物都需要再提高抗震能力。其中有的已经满足抗震要求，就不再需要加固；有的虽不满足，但不值得加固，即加固的效益差。需要加固且又值得加固的建筑物又究竟采用怎样的抗震措施为宜？显然，只凭现行的抗震鉴定标准或震害预测方法是不够的。除了需要在抗震加固技术上进一步研究外，还需要通过"软科学"决策分析来提供充分的依据。

航空工业部于 20 世纪 50 年代末期在兰州的新兰仪表厂和万里机电厂建造了一批多层砖房，现有 74 幢，建筑面积共 10 万多平方米。这批房屋在唐山地震后的七八年中一直是我国抗震鉴定和加固工作中的一个难题。1985 年，我们对这批房屋在进行抗震性能分析和震害预测的基础上做了抗震加固决策分析，所提供的建议 2/3 的房屋不值得加固，逐年淘汰更新[②]已

为航空工业部抗震办公室所接受。

2 决策目标和约束条件

抗震决策目标通常可确定为使现有建筑物在防御或在未来可能遭遇到的地震中的消耗和损失降到最低限度。衡量实现决策目标的数量化标准，一是总经济损益，二是人员的伤亡数。也有将人员的伤亡按人寿保险金额或减少一个人员伤亡所需要采取措施的投资额等形式折算为经济损失，即将两者用一个经济指标来衡量。非数量化标准是社会影响，受控因素众多。但一般说来，它与数量化标准是相关联的，除了一些有特殊影响的以外，数量化标准在一定程度上包含了非数量化标准。在对航空工业部两厂的抗震决策分析实例中，我们只估算直接的总经济损益。人员伤亡数主要取决于预测房屋的震害程度和在白昼还是夜晚发震，这比较直观，未计入总经济损益中。

要实现抗震决策目标，我们觉察到在前一时期的抗震加固中存在着一些非技术性的干扰因素，需要在今后的决策分析中排除。

决策分析的目标可以是无条件的或是有条件的。抗震决策的目标一般是有约束条件的，诸如宏观经济条件（包括国家、地方和单位）、城市建设总体规划、建筑物的重要程度、需求的迫切性。约束条件对抗震决策分析是必要的，决策分析的约束条件要看实际情况来确定。

3 抗震决策分析的基础

科学的预测是决策分析中不可缺少的重要组成部分，也可将它视为决策分析的基础。对地震的预测

本文出处：《地震工程与工程振动》，1987 年 12 月，第 7 卷第 4 期，87-94 页；中美国际合作研究项目"地震危险性分析与现有房屋震害预测研究"报告集，1989 年（见本书附录 2 论文目录）。

　* 本文要点曾于 1985 年 9 月在中美合作研究项目"地震危险性分析与现有建筑物抗震加固（Risk Analysis and Seismic Safety of Existing Structures）"学术讨论会上宣讲。本项研究为地震科学联合基金资助的课题。

　① 据《人民日报（海外版）》1986 年 7 月 25 日报道。
　② 1985 年是全国抗震加固高潮，本项研究 2/3 房屋不值得加固，应淘汰更新，影响颇大，此数据当时暂不公开，本书补上的。

（地震危险估计）和建筑物震害预测是抗震决策分析的两项基础研究，它们为抗震决策分析提供必要的材料。

3.1　地震危险估计

地震危险性大或小来自下列四个方面的信息：基本烈度；短临预报；中长期预测；地震危险性分析和地震影响小区划的研究。

决策对象的地震危险性信息若在四个方面全都完备固然是好，但并不常有。

实例中我们得到五个有关地震危险的信息：

（1）兰州市的基本烈度为 8 度。

（2）在国家地震局近几年的地震趋势会商中从未将该地区列为地震重点监测地区。

（3）在对未来几年至十几年内我国大陆大震危险区判定研究中也未论及该市有大震危险。

（4）据兰州地震研究所对兰州市地震影响小区划的研究[1]，该市场地被分为六类，小区烈度为 7 度半至 8 度半，这两厂地处第Ⅴ类区，即当兰州遇有破坏性地震时，该区的震害可能比全市平均震害稍重些。但从他们所给出的设计反应谱来看，对决策分析的对象（多层砖房）来说，地震影响系数仍可取抗震设计规范的 α_{max} 值。

（5）根据中国建筑科学研究院工程抗震研究所做出的地震危险性分析[2]，对应于 50 年超越概率 0.1 的烈度，兰州市为 7.51 度。

应该说明的是，根据兰州地震研究所介绍，对该地有影响的断层资料尚在进一步研究中。

3.2　震害预测

决策分析对象的震害预测先是建筑物破坏程度的预测，据此可再进行人员伤亡的估计、直接经济损失的估计和社会影响的分析。建筑物的预测震害可用确定值或随机概率两种形式给出，而预测可以只针对某一个烈度或地震动参数进行，也可针对可能遭遇的所有不同烈度或地震动参数进行。

实例中的房屋震害预测，是对应于不同烈度给出的确定性震害[3]，表 1 列出了这些房屋的震害预测结果。其抗震性能极差，多半已有明显的破损。

4　备选方案和总经济损益

对房屋进行决策分析，不能只提供一个可行性方案，需要制定多个可供选择的方案，做总经济损益比较。在每一个备选方案中，所采取的策略或措施必须是不同的，而考虑的状态即地震烈度或地震动参数则

可以是一个或多个，但所有备选方案中的状态都应是等同的。

表 1　航空工业部两厂多层砖房预测震害程度汇总表

类别	幢数	烈　度					说　明
		6	7	8	9	10	
1	2	+	△	▲	▲	▲	
2	3	+	△	△	▲	▲	
3	36	+	×	△	▲	▲	
4	9	+	×	×	▲	▲	
5	6	○	+	×	▲	▲	
6	4	●	○	+	×	▲	满足 8 度抗震要求
7	1	●	○	+	×	△	
8	4	+	×	△	△	▲	
9	3	○	+	△	△	▲	已加固
10	5	●	+	×	△	▲	
11	1	●	○	+	×	△	

注：●—基本完好；○—轻微损坏；+—中等损坏；×—严重破坏；△—部分倒塌；▲—全毁倒平。

在抗震决策分析中的备选方案，对未来可能遭受的地震可考虑六种状态，即无震（5 度及 5 度以下）、6 度、7 度、8 度、9 度和 10 度。也就是说，可不只限于考虑基本烈度一种状态。为减轻地震灾害，对现有房屋采取的抗震策略一般有三个方案：第一个方案是维持现状；第二个方案是抗震加固；第三个方案是淘汰更新。其中第二个方案可以采取不同的抗震加固措施。如在实例中，根据两厂的实际加固情况和现行加固标准，考虑下列五种加固措施：

措施 1——隔间外加钢筋混凝土构造柱和钢拉杆，层层增设圈梁。

措施 2——除措施 1 之外，还在砖墙体两面抹无筋水泥砂浆面层。

措施 3——除措施 1 之外，在南侧外加通长的钢筋混凝土框架结构阳台。

措施 4——除措施 2 之外，在南侧外加通长的钢筋混凝土框架结构阳台。

措施 5——按 8 度抗震要求进行加固设计。

上述措施 1~4 为两厂已加固房屋的四种做法。附带指出，措施 3 和 4 中的外加框架阳台，其实测动力特性表明它与原有砖房未能整体共同作用。

不同备选方案的总经济损益（L）为策略变量（a）和状态变量（Q）的函数，即

$$L_{ij} = L(a_i, Q_j)$$

它既包括在未来地震中的直接经济损失费和震前抗震加固的消耗费,也可能附有某些增益或节省。估计总经济损益的项目应视实际条件来确定,一般来说在三个备选方案中分别包括如下项目:

(1) 维持现状方案的总经济损益:

$$L_{1j} = R_{ij} + P_{ij}$$

(2) 抗震加固方案的总经济损益:

$$L_{2j} = R_{ij} + P_{ij} + S_i$$

(3) 淘汰更新方案的总经济损益:

$$L_{3j} = R_{ij} + P_{ij} + W + N + E + B$$

式中:R_{ij} 为震后房屋修复费,按在决策分析时建造同样类型房屋的造价百分率估算。对预测砖结构住宅的不同震害程度,估计修复费的百分率分别为:基本完好 0% ~ 1%;轻微损坏 0% ~ 10%;中等破坏 10% ~ 30%;严重破坏 30% ~ 100%;部分倒塌 50% ~ 100%;全毁倒平 100%。

P_{ij} 为震时财产损失费,对住宅,一般仅为住户的财产损失。预测遭受不同震害程度的砖结构住宅,财产损失按下述百分率估算:基本完好 0%;轻微损坏 0% ~ 1%;中等破坏 0% ~ 10%;严重破坏 10% ~ 30%;部分倒塌 30% ~ 50%;全毁倒平 50% ~ 100%。

S_i 为震前抗震加固费。对上述加固措施 1~4,按两厂已加固工程的土建费计,分别为 15 元/m²、22 元/m²、30 元/m² 和 37 元/m²。措施 5 的加固费按表 1 中第 3 类房屋(楼盖为现浇钢筋混凝土板的)达到 8 度抗震要求,采用常规的加固措施,不增设阳台,估计为 35 元/m²。

W 为现有房屋的使用价值。它不仅取决于老旧程度,还与该房屋在当前和今后的适用性有关。有下述四种估算方法可供参考:

① 决策分析时的房屋使用价值,按该房屋的原造价计。实例中为 60 元/m²。

② 按房屋的固定资产剩余值计。厂房、住房都是工厂的固定资产,每年要回收折旧费和修理费计入产品成本中。实例中,从 1958 年建成投产至 1985 年决策分析时的 27 年间,每年回收折旧费 2.6%,固定资产的剩余值为

$$60[1 - (1985 - 1958) \times 2.6\%] = 18(元/m^2)$$

③ 按决策分析时当地建造同类房屋的造价作为使用价值。实例中为 170 元/m²。

④ 按现造价折算固定资产剩余值作为使用价值。实例中为

$$170[1 - (1985 - 1958) \times 2.6\%] = 51(元/m^2)$$

N 为拆除旧房和重建新房费。实例中新建多层砖房按 8 度抗震要求设计,决策分析时当地造价约为 200 元/m²。拆除旧房的人工费,这两厂以往采取以料换工的办法,不贴钱。

E 和 B 分别为免除在新建房屋时所需土地的征购费和回收延长使用期的折旧费,这两项是盈益值,与决策目标的约束条件有关。实例中为解决职工住房困难,在近年要由人均居住面积不到 4 m² 提高到 6 m² 的水准,需要建造一批新住宅。如果在这两厂福利区拆除部分老旧房屋,新建 5~6 层住宅,这不仅符合城市总体规划,而且可免去为新建住宅征购土地的费用。在决策分析时,当地征购土地,每亩 1~1.4 万元(即 15~21 元/m²),还要安排一个半劳动力就业。如果考虑新建住宅的总用地面积与总建筑面积之比为 1.5,则在福利区更新重建,每平方米建筑面积可免去土地征购费 22~32 元,约占建筑造价的 13% ~ 19%。

回收延长使用期的折旧费,系指新建房屋的使用年限与现有房屋的使用年限相比较,在可增加的使用年限中所回收的折旧费。在这实例中,新建屋的质量肯定比原有的高,估计使用期至少比原有房屋(包括决策分析前已使用的年限在内)可延长 10 年。

在总经济损益的估算中,也有考虑银行利率和买地建房还需修路铺道增设辅助工程等项目的费用,实例分析中未曾计入。

按上述各项,对表 1 中占总数近一半的第 3 类房屋估算各个备选方案的总经济损失的范围和中值,列于表 2。计算 R_{ij} 时,现造价以 170 元/m² 计;计算 P_{ij} 时,将每户财产折合为每平方米住房建筑面积 100 元计。表中以损失为正值,个别负值为盈益。同时,在表 2 中也列出了按不同措施加固后的预测震害。在表中如果相邻烈度的预测震害相同,则在中值栏中总经济损失的数值分别取其范围上下限间的 1/3。在淘汰更新方案中的总经济损失,按四种不同估算房屋现在使用价值的方法,分别列出(这并非不同的策略)。显然,房屋的现值按原造价(3-1)和现造价(3-3)两种方法估算是偏高的。厂方计算固定资产值是按原造价折算的(3-2),在抗震总经济损益分析中按现造价折算(3-4)较为合理。

表 2　各个备选方案的总经济损失值　　　　　　　　　　　　单位：元/m²

状态	预测震害和总经济损失	策略									
		维持现状	采取加固措施					淘汰更新			
		1	2-1	2-2	2-3	2-4	2-5	3-1	3-2	3-3	3-4
无震	范围	0	15	22	30	37	35	36~46	(−6)~4	136~166	27~37
	中值	0	15	22	30	37	35	41	−1	151	32
6度	震害	+	+	●	+	●	●	●	●	●	●
	范围	17~61	32~76	22~24	47~91	37~39	35~37	38~46	(−4)~4	138~166	29~37
	中值	39	54	23	69	38	36	42	0	152	33
7度	震害	×	×	+	×	+	○	○	○	○	○
	范围	61~200	76~215	39~83	91~230	54~98	35~53	44~56	4~12	154~166	37~45
	中值	130	146	61	160	76	44	50	8	160	41
8度	震害	△	△	×	△	×	+	+	+	+	+
	范围	115~220	130~235	83~222	145~250	98~237	52~96	63~97	21~55	173~207	54~88
	中值	168	167	152	198	168	74	80	38	190	71
9度	震害	▲	△	△	△	△	×	×	×	×	×
	范围	220~270	130~235	137~242	145~250	152~257	96~235	107~236	65~194	217~346	98~227
	中值	245	200	190	198	204	166	172	130	282	163
10度	震害	▲	▲	▲	▲	▲	△	△	△	△	△
	范围	220~270	235~285	242~292	250~300	257~307	150~255	161~256	119~214	271~366	152~246
	中值	245	260	267	275	282	202	208	166	318	199

5　最佳方案的选择

在抗震决策分析的备选方案中，评价最佳方案的目标是明确的，即最小损失值。评价的准则是按确定型、非确定型，还是随机型决策问题分析，虽然与不同策略变量所导致预测震害的确定程度有关，但主要取决于状态变量，即地震的确定程度。

若按确定型决策问题分析——这是目前工程中所惯用的，它要求：

（1）地震信息——基本烈度（确定的）。

（2）震害预测——确定的震害和损失。

若按随机型决策问题分析——这是目前研究中常用的，它要求：

（1）地震信息——由地震危险性分析给出未来若干年内发生不同烈度或地震动强度的超越概率。

（2）震害预测——不同烈度或地震动强度下的震害和损失的确定值或概率值。

若按不确定型决策问题分析——这可能更易被人们和决策者所接受，它要求：

（1）地震信息——综合的。

（2）震害预测——不同烈度或地震动强度下的震害和损失的确定值或概率值。

从当前的地震科学水平来看，预测地震发生的时间、地点和强度的不确定性远远大于预测建筑物在某一烈度或地震动强度下震害程度和损失大小的不确定性。因此，我们认为抗震决策分析按不确定型的方法来选择最佳方案较为合适。按确定型决策问题分析，即在各备选方案中选择当遭遇基本烈度的地震时损失最小的为最佳方案。按随机型决策问题分析，对各备选方案按不同状态的分布概率计算总经济损失期望值，从中选择损失最小的为最佳方案。按非确定型决策问题分析，通常有五种方法选择最佳方案：

（1）乐观系数法（大中取大法）——在各备选方案的最小损失值中取最小值。

（2）保守系数法（小中取大法）——在各备选方案的最大损失值中取最小值。

（3）折中系数法——将3/5乐观系数与2/5保守系数之和为各备选方案的损失值，从中取最小值。

（4）最小遗憾法——将每一个状态（烈度）中各备选方案的损失值减去该状态（烈度）的最小损失值，为该状态各方案的遗憾数。在各备选方案的最大遗憾数中取其最小值的方案为最佳方案。

（5）等概率法——在各备选方案的总经济损失期望值中选取最小值。

表3中列出了实例中按不同决策类型和分析方法选择最佳方案的依据和结果。其中随机型决策问题分析是基于地震信息中基本烈度为8度（取50年超越概率为0.1）和文献[2]的危险性分析，做了三种不同概率分布的假定。根据抗震决策分析得到的最佳方案，对实例中的这类房屋大多采用方案3，约占2/3的房屋[4]，我们建议不值得做加固，一般暂时维持现状，逐年淘汰更新；对其中少数使用功能较好的房屋，才可按次佳方案做加固试点。

表3　各个备选方案的最小损失值和最佳方案　　　　　　单位：元/m²

决策类型和分析方法		策　　略							最佳方案	次佳方案
		1	2-1	2-2	2-3	2-4	2-5	3		
确定型决策最小损失值		168	167	152	198	168	74	71	3	2-5
非确定型	乐观系数法最小损失值	0	15	22	30	37	35	32	1	2-1
	保守系数法最小损失值	245	260	267	275	282	202	199	3	2-5
	折中系数法最小损失值	98	113	120	128	135	102	99	1	3
	最小遗憾法遗憾数	97	105	81	127	97	35	32	3	2-5
	等概率法损失期望值	138	140	119	155	134	93	90	3	2-5
随机型	概率分布①损失期望值	48	61	43	76	58	43	40	3	2-2,5
	概率分布②损失期望值	42	54	41	70	56	43	40	3	2-2
	概率分布③损失期望值	36	50	37	65	52	41	38	1	2-2

现有房屋抗震决策分析中最佳方案的选择需要综合考虑经济损失、生命安全和社会影响等因素，而生命安全和社会影响与经济损失是相关联的。对房屋单体或同类房屋的抗震决策分析，一般来说可从总经济损益的分析来选择最佳策略，如本文实例中的这批房屋。但对不同建筑物（包括同类建筑结构、不同用途）的抗震决策分析，当居留人数、重要性和社会影响有明显差好时，就必须综合分析。

6　结语

抗震决策分析是减轻现有建筑物地震灾害的重要一环。但我们不是决策者，只是决策分析的研究者。我们作为研究者的职责是：

（1）进行充分的、客观的调查研究。

（2）提供独立的、非指令性的分析结果和建议。

（3）不干涉决策者的决策，但关注决策意见和效果。

参考文献

[1] 孙崇绍,陈丙午.兰州市建筑场地抗震小区划[J].地震工程与工程振动,1982,1(3).

[2] 鲍蔼斌,李中锡,高小旺,等.我国部分地区基本烈度的概率标定[J].地震学报,1985,7(1)：100-109.

[3] 杨柳,高云学,杨玉成,等.航空部兰州多层砖房的震害预测[J].世界地震工程,1986(2)：24-27,67.

[4] 杨玉成.新兰仪表厂和万里机电厂多层砖房的抗震决策分析[R].哈尔滨：国家地震局工程力学研究所,1985.

2－10 现有建筑物的震害预测和抗震决策分析

杨玉成

1 引言

为减轻地震灾害的损失,我国自 1966 年邢台地震之后,在地震预报和工程抗震两方面已经做了 20 多年不懈的努力。从 20 世纪 80 年代以来,又开展了社会地震学、震害预测、抗震决策分析等方面的研究。

在 20 世纪六七十年代的地震中,我国城市的经济损失和人员伤亡是极为严重的,分别约占全国地震损失和伤亡总数的 85% 和 90%。而蒙受地震灾害的城市大多是由于建筑物的破坏和倒塌造成的。因此,根据我国地震灾害的经验和现代科学的发展,开展城市现有建筑物的震害预测和抗震决策分析的研究,对减轻地震灾害的损失具有重要的作用。它既是编制城市抗震防灾规划和制定减轻潜在地震危害对策的基础,又是先于计划工作和实施对策的独立的科学研究。

震害预测是介于自然科学和社会科学之间的边缘科学,它需要地震学、地质学、工程学、经济学、社会学等多学科的密切配合。1980 年秋,我所与 16 个单位协同工作,选择河南省安阳市北关小区为研究现场,在我国率先开展现有房屋的震害预测研究。由于编制城市抗震防灾规划工作的需要,震害预测的研究近年在我国得到了迅速的发展。对现有建筑物在震害预测的基础上进行抗震决策分析,可提供减轻地震灾害的不同策略、损益和最佳方案,作为决策者进行决策的科学依据。1985 年,我所为航空工业部兰州两厂做了首例抗震决策分析,从经济效益的角度提供了减轻地震损失的最佳方案。

本项研究是中美地震工程合作研究项目"地震危险性分析与现有建筑物抗震加固(Risk Analysis and Seismie Safety of Existing Structures)"中的一部分内容,并得到我国地震学联合科学基金的资助。

2 减轻现有建筑物地震危害的几个环节

减轻现有建筑物的地震危害一般由五个环节组成,即地震危险性分析(地震预测)、场地影响评估、震害预测、抗震决策分析、抗震防灾对策和措施的实施与监察。很显然,震害预测是减轻地震危害的中间环节,前两个环节是分析潜在地震的可能性和影响程度,但就目前的科学技术水平,预测地震发生的时间、地点和强度的不确定性远大于预测建于特定场地上给定烈度(或地震动参数)下现有建筑物震害的不确定性。因此,震害预测应考虑该城市可能遭遇的不同地震影响下所遭遇的灾难,它可在前两个环节研究成果的基础上或现有的设防标准、工程地质和宏观场地条件的基础上进行。对于因编制城市抗震防灾规划工作所需要预测的潜在震害,根据我们的实践经验,前两个环节所提供的基础资料在一般情况下可以是后一种情况。至于深入研究前两个环节,也包括第三个环节震害预测在内,则可在规划的指导下进一步开展,这不仅可以加快规划编制的速度,而且可以节省大量的人力和财力。

抗震决策分析是最后一个环节对策和措施的先导,为了提高抗震工作的管理水平,有效保障生命财产的安全,应该用现代的科学决策理论和方法,进行全局性的战略决策(如设防标准、6 度区的抗震设防)、重大问题决策(如特定城市的抗震防灾对策、某一类重大工程的设防准则)和工程抗震决策。本文所论述的只是与现有建筑物有关的抗震决策分析,并试图从经济效益的角度选择抗震决策分析的最佳方案。

3 震害预测的基本内容和方法

城市现有建筑物震害预测的基本内容是,在调查建筑物现状和采集有关数据的基础上进行分类和抗震性能评定,从而预测建筑物单体和群体的震害,并涉及

本文出处:《第二届全国地震工程会议论文集》,武汉,1987 年,1095－1100 页;中美国际合作研究项目"地震危险性分析与现有房屋震害预测研究"报告集,1989 年(见本书附录 2 论文目录)。

三个问题，即人员伤亡、经济损失和社会影响的评估。城市现有建筑物的震害预测可解决的问题包括：判别潜在地震中高危害的街坊小区和高危害的房屋建筑类型；评估重要的房屋建筑单体的震害和不同房屋建筑类型群体的震害率与其所造成的直接总损失。基于发生地震的概率小、不确定性大，故不仅要预测当遭遇到基本烈度的地震影响时现有房屋的震害，而且应分别预测该城市可能遭遇的发震概率更大、烈度较低的小震的影响和在极端情况下城市可能蒙受大震的灾难。这样，城市现有建筑物的震害预测可以用一个包含不同地震影响、不同震害程度的矩阵和一套与场地有关的震害潜势分布图来表示，以供进行减轻城市地震危害的决策分析和编制城市抗震防灾规划之用。

震害预测的方法无论是定性的还是定量的预测，基于经验判别还是理论分析，已用于实际或正在发展的，一般可概括在下述三类之中：

（1）专家评估法。它可以是专家个人、专家组或专家审定委员会，对建筑物单体或群体，以至全市预测震害。

（2）模式判别法。它与专家评估法所不同的是，用一定的模式和判别标准来预测震害。对不同类型的建筑物，甚至相同的建筑物，可用不同的模式来判别震害。诸如逻辑推理模式（机械工业部第六设计院的单层厂房震害预测法）、统计分析模式（工程力学所的多层砖房震害预测法）、动力反应模式（建研院抗震所的多层钢筋混凝土框架震害预测法）和模糊评判模式（建研院抗震所的震害预测的模糊数学模型和天津市地震工程所的老旧民房地震破坏预测的方法）等。

专家评估法和模式判别法一般是交互的。当应用模式判别法预测震害时，往往先有专家初估，后又有专家鉴定；当应用专家评估法预测震害时，往往要用模式来检验。

（3）人-机系统法。应用关系数据库和专家系统来预测城市现有建筑物的震害。这是国家地震局工程力学研究所刚发展的预测方法，我们在这方面的研究，请参阅《城市震害预测中的房屋数据库》和《多层砌体房屋的震害评定系统雏形及其在美国的应用》两文。

4　抗震决策分析的目标、备选方案和最佳选择

抗震决策目标通常可确定为使现有建筑物在防御或在未来可能遭遇到的地震中消耗和损失减小到最低限度。衡量实现决策目标的数量化标准，一是总经济损益，二是人员的伤亡数。也有将人员的伤亡按人寿保险金额或减少一个人员伤亡所需要采取措施的投资额等形式折算为经济损失，即将两者用一个经济指标来衡量的。非数量化标准是社会影响，受控制因素众多。但一般来说，它与数量化标准是相关联的，除了一些有特殊影响的之外，数量化标准在一定程度上内含了非数量化标准。我们在抗震决策分析中仅从经济的角度估算直接的总损益，人员伤亡未纳入总经济损益中。

决策分析的目标可以是无条件的或有条件的。抗震决策的目标一般是有约束条件的，条件要视实际情况来确定。诸如宏观经济条件（包括国家、地方和单位）、城市建设总体规划、建筑物的重要程度、需求的迫切性。

对房屋进行决策分析，不能只提供一个可行性方案，需要制定多个可供选择的方案。在每一个备选方案中，所采取的策略或措施必须是不同的，而考虑的状态即地震烈度或地震动强度的参数则可以是一个或多个，但所有备选方案中的状态都应是等同的。

抗震决策分析的备选方案一般不只限于考虑基本烈度一种状态，可考虑六种状态，即无震（5度及5度以下）、6度、7度、8度、9度和10度；也可按发震概率的三个水准状态考虑，即设防烈度、小震和大震的烈度（或地震动参数）。为减轻地震灾害，对现有房屋所采取的抗震策略一般有三个方案：第一方案是维持现状；第二方案是抗震加固；第三方案是淘汰更新。其中第二方案可以采取不同的抗震加固措施。

不同备选方案的总经济损益（L）为策略变量（A）和状态变量（Q）的函数，即

$$L = L(A, Q)$$

它既包括在未来地震中的直接经济损失费和震前抗震加固的消耗费，也可能附有某些增益或节省。估计总经济损益的项目应视实际条件来确定，一般包括如下项目：

（1）维持现状方案的总经济损益：$L = R + P$。

（2）抗震加固方案的总经济损益：$L = R + P + S$。

（3）淘汰更新方案的总经济损益：$L = R + P + W + N + E + B$。

其中 R 为震后房屋修复费；P 为震时财产损失费；S 为震前抗震加固费；W 为现有房屋的使用价值；N 为拆除旧房和重建新房两款；E 和 B 分别为免除在新建房屋时所需土地的征购费和回收延长使用期的折旧费，这两项是盈益值，与决策目标的约束条件有关。在

总经济损益的估算中,也有考虑银行利率和买地建房还需修路铺道增设辅助工程等项目的费用,我们在分析中未予计入。

在抗震决策分析的备选方案中,评价最佳方案的目标是明确的,即最小损失值。评价的准则是按确定型、非确定型、还是随机型决策问题分析,虽然与不同变量所导致的预测震害的确定程度有关,但主要取决于状态变量,即地震的确定程度。

若按确定型决策问题分析——这是目前工程中所惯用的,它要求:

(1)地震信息——基本烈度(确定的)。

(2)震害预测——确定的震害和损失。

若按随机型决策问题分析——这是目前研究中所常见的,它要求:

(1)地震信息——由地震危险性分析给出未来若干年内发生不同烈度或地震动强度的超越概率。

(2)震害预测——不同烈度或地震动强度下的震害和损失的确定值或概率值。

若按不确定型决策问题分析——这可能更易被人们和决策者所接受,它要求:

(1)地震信息——综合的。

(2)震害预测——不同烈度或地震动强度下的震害和损失的确定值或概率值。

从当前的地震科学水平来看,我们认为抗震决策分析按不确定型的方法来选择最佳方案较为合适。按确定型决策问题分析,即在各被选方案中选择当遭遇基本烈度的地震时,损失最小的为最佳方案。按随机型决策问题分析,对各被选方案按不同状态的分布概率计算总经济损失的期望值,从中选择损失最小的为最佳方案。按非确定型决策问题分析,通常有五种方法选择最佳方案:

(1)乐观系数法(大中取大法)——在各被选方案的最小损失值中取最小值。

(2)保守系数法(小中取大法)——在各被选方案的最大损失值中取最小值。

(3)折中系数法——将3/5乐观系数与2/5保守系数之和为各被选方案的损失值,从中取最小值。

(4)最小遗憾法——将每一个状态(烈度)中各被选方案的损失值减去该状态(烈度)的最小损失值,为该状态各方案的遗憾数。在各被选方案的最大遗憾数中取最小值。

(5)等概率法——在各被选方案的总经济损失期望值中选取最小值。

选择最佳方案需要综合考虑经济损失、生命安全和社会影响等因素,而生命安全和社会影响与经济损失往往是相关联的。对房屋单体或同类房屋,一般来说可从总经济损益的分析来选择最佳策略。但对不同建筑物(包括同类建筑结构、不同用途)的抗震决策分析,当居留人数、重要性和社会影响有明显差异时,就必须综合分析。

抗震决策分析的研究者并不是决策者,作为研究者的职责是:

(1)进行充分的、客观的调查研究。

(2)提供独立的、非指令性的分析结果和建议。

(3)不干涉决策者的决策,但关注决策意见和效果。

5　实例和效益探讨

现有建筑物震害预测和抗震决策分析为有关领导和职能部门做出决策(包括制定减轻地震灾害对策和编制城市抗震防灾规划)提供科学依据,能进一步提高抗震管理水平,减轻地震危害,具有重大的社会效益和经济效益,这是毋庸置疑的。下面列举几例。

5.1　安阳小区震害预测

安阳市自“豫北安阳小区现有房屋震害预测”研究成果通过鉴定,根据预测结果,每年按轻、重、缓、急安排抗震加固计划。在1985年,安阳市依靠自己的力量,在研究小区的基础上完成全市的震害预测,编制出“安阳市城市抗震防灾规划”,于1986年4月通过评审,在唐山地震十周年抗震防灾经验交流会上做典型介绍,并得到了肯定。

安阳小区震害预测研究的经济效益是十分显著的。应用本项成果最直接的经济效益是可以合理使用和节省加固费用。安阳市自1978年开始抗震加固至1983年的六年间,抗震经费共591万元,其中大部分用于多层砖房的抗震加固。小区震害预测前,需要加固的建筑物达80%左右,预测结果认为只需加固30%左右,比原设想减少50%左右。小区内可减少加固投资约300万元,其中由多层砖房直接节支可在150万元以上。从小区推广到全市,可减少约1 500万元,其中多层砖房800万元。

从宏观经济分析,自1977年到1984年,全国用于抗震加固的经费共22亿多元,其中大量用于多层砖房的加固。因此,在普遍开展震害预测的基础上进行抗震加固,潜在的经济效益可节约的加固投资将是非常可观的。

5.2　航空部兰州两厂的震害预测和抗震决策分析

1985年,我们采用震害预测和决策分析的方法,有效地解决了航空部兰州两厂十多万平方米多层砖结构房屋多年来悬而未决的抗震加固问题。抗震决策以城市规划和人均居住面积为约束条件。选择保持现状、抗震加固（五种措施）和淘汰更新三个方案，计算总经济损益，并用非确定型决策问题的分析方法选取最佳方案。通过决策分析，认为这两厂中的多层砖房约有 2/3 不值得加固，建议这些房屋暂保持现状逐年淘汰更新。对内框架主厂房明确指出刚开始加固的技术方案应做必要的改进与其应采取的对策。

这项研究成果的经济效益和社会效益也是十分显著的。两厂多层砖房如按常规加固，至少要投资 500 万元，且加固效果不显著；按决策分析意见，这些低标准砖房就无须再白花数百万元来加固。内框架主厂房原设计加固费 50 万元，影响生产损失费 50 万元，方案改进后可减少投资和损失达数十万元。这项研究提高了抗震加固工作的科学管理水平，也为两厂职工提高居住水平和减轻地震潜在危害起到了积极作用。

5.3 三门峡市的震害预测和抗震防灾对策

根据预测结果，在三门峡市城市抗震防灾规划和今后抗震工作中，应着重注意三个问题。

（1）Ⅱ、Ⅲ阶台地的边缘地带是潜在地震的高危害区。在土地利用规划中，应明确规定各类建筑物的黄土边坡地震稳定性安全线，目前正值三门峡在加速建设，抗震管理工作要严格控制、审查、监督新建房屋不超越安全线，同时结合城市建设搞好护坡固坡。对在边缘地带的现有建筑物，应在临震应急抢险救灾和避震疏散规划中做好安排。

（2）三门峡市未设防的重要建筑物和多层房屋基本都得以加固，预测结果加固效果也较好。但对于财产价值在百万元以上的未设防的单层工厂（不包括房屋现值），只个别做了加固，从减轻地震灾害的经济损失出发，这些厂房应列为今后抗震加固的重点对象。

（3）近年新建的房屋有不按 8 度设防标准设计建造的。如六层橡胶厂商店住宅和六层点式楼住宅，可能是套用了 7 度区或不设防地区的设计图，因此对今后新建房屋的抗震设计必须严格把关。

5.4 厦门市震害初步预测

按专家评估法初步预测，列为厦门市现有建筑物高危害之首的并不是房屋的主体，而是大量搭盖在老市区平屋顶上的棚房；危害性高的房屋主体则是 12 cm 厚墙承重的 3~4 层砖房和开元路两侧二三十年代建造的骑楼；高危害的地区明显是软土地带，尤其担心筼筜新区。加之该市不少房屋的墙体用煤渣砖砌筑现状开裂较普遍，还有一大批独具闽南特色的石结构房屋。据此，我们认为，厦门市现有建筑物的抗震对策不同于一般城市，需要进一步研究，近期抗震工作重点可不在加固上，且用通常的抗震加固措施，看来也难以达到海港风景城市和经济特区所要求的建筑美感的功能。厦门市首例抗震加固房屋的失误也表明，提高该市现有房屋的抗震性能远比一般城市的难度要大。厦门市的震害预测我们还在研究之中，本文阐述的只是初步的评估和设想。

6 结语

目前我国迫切需要且已具备条件深化城市现有建筑物的抗震鉴定和加固工作，开展震害预测和抗震决策分析的研究，做出科学的决策，制定有效的对策，把有限的抗震加固经费用到效益高的项目上，以达到减轻地震灾害损失的目的。

实例表明，在抗震防灾工作中开展震害预测和决策分析的"软科学"研究，将会具有明显的社会效益和经济效益。

2–11　关于建筑体型和立面处理的若干抗震问题[*]

杨玉成　杨　柳　高云学　陆锡蕾

1　引言

人们总希望建在地震区的房屋不但具有良好的抗震性能,而且建筑处理上也具有较完美的艺术性。然而一些震害现象说明,体型复杂、立面多变的建筑,地震时易遭破坏。这就使建筑师的创作受到了一定限制。

在抗震设计规范中规定,建筑设计要"力求建筑物体型简单","避免立面、平面上的突变和不规则的形状",多层砖房的"窗间墙宜等宽均匀布置"等。由于建筑师对规范中的"力求""避免""宜"等词的程度感到难以掌握,往往无可奈何地把这些词视为"必须",而对震害经验又常强调了失败的方面,加之当前一般建筑设计普遍具有体型简洁的特点和从有利于建筑工业化考虑,因而使地震区的房屋建筑往往过于呆板、单调,影响了街景市容。甚至在城市的交叉路口的主要建筑物也被设计得过于呆板、简单,使城市街坊缺乏韵律和变化。

因考虑抗震而降低建筑物应具有的艺术功能,不仅反映在新建的房屋中,在现有房屋的抗震加固中也普遍存在。有的采用外加构造柱和圈梁的房屋,被搞得五花大绑;有的房屋加了肥梁胖柱,活像披上了重甲。这就好像加固的原则只有"抗震"一条,没什么美观可言。

如何使抗震设防与建筑设计统一起来,使建筑设计合理地体现抗震要求,形成地震区特有的建筑艺术风格,这是需要建筑师们有点勇气,敢于进行探索和创新的课题。下面我们为建筑师创作多样化的抗震建筑,提供抗震工作方面的点滴体会。

2　建筑体型与变形协调

在地震现场,人们见到一些平面或立面变化较多、体型较复杂的建筑遭到严重破坏,自然会联想到这是因为建筑物的体型不够简单。可是,实际并非完全如此,体型复杂的建筑的震害也并不都一定比体型简单的严重。例如,唐山市跃进住宅区地震时许多矩形平面的房屋倒塌了,而其中的东拐角楼却经受了10度地震裂而未倒。这幢底层商店L形平面的房屋,中央五层,两翼四层,无变形缝,中央和北翼为单排柱内框架结构,东翼为半侧空旷的砖混结构,二层以上住宅均为砖混结构。在通海地震中,有厢房廊屋的四合院式木构架房屋比体型简单的单幢矩形房屋的震害要轻得多。震例表明,体型复杂的建筑如果在抗震设计中对变形协调处理得好,地震时能够均衡地工作,无论是抗裂或是抗倒能力都不一定比体型简单的房屋差。当然,体型复杂的建筑要做到变形协调均衡工作的难度比体型简单的建筑要大得多,不仅计算繁杂,而且往往要靠设计者的经验来判断。

对于建筑物各部位的变形协调,大致可归纳为如下两点:

(1) 在建筑物同一楼层平面内的变形协调。要求地震时该楼层平面各点的振动在同一时刻、同一方向的水平侧移量应力求一致,或由侧移小的部件协同侧移大的部件,共同抗御地震,无论如何,房屋两端的侧移要尽可能接近。

(2) 在建筑物同一竖直平面内的变形协调。它要求在该竖直平面内同一层间的各抗侧力构件的侧移量应力求一致或由侧移小的部件协同侧移大的部件共同抗御地震;同时,楼层之间的层间位移量不发生显著突变。

下面我们列举一些例子来说明这两点。

多层砖混结构无论在楼层平面还是竖直平面内,各抗侧力构件(墙体)的侧移量应力求接近。如果相差较大,刚度大允许变形小的墙体势必先开裂,这就不

本文出处:《中国抗震防灾论文集——唐山地震10周年》,1986年,175–179页。本书删文中照片和图,见2–19文。
* 本文在中美共同主办的"通过建筑、城市规划和工程减轻地震灾害"专题讨论会上宣读(1981年11月2日下午,北京)。

能充分发挥所有墙体的共同抗震作用。例如：① 同一层竖直平面内的门窗间墙一般来说,宽墙面的刚度大,容易开裂。但墙体的侧移量不仅与墙面宽度有关,还与高度、荷载等因素有关,后者很容易被设计者忽略,这就要求建筑师在布置门窗位置时不是简单地使间墙等宽,而应同时注意刚度分配。② 当多层砖房的门厅为内框架结构时,它在侧力作用下的变形比砖混结构要大得多,因此地震时内框架便要由砖混结构来协同工作,以致局部震害加重。这就要求在设计时用变形缝将门厅分割为独立的单元或增加它的刚度。③ 平面上凸凹多变,这当然不利于抗震,但也并非不可做,只要凹进或凸出部位的外纵墙变形与相邻墙段接近,便不致加重局部震害。

采用框架剪力墙的钢筋混凝土结构的变形协调是利用剪力墙侧移小的特点来协同侧移大的框架共同抗御地震。要使框架和剪力墙能协同工作,就要确保楼屋盖的刚度,以便将地震荷载有效地传给剪力墙。

影剧院一般属于不规则的建筑,抗震设计有两种不同的处理方法:一是将观众厅和前后厅分开,设抗震缝;二是做成整体,让变形小的前厅、后台协同变形大的观众厅共同抗御地震。这两种情况的震害现象是不同的:不分开有可能导致前厅、后台的破坏重于观众厅;而如果分开,观众厅的弯曲破坏便可能较为明显。这两种建筑布置对变形的协调设想是不同的,也就要求结构设计采用不同的抗震验算方法。

对于非矩形的复杂平面,人们往往认为扭转效应较为突出。其实也并非都如此,上述唐山市跃进区拐角楼就是一例,从震害现象来看,扭转效应并不很明显。海城地震后,我们曾对海城镇的 5 幢 L 形平面和 3 幢矩形平面的多层砖房进行了扭转计算。由表 1 可见,如果设计得好,L 形平面的刚心和质心可很接近,扭转效应较小,扭转破坏现象也不明显(计算结果和震害现象符合);反之,如果矩形平面设计得不好,也可产生大的扭转现象。在安阳市现有的屋震害预测中,有一幢 L 形教学楼,正肢用悬挑外廊,侧肢为内廊式,计算结果表明,该楼的刚心和质心很接近。如果楼屋盖的刚度得到保障,预测震害:7 度强时将破坏,10 度弱时将倒塌;倘若用抗震缝分割开,正肢便可能在 7 度弱时破坏,9 度强时倒塌。从海城和安阳的例子可见,L 形平面的多层砖房并无必要都用抗震缝分割成两个矩形。况且,在设计时还可利用非矩形的特点,来调整纵横两个方向墙体的抗震能力,使其接近。

表 1　海城镇多层砖房的扭转效应

房屋名称	平面形状	静力偏心距 e_s/m	偏心率 $\dfrac{2e_s}{l}$/%	最大影响系数 β_{max}/%
农机站	L 形	5.19	21.6	71.8
人武部		3.70	16..4	44.2
站前旅社		1.89	11.7	30.2
公安局		0.96	3.9	9.1
部队招待所正楼		0.49	2.8	6.0
变压器厂	矩形	2.70	20.0	64.4
县招待所配楼		2.48	16.9	28.1
钢厂宿舍		0.60	2.5	4.4

体型在高度上有变化的房屋,凸出部位的震害普遍较主体严重,在建筑设计时应尽量避免布置空旷的会议室。起伏式的外形不利于抗震,如秦皇岛市在唐山地震中破坏最重的多层砖房是一幢立面为 3−4−2 层的办公楼,四层部分的上两层墙体严重开裂,向二层方向错动。

复杂体型的变形协调还应避免振动不一致的现象。我们曾对安阳东风路三层拐角楼进行了动力特性实测,在屋顶的两端和交接处放置了 4 个拾振器,分别在 5 个位置用火箭推力筒激振。该楼虽在激振时各测点的频率相同,阻尼比也大致相近,但脉动测量表明,该楼存在着明显的扭转效应,且在其拐角处的振动频率与两翼端部不相同,存在局部振动影响。为减少复杂体型的局部振动现象,增强楼屋盖的刚度,避免质量和抗侧力构件刚度的过于集中,这在建筑设计时应充分注意。

总之,建筑物的抗震性能固然与其体型有关,但更重要的是与其在地震时变形是否协调有关,这是要特别强调的,也是建筑师与结构工程师要共同认真对待的问题。

3　建筑线条和抗震措施

有些抗震设计,尤其是在现有房屋的抗震加固中,由于对外加圈梁与构造柱只考虑到它的抗震作用,且仅仅作为一个结构构件应用,因此形成地震区的建筑五花大绑的特有现象。如果能将抗震构造措施与立面处理适当结合起来,可在提高抗震性能的同时,给人以舒畅的感受。我们认为,对建筑立面上的横竖线条,如墙垛、扶壁柱、圈梁、腰箍、窗间带、遮阳板,以及窗套等,若处理得当,均可达到一举两得的效果。下面简要地说明若干与建筑立面处理有关的抗震措施的效用。

3.1　竖直线——纵墙垛的抗震效能

在砖结构房屋中,因承重、稳定或建筑装饰的需要,往往在外纵墙或山墙上采用扶壁垛,使建筑墙面有凸出的竖直线条。这种墙垛的抗震效能是好的,设在纵横墙交接处,不仅增加了抗震横墙的面积,使纵墙断面呈十字形,而且有助于加强纵横向的连接,防止外纵墙倾覆和剪切破碎后的塌落。

3.2　横线条——窗间带的抗震效能

外墙面上采用的建筑横线条,除了檐头和勒脚外,多见于在窗上下口设置连通的窗台板和窗过梁,成增强横带,对防止窗角裂缝的出现是有效的。若在窗间墙设数道增强的横带,对增加窗间墙的抗震能力,效果更将是显著的。抗震横带宜做成 6 cm 的钢筋混凝土薄带,可以凹进或凸出墙面。

3.3　凸出墙面的强化窗套

在立面处理中,有采用凸出墙面的窗套,作为墙面的建筑装饰。若将这种窗套做成强化窗套,便可增强纵墙的抗震能力,对抗裂和抗倒都有成效。强化窗套的上下面可利用窗过梁和窗台板,两侧用钢筋水泥砂浆面层,也可用预制钢筋混凝土窗套取代窗过梁和窗台板。

3.4　凹进墙面的削弱窗槛墙

建筑师常用凹进外墙面的窗槛墙来装饰建筑立面。削弱的窗槛墙可比窗间墙先开裂。然而,在唐山地震中,有一些在窗槛墙上产生交叉裂缝的多层砖房,裂而未倒,虽不能说这些房屋只是因窗槛墙开裂而不倒,但一般在窗槛墙上有裂缝后,窗间墙上便很少见交叉裂缝。这对承重的纵墙是有利的,同时从修复来看,窗槛墙也要比窗间墙容易些。因此,在抗震建筑的立面处理上,可采用凹进的削弱窗槛墙,只是不要削弱得太多。

4　屋盖形式和檐头装饰

屋盖檐头常是建筑处理的重点部位,也常是抗震鉴定中被指责的地方。譬如,见到高一点的女儿墙,便可能建议拆掉。我们总不能把地震区的房屋一律都建成平顶,既不出檐,也无女儿墙。显然,多种屋盖形式和适当的檐头装饰,有时还是需要的,只不过要谨慎处理。

屋盖形式无论是平顶的、坡顶的,还是拱顶的,从历次破坏性地震来看,对震害的影响都不是主要的。拱顶边跨做成平顶,从受力和建筑体型看都是好的。坡顶木屋盖房屋,虽顶层震害可能比平顶重一些,但自重轻,减少了整幢房屋的地震力,只是在结构设计中,要避免产生水平推力。

唐山地震中因房屋大量倒塌,檐头装饰和凸出屋顶的非结构构件的震害没有引起人们的足够重视。而海城地震的经验教训是深刻的,该地震中的伤亡人员约有一半是由于屋顶小烟囱、高门脸、女儿墙或檐瓦等的掉落造成的。因此,在建筑布置上应尽力避免将屋顶小烟囱设在檐口,更不要设在门洞旁。以弯曲变形为主的结构,不应设计女儿墙、高门脸等凸出屋顶的构件;而以剪切变形为主的结构可以设计。对于挑檐,虽未见有大量掉落的震害实例,但对平衡、锚固和支承墙体的强度都应适当重视;如果能将现浇钢筋混凝土挑檐做在屋盖平面的高度,对增强整体刚度是有利的。

5　结语

体型简洁是当前房屋建筑设计中的一大特点。但抗震建筑的过于单一、贫乏却使地震区的建筑失去多样化,因而缺乏美感,一定程度上降低了建筑本身的功能。诚然,在地震区的建筑创作中,讲究不必要的烦琐装饰,或者单纯追求造型,不顾抗震效能和经济效果是不对的,但对建筑物的美观同样是需要精究构思的。通过建筑师和结构工程师的密切合作,充分重视并利用现有的震害经验和科学技术所提供的可能性,不仅能够使建筑形式与抗震性能统一起来,创作出实用、经济、美观和符合抗震要求的建筑,而且可以发挥建筑设计的潜力来有效减轻未来地震的灾害。

注释　纪念唐山地震 10 周年(1986)论文集编委会要我的一篇文章,我准备写《震害预测初心　唐山地震教训》。意想不到,要我 5 年前(1981 年 11 月 2 日)的论文,本文即是。由中国国家建委抗震办公室、美国国家科学基金会主办,在北京举行的"中美通过建筑、城市规划和工程减轻地震灾害讨论会"第一场会议"建筑和非结构构件抗震"上宣读的论文:美方阿诺德《建筑体型对抗震性能的影响》、中方杨玉成《关于建筑体型和立面处理的若干抗震问题》。本书中的这篇中文稿已将照片和图略去,英文稿见本书 2 - 19 文。

2-12　震害预测研究

杨玉成

1　震害预测的目的和内容

　　震害预测是地震工作的基本任务之一,其目的是为了有效减轻和防御地震灾害。震害预测的基本内容是评估预测对象在可能遭遇的不同地震影响时的震害,及其由震害所导致的人员伤亡和经济损失。预测对象可以是工程的单体、群体或网络系统,也可以是城市、地区或企事业单位。根据我国的震害经验,地震造成人员伤亡和经济损失的主要原因是房屋建筑的破坏和倒塌,因此房屋建筑是我国目前地震区震害预测的重点;同时在大中城市和工矿企业,还应注意生命线工程网络系统与重要的工程设施和设备的震害预测,以及对可能产生的次生灾害进行评估。

　　震害预测自身并不能减轻灾害损失,但它是地震区中的城市、村镇和工矿企业在地震发生之前采取减轻灾害损失的重要措施之一。由于震害预测是依据全国地震烈度区划图、地震危险性分析和地震小区划,或依据震情趋势会商和地震地质背景,预测城市、村镇和工矿企业或工程单体、群体和网络系统在现时的或未来某一时期的震害类型、震害分布和震害程度,以至工程的薄弱环节和部位,进而评估地震的危害程度和社会影响,因此通过震害预测就使之可能有针对性地制定减轻和防御地震灾害的目标、对策和应急响应计划,并为城市、村镇和工矿企业的总体发展规划和可能的震后灾害快速评估、重建家园及地震保险提供基础技术资料和科学依据。唐山大震后,刘恢先教授认为,为了减轻大地震灾害,应该在震前做的一系列准备工作中注意三个环节,即地震危险性的评估、对各类工程结构抗震性能的预测和加固,以及对震后的救济与修复做出预谋。正因为震害预测是减轻地震灾害各个环节中的一个极其重要的中间环节,国家地震局将震害预测作为地震工作中的一项基本任务,并发布了《震害预测工作大纲(试行稿)》,要求地震区首先对重点监

视防御区开展震害预测工作。建设部在编制城市抗震防灾规划中,也一直将震害预测列为基础工作。国家地震局和与地震密切相关的部门为更有效地发挥政府的职能作用,指导和监督抗震防灾工作,实现我国到2000年减灾30%的目标,也必须大力开展震害预测这项工作。

　　震害预测不同于通常的工程抗震鉴定。抗震鉴定是依据"规程"或"标准"按工程的重要性和场地的设防烈度,评定是否满足规定条文的要求。如果满足要求,可保障在遇有设防烈度的地震影响时该工程(单体)不致倒塌和发生危及生命与重要生产设备的震害;如不满足,则加固或采取其他措施。而震害预测是评估工程单体和群体在遇有不同地震影响时的危害,即工程的破坏程度及生命和财产的损失。因此,不能说已经做过抗震鉴定的工程就可不再进行震害预测,只能说通过抗震鉴定的工程给震害预测提供了遇有设防烈度的地震影响时不倒塌的一个基本信息。

　　开展城市和区域性的震害预测工作,一般有下列七个方面的内容。

1.1　房屋建筑的震害预测

　　(1)重要房屋的单体震害预测。预测重要房屋的震害,应逐幢调查防御状态,分析抗震性能和易损性,预测震害程度和薄弱环节。重要房屋一般指指挥机关用房及应急用房、生命线工程中的关键用房、可能酿成严重次生灾害的房屋、人员大量集中的公共建筑、对政治或经济有重大影响的房屋。

　　(2)典型房屋的单体震害预测。典型房屋在预测房屋的总体中应具有一定的代表性,对不同的建筑结构、层数、年代、质量和用途的房屋,其主要的都应有样本,且样本中各类房屋的比例应与预测总体中各类房屋的相应比例大体吻合。震害预测中典型房屋的样本数应满足大样本的统计要求,预测城市现有房屋的震

　　本文出处:《工程地震研究》,国家地震局震害防御司,1991年4月,136-161页。

害一般以占建筑总面积的 1%～3% 为宜。典型房屋的震害预测也应逐幢调查防御状态、分析易损性和预测震害程度。

（3）现有房屋的群体震害预测。工作区现有房屋的群体震害预测应在查勘工作区现状、了解工作区建设的发展过程、采集现有房屋的统计资料和数据信息、预测重要的和典型的房屋震害的基础上，分小区进行。预测小区的划分可采用单元小区或街坊小区。单元小区即在工作区内以 0.5 km × 0.5 km 或 1 km × 1 km 划分相等的方格作为预测震害的最小单元。街坊小区即以街道办事处、村镇管辖的地域或街坊为预测单元。按街坊小区划分，便于统计资料和数据信息的采集，也便于编制与实施减轻和防御地震灾害的对策。工作区中的房屋资料一般可以全国城镇房屋普查资料为底数，用近年新建的和拆除的房屋数加以调整，或利用房屋产权登记资料；如有条件和需要，也可做现场调查统计。现有房屋的群体震害预测应预测工作区总的震害矩阵（在 6、7、8、9 和 10 度地震时发生不同震害程度的概率），各类房屋的震害并识别高危害的房屋类型，各个小区的震害并识别高危害的街坊小区，以及绘制工作区中现有房屋的震害潜势分布图和预测震害概率分布图。

1.2　构筑物和工程设施的震害预测

构筑物和工程设施的种类繁多，一般只选择对地震敏感的或可能发生严重次生灾害的、生命线网络系统中关键的工程作为预测对象。在城市和工矿企业的震害预测中，较常见的这类工程有烟囱和水塔、铁路和公路桥梁、海港和水运码头、城市内和城市上游的挡水坝、发电厂的冷却塔和电网的枢纽变电站、无线电和电视台的塔架、水厂的净化池和贮水池、大型煤气柜和储油罐等。

1.3　生命线工程网络系统的震害预测

生命线工程的震害预测包括交通、通信、电力、供水和供气五个系统，强调系统整体评价和局部环节的破坏对网络系统的影响。

（1）交通运输系统的震害预测。其包括铁路、公路、航空、水运、海运等系统和城市街道的主干线，主干线上的重要桥梁、港口、台站，以及运行和指挥系统的关键设施和设备。震害预测旨在预测工作区遭遇地震袭击时交通网的破坏和受阻的震害、震后交通网发挥功能的能力和应急服务的可能性。

（2）邮电通信系统的震害预测。主要预测工作区在遭受地震袭击时对外对内邮电通信联络阻断失效的

震害，以及震后邮电通信网发挥功能的能力和应急服务的可能性。包括长途电话和电报枢纽、重要电话局和汇接局、无线电台和卫星地面站等的机房，架空和埋设线路的电缆、管道和杆架，微波机架和关键的通信设备。

（3）发电供电网系统的震害预测。电力系统的震害预测要先预测电厂主厂房、枢纽变电站、总调度楼、超高压输电线塔架、高大的烟囱和冷却塔等重要的建（构）筑物和关键设备的震害，进而预测在遭受地震袭击时的电力中断以至电网解列的震害及其应急发电供电的能力。

（4）供水网系统的震害预测。其主要预测水源地的井管、泵房、贮水池和供水管网的主干线在遭受地震袭击时的工程震害和供水中断的震害，以及震后居民最低用水和紧急供水（尤其是消防用水）的可能性和相应对策。

（5）供气系统的震害预测。对工作区内管道煤气或天然气气源的工程设施和设备（如煤气发生装置、储气柜、调压塔等），供气管网的主干管道、加压站和切断装置，应进行网络系统的工程震害预测和可能泄漏的估计；对瓶装液化气供气站、贮气柜和配气装置，也应做抽样预测。供气系统的震害预测应着重于防止严重次生灾害的发生。

1.4　场地的震害预测

场地震害预测应在地面破坏小区划的基础上进行，通常有下列内容：

（1）不同规模和特点的地裂缝导致震害的预测。

（2）大范围震陷、局部塌陷或不均匀沉降导致工程震害的预测。

（3）护岸、路堤、高挡墙等岩土工程和陡坝、山坡等斜坡地形的稳定性分析，及其滑坡、塌落程度的危害预测。

（4）液化区的液化程度（包括液化引起的滑移和沉陷）及其危害的预测。

（5）断层的活动性及导致震害的预测。

1.5　次生灾害的评估

由于工程震害和场地震害引起的次生灾害主要有水害、火灾、爆炸、溢毒、细菌传播和放射性辐射等，对地震次生灾害可能性的估计一般进行三项工作：

（1）调查次生灾害源，如易燃、易爆、剧毒和放射性源，并绘制其分布图。

（2）评估次生灾害源一旦在地震时突发和蔓延的危害。

（3）评估发生波及邻区或蔓延大片的严重次生灾害的可能性，并制定相应的防止和应急对策。

1.6 人员伤亡和经济损失的预测

本项工作系指预测因地震直接震害、间接震害、次生灾害和社会后效所导致的人员伤亡和经济损失。间接震害导致的人员伤亡一般只考虑由房屋建筑的破坏和倒塌所造成。直接经济损失的预测一般包括房产价值的损失、房屋内财产价值的损失和构筑物、工程设施及其他工程与非工程的地震直接经济损失。间接震害、次生灾害和社会后效所造成的生命和财产的损失有时可能非常巨大，但却难以评估，可做总的估计和评述。

1.7 动态预测和减灾目标

依据工作区的发展规划和可能实施的多种措施，预测在未来某一时期（如到 2000 年）的震害、伤亡和经济损失，并评估实现预期的减灾目标的可能性和需要采取的相应措施，或提出建议的减灾目标。

2 国内外的发展现状

震害预测是一门综合性的科学，国内外的实践经验才十多年。

国际上，美国和日本是在 20 世纪 70 年代中期开始开展震害预测工作的，在地震危险性分析和建筑物易损性分析的基础上进行地震危害性预测，包括人员伤亡和经济损失评估。

美国自 1977 年颁布了减轻地震灾害法，联邦紧急事务署与城市、州和地方政府一起，制定评估地震灾害和计算灾害损失的方法，但估计损失的方法有多种，期间存在明显的不一致。美国地震工程委员会地震损失估计专家小组在 1989 年编写了报告《未来地震的损失估计》（当年即由国家地震局震害防御司翻译成中文出版），该报告书所涉及的内容是美国当前开展震害预测工作的水准，评估方法是针对城市地区的，该项研究由联邦紧急事务管理署资助。美国地震损失估计专家小组的研究目的在于提出一个统一的估计灾害损失的工作指南，以激励和引导减灾行动。该专家小组在报告书中明确阐述了美国在预测震害和评估损失中目前的做法和发展研究的趋势。分析美国专家小组的观点，我们可以看到在这一研究领域中的一些主要问题与我国的进展状况很类似，这对我们进一步开展预测震害和评估损失的工作及其研究都颇有启发。现列举美国该专家小组的几个观点：

（1）研究评估损失的一套严格的标准方法对于提

高效率和保持一致性是必不可少的，专家小组对此进行了多学科的合作，但仍未给出所需的估计损失的标准方法。今后应当将各种方法中计算地震动—破坏—损失关系的好方法予以综合，突出其优势，而不应去急于发展新的做法。

（2）在大多数的情况下，损失估计最主要的是研究地震直接造成的震害和损失，有时间接损失可能比直接损失还要大，但评估间接损失较为复杂，评估方法目前仍在发展之中。在发展和改善估计建筑物损失的方法时，该专家小组建议应当特别注意次生灾害的影响，必须考虑到次生灾害对生命线工程和救灾设施造成的破坏。

（3）估计损失所选择的潜在地震，有定性的和概率性的两种方法。定性的方法是选择一个或几个地震，烈度是一种最好的而且现成的量度，通常这种定性方法分析损失适合于政府和一般公众的要求；用概率性的方法分析技术是比较先进的，但发生地震危险的超越概率值尚无公认的原则，从地震动参数中如何找出可以预测破坏的因子存在着不少的争论。美国专家小组决定继续使用烈度作为评估地震灾害损失的基础，同时也认为改善与发展这种描述是有可能的，今后必须不断更新和发展对那些潜在的破坏性的地震动进行定量和度量的方法，并认为对地震动用多参数的描述是必要的。

（4）不管使用哪种方法，在估计损失方面都存在着不确定性，即使利用目前最好的方法，依靠最有经验的专家，潜在地震所造成的灾害损失也只能近似地予以估计。估计财产损失方面的不确定性经常可差到 2~3 倍，估计人员伤亡方面的不确定性甚至可差 10 倍。专家小组还建议选择一种或几种方法进行敏感度分析，以便了解总的估计过程中哪一部分是造成不确定性的主要原因，从而通过在损失估计总过程中每个阶段不同的可能误差来确定其意义。

我国的震害预测是在吸取唐山大地震的经验教训之后，于 1980 年首先在当时的地震重点监视区豫北开展的。在豫北安阳小区的震害预测中，我们会同 16 个单位共同研究，提出了各类建筑物的震害预测方法。国家地震局工程力学研究所杨玉成等首先提出多层砖房的震害预测方法——以抗震强度为主因子的二次判别模式，该方法及其安阳小区多层砖房的震害预测荣获 1987 年国家科学技术进步三等奖；机械工业部第六设计院陶谋立等提出了单层厂房的震害预测方法——多因素树状判别图；四川省建筑科学研究所廖书堂等提出了单层空旷砖房的震害预测方法——强度计算和构造措施综合评分；中国建筑科学院抗震所龙明英等提出了多层钢筋混凝土框架房屋的震害预测方法——弹塑性动力分析；北京市建筑设计院寿光等提出了钢筋混凝土内框架房屋的震害预测方法——统计分析综合判别模式；安阳地区建委设计室何文超等提出了城镇平房震害预测方法——耐震指数分布曲线。这些方法是我国最早提出的单体震害预测方法，其后提出的较有影响的单体震害预测方法有建研院抗震所李荷等的多层砖房逐步判别法、机械部设计总院吴育才等的单层厂房回归分析模式、天津地震研究所金国梁等的老旧民房模糊评判法、国家地震局工程力学所尹之潜等的单层钢筋混凝土厂房分项回归综合法和江近仁等的钢筋混凝土框架结构双参数破坏准则法、抗震所高小旺的钢筋混凝土框架房屋群体震害预测法。砖烟囱的震害预测方法分别由天津地震研究所金国梁等和国家地震局工程力学所苏文藻等提出。必须指出，这些单体工程的震害预测方法不论其方法的建立是侧重于经验判别还是理论分析，在预测学中都可统属于模式法。在应用这些方法时要搞清该方法的预测结果是对单体负责的，还是只能用于群体统计的；同时也希望用户能够了解所采用的方法的建立背景和条件，不致逾越该方法的适用范围。

对整个城市的区域性震害预测工作是在1981年原国家建委确定烟台和徐州两市为编制城市抗震防灾规划的试点之后，分别由建研院抗震所和国家地震局地质所及其有关单位共同进行的，抗震所刘锡荟提出震害潜势分析法用于烟台市的群体震害预测，地质所王立功等提出易损性分析法用于徐州市的群体震害预测。其后的群体震害预测是国家地震局工程力学研究所杨玉成等发展智能辅助决策系统方法，用于三门峡、湛江、厦门等城市的人-机系统，通过实践累积经验吸取知识进而建立专家系统的雏形，用于太原市及同济大学在西宁市的震害预测中，也采用智能辅助决策系统的数据库方法。此外，用得较多的是外推法，如安阳等市采用典型房屋和典型小区的外推法。

由于建设部抗震办公室要求地震区的城市编制抗震防灾规划，并将震害预测作为编制规划的一项基础工作。因此，在20世纪80年代后期，我国城市震害预测工作得到广泛的开展，据有关材料介绍，目前约有300个城镇已经或正在进行震害预测。冶金、化工、石油等部门中的一些重要的大型工矿企业也开展了震害预测工作。在城市和工矿企业的震害预测中，除了房屋建筑的震害预测外，还开展了生命线工程网络系统的震害预测，目前开展得较多的是地下供水管网、交通系统中的桥梁、供电和通信系统中建筑物和重要的设备。生命线工程网络系统的震害预测还有待进一步研究。在我国，次生灾害的震害预测由于在历次地震中不像国外那样严重，只是在近年开展大城市和工矿企业的预测中才意识到它的严重性，故这项研究刚刚开展。

随着我国改革开放的深入发展，评估地震造成的人员伤亡和经济损失在近些年越来越得到重视，而且渐被接受作为定量评估地震震害的指标。由工程震害评估人员伤亡和经济损失的指标体系，有不同单位建议的关系，如同济大学肖光先、建研院抗震所陈一平、国家地震局工程力学所杨玉成等。一般人员伤亡都分为白天和夜晚两个阶段，经济损失主要是房屋建筑的破坏和室内财产的破坏，有的虽也评估停工停产的间接损失，但也只以确定的系数表达。还有地震局分析预报中心傅征祥等人用于大尺度评估伤亡和损失的指标体系。

为了在我国进一步推动和发展震害预测这项工作，使其在减轻地震灾害中起到积极作用，根据我国目前的实际情况和科学技术水平，国家地震局于1990年初发布了《震害预测工作大纲（试行稿）》，用以指导这项工作，它使我国的震害预测工作又进入了一个新的阶段。当前我国震害预测工作的发展有五个方面的趋势：

（1）震害预测对象已由城市开始扩展到更大尺度的地震重点监视防御区，而且特别关注到经济发达人口稠密的地区。

（2）基于震害预测这一领域的特点，有赖于专家的知识和经验判断，同时数据信息量大、影响因素众多。因此，采用智能决策辅助系统，应用计算机高级程序语言，建立数据库和知识库，开发搜索技术，设计和建造专家系统，已成为当今震害预测方法的发展趋势，在1990年全国地震工程会议的有关震害预测论文中约占1/3。我国震害预测方法的研究与国际同步应用人工智能专家系统、已投入使用的多层砌体房屋震害预测专家系统达到了国际先进水平，城市现有房屋震害预测智能辅助决策系统已由人-机系统发展成为专家系统雏形。

（3）动态预测工作刚刚开展。20世纪80年代的震害预测工作都是针对预测对象的现状评估在潜在地震中的震害、伤亡和损失。跨入 90 年代,受国际减灾十年的启迪,我们开始对预测对象的发展状况即若干年后,如到 2000 年这 10 年间采用不同防御对策得到不同的预测结果,以期确定减灾目标和实现其目标的相应措施。

（4）统一指标体系。国家地震局震害防御司和建设部抗震办公室都在朝着制定一个统一的带有指令性的指标体系努力,以有利于管理和保持一致性。但从目前来看,还不能统一得过急过死,尚应鼓励和支持开展独立的研究工作,从而使建立起来的统一指标体系在科学和工程领域中有更高的可信程度。

（5）震害预测已由专业单位的研究日趋普及。从全国地震工程会议上发表的论文数量和单位来看,1982 年的第一届寥寥无几,1986 年的第二届有十来篇,1990 年的第三届达 30 多篇,是地震工程各学科中增加数量最多的。震害预测在普及中得到了提高,同时也已注意在普及工作中的质量和技术培训。

3 震害预测的指标体系

对震害预测中的主要指标体系如未来地震的影响、震害程度和震害指数、震害与伤亡和损失的关系,做如下建议,供参考使用。

3.1 未来地震的影响

通常预测震害中的地震影响,系用地震烈度,分为 6 度、7 度、8 度、9 度和 10 度。5 度和 11 度的震害在一般情况下可不予以预测,分别假设为全都完好和倒毁,如有需要也可另行预测。

预测震害应考虑工作区可能遭遇的不同地震影响的危害,地震影响一般采用确定性的,也可采用概率性的。所谓确定性的地震影响,即预测震害是针对给定的一个地震烈度（基本烈度）或多个烈度（6~10 度）做出的,也可以是针对给定的震级和位置的一次地震或多次地震做出的（适用于地震重点监视防御区）。所谓概率性的,是根据一群可能发生的不同位置、不同震级的地震预测震害,其指标体系以 50 年超越概率约 10% 的地震烈度为设防烈度,以 50 年超越概率约 60% 的地震烈度为多遇地震烈度,以 50 年超越概率约 3% 的地震烈度为罕遇地震烈度。

地震动参数（如反应谱峰加速度值）与烈度的关系,采用 1980 年刘恢先教授主持修订的地震烈度表的指标体系,见表 1。

表 1 地震烈度、加速度、速度对比

烈 度	加速度/(cm·s^{-2})		速度 /(cm·s^{-1})
	范 围	表征值	
6	45~89	62.5	5~9
7	90~177	125	10~18
8	178~353	250	19~35
9	354~707	500	36~71
10	708~1 414	1 000	72~141

3.2 预测震害程度的档级划分标准

预测地震破坏的震害程度对一般工程宜分为六个档级,即基本完好（包括完好无损）、轻微损坏、中等破坏、严重破坏、部分倒塌和全毁倒平。震害指数域为 [0,1],各个档级震害程度相应的震害指数分别为 [0,0.1]、(0.1,0.3]、(0.3,0.5]、(0.5,0.7]、(0.1,0.9] 和 (0.9,1.0],它们的表征值分别为 0、0.2、0.4、0.6、0.8 和 1.0。预测震害程度也可分为三个档级:无灾（基本完好和轻微损坏）、破坏（中等破坏和严重破坏）和倒塌（部分倒塌和全毁倒平）。这三个震害档级的震害指数表征值分别为 0、0.5 和 1.0。

一般建筑工程的预测震害程度按主体结构的破坏程度、非主体结构的破坏程度及修复的难易程度来划分,六个震害程度的档级的宏观描述如下:

基本完好——没有震害,或非结构部件偶有极轻微的破坏。

轻微损坏——非主体结构局部有明显的破坏,或主体结构局部有轻微的破坏。不影响正常使用,一般只需稍加修理仍可继续使用。

中等破坏——非主体结构普遍遭到破坏,或主体结构多处发生破坏。经局部修复或加固处理仍可使用。

严重破坏——主体结构普遍遭到破坏,或部分有极严重的破坏,或非主体结构大片倒塌。须经大修方可使用,或已无修复价值。

部分倒塌——非承重结构（包括承自重结构）大部分甚至全部倒塌;承重结构部分倒塌,多层房屋的屋盖大片倒塌;单层房屋的屋盖部分倒塌。

全毁倒平——一塌到底;房屋大部分倒塌,仅存残垣;多层房屋的上部数层倒平,下部楼层残存;单层房屋的屋盖近乎全部塌落,墙或柱残存。

1990 年 7 月 20 日建设部印发〔1990〕建抗字第 377 号文件《建筑地震破坏等级划分标准》。虽该标准是为破坏性地震的震害调查及震后房屋建筑的损失评估编制的,但震害评定和震害预测拟应采用同一个划分等(档)级的标准为好。建设部的标准将震害程度分为五个等级,其中严重破坏一级中包括部分倒塌,而倒塌一级的定量标准则为多数承重构件倒塌,并明确注释多数为超过50%。这一标准首先与人们日常的观念不一致。如一幢5个单元或5个开间的住宅,有2个单元或2个开间倒塌,按此标准还不能算倒塌,只评定为严重破坏,显然不符常理,再如一幢五层楼房,倒塌上部两层同样也还不到整幢房屋的50%,只能评定为严重破坏,这也是人们无法接受的;还有,横墙承重的房屋所有外纵墙或连同侧边预制板倒塌,按此标准也是严重破坏,在唐山地震中这类震害的房屋一般都

评定为部分倒塌或倒塌。其次,此标准与抗震设计规范、抗震鉴定标准中的倒塌概念也不一致。设计规范要求大震不倒,鉴定标准要求遇有鉴定烈度的地震影响房屋不倒,显然不是指倒塌50%以上。最后,此划分标准中的震害程度是要用于评估经济损失的,众所周知,财产损失与房屋震害的关系从破坏到倒塌将是急剧增加的。因此,在严重破坏和大部分(多数)倒塌之间,设一级部分倒塌的震害程度,从上述三方面来看是更恰当和适合的。

3.3　震害与人员伤亡和经济损失的关系

按确定性的震害程度和相应的震害指数来评估经济损失和人员伤亡,建议采用的关系见表2。

表2　预测震害与人员伤亡和经济损失的关系

项　　目		内　　容					
震害程度(平均)		基本完好	轻微损坏	中等破坏	严重破坏	部分倒塌	全毁倒平
震害指数	范围	[0,0.1]	(0.1,0.3]	(0.3,0.5]	(0.5,0.7]	(0.7,0.9]	(0.9,1.0]
	表征值	0	0.2	0.4	0.6	0.8	1.0
房产损失/%	范围	[0,1]	(1,1.8]	(8,20]	(20,60]	(60,95]	(95,100]
	表征值	0.4①	3.8	12	36	82	100
室内财产损失/%	范围	0	(0,1]	(1,5]	(5,20]	(20,50]	(50,100]
	表征值	0	0.2	2.2	10.5	32	75
受伤人数/%	范围	0	(0,0.02]	(0.02,0.1]	(0.1,3]	(3,30]	(30,70]
	表征值	0	0.006	0.05	0.5	10	50
死亡人数/%	范围	0	0	(0,0.01]	(0.01,1]	(1,10]	(10,30]
	表征值	0	0	0.001	0.15	3	20

注:① 完好无损为0。

若按概率性预测震害,震害程度的分布概率和相应的震害指数与经济损失和人员伤亡的关系,尚应在上述指标体系中乘以不同烈度下的房产损失、室内财产损失、白天和夜晚人员伤亡的成灾概率。

评估地震造成的房产损失以每平方米房屋建筑现值的百分率计。现值由预测城市的房屋建筑平均造价乘以建筑结构类型系数、层数系数、年代系数和质量(现状完好程度)折减系数而得。当评估震后重建费用时,宜按房屋建筑的现价计。

在建设部〔1990〕377号文中,评估震后房产损失也采用现值,该文中工程震害与房产损失的关系与我们所建议的指标体系在震害指数为0、0.5和1.0时,两者的房产损失率相同,分别为0%、20%和100%。在这三个值之间的房产损失与震害指数的关系,我们所建议的损失指标略高于〔1990〕377号文的损失值,关系曲线的形式大体相一致,在震害指数不超过0.5范围

内的损失值很接近。

评估房屋内财产价值的损失,也与工程震害建立关系。房屋室内财产的价值是根据统计局的资料,以社会总产值、工业总产值和百元固定资产创造值为基准数,将同一功能区域的同类用途的房屋内每平方米建筑面积所含财产单价为同值。预测财产中不包括现金和存款,也不估价文物和古建筑。

从指标体系的表可见人员伤亡率与房屋震害的关系。每平方米房屋建筑中的居留人数依据所在城市和地区的总人数按用途和时段来分配。时段分白天和夜晚,白天以工作、学习的上班时间计,商业、娱乐场所的营业时间均划在白天时段统计人数,夜晚以除值夜班工作外均已就寝计。同济大学肖光先所建议的震害与伤亡关系,只考虑伤亡由房屋的严重破坏和倒塌所致,且受伤和死亡的人数比固定为3。

4 震害预测方法

震害预测可按专家评估法、模式法和智能辅助决策系统法分类,在群体震害预测中还可采用外推法。

4.1 震害预测的专家评估法

基本方法:准备基础资料,请若干名(组)专家查看现场和资料,填写评估咨询表,然后汇总专家意见。如统计结果较离散且认为有需要在向专家提供初次综合意见后,请再次评估或组织会商。在此强调两点:① 基础资料的准备颇为重要,是专家评估的依据,资料齐备,预测的置信度才能高;② 聘请的专家应在震害预测领域中的某一或某几个方面具有专家级的知识。

专家评估咨询表及其统计方法可由预测对象的需要而设计。在《震害预测工作大纲》附录中列举了四个适用于城市震害预测的专家评估咨询表(表3~表6),这些表曾在无锡市使用。统计分析方法:单体工程可用各专家评估的平均值和标准差作为期望值和范围,并可将专家自我评定的预测置信度和经验水平为权,也可去掉评估震害最轻的和最重的,做平均或加权平均。群体的统计分析可采用频次累积或序列加权法。在无锡,请7位专家评估,对30幢单体房屋进行统计的结果如下:上述单体所得的平均值差异不明显,一般震害指数的差异不影响震害程度,标准差一般在一级震害程度之内,如果去掉最轻和最重的,则标准差显著变小。不同的专家对单体工程的震害评估相差一级震害程度是常有的,尤其是对非正规设计建造的房屋。对高危害房屋类型的预测,7位专家几乎一致认为是老旧的二层砖木结构住宅和商业用房。对潜在

地震危害影响因素的统计结果,7位专家认为在遇有5度地震时,造成地震危害的第一因素将是人们的心理恐慌、社会混乱,这是专家一致的意见;第二危害因素是火灾爆炸;第三是房屋建筑破坏。按加权统计,若总的危害权因子之和为100,5度时心理恐慌、社会混乱占50.0,火灾爆炸占21.4,房屋建筑破坏占19.1。7度时危害的第一因素7位专家几乎都认为是房屋建筑的破坏,危害权因子之和为47.6;第二因素为生命线工程设施破坏,为21.4;第三因素是心理恐慌、社会混乱,为14.3;火灾爆炸降为11.9。6度(遇有设防烈度的地震)时,专家的评估意见不集中,心理恐慌、社会混乱的危害权因子之和为38.1,房屋建筑破坏为31.0,火灾爆炸为19.0,生命线工程设施破坏为9.5。这7位专家对无锡市震害评估的统计结果可以说是很恰当的。在不同烈度下的地震危害,影响因素可能有明显的变化和不确定性。这一评估结果也表明,减轻地震灾害除了在工程上采取抗震防灾措施外,加强社会性的全民防灾意识也是十分重要的。

4.2 震害预测的模式判别法

基本方法:对预测对象的防御状态用一定的模式来表示,一般为无量纲的抗震能力指数,依此与遭受不同地震影响时的震害程度及其相应的震害指数建立对应关系,即由判别标准确定预测震害程度和震害指数。模式法可以经验统计或以理论分析为主,但或多或少都离不开专家的经验判别。

近十年来,许多震害预测的模式法已公开发表,并在实际中应用。这些方法可以从有关文献中查阅,在此不一一列举介绍,仅就几类主要的工程震害预测方法建立的基础和使用时应注意的问题略加阐述。

表3 现有房屋(单体)震害预测咨询表

房屋名称　　　　　　　　代　码
地　点　　示例　　　　　场地类别
工程编号　　专家号　　　评估日期 1986 年　　月　　日

地震烈度 (设防烈度) $I=6$		预测震害概率/%						损失估计		自我评定	
		基本 完好	轻微 损坏	中等 破坏	严重 破坏	部分 倒塌	全毁 倒平	最低 率/%	最高 率/%	预测置 信度/%	经验 水平/%
$I-1=5$	近震	95	5	0	0	0	0	2	5	85	90
	远震	96	3	1	1	0	0	2	5	85	90
$I=6$	近震	85	10	4	1	0	0	5	10	80	85
	远震	86	9	5	0	0	0	5	10	80	85
$I+1=7$	近震	15	25	36	15	8	1	20	30	75	80
	远震	15	25	35	16	8	1	20	30	75	80
$I+2=8$		5	15	40	25	10	5	40	50	67	70

表4 潜在地震高危害房屋类型预测咨询表(示例)

地震烈度(设防烈度) $I=6$		高危害房屋类型		预测震害概率/%						自我评定	
		序列	房屋类型(代码)	基本完好	轻微损坏	中等破坏	严重破坏	部分倒塌	全毁倒平	预测置信度/%	经验水平/%
$I=6$	近震	1	524	25	25	20	20	9	1	85	90
		2	614								
	远震	1	524	25	25	20	20	9	1	85	90
		2	614								
$I+1=7$		1	524	10	15	25	25	20	5	80	85
		2	614								
		3	4 254	15	20	30	20	14	1		
$I+2=8$	近震	1	524	0	0	25	25	40	20	75	80
		2	614								
		3	42 544								
		4	42 644	5	10	30	30	20	5		
		5	42 541								

注:咨询时应提供房屋分类和数量统计资料。

表5 潜在地震高危害小区预测咨询表(示例)

地震烈度(设防烈度) $I=6$		高危害小区		工程震害		人员伤亡		经济损失		自我评定	
		序列	小区编号	破坏率/%	倒塌率/%	受伤率/%	死亡率/%	房产损失率/%	财产损失率/%	预测置信度/%	经验水平/%
$I=6$	近震	1	001	32	8	2	0.1	15	6	85	90
		2	002								
	远震	1	001	32	8	2	0.1	15	6	85	90
		2	002								
$I+1=7$		1	001	45	15	5	1	30	12	80	85
		2	002								
		3	003	40	8	2	0.5	15	5		
$I+2=8$	近震	1	001	40	60	10	2	72	36	75	80
		2	002								
		3	003	65	15	4	1	32	16		
		4	004								

注:咨询时应提供各小区场地类别、房屋的数量和类型、人员数和经济状况。

表6 潜在地震危害类型和影响因素预测咨询表(示例)

地震烈度(设防烈度) $I=6$		时 效			程 度						影 响 因 素						
		直接震害	次生灾害	社会后效	无灾	基本无灾	轻度震损	破坏	严重破坏	灾害	毁灭	房屋建筑	工程设施	场地失效	火灾爆炸	水灾海啸	环境污染	心理恐慌社会混乱
$I-1=5$	近震			√		√						3	5	4	2	0	6	1
	远震			√	√							3	4	5	2	0	6	1
$I=6$	近震	√		√			√					2	4	5	3	0	6	1
	远震	√		√			√					2	4	5	3	0	6	1
$I+1=7$	近震	√	√	√					√			1	2	5	4	3	6	3
	远震	√	√	√				√				1	2	5	4	3	6	3
$I+2=8$		√	√	√						√		1	2	6	5	3	4	6

注:按危害的主次填写序列(1,2,3),1为最主要的。

4.2.1 多层砖房震害预测方法

常用的多层砖房震害预测方法有两种模式：

（1）以抗震强度为主因子的二次判别模式。杨玉成等提出的这种模式是建立在总结我国历次破坏性地震中大量多层砖房的震害经验和实测动力特性的基础上的，它以砖墙体的抗震强度作为主要判据，同时综合建筑结构各部件的作用和所在场地的影响，在烈度为 6~10 度范围内预测震害。震害程度分为 6 级：基本完好、轻微损坏、中等破坏、严重破坏、部分倒塌和全毁倒平。该方法不仅可用以预测房屋单体的震害，而且可用以预测多层砖房各层纵横墙体的震害和墙段的震害；也就是说，该方法的预测结果是对工程的单体负责的，且还可用于房屋的抗震鉴定和加固、新建房屋的抗震性能评估。当用于群体震害预测时，为简便起见，可不计算墙段的抗震强度系数 K_{ij}，而直接用平均的楼层墙体抗震强度系数 K_i。使用时尚应注意以下几点：

其一，为便于工作技术人员的应用，该方法所采用的数学模型，充分考虑到我国抗震设计中所用的一些做法，但该方法是以 1974 抗震设计规范的参数计算抗震强度系数的，因此当按 1978 抗震规范和现行 1989 规范计算时，判别标准中的抗震强度系数临界值均应乘以 1.25。由于 1978 规范和 1989 规范对抗震强度的要求是一致的，按新旧规范计算抗震强度系数，只在符号上做一下变换即可，如第 i 层纵向或横向砖墙体的楼层抗震强度系数如下：

$$K_i = \frac{R_{\tau i}}{k\xi} \cdot \frac{A_i}{W} \cdot \frac{\sum\limits_{i=1}^{n} W_i H_i}{\sum\limits_{i=1}^{n} W_i H_i} \quad \text{（TJ 11—1978）}$$

$$K_i = \frac{f_{vEi}}{\gamma_{RE}} \cdot \frac{A_i}{G_{eq}} \cdot \frac{\sum\limits_{i=1}^{n} G_{eqi} H_i}{\sum\limits_{i=i}^{n} G_{eqi} H_i} \quad \text{（GBJ 11—1989）}$$

其二，该方法中将多层砖房分为刚性的和非刚性的两类，这有别于抗震设计中的刚性楼盖、半刚性楼盖和非刚性楼盖。该方法对刚性的和非刚性的多层砖房均可适用，其中非刚性砖房应采用相应的二次判别系数，但当计算墙段抗震强度系数时，可按刚性楼盖和非刚性楼盖或介于其中三种情况分配地震荷载。这样的不确定性实际是存在的。因在震害统计分析中，对非刚性楼盖的这三种分配情况的符合度，哪一种也不显著。

其三，预测多层砖房震害，建议采用由震害统计所得的场地土影响系数或地震小区划的参数。这不同于抗震设计规范，均取地震作用影响系数的最大值。

其四，预测的可靠度由震例检验可见，仅按强度判别的符合度为 69.5%，二次综合判别的符合度为 88.5%。由震害与墙体强度的统计分析中的条件概率得到 6~9 度时的抗震强度系数大于开裂临界值震后确实良好的概率分别为 99%、98%、89% 和 82%，它比抗震强度系数小于开裂临界值震后确实破坏的概率要大得多；在 10 度时抗震强度系数大于倒塌临界值震后确实不倒的概率为 90%，小于倒塌临界值确实倒塌的概率为 65%。这表明，用这种方法来预测震害是可信的，且又偏于安全的。

（2）逐步判别模式。李荷等提出的多层砖房逐步判别模式是建立在唐山地震中天津市的震害统计的结果上所得的回归公式，并将天津市区多层砖房的震害作为 8 度。此例用于烟台市的震害预测，其结果显得偏轻。后经调整，确定以七个因素（屋盖结构形式、房屋总高度、楼盖结构形式、施工质量、砂浆标号、砖墙面积率和场地土）计算判别函数式预测震害，震害程度分为五级，倒塌只设一级。这个方法使用较简便，但应注意它的局限性。其一，该方法的预测对象虽为单体，但其结果是用于群体震害统计的，也就是说，它不对单体工程的预测震害负责。其二，由于判别式中的砖墙面积率用纵横墙面积的总和计算，该方法不宜用于纵向和横向墙体净面积差异明显的多层砖房震害预测。其三，对各楼层面积率不同或砌筑砂浆标号不同的多层砖房，预测震害较为困难，如不按底层预测而选取最弱层，又需改变房屋总高度。其四，抗震设防的房屋，如设置构造柱的房屋、加固的房屋，不能再用该方法预测震害。

4.2.2 单层工业厂房震害预测方法

陶谋立、吴育才和尹之潜先后提出的三种单层工业厂房的震害预测模式都以大量的震害资料和经验为基础。陶谋立提出的预测树状图，将单层厂房按天窗、屋盖、柱、墙四部分预测震害综合判别震害程度，该方法逻辑推理清晰，并着重于构造措施和整体性；吴育才提出的回归分析模式，以厂房的高度和长度，按断面的高度及混凝土和砖砌体强度为函数。这两种方法经实践和听取多方意见，结合起来为改进的树状图，按此方法预测单层砖柱工业厂房的震害可对单体负责；预测单层钢筋混凝土工业厂房的震害对群体震害统计负责，如要对预测钢筋混凝土厂房的单体震害负责，尚应对柱的配筋量与其构造评估。该方法的震害程度分为六级，倒塌分为局部倒塌和塌平，这与本文建议的指标体系相同。但在使用该方法时必须注意到它综合判别震害指数以 N 表示,范围为 $0\sim100$,其中回归公式计算的分项 N 值可大于 100,为震害统计的一致性,N 值震害指数可变换成范围为 $0\sim1.0$ 的 I 值震害指数,见表 7。

尹之潜提出的单层钢筋混凝土厂房分项回归综合模式,预测结果也是用于群体震害统计的,它的震害指数以 D 表示,虽其范围为 $0\sim1.0$,但震害指数与震害程度的对应关系自成体系,在做震害统计时也要进行变换。

表 7　单层工业厂房预测震害指数 N 与 I 的关系

震害程度	震害指数	
	N	I
基本完好	$[0,20]$	$[0,0.1]$
轻微损坏	$(20,40]$	$(0.1,0.3]$
中等破坏	$(40,60]$	$(0.3,0.5]$
严重破坏	$(60,80]$	$(0.5,0.7]$
部分倒塌	$(80,100]$	$(0.7,0.9]$
全毁倒平	≥100	$(0.9,1.0]$

4.2.3　城镇平房的震害预测方法

何文超在安阳小区震害预测时提出的平房震害预测的耐震指数分布曲线是基于烈度评定和数理统计的概率分布建立的,该方法需要做较多的样本房屋的单体调查和统计分析,然后外推到群体,其预测结果也只对群体负责。

应用较多的是金国梁提出的老旧民房模糊评判法,该方法是以唐山地震时天津市的震害统计和经验建立的,并只能用于群体的震害统计。由于该方法简便,仅房屋老旧程度、层数和长度三个参数,便于应用。但在编制城市抗震防灾规划的震害预测中,其预测对象已远远超过了该方法的建立基础和适用范围。

对砖结构单层民房的震害预测,也可采用多层砖房的震害预测方法。

4.2.4　钢筋混凝土框架结构的震害预测方法

钢筋混凝土框架房屋的震害预测一般都基于结构的弹塑性反应、层间位移角与破坏状态的试验资料及震害经验,计算量大,可用于单体的震害预测。高小旺等人发展了一简化的计算方法,用于钢筋混凝土房屋群体的样本房屋的单体震害预测,然后分类统计外推到群体。

4.2.5　烟囱震害预测方法

金国梁提出的圆形砖烟囱的震害预测方法是基于震害资料的统计用模糊数学建立的模式,它适用于群体。苏文藻和张其浩建立的砖烟囱和钢筋混凝土烟囱

的震害预测方法是基于震害统计和动力反应分析的,可用于单体。

上述这些震害预测法,除钢筋混凝土框架的房屋一般要有赖于计算机程序计算,其他方法不难用手算实现,其中多层砖房和烟囱的震害预测,工程力学研究所有简便的程序:PEDMSBB－2(VAX 机)和 PEDMSBB－3(微机汉化)、CHEM－87 和 KCHEM－89。

4.3　震害预测的智能辅助决策系统法

基本方法:采集预测对象的防御状态和地震情况两个方面的数据信息,建立计算机数据库,应用专家系统或知识库和搜索技术进行震害预测、损失评估和决策分析。

应用计算机人工智能技术,使有赖于专家经验的震害预测工作得以普及,并可达到专家级的预测水准。目前在我国可供震害预测使用的智能辅助决策系统有用于单体的"多层砌体房屋震害预测专家系统 PDSMSMB－1"、用于群体的"城市现有房屋震害预测智能辅助决策系统 PDKSCB－1"。

4.3.1　多层砌体房屋震害预测专家系统

PDSMSMB－1 专家系统的目标是对现有的和新建的各类多层砌体房屋预测当遭遇到不同烈度的地震影响时的震害,并评价预测房屋的易损性、地震危害度和抗震设防的满足程度,进而做出决策分析。

PDSMSMB－1 系统是我国第一个投入使用的震害预测专家系统,它具有丰富的专家知识、良好的推理计算功能、方便灵活的汉字化人机对话和批处理命令下控制的网络系统,该专家系统用扩张的确定性系数法使不确定性问题寓于确定的推理过程之中。经震例检验和实际应用表明,该系统使用方便、可信度高,预测结果可达到专家级水准。

使用该系统时需要提供的数据信息有 10 项。人机对话用工程术语,问题有所处状态的选择和数值填充两类。一般土建技术人员不需事先学习专家系统的知识,即可进行人机交互对话。为了缩短对话时间、节省机时,备有一张多层砌体房屋易损性评价和震害预测专家系统数据采集信息卡。熟悉信息卡的填写说明后,一幢典型房屋的信息卡能在 1 h 内填写好,程序操作员按信息卡人机交互采集数据的时间约 10 min 左右,在 AST－286 微机上运行 1 min 即可显示结果。

该系统提供的主要结果有四个部分:① 房屋概况。这是 PDSMSMB－1 系统自身在执行人机对话采集信息过程中形成的预测对象,即系统内的多层砌体房屋。② 震害预测结果。用表分别列出当遭受 6、7、

8、9 和 10 度地震影响时的震害指数、震害程度、房屋损失率、财产(室内)损失率和伤亡率。③ 评价房屋的抗震性能和易损性。④ 地震危害程度的评估和决策分析。该系统输出结果有固定的格式,并可要求查询中间过程和输出各层墙体的震害指数和震害现象。

以唐山地震中唐山地区外贸局办公楼为例,用该专家系统预测震害,其结果见表 8 和表 9,与实际震害相符,经 10 度地震裂而不倒,墙体酥裂,且二层最重。该楼符合 8 度抗震设防要求,对罕遇地震(大震)的满足程度很好。

表 8 PDSMSMB－1 系统预测震害输出格式

房屋名称:唐山地区外贸局办公楼(经 10 度地震严重破坏)

一、房屋概况

20 世纪 70 年代建造,无接扩建,施工质量优良,房屋现状良好,建筑规模为大中型,总建筑面积 2 146.0 m^2,总高度 13.2 m,房屋层数为四层,无地下室,无毗邻影响。普通黏土砖实心墙体,预制钢筋混凝土楼盖,预制钢筋混凝土屋盖,内廊式(中间走廊)。建筑外形对称,内墙布置基本均衡对称,承重体系为横向墙体。增加整体性措施(圈梁)情况一般,地基基础正常。场地土质条件为一般稳定土层。各层砂浆标号均为 30 号。

二、震害预测结果

项　目	内　容				
地震烈度	6 度	7 度	8 度	9 度	10 度
震害指数	0.000	0.000	0.315	0.470	0.630
震害程度	完好无损	完好无损	中等破坏	中等破坏	严重破坏
房产损失/%	0.000 0	0.000 0	8.900 0	18.200 0	46.000 0
财产损失/%	0.000 0	0.000 0	1.300 0	4.400 0	14.750 0
受伤率/%	0.000 0	0.000 0	0.026 0	0.088 0	1.985 0
死亡率/%	0.000 0	0.000 0	0.000 7	0.008 5	0.653 5

三、易损性评价

易损性指数:f_v = 0.283

抗震性能评价:抗震性能好,易损性小

四、地震危害度评估和抗震决策分析

城市抗震设防烈度:8 度

抗震设防三个水准烈度的满足程度:

多遇地震烈度(小震)——一般

设防烈度(基本烈度)——一般

罕遇地震烈度(大震)——很好

评估意见:地震危害度较小,符合房屋抗震设防要求

表 9 唐山地区外贸局办公楼用 PDSMSMB－1 系统预测各楼层纵横墙震害情况

	项　目	内　容				
	地震烈度	6 度	7 度	8 度	9 度	10 度
第四层	纵墙震害指数	000	000	000	000	0.339
	震害现象	完好无损	完好无损	完好无损	完好无损	部分开裂
	横墙震害指数	000	000	000	000	0.307
	震害现象	完好无损	完好无损	完好无损	完好无损	部分开裂
第三层	纵墙震害指数	000	000	0.078	0.444	0.613
	震害现象	完好无损	完好无损	基本完好	多处开裂	酥裂错位
	横墙震害指数	000	000	0.000	0.379	0.571
	震害现象	完好无损	完好无损	完好无损	部分开裂	严重开裂
第二层	纵墙震害指数	000	000	0.287	0.540	0.676
	震害现象	完好无损	完好无损	少数微裂	严重开裂	酥裂错位
	横墙震害指数	000	000	0.155	0.479	0.636
	震害现象	完好无损	完好无损	个别微裂	多处开裂	酥裂错位
第一层	纵墙震害指数	000	000	0.173	0.488	0.642
	震害现象	完好无损	完好无损	个别微裂	多处开裂	酥裂错位
	横墙震害指数	000	000	0.000	0.400	0.585
	震害现象	完好无损	完好无损	完好无损	部分开裂	严重开裂

4.3.2　城市现有房屋震害预测智能辅助决策系统

PDKSCB－1系统可用于预测整个城市或地区在遭受不同地震影响时现有房屋的群体震害，评估人员伤亡和经济损失；给出潜在震害和危害的分布，并识别高危害的房屋类型和高危害的街坊小区；辅助决策减灾目标与其相应的措施。它由三个子系统组成，即房屋系统、人员-经济系统和图形系统。

预测城市现有房屋震害的大量信息，通过数据采集存放进计算机，直接或由知识库支持建立数据库。在系统中设六个基本数据库：① 全市现有房屋数据库；② 典型房屋和重要房屋数据库；③ 房产价值和室内财产价值数据库；④ 现有房屋居留人数数据库；⑤ 城市轮廓和街坊小区图形数据库；⑥ 地震小区划和场地分类图形数据库。

预测城市现有房屋的震害，由系统数据库、知识库和搜索技术与推理机执行。可供使用的四个主要知识库如下：① 现有房屋与预测震害关系知识库；② 现有房屋预测震害与场地影响知识库；③ 房屋震害与人员伤亡关系知识库；④ 房屋震害与经济损失关系知识库。

在数据库和知识库中，房屋的类型用五个元素来表征，即建筑结构、房屋层数、建成年代、房屋质量（现状完好程度）和目前用途。其中建筑结构分为六类：代码 1——钢结构；2——钢、钢筋混凝土结构；3——钢筋混凝土结构；4——混合结构；5——砖木结构；6——其他结构（也可按地区特征分几个小结构）。层数的代码即为房屋的实际层数，只有代码 9 包括 9 层以上的房屋。建成年代分为五类，按年代划分，20 世纪 40 年代中包括更早期建造的，80 年代中包括 90 年代初建。房屋现状的完好程度分为五类：代码 1——完好；2——基本完好；3——一般损坏；4——严重损坏；5——危房。目前用途分为八类：代码 1——住宅；2——宿舍；3——工业交通仓库用房；4——商业服务用房；5——教育、医疗、科研用房；6——厂房；7——办公用房；8——其他。房屋的分类可按一元检索或多元检索。按一元分类有 33 类房屋，五元分类有 10 800 类，但五元分类中实际上大多是空集，如湛江市的房屋只有 926 类，太原市也只有 1 381 类。

现有房屋与预测震害关系知识库是一个最基本的也是最大的知识库，该知识库为按五元分类的 10 800 类房屋在 6、7、8、9 和 10 度的五个地震烈度时六个档级震害程度的概率矩阵。应用这个系统最关键的一步是通过典型样本房屋的震害预测，调整基本知识库的概率矩阵，建立使之更符合预测城市或地区房屋特征

的一个专用知识库，否则便将失去对特定城市（或地区）预测震害的意义。

应用该系统预测震害的结果有如下内容：

（1）在不同烈度或 50 年超越概率的地震影响下，全市（或预测地区）现有房屋总的预测震害、人员伤亡和直接经济损失。

（2）各行政管区和街坊小区现有房屋的预测震害、人员伤亡和直接经济损失，识别高危害小区。

（3）各类房屋的震害、伤亡和损失，识别高危害房屋类型。

（4）地震危害的潜势分布。

（5）辅助决策减灾目标与其相应的措施。

5　实例

在震害预测的研究中，我们实践了由单体到群体、由小到大的过程。

两个小区：安阳小区（试点）、航空部两厂生活区。

一个小城市：三门峡市。

两个中等城市：湛江市、厦门市。

一个大城市：无锡市（指导）。

一个特大城市：太原市。

6　结语

我国的震害预测研究从 1980 年秋起步到目前已整整 10 年，在灾害防御和减轻中发挥着积极的作用，已成为我国地震工程和灾害防御中的一个热门课题，并且发展几近与国际同步，甚有领先之处。但也还要看到某些不足之处，且必须指出，震害预测应该是一项认真而严肃的工作，切莫受社会上不良风气的影响。

目前，震害预测面临要研究解决的问题如下：

（1）震害预测已从城市发展到更大区域的地震重点监视防御区，要研究相应的预测方法，使之实用而见效。

（2）预测震害为制定减灾目标与其实施计划的基础，为此要研究一个基本统一的且为各有关单位所接受的指标体系与计算方法。

（3）10 年的实践表明，震害预测有赖于专家经验，经历邢台地震到唐山地震的地震抗震工作者，犹如老中医有着宝贵的诊断治病经验，因此开发人工智能技术，建立震害预测专家系统，广为用之并留传后辈，实在必要。

（4）现正值国际减灾 10 年之始，我国到 2000 年要实现减灾 30%的目标。进一步开展震害预测研究，务必为此而努力探索。

2 - 13　多层砌体房屋震害预测[*]

杨玉成

1　引言

在我国现有的多层建筑中,大多是砖结构房屋,其中住宅、学校、办公和医院等建筑,多层砖房占 90% 以上。这种由脆性材料砌筑的房屋在我国的地震中,给人民生命财产造成了极为严重的损失,仅唐山市的多层砖房就倒塌了 933 幢,伤亡人员数以万计。因此,自1980 年起,我们进一步研究评定多层砖房抗震能力的方法,开展震害预测工作,以利于制定抗震防灾的对策,并在尽可能的条件下,采取减轻地震灾害的措施,以防患于未然。

多层砖房的震害预测不像抗震鉴定那样,只对照房屋各个部件是否满足鉴定标准中相应烈度的要求,而是要估计在可能遭遇到的各种烈度的地震影响时,整幢房屋的震害程度、破坏部位和区域性的震害分布。预测现有多层砖房震害的方法是建立在总结我国多次破坏性地震中大量多层砖房的震害经验的基础上的,所采用的数学模型充分考虑到目前我国抗震设计中所用的一些做法,以便于工程技术人员应用。它将由 400多幢房屋 1 000 多层次 7 万多段墙体的抗震强度与震害的统计关系作为主要判据,同时考虑到建筑结构各部件的作用和所在场地条件的影响,对房屋的抗震性能进行综合性的评定。可预测震害的烈度为 6~10 度。多层砌体房屋震害预测专家系统吸取了更多专家的知识和工程试验资料。

2　震害程度分类

多层砖房的震害是多种多样的,主要是砖墙体的剪切破坏,即在墙体上出现斜向或交叉裂缝,严重者有滑移、错位、破碎、散落,直至丧失承受竖向荷载的能力而坍塌;也有水平剪切、弯曲或倾覆破坏的现象,以及楼(屋)盖和地基基础的震害。在震害调查时,我们把多层砖房的震害程度一般分为基本完好、轻微损坏、中

等破坏、严重破坏、(部分)倒塌和全毁(倒平)六类,在震害预测中,也按这六类来划分。不同震害程度的分类标准和震害指数列于表 1 中。多层砖房全毁和倒塌的幢数与总幢数之比(或建筑面积之比)为倒塌率;震害程度在中等破坏及其以上的幢数与总幢数之比(或建筑面积之比)为破坏率。

表 1　多层砖房震害程度分类标准

震害程度	破　坏　现　象	震害指数
基本完好	没有震害; 少数非主体结构有局部轻微破坏; 个别门窗洞口、墙角、砖券和凸出部分偶有轻微裂纹	0
轻微损坏	非主体结构局部有明显的破坏; 少数墙、板有轻微的裂纹和构造裂缝; 个别墙体偶有较明显的裂缝; 不影响正常使用,一般只需稍加修理	0.2
中等破坏	非主体结构普遍遭到破坏,包括部分填充墙、附属建筑的倒塌; 主体结构及其连接部位多处发生明显的裂缝; 经局部修复或加固处理后,仍可使用	0.4
严重破坏	主体结构普遍遭到明显的破坏; 部分有极严重的破坏,包括墙体的错位、酥碎,甚至局部掉角、部分外纵墙倾倒或个别墙板塌落; 须经大修方可使用,或已无修复价值	0.6
倒塌	主体结构部分倒塌,包括外纵墙近乎全部倒塌; 木屋盖的顶层大部倒塌; 承重结构部分倒塌	0.8
全毁	一塌到底; 上部数层倒平; 房屋大部倒塌,仅存残垣	1.0

3　震害概率

多层砖房在遭遇不同烈度的地震影响时,震害程度大致如下:

7 度——少数破坏,大多基本完好和轻微损坏。

本文出处:《工程地震研究》,国家地震局震害防御司,1991 年 4 月,162 - 173 页。

　[*]　本文即为本书 2 - 1 文的内容,增加后续研究(本文第 6~9 节),开创专家系统预测震害的应用。

8 度——半数左右破坏,个别倒塌。

9 度——大多破坏,倒塌和不破坏的均为少数。

10 度——大多倒塌。

从乌鲁木齐、东川、阳江、通海、海城和唐山六个地震有关多层砖房震害的调查资料中,分别统计 6～11 度地震区的震害概率,列于表 2 中。表中列出了它们的平均值和变异系数。还要说明两点:场地条件的影响已经反映在变异系数之内,不必再降低或提高烈度;不同烈度区的统计资料,唯 6 度区只有一个震害较轻的子样,故 6 度区的震害平均值似偏重。

表 2　多层砖房的震害概率　　　　单位:%

项　　目		烈　　度					
		6	7	8	9	10	11
震害程度	基本完好 M	52.9	41.4	12.2	1.4	0.4	0.3
	Ω	0.20	0.39	0.56	1.2	1.9	3.7
	轻微损坏 M	32.8	27.7	18.9	10.1	10.5	1.6
	Ω	0.25	0.32	0.49	1.7	1.4	2.6
	中等破坏 M	11.8	18.5	34.5	28.9	9.2	5.6
	Ω	0.70	0.35	0.28	0.55	0.96	2.0
	严重破坏 M	2.4	11.2	25.9	37.3	20.4	11.5
	Ω	0.90	0.77	0.31	0.52	0.38	0.87
	部分倒塌 M	0	1.1	7.5	11.0	16.4	11.9
	Ω		2.0	1.6	0.70	0.67	0.79
	全毁倒平 M	0	0	1.0	11.3	43.1	69.1
	Ω			2.0	0.95	0.59	0.41
平均震害指数	平均值	0.13	0.20	0.40	0.56	0.74	0.88
	标准值	0.16	0.21	0.23	0.23	0.28	0.21
	变异系数	1.23	1.04	0.57	0.41	0.37	0.23

注:M—平均值(%);Ω—变异系数。

4　用模式法预测震害的步骤和方法

多层砖房的震害预测在取得可靠的设计、施工和房屋现状资料后,可按震害预测框图(图 1)进行,大致分为下列三个步骤。

4.1　判别房屋的结构体系,估计震害形式,确定预测途径

多层砖房的震害预测先要确定它的结构体系是刚性的还是非刚性的。多层砖房结构体系的属性一般取决于刚性横墙的间距和楼屋盖在平面内的侧向刚度,也与房屋的高度和宽度的比有关。结构体系的属性由实测房屋的基本振型来确定,以剪切型为主的多层砖房属于刚性体系,弯剪型的属非刚性结构体系。根据

工程经验,大致可按如下几种情况划分:

(1) 每开间都设置刚性横墙的房屋一般属于刚性结构体系。

(2) 二、三开间设置刚性横墙,且采用现浇或装配整体式钢筋混凝土楼屋盖的房屋一般属于刚性结构体系。

(3) 采用木楼盖的房屋,当双开间以上设置刚性横墙时,一般属于非刚性结构体系。

(4) 采用钢筋混凝土楼屋盖的房屋,当在每四、五开间以上设置刚性横墙时,一般属于非刚性结构体系。

(5) 采用非整体式装配钢筋混凝土楼屋盖的房屋,当每三、四开间设置刚性横墙时,往往伴生刚性和非刚性结构体系的震害现象,一般不属于良好的刚性结构体系。

(6) 当房屋的总高度大于建筑平面尺寸,且较空旷,也多半不属于刚性结构体系。

对于刚性的多层砖房,它们的震害形式一般是剪切破坏,由统计分析所得出的震害预测的可靠度良好。对于非刚性体系,会出现弯曲破坏的形式,工程实用的震害预测方法仍按刚性房屋的预测结果为基础,再考虑弯曲破坏的不利因素和结构空间作用的有利影响,或从震害分布概率,凭预测人员的经验直接判断。好在非刚性砖房与刚性砖房的数量比在我国是很少的,而且大多又是老旧的砖木楼房。

4.2　震害预测的主要判据:砖墙体的抗震强度系数

大量的震害经验表明,多层砖房的震害主要发生在砖墙体上,它的抗震能力主要也取决于砖墙体的抗震强度。多层砖房用墙体抗震强度系数作为评定震害的标准,用第 i 层第 j 段墙体的抗震强度系数 K_{ij} 和第 i 层横墙与纵墙各自的楼层平均抗震强度系数 K_i 来表示,即

$$K_{ij} = \frac{(R_\tau)_{ij}}{2\xi} \cdot \frac{A_{ij}}{k_{ij}} \cdot \frac{\sum\limits_{j=1}^{m} k_{ij}}{\sum\limits_{i=1}^{n} W_i} \cdot \frac{\sum\limits_{i=1}^{n} W_i H_i}{\sum\limits_{i=i}^{n} W_i H_i}$$

$$K_i = \frac{m}{\sum\limits_{j=1}^{m} \dfrac{1}{h_{ij}}}$$

式中:$(R_\tau)_{ij}$ 为第 i 层第 j 墙段抗震抗剪强度;2 为安全系数;ξ 为截面上的剪应力不均匀系数;A_{ij}、k_{ij} 为墙段的净截面面积和侧移刚度;W_i 为集中在 i 层的重量;H_i 为第 i 层的高度;m 为第 i 层中计算方向(横或纵)的墙段数;n 为房屋层数。

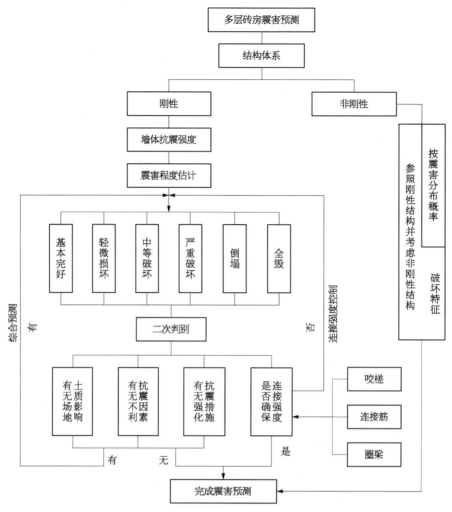

图1 现有多层砖房震害预测框图

当层间地震荷载分配用墙体净面积比来近似代替刚度比时,墙体抗震强度系数公式的计算可简化为

$$K_{ij} = \frac{(R_\tau)_{ij}}{2\xi} \cdot \frac{\sum\limits_{j=1}^{m} A_{ij}}{\sum\limits_{i=1}^{n} W_i} \cdot \frac{\sum\limits_{i=1}^{n} W_i H_i}{\sum\limits_{i=i}^{n} W_i H_i}$$

且层间抗震强度系数的计算公式可为

$$K_i = \frac{(R_\tau)_i}{2\xi} \cdot \frac{\sum\limits_{j=1}^{m} A_{ij}}{\sum\limits_{i=1}^{n} W_i} \cdot \frac{\sum\limits_{i=1}^{n} W_i H_i}{\sum\limits_{i=i}^{n} W_i H_i}$$

4.3 二次判别,综合预测多层砖房的震害

在用墙体抗震强度估计震害程度的基础上,再考虑其他因素,进行二次判别,综合预测震害。其内容大致为下述四个方面:

(1)连接强度是否确保。纵横墙的连接强度是确保多层砖房整体性的主要指标。当连接强度大于抗震强度时,便可认为连接是得到确保的,此时砖墙体的抗震能力仅取决于它的抗震强度系数;如果连接强度小于抗震强度,则用连接强度系数 K_e 来替代抗震强度系数 K_i 值进行震害预测。如果因连接强度不足而到达严重破坏值,即认为是部分倒塌,因其严重破坏现象往往为外纵墙的倾倒。

连接强度一般由咬槎砌筑、连接钢筋和圈梁来保证。如果所有纵横墙都是咬槎砌筑的,一般情况下连接强度无须再进行核算,便认为是确保的;如果纵横墙间留马牙槎,并按构造要求设置足够多、足够长的连接钢筋和位置正确、横向拉结足够的钢筋混凝土圈梁,连接强度也可认为是确保的。

(2)有无增强抗震能力的措施。在现有多层砖房中,常采用的增强措施有构造柱、圈梁、配筋砖砌体和面层加固房屋的震害预测,由待加固效果的良好程度来估计。

有构造柱房屋的震害预测,可采用抗裂强化系数 C_1 和抗震强化系数 C_2。对每开间都设置构造柱,并与圈梁一起对砖墙体形成封闭的边框时,则 C_1 一般可取为 1.1，C_2 为带构造柱的多层砖房墙体抗震能力与未加柱时的比，可高达 1.5~2.0。C_1 只用于预测轻微损坏和中等破坏的震害，C_2 用于预测严重破坏以上的震害。对并非每开间都设置构造柱的房屋，预测轻微损坏时，只对有柱的墙体乘以 C_1；预测中等程度以上的震害，C_1、C_2 至少应按构造柱数和纵墙交接数之比来折减。

圈梁的增强作用除了反映在连接强度中之外，对用墙体抗震强度来预测震害为部分倒塌时，若最弱层有圈梁，则可能不致使上层塌落，因此可将预测的程度降为严重破坏。

（3）建筑结构有无不利于抗震的因素。建筑结构的局部影响往往需要预测者具有一定的震害经验和综合判别的能力，且有的因素用数值来表示目前尚有困难。预测时，特别要注意那些由于个别部件的破坏而可能酿成房屋倒塌的部位。不利因素多见下列几种情况：

① 刚心和质心明显偏离的房屋，墙体抗震强度系数值应附加扭转影响系数 β。

② 对于凸出屋顶的小楼，地震作用的放大倍数虽与小楼和主楼的面积有一定的关系，在震害预测时也可像抗震设计那样取为定值，从抗震强度和震害的统计分析结果来看，可取为 2。如果只是预测小楼为全部倒塌，对整幢房屋的震害评定来说，至多也只为局部倒塌，甚至还可能降为严重破坏以下，这要看小楼是属主体结构的一部分，还是水箱间、楼梯间等附属建筑。同样，女儿墙、烟囱、装饰物等凸出屋顶的附属建筑如果预测为倒塌，而主体的震害程度预测为中等破坏以下，那整幢房屋的震害程度，至多也只能预测为中等破坏。

③ 当结构各部分的刚度分布相差悬殊（如刚性多层砖房中设计无变形缝分割的内框架门厅），或建筑的体型复杂，应考虑变形可能不协调而造成的局部破坏，即局部墙体过早开裂，甚至局部倒塌。

④ 个别承压构件的破碎、失稳而导致房屋的局部倒塌。

⑤ 当楼屋盖对墙体有侧推力时，应考虑局部墙体和楼屋盖自身过早开裂，甚至局部倒塌。

⑥ 填充墙、烟道、通风道、垃圾道等对震害的影响，预测时也应适当注意。

⑦ 预测震害时，必须注意现有房屋的老旧程度和施工质量。

（4）场地条件和地基基础的影响。场地对多层砖房震害的影响是明显的，在预测时应充分给予注意，但对它了解清楚的困难程度比上部结构要大得多，因此

在震害预测中具有较大的不确定性。一般来说，基岩在足够稳定的持力层下有淤泥质软夹层和有可能液化的粉细砂夹层的地带，使多层砖房的震害明显减轻；而未处理得当的回填土地基、软硬不均的地基、不稳定的山坡、陡坎、可能发生断裂的地段、震陷可能较明显的软土地区等，对多层砖房的抗震是不利的。在预测震害时，场地土质对震害的影响应有专门的研究，从震害经验和有关的研究报告推测，大体上可参考表 3 中的数值。这些数值考虑到抗震强度与震害的关系中，临界值不是随烈度成倍增长的，有些数值的变化幅度是偏于保守的。

表 3　预测多层砖房震害的场地土质影响系数（参考值）

土　　质	烈　　度				
	6	7	8	9	10
基岩	1.5	1.5	1.5	1.5	2.0
山坡密实的薄土层、砂卵石层	1.2	1.2	1.2	1.3	1.5
一般稳定土层（Ⅱ类场地土）	1.0	1.0	1.0	1.0	1.0
卓越周期较长的地基土	1.0	1.2	1.2	1.3	1.5
稳定的持力层下有淤泥质软夹层饱和粉砂层	1.0	1.2	1.3	1.4	1.7
软弱的表层土	0.9	0.9	0.8	0.9	1.0
回填土、震陷可能明显、陡坎、山尖、故河道、断裂（不良场地土）	0.8	0.8	0.7	0.8	0.9

5　震害预测的判别式

多层砖房震害预测的判别式采用墙体抗震强度系数和二次判别的综合修正系数来表达，即

$$K = K^{\mathrm{I}} \cdot K^{\mathrm{II}}$$

式中：对每一段砖墙体的强度系数，K^{I} 即为 K_{ij}；对于每一层的砖墙体，K^{I} 为 K_i。预测震害程度的判别标准见表 4。

K^{II} 为二次综合判别系数，由下式表示：

$$K^{\mathrm{II}} = \frac{C \cdot e \cdot f \cdot g \cdot G}{(1 + \alpha)(1 + \beta) d}$$

式中：α 为非刚性结构体系影响系数，三层房屋，$\alpha_3 \approx 0.5$，$\alpha_2 \approx -0.2$，$\alpha_1 \approx -0.3$，二层房屋，$\alpha_2 \approx 0.3$，$\alpha_1 \approx 0.1$；β 为扭转影响系数，对墙段为 β_{ij}，楼层为 $\bar{\beta}_i$。β_{max} 由扭转计算给出或取 3 倍偏心率，即

$$(\beta_{ij})_{max} = \frac{3 e_s}{l/2} \quad (e_s \text{ 为偏心矩，} l \text{ 为房屋长度})$$

表4　多层砖房用抗震能力指数预测震害的判别标准

项　目		烈　度				
		6	7	8	9	10
K_0	范围	(0.05~0.12)	(0.12~0.19)	(0.19~0.26)	(0.26~0.40)	(0.40~0.70)
	中值	0.08	0.15	0.22	0.33	0.55
K_{i0}	范围		(0.04~0.06)	(0.06~0.09)	(0.09~0.13)	(0.13~0.23)
	中值		0.05	0.07	0.11	0.18
震害程度	基本完好	$(K_{ij}^{I} K_{ij}^{II})_{min} \geqslant K_0$				
	轻微损坏	$(K_{ij}^{I} K_{ij}^{II})_{min} < K_0$　$(K_i^{I} K_i^{II})_{min} \geqslant K_0$				
	中等破坏	$0.6K_0 \leqslant (K_i^{I} K_i^{II})_{min} < K_0$				
	严重破坏	$K_{i0} \leqslant K_i^{I} K_i^{II} < \begin{cases} 0.6K_0 (n_0 \geqslant 1) \\ 0.7K_0 (n_0 > n/2) \\ 0.8K_0 (n_0 > 2n/3) \\ 0.9K_0 (n_0 \geqslant 3n/2) \end{cases}$				
	部分倒塌	非承重墙：$(K_i^{I} K_i^{II})_{min} < K_{i0}$ 承重墙垛：$(K_{ij}^{I} K_{ij}^{II})_{min} < K_{i0}$ 且 $K_i^{I} K_i^{II} < 0.7K_0$（第 j 段墙所在楼层）				
	全毁倒平	承重墙：$(K_i^{I} K_i^{II})_{min} < K_{i0}$				

注：K_0—砖墙体开裂临界值；K_{i0}—砖房倒塌临界值；K_{ij}^{I}—第 i 层第 j 段墙体抗震强度系数；K_{ij}^{II}—第 i 层第 j 段墙体抗震能力二次判别系数；K_i^{I}—第 i 层墙体（纵或横）楼层平均抗震强度系数；K_i^{II}—第 i 层抗震能力二次判别系数；n—楼层数；n_0—抗震能力（$K_i^{I} K_i^{II}$）不满足的个数，若各层都不满足，$n_0 = 2n$。

$\bar{\beta}$ 为扭转作用的楼层平均影响系数，可对考虑 β_{ij} 的各墙段计算求得，其中不考虑扭转的有利影响，或者近似取为偏心率，即

$$\bar{\beta} = \frac{e_s}{l/2}$$

式中：C 为强化系数，构造柱增强墙体抗裂作用 $C_1 = 1.1$，构造柱增强墙体抗震作用，即防止墙体严重破坏或倒塌，C_2 按计算值取，计算时考虑构造柱的抗剪作用，一般可达 1.3~1.5，圈梁对纵墙局部倒塌而防止上层塌落的增强作用，对设置圈梁层的非承重纵墙，取 $C_0 \approx 1.2$；d 为屋顶小楼的动力放大倍数，取 2~3，或按近似式计算：

$$d = 3.5(1 - A/A_0) \quad 1 \leqslant d \leqslant 3$$

式中：A 为小楼平面面积；A_0 为主体平面面积。

e 为建筑结构局部不利影响系数：

木屋架：$e_{顶} \approx 0.55$。

木屋架有圈梁：$e_{顶} \approx 0.65$。

硬山搁檩：$e_{顶} \approx 0.60$。

人字架：$e_{顶纵} \approx 0.50, e_{顶横} \approx 0.60$。

楼房接层：$e \approx 0.8$（所接楼层）。

平房接层：$e \approx 0.6$（所接楼层）。

错层：$e \approx 0.8$ 或（0.9~0.7），逐层错位增大。

三-四-二层式立面：四层段的第三层按层顶小楼计算，即 $e = 3.5(1 - A/A_0)$，A_0 取第二层的平面面积。

门厅承重砖柱：当两侧墙体达到严重破坏，即判为门厅柱因侧移过大而倒塌。

f 为房屋老旧、材质差和施工不良折减系数：

砖标号不足 50 号或 50 号左右：$f \approx 0.7$。

石墙施工砌筑不良：$f \approx 0.7$。

冬季施工未做处理：$f \approx 0.8$。

预制混凝土楼板下不坐浆、板缝不灌浆：$f \approx 0.8$。

砂浆不均匀：$f \approx 0.9$。

砂浆不均匀且标号偏低：$f \approx 0.75$。

g 为地基基础不良影响系数：

房基一角不良：$g \approx 0.9$。

局部地基不良：如局部坑塘、水洼地边，$g \approx 0.8$。

局部地基下沉：$g \approx 0.7$。

濒临河岸且土质软弱：$g \approx 0.6$。

一端回填坑：$g \approx 0.5$。

回填坑、半填半挖：$g \approx 0.35$ ~ 0.4。

地裂缝：$g \approx 0.3$ ~ 0.5。

g 值按处理的妥善程度减少不利影响。

G 为场地土影响系数，对一般 II 类土取 $G = 1$，其他场地土一般应根据地震小区划结果得出，也可参考表3的数值。

表4中的抗震强度系数的临界值按抗震规范 TJ 11—1974 计算，ξ 取 1.5。若按 TJ 11—1978 规范计算，ξ 取 1.2，则 K_0、K_{i0} 值均应乘以 1.25。如果按下列两式中的 GBJ 11—1989 抗震规范计算 K_{ij} 和 K_i，判别标准表4中的 K_0 和 K_{i0} 也应乘以 1.25，即新旧规范（GBJ 11—1989 和 TJ 11—1978）是一致的。按新规范的抗震强度系数算式为

$$K_{ij} = \frac{(f_{VE})_{ij}}{\gamma_{RE}} \cdot \frac{A_{ij}}{h_{ij}} \cdot \frac{\sum_{j=1}^{m} h_{ij}}{\sum_{i=1}^{n} (G_{eq})_i} \cdot \frac{\sum_{i=1}^{n} (G_{eq})_i H_i}{\sum_{i=1}^{n} (G_{eq})_i H_i}$$

$$K_i = \frac{(f_{VE})_i}{\gamma_{RE}} \cdot \frac{A_i}{G_{eq}} \cdot \frac{\sum_{i=1}^{n} (G_{eq})_i H_i}{\sum_{i=1}^{n} (G_{eq})_i H_i}$$

式中：f_{VE} 为砌体沿阶梯形截面破坏的抗震抗剪强度设

计值;γ_{RE}为承载力抗震调整系数;G_{eq}为地震时房屋的等效总重力荷载代表值。

这一判别标准还可用于检验新设计的房屋是否符合"小震不坏,大震不倒"的要求,当设防烈度为I时,对小震(按低于设防烈度1度半计),则不裂的条件为

$$K_{ij} > 0.085 \cdot 2^{(I-1.5-6)/1.48}$$

对大震(按高于高防烈度1度计),则不倒的条件为

$$K_i > 0.035 \cdot 2^{(I+1-6)/1.48}$$

6　模式法预测震害的计算程序

多层砖房震害预测 PEDMSBB－2 程序是建立在 VAX 机上的。PEDMSBB－3 程序是建立在 AST286 微机上的,输出已汉化。

7　多层砌体房屋震害预测专家系统

应用计算机人工智能技术,使有赖于专家经验的震害预测工作得以普及,并可达到专家级的预测水准。PDSMSMB－1 专家系统的目标是对现有的和新建的各类多层砌体房屋预测当遭遇到不同烈度的地震影响时的震害,并评价预测房屋的易损性、地震危害度和抗震设防的满足程度,进而做出决策分析。有关 PDSMSMB－1 系统的内容详见本书 3－1~3－4 文。

8　震害预测的可靠度讨论

对现有房屋的震害预测,由于地震的不确定性、结构和场地土质本身及与震害关系的不确定性,预测的结果是不可能完全可靠的。对于只用主要判据来预测震害的多层砖房,可靠度由震害与墙体强度的震害统计关系中的符合度和条件概率得出,见表5。通过经受地震的房屋来检验,从唐山、海城两地震中的348幢所见,若震害程度按六个档级划分,符合的为69.5%,平均距离为0.388级震害程度。经过二次综合判别后,符合震例的为88.5%,平均距离为0.129级震害程度。

PDSMSMB－1 专家系统以唐山、海城、通海、阳江、东川和乌鲁木齐等地震中多层砖房的震害实例来检验,其结果甚为一致。预测震害程度和实际震害的符合度约为90%,聚类分析的平均距离约为0.1级震害程度。表6列出24幢受检房屋在实际地震中的震害程度和预测的震害程度。从中可以看到某些不确定因

素对预测震害的影响。

9　结语

现有多层砖房震害预测的模式法是我国第一个建立的震害预测方法,10年来得到广泛的应用,首例用于豫北安阳小区的震害预测,获得国家科学技术进步奖(三等奖)。依此知识为基础的多层砌体房屋震害预测专家系统又是我国第一个可供使用的震害预测专家系统,经国家地震局震害防御司组织专家鉴定,达到国际先进水平。该系统知识丰富、功能良好、使用方便、可信度高,预测结果可达到专家级的水准,能够体现出专家的经验知识和我国目前的房屋抗震设防的准则。自 1989 年 5 月该系统开始用于太原市的震害预测,现已推广使用,进入实用商品化。

表5　用抗震强度系数预测多层砖房震害的可靠度

烈度	地点	抗震强度系数临界值的可靠度		抗震强度系数大于开裂临界值后震后确实良好的概率/%	抗震强度系数小于开裂临界值后震后确实破坏的概率/%	抗震强度系数大于倒塌临界值后震后确实不倒的概率/%	抗震强度系数小于倒塌临界值后震后确实倒塌的概率/%
		点估计	95%置信度				
6	秦皇岛	86	83	99	39		
7	乌鲁木齐	78	73	97	45		
	天津	91	89	98	61		
	昌黎	83	79	98	35		
	阳江	93	89	98	79		
	(平均)	86	82	98	55		
8	滦县	91	89	99	35		
	东川	74	69	70	78		
	海城	93	91	97	90		
	(平均)	86	83	89	68		
9	华子峪	82	78	89	79		
	范各庄	71	66	78	64		
	牌楼	84	79	77	88		
	卑家店	74	69	86	58		
	(平均)	78	73	82	72		
10	曲溪	71	65	72	81		
	唐山机场路	75	63			90	65
11	唐山新华路	92	89			95	91

表 6　多层砌体房屋震例检验

震例	房 屋 名 称	层数	地震烈度	实际震害程度	预测震害指数	预测震害程度	说　明
1	唐山开滦矿第三招待所	七	11	全毁倒平	1.000	全部倒塌	中段门厅塌到底,两侧残存1~2层,预测震害三层最重
2	唐山煤炭科学研究所侧楼	五	11	全毁倒平	1.000	全部倒塌	西侧楼倒平,东侧楼顶部两层倒平,预测震害1~4层相近
3	唐山地区外贸局办公楼	四	10	严重破坏	0.630	严重破坏	二层最重,一、三层次之,预测震害二层最重,一、三层次之
4	唐山跃进小区丙型住宅	三	10	近乎全倒平	0.932	全部倒塌	5 幢
5	唐山范各庄矿单身宿舍	三	9	中等破坏	0.474	中等破坏	
6-1	滦县卫生局办公楼	二	8	轻微损坏	0.250	轻微损坏	按无损,且墙间半数有孔道预测
6-2					0.350	中等破坏	按无损,半数有孔道连接欠缺
6-3			9	倒塌	0.609	严重破坏	按有损,半数有孔道连接欠缺
6-4					1.000	全部倒塌	按有损,纵横墙间几无连接预测
7	天津59中新教学楼	五	7	轻微损坏	0.154	轻微损坏	
8	天津灰堆中学	四	7	中等破坏	0.473	中等破坏	施工质量较差
9-1	海城华子峪三层住宅	三	9	严重破坏	0.569	严重破坏	山坡脚一般稳定土层
9-2					0.456	中等破坏	按覆盖基岩的密实薄土层预测
10-1	海城牌楼镁矿女宿舍	三	9	严重破坏	0.547	严重破坏	表土层较弱
10-2					0.503	严重破坏	按一般稳定土层预测
11	海城镇医院	二	8	基本完好	0.026	基本完好	符合8度重要房屋抗震设防要求
12-1	海城县招待所配楼	三	8	倒平	0.712	部分倒塌	按施工质量较差预测
12-2					0.746	部分倒塌	按施工质量差预测
13	海城纺织机械厂宿舍	二	8	基本完好	0.217	轻微损坏	局部有震损
14-1	曲溪曲江糖厂外廊住宅	二	10	中等破坏	0.344	中等破坏	砂卵石场地
14-2					0.532	严重破坏	若按一般稳定土层预测
15	峨山县医院病房楼	二	9	倒平	0.953	全部倒塌	建于故河道,处理有欠缺
16	阳江商业职工宿舍	三	7	轻微损坏	0.275	轻微损坏	
17-1	阳江一中二号楼	二	7	倒塌	1.000	全部倒塌	木屋架腐朽,按危房预测
17-2					0.605	严重破坏	按现状严重损坏预测
18	阳江北津港休息楼	二	7	严重破坏	0.507	严重破坏	明显扭转和软土
19	东川文化馆	二	8	中等破坏	0.405	中等破坏	局部地基不良,且处理欠缺
20	东川新村013住宅	三	8	中等破坏	0.430	中等破坏	地基一角不良
21-1	东川硅肺疗养所	二	8	严重破坏	0.606	严重破坏	建于山顶,属不良场地
21-2					0.461	中等破坏	若按一般场地预测
22	乌鲁木齐煤矿学校宿舍	三	7	基本完好	0.068	基本完好	
23-1	乌鲁木齐电影译制厂宿舍	二	7	严重破坏	0.505	严重破坏	质量差,整体性按一般预测
23-2					0.486	中等破坏	质量差,整体性按良好预测
24	乌鲁木齐军区卫校教学楼	三	7	中等破坏	0.330	中等破坏	

2-14 房屋震害预测[*]

杨玉成

1 引言

震害预测是在全国地震烈度区划图、地震危险性分析和地震小区划的基础上,预测我国广大地震区中的城市、乡村和工矿企业在未来地震中的震害类型、震害程度和震害分布,以及震害导致的人员伤亡和经济损失,从而综合评估地震危害程度和社会影响。

震害预测是地震区在地震发生之前采取减轻灾害损失的重要措施之一。它可为减轻与防御地震灾害对策和应急响应计划的制定,地震区城市、乡村和工矿企业总体发展规划的编制,以及震后灾害快速评估、重建家园和地震保险等,提供基础技术资料和科学依据。

震害预测的基本方法是根据预测对象的防御状态,来评估它们在遭遇到一个、几个或一群地震发生时的破坏和损失。震害预测因不同的目的,可以工程单体、群体或系统为预测对象,也可以城市、地区或企事业单位为预测对象,并采用相应的预测方法和技术途径。

震害预测工作的重点地区是位于全国地震烈度区划图中7度和8度以上的地区,以及国家地震局会商会确定的重点监视区。6度区内百万以上人口的城市,也应开展震害预测工作。

震害预测应在全国地震烈度区划图、地震危险性分析和地震小区划(地震动小区划和地面破坏小区划)的基础上,按不同概率标准的地震烈度和地震动参数进行。通常应对设防烈度(50年超越概率约10%的地震烈度)、多遇地震烈度(50年超越概率约60%的地震烈度)和罕遇地震烈度(50年超越概率约3%的地震烈度)的震害予以预测,也可按预测对象需要的防御标准采用其他的超越概率值。

震害预测的内容包括现有房屋建筑、构筑物和工程设施,生命线工程系统,场地,次生灾害的震害预测,以及人员伤亡和经济损失的预测,并对未来地震灾害进行综合评估。本文以现有房屋建筑的震害预测为例,讨论震害预测的内容和方法,其他方面的震害预测不在本文中讨论。

2 房屋震害预测的内容

现有房屋建筑的震害预测是一般城市和乡村震害预测的重点,也是工矿企业震害预测中的重要项目之一。现有房屋震害预测应开展以下三方面的工作:重要房屋的单体震害预测;典型房屋的单体震害预测;房屋的群体震害预测。

2.1 重要房屋的单体震害预测

重要房屋是指指挥机关及应急用房、生命线工程中的关键用房、可能酿成严重次生灾害的房屋、人员集中的大型公共建筑、对政治或经济有重大影响的房屋。对重要房屋的震害预测,应逐幢调查防御状态(包括建筑结构现状、目前用途、场地和环境等),分析易损性,预测震害程度和薄弱环节。工作报告中至少应提交以下结果:

(1)每幢房屋的预测依据(包括防御状态和预测方法)。

(2)重要房屋震害预测的汇总表。可列下述栏目:编号、房屋名称、建筑面积、建筑结构、层数、建成年份(代)、用途、不同烈度下的预测震害程度、对地震危险性的三个防御标准的满足程度和综合评估。

(3)预测震害的重要房屋标位图。

2.2 典型房屋的单体震害预测

预测震害的典型房屋在预测房屋的总体中应具有一定的代表性,对于建筑结构、层数、年代、质量(现状的完好程度)和用途不同的房屋,其主要的类型都应有样本,且样本中各类房屋的比例应与预测总体中各类房屋的相应比例大体吻合。

本文出处:郭增建、陈鑫连主编,《城市地震对策》,地震出版社,1991年11月,100-108页。

[*] 本文内容同本书2-12文,为选取摘录其部分。

震害预测中典型房屋的样本数应满足大样本的统计要求,一般以占房屋建筑总面积的 1%~3% 为宜。

典型房屋的震害预测也应逐幢调查防御状态,分析易损性和预测震害程度。工作报告中至少应提交下列结果:

(1)每幢典型房屋预测震害程度汇总表,栏目可参照(或少于)重要房屋汇总表。

(2)典型房屋预测震害矩阵(用不同概率标准的地震烈度和地震动参数,预测不同的震害程度)。

(3)典型房屋分类统计表及各类典型房屋的预测震害。

(4)预测震害的典型房屋标位图。

2.3　房屋的群体震害预测

工作区现有房屋的群体震害预测应在勘察工作区现状、了解工作区建设的发展过程、采集现有房屋的统计资料和数据信息、预测重要和典型房屋震害的基础上,分小区对工作区现有房屋的群体进行震害预测。

工作区震害预测小区的划分可在单元小区和街坊两种方式中选择其一:① 以工作区内 0.5 km × 0.5 km 或 1 km × 1 km 划分的相等方格作为预测震害的单元小区;② 以街道办事处或街坊为预测震害的小区。按这样划分,便于资料的统计和数据信息的采集,也便于编制与实施减轻和防御地震灾害的对策。

工作区房屋的统计资料一般可以全国城镇房屋普查资料为底数,用近年新建和拆除的房屋数加以调整,或利用房屋产权登记资料;如有条件和需要,也可做现场调查统计。

工作区现有房屋群体震害预测的数据信息有两类:① 工作区内房屋按不同类别统计汇总的幢数和建筑面积;② 每幢房屋用以预测震害的特征元素(包括建筑结构、层数、年代、质量、用途等)、地点和建筑面积。

现有房屋的群体震害预测应包括:预测工作区总的震害矩阵(即在地震烈度为 6、7、8、9 和 10 度时发生不同震害程度的概率);预测各类房屋的震害并识别高危害的房屋类型;预测各小区的震害并识别高危害的街坊小区,并且绘制工作区现有房屋的震害潜势分布图和预测震害概率分布图。

对工作区现有房屋的群体震害预测,可根据工作区房屋资料和数据信息等基础条件,在下述三种方法中选择其一:

(1)以幢为基础进行预测。按上述工作区震害预测小区的两种划分方法,任选一种并收集有关资料,将小区内房屋按重要和典型房屋分类;分别按重要房屋和典型房屋的单体震害预测方法预测房屋震害;最后综合评价工作小区,并外推到整个工作区现有房屋群体的震害预测。采用这种方法,数据的信息量大,一般应建立计算机数据库,由计算机进行检索统计。

(2)以类为基础的预测。采用这种方法,数据信息量小;由各类房屋的预测震害概率来统计各小区和全工作区的房屋震害,一般适宜于大尺度的震害预测,但要更直接地依靠专家经验或应用智能辅助知识库。

(3)以幢和类相结合的预测。对工作区的部分房屋(含重要的和典型的房屋)以幢为基础进行单体震害预测,由此再分类统计得到预测震害矩阵,外推全工作区和各小区;或选择若干典型小区以幢为基础预测,由此再分类统计得到预测震害矩阵,以推到其他小区和全工作区。

在震害预测工作报告中,有关房屋群体的震害预测至少应提交下列结果:

(1)工作区现有房屋预测震害矩阵(用不同概率标准的地震烈度和地震动参数预测不同的震害程度)。

(2)工作区现有房屋分类统计表;各类房屋的预测震害指数;若干主要类型的房屋预测震害矩阵;未来地震中易损房屋的类型(即高危害的房屋类型)。

(3)各小区房屋统计汇总表;每个小区的房屋预测震害矩阵和小区中各类房屋的预测震害指数;未来地震中房屋损害严重的小区(即高危害的小区)。

(4)工作区现有房屋震害潜势分布图和预测震害概率分布图。

(5)如有条件,应建立房屋防御状态的数据库。

3　房屋震害预测方法

城市及区域性房屋震害预测一般宜采取单体和群体相结合、以群体为主,分项和总体综合相结合、以总体综合为主的技术途径。其主要方法如下。

3.1　专家评估法

专家评估法的主要步骤是:准备基础资料,请若干名专家勘察现场和资料,填写评估咨询表,汇总统计专家意见。如统计结果比较离散,且认为有必要,则可在向专家提供初次综合意见后,再次请他们进行评估或组织会商。

专家评估法是利用专家的经验对建筑物单体和群体进行震害预测,属于经验判别法。专家评估法更适合于大尺度的群体震害预测,即以类为基础,由各类房屋的预测震害概率来统计各小区和全工作区的房屋震害。

专家评估咨询表可按预测对象的需要设计。在统计分析时,单体工程可用各专家评估的平均值和标准差作为期望值和范围,也可将专家自我评定的预测置信度和经验水平作为权,还可以去掉评估震害最轻的和最重的,做平均或加权平均。群体的统计分析可采用频次累积或序列加权法。

3.2 模式判别法

模式判别法的基本方法是对预测对象的防御状态用一定的模式来表示,一般采用无量纲的抗震能力指数。依此与遭受不同地震影响时的震害程度建立对应关系,即由判别标准确定预测震害程度。模式法可以经验统计或理论分析为主,但或多或少都离不开经验判别。

(1)多层砖房震害预测方法。以强度验算为主的二次判别模式,是建立在我国历次破坏性地震中大量多层砖房的震害经验和实测动力特性的基础上的,属于经验法。此方法以砖墙体的抗震强度为主要判据,同时综合建筑结构各部件的作用和所在场地的影响,预测地震烈度为6~10度范围内的震害。其步骤如下:

① 判别房屋是刚性还是非刚性体系。刚性体系以剪切强度判断震害,非刚性体系则还需考虑弯曲破坏的不利因素和空间作用的有利影响。

② 进行强度验算。从历次地震震害资料中统计得到抗震强度系数的开裂和倒塌临界值,然后将预测房屋的抗震强度系数与之比较,从而确定破坏等级。

多层砖房的强度系数用第 i 层第 j 段砖墙体的抗震强度系数 K_{ij} 和第 i 层墙体的楼层平均抗震强度系数 K_i 来表示,即

$$K_{ij} = \frac{(R_\tau)_{ij}}{2\zeta} \cdot \frac{A_{ij}}{k_{ij}} \cdot \frac{\sum_{j=1}^{m} k_{ij}}{\sum_{i=1}^{n} w_i} \cdot \frac{\sum_{i=1}^{n} w_i H_i}{\sum_{i=i}^{n} w_i H_i}$$

$$K_i = \frac{m}{\sum_{j=1}^{m} \frac{1}{K_{ij}}}$$

式中:$(R_\tau)_{ij}$ 为第 i 层第 j 段墙抗震抗剪强度;ζ 为截面上的剪应力不均匀系数;A_{ij}、k_{ij} 为墙段的净截面面积和侧移刚度;w_i 为集中在第 i 层的重量;H_i 为第 i 层的高度;m 为第 i 层中计算方向(横或纵)的墙段数;n 为房屋层数。

③ 进行二次判别。考虑的影响因素包括连接强度、有无构造柱或圈梁、扭转、体型复杂、老旧程度、施工质量、不利场地等。多层砖房的二次判别系数用下式表示:

$$K^{\mathrm{II}} = c \cdot e \cdot f / [(1 + \alpha)(1 + \beta) d]$$

式中:α 为结构体系影响系数,对于刚性体系,$\alpha = 0$,非刚性体系根据震害经验大致按下列情况取值,顶层 $\alpha = 0.3 \sim 0.5$,底层横墙 $\alpha = -(0.1 \sim 0.3)$;β 为扭转影响系数,其值由计算而定;c 为结构强化系数,当纵、横墙间均设有钢筋混凝土构造柱时,其值可由计算给出;d 为建筑结构局部不利的影响系数,对于凸出层顶的小楼,动力放大倍数取 $2 \sim 3$;e 为房屋老旧程度和施工不良的折减系数;f 为场地条件影响系数。

对于多层砖房来说,二次判别系数可视为强度系数的修正值,它的抗震能力指数同强度系数和二次判别系数的关系式为

$$K = K^{\mathrm{I}} \cdot K^{\mathrm{II}}$$

式中:对每一段砖墙体的强度系数,K^{I} 即为 K_{ij};对于每一层的砖墙体,K^{I} 即为 K_i。将砖墙体的抗震能力指数与开裂和倒塌临界值比较,即可判断震害程度。

以强度为主的二次判别法不仅可以预测房屋单体的震害,而且可以预测多层砖房各层纵横墙体的平均震害和墙段的震害,即可用于房屋的抗震鉴定和加固,以及新建房屋的抗震性能评估。当用于群体震害预测时,为简便起见,可不计算墙段抗震强度系数 K_{ij},而直接采用平均的楼层墙体抗震强度系数 K_i。在使用该方法时,尚应注意以下几点:

其一,为便于工程技术人员的应用,该方法所采用的数学模型应充分考虑到我国的抗震设计规范。该方法是以1974年抗震设计规范的参数计算抗震强度系数的,当按1978年抗震规范和现行1989年抗震规范计算时,判别标准中的抗震强度系数临界值均应乘以1.25。由于1978年规范和1989年规范对抗震强度的要求是一致的,故按新旧规范计算抗震强度系数,只在符号上做一下变换即可。

其二,该方法中将多层砖房分为刚性的和非刚性的两类,这有别于抗震设计中的刚性楼盖、半刚性楼盖和非刚性楼盖。该方法对刚性的和非刚性的多层砖房均可适用,其中非刚性砖房应采用相应的二次判别系数。当计算墙段抗震强度系数时,可按刚性楼盖和非刚性楼盖或介于其中这三种情况分配地震荷载。

其三,预测多层砖房的震害,建议采用根据震害统

计所得的场地土影响系数或地震小区划的参数,这不同于抗震设计规范中所用的地震作用影响最大值。

此外,也可使用逐步判别法,该方法考虑了以下七个因素:屋盖结构形式、房屋总高度、楼盖结构形式、施工质量、砂浆标号、砖墙面积率和场地土。它的预测对象是单体砖房。该方法尽管使用简便,但应注意其局限性。

(2)单层工业厂房震害预测方法。主要有树状图法、逐步回归法、改进树状图法和分项回归综合模式法。它们都是以大量的震害资料和经验为基础的,属于经验法。

① 树状图法。将单层厂房按天窗、屋盖、柱、墙四部分预测震害,综合判别震害程度。由于考察因素多,分析逻辑清楚,特别是较好地处理了构造和震害的关系,使预测结果具体清晰。但对于强度因素缺乏分析,预测工作量也较大。

② 逐步回归法。在影响侧向受力构件承载能力的各因素与震害之间建立关系,然后逐步回归筛选,选择厂房的高度、长度、柱断面的高度和砖柱上砂浆标号四个因素作为自变量,建立震害指数回归方程:

钢筋混凝土柱厂房:

$$N = 0.284\ 3 \cdot \frac{H^{1.866\ 6}}{d^{1.458\ 9}} + 10$$

砖柱厂房:

$$N = 4\ 777 \cdot \frac{H^{1.530\ 9} \left(\dfrac{L}{90} \right)^{0.554\ 7}}{d^{1.530\ 9} (7R)^{1.641\ 2}} + 10$$

式中:N 为表示震害程度的"震害指数";L 为厂房计算长度;H 为厂房高度;d 为柱断面高度;R 为砖柱砂浆标号。

逐步回归法需要 2~4 个参数,调查简便、计算快,但一些明显影响抗震性能的因素不能完全反映出来。对于已经设防或加固的工程不能反映其抗震能力的提高。

③ 改进树状图法。即树状图法与逐步回归法重叠判定的方法,由于逐步回归法从力学因素出发,弥补了树状图法缺乏强度的不足。该方法适用于预测单层砖柱工业厂房的震害,也适用于单层钢筋混凝土工业厂房的群体震害统计。如要用于预测钢筋混凝土厂房的单体震害,还应对柱的配筋量和构造进行评估。

该法的综合判别震害指数以 N 表示,范围为 0~100,其中回归公式计算的分项 N 值可能大于 100。为

了震害统计的一致性,N 值震害指数可变换成范围为 0~1.0 的震害指数 I 值(表1)。

表1 单层工业厂房预测震害指数 N 与 I 的关系

震害程度	震害指数	
	N	I
基本完好	0~20	0~0.1
轻微损坏	20~40	0.1~0.3
中等破坏	40~60	0.3~0.5
严重破坏	60~80	0.5~0.7
部分倒塌	80~100	0.7~0.9
全毁倒平	100	0.9~1.0

④ 分项回归综合模式法。该法用于群体震害统计,适用于估计一般单层工业厂房的震害。对一些特殊厂房的震害估计应做专门处理。这个方法简单易行、易于掌握,计算结果与宏观结果基本一致。

(3)城镇平房的震害预测方法。应用较多的方法是老旧民房模糊评判法。该方法是按唐山地震时天津市的震害统计和经验建立的,只能用于群体的震害统计。该方法简便,仅选择房屋老旧程度、层数和长度三个因素,便于应用。

另外,在安阳小区震害预测时使用了平房震害预测的耐震指数分布曲线,它是基于烈度评定和数理统计的概率分布建立的,该方法需要做较多的样本房屋的单体调查和统计分析,然后外推到群体。

(4)钢筋混凝土框架结构的震害预测方法。该类房屋的单体震害预测多采用理论计算方法,用弹塑性动力分析法计算层间变形,从层间变位角判别震害程度。群体震害预测由单体外推得到。

3.3 震害预测的智能辅助决策系统法

该方法的思路是采集预测对象的防御状态和地震情况的数据信息,建立计算机数据库,应用专家系统或知识库搜索技术,进行震害预测、损失评估和决策分析。

目前,可供震害预测使用的智能辅助决策系统有多层砌体房屋震害预测专家系统 PDSMSMB-1、城镇平房震害预测专家系统 PDSSB-1、城市现有房屋震害预测智能辅助决策系统 PDKSCB-1。

(1)多层砌体房屋震害预测专家系统 PDSMSMB-1。该专家系统的目标是对现有的和新建的各类多层砌体房屋预测当遭遇到不同烈度的地震影响时的震害,并评价预测房屋的易损性、地震危害度和抗震设防的满足程度,进而做出决策分析。

该系统提供的主要结果包括四个部分：① 房屋概况；② 震害预测结果，用表分别列出当遭受 6、7、8、9 和 10 度地震影响时的震害指数、震害程度、房屋损失率、财产（室内）损失率和伤亡率；③ 评价房屋的抗震性能和易损性；④ 地震危害度评估和决策分析。

PDSMSMB－1 系统简单易学，只要填写一张多层砌体房屋易损性评价和震害预测专家系统数据采集信息卡，程序操作员便可按此卡进行人机对话并迅速显示结果。该系统的输出结果有固定格式，并可要求查询中间过程和输出各层墙体的震害指数和震害现象。

（2）城镇平房震害预测专家系统 PDSSB－1。该系统是由 PDSMSMB－1 系统的外壳加以简化和调整而成的。在知识工程中删除有关楼层的内容，调整建筑结构类型和结构体系及其有关预测震害的知识。

（3）城市现有房屋震害预测智能辅助决策系统 PDKSCB－1。该系统的目标是预测城市在遭受不同地震影响时现有房屋的震害、人员伤亡和直接经济损失，识别高危害房屋类别和高危害街坊小区，并绘制相应的震害潜势分布图。这个系统由三个子系统组成，即房屋系统、人员-经济系统和图形系统。

预测城市现有房屋震害的大量信息，通过数据采集储存进计算机，直接或由知识库支持建立数据库。在系统中设六个基本数据库：① 全市现有房屋数据库 CBDB；② 典型房屋和重要房屋数据库 MBDB；③ 现有房屋居留人数数据库 RPDB；④ 房产价值和室内财产价值数据库 HPDB；⑤ 城市轮廓和街坊小区图形数据库 CFDB；⑥ 地震小区划和场地分类图形数据库 SFDB。

城市现有房屋的震害预测由系统的数据库、知识库和搜索技术与推理机执行。可供使用的四个主要知识库：① 现有房屋与预测震害关系知识库 BT-PDKB；② 现有房屋预测震害与场地影响知识库 BD-SEKB；③ 房屋震害与人员伤亡关系知识库 PD-LLKB；④ 房屋震害与经济损失关系知识库 PD-PLKB。

在数据库和知识库中，房屋的类型用五个元素来表征，即建筑结构、房屋层数、建成年代、房屋质量和目前用途。

房屋的分类可做一元检索或多元检索。按五元分类的现有房屋与预测震害关系知识库 BT-PDKB，即为 10 800 类房屋在 6~10 度地震时不同震害程度的概率矩阵。

现有房屋的居留人数、房产价值和室内资产的数据库是根据人口和国民经济的统计资料，按房屋类型、时段、地域和产别等关系建库的。震害与人员伤亡、震害与经济损失的知识库也为不同烈度下的概率矩阵。

应用这个智能辅助决策系统预测震害的结果如下：① 在不同烈度或 50 年超越概率的地震影响下，全市现有房屋总的预测震害、人员伤亡和直接损失；② 各行政管区和街坊小区的预测震害、人员伤亡和直接经济损失及高危害小区的识别；③ 各类房屋的震害、伤亡和损失及高危害房屋类型的识别；④ 城市地震危害的潜势分布；⑤ 辅助决策减灾目标与其相应的措施。

313

2–15　建筑震害预测方法研究（概要）[*]

王开顺　杨玉成

　　震害预测在我国是近 10 年来发展起来的一门重要学科分支。它由单体工程发展到群体系统，由对典型工程的抗震分析发展到对一个城市或大型工矿企业的综合抗震能力做出全面的分析判断。因此，震害预测标志着震害研究和工程抗震研究的一个飞跃。

　　工程结构震害预测是指在可能遭遇到的各种强度的地震作用下，对一个地区的工程结构的震害分布做出定量估计。震害预测可作为损失和经济效益分析的重要依据，也是编制城市抗震防灾规划的基础资料。

　　为编制抗震防灾规划，对近 30 个重点抗震城市及许多县城和工矿企业先后进行了震害预测。从事震害预测研究的单位不下 10 个，所用方法不同，但大多达到了各自的预期目标。震害预测的工作大体有下述五部分组成。

1　震害预测基本单元的划分

　　方法有两种：按城市测绘系统所使用的坐标网划分，或以街道所形成的分区为基础划分，各区格的形状和大小与防灾规划的精度要求、场地复杂程度或建筑分布密度有关。一般每个预测单元的面积以 0.25～1.0 km² 为宜。

2　房屋普查及抽样调查

　　可借用建设部统计年鉴资料，也可自行按预测基本单元进行工程普查，摸清各类工程的数量、分布、录取与抗震能力及使用现状等有关的参数；在普查的基础上进行足够数量的现场抽样调查，由经过培训的技术人员进行。抽样率建研院抗震所一般取 30%～40%，只要求用以知道各类房屋不同破坏程度所占的比例，并不要求具体判明每栋房屋的震害情况和薄弱环节。工力所做城市震害预测，房屋只按 1%～3% 抽样，要求各类房屋的比例与普查大致相当，并可逐幢进行单体震害预测。

3　建筑抗震能力评定

　　下述为当年我国抗震评定的常用方法，因建筑类别而异：

　　（1）多层砖房。① 始于安阳小区开创震害预测研究，工力所以强度系数和二次判别系数的组合确定抗震能力预测多层砖房震害。强度系数表示墙体承载能力，基本上按《工业与民用建筑抗震设计规范》（TJ 11—1978）计算。二次判别系数又称为构造系数和场地影响系数，在构造方面考虑结构体系、扭转、结构强化、建筑布局、房屋老旧程度和施工质量等。"豫北安阳小区现有房屋（多层砖房）震害预测"1987 年获国家科技进步三等奖。② 在烟台市震害预测中，抗震所用多元判别分析建立震害预测方法。选择屋盖结构形式、楼盖结构形式、房屋总高度、承重墙砂浆标号、砖墙面积率、施工质量和场地七个因素。两法都以计算结果对应各震害程度的判别值。

　　（2）单层厂房。① 在烟台市震害预测中，一机部吴育才用逐步回归法得到钢筋混凝土柱厂房和砖柱厂房的回归方程；计算判断震害等级的震害程度指数。② 始于安阳小区震害预测，一机部陶谋立根据厂房的不利因素（体型复杂、质量和刚度分布不均、场地差、地形复杂、施工质量差等）和有利因素（场地好、整体基础或桩基体型简单、屋盖轻、房屋低、施工质量好等）制成树状图预测震害。其后，预测厂房震害时采用树状图法与回归法重迭判定的办法，原则上取破坏重的结果。③ 工力所尹之潜将单层钢筋混凝土厂房的震害，由与排架、围护墙和屋面系统有关的因素计算强度和构造影响的震害指数确定。

　　本文出处：魏琏，谢君斐主编，《中国工程抗震研究四十年（1949—1989）》，地震出版社，1989 年，186–192 页。
　　[*] 本文由王开顺执笔，阐述当年震害预测的多种方法，主要是建研院抗震所采用的，由杨玉成摘录。

（3）老旧房屋。天津地震局金国梁利用唐山地震中天津等地的震害资料,统计建筑长度、老旧程度和层数三因素对老旧房屋震害的影响;用模糊数学方法、综合评判法预测各个破坏等级房屋所占数量的百分比。修正后应用于烟台老旧房屋的群体震害预测。

（4）圆形砖烟囱。金国梁在烟台用综合评判法预测砖烟囱的震害,在模糊矩阵中考虑 6 个震害因素:强度、内衬高度、老旧程度、场地类别、砂浆强度、有无温度环箍。工力所苏文藻和张其浩用动力反应分析和震害经验,对砖和钢筋混凝土烟囱预测单体震害。

（5）钢筋混凝土框架结构的房屋一般采用弹塑性反应分析与震害经验。先见于建研院抗震所龙明英践行于安阳,后有高小旺在烟台采用简化的计算方法预测单体,再分类外推预测群体震害。工力所江近仁的双参数破坏准则法用于厦门市的震害预测。

4　建筑震害预测的人-机系统

我国地震工程学奠基人刘恢先教授院士高瞻远瞩,亲自负责国家自然科学基金重大项目"工程建设中智能辅助决策系统的应用研究"。刘所长德高望重,凝聚数十个单位组成 30 个子课题开展理论和应用研究,指派工力所研究团队赴美学习、运用专家系统,杨玉成践行预测城市现有房屋震害,研究团队奋力自主创新发展了智能化的人-机系统。有预测单体的多层砌体房屋专家系统和预测群体的"城市现有房屋震害预测智能辅助决策系统",1995 年获国家科技进步二等奖。在系统中设计了三个数据库,即房屋数据库、伤亡-损失数据库和图形数据库。每个数据库都设有子库,可包容所需的信息,房屋分类主要考虑五个因素——建筑结构、层数、年代、质量和用途,可做单元和多元分类,并有由专家经验和抗震能力指数建立起来的相互间与震害的关系。

人-机系统采用人-机交互式输入数据,然后进行判断或计算。单体预测精准,群体预测结果包括:① 全市总的震害、伤亡和损失;② 各行政管区和各街坊小区的震害、伤亡和损失;③ 城市地震危害的潜势分布;④ 各类房屋的震害、伤亡和损失;⑤ 高危害房屋类型和高危害小区的识别。

5　模糊信息的震害预测总体模型

运用模糊数学进行震害预测始于烟台市,是刘锡荟研究员在建研院抗震所供职时创新的。震害预测包含着许多不确定因素。地震危险性分析给出的地震作用是基于一定概率水平的;用语言表达的破坏程度和地震烈度也都具有模糊性。人们难以给出中等破坏与严重破坏,7 度与 8 度之间的明确分界线,因此以模糊逻辑和近似推断为基础的震害预测总体模型能恰当地解决这些模糊问题;同时还把所预测的震害与地震危险性分析结果及场地条件联系起来,使震害预测结果与一定的概率水平相适应。

（1）计算参数的模糊数量化。① PGA 地面运动水平分量加速度峰值与烈度的模糊关系;② 场地类别的模糊综合评判;③ 烈度与震害指数的模糊关系。这里用平均震害指数模糊集来表示一个地区在遭遇预期地震时,可能出现的震害程度的总指标。

（2）建立地震作用与震害度的模糊关系矩阵。PGA 与场地可视为两个相互独立的因素,分别建立各类场地条件下 PGA 与震害度的关系,根据 PGA 与烈度的模糊关系及烈度(或震害)与震害度的模糊关系,可以得到在不同场地条件下各给定 PGA 值与震害指数的模糊关系。

（3）各类结构的震害预测。① 小区震害潜势计算。震害潜势表示小区在给定地震作用下可能遭遇的破坏势,即房屋可能遭受的破坏程度。② 各类建筑的破坏程度计算。利用抗震能力评定中给出的方法,计算某小区内各类建筑对应于各烈度的破坏程度。③ 建筑不同破坏等级的具体数量的预测。运用集值统计中的落影贝叶斯原理,来预测每个小区中各类建筑可能遭受的不同破坏等级的具体数量。用全落影公式和贝叶斯公式计算全概率,其隶属度也就是各类建筑可能遭不同破坏等级的百分数。

一个地区内建筑的震害程度可用平均震害指数(ind)表示(简称震害度)。基于大量历史地震资料,运用对模糊信息的加工处理方法,用总体模型求得 6~11 度的震害度。

2 - 16 Prediction of Earthquake Damage to Existing Buildings in Anyang, Henan Province[*]

Yang Yucheng et al.

1 Introduction

Based on seismo-geological information, there exists a back-ground of occurrence of medium to major earthquakes in the North of Henan Province. Since 1980, investigation of prediction of earthquake damage to existing buildings in Anyang City, the largest city in the district, has been carried on by IEM in cooperation with the Office of Earthquake Resistance of Henan Province and some other organizations.

Anyang is an ancient city where historical remains of Yin Dynasty are still reserved. Population of Anyang at present is about 500 000, area of urban district is nearly 8 km², and total floor area of buildings is about 4 000 000 m². Basic intensity for aseismic design is Ⅷ.

2 Block Diagram for the Prediction of Earthquake Damage

For the prediction of damage to existing buildings, not only the earthquake resistance capacity of buildings, but also the expected earthquakes of different intensities must be considered. Generally, no damage to buildings would occur for earthquakes of intensity Ⅴ or low. Therefore, prediction of damage is only necessary for earthquakes of intensity Ⅵ or above. Upper limit of intensity expected in this region is evaluated by the historical earthquake data and seismogeological background. Evaluation of the earthquake resistance capacity of buildings is based on the earthquake damage experienced in many destructive earthquakes in China in combination with the current aseismic code and criteria for building inspection. A synthetical index is used to show the earthquake resistance capacity. For prediction of damage in a region, after making prediction on damage of each individual building, a damage matrix and a damage distribution map are given. For prediction of damage to typical buildings, not only the degree of damage is predicted but also the location and process of the damage are analyzed.

Fig.1 shows the block diagram for the prediction of damage to existing buildings in Anyang. The method and results of prediction will be discussed in the following section according to the preceedure described in the block diagram.

3 Seismo-Geological Background and Earthquake Intensity Used in Damage Prediction

North region of Henan Province is located on the east side of southern part of Tai Heng Ranges. Where the neotectonic movement is very strong. According to historical records from 1001 to 1980, there were 120 earthquakes of $M \geqslant 3$, including 23 earthquakes of $M \geqslant 5$, 7 earthquakes of $M \geqslant 6$ and 2 earthquakes of $M \geqslant 7$, in a region of 100 000 km² with Anyang as its center. In the vicinity of Anyang, the seismogeological structure is very complex, as it is cut by the nearly orthogonal NNE and NWW fault ruptures. Fault ruptures which would be dangerous to Anyang are as follows (Fig.2).

(1) Ci-County fault. In 1830, a major earthquake of $M = 7.5$ occurred in its vicinity. Anyang was seriously damaged in that earthquake. It was mentioned in historic document "about 50% of the city wall, government

Source: A collection of Papers of International Symposium on continental Seismicity and Earthquake Prediction, Seismological Press, Beijing, China, 1984, 828 - 838 (IEM 1023 - 1033).

 * 国家地震局主持会议,本文是被推荐上的,杨玉成赴会做报告,同声翻译。本文由陈达生中译英。

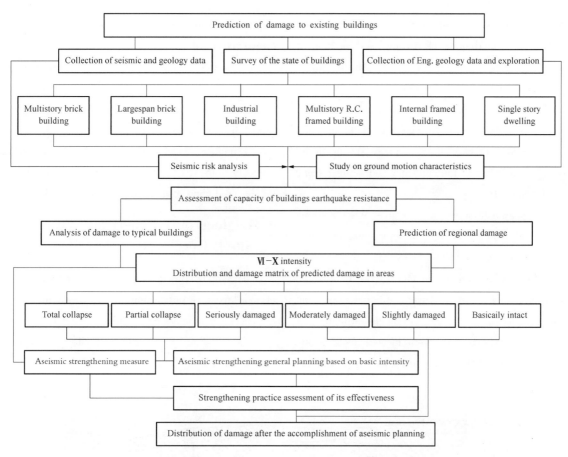

Fig.1　Block diagram for prediction of damage to existing buildings in Anyang

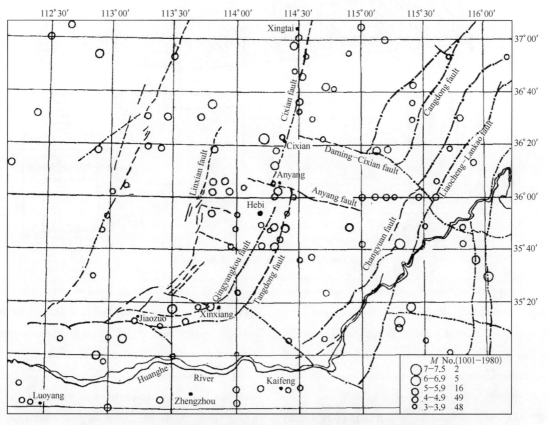

Fig.2　Seismotectonic map of the northern part of Henan Province and its vicinity
(compile by Seismological Office of Hebi City, 1981)

buildings, dwellings collapsed; ground surface cracks occurred in the suburb area of Anyang". If such great earthquake occurred again on this fault, Anyang would suffer serious damage as in a region of intensity Ⅸ.

(2) Faults on the two sides of Tangyin graben, especially the north end of Qingyangkou fault, once an earthquake breaks out here and extend to Anyang fault, Anyang would be close to the epicenter and suffer a trong shock of intensity Ⅸ⁺.

(3) Anyang fault across the city area. When a strong earthquakes occur in its vicinity, an earthquake of $M = 5$ will be probably induced on this fault.

(4) In view of regional tectonics, the fault zones located about 80 km. east of Anyang will not impose an effect of intensity Ⅷ to Anyang, even an earthquake of $M = 7.5$ occurs. Although the fault located about 60 km west of Anyang is active, and small earthquakes often

occur, but their foci are shallow and Anyang would not be threatened at all.

According to the seismic hazard analysis made by Z. Zhang D. Cheng (IEM) in 1982, the highest intensity expected to occur in Anyang will be grade, Ⅹ, but the probability of occurrence is very small.

Therefore, Anyang will be affected by earthquakes of intensity from Ⅵ-Ⅹ, so these intensities should be based for the prediction of damage to existing buildings.

4 Engineering Geological Features and Site Effects

The topography of Anyang is rather flat. Distribution of soil layers is rather uniform as shown in Fig. 3. The alluvial layer is about 80 m. thick, depth to ground water level is 6 - 8 m. Investigation of sites in Anyang City district indicates:

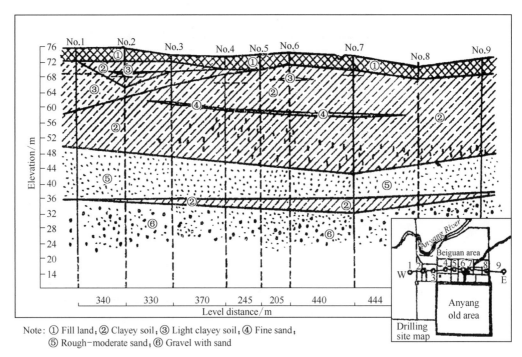

Note: ① Fill land; ② Clayey soil; ③ Light clayey soil; ④ Fine sand; ⑤ Rough-moderate sand; ⑥ Gravel with sand

Fig.3 Distribution of soil layers of Anyang City

(1) Except the surface fill land which is unfavorable to earthquake resistance, the underneath clayey soil layer is quite stable, its bearing capacity is high and is good for construction site. According to the classification of soil specified in the Chinese Aseismic Code, the soil condition is of Class Ⅱ with a few exceptions.

(2) Average shear modulus of soil in the city district is 1.9×10^4 t/m². Ratio between the max. and min. values

is only 1.5. As for Tangshan and Haicheng, such ratio can reach 3 - 4. It can be concluded that no obvious intensity anomaly would occur in Anyang when attacked by earthquakes as in Tangshan and Haicheng.

(3) Results of response analysis of soil layer also show that there is no great difference in site effects within the city area of Anyang, that is, for the same type of buildings, if the earthquake resistance capacity of the

super-structure is the same, then, no matter where the building is located in the city area, damage to the building would be approximately the same. As for different types of buildings flexible buildings with longer period would be damaged more seriously at earthquake intensity Ⅷ or Ⅸ. Anyang is also located in a funnel shaped graben. Once attacked by earthquake, damage to buildings in Anyang would be more serious than those located outside the graben, except the low rigid buildings.

(4) There are several light clayey soil layers and saturated sand layers in the city area. Based on particle analysis, standard penetration test, ground water level and effective overburden pressure, no liquefaction potential exists for these light clayey soil layers, but the recently deposited fine sand layers have liquefaction potential at earthquake intensity Ⅶ. Such layers are generally thin and small in area, therefore their effect for the whole city area is not great. So liquifaction need not be considered in the damage prediction.

In short, difference in intensity has not been taken into account for different zones in Anyang City; consideration of site effects has been given only to individual buildings located on unfavorite sites.

5 Investigation and Classification of Existing Buildings

A door-to-door survey of buildings was made at the site in Nov. 1980 to May 1981. Design and construction data were collected and dynamic properties of buildings were measured.

Among the existing buildings in Anyang, 60% are brick buildings; there are few R.C. buildings as well as a few single-story buildings of wooden frames or adobe bearing walls. Buildings can be roughly classified into multi-story brick buildings, large span brick buildings, industrial buildings, single-story dwellings, multi-story R.C. framed buildings and internal R.C. framed buildings with exterior brick wall. Among these types of buildings, most common are the multi-story brick buildings, of which the floor area amounts about 40% of the total in the city. Single-story brick building is the next. Adobe dwellings and wooden frame single-story buildings were built almost 30 years ago. Other types of old buildings are

scarce. Before the issue of the Chinese "Industrial and Public Buildings Aseismic Code", there were only few industrial buildings in Anyang Designed for earthquake resistance, after the issue of the code, a part of the buildings were designed for intensity Ⅶ, only a few buildings were designed for intensity Ⅷ. After 1979, all buildings are required to be designed for intensity Ⅷ, but lack rigorous check on the design.

6 Index of Earthquake Resistance Capacity (ERC)

Generally, strength of the structure is used as the primary criterion for the earthquake resistance capacity of different types of buildings (deformation is used only in the analysis of earthquake resistance for some framed buildings). Next, integrity of the structure, effect of damage to individual elements on the whole building, effect of the dynamical structural properties and soil conditions are considered. These factors are called secondary discriminating coefficients. Therefore, ERC of the building is determined by its strength coefficient and secondary discriminating coefficients. Basically, strength coefficient is evaluated according to the Chinese Aseismic Code mentioned before. The secondary discrimination coefficients are also called constructional coefficient and site effect coefficient. For some buildings, it is rather simple. For buildings of rigid brick concrete structure (i.e. buildings with brick bearing walls and R.C. slabs and beams) built on Class Ⅱ soil and designed according to the aseismic code, the secondary discriminating coefficients are not necessary to take into account. But secondary discriminating coefficients of some types of buildings are rather complex; there are many affecting factors and it is necessary for the predictor to have a certain experience on earthquake damage and good comprehensive engineering judgement.

Take the multi-story brick buildings as an example, the strength coefficient can be expressed as the earthquake resistance strength coefficient K_{ij} of the jth brick wall element on the ith floor and the average earthquake resistance strength coefficient K_i of the brick walls on the ith floor. These two coefficients can be calculated as follows:

$$K_{ij} = \frac{(R_\tau)_{ij}}{2\xi} \cdot \frac{A_{ij}}{k_{ij}} \cdot \frac{\sum\limits_{j=1}^{m} k_{ij}}{\sum\limits_{i=1}^{n} W_i} \cdot \frac{\sum\limits_{i=1}^{n} W_i H_i}{\sum\limits_{i=i}^{n} W_i H_i}$$

$$K_i = \frac{m}{\sum\limits_{j=1}^{m} \dfrac{1}{K_{ij}}}$$

where $(R_\tau)_{ij}$ = earthquake resistant shear strength of the jth wall element on the ith floor.

2 = safety factor.

ξ = nonuniform shear stress coefficient on the wall section.

A_{ij}, k_i = net cross-section area of the wall element and its rigidity for lateral drift.

W_i = lumped mass on the ith floor.

H_i = height of the ith floor from the ground level.

m = number of wall elements in the direction in consideration (longitudinal or transversal).

n = number of floors in the building.

The secondary discriminating coefficient for multistory brick buildings is expressed by

$$K^{\mathrm{II}} = cef/(1 + a)(1 + \beta)d$$

where: a = coefficient of effect of the structural system for rigid system, take $a = 0$; for non-rigid system, take $a = 0.3$ to 0.5 for top floor, and $a = -(0.1$ to $0.3)$ for lower floors.

β = coefficient of effect of torsion on the structure, its value can be determined by calculation.

c = structural intensification coefficient. When R. C. "structural" columns are placed in both longitudinal and transversal walls, value of c can also be calculated.

d = coefficient of local structural effect. For penthouse, dynamic amplification coefficient can be taken as $2 - 3$.

e = reduction factor for the age of the building and unskilful workmanship.

f = coefficient of site effect. In the prediction of damage to multi-story buildings in Anyang, f is taken as 1, i. e. not considered. For individual buildings located on unfavorable soil, f is taken as $0.7 - 0.9$.

For multi-story brick buildings, the secondary discriminating coefficient can also be considered as a correction to the strength coefficient. The ERC index may be expressed as the product of the strength coefficient K^{I} and the secondary discriminating coefficient K^{II}, as follows

$$K = K^{\mathrm{I}} K^{\mathrm{II}}$$

where K^{I} equals K_{ij} for certain wall element and equals K_i for ith floor.

The evaluation of the earthquake resistant capacity of industrial buildings is more complex than that of multistory brick buildings to which the earthquake damage depends mainly on the aseismic capacity of brick walls. Unlike multistory brick buildings, the earthquake damage, especially the serious damage, to industrial buildings is not merely relevant to the capacity of brick walls, but mainly due to inadequate earthquake resistant capacity of roof slabs, columns, and even skylights. Therefore, the aseismic capacity of industrial buildings is much dependent upon the strength and the construction of four components, namely, roof slabs, columns, walls and skylights, as well as the site effects. The earthquake damage to the four components under different intensities is at first predicted according to their strength and then the damage to the building is evaluated synthetically with the consideration of the damage to the weakest links of the building and its influence on the whole building. The predicting method is worked out by the 1st Ministry of Machine Industry and is shown by a treeshaped figure. The predicting methods for other buildings also have their own ways. Only for framed buildings, the prediction is conducted according to the elasto-plastic analysis of structural deformation. These methods shall not to be cited here because of the limited space.

7　Discriminating Formulas for Prediction of Damage

According to the damage to the main structure and the secondary parts and considering the difficulty in repairing, the predicted damage of existing buildings can be divided into 5 or 6 grades, namely.

Basically intact — no damage or very slight damage occasionally occurred in the non-structural elements.

Slightly damaged — obvious local damage found in

the secondary structural elements; or main structure slightly damaged. No effect on the normal function of the normal function of the building. In general, little repair work is necessary.

Moderately damaged — secondary structural parts generally damaged; or damage occurred in many parts of the main structure. The building still functions after local repair or strengthening.

Seriously damaged — main structure generally damaged or part of the structure seriously damaged. Only after through repair, should the building be used, or the building is not worth repair.

Collapse — partial or total collapse of the main structure.

Table 1　ERC index used as a criterion in the prediction of damage to multi-story brick buildings

Index		Intensity				
		VI	VII	VIII	IX	X
K_0	Range	0.05 – 0.12	0.12 – 0.19	0.19 – 0.26	0.26 – 0.40	0.40 – 0.70
	Mean value	0.08	0.15	0.22	0.33	0.55
K_{i0}	Range		0.04 – 0.06	0.06 – 0.09	0.09 – 0.13	0.13 – 0.23
	Mean value		0.05	0.07	0.11	0.18
Damage degree	Basically intact	$(K_{ij}^{I} K_{ij}^{II})_{min} \geq K_0$				
	Slightly damaged	$(K_{ij}^{I} K_{ij}^{II})_{min} < K_0$, $(K_i^{I} K_i^{II})_{min} \geq K_0$				
	Moderately damaged	$0.6K_0 \leq (K_i^{I} K_i^{II})_{min} < K_0$				
	Seriously damaged	$K_{i0} \leq K_i^{I} K_i^{II} < \begin{cases} 0.6K_0(n_0 \geq 1) \\ 0.7K_0(n_0 > n/2) \\ 0.8K_0(n_0 > 2n/3) \\ 0.9K_0(n_0 \geq 3n/2) \end{cases}$				
	Partial collapse	no bearing wall $(K_i^{I} K_i^{II})_{min} < K_{i0}$ bearing wall element $(K_{ij}^{I} K_{ij}^{II})_{min} < K_{i0}$				
	Total collapse	bearing wall $(K_i^{I} K_i^{II})_{min} < K_{i0}$				

Note: K_0—critical value for cracking of brick wall; K_{i0}—critical value for collapse of brick building; K_{ij}^{I}—earthquake resistance strength coef. for the jth wall element on the ith floor; K_{ij}^{II}—secondary discriminating coef. for the jth wall element on the ith floor; K_i^{I}—average strength coef. for the walls (longitudinal or transversal walls) on the ith floor; K_i^{II}—secondary discriminating coef. for the ith floor; n—number of floors in the building; n_0—number of ERC (i.e. $K_i^{I} K_i^{II}$) which do not satisfy the requirement. If ERC of all floors do not satisfy at all, then $n_0 = 2n$.

The relationship between the degree of damage and the earthquake resistance capacity is obtained statistically from the data found in different districts of various intensities during destructive earthquakes. Take the multi-story brick building as an example, the criteria for the prediction of the degree of damage are shown in Table 1.

8　Results of Prediction of Damage in an Investigated Zone

Bei-guan in Anyang was selected as a zone for the study on prediction of damage. Area of the zone is nearly 2 km². Total floor area of buildings is about 700 000 m². Number of buildings of various types in the zone is listed in Table 2. Of the total, 82.7% are brick buildings, 8.9% are R.C. buildings, 3.6% are brick and R.C. combined buildings, 3.7% are adobe buildings and 1.1% are wood buildings.

Table 2　No. of existing buildings in Bei-guan area, Anyang City

Type of bldgs.	No.	Building area/m²	Percentage /%
Multistory brick bldgs.	352	291 375	42.5
Industrial bldgs.	62	69 425	10.1
Large-span bldgs.	82	40 109	5.9
Framed bldgs. without exterior col.	5	24 007	3.5
Multi-story framed bldgs.	11	15 940	2.4
Single-story dwellings	15 626[①]	244 342	35.6
Total	rooms	685 198	100

Note: ① About 5 rooms in one building.

Damage to each type of buildings in the zone was predicted for earthquakes of intensity VI–X. Table 3 is a matrix showing results of the prediction of damage to existing buildings in the investigated bone. Fig.4 shows the distribution of predicted damage of buildings of the main type (not including single story dwellings). Results given in Table 3 are approximately similar to the expectation of damage in districts of different intensities in China. In general, the predicted results reflect the damage ratios of buildings in cities on Class II ground, which were built mainly of brick masonry and not designed or occasionally designed for earthquake resistance. The matrix can be applied to the whole Anyang city area. But in the old city area, damage would be more serious than investigated zone because there are more old single-story dwellings.

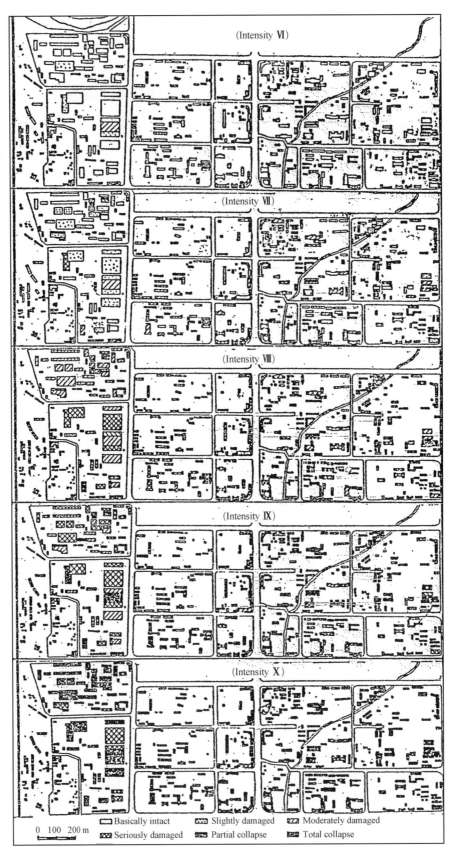

(Intensity VI)

(Intensity VII)

(Intensity VIII)

(Intensity IX)

(Intensity X)

0 100 200 m

☐ Basically intact   ▦ Slightly damaged   ▨ Moderately damaged

▩ Seriously damaged   ▦ Partial collapse   ▤ Total collapse

Fig.4 The distribution of predicted damage to existing buildings in Bei-guan area Anyang City

Table 3 Matrix showing the predicted damage ratio of existing buildings in Bei-guan area

Degree of damage	Bldg. area %	Intensity				
		VI	VII	VIII	IX	X
Basically intact	m²	497 255	100 326	18 102	0	0
	%	72.6	24.7	2.6		
Slightly damaged	m²	160 592	253 145	115 678	9 134	43
	%	23.4	37.0	16.9	1.3	0
Moderately damaged	m²	26 388	214 735	300 569	132 022	331
	%	3.9	31.3	43.9	19.3	(0.05)
Seriously damaged	m²	925	43 720	212 070	372 673	200 046
	%	0.1	0.4	30.9	54.5	29.2
Collapse	m²	38	4 272	38 779	171 369	484 778
	%	0	0.6	5.7	25.0	70.8

9 Aseismic Strengthening

Since 1978, some buildings in Anyang mostly multi-story brick buildings, have been strengthened for earthquake resistance. Strengthening measures used are installation of exterior R.C. column, R.C. or steel collar beams and steel tension rods, and occasionally, grouted wire facing on the brick wall. Earthquake resistance capacity of these buildings is generally low before strengthening. After strengthening, the predicted average degree of damage is near to the average level of the investigated zone.

In view of the general aseismic planning and based on the present national economy and aseismic technology, buildings in Anyang necessary to be strengthened should be limited to those which are predicted to be seriously damaged or collapsed at earthquake intensity, VIII and those possibly collapsed at intensity, IX. 25% of all buildings in the investigated zone are such buildings. If the buildings which have no value or no necessity for strengthening (e.g. no life loss or damage to important facilities would occur when the building collapses) are deducted, the number of buildings which are necessary to be strengthened would be about 20% of the total buildings. We consider that, in order to guarantee the safety of lives and properties, it is appropriate to decide buildings for strengthening by the dual criteria for cracking and collapse resistance.

10 Conclusion

Earthquake resistance capacity of existing buildings in Anyang is on the average in general but is lower than in Tangshan and Haicheng earthquake areas. The reason is mainly due to the weakness in earthquake realstance capacity of the longitudinal walls of the residential buildings, which should be improved in design in future.

Aseismic strengthening of existing buildings should be based on prediction of damage in order to improve its effectiveness and economical effect. In view of the present condition, about 20% of existing buildings should be strengthened.

It is suggested that measures should be taken as soon as possible against earthquake risk for those buildings, which are predicted to collapse at earthquake intensity, VIII. Buildings which are predicted not to be seriously damaged at intensity, IX and not to collapse at intensity, X could be considered as safety shelters after careful checking and inspection.

Note:

① Institute of Engineering Mechanics, SSB.

② Earthquake Resistance Office, Henan Province.

③ ERO., 1st Ministry of Machine Industry.

④ Sixth Design Institute, 1st MMI.

⑤ Sichuan Institute of Building Research.

⑥ Chinese Academy Building Research.

⑦ Beijing Building Design Institute.

⑧ Henan Building Design Institute.

⑨ Seismological Bureau of Henan Province.

⑩ Anyang Prefecture Building Design Institute.

⑪ Anyang City Building Public Utility Bureau.

⑫ Anyang Machine Factory.

⑬ Centre-South Electric Force Design Institute.

⑭ West-South BDI.

⑮ Anyang BDI.

⑯ ERO., Anyang City.

2 – 17　Prediction of Earthquake Damage to Existing Brick Buildings in China

Yang Yucheng　Yang Liu　Gao Yunxue　Yang Yaling[*]

1　Introduction

Most of the existing civil buildings are brick construction in cities and towns in China, in which multi-story brick building is the main type of structure generally used for dwelling, school, hospital and office building. Owing to the damage and collapse of brick building, life and property suffered extremely serious losses during destructive earthquakes in late twenty years. Only in the city of Tangshan 933 multi-story brick buildings had collapsed and number tens of thousands of people had died during that earthquake. In recent years, therefore, the methodology of the assessment of earthquake resistance capacity of multi-story brick building was further studied and the prediction of earthquake damage was developed in order to provide a basis for disaster prevention planning and measures taken against earthquake for seismic hazard reduction. Method of prediction of damage is based on the experience of earthquake damage to a lot of multi-story brick buildings during past destructive earthquakes and mathematical model is taken according to usual way of aseismic design, so that it would be more convenient to use for engineering-technical personnel. The statistical relationships between damage and strength in around about 70 000 wall pieces from almost 1 000 floors of more than 400 buildings are used as the main criterion of prediction, and then the effect of other elements of building structure and the influence of site condition are taken into account. The synthetical index is used to show the earthquake resistance capacity of building. The prediction of damage may be carried out for earthquake intensities Ⅵ to Ⅹ. For prediction of damage in a region, not only the degree of damage of individual building, but also damage matrix which includes damage degree, intensity and probability and its distributive figures in such region are to be given. For prediction of damage to typical buildings, not only degree of damage, but the location and developing process of damage also should be represented.

Applying this method, prediction of earthquake damage to typical buildings has been developed in more than ten cities in China. Moreover, Bei-guan in Anyang, Henan Province was selected as an experimental station for the study on prediction of damage to existing multi-story brick buildings.

2　Classification of Damage Degree and Macroscopic Damage Probability

Based on the damage degree of main structure and secondary structure and the difficulty in repairing, the predicted damage degree can be divided into six categories the same as the division used in nowadays, i.e.

Basically intact — no damage or very slight damage accidentally occurred in non-structural element. The earthquake damage index is $i = 0$.

Slightly damaged — obvious damage found in the local part of the secondary structural element or few main structures slightly damaged. No effect on normal function of the building. In general, little repair work is necessary. In this case, we have $i = 0.2$.

Moderately damaged — secondary structure damaged generally, or damage occurred in many parts of the main

Source: Proceeding of the Eighth World Conference on Earthquake Engineering, Vol.1, San Francisco, California, USA, 1984, 401 – 408 (IEM 110 – 117).

　＊ 本文由王新颖中译英。

structure. It still functions after local repair or strengthening. $i = 0.4$.

Seriously damaged — main structure damaged generally or part of the structure seriously damaged. Only after major repair, the building can be used again, or no repair significance. $i = 0.6$.

Partial collapse — partial collapse occurred in main structure or majority of collapse occurred in wooden roof, or most of collapse occurred in no bearing exterior longitudinal wall. $i = 0.8$.

Total collapse — collapse occurred in entire floors or some upper floors or most of building. $i = 1.0$.

Sometimes, the damage degrees were merged into three grades, the so called good (basically intact and slightly damaged), damaged (moderately and seriously damaged) and collapse (partial and total collapse).

The damage degree of multi-story brick building undergoing various intensities are roughly stated as follows:

VII—minority of buildings damaged, but majority of buildings basically intact or slightly damaged.

VIII—about half of buildings damaged and a few buildings collapsed.

IX—majority of buildings damaged but minority collapsed.

X—majority of buildings collapsed.

In accordance with the data of more than seven thousands multi-story brick buildings subjected to VI to X intensities during Wulumuqi, Dunchuan, Yangjiang, Tonghai, Haicheng and Tangshan earthquake, the damage probabilities had been counted respectively and are listed in Table 1. It must be illustrated that most of these buildings were built on class II soil without aseismic design. The effects of site condition on damage have been reflected in the coefficient of variation of probability. Therefore, when these results are used to practice of prediction, defence intensity, number of buildings which were designed according to aseismic code and site condition of the predictive area need to be carefully considered.

Table 1 Macroscopic damage probability of multistory brick building

Damage degree	Intensity											
	VI		VII		VIII		IX		X		XI	
Probability	M	D	M	D	M	D	M	D	M	D	M	D
Basically intact	52.9	0.20	41.0	0.39	12.2	0.56	1.4	1.2	0.4	1.9	0.3	3.7
Slightly damaged	32.8	0.25	27.6	0.33	18.9	0.49	10.1	1.7	10.5	1.4	1.6	2.6
Moderately damaged	11.8	0.70	17.3	0.30	34.5	0.28	28.9	0.55	9.2	0.96	5.6	2.0
Seriously damaged	2.4	0.90	13.0	0.60	25.9	0.31	37.3	0.52	20.4	0.38	11.5	0.87
Partial collapse	0		1.1	2.0	7.5	1.6	11.0	0.70	16.4	0.67	11.9	0.79
Total collapse	0		0		1.0	2.0	11.3	0.95	43.1	0.59	69.1	0.41
Earthquake damage index average value	0.13		0.21		0.40		0.56		0.74		0.88	

Note: M—average value; D—deviation coefficient.

3 The Block Diagram and Procedure for the Prediction of Earthquake Damage

Fig. 1 shows the block diagram for the prediction of damage to existing multi-story brick buildings. The prediction of damage may be approximately divided into three steps:

3.1 Judgement of Behavior of Structure System and Estimation of the Type of Failure

Predicting damage to multi-story brick building, behavior of structure system needs to be determined in the first place. The multi-story brick building can be divided two categories, namely: rigid and non-rigid structure system. The behavior of structure system usually depends on the distance between transversal walls, rigidity of floors and roof as well as ratio of height to width of building. For rigid structure system, the natural vibrational modal is shearing-shaped. For non-rigid structure system, it is bending-shearing-shaped. The type of failure of rigid multi-story brick building generally is shearing shaped,

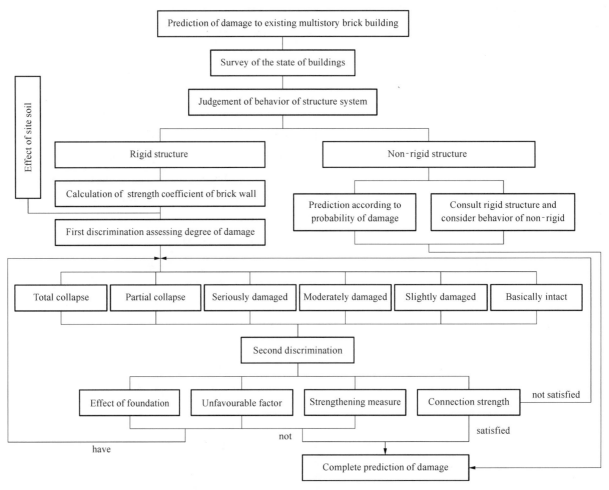

Fig.1　Block diagram for prediction of damage to existing multistory brick building

i.e., it is characterized by the diagonal cracks running across the wall surface and the collapsed walls usually fell around the building with floor slabs decked up like pancakes. The non-rigid buildings generally show bending shape of failure. The quantity of non-rigid building is very fewer than rigid building and majority of them was built with wooden floor and roof long long ago.

3.2　Calculation of Earthquake Resistance Strength Coefficient of Brick Wall and Strength Discrimination

A vast amount of damage appearances indicate that earthquake damage of multi-story brick building often occurred in brick masonry, and ERC of which mainly depends on earthquake resistance strength of masonry. Therefore, earthquake resistance strength coefficient of wall element is used as a main criterion for the prediction of earthquake damage to such buildings. Generally speaking, ERC of wall element with the smallest strength

coefficient is the weakest and the wall element is cracking first of all, and collapse of building starts from the floor with the smallest strength coefficient. For majority of multi-story brick building in China, prediction of damage has been completed by use of strength discrimination, in other words, the 3th step of prediction which follows is not requisite.

3.3　Second Discrimination, Synthetical Prediction of Earthquake Damage to Building

The damage degree had been estimated with earthquake resistance strength coefficient, at first, then, considering favorable or not favorable factors against earthquake, second discrimination is carried out and the final results of prediction should be given. The content can be stated roughly in 4 respects as follows:

3.3.1　Bond Between Longitudinal and Transversal Walls

When the connection strength between wall elements

is greater than the earthquake resistance strength of wall, the connection would be considered as assurance. Thus, the earthquake resistance capacity depends only on the earthquake resistance strength coefficient of the wall proper. When the connection strength is less than earthquake resistance strength, the former should be used in prediction damage. For lack of bond between wall elements, overturning of the exterior longitudinal wall might be of frequent occurrence. The connection strength is assured by the bonding integrity of toothing of brick walls, the connecting reinforcement and the R.C. collar tie beam.

3.3.2　Strengthening Measures

The R.C. structural columns and collar tie beams are usually used as strengthening measure for multi-story brick buildings at present in China. The strengthening effect of them may be expressed as strengthening coefficient. But, the R.C. structural column together with collar tie beam must form a closed frame for brick wall. The strengthening effect of collar tie beam, besides strengthening connection strength, may be provided against partial collapse.

3.3.3　Unfavorable Factor on the Structure

Assessing performance of the parts of structure in future earthquake, plenty experience on earthquake damages and judgment ability of engineering is usually demanded for a predictor. Some locations of structure should be carefully paid attention in case the failure of which would lead to collapse of the building. Usually, the unfavorable factors can be stated as follows:

(1) When the center of rigidity of structure obviously deviates its center of gravity, there is effect of torsion on the building.

(2) For attic story is smaller on the top of the roof of a building, the magnifying dynamic effect belongs to unfavorable factor. Damage to buildings having variation in its elevation often occurs in the protruding part and is generally heavier than the main building.

(3) For buildings which possess a great disparity in rigidity distribution between parts of structure, or the configuration of building is complicated, the failure of location of structure should be considered due to no coordination of deformation of parts.

(4) Partial collapse may be led due to breaking or less of stability of individual element bearing load, such as the independent brick column in entrance hall.

(5) When the wooden roof is taken, damage to topmost story obviously becomes heavier due to lack of good integrity; when the level transversal force occurred by elements of roof is acting on the exterior walls, they may appear crack too early, even partial collapse. In this case, the ageing, the quality of construction and the materials of building must be considered for prediction of damage to existing brick buildings.

3.3.4　The Effect of Site Condition and Foundation

It is a common knowledge that the influence of site on earthquake damage to brick building is evident, but to make a survey of site is even more difficult than structure itself on ground. The coefficient of site effect must be beforehand defined in accordance with the study on ground motion in the predictive region. For the class II soil, the coefficient may not be considered, i.e. the value equals 1. However, for backfill, unequal hardness or settlement probably appeared during earthquake, foundational soil, unstable hillside, river bank and unfavorable building site, it should be paid full attention that whether the treatment of base and foundation is proper and its effect to brick building during earthquake damage.

4　Discriminate Formula and Criteria of Prediction Damage

The earthquake resistance capacity of multi-story brick building is expressed as a earthquake resistance index, i.e.

$$K = K^{\mathrm{I}} K^{\mathrm{II}}$$

where K^{I} is strength coefficient. It is expressed as the earthquake resistance strength coefficient K_{ij} of the jth brick wall element on the ith floor and the average earthquake resistance strength coefficient K_i of brick walls on the ith floor; both coefficients can be calculated as follows:

$$K_{ij} = \frac{(R_\tau)_{ij}}{2\xi} \cdot \frac{A_{ij}}{k_{ij}} \cdot \frac{\sum_{j=1}^{m} k_{ij}}{\sum_{i=1}^{n} W_i} \cdot \frac{\sum_{i=1}^{n} W_i H_i}{\sum_{i=i}^{n} W_i H_i}$$

$$K_i = \frac{m}{\sum\limits_{j=1}^{m} \dfrac{1}{K_{ij}}}$$

where $(R_\tau)_{ij}$—earthquake resistant shear strength of the jth wall element on the ith floor.

2—Safety coefficient.

ξ—nonuniform shear stress coefficient on the wall section.

A_{ij}, k_{ij}—net cross-section area of the wall element and its rigidity for lateral drift.

W_i—lumped mass on the ith floor.

H_i—Height of the ith floor from the ground level.

m—number of wall elements in the direction of consideration (longitudinal or transversal).

n—number of floors in the building.

where K^{II} is second discriminating coefficient; it is expressed by

$$K^{\mathrm{II}} = \frac{cefg}{(1+a)(1+B)d}$$

where a—coefficient of effect of the structural system; for rigid system, $a = 0$, for non-rigid system a can be taken according to the following conditions: $a = 0.3 - 0.5$ for top floor, $a = -(0.1 - 0.3)$ for lower floors.

B—coefficient of effect of torsion in the structure, its value can be determined by calculation.

c—structure intensification coefficient when R. C. columns are placed in all intersection of both longitudinal and transversal walls, value of c can also be calculated; generally, cracking resistance coefficient taken $c = 1.1$, breaking resistance coefficient used as prediction for seriously damaged or collapse taken $c = 1.3 - 1.5$, strengthen effect of R. C. collar tie beam for only restraining partial collapse taken $c = 1.1 - 1.3$.

d—dynamic amplification coefficient for small building on the house top can be taken as $2 - 3$.

e—structure local unfavorable effect coefficient, taken $e \leqslant 1$.

f—reduced coefficient owing to the ageing of the building, unsteady material and unskilful workmanship taken $f \leqslant 1$.

g—local foundational effect coefficient, when the foundation and base is treated improperly taken $g = 0.3 - 0.9$.

The corresponding relationship between damage degrees and earthquake resistance strengths of multi-story brick building were obtained statistically based on a vast amount of data collected in different district of various intensity during many destructive earthquakes. The discriminating criteria of predicting damage are listed in Table 2. Such criteria are provided for the damages of prediction of building on class II soil. If the site soils are not Class II, the characteristic of ground motion should be predicted at first, in order to give site effect coefficient and then after putting it into discriminating formula, prediction of damage carries out.

Table 2 ERC index used as a criterion in the prediction of damage to multi-story brick buildings

Index		Intensity				
		VI	VII	VIII	IX	X
K_0	Range	0.05 – 0.12	0.12 – 0.19	0.19 – 0.26	0.26 – 0.40	0.40 – 0.70
	Mean value	0.08	0.15	0.22	0.33	0.55
K_{i0}	Range		0.04 – 0.06	0.06 – 0.09	0.09 – 0.13	0.13 – 0.23
	Mean value			0.05	0.07	0.11	0.18
Damage degree	Basically intact	$(K_{ij}^{\mathrm{I}} K_{ij}^{\mathrm{II}})_{\min} \geqslant K_0$				
	Slightly damaged	$(K_{ij}^{\mathrm{I}} K_{ij}^{\mathrm{II}})_{\min} < K_0$, $(K_i^{\mathrm{I}} K_i^{\mathrm{II}})_{\min} \geqslant K_0$				
	Moderately damaged	$0.6K_0 \leqslant (K_i^{\mathrm{I}} K_i^{\mathrm{II}})_{\min} < K_0$				
	Seriously damaged	$K_{i0} \leqslant K_i^{\mathrm{I}} K_i^{\mathrm{II}} < \begin{cases} 0.6K_0\,(n_0 \geqslant 1) \\ 0.7K_0\,(n_0 > n/2) \\ 0.8K_0\,(n_0 > 2n/3) \\ 0.9K_0\,(n_0 \geqslant 3n/2) \end{cases}$				
	Partial collapse	no bearing wall $(K_i^{\mathrm{I}} K_i^{\mathrm{II}})_{\min} < K_{i0}$ bearing wall element $(K_{ij}^{\mathrm{I}} K_{ij}^{\mathrm{II}})_{\min} < K_{i0}$				
	Total collapse	bearing wall $(K_i^{\mathrm{I}} K_i^{\mathrm{II}})_{\min} < K_{i0}$				

Note: K_0—critical value for cracking of brick wall; K_{i0}—critical value for collapse of brick building; K_{ij}^{I}—earthquake resistance strength coef. for the jth wall element on the ith floor; K_{ij}^{II}—second discriminating coef. for the jth wall element on the ith floor; K_i^{I}—average strength coef. for the walls (longitudinal or transversal walls) on the ith floor; K_i^{II}—second discriminating coef. for the ith floor; n—number of floors in the building; n_0—number of ERC which do not satisfy the requirement. If ERC of all floors do not satisfy at all, then $n_0 = 2n$.

5　Examination of Reliability on Prediction of Earthquake Damage

For the prediction of earthquake damage to existing multi-story brick building, even if the structure and the site soil has been clearly surveyed, the result of prediction can not absolutely correct yet due to the indefinition of the earthquake and the indefinition of the relationship between damage and structure or site soil.

For 348 buildings suffered from Tangshan earthquake or Haicheng earthquake, predicting damage degree have been contrasted with real damage degrees during the earthquake. The result is listed in Table 3. Thus it has been obtained that if only strength discrimination is used to predict damage to multi-story brick building, for damage degree classified as six grades, the coincidence ratio is 69.5%, the average deviation is 0.39 grade; for classified as three grades, the ratio is 87.6%, the deviation is 0.13 grade. After second discrimination coefficient had been applied, the coincidence ratio is 88.5% and 95.4% for grades classified as six and three respectively, the corresponding average deviation being 0.14 and 0.05 grade. These results indicate that the method of prediction of earthquake damage to multi-story brick buildings generally is reliable.

Table 3　Examine of predicting damage to multistory brick building

(a) Strength discrimination

Predict		Real					
		Good		Damaged		Collapse	
		B	Sl	M	Se	P	T
Good	B	19	5	3			
	Sl	3	25	7	5	1	
Damaged	M	2	7	51	25	3	2
	Se		2	9	73	3	2
Collapse	P				1	17	13
	T				6	7	57

(b) Synthetical discrimination

Predict		Real					
		Good		Damaged		Collapse	
		B	Sl	M	Se	P	T
Good	B	19	1	1			
	Sl	3	29	1			
Damaged	M	2	8	59	4		
	Se		1	9	102		
Collapse	P				0	27	2
	T				4	4	72

Note: B—Basically intact; Sl—Slightly damaged; M—Moderately damaged; Se—Seriously damaged; P—Partial collapse; T—Total collapse.

2 - 18　Prediction of Damage to Brick Buildings in Cities in China

Yang Yucheng　Yang Liu

1　Introduction

In the 1960s − 1970s, the economic loss and people casualty in cities amount to nearly 85% and 90% of the total separately during earthquakes in China. Most of the buildings are brick construction in these cities, and hence, damage and collapse of brick buildings caused a huge disaster. Only in the City of Tangshan, 933 multistory brick buildings had collapsed and number tens of thousands of people had died during that earthquake. At present and even before 2000 brick buildings will be still the most important type of building in chinese cities. Therefore, earthquake damage and damage prediction of brick building is matter of great importance for mitigation of earthquake disaster in cities.

For brick building, earthquake damage survey, test and measurement of model or prototype, aseismic design and aseismic evaluation, prediction of damage and study on countermeasure of mitigation of disaster has been paid great attention all along at IEM. After Tangshan Earthquake, we made up systematic summation about appearances of damage and aseismic experiences of multistory brick building and through statistical analysis of earthquake damage to over 7 000 multistory brick building undergone attack of different earthquake intensity and contrasting relationships between damage with strength in over 70 000 wall pieces from almost 1 000 floors of more than 400 buildings a method of damage prediction of existing multistory brick building and had been developed. Afterwards potential damage to buildings had been predicted one by one in a zone of about two square kilometres in Anyang City, Henan Province in 1980. At present the method has been Applied in more than ten cities to damage prediction or aseismic design.

In order to suit the needs of urban planning of against earthquake and prevent disaster, a study on prediction of damage to existing brick buildings and other types of building of the whole city is carrying out. The method of prediction damage and predicting damage probability of multistory brick building designed according to seismic code is illustrated in this paper.

The study is a section of PRC-US cooperation project " Risk Analysis and Seismic Safety of Existing Structures", and sponsored by the Join Seismological Science Foundation.

2　Some Key Links in Seismic Risk Mitigation of Existing Building

Under normal conditions, the scheme of seismic risk mitigation of existing building consists of four key links, see Fig.1. Damage prediction is middle link in the block chart of seismic risk mitigation. Both first and second links consider possibility of potential seismic event and its influence degree. But so far as present science level, uncertainty of predicting seismic event on time, space and intensity is far more than that of predicting damage to existing building for given site and intensity. Therefore for potential various intensity to predict different damages to existing building is required. Afterwards, the cost and benefits analysis on different countermeasures against earthquake and prevent disaster is conducted for policymaker's decision.

According to the block chart, damage prediction is restricted by the link both front and back and so two requirements are considered.

Source: Proceedings of US-PRC Joint Workshop on Seismic Resistance of Masonry Structures, IV − 2, Harbin, China, May, 1986, 1 − 16.

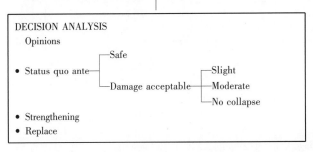

SEISMIC HAZARD ASSESSMENT
- Basic intensity
- Short-term earthquake prediction conducted in recent years
- Medium-term earthquake prediction
  (from a few years to more than ten years)
- Probabilistic hazard analysis

CONSIDERATION OF SITE CONDITION
- Soil condition
- Local geological structure and topography

PREDICTION OF DAMAGE
- Building classification
- Vulnerability evaluation for various types of building
- Damage assessment — ┌ Important buildings
                        └ Vulnerable buildings

DECISION ANALYSIS
  Opinions
- Status quo ante ┌ Safe
                  └ Damage acceptable ┌ Slight
                                      ├ Moderate
                                      └ No collapse
- Strengthening
- Replace

Fig.1　Scheme of seismic risk mitigation of existing buildings

(1) Due to the earthquake generating probability is very little but its uncertainty is great, consequently it is needful to predict damage to existing buildings for not only basic intensity but also lower intensity with greater probability and potential maximum intensity. In other words, in the whole city the result of damage prediction of existing building is a damage matrix which includes intensities, damage degree and probability or percentage and a set of map of predicting damage distribution in connection with site condition. That is necessary to decision analysis on seismic risk mitigation in the whole city.

(2) Sometimes it is probable that effect of different site condition on damage to building is evidenter than effect of different buildings themselves, and so the site condition is considered seriously in prediction damage to existing buildings, particularly when we make use of past earthquake data and experiences. For example, if earthquake data of Tianjin City during Tangshan Earthquake and that of Yingkou City during Haicheng Earthquake are provided to Dalian, Yantai, Xiamen and other coastal city, it must pay attention that difference of some site condition are very great in these cities. Besides

Mexico city, Tianjin city and Yingkou city are different in view of earthquake damage in the whole city, although they are all on soft ground. Therefore according to different site condition, to divide a city into some areas is required for damage prediction in the whole city.

3　Basic Idea on Damage Prediction of Existing Building in City

In the whole city the prediction of earthquake damage to existing buildings includes two essential contents (classification of building and assessment of aseismic behaviour), in addition deals with three questions (estimation of casualty, economic loss and social impact). They make use of the research of seismic hazard analysis and microzonation. Result of prediction is used as identification of high risk region and high risk type of building, and as estimation of the total direct loss caused by damage to buildings for future potential earthquake. Outline of basic idea of damage prediction of existing building in the whole city is shown in Fig.2.

A lot of brick buildings may be divided into four major categories: multistory brick building, industrial brick building, largespan brick buildings and single story brick dwelling.

Predicting methods of various categories of brick building were considered, specially, the predicting method of multistory brick building has been applying extensively. Predicting damages to existing brick buildings groups were obtained according to statistical data of considerable macroscopic damages during destructive earthquakes in the 1960s – 1970s or to predict damage to buildings one by one in the last years. In order to suit the needs of damage prediction of considerable brick buildings in cities, at present, a method that classification and search by computer — sampling survey and discrimination by predictor — synthetical identification by computer is developing in the interest of predicting damage to existing building in the whole city for future potential earthquake.

4　Macroscopic Prediction of Damage Degree of Existing Brick Building

Macroscopic qualitative prediction of damage degree

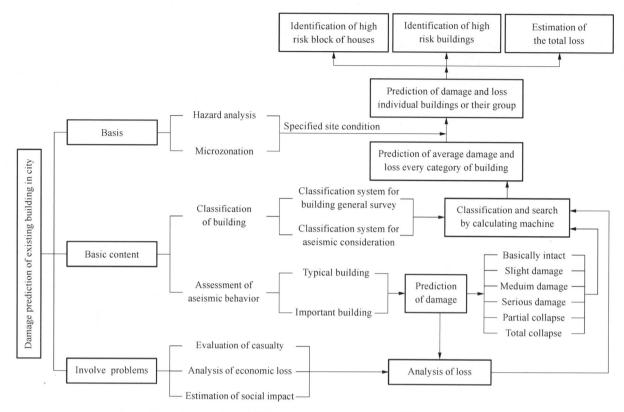

Fig.2　Blook diagram for prediction of damage to existing buildings in the whole city

of existing brick building for different intensities is approximately as follows：

Intensity Ⅶ — minority of buildings medium damaged, but majority of buildings basically intact or slightly damaged.

Intensity Ⅷ — about half of buildings damaged and a few buildings collapsed.

Intensity Ⅸ — majority of buildings damaged, but minority collapsed and no damaged.

Intensity Ⅹ — majority of buildings collapsed.

In order to work out of urban planning of against earthquake and prevent disaster, macroscopic quantitative predicting damage to brick building in the whole city or a area where a few buildings is designed according to aseismic code may roughly adopt statistical data in past earthquake damage to various type of brick buildings. Such as according to statistical data of multistory brick building (more than 7 000 buildings in 49 cities and towns or area) during six earthquakes, for various intensities average damage degree that be referred to as damage index is shown in Fig. 3 and percentage of different damage degree are shown in Fig.4.

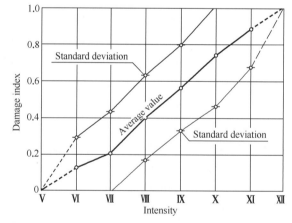

Note：Relation between the index and degree of damage
　　0—Basically intact　　　0.2—Slight damage
　　0.4—Medium damage　　0.6—Serious damage
　　0.8—Partial collapse　　1.0—Total collapse

Fig.3　The damage index of multistory brick buildings for different intensity

If predicting damage make use of the two figures, the extent for multistory brick building will be controled during future potential earthquake. But it must be admitted that variation from mean damage would be very big in the figures. Standard deviation of the predicting damages is one grade of damage degree in Fig.3 that is to say, namely average damage degree for intensity Ⅷ is medium damage

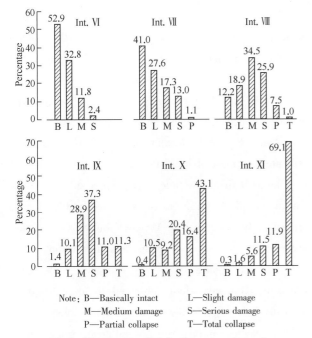

Note: B—Basically intact　　　L—Slight damage
　　　 M—Medium damage　　　 S—Serious damage
　　　 P—Partial collapse　　　 T—Total collapse

**Fig.4　The damage distribution percentage of
multistory brick buildings**

($I = 0.40$), upper limit of damage degree exceeds serious damage ($I = 0.4 + 0.23 = 0.63$), lower limit is less than slight damage ($I = 0.4 - 0.23 = 0.17$). So such it is required that predictor have abundant experiences of engineering and knowledge earthquake damage as well as ability to judge deviation degree of macroscopic damage from average index for the city or area. Fig.4 also shows that distribution of damage degree is very wide for intensity Ⅷ, Ⅸ which damage to brick building will be probable from basically intact to collapse. Of course two things account for the occurrence, on the one hand evaluation of intensity is treated as a average of damage, on the other hand difference of buildings themselves is a essential factor for different damage on identical site. In all cases, distinguishing damage degree of different existing buildings is exactly the basic task of damage prediction. In order to prediction of damage to existing building in a specified city, a rational classification of buildings is required, as a consequence, predicting average damage degree of subcategory of building so that the variation of the damages becomes as small as possible. To make macroscopic quantitative prediction of damage to multistory brick building, if the buildings are redivided into some subcategories, the variation of average damage index of each subcategory will reduce obviously, detailed level of

classification depends on purpose and demand of prediction. In any wise, effect of site condition on damage degree must be estimate enough.

5　Prediction of Damage Probability of Brick Building

Considerable earthquake experiences indicate that earthquake damage to rigid brick building depends mainly on strength of wall. According to statistical relationships between strength of wall with earthquake damage during past earthquakes, the aseismic coefficient K_{ij} of the jth brick wall element on the ith floor and the average aseismic coefficient K_i of brick walls on the ith floor is used as a main criterion for the predicting cracked and collapsed of such building. The method of prediction damage that is considered as a definite discrimination criterion had been developed and applied. For the good of macroscopic prediction and probability analysis, the relationship of aseismic strength to damaged (cracked or collapsed) probability for multistory brick building is drawn in Fig.5 and Fig.6 respectively. In the two figures, the deviation that average damage index of samples calculating aseismic coefficient from the total average damage index of all samples for various intensity in Fig.3 had been considered. The regulative coefficient of the damage probability is 1.05 for intensity Ⅸ and 0.89 for intensity Ⅹ. To predict probability of damage to existing or being designed multistory brick building may make use of Fig.5 and Fig.6. In the former case with definitive discriminating criterion, the damage probability is 30%, 40% and 50% for intensity Ⅶ, Ⅷ and Ⅸ respectively in Fig.5, and the collapse probability is all about 50% for intensity Ⅷ, Ⅸ and Ⅹ respectively in Fig.6.

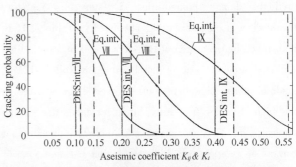

**Fig.5　The damage (cracking) probability of multistory
brick buildings for different earthquake intensity**

333

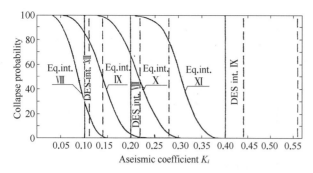

Fig. 6 **The collapse probability of multistory brick buildings for different earthquake intensity**

For example, predicting damage probability of brick building designing according to current aseismic code (TJ 11—1978) will be dealt with below. The limit values of aseismic coefficient of the weakest wall element of brick building for different intensity are marked in Fig. 5 and Fig.6. For intensity Ⅶ, Ⅷ, and Ⅸ they are 0.1, 0.2 and 0.4 respectively. Simultaneouly the extent of average aseismic coefficient of brick walls on the weakest floor is marked too. In general, the coefficient of the weakest wall element is about 0.7 − 0.9 times of the average aseismic coefficient of the floor namely :

$$K_i = \frac{m}{\sum_{j=1}^{m} \frac{1}{K_{ij}}} = (1.1 - 1.4) K_{ij\min}$$

where m is number of wall element on the ith floor in transversal or longitudinal direction. For multistory brick building provided the lowest strength level by aseismic code, the damage probabilities that are found up from Fig.5 and Fig.6 are listed in Table 1. If so the damage probability of multistory brick building satisfied with aseismic code is not greater than that value. When multistory brick building with R.C. constructive columns and other measures is built according to aseismic code, predicting damage probabilities, 3 − story and 6 − story residence is used as example, are listed in Table 2. Here both ratios between area of transversal wall or longitudinal wall and area of floor of the building are all 0.072 2, grade of mortar of wall masonry in every floor is listed in the table too. In 6 − story brick residence for design intensity Ⅷ, R.C. constructive columns are installed at corners of exterior wall and conjunction between interior and exterior walls, strengthening coefficient of the constructive column is taken 1.1 and 1.3 for cracked

(slightly or medium damaged) resistance and seriously damaged or collapsed resistance respectively. The damage probabilities of liaoning province 78 − 2 − Ⅰ type and Beijing 80 − 2 − type 6 − story residence for design intensity Ⅶ and Ⅷ respectively , if built on second type of soil, are listed in Table 2 too.

Aforementioned results of predicting damage indicate that most of multistory brick building satisfied with lower limit of aseismic code, when subjected to a earthquake of design intensity, will cracks at weak wall elements. In other words, for such buildings designed according to the aseismic code, majority is not intact but medium damage or slight damage, and needs repairing. However when subjected to an earthquake intensity is one grade higher than design intensity, in general, such buildings will not collapse; when that is one grade lower than design intensity, such buildings will be seldom cracked.

For model multistory brick buildings the aseismic coefficien is listed in Table 3. According to such coefficient, predicting damage probability to list in Table 1 and Table 2 was found up on Fig.3 and Fig.4.

Table 1 **Predicting limited value of damage probability of multistory brick buildings designed according to aseismic code (take no account of R.C. column)**

Prediction intensity	Degree of damage	Design intensity		
		Ⅶ	Ⅷ	Ⅸ
Ⅶ	Slight damage	88	20	0
	Medium damage	69 − 84	1 − 11	0
	Serious damage	7 − 32	0	0
Ⅷ	Slight damage	99	76	2
	Medium damage	95 − 98	37 − 67	0
	Serious damage	60 − 83	0 − 7	0
	Collapse	1 − 17	0	0
Ⅸ	Slight damage	100	97	57
	Medium damage	99 − 100	86 − 94	6 − 44
	Serious damage	93 − 98	36 − 67	0
	Collapse	48 − 79	0 − 1	0
Ⅹ	Collapse	99 − 100	3 − 47	0
Ⅺ	Collapse	100	80 − 99	0

Note: Slight damage — Cracking of wall element with minimum aseismic strength; Medium damage — Cracking of more than half wall elements in minimum aseismic strength floor; Serious damage — According to a criterion in Table 2.

Table 2　Prediction of damage probability of some model multistory brick buildings designed according to aseismic code

Prediction intensity	Degree of damage	Design intensity						
		VII			VIII			IX
		3 − story	6 − story	Liaoning 78 − 2 − 1	3 − story	6 − story	Beijing 80 − 2	3 − story
VII	Slight damage	27	72	87	13	20	/	0
	Medium damage	2	30	64	0	1	23	0
	Serious damage	0	2	7	0	0	0	0
VIII	Slight damage	80	96	99	69	76	/	20
	Medium damage	45	82	93	29	38	78	0
	Serious damage	5	45	60	0	0	10	0
	Partial collapse	0	0	<1	0	0	0	0
	Total collapse	0	0	0	0	0	0	0
IX	Slight damage	98	100	100	95	97	/	77
	Medium damage	88	98	99	82	86	97	39
	Serious damage	65	89	93	41	44	70	3
	Partial collapse	0	8	41	0	0	<1	0
	Total collapse	0	4	3	0	0	0	0
X	Partial collapse	9	80	98	<1	0	37	0
	Total collapse	3	73	68	0	0	2	0
XI	Partial collapse	91	100	100	58	23	98	0
	Total collapse	80	100	100	38	12	76	0
Mortar grade	6 − floor		25	25		50	50	
	5 − floor		25	25		50	50	
	4 − floor		25	25		50	50	
	3 − floor	25	50	50	25	100	75	50
	2 − floor	25	50	50	25	100	100	75
	1 − floor	25	50	50	50	100	100	100

Table 3　The aseismic coefficient of predicting damage to multistory brick buildings

Design intensity	Model building	Predicting degree of damage				
		Slight damage	Medium damage	Serious damage	Partial collapse	Total collapse
		$K_{ij\min}$	$K_{i\min}$	$K_{i\min}/0.6$ or $K_i/$ $(0.7-0.9)$	non-bearing $K_{i\min}$	bearing $K_{i\min}$
VII	TJ 11—1978	0.10	0.11 − 0.14	0.183 − 0.233	0.11 − 0.14	0.11 − 0.14
	3 − story	0.189	0.264	0.376	0.264	0.281
	6 − story	0.132	0.185	0.266	0.185	0.196
	Liaoning 78 − 2 − 1	0.104	0.145	0.233	0.145	0.201
VIII	TJ 11—1978	0.20	0.22 − 0.28	0.367 − 0.467	0.22 − 0.28	0.22 − 0.28
	3 − story	0.215	0.301	0.450	0.301	0.315
	6 − story	0.199	0.278	0.439	0.329	0.343
	Beijing 80 − 2		0.195	0.356	0.230	0.285
IX	TJ 11—1978	0.40	0.44 − 0.56	0.733 − 0.933	0.44 − 0.56	0.44 − 0.56
	3 − story	0.326	0.457	0.601	0.456	0.471

6 Prediction of High Risk Region and High Risk Type of Building

At present, predicting high risk region and high risk type of existing building in the whole city are developing. According to block chart (Fig.2) predicting process is roughly as follows.

6.1 Set up Data Bank of Existing Buildings

On the basis of data of general survey of buildings and/or of appropriate supplement, some informations of building related to damage prediction are inputed into computer. The informations are not more than following fifteen items: ① ordinal number of building; ② the number of block of houses; ③ location of the building at state coordinate system; ④ the number of story; ⑤ built age; ⑥ building area; ⑦ architectural construction; ⑧ present use; ⑨ quality of building; ⑩ unfavourable factor; ⑪ strengthening measure; ⑫ the number of person in building by day; ⑬ the number of person in building at night; ⑭ worth of building at present; ⑮ worth of property in building.

6.2 Classification and Search by Computer

According to ④, ⑤, ⑥, ⑦ and ⑧ items in data bank, in the whole city all buildings are classified by computer and the total amount of detailed categories, its code name, area of building, the number of person, worth and property for every category of building are listed.

6.3 Merging Categories of Building by Computer

Based on experience, predictor determines some plans of classification and instructs computer to merge categories. Then new code name and the number of the categories of building are re-listed. Predictor selects one or some plans of classification of existing buildings for prediction.

6.4 Sampling Survey and Predicting Damage to Individual Building

Predictor surveys various category of building by sampling, assesses aseismic behavior of sampling buildings and predicts damage to individual building. Predicting results are inputed into data bank of computer.

6.5 Predicting Average Damage to Various Category Building

Taking second type of soil or a soil distributed the most extensively in the city as the base of site condition, average damage index of various category of building for potential different intensity is outputed.

6.6 Predicting Damage to Individual Building or/and Building Group

Based on the research result of seismic hazard analysis and micro-zonation as well as ⑨, ⑩ and ⑪ items in data bank, damage to individual building for various category is predicted. Then damage to building group is predicted block by block and category by category.

6.7 Identification of High Risk Block of Houses and High Risk Category of Building

On the basis of one or some predicting plans and through comparison of damage degrees among blocks of houses and among categories of building, high risk region (one or some block of houses) and high risk type (one or some category of building) will be identified in the whole city.

7 Conclusion

According to predicting information of The Ministry of Urban and Rural Construction and Environmental Protection, clay brick make up 93. 22% of the total volume of product of various wall material for 1985, 76. 4% for 1986 − 1990 and 50% for 1991 − 2000. Therefore brick building will be still the most main type of construction at present and in future half a century in chinese cities.

Both the earthquake experiences in the last twenty years and present study on damage prediction all indicate that aseismic behavior of existing and future newly built brick building is better than that of building built before thirty years, but failure probability of potential damage or collapse is very great yet. Therefore in future half a century earthquake damage to brick buildings with their disastrous results will still become one of the most serious natural hazards in city. In order to mitigation of seismic disaster, the aseismic behavior of brick building will be needs further increased and improved in China.

2 – 19　Effect of Configuration of Buildings on Earthquake Resistance and Its Management

Yang Yucheng　Yang Liu　Gao Yunxue　Lu Xilei*

1　Introduction

One always desires to construct a building in a highly active seismic area not only with good earthquake resistance, but with architecturally treated beauty. A lot of earthquake damage showed, however, buildings with complex configuration and variation in elevation were easily suffered to damage; ornaments on the eaves and roof fell easily under the excitation of earthquake so that the architects' work would be limited to a certain extent.

In the "Aseismic Code for Industrial and Public Buildings", requirements in the architectural design have been assigned, such as "configuration of buildings should be simple, distribution of mass and stiffness should be even and symmetry, and sudden change in elevation and plan or irregularity of configuration should be avoided as far as possible"; "Ornaments, parapets, cornices, etc., which will easily fall on the ground or separate from the roof during earthquake, should not be made or be made only in a small amount". As for the earthquake resistant measures, it states that "earthquake resistant joint should be made in order to separate the building into several units of simple configuration and evenly distributed stiffness"; "walls between windows should be of equal width and evenly arranged". Owing to the difficulty of the architect for the precise grasping the above statements, and the emphasis on the failure from experience during the earthquake, buildings in the seismic area have to be designed simple in form, lacking a sensation of art and beautifulness.

Reduction of the available architectural art function of buildings owing to consideration of earthquake resistance not only reflect in the construction of new buildings, but also in the strengthening of the existing buildings. Appearance of most of the strengthened buildings, using so called structural columns and collar tie beams installed outside the wall, is just like a prisoner fastened by ropes. There are no fine arts in such buildings.

It is a new topic worthy to study and explore for architects as how to combine strengthening work with architectural design so that fine arts may be involved in the reasonable aseismic design. As for this purpose, two concepts are proposed: firstly, to construct an earthquake resistant building from architectural point of view may be more economical and effective than the aseismic structural design, especially for the public buildings which are majority of buildings in a city. Therefore, whether an aseismic design is good or not is first reflected in the architectural design and not in the structural design. Secondly, architects' talent should not be bound by the regulations of the design code. Architects should develop a new type of earthquake resistant buildings in accordance with the basic principles of earthquake resistance, combining architectural art and earthquake resistance as a unity. Some earthquake damage cases and results of research are given below to provide a basis in the architectural design to develop a variety of earthquake resistant buildings.

Source: PRC-US Joint Workshop on Earthquake Disaster Mitigation Through Architecture urban Planning and Engineering, Beijing, China, 1981, 62 – 72 (IEM 792 – 803).

* 国家建委主持会议,出题邀文,杨玉成宣读论文,杨柳、陆锡蕾同赴会。请卢荣俭先生中译英。中文见本书 2 – 11 文(略照片图)。

2 Coordination of Configuration of Building and Deformation

In the earthquake field, some buildings of complex configuration and variation in plan or elevation suffered serious damage. One may assume that it is induced by the complexity in building configuration. But, in fact, it is not perfectly true. Damage to buildings of complex configuration is not always heavier than that of simple configuration. For example, during the 1976 Tangshan earthquake in the Yuejin residential region of the Tangshan city, there is an east-corner-building (see Fig.1), only cracked (Intensity X), however, around many buildings of rectangular section collapsed. The plan of the building was of L-shape, the angle between two wings was 77° (see Fig.2). The central part of the building was of 5 stories, two wings were of 4 stories and no deformation joint was installed between these wings. Of course, simple configuration is favourable to earthquake resistance, more exactly say, convenient for aseismic design, but if deformation of buildings of complex configuration during earthquake can be treated properly in the design, the cracking resistance or collapse resistance of such buildings will not be worse than those of simple configuration.

(a) Front elevation

(b) Back elevation

Fig.1 The east-corner-building in the Yuejin residential region of Tangshan city cracked (Intensity X) during the 1976 Tangshan earthquake

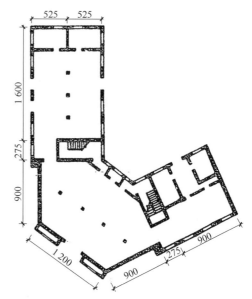

(a) First floor plan

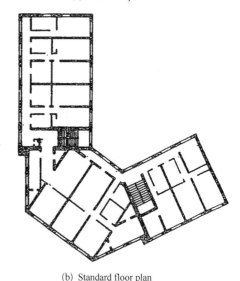

(b) Standard floor plan

Fig.2 Plane figure of the east-corner-building

Coordination of deformations in all parts of a building can be summarized as following:

(1) Coordination of deformation of different part on the same floor level. Horizontal drifts of all points on the particular floor during earthquake should be the same at the same time and in the same direction as far as possible, or members having small drift should be coordinated with members having large drift to resist earthquake load. However, drifts at the both ends of a building should be nearly the same.

(2) Coordination of deformation of different parts on the same vertical plane in a building. Horizontal drifts of all points on the particular floor in a given vertical plane should be the same as far as possible, or members having

small drift should be coordinated with members having large drift to resist earthquake load. At the same time, interstory drifts should not change abruptly.

Some examples are given below to illustrate the above two respects. Multi-story buildings of brick and concrete construction are rigid buildings, the walls of which are made by brittle material, say bricks. The strength and allowable deformation of brick walls are often low. In general, drifts of all lateral force resistant members (walls) should be nearly the same, either on the same floor level or in the same vertical plane. If the difference of drifts is much greater, walls with allowable deformation smaller will crack first, losing joint function of earthquake resistance. Some cases have proved the fact.

(1) Deformation of walls between windows or/and doors should be consistent. Generally speaking, wide walls is large in rigidity, so it is easily to crack. Drift of the wall not only depends on the width of the wall but also on the height and the load acting on it etc., the latter factors are easily neglected in the design. Therefore, it requires for the architect in the arrangement of doors and windows to make this width similarly equal and at the same time take care of the distribution of rigidity.

(2) Hallways in some multi-story brick buildings are of internal-framed structure, its horizontal drifts of deformation is greater than the main brick structure, causing much damage to the hallway itself and joining place, especially in the case of protruding halls. In Tangshan, partial collapse of the hallway of such-buildings was often seen. Therefore, it requires in the design to install a deformation joint to separate the hallway from the main building or to increase its stiffness.

(3) The plan of multi-story brick buildings recently designed is seldom irregular. It is, therefore, favourable to earthquake-resistance. But, as far buildings of irregular plan, if drifts of transverse walls on the same floor level are nearly equal and the deformation of the exterior wall in the protruding portion approaches to that of adjacent walls, no more damage would occur.

For R.C. framed structures with shear walls, small drift of shear walls should be coordinated with large drift of the frame to resist earthquake load. In order to make the frame and shear walls to work together, it is necessary to assure the floor of the structure to have a given stiffness so that earthquake load can be transferred effectively to shear walls. It is our opinion that for multi-story brick buildings, it is not suitable to add a 4 − 5 cm thick rigid concrete layer to the original floor slab. Although this can increase the stiffness of the floor, yet, at the same time, seismic load is also greatly increased, it would be better to add the cement and steel to the brick walls.

Theatres are another type of buildings of irregular configuration. In aseismic design, two approaches are used to deal with the irregular configuration. Firstly, the hall is separated from the front hallway and back stage of the theatre by means of deformation joint. Secondly, the hall is connected with the other parts as a whole structure. Two constructions are different. In the case of no separation, damage to the front hallway and back stage may be heavier; but in the case of separation, damage to the hall due to bending may be more obvious. These two constructions require different methods of checking in aseismic design and aseismic measures.

For buildings of non-rectangular plan, one always considers the torsional effect is prominent. In fact, it is not always true. The building located in the Yuejin region mentioned above is an example. Damage to this building due to torsional effect is not obvious. Five "L" shaped multi-story brick buildings were compared with three rectangular buildings for torsional effects after the 1975 Haicheng earthquake. It is shown in Table 1 that, if well designed, center of stiffness and center of mass of L-shaped buildings can be consistent as well as rectangular buildings and damage due to torsion is also not obvious (computation results are consistent with the actual damage). In Anyang, there is a L-shaped building (Fig.3), corridor of the central part is located outside the exterior wall, while the corridor of the wing is located in the center of the building. Results of calculation show that the center of stiffness and center of mass of the building approach very closely. If the specified stiffness of the floor is assured, it is predicted that this building will suffer moderate damage during earthquake of intensity VII^+, and will collapse during earthquake of intensity X^-; if the building is separated by deformation joint, the center part will suffer moderate damage during earthquake of intensity

Ⅶ⁻ and will collapse during earthquake of intensity of Ⅸ⁺. From the above examples, it may be concluded that it is not necessary to separate all L-shaped buildings into two parts by joint. Other types of plan, such as I-shape, I and Y-shapes, may be more reducible in torsional effect and more effective in earthquake resistance than L-shape.

Damage to buildings having variation in elevation often occurs in the protruding part and is generally heavier than the main building, therefore stiffness and strength of the protruding part should be properly increased in design, and rooms of large span, such as meeting rooms should not be located in the protruding parts. Some examples can be found during the Haicheng earthquake and the Tangshan earthquake.

Table 1 Torsional effect of multi-story brick buildings in Haicheng

Name of building	Plan shape	Static eccentricity e/m	Ratio of eccentricity $2e/L/\%$	Max. influencing coef. /%
Agricultural machine station	L	5.19	21.6	71.8
People's military bureau	L	3.70	16.4	44.2
Zhanqian hotel	L	1.89	11.7	30.2
Police bureau	L	0.96	3.9	9.1
Army guest house	L	0.49	2.8	6.0
Transformer factory	Rectangle	2.70	20.0	64.4
County guest house	Rectangle	2.48	16.9	28.1
Dormitory of the steel factory	Rectangle	0.60	2.5	4.4

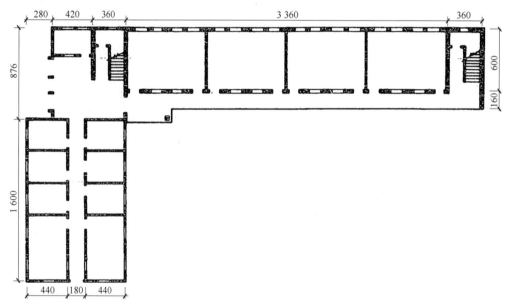

Fig.3 Plane figure of the L-shaped building in Anyang

Uneven vibration in different parts of a building should be also avoided. Measurements of dynamic characteristics of a 3 - story L-shaped building in Anyang were carried out. The angle between the two wings is 104°, the ground floor is a large span store, while the two upper stories are used for apartments with interior walls. The measuring points were located as in Fig.4. At the both ends of the roof and at the junction of two wings, 4 pick-ups were installed. Vibrations were excited by exciters respectively fixing at five different locations. Although frequencies of different measuring points were similar, and the dampings measured were also approximately equal, yet in microtremor measurement, torsional effect obviously excited and the frequency at the junction were different from those at the end of the wings, i.e. local vibration effect excited. In order to reduce such effect in irregular buildings, consideration should be taken in design to increase the stiffness of the roof and floors, and to avoid too concentration of mass and stiffness of members used to resist lateral force.

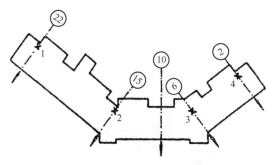

Fig.4　Location of the measuring points on the 3 – story L-shaped building in Anyang

Natural period of a structure should be avoided to coincide with the prominent period of ground motion in order to reduce the damage. Structures of different natural periods suffered different degrees of damage. Such examples can be easily found in the Haicheng and the Tangshan earthquakes also. It requires that in the design configuration of building dynamic characteristics should be considered.

In conclusion, earthquake resistance of a building, of course, depends on its configuration, but, more important, depends on whether deformations during earthquake are consistent or not. This should be emphasized in the architectural and the structural design.

3　Architectural Lines and Aseismic Measures

At present, art has not got been considered in aseismic measures, but, if properly treated on the elevation of building, combine aseismic measures with architectural lines, for example the pier, pilaster, collar tie beam, gird, strip on wall between windows, sun breaker, window frame, sunk spandrel wall, etc., buildings in the earthquake region can be both artistic and earthquake resistant.

Several aseismic measures briefly described below are related to the treatment of elevation of building：

（1）Vertical lines treatment — wall piers outside exterior wall.

In brick buildings, piers are often made outside the exterior wall or end walls for the purpose of stability, thrust bearing and decoration. On the other hand, such piers form protruding vertical lines on the wall, making the building more beautiful. These piers are effective in earthquake resistance. If piers are made at the junction of longitudinal wall and transverse wall, the section of transverse wall is increased, strengthening the connection of exterior and interior wall and, preventing overturning and collapse after shear failure of exterior wall. There were such buildings in Tangshan, piers were made every other panel. Cross cracks occurred on wall with pier between windows in the bottom floor, both sides of cracking walls fall down, but the pier and the walls on the upper stories did not collapse. No piers were made, collapse of walls on upper stories would follow often the shear failure of the wall on the bottom floor (Fig.5). If piers are made outside the longitudinal bearing wall, then, not only the area of the bearing wall is increase, but after the shear failure of the wall, owing to more core area remaining thus increasing its anti-collapse capacity.

(a) Dwelling

(b) Office building

Fig.5　Damage to building having wall piers outside during the Tangshan earthquake

（2）Horizontal lines treatment — strip on wall between windows.

The horizontal lines on the exterior wall are eaves and plinth and sometimes are those between the upper and lower windows. If these-horizontal portions are strengthened, it is effective for preventing cracks occurring at corners of a window. If strengthening horizontal strips are made on wall between windows, the earthquake resistance of the wall is greatly increased. Horizontal R.C. strips of 6 cm thick can be made on the wall, either protruding or retreating from the wall.

（3）Strengthened window frame protruding on wall face.

In the treatment of elevation of building, window frames protruding on wall face are sometimes used as a kind of decoration. If the frame is strengthened, the earthquake resistance of longitudinal wall will be increased. The frame is also effective for anti-cracking and anti-collapsing.

Lintel and sill can be used as the upper and the lower portion of the frame respectively. Reinforced cement mortar layer can be used as two columns of the frame. Precast R.C. window frame can also be used instead of lintel and sill.

（4）Sunk spandrel wall.

Spandrel retreated from exterior wall are often used by architects to decorate elevation of a building. Such weakened sunk spandrel walls are easier to crack than walls between windows, which is often identified in the earthquake. In the Tangshan earthquake however, sunk spandrel walls of some buildings had "x" cracks, but these buildings did not collapse It hardly assumes that this is because of the cracks of the spandrels that makes the building not collapse, but in general case, no cracks will occur on the wall between windows after the spandrels crack (Fig. 6). It is favourable for the exterior bearing wall; at the same time, repair of spandrels is easier to perform than that of walls between windows. Therefore, we assume that, in the architectural design for earthquake resistance, retreated and weakened spandrels can be used, but the cross section of which cannot be reduced too much, so that cracks may occur earlier.

Fig.6　Damage to building having sunk spandrel wall during the Tangshan earthquake

4　Shape of Roof and Decoration of Eaves

Roof and eaves are emphatically to be decorated in the architectural treatment, and are easily to be blamed in the inspection for earthquake resistance. For example, parapets, although a little bit higher than usual, are often required to remove. It is not practicable to build houses, all of which have flat roofs and without eaves and parapets in the seismic region. Variety of roofs and appropriate eaves decoration are necessary also, but their treatment should be prudent.

Effect of shape of roof, either flat roof, slope roof or arch cover, is not essential for damage. It can be justified by the record of destructive historic earthquakes. Arch cover may make more rigidly, if the roofs of the adjacent panels are made as flat roofs, the arch thrust will be equilibrated. In addition, such roof is also beautiful in appearance. Damage to dwellings with sloping wooden roof may be heavier than those with flat roof, but the weight of slope roof itself is more lighter, thus favourable to the earthquake resistance of the whole dwelling. But horizontal thrust should be avoided to produce in the structural design.

In the Tangshan earthquake, damage to non-structural elements, such as eaves decoration and attachment on the roof was neglected, because large amount of buildings collapsed. But in the Haicheng earthquake, a lot of injuries or deaths were caused by the falling of small chimneys, parapets, decoration on the roof or roof tiles etc. This was a tragedy and worthy to pay much attention. Therefore, it should be avoided to install chimney near eaves or just above the door opening. Limitation of parapets have been specified in the code. Most of parapets damaged or fallen during earthquakes were situated on slope roof or on old brick and wood buildings. Installation of parapets should depend on the vibrational characteristics of the main structure. For structures subjected to flexural deformation basically, no parapets, eaves decorations, etc. should be made; for structures subjected to shear deformation basically, such non-structural elements can be made, and height of which should not be limited strictly. As for protruding eaves, large amount of falling of such eaves has not yet occurred, but emphasis should be put on its balance, anchoring and the strength of the bearing wall. Poured protruding eaves at the roof level is favourable to the increase of stiffness of the whole structure.

5 Conclusion

Recently pithy style is the main feature in the architectural design. But if the configuration of buildings in seismic region is too unitary and insipid, it will lose its artistry, quality, its beauty and reduce their function. Of course, in the architectural design, it is not correct to make clumsy ornaments or beautiful configuration of building without consideration of earthquake resistance and regard to cost of construction. But architectural art should be well considered also. With the cooperation of architects and structural engineers, using experience learned from earthquakes and knowledge obtained in scientific research, not only configuration of building can be designed to have a certain degree of earthquake resistance, and a new type of buildings can be developed, practical in use, economic in construction, beautiful in appearance, resistant to earthquake. But latent potentiality in the architectural design may be fully brought out and damage to buildings may be reduced.

2 – 20 Progress of Research and Application on Prediction of Damage to Existing Buildings (Scheme)

Liu Huixian   Research Team   Yang Yucheng[*]

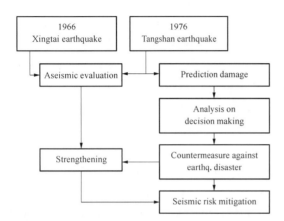

Aseismic evaluation — The every elements of building whether accord with the requirement of the provisions of the "Aseismic Criterion for Evaluation of Industrial and Civil Buildings".

Prediction damage — Damages is estimated in advance for future potential earthquake.

Beginning —

Date: 1980

Locality: Anyang City, Henan Province

Unit: Institute of Engineering Mechanics, SSB. etc.

Content: A try on prediction of damage to existing buildings in Beiguan area of Anyang City (Appraisal of achievement in scientific research was passed in 1983)

Continuation —

Date: 1981

Locality: Yantai City, Shandong Province; Xuzhou City, Jiangsu Province

Unit: Institute of Earthquake Engineering, CABR. etc.; Institute of Geology, SSB. etc.

Content: A try on planning on against earthquake and prevent disaster of urban

Spread —

Date: 1985

Locality: Predominant cities of the whole country on prevent earthquake

Unit: The Ministry of Urban and Rural Construction and Environmental Protection enacted and issue

Content: The temporary provisions on draw up a planning on against earthquake and prevent disaster of urban

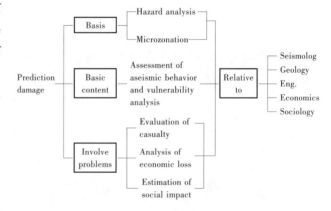

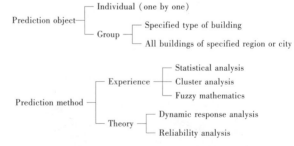

Scheme:

The gist of various methods for prediction damage to existing buildings and applied localities are listed as follows (informations were collected by the end of 1984).

Source: PRC-USA Cooperation Project Workshop on "Risk Analysis and Seismic Safety of Existing Structures", Sept., 1985; Research Reports on Seismic Hazard Analysis and Damage Prediction of Existing Buildings, Liu Huixian Research Team IEM SSB, 1989, 266 – 270.

* 本文由杨玉成执笔,王新颖中译英。

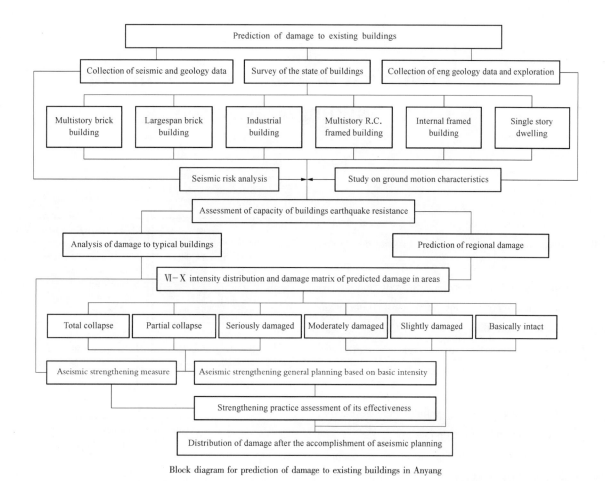

Block diagram for prediction of damage to existing buildings in Anyang

Category	Provider	Method gist	Applied locality
Multistory brick building	Institute of Engineering Mechanics, SSB	Statistical analysis with secondary discrimination predict individual, group	Anyang, Xinxiang, Jiaozuo, Hebi; Hefei, Bengbu, Huainan, Tongling, Fuyang; Jiangzhou, Dandong, Dalin; Langzhou; Dezhou; Xiaguan; Guangzhou, military area; 242 and 135 plant
	Institute of Earthq. Eng., CABR	Multivariate regression with fuzzy discrimination predict group	Yantai
Brick or R. C. column industrial building	Sixth Design Inst., MMI	Discrimination tree chart predict individual, group	Anyang, Xinxiang
	Central Design Inst., MMI	Elastoplastic dynamic analysis predict individual	Anyang
		Asymptotically regression predict individual, group	Yantai
Large span brick building	Sichuan Inst. of Bldg. Res.	Strength calculation with compound discrimination predict individual, group	Anyang, Jiaozuo, Xinxiang
	IEE, CABR	Fuzzy discrimination predict region	Yantai
	CDI, MMI	Asymptotically regression predict individual, group	Yantai
Multistory R.C. frame	IEE, CABR	Elastoplastic dynamic analysis predict individual	Anyang
		Reliability analysis predict individual	Yantai
Ext. brick with int. R.C. frame	Beijing Bldg. Design Inst.	Statistical analysis with compound discrimination predict individual, group	Anyang
Single story building	Anyang Pref. Bldg. Design Institute	Classification line predict group	Anyang
Old bldg.	Institute of Earth. Eng. Tianjing, BDI	Cluster analysis with fuzzy discrimination predict group	Yantai
Various type bldg.	Institute of Geology, SSB	Vulnerability analysis predict group	Xuzhou, Wulumuqi

2 – 21　Prediction of Damage to Multistory Brick Buildings（Abstract）[*]

Yang Yucheng

This study is based on the data of a great deal of earthq. damage to brick buildings during recent destructive earthquakes in China and their dynamic properties measured in sites. In IEM the method of prediction damage to multistory brick buildings has been studied for many years and used in more than ten cities in China.

This method may be carried out for earthquake intensities Ⅵ to Ⅹ and satisfied three different requirement：

（1）Damage matrix which includes damage degree, percentage and intensity in a region.

（2）Damage degree, damage location and damage process for individual building.

（3）Probability of damage and reliability of prediction for individual building and therefore in a region.

Conclusion

Examination of reliability on prediction of earthquake damage, for 348 buildings suffered from Tangshan or Haicheng earthquake, predicting damage degree have been contrasted with real damage degrees during the earthquake. These results indicate that the method of prediction of earthquake damage to multistory brick buildings generally is reliable.

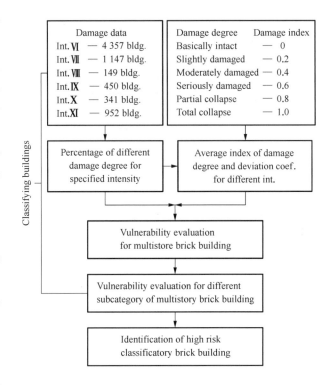

Source：PRC-USA Cooperation Project Workshop on "Risk Analysis and Seismic Safety of Existing Structures", Sept., 1985；Research Reports on Seismic Hazard Analysis and Damage Prediction of Existing Building, Liu Huixian Research Team IEM SSB, 1989, 271 – 272.

* 本文据本书 2 – 17 文摘录。

2 – 22　Aseismic Decision Analysis of Existing Buildings (Scheme)[*]

Yang Yucheng

1. Goal of Decision Making and Constraint Condition

Goal — reduce losses to a minimum value for potential earthquake.

Factors of disturbance:

(1) For matter: win over much more financial and material supports.

(2) For politics: complete more projects for high appraisal.

(3) For psychology: strengthening is beneficial certainly; strengthening is useless.

......

Constraint condition:

(1) Macro-economical status.

(2) Meet urban planning constraints.

(3) Importance of building.

(4) Provide housing.

......

2. Basis of Analysis of Decision Making

Information of seismic hazard assessment:

(1) Basic intensity.

(2) Short-term or impending earthquake prediction.

(3) Medium-to-long-term earthquake prediction.

(4) Probabilistic hazard analysis.

Prediction of earthquake damage:

(1) Prediction of damage to buildings.

(2) Estimation of casualty.

(3) Estimation of direct economic loss.

(4) Estimation of social impact.

3. Programme of Plan Selection and General Economic Analysis

Example: Economic comparison of different aseismic plans for multistory brick residences of Ministry of Aviation Industry in Lanzhou City.

(1) Status quo ante plan:

Loss cost value = repair cost of building after earthquake + loss of property during earthquake

(2) Strengthening plan:

loss cost value = strengthening cost before earthquake + loss of property during earthquake + repair cost of building after earthquake

Strengthening measures:

2 – 1　Every second panel adding R.C. columns with every floor adding ring beam and tie rod.

2 – 2　Cement mortar coating attached to wall surface and "2 – 1" measures.

2 – 3　Adding R.C. framed balcony and "2 – 1" measures.

2 – 4　Adding R.C. framed balcony and "2 – 2" measures.

2 – 5　Measures according to demand for earthq. int. VIII.

(3) Replace plan:

loss cost value = worth of existing building at present + replacement cost of building + repair cost of replacement building after earthquake + loss of properties in replacement building during earthquake − benefit of additional building life − gain in building capacity and exempt cost for purchasing additional land

Source: PRC-USA Cooperation Project Workshop on "Risk Analysis and Seismic Safety of Existing Structures", Sept., 1985; Research Reports on Seismic Hazard Analysis and Damage Prediction of Existing Building, Liu Huixian Research Team IEM SSB, 1989, 273 – 276.

* 本文据本书 2 – 9、2 – 10 文摘录,由王新颖中译英。

Count for worth of existing building at present：

3 - 1 Original worth of building (60 yuan/m²).

3 - 2 Surplus value according to original worth (18 yuan/m²).

3 - 3 Present worth of building (170 yuan/m²).

3 - 4 Surplus value according to present worth (51 yuan/m²).

Table Value of total economic loss for various plans of decision making (yuan/m²)

Potential eathq. intensity	Predicted damage and total economic loss	Status quo ante (1)	Strengthening measures					Replace			
			(2-1)	(2-2)	(2-3)	(2-4)	(2-5)	(3-1)	(3-2)	(3-3)	(3-4)
No	Range	0	15	22	30	37	35	36-46	(-6)-4	136-166	27-37
	Mean	0	15	22	30	37	35	41	(-1)	151	32
6	Damage	+	+	●	+	●	●	●	●	●	●
	Range	17-61	23-76	22-24	47-91	37-39	35-37	38-46	(-4)-4	138-166	29-37
	Mean	39	54	23	69	38	36	42	0	152	33
7	Damage	×	×	+	×	+	○	○	○	○	○
	Range	61-200	76-215	39-83	91-230	54-98	35-53	44-56	4-12	154-166	37-45
	Mean	130	146	61	160	76	44	50	8	160	41
8	Damage	△	△	×	△	×	+	+	+	+	+
	Range	115-220	130-235	83-222	145-250	98-237	52-96	63-97	21-55	173-207	54-88
	Mean	168	167	152	198	168	74	80	38	190	71
9	Damage	▲	△	△	△	△	×	×	×	×	×
	Range	220-270	130-235	137-242	145-250	152-257	96-235	107-236	65-194	217-346	98-227
	Mean	245	200	190	198	204	166	172	130	282	163
10	Damage	▲	▲	▲	▲	▲	△	△	△	△	△
	Range	220-270	235-285	242-292	250-300	257-307	150-255	161-256	119-214	271-366	152-246
	Mean	245	260	267	275	282	202	208	166	318	199

4. Choice of Optimum Plan

Methodology：

(1) Certainty model for decision analysis

— Engineers are used to this approach at present.

Seismic information：basic intensity.

Damage prediction：deterministic damage and loss.

(2) Random model for decision analysis

— Researchers are used to this approach usually.

Seismic information：probabilistic hazard analysis.

Damage prediction：deterministic or probabilistic damage and loss for various given intensities.

(3) Uncertainty model for decision analysis

— Perhaps this is more easily accepted.

Seismic information：synthesize.

Damage prediction：deterministic damage and loss for various given intensities.

Uncertainty of seismic event on time, space and intensity >> uncertainty of damage and loss for given intensity

Uncertainty of damage and loss with not given intensity = uncertainty of seismic hazard assessment + uncertainty of damage and loss for given intensity

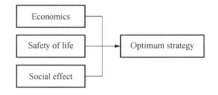

5. Researcher's (No Policymaker) Duty

(1) Make a full and objective investigation.

(2) Provide independent and no-instruction result and suggestion.

(3) Noninterfere in decision activity of policymaker but follow with interest utility function after decision making.

第三篇章　专家系统

学中创新,预测房屋震害专家系统

3－0　开篇言　多层砌体房屋震害预测智能化的历程 ·· 351

3－1　多层砌体房屋震害评估系统雏形及其在美国的应用 ·························· 353

3－2　多层砌体房屋震害预测专家系统 ··· 357

3－3　投入使用的多层砌体房屋震害预测专家系统 PDSMSMB－1 ··············· 360

3－4　PDSMSMB－1多层砌体房屋震害预测专家系统的应用(概要) ············· 365

3－5　太原市居住建筑的单体震害预测 ··· 366

3－6　多层砌体房屋震害预测专家系统的研究和应用 ······························· 370

3－7　震害预测专家系统(概要) ·· 376

3－8　砖房的震害经验及其应用 ··· 377

3－9　An Expert System for Predicting Earthquake Damage to Urban Existing Buildings ········· 382

3－10　An Expert Evaluation System for Earthquake Damage ··············· 388

3-0 开 篇 言
多层砌体房屋震害预测智能化的历程

1. 中美合作研究赴美初涉专家系统

　　1986年夏,所长刘恢先院士派大师兄陈达生研究员和我赴美执行中美合作研究项目"地震危险性分析及现有房屋抗震性能评定和加固",刘所长高瞻远瞩要我们去学习考察专家系统。当年,斯坦福大学Blume地震工程中心正在开展人工智能专家系统研究,加州大学伯克利分校正在研究无筋砌体房屋的加固方法和减轻震害措施。美方已来华两次交流,斯坦福大学土木系主任Shah教授对我很知底,谈这次合作研究,建议我设计多层无筋砌体房屋震害评定专家系统,又给我商品化的专家系统资料供参考。我学习数日后,感到现有的专家系统外壳受规则的限制,难以成就工程领域的专家系统。好在董伟民在Blume攻读博士后,我俩在安阳研究震害预测就意相通、思契合,在他的帮助下,三改文稿,在美两个月期间完成了多层无筋砌体房屋震害评估系统(中文文稿),并以参加伯克利分校环境设计研究中心的多层无筋砌房屋加固设计研讨会上旧金山3号楼六层房屋为实例,进行震害评估。

　　回国后次年春,该系统由美方合作者董伟民和同在Blume攻读博士的Thurston编写"Damage Evaluation System for Multistory Unreinforced Masonry Buildings"程序,用英文在IBM微机上运行,并发表合作论文"An Expert-Knowledge-Based Damage Evaluation System for Multistory Unreinforced Masonry Buildings"。

2. 国家重大项目研究中建成专家系统

　　"城市现有建筑的震害预测和防御对策专家系统"研究课题于1987年列入国家自然科学基金重大项目"工程建设中智能辅助决策系统应用研究"的三级子项。该项目由德高望重的刘所长负责,由清华大学刘西拉教授协同主持。课题研究又历经近两年,充实和改进了该系统的知识工程,吸取了我担任组长的多层砌体房屋抗震鉴定标准和加固设计规程修订组更多专家的经验,与工力所计算站合作,编写了汉字

化的智能系统程序。1988年8月,在大连召开的工程智能决策理论和应用研讨会上,我们发表了"多层砌体房屋震害预测专家系统",还演示了程序。刊登在《计算结构力学及其应用》(见本书3-2文)。项目中子项进行初评,我们排在第十六七,过了关,但有看法认为外壳不像专家系统,却是与斯坦福合作的就不能不说是专家系统。

　　汉化程序是杨丽萍按知识工程编写的,她写了一篇很好的硕士论文毕业。这个程序虽还只能演示,但她的室主任还不让交给我们,说要运行得到计算站去,挣到钱对半分。我们急了,要改进,要进一步应用。好在刘所长的博士生李大华得知后自告奋勇要来帮我们编程。我俩在中美课题中合作得挺好,也知道他有真本领。我请示刘所长得到赞同后,李大华重新设计系统程序,用批处理基本模块和网络系统,用Fortran语言解决计算问题,实现了系统运行。又经强震观测数据处理组王治山用其方法完善程序,可更方便地运行该专家系统预测多层砌体房屋震害。

　　1989年12月,在第二届全国工程建设中智能辅助决策系统应用研讨会上,我们发表了《投入使用的多层砌体房屋震害预测专家系统PDSMSMB-1》(见本书3-3文),演示了程序,得到了好评。大项目30个子项排在第七八。

　　PDSMSMB-1系统于1991年通过科学技术成果鉴定,鉴定负责人为中国科学院院士胡聿贤教授,鉴定委员均为本项科学基金重大项目中的教授、研究员。总的鉴定意见为:"该系统填补了我国在震害预测专家系统方面的空白,其科学水平已达到国内及国际先进水平,并具有实用商品化的前景,是一项优秀的科研成果。"在此特地感谢评委刘锡荟研究员,他来我们办公室亲自操作,人机对话输入两幢房屋数据运行全过程,输出结果符合专家的预测结论,测试成功。

3. 研究历程:雏形—演示—使(试)用—实用商品化

　　(1)雏形阶段。1986年夏,访美设计了多层砌体

房屋震害评估系统的知识工程。1987年春,美方合作者编写了该系统的程序 DESMUMB,用 Fortran 语言将知识工程中人机对话采集信息改为输入数据文件,网络系统删减为树状因素关系,按文件做旧金山3号楼震害评估预测(见本书3-1文)。

(2)演示阶段。1988年春夏,充实改进知识工程,用 Hprolog 编写程序 VESMSMB,实现汉化和人机交互,计算功能差,预测对象局限文件中的三个震例(见本书3-2文)。

(3)使(试)用阶段。1988年冬,知识工程由震害预测和易损性评价延伸到地震危害度评估和决策分析,用 Fortran 语言编写 PDSMSMB-1,批处理命令管理模块和网络系统,人机对话或数据卡输入信息,可使用各类砌体房屋,计算快、稳,便于一般土建技术人员使用,结果可达到专家级水平(见本书3-3、3-9、3-10文)。

(4)实用商品化阶段。商品化有两种形式,一是来料加工,即用户填好信息卡交给我们操作输出结果;二是提供软件,有偿使用。商品化便产生了知识产权问题,可惜当年没有申报知识产权的意识,听从上级意见不提供给地震局之外的单位使用,只采用加密措施,给山东、河南地震局使用软件,其他希望得到的都没实现,至今想起仍感遗憾和歉意(见本书3-4~3-7文)。

4. 多层砌体房屋震害预测专家系统获奖

多层砌体房屋震害预测专家系统于1991年获工程力学研究所科技进步二等奖和国家地震局科技进步三等奖(杨玉成、李大华、杨雅玲、王治山、杨柳)(见获奖证书)。PDSMSMB-1型预测单体震害未再改型,只做了个简化型用于预测各类单层砖结构房屋震害的专家系统。该课题进一步研究着力群体城市现有房屋震害预测智能辅助决策系统(见本书第四篇章)。

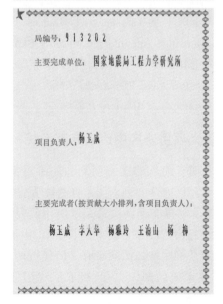

3-1 多层砌体房屋震害评估系统雏形及其在美国的应用

杨玉成

1 引言

为执行中美合作研究项目"地震危险性分析及现有房屋抗震性能评定和加固"[①]，陈达生和笔者曾于1986年访美，对多层砌体房屋抗震性能评定和震害预测的专家系统进行了合作研究。

我国拥有大量多层无筋砖房的震害资料和抗震经验，斯坦福大学正在开展人工智能专家系统的研究，加州大学伯克利分校正在研究现有房屋的加固设计分析方法和旧金山市多层无筋砌体房屋较集中的两个区（唐人街和 Tender Loin）减轻地震危害性的措施，这是双方合作研究多层砌体房屋震害评估系统的基础。

20世纪60年代以来，在我国的多次破坏性地震中，多层砖房的震害资料和抗震经验是极为丰富的，我国许多单位已具备评估多层砌体房屋震害的专家知识，这就有可能来建立计算机专家系统评估多层砌体房屋的震害。而我国现有的和拟建的多层砌体房屋很多，即使评定震害的专家再多也难以应付；同时，在我国具有这方面专家知识的人大多已是50岁左右，因此也就有需要把这些同志所积累的专家知识赋予计算机，使其具有人工智能来分析多层砌体房屋的抗震性能和预测震害。由于这项研究很有必要，我们接受了Shah教授的建议，在访美期间设计了多层砌体房屋震害预测系统的雏形，并对伯克利分校环境设计研究中心召开的"无筋砌体房屋抗震加固讨论会"（1986年7月1日）上的3#房屋（955 Bush，旧金山CA）进行了评估。这个震害评估系统（雏形）的程序，由斯坦福大学Blume地震工程中心博士后研究生董伟民和博士研究生 Howard Thurston 同我们合作建立。

本文扼要地阐述这个震害评估系统中所具有的知识、知识的表达和知识的洞察，包括信息采集、经验推理、计算分析和震害评估，以及旧金山一幢六层砖房的评估结果。现把初步研究介绍出来，纯属抛砖引玉，为我国有更多的同志来共同努力，最终建立起一个代表我国专家群体的人工智能计算机评估震害系统。

2 震害评估系统的框图

多层砌体房屋震害评估系统的设计框图如图1所示。首先由使用者按照系统中的要求来提供信息，输入计算机后，便由计算机根据专家知识模拟人的思维逻辑建立起来的计算模型进行处理；然后按使用者的需要给出处理结果，输出的可以是建筑物的震害程度和易损性，以及由此而造成的人员伤亡和直接经济损失；最后也可以输出对总的震害的评估，即危害性。

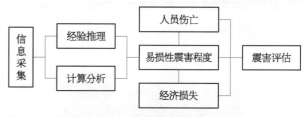

图1 震害评估系统框图

3 信息采集

评估系统的可信程度和效率主要取决于专家知识与其表达，而首要的是对信息量和确定程度的要求。信息量多且又确定的，评估的可信自然就高，但这又常会给使用者带来困难。因此，在能满足所需的可信程度和效率的条件下，则要求尽量减少信息量和尽量增大可选择性，以便于使用。

在这个震害评估系统中，所要求的全部信息为12

本文出处：《世界地震工程》，1987年，第3期，45-51页；中美合作研究项目"地震危险性分析与现有房屋震害预测研究"报告集，1989年。

① 中方负责人：国家地震局工程力学研究所名誉所长刘恢先教授和城乡建设环境保护部抗震办公室前主任叶耀先高级工程师。美方负责人：斯坦福大学土木系主任 Haresh C. Shah 教授和加州大学伯克利分校环境设计研究中心 Genry Lagorio 教授。

项。信息的延续一般有二级或更多级子项的情况。这几项信息的内容如下：① 目前用途；② 层数与毗邻；③ 建筑结构类型；④ 建造年代和质量；⑤ 地震危险性和抗震设防标准；⑥ 结构体系的属性；⑦ 整体性是否良好；⑧ 墙体抗震能力；⑨ 地基基础有无不良影响；⑩ 场地土质条件的影响；⑪ 居留人数；⑫ 经济价值。

信息用人机对话来采集，也可以按人机对话的格式填表输入。人机对话的问答题有两类，大多是所处状况的选择，部分是数值填充（房屋高度、面积等）。图 2 为震害评估系统的人机对话框图。在这框图中，所需信息只用简称标明；凡属选择的，只标有多少种状况并选其一，而未列出其状况；若要填写数值的，标有 n 或 n_i，i 表示该项要有底层到顶层的各层数值。在本文中列举几项，可略见一斑。如最简单的是"目前用途"，有 10 种状态，从中选其一，即：

0——潜在危害性极大的用房。包括存放易燃物和易爆物、可能溢出有毒物或放射性源的房屋。

1——地震救灾应急用房。包括市级指挥机关、消防、公安和医院、通信中心和交通枢纽的房屋。

2——住宅。

3——宿舍、旅馆。

4——一般办公用房。

5——一般医疗用房。

6——教学、文化娱乐用房。

7——商业用房。

8——一般工业、交通、通信用房。

9——一般仓库。

对多用途的房屋，也可选两类，如底层商店上层住宅，可选为 2(7)，宿舍及办公楼可选为 3(4)，次要的或建筑面积小的用括号表示在第二位。

又如建筑结构类型，对墙体、楼盖、屋盖和建筑类型四项分别进行选择评估房屋的状况，这四项的每一项都有 9 种状况供使用者选择，如果使用者要求评估的房屋，建筑结构类型不在供选择的状况之列，则表明不能使用这个评估系统。

再如墙体抗震能力，包括抗震强度和增强措施两项，抗震强度这项又包括墙体净截面面积、墙体和楼屋盖重量、砌筑墙体的砂浆标号三子项。这里仅对砂浆标号的人机对话再延续下去，即选择标号的状况，若选 1 则表示"知道"，若选 2 则表示"不知道"。如果是"知道"，则输入各层的砂浆标号值；如果是"不知道"，则还要对两个子项（材料和手感）做选择。材料有五种状态供选择（包括泥或砂、白灰泥浆或白灰砂浆、白

灰水泥砂浆、水泥砂浆和未查看），手感有六种状态（包括酥松、易捏碎、能捏碎、难捏碎、捏不碎和未做）。如果实际上砂浆标号不知道，又没去查看砂浆材料或看不到，手感也就没有，则砂浆标号确实不知道，这就要依赖于经验判断，再做别的推理，以估计砂浆标号。

4 经验推理和计算分析

用专家系统来评估多层砌体房屋的地震危害性与抗震设计、抗震鉴定及震害预测相比较，不只在内容上的扩展和形式上由计算机替代具有专门知识的工程技术人员，而且其将以往用数值逻辑和条文对照来处理和解决问题，进而加之思维逻辑和经验推理，使得计算机在接收到信息之后，具有模拟人的能力来处理和解决问题，并得到与专家所做出的结论相同的结果。

在设计这个震害评估系统中，尽量采用现行的计算分析方法，力求广集我国各单位的专家知识，但其思维逻辑和经验推理可能更多的是局限于表达我们课题组的知识结构，以期能得到进一步改进和扩展。

在评估系统中经验推理的表达是采用大量的假设条件语句和处理信息间的相关性。例如，上面所述的砂浆标号，若材料未查看，手感又未做，则砂浆标号就要由另外的两个信息，即层数和建造年代或设防标准来推断。这是简单的经验推断。在确定结构体系的属性中，相关联的信息就更多了，经验推理也要复杂得多。在此举一个简单的实例，海城地震后在调查海城丝绸厂时，先查看两幢砖混结构的单身宿舍，底层较多的横墙出现微细的斜向和交叉的剪切裂缝，山墙较重，再看办公楼外观，其女儿墙普遍有水平裂缝且局部掉落，底层墙体都基本完好。单开间设置横墙的宿舍横墙有震害，双开间的办公楼反而横墙无震害，而它们的砌筑砂浆无显著差别，办公楼层高、开间和进深还都略比宿舍的大些，上楼之前便有问及何故，回答：除非办公楼是用木楼屋盖的。进一步调查证实此推断确凿，且顶层墙体有明显的轻微破坏。对不同的结构类型和体系，判断震害的能力是赋予计算机的。但在这个评价系统中的信息和结论是与震害分析正好逆置，也就是说，这个系统还不具备由震害得到的信息来反推建筑结构特性的能力，只能由建筑结构推断震害。

在这个系统中的计算分析与通常所不同的是，不先验算各墙段或最弱墙段的抗震能力，再得到楼层墙体的平均值，而是先计算楼层墙体的平均抗震能力，然后推断分布的不均匀程度。目前，在这个系统的雏形中，没有赋予地震动反应计算。

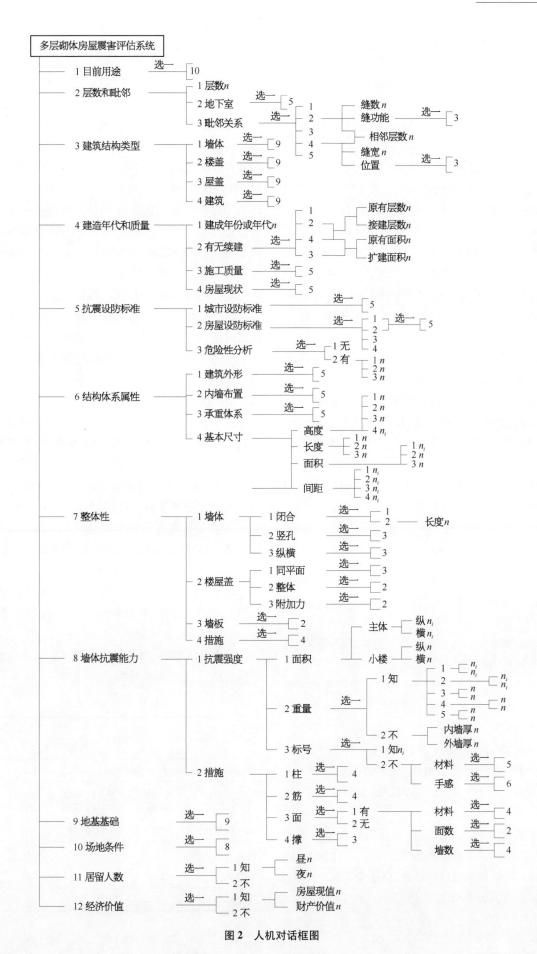

图 2 人机对话框图

5 震害评估

这个系统中的震害评估包括建筑物抗震性能分析、建筑物震害程度预测、建筑物易损性评价、人员伤亡估计、直接经济损失估计和建筑物危害性评估。

多层砌体房屋的抗震能力用一个无量纲的综合系数来表示，K_L 和 K_T 分别表示房屋各层抗御纵横向地震动强度的能力。房屋的震害程度仍分为基本完好、轻微损坏、中等破坏、严重破坏、部分倒塌和全毁倒平六类，震害指数为 0~1.0。对于预测震害程度，系统中考虑两种供使用者选择的形式，即确定的震害程度或震害程度的概率分布，并以不同烈度或考虑大震和小震三个水准的 50 年超越概率的地震动强度为条件。

评价房屋的易损性，在这个系统中将易损性定义为：当该房屋遭受 6~10 度五种不同烈度（或相应的地震动强度）的地震时，预测震害指数（确定的或概率分布的）加权平均值。这样，易损性也可用一个无量纲的指数来表示，其值也为 0~1.0。当易损性指数 $F_v = 0$，则为安全极；当 $F_v = 1.0$，则为易损极。若震害指数 $I(i)$ 用确定值来表示，且不同烈度时的权取得相同，则易损性指数为

$$F_v = \frac{1}{5}\sum_{i=6}^{10} I(i)$$

在大多数房屋中，人员的居留在白昼和夜晚相差甚大，因此分别做人员伤亡数的估计。在危害性评估中，取其平均值。

估计经济损失包括房屋的现值和财产价值两项。房屋现值的地震损失系指房屋遭受地震破坏后的修复费。房屋现价的损失率在系统中与结构类型和震害程度相关联。财产的直接损失率在系统中与目前用途和震害程度相关联。

对房屋总的震害的评价，即危害性一般包括地震的危险性、建筑物的易损性、建筑物的重要性（含财产损失的大小）、人员的居留数及其伤亡的可能性。

在评估危险性时，对这四项的权的认识是因人而异的，不言而喻，中国和美国专家的认识差异甚大，这在我们访美期间曾做尝试。因此，在这个系统雏形中，危害性评估暂只分项列出，未做综合。

6 旧金山 3#房屋震害评估

评估旧金山 3#房屋的震害，按人机对话框图（图2）采集信息如下：① 住宅为 2。② 6 层，全地下室为1，相邻房屋一侧 5 层，另一侧 4 层，缝宽不知，不知邻房性能。③ 砖墙为 1，木楼盖为 7，木屋盖为 7，空旷有承重内柱和木墙为 8。④ 20 世纪二三十年代建，无续建为 1，质量一般为 2，现状基本无损为 2。⑤ 城市设防标准为 3，房屋无设防为 3。⑥ 建筑外形对称为 1，内墙布置基本均衡对称为 1，外墙内柱承重为 5，基本尺寸略。⑦ 墙体在平面内布置闭合为 1，纵横墙间不留竖向孔道为 1，纵横墙连接可靠为 1；各楼层平面同1，楼屋盖构件连成整体为 1，不存在推力为 1；楼屋盖与墙体连接可靠为 1；无增强整体性措施为 4。⑧ 纵横墙面积、重量（略），砂浆标号不知为 2，材料未查看为 5，手感未做为 6，增强措施均无为 4。⑨ 地基基础正常为 9。⑩ 一般稳定土层为 4。⑪ 居留人数不知为 2。⑫ 经济价值不知为 2。

由于相邻房屋缝宽和性能不知，评价结果分为有无相邻影响两种情况。若无相邻影响，易损性指数 $F_v = 0.76$，则其评价为易损性较大。各项预测震害情况见表1。震害程度的解释（从各楼层的震害指数来看）：6 度时纵墙开裂，三层以上较明显，顶层严重；横墙除顶层有裂缝外均基本完好。7 度时纵墙开裂严重，顶层部分墙倒；横墙出现裂缝，三层以上明显，顶层严重。8 度时三层以上纵墙连同部分顶层横墙倒塌，其余墙体除一、二层外均严重开裂。9 度时残存一、二层或部分三层墙体，其余均倒塌。10 度时全毁倒平，一、二层也可能残存。

若有相邻影响，则易损性指数 $F_v = 0.83$，评价为易损性很大，预测震害将加重，其值略。

表 1 预测震害情况

指 标	烈 度				
	6	7	8	9	10
震害指数	0.30	0.70	0.82	1.0	1.0
震害程度	轻微至中等	严重破坏	部分倒塌	全毁倒平	全毁倒平
房产损失率/%	10	75	90	100	100
财产损失率/%	1	30	42	100	100
受伤率/%	0.02	3	19.2	70	30
死亡率/%	0	1	6.4	30	70

3–2 多层砌体房屋震害预测专家系统

杨玉成　杨丽萍　杜瑞明　李大华　杨雅玲　高云学

董伟民　Howard Thurston

1 引言

多层砌体房屋是我国城镇房屋中数量最多的建筑结构类型,因此在最近的 20 多年中,我国一直注重研究和提高这类房屋的抗震性能,并于 20 世纪 80 年代始在各类房屋中率先研究预测多层砖房震害的方法,以搞好城市抗震防灾规划和减轻地震灾害。

多层砌体房屋易损性评价和震害预测专家系统的研究始于 1986 年夏,并于 1987 年列入国家自然科学基金重大项目“工程建设中智能辅助决策系统应用研究”之中的三级子项“城市现有建筑的震害预测和防御对策专家系统”,吸取了该领域更多专家的经验,充实和改进知识工程,并分别用 Prolog 语言和 Fortran 语言编写程序,程序设计汉字化。这个系统经初步检验,能体现专家的经验知识,与用模式法 PEDMSBB–2 型程序预测的震害结果一致性较好。

2 专家知识

多层砖房的震害资料和抗震经验在我国是极为丰富的,从事地震工程的许多单位还做了大量的试验研究,并已具备评估和预测多层砌体房屋震害的专家知识。在本项研究中,专家知识的背景资料可参见《多层砖房的地震破坏和抗裂抗倒设计》、“现有多层砖房的震害预测方法及其可靠度”、《房屋抗震鉴定和加固设计规程》(编写稿)中第三章“多层砌体房屋的抗震鉴定和加固”等有关文献。

多层砖房的震害预测方法为我国首创。1982 年 3 月,在“多层砖混结构抗震性能”学术讨论会上(杭州)首次发表,同年 9 月刊登于《地震工程与工程振动》。这一方法是建立在对我国唐山、海城等历次破坏性地震的深入调查研究,积累了 49 个城镇(或小区)中 7 000 多幢多层砖房资料的基础上,用统计分析的方法,以墙体抗震强度系数为主要判据,再对结构体系、构造措施、施工质量、老旧程度和场地条件等因素进行二次判别。并用聚类分析法对照地震中的实际震害资料,验证预测的可靠性。在 1983 年 11 月由城乡建设环境保护部抗震办公室组织的鉴定会上,多层砖房震害预测方法获一致好评,评价意见为“依据可靠,方法合理,可以推广使用”。用这一模式预测的方法已在我国 20 多个城市得到应用,首例“安阳小区现有房屋(多层砖房)震害预测”获得了 1987 年国家级科学技术进步三等奖。

目前,《房屋抗震鉴定与加固设计规程》正在编制,其中第三章“多层砌体房屋的抗震鉴定和加固设计”的内容采用与多层砌体房屋易损性评价和震害预测专家系统相同的知识基础。该章编写小组的几位专家的知识和在编制过程中的实践,又为本系统提供了该领域更为广泛的经验。因此,本系统的专家知识是充实的,经验是成熟的。

3 知识工程

1986 年夏,作者在斯坦福大学 Blume 地震工程中心合作研究时设计了该系统的雏形,后又做了修改补充。当时讨论了采用商品化的专家系统外壳的可能性,意图将本系统设计成类同于斯坦福大学的地震危险性分析系统的结构,但由于规则的限制,难以表达这个领域的专家经验。因此,系统结构被设计成了信息采集、经验推理、计算分析和震害评估四部分。设计框图如本书 3–1 文图 1 所示。首先由使用者按照系统中要求提供信息,输入计算机后便由计算机根据专家知识模拟人的思维逻辑建立起来的模型进行处理,然后按使用者的需要给出处理结果,输出的可以是建筑物的震害程度和易损性及由此而造成的人员伤亡和经济损失,进而也可以输出对总的震害的评

本文出处:《计算结构办学及其应用》,1989 年 5 月,第 6 卷第 2 期,17–23 页;工程智能决策理论与应用研讨会,大连,1988 年 8 月。

估,即危害性。

3.1　信息采集

该项知识工程的设计特点,用人机对话的方式请用户提供预测房屋的有关信息,且回答简单只要求做选择或数值填充,提问次序合乎人们了解房屋抗震性能的常规。

在这个震害评估系统中,所要求的全部信息为 12 项。同本书 3-1 文信息采集,本文略。

3.2　经验推理和计算分析

该项知识工程的设计,将逻辑推理与调用关系数据库和数值计算相结合,但只做简单的算术运算。用专家系统来评估多层砌体房屋的地震危害性,与抗震设计、抗震鉴定及模式法预测震害相比较,不只是在内容上的扩展和形式上由计算机替代具有专门知识的工程技术人员,而在其将以往用数值逻辑和条文对照来处理和解决问题,进而加之思维逻辑和经验推理,使得计算机在接收到信息之后,具有模拟该领域专家的能力来处理和解决问题。

在设计这个震害评估系统中,尽量采用现行的分析方法和数据资料,建立关系数据库,力求广集我国各单位的专家知识,但其思维逻辑和经验推理可能更多的是局限于表达我们课题组的知识结构。

在评估系统中经验推理的表达,采用了大量的假设条件语句。例如,上面所述的砂浆标号,若材料未查看,手感又未做,则砂浆标号就无法从材料和手感来推断,而是要由另外的两个信息,即层数和建造年代或设防标准来推断。这是简单的经验推断。在确定结构体系的属性中,相关联的信息就要更多,经验推理也要复杂得多。不只是由它的四个子项的信息来判断,还与别的信息如层数、建筑结构类型等相关联。在此举一个简单的实例,海城地震后,在调查海城丝绸厂时,先查看两幢砖混结构的单身宿舍,底层较多的横墙出现微细的斜向和交叉的剪切裂缝,山墙较重;再看办公楼,外观其女儿墙普遍有水平裂缝且局部掉落,底层墙体都基本完好。单开间设置横墙的宿舍横墙有震害,双开间的办公楼反而无震害,而它们的砌筑砂浆无显著差别,层高、开间和进深,办公楼还都略比宿舍大些,上楼之前便有问及何故者,答曰:除非办公楼是用木楼屋盖。进一步调查证实此判断正确。对不同的结构类型和体系,判断震害的能力是赋予这个系统的。但在这个系统中的信息和结论是与震害分析正好逆置,也就是说这个系统的知识工程并不具备由震害得到的信息来反推建筑结构特性的能力,只能由建筑结构推

断震害。

3.3　震害评估

这个系统的震害评估包括建筑物抗震性能分析、建筑物震害程度预测、建筑物易损性评价、人员伤亡估计、直接经济损失估计、建筑物危害性评估。

多层砌体房屋的抗震能力,用一个无量纲的综合系数来标志,K_L 和 K_{Ti} 分别表示房屋各层抗御来自房屋纵向或横向地震动的能力。房屋的震害程度分为基本完好、轻微损坏、中等破坏、严重破坏、部分倒塌和全毁倒平六类,用震害指数来表示,取值为 0~1.0。根据抗震能力系数和震害指数,可以做震害程度的解释,即震害描述。这一解释功能,尚未赋予该系统中。

评价房屋的易损性,虽要用房屋的震害程度为依据,但它又不同于以地震动强度为条件的震害预测,易损性应是标志处在特定场地上的房屋所固有的特性。因此,在这个系统中将易损性定义为:当该房屋遭受 6~10 度五种不同烈度的地震时,预测震害指数的加权平均值。这样,易损性也用一个无量纲的指数来标志,其值也为 0~1.0。当易损性指数 $F_v = 0$,则为安全极;当 $F_v = 1.0$,则为易损极。在评估危害性时,人员伤亡与震害程度相关联;估计经济损失,包括房屋的现值和财产价值两项。房屋现值的损失率,在系统中与结构类型和震害程度相关联;财产的直接损失率,在系统中与目前用途和震害程度相关联。

对房屋总的震害的评价,即危害性,一般包括:

(1)建筑物的危险性。

(2)建筑物的易损性。

(3)建筑物的重要性(含财产损失的大小)。

(4)人员的居留数及其伤亡的可能性。

在评估危害性时,对这四项的权重,专家的认识差异可能甚大。在这个系统中,危害性评估先做分项列出,再按不同的权重进行综合。

4　程序设计

该系统的程序,已由美方合作者和我们分别编写,这两个程序都可在 IBM 微机上使用。

4.1　Damage Evaluation System for Multistory Unreinforced Masonry Buildings 程序

Thurston 和董伟民设计了该系统的程序,并发表合作论文 "*An Expert-Knowledge-Based Damage Evaluation System for Multistory Unreinforced Masonry Buildings*"。这个用 Fortran 语言编写的程序,总长共 1 000 多行。程序有三部分,信息采集、数据库资料和评价系统。采集

信息由用户直接回答或填卡,只提示要求回答的问题,而不显示提供选择的状况。根据回答的状况,再提示追问的问题或新的问题,或告诉用户由于什么原因用此程序不合适。该系统只适合于八层以下(含八层)的多层砌体房屋,如输入九层,即显示"对用此程序房屋层数太高",停止。数据库资料包括固定的表格和推理过程所涉及的关系,含有大量的二维表和需要内插的算式。用这个程序来评价易损性和预测震害,运行速度快,如果采用填卡输入数据文件后,运行时间一般只 2 min 左右。但用户必需熟知该系统状况,提供的信息要符合设计要求。

4.2　多层砌体房屋震害评估系统

多层砌体房屋易损性评价和震害预测专家系统是用 Prolog 语言编写,在 HProlog 系统支持下运行的一个程序。由于受 IBM 微机内存的限制,系统分五个控制模块(包括 18 个子模块),每个模块依次调入内存一次运行。每个模块完成不同的推理过程,但所有的模块拥有一个公用的静态数据库和一个动态数据库,动态数据库是全局可访问的。本系统的知识采用过程表示法会被存入知识库,每一个过程都是由"条件—动作"两部分组成,即产生式规则的形式。在调用这些过程中,首先使条件部分与动态数据库中的数据相匹配,匹配成功,则执行动作部分;否则,退回到调用前的状态,系统继续运行。由于系统是确定性推理,而多层砌体房屋易损性评估和震害预测过程中又存在着许多不确定性因素。因此,将部分知识转化为以评价域和系数的形式体现,使不确定性寓于确定性的推理过程之中。

静态数据库存储因素关系图、有关概念和指标等。它的主要作用:① 为推理机制提供线索,使推理机制按一定顺序调用人机对话子系统询问信息和推理;② 存放有关表格,使系统在推理过程中能根据用户输入的信息从表格中取走相应的数据。动态数据库存放推理过程中产生的中间信息,其中包括在人机对话过程中用户提供的信息,推理过程中的中间结果等所有必要的决策用信息。

系统采用深度优先和分段剪枝法进行搜索。因素关系图实际上是一种与/或图,系统对其进行搜索,当搜索到"与"结点时,系统对"与"结点下的每一个因素进行询问;当搜索到"或"结点时,系统便要求用户对"或"结点下的因素进行选择,选择其一,其他都被系统自动剪去。最后形成一个询问后实际的因素关系图,以供推理之用。推理过程与询问过程相反,系统的推理过程是对搜索过程中得到的实际的因素关系图由下而上估计各节点的状态的过程,所用的知识是专家的经验知识,知识的一般形式是用评价域及系数表示。

该系统的这个程序,主要解决了汉字化和人机交互的问题,便于在国内推广应用。且适用于内存 256 KB 以上的 PC/XT、AT 机及其兼容机。但所用的 HProlog,计算功能差,系统的运行时间较长。故还用 Fortran 语言编写也具人机交互和汉字化的程序。

5　改进和应用

本系统虽有成熟的专家知识,知识工程的结构也较完善,按此原型设计的两个程序经初步检验,均能体现专家的经验知识,且与用模式法 PEDMSBB - 2 型程序预测震害的结果一致性较好,但本系统的知识工程和程序设计仍有待进一步充实和改进。本系统需要选择功能更强的既能有效进行推理又能进行计算的汉字化工具软件;需要进一步调整和扩充知识工程,增加解释功能;更需要通过大量的震害实例的检验和得到众多的领域内专家的验证认可。

本系统有望在今后一两年内推广使用。

3-3　投入使用的多层砌体房屋震害预测专家系统 PDSMSMB-1

杨玉成　李大华　杨雅玲　王治山　杨　柳

1　引言

经过三年多的研究，多层砌体房屋易损性评价和震害预测的专家系统现已正式投入使用。该系统的建立可分为雏形—演示—使用—实用商品化四个阶段。

雏形阶段——1986 年夏，在同美国斯坦福大学 Blume 地震工程中心进行合作研究时，我们设计了该系统（雏形）的知识工程，次年春由美方合作者设计了该系统的程序 DESMUMB。DESMUMB 程序用 Fortran 语言编写，可在 IBM 微机上运行，但它将该系统（雏形）知识工程中设计的人机对话采集信息改为输入数据文件，并将震害预测的网络系统删减为树状因素关系。

演示阶段——自 1987 年该系统的研究列入国家自然科学基金重大项目"工程建设中智能辅助决策系统的应用研究"之中的三级子项"城市现有建筑的震害预测和防御对策专家系统"后，我们吸取了该领域更多专家的经验，充实和改进了该系统雏形的知识工程，在 1988 年春夏用 HProlog 语言编写程序 VESMSMB。该系统的 VESMSMB 程序主要实现了汉字化和人机交互的问题，但仍未实现影响因素的网络关系，且因 HProlog 语言的计算功能差，故预测的对象仍较局限，在微机上的运行时间也较长。VESMSMB 程序属该系统的演示性阶段。

使用阶段——在 1988 年冬，该系统的知识工程由多层砌体房屋的易损性评价和震害预测延伸扩展到地震危害度评估和决策分析，并重新设计系统程序，用批处理命令管理基本模块和网络系统，用 Fortran 语言解决计算问题。多层砌体房屋震害预测专家系统（第一版）——PDSMSMB-1，经系统内因素关系的考核和震例检验，已于 1989 年 5 月开始在太原市的震害预测中使用。汉字化的 PDSMSMB-1 系统使用简便，可信度高，一般土建技术人员通过人机对话提供数据信息或按填写的信息卡输入数据，进入推理系统，预测震害的结果可达到专家级的水准。

2　系统目标和知识

该专家系统的目标是对现有的和新建的各类多层砌体房屋预测当遭遇到不同烈度的地震影响时的震害，并评价预测房屋的易损性、地震危害度和抗震设防的满足程度，进而做出决策分析。由于现行的抗震鉴定标准只是评价现有的房屋在遭遇到设防烈度的地震影响时是否倒塌，而新的建筑抗震规范设计也只是保障新建的房屋在遭遇设防烈度的地震影响时，房屋的损坏程度限制为经一般修理仍可继续使用，和"小震不坏、大震不倒"。因此，为达到该系统的目标，知识领域必定要超越抗震鉴定标准和设计规范的内容，知识库也不能只由它们的条文所提供的信息和规则来建立。

多层砌体房屋震害预测专家系统 PDSMSMB-1 的知识工程是由领域专家自行设计的，知识的表达充分地反映了专家的知识、经验和思维逻辑；同时，在知识工程中也吸取了该领域更多专家的知识和经验，包括了震害经验和统计结果，以及一般的抗震计算和规范的设防准则、墙体和房屋的抗震试验资料。对预测房屋的不确定性和预测过程的不确定性，在系统中以扩张的确定性系数法表示，即用确定的单值、多值或区间，使不确定性问题寓于确定性的推理过程之中，多值的预测结果或评价域，可由修改相应的信息或由系统内部实现。

PDSMSMB-1 系统框图如图 1 所示。地震危害程度评估和决策分析，即预测房屋对应于不同烈度的潜在震害时，可先按地震危险性分析的 50 年超越概率约为 60%、10% 和 3% 的三个水准烈度或城市设防烈度，分别评估对"小震不坏、中震可修、大震不倒"的设防

本文出处：《地震工程与工程振动》，1990 年 9 月，第 10 卷第 3 期，83-90 页；第二届全国工程建设中智能辅助决策系统应用研讨交流会，北京，1989 年。

准则的满足程度,然后再结合房屋的用途(重要性和设防标准),综合评估地震危害程度,并考虑到房屋在6~10度时的易损性指数,做出决策分析,看是否符合抗震设防的要求。

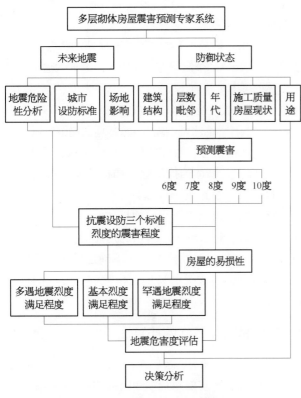

图1　PDSMSMB－1系统框图

3　人机对话和信息卡

　　PDSMSMB－1系统具有汉字化的人机对话功能,可简便而有效地采集数据信息。信息量适当(有10项),对2~7层的房屋,共有64~128个数据。对话用工程术语,问题有所处状态的选择和数值填充两类,一般土建技术人员不需事先学习专家系统的知识,便可进行人机交互对话。为了缩短对话时间、节省机时,设计了一张多层砌体房屋易损性评价和震害预测专家系统数据采集信息卡(表1)。熟悉信息卡填写说明后,一幢典型房屋的信息卡能在1~2 h之内填写好,程序操作员按信息卡做人机交互采集数据的时间约10 min,在AST－286微机上运行时间不到1 min即可显示结果。

　　在人机对话中,采集的数据信息将逐项询问用户是否正确,随时可做修改,且只在回答是正确的之后,才再继续下项的人机对话。在全部信息采集完毕,甚至在进入推理系统显示或输出预测结果后,均可提取任何一项数据做修改,系统的这一功能也便于用户对不确定的信息做多值预测。

表1　多层砌体房屋震害预测专家系统数据采集信息卡

编号　　　　　　　房屋代码
房主　　　　　　　　　　房名
地点
(一)目前用途　　　　　(　　)
(二)层数 $n=$ 　　　,地下室　　　,毗邻　　　,
　　　变形缝数 $N=$ 　　,缝功能相邻房屋层数 $n_0=$ 　　,
　　　缝宽 $y/n\Delta=$ 　　cm,预测房屋在成排位置
(三)建筑结构类型
　　　墙体　　楼盖　　屋盖　　建筑形式
(四)建造年代和质量
　　　原建　　年(代),1有接建——原有层数 $n_L=$
　　　接层层数 $n_s=$
　　　2有扩建——扩建面积 $S_s=$ 　　 m^2,3无扩接建
　　　施工质量1优　2一般　3较差　4差或措施不妥　5严重
　　　房屋现状1好　2无损　3有损　4严重破坏　5危房
(五)抗震设防标准　　　城市设防烈度　　度
　　　房屋1抗震设计　　度　2抗震加固　　度　3无设
　　　防措施　4不知道
(六)结构体系的属性和尺寸
　　　建筑外形　　　,内墙布置　　　,承重体系
　　　总高 $H=$ 　　,各层高 $h=$ 　　,　　　,
　　　　　　,　　　,　　　m
　　　小楼高 $h_s=$ 　　m,女儿墙高 $h_p=$ 　　m,
　　　房长　　m,单肢宽　　m,总宽　　　m
　　　各层平面积 $S_i=$ 　　,　　　,　　　,
　　　　　　, m^2
　　　总建筑面积 $\sum S_i=$ 　　 m^2,占地面积 $S_0=$ 　　 m^2
　　　小楼面积　　 m^2
　　　开间宽 $B=$ 　　m,横墙最大间距 $B_{max}=$ 　　m
　　　开间数 N_K
　　　内横墙道数 $N_D=$ 　　,外墙内柱　　m,
　　　墙外柱　　m
(七)整体性
　　　墙体　闭合 y/n——悬墙长 $l_K=$ 　　m,无孔道 $y/n/h$,
　　　联结 $y/n/h$
　　　楼屋盖　无错层 $y/n/h$,构件 y/n,无附加力 y/n
　　　楼屋盖与墙体 y/n,圈梁1良好,2一般,3不足,4没有
(八)墙体抗震能力和荷载
　　　各层净截面积——纵墙 A_{Li} 　　,　　　,
　　　　　　　　　　　　　　　　　　, m^2
　　　　　　　　　　横墙 A_{Ti} 　　,　　　,
　　　　　　　　　　　　　　　　, m^2

各层重量 y/n　　y——活载 Q_{Li} 　　,　　　,
　　　　　　　　　　　　　　　　　　, t/m^2
　　　　　　　　　楼屋盖 Q_{Fi} 　　,　　　,
　　　　　　　　　　　　　　　　　　, t/m^2
　　　　　　　　　纵墙 W_{Li} 　　,　　　,
　　　　　　　　　　　　　　　　　　, t
　　　　　　　　　横墙 W_{Ti} 　　,　　　,
　　　　　　　　　　　　　　　　, t
　　　女儿墙重纵 $W_{LP}=$ 　　t　　　横
　　　$W_{TP}=$
　　　小楼活载 $Q_{LS}=$ 　　 t/m^2　小楼顶盖
　　　$Q_{FS}=$ 　　 t/m^2

（续表1）

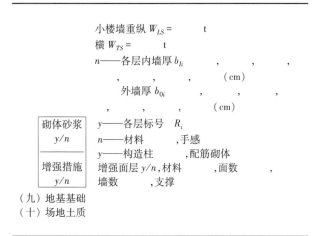

小楼墙重纵 $W_{LS} =$ t

横 $W_{TS} =$ t

n——各层内墙厚 b_{Ii} , , ,

, , (cm)

外墙厚 b_{0i} , , ,

, , (cm)

y——各层标号 R_i

n——材料 ,手感

y——构造柱 ,配筋砌体

增强面层 y/n ,材料 ,面数 ,

墙数 ,支撑

砌体砂浆 y/n

增强措施 y/n

（九）地基基础

（十）场地土质

注：1. 编号和房屋代码两格用户不填，由统一填写。
　　2. 必须按该系统人机对话内容填写数字代码；按出单位填数值。
　　3. 凡标 y/n 或 $y/n/h$ 项的将确认者画圈，并填写相应的项目。
　　4. 列多项供选择的选中项保留，其余选不中的项在数字上打×。

4 输出结果和查询

该系统提供的主要结果有四个部分：

（1）房屋概况。这是由 PDSMSMB－1 系统自身在执行人机对话采集信息过程中形成的预测对象——系统内的多层砌体房屋。概况既作为预测的依据，又供用户校核系统中的房屋是否与实际相一致。由于系统自动生成并输出的房屋概况，用词较为机械死板，如用户需要，可在屏幕显示器上做任意修改和编排。

（2）震害预测结果。用表分别列出当遭受6、7、8、9和10度地震影响时的震害指数、震害程度、房产损失率、财产（室内）损失率和伤亡率。震害程度分为六个档级：基本完好（包括完好无损）、轻微损坏、中等破坏、严重破坏、部分倒塌和全部倒塌。震害指数域为[0,1]，与各个档级震害程度相应的震害指数分别为[0～0.1]、(0.1～0.3]、(0.3～0.5]、(0.5～0.7]、(0.7～0.9]和(0.9～1.0]。

（3）易损性评价。用易损性表征房屋固有的抗震性能，它与设防烈度无关，易损性指数用6～10度的震害指数平均值及相关影响表示。按易损性指数的大小从0～1分为9个档级评价房屋的易损性，即易损性很小、小、较小、中等偏小、中等、中等稍大、较大、大和很大。

（4）地震危害度评估和决策分析。现有房屋的地震危害度由抗震设防三个水准烈度的满足程度进行综合评判。三个水准烈度的满足程度均分为四个档级：① 很好；② 一般；③ 勉强；④ 不能。地震危害程度分为六个档级：① 极小；② 较小；③ 中等（对一般房屋可接受）；④ 稍大（对一般房屋勉强可接受）、

⑤ 较大（对一般房屋不可接受）；⑥ 极大（不可接受）。决策分析意见相应于地震危害程度档级①和②的为符合重要房屋的设防要求，相应于档级③的为符合一般房屋的设防要求，相应于档级④的为勉强符合一般房屋抗震设防要求，相当于档级⑤和⑥的为不符合抗震设防要求。

如果用户需要，可查询各层纵横墙的震害指数和震害现象，墙体的预测震害也可依表格的形式输出。楼层墙体的震害描述有 12 种现象：完好无损、基本完好、个别微裂、少数微裂、部分开裂、多处开裂、严重开裂、酥裂错位、部分倒塌、大部倒塌、（倾）倒塌和墙倒屋塌。

对输入的信息和系统执行过程中生成的数据（如各层砂浆标号、墙体的抗震强度和抗震能力指数等），用户也可要求查询，但在系统内不生成输出文件。

该系统输出结果有固定的格式，见本文附录的实例。实例为一幢六层砖木结构的房屋，与相邻房屋的缝宽不知，在易损性评价中对此不确定性输出不发生碰撞和碰撞两种情况的易损性指数和抗震性能进行评价。

5 震例检验和系统的局限性

唐山、海城、通海、阳江、东川和乌鲁木齐等地震中多层砖房的震害实例与检验 PDSMSMB－1 系统的震害预测结果甚为一致。通过震例检验也看到某些不确定因素的影响和系统的局限性。表2中列出24幢受检房屋在实际地震中的震害程度和预测的震害程度。由震例检验可见：

（1）用 PDSMSMB－1 系统预测多层砖房的震害程度和实际震害的符合度约为90%，聚类分析的平均距离约为0.1级震害程度。用其他材料砌筑的多层房屋缺乏检验震例。

（2）震例 12 海城县招待所配楼，按施工质量差或较差预测 8 度地震的震害均为部分倒塌，甚至按 9 度异常区预测也为部分倒塌，实际震害为倒平。震例 12 是纵墙承重的房屋，且楼层高（底层 4.5 m，上层 4 m），在横墙倒塌后，纵墙可能因失稳而倒塌，而系统中尚未赋予有关稳定的计算和经验判别。这点在应用 PDSMSMB－1 时要注意。

（3）震害程度评定的模糊性与预测的确定性之间有矛盾。如震例 13 预测震害为轻微损坏，实际为局部损坏，震害程度评定为基本完好，但也可评定为轻微损坏。

（4）一些因素的不确定性影响，在表 2 中可见，如对震例 6、12、17 和 23 提供不适当的信息，预测震害可能

与实际震害有偏差。又如震例9、10、14和21有确定的场地，若另做错误的信息输入，也会使预测结果有偏差。

（5）从震例检验还反映出系统的两点局限性。一是系统中虽将倒塌分为部分倒塌、大部倒塌、倾倒和全部倒塌，但未赋予倒塌形态的知识，即倒塌往往发生在最薄弱层，如果薄弱层在中间楼层，有可能上部楼层倒塌后下部楼层残存，如震例1和2；二是局部构件和附属物，如女儿墙、屋顶小烟囱及小楼等的震害预测知识在系统中也未赋予。

6　结语

汉字化的 PDSMSMB－1 系统知识丰富、功能良好，经震例检验可信度高。该系统是一个已投入使用的专家系统，自1989年5月开始用于太原市震害预测，之后又用于无锡市震害预测，以及湖北红峰、险峰和万里三厂的震害预测，地矿部资料阅览室大楼、全国工商联办公楼和家属宿舍的震害预测等。预测实践表明，PDSMSMB－1 系统使用方便，一般土建技术人员通过人机对话提供数据信息，或填写信息卡输入数据，进入该系统推理，预测震害的结果可达到专家级的水准，即能够体现出专家的经验知识和我国目前的房屋抗震设防的准则。在做进一步充实，增加解释功能和得到更多领域专家的检验之后，多层砌体房屋震害预测专家系统 PDSMSMB－1 可望推广使用，实现商品化。

表 2　多层砌体房屋震例检验

震例	房　屋　名　称	层数	地震烈度	实际震害程度	预测震害指数	预测震害程度	说　　明
1	唐山开滦矿第三招待所	7	11	全毁倒平	1.000	全部倒塌	中段门厅塌到底，两侧残存一、二层，预测震害三层最重
2	唐山煤炭科学研究所侧楼	5	11	全毁倒平	1.000	全部倒塌	西侧楼倒平，东侧楼顶部两层倒平，预测震害一至四层相近
3	唐山地区外贸局办公楼	4	10	严重破坏	0.630	严重破坏	二层最重，一、三层次之，预测震害二层最重，一、三层次之
4	唐山跃进小区丙型住宅	3	10	近乎全倒平	0.932	全部倒塌	5 幢
5	唐山范各庄矿单身宿舍	3	9	中等破坏	0.474	中等破坏	
6－1	滦县卫生局办公楼	2	8	轻微损坏	0.250	轻微损坏	按无损，且墙间半数有孔道预测
6－2					0.350	中等破坏	按无损，半数有孔道联结欠缺
6－3			9	倒塌	0.609	严重破坏	按有损，半数有孔道联结欠缺
6－4					1.000	全部倒塌	按有损，纵横墙间几无联结预测
7	天津59中新教学楼	5	7	轻微损坏	0.154	轻微损坏	
8	天津灰堆中学	4	7	中等破坏	0.473	中等破坏	施工质量较差
9－1	海城华子峪三层住宅	3	9	严重破坏	0.569	严重破坏	山坡脚一般稳定土层
9－2					0.456	中等破坏	按覆盖基岩的密实薄土层预测
10－1	海城牌楼镁矿女宿舍	3	9	严重破坏	0.547	严重破坏	表土层较弱
10－2					0.503	严重破坏	按一般稳定土层预测
11	海城镇医院	2	8	基本完好	0.026	基本完好	符合8度重要房屋抗震设防要求
12－1	海城县招待所配楼	3	8	倒平	0.712	部分倒塌	按施工质量较差预测
12－2					0.746	部分倒塌	按施工质量差预测
13	海城纺织机械厂宿舍	2	8	基本完好	0.217	轻微损坏	局部有震损
14－1	曲溪曲江糖厂外廊住宅	2	10	中等破坏	0.344	中等破坏	砂卵石场地
14－2					0.532	严重破坏	按一般稳定土层预测
15	峨山县医院病房楼	2	9	倒平	0.953	全部倒塌	建于故河道，处理有欠缺
16	阳江商业职工宿舍	3	7	轻微损坏	0.275	轻微损坏	

（续表2）

震例	房 屋 名 称	层数	地震烈度	实际震害程度	预测震害指数	预测震害程度	说　　　明
17-1	阳江一中二号楼	2	7	倒塌	1.0	全部倒塌	木屋架腐朽,按危房预测
17-2					0.605	严重破坏	按现状严重损坏预测
18	阳江北津港休息楼	2	7	严重破坏	0.507	严重破坏	明显扭转和软土
19	东川文化馆	2	8	中等破坏	0.405	中等破坏	局部地基不良,且处理有欠缺
20	东川新村013住宅	3	8	中等破坏	0.430	中等破坏	地基一角不良
21-1	东川硅肺疗养所	2	8	严重破坏	0.606	严重破坏	建于山顶,属不良场地
21-2					0.461	中等破坏	按一般场地预测
22	乌鲁木齐煤矿学校宿舍	3	7	基本完好	0.068	基本完好	
23-1	乌鲁木齐电影译制厂宿舍	2	7	严重破坏	0.505	严重破坏	质量差,整体性按一般预测
23-2					0.486	中等破坏	质量差,整体性按良好预测
24	乌鲁木齐军区卫校教学楼	3	7	中等破坏	0.330	中等破坏	

附录　多层砌体房屋震害预测专家系统 PDSMSMB-1 的输出结果

房屋名称：×××六层临街房屋

一、房屋概况

20世纪30年代建造,无接扩建,施工质量一般,房屋基本无损,建筑规模为中小型,总建筑面积为1 620.0 m²,总高度为19.5 m,六层,整栋有全地下室,成排房屋双墙依邻,缝宽不知。普通黏土砖实心墙,木楼盖,木屋盖,空旷(有承重内柱,包括隔墙)。建筑外形对称,内墙布置基本均衡对称,承重体系为外墙内柱。没有增加整体性措施(圈梁),地基基础正常,场地土质条件为一般稳定土层。

二、震害预测结果

地震烈度	Ⅵ	Ⅶ	Ⅷ	Ⅸ	Ⅹ
震害指数	0.264	0.650	0.828	0.990	1.000
震害程度	轻微损坏	严重破坏	部分倒塌	全部倒塌	全部倒塌
房产损失/%	6.740 0	50.000 0	82.400 0	99.500 0	100.000 0
财产损失/%	0.820 0	16.250 0	39.200 0	95.000 0	100.000 0
受伤率/%	0.016 4	2.275 0	20.280 0	66.000 0	70.000 0
死亡率/%	0.000 0	0.752 5	6.760 0	28.000 0	30.000 0

三、易损性评价

易损性指数 $f_v = 0.747$。

抗震性能评价：抗震性能差,易损性大。

如与相邻房屋发生碰撞,震害加重,易损性指数 $f_v = 0.814$。

抗震性能评价：抗震性能很差,易损性很大。

四、地震危害度评估和决策分析

城市抗震设防烈度：7度。

抗震设防三个水准烈度的满足程度：

多遇地震烈度(小震)——勉强；

设防烈度(基本烈度)——不能；

罕遇地震烈度(大震)——不能。

评估意见：地震危害度极大,不可接受,不符合抗震设防要求。

3-4 PDSMSMB-1 多层砌体房屋震害预测专家系统的应用(概要)*

杨玉成 李大华 杨雅玲 王治山 杨 柳

本文内容基本同上文《投入使用的多层砌体房屋震害预测专家系统 PDSMSMB-1》,在此增加说明。在国家自然科学基金重大项目"工程建设中智能辅助决策系统研究"第二届研讨会上(1989 年 12 月),首次发表研究成果 PDSMSMB-1。当年刚开始投入使用,用于太原市和厦门市单体房屋震害预测,无锡市等地的来料加工也才开始。系统大量用于震例检验唐山、海城、通海、阳江、东川、乌鲁木齐等地震,符合度达 90%。PDSMSMB-1 在 1990 年 10 月的第三届全国地震工程会议上再次发表。在那两年的城市房屋建筑震害预测中,关于运用该专家系统,有报告集:厦门市典型的或重要的房屋震害预测(1989 年 4 月)、太原市抗震防灾重要房屋震害预测(1990 年 6 月)、太原市民用建筑单体震害预测(1990 年 6 月)、无锡市多层砌体房屋震害预测(无锡抗办填表)、铁岭市多层单层砖房震害预测(市规划局填表)。

为执行国家地震局下达研究课题"现有房屋震害预测",我方曾去洛阳地震台一周,给河南省地震局震害预测学习班讲课,演示 PDSMSMB-1 系统程序,教他们使用,给加密程序软件。曾两度一个多月协助山东省地震局对鲁南重点监视区八市县(临沂、日照等)开展多层砖房调研和震害预测,给予山东地震局和开发部 PDSMSMB-1 程序软件各一份,并培训使用。

在山东地震局组织的日照市宣讲震害预测会上,石臼港务局邀我方去查看办公楼开裂原因和预测震害。查看现场和设计图后,我方分析开裂原因,后经港务局设计室工程师确认,并当即签协现有房屋震害预测和抗震鉴定(注:日照港原称石臼港)。1992 年 5 月提交石臼港务局房屋震害预测综合报告、抗震防灾重要房屋和单宿震害预测单体报告、生活区房屋震害预测单体报告。五年之后,局方又邀我方做日照港务局第二生活区房屋建筑抗震鉴定和震害预测,并要求 4 个月提交总报告和单体报告集。后我方又于 1999 年 3 月提交日照港务局第三生活区住宅设计抗震性能评定和震害预测单体报告,在日照还对石臼海关住宅楼和中国银行石臼分行办公楼和住宅进行了震害预测和抗震加固方案选择。

日照港务局三邀我方做房屋抗震鉴定和震害预测,曾致函感激我们;另外,我方在新疆克拉玛依住宅的抗震鉴定、震害预测和振动台试验,同样达到了安定民心、促进房改的效果。

在第三届全国地震工程会议上,我方再次公开发表 PDSMSMB-1 专家系统,该会的影响比学术研讨会的影响大,从而使这系统得到了工程界的认可。多层砌体房屋震害预测专家系统从学术研究走向工程实践。到 1991 年年底,使用该系统预测震害的有太原、厦门、无锡、铁岭、山东鲁南和日照港等地,还有湖北洪峰、险峰和万里三厂多层砖房,天津港务局多层砖房和砖平房,本溪市中小学校教学楼,大同矿务局变电所,地矿部资料阅览室大楼,全国工商联办公楼和住宅的震害预测抗震鉴定和加固方案选择,还有云南建筑技术发展中心多层砖房基底隔震方案的选择等。

本文出处:《第三届全国地震工程会议论文集》,大连,1990 年,1923-1928 页。

* 本书删略本文与本书 3-3 文相同处。

3-5 太原市居住建筑的单体震害预测[*]

杨玉成 赵 琨

1 引言

太原市建筑类型众多,抗震性能各异。为编制《太原市城市减轻地震灾害规划》,于 1989 年 4—6 月选取各类居住建筑共 119 幢,建筑面积 207 805 m² 进行了震害预测。包括住宅楼 102 幢,宿舍楼 5 幢,20 世纪 80 年代新建的底层为商店、上层为住宅的楼 5 幢,另有 7 幢老旧的临街商业用房。

2 建筑类型

太原市城区住宅建筑大致可分为六类:

(1) 20 世纪 80 年代建造的多层砖住宅,一般为单元式建筑,砖混结构,按 8 度抗震设防,以 5、6 层为多,个别高达 7 层。目前,这类住宅的建筑面积占全市住宅总面积的一半,且以住宅小区的布局为多。选取 37 幢进行了震害预测。

(2) 底层为商店、上层为住宅的楼房多为 20 世纪 80 年代建造,底层为框架结构,上层为砖混结构,按 8 度设防,一般为 5、6 层,建于临街或住宅小区。选取 5 幢做震害预测。

(3) 20 世纪 50 年代初到 20 世纪 70 年代末建设的多层砖住宅,以 3、4 层为主,50 年代建造的一般为砖墙承重,钢筋混凝土楼屋盖或木屋盖,六七十年代的一般为砖混结构。在这类住宅中,1976 年唐山地震后建造的注意了抗震设防,按 7 度或 8 度设计;在未设防房屋中,抗震加固的仅为少数。选取 39 幢做震害预测。

(4) 多层砖拱住宅,在 20 世纪五六十年代至 70 年代初建造,为 2~3 层,楼屋盖大多为大砖拱,少数为小梁砖拱。这类住宅均未按抗震设计,也未见有抗震加固的。砖拱房屋的现状大部分基本完好,少数破坏严重。对不同建筑结构和建造年代的砖拱住宅,选取

了 11 幢预测震害。

(5) 老旧楼房,多为 20 世纪三四十年代或更早建造的二层砖木结构,砖墙承重,木楼盖和木屋盖。老旧屋多半为临街商店,亦有作为住宅和办公等用的。这类房屋除个别翻建外,一般有不同程度的损坏,有的甚为严重,已属危房之列。选取 6 幢预测震害。

(6) 单层平房,作为住宅和商店用房,以老旧砖木结构为多,一般是砖墙承重木屋盖平房和木构架承重砖或表砖里坯围护墙平房;近期翻建或新建的平房,一般为砖墙承重。城区还有少量的土拱房、土坯房、表砖里坯房、砖柱土坯墙房、空斗墙平房和砖拱平房。老旧平房不仅数量多、破损严重、抗震能力差,而且分布集中,由于普遍在院子里乱搭滥建,建筑密度大。选取 21 幢预测震害。

3 单体震害预测结果

对太原市 119 幢建筑的震害预测,均按 PDSMSMB-1 多层砌体房屋震害预测专家系统进行,其中平房也采用该专家系统的外壳进行。PDSMSMB-1 系统通过人机对话逐幢采集数据信息,进入推理机,并由系统自行成文输出单体报告,内容有四个部分:① 预测房屋的建筑结构概况;② 震害预测结果(包括 6~10 度地震时的震害指数、震害程度、房产损失率、室内财产损失率和伤亡率);③ 易损性指数和评价;④ 城市抗震设防三个水准烈度的满足程度、地震危害度评估、抗震决策分析意见。该系统的输出结果有固定的格式,表 1 为预测结果实例。

预测结果中的震害程度分为基本完好(包括完好无损)、轻微损坏、中等破坏、严重破坏、部分倒塌、全部倒塌六个档次,各个档次震害程度相应的震害指数分别为[0~0.1]、[0.1~0.3]、[0.3~0.5]、[0.5~0.7]、[0.7~0.9]、[0.9~1.0]。易损性评价是用易损性指数表示的,它是房屋固有抗震性能的一个表征量,由 6~

本文出处:《山西地震》,1991 年,第 4 期,20-25 页。

 * 参加本项工作的还有国家地震局工程力学研究所杨雅玲、赵衍刚、杨柳、林学东,太原市地震局郑鹄,太原市抗震办赵廷宗、商杰。

10 度的震害指数平均值及相邻影响得到。从 0～1 依其大小来评价易损性的大小，以地震危险性分析的 50 年超越概率为 63%、10% 和 2.5% 的烈度作为抗震设防的三个水准烈度，对其满足程度分为良好、一般、勉强、不能四级。作为决策分析的抗震设防评估意见，归为五类，用数字代码表示：① 地震危害程度极小，符合重要房屋的抗震设防要求；② 地震危害程度较小，勉强符合重要房屋的抗震设防要求，1 类和 2 类对一般房屋来说分属符合抗震设防要求良好和较好；③ 地震危害程度可接受，符合一般房屋抗震设防要求；④ 地震危害程度稍大，勉强符合一般房屋抗震设防要求；⑤ 地震危害程度极大，不符合抗震设防要求。

表 1　多层砌体房屋震害预测输出结果

房屋名称：×××区住宅

1　房屋概况

　　20 世纪 80 年代建造，无接扩建，施工质量一般，房屋现状基本完好，建筑规模为中型，总建筑面积 2 409 m²，总高度 16.1 m，房屋层数为 5 层，整幢有全地下室，无毗邻影响。普通黏土砖实心墙体。增加整体性措施(圈梁)情况良好，钢筋混凝土构造柱隔开间设置。濒临河岸，且土质软弱，妥善处理，场地土质条件为：按地震小区划结果输入场地土质条件影响系数。设计砂浆标号：1～3 层为 75 号，4～6 层为 50 号

2　震害预测结果

地震烈度	6	7	8	9	10
震害指数	0.000	0.147	0.330	0.483	0.614
震害程度	完好无损	轻微损坏	中等破坏	中等破坏	严重破坏
房产损失/%	0.000 0	2.645 8	9.805 1	18.980 5	42.811 4
财产损失/%	0.000 0	0.235 1	1.601 7	4.660 2	13.554 3
受伤率/%	0.000 0	0.004 7	0.032 0	0.093 2	1.753 8
死亡率/%	0.000 0	0.000 0	0.001 5	0.009 2	0.574 6

3　易损性评价

　　易损性指数 $f_v = 0.315$

　　抗震性能评价：抗震性能较好、易损性较小

4　地震危害度评估和抗震决策分析

　　城市抗震设防烈度：8 度

　　抗震设防三个水准烈度的满足程度：

　　多遇地震烈度(小震)——一般

　　设防烈度(基本烈度)——一般

　　罕遇地震烈度(大震)——很好

　　评估意见：地震危害度较小，符合房屋抗震设防要求

4　预测震害的统计分析

　　表 2 为太原市 119 幢住宅和商业用房的预测震害矩阵，当遭遇地震烈度为 6～10 度时的不同震害程度概率(百分率)分别按幢数和建筑面积统计。表 3 为各类居住建筑(含商业用房)在不同烈度下的预测震害指数和易损性指数，也按幢数和建筑面积统计。从单体预测震害及统计结果可知：

　　(1) 预测震害的 119 幢建筑，当遭遇 6 度地震时，有 94 幢房屋基本完好，占建筑面积 93%，8 幢房屋轻微损坏，占建筑面积 5.1%，14 幢房屋破坏，破坏率和倒塌率(按建筑面积计算)分别为 1.7% 和 0.24%；7 度时大多数房屋仍轻微损坏和基本完好，分别为 48.5% 和 27.7%，破坏率为 22%，倒塌率为 1.8%；当遭遇到设防烈度的地震为 8 度时，轻微损坏和基本完好的房屋为少数，近 10%，中等破坏的达 70.8%，严重破坏的为 17.2%，倒塌的为 2.3%；遇有 9 度大震时，部分倒塌和全部倒塌的分别为 18% 和 4.4%，中等破坏和严重破坏的分别为 20% 和 57.4%；10 度地震时近 2/3 的房屋倒塌。

表 2　太原市居住建筑(含商业用房)的预测震害矩阵

总幢数＝119 幢　　总建筑面积＝207 805 m²

震害程度和震害指数	幢数面积	地震烈度				
		6	7	8	9	10
基本完好	N	94.00	29.00	1.00	0.00	0.00
	A	193 148.00	57 598.00	310.00	0.00	0.00
0.0～0.1	N/%	78.99	24.37	0.84	0.00	0.00
0.0	A/%	92.95	27.72	0.15	0.00	0.00
轻微损坏	N	8.00	46.00	9.00	1.00	0.00
	A	10 659.00	100 722.00	19 836.00	310.00	0.00
0.1～0.3	N/%	6.72	38.66	7.56	0.84	0.00
0.2	A/%	5.13	48.47	9.55	0.15	0.00
中等破坏	N	10.00	24.00	68.00	17.00	1.00
	A	2 788.00	45 063.00	147 138.00	41 566.00	310.00
0.3～0.5	N/%	8.40	20.17	57.14	14.29	0.84
0.4	A/%	1.34	21.69	70.81	20.00	0.15
严重破坏	N	4.00	5.00	19.00	54.00	33.00
	A	710.00	714.00	35 657.00	119 318.00	73 830.00
0.5～0.7	N/%	3.36	4.20	15.97	45.38	27.73
0.6	A/%	0.34	0.34	17.16	57.42	35.53
部分倒塌	N	2.00	8.00	5.00	20.00	29.00
	A	450.00	2 498.00	866.00	37 541.00	74 530.00
0.7～0.9	N/%	1.68	6.72	4.20	16.81	24.37
0.8	A/%	0.22	1.20	0.42	18.07	35.87
全部倒平	N	1.00	7.00	17.00	27.00	56.00
	A	50.00	1 210.00	3 998.00	9 070.00	59 135.00
0.9～1.0	N/%	0.84	5.88	14.29	22.69	47.06
1.0	A/%	0.02	0.58	1.92	4.36	28.16

表3　太原市各类居住建筑(含商业用房)
预测震害指数和易损性指数

房号	房屋类型	统计项幢数 N 面积 A	不同烈度的预测震害指数					易损性指数
			6	7	8	9	10	
1~37	20世纪80年代建多层砖住宅	N	0.02	0.16	0.34	0.52	0.68	0.34
		A	0.02	0.17	0.36	0.53	0.70	0.36
38~42	20世纪80年代建底层商店住宅	N	0.00	0.25	0.35	0.56	0.80	0.39
		A	0.00	0.25	0.36	0.57	0.82	0.40
43~81	20世纪50~70年代建多层砖住宅	N	0.01	0.21	0.40	0.62	0.83	0.41
		A	0.01	0.22	0.41	0.63	0.84	0.42
82~92	多层砖拱住宅	N	0.09	0.39	0.62	0.91	1.00	0.60
		A	0.07	0.36	0.58	0.89	1.00	0.58
93~98	老旧砖木楼房	N	0.48	0.83	0.95	1.00	1.00	0.85
		A	0.49	0.85	0.96	1.00	1.00	0.86
99~119	各类平房	N	0.32	0.57	0.77	0.91	1.00	0.71
		A	0.25	0.57	0.72	0.89	1.00	0.67
1~119	总计	N	0.10	0.31	0.49	0.68	0.84	0.48
		A	0.03	0.22	0.40	0.59	0.78	0.40

（2）从预测指数和易损性指数可见，太原市不同类型的居住建筑在未来地震中的震害程度相差甚大。各类房屋震害如下：

20世纪80年代建造的多层砖混结构的住宅和底层框架结构上层砖混结构的商店加住宅震害较轻，一般在6度小震时基本完好无损，8度时轻微至中等破坏，9度时中等严重破坏。但有的新建住宅施工或设计质量甚差，例如有一栋墙体砌筑砂浆不仅未达到设计标号，且灰浆严重空缺；还有一组两栋楼采用已被撤销的设计单位的图纸施工，楼梯间大梁的支承墙体在地震时极易破坏。对新建住宅的震害预测必须说明两点：① 砂浆标号一般是按设计图中要求的标号预测的，但实际施工时有许多房屋的墙体砌筑砂浆标号达不到要求；② 在软弱地基和可能液化场地上新建的住宅，一般在设计中地基基础是经谨慎处理的，预测震害一般按处理良好对待，但实际效果尚难确定。为此，在应用PDSMSMB-1系统时，对其中有些房屋做了多种不确定因素影响的预测。如地基处理得好和未处理好；墙体砌筑质量很差和按设计要求；砌筑砂浆标号达设计要求和低于设计要求等。在统计时，都只取前一种预测结果。

20世纪50~70年代建造的多层砖住宅，一般来说

比80年代建造的住宅在未来地震中的震害要稍重些，但其层数较低，施工质量一般较好，建筑密度较小，对防御震害较为有利。对这类住宅中已做抗震加固的房屋，在预测震害时考虑了防御能力的提高。从总体上评估，这类房屋在8度时为中等破坏，9度时为严重破坏；少数墙体砌筑砂浆标号偏低、建筑结构不合理或因地基基础不良而又有明显破损的房屋，8度时破坏严重，9度时倒塌。

多层砖拱住宅的预测震害指数和易损性指数显然比同期建造的多层砖住宅要大、震害重。其原因是：① 在预测房屋中有两幢砖拱住宅已严重破损；② 预测震害的多层砖拱住宅均未做抗震加固；③ 多层大砖拱住宅大多有女儿墙，连同顶层外纵墙为易损部位；④ 建造标准较低。因此预测震害的多层砖拱住宅在8度时大多严重破坏，甚至有局部掉落，9度时大多倒塌。

老旧砖木楼房在未来地震中的震害程度与其现在的破坏程度密切相关，这类房屋总的震害甚为严重，震害指数和易损性指数远比其他类型的房屋要高，在6、7度地震时就有可能发生倒塌，8度地震时这类房屋的倒塌将是普遍的。

单层平房住宅的建筑结构类型很多，在单体震害预测时偏重于老旧房屋，因此统计的这类住宅的震害指数和易损性指数较高。太原市的老旧砖木平房，大多年久失修维护不善、普遍破损，在7、8度地震时将有大量的倒塌，而且集中在人口稠密的老城区。城区中的生土建筑平房住宅虽不多，但一般均已年久，7、8度时也将普遍倒塌。

（3）太原市在遭受6、7度地震时，就有可能造成伤亡，尤其是当夜间发生地震时。有关人员伤亡和经济损失的统计分析，本文从略。

5　抗震设防程度评估

119幢预测震害的居住建筑(含商业用房)，按"小震不坏、大震不倒"的双重设防准则，进行抗震决策分析，综合评估符合抗震设防要求的情况，其统计结果列于表4。在太原市居住建筑的单体震害预测中，由表4可见，能符合抗震设防要求的，有69幢，占建筑面积的73.8%，其中良好的8.8%，较好的20.1%；勉强符合抗震设防要求的，有7幢，占建筑总面积的5.6%；不符合要求的，有43幢，占建筑总面积的20.5%，即有约1/5的居住建筑(含商业用房)不符合抗震设防要求，应采取不同的防震减灾对策和措施。

表4　太原市各类居住建筑（含商业用房）抗震设防综合评估统计表

序号	房屋类型	幢数 N 建筑面积 A /m²		符合抗震设防要求的程度				
				良好	较好	一般	勉强	不能
1~37	20世纪80年代建多层砖住宅	N	37.0	6.0	. 13.0	15.0	1.0	2.0
		A	99 878.0	14 350.0	29 801.0	44 945.0	2 901.0	7 881.0
		N	/%	16.2	35.1	40.5	2.7	5.4
		A	/%	14.4	29.8	45.0	2.9	7.9
38~42	20世纪80年代建底层商店上层住宅	N	5.0	0.0	0.0	5.0	0.0	0.0
		A	19 557.0	0.0	0.0	19 557.0	0.0	0.0
		N	/%	0.0	0.0	100.0	0.0	9.0
		A	/%	0.0	0.0	100.0	0.0	0.0
43~81	20世纪50~70年代建多层砖住宅	N	39.0	2.0	8.0	16.0	2.0	11.0
		A	72 153.0	3 998.0	12 037.0	26 800.0	4 807.0	24 511.0
		N	/%	5.1	20.5	41.0	5.1	28.2
		A	/%	5.5	16.7	37.1	6.7	34.0
82~92	多层砖拱住宅	N	11.0	0.0	0.0	1.0	2.0	8.0
		A	11 674.0	0.0	0.0	1 406.0	3 727.0	6 541.0
		N	/%	0.0	0.0	9.1	18.2	72.7
		A	/%	0.0	0.0	12.1	31.9	56.0
93~98	老旧砖木楼房	N	6.0	0.0	0.0	0.0	0.0	6.0
		A	1 574.0	0.0	0.0	0.0	0.0	1 574.0
		N	/%	0.0	0.0	0.0	0.0	100.0
		A	/%	0.0	0.0	0.0	0.0	100.0
99~119	各类平房	N	21.0	0.0	0.0	3.0	2.0	16.0
		A	2 969.0	0.0	0.0	592.0	242.0	2 135.0
		N	/%	0.0	0.0	14.3	9.5	76.2
		A	/%	0.0	0.0	19.9	8.2	71.9
1~119	总计	N	119.0	8.0	21.0	40.0	7.0	43.0
		A	207 805.0	18 348.0	41 838.0	93 300.0	11 677.0	42 642.0
		N	/%	6.7	17.7	33.6	5.9	36.1
		A	/%	8.8	20.1	44.9	5.6	20.5

从不同类型的居住建筑来看：

（1）20世纪80年代建造的房屋一般都能符合抗震设防要求，但良好的较少，大多属于较好或一般，这是由于这些房屋是按抗震规范8度要求设计的。正如上述，在80年代建造的预测震害的住宅中，有2幢施工或设计质量不良的住宅不符合抗震设防要求。对新建房屋的设计和施工不符合抗震设防要求的（其中砖墙体砌筑砂浆达不到设计标号的较为普遍），这在抗震防灾中应特别注意，加强监审，杜绝发生。

（2）在20世纪50~70年代建筑的居住建筑中（包括已经加固的），有2/3是符合抗震设防要求的，其中大多数为一般，个别为良好；不符合抗震设防要求的有11幢，占该类住宅建筑总面积的34%。对这类房屋中不符合抗震设防要求的，今后应结合城市规划做进一步改善防御状态的决策分析和采取相应的措施。

（3）预测震害的多层砖拱住宅有半数以上不符合抗震设防要求。

（4）预测震害的老旧砖木楼房都不符合抗震设防要求。

（5）预测震害的平房，只约有1/4符合设防要求，有72%的平房不符合抗震设防要求。

在单层平房、老旧楼房和砖拱住宅中，不符合抗震设防要求的房屋一般已无抗震加固价值，应采取其他的措施，除了有历史价值的要保留，设法增强抗震能力；应结合城市规划适时淘汰，使城市整体改善防御状态，减轻地震灾害带来的影响。

3-6 多层砌体房屋震害预测专家系统的研究和应用

杨玉成[*]

1 引言

多层砌体房屋是我国城镇房屋中数量最多的建筑结构类型,这类房屋的地震破坏和倒塌给我国人民生命和财产造成极为严重的损失。因此,在最近的 20 多年中,我国一直很注重研究和提高这类房屋的抗震性能,并于 20 世纪 80 年代始在各类房屋中率先研究预测多层砖房震害的方法,用于搞好城市抗震防灾规划和减轻地震灾害对策之中。

建造多层砌体房屋震害预测专家系统的目标,是使具有一般土建知识的技术人员能具有与专家同等的水平来对现有的或新建的该类房屋预测当遭遇到不同地震烈度时的震害,并评价预测房屋的易损性、地震危害度和抗震设防的满足程度,进而做出决策分析,以有效地减轻和防御地震灾害。该系统的开发过程,可分为雏形、演示、使用和实用商品化四个阶段。

(1)雏形阶段。1986 年夏,在同美国斯坦福大学土木工程系 Blume 地震工程中心进行合作研究时,我们设计了多层砌体房屋震害评估系统(雏形)的知识工程,次年春由美方合作者编写这个系统的程序 DESMUMB。DESMUMB 程序用 Fortran 语言编写,可在 IBM 微机上运行,但美方将这个系统(雏形)知识工程中设计的人机对话采集信息改为输入数据文件,并将震害预测的网络系统删减为树状因素关系。DESMUMB 系统是多层砌体房屋震害预测专家系统 PDSMSMB-1 的前期工作,其知识工程仅为雏形。

(2)演示阶段。自 1987 年该系统的研究列入国家自然科学基金重大项目“工程建设中智能辅助决策系统的应用研究”的三级子课题“城市现有建筑物震害预测与防御对策专家系统”的研究内容之中,吸取了该领域更多专家的经验,充实和改进了该系统雏形的知识工程,在 1988 年春夏用 HProlog 语言编写程序 VESMSMB。VESMSMB 智能程序系统主要实现了汉字化和人机交互的问题,但仍未实现影响因素的网络关系,且因 HProlog 语言的计算功能差,故预测的对象仍较局限,在微机上的运行时间也较长。VESMSMB 程序属该系统的演示阶段,1988 年曾在大连开的工程智能决策理论与应用研讨会上做演示。

(3)使(试)用阶段。在 1988 年冬,该系统的知识工程由多层砌体房屋的易损性评价和震害预测延伸扩展到地震危害度评估和决策分析,并重新设计系统程序,用批处理命令管理基本模块和网络系统,用 Fortran 语言解决计算问题。多层砌体房屋震害预测专家系统——PDSMSMB-1,经系统内因素关系的考核和震例检验,于 1989 年 5 月开始在太原市的震害预测中试用。汉字化的 PDSMSMB-1 系统使用简便、可信度高,一般土建技术人员通过人机对话提供数据信息或按填写的信息卡输入数据,进入推理系统,预测震害的结果可达到专家级水准。PDSMSMB-1 系统在 1989 年 12 月北京开的第二届全国工程建设中智能辅助决策系统研讨交流会上做演示。

(4)实用商品化阶段。PDSMSMB-1 系统已于 1990 年通过科学技术成果鉴定,鉴定技术负责人为学部委员胡聿贤教授,鉴定委员均为本项科学基金重大项目中的教授、研究员,总的鉴定意见为“该系统填补了我国在震害预测专家系统方面的空白,其科学水平已达到国内及国际先进水平,并具有实用商品化的前景,是一项优秀的科研成果”。其后开始推广使用,实现商品化。商品化有两种形式:一是“来料加工”,即用户按该系统的人机对话说明填好信息卡,交给我们操作上机或用户自行操作;二是提供软件,有偿使用。

2 知识基础

由于现行的建筑抗震鉴定标准只是评价现有的房

本文出处:《地震工程研究文集——纪念胡聿贤教授从事科学研究 40 年》,地震出版社,532-541 页。
* 本文是本书 3-1~3-6 文的综述,并加结语。学生书写此文谨向胡先生致敬致谢,支持、鼓励震害预测研究和应用,拨开云雾,导航创新前程。

屋在遭遇到设防烈度的地震影响时是否倒塌,按新的建筑抗震规范设计,也只是保障新建房屋在遭遇设防烈度的地震影响时,房屋的损坏程度限制为经一般修理仍可继续使用和"小震不坏、大震不倒"。为达到建立该专家系统的预期目标,领域知识必定要超越抗震鉴定标准和抗震设计规范所规定的条款内容,该系统的知识库也不能只依据它们的条文所提供的信息和规则来建立。

多层砖房的震害资料和抗震经验在我国是极为丰富的,从事地震工程的许多单位的专家经历了从 1966 年邢台地震到 1976 年唐山地震这段时间的现场实地调查,还做了大量的试验研究和理论分析,并自 20 世纪 80 年代初起,在我国开始研究该类房屋的震害预测方法。十多年来,已在地震区的城镇中广泛开展震害预测工作,具备了评估和预测多层砌体房屋震害的专家知识。但我国现有的和拟建的多层砌体房屋之多,即使预测震害的专家再多,在时间上也难以胜任,同时在我国具有这方面专家知识的人大多年事已高,这也就有必要把这些同志在长期工作中所积累的专家知识赋予计算机,使人工智能来分析多层砌体房屋的抗震性能,评估易损性和预测震害。因此,开展这项研究是有可能又很有必要的。在本项研究中,专家系统的领域知识有着广泛的基础,包括了震害经验与其统计结果、一般的抗震计算方法和材料特性、抗震设计规范和鉴定标准中的有关规定和设防准则、房屋结构抗震试验和场地影响的研究成果,以及震害预测实践中的方法、经验和预测结果,城市防震减灾对策和措施。本研究课题组在该领域中长期从事震害调查、震害预测、城市防灾、结构试验和抗震分析的研究与实践,参与鉴定标准、设计规范和震害预测工作大纲的编制,具备建立评估和预测多层砌体房屋震害的专家知识。同时注意吸收该领域更多专家的知识和经验,特别是《建筑抗震鉴定与加固设计规程》编制组专家的知识和在编制过程中的实践,为建立这个系统提供了该领域更为广泛的知识和经验。

该专家系统的知识背景材料主要可参见《多层砖房的地震破坏和抗裂抗倒设计》、《现有多层砖房震害预测方法及其可靠度》《建筑抗震设计规范》(GBJ 11—1989)、《建筑抗震鉴定和加固设计规程(报批稿)》中第四章"多层砌体房屋的抗震鉴定和加固"等有关文献。多层砖房的震害预测方法为我国首创,1982 年 3 月在"多层砖混结构抗震性能"学术讨论会(杭州)上首次发表,同年 9 月刊登于《地震工程与工程振动》。这一方法,是建立在我国唐山、海城等历次

破坏性地震的深入调查研究,积累了 49 个城镇(或小区)中 7 000 多幢多层砖房资料的基础上,用统计分析的方法,以墙体抗震强度系数为主要判据,再以结构体系、构造措施、施工质量、老旧程度和场地条件等因素进行二次判别,并用聚类分析法对照地震中的实际震害资料,验证预测的可靠性。在 1983 年 11 月由城乡建设环境保护部抗震办公室组织的鉴定会上,多层砖房震害预测方法获一致好评,评价意见为"依据可靠,方法合理,可以推广使用"。这一用模式预测的方法,已得到广泛的应用,首例"安阳小区现有房屋(多层砖房)震害预测"获得了 1987 年国家科学技术进步三等奖。正在待批的《建筑抗震鉴定标准》(GB 50023—1995),其中第五章"多层砌体房屋的抗震鉴定"的编写内容采用与多层砌体房屋震害预测专家系统相同的知识基础。对这本新标准专家的评审意见为:总体上达到国际水平,其中多层砖房部分达到国际先进水平。因此,该系统的领域知识是充实的,专家经验是成熟的。

3 知识工程

领域知识丰富是建成实用的专家系统的先决条件;知识的获取和提炼、知识的表达和利用及系统的构成和推理,是建成实用的专家系统的关键,这要由精心设计的知识工程来实现。该系统的知识工程是由领域专家自行设计的。知识工程的设计不拘泥于通用的规则和结构形式,着力于"师法自然"。这比国内外建造专家系统通常采用现成的外壳,虽费劲,技术难度也大,但这使该系统既能充分反映出专家的知识、经验和思维逻辑,推理自然成章,合乎工程常规,又能发挥出计算机智能的优势,达到专家级水准的预测结果。在中美合作研究多层砌体房屋震害预测专家系统时,美方提出按现成的专家系统软件设计知识工程(雏形),我们则认为这不可能有效地表达该领域的专家知识和经验,按我们的想法设计了一个复杂的网络关系,就当时的专家系统技术而言,这是超前的,故在 1987 年美方编写的雏形程序和 1988 年我们自己编写的汉字化演示程序都未能实现,而把这网络关系加以简化,删减为树状关系,直到 1988 年在 PDSMSMB-1 系统中才实现复杂网络关系。

该系统的知识工程设计成六个部分:信息采集、经验推理、计算分析、震害预测、危害性评估和结果输出。该系统的流程首先由用户按照系统中的要求提供信息,输入计算机后便由智能程序根据专家知识模拟人的思维逻辑建立起来的模型进行推理和计算,然后

得出建筑物的预测震害程度和易损性及由此而造成的人员伤亡率和经济损失率,进而再对总的震害进行评价,即危害度评估。对预测房屋的不确定性和预测过程的不确定性,在系统中以扩张的确定性系数法表示,即用确定的单值、多值或区间使不确定性问题寓于确定性的推理过程之中,多值的预测结果或评价域可由修改相应的信息或由系统内部来实现。知识工程中各部分的内容将在下述各节中阐述。

PDSMSMB-1系统的框图如图1所示。预测房屋震害的地震危害取决于未来可能发生的地震影响和现有房屋的防御状态,这两方面的数据都属输入信息。由框图可见,预测多层砌体房屋在遭受6度、7度、8度、9度和10度地震时的震害取决于防御状态中的诸影响因素和场地条件的影响,由此对房屋易损性所做的评价是针对建在某一地点的房屋所固有的抗震性能而言。而地震危害程度的评估则依预测房屋在不同烈度时的潜在震害,先按抗震设防的三个水准烈度或城市设防烈度,分别评估对"小震不坏、中等可修、大震不倒"的设防准则的满足程度,并考虑到预测震害的房屋在地震时总的易损性,然后综合评估在未来地震中的危害程度的大小和可接受的程度。依此,再结合房屋的用途(重要性和设防标准),做出决策分析,看是否符合抗震设防的要求。

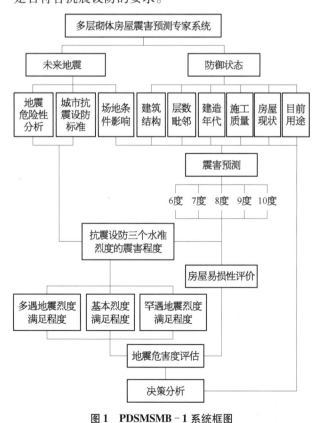

图1 PDSMSMB-1系统框图

4 信息采集——人机对话和信息卡

PDSMSMB-1系统具有汉字化的人机对话功能,可简便而有效地采集数据信息。信息量适当,有十项,信息的延续一般有三级或更多级子项的情况。对2~7层的房屋,共有64~128个数据。这十项信息的内容如下:

① 目前用途;　　　　② 层数与毗邻关系;
③ 建筑结构类型;　　④ 建造年代和质量;
⑤ 抗震设防标准;　　⑥ 结构体系的属性;
⑦ 整体性是否良好;　⑧ 墙体抗震能力;
⑨ 地基基础有无不良影响;
⑩ 场地土质条件的影响。

该人机对话采用工程术语,问题有所处状态的选择和数值填充两类,一般土建技术人员不需事先学习专家系统的知识,可直接进行人机交互对话。凡属选择的,都标出有关状态让选择其一;若要填写数值的,标有 n 或 n_i, i 表示该项要有底层到顶层的各层数值。在此列举几项,为说明使用。如最简单的是"目前用途",有十种状态供选择其一,即:

0——潜在危害性极大的用房;

1——地震救灾应急用房;

2——住宅;

3——宿舍、旅馆;

4——一般办公用房;

5——一般医疗用房;

6——教学、文化娱乐用房;

7——商业用房;

8——一般工业、交通、通信用房;

9——一般仓库。

对多用途的房屋,也可选两类,如底层商店上层住宅,可选为2(7),次要的或建筑面积小的用括号表示在第二位。又如建筑结构类型,对墙体、楼盖、屋盖和建筑分别进行选择,这四项的每一项都有九种状态供用户选择,倘若用户要求评估的房屋不在供选择的状态之列,则表明不能使用这个系统。再如墙体抗震能力,包括抗震强度和增强措施两项,在抗震强度这项中,又包括墙体净截面面积、墙体和楼屋盖重量、砌筑砂浆标号三个子项。这里仅对砂浆标号的人机对话再加叙述,即选择标号的状态,若选择1——知道,选择2——不知道。如果是知道,则分别输入各层纵横向墙体的砂浆标号值;如果是不知道,则还要对两个子项(材料和手感)做选择,材料有

5 种状态供选择(包括泥或砂、白灰泥浆或白灰砂浆、白灰水泥砂浆、水泥砂浆或未查看),手感有六种状态(包括酥松、易捏碎、能捏碎、难捏碎、捏不碎或未做)。如果砂浆标号不知道,又没去查看砂浆材料或看不到,手感也就没有,这就要依赖于经验判断在系统内做深知识的推理,以估计砂浆标号或由用户假设多种状态做多值预测。

为了缩短人机对话时间,节省计算机机时,特设计了一张多层砌体房屋易损性评价和震害预测专家系统的数据采集信息卡,并编写了一本填卡说明(多层砌体房屋震害预测和易损性评价专家系统人机对话解释)。当熟悉了该信息卡的填写说明后,一幢典型房屋的数据一般可以在 1~2 h 内填写好,程序操作员按信息卡输入采集的数据,时间需 10 min 左右,在 AST/286 微机上推理和计算的运行时间不到 1 min 即可显示一幢房屋的预测结果。

在人机对话中,采集输入预测房屋的数据信息将逐项询问用户是否正确,当发现问题时随时可做局部修改,且只在回答是正确的之后,才再继续进行下项的人机对话。当全部信息采集输入完毕,甚至在进入推理系统显示或输出预测结果后,均可提取任何一段数据做修正,系统的这一功能也便于用户对不确定的信息做多值预测。

5　经验推理和计算分析

在该系统中知识工程的设计,将逻辑推理与调用知识库和数值计算相结合。用专家系统来评估多层砌体房屋的地震危害性,与抗震设计、抗震鉴定及模式法预测震害相比较,不只是在内容上的扩展和形式上由计算机替代具有专家知识的工程技术人员,还在以往用数值逻辑和条文对照来处理和解决问题的基础上,加之思维逻辑和经验推理,使得计算机在接收到信息即事实的知识之后,具有模拟该领域专家的能力来处理和解决问题。

设计这个震害预测专家系统,尽量采用现成的分析方法和数据资料,作为事实的知识或判断的知识,建立关系数据库和知识库;同时力求广集领域专家知识,作为判断的知识或推理的知识。但其思维逻辑和经验推理可能更多的只是局限于表达我们课题组自己的知识。

在这专家系统中经验推理的表达,是采用大量的假设条件语句和处理信息间的相关性。例如,上节所述的砂浆标号,若材料未查看,手感未做,则要

由另外的两个信息,即层数和建造年代或设防标准来推断。这样简单的经验推断已经超越墙体抗震能力这项信息中的内容,还涉及层数、年代和设防中的信息,构成复杂的网络关系,这在该系统的雏形和演示程序中都未能实现。在判断结构体系的属性中,相关联的因素就要更多,不只是由它的子项信息来判断,还与别的因素中的信息,如层数、建筑结构类型相关联,经验推理也要复杂得多。该系统中的专家经验是成熟的,但可能存在与一般的抗震计算方法和规范条文不相同之处。在此举一个震害实例,海城地震后在调查海城丝绸厂时,先查看两幢砖混结构的单身宿舍,底层较多的横墙出现微细的斜向和交叉的剪切裂缝,山墙较重;再看办公楼,外观其女儿墙普遍有水平裂缝且局部掉落,底层墙体却基本完好。单开间设置横墙的宿舍底层横墙有震害,双开间的办公楼反而无震害,而它们的砌筑砂浆又无显著差别,办公楼层高、开间和进深还比宿舍略大些,何故?在上楼查看之前便有问及者,答曰:"除非办公楼是用木楼屋盖。"进一步调查证实此判断正确。对不同的结构类型和体系,判断震害的能力是赋予这个系统的,而这种能力即专家经验,在抗震设计规范的条文中是不具备的。尚需说明的,在这个系统中的信息和结论是与震害分析正好逆置,也就是说这个系统的知识工程并不具备由震害得到的信息来反推建筑结构特性的能力,只能由建筑结构推断震害。

6　震害评估

在该专家系统中的震害评估,包括各层纵横向墙体的抗震性能分析,各层和整幢房屋的震害程度预测,房屋的易损性评价、人员伤亡率估计、直接经济损失率估计,地震危害性评估和决策分析。

多层砌体房屋的抗震能力用一个无量纲的综合系数 K_i 来标志,K_{Li} 和 K_{Ti} 分别表示房屋各层抗御来自房屋纵向或横向地震动的能力。房屋的震害程度分为基本完好(包括完好无损)、轻微损坏、中等破坏、严重破坏、部分倒塌和全毁倒平六类,用震害指数来表示,其域为 0~1.0。不同震害程度与震害指数的对应关系与其破坏现象见表 1。根据各楼层的抗震能力和震害指数,该系统还可以对各层纵横墙体分别做震害现象的解释,即震害描述,分 12 种现象:完好无损、基本完好、个别微裂、少数微裂、部分开裂、多处开裂、严重开裂、酥裂错位、部分倒塌、大部倒塌、(倾)倒塌和墙倒屋塌。

表1　多层砌体房屋震害程度分类标准

震害程度	破坏现象	震害指数
基本完好	没有震害(完好无损)； 或少数非主体结构有局部轻微的损坏； 或个别门窗洞口、墙角、砖券和凸出部分偶有轻微裂缝	0 [0~0.1]
轻微损坏	非主体结构局部有明显的破坏； 或少数墙、板有轻微的裂缝和构造裂缝； 或个别墙体偶有较明显的裂缝。 不影响正常使用，一般只需稍加修理	0.2 (0.1~0.3]
中等破坏	非主体结构普遍遭到破坏，包括部分填充墙、附属建筑的倒塌； 或主体结构及其联结部位多处发生明显的裂缝。 经局部修复或加固处理后，仍可使用	0.4 (0.3~0.5]
严重破坏	主体结构普遍遭到明显的破坏； 或主体结构部分有极严重的破坏，包括墙角的错位、酥碎，甚至局部掉角、部分外纵墙倾倒或个别墙板塌落。 需经大修方可使用，或已无修复价值	0.6 (0.5~0.7]
部分倒塌	主体结构部分倒塌，包括外纵墙近乎全部倒塌； 或木屋盖的顶层大部倒塌； 或承重结构部分倒塌	0.8 (0.7~0.9]
全毁倒平	一塌到底； 或上部数层倒平； 或房屋大部塌，仅存残垣	1.0 (0.9~1.0]

表2　多层砌体房屋的易损性和抗震性能评价

易损性指数	抗震性能评价	易损性评价
$F_v \leq 0.20$	抗震性能很好	易损性极小
$0.20 < F_v \leq 0.30$	抗震性能好	易损性小
$0.30 < F_v \leq 0.44$	抗震性能很好	易损性较小
$0.44 < F_v \leq 0.48$	抗震性能中等偏好	易损性中等偏小
$0.48 < F_v \leq 0.58$	抗震性能中等	易损性中等
$0.58 < F_v \leq 0.64$	抗震性能中等偏差	易损性中等稍大
$0.64 < F_v \leq 0.70$	抗震性能较差	易损性较大
$0.70 < F_v \leq 0.80$	抗震性能差	易损性大
$F_v > 0.80$	抗震性能很差	易损性极大

在评估地震危害性时，人员伤亡率与震害程度即震害指数相关联；估计经济损失包括房屋的现值和财产价值两项，直接经济损失率在系统中也与震害指数相关联。知识库中人员伤亡和经济损失与震害的关系见本书2-12文中的建议值。

对房屋总的震害的评价，即该专家系统最终所给出的地震危害度评估和决策分析。现有房屋的潜在地震危害程度由抗震设防三个水准烈度的满足程度进行综合评判。三个水准烈度的满足程度均分为四个档级：① 很好；② 一般；③ 勉强；④ 不能。地震危害程度分为六个档级：① 极小；② 较小；③ 中等(对一般房屋可接受)；④ 稍大(对一般房屋勉强可接受，但不符合抗震设防的全面要求)；⑤ 较大(对一般房屋不可接受)；⑥ 极大(不可接受)。

决策分析意见中，相应于地震危害程度①和②档级的分别为符合设防要求很好和良好，已达到和勉强达到重要房屋的抗震设防要求；相应于③的为符合一般房屋的抗震设防要求；④为勉强符合一般房屋的抗震设防要求；⑤和⑥均为不符合抗震设防要求。

7　输出结果和查询

该系统以固定的格式提供使用报告，主要的结果有以下四个部分：

(1) 房屋概况。这是由 PDSMSMB-1 系统自身在人机对话采集信息过程中形成的预测对象，即系统内的多层砌体房屋概况，它既是使用报告的一部分，又明了预测对象，又作为预测的依据，可供用户校核系统中的房屋是否与实际相一致。由于该系统是自动生成并输出预测房屋的概况，故用词较为机械死板，如果用户觉得尚不满意，该系统还提供了修改房屋概况的方

评价房屋的易损性，虽以房屋的预测震害为依据，但易损性应是标志处在特定场地上的房屋所固有的特性，故它不同于以地震动强度为条件的易损性分析和震害预测。在这个系统中将易损性定义为：当该房屋遭受到6~10度五种不同地震烈度时，预测震害指数 I_i 的加权平均值，并考虑毗邻关系影响的附加值 F_0，即

$$F_v = F_0 + \frac{1}{5}\sum_6^{10} I_i$$

这样，易损性也用一个无量纲的指数来标志，当无毗邻影响时，其值也为0~1.0。当易损性指数 F_v 为0时，则为安全极，即表征该幢房屋地震时绝对安全，遭受10度地震仍完好无损；当 F_v 达1.0时则为易损极，即表征该幢房屋地震时易损到极点，遇有6度影响的小震就会倒塌或被邻房砸塌。在该系统中，多层砌体房屋的易损性和抗震性能评价，按易损性指数的大小分为九个档级，即表2所列。

便,即可在计算机屏幕显示器上做任意增删和编排。

（2）震害预测结果。用数字表格分别列出预测房屋在遭受6度、7度、8度、9度和10度地震影响时的震害指数、震害程度、房产损失率、财产（室内）损失率和伤亡率。

（3）易损性评价。包括易损性指数、抗震性能评价和易损性评价。如有毗邻影响,则再另行输出。

（4）地震危害度评估和决策分析。输出包括城市设防烈度、预测房屋满足抗震设防三个水准烈度的程度和决策分析总的评价意见。

如果用户需要查询各层纵横墙的震害指数和震害现象,可要求在屏幕显示,也可要求打印出报告,各层墙体预测震害的报告也以固定的表格形式输出。

8　震例检验和应用实践

以唐山、海城、通海、阳江、东川和乌鲁木齐等地震中多层砖房的房屋数据信息为据,用该系统预测在这些地震中的房屋震害,并与实际震害调查资料进行比较（见本书3-3文）,两者的一致性极为良好,符合度约为90%,聚类分析的平均距离约为0.1级震害程度。用其他材料砌筑的多层砌体房屋缺乏检验震例。通过实际震例的检验,还可看到场地条件、施工质量等不确定性因素对预测结果的影响,即灵敏度。同时,也看到该系统的某些局限性,即在系统中尚未赋予当横墙倒塌后纵墙可能因失稳而倒塌的有关稳定性计算和经验判别的内容;某些局部构件和附属物（如女儿墙、屋顶小烟囱）的预测震害知识在系统中也未赋予。

PDSMSMB-1系统自1989年5月开始用于太原市震害预测,现已在工程中得到推广使用,实现了实用商品化。到1991年年底,使用该系统的工程如下:

（1）太原市多层砖房（含底层框架砖房和局部内框架砖房）和砖平房的震害预测。

（2）无锡市多层砌体房屋（含空斗墙）和砖平房的震害预测（由无锡市抗办填写信息卡）。

（3）铁岭市多层砖房和砖平房的震害预测（由铁岭市规划局填写信息卡）。

（4）湖北洪峰、险峰和万里三厂多层砌体房屋的震害预测（由武汉地震所填写信息卡）。

（5）鲁南地震重点监视防御区中八市县多层砖房的震害预测（与山东地震局合作）。

（6）天津港务局多层砖房和砖平房的震害预测。

（7）石臼港务局多层砖房的震害预测和抗震加固方案的建议。

（8）本溪市中小学教学楼的震害预测（由本所建筑工程室填写信息卡和操作）。

（9）大同矿务局变电所的震害预测（由本所生命线工程室填写信息卡）。

（10）石臼海关住宅楼的震害预测和抗震加固方案选择。

（11）中国银行石臼分行办公楼和住宅的震害预测和抗震加固方案选择。

（12）地矿部资料阅览室大楼的震害预测、抗震鉴定和加固方案的评估。

（13）全国工商联办公楼和住宅的震害预测、抗震鉴定和加固方案选择。

（14）云南建筑技术发展中心多层砖房基底隔震方案的选择。

预测实践表明,PDSMSMB-1系统使用方便、实用性强,一般土建技术人员通过人机对话提供数据信息,或填写信息卡输入数据,进入该系统推理,预测震害的结果可达到专家级的水准,即能够体现出专家的经验知识和我国目前的房屋抗震设防的准则。

9　结语

多层砌体房屋震害预测专家系统 PDSMSMB-1有如下几个特点:

（1）领域知识十分丰富、有成熟的专家经验可循,是该系统最为突出的特点。我国有着大量的多层砖房震害资料、丰富的抗震防灾经验,本课题组长期从事震害调查、震害预测和多层砖房的抗震研究,在该系统中汇集了我国数十年来实际地震中的震害资料和丰富的专家经验,并从最近十年的震害预测实践中充实知识、完善系统。因此,预测的结果可信度高。

（2）知识工程是领域专家自行设计的,"师法自然"是建造该系统知识工程的特点。知识的表达和知识库系统的构成不拘泥于通用的规则和结构形式,而充分反映出专家的知识、经验和思维逻辑,推理自然成章,既合乎工程常规,又发挥计算机智能的优势。因此,该系统的推理可靠、易于接受、便于管理。

（3）该系统的建立是在实践中逐步发展和完善的,经雏形、演示、使（试）用阶段,才进入实用商品化的。实际地震震例检验表明符合度高,应用实践表明可达到专家级的水准。

（4）服务对象的性质明确、内容全面、设置大众化。PDSMSMB-1系统可用于多层砌体房屋的单体震害预测,设置在微机上,汉字化,系统的功能齐全,适用面宽,使用简便。

3-7 震害预测专家系统（概要）

杨玉成 杨雅玲 王治山 李大华 杨 柳

震害预测的数据信息浩繁，又有赖于专家经验，因此在这一领域的研究和工作中开发人工智能的应用，创建专家系统，是合乎当前科学技术水平的方法和有效途径。本文将综述在城市现有建筑物震害预测与防御对策专家系统研究中的两个智能系统，即多层砌体房屋震害预测专家系统 PDSMSMB-1 和城市现有房屋震害预测智能辅助决策系统 PDKSCB-1。这两个系统的科学技术水平，经专家鉴定认为均已达到国际先进水平。该项研究为国家自然科学基金"七五"期间重大项目"工程建设中智能辅助决策系统的应用研究"的 30 个三级子题之一，在 1992 年 1 月的总结评比中获并列第一，为全 A 级优秀。

这两个智能系统的开发历经五年，PDSMSMB-1系统当年已在我国得到广泛的应用。多层砌体房屋震害预测专家系统已用于太原市、无锡市、铁岭市、湖北三厂、鲁南地震重点监视防御区的八市县、天津港务局和石臼港务局的震害预测，本溪市中小学教学楼和大同矿务局变电所的震害预测，石臼海关、中国银行石臼分行、全国工商联等单位的办公和住宅楼的震害预测、抗震鉴定和加固方案的选择。应用城市现有房屋震害预测智能辅助决策系统的城市规模，从 8 万多人的小城市三门峡，经 30 多万人的中等城市湛江和厦门，到 150 万人的特大城市太原，PDKSCB-1 系统才正式运行，该系统的人-机系统发展过程见本书第四篇章。智能系统应用的地理位置从中原到东南沿海，又到华北，还在江南无锡和东北铁岭应用部分子系统；城市的抗震设防烈度，8 度、7 度和 6 度皆有。实际应用表明，这两个智能系统的可信度高、决策有效、实用性强，可为编制抗震防灾和减轻灾害规划、合理使用和节省抗震设防与加固经费、制定减灾目标与其相应对策和应急响应预案提供科学依据，对改善城市的抗震设防状态和公众对地震安全保障的心理状态都有着十分显著的作用，已取得重大的社会效益和经济效益。这两个系统有如下几个特点：

（1）领域知识十分丰富、有成熟的专家经验可循，是本项研究最为突出的特点。我国有着大量的房屋建筑震害资料、丰富的抗震防灾经验。本课题组长期从事震害调查、震害预测和城市抗震防灾的研究，在本项研究中汇集了我国数十年来实际地震中的震害资料和丰富的专家经验，并从最近十年的震害预测实践中充实知识、完善系统。

（2）知识工程是领域专家自行设计的，"师法自然"而又"胜于自然"，是本项研究中建造知识工程的基点。知识的表达和知识库系统的构成不拘泥于通用的规则和结构形式，而充分反映出专家的知识、经验和思维逻辑，推理自然成章，既合乎工程常规，又发挥计算机智能的优势，具有推理可靠、易于接受、便于管理的特点。

（3）系统的建立是在实践中逐步发展和完善的。PDSMSMB-1 系统经历雏形、演示、使（试）用阶段，才进入实用商品化的；PDKSCB-1 系统从初建的人-机系统，经中间试验阶段，发展到基于知识库的智能辅助决策系统。

（4）服务对象的性质明确、内容全面、设置大众化。PDSMSMB-1 系统用于多层砌体房屋的单体震害预测；PDKSCB-1 系统用于预测城市房屋群体的工程震害、人员伤亡和经济损失，识别高危害小区和高危害房屋类型，动态预测辅助决策减灾目标和对策。这两个系统都可设置在微机上，汉字化系统的功能齐全，适用面宽，使用简便。

本文出处：《中国地震学会第四次学术大会论文摘要集》，北京，1992 年 6 月。该文概要是论文摘要集编的。

3-8 砖房的震害经验及其应用[*]

蓝贵禄　杨玉成

1 引言

本文综合震害经验和试验研究,将经验的抗裂、抗倒系数线性化,给出了多层砖房的抗裂抗倒强度系数与烈度的关系。一般经验公式为 $K = \beta \cdot 0.085 \cdot 2^{(n-6)/1.48}$ 和 $K-n-I$ 图,这为多层砖房按三个设防水准进行抗震设计和震害预测提供了一个简明、实用的定量方法。初步应用表明,所得结果能反映城市房屋现状和一般震害规律。

2 砖墙经验抗裂、抗倒系数的线性化和 $K-n-I$ 图

通海地震(1970 年)以来,我国广泛采用震害指数来描述震害程度,为宏观震害调查提供了一个简明和定量方法。砖房的宏观破坏现象可借助于墙体受剪试验的 $Q-\delta$ 图来说明。为方便计算,将图 1 所示的 $Q-\delta$ 示意图改用相对坐标讨论,η 表示相对荷载,η_0 为破裂开始点,$\eta_p = 1$ 为强度极限点,破坏程度可用相对位移 δ/δ_p 来衡量。分析的重点是破裂开始以后的情形,因此不妨移轴至 Q' 点进行讨论,纵坐标变为 $\eta' = (\eta - \eta_0)/(1 - \eta_0)$,而横坐标改为 $i = (\delta - \delta_0)/(\delta_\Delta - \delta_0)$。对于大多数试验曲线,$\delta_0$ 至 δ_p 段大致可用指数函数表示:$\eta' = i^{1/a}$ 或 $\eta = \eta_0 + (1 - \eta_0)i^{1/a}$。$a$ 为常数,一般取 1.5~2.0。同样,对于 δ_p 至 δ_Δ 段也可用适当的函数描述。显然,我们所关心的是 $\eta > \eta_0$ 时的情形,当 $\eta < \eta_0$ 时,墙体保持完好。

在地震作用下,由于墙体破裂而引起能量耗散,地震力与结构变形不同于静力作用的情形,很难用简单的函数来描述,但与静力作用存在某种对应关系,可以通过震害经验的统计分析和实验室的研究来建立地震动与震害现象之间的定量对应关系,这正是我国地震

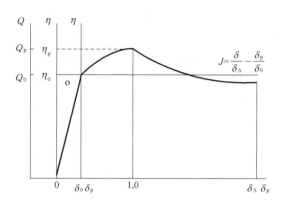

图 1　墙片静力试验的 $Q-\delta$ 示意图

工程广大研究者的基本出发点。

在地震影响下,为使计算简便,多层砖房的设计地震剪力可表达为 $Q = kC\alpha W$,其中 k 为安全系数,C 为结构影响系数,a 为地震影响系数,W 在此可理解为单片墙段或楼层所分担的房屋重量。墙的抗裂能力为 $Q_0 = AR_\tau/\xi$,其中 ξ 为截面剪应力分布不均匀系数,A 为墙体水平截面净面积,R_τ 为砖砌体抗震抗剪强度。按照极限平衡理论,当输入地震力使墙体内的应力达到抗剪强度时,即满足关系式

$$Q/Q_0 = C\alpha/K_0 = 1 \qquad (1)$$

其中

$$K_0 = AR_\tau/\xi kW \qquad (2)$$

墙体即达到开裂的临界状态,称 K_0 为抗裂系数。但由于复杂的应力状态和能量耗散机制,且按现行规范方法设计的砖房遇有设防烈度的地震时是允许有损坏即开裂的,因此并不符合上述关系式。于是杨玉成研究团队通过震害资料的统计分析来确定对应于给定烈度下的 K_0 值,从而建立起墙体抗裂强度系数 K_0 与地震作用之间的对应关系,并用同样方法确定了抗倒强度系数 K_Δ,且有 $K_\Delta = K_0/3$。K_0、K_Δ 统称为墙体抗震强度系数,其值列于表 1 的上半部。

本文出处:《地震工程与工程振动》,1990 年 12 月,第 10 卷第 4 期,91-100 页。

　* 本文由厦门鹭江大学蓝贵禄教授执笔,他是中国科学院土木建筑所(工程力学研究所)的老同志,培育我成长。20 世纪 60 年代("文革"前)他在工程力学所负责组织从事核反应堆工程中结构力学的研究,研究项目"09 反应堆压力容器及 O 形密封环"获 1978 年全国科学大会奖。他重视试验研究,善于将试验分析与理论计算相结合,创新解决实际工程的方法。

表1 多层砖房的 K,n,I 数值表

烈度 n		6	7	8	9	10	注 释		
统计的 K_0	范围	0.05~0.12	0.12~0.19	0.19~0.26	0.26~0.40	0.40~0.70	墙体抗裂强度系数		
	中值	0.085	0.15	0.22	0.33	0.55			
统计的 K_Δ	范围	0.02~0.04	0.04~0.06	0.06~0.09	0.09~0.13	0.13~0.23	墙体抗倒强度系数		
	中值	0.03	0.05	0.07	0.11	0.18			
线性化的 K		\multicolumn{5}{c}{$K = \beta \times 0.085 \times 2^{(n-6)/1.48}$}		震害程度	震害指数 I	符号
	β	$\beta \times 0.085$	$\beta \times 0.085 \times 1.6$	$\beta \times 0.085 \times 2.55$	$\beta \times 0.085 \times 4.08$	$\beta \times 0.085 \times 6.51$			
墙段	1.00	0.085	0.136	0.217	0.374	0.553	基本完好	0	●
	0.90	0.077	0.122	0.195	0.312	0.498	轻微损坏	0.2	○
	0.70	0.060	0.095	0.152	0.243	0.387	中等破坏	0.4	+
	0.50	0.043	0.068	0.109	0.174	0.277	严重破坏	0.6	×
	0.33	0.028	0.045	0.072	0.115	0.182	局部掉落	0.8	△
							倒毁	1.0	▲
楼层纵向或横向墙体	1.25	0.105	0.170	0.271	0.434	0.691	基本完好	0	●
	1.00	0.085	0.136	0.217	0.347	0.553	轻微损坏	0.2	○
	0.60	0.051	0.082	0.130	0.208	0.332	中等破坏	0.4	+
	0.33	0.028	0.045	0.072	0.115	0.182	严重破坏	0.6	×
							部分倒塌（非承重墙）	0.8	△
							倒毁（承重墙）	1.0	▲

注：表中 K 值按 TJ 11—1974 规范计算，取 $\xi = 1.5$；若按 TJ 11—1978 或 GBJ 11—1989 规范计算，K 值均乘以 1.25。

针对表1所列 K_0、K_Δ 的中值求 $2^{(n-6)}$ 的指数回归方程，则可得墙体抗裂抗倒强度系数与地震烈度 n 的经验关系式

$$K_0 = 0.085 \cdot 2^{(n-6)/1.48} \tag{3}$$

及

$$K_\Delta = K_0/3 = 0.028 \cdot 2^{(n-6)/1.48} \tag{4}$$

其曲线示于图2，它与经验的统计值符合得很好，7度的 K_0 值略微下降，9度略微升高。用式（3）的 K_0 值来判别7度时震后确实破坏的概率和9度时震后确实良好的概率，均要比本书1-7、2-1文中的值高，这使 K_0 作为开裂临界值的符合度更为接近。

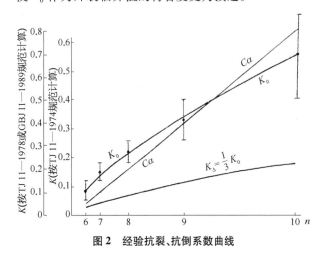

图2 经验抗裂、抗倒系数曲线

如将 TJ 11—1978 抗震规范中的 $C\alpha$ 值也做类同于 K 值的回归，关系式可表示为

$$C\alpha = 0.05 \cdot 2^{(n-6)} \tag{5}$$

从式（3）、式（4）和式（5）可见，统计的抗震强度系数 K 与 $2^{(n-6)/1.48}$ 成正比，而规范的地震作用系数 $C\alpha$ 与 $2^{(n-6)}$ 成正比，在图中前者为一曲线，后者为一直线，两者的差异是明显的。本书1-2文中将抗震强度系数 K_0 与唐山地震震中距 Δ 的关系用指数方程表示为 $K_0 = 2.1\Delta^{-0.6}$，其 $\lg K_0$ 与 $\lg \Delta$ 呈直线关系。

从式（3）、式（4）和式（5）还可得到，在烈度6~10度范围内，规范地震作用系数与经验抗裂、抗倒系数之比分别为

$$\frac{C\alpha}{K_0} = \frac{0.8 \cdot 0.05 \cdot 2^{(n-6)}}{0.085 \cdot 2^{(n-6)/1.48}} = \frac{0.47 \cdot 2^{(n-6)}}{2^{(n-6)/1.48}}$$

$$\frac{C\alpha}{K_\Delta} = 3\frac{C\alpha}{K_0} = \frac{1.41 \cdot 2^{(n-6)}}{2^{(n-6)/1.48}}$$

式中，取系数 0.8 是因统计的 K 值按 TJ 11—1974 规范计算，取 ξ 为 1.5，而在 TJ 11—1978 规范中取 ξ 为 1.2。当烈度 n 为 6、7、8、9 和 10 度时，$C\alpha$ 与 K_0 的比值分别为 0.47、0.59、0.74、0.92 和 1.17；$C\alpha$ 与 K_Δ 的比值分别为 1.41、1.77、2.22、2.76 和 3.48。显而易见，规范在低

烈度下对多层砖房抗震能力的设防要求偏低,而在高烈度下却又较高地要求了砖房的抗震能力。指明这一点极为重要,说明现行规范的抗震强度计算,尚不能很好地估计砖房的抗震能力。进一步还可看到,按规范设计的砖房,在遇有小震(低于设防烈度1度半时)可不开裂;在遇有设防烈度的地震时一般不满足抗裂性要求,即砖墙体可能开裂。虽在抗震规范的设防准则中容许有损坏,但按6、7度设防的砖房,从计算的抗震强度的要求来看,比按8、9度的在遇有相应于设防烈度的地震影响时破坏要重,可能超过容许范围;按6度设防的砖房,如果只满足抗震强度的计算,并不能确保遇有7~8度地震时不倒;按7度以上设防的砖房,遇有比相应设防烈度高1度左右的地震时,一般不致倒塌。

图2的曲线还表明,若墙体的K值在K_0曲线之上,墙体就不会开裂,房屋保持完好,对应的震害指数为0;若K值落在K_Δ曲线之下,则房屋全毁倒平,对应的震害指数为1;若K值落在两条曲线所围成的域内,则表明房屋有不同程度的破坏,这是抗震设计和震害预测所关注的。在本书2-1文中根据震害统计和专家经验给出了砖房不同震害程度的判别值,本文还将结合砖墙体的试验结果,讨论如何划定对应于各震害程度的K值曲线。显然,在不同烈度下具有不同K值的墙体,其破坏程度也是不同的,设墙体抗震强度系数K与抗裂系数K_0之比为震害程度系数β,即

$$\beta = K/K_0$$

则当$\beta > 1$时,为无震害;当$\beta < 0.333$时,由式(4)可知震害程度为部分倒塌或全部倒毁。

在地震影响下,假设墙体震害程度系数β与相对变形i符合二次曲线关系,即

$$a + b\beta^{1/2} = i \qquad (a)$$

且当

$$i = \begin{cases} 0 \\ 1 \end{cases} \quad 时有 \quad \beta = \begin{cases} 1 \\ 0.33 \end{cases} \qquad (b)$$

a、b为待定常数,从式(a)和式(b)可解得$a = 2.36$,$b = -2.36$。将a、b值代入式(a)并由式(3)可得到砖房震害的一般经验关系式:

$$K = \beta K_0 = \beta \cdot 0.085 \cdot 2^{(n-6)/1.48} \qquad (6)$$

$$\beta = (1 - i/2.35)^2 \qquad (6a)$$

不同震害程度下的i值可以根据震害经验和实验室研究估定。图3是夏敬谦团队对砖墙进行恢复力特性的伪静力试验结果线性化后与震害经验的对比曲线。根据曲线的特点和趋势可以分为六个破坏程度段,其所

对应的i值分别表示在图上。将诸i值代入式(6a)后求得的β值列于表2。又如图3所示,因$K_0 = 3K_\Delta$并根据K_0随烈度的经验关系,β也可表示为

$$\beta = 1/\eta = K/K_0 = 1/3(0.333 + 0.667i^{1.48}) \qquad (6b)$$

按式(6b)计算的β值也列在表2中。两个经验公式给出的结果很接近。为简洁计算,β取表中的建议值,它们与经验的统计值也很接近。

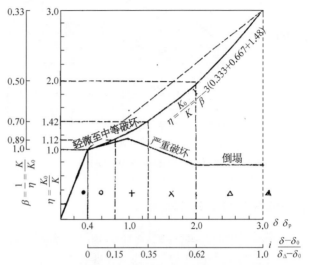

图3　震害程度与墙片伪静力试验骨架曲线关系图

表2　按试验曲线的i值确定的β值

	相对变形i	0	0.15	0.35	0.62	1
β	按式(6a)	1	0.88	0.72	0.54	0.33
	按式(6b)	1	0.89	0.70	0.50	0.33
	建议取值	1	0.90	0.70	0.50	0.33

在一幢房屋中,由于各墙段的刚度不同,其受力也是不均匀的。当按楼层墙体平均抗震强度系数预测房屋震害时,应取另一组β值。根据震害经验确定的该组β值列在表1相应的栏中。

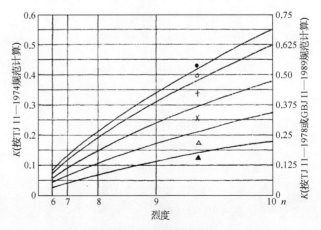

图4　按墙段K值预测震害的K-n-I图

取表 1 中所列两组 β 值按式(6)计算所得的诸 K 值也列在表 1 中。取表中所列数据作图所得到的两组曲线即称为 $K\text{-}n(\alpha)\text{-}I$ 图,分别示于图 4 和图 5。

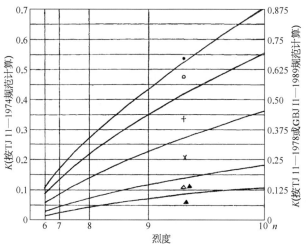

图 5　按楼层平均 K 值预测震害的 $K\text{-}n\text{-}I$ 图

3　抗裂抗倒系数对新规范的适用性

多层砖房的抗裂抗倒系数是在 1977 年根据震害经验按照 TJ 11—1974 规范的原则和参数,以砖墙体的抗震强度系数 K_{ij} 和楼层砖墙体抗震强度系数 K_i 与震害的关系统计得出的。在唐山地震后修订的抗震设计规范 TJ 11—1978 与 TJ 11—1974 相比,就多层砖房抗震强度的计算而言,除剪应力不均匀系数 ξ 由 1.5 改为 1.2 外,其他并无变化。因此,按 TJ 11—1978 计算所得的抗震强度系数为按 TJ 11—1974 计算所得的 1.25 倍。故当按 TJ 11—1978 计算时,表 1 中的判别标准应乘以 1.25。这与 TJ 11—1978 的地震作用系数 $C\alpha_{max}$ 也为 TJ 11—1974 的 1.25 倍是相一致的。

新的《建筑抗震设计规范》(GBJ 11—1989)显然在设计原则和表达形式上做了系统的修订,但对多层砖房来说还只要求进行强度验算,且对无筋砖墙体截面抗震承载力的要求,基本上是相一致的,即

TJ 11—1978: $C\alpha_{max} \le R_\tau A / k\xi W$ 　　(7)

GBJ 11—1989: $\gamma_{Eh} C_{Eh} \alpha'_{max} \le f_{VE} A / \gamma_{RE} G_{eq}$ 　(8)

式(7)中　C——结构影响系数;

α_{max}——地震影响系数 α 的最大值;

R_τ——砖砌体抗震抗剪强度;

A——墙体水平截面净面积;

k——安全系数;

ξ——截面剪应力不均匀系数;

W——产生地震荷载的房屋总重量。

式(8)中　γ_{Eh}——水平地震作用分项系数;

C_{Eh}——水平地震作用效应系数;

α'_{max}——水平地震作用影响系数最大值,上标"'"表示有别于旧规范;

f_{VE}——砌体沿阶梯形截面破坏的抗震抗剪强度设计值;

A——墙体水平截面净面积;

γ_{RE}——承载力抗震调整系数;

G_{eq}——地震时房屋的等效总重力荷载代表值。

用这两个规范来计算式(7)和式(8)中的参数,分别有

$$C\alpha_{max} / \gamma_{Eh} C_{Eh} \alpha'_{max} \approx 1$$

和

$$\frac{R_\tau A}{k\xi W} \bigg/ \frac{f_{VE} A}{\gamma_{RE} G_{eq}} = \frac{R_\tau \gamma_{RE}}{k\xi f_{VE}} \cdot \frac{G_{eq}}{W} \approx 1$$

由此可见,当用 GBJ 11—1989 来计算砖墙体抗震强度时,抗裂抗倒的判别标准即可用 TJ 11—1978 的,其值见表 1 及其注,在图 2、图 4 和图 5 的纵坐标也都标出了相应的 K 值。按新旧规范计算第 i 层第 j 段墙体的抗震强度系数表达式对照如下:

$$K_{ij} = \frac{(R_\tau)_{ij}}{k\xi} \cdot \frac{A_{ij}}{k_{ij}} \cdot \frac{\sum_{j=1}^{m} k_{ij}}{\sum_{i=1}^{n} W_i} \cdot \frac{\sum_{j=1}^{m} W_i H_i}{\sum_{i=1}^{n} W_i H_i} \quad (\text{按 TJ 11—1978})$$

(9)

$$K_{ij} = \frac{(f_{VE})_{ij}}{\gamma_{RE}} \cdot \frac{A_{ij}}{k_{ij}} \cdot \frac{\sum_{j=1}^{m} k_{ij}}{\sum_{i=1}^{n} (G_{eq})_i} \cdot \frac{\sum_{j=1}^{m} (G_{eq})_i H_i}{\sum_{i=1}^{n} (G_{eq})_i H_i}$$

(按 GBJ 11—1989) (10)

式中:H_i 为第 i 层的高度;n 为房屋楼层数;m 为第 i 层中验算地震作用方向的墙段数。

第 i 层纵向或横向砖墙体的楼层抗震强度系数,可用下式表示:

$$K_i = m \bigg/ \sum_{j=1}^{m} \frac{1}{K_{ij}}$$

(11)

对于设置钢筋混凝土构造柱的多层砖房,按照 JGJ 13—1982 规程,还应乘以抗震能力提高系数。当构造柱沿外墙间距为 4 m 左右时取 1.15,8 m 左右取 1.06。而在新规范中,将承载力抗震调整系数 γ_{RE} 由 1.0 变为 0.9;在本书 2-1 文中,建议采用抗裂抗倒二

次判别系数来提高(或称调整)砖墙体的抗震强度系数。必须说明的是,规范所建议的系数与2-1文中的抗裂系数是一致的,用以判别墙体的抗裂能力,构造柱的抗倒效应远比抗裂高,因此要用2-1文中的抗倒二次判别系数来判别设置构造柱的多层砖房的抗倒能力。

利用式(3)和式(4),还可以很方便地按新规范的抗震设防三个水准的要求检验砖房是否达到"小震不坏、大震不倒"的要求。当设防烈度为 n 时,对小震(按低于设防烈度1.5度计),不裂的条件为

$$K_{ij} > 0.085 \cdot 2^{(n-6-1.5)/1.48} \quad (K_{ij} 按 TJ\ 11—1974 计算)$$

或 $K_{ij} > 0.106 \cdot 2^{(n-6-1.5)/1.48}$ (K_{ij} 按1978或1989规范)

对大震(按高于设防烈度1度计),不倒的条件为

$$K_{i} > 0.028 \cdot 2^{(n-6+1)/1.48} \quad (K_{i} 按 TJ\ 11—1974 计算)$$

或 $K_{i} > 0.035 \cdot 2^{(n-6+1)/1.48}$ (K_{i} 按1978或1989规范)

如在这些式中再乘以震害程度系数 β,则可预测砖房在小震和大震时的不同程度的震害。对做过地震小区划的地区,还可按50年超越概率的不同值所给出的烈度替代规范所采用的小震和大震的烈度与设防烈度值,预测砖房的震害和验算新设计砖房的抗震能力。

4　应用举例

应用本文的 $K-n-I$ 图度量唐山地震各烈度区的砖房震害,其结果与调查的震害现象很一致。按本文的方法和1989年杨玉成团队用二次判别系数预测厦门市三个区中砖房的震害,所得结果都能反映客观实际。图6是厦门市三个区房屋震害预测结果的比较图,其中鹭江区绝大部分是20世纪三四十年代建成的老旧房屋,筼筜区则几乎完全是新建的,而文安区则介于两者之间,新旧兼有,预测结果符合三个区的房屋现状。与其他城市相比,厦门市三个区的加权平均震害指数高于湛江市和三门峡市,这与三城市的房屋现状也相吻合。湛江是50年代发展起来的南方港口城市,也是7度区,但抗震工作抓得早,不少房屋已加固,其震害指数低些是可信的;而三门峡则是1957年才开始兴建的,又是8度设防区,在同一烈度水平下,其房屋的平均抗震能力应更高一些。

5　结语

本文通过对砖房震害经验的进一步研究,发展和简化了砖房震害预测的方法并得到如下结论:

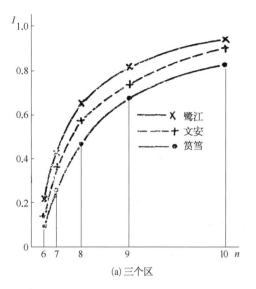

(a)三个区

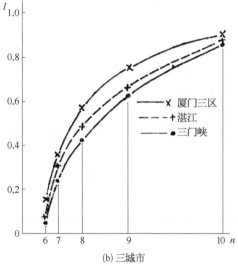

(b)三城市

图6　结果比较

(1)按规范原则,将抗裂、抗倒系数 K_0、K_Δ 线性化,并结合震害经验和试验研究,给出了砖房震害的一般经验公式:若按规范 TJ 11—1974 计算,$K = \beta \times 0.085 \times 2^{(n-6)/1.48}$;若按1978或1989规范计算,$K = \beta \times 0.106 \times 2^{(n-6)/1.48}$。这个经验公式和相应的 $K-n-I$ 图为砖房三水准抗震设计和预测震害提供一个简明、实用的定量方法。

(2)震害统计表明,在不同烈度下,砖墙的抗震强度系数与 $2^{(n-6)/1.48}$[而不是规范的 $2^{(n-6)}$]成正比,地震时按6、7度设计的砖房的破坏要比规范容许的重,新的规范如何能更好地评估抗震能力,有待继续研究。

(3)基于规范原则和震害经验的结构抗震设计和震害预测方法是简便可行的。只要有充分可靠的震害资料,同样可以给出可供其他结构应用的 $K-n-I$ 图。应用本文方法所得结果可反映城市房屋的现状并符合一般规律,具有合理的可信度。

3 – 9　An Expert System for Predicting Earthquake Damage to Urban Existing Buildings[*]

Yang Yucheng et al.[**]

1　Introduction

Earthquake damage prediction in a city, which can provide an important base for improving the aseismic fortifying state, evaluating the losses in earthquake, drawing up the earthquake resistence and disaster prevention programme, laying down the countermeasures for hazard reduction and emergency measure and earthquake insurance, has been widely developed in China. Based on the characteristics of the area that the prediction depends on the knowledge and experience of expert as well as a great amount of data and effective factors, the development of an intelligent aided dicision system, which uses the high-rated computer language, constructs the data base and knowledge base, applies search technique, designs and constructs expert system, could provide a good way in this area.

According to the experience of earthquake damage in China, casualties and properly losses during an earthquake are mainly due to the damage to and collapse of buildings, and the losses are much larger in city than in countryside, thus prediction of earthquake damage to urban buildings is a key point in the earthquake damage prediction. Do because of this, the intelligent aided dicision system is developed and used first in the prediction of earthquake damage to urban existing buildings.

A man-machine system for predicting earthquake damage to existing building stocks and evaluating casualties and property losses in a city was constructed as a primary form of expert system during the research work of Sanmenxia city in 1987. From then on, the system was improved and used in Zhanjiang city, Xiamen city and Taiyuan city. During the four years, the system has been used in various cities from small city of 80 thousand population to middle cities of 300 thousand population and also to big city of more than one million population. Meanwhile, obtaining a large amount of data and experience knowledge, adopting the search technique and network reasoning technique, a knowledge based system PDKSCB – 1 for predicting damage to existing buildings and evaluating casualties and property losses in a city has been formed.

2　The Object and Block Diagram of the System

The object of the system is to predict the earthquake damage to urban existing buildings, to evaluate the casualties and direct economic losses, to decide the goal of earthquake disaster mitigation and to take into account its countermeasures. The system includes 3 subsystem, ie., building subsystem, man-economic subsystem and diagram subsystem, the block diagram of the system is shown in figure 1. The following results can be obtained from this system.

(1) The predicted earthquake damage, casualties and direct economic losses in the whole city under different earthquake intensity.

(2) The predicted earthquake damage, casualties and direct economic losses of various areas and subareas, and the identified high risk subareas.

Source：Proceedings of International Symposium on Buildings Technology and Earthquake Hazard Mitigation. Kunming, China, March 1991;《国际建筑技术和减轻地震灾害讨论会论文集》,1991 年,140 – 147 页。

* This is a sub-item of the project "Research of the Application of the AI Aided Decision-making Systems in Civil Engineering Construction" sponsored by the National Natural Science Foundation of China. The sub-item is finished under the direction of professor Liu Huixian who is in charge of this project.

** 杨玉成赴会做报告,合作者有王治山、杨雅玲、杨柳、李大华。

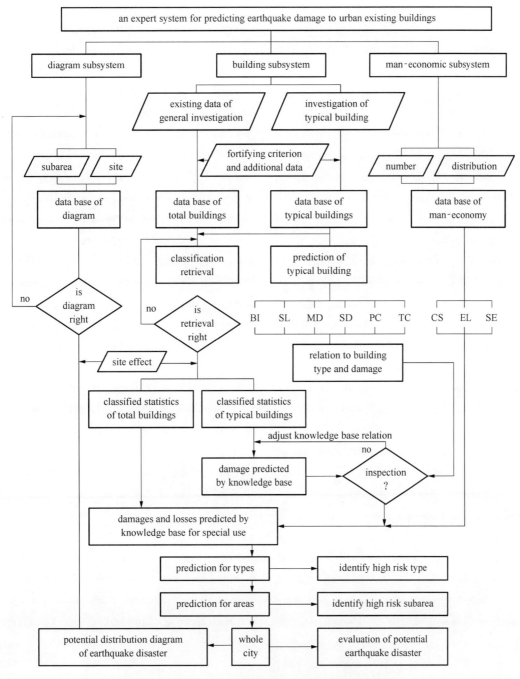

Fig.1　The diagram of the expert system PDKSCB－1

BI—basically intact; SL—slightly damaged; MD—moderately damaged;
SD—seriously damaged; PC—partial collapse; TC—total collapse;
CS—casualties; EL—economic losses; SE—society effect

（3）The predicted earthquake damage, casualties and property losses of various kinds of buildings and the identified high risk building types.

（4）The potential earthquake damage and risk distribution in whole city.

（5）The possibility and condition of realization of the goal of earthquake disaster mitigation.

3　Data and Data Base

Collecting a large amount of data for predicting damage to existing buildings in a city and storing them up in a computer, the data base can be constructed directly or supported by knowledge base. Each data is represented by a character string with a definite length, a digit code or

383

a numerical value. There are six basic data base in the system as follows:

3.1 Data Base of Existing Buildings in the Whole City

For predicting the earthquake damage to existing building stocks in a city, in data base, the data form of every building in city is generally represented by 10 items, ie., ① the serial number of administrative area where the building is located, ② the address of the building, ③ the serial number of the building, ④ the owner of the building, ⑤ type of structure, ⑥ the amount of stories, ⑦ the construction age, ⑧ status quo of the building, ⑨ present use of the building, ⑩ the floor area of the building. Utilizing the existing data of general investigation and registration of building owners and the existing files of urban planning bureau and building management office, the collection of the data for buildings can be finished and the data base of the system can be constructed. If it is necessary, investigation in site for some specific buildings and building stock should be conducted additionally.

The type of a building in the data base is represented by 5 items, ie., ① type of building structure, ② amount of the story, ③ construction age, ④ building status quo and ⑤ present use of building. There are 6 kinds of building structure, 9 kinds of building story, 6 kinds of construction age, 5 kinds of status quo and 8 kinds of present use of building. The type of building can be retrieved either by one-element or multi-elements. There are 43 types of building according to one-element retrieval and 12 960 types of building (10 800 types not including types time of the 1990' according to 5 - elements retrieval, but most of them in the 5 - elements retrieval are empty sets, for example, according to the statistical data of the 1980', there are only 926 types of building in Zhanjiang city and only 1 381 types of building in Taiyuan city.

3.2 Data Base for Typical Building

Data of each typical building in this data base which is collected one by one from site investigation is used for predicting their earthquake damage one by one, and the predicted results represented by damage indices under intensity 6 - 10 are also used as data input.

The typical building should be representative in the amount of building predicted. There are should be indispensable samples for major kinds of structures, amount of story, construction age, building status quo and present use of building, and the proportion of samples should be roughly equal to the proportion of the corresponding buildings in the total buildings predicted. The number of the samples should fit the requirements of statistics and should generally have 2 - 3 percent of the total floor area of buildings. The earthquake damage to the typical building can be predicted by using expert evaluation, model method or expert system. In a common city, earthquake damages to more than half amount of typical buildings can be predicted using PDSMSMB-1—an expert system for predicting earthquake damage to multistory masonry building. The development of expert system PDSMSMB - 1 has involved the primary form, demonstrating stage and applying stage, and now is going into the commodity stage.

3.3 Data Base of Population in Existing Buildings

Population data in existing buildings is obtained based on the relationship between the population in each building and the floor area, the occurred time, the location and the present use of each building, which is supplied by the statistical information of permanent and floating population from the Statistical Bureau. The occurred time can be divided into day and night. Instead of collecting data information one building by one building, the mean floor area for one person, which is used to obtain the population in different kinds of buildings in different occurred time of earthquake, can be obtained from knowledge base with some modification according to the specific location.

3.4 Data Base of Property in Building and Value of Building Itself

The direct economic losses to earthquake disaster to be evaluated includes both the property losses in building and of the building itself. The property of the building itself is obtained by multiplying the mean value of cost of whole buildings by corresponding coefficient for different building type given in knowledge base and is modified according to the specific location. The property in building is obtained according to total society output value, total industrial output value and output value from fixed capitals of 100 yuan, and their relationship to the present use of building. The relationship can be obtained from the knowledge base and modified according to the function of the specific location.

3.5　Data Base of Diagram

The data base of diagram of a city or an area is founded according to the outline of the city in which main road, railway, river, subarea, the location of typical and important buildings which will be predicted are marked.

3.6　Data Base of Site Condition

The map of site condition is plotted in the outline map of a city and is used to evaluate the effect of the site condition on the prediction of earthquake damage to existing buildings.

4　Relationship of Knowledge Bases and Its Inspection

4.1　Factor Relationship and Knowledge Base

The effective factors and their network relationship for evaluating the damage to existing buildings in a city is shown in Fig.2, in which there are 5 effective factors to be considered, ie., earthquake effect, earthquake damage, economic losses, casualties and importance.

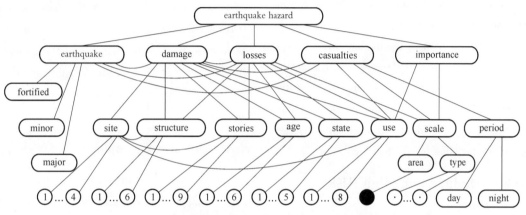

Fig.2　Factors and their network relationship

A knowledge base for predicting damage to existing buildings in a city is the basic and the largest knowledge base, in which the probability matrix of different damage degree under 6, 7, 8, 9, 10 earthquake intensity for 10 080 types of building according to 5 – elements retrieval (not including buildings in the 1990') is constructed. Damage degree is divided into 6 ranks, ie., basically intact, slightly damaged, moderately damaged, seriously damaged, partial collapsed and total collapsed.

In knowledge base for evaluating direct economic losses, the losses are related to the damage degree and the earthquake effect in the same level nodes of Fig.2, they are also related to the factors for evaluating both the property in building and that of building itself, such as floor area, structure, amount of story, construction age, building status quo and present use of the building at the next level nodes of Fig.2.

In the knowledge base for evaluating casualties, the casualties are related to the damage degree and earthquake

intensity at the same level nodes and also related to the scale (floor area and type) of the building and occurred time (day or night) at the next level nodes.

4.2　Construction of Knowledge Base for Special Use

A knowledge base for predicting earthquake damage to existing buildings in a city is constructed according to previous earthquake damage data, aseismic behavior analysis and experts' experience. Because of considerable difference in aseismic capacity of same type of building in different cities, to construct a suitable knowledge base for special use, the basic knowledge base for predicting earthquake damages to existing buildings should first be transfered and adjusted according to experts' experiences and the predicted results of building sample, otherwise the significance for predicting damages to a specific city would be lossed. The key step to construct the knowledge base for special use shown in Fig.1. is consistent inspection, numerical inspection and logic inspection.

Consistent inspection means to let the earthquake damage to building samples predicted by the knowledge base for special use be identical to that predicted as building unit. It is controled by the Hamming distance in two fuzzy sets, the distance is limited in 0.02, ie., 1/10 rank of earthquake damage degree, the point error is required to be less than 0.05, ie., 1/4 rank of earthquake damage degree.

Numerical inspection means the sum of probability of different damage degree for each type of building under each intensity should be equal to 1.

Logic inspection will make no self-contradictory in the knowledge base, generally there are 3 kinds of logic inspection should be considered, ie., ① construction age—the longer the construction age the larger the damage index for same type of building under same intensity. ② status quo—the better the status quo the less the damage index for same type of buildings under same intensity. ③ intensity—the higher the intensity the larger the damage index for same type of buildings.

5 Search Technique and High Risk Identification

5.1 Compression of Data Base and Management by Grade

In data base of a city there are as many as that of tens of thousands or hundreds of thousands of original data of buildings. By transfering the data base based on each building into a data base based on building type and delete the empty sets, the data base can be reduced tens to hundreds times.

Management of the data base of building type is divided into 3 grades, ie., subarea, area and the whole city, data base of the 3 grades can be operated independently or dependently.

5.2 The Search of High Risk Subarea and High Risk Building Type

To evaluate the potential earthquake risk in a subarea, a synthetic decision analysis is conducted in the system based on 3 elements, ie., building damage, casualties and property losses. Each of the 3 elements is represented by 3 risk factors, ie., damage index, vulnerability index and damage probability for building

damage; the number, rate and density for both the casualties and property losses. The high risk subarea is searched according to 9 undimensional risk factors which is obtained by dividing the 9 factors that have different dimension by their corresponding mean value of whole city.

Identification of high risk buildings should be conducted in two steps, since the amount of building types is too many. The first step is searching based on the vulnerability index, for the building types which vulnerability index reached threshold value, the search is conducted according to the 9 risk factors of the 3 elements as the second step. Denote the risk factor which reaches the threshold value as 1, otherwise as 0, summing up the risk factors which takes value of 1 or 0, the building type which summing number reaches 9 is the high risk building type and that reaches 5 to 8 is the next high risk building type.

6 Output and Example

Output of the system is a series of table in fixed form in microcomputer and can also represented by colour figure in VAX computer. Take Taiyuan city as an example, the predicted earthquake damage matrix to existing buildings is shown in table 1, the total results of predicted damage and losses are in table 2, there are 3 high risk subareas and 7 high risk building types searched. From our developing prediction in Taiyuan city, we can see for the goal of disaster mitigation up to 2 000, in which China will make effort to reduce disaster by 30 percent, the goal of building damage mitigation can be reached by efforts, the

Table 1   The damage matrix to buildings in Taiyuan City

damage degree	floor space	earthquake intensity				
		6	7	8	9	10
basically intact	A%	79.66	25.97	6.76	0.38	0.00
slightly damaged	A%	15.88	39.55	23.07	5.58	0.26
moderately damaged	A%	3.51	27.11	40.44	23.55	4.28
seriously damaged	A%	0.84	6.05	23.57	43.80	23.56
partial collapse	A%	0.11	1.07	4.83	19.48	30.25
total collapse	A%	0.00	0.26	1.32	7.22	41.65

Note: total floor area: $A = 41\,049\,151$ m^2.

Table 2　The predicted damage and evaluated losses

intensity	6	7	8	9	10
damage index	0.052	0.235	0.401	0.596	0.818
losses of building (million yuan)	31.270	352.021	1 001.023	2 567.591	5 209.308
losses in building (million yuan)	13.291	150.048	617.964	2 063.089	6 418.207
total losses (million yuan)	44.561	502.070	1 618.987	4 630.679	11 627.515
injury on day (people)	51	924	6 710	51 791	306 201
death on day (people)	11	281	2 129	17 512	115 600
casualties on day (people)	62	1 205	8 839	69 303	421 801
injured at night (people)	73	1 404	9 307	63 769	360 158
death at night (people)	17	444	3 088	21 751	135 629
casualties at night (people)	90	1 848	12 395	85 520	495 787

casualties can be reduced by more then 30 percent, but the goal of economic losses reduction is difficult to be reached if only by engineering measures according to the current fortifying state.

7　Conclusion

The expert system PDKSCB − 1 for predicting earthquake damage to existing buildings and evaluating casualties and economic losses in a city is developed from the man-machine system. During the last four years, it was developed and used in Sanmenxia city, Zhanjiang city, Xiamen city and Taiyuan city. Collecting a large amount of data and experiences, the knowledge base and the system structure have been improved and become perfect. It has been proved in practice that the predicted results are right and the system is efficient.

References

[1] Yang Yucheng, et al. Application of a Man-machine System to Predict Earthquake Damage to Existing Buildings and Loss in Sanmenxia City [J]. Earthquake Engineering and Engineering Vibration, 1989, 9(3).

[2] Yang Yaling, et al. The Building Data Bank of Prediction Damage in a City [J]. World Information on Earthquake Engineering, 1988(1).

[3] Wang Zhishan, et al. A Search Technique for High Risk Building and High Risk Subarea in Earthquake Damage Prediction in City [J]. World Information on Earthquake Engineering, 1990(4).

[4] Yang Yucheng, et al. An Earthquake Damage Evaluation System for Predicting Earthquake Damage to Multistory Masonry Buildings [J]. Computational Structural Mechanics and Application, 1989, 6(2).

[5] Yang Yucheng, Li Dahua, et al. An Applicable Expert System for Predicting Earthquake Damages to Multistory Masonry Buildings [J]. Earthquake Engineering and Engineering Vibration, 1990, 10(3).

Abstract　An expert system for predicting earthquake damage to urban existing buildings PDKSCB − 1 is outlined in this paper, including block diagram, effective factors and the network relationship among them, construction of data base and knowledge base, application of search technique and output example. The system can be used to predict earthquake damage to existing building stock in a city, to evaluate casualties and property losses, to identify high risk building types and subareas, to give the potential damage and risk distribution of a whole city, to decide the goal of earthquake disaster mitigation and to take into account its measures.

3 – 10　An Expert Evaluation System for Earthquake Damage[*]

Yang Yucheng　Wang Z.　Yang Yaling　Yang L.

1　Introduction

Earthquake damage evaluation in a city, which can provide an important base for improving the aseismic fortifying state, evaluating the losses, drawing up the earthquake resistance and disaster prevention programme, laying down the countermeasures for hazard reduction and emergency measure and insurance, has been widely developed in China. Based on the characteristics of the domain that the evaluation depends on the knowledge and experience of expert as well as a great amount of data and effective factors, the development of an expert knowledge based evaluation system could provide a good way in this domain.

According to the experience of earthquake damage in China, casualties and property losses during an earthquake are mainly due to the damage to and collapse of buildings, and the losses are much larger in city than in countryside, thus prediction damage to urban buildings is a key point in the earthquake damage evaluation. Do because of this, the expert system is developed and used first there.

A expert knowledge based system PDKSCB for predicting earthquake damage to existing building stocks and evaluating casualties and property losses in a city was constructed in 1987. From then on, the system has been used in various cities from small city of 80 thousand population to middle cities of 300 thousand population and also to big city of more than one million population, meanwhile, obtaining a large amount of data and experience knowledge, and further improved and extended.

2　Object and Block Diagram

The object of the system is to predict the earthquake damage to urban buildings, to evaluate the casualties and direct economic losses, to identity high risk subareas and building types, to decide the goal of disaster mitigation and its countermeasures. The block diagram of the system is shown in Fig.1. The system includes 3 subsystems, ie., building, man-economic and diagram subsystem. The following results can be obtained.

（1）The predicted earthquake damage, casualties and economic losses in the whole city under given earthquake intensity 6, 7, 8, 9 and 10, respectively, or / and under complete probability of seismic hazard assessment in the next 50 or some years.

（2）The predicted earthquake damage, casualties and economic losses of various subareas, and the identified high risk subareas.

（3）The predicted earthquake damage, casualties and property losses of various types of building, and the identified high risk types.

（4）The potential earthquake damage and risk distribution diagram in the whole city.

（5）The possibility and condition of realization for the goal of disaster mitigation.

3　Data and Data Base

Collecting a large amount of data for predicting damage to existing buildings in a city and storing them up in a computer, the data base can be constructed directly or supported by knowledge base. Each data is represented

Source：Proceedings of the Tenth World Conference on Earthquake Engineering, Madrid, Spain, July 1992, 6307 – 6310.
* 该课题论文国际会议安排用图版展出,杨玉成赴会,讲解与交流。

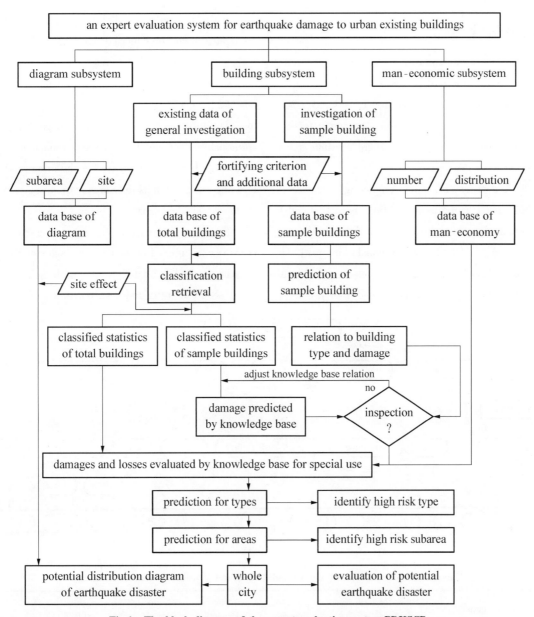

Fig.1　The block diagram of the expert evaluation system PDKSCB

by a character string with a definite length, a digit code or a numerical value. There are six basic data bases in the system.

① Data base of buildings in the whole city;

② Data base of sample buildings;

③ Data base of population in buildings;

④ Data base of property in building and value of building itself;

⑤ Data base of diagram;

⑥ Data base of site condition.

The existing data of general investigation and registration of building owners can be utilized for constructing data base, if it is necessary, investigation in

site should be conducted.

The type of a building in the data base is represented by 5 items, ie., kind of building structure, amount of the story, construction age, building status quo and present use. There are 6 kinds of structure, 9 kinds of story, 5 kinds of age, 5 kinds of status quo and 8 kinds of present use. The type of building can be retrieved either by one-element or multi-elements. There are 33 types according to one-element retrieval and 10 800 types according to 5 - elements retrieval, but most of them in the 5 - elements retrieval are empty sets, generally, there are only about one thousand types of building in a middle or big city.

4　Knowledge Bases

The effective factors and their network relationship for evaluating earthquake hazard is shown in Fig.2, in which there are 5 effective factors to be considered, ie., earthquake effect, earthquake damage, economic losses, casualties and building importance. There are four major knowledge bases in this system.

(1) Knowledge base for predicting damage to existing building. It is the basic and the largest knowledge base, in which the probability matrix of different damage degree under 6, 7, 8, 9, 10 earthquake intensity for 10 080 types of building according to 5 - elements retrieval is constructed. Damage degree is divided into 6 ranks, ie., basically intact, slightly damaged, moderately damaged, seriously damaged, partial collapse and total collapse. The six ranks damage degree represented by corresponding damage indices in Table 1.

(2) Knowledge base for evaluating direct economic loss. The losses are related to the damage degree and the earthquake effect and they are also related to factors for evaluating both the property in building and that of building itself, such as floor area, structure, stories, age, status quo and present use.

(3) Knowledge base for evaluating casualty. The casualties are related to the damage degree and earthquake intensity and also related to the scale (floor area and type) of the building and occurred time (day or night).

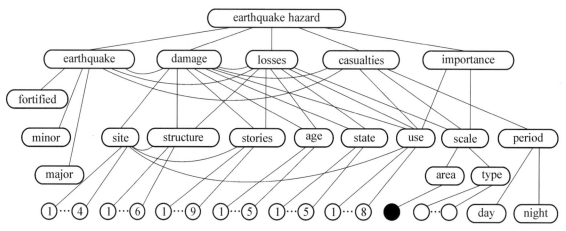

Fig.2　Effective factors and their network relationship

Table 1　Relation of damage degree and damage index, casualty and economic loss

damage degree		basically intact	slightly damaged	moderately damaged	seriously damaged	partial collapes	total collapse
damage index	region value[1]	$[0-0.1]$	$(0.1-0.3]$	$(0.3-0.5]$	$(0.5-0.7]$	$(0.7-0.9]$	$(0.9-1.0]$
		0	0.2	0.4	0.6	0.8	1.0
property loss of building/%	region value	$[0-1]$	$(1-8]$	$(8-20]$	$(20-60]$	$(60-95]$	$(95-100]$
		0.4[2]	3.8	12	36	82	100
property loss in building/%	region value	0	$(0-1]$	$(1-5]$	$(5-20]$	$(20-50]$	$(50-100]$
		0	0.2	2.2	10.5	32	75
injury/%	region value	0	$(0-0.02]$	$(0.02-0.1]$	$(0.1-3]$	$(3-30]$	$(30-70]$
		0	0.006	0.05	0.5	10	50
death/%	region value	0	0	$(0-0.01]$	$(0.01-1]$	$(1-10]$	$(10-30]$
		0	0	0.001	0.15	3	20

Note: ① Represented value.

② Damage index is equal to zero when degree is intact.

The casualties or economic losses under given intensity i are calculated according to the following formula, thus

$$L_i = \sum_{j=1}^{6} P(D)_{ij} l_j N m_i \qquad (1)$$

where i is the intensity, and j is the damage degree, N is the population or the total value of property, $P(D)_{ij}$ is the predicting damage probability for the degree j under intensity i, l_j is the casualties ratio or economic losses ratio when predicting damage degree belong to j (see Table 1), m_i is the coefficient of cause disaster under intensity i.

The casualties or economic losses under complete probability of seismic hazard assessment in the next 50 years is evaluated as

$$L_{50} = \sum_{i=6}^{10} \{P(\hat{I} > i)_{50} - P[\hat{I} > (i+1)]_{50}\} L_i \qquad (2)$$

where $P(\hat{I} > 1)_{50}$ and $P[\hat{I} > (i+1)]_{50}$ are the exceeding probability in the next 50 years, when $\hat{I} > i$ and $\hat{I} > (i+1)$.

(4) Knowledge base for site condition. Some new knowledge bases in specific site condition can be constructed making use of the following formula, thus

$$P(D)_{ijs} = a_i P(D)_{(i-1)j} + b_i P(D)_{ij} + c_i P(D)_{(i+1)j} \qquad (3)$$

where s is the specific site, a_i, b_i and c_i are the coefficient of site condition and the sum should be equal to 1, if the effect of site exceed 1 grade for intensity, $(i \pm 1)$ could be instead of $(i \pm 2)$ or $(i \pm 3)$ in the formula(3).

The knowledge base for predicting damage is constructed according to earthquake damage data, aseismic behavior analysis and experts' experience. Because of considerable difference in aseismic capacity of same type of building in different cities, the key step to construct the knowledge base for special use is consistent inspection. Its means to let the earthquake damage to building samples predicted by the knowledge base for special use be identical to that predicted as building unit. It is controled by the Hamming distance in two fuzzy sets, the distance of total deviation is limited in 0.02, the distance of point deviation is required to be less than 0.05, ie., 1/10 and 1/4 rank of damage degree, respectively. The distances can be expressed as follows:

$$d(A, B) = \frac{1}{5n} \sum_{c=1}^{n} \sum_{i=6}^{10} |I_A(X_c)_i - I_B(X_c)_i| \qquad (4)$$

$$d_{c,i} = |I_A(X_c)_i - I_B(X_c)_i| \qquad (5)$$

where $d(A, B)$ and $d_{c,i}$ are the distance of total and point deviation, n is the number of type of building samples, $I_A(X_c)_i$ and $I_B(X_c)_i$ are the predicting damage indices of X_c type buildings according to one-element retrieval statistics that predicted by current method one by one and by knowledge base, respectively.

5　Search of High Risk

To evaluate the potential earthquake risk, a synthetic decision analysis is conducted in the system based on 3 elements, ie., building damage, casualties and property losses. Each of the 3 elements is represented by 3 risk factors, ie., damage index, vulnerability index and easy damage probability for building damage; the number, rate and density for both the casualties and property losses. The high risk subarea is searched according to 9 undimensional risk factors which is obtained by dividing the 9 factors that have different dimension by their corresponding mean value of the whole city.

Identification of high risk type of building would be conducted in two steps, since the amount of building types is too many. The first step is searching vulnerability index reached threshold value, the search is conducted according to the 9 risk factors of the 3 elements as the second step.

6　Applied Example

Output of the system is a series of table in fixed form and can also represented by colour figure. Take Taiyuan city as an example, the predicted earthquake damage matrix to existing buildings is shown in Table 2, the total results of predicted damage and losses are in Table 3, there are 3 high risk subareas and 7 high risk building types searched.

Table 2　The damage probability (%) matrix to buildings in Taiyuan city

earthquake intensity	6	7	8	9	10
basically intact	79.7	26.0	6.8	0.4	0.0
slightly damaged	15.9	39.6	23.1	5.6	0.3
moderately damaged	3.5	27.1	40.4	23.6	4.3
seriously damaged	0.8	6.1	23.6	43.8	23.6
partial collapse	0.1	1.1	4.8	19.5	30.3
total collapse	0.0	0.3	1.3	7.2	41.7

Note: Total floor area 41 049 151 m².

Table 3 **The predicted damage & evaluated loss (million yuan) & casualty (people) in Taiyuan city**

intensity	6	7	8	9	10
damage index	0.052	0.235	0.401	0.596	0.818
loss of building	31	352	1 001	2 568	5 209
loss in building	13	150	618	2 063	6 418
total losses	45	502	1 619	4 631	11 628
injury on day	51	924	6 710	51 791	306 201
death on day	11	281	2 129	17 512	115 600
casualty on day	62	1 205	8 839	69 303	421 801
injury at night	73	1 404	9 307	63 769	360 158
death at night	17	444	3 088	21 751	135 629
casualty at night	90	1 848	12 395	85 520	495 787

From developing prediction in Taiyuan city, we can see for the goal of disaster mitigation up to 2 000, in which China will make effort to reduce disaster by 30%, the goal of building damage mitigation can be reached by efforts, the casualties can be reduced by about 50%, but the goal of economic losses reduction is difficult to be reached if only by engineering measures according to the current aseismic fortifying standard and method. For losses reduction the sociology countermeasures and new aseismic method must be developed.

7 Conclusion

The system PDKSCB has been developed and used widely in China, as used in Sanmenxia city Henan province, Xiamen city Fujian province, Zhanjiang city Guangdong province, Taiyuan city Shanxi province, Wuxi city Jiangsu province and Tieling city Liaoning province. It has proved in practice that the inference is reliable, the results are right and the decision making is efficient.

References

[1] Yang Y C, Li D H. An applicable expert system for predicting earthquake damage to multistory building [J]. Earthquake Engineering and Engineering Vibration, 1990, 10(3).

[2] Yang Y C, Wang Z S. An intelligence aided decision system for predicting damage to existing buildings in city [J]. EEEV, 1992, 12(1).

[3] Yang Y L, Yang Y C. The building data bank of prediction damage in a city [J]. World Information on Earthquake Eng, 1988(1).

Abstract An expert knowledge based evaluation system for earthquake damage to city is outlined in this paper, including block diagram, effective factors and the network relationship among them, construction of data base and knowledge base, application of search technique and applied example. The system can be used to predict earthquake damage to building stock in a city, to evaluate casualties and property losses, to identify high risk building types and subareas, to give the potential damage and risk distribution of the whole city; besides, it can yet be used to decide the goal of earthquake disaster mitigation and to take into account its countermeasures.

PART 04

第四篇章　智能辅助决策系统

践行"小—中—大"城市

4-0	开篇言　城镇房屋震害预测智能辅助系统的功能	395
4-1	城市震害预测中的房屋数据库	398
4-2	用人-机系统方法预测三门峡市现有房屋震害、人员伤亡和直接经济损失	402
4-3	湛江市现有房屋震害预测及其人员伤亡和直接经济损失估计(概要)	409
4-4	厦门市现有房屋震害预测和潜势分布(概要)	410
4-5	太原市现有房屋建筑的总体震害预测和损失估计(概要)	411
4-6	城市震害预测高危害房屋类型和高危害小区的搜索技术	416
4-7	城市现有房屋震害预测智能辅助决策系统	420
4-8	房屋建筑群体震害预测方法	426
4-9	对震害预测指标体系的建议	430
4-10	城市现有建筑物震害预测与防御对策专家系统——知识工程的建造和系统的应用	434
4-11	城市现有建筑物震害预测与防御对策系统的研究与应用	438
4-12	专家系统在国际地震工程中的应用	441
4-13	房屋震害预测图形智能系统的结构模块设计和在鞍山市示范小区中的实现	445
4-14	图形信息智能系统在沈阳铁西小区房屋震害预测中的应用(概要)	447
4-15	群体震害的快速预测法	448
4-16	设防城市的房屋预测震害矩阵与其应用	452
4-17	Knowledge-Based System for Evaluating Earthquake Damage to Buildings	456
4-18	Research and Practice of Knowledge-Based System for Predicting Earthquake Damage to Urban Buildings and Its Fortifying Countermeasures	464
4-19	Man-Computer System for Prediction of Earthquake Damage to Existing Buildings in a City	468

4-0 开篇言

城镇房屋震害预测智能辅助系统的功能

1. 建立数据库,房屋由单体分类到多元检索

　　数据库、大数据现今几乎人人皆知,广泛应用,可在20世纪80年代震害预测中才刚启用。1987年,在论文《城市震害预测中的房屋数据库》中(见本书4-1文)特地致谢周雍年和王治山,为何? 其为何许人也? 是我国从事强震动观测数字化处理的英才。那时,强震动观测进入数字化时代也才不久,震害预测中的数据库理念和方法是他俩传授并借用先进的强震动数字化处理技术应用过来的。

　　建立数据库是城镇房屋群体震害预测智能辅助系统的基础,一般有六个:① 城镇房屋数据的采集。起先在三门峡市和湛江市是按普查表资料一幢幢数据输入286微机的,到厦门市和太原市是由该市房管局IBM微机输出转录我们的386微机的,从而建立城市房屋普查数据库。普查数据库中三门峡有0.34万幢(见本书4-2文),湛江有2.3万幢(见本书4-3文),厦门有3.3万幢(见本书4-4文),太原有16.1万幢(见本书4-5文)。② 现场调查该市抽样的和重要的房屋,建立典型数据库。③ 根据统计局资料,建立房屋居住人数数据库。④ 房产和财产数据库。⑤ 图形数据库,一般是测该城市轮廓和街坊小区建立的。鞍山示范小区(见本书4-13文)和沈阳铁西小区(见本书4-14文)的房屋数据是从其房产局转录的,而图形由其1/2 000总图测读,在486微机配成房屋图形数据库(当年我们课题组没地理信息系统,现今从手机就可下载)。⑥ 按地震小区划的结果,建立场地的影响数据库。

　　在房屋数据中,每幢房屋的数据为一个记录,由若干个表征房屋的数据项组成,按需求定项数,与城镇震害预测紧密相关的一般有五项,即五个元素——建筑结构(六类)、年代(五类)、用途(八类)、层数(九类)、现状质量(五类)。

　　房屋普查汇总一般按一元统计,有34类房屋。震害预测城镇房屋,若按五元检索则有6 × 5 × 8 × 9 ×

5 = 10 800(类),数据库中的房屋类型数增加300多倍。实际上某个城市检索到房屋数量大的只有十多类,很多类为空集。城镇震害预测中典型房屋数据库与普查数据库同此分类检索,调整得相当,就可用典型的震害关系来匹配普查数据库,用智能辅助系统来预测全市房屋群体震害。

　　全国城镇房屋数据库是借用城乡建设部年鉴建库。1996年,丽江地震震害损失评估是从此数据库调用丽江县城房屋的。

2. 预测单体震害关系知识库到"小—中—大" 城市群体震害专用知识库

　　典型数据库中的房屋逐幢进行单体震害预测,从而在数据库中建立房屋与震害的关系知识库,再匹配到普查数据库形成待用于全市房屋的基本知识库,当通过一致性检验、数值检验和逻辑检验后,就成为预测该市房屋群体的专用知识库。用其预测全市房屋在遭受不同地震动强度(6~10度)影响时的不同震害程度的分布,即震害矩阵和易损性;同时可预测不同结构类型的各类房屋的群体震害矩阵和各小区或街坊的震害矩阵与其易损性震害指数。

　　所谓一致性检验,即由专用知识库预测原先单体预测房屋的震害程度相一致,其差距在1/10级之内,不然调整相关的关系知识项。

　　数值检验,即各类房屋在同一烈度的预测震害概率之和为1。逻辑检验为使预测的结果不自相矛盾,如烈度越高或质量越差,震害越重;年代越近,震害越轻。当有意外的,要搞明白。

　　我们在"小—中—大"四个城市进行震害预测,建立各自的基本和专用知识库。由此建立了通用的基本知识库,但需实际检验,调整为专用知识库费时。

　　陈友库通过统计震害调查和震害预测建立了不同烈度的震害矩阵(关系知识库)和成为专用知识库的应用方法,只意图快速预测城镇房屋群体的震害(见本书4-15文)。

杨雅玲通过搜索技术统计设防房屋的预测震害，建立了 7 度和 8 度设防城市的震害矩阵（关系知识库）和应用方法，可简捷预测相应设防城镇房屋总体及砖混结构和钢筋混凝土结构的群体震害（见本书 4 - 16 文）。

进入 21 世纪，汶川等地震后的震害调查和地震重点防御区的预测震害又有新的震害矩阵可用于震害预测。诸如国家自然科学基金资助项目（5093800）、孙柏涛等《汶川 8.0 级地震中各类建筑结构地震易损性统计分析》、冯启民等《群体建筑物破坏概率模型研究》、孙柏涛等《基于已有震害矩阵模拟的群体震害预测方法研究》、张桂欣等《多因素影响的建筑物群体震害预测方法研究》、王磊、高惠英等《砌体和钢混结构建筑群的破坏概率模型研究》、万卫、薄景山等《城市建筑物震害快速判定预测方法》。始于陈友库的快速，是导师谢礼立院士的主意，我是赞同支持的。快速是震害预测需要的，我们需要快的且必要确切，关注风险、安全和信任度，成就主旨并能运用适于服务对象的专用知识库。

知识库工程是智能系统的核心，有如下几种：① 房屋震害知识库是最基本的、最大的，可生成单元和多元分类房屋的震害概率矩阵；② 场地对预测震害的影响知识库；③ 评估危害性有震害同房产财产的直接经济损失知识库；④ 人员伤亡知识库。

3. 开发搜索技术识别高危害和动态减灾

在智能系统链中，识别潜在的高危害房屋类型和高危害街坊小区（见本书 4 - 6 文），彰显昭示人工智能技术的算法和算力，是城镇现有房屋震害预测智能辅助决策的两个格外靓丽的金果。何意格外？其一，城市震害预测一般给出全市和（或）小区的房屋震害与其易损性，不提供高危害小区、高危害房屋类型；其二，应用计算机高级程序语言开发搜索技术，以宽度优先和深度优先的网络结构求解高危害，不用多因素的穷举搜索；其三，结果明确、可靠、不模糊。甲方需求满意，专家现场鉴定认可。上述三门峡、湛江、厦门和太原四个城市实践表明，搜索高危害的结果是可信的，是城市震害预测的金果。由其确可便于确定城镇防震和拆迁改造的目标及其相应的措施，且可对未来状态进行动态预测，辅助决策减灾指标，搜索欲使其实现的多种策略之优选，明显地提高了城市震害预测智能辅助决策系统的功能。

4. 评双 A 第一，获国家科技进步二等奖

国家自然科学基金重大项目"工程建设中智能辅助决策系统应用研究"30 个子课题中，"城市现有房屋震害预测智能辅助决策系统"被评为理论和应用双 A，与清华大学刘西拉子课题并列第一。研究报告汇编在"工程建设中智能辅助决策系统"（国家自然科学基金重大项目）1990 年度论文集和 1991 年度论文集，发表在《地震工程与工程振动》1992 年第 12 卷第 1 期（见本书 4 - 7 文）、《中国科学基金》1993 年第 7 卷第 2 期（见本书 4 - 11 文）和 1994 年第 2 卷第 2 期（英文版）（见本书 4 - 18 文），以及第十届世界地震工程会议论文（见本书 3 - 10 文）和图版展示讲解（1992 年）、桥梁与结构工程国际协会土木工程中的智能系统专题讨论会（1993 年）（见本书 4 - 17 文）。

"城市现有房屋震害预测智能辅助决策系统"作为抗震防灾减灾应急管理链的基础研究，重实际、脚踏实地，有践行讲究整体观和项目精准差异兼具的两个房屋群体和单体智能系统，即 PDKSCB - 1 和 PDSMSMB - 1。自主创新、国内领先、国际先进。1993 年被国家地震局工程力学研究所评为科技进步一等奖，同年被国家地震局评为科技进步二等奖。1993 年 3 月 9 日，中华人民共和国建设部颁发证书（编号 J93003），列为建设部 1993 年科技重点推广项目，有效期三年。1995 年中华人民共和国国家科学技术委员会授予奖励二等奖（杨玉成、王治山、杨雅玲、杨柳、李大华、赵宗瑜、吕秉志、郑鸪、彭亚忻）（见获奖证书）。

在评审国家科技进步奖的答辩会上，演示中还加入国家自然科学基金"八五"重大项目"城市与工程减灾基础研究"中房屋震害预测图形智能系统在鞍山示范小区的实现（见本书 4 - 13 文）。获奖后图形智能系统还做了沈阳铁西小区的应用（见本书 4 - 14 文），使该系统由数据库智能系统进化为图形信息智能系统。

5. 智能系统的先进性和适用性

获国家科技进步二等奖回京到国家地震局汇报，副局长（同乡同高中）问我："你的方法这么多外单位喜欢用，为什么局里反而很少用？"真不好答，只得说你们搞地质的不会搞工程。实际上，国家地震局震害防御司 1990 年 3 月印发的《震害预测工作大纲》（试行稿）及附录，是杨玉成执笔起草的，1991 年出版的《工程地震研究》（见本书 2 - 12、2 - 13 和 4 - 8 文）和《城市地震对策》（见本书 2 - 14、5 - 4 文）两书中有关

震害预测和抗震防灾的章节也是我写的。在推广使用不久后，我不同意将震害预测由三个指标（预测工程震害、人员伤亡和经济损失）扩展为五个指标（增加地震大小和时间），我认为增加的两个指标属地震危险性分析研究或地震预报。再则，应用于工程的智能辅助预测震害系统在地震地质方面来说可能是跨界了，不太适用或不太够用。更何况认知智能技术要有个深度学习的过程。后来局里组织编写技术规范，明确指出震害预测以面向用户需求导向为目标，就不再要我做地震局组织的震害预测任务了，自然便很少用了。

然而，智能系统确确实实是先进的，适用性也广，如在1994年国家地震局组织评审三个研究所分别做中国石油天然气总公司的三项研究任务，也只有工力所我主持的"新疆石油管理局克拉玛依市工程抗震鉴定震害预测和防灾减灾对策"一项顺利通过专家评审，得到地震局评委和外单位参会专家的一致好评。

我们团队当然知道，地震局与建委抗办、石油总公司的需求有所不同，研究任务都要满足，工作态度一样认真踏实。是三方上级和同仁的支持、资助和信任，给予任务和课题，天时地利人和，创新并推广震害预测，才荣获国家科技进步三等奖（1987年），进而创新建成并践行智能系统，荣获国家科技进步二等奖（1995

年），实现为国为民安居的心愿，防患于未然，适用减灾总目标。

杨玉成　　杨雅玲　　杨柳　　王治山　　李大华　　赵宗瑜

4-1 城市震害预测中的房屋数据库

杨雅玲　杨玉成

1 引言

本文阐述预测城市现有房屋地震灾害的一个新方法。设计和建立房屋数据库,采用数据库系统来预测遭受不同地震烈度的影响时城市现有房屋的震害及由此而造成的人员伤亡和经济损失。这一方法已开始在三门峡、湛江和厦门三个城市的震害预测中应用,通过实践,进一步改进和完善城市房屋震害预测公用数据库。

我国城市建设和管理工作已经开始采用计算机数据库。在1985年第一次全国城镇房屋普查工作中,广东省各城市的房屋普查数据由计算机数据库统一处理,厦门市的房屋普查数据用两台IBM微机处理。后来又有北京市的"城市建设和管理数据库系统"获1987年度国家级科学技术进步奖。由此可见,城市房屋的计算机管理是当代科学管理工作的发展趋势。可以预料,城市房屋的抗震管理工作,也必将会朝着应用计算机这一方向发展,并与城市建设和管理数据库联机。

城市现有房屋的震害预测,是抗震防灾的一项基础工作。在对三门峡、湛江和厦门这三个城市的震害预测中,我们按城市不同的规模和潜在地震的危险程度,设计和建立关系数据库,试图用数据库系统来预测整个城市现有房屋在遭受不同地震烈度的影响时的震害。预测城市震害的房屋数据库,充分利用了全国城镇房屋普查工作所提供的极为有利的条件,以房屋分幢普查表为基础,将有关数据输入计算机,通过检索和统计来获得城市震害预测中所需要的信息。

一般说来,城市现有房屋的震害预测,不可能人为逐幢房屋进行,只能是在抽样的基础上,外推到全市。抽样可按建筑类型选取,也可选择典型的小区,统计小区内各类房屋的预测震害,外推到其他小区和全市。这样,全市现有房屋的震害预测是按建筑结构分类统

计得到的。也就是说,以往对城市房屋的震害预测就其房屋本身来说,一般只取决于建筑结构类别这一主码。应用关系数据库具有如下几个特点:

(1)它可按结构、层数、年代、质量、用途等做一元组、二元组或多元组分类检索,即预测震害可由一元受控到多元受控。

(2)各小区和全市现有房屋的预测震害是以数据库中的记录(幢和每幢的建筑面积),而不笼统地以各类建筑结构的百分率为统计单元的。

(3)应用关系数据库预测潜在震害和进行抗震管理工作,由于与记录(每幢房屋)的顺序和存取途径无关,因此它能适应城市建设的不断发展,随着房屋的新建、改造和淘汰,很容易增加或撤销若干记录,更新有关数据项的内容,从而得到新的预测结果,定期按新情况修改抗震防灾规划和对策。

(4)一旦数据库模式确定,原先要由专家来完成的大量预测工作,便可由一般工程技术人员或管理人员利用计算机数据库来完成。

本文侧重于介绍房屋数据库系统的内容和表达形式,而不论证其中的关系。数据库中有关预测震害和评估损失的关系,将另行讨论。

2 人机系统预测震害框图

城市现有房屋预测震害的人-机系统设计了三个数据子库(图1):

(1)图形数据库。

(2)房屋数据库。

(3)震害与损失的关系数据库。

倘若不用计算机绘图,便可不采用图形数据库。建立图形数据库视条件由计算机采集还是人工测读。目前,我们是在1/2 000图上依据全国统一坐标系测读的,包括城市轮廓、街坊、场地、道桥、房屋(重要的和典型的)等。

本文出处:第二届全国地震工程学术会议论文集,武汉,1987年11月,1108-1110页;《世界地震工程》,1998年,第1期,28-32页。

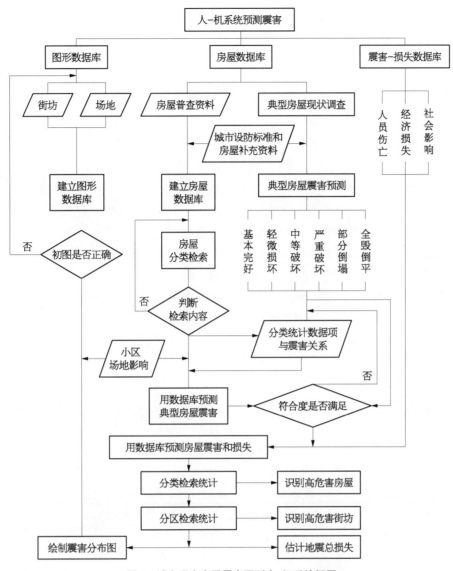

图1　城市现有房屋震害预测人-机系统框图

倘若不需要评估地震灾害的损失，便可不用震害与损失的关系数据库。震害-损失数据库包括人员伤亡、经济损失、社会影响等。

建立房屋数据库包括三方面的数据，主要依据房屋普查资料；同时，如有需要和力量，可依据1985年后的建设情况和抗震防灾的需要补充有关资料；数据库具有预测特定城市的能力还要有赖于抽样预测房屋震害，并将按房屋分类统计多元数据项与震害的关系赋予数据库。

应用关系数据库预测城市现有房屋的震害，最终输出的结果取决于数据。目前，在我们设计的系统中，包括：

（1）分类检索统计，进而识别高危害房屋类型。

（2）分区检索统计，进而识别高危害街坊小区。

（3）估计城市地震总损失和绘制城市地震灾害潜势分布图。

3　关系模型和数据采集

房屋数据库采用关系模型，即将所有的数据在逻辑上看作一个简单的二维表。预测城市现有房屋的震害需要多个关系，即多个二维表，组成数据库系统。关系模型既简单明了，又具严格的数学基础。每一幢房屋的数据为一个记录；每个记录由若干个表征房屋数据的字段（数据项）组成，如建筑结构、建成年份、层数等。

根据房屋普查资料或再做适当补充，将每幢房屋中与震害预测有关的数据存储在计算机中，建立房屋数据库。我们在三门峡、湛江和厦门市的震害预测中，用到的数据包括在下述17项之内：

　　① 所在街坊小区；　　② 房屋编号；

　　③ 层数；　　④ 建成年份；

⑤ 建筑结构； ⑥ 目前用途；

⑦ 房屋质量，即 ⑧ 使用土地面积；
　好坏破损；

⑨ 建筑面积； ⑩ 不利因素；

⑪ 增强抗震措施； ⑫ 白天人数；

⑬ 夜间人数； ⑭ 房屋现值；

⑮ 财产价值； ⑯ 所处地点（街道门牌
　　　　　　　号或/和坐标点）；

⑰ 产别。

数据项①～⑩、⑭、⑯和⑰可直接从城镇房屋分幢普查表中摘取，其中⑦、⑧和⑭数据项在普查时为观察项目，有的城市未做或没做全。如果要用图形数据库表示房屋位置，则数据项⑯可按全国统一坐标系测读房屋边框点。数据项⑤和⑥都可在普查资料的基础上扩充若干子项。数据项⑩除了按幢表的各层平面来判别不利因素外，如有条件与数据项⑪结合起来，作为评定抗震性能添加的数据项。数据项⑫～⑮可单幢采集，也可视为非独立数据项，为有关数据项的相关数据。在数据库中，每个记录用定长的字符串和数值表示。

建立房屋数据库所采用的数据项内容和项数，要根据条件和城市规模来确定。房屋普查的统计结果：厦门市有 3.3 万张幢表、1 072 万 m² 建筑面积，湛江市有 2.3 万幢表、765 万 m²，三门峡市有 0.4 万幢表、222 万 m²。在现有房屋震害预测关系数据库中，厦门市的数据是由厦门市房地产管理局的 IBM 微机输出的，我们选取小区号、编号、建筑结构、层数、建成年份、现在用途、建筑面积、房屋质量、房屋现值、土地面积和产别（管理工作需要）11 列数据项存储；湛江市的数据是从城镇房屋分幢普查编码表中抄录 11 项，包括小区号、编号、产别、建筑结构、层数、建成年代、房屋质量、用途分类、建筑面积、产别和地址。三门峡市的房屋数据分为两类，其中重要的和典型的房屋，所有多层房屋、单层工业厂房和影剧院建筑，主要的医院和中小学的平房为一类，共 700 多幢，包括上述前 16 项数据，并将建筑结构分为 6 个子项（即有 6 个元素的组合构成），用途分为 2 个子项；另一类为一般平房，包括小区号、编号、建筑结构、层数、建成年份、用途、建筑面积、白天人数、夜间人数、房屋现值和财产价值 11 个数据项。三门峡市房屋数据库的数据采集工作除了重要的和典型的房屋之外，均由三门峡市抗震办公室进行，并包括部分近两年建成的房屋在内。

4　分类检索和统计

应用关系数据库预测现有房屋的震害，在于数据库具有分类检索、运算和统计汇总的功能。毋庸讳言，对全市现有房屋在未来地震中可能的破坏程度及其危害，如果全都像以往研究安阳小区那样，逐幢调查和采集数据、分析和预测，其工作量之大将可能使震害预测难以完成；如果对全市房屋只按建筑结构分为若干类，按不同的结构类型给出各自的破坏率，这又将可能失去在一个特定的城市中进行震害预测的意义。因此，对现有房屋进行适当的分类是必要的。这样，除了数量极为有限的重要房屋应逐幢预测震害外，可抽样预测各类房屋的震害。分类将由计算机检索来实现，分类的合理性取决于描述房屋特征的数据及其预测者的经验判断和指令。

由分类来预测房屋震害，在房屋普查资料中与此密切有关的数据有 7 项。其中建筑结构分为 6 类，现有用途分为 7 类，层数、建成年代和房屋质量都分为 5 类，还有建筑面积和各层平面图（不利影响）。如补充有无增强抗震措施这项，则在房屋分类中也要考虑。若按上述前 5 项做多元分类，则可多达 5 250 类（6 × 7 × 5 × 5 × 5 = 5 250），若再考虑建筑规模、不利影响和增强措施，房屋类别便更要多得多。显然，多元分类有赖于计算机检索和统计，人工分类一般只做一元组统计，房屋普查汇总资料便是分项一元统计的。实际上，按多元检索，大量的房屋也只集中在数十类之中，有的类别房屋数量甚少，为数不少的类别是空集。为了节省机时，不应让计算机逐类检索，再按数量排队。这就要求预测者预先判别和下指令，让计算机检索出数量多的或具有特殊抗震性能的房屋类别。在检索房屋类别时，可统计到限定的百分率截止，且应做适当的合并归类。多元组检索是由它们的关键码与其特定位置来标别的，如：SUSAQUSA↓为按结构、用途、层数、年代、质量、不利因素、增强措施和建筑规模做大循环检索出各类房屋；00005↓为只检索危房；3138113↓为只检索砖结构、住宅、三层、20 世纪 80 年代建造、完好、无不利因素、措施良好（8 度）和不考虑建筑规模的这一类房屋。再如：SOS↓为只按结构类别和层数做双循环检索出各类房屋。在每一次检索处理中，运算和统计也在关系数据库中进行，可按需要指令输出每一类别房屋的幢数、面积、人数、价值，以及重新按类别列出文件等。

5　预测震害和损失

应用数据库预测现有房屋的震害,应进行抽样调查,将典型房屋(包括重要房屋)的预测结果分类统计,建立各元素关键码与震害的关系。抽样房屋一般要涉及城市各类房屋的比例,但也会有特殊性。表1为厦门市震害预测现场抽样调查与房屋普查统计结果的对照,比例大体相当,在现场调查中未对城镇平房抽样,拟用专家评估法预测宏观震害来补充。

由抽样调查所得到各元素的代码与震害的关系,在用数据库做样本的验证后,才可用于预测全市房屋。如果与抽样预测的符合度不好,则要重新调整关系或再补充样本建立新关系。用数据库评估由于房屋震害所致的损失,有赖于建立震害-损失关系。目前,我们用关系数据库已完成了三门峡市现有房屋震害预测及其人员伤亡和直接经济损失的统计。

6　结语

用关系数据库结合专家评估和模式判别来预测城市现有房屋的震害,将会有效地提高预测的可信度和抗震管理工作的科学水平。目前,我们的房屋数据库系统还只是初步的,拟将通过对三门峡、湛江和厦门三市的实践,进一步改进和完善,从而提供城市现有房屋震害预测的公用数据库。

表1　厦门市各类房屋的百分率

元素	资料	代码						
		1	2	3	4	5	6	7
分区 (S)	A	57.9	6.7	5.4	7.7	22.3		
	B	54.6	8.3	3.7	9.3	24.1		
建筑 结构 (S)	A	0.4	0.7	17.7	51.7	23.9	6.1	
	B	0	0	23.1	52.8	14.8	9.3	
年代 (A)	A	23.5	7.6	10.7	18.0	40.3		
	B	15.7	16.6	11.1	17.6	38.9		
层数 (S)	A	22.6	34.1	38.4	4.5	0.4		
	B	12.0	32.2	48.1	6.5	0.9		
质量 (Q)	A	52.2	18.3	26.0	3.3	0.3		
	B	45.3	38.0	13.0	2.8	0.9		
用途 (U)	A	46.7	33.5	7.6	8.3	0.8	2.7	0.4
	B	34.3	19.4	12.0	13.0	7.4	12.9	0.9

注:A—房屋普查;B—抽样调查。

4-2 用人-机系统方法预测三门峡市现有房屋震害、人员伤亡和直接经济损失*

杨玉成　杨雅玲　王治山　吕秉志

1 引言

三门峡于 1957 年建市,位于河南省西部和黄河南岸,市区规划面积为 18 km²,震害预测范围约 10 km²。抗震设防基本烈度为 8 度,是全国重点抗震设防城市之一。

三门峡市现有房屋的震害、人员伤亡、直接经济损失和加固效益的评价是在地震危险性分析、地震小区划和黄土边坡地震稳定性评价的基础上,用人-机系统方法进行的。

根据陈达生对三门峡市地震危险性分析的结果,建议该市地震设防烈度(第二水准烈度)取 8 度,第一水准烈度(小震)和第三水准烈度(大震)分别为 6 度和 9 度。根据刘曾武等对三门峡市的地震小区划和宋昆仑(清华大学)对三门峡市黄土边坡的地震稳定性及其对建筑物影响的评价,该市区 II、III 级黄土阶地,除阶地交界过渡段和陡岸需考虑地震动效应的加剧和抗滑稳定安全距外,一般均属 II 类场地土。

预测震害的地震烈度范围为 6～10 度,震害程度分为六级,用符号表示: ●——基本完好;○——轻微损坏;+——中等破坏;×——严重破坏;△——部分倒塌;▲——全毁倒平。震害指数域为 0～1.0,对应于六级不同震害程度的表征值分别为 0、0.2、0.4、0.6、0.8 和 1.0;其范围分别为 [0～0.1]、(0.1～0.3)、(0.3～0.5)、(0.5～0.7)、(0.7～0.9] 和 (0.9～1.0)。如果将不同烈度时的震害指数(I_i)的平均值称为易损性指数($F_{ü}$),即

$$F_{ü} = \frac{1}{5} \sum_{6}^{10} I_i$$

$F_u = 0$ 表征该幢(类)房屋地震时是安全的,遭受 10 度地震仍完好无损;$F_u = 1$ 表征该幢(类)房屋极易损坏,遇到 6 度地震就会倒毁。

2 关系数据库和数据采集

预测现有房屋震害和评估人员伤亡、经济损失的框图如本书 4-1 文图 1 所示,在这个人-机系统中,具有三个数据库,即图形数据库、房屋数据库和伤亡-损失数据库。

三门峡市的图形数据库是在 1/2 000 图上根据全国统一坐标系测读数据建立的,包括城市轮廓、街坊、阶地、河流、道桥和房屋等。按阶地和街坊分区,共分为 76 个小区。

伤亡-损失数据库包括白昼和夜晚在房屋中的居留人数、房屋现值和在房屋中的财产价值。人员伤亡和经济损失与震害的关系是根据以往地震的经验建立的,白昼和夜晚的人员伤亡与震害的关系在数据库中视为同一。室内财产中不包括现金和证券,居民的家产和企事业的资产损失与震害的关系在数据库中也视为同一。

房屋数据库由两个子库组成:一是房屋与震害的关系数据库,即根据典型房屋的震害预测结果和以往地震的经验建立房屋各数据项与震害的关系;二是全市房屋数据库。三门峡市的房屋数据又分设在两个二级子库中: ① 重要的和典型的房屋,所有多层房屋、单层工业厂房和影剧院建筑、主要的医院和中小学的平房,共 725 幢,为一个子库,在这个子库中的每一幢房屋均有 16 项数据,即所在街坊、房屋编号、层数、建成年份、建筑结构、目前用途、房屋质量、建筑面积、不利因素、增强抗震措施、白天人数、夜间人数、房屋现值、室内财产价值、房屋轮廓的坐标点和震害知否。这些数据均用定长的字符串和数值来表示,其中建筑结构分为六个子项,用途分为两个子项。② 平房,在这个子库中每幢平房均有 11 项数据:小区号、编号、建筑结构、层数、建成年份、用途、建筑面积、白天人数、夜间人数、房屋现值

本文出处:《地震工程与工程振动》,1989 年 9 月,第 9 卷第 3 期,91-102 页。

* 参加房屋单体震害预测的主要人员还有高云学、杨柳和三门峡市抗办的郭文华和刘丽杰等。

和室内财产价值，其中建筑结构、层数、建成年份和用途四项均选一个数字代码，其他项均为数值。三门峡市房屋数据库的数据采集工作除了重要的和典型的房屋是在现场做调查时采集的之外，均由三门峡市抗震办公室根据房屋普查资料做适当的补充调查，按工程力学所现有房屋震害预测数据库表的规则填写的，包括1985年年底房屋普查后建成的部分房屋在内。居留人数和经济价值均用1986年的统计数。

3　数据和关系的可信度检验

在人-机系统中数据库的数据是否可靠？数据项代码和震害的关系是否可行？这是最为重要的。图形数据的检验由计算机绘出的图形可一目了然。房屋的数据通过对两类房屋的检验，表明除个别有误之外，一般是可信的，也即数据代码是按数据库规则的要求填写的。受检房屋一类是多层砖住宅，另一类是单层工业厂房，它数量多、影响大。数据库中的关系通过人-机系统一致性检验，即将按其关系由数据库运算得到的潜在震害与用模式法预测的震害相比较，并包括按两者预测的震害得到的人员伤亡数和经济损失值均大体上一致。

在多层砖住宅中，据现场调查和设计图，采用以往的多层砖房震害预测模式法预测了26幢房屋的震害，并用它来与由数据库运算得到的潜在震害相比较，在不同烈度时的平均震害指数都非常接近，差得最大的只有0.021，即相当于震害程度级差的0.11；如果用易损性系数来比较，模式法预测 F_u = 0.416，数据库预测 F_u = 0.429，两者也基本一致；如果用聚类分析法来检验，符合率高达89%，震害程度的平均距离也只有0.11级。用模式法和数据库分别预测的震害，由损失与震害关系数据库得到两者的人员伤亡和直接经济损失值，它们也基本上吻合。

三门峡市抗办用模式法预测了61幢单层工业厂房的震害，并用关系数据库预测潜在震害，再分别按两者的震害指数评估人员伤亡和直接经济损失值，比较其结果，平均震害指数差异不大，最多也不到0.04，但伤亡数差异较大。逐幢检查发现，有两幢厂房用模式法预测的震害甚重，而数据代码都显示房屋质量好且无不利于抗震的因素。显然，这是不一致的（后经现场复查，这两幢数据有误）。舍去这两幢后，按59幢预测的震害指数、伤亡和损失率，两者都较接近，平均震害指数无大变化；在不同烈度时的房产和财产的损失率，其差均分别小于总值的2.2%和3.1%；白天和夜间的死亡

率，8度时相差均小于0.1%，9度时相差为0.3%左右，10度时相差分别为这些厂房中总人数的1.8%和2.2%。

数据项代码与震害的关系是依据用模式法对216幢房屋的震害预测结果来建立的，经过多次检验调整后投入使用的关系，平均震害指数、人员伤亡和经济损失与用模式法预测的结果都相接近（表1）。在不同烈度时的震害指数相差均小于0.033；易损性系数，模式法预测 F_u = 0.440，数据库预测 F_u = 0.444。房产损失率相差最大的为2.3%；财产损失率相差最大的为2.6%；白天和夜间死亡率，7度时相差0.04‰左右，8度时相差不到0.30‰，9度时相差分别为白天和夜间总人数的0.30%和0.16%；10度时白天和夜间的死亡率分别相差1.8%和1.6%。用聚类分析法统计216幢房屋在不同烈度时两者预测震害程度的差异，由表2可见，震害程度相一致的达75%，震害程度的平均距离为0.256级。如果将表中括号里厂房中数据有误的两幢也纳入检验之中，其结果人员伤亡最为敏感，相差较显著，但总的来看，个别数据对总体偏离的影响并不严重。

表1　三门峡市216幢房屋预测震害人-机一致性检验

烈度		6	7	8	9	10
模式法预测	震害指数(N)①	0.047	0.236	0.418	0.620	0.839
	(M)	0.042	0.239	0.421	0.634	0.862
	房产损失率/%	0.67	5.89	16.11	46.96	86.93
	室内财产损失率/%	0.086	0.80	3.51	19.56	61.89
	白天受伤率/%	0.0027	0.035	0.30	3.62	24.25
	白天死亡率/%	0.00006	0.0059	0.089	1.22	9.28
	夜间受伤率/%	0.0017	0.045	0.36	4.64	28.94
	夜间死亡率/%	0.00005	0.0093	0.11	1.56	10.93
数据库预测	震害指数(N)①	0.051	0.269	0.449	0.638	0.841
	(M)	0.054	0.254	0.435	0.633	0.846
	房产损失率/%	0.82	6.45	17.53	46.19	84.66
	室内财产损失率/%	0.19	1.49	6.09	21.51	60.48
	白天受伤率/%	0.001	0.024	0.36	2.78	19.92
	白天死亡率/%	0.000003	0.0021	0.11	0.92	7.52
	夜间受伤率/%	0.0017	0.036	0.44	4.14	25.56
	夜间死亡率/%	0.00001	0.005	0.13	1.40	9.33

注：① N—震害指数按房屋幢数统计；M—按建筑面积统计。

表2　三门峡市216幢房屋用不同方法预测震害的聚类分析

震害程度		模式法预测					
		●	○	+	×	△	▲
数据库预测	●	(185)	16				
	○	35	(120)	30			
	+	1	35	(175)	16		
	×			43	(163)	6	5
	△			1	48	(80)	29
	▲					5	(87)

4 总的震害、伤亡和损失

对三门峡市 3 405 幢 146 万 m² 建筑面积的房屋用关系数据库预测震害,当遭遇不同地震的影响时的震害指数、房产损失和室内财产损失率、白天和夜间的人员伤亡率都列在表 3 中。在做统计时,对已用模式法预测的房屋,即按此震害计。在预测白天和夜间的伤亡人数时,均不考虑有临震预报,白天以工作、学习的上班时间计,且考虑有 1/5 的人在室外或在居留人数中因流动而被重复统计;夜间除值夜班者外均以就寝计。

表 3　三门峡市现有房屋预测震害总表

地震烈度	6	7	8	9	10
震害指数(N)	0.067	0.234	0.423	0.602	0.795
(M)	0.046	0.244	0.430	0.607	0.804
房产损失率/%	0.75	6.51	17.64	41.56	76.62
室内财产损失率/%	0.21	1.56	6.31	19.53	53.97
白天死亡率/%	0.000 047	0.008 72	0.127	0.925	6.99
夜间死亡率/%	0.000 095	0.013 7	0.189	1.16	7.36
白天受伤率/%	0.001 57	0.038 8	0.406	2.75	18.26
夜间受伤率/%	0.001 99	0.056 8	0.594	3.41	19.75

当遭受不同烈度的地震影响时,现有房屋的震害程度分布见表 4 预测震害矩阵。现有房屋总的易损性指数按幢统计,$F_u = 0.424$;按建筑面积统计,$F_u = 0.426$。

表 4　三门峡市现有房屋预测震害矩阵

| 震害程度 | 单位 | 烈度 | | | | |
		6	7	8	9	10
基本完好	幢	2 866	864	3		
	m²	1 289 161.19	154 378.75	2 552.30	0	0
	%	88.2	10.6	0.2		
轻微损坏	幢	318	1 753	862	2	
	m²	107 690.06	996 472.74	221 225.93	3 279.90	0
	%	7.4	68.2	15.1	0.2	
中等破坏	幢	221	556	1 810	895	4
	m²	64 154.96	244 963.55	993 160.65	249 171.29	5 214.30
	%	4.4	16.8	68.0	17.1	0.4
严重破坏	幢		163	497	1 764	901
	m²	0	55 289.58	192 659.88	956 744.21	239 367.13
	%		3.8	13.2	65.5	16.4
部分倒塌	幢		69	162	658	1 675
	m²	0	9 901.59	34 890.86	226 335.62	794 976.29
	%		0.7	2.4	15.5	54.4
全毁倒平	幢			71	86	825
	m²	0	0	16 516.59	25 475.19	421 448.49
	%			1.1	1.7	28.8

从三门峡市现有房屋地震危害性的总的预测结果可以看到:

当遭受到 6 度地震影响时,现有房屋基本上都是完好无损的,预测破坏的房屋不到 5%,轻微震损的也不到 10%。由此而造成的房产和室内财产的直接经济损失率估计也不到 0.5%,一般不致造成人员伤亡,偶尔可能有个别人受伤。

当遭受到 7 度地震影响时,预测约有 20% 的房屋会有破坏,其中破坏严重的有 3%~4%,且有近万平方米的房屋可能发生倒塌现象,这些房屋的抗震性能极差,有些房屋坐落在阶地或冲沟的边缘。房屋震害所造成的直接经济损失率估计近 4%,其中房产损失率为 6%~7%,室内财产损失率为 1%~2%。估计死亡率为 0.1% 左右,受伤率为 0.5‰ 左右。

当遭受到设防烈度(8 度)地震的影响时,预测大多数房屋会有破坏,其中严重破坏的只占 13%;有 3%~4% 的房屋为部分倒塌或全毁倒平,这是由于在三门峡市区尚存一批筑黄河大坝初期建造的土木砖结构平房,同时也因有的房屋建于不利的场地之故。直接经济损失率估计可能超过 10%,其中房产损失率为 17%~18%,室内财产损失率为 6%~7%。人员伤亡率预测在 8 度时增长较大,死亡率为 0.15% 左右,受伤率为 0.5% 左右。但在规划中这批可能造成重大伤亡的低标准旧平房近年要拆除,并已开始,这将会大大降低三门峡市潜在地震危害的伤亡率。

当遭受 9 度地震的袭击时,预测现有房屋半数以上将严重破坏,少数倒塌,其中约 15% 部分倒塌,近 2% 倒毁。估计直接经济损失率约为 30%,死亡率为 1% 左右,受伤率为 3% 左右。

预测 10 度时三门峡市现有房屋的倒塌率、直接经济损失率和人员伤亡率都将可能比 1976 年唐山大地震时唐山市区的要低。预测经济损失率约为 65%,死亡率为 7% 左右,受伤率近 20%。需要说明的是,由于对三门峡市黄土边坡的地震稳定性评价,按地震危险性分析的结果只评价到 9 度大震,因此在本文的预测中未计入 10 度地震时可能出现大面积滑坡所造成的严重危害。

5 高危害房屋的识别

应用关系数据库预测城市现有房屋的震害虽然以幢为统计单位,但它的结果主要是用于房屋群体的。人-机系统关系数据库具有的重要功能之一是可通过检索统计来识别高危害的房屋类型,以便有针对性地采取抗震防灾的对策和减轻灾害的措施。

识别高危害的房屋类型需要依据伤亡、损失、震害程度和重要性等因素综合评价各类房屋在潜在地震中的危害性。为此，我们进行了大量的一元和多元组的检索统计，比较各类房屋震害指数、经济损失值和人员伤亡数。

在数据库中房屋的每个数据项都可被指令为分类检索统计的元素，在该市我们选用层数、用途、年代和结构四个数据项作为分类元素。层数可分为多层和单层两类，或逐层或适当组合分类。房屋用途依据城镇房屋普查的规定，分为七类：住宅、工业交通仓库用房、商业服务用房、教育科研医疗用房、文化体育娱乐用房、办公用房和其他用房。建成年代分五类，其中20世纪50年代以前的合为一类。建筑结构房屋普查分为六类：钢结构（该市预测房屋中没有），钢、钢筋混凝土结构和钢筋混凝土结构（这两类

数量都很少），混合结构和砖木结构（这两类占预测房屋的绝大部分），其他结构有砖拱房、生土建筑、砖柱土墙房等（数量也不多）。以往一般用一元（或少元）检索得出的震害程度、伤亡人数和经济损失值作为编制抗震防灾规划的依据。

毕竟由一元检索识别高危害的房屋类型分类太粗，需要做多元检索统计，进一步评估不同类型房屋的潜在地震危害性。在表5中列出了13类由多元检索得到的房屋。一般来说，表5中的房屋类型比未列入的房屋类型的潜在危害性要高。如(10)、(11)和(12)三类平房，是从对层数、年代、结构、用途做四元检索的150类平房中挑选出来的。表中这些类别的房屋有的是交集或子集，如在(1)类多层砖住宅中包括(2)、(3)两类住宅在内，在(13)类平房中包括(10)、(11)和(12)三类平房在内。在评价危害性时，对(1)和(13)两大类只讨论其子类房屋。

表5 三门峡市潜在地震高危害房屋类别的识别

| 房屋类别 | 识别高危害性因子 | | | | | | | | | 危害性指数 | 高危害序列 |
| | 震害程度 | | | 死亡人数 | | | 经济损失 | | | | |
	小震	设防烈度	大震	小震	设防烈度	大震	小震	设防烈度	大震		
(1) 多层砖住宅	(0	0	0)	(0	0	0.5)	(0	1	0.5)		
(2) 1977年前建多层砖住宅	0	0	0	0	0	0.5	0	1	1	2.5	7
(3) 底层商店住宅	0	0	0	0	0	0	0	0	0		
(4) 单层工业厂房	0	0	0	0	1	1	1	1	1	5.0	3
(5) 商业服务楼	0	0	0	0	0	0	0	0	0		
(6) 中小学教学楼	0	0	0	0	1	1	1	0.5	0.5	4.0	5
(7) 影剧院	0	0	0	0	0	1	0	0	0	1.0	9
(8) 指挥办公楼	1	1	0.5	0	0.5	0.5	0	0	0	3.5	6
(9) 市级中心医院	0.5	0.5	0.5	0	0.5	0.5	0	0	0	2.5	7
(10) 20世纪四五十年代砖木平房住宅	1	1	1	0	1	1	1	0.5	0.5	7.0	2
(11) 20世纪50年代住宅土木砖结构平房	1	1	1	0.5	1	1	1	1	1	8.5	1
(12) 20世纪五六十年代建砖木平房商店	1	1	1	0	1	0	0	0.5	0.5	5.0	3
(13) 平房	(1	1	1)	(0	1	1)	(1	1	1)		

识别不同类型的房屋的潜在地震危害性，首先，按房屋震害的可接受程度进行。我们认为满足"小震不坏，大震不倒"双重设防准则的震害程度，其危害性为可接受。即当遭遇第一水准烈度（众值烈度6度）时，房屋一般不损坏（$I_6 < 0.1$）；遭遇第二水准烈度（基本烈度8度）时，房屋虽有破坏，但可修复（$I_8 < 0.5$）；遭遇第三水准烈度（罕遇大震9度）时，破坏虽严重，但不致发生倒塌（$I_9 < 0.7$），则它们的危害性指数均取

为0。若震害程度为不可接受的，则震害指数为1。从预测结果可见，(11)和(10)两类平房住宅及(12)类平房商店的震害程度三个水准都不能满足，表5中的危害性指数均为1。

其次，从人员伤亡和经济损失造成的社会影响进行识别，相对于三个水准的烈度，小震时一般应不造成伤亡，损失极微；遭遇设防烈度的地震影响时，人员伤亡和经济损失不致造成重大的社会影响；大震时不致

造成惨重的伤亡和损失。按三门峡的具体情况，如果以该类房屋地震破坏造成死亡达 5 人，且死亡率大于 8 度时的全市平均死亡率为重大影响，则有（4）、（6）、（10）、（11）和（12）五类房屋；如果以该类房屋地震破坏造成死亡达 50 人，且死亡率大于 9 度时的全市平均死亡率为惨重影响，则有（4）、（6）、（7）、（10）和（11）五类。对经济损失也采用相应烈度下超过全市平均损失率，且分别超过 10 万元、200 万元和 400 万元的房屋类别为极微、重大和惨重损失的阈限。将隶属高危害模糊的，即超过双指标其一较多，而另一略欠（如经济损失在 8、9 度时分别为 150~200 万元和 300~400 万元），取危害性指数为 0.5。

最后，考虑房屋的重要性。对重要建筑应更严格控制其震害程度和伤亡率，若震害指数超过相应的可接受震害级别的中值时，即 $0.05 < I_6 < 0.1$、$0.4 < I_8 < 0.5$ 和 $0.6 < I_9 < 0.7$ 取危害性指数为 0.5，若死亡率超过全市平均值的一半，而死亡人数分别达 1 人和 10 人，则相应为重大和惨重危害性指数之半。

按预测房屋的震害程度、人员死亡数、直接经济损失值和房屋的重要性四个因素综合判别不同类别的房屋潜在地震中的危害性指数和高危害序列，列于表 5 中。若震害、死亡和损失三个高危害性因子全超过阈限，则最高危害性指数为 9。判别三门峡市现有房屋高危害的类型从表 5 中的高危害序列可见，首序（即 1）20 世纪 50 年代建土木砖结构平房住宅为现有房屋中危害性最高的类型，还有三类高危害的房屋，即四五十年代建的砖木结构平房住宅、五六十年代建的砖木结构平房商店和单层工业厂房。

6 高危害小区的识别

应用关系数据库预测城市现有房屋震害的另一重要功能是可通过检索统计来识别高危害的街坊小区。在图形数据库中将三门峡市分为 76 个街坊小区，在识别高危害性时，归并为 50 个小区，使小区的地积一般在 8 hm^2 以上，建筑总面积一般在 1 万 m^2 以上。

识别高危害的街坊小区，也即依据房屋的平均震害程度、人员伤亡和经济损失三因子，且考虑人均密度和建筑密度做综合判别。评估街坊小区的地震危害性类同于评估房屋类型的危害性，也按遭受小震、设防烈度的地震和大震这三种不同烈度的地震时造成的危害程度来确定。小区内房屋平均震害程度、人员伤亡和经济损失的可接受阈限与识别高危害房屋类型也相同。当建筑密度（小区内建筑总面积与地积之比）大于 0.5 或人均密度（小区内总人数与地积之比）大于 500 人/hm^2，对震害程度和死亡人数的危害性指数分别做类同于识别高危害房屋类型中的重要建筑处理，但危害性指数取 0.25。有近半数小区的三个高危害因子都在阈限以下，其余小区的判别结果列于表 6 中。其中 3 个街坊小区的危害性指数达 5，为潜在地震高危害小区（H）；4 个街坊小区的危害性指数达 3（小于 5），为次高危害小区（M）；19 个街坊小区的潜在地震危害性较小，指数小于 3。3 个高危害小区，一个是六峰路以西、陕州路以东、和平路以南至Ⅲ级阶地边缘的街坊小区；一个是古镇会兴；另一个是涧河南的工厂区。4 个次高危害的街坊小区中的 3 个在市中心的黄河路两侧，另一个是陕州路以西、大岭路以东、和平路以南至Ⅲ级阶地边缘的街坊小区。高危害小区分布如图 1 所示。

说明一点，在表 6 中三个识别高危害性因子的指数总值是不相等的，死亡人数因子的总值较震害程度和经济损失要大，即在识别高危害小区时它的权大，而在表 5 中，这三个因子的指数总值均为 13，即在识别高危害类型的房屋时，震害、死亡和损失是等权的。

7 加固效益评价

在预测震害的多层房屋中，有 274 幢（共 41.24 万 m^2）房屋已加固。历年加固费用略有波动，若平均按 10 元/m^2 计，则加固多层房屋的总投资约 412 万元。在这些房屋中，白天居留人数 24 021 人，夜晚 25 954 人，房产 4 831 万元，财产 2 213 万元。

已加固房屋在加固前后的预测震害指数分别按幢数（N）和建筑面积（M）统计，列在表 7 中。对照表 7 中加固前后的震害指数和震害程度，可以明显地看到，加固后抗震性能的提高是显著的，加固后震害程度的减轻平均近半级，烈度愈高震害指数减少愈多。

加固前后的人员伤亡和直接经济损失也列在表 7 中。对遭受不同地震烈度时的经济效益也在表 7 中列出，随烈度的增高效益也增大。表中所指的加固经济效益（B_e），即为加固前受震的经济损失（L_{eb}）同加固后受震的经济损失（L_{ea}）的差值与加固费（S_e）之比。用三种评估方法计算：

（1）按设防烈度评估，则三门峡市遭受 8 度地震时多层房屋的加固经济效益为

$$B_e = (L_{eb} - L_{ea})/S_e = (1\,703 - 1\,089)/412 = 149\%$$

（2）按不同烈度的平均概率评估，则

$$B_e = \sum_{i=6}^{10} (L_{ebi} - L_{eai})/5S_e = 144\%$$

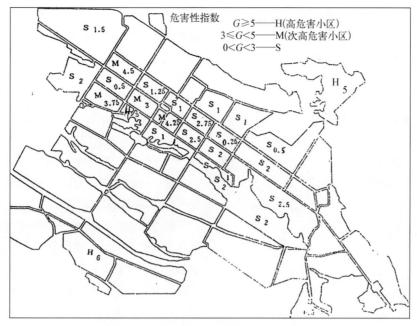

图1　三门峡市潜在地震高危害小区分布图

表6　三门峡市潜在地震高危害街坊小区的识别

小 区 编 号	识别高危害性因子									危害性指数	高危害类别
	震害程度			死亡人数			经济损失				
	小震	设防烈度	大震	小震	设防烈度	大震	小震	设防烈度	大震		
301	0	0	0	0	0	0.5	0	0	1	1.5	S
303	0	0	0	0	0	0	0	1	1	2	S
305	0	0	0	0	1	1	1	0.5	1	4.5	M
306	0	0.25	0	0	0	0.25	0	0	0	0.5	S
307(42、43)	0.25	0.25	0.25	0	1	1	0	0.5	0.5	3.75	M
309	0	0.25	0	0	0.25	0.25	0	0	0.5	1.25	S
310	1	0	0	0	1	0	0	0	0	3	M
311(12)	1	1	1	0	1	1	0	0	0	5	H
317(13、14)	0	0.25	0.25	0	0.25	0.25	0	0	0	1	S
318(15)	1	0.25	0.25	0	0.25	0.5	0	1	1	4.25	M
319	0	0	0	0	0	0.5	0	0	0.5	1	S
321	0	0	0	0	1	0	0	0	0	1	S
322	0	0.25	0.25	0	0	0.25	0	0.5	0.5	2.75	S
323	0.25	0.25	0.25	0	1	0.25	0	0	0.5	2.5	S
324	0	0	0	0	0	0	0	0	1	1.0	S
325	0	0	0	0	0	0.25	0	0	0	0.25	S
326	0	0	0	0	1	0	0	0	0	2	S
327	0	0	0	0	1	0	0	0	0	1	S
328	0	0	0	0	0	0	0	0	0.5	0.5	S
329	0	0	0	0	0	0	0	0	0	2	S
330	0	0	0	0	0	0	0	0	0.5	2.5	S
339(40)	0	0	0	0	0	0	0	0	0.5	0.5	S
345	1	1	1	0	0	0	0	0.5	0.5	5	H
251	1	1	0	0	0	0	0	0	0	2	S
252	1	1	0	0	0	0	0	0	0	2	S
101(02、03)	0	1	0	0	1	1	1	1	1	6	H

（3）按地震危险性分析的全概率评估，即利用地震危险性分析求得的50年超越概率（$P[\hat{I} > i]_{50}$），计算遭受不同地震烈度时加固前后损失差的概率之和，则

$$P_e = \frac{1}{S_e} \sum_{6}^{10} \left\{ \left[P(\hat{I} > i)_{50} - P(\hat{I} > i+1)_{50} \right] \right.$$

$$\left. \left[L_{eai} - L_{ebi} \right] \right\} = 15.3\%$$

加固经济效益的评估虽尚未有统一的方法，且效

益值为多大才认为值得加固也有待进一步研究分析，但从宏观效果来看，三门峡市多层房屋的抗震加固对减少人员伤亡和直接经济损失的效果是显著的。存在的问题可能是有的可不加固的房屋也加固了，包括两方面：① 有的房屋抗震能力已足够，并不需要再加固；② 按城市规划近期要拆除的也加固了，或者说有的不值得加固的房屋也加固了。上面涉及的加固经济效益中均未将人员伤亡和经济损失合在一起分析，仅只按直接经济损失计。而加固效益不只是减少直接经济损失，还必须注意到人员伤亡和间接经济损失的减少及其社会效益。

8　结语

本项研究用人-机系统预测城市现有房屋震害并评估人员伤亡和直接经济损失，有将近 10 万个数据输入计算机，根据模式法预测典型房屋的震害和专家经验，

建立关系数据库，通过一致性检验，由人为指令、计算机检索统计，得出三门峡市在遭受不同烈度的潜在地震影响时现有房屋总的预测震害、人员伤亡和直接经济损失及高危害的房屋类型和高危害的街坊小区。

本项研究结果还表明：十年来三门峡市的抗震加固工作对提高现有房屋的抗震性能和减轻地震危害的效果是显著的；近期建造的房屋一般抗震性能较好，能符合 8 度设防要求，潜在的地震危害程度较 1978 年前建造的房屋明显减轻。为进一步有效地减轻潜在的地震危害，今后应结合城区规划，改造高危害街坊小区；在注意抗震加固社会效益的同时也要注意经济效益，加强对资产值高的房屋的抗震鉴定和加固工作；在Ⅱ、Ⅲ级阶地建造各类房屋时，均应严格按 8 度设防要求设计施工，在选址时应充分考虑黄土的边坡稳定问题。

建议充分利用计算机数据库的有利条件，随着城市建设的发展，调整数据，进行新的预测。

表 7　三门峡市多层房屋的抗震加固效益评价

震害和损失			加固	烈　　度					减少损失	
				6	7	8	9	10	平均	全概率
震害指数(N)(M)			前	0.065 0.071	0.342 0.345	0.538 0.541	0.677 0.684	0.874 0.881	易损性指数降低 0.076(N) 0.072(M)	
(N)(M)			后	0.035 0.041	0.287 0.293	0.452 0.459	0.583 0.595	0.761 0.776		
震害程度			前	●	+	×	×(接近△)	△(接近▲)	平均震害程度减轻半级	
			后	●	○(接近+)	+	×	△		
人员伤亡/人	白昼	伤亡	前	1	27	324	1 330	6 120	484 人 2.02%	0.608‰
			后	1	18	145	856	4 360		
		伤亡	前	0	7	105	465	2 335	183 人 0.76%	0.211‰
			后	0	5	45	289	1 658		
	夜晚	伤亡	前	0	11	238	1 309	8 791	1 254 人 4.83%	0.812‰
			后	0	6	53	445	3 573		
		伤亡	前	0	1	75	436	3 283	468 人 1.80%	0.276‰
			后	0	0	13	146	1 295		
经济损失/万元	房产		前	52.339 1.08%	537.444 11.12%	1 473.968 30.51%	2 715.315 56.21%	4 295.807 88.92%	462 万元 9.56%	1.14%
			后	36.218 0.75%	403.034 8.34%	944.724 19.56%	1 883.260 38.98%	3 498.680 72.42%		
	室内财产		前	7.926 0.36%	62.812 2.84%	229.460 10.37%	524.241 23.69%	1 279.588 57.82%	131 万元 5.93%	0.356%
			后	7.632 0.34%	45.731 2.07%	143.991 6.51%	371.311 16.78%	878.998 39.72%		
加固经济效益				4%	37%	149%	239%	291%	144%	15.3%

4-3 湛江市现有房屋震害预测及其人员伤亡和直接经济损失估计(概要)

杨玉成　杨雅玲　王治山　杨　柳

甲方是湛江市抗震办公室,地震小区划由刘曾武团队负责,设防烈度为7度。

1987年春开始研究湛江市现有房屋震害预测,预测方法类同三门峡市,即论文《用人-机系统方法预测三门峡市现有房屋震害、人员伤亡和直接经济损失》(见本书4-2文)。

湛江市濒临南海雷州半岛,为中等城市偏小,城镇人口近10万。房屋普查有2.3万多幢。利用暑期请三位中学生从1985年房屋普查登记表中按街区地点逐幢抄录建筑面积和特征元素,即包括五元分类的建筑结构、建成年份、层数、用途和现状质量等,加近年新建的,我们录入386微机并构建房屋普查数据库,其中对已加固房屋的年份和质量逐幢修改这两项。湛江受台风影响大,在唐山地震后加固房屋较多。场地影响各小区一般均按Ⅱ类土,个别建于丘陵基岩上和海滩的也逐幢处理,如滩边一幢多层砖房才建两年已下沉到窗台口,幸亏均匀下沉不斜不裂。

湛江市房屋数据库按单元特征元素有28个,按五元检索有926类,大多为空集清零。典型房屋(含重要房屋,不包括军用房屋)的抽样数近2%,进行单幢震害预测,用专家系统PDSMSMB-1(见本书3-3文)和以往安阳小区(见本书2-4文)中的方法。其中土木石平房凭专家经验补上,骑楼等南方特征建筑参照阳江地震震害经验(见本书1-4文)。抽样数据库和普查数据库中特征元素的大数项占比大致相当,如砖混结构、住宅、三层、20世纪80年代建筑等。由典型抽样数据库同震害形成的关系数据库与普查数据库匹配,形成湛江市群体房屋震害预测的知识数据库,用人-机系统预测湛江市房屋震害。和8度设防的三门峡市相比,当遭受到相同地震烈度影响时的震害指数要略大些(震害重),而与后来做的同是7度设防的海港城市厦门相比,震害明显要轻些。这三市的震害指数分布差异见本书3-8文中图6与其合理的分析。

搜索高危害,结果见《城市震害预测高危害房屋类型和高危害小区的搜索技术》(本书4-6文)中表1,湛江市高危害房屋类型按一元检索到有三类,二元、三元和四元分别为七类、十类和四类,五元均为四元子集。高危害房屋可归结为四类:① 20世纪40年代(及以前)建的房屋;② 危房和现已损坏(中等破坏)房屋;③ 20世纪50年代建后加层的四、五层住宅;④ 多层砖木结构商业用房和住宅。湛江市高危害街坊小区有两个(02-1和03-1),次高危害街坊小区有三个(02-2、02-4和03-3)。为复核由人机系统搜索到的高危害房屋类型,尤其是高危害小区,湛江市分为三大区,有38个小区,我们并没有都调查到,心里不放心。为此,在1988年春节特地又去了湛江,宏观查看确认后才告诉甲方。抗办欣然赞同,认为合情合理,还邀我们正月十五渡海去海口、文昌帮他们点评房屋建筑抗震性能和赏南国风俗。

1988年8月提交湛江市现有房屋震害预测研究(报告集):① 湛江市现有房屋震害预测及其人员伤亡和直接经济损失估计;② 湛江市抗震防灾重要房屋的震害预测和抗震加固决策分析;③ 湛江市典型房屋的单体预测震害、抗震鉴定和震害矩阵。

本文出处:国家地震局工程力学研究所湛江市现有房屋震害预测研究报告集(1988年8月)。

4-4 厦门市现有房屋震害预测和潜势分布(概要)

杨玉成　杨雅玲　王治山　杨　柳　高云学　等*

厦门市震害预测的甲方是厦门市抗震办公室(简称"抗办")。协议中只预测工程震害,不包含人员伤亡和经济损失。

好在厦门市的房屋普查资料已录入微机,有3.3万多幢,我们转录幢表处理建成全市房屋普查数据库。

我们在现场着力单体抽样和重要房屋建筑的调查。刚开始不久,抗办主任带着看一幢坏了的外贸公司住宅楼,说上午要开会讨论破坏原因和处理方法,要我们提点看法。看了现场,确实整体倾斜。会上设计、施工都表明本方没问题,就提了些疑点,而面对前些日子台湾地震厦门有感可能造成该楼局部沉降较一致要我们表态,我说请把设计图、施工和地基场地详勘资料下午交给我们,最好有计算书,后天再开会讨论。两天后会上我们请诸位工程师先说倾斜原因,共数说有五点。然后,我说分析详勘是属软土地基,请诸位细看钻孔资料,房屋北面的比南面的承载力更弱,设计均匀承载取值一样等同;而实际上卫生间、厨房在北半侧,国贸住房装饰讲究,其加瓷砖和大理石地面、墙面、炉台面,还有冰箱和设施,屋顶有水箱间,都加重了北半面的荷载,故超载倾斜了。纠偏措施:减载和增强处置,自然或强行校正。我们的意见得到工程师们和外贸公司领导赞同,还请午宴。

此后,在厦门调查就顺利多了。因国家建委抗震办要我们来厦门开展震害预测是要看怎么加固房屋。

厦门和湛江同属南方海港中等城市,7度设防,房屋建筑也多有雷同,但厦门城区比湛江要大得多,普查房屋有3.3万张幢表,类型也多,五元检索普查数据库有1 378类。石结构更是其特色。因此用湛江的知识数据库来做厦门城市群体房屋震害预测是不实际的,也得用单体调查做震害预测建关系数据库,进而通过调整与普查数据库相匹配,建立厦门市房屋群体震害的知识数据库,用智能辅助决策系统预测震害。厦门市现有房屋的预测震害矩阵见表1。厦门市普查数据库和抽样调查各类房屋匹配的百分率表见《城市震害预测中房屋数据库》(本书4-1文)中表1,两者大致相当。该表中还列出分五个区的占比,厦门地域大,本岛(分三小区)、鼓浪屿和集美,场地影响明显,人工智能系统按场区执行各类房屋预测震害。而三门峡黄土阶地边坡的影响和湛江海边松软滩地的影响,房屋较少,对震害的影响由人为逐幢修正。

表1　厦门市现有房屋的预测震害矩阵

震害程度	地震烈度				
	6度	7度	8度	9度	10度
基本完好	62.62	16.17	2.44	0.12	0.00
轻微损坏	22.02	27.22	11.01	1.71	0.08
中等破坏	11.31	33.42	33.25	12.03	1.74
严重破坏	3.71	18.73	36.43	41.09	14.70
部分倒塌	0.33	4.01	12.62	25.85	23.77
全毁倒平	0.02	0.46	4.25	19.17	69.72

1989年4月提交厦门市震害预测报告集如下:

(1) 厦门市现有房屋震害预测和潜势分布(杨玉成、杨雅玲、王治山)。

(2) 厦门市典型的和重要的房屋震害预测(杨柳、高云学、杨雅玲、杨玉成)。

(3) 厦门市本岛三个区房屋震害预测(杨玉成、杨柳、杨雅玲)。

(4) 厦门市钢筋混凝土结构房屋震害预测(江近仁)。

(5) 厦门市砌体房屋抗震不利因素分析(高云学、杨玉成)。

(6) 厦门市码头工程震害预测方法和结果(张其浩)。

(7) 厦门市烟囱的震害预测(苏文藻、张其浩)。

(8) 厦门市水塔的震害预测(张其浩、苏文藻)。

本文出处:国家地震局工程力学研究所厦门市震害预测报告集(1989年4月)。

* 在厦门市震害预测现场工作期间深受鹭江大学蓝贵禄教授和夫人刘玉璞女士的亲切关怀、大力协助,以及生活上的周到安排和照顾,特此真诚致谢。

4-5 太原市现有房屋建筑的总体震害预测和损失估计(概要)

杨玉成　杨雅玲　王治山　林学东　郑　鹄　赵　琨

1 引言

太原市抗震防灾基础研究(1989—1991)由国家地震局工程力学研究所与太原市地震局和太原市抗震办公室签订合同。震害预测研究通过特大城市太原的实践,建成了城市现有房屋震害预测智能辅助决策系统 PDKSCS-1(见本书4-7文)。1990年9月提交"太原市现有房屋建筑总体震害预测和损失估计"总报告和附录。

太原市区150余万人,房屋普查数据16多万幢,4 105万 m²,设防烈度8度。太原市震害预测在地震危险性分析和地震小区划的基础上,完成的工作如下:

(1) 抗震防灾重要房屋建筑的震害预测(杨玉成、杨柳、林学东、杨雅玲,1990年6月)。

(2) 工矿企业房屋建筑单体震害预测(杨柳、林学东、杨玉成、张其浩,1990年6月)。

(3) 民用房屋建筑单体震害预测(杨雅玲、杨玉成、林学东、杨柳、赵琨,1990年6月)。

(4) 房屋建筑总体震害预测(杨玉成、杨雅玲、王治山,1990年9月)。

(5) 生命线工程系统震害预测(冯启民团队,1990年3月)。

(6) 次生灾害的评估(高云学、郑鹄协助,1990年3月)。

(7) 烟囱、水塔的震害预测(张其浩、苏文藻、杨亚弟)。

2 震害预测和损失评估结果

由 PDKSCB-1 城市现有房屋震害预测智能辅助决策系统预测震害的一些结果,包括确定性的和概率性的。表1为太原市现有房屋的预测震害矩阵,表2为太原市现有房屋震害预测和损失评估总表,预测结果表明,在太原市的现有房屋中,约有80%是符合"小震不坏、大震不倒"的抗震设防准则的,遭受6度、7度地震不坏率分别为95.5%和65.5%,8度、9度地震不倒率分别

为93.9%和72.3%,特大地震10度的倒塌率为71.9%。

当遭受设防烈度的地震(8度)时,人员死亡率白天为0.141%,晚间为0.204%,死亡人数分别为2 000多人和3 000多人,受伤率约3倍于死亡率;房产损失率为14.2%,室内财产损失率为4.3%,总的直接经济损失率为7.55%,经济损失值达16.2亿元。按地震危险性分析的全概率评估周期(基准期)为50年的人员死亡率为0.567%,达800多人,直接经济损失率为1.62%,达3.5亿元。

3 高危害小区和高危害房屋搜索

太原市地震危害潜势分布(分布图略)由对34个小区潜在危害的评估得到,其中:高危害小区3个,为柳巷、杏花岭和鼓楼小区,都在老城区;次高危害小区8个;一般危害小区9个;较轻危害小区7个;重点防御次生灾害小区7个。

表3为属高危害小区的老城区中柳巷街道办现有房屋震害预测和损失评估总表。8度时白天死亡率0.49%,夜间0.64%,远高于全市平均值。

在该系统中,由单元和多元分类检索,可预测各类房屋的震害和损失,包括工程中常用的房屋类型,如各种用途的多层砖房、钢筋混凝土柱和砖柱单层工业厂房、多层和中高层钢筋混凝土框架房屋、单层空旷房屋、老旧楼房和城镇平房等。表4为太原市各类房屋(一元分类)在不同烈度下的预测震害指数和易损性指数。由各类房屋的预测震害、伤亡和损失可搜索到高危害的房屋类型,一元分类搜索到的高危害房屋有4类,二元分类搜索到7类,三元分类搜索到7类,四元和五元分别为3类和6类。表5为太原市按二、三元分类的高危害房屋类型的搜索,表中高危害因子数为9的即为高危害房屋类型。在按一元到五元分类得到的27类高危害房屋的类型中,将统计独立的归结为7类房屋,作为太原市的高危客房屋类型,它们是:

本文出处:国家地震局工程力学研究所太原市震害预测和损失估计总体报告集(1990年9月)。

表1 太原市现有房屋的预测震害矩阵

		幢数=161 755 幢		建筑面积=41 049 151 m²		
震害程度和 震害指数	幢数 面积	地 震 烈 度				
		6 度	7 度	8 度	9 度	10 度
基本完好 0.0~0.1	N	115 618	38 068	8 802	448	0
	A	32 700 430	10 659 071	2 776 262	154 826	0
	N/%	71.48	23.53	5.44	0.28	0.00
	A/%	79.66	25.97	6.76	0.38	0.00
轻微损坏 0.1~0.3	N	33 465	60 972	30 968	4 775	169
	A	6 517 947	16 234 427	9 469 122	2 289 852	104 738
	N/%	20.69	37.69	19.15	2.95	0.10
	A/%	15.88	39.55	23.07	5.58	0.26
中等破坏 0.3~0.5	N	10 026	43 338	61 020	29 578	3 287
	A	1 439 882	11 127 895	16 601 861	9 666 420	1 758 901
	N/%	6.20	26.79	37.72	18.29	2.03
	A/%	3.51	27.11	40.44	23.55	4.28
严重破坏 0.5~0.7	N	2 322	13 841	42 007	68 949	23 364
	A	344 835	2 484 435	9 676 459	17 978 033	9 671 239
	N/%	1.44	8.56	25.97	42.63	14.44
	A/%	0.84	6.05	23.57	43.80	23.56
部分倒塌 0.7~0.9	N	308	4 673	13 718	36 199	43 468
	A	44 954	437 540	1 982 377	7 998 000	12 418 549
	N/%	0.19	2.89	8.48	22.38	26.87
	A/%	0.11	1.07	4.83	19.48	30.25
全毁倒平 0.9~1.0	N	16	863	5 240	21 806	91 467
	A	1 155	105 975	543 070	2 962 019	17 095 724
	N/%	0.01	0.53	3.24	13.48	56.55
	A/%	0.00	0.26	1.32	7.22	41.65

表2 太原市现有房屋震害预测和损失评估总表

总幢数 房产总值 白天人数	161 755 幢 705 616.475 万元 1 405 231 人		总面积 财产总值 夜间人数	41 049 149.390 m² 1 437 493.630 万元 1 511 313 人	
烈 度	6 度	7 度	8 度	9 度	10 度
震害指数	0.052	0.235	0.401	0.596	0.818
房产损失/万元 财产损失/万元 合计/万元	3 127.000 1 329.100 4 456.100	35 202.100 15 004.800 50 207.000	100 102.300 61 796.400 161 898.700	256 759.100 206 308.900 463 067.900	520 930.800 641 820.700 1 162 751.500
白天受伤人数/人 白天死亡人数/人 白天伤亡人数/人	51 11 62	924 281 1 205	6 710 2 129 8 839	51 791 17 512 69 303	306 201 115 600 421 801
夜间受伤人数/人 夜间死亡人数/人 夜间伤亡人数/人	73 17 90	1 404 444 1 848	9 307 3 088 12 395	63 769 21 751 85 520	360 158 135 629 495 787

表 3　老城区柳巷现有房屋震害预测和损失评估总表

总幢数 房产总值 白天人数	7 899 幢 16 163.485 万元 43 840 人		总面积 财产总值 夜间人数	965 166.162 m^2 20 252.737 万元 43 842 人
烈　度	6 度	7 度	8 度	9 度	10 度
震害指数	0.089	0.315	0.491	0.670	0.858
房产损失/万元 财产损失/万元 合计/万元	132.800 36.200 169.000	1 286.800 504.400 1 791.100	3 267.500 1 707.400 4 974.900	7 045.700 4 211.600 11 257.200	12 592.000 9 743.100 22 335.100
白天受伤人数/人 白天死亡人数/人 白天伤亡人数/人	3 1 4	99 29 128	628 214 842	3 031 1 098 4 129	11 254 4 317 15 571
夜间受伤人数/人 夜间死亡人数/人 夜间伤亡人数/人	4 1 5	121 34 155	827 283 1 110	3 640 1 331 4 971	12 981 4 993 17 974

表 4　太原市各类房屋(一元分类)在不同烈度下的预测震害指数和易损性指数

元素	类别	建筑面积/ m^2	不同烈度下的震害指数					易损性	
			6 度	7 度	8 度	9 度	10 度	指数	序列
建筑结构	钢	373 156	0.02	0.09	0.27	0.45	0.59	0.283	33
	钢-混凝土	574 693	0.02	0.15	0.29	0.49	0.70	0.331	32
	钢筋混凝土	2 919 402	0.02	0.16	0.31	0.52	0.75	0.352	29
	砖混砌体	24 734 488	0.03	0.22	0.37	0.56	0.79	0.395	24
	砖木	11 667 071	0.09	0.28	0.47	0.68	0.90	0.486	7
	其他	780 341	0.19	0.46	0.64	0.84	0.95	0.618	4
房屋层数	一层	18 271 095	0.07	0.25	0.43	0.64	0.86	0.451	9
	二层	3 651 154	0.05	0.24	0.40	0.59	0.82	0.421	19
	三层	4 604 055	0.05	0.25	0.42	0.60	0.84	0.432	14
	四层	4 977 965	0.03	0.23	0.36	0.56	0.79	0.393	25
	五层	4 125 231	0.02	0.21	0.37	0.52	0.73	0.370	26
	六层	4 572 200	0.02	0.20	0.35	0.54	0.72	0.365	27
	七层	375 257	0.03	0.26	0.46	0.64	0.82	0.442	12
	八层	140 398	0.06	0.21	0.36	0.60	0.78	0.400	23
	九层(以上)	331 796	0.05	0.18	0.29	0.50	0.72	0.347	31
建成年代	1949 年前	1 243 318	0.25	0.56	0.73	0.00	0.98	0.679	3
	20 世纪 50 年代	7 483 351	0.12	0.33	0.51	0.71	0.93	0.518	6
	20 世纪 60 年代	4 786 626	0.08	0.27	0.45	0.65	0.88	0.466	8
	20 世纪 70 年代	9 758 217	0.04	0.23	0.40	0.60	0.85	0.423	16
	20 世纪 80 年代	17 777 639	0.01	0.17	0.32	0.51	0.72	0.347	30
	20 世纪 90 年代	0							
房屋质量	完好	23 096 098	0.01	0.18	0.34	0.53	0.76	0.364	28
	基本完好	10 084 113	0.05	0.25	0.42	0.62	0.86	0.438	13
	一般损坏	7 070 054	0.14	0.35	0.53	0.74	0.94	0.540	5
	严重损坏	726 116	0.42	0.65	0.80	0.93	0.99	0.759	2
	危险	72 770	0.53	0.74	0.89	0.99	1.00	0.830	1

（续表 4）

元素	类别	建筑面积/m²	不同烈度下的震害指数					易损性	
			6度	7度	8度	9度	10度	指数	序列
目前用途	住宅	18 202 643	0.05	0.24	0.41	0.60	0.81	0.421	18
	宿舍	1 200 343	0.05	0.25	0.41	0.59	0.81	0.421	17
	工交	13 129 528	0.05	0.22	0.39	0.59	0.83	0.415	21
	商业	2 270 306	0.06	0.27	0.43	0.63	0.84	0.446	10
	教科医	3 768 288	0.05	0.24	0.40	0.60	0.82	0.423	15
	文体娱	590 382	0.04	0.20	0.38	0.59	0.81	0.406	22
	办公	1 725 165	0.05	0.24	0.40	0.59	0.81	0.418	20
	其他	162 496	0.06	0.25	0.43	0.63	0.84	0.442	11
合计	总面积	41 049 151	0.05	0.23	0.40	0.60	0.82	0.420	

表 5　太原市按二、三元分类统计易损房屋的危害和高危害房屋类型的搜索

检索元素数	房屋类型	易损性指数	小震（6度）			设防烈度（8度）			大震（9度）			高危害因子数
			震害指数	伤亡人数	损失/万元	震害指数	伤亡人数	损失/万元	震害指数	伤亡人数	损失/万元	
			搜索条件									
		≥0.60	>0.2	≥1	≥45	>0.50	≥45	≥270	>0.70	≥150	≥540	
二元检索	土木砖低标准住宅宿舍	0.645	0.217	38	148	0.680	852	2 638	0.874	2 857	5 296	9
	40年代（前）建住宅宿舍	0.692	0.253	40	318	0.754	1 272	5 732	0.889	4 302	9 599	9
	严重损坏和危房住宅宿舍	0.793	0.452	74	335	0.854	1 195	3 153	0.959	2 944	4 672	9
	40年代（前）建工交用房	0.633	0.226	2	184	0.657	78	3 555	0.829	358	7 593	9
	严重损坏和危险工交用房	0.730	0.406	12	563	0.751	179	6 311	0.899	637	11 757	9
	土木砖低标准商业用房	0.604	0.188	1	14	0.632	48	293	0.812	141	573	6
	40年代（前）建商业用房	0.701	0.268	1	44	0.758	122	983	0.912	453	1 792	8
	一般损坏商业用房	0.600	0.207	1	99	0.612	144	1 869	0.790	778	4 104	9
	严重损坏和危险商业用房	0.745	0.414	5	56	0.779	91	588	0.907	273	985	9
	土木砖低标准教卫用房	0.638	0.231	2	5	0.671	58	74	0.848	170	140	9
	40年代（前）建教卫用房	0.684	0.283	6	24	0.725	140	265	0.878	481	458	6
	严重损坏和危险教卫用房	0.773	0.446	15	41	0.812	208	284	0.947	645	448	7
三元检索	土木砖低标准单层住宅	0.655	0.229	38	144	0.694	840	2 508	0.882	2 720	4 885	9
	40年代（前）建单层住宅	0.692	0.251	39	304	0.754	1231	5 530	0.889	4 152	9 244	9
	严重损坏和危房单层住宅	0.802	0.460	70	287	0.870	1090	2 732	0.964	2 549	3 930	9
	严重损坏和危险多层住宅	0.604	0.405	3	48	0.770	104	421	0.928	394	742	9
	40年代（前）建单层工交	0.626	0.217	2	135	0.653	60	2 623	0.823	264	5 554	9
	严重损坏和危险单层工交	0.737	0.414	12	508	0.760	163	5 583	0.906	563	10 257	9
	40年代（前）建多层工交	0.653	0.254	0	50	0.672	11	932	0.846	93	2 039	6
	严重损坏多层工交	0.682	0.353	0	56	0.694	15	728	0.856	73	1 501	6
	土木砖低标准单层商业	0.619	0.203	1	14	0.650	47	279	0.826	134	530	6
	40年代（前）建单层商业	0.691	0.240	1	21	0.753	72	591	0.908	272	1 076	8
	严重损坏和危险单层商业	0.771	0.483	5	45	0.811	75	455	0.938	222	757	9
	40年代（前）建多层商业	0.718	0.313	1	23	0.764	49	392	0.918	180	716	8
	一般和严重损坏多层商业	0.623	0.223	1	39	0.640	61	691	0.805	292	1 434	8
	土木砖低标准单层教卫	0.638	0.238	2	5	0.672	51	63	0.844	146	117	5
	40年代（前）建单层教卫	0.663	0.260	4	15	0.703	86	171	0.860	300	307	6
	严重损坏和危险单层教卫	0.773	0.449	10	26	0.811	128	178	0.942	393	279	6
	40年代（前）建多层教卫	0.730	0.337	1	10	0.777	53	94	0.918	180	151	6
	严重损坏和危险多层教卫	0.773	0.441	3	15	0.814	79	106	0.956	251	168	6

（1）现状属危险的房屋，共 72 770 m²。

（2）现状已严重损坏的房屋，共 712 144 m²。

（3）20 世纪 40 年代（前）建现状有一般损坏的房屋，共 792 908 m²。

（4）20 世纪 50 年代建现状有一般损坏的土木、砖拱等其他类结构的房屋，共 162 277 m²。

（5）20 世纪 50 年代建（或后期接建）的六层及六层以上的砖混砖木结构的房屋，共 122 126 m²。

（6）20 世纪 50 年代建（或后期接建）的五层砖木结构房屋，共 4 172 m²。

（7）20 世纪 40 年代建现状尚基本完好的土木结构房屋，共 1 974 m²。

4　动态预测和减灾目标

一般来说，减轻地震灾害是指减轻由潜在地震可能造成的社会和环境影响，实质上是减少人员伤亡和财产损失。根据我国的震害经验，地震造成人员伤亡和经济损失的主要原因是房屋建筑的破坏和倒塌，因此减轻房屋建筑的震害是减少伤亡和损失、减轻地震灾害影响的重要对策。依据太原市的城市发展总体规划和现有房屋建筑的震害预测、人员伤亡和经济损失的评估结果，判定五种策略做动态预测，其结果为，到 2000 年比按现有的预测房屋建筑的易震损概率可相对减少 24%～35%，周期为 50 年的死亡率可相对降低 51%～58%，直接经济损失率可相对降低 11%～16%。

根据动态预测的结果，我们建议太原市在 1990—2000 年期间减轻潜在地震灾害的目标为 30%，这确是相当艰巨的，但也是有可能实现的。在工程建设和工程管理方面，应有组织地拆除危房和老旧房屋，适当地加固和维修抗震性能差的房屋，更应加强严格审定新建房屋的抗震设计和确保施工质量，以使房屋建筑的震损达到减轻 30% 的目标，从而实现减少人员伤亡 30% 的目标。但要使直接经济损失率相对降低 30%，势必要更大量地拆除和加固旧房，或新建房屋符合抗震设防要求甚至再提高现行的设防水准，这两种策略，从目前来看似乎都难以实现。因此，为实现减少 30% 经济损失的目标，尚应着力于减轻间接经济损失（如停工停产的损失、网络系统和社会功能失效的损失）和防止重大次生灾害的发生，这在 150 万人口的特大城市——太原市的减灾计划中是需要特别加以关注的。

5　太原市防震减灾规划与其基础研究通过鉴定

1991 年金秋 9 月，在太原评审太原市减轻地震灾害规划与其基础研究"城市现有房屋震害预测智能辅助决策系统"。鉴定委员有城市抗震防灾规划学组专家、太原工学院工程抗震学教授和来自各地从事抗震防灾、震害预测的教授、研究员、管理专家和工程师们，同济大学章在墉教授任主任，负责技术鉴定。太原市地震局郑鹄局长做总体报告，前期基础工作地震危险性分析、场地勘察和小区划在上一年已通过评审。会上我做了太原市现有房屋建筑总体震害预测和损失估计报告，杨雅玲微机演示图文，会议讨论热烈，盛况空前。总的鉴定意见为："该系统的发展对我国的震害预测起着很大的推动作用，其科学水平已达到国内及国际先进水平，并且有推广应用的前景，是一项优秀的科研成果。"评审规划通过鉴定。

附记　会后，一位初次会面的老教授亲切关怀地跟我说，"城市现有房屋震害预测智能辅助决策系统"科研成果可以申报国家科技进步奖，且说他是评委，可帮我们推荐。致敬意，由衷感谢。由此金秋，国家地震局工程力学研究所评为科技进步一等奖，1993 年国家地震局评为科技进步二等奖，1995 年国家科学技术委员会授予二等奖。

太原市地震局、市抗办感谢我们，奖励游五台山，副局长李莉陪同，一路讲解，才知五台山佛教圣地是文殊菩萨的道场，朝拜佛祖，保佑文人。

4-6 城市震害预测高危害房屋类型和高危害小区的搜索技术[*]

王治山　杨玉成　杨雅玲

1 引言

随着地震工程的发展,城市震害预测近几年已得到普遍开展。震害预测可为改善城市抗震设防状态、估计地震损失、编制抗震防灾规划、制定减轻灾害对策和应急响应计划提供重要依据。基于这一领域的特点,有赖于专家的知识和经验判断;同时,数据信息量大,影响因素众多。因此,智能决策辅助系统的发展,应用计算机高级程序语言结合具体的专家知识,建立数据库和知识库,开发搜索技术,设计和建造专家系统,为震害预测研究开辟了一条迅速、简捷、较为理想的途径,也给震害预测工作带来了方便。我国一些科研单位和高等院校正在开发适用于我国震害预测的一些智能决策辅助系统,并逐步应用于实际工作。

我们通过对三门峡市的震害预测,建立了城市震害预测人-机系统,其后增设知识库,开发搜索技术,在VAX/780 计算机及 BIM/AST 微机上建立了城市震害预测智能决策辅助系统雏形,并在湛江和厦门两市的震害预测中取得了满意的结果。同时对房屋单体,多层砌体房屋震害预测专家系统经过雏形—演示—使用三个阶段,现可望进入实用商品化阶段。

2 系统框图

城市震害预测智能决策辅助系统如图 1 所示(由本书 4-1 文图 1 改进)。该系统包括三个子系统,需要建立四个数据库,应用知识库、网络推理和搜索技术,并通过以典型房屋为样本的一致性检验,实现城市现有房屋的震害预测。本文主要涉及在智能决策辅助系统预测房屋震害和损失中,分类预测震害识别高危害房屋类型和分区预测震害识别高危害街坊小区的搜索技术。

3 搜索技术的采用与数据库的链接

一般的数据库设计主要是进行数据代码化或者称为链接因子化。我们在设计城市现有房屋震害预测数据库时,考虑到数据量很大,且影响因素又很复杂,故要求尽量便于各种搜索技术的应用和进行优化组合,迅速而准确地求解高危害房屋类型和高危害街坊小区这两个问题。

识别高危害的房屋类型涉及两个方面:房屋类型和高危害的影响因素。在数据库中房屋的类型用五个元素来表征,即建筑结构、房屋层数、建成年代、房屋现状和目前用途,其中结构分为 5 类,层数 9 类,年代 5 类,现状 5 类,用途 8 类。按一元分类房屋有 (6 + 9 + 5 + 5 + 8) = 33(类),五元分类有 $6 \times 9 \times 5 \times 5 \times 8 = 10\,800$(类)房屋,按二元分有 429 类,三元分有 2 747 类,四元分有 8 670 类,共计 22 679 类。各类房屋危害程度的影响因素为地震、震害、损失、伤亡和重要性五个,影响因素与其网络关系如图 2 所示。可以设想,如果将 22 679 类房屋,对这样多而复杂的影响因素做穷举搜索,求解高危害的房屋类型,是极其费时甚至很难实现的。因此,必然要开发搜索技术的应用。首先从一元到五元分类做以删除空集为目标的宽度优先搜索,宽度走向为 1~5,深度为各元素的组合,如果在低元组合时这类房屋为空集,由这个元素的数据项组合的房屋类型即被删除,因在高元组合时,显然也为空集。这样,用路径删除法从有数万幢以至数 10 万幢房屋的原始数据库搜索成缩小 1~2 个量级以上的房屋类型数据库,由此来进一步搜索高危害的房屋类型。例如,厦门市现有房屋的震害预测有 33 684 幢,分类检索大多是空集,五元分类共有 1 378 类,四元分类 650 类,在厦门市房屋类型数据库中只有 2 000 多类,低了一个量级。

本文出处:第三届全国地震工程会议论文集,大连,1990 年 10 月;《世界地震工程》,1990 年,第 4 期,42-46 页。
* 本文为国家自然科学基金和地震科学联合基金资助课题中的研究内容。

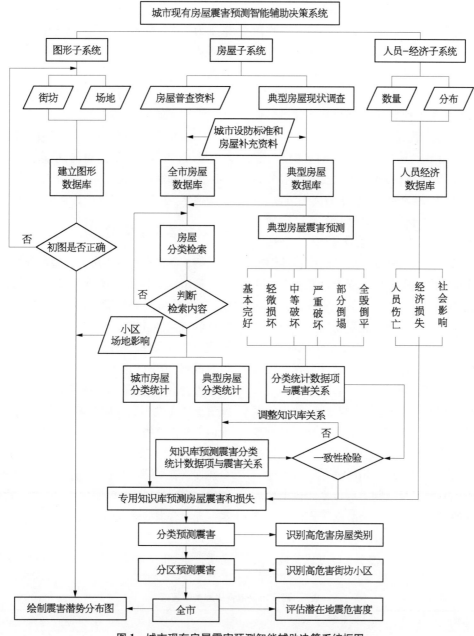

图 1 城市现有房屋震害预测智能辅助决策系统框图

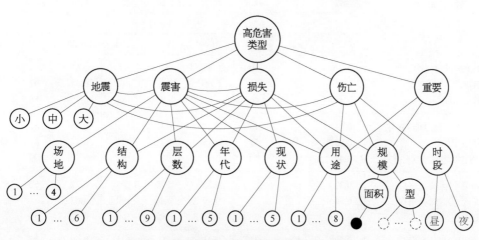

图 2 搜索高危害房屋类型的影响因素与网络

从图2的第二层节点可见，在影响高危害的因素中，地震的大小与震害、损失和伤亡都相关联，因此在设计系统时分别以设防烈度的地震、大震和小震做深度优先的搜索，并以震害、损失和伤亡的阈值作为启发式信息，搜索高危害的房屋类型。在宽度方面，当做大、小地震的高危害类型搜索时，也用路径删除法。对房屋的类型还是以宽度优先，即从一元的各类到五元。从图2的第二、三层节点还可看到，房屋的用途与震害、损失、伤亡和重要性都相关联，因此在多元组合的类型中，采用按房屋的用途为搜索因子的优先组合，下属设计8个独立的数据子库，分别为1住宅、2宿舍、3工交、4商业、5教卫、6文体、7办公、8其他。当然，上述的数据结构不是唯一的，根据需要可以按各种情况组合，比如按建筑结构或建成年份，甚至产别等。且在每个子库中，比如1中它本身也有几个子库。这样的数据库建立后，采用了宽度优先和深度优先的搜索技术，其宽度走向为1~8；深度走向为多个子库的全部。宽度优先，即当按某种选择因子搜索时首先判断其因子在宽度中的位置即数据库中的1~8，是1归1，是2归2，逐一完成宽度搜索。从这一步骤来看，数据的宽度设计是数据优先的主要手段。一般搜索速度是宽度的倒数，宽度越宽速度越快，反之就慢。当然，数据的宽度不是越宽越好，原因无论采用哪种办法分类建立数据库，每个子库的数据量原则上应该是大体上比较平均，这是最好的，但实际上，每个数据子库的数据拥有量有多有少，这将或多或少地影响数据的优化设计，给搜索带来了一定的时间上的浪费。宽度优先搜索后

即进入某个符合搜索因子的子库，这时在子库中我们采用为深度优先搜索技术。这主要是从多元搜索的需要而选择的，但这样无论单元或多元搜索，都很方便且快速。前面已经提到子库的建立，原则上不应有空库或者子库的占有量过重，否则在子库中搜索时可能出现穷举搜索局面。

识别高危害小区，由于小区数量比房屋类型少1~2个量级，如果小区是固定的，搜索要容易得多；如果小区由相邻地域任意划定，采用人为指令划分小区做多次搜索，系统中未设计由计算机智能辅助划区。

4 高危害搜索实例

搜索湛江市高危害房屋类型的部分结果列在表1中。评定危害性指数按在设防烈度（7度）、小震（6度）和大震（8度）时该类房屋的预测震害指数、人员伤亡数和直接经济损失值是否超过可接受的危害程度的阈值为搜索条件。阈值是根据三个水准的不同要求的设防准则，由湛江市的具体情况确定的。如果达到搜索条件，则该项因子的危害性指数为1，达不到0。每幢房屋危害性指数的满额为9即为高危害。伤亡人数取白天和夜晚的大值危害性指数为9的高危害房屋类型，按一元分类搜索到3类，二元分类搜索到7类，三元分类搜索到10类，四元分类搜索到4类，五元分类中的高危害房屋类型均为四元分类的子集。这由表1可见，高一元次分类搜索到的高危害房屋类型往往是低元次分类搜索到的高危害房屋类型的子集或交集，同一元次分类搜索到的高危害房屋类型则可能为交集。

表1　湛江市高危害房屋类型搜索

检索元素数	房屋类型	6度			7度			8度			危害性指数
		震害指数	伤亡人数	损失/万元	震害指数	伤亡人数	损失/万元	震害指数	伤亡人数	损失/万元	
		搜索条件									
		>0.20	≥1	≥10	>0.40	≥3	≥100	>0.60	≥30	≥250	
单元检索	40年代（及以前）建房屋	0.24	5	159	0.49	26	958	0.67	185	2 343	9
	危险房屋	0.50	8	38	0.69	23	144	0.84	92	304	9
	严重损坏房屋	0.41	3	46	0.60	9	184	0.75	56	414	9
二元检索	住宅 40年代（及以前）建住宅	0.24	4	98	0.48	23	561	0.66	161	1 358	9
	一般损坏住宅	0.22	1	51	0.45	7	231	0.62	67	566	9
	严重损坏和危房住宅	0.44	9	50	0.65	25	162	0.79	109	332	9
	商业 40年代建商业用房	0.28	1	29	0.55	7	185	0.72	52	447	9
	50年代建商业用房	0.20	1	31	0.46	4	190	0.62	31	468	9
	商业用损坏和危房	0.35	1	28	0.56	9	156	0.71	33	371	9
	教卫用损坏和危房	0.28	4	31	0.48	20	121	0.66	125	273	9

（续表）

检索元素数	房屋类型		6度			7度			8度			危害性指数
			震害指数	伤亡人数	损失/万元	震害指数	伤亡人数	损失/万元	震害指数	伤亡人数	损失/万元	
			搜索条件									
			>0.20	≥1	≥10	>0.40	≥3	≥100	>0.60	≥30	≥250	
三元检索	住宅	40年代建单层住宅	0.22	2	23	0.46	6	124	0.63	33	287	9
		单层损坏和危房住宅	0.26	2	31	0.47	10	137	0.64	52	305	9
		多层砖木住宅	0.20	3	95	0.46	18	596	0.63	137	1 466	9
		40年代建多层住宅	0.24	3	75	0.49	17	437	0.67	127	1 071	9
		50年代建多层住宅	0.21	5	90	0.45	13	405	0.62	91	1 009	9
		多层一般损坏住宅	0.24	1	38	0.49	6	159	0.64	51	384	9
	商业	砖木多层商业用房	0.25	1	19	0.53	4	136	0.69	34	331	9
		砖木二层商业用房	0.25	0	16	0.53	3	113	0.71	27	257	7
		40年代建多层商业用房	0.25	1	26	0.56	7	166	0.72	46	391	9
		40年代建二层商业用	0.26	0	15	0.54	3	105	0.71	27	257	7
四元检索		40年代建单层砖木住宅	0.22	2	22	0.46	6	115	0.63	31	269	9
		40年代建二层砖木住宅	0.23	1	50	0.48	10	298	0.66	85	760	9
		50年代建后接为四、五层住宅	0.35	4	55	0.50	9	164	0.72	63	430	9
		40年代建（多层）砖木商业用房	0.27	0	16	0.55	3	108	0.71	29	263	7

湛江市有 3 个大区 38 个小区,远较房屋类型少,高危害街坊小区搜索较易,通过每个小区内各类房屋的检索统计,由震害、伤亡和损失及其建筑和人员的稠密程度评估危害性。确定小区的危害性指数类同于评估房屋类型的危害性,其指数域为(0,1),且按可接受的阈值、与全市平均值之比及密度取值。小区危害程度按指数的大小排队,指数值愈大危害性愈高,湛江市有 2 个高危害街坊小区(02－1和03－1)和 3 个次高危害小区(02－2,02－4和03－3)。

5 结语

应用人工智能搜索技术识别高危害的房屋类型和高危害的街坊小区,实践表明结果是可信的。开发搜索技术,极为明显地提高了城市震害预测智能辅助决策系统的功能,并使之实现。

4-7 城市现有房屋震害预测智能辅助决策系统[*]

杨玉成　王治山　杨雅玲　李大华　杨　柳

1 引言

城市震害预测近几年在我国已得到普遍开展,它为改善城市抗震设防状态、估计地震损失、编制抗震防灾规划、制定减轻灾害对策和应急响应计划及开展地震保险提供重要依据。由于震害预测有赖于专家的知识和经验判断,同时数据信息量大、影响因素多,因此发展智能辅助决策系统、应用计算机高级程序语言、建立数据库和知识库、开发搜索技术、设计和建造专家系统,为震害预测研究开辟了一条简捷的途径,给震害预测工作带来了方便。

根据我国的震害经验,地震造成的生命和财产的损失,主要原因是房屋建筑的破坏和倒塌,且在城市的损失又远远大于乡村。因而,城市房屋建筑是震害预测的重点,智能辅助决策系统首先也就在城市现有房屋的单体和群体震害预测中得到应用和发展。

城市现有房屋群体的震害预测(包括人员伤亡和经济损失估计),1987 年在三门峡市的研究中建立了人-机系统,其后这一方法又应用于湛江、厦门和太原三市。在近四年中,该系统经历了从一个 8 万多人的小城市到百万以上人口的特大城市的震害预测实践,同时获得了大量的数据信息和经验知识,建立了多种关系数据库和知识库,并采用搜索技术和网络推理,形成城市现有房屋震害预测智能辅助决策系统,这使该系统由开始时建立在关系数据库系统的基础上发展到建立在知识库系统的基础上。在最近,又将减轻地震灾害的对策纳入该系统,用以辅助决策城市减灾目标及其相应的措施。城市现有房屋震害预测智能辅助决策系统建立在 VAX/780 计算机及 IBM/AST 微机上。

在城市现有房屋中,多层砌体房屋量大面广,PDSMSMB-1 系统为用于该类房屋单体的震害预测和易损性评估的专家系统。该系统经过雏形—演示—使用三个阶段,现已进入实用化阶段,预测结果可达到专家级水准。该专家系统建立在 IBM/AST 微机上,自 1989 年 5 月开始用于太原市典型样本房屋的震害预测,在 1991 年又用于鲁南地震重点监视防御区、无锡市和铁岭市及湖北红峰、险峰和万里三厂的震害预测,还用于地矿部资料阅览室大楼、全国工商联办公楼和家属宿舍、石臼港务局生活区等房屋的震害预测、抗震鉴定和加固方案的评估。

2 系统目标和框图

PDKSCB-1 系统的目标是预测城市在遭受不同地震影响时现有房屋的震害、人员伤亡和直接经济损失,识别高危害房屋类型和高危害街坊小区,并绘制相应的震害潜势分布图。应用 PDKSCB-1 系统还可进行动态预测,根据城市的发展规划和不同的防御对策,预测某一时期(如 2000 年或 2005 年)的房屋震害、人员伤亡和经济损失及辅助决策减灾目标与其相应的措施。这个系统由三个子系统组成,即房屋系统、人员-经济系统和图形系统,系统框图见本书 4-6 文中图 1。

预测城市现有房屋震害的大量信息,通过数据采集储放进计算机,直接或由知识库支持建立数据库。每个数据均用定长的字符串、数字代码或数值来表示。在系统中设六个基本数据库:① 全市现有房屋数据库;② 典型房屋和重要房屋数据库;③ 现有房屋居留人数数据库;④ 房产价值和室内财产价值数据库;⑤ 城市轮廓和街坊小区图形数据库;⑥ 地震小区划和场地分类图形数据库。

预测城市现有房屋的震害,由系统的数据库、知识库和搜索技术与推理机执行。可供使用的四个主要知识库:① 现有房屋与预测震害关系知识库;② 现有房

本文出处:《工程建设中智能辅助决策系统——国家自然科学基金重大项目 1990 年度论文汇编》,同济大学出版社,39-48 页;《地震工程与工程振动》,1992 年 3 月,第 12 卷第 1 期,78-88 页。

* 本项研究为国家自然科学基金重大项目"工程建设中智能辅助决策系统应用研究"的三级子题,得到国家自然科学基金委、国家地震局、建设部等单位的联合资助。

屋预测震害与场地影响知识库;③ 房屋震害与人员伤亡关系知识库;④ 房屋震害与经济损失关系知识库。

使用该系统预测震害的结果有:

(1) 在不同的烈度或 50 年超越概率的地震影响下,全市现有房屋总的预测震害、人员伤亡和直接经济损失。

(2) 各行政管区和街坊小区的预测震害、人员伤亡和直接经济损失及高危害小区的识别。

(3) 各类房屋的预测震害、伤亡和损失,不符合抗震设防三个水准要求的易震损房屋的概率及高危害房屋类型的识别。

(4) 城市地震危害的潜势分布。

3　数据库和数据资料

在使用该系统时,首先需要采集信息,建立数据库。对这六个基本数据库,可按预测目标的要求和实际情况来建库,现分述如下。

3.1　全市现有房屋数据库

预测城市现有房屋群体的震害,房屋的数据信息有两种:一种以房屋单体为基础;另一种为房屋类别的群体统计值。当预测对象不是一个区域而是一个城市时,一般有条件按房屋单体建库,即在数据库中逐幢存放全市房屋的数据,一般房屋均可包括下列 10 项数据:

① 行政区号;　　② 地点;
③ 房屋编号;　　④ 产别;
⑤ 建筑结构;　　⑥ 层数;
⑦ 建成年代;　　⑧ 房屋质量;
⑨ 目前用途;　　⑩ 建筑面积。

房屋数据的采集,无论是按幢的或按类的,一般都利用房屋普查、产权登记、规划局和房管局的档案等现有的资料来建立数据库。如果需要,也可再增加数据项和做补充调查。

在数据库中,房屋的类型用五个元素来表征,即建筑结构、房屋层数、建成年代、房屋质量和目前用途。其中房屋的建筑结构分为 6 类:代码 1——钢结构;2——钢、钢筋混凝土结构;3——钢筋混凝土结构;4——混合结构;5——砖木结构;6——其他结构(也可按城市房屋特征分为几个子结构)。层数的代码即为房屋的实际层数,只有代码 9 包括 9 层以上的房屋在内。建成年代分为 6 类:代码 1——20 世纪 40 年代或更早期建的;2——50 年代;3——60 年代;4——70 年代;5——80 年代;6——90 年代。房屋现状分为 5

类:代码 1——完好;2——基本完好;3——一般损坏;4——严重损坏;5——危险。目前用途分为 8 类:代码 1——住宅;2——宿舍;3——工业交通仓库用房;4——商业服务用房;5——教育、医疗、科研用房;6——文化娱乐体育用房;7——办公用房;8——其他。房屋的分类可做一元检索或多元检索。按一元检索有 34 类房屋,五元检索有 12 960 类(不计 90 年代为 10 800 类),但实际上大多是空集,如按 80 年代的统计资料,湛江市五元检索只有 926 类,太原市也只有 1 381 类房屋。

3.2　典型房屋数据库

典型房屋数据库中每一幢房屋的数据都是在现场调查采集的,并都要逐幢进行单体震害预测,预测结果也作为数据输入。在这个数据库中,每幢房屋有 13 项数据,包括编号、建筑结构、层数、年代、房屋现状(质量)、目前用途、所在场地土类别、建筑面积,以及 6、7、8、9 和 10 度时的预测震害指数。典型房屋的单体震害预测可采用专家评估法、模式法或专家系统,在一般城市中,有半数以上的典型房屋可用 PDSMSMB‑1 专家系统预测震害。

在城市现有房屋震害预测中,除典型房屋外,抗震防灾重要的房屋也要做单体预测。两者都可作为预测群体震害的样本,从而建立典型的和重要的房屋数据库。

3.3　现有房屋居留人数数据库

现有房屋的居留人数是根据统计局的资料按城市常住人口和流动人口的统计总数及其分布,建立每幢房屋中的居留人数与建筑面积、时段、区域和用途的关系获得的。时段分为白天和夜晚,不同用途的房屋在白天和夜晚的人均占有面积一般不是逐幢采集的,而是在系统中由知识库支持并考虑区域修正得到。即

$$居留人数 = 建筑面积 / 人均占有面积$$

$$人均占有面积 = F(时段、区域、用途)$$

3.4　房产价值和室内财产价值数据库

评估潜在地震危害的直接经济损失,包括房产的损失和室内财产的损失两部分。

现有房屋价值也不是逐幢采集数据的,而是根据当地的平均造价和不同类别的差价在系统中由知识库支持得到的。即

$$房屋现值 = 建筑面积 \times 平均造价 \times 类别系数$$

$$类别系数 = F(建筑结构、层数、产别、年代、现状)$$

房屋室内财产价值数据是根据统计局的社会总产值、工业总产值和百元固定资产创造值为基准数,也由知识库支持与房屋用途和区域功能建立关系而得到的。住宅中的每户平均财产参照城市居民家庭贵重耐用消费品拥有量的统计资料估计。财产中不包括现金和存款,也不估价文物和古建筑。

3.5 图形数据库

城市轮廓和街坊小区图形数据库的建立,目前是按 1:10 000 或 1:25 000 的地图测读的,标有城市轮廓、主要街道、铁路、河流、小区和预测单体震害的典型的和重要的房屋位置。预测小区的划分可采用单元小区或街坊小区。一般在城市以街道办事处或街坊为预测小区,便于统计资料和数据信息的采集,也便于制定与实施减轻和防御地震灾害的对策。

3.6 场地数据库

场地条件对震害有极明显的影响,地震小区划是现有房屋震害预测的前期工作,应用这项结果建立数据库,并将场地分区绘制在城市轮廓和街坊小区图形中,用以评估预测小区的场地对现有房屋建筑震害的影响。

4 知识库关系和一致性检验

4.1 因素关系图和知识库

评估城市现有房屋地震危害性的影响因素与网络关系,如本书 4-6 文中图 2 所示,即本文图 1。地震危害性的影响因素为地震、震害、损失、伤亡和重要性五个。

预测房屋震害的影响因素,在图 1 中为地震、场地和房屋类型的五个特征元素——结构、层数、年代、现状和用途。房屋震害程度的定量表示一般用不同震害程度的震害概率和平均震害指数。在该系统中,城市现有房屋与预测震害关系的知识库是一个最基本的,也是最大的知识库,即可建立按五元分类的 10 800 类房屋(不包括 20 世纪 90 年代)在 6、7、8、9 和 10 度地震时不同震害程度的概率矩阵。预测震害程度分为六个档级:基本完好、轻微损坏、中等破坏、严重破坏、部分倒塌和全毁倒平。基本知识库的格式见表 1。

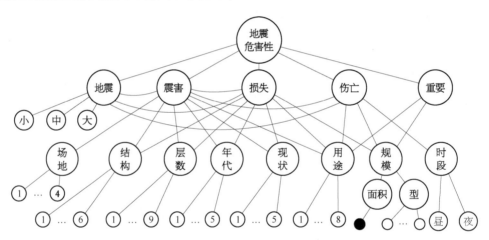

图 1　评估城市现有房屋地震危害性的影响因素与网络关系

表 1　基本知识库格式

房屋类型代码					6 度							7 度	8 度	9 度	10 度
结构	层数	年代	现状	用途	不同震害程度的预测概率						震害指数	(同 6 度格式)			
					好	轻	中	严	倒	毁					
1	1	1	1	1											
1	1	1	1	2											
⋮	⋮	⋮	⋮	⋮											
6	9	5	5	7											
6	9	5	5	8											

评估直接经济损失的知识库,由图 1 可见,损失与同层节点的房屋震害程度和地震影响的大小有关,还与下层节点中估算房产价值和室内财产价值的建筑规模(面积)、结构、层数、年代、现状和用途等因素有关。

在评估人员伤亡的知识库中,伤亡与同层节点的房屋震害程度和地震影响的大小及与下层节点的建筑用途、规模(面积和类型)和时段(白天或夜晚)这些因素建立关系。在评估人员伤亡关系中,均不考虑有短临地震预报。

生命或财产的直接损失可用下式表示:

$$L_i = \sum_{j=1}^{6} P(D)_{ij} l_j N m_i$$

式中　i——烈度,6~10度;

　　　j——震害程度的六个档级;

　　　L_i——烈度为 i 时的人员伤亡或经济损失;

　　$P(D)_{ij}$——烈度为 i 震害程度为 j 的概率;

　　　l_j——震害程度为 j 的人员伤亡或经济损失率,在知识库中采用本书 1-9 文中的值;

　　　N——房屋中的居留人数或房产和室内财产总值;

　　　m_i——烈度为 i 时人员伤亡或经济损失的成灾系数。

评估基准期为 50 年的生命和财产的损失 L_{50},可用下式表示:

$$L_{50} = \sum_{i=6}^{10} \{ P(\hat{I} > i)_{50} - P[\hat{I} > (i+1)]_{50} \} L_i$$

式中　$P(\hat{I} > i)_{50}$——烈度为 i 的 50 年超越概率;

　　$P[\hat{I} > (i+1)]_{50}$——烈度为 $(i+1)$ 的 50 年超越概率。

预测震害与场地影响知识库,则根据地震小区划的结果(或按场地分类),一般将场地分为 3~4 类,调整各类房屋在不同场地上的预测震害,建立相应的知识库。举例说明,如 C 类场地,以 $P(D)_{6c}$ 表示 6 度时 C 类场地上的预测震害概率,$P(D)_{7c}$ 表示 7 度时 C 类场地上的预测震害概率,$P(D)_{8c}$、$P(D)_{9c}$ 和 $P(D)_{10c}$ 依次类推;$P(D)_{6j}$、$P(D)_{7j}$……表示基本知识库中 6 度、7 度……时不同震害程度的预测震害概率。考虑场地对震害的加重或减轻的影响,在知识库中预测震害概率用下式表示:

$$P(D)_{ijs} = m_1 P(D)_{(i-1)j} + n_1 P(D)_{ij} + p_1 P(D)_{(i+1)j}$$

式中　$P(D)_{ijs}$——场地为 s、烈度为 i、震害程度为 j 时的预测震害概率;

　　　s——场地类别,A、B、C 等;

　　m_1、n_1、p_1——不同烈度时的场地影响关系中的权系数,且 $m_1 + n_1 + p_1 = 1$。

以太原市 C 类场地为例,在知识库中采用表 2 所列的关系。

表 2　震害概率(示例)

房屋类型代码	在 C 类场地中不同地震烈度下的预测震害概率				
	$P(D)_{6jc}$	$P(D)_{7jc}$	$P(D)_{8jc}$	$P(D)_{9jc}$	$P(D)_{10jc}$
-1 1-3 -1 2-3 -1 3-3 -1 4-3 -9 1- -9 2- -9 3- -9 4-	$0.85P(D)_{6j} +$ $0.15P(D)_{7j}$	$0.80P(D)_{7j} +$ $0.20P(D)_{8j}$	$0.70P(D)_{8j} +$ $0.30P(D)_{9j}$	$0.75P(D)_{9j} +$ $0.25P(D)_{10j}$	$0.80P(D)_{10j} +$ $0.20P(D)_{11j}$
其　他	$0.87P(D)_{6j} +$ $0.13P(D)_{7j}$	$0.85P(D)_{7j} +$ $0.15P(D)_{8j}$	$0.80P(D)_{8j} +$ $0.20P(D)_{9j}$	$0.86P(D)_{9j} +$ $0.14P(D)_{10j}$	$0.90P(D)_{10j} +$ $0.10P(D)_{11j}$

4.2　专用知识库的建立

预测城市现有房屋震害的知识库,是按以往的震害经验、房屋的抗震性能分析与专家经验建立的。然而,不同城市的同类房屋,抗震性能可能会有较大的差异,如一个按 8 度设防的城市和 6、7 度甚至不设防的城市,在同一时期建造的同类房屋显然易损性不一致。又如高寒地区、遭受台风袭击的沿海地区,房屋的抗震性能都会有所不同。因此,在预测震害之前,要先调用系统中的城市现有房屋震害预测基本知识库,并根据样本房屋用单体震害预测的方法预测的震害和专家经验加以调整,建立更符合预测城市房屋特征的一个专用知识库,否则便将失去对特定城市预测震害的意义。同时,在这个专用知识库中,只需建立该城市中的各类房屋与预测震害概率的关系,一般它比基本知识库要小一个量级。这样,使用专用知识库,在微机上实现城市现有房屋的群体震害预测及其伤亡和损失评估,也较简便迅速,节省机时。

4.3　关系的一致性检验

从该系统的框图中可见,调整城市现有房屋震害预测基本知识库关系,建立专用知识库,使之更适用于预测城市的房屋建筑,关键的一步要通过一致性检验及其数值检验和逻辑检验。

所谓一致性检验,也就是将样本房屋用专用知识库预测震害,使其与原先由单体预测的震害相一致。从总体上看,关系的一致性检验由这两个模糊集之间的海明距离来控制,一般要求不超过 0.02,即 1/10 级震害程度,其表达式为

$$d(\underset{\sim}{A}, \underset{\sim}{B}) = \frac{1}{5n} \sum_{c=1}^{n} \sum_{i=6}^{10} | I_{\underset{\sim}{A}}(X_c)_i - I_{\underset{\sim}{B}}(X_c)_i | \leqslant 0.02$$

同时要求点偏差一般不超过 0.05,即 1/4 级震害程度,其表达式为

$$d_{c,i} = | I_{\underset{\sim}{A}}(X_c)_i - I_{\underset{\sim}{B}}(X_c)_i | \leqslant 0.05$$

式中,$I_{\underset{\sim}{A}}(X_c)_i$ 和 $I_{\underset{\sim}{B}}(X_c)_i$ 为按一元检索的 X_c 类样本房屋在烈度为 i 时分别统计由单体预测震害和用专用知识库预测震害所得的平均震害指数。

建立专用知识库在系统中还要应用搜索技术进行数值检验和逻辑检验。数值检验,即各类房屋在同一烈度时的不同程度的震害概率之和应为 1。逻辑检验的目的要使知识库中的关系不出现自相矛盾现象,通常考虑下列三种情况:

(1)年代。不同年代建造的同类房屋,在同一烈度下建造年代愈近,房屋的预测震害指数愈小。

(2)质量。房屋现状完好程度(质量)有差异的同类房屋,在同一烈度下质量愈差,房屋的预测震害指数愈大。

(3)烈度。同类房屋预测震害的烈度愈高,震害指数愈大。

预测城市现有房屋震害的知识库,一般须经多次调整才能全部通过数值检验、逻辑检验和一致性检验,作为专用知识库投入使用。这些检验均由系统执行,并输出不符合检验要求的房屋类型和数据,再由专家干预来进行调整。

5 搜索技术的采用和高危害的识别

5.1 数据库的压缩和分级管理

一个城市的房屋数据库有数万幢以至数十万幢房屋的原始数据,且影响地震危害性的因素很多,对这样多而复杂的数据,以穷举搜索求解,是极其费时甚至很难实现的。因此,必须应用搜索技术,并首先要压缩数据库和实现分级管理。

在数据库中,如前所述,房屋的类型是用五个元素来表征的。压缩数据库的做法就是将以幢为基础建立的数据库转化为以类为基础的数据库,并删除其空集。删除空集的目标由做从一元到五元分类的宽度优先搜索来实现。宽度走向为 1~5,深度为各元素的组合。如果在低元组合时这类房屋为空集,由这个元素的数据项组合的房屋类型即被删除,因在高元组合时,显然也为空集。这样,用路径删除法从以幢为基础的房屋原始数据库搜索成缩小 1~2 个量级的房屋类型数据库。

房屋类型数据库分三级管理,最基层的是预测单元小区或街坊小区,中间库是行政大区,然后才是全市总库。三级数据库可以独立运行,也可组合,由此可以应用知识库在微机上简捷地检索统计全市的、各大区和各小区的预测震害、人员伤亡和直接经济损失,并可按用户的需要,指令检索这三级的一元到五元分类中各类房屋的震害、伤亡和损失。

5.2 高危害街坊小区和高危害房屋类型的搜索

评估街坊小区的地震潜在危害性,在该系统中,以房屋震害、人员伤亡和经济损失这三个因素做综合决策分析。其中每一个因素都含有三组数据。以房屋震害表征小区潜在地震危害程度的三组数据:① 遭受相当于设防烈度的地震影响时的预测震害指数;② 易损性指数;③ 不满足抗震设防三个水准要求的易震损房屋的概率。以人员伤亡表征小区潜在地震危害程度的三组数据:① 按地震危险性分析的全概率评估周期为 50 年的死亡人数;② 死亡率;③ 死亡密度(单位地积上的死亡人数)。以经济损失表征小区潜在地震危害程度的三组数据:① 按地震危险性分析的全概率评估周期为 50 年的直接经济损失;② 损失率;③ 损失密度(单位地积上的直接经济损失)。对这九组不同量纲的数据以相对值无量纲化,即将每一组数据都与它的全市平均程度建立关系得到相对值,从而使之可能采用以相对值作为判别危害程度的因子的叠加法,求得危害性指数,并以搜索排序来识别高危害小区。

识别房屋的高危害类型,由于类型多,在多目标的决策中,以"满意决策"替代"最优决策",即采用危害因子的无量纲相对值,且为简便起见,也不按地震危险性分析的全概率评估,而是先以易损性指数为搜索条件,达到阈值的房屋类型,再按抗震设防三个水准烈度的要求,评估危害的三因素震害、伤亡和损失中九个因子的阈值,依此作为搜索条件,凡达到阈值的为高危害因子,均以 1 表征,否则为 0。高危害因子数达到最

高满额 9 的,则为高危害类型的房屋;达到 5~8 的,为次高危害类型。由此,在设计该系统时分别以设防烈度的地震、大震和小震做深度优先的搜索,并以震害、损失和伤亡的阈值作为启发式信息,搜索高危害的房屋类型。在宽度方面,当作大、小地震的高危害类型搜索,也用路径删除法。对房屋的类型还是以宽度优先,即从低元的各类到高元。从图 1 的第二、三层节点还可看到,房屋的用途与震害、损失、伤亡和重要性都相关联,因此在多元组合的类型中,采用按房屋的用途为搜索因子的优先组合。宽度优先搜索后即进入某个符合搜索因子的子库,这时在子库中采用深度优先搜索技术。这样,无论一元或多元搜索,都很方便且快速识别高危害的房屋类型。

6　输出和实例

目前在微机上可输出多种固定形式的表格,在 VAX 机上可配以图形信息智能系统绘制的预测结果的彩图。以太原市为例,太原市各类房屋(一元分类)在不同烈度下的震害指数和易损性指数、太原市现有房屋的预测震害矩阵、太原市现有房屋震害预测和损失评估详见本书 4-5 文中表 1、表 2、表 3。在太原市潜在地震的高危害小区有 3 个,它们都在老城区中。高危害的房屋类型在按一元和五元分类搜索中得到 27 类,其中由高一元次分类房屋搜索到的高危害房屋类型往往是低元次分类房屋搜索到的高危害房屋类型的子集或交集;同一元次分类房屋搜索到的高危害房屋类型又在不同分类元素间成交集,将这 27 类归结为统计独立的高危害的房屋类型有 7 类,即:① 现状属危险的房屋,包括各类结构、层数、年代和用途的易损房屋;② 已严重损坏的房屋,包括各类结构(除钢、钢-钢筋混凝土两类外)、层数、年代和用途的易损房屋;③ 20 世纪 40 年代(前)建的已有一般损坏的房屋,包括各类结构(除钢、钢-钢筋混凝土、钢筋混凝土三类外)、层数和用途的易损房屋;④ 50 年代建的有一般损坏的土木、砖拱等其他类结构的一、二层易损房屋;⑤ 50 年代建(或后期接建)的六层及六层以上砖混和砖木结构的房屋;⑥ 50 年代建(或后期接建)的五层砖木结构房屋;⑦ 40 年代(前)建尚基本完好的土木结构房屋。

7　结语

城市现有房屋震害预测智能辅助决策系统 PDKSCB-1 是在采用人-机系统方法预测城市群体房屋的过程中逐步构成的,它以知识库系统为基础。四年来,通过在三门峡、湛江、厦门和太原等城市的实践,积累了大量的数据信息和经验知识,并从中提炼知识,改进知识库和系统结构,使之不断完善。实际应用表明,该系统的运行是有效的,预测的结果是可信的,该系统不仅是对现有状态做出预测,而且可对未来状态进行动态预测和辅助决策到 2000 年或某个时期的减灾目标。该系统现已发展成城市震害预测和防御对策的智能辅助决策系统。

下列文献为 PDKSCB-1 城市现有房屋震害预测智能辅助决策系统的创建基础、过程与其应用实例:

杨玉成、杨雅玲、王治山、吕秉志,用人-机系统方法预测三门峡市现有房屋震害、人员伤亡和直接经济损失,地震工程与工程振动,9 卷 3 期,1989 年。

杨玉成、杨雅玲、王治山、杨柳,湛江市现有房屋震害预测及其人员伤亡和直接经济损失估计,国家地震局工程力学研究所研究报告,1988 年 8 月。

杨玉成、杨雅玲、王治山,厦门市现有房屋震害预测和潜势分布,国家地震局工程力学研究所研究报告,1989 年 4 月。

杨玉成、杨雅玲、王治山、林学东、郑鹄、赵琨,太原市现有房屋建筑的总体震害预测和损失估计,国家地震局工程力学研究所研究报告,1990 年 9 月。

杨雅玲、杨玉成,城市震害预测中的房屋数据库,世界地震工程,1988 年第 1 期。

王治山、杨玉成、杨雅玲,城市震害预测高危害房屋类型和高危害小区的搜索技术,世界地震工程,1990 年第 4 期。

杨玉成、杨丽萍等,多层砌体房屋震害预测专家系统,计算结构力学及其应用,6 卷 3 期,1989 年 2 月。

杨玉成、李大华等,投入使用的多层砌体房屋震害预测专家系统 PDSMSMB-1,地震工程与工程振动,10 卷 3 期,1990 年 9 月。

杨玉成,对震害预测指标体系的建议,世界地震工程,1991 年第 4 期。

4-8　房屋建筑群体震害预测方法

杨玉成　王治山　杨雅玲　李大华　杨　柳

1　引言

震害预测近几年在我国已得到普遍开展,它为改善地震区的抗震设防状态、估计地震损失、编制抗震防灾规划、制定减轻灾害对策和应急响应计划及地震保险提供重要依据。根据我国的震害经验,地震造成生命和财产的损失,主要原因是房屋建筑的破坏和倒塌。因而,房屋建筑是震害预测的重点。对整个城市或某一区域的现有房屋进行群体震害预测,20世纪80年代初期在我国得到实际应用或建议采用的方法有典型小区外推法、易损性分析法和震害潜势分析法等。基于震害预测这一领域的特点,有赖于专家的知识和经验判断;同时,数据信息量大,影响因素众多。因此,在震害预测中应用智能辅助决策系统,是一条迅速、简便、较为理想的途径。自80年代中期,我们着重研究人-机系统方法,并在1987年首例用于三门峡市现有房屋群体震害预测及其人员伤亡和经济损失评估。其后,又进一步开发人工智能技术,在1988年、1989年和1990年分别进行了湛江、厦门和太原三个城市的房屋群体震害预测及其伤亡和损失评估。使该系统实践了从一个8万多人的小城市到百万以上人的特大城市的震害预测;同时获得了大量的数据信息和经验知识,建立了多种关系数据库和知识库,并采用搜索技术和网络推理,形成城市现有房屋震害预测智能辅助决策系统PDKSCB-1,使人-机系统过渡到智能辅助系统。在最近,又将减轻地震灾害的对策纳入该系统,用以辅助决策减轻灾害目标与其相应的措施。

PDKSCB-1系统应用计算机高级程序语言,建立在VAX/780计算机及IBM/AST微机上,可用于城市和区域性(地区①)的房屋建筑群体震害预测。

近年有些单位也在从事智能辅助决策系统的研究。在全国第三届地震工程会议论文集中有建研院抗震所的计算机系统、自贡市的微机仿真方法、兰州地震研究所的数据库系统。同济大学在1990年进行的西宁市震害预测中也采用了数据库系统。

2　系统目标和框图

PDKSCB-1系统的目标是预测城市(或地区)在遭受不同地震影响时现有房屋的震害、人员伤亡和直接经济损失,识别高危害房屋类型和高危害街坊小区,并绘制相应的震害潜势分布图。这个系统由三个子系统组成,即房屋系统、人员-经济系统和图形系统,系统框图见本书4-6文图1。

预测城市(地区)现有房屋震害的大量信息,通过数据采集储放进计算机,直接或由知识库支持建立数据库。每个数据均用定长的字符串、数字代码或数值表示。在系统中设六个基本数据库:① 全市(地区)现有房屋数据库;② 典型房屋和重要房屋数据库;③ 现有房屋居留人数数据库;④ 房产价值和室内财产价值数据库;⑤ 城市(地区)轮廓和街坊小区图形数据库;⑥ 地震小区划和场地分类图形数据库。

预测城市(地区)现有房屋的震害,由系统的数据库、知识库和搜索技术与推理机执行。可供使用的四个主要知识库为:① 现有房屋与预测震害关系知识库;② 现有房屋预测震害与场地影响知识库;③ 房屋震害与人员伤亡关系知识库;④ 房屋震害与经济损失关系知识库。

使用该系统预测震害的结果有:

(1)在不同的烈度或50年超越概率的地震影响下,全市(或整个地区)现有房屋总的预测震害、人员伤亡和直接经济损失。

(2)各行政管区和街坊小区的预测震害、人员伤亡和直接经济损失及其高危害小区的识别。

(3)各类房屋的预测震害、伤亡和损失及其高危害房屋类型的识别。

本文出处:《工程地震研究》,1991年,174-180页。
① 地区系指PDKSCB-1系统有望从抗震设防重点城市应用到地震重点监视防御区。重点防御区总体震害预测方法应做进一步研究。

（4）城市（或地区）地震危害的潜势分布。

3　数据库和数据资料

在使用该系统时，首先需要采集信息，建立数据库。对这六个基本数据库，可按预测目标的要求和实际情况来建库，现分述如下。

3.1　全市（或全地区）现有房屋数据库

预测城市或地区现有房屋群体的震害，房屋的数据信息有两种：一种以房屋单体为基础；另一种为房屋类别的群体统计值。当预测对象不是一个区域而是一个城市时，一般有条件按房屋单体建库，即在数据库中逐幢存放全市房屋的数据。一般房屋均可有下列10项数据构成：① 行政区号；② 地点；③ 房屋编号；④ 产别；⑤ 建筑结构；⑥ 层数；⑦ 建成年代；⑧ 房屋质量；⑨ 目前用途；⑩ 建筑面积。

房屋数据的采集，无论是幢或类，一般都利用房屋普查、产权登记、规划局和房管局的档案等资料来建立数据库。如需要，也可再增加数据项和做补充调查。

在数据库中，房屋的类型用五个元素来表征，即建筑结构、房屋层数、建成年代、房屋质量和目前用途。其中房屋的建筑结构分为 6 类：① 钢结构；② 钢、钢筋混凝土结构；③ 钢筋混凝土结构；④ 混合结构；⑤ 砖木结构；⑥ 其他结构（也可按城市房屋特征分为几个子结构）。层数的代码即为房屋的实际层数，只有⑨包括九层以上的房屋在内。建成年代分为 6 类：① 20 世纪 40 年代或更早期建的；② 50 年代；③ 60 年代；④ 70 年代；⑤ 80 年代；⑥ 90 年代。房屋现状的完好程度分为 5 类：① 完好；② 基本完好；③ 一般损坏；④ 严重损坏；⑤ 危险房屋。目前用途分为 8 类：① 住宅；② 宿舍；③ 工业交通仓库用房；④ 商业服务用房；⑤ 教育、医疗、科研用房；⑥ 文化体育娱乐用房；⑦ 办公用房；⑧ 其他。房屋的分类可做一元检索或多元检索。按一元检索有 34 类房屋，五元检索有 12 960 类（不计 90 年代为 10 800 类），但实际上大多是空集，如按 80 年代的统计资料，湛江市五元检索只有 926 类，太原市也只有 1 381 类房屋。

3.2　典型房屋数据库

典型房屋数据库中的每一幢房屋数据都是在现场调查采集的，并都要逐幢进行单体震害预测，预测结果也作为数据输入。在这个数据库中，每幢房屋有 13 项数据，包括编号、建筑结构、层数、年代、房屋现状（质量）、目前用途、所在场地土类别、建筑面积及 6～10 度时的预测震害指数。典型房屋的单体震害预测可采用

专家评估法、模式法或专家系统，在一般城市（地区）中，有半数以上的典型房屋可用 PDSMSMB－1 专家系统预测震害。

在城市（或地区）现有房屋震害预测中，除典型房屋外，抗震防灾重要的房屋也要做单体预测。两者都可作为预测群体震害的样本，从而建立典型的和重要的房屋数据库。

3.3　现有房屋居留人数数据库

现有房屋的居留人数是根据统计局的资料，城市（或地区）常住和流动人口的统计总数及其分布，建立每幢房屋中的居留人数与建筑面积、时段、区域和用途的关系获得。时段分为白天和夜晚，不同用途的房屋在白天和夜晚的人均占有面积一般不是逐幢采集，而是在系统中由知识库支持并考虑区域修正得到。

3.4　房产价值和室内财产价值数据库

评估潜在地震危害的直接经济损失，包括房产和室内财产的损失两部分。

现有房屋价值也不是逐幢采集数据的，而是根据当地的平均造价和不同类别的差价在系统中由知识库支持并考虑区域修正得到的。

房屋室内财产价值数据是根据统计局的社会总产值、工业总产值和百元固定资产创造值为基准数，也由知识库支持与房屋用途和区域功能建立关系而得到的。住宅中的每户平均财产参照城市居民家庭贵重耐用消费品拥有量的统计资料估计。财产中不包括现金和存款，也不估价文物和古建筑。

3.5　图形数据库

城市（或地区）轮廓和街坊小区图形数据库的建立，目前是按 1∶10 000 或 1∶25 000 的城市地图测读的，标有城市（或地区）轮廓、主要街道、铁路、河流、小区和预测单体震害的典型的和重要的房屋位置。预测小区的划分可采用单元小区或街坊小区。便于统计资料和数据信息的采集，也便于编制与实施减轻和防御地震灾害的对策。

3.6　场地数据库

场地条件对震害有明显的影响，地震小区划是现有房屋震害预测的前期工作，应用它的结果建立数据库，并将场地分区绘制在城市轮廓和街坊小区图形中，用以评估预测小区的场地对现有房屋震害的影响。

4　知识库关系和一致性检验

4.1　因素关系图和知识库

评估城市（或地区）现有房屋地震危险性的影响

因素与网络关系,图见本书4-6文图2。地震危害性的影响因素为地震、震害、损失、伤亡和重要性五个。

预测房屋震害的影响因素,在图中为地震、场地和房屋类型的五个特征元素——结构、层数、年代、现状和用途。房屋震害程度的定量表示,一般用不同震害程度的震害概率和平均震害指数。在该系统中,现有房屋与预测震害关系知识库是一个最基本的也是最大的知识库,即建立按五元分类的10 800类房屋(不包括90年代)在6~10度地震时不同震害程度的概率矩阵。预测震害程度分为六个档级:基本完好、轻微损坏、中等破坏、严重破坏、部分倒塌和全毁倒平。

评估直接经济损失的知识库,由图可见,损失与同层节点的房屋震害程度和地震影响的大小有关,以及与下层节点中估算房产价值和室内财产价值的建筑规模(面积)、结构、层数、年代、现状和用途等因素有关。

在评估人员伤亡的知识库中,伤亡与同层节点的房屋震害程度和地震影响的大小及下层节点的建筑用途、规模(面积和类型)和时段(白天或夜晚)因素有关。在评估人员伤亡中,均不考虑有短临地震预报。

4.2 专用知识库的建立

预测城市(地区)现有房屋震害的知识库,是按以往的震害经验、房屋的抗震性能分析与专家经验建立的。然而,不同城市(地区)的同类房屋,抗震性能可能会有较大的差异,如一个按8度设防城市和按6、7度甚至不设防城市,在同一时期建造的同类房屋显然易损性不一;又如高寒地区、遭受台风袭击的沿海地区,房屋的抗震性能都会有特殊性。因此,在预测震害之前,要先调用系统中的现有房屋震害预测基本知识库,并根据样本房屋的预测震害和专家经验,加以调整,建立使之更符合预测城市(地区)房屋特征的一个专用知识库,否则便将失去对特定城市(地区)预测震害的意义。同时,在这个专用知识库中,只需建立该城市(地区)中的各类房屋与预测震害概率的关系,一般它比基本知识库要小一个量级。这样,使用专用知识库,在微机上实现城市(地区)现有房屋的群体震害预测及其伤亡和损失评估,也较简便迅速,节省机时。

4.3 关系的一致性检验

从该系统的框图中可见,调整现有房屋震害预测基本知识库关系,建立专用知识库,使之更适用于预测城市(地区)的房屋建筑,关键的一步要通过一致性检验及其数值检验和逻辑检验。

所谓一致性检验,也就是将样本房屋用专用知识库预测震害,欲使其与原先由单体预测的震害相一致。

从总体上看,关系的一致性检验由这两个模糊集之间的海明距离来控制,一般要求不超过0.02,即1/10级震害程度,其表达式为

$$d(\underset{\sim}{A}, \underset{\sim}{B}) = \frac{1}{5n} \sum_{c=1}^{n} \sum_{i=6}^{10} |I_{\underset{\sim}{A}}(X_c)_i - I_{\underset{\sim}{B}}(X_c)_i| \le 0.02$$

同时要求点偏差一般不超过0.05,即1/4级震害程度,其表达式为

$$d_{c,j} = |I_{\underset{\sim}{A}}(X_c)_i - I_{\underset{\sim}{B}}(X_c)_i| \le 0.05$$

式中:$I_{\underset{\sim}{A}}(X_c)_i$和$I_{\underset{\sim}{B}}(X_c)_i$为按一元检索的$X_c$类样本房屋在烈度为$i$时分别统计由单体预测震害和专用知识库预测震害所得的平均震害指数。

建立专用知识库在系统中还要应用搜索技术进行数值检验和逻辑检验。数值检验,即各类房屋在同一烈度时的不同程度的震害概率之和均应为1。逻辑检验的目的要使知识库中的关系不出现自相矛盾现象,通常考虑下列三种情况:

(1)年代。不同年代建造的同类房屋,在同一烈度下建造年代愈近,房屋的预测震害指数愈小。

(2)质量。房屋现状完好程度(质量)有差异的同类房屋,在同一烈度下质量愈差,房屋的预测震害指数愈大。

(3)烈度。同类房屋预测震害的烈度愈高,震害指数愈大。

预测城市(或地区)现有房屋震害的知识库,一般须经多次调整,才能全部通过数值检验、逻辑检验和一致性检验,作为专用知识库投入使用。

5 搜索技术的采用和高危害的识别

5.1 数据库的压缩和分级管理

一个城市(地区)的房屋数据库,有数万幢以至数十万幢房屋的原始数据,且影响地震危害性的因素众多,对这样多而复杂的数据,以穷举搜索求解,是极其费时,甚至是很难实现的。因此,必然要开发搜索技术的应用,并首先要压缩数据库和实现分级管理。

在数据库中,房屋的类型是用五个元素来表征的。压缩数据库的做法就是将以幢为基础建立的数据库转化为以类为基础的数据库,并删除其空集。删除空集的目标由做从一元到五元分类的宽度优先搜索来实现。宽度走向为1~5,深度为各元素的组合,如果在低元组合时这类房屋为空集,由这个元素的数据项组合的房屋类型即被删除,因在高元组合时,显然也为空集。这样,用路径删除法从以幢为基础的房屋原始数

据库,搜索成缩小 1~2 个量级的房屋类型数据库。

房屋类型数据库分三级管理,最基层的是预测单元小区或街坊小区,中间库是行政大区,然后才是全市(地区)总库。三级数据库可以独立运行,也可组合。由此,可以应用知识库在微机上简捷地检索统计全市(地区)的、各大区的和各小区的预测震害、人员伤亡和直接经济损失,并可按用户的需要,指令检索这三级的一元到五元分类中各类房屋的震害、伤亡和损失。

5.2 高危害街坊小区和高危害房屋类型的搜索

评估街坊小区的地震潜在危害性,在系统中以房屋震害、人员伤亡和经济损失这三个因素做综合决策分析。其中每一个因素都含有三组数据。以房屋震害表征小区潜在地震危害程度的三组数据:① 遭受相当于设防烈度的地震影响时的预测震害指数;② 易损性指数;③ 不满足抗震设防三个水准要求的易震损房屋的概率。以人员伤亡表征小区潜在地震危害程度的三组数据:① 按地震危险性分析的全概率评估周期为 50 年的死亡人数;② 死亡率;③ 死亡密度(单位地积上的死亡人数)。以经济损失表征小区潜在地震危害程度的三组数据:① 按地震危险性分析的全概率评估周期为 50 年的直接经济损失;② 损失率;③ 损失密度(单位地积上的直接经济损失)。对这九组不同量纲的数据以相对值无量纲化,即将每一组数据都与它的全市(地区)平均程度建立关系得到相对值,从而使之可能采用以相对值作为判别危害程度的因子叠加法,求得危害性指数,并以搜索排序来识别高危害小区。

识别房屋的高危害类型,由于类型多,在多目标的决策中,以“满意决策”替代“最优决策”,即不采用危害因子的无量纲相对值,且为简便起见,也不按地震危险性分析的全概率评估,而是先以易损性的指数为搜索条件,凡达到阈值的房屋类型,再按抗震设防三个水准烈度的要求,以评估危害的三因素震害、伤亡和损失中九个因子的阈值,以此作为搜索条件,凡达到阈值的为高危害因子,均以 1 表征,否则为 0。高危害因子数达到最高满额 9 的,则为高危害类型的房屋;达到 5~8 的,为次高危害类型。由此,在设计该系统时分别以设防烈度的地震、大震和小震做深度优先的搜索,并以震害、损失和伤亡的阈值作为启发式信息,搜索高危害的房屋类型。在宽度方面,当做大、小地震的高危害类型搜索,也用路径删除法。对房屋的类型还是以宽度优先,即从低元的各类到高元。从本书 4-6 文图 2 的第二、三层节点还可看到,房屋的用途与震害、损失、伤亡和重要性都相关联,因此在多元组合的类型中,采用按房屋的用途为搜索因子的优先组合。宽度优先搜索后即进入某个符合搜索因子的子库,这时在子库中采用深度优先搜索技术。这样,无论一元或多元搜索,都很方便且快速识别高危害的房屋类型。

6　输出和实例

目前已实现的在微机上可输出多种固定形式的表格,在 VAX 机上可配以彩图。以太原市为实例,其结果有太原市各类房屋(一元分类)在不同烈度下的震害指数和易损性指数、太原市现有房屋的预测震害矩阵、太原市现有房屋震害预测和损失评估总表(详见本书 4-5 文中表 1、表 2、表 4)。在太原市潜在地震的高危害小区有 3 个,即柳巷、鼓楼和杏花岭小区,它们都在老城区中。高危害的房屋类型在按一元和五元分类搜索中得到 27 类,其中由高一元次分类房屋搜索到的高危害房屋类型往往是低元次分类房屋搜索到的高危害房屋类型的子集或交集;同一元次分类房屋搜索到的高危害房屋类型又在不同分类元素间成交集,将这 27 类归结为统计独立的高危害的房屋类型,有 7 类,即:① 现状属危险的房屋,包括各类结构、层数、年代和用途的易损房屋;② 现状已严重损坏的房屋,包括各类结构(除钢、钢-钢筋混凝土两类外)、层数、年代和用途的易损房屋;③ 20 世纪 40 年代(前)建现状有一般损坏的房屋,包括各类结构(除钢、钢-钢筋混凝土三类外)、层数和用途的易损房屋;④ 50 年代建现状有一般损坏的土木、砖拱等其他类结构的一、二层易损房屋;⑤ 50 年代建(或后期接建)的六层及六层以上砖混和砖木结构的房屋;⑥ 50 年代建(或后期接建)的五层砖木结构房屋;⑦ 40 年代(前)建现状尚基本完好的土木结构房屋。

7　结语

城市(地区)现有房屋震害预测智能辅助决策系统 PDKSCB-1 是在采用人-机系统方法预测城市群体房屋的过程中逐步构成的智能辅助决策系统,它是专家系统的雏形。四年来,通过在三门峡、湛江、厦门和太原等城市的实践,积累了大量的数据信息和经验知识,并从中提炼知识,改进知识库和系统结构,使之不断完善。实际应用表明,该系统的运行是有效的,预测的结果是可信的,该系统将进一步发展成城市(地区)的震害预测和防御对策的人工智能系统。

4-9 对震害预测指标体系的建议

杨玉成

震害预测是地震工作的基本任务之一，其目的是有效地减轻和防御地震灾害。震害预测的基本内容是评估预测对象在可能遭遇的不同地震影响时的震害，及其由震害所导致的人员伤亡和经济损失。预测对象可以是工程的单体、群体或网络系统，也可以是城市、地区或企事业单位。根据我国的震害经验，地震造成人员伤亡和经济损失的主要原因是房屋建筑的破坏和倒塌。因而，房屋建筑是我国目前地震区震害预测的重点，同时在大中城市和工矿企业，还应注重生命线工程网络系统与重要的工程设施和设备的震害预测，以及对可能产生的次生灾害进行评估。

在吸取 1976 年唐山大地震的经验教训的基础上，于 1980 年我国开始开展震害预测的研究。由于建设部要求地震区的重点设防城市编制城市抗震防灾规划，并将震害预测作为编制规划的一项技术基础工作，因此到 20 世纪 80 年代后期，我国城市震害预测工作得到广泛的开展，目前有两三百个城镇已经或正在进行震害预测，在冶金、化工、石油等部门中的一些重要的大型工矿企业也开展了震害预测工作。为了在我国进一步推动和发展震害预测这项工作，使其在减轻地震灾害中起到更积极的作用，根据我国目前的实际情况和科学技术水平，国家地震局于 1990 年初颁发了《震害预测工作大纲（试行稿）》，用以指导这项工作，它使我国的震害预测工作又进入了一个新的阶段。

为使广泛开展的震害预测具有可比性和便于管理，国家地震局震害防御司和建设部抗震办公室都在朝着制定一个统一的带有指令性的震害预测指标体系努力。但从目前来看，还不能统得过急过死，尚应鼓励和支持开展独立的研究工作，从而使建立起来的统一指标体系在科学和工程领域中有更高的可信程度；同时也应要求在震害预测的实际工作中，提交预测震害的结果时说明所采用的指标体系，以便于比较、讨论和逐步趋于一致。

对震害预测中的主要指标体系，如未来地震的影响、震害程度和震害指数、易损性指数和易震损概率、震害与伤亡和损失的关系，做如下建议，供参考使用。

1 未来地震的影响

通常预测震害中的地震影响，采用地震烈度，分为 6 度、7 度、8 度、9 度和 10 度。5 度和 11 度的震害在一般情况下可不予以预测，分别假设为全都完好和倒毁，如有需要也可另行预测。

预测震害应考虑工作区可能遭遇的不同地震影响的危害，地震影响一般采用确定性的，也可采用概率性的。所谓确定性的地震影响，即预测震害是针对给定的一个地震烈度（基本烈度）或多个烈度（6~10 度）做出的，也可以是针对给定的震级和位置的一次地震或多次地震做出的（适用于地震重点监视防御区）。所谓概率性的，是根据一群可能发生的不同位置、不同震级的地震预测震害，其指标体系可以是对应于不同烈度或地震动参数的若干年超越概率，一般工程为 50 年超越概率，且以 50 年超越概率约 10% 的地震烈度为抗震设防的基本烈度，以 50 年超越概率约 60%（63%）的地震烈度为多遇地震烈度，以 50 年超越概率约 3%（或 2%~3%）的地震烈度为罕遇地震烈度。

地震动参数与烈度的关系，目前一般采用 1980 年刘恢先教授主持修订的地震烈度表的指标体系，见表 1。需要说明一点，相应于不同地震烈度的反应谱峰值加速度的表征值，在此烈度表修订以前（20 世纪 70 年代中期编制《工业与民用建筑抗震设计规范》时），曾采用的峰值加速度比表 1 中的值要小，如 7 度的峰值加速度为 $0.1g$，8 度时为 $0.2g$。

本文出处：《世界地震工程》，1991 年，第 4 期，9-13 页。

表1　地震烈度、加速度、速度对比表

地震烈度	加速度/(cm·s⁻²)		速度 (cm·s⁻¹)
	范　围	表征值	
6	45～89	62.5	5～9
7	90～177	125	10～18
8	178～353	250	19～35
9	354～707	500	36～71
10	708～1 414	1 000	72～141

2　预测震害程度的档级划分标准

预测地震破坏的震害程度对一般工程宜分为六个档级,即基本完好(包括完好无损)、轻微损坏、中等破坏、严重破坏、部分倒塌和全毁倒平。震害程度的定量表示用震害指数,震害指数域一般采用[0,1],与各个档级的震害程度相应的震害指数其范围分别为[0～0.1]、(0.1～0.3]、(0.3～0.5]、(0.5～0.7]、(0.7～0.9]和(0.9～1.0];它们的表征值分别为0、0.2、0.4、0.6、0.8和1.0。预测震害程度也可分为三个档级,即将基本完好和轻微损坏合为一级,称良好或无灾;将中等破坏和严重破坏合为一级,称破坏或破损;将部分倒塌和全毁倒平合为一级,称倒塌。这三个震害档级的震害指数表征值分别为0、0.5和1.0。

在震害预测中,目前对震害程度虽有多种划分法和采用不同的震害指数域,但一般都基于工程的破坏程度来确定,并用震害指数来定量。本文所建议的六个档级的震害程度对一般建筑工程,按主体结构的破坏程度、非主体结构的破坏程度及修复的难易程度来划分,六个档级的震害程度的宏观描述分述如下:

(1)基本完好。没有震害或非结构部件偶有极轻微的破坏。

(2)轻微损坏。非主体结构局部有明显的破坏或主体结构局部有轻微的破坏。不影响正常使用,一般只需稍加修理仍可继续使用。

(3)中等破坏。非主体结构普遍遭到破坏或主体结构多处发生破坏。经局部修复或加固处理仍可使用。

(4)严重破坏。主体结构普遍遭到破坏,或部分有极严重的破坏,或非主体结构大片倒塌。须经大修方可使用,或已无修复价值。

(5)部分倒塌。非承重结构(包括承自重结构)大部甚或全部倒塌,或承重结构部分倒塌,多层房屋的屋盖大片倒塌,单层房屋的屋盖部分倒塌。

(6)全毁倒平。一塌到底,或房屋大部分倒塌,仅存残垣;多层房屋的上部数层倒平,下部楼层残存;单层房屋的屋盖近乎全部塌落,墙或柱残存。

1990年7月,建设部颁发〔1990〕建抗字第377号文件《建筑地震破坏等级划分标准》,该标准虽是为破坏性地震的震害调查及震后房屋建筑的损失评估编制的,但震害评定和震害预测拟应采用同一个划分等(档)级的标准为好。建设部颁发的标准将震害程度分为五个等级,其中严重破坏一级中包括部分倒塌,而倒塌一级的定量标准则为多数承重构件倒塌,并明确注释"多数"为超过50%。这一标准首先与人们日常的观念不一致。如一幢5个单元或5个开间的住宅,有2个单元或2个开间倒塌,按此标准还不能算倒塌,只评定为严重破坏,显然不符常理;再如一幢五层楼房,倒塌上部两层同样也还不到整幢房屋的50%,只能评定为严重破坏,这也是人们无法接受的;还有横墙承重的房屋,所有外纵墙或连同侧边预制板倒塌,按此标准也是严重破坏,在唐山地震中这类震害的房屋一般都评定为部分倒塌或倒塌。其次,此标准与抗震设计规范、抗震鉴定标准中的倒塌概念也不一致,设计规范所要求的大震不倒,鉴定标准所要求的遇有鉴定烈度的地震影响时房屋不倒,显然不是指倒塌50%以上。再则,此划分标准中的震害程度是要用于评估经济损失的,对震害预测,还将用于评估人员伤亡。众所周知,经济损失和人员伤亡与房屋震害的关系,从破坏到倒塌将是急骤增加的。因此,在严重破坏和大部(多数)倒塌之间,设一档级部分倒塌的震害程度,从上述三方面来看是更恰当和适宜的。

3　易损性指数和易震损概率

为便于比较不同房屋建筑的易损性,我们用一个综合的指数,即将不同烈度时的震害指数(I_i)的平均值称为易损性指数(F_v),由下式表示:

$$F_v = \frac{1}{5}\sum_{i=6}^{10} I_i$$

当 $F_v = 0$ 时,表征该幢(该类或该小区)房屋在地震时绝对安全,即使遭受10度大震仍完好无损;当 $F_v = 1$ 时,表征易损到极点,遇有6度小震就会倒塌。当然,不同房屋的易损性也可用某一烈度时的预测震害程度与相应的震害指数的大小来表示,如是这样,对不同的房屋建筑,在不同烈度的地震作用下,其易损性的相对大小可能会有明显的变化。例如,有一多层砖房,预测 7 度时中等破坏,9 度时严重破坏,而另一砖柱厂房,预测 7 度时只轻微损坏,9 度时却部分倒塌,则该幢多层砖房在 7 度地震时的易损性比砖柱厂房大,而在 9 度地震时该幢砖房的易损性反而比厂房小,这是特定条件(确定的地震作用)下的易损性比较。在一般情况下,建议采用易损性指数 F_v 来对房屋建筑的单体或群体的易损性进行比较。

依据"小震不坏、大震不倒"的双重设防准则,按抗震设防三个水准烈度的要求,一般说来,当遭受多遇地震(第一水准)烈度的影响时达到和超过中等破坏的房屋,当遭受设防(第二水准)烈度的影响时达到和超过严重破坏的房屋,当遭受预估的罕遇地震(第三水准)烈度的影响时为倒塌的房屋,可分别作为不满足抗震设防三个水准所要求的易震损的房屋。为定量评估一群体房屋中不满足抗震设防的状况,用易震损概率表示。易震损房屋的概率区间由 $[P_1(D) + P_1(C)]$、$[P_2(S) + P_2(C)]$ 和 $P_3(C)$ 确定,其平均值如下式:

$$P(V) = \frac{1}{3}[P_1(D) + P_1(C) + P_2(S) + P_2(C) + P_3(C)]$$

式中　$P(V)$——易震损概率;

$P_1(D)$——多遇地震时房屋的破坏概率;

$P_1(C)$——多遇地震时房屋的倒塌概率;

$P_2(S)$——设防烈度的地震时房屋的严重破坏概率;

$P_2(C)$——设防烈度的地震时房屋的倒塌概率;

$P_3(C)$——罕遇地震时房屋的倒塌概率。

4　震害与人员伤亡和经济损失的关系

按确定性的震害程度和相应的震害指数来评估经济损失和人员伤亡,建议采用的关系见表 2。

表 2 中的关系是由震害经验得来的。实际地震中的震害都是确定的,对每一地区(或小区)的震害程度统计,得到的是不同震害程度的百分率(当统计数量较大时也有将它称为震害概率的)。而在震害预测中,既可用确定性的预测震害程度和震害指数,也可用概率性的预测震害程度的分布。例如,某工程的预测结果以 8 度中等破坏、9 度严重破坏来表示,这是属确定性的;由这样的预测做统计得到的群体震害,在形式上可用震害矩阵表示,但其实质还仍是不同震害程度的百分率,也属确定性的。另如,某单体或群体的工程

震害预测结果以 8 度时的震害中等破坏为 60%、严重破坏为 25%、部分倒塌为 3%、轻微损坏为 10% 和基本完好为 2% 来表示,这是属概率性的。对单体工程来说,概率性预测的最大可能程度或平均值可视同确定性的预测结果;对群体来说,概率性预测的震害程度的分布要比确定性预测的震害程度的分布宽,一般也趋平坦。

表 2　预测震害与人员伤亡和经济损失的关系

震害程度		基本完好	轻微损坏	中等破坏	严重破坏	部分倒塌	全毁倒平
震害指数	范围	[0~0.1]	(0.1~0.3]	(0.3~0.5]	(0.5~0.7]	(0.7~0.9]	(0.9~1.0]
	表征值	0	0.2	0.4	0.6	0.8	1.0
房产损失/%	范围	[0~1]	(1~8]	(8~20]	(20~60]	(60~95]	(95~100]
	表征值	0.4①	3.8	12	36	82	100
室内财产损失/%	范围	0	(0~1]	(1~5]	(5~20]	(20~50]	(50~100]
	表征值	0	0.2	2.2	10.5	32	75
受伤人数/%	范围	0	(0~0.02]	(0.02~0.1]	(0.1~8]	(8~30]	(30~70]
	表征值	0	0.006	0.05	0.5	10	50
死亡人数/%	范围	0	0	(0~0.01]	(0.01~1]	(1~10]	(10~30]
	表征值	0	0	0.001	0.15	8	20

注: ① 完好无损时为 0。

预测人员伤亡和经济损失时,若预测的工程震害是用震害程度的分布概率来表示的,则相应的震害指数与人员伤亡和经济损失的关系即由工程震害来评估人员伤亡和经济损失,尚应在上述表 2 的指标体系中分别乘以不同烈度下的房产损失成灾概率、室内财产损失成灾概率、白天人员伤亡和夜晚人员伤亡成灾概率。成灾概率一般在 0.35~1.0,烈度愈低成灾概率也愈小。在同一烈度下,房产损失的成灾概率最高,人员伤亡的成灾概率可能最低。成灾概率的倒数可作为减灾系数的一部分,减灾系数中应考虑更广泛的社会因素。

评估地震造成的房产损失,以每平方米房屋建筑现值的百分率计。当评估震后重建费时,宜按房屋建筑的现价计。房屋现值由预测城市的房屋建筑平均造价乘以建筑结构类型系数、层数系数、年代系数和质量(现状完好程度)折减系数而得,即

房屋现值 = 建筑面积 × 平均造价 × 类别系数

类别系数 = F(建筑结构、层数、产别、年代、质量)

在建设部的〔1990〕377文中,评估震后房产损失也采用现值,该文中工程震害与房产损失的关系与本文所建议的指标体系在震害指数为0、0.5和1.0时,两者的房产损失率相同,分别为0%、20%和100%。在这三个值之间的房产损失与震害指数的关系,本文所建议的损失指标略高于〔1990〕377文中的损失值,关系曲线的形状大体一致,在震害指数不超过0.5范围内的震害-损失曲线很相接近。

评估房屋室内财产价值的损失也与工程震害建立关系。房屋室内财产的价值可单独统计,也可根据统计局的资料,以社会总产值和工业总产值、固定资产值和百元固定资产创造值及家庭贵重耐用消费品拥有量的统计资料为基准数,将同一功能区域的同类用途的房屋内每平方米建筑面积所含财产单价为同值。预测财产损失,不包括现金和存款,也不估价文物和古建筑。

人员伤亡率与房屋震害的关系也列在表2中。每平方米房屋建筑中的居留人数,依据所在城市和小区的总人口按用途和时段来分配,即

居留人数 = 建筑面积 / 人均占有面积

人均占有面积 = F(时段、区域、用途)

时段分白天和夜晚,白天以工作、学习的上班时间计,商业、娱乐场所的营业时间均划在白天时段统计人数,夜晚以除值夜班工作外均已就寝计。同济大学肖光先所建议的震害与伤亡的关系中,只考虑由房屋的严重破坏和倒塌所致,且受伤和死亡的人数比固定为3。

5 地震潜在危害的全概率评估

评估未来地震的潜在危害,可以如上所述按给定的烈度预测人员伤亡和经济损失,也可以按地震危险性分析的全概率,在平均的意义上提供未来50年内潜在地震的危害,即利用地震危险性分析得到的相应于

不同地震烈度的50年超越概率 $P(\hat{I} > i)_{50}$,评估基准期为50年的生命和财产的损失 L_{50},其算式为

$$L_{50} = \sum_{i=6}^{10} \{ P(\hat{I} > i)_{50} - P[\hat{I} > (i+1)]_{50} \} L_i$$

$$L_i = \sum_{j=1}^{6} P_{ij}(D) \cdot L_j / m_i$$

式中　$P(\hat{I} > i)_{50}$——烈度为 i 的50年超越概率;

$P[\hat{I} > i+1)]_{50}$——烈度为 $(i+1)$ 的50年超越概率;

L_i——烈度为 i 时的人员伤亡或经济损失;

$P_{ij}(D)$——烈度为 i 时震害程度为 j 的概率;

L_j——震害程度为 j 的人员伤亡或经济损失;

m_i——烈度为 i 时人员伤亡或经济损失的减灾系数;

i——烈度,6~10度;

j——六个档级的震害程度。

6 结语

本文所建议的震害预测指标体系,我们曾应用于安阳小区、三门峡市、湛江市、厦门市和太原市的震害预测和损失评估,并作为多层砌体房屋震害预测专家系统和城市现有房屋震害预测智能辅助决策系统中的知识库。在上述五个市的使用过程中,震害与人员伤亡和经济损失的关系略做过调整。安阳小区和厦门市我们只预测工程震害;三门峡、湛江和太原三市预测了工程震害、人员伤亡和直接经济损失。在早期预测的安阳和三门峡两市的震害,单体和群体都采用确定的震害程度;湛江、厦门和太原三市,预测单体工程采用确定的震害程度,群体用概率分布。在多层砌体房屋震害预测专家系统中,以确定的震害程度表示;城市震害预测智能辅助决策系统中,以震害程度的分布概率表示。

4-10 城市现有建筑物震害预测与防御对策专家系统

——知识工程的建造和系统的应用

杨玉成 杨雅玲 王治山 李大华 杨 柳

1 引言

我国是个多地震国家,根据国内外的震害经验,地震造成的生命和财产的损失,主要原因是建(构)筑物的破坏和倒塌,且城市的损失远远大于乡村。为了减轻地震灾害的损失,开展城市现有房屋建筑的工程震害预测及其人员伤亡和经济损失评估,进而有针对性地制定有效的防御对策,这是我国防震减灾工作中的一项必须要做的基础工作。城市现有建筑物的震害预测与防御对策专家系统的研究目标,确定为建立用于多层砌体房屋单体震害预测的专家系统 PDSMSMB-1 和用于城市现有房屋群体震害预测的智能辅助决策系统 PDKSCB-1。这两个系统的研究自 1987 年起历经五年,现均已投入使用,如期达到该项目的研究目标。这两个系统的科学技术水平经专家鉴定认为已达到国际先进水平。实际应用表明:这两个系统的运行是有效的,结果是可信的,能达到专家级的水准,有着重大的社会效益和经济效益。

PDSMSMB-1 系统的研究目的:建立多层砌体房屋单体的震害预测专家系统,使具有一般土建知识的技术人员而不是专家能够使用该系统进行合理的震害预测和抗震防灾决策分析,以有效地减轻和防御震害。

PDKSCB-1 系统的研究目的:建立城市现有建筑物群体的震害预测和防御对策的智能辅助决策系统,将预测对象与其环境的大量数据信息储存在计算机,为人们精确记忆、有效管理和快速处理;将该领域的工程知识和专家经验进入计算机系统,支持具有一般土建知识的技术人员和震害防御管理人员能以专家同等水平预测震害、评估损失和抗震防灾决策分析,辅助政府或有关部门制定防御对策,减轻潜在震害损失。

本文将主要论述实现这两个系统中有关建造知识工程中的几个问题和实际应用的情况。

2 知识基础

由于现行的房屋建筑抗震鉴定标准只是评价现有的房屋在遭遇到设防烈度的地震影响时是否倒塌,按新的抗震规范设计,也只是保障新建房屋在遭遇设防烈度时的损坏程度限制为经一般修理仍可继续使用和"小震不坏、大震不倒"。因此,为达到该项研究的预期目标,建立多层砌体房屋震害预测专家系统和城市现有房屋震害预测智能辅助决策系统的领域知识必定要超越抗震鉴定标准和抗震设计规范所规定的条款内容,这两个系统的知识库也不能只依据它们的条文。

房屋建筑尤其是多层砖房,震害资料和抗震经验在我国是极为丰富的,从事地震工程的许多单位的专家经历了从 1966 年邢台地震到 1976 年唐山地震这段时间的现场实地调查,还做了大量的试验研究和理论分析,并开展各类房屋的震害预测方法的研究,已在数百个城镇进行震害预测。因此,建立这两个系统的领域知识有着广泛的基础。本研究课题组在该领域中长期从事震害调查、震害预测、城市防灾、结构试验和抗震分析的研究与实践,参与鉴定标准、设计规范和震害预测工作大纲的编制,具备建立评估和预测房屋建筑震害智能系统的专家知识。同时注意吸收该领域更多专家的知识和经验。因此,本项研究所建立的两个智能系统的领域知识是充实的,专家经验是成熟的。

3 开发过程

3.1 多层砌体房屋震害预测专家系统 PDSMSMB-1

建立该系统的开发过程可分为雏形、演示、使用和实用商品化四个阶段。

(1)雏形阶段。1986 年夏,在同美国斯坦福大学

本文出处:《工程建设中智能辅助决策系统》,1991 年度论文汇编,北京,中国建筑工业出版社,1992 年,44-51 页(本书略加删减)。

土木工程系 Blume 地震工程中心进行合作研究时,我们设计了多层砌体房屋震害评估系统(雏形)的知识工程,次年春由美方合作者编写这个系统的程序DESMUMB。DESMUMB 程序用 Fortran 语言编写,可在 IBM 微机上运行,但美方将这个系统(雏形)知识工程中设计的人机对话采集信息改为输入数据文件,并将震害预测的网络系统删减为树状因素关系。DESMUMB 系统是多层砌体房屋震害预测专家系统PDSMSMB－1 的前期工作,其知识工程仅为雏形。

(2)演示阶段。自 1987 年该系统的研究列入国家自然科学基金重大项目"工程建设中智能辅助决策系统的应用研究"的三级子课题"城市现有建筑物震害预测与防御对策专家系统"的研究内容之中,吸取了该领域更多专家的经验,充实和改进了该系统雏形的知识工程,在 1988 年春夏用 HProlog 语言编写程序VESMSMB。VESMSMB 智能程序系统主要实现了汉字化和人机交互的问题,但仍未实现影响因素的网络关系,且因 HProlog 语言的计算功能差,故预测的对象仍较局限,在微机上的运行时间也较长。VESMSMB 程序属该系统的演示阶段,1988 年曾在大连召开的工程智能决策理论与应用研讨会上做演示。

(3)使(试)用阶段。在 1988 年冬,该系统的知识工程由多层砌体房屋的易损性评价和震害预测延伸扩展到地震危害度评估和决策分析,并重新设计系统程序,用批处理命令管理基本模块和网络系统,用 Fortran语言解决计算问题。多层砌体房屋震害预测专家系统——PDSMSMB－1,经系统内因素关系的考核和震例检验,于 1989 年 5 月开始在太原市的震害预测中使用。汉字化的 PDSMSMB－1 系统使用简便、可信度高,一般土建技术人员通过人机对话提供数据信息或按填写的信息卡输入数据进入推理系统,预测震害的结果可达到专家级水准。PDSMSMB－1 系统在 1989年 12 月北京召开的第二届全国工程建设中智能辅助决策系统研讨交流会上做演示。

(4)实用商品化阶段。PDSMSMB－1 系统已于1990 年通过科学技术成果鉴定,鉴定技术负责人为学部委员胡聿贤教授,鉴定委员均为本项科学基金重大项目中的教授、研究员,总的鉴定意见为"该系统填补了我国在震害预测专家系统方面的空白,其科学水平已达到国内及国际先进水平,并具有实用商品化的前景,是一项优秀的科研成果"。其后,开始推广使用,实现商品化,有两种形式:一是"来料加工",即使用者按该系统的人机对话说明填好信息卡,交给我们操作

上机或使用者自行操作;二是提供软件,有偿使用。

3.2　城市现有房屋震害预测智能辅助决策系统 PDKSCB－1

建立该系统的开发过程,大致可分为三个阶段:

(1)人-机系统的初建阶段。在 1987 年,为研究城市现有房屋群体的工程震害预测、人员伤亡和经济损失评估,建立了基于关系数据库的人-机系统,将所需的信息包容在三个数据库系统中,并建立起相互间的关系,由人为指令进行分类检索、数值运算和统计分析,从而识别高危害房屋类型和高危害街坊小区,预测全市房屋建筑震害、人员伤亡和经济损失,并绘制相应的震害潜势分布图。为便于采集全套数据信息,该系统首例用于只有 8 万多人的小城市三门峡。初建的人-机系统所具有的主要特点,正如在 1988 年 1 月评审三门峡市抗震防灾规划与其基础工作时专家意见中所认为的那样:"在城市建筑物群体震害预测中采用这种先进方法,对于大量数据信息加工,充分运用专家经验,以及进一步推广用于其他城市,均有着重要的意义,这种多因素预测方法比起原来的单因素或少因素预测方法来向前迈出了一大步。"

(2)从基于数据库到基于知识库系统的中试阶段。通过三门峡市的震害预测的实践,提炼知识,积累经验,发展人-机系统方法,着手建立城市震害预测的知识库系统,在 1988 年和 1989 年两年间应用于两个中等城市湛江和厦门的震害预测,从中得到经验,并进一步改善和扩展知识库系统。其中最基本的也是最大的知识库是各类房屋预测震害矩阵,即易损性矩阵。建立知识库系统,使震害由在基于关系数据库的人-机系统中作为数据输入供检索统计用的信息,跃居为在知识库系统中的知识作为系统在自行推理过程中所利用的信息提供其预测的结果。同时,在系统中采用搜索技术,压缩和分级管理数据库,增加逻辑判断,逐步减少人为参与,使人-机系统逐步向智能系统过渡。

(3)智能辅助决策系统的建立和应用。通过三个城市的实践,人-机系统发展为以知识库系统为基础的城市现有房屋震害预测智能辅助决策系统 PDKSCB－1。该系统吸取了我国数十年来大量的震害资料、丰富的专家经验和有关的工程知识,特别是从最近十年的震害预测实践和防御对策研究中,获得了大量的数据信息和经验知识,从而改善和扩展系统,建立了多种关系数据库和知识库,采用搜索技术和网络推理,并将该系统由对现状的震害预测延伸到对未来状态的动态预测,辅助决策城市减灾目标与其相应的防御对策。在

1989—1990 年,该系统应用于太原市的震害预测。在这期间应用该系统的部分子系统还在无锡市和铁岭市预测震害。实际应用表明,该系统的预测结果可信度高,决策有效,达到专家级的水准。

城市现有房屋震害预测智能辅助决策系统 PDKSCB-1 已于 1991 年 9 月在评审太原市减轻地震灾害规划期间通过科学技术鉴定,鉴定技术负责人为同济大学结构理论研究所所长章在墉教授,鉴定委员为城市抗震防灾规划学组中的成员或从事震害预测和抗震防灾的专家,总的鉴定意见为"该系统的发展对我国的震害预测起着很大的推动作用,其科学水平已达到国内及国际先进水平,并具有推广应用的前景,是一项优秀的科研成果"。

在国家自然科学基金"七五"期间的重大项目"工程建设中智能辅助决策系统的应用研究"总结评比中,有 30 个三级子题,本项研究子课题被评为两个全 A 级优秀子题之一,荣获并列第一。

4 知识工程设计

领域知识丰富是建成实用的智能系统的先决条件;知识的获取和提炼、知识的表达和利用及系统的构成和推理是建成实用的智能系统的关键,这要由精心设计的知识工程来实现。在本项研究中,知识工程的具体内容参见这两个系统的有关文献,在此仅表述一些设计思想。

本项研究的这两个系统的知识工程都是由领域专家自行设计的。知识工程的设计不拘泥于通用的规则和结构形式,着力于"师法自然",以求智能系统取得"胜于自然"的效能。这样设计知识工程,比国内外建造智能系统通常采用现成的外壳虽费劲,技术难度也大,但这使本项研究中建立的智能系统既能充分反映出专家的知识、经验和思维逻辑,推理自然成章,合乎工程常规,又能发挥出计算机智能的优势,使智能系统既能达到专家级的水准,又具有超越人类专家的智力能力。

对知识工程的设计,国内外学者可能受传统思想的影响而不同,犹如建造园林,国外的传统是建规则园,而我国的古园林推崇自然。同时,人工智能方面的现实状况是国外的计算机硬件条件好、发展快,而软件人员相对短缺,我国有不少软件人员在为国外服务,我们可以发挥自己的相对优势,推动智能系统的发展。在中美合作研究多层砌体房屋震害预测专家系统时,美方提出按现成的专家系统软件设计知识工程(雏形),我们则认为这不可能有效地表达该领域的专家知识和经验,便按我们的想法设计了一个复杂的网络关系,就当时的专家系统技术而言,这是超前的,故在 1987 年美方编写的雏形程序和 1988 年我们自己编写的汉字化演示程序都未能实现,而把这网络关系加以简化,删减为树状关系,直到 1988 年在 PDSMSMB-1 系统中才实现复杂网络关系。通常建成一个实用的智能系统总得要有一段时间,而当前计算机技术的发展异常迅速,倘若能按系统的领域知识和实际需要设计在人工智能技术上超前的师法自然的知识工程,并能促使智能技术的进一步开发和应用,从而建造出一个不是"花架子"的而是真正实用的专家系统,这正是我们着意追求的,即使建造智能系统的技术难度大点、时间长点,这也是值得的。

本项研究的这两个智能系统在 1986—1987 年起步时的知识基础有较大的差异,知识工程的雏形也就不同。多层砌体房屋震害预测专家系统的知识工程有一个完整的雏形,在开发过程中只是局部充实和改进知识库系统,延伸扩展地震震害程度评估和决策分析;而城市现有房屋震害预测智能辅助决策系统初建的框图最终虽无大的改动,但开始时只是数据库系统,在应用实践中建立知识库,发展为知识库系统,并使该系统由现状的预测延伸到对未来状态的动态预测和辅助决策减灾目标与其相应的防灾对策。因此,知识工程的设计可以是一气呵成,也可以从简单到复杂,从初级到高级,而在开发过程中的进一步充实、扩展和完善确是十分需要的。

5 应用实践

本项研究的这两个智能系统在这五年的开发过程中已经在我国得到广泛的应用与实践。多层砌体房屋震害预测专家系统现已用于太原市、无锡市、铁岭市、湖北三厂、鲁南地震重点监视防御区的八市县、天津港务局和石臼港务局的震害预测,本溪市中小学教学楼和大同矿务局变电所的震害预测,石臼海关住宅楼、中国银行石臼分行办公楼和住宅的震害预测与加固方案选择,以及地矿部资料阅览室大楼、全国工商联办公楼和家属宿舍的震害预测、抗震鉴定和加固方案的选择。应用城市现有房屋震害预测智能辅助决策系统的城市规模从 8 万多人的小城市三门峡,经 30 多万人的中等城市湛江和厦门,到 150 万人的特大城市太原;地理位置从中原到东南沿海,又到华北,还在江南无锡和东北铁岭应用本系统中的部分子系统;城市的抗震设防烈度则 8 度、7 度和 6 度皆有。实际应用表明,这两个智能系统可为编制抗震防灾和减轻灾害规划、合理使用和节省抗震设防与加固经费、制定减灾目标与其相应对策和应急响应预案提供科学依据,对改善城市的抗震设防状态和公众对地震安全保障的心理状态都有着十分显著的作用。本项成果的推广应用已取得重大的社会效益和经济效益。

三门峡市是本项研究的应用首例,该市建委和抗办的材料证明,预测结果"符合三门峡的实际情况,可信度高,便于政府决策应用,已作为编制三门峡抗震防灾规划和采取减轻地震危害对策的科学依据","该项成果正好应用在近年三门峡市的发展建设中,科学论据充分,实用价值很高,采用该成果编制的抗震防灾规划政府已批准实施,四年来取得了显著的效益"。"这项研究工作肯定了十多年来三门峡的抗震工作成效,指出了高危害小区和类型,对政府的决策提供了重要的科学依据,稳定了民心。根据预测提出的三个高危害小区进行了全面的改造,有效地减轻了潜在地震的损失,如遭受 8 度设防烈度的地震可避免倒塌 3.4 万 m^2 住宅,减少房产损失 1 600 万元及财产损失 850 万元,避免 400 余人伤亡。预测的二级阶地、矿山厂等减少加固费用及新建工程抗震设防费用,已节约 310 万元。因此,该科研成果对我市有着重大的社会效益和经济效益。"

这两个系统在发展成智能系统后用于太原市,该市地震局的材料证明,给出的结果"具有高度科学性和可信度,符合太原市的实际情况,已作为太原市减轻城市地震灾害规划的重要依据,并在近几年的实际减灾工作中具体贯彻实施,采取相应对策,已经在提高太原市的防震减灾能力、减轻地震损失工作中发挥作用"。"为政府制定减灾计划提供了科学依据和方向性的决策意见。按此决策意见实施,可在较少投入防灾费用情况下实现在基本烈度(8 度)地震发生时减少损失 3 亿元,如按 50 年地震发生概率的平均期望估算,可减轻地震损失近 1 亿元。同时,太原近年小震频率高,对现有房屋状况有一明确认识,对安定人心保障社会稳定起到良好的作用。"

多层砌体房屋单体的震害预测还收到了意想不到的促进了"房改"工作的效果。石臼港务局的材料证明,"使用专家系统对生活区的房屋预测震害,为我局的防震减灾工作提供了科学依据,达到了心中有数,确定相应的加固方案。直接稳定了职工的情绪,解除后顾之忧,使职工安心生产,积极参加房改工作。以前担

心不愿买房的同志也踊跃交款,大胆地买房,从而促进了住房改革工作的顺利进行,具有明显的经济效益和重大社会效益"。

6　结语

对该项研究的这两个系统,可归纳为如下特点:

(1)知识丰富是最为突出的特点。我国有着大量的房屋建筑震害资料、丰富的抗震防灾经验。本课题组长期从事震害调查、震害预测和城市抗震防灾的研究,在本项研究中汇集了我国数十年来实际地震中的震害资料和丰富的专家经验,并从最近十年的震害预测实践中充实知识、完善系统。因此,这两个系统的专家知识十分丰富,有成熟的经验可循,系统的可靠性高。

(2)知识工程是领域专家自行设计的,"师法自然"而又"胜于自然",是本项研究中建造知识工程的基点。在这两个系统中,知识的表达和知识库系统的构成不拘泥于通用的规则和结构形式,而充分反映出专家的知识、经验和思维逻辑,推理自然成章,既合乎工程常规,又发挥计算机智能的优势,具有推理可靠、易于接受、便于管理的特点。

(3)系统的建立是在实践中逐步发展和完善的。PDSMSMB－1 系统经历雏形、演示、使(试)用阶段,才进入实用商品化的;PDKSCB－1 系统从初建的人-机系统,经中间试验阶段,发展到基于知识库的智能辅助决策系统。实际应用表明,系统的可信度高、决策有效、实用性强。

(4)系统服务对象的性质明确、内容全面、设置大众化。PDSMSMB－1 系统用于多层砌体房屋的单体震害预测,PDKSCB－1 系统用于预测城市房屋群体的工程震害、人员伤亡和经济损失,决策分析抗震设防的满足程度和易震损概率,识别高危害小区和高危害房屋类型,辅助决策减灾目标和对策。系统都可设置在微机上,已汉字化,系统的功能齐全、适用面宽、使用简便。

本项研究还表明,在震害预测中开发人工智能系统的应用是行之有效的。在城市现有建筑物震害预测与防御对策专家系统的研究过程中,对我国的震害预测起着很大的推动作用,对改善城市抗震设防状态和公众对地震安全保障的心理状态都有着十分积极的作用。在今后推广应用中,正值国际减灾十年,对减轻我国的灾害损失必将会有重大的社会效益和经济效益。

4－11　城市现有建筑物震害预测与防御对策系统的研究与应用

杨玉成

1　引言

我国是个多地震国家,根据震害经验,地震造成生命和财产损失的主要原因是建筑物的破坏和倒塌,且城市的损失远大于乡村。在房屋建筑中,多层砌体房屋量大面广,且在地震中易遭破坏。因此,必须做好城市现有房屋建筑的群体震害预测和多层砌体房屋的单体震害预测,以有效地减轻和防御我国的地震灾害。这是我国防震减灾工作中的一项迫切而繁重的基础工作,工作量浩繁,数据信息量大,影响因素多,且要求有知识面宽、经验丰富的专家参与判断和提供决策分析意见。基于这两方面,在国家自然科学基金"七五"重大项目"工程建设中智能辅助决策系统的应用研究"的三级子项目"城市现有建筑物的震害预测与防御对策系统"中,我们确定研究两个智能系统:① 用于多层砌体房屋单体震害预测的专家系统 PDSMSMB－1;② 用于城市现有房屋群体震害预测的智能辅助决策系统 PDKSCB－1。

系统 PDSMSMB－1 的目标:使具有一般土建知识的技术人员能具有与专家同等水平,来预测现有或拟建的各类多层砌体房屋遭到不同烈度地震时的震害,评价预测房屋的易损性、地震危害度和抗震设防的满足程度,进而做出决策分析,以有效地减轻和防御地震灾害。系统 PDKSCB－1 的目标:以数据库和知识库为基础,对整个城市现有房屋建立起一个震害预测系统,为人们精确记忆、有效管理和快速处理大量的数据信息服务;支持具有一般土建知识的技术人员和震害防御管理人员能以专家同等水平,来预测城市在遭受不同地震影响时现有房屋群体的工程震害、人员伤亡和直接经济损失;识别高危害房屋类型和高危害街坊小区,编制相应的震害潜势分布图件;对城市发展的未来状态进行动态预测和抗震防灾决策分析,辅助政府和有关部门的决策者制定减灾目标及应采取的相应对策,以有效地减轻潜在地震灾害损失。

本项研究在 1992 年 1 月"工程建设中智能辅助决策系统的应用研究"重大项目的 30 个三级子项目的总结评比中,被评为两个全 A 级子项目之一,并列第一。所建立的上述两个智能系统分别于 1990 年和 1991 年通过科学技术鉴定,均达到国际先进水平。

2　开发过程

多层砌体房屋震害预测专家系统 PDSMSMB－1 的开发过程分为四个阶段:

(1)雏形阶段。1986 年夏,在同美国斯坦福大学土木工程系 Blume 地震工程中心进行合作研究时,笔者设计了多层砌体房屋震害评估系统(雏形)的知识工程。次年春,由美方合作者编写这个系统的程序 DESMUMB。该程序用 Fortran 语言编写,在微机上运行,但将知识工程中设计的人机对话采集信息改为输入数据文件,并将预测震害的网络系统删减为树状因素关系。DESMUMB 是 PDSMSMB－1 的前期工作,其知识工程也仅为雏形[1](见本书 3－1 文)。

(2)演示阶段。吸取更多领域专家的经验,充实和改进了知识工程的雏形,于 1988 年用 HProlog 语言编写了 VESMSMB 程序,实现了汉字化和人机交互,但仍未实现影响因素的网络关系,且预测的对象较局限,运行时间也较长。VESMSMB 属 PDSMSMB－1 的演示阶段[2](见本书 3－2 文)。

(3)试用阶段。把该知识工程由易损性评价和震害预测延伸扩展到地震危害度评估和决策分析,并重新设计系统程序,用批处理命令管理基本模块和网络系统,用 Fortran 语言解决计算问题。PDSMSMB－1 经系统内因素关系的考核和震例检验,于 1989 年 5 月开始使用[3](见本书 3－3 文)。

本文出处:《中国科学基金》,1993 年,第 2 期,111－114 页。本文是中国科学基金编辑邀稿的。

（4）实用商品化阶段。该系统经推广使用，实现了两种形式的商品化：① "来料加工"，即用户按系统的人机对话说明填写好信息卡，交操作员或用户自行操作；② 有偿提供软件使用。

城市现有房屋震害预测智能辅助决策系统 PDKSCB－1 的开发过程大致分为三个阶段：

（1）人-机系统的初建阶段。1987 年建立了基于关系数据库的城市现有房屋震害预测人-机系统，将所需的信息包容在数据库系统中，并建立起相互间的关系。为便于采集全套数据信息，该系统首例用于 8 万多人口的小城市三门峡[4,5]（见本书 4－1、4－2 文）。

（2）从基于数据库到基于知识库系统的中试阶段。建立震害预测的知识库系统，使震害由在基于关系数据库的人-机系统中作为数据输入供检索统计用的信息，跃居为在知识库系统中的知识作为系统在自行推理过程中所利用的信息而提供其预测的结果。经应用于湛江和厦门两个 30 多万人口的城市震害预测，从中得到检验，进一步改善和扩展了知识库系统[6]（见本书 4－3、4－4、4－6 文）。

（3）智能辅助决策系统的建立和应用。通过三个城市的实践，该系统由以数据库为基础的人-机系统发展成以知识库为基础的城市现有房屋震害预测智能辅助决策系统 PDKSCB－1，并由对现状的震害预测延伸到对未来状态的动态预测、辅助决策减灾目标及相应的防御对策。1989—1990 年，PDKSCB－1 系统应用于 150 万人口的城市太原、无锡和铁岭。1991 年，该系统在国际上公开发表[7-10]（见本书 4－5、4－7～4－10、3－9、3－10 文）。

3　知识工程的设计思想

领域知识丰富是建成实用的智能系统的先决条件，也是设计好知识工程的基础。而精心设计知识工程，实现知识的获取和提炼、知识的表达和利用及系统的构成和推理，是建成实用的智能系统的关键。

本研究建立的两个系统的知识工程，都是由领域专家自行设计的。知识工程的设计特点是不拘泥于通用的规则和结构形式，着力于 "师法自然"，以求智能系统取得 "胜于自然" 的效能。这样设计知识工程虽比通常采用现成的外壳费劲，技术难度也大，但使建立的智能系统既能充分反映出专家的知识、经验和思维逻辑，推理自然成章，合乎工程常规，又能发挥出计算机智能的优势，即使智能系统既能达到专家级的水准，又具有超越人类专家的智能能力。

对知识工程的设计，国内外学者可能受传统思想影响而有所不同，犹如建造园林，欧美传统是建规则园，而我国古园林推崇自然。在中美合作研究多层砌体房屋震害评估系统时，笔者认为，按当时通用专家系统外壳设计知识工程（雏形），不可能有效地表达该领域的专家知识和经验，因而按领域专家处理该问题的推理逻辑设计了一个复杂网络关系。就当时的专家系统技术而言，这是超前的，故直到 1988 年底在 PDSMSMB－1 系统中才实现。我们认为，倘若能按实际需要设计知识工程，从而建造出一个不是 "花架子" 的而是真正实用的智能系统，并促使智能技术的进一步开发和应用，才正是我们着意追求的，即使难度大点、时间长点，也是值得的。

这两个系统在起步时，知识工程的雏形是有所不同的。PDSMSMB－1 系统有一个完整的雏形，在开发过程中只是局部充实和改进知识库系统，延伸扩展震害程度评估和决策分析；而 PDKSCB－1 系统初建的框图最终虽无大的改动，但开始时只是数据库系统，在应用实践中发展为知识库系统，并由对现状的预测延伸到对未来状态的动态预测和决策减灾目标与对策。因此，在智能系统的开发过程中，进一步充实、扩展和完善知识工程的设计也是十分必要的。

4　应用实践

这两个系统已在我国得到广泛应用。PDSMSMB－1 系统现已用于太原、无锡、铁岭和山东省十个市县的房屋震害预测；湖北的三个厂、天津和日照港务局、本溪的中小学和大同矿务局变电所房屋震害预测；克拉玛依市房屋震害预测和抗震鉴定；石臼海关和中国银行办公楼和住宅震害预测与加固方案的选择；北京的地矿部阅览室、全国工商联办公楼和住宅的震害预测、抗震鉴定和加固方案的选择。应用 PDKSCB－1 系统的城市规模有 8 万多人口的三门峡、30 多万人口的湛江和厦门、150 万人口的太原，地理位置从中原到东南沿海，以及华北等地区，还在无锡和铁岭应用了本系统中的部分子系统；城市的设防烈度从 6 度到 8 度皆有应用。

实际应用表明，这两个系统有着重大的社会效益和经济效益，可为编制抗震防灾和减轻灾害规划、合理使用和节省抗震设防与加固经费、制定减灾目标及相应对策和应急响应预案，以及为地震保险等提供科学依据，对改善城市的抗震设防状态和公众对地震安全保障的心理状态都有着十分显著的作用。

5 结语

（1）知识丰富是本项研究最为突出的特点。我国有着大量的房屋建筑震害资料、丰富的抗震防灾经验、历经 1966 年邢台地震和 1976 年唐山地震的领域专家，本研究组长期从事震害调查、结构抗震、震害预测和城市抗震防灾的研究和实践。因此，这两个系统的专家知识十分丰富，有成熟的经验可循，系统的可靠性高。

（2）知识工程由领域专家自行设计，以师法自然而又胜于自然为建造知识工程的基点。

（3）系统的建立是在实践中逐步发展和完善的，这两个系统均经试用阶段到实用化，具有可信度高、决策有效、实用性强的特点。

（4）系统服务对象明确、内容全面、设置大众化，具有功能齐全、适用面宽、使用简便、便于接受、便于管理的特点。

本研究表明，在震害预测和防震减灾领域中，开发人工智能系统的应用是行之有效的。

本项研究是国家自然科学基金"七五"重大项目资料的三级子题，还得到国家地震局和建设部的联合资助。

参考文献

［1］杨玉成.多层砌体房屋震害评估系统雏形及其在美国的应用[J].世界地震工程,1987(3)：45-51.

［2］杨玉成,杨丽萍,等.多层砌体房屋震害预测专家系统[J].计算结构力学及其应用,1989,6(2)：17-23.

［3］杨玉成,李大华,杨雅玲,王治山,杨柳.投入使用的多层砌体房屋震害预测专家系统[J].地震工程与工程振动,10(3)：83-90.

［4］杨雅玲,杨玉成.城市震害预测中的房屋数据库[C]//第二届全国地震工程学术会议论文集.1987：1108-1113;世界地震工程,1988(1)：28-32.

［5］杨玉成,杨雅玲,王治山,吕秉志.用人-机系统方法预测三门峡市现有房屋震害、人员伤亡和直接经济损失[J].地震工程与工程振动,1989,9(3)：91-103.

［6］王治山,杨玉成,杨雅玲.城市震害预测高危害房屋类型和高危害小区的搜索技术[C]//第三届全国地震工程会议论文集.1990：1917-1922;世界地震工程,1990(4)：42-46.

［7］杨玉成,王治山,杨雅玲,李大华,杨柳.城市现有房屋震害预测智能辅助决策系统[G]//工程建设中智能辅助决策系统(国家自然科学基金重大项目1990年度论文汇编).上海：同济大学出版社：39-48;地震工程与工程振动,1992,12(1)：77-89.

［8］Yang Y C, et al. An Expert System for Predicting Earthquake Damage to Urban Existing Buildings [C]// Proceedings of International Symposium on Building Technology and Earthquake Hazard Mitigation. Kunming, 1991：140-147.

［9］杨玉成.对震害预测指标体系的建议[J].世界地震工程,1991(4)：9-13.

［10］Yang Y C, et al. An Expert Evaluation System for Earthquake Damage [C]//Proceedings of 10th WCEE. Madrid, 1992：6307-6310.

4-12 专家系统在国际地震工程中的应用

杨玉成　赵宗瑜　杨　柳

1　引言

1992 年 7 月,在西班牙马德里召开的第十届世界地震工程会议上,首次将"专家系统的应用"列为地震工程中的一个单独的论题。在论文集中,这个论题方面共有 10 篇报告(意大利 4 篇,美国和日本各 2 篇,希腊和中国各 1 篇)。会议还特邀美国的 H. Adeli 做了"地震工程中的知识工程"的专题报告。我国国家地震局工程力学研究所发表和展出了"震害预测专家系统"的论文和有关图片。这些论文介绍了各国已经建成或尚在研究中的专家系统,反映了国际上目前在地震工程中应用专家系统的水平。

2　美国

俄亥俄大学的 H. Adeli 在他所做的专题报告及其论文中,通过逐个介绍他们开发的五个知识库系统,论述了用知识工程来处理地震工程知识的方法,这五个系统的目标、知识基础和人工智能技术的应用如下所述:

(1) EXQUAKE1 知识库系统。该系统在 1990 年公开发表,可用于评估和选择地震区房屋的结构形式,指出建筑平面布置中的问题,推荐矩形、三角形及圆形平面房屋的剪墙布置,系统的知识基础为书本和公开发表的论文,采用 Insight2+专家系统外壳和产生式规则,设置在 IBM 微机上。为显示各类房屋的结构形式,该系统用 Turbo Pascal 开发图形界面。

(2) EXQUAKE2 知识库系统。该系统用于震害评估,并可提供加利福尼亚地震中装配房屋的震害和性能的知识。知识库有一个易于附加、删除和修改的分层结构。知识基础有七个部分:装配结构的构件;1971 年圣费尔南多(San Fernando)地震中装配房屋的震害;修订的统一建筑规范(UBC);1971 年后设计和建造的趋势;1987 年惠蒂尔-内罗斯(Whittier-Narrows)地震中的震害;非结构构件的震害和书本知识。该系统设置在 IBM 微机上,用 EXSYS 专家系统外壳,也有一个图形界面,显示各类房屋结构的形式和细部。

(3) EXQUAKE3 知识库系统。该系统旨在作为向用户友好地解释统一建筑规范的电子翻译。规范的各部分用网络结构体系处理,也装置在 IBM 微机上,采用 Insight2+专家系统外壳。

(4) WQUAKE 知识库系统。该系统在 1990 年公开发表,采用集成产生式规则,关系数据库和计算机图形交互,提供抗震设计方法的知识,有四种与用户交互的界面:菜单驱动界面、询问界面、图形界面和自然语言加工程序。该系统也设置在 IBM 微机上,用专家系统 GURU 外壳和 Turbo C 语言。

(5) OQUAKE 地震知识库系统。该系统在 1990 年公开发表,可储存五种知识——地震信息、结构信息、震害、其他信息和结论,用面向目标模型来处理震害和结构性能的知识。这个模型用 C++实现在 SUN 工作站上,由框架和剧本的结合来表示知识,通过框架和剧本中的槽与隙的搜索和匹配推理出结论。

加州大学伯克利分校的 L.M. Bozza 等人提出了一个新的评估房屋抗震性能的定向推理方法,叫作空间中心推理。这个方法可为工程师在房屋抗震初步设计阶段确定结构中的内力和变形,以及检验可能的不良性能。该文作者指出,应用定性推理方法评估结构抗震性能所需的信息可限制在只从初步设计中得到,而定量分析所需的信息在结构设计的早期阶段是不可能满足的。他还认为,评估房屋抗震性能的专家系统常常受到浅层知识,包括规则库的限制,定性推理的方法可从模拟结构推出抗震性能,而不是从经验或直观推断的知识来得到。因此,与大多数专家系统表示的浅层知识相比,定性推理的方法系基于以基本原理表示知识,可叫作"深度模型"。该文将定性推理从起初应用于一维初始值的问题发展为空间中心处理的多维问

本文出处:《世界地震工程》,1993 年,第 3 期,1-6 页。

题,可得出三维结构在静侧力和重力作用下的荷载传递特性和位移,用 Agrippa 计算程序运行,但该方法目前还不具备非弹性性能和动力特性的推理能力。文中以一个平面框架和一个三维框架在静侧力作用下的定性评估为例,表明该方法是有效的,进一步的发展是要将该方法应用到实际工程的抗震设计中去。

3 意大利

罗马大学的 C. Gavarini 发表了《关于在减轻地震危害中有计划地应用专家系统》的论文。该文指出:许多与地震危害评估和减灾对策有关的工作,可以在智能技术领域中找到适当的工具。文中阐述了他们的四项研究:

(1)关于地震后房屋可用性的应急决策。该专家系统叫做 AMADEUS——评估建筑物震后破坏和可用性的咨询方法,于 1989 年用 Texas PC+外壳写成。在 1990 年 12 月 13 日西西里岛地震后,该系统用于砌体房屋和钢筋混凝土结构房屋的鉴定和评估。

(2)用模式或专家系统评定砌体房屋和钢筋混凝土房屋的易损性。评定砌体房屋的易损性在 1989 年由模式发展成专家系统,数据需在现场直接采集。评估钢筋混凝土结构破坏和倒塌的软件 PORTAM 系基于层间抗剪性能,这个方法于 1991 年在意大利公开发表。

(3)纪念建筑的地震易损性和危害性评估。应用神经元方法写成的 EXPRIM 专家系统,在 1992 年公开发表。该系统对纪念建筑易损性的评定以历史地震中的危害为最重要的依据,同时考虑到风化腐蚀与其损坏的发展,评估危害包括对人和对纪念建筑,以及与周围建筑的影响,优先考虑的是纪念建筑的"价值"。在评估危害中对历史震害、易损性和珍贵程度均分为高、中、低三个档级。

(4)城市危害。该文作者认为,有关城市中心区的地震危害减轻问题必须从全局来处理,要同时考虑一些不同的建筑单体和整个中心区建筑物的历史资料和易损性资料,并以最妥善的方法来处置全部信息,故将全部信息建立数据库并要通过部分样本的评估和涉及各学科之间的综合性比较才能得到结果。目前,他们正朝着这些目标在进行工作。

意大利国家科学研究委员会震害减轻组资助一项为在所有纪念性建筑物中维护现有历史遗产的研究活动,帕维亚大学 F. Casciati 和 L. Faravelli 研究的评定纪念性建筑物健康(安全)状况的专家系统原型是该

项长期研究的主要目标。在他们的这项研究中,基于框架理论的专家系统软件早已在运行,它通过评定易损性指数来诊断纪念性建筑物的安全状况。这次会上发表的论文着重介绍了一种表因概率网络(causal probabilistic network)方法及其在人工智能领域中的实现,并以现有的砌体结构房屋为例来说明该程序是能工作的,地震易损性指数的概率评定是可能的。在意大利,对砌体房屋的现行评定方法是按专家系统的要求,在现场检查 11 个项目,每项都分为 A、B、C 和 D 四个等级,然后按目前在意大利采用的易损性指数评定表逐项对照,再加权得出综合的易损性指数来确定房屋的等级。这 11 项包括:① 房屋结构体系;② 抗力系统的性能;③ 总的抗剪强度;④ 场地;⑤ 水平构件;⑥ 平面外形;⑦ 立面外形;⑧ 内墙间距;⑨ 屋盖类型;⑩ 非结构构件;⑪ 维护状况。新开发的人工智能方法用表因网络评定易损性指数的概率,要求有一个多元概率矩阵,这矩阵当然不是唯一的,但在实际使用之前应做检验。为使矩阵大小适当,他们在网络关系中忽略了上述 11 项中权系数小的⑧和⑩两项,并去掉非单值的⑤、⑦和⑨三项,以剩下的 6 项为输入结节组成表因网络系统,每个结节点可有上述 A、B、C、D 和不知这五种状况,从而做出房屋健康状况的概率评定。该系统进一步还要发展,并将考虑现场调查数据的概率描述。

贝加莫试验模型与结构研究所(Bergamo ISMES)的 M. Cadei 等人介绍了一个用知识库系统支持的流动实验室,用以评价历史遗留下来的砌体房屋的地震性能和建议可能改建的对策。流动实验室由硬件和软件两部分组成。硬件包括机动车、专家架、试验设备和电子仪器;软件方面为一个知识库系统,其中模拟技术、仿真器、单体房屋的三种分析模型和与用户的部分界面已实现,地震危害的评估器、改建对策的设计器、房屋群体模型和输出功能正在发展之中。该系统评估房屋地震性能的深度,分三个档级:第一个档级用于在大范围内确定要优先考虑的小区;第二个档级用于识别小区内需要优先考虑的房屋;第三个档级用以详细评价房屋单体和结构部件的地震性能。从第一个档级到第三个档级的评估,需要输入的数据项越来越多,评估的结果也越加可靠,但耗资也越昂贵。第一、二两个档级基本上是直观的检查,第三个档级需要试验检测。该系统的设计用 C++语言和 NEXPERT OBJECT 专家系统外壳,装置在 SUN 工作站上。

罗马大学 N. Nistico 和 T. Pagnoni 建立的 SISA 地

震智能顾问系统是一个以知识为基础的评估砌体房屋和钢筋混凝土房屋地震危害的系统。该系统的用意是增强评估地震危害的功能,改善数据获取和处理的质量。系统的特点是具有可供选择不同精确度的运行功能。精确度的选取由系统针对评估的目标建议适当的层次或对用户自行选择的层次做出评价。对每一个评估地震危害的层次都有获取相应数据的要求和处理方法。第一层次适用于一般结构类型,给出房屋的震害曲线;第二层次适用于规则平面房屋的评估,但仅考虑首层的抗力构件;第三层次适用于不规则平面的房屋,但对每个楼层只做常规评估;第四层次用于不规则的房屋,如做三向框架的分析,要求获取更多的数据,包括每个构件的尺寸和位置、材料特性、钢筋数量和位置等。前三个层次的处理方法 SISA 系统均已实现,第四个层次目前尚处在开发阶段。

4　日本

东京竹中(Takenaka)公司的 Y. Sato 等人在会上发表的论文和展出的内容为房屋震害模式(图式)的预测。他们利用 1989 年十胜冲(Tokachi－Oki)和 1978 年宫城县冲(Miyagiken－Oki)这两次就日本城市来说是典型的破坏性地震的资料,填写了 60 幢钢筋混凝土结构房屋的调查卡,建立历史地震震害数据库,每幢房屋用四组数据来表示,即:① 轮廓(包括房屋名称、地点、建成规模、场地条件、面饰等);② 震害(包括地震烈度、推断的加速度、震害程度、震害类型、基础震害和修复);③ 震害原因(包括结构特性、平面和剖面图、材料性能、地基基础和相邻建筑);④ 图像数据,即实际震害的照片。他们基于结构工程师和地震工程师们的经验和历史地震的震害知识,使用 NEXPERT OBJECT 专家系统外壳,建立面向目标的知识库,应用房屋震害模式专家系统预测给定房屋的震害,即首先调用工程数据库中的有关数据信息,通过模糊模式匹配,识别同储存在历史震害数据库中的数据有强相关的房屋,然后以这些事件为基础预测给定房屋的震害形式和震害程度。文中还以一幢三层钢筋混凝土结构的房屋为例,在控制台上显示出模式匹配结果的三个相关历史震害事件的直观图像。该文作者在讨论中指出,他们已通过在日本的许多现有的或在建的房屋的应用,验证了该系统的性能,使地震危害的管理更加实际,并将由定性发展到定量的评估。

日本神户大学的 H. Kawamura 等人,在 1985 和 1986 年曾提出用统计分析和模糊方法评判钢筋混凝土结构的抗震能力,1988 年又建立了一个钢筋混凝土结构的抗震评估和设计的模糊专家系统。在这次会议的论文中,他们提出了一个模糊网络的新概念,即由许多模糊系统构成模糊网络,使模糊专家系统更加智能化和具有普遍性,并将之应用到钢筋混凝土结构的抗震优化设计和评估。他们认为,在结构抗震设计中,必然要涉及人的主观评估和有关未来事件中的大量不确定性,诸如地震荷载、设计变量、结构反应、结构破坏、经济、安全性、功能等因素,而在模糊网络中可同时包容结构抗震设计所需的诸多因素,每个因素均可用模糊组和(或)模糊关系来描述,一旦建立起模糊网络,用户便能按需要得到计算机自动输出的结果。该文作者最后还指出,当将高水平的计算机辅助设计(CAD)系统附加到模糊网络中去之后,这将成为一个人机十分友好的结构设计专家系统。

5　希腊

提交了国家技术大学的 C. A. Syrmakezis 和 G. K. Mikroudis 的论文《房屋抗震设计专家系统》。该系统叫作 ERDES,主要目标是改进房屋结构体系的形式和尺寸,用以提高地震安全性和成本效益。该系统具有两个主要功能:① 综合设计;② 分析与评估抗震性能和成本预算。知识库包括若干个规则库和专用知识框架,知识表示可用图示,推理机可调入适当的图形,生成处理的结果或评估其状态,ERDES 系统的知识系基于希腊和新的欧洲规范(EC8),以及由工程师在抗震设计中的经验得出的实际设计的规则。该文作者认为,ERDES 系统给土木工程师和建筑师提供了房屋抗震设计的一个新工具,这不仅可用以改善抗震设计的能力,而且可判别改善结构地震反应的知识和使房屋的建造成本有较大的节省。他们在最后指出,一般来说,使用该专家系统与所有的专家系统一样,可使设计者在日常的业务中有更可靠的抗震设计,从而增强结构的安全性。

6　中国

国家地震局工程力家研究所杨玉成等人发表的论文《震害预测专家系统》介绍了一个以知识为基础的城市现有房屋震害预测智能辅助决策系统 PDKSCB,在会上还展出了中国太原、三门峡、石臼等地的震害预测结果的彩色图片 30 多幅。该系统由三个子系统组成,即房屋系统、人员-经济系统和图形系统,可用以预测城市各小区、大区和全市房屋的震害,评估人员伤亡和直接经济损失,识别高危害的街坊小区和高危害的房屋类型,辅助决策减灾目标与其相应的对策,并可绘制预测震害和危害的潜势分布图。实际应用表明,该系统的推理是可靠的,预测结果是可信的,辅助决策是有效的。

7　结语

通过第十届世界地震工程会议,对在地震工程中应用专家系统这一领域方面有如下几点初步看法:

(1)从这次会上的论文与其所引文献可看到,人工智能在地震工程中的应用,国际上目前主要是在房屋建筑的两个方面:①震害预测和危害评估;②抗震设计和性能评定。这显然是由于预测和设计必然都要或多或少地有赖于工作人员的经验,而房屋建筑的震害预测和抗震设计的专家经验相对于地震工程中的其他学科(如地震危险性分析、地震小区划、生命线工程、岩土工程)要丰富得多,且趋于成熟。在我国,地震工程中应用人工智能的现状也是这样。从这两方面看,国内外建成的智能系统均是属前者诊断型的多于后者设计型的。就房屋建筑的结构类型而论,一般都集中在砌体结构和钢筋混凝土结构这两类,但各国都有自己的着重点:意大利为历史上遗留下来具有较高文化艺术价值的砌体结构房屋;美国是一类易损的装配房屋(tilt-up);日本是钢筋混凝土结构房屋;我国自然是多层砌体房屋。

(2)从公开发表的论文时间来看,地震工程中应用人工智能技术建成专家系统并用于实际,国内外都集中在20世纪80年代末到现今的四五年间,这比在化学、医疗等学科中应用专家系统要晚得多。近年,人工智能技术的应用在国际上得到新的发展,我国也正是在这期间得到有效应用的。我国国家自然科学基金会联合七个部委资助"工程建设中智能辅助决策系统的应用研究",并将之列为"七五"期间的重大项目,这也推进了地震工程中应用专家系统,使我国在这一领域中能与国际上同步发展。

(3)地震工程中专家系统的知识源,各国都重视实际地震的震害,这是共同点。震害知识有两种,一是专家的直接震害经验,另一是引用已公开发表的震害资料。而震害信息的采集、知识的表达和处理是多种形式的,如日本 Y. Sato 等人用数据组和图表逐幢输入,以模式匹配显示强相关图形;美国 H. Adeli 将震害作为知识基础储存,通过信息传递给出评估结果;意大利 C. Gavarini 将历史震害分为三个档级,作为评定同

类现存的纪念建筑的主要依据。在我国的多层砌体房屋震害预测专家系统中,将震害作为直接经验和主要判据。在城市现有房屋震害预测智能辅助决策系统中,将震害作为建立知识库的依据和判断决策中的启发知识,在这次国际会议上介绍的专家系统中,有的知识源仅限于书本、规范、论文这类教科书知识。

(4)就智能系统软件技术的应用和开发而言,国外在地震工程中建造的专家系统一般采用现成的外壳和通用的软件,如 Insight2+、EXSYS、Texas PC+。这是开发应用专家系统的捷径,但这也受到作为工具利用的"壳"和软件的固定形式对知识表达和推理的限制。从这次发表的论文中还可看到,国外在建造地震工程中的专家系统时,尤其是对开发中的较深难的系统,也在探索和开创新的智能技术。而我国在工程建设中智能辅助决策系统的应用研究中,提倡自己编制软件,大多是应用智能技术的基本原理和规则,建造符合本领域专家思维逻辑的推理系统,我所建造的两个系统,知识的表达师法自然,不拘泥于通用的规则和结构形式,既充分反映出专家的知识、经验和思维逻辑,又合乎工程常规,具有推理可靠、易于接受、便于管理的特点。

智能系统的图形界面在国际上发展甚快,这与他们的硬件设备强有关。会上日本竹中公司展出的内容中,可在微机上输入输出震害的彩色照片。英国剑桥建筑研究公司在展会中出售震害预测图形系统,虽然他们显示震害预测图的内容我们也有,但他们在微机上显示的图形色彩鲜艳,运行速度快。

(5)对我国在会上发表和展出的有关城市现有房屋震害预测智能辅助决策系统的论文和图片,从台湾地区到美国在圣何塞(San Jose)大学任教的童先生看后说:"这方面大陆走得好前喔。"已为我国培养多名研究生的孟菲斯(Memphis)大学黄教授说,他也有一个类似的研究项目要批下来,原打算用统计分析方法,看了我们介绍之后也想用点专家系统。美国斯坦福(Stanford)大学土木系主任 Shah 教授说,他们原也计划用专家系统,看到我们已经做成,希望我们能应用到国际上。在这次会上,意大利 C. Gavarini 的关于在减轻地震危害中有计划地应用专家系统的论文,也谈到他们在进行城市地震危害减轻问题中的专家系统研究,他们有些设想与我们的智能系统中的做法很相一致。

我们的震害预测专家系统在这次国际地震工程会议上得到了好评,达到了国际先进水平。今后,我们还将要在地震工程和防灾多个领域中,进一步研究和应用人工智能专家系统。

4–13 房屋震害预测图形智能系统的结构模块设计和在鞍山市示范小区中的实现

王治山　杨雅玲　杨玉成

1 引言

结构模块化设计是近年发展的程序设计方法。通过对房屋震害预测的知识库系统的理论研究和在鞍山市示范小区的应用,在房屋震害预测过程中,改变城市现有房屋震害预测智能辅助决策系统过去的处理方法,将不同的系统模块融于知识表达的系统模式及内外约束,从而使得房屋震害预测的过程通过系统模块设计实施不同的选择、搜索和求解,以识别各类房屋的震害,并直接编绘震害分布图和震害概率分布图。在鞍山市示范小区现有房屋震害预测的研究中,我们已经充实和完善了这一知识库系统模块,使得知识库模块能按照各类房屋的使用状态,满足图形智能模块的入口要求;建立了互不相关的各类房屋震害判别模式之间识别模块相匹配的知识表达方式与推理模块机制。有关场地的影响基本以地震小区划为据,不同场地的判别模式以已使用的智能系统作为基础,通过图形推理模块,快速建立预测对象的震害预测图形知识库。知识库模块中的知识体的表达方式,采用房屋基本知识库,通过调用基本知识库完成小区房屋数据库、小区图形库及场地库的推理,最终可将预测震害以图形的方式显示在微机屏幕上。

本文在城市现有房屋震害预测智能辅助决策系统原来的设计基础上,将图形数据库模块、模式库模块、规则库模块和知识库模块汇集于系统结构设计中,实现了预测鞍山市示范小区房屋震害分布和房屋震害概率分布推理,由屏幕显示和绘制彩图。

2 系统总体结构设计

具有图形功能的城市现有房屋震害预测智能辅助决策系统的结构模块设计和实现技术,在系统的总体结构设计上主要是对复杂的问题进行了有层次的分解,在分解的过程中使用了几种基本结构模块,每个模块独立完成其相应的输入输出任务,而模块内部的设计准则则应使程序结构和数据结构有良好的对应关系。基本结构模块可分为管理模块、推理模块和图形库模块三大部分。管理模块又可分为动态数据库模块、规则库模块和知识库模块。管理模块的功能主要为面向对象的程序设计思想建立人-机之间的有效、方便的接口技术,其中也包括基本数据的储存、释放、修改和显示等功能。推理模块主要用于把房屋数据库、房屋图形库、房屋震害知识库和工程场地知识库,按照各自的接口信息推导出预测对象的图形知识库,这样系统就可以调用图形知识库直接绘编在微机屏幕上。

在城市现有房屋震害预测智能辅助决策系统中,实现图形功能的系统总体结构设计,在技术上主要采用了自顶向下的集成子系统结构布局。结构设计的构成由各子模块组成,系统软件的实现要完成模块技术化,考虑领域知识与不确定性推理的处理,动态数据库的存入调出或者按照不同的要求快速更新数据库,按照用户要求的窗口界面,实时性解释和图形显示,直至推理结果显示等。对这些因素,系统根据内部及外部特征划分成若干类,并确定它们的相互关系,通过模块内部调用关系,确定网络模式,规定模块路线传递顺序,由软件实施具体操作。在系统完成各个步骤时,由知识库、规则库进行逻辑检测,对于不符合逻辑的房屋类型,系统提示进行修改、扩充或由系统重新推理得到。这些结构设计方法与实现技术通过运用 Turbo C 语言已经在 486 微机上实现。

3 系统结构模块组成

系统结构组成如图 1 所示,主控程序控制着各个分支模块。通过不同的模块选择来完成鞍山市示范小区房屋图形库、房屋震害分布图形库和房屋震害概率

本文出处:《国家自然科学基金重大项目城市与工程减灾基础研究论文集(1995)》,中国科学技术出版社,131–134 页。

分布图形库推理工作。其推理的过程为当小区图形数据库人工录入后,系统第一步调用房屋数据库进行房屋编号匹配,然后通过规则库、知识库形成动态数据库。小区动态数据库形成后,再与图形数据库结合生成小区房屋(可以按房屋现状检索的)图形编辑库。第二步小区房屋图形编辑生成后,系统按小区房屋图形库中的房屋编码为输入条件和房屋震害知识库的房屋编码进行匹配,推理生成房屋震害分布图形库。第三步以房屋震害分布图形库为输入接口,通过规则库推理生成小区房屋震害概率分布图形库。整个推理过程完成后,系统以各图形库为入口,按用户的选择和要求直接把图形输出到屏幕上。

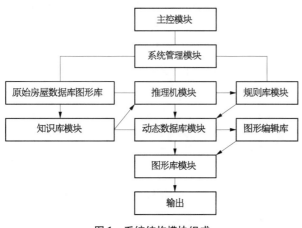

图1   系统结构模块组成

4   图形智能系统的知识库表示和组织结构

城市现有房屋震害预测图形智能系统中,根据微机显示器的特点,建立适合房屋震害预测的一个推理机和一个基于专家知识的房屋震害预测网络知识库和规则库,形成图形智能系统。以前我们已建立的房屋知识库,现在可以作为图形智能系统的一个子模块直接调用,调用后再充实一些微机显示器方面的知识,构成图形智能系统的知识库。即把微机显示器按点阵坐标网格化形成数据字典,通过鼠标选择的图形坐标,直接查询数据字典,得到相应的坐标后就可以按相应的规则运行对应的设计模块,完成各种图形的编绘。

在知识库中最关键的是城市房屋震害预测矩阵知识库,我们把知识库所表达的房屋震害概率、计算方法及影响因素,按要求分成6、7、8、9、10度描述类知识,场地影响计算规则类知识和各小区场地系数分析模型类知识三大类,知识间的相互关系可用一个通用的树型结构层次模块来表示。

图形智能系统中的房屋震害预测图形知识库,先通过震害描述类知识表示一个在图形中具有确定场所的现有的房屋震害矩阵模型。每个房屋震害矩阵模型对应一个房屋编码,每个房屋编码都对应一组场地影响计算规则类知识和分析模型类知识,从而使房屋图形库成为包容场地知识库的房屋震害预测图形知识库,同时给出对应的四类场地即Ⅰ、Ⅱ、Ⅲ、Ⅳ类场地与房屋建筑类型的对应关系,以便房屋震害图形库推理使用。进而推理机根据场地知识中的各场地分类规则知识,把房屋编码按各类场地的百分率乘以各小区场地系数,经过分解归类匹配正向推理达到求解过程,完成小区图形知识库的建立。

5   规则库设计方法

规则库也可以称为条件库,设计规则原理完全取自领域专家知识。

规则库根据不同的判别模式,各层设计了规则说明知识库和数据字典。规则说明知识库的设计就是建立若干个分类树,使目标推理或方法查询与规则条文集之间建立正确的对应关系。分类树主要反映领域知识的一个侧面。通过对规则中的判别模式的分类,确定分类树的个数,一个分类树的含义确定为该分类树的根,然后从上到下建立分类树。在此过程中不断地确定特征符,一个特征符应能正确地表达规则中的定义的判别模式、概念和性质,不同的特征符的表达的含义不应该有交叉的部分,即要求不相关。

建立了分类树之后,为每个特征符写上了与之有关的判别式条文号,填写的方法可以按照判别式顺序逐条进行。考察每一个判别式,它与各分类树中的哪些特征符有关,在有关的分类符中填入判别式的条文号,等判别式全部考察完后,所有的特征符与相关的工程场地判别公式条文号也就形成了。

数据词典的设计主要是指判别中的常数系数的命名和确定其在规则库中的具体意义,根据现有城市房屋编码的种类,把常数量划分若干个类型,设计成顺序排列的规则模式,并与知识库中的判别方法一一对应,数据词典也就形成了。值得指出的是,规则知识库设计是一项十分复杂和细致的工作,需要进行多次的反复和修改,不断地进行人工检验,以满足全市各小区的房屋震害预测要求。

6   结语

在城市现有房屋震害预测智能辅助决策中,预测震害的图形智能系统是将领域专家的知识以结构程序设计输入计算机系统,形成领域知识的基本模型,建立知识库,再以模块的形式编成集合,各个集合之间的相互连接形成分类树,每枝代表一种子模块;同时通过用户交互界面实施各种功能模块的调用,从而实现房屋震害预测图形智能系统的结构设计。

应用该专家系统已进行鞍山市示范小区现有房屋的震害预测,实现显示和绘制震害预测分布图、示范小区(拟全市)和各街坊小区的震害概率分布图。该成果在国家科学技术委员会评审"城市现有房屋震害预测智能辅助决策系统"会上演示运行,成功汇报。该项研究荣获国家科学技术进步二等奖。诚然,需要说明的是,示范小区的这些结果是虚拟的,因鞍山市尚未做样本房屋的震害预测来建立专用知识库,场地小区划也尚未进行,示范小区的场地土类别也是假定的。从图形智能系统来说,也还有待进一步完善深化,以满足全市房屋震害预测的需要。

4–14 图形信息智能系统在沈阳铁西小区房屋震害预测中的应用(概要)

王治山 杨玉成 杨雅玲 李国华 万木青 陈沈来 程 洁 贺富春 杨 栋

铁西小区的房屋震害预测作为本书4–13文的应用实例,采用在城市综合防灾对策示范研究中新发展的图形信息智能系统。在预测结果中,震害分布图、震害概率分布图、人员伤亡和经济损失是由图形数据信息库链接震害预测知识库,直接由系统运行得到,做图形显示和绘制。

城市工程建设和综合防灾图形信息系统,就其总体而言,尚属演示阶段。而其基础——城市现有房屋震害预测,则是一个可独立的、可应用的图形信息智能系统,称为"城市现有房屋震害预测图形信息智能辅助决策系统"或"城市工程建设和房屋建筑震害预测图形信息智能系统"。该系统运用图形智能,可直接得到该小区在6~10度不同烈度时的预测震害概率分布图,在图中用不同的色彩标记每幢房屋不同的震害程度并标明其小区和各街坊的震害概率。诚然,这些预测震害分布图非常直观,一目了然,在城市改造和防震减灾工作中很有参考价值。但必须说明,实施示范小区的房屋是五元分类的群体震害预测方法,预测的结果只是对群体"负责",并不对单体"负责",它的有效性是作为群体统计的基础。因此,就房屋单体来说,虽逐幢绘出震害彩图,但在该示范小区中,只有实施房屋单体预测方法的5幢房屋得到的潜在震害才是有效的。

应用城市综合防灾图形信息智能系统对沈阳市铁西小区房屋震害预测的实施,这表明城市工程建设和综合防灾图形信息智能系统中的城市现有房屋震害预测图形信息智能辅助决策系统可推广应用于城市震害预测的实际。且在国家自然科学基金重大项目"工程建设中智能辅助决策系统的应用研究"中完成的城市现有房屋震害预测智能辅助决策系统,在1995年获得国家科技进步二等奖之后,在国家自然科学基金重大项目"城市与工程减灾基础研究"中又往前推进了一步。

本文出处:国家自然科学基金重大项目城市与工程减灾基础研究第五次学术交流暨课题验收会,1997年11月,广州。

4-15 群体震害的快速预测法

陈有库 谢礼立 杨玉成

1 引言

震害预测是 20 世纪 70 年代开始发展起来的一个新领域,是涉及地震工程多个领域的一门综合性学科。我国开展震害预测工作只有十几年的时间,在这期间国内许多专家提出了各种不同的方法,并已经应用这些方法对一些城市进行了震害预测。不管是单体震害预测方法,还是群体震害预测方法,其结果都包含有一定程度的不确定性。当然,预测是否准确,不仅取决于震害预测方法和预测技术是否得当,更重要的要取决于震害经验和预测对象的数据采集是否丰富可靠。将目前应用的各种震害预测方法得到的预测结果与我国多次破坏性地震中大量的实际震害统计资料进行对比,可以认为这些方法具有一定的可靠性。但是由于我国需要进行震害预测的城市约占全国城市的半数以上,同时震害预测工作已经由城市震害预测发展到地震重点监视防御区的工作上来,作为国家和地区的决策机构,要求对各个城市可能遭受的破坏尽快做出预测,以便进行宏观控制,为减轻地震灾害做出决策。用目前的方法对这些城市和每年发布的地震重点监视防御区进行震害预测不仅需要大量投资,而且需要较长的时间。能不能在保证宏观预测精度和可靠性的情况下,加速城市及重点监视区的震害预测工作,减少国家的投资,就成为众所关心的课题了。对此,本文提出了群体震害预测的快速法。此外,对某一城市或地区一旦遭受地震袭击也可应用这种快速法迅速地给出震害评估结果。

2 快速法预测模型

震害资料、预测对象的状况及预测技术是建立预测模型的依据。为了实现地震震害快速预测的目的,震害资料及房屋的分类不仅要考虑到对震害影响较大的因素,而且要考虑到数据信息正确可靠,采集时方便易行。因此,本文采用 1985 年全国房屋普查的分类方法,即把房屋的震害资料按五种元素(结构形式、用途、建成年代、层数、质量)进行分类。这种分类不仅体现了影响房屋震害的主要因素,而且预测对象的状况可以较容易地从城镇房屋普查资料中得到,数据信息比较可靠。由于这种分类的每一元素都包括整个预测对象中的所有房屋建筑,所以这种分类通过多元检索,可兼容其他的分类方法。由于我国绝大多数城市建筑物的结构形式、种类等许多因素都是相当类似的,同时过去已有的城市建筑物的震害也是很类似的。根据震害的重现性,本文采用类推原则建立震害预测模型,即同一类型的建筑物在同一烈度下的震害是相似的,进而把过去的震害经验类推到同类建筑物上去。在类推过程中不是将单体建筑物的震害经验类推到单体建筑物上,而是将群体震害经验类推到群体建筑物上去。因此,本文建立如下预测模型:

(1)平均震害指数预测模型:

$$I_m = \frac{\sum_m i_m(n) \cdot a_m(n)}{A}$$

$$I = \sum_m C_m \cdot I_m \Big/ \sum_m C_m$$

可合并写成

$$\bar{I} = \frac{\sum_m C_m \sum_m i_m(n) \cdot a_m(n)}{A \cdot \sum_m C_m}$$

式中 m——预测对象房屋总体分类元素,如结构形式、层数、用途等;

n——总体分类中每个元素的单因子,如结构分类中的钢结构、砖混结构等;

I_m——由第 m 个元素所得的震害指数,如按结构分类所得的震害指数;

$\bar{I}$——预测对象的平均震害指数;

A——预测对象所有建筑物的面积之和;

本文出处:《地震工程与工程振动》,1992 年 12 月,第 12 卷第 4 期,82-86 页。

$a_m(n)$——第 m 个元素中第 n 个因子的面积之和；

$i_m(n)$——震害预测矩阵中第 m 个元素第 n 个因子的震害指数；

C_m——各元素的权系数。

（2）震害程度预测模型：

$$P(D_m) = f_k(\bar{I})$$

式中　$\bar{I}$——预测对象在 k 烈度下的平均震害指数；

D_m——震害程度分类；

P——震害程度概率；

$f_k(\bar{I})$——在 k 烈度下预测对象的平均震害指数为 $\bar{I}$ 时各种震害程度所占比例的概率分布。

3　震害指数预测矩阵及震害程度概率

本文收集了唐山、海城等地震时受到影响的城市震害资料。将这些建筑物所有的震害资料归集到一起，可供建立预测模型的资料似乎不少了，但是由于一般的中强地震烈度分布在 6、7、8、9、10 度五个等级，因而分布到各种地震强度的基础资料便显得不足。为了解决这个问题，在本文中将经过专家评审会审定过的城市震害预测结果也作为预测的基础资料来使用，这样做对于本文研究预测方法并无影响。今后随着震害经验的丰富和实际震害资料的增加，这部分资料将被取而代之，进而使预测资料更加全面可靠。本文将所收集到的震害资料按上述分类方法进行分类汇总得到各种分类形式在不同烈度下的震害程度及震害指数。由统计资料可以看出，由不同基础资料对同一类房屋所获得的在同一烈度下的震害指数相差很少，其分布形态接近于水平。因此，各类房屋的震害指数可采用取均值的方法得到，均值的可靠度可利用美国伊利诺理工学院教授 Nick T. Thomopoulos（汤姆布络斯）在《应用预测法》一书中提供的方法进行处理。该方法是使用容许界限，找出一个 K 值，使在 $(\bar{X} + KS_x)$ 与 $(\bar{X} - KS_x)$ 之间的数值比例至少为 P_2，而其平均值可靠度为 P_1。此处 $\bar{X}$ 和 S_x 分别为由资料估计的平均值与标准差。用上述方法将震害资料进行分析处理，得震害指数预测矩阵见表 1。

城市或区域性的群体震害预测用震害指数预测模型得出不同烈度下（或地震危险性分析的 50 年超越概率）的平均震害指数，由此进一步预测震害程度概率。对于不同烈度下各种震害程度比例的确定采用烈度和平均震害指数两个控制因素。即在已知各个烈度下的平均震害指数的情况下，根据过去实际震害资料中平均震害指数与各种震害程度之间的关系来确定预测对象的各种震害程度比例数。表 2 给出了不同烈度下平均震害指数与各种震害程度所占百分数之间的关系。

表 1　震害指数矩阵

房屋分类		6 度		7 度		8 度		9 度		10 度	
		区间	均值	区间	均值	区间	均值	区间	均值	区间	均值
结构分类	砖混结构	0.00~0.29	0.08	0.00~0.58	0.22	0.00~0.66	0.36	0.22~0.90	0.57	0.46~1.00	0.82
	钢混结构	0.00~0.15	0.04	0.00~0.44	0.18	0.10~0.62	0.36	0.23~0.79	0.51	0.41~1.00	0.77
	砖木结构	0.00~0.58	0.16	0.00~0.78	0.36	0.12~0.94	0.54	0.34~1.00	0.73	0.57~1.00	0.90
	钢结构	0.00~0.10	0.02	0.00~0.33	0.08	0.00~0.63	0.27	0.21~0.73	0.47	0.43~1.00	0.69
	钢、钢混	0.00~0.10	0.02	0.00~0.42	0.15	0.11~0.58	0.35	0.16~0.94	0.55	0.23~1.00	0.77
	其他结构	0.00~0.51	0.14	0.00~0.87	0.32	0.00~1.00	0.52	0.35~1.00	0.71	0.55~1.00	0.91
用途分类	住宅用房	0.00~0.31	0.11	0.00~0.67	0.27	0.04~0.84	0.44	0.24~1.00	0.63	0.62~1.00	0.86
	工交用房	0.00~0.16	0.05	0.00~0.33	0.18	0.10~0.63	0.37	0.40~0.80	0.62	0.35~1.00	0.82
	教科医用	0.00~0.34	0.13	0.00~0.75	0.28	0.00~0.96	0.47	0.18~1.00	0.64	0.64~1.00	0.86
	文体娱用	0.00~0.21	0.06	0.00~0.80	0.27	0.02~0.82	0.42	0.25~0.97	0.61	0.37~1.00	0.81
	商服用房	0.00~0.24	0.09	0.04~0.61	0.33	0.29~0.63	0.51	0.40~0.95	0.68	0.60~1.00	0.87
	办公用房	0.00~0.50	0.12	0.00~0.65	0.27	0.00~0.88	0.44	0.39~0.93	0.66	0.52~1.00	0.83
	其他用房	0.00~0.32	0.10	0.00~0.51	0.27	0.11~0.83	0.47	0.35~1.00	0.71	0.60~1.00	0.86
年代分类	20 世纪 40 年代	0.00~0.62	0.27	0.31~0.73	0.51	0.50~0.88	0.69	0.71~0.97	0.86	0.80~1.00	0.98
	20 世纪 50 年代	0.00~0.22	0.17	0.20~0.60	0.40	0.30~0.80	0.55	0.55~0.98	0.76	0.65~1.00	0.94
	20 世纪 60 年代	0.00~0.34	0.08	0.08~0.54	0.31	0.28~0.73	0.49	0.42~0.94	0.68	0.65~1.00	0.89
	20 世纪 70 年代	0.00~0.14	0.05	0.10~0.38	0.27	0.25~0.67	0.46	0.45~0.83	0.64	0.62~1.00	0.84
	20 世纪 80 年代	0.00~0.26	0.05	0.00~0.50	0.22	0.16~0.64	0.40	0.37~0.80	0.58	0.50~1.00	0.80

（续表1）

房屋分类		6度		7度		8度		9度		10度	
		区间	均值	区间	均值	区间	均值	区间	均值	区间	均值
质量分类	完好	—	0.03	—	0.25	—	0.44	—	0.62	—	0.84
	基本完好	—	0.09	—	0.33	—	0.51	—	0.70	—	0.84
	一般损坏	—	0.21	—	0.45	—	0.62	—	0.80	—	0.97
	严重损坏	—	0.41	—	0.62	—	0.77	—	0.94	—	1.00
	危房	—	0.50	—	0.70	—	0.85	—	0.97	—	1.00
层数分类	一层	0.00~0.25	0.08	0.05~0.49	0.27	0.25~0.69	0.47	0.46~0.87	0.67	0.68~1.00	0.88
	二至三层	0.00~0.30	0.11	0.14~0.58	0.36	0.35~0.75	0.55	0.49~0.95	0.72	0.69~1.00	0.89
	四至六层	0.00~0.27	0.07	0.12~0.52	0.32	0.29~0.69	0.49	0.45~0.87	0.66	0.60~1.00	0.87
	七至九层	0.00~0.30	0.10	0.10~0.54	0.32	0.19~0.79	0.49	0.43~0.93	0.68	0.58~1.00	0.89
	九层以上	0.00~0.51	0.15	0.00~0.81	0.34	0.00~1.00	0.51	0.00~1.00	0.70	0.10~1.00	0.88
烈度表		0.00~0.10		0.11~0.30		0.31~0.50		0.51~0.70		0.71~0.90	

表2 不同烈度下各种震害程度的百分率与平均震害指数域的关系

烈度	震害指数区间	0.00		0.20		0.40		0.60		0.80		1.00	
		均值	方差	均值	方差	均值	方差	均值	方差	均值	方差	均值	方差
6	0.00~0.05	86.3	5.30	11.0	5.10	2.20	1.70	0.33	0.56	0.10	0.30	0.00	0.00
	0.05~0.10	71.6	4.70	21.2	7.80	5.40	2.40	0.80	0.70	0.30	0.67	0.13	0.34
	0.11~0.15	51.7	6.70	33.3	7.90	12.2	2.70	2.60	1.40	0.06	0.10	0.00	0.00
	$I > 0.15$	36.8	12.6	33.2	11.0	21.7	7.4	7.60	5.20	0.50	0.10	0.10	0.12
7	$I \leqslant 0.10$	65.6	3.80	22.4	7.10	9.70	3.20	1.40	1.10	0.90	0.80	0.00	0.00
	0.11~0.21	48.0	11.8	32.4	16.2	12.3	5.90	6.00	6.80	0.80	1.80	0.30	0.90
	0.21~0.30	27.3	9.90	34.4	13.2	26.6	8.10	10.6	4.00	1.20	2.30	0.00	0.00
	$I > 0.30$	12.9	7.40	26.3	7.60	36.7	13.6	20.0	11.8	2.40	2.70	0.22	0.33
8	$I \leqslant 0.30$	23.7	12.6	36.0	16.3	24.0	6.20	14.0	6.50	2.20	3.50	0.00	0.00
	0.31~0.40	11.0	11.1	32.0	10.7	32.1	12.5	17.0	9.00	7.10	6.90	1.00	2.50
	0.41~0.50	5.70	7.80	13.1	3.60	41.5	9.10	32.8	8.10	7.40	3.20	0.54	0.70
	$I > 0.50$	1.00	0.60	6.70	2.70	27.1	6.51	39.5	9.60	19.1	6.20	6.70	5.60
9	$I \leqslant 0.50$	4.00	3.20	15.1	7.70	31.7	12.5	36.2	9.30	12.4	3.80	1.20	2.60
	0.51~0.60	1.60	1.50	6.00	5.60	32.8	10.5	39.3	7.10	16.2	10.2	4.00	5.90
	0.61~0.70	0.20	0.35	1.90	1.70	14.6	3.90	49.5	8.80	24.4	3.70	9.60	5.50
	$I > 0.70$	0.02	0.04	1.40	1.90	7.70	3.30	28.0	8.90	30.8	6.00	3.20	12.7
10	$I \leqslant 0.70$	1.60	1.30	4.00	3.70	11.4	4.10	31.2	6.20	38.3	3.40	12.3	3.00
	0.71~0.80	0.10	0.20	1.60	2.00	5.30	2.70	21.0	7.80	41.4	14.9	30.4	10.3
	0.81~0.90	0.20	0.30	0.45	0.80	1.70	1.70	15.2	5.50	30.3	6.40	52.9	6.90
	$I > 0.90$	0.00	0.00	0.02	0.04	0.82	0.40	7.50	3.40	16.1	5.10	75.6	7.40

4 算例

国家地震局工程力学研究所在1989年曾经应用人-机系统法完成了厦门市震害预测工作，并经专家鉴定，认为其预测结果比较合理。为了验证本文的快速法，在此用快速法对厦门市进行震害预测，通过两种预测结果的对比说明本文方法的合理性。

厦门市地处福建东南沿海，其抗震设防烈度为7度，是全国重点抗震设防城市之一。实际上该市是20世纪80年代才进行抗震设计，抗震加固1985年才开始，预测震害时已加固的房屋数量甚小。所以厦门市当时采取设防措施的建筑物很少，绝大部分是不设防的建筑物。厦门市各类房屋的组成由1985年房屋普查资料给出，见表3。

表3　厦门市各类房屋组成　　　单位：%

结构	钢结构	钢、钢混	钢筋混凝土结构	砖混结构	砖木结构	其他结构
	0.004 2	0.007 2	0.170 9	0.517 4	0.238 4	0.061 4
用途	住宅	工业、交通	教育、医疗	商业、服务	文化、体育	办公	其他
	0.462	0.335 3	0.076 7	0.082 6	0.007 7	0.027 4	0.003 9
层数	平房	二至三层	四至六层	七至十层	十一层以上
	0.226 1	0.341 5	0.384 2	0.048 6	0.000
年代	40年代	50年代	60年代	70年代	80年代
	0.234 5	0.075 6	0.106 6	0.180 0	0.403
质量	完好	基本完好	一般损坏	严重损坏	危险房屋
	0.523	0.183	0.266	0.033	0.003

用本文快速给出的结果见表4~表6。

表4　平均震害指数

分类方式	6度	7度	8度	9度	10度
结构分类	0.094 2	0.250 9	0.402 3	0.608	0.883 8
用途分类	0.089 2	0.241 7	0.421 3	0.630 1	0.845 4
年代分类	0.116 9	0.322 0	0.500 2	0.681 6	0.869 6
层数分类	0.088 1	0.321 2	0.506 9	0.683 0	0.880 5
质量分类	0.103 1	0.333 4	0.516 4	0.699 1	0.889 6
平均结果	0.098 3	0.293 9	0.469 4	0.660 4	0.873 8
方差	0.001 16	0.010 7	0.047 6	0.034 9	0.015 6

表5　震害程度面积比例　　　单位：%

烈度	基本完好	轻微破坏	中等破坏	严重破坏	部分倒塌	倒平
6度	61.65	27.25	8.8	1.7	0.18	0.065
7度	20.1	30.35	31.65	15.3	1.8	0.11
8度	5.7	13.1	41.5	32.8	7.4	0.54
9度	0.2	1.9	14.6	49.5	24.4	9.6
10度	0.02	0.45	1.7	15.2	30.3	52.9

表6　人-机系统法结果

烈度	基本完好	轻微破坏	中等破坏	严重破坏	部分倒塌	全部倒平
6度	62.62	22.02	11.31	3.71	0.33	0.02
7度	16.17	27.22	33.42	18.73	4.01	0.46
8度	2.44	11.01	33.25	36.43	12.62	4.25
9度	0.12	1.71	12.03	41.09	25.85	19.17
10度	0.0	0.08	1.74	14.7	23.77	59.72

快速法中尚未考虑地区差别。由于我国的房屋建筑中砖混结构和砖木结构占有相当大的比重，砖混结构和砖木结构的墙体对房屋的震害程度起主要作用，而我国南方地区砖结构房屋墙体很薄（24 cm），因此在其他条件相同的情况下南方地区的震害要重些。由于本文没有考虑地区差别，所以上述结果可能偏轻。

表7　快速法与人-机法对比

方法	6度	7度	8度	9度	10度
本文快速法	0.098 1	0.293 9	0.469 4	0.660 4	0.873 8
人-机法	0.114 0	0.337 0	0.517 0	0.697 0	0.883 0
两者之差	0.015 7	0.043 1	0.047 6	0.036 6	0.009

表7中快速法和人-机系统法给出的结果的比较表明，快速法给出的结果略微偏轻，这正符合上面的分析。如果在快速法中适当考虑地区差别，那么两者的预测结果将更接近。

5　结语

本文根据城市和区域震害预测的需要，提出了快速法预测模型。虽然此预测模型还有待于实践的检验、补充和完善，但用此模型对厦门市进行震害预测，其结果与原预测结果的比较表明应用该方法对群体建筑物实施震害预测是可行的。

文中房屋资料是以1985年普查资料为依据，虽然现已时过几年，预测对象现有房屋比例已经变更，但新增加房屋的数据资料可根据有关房管部门提供的数据进行补充。由于本文是根据房屋普查资料中房屋的分类标准对现有的震害资料进行分类，所以在统计各类房屋的震害资料时，个别类型建筑物的数据资料比较少，离散性较大，这些有待于震害资料和易损性分析的不断丰富来给予补充和完善。同时，本文的基础资料大多来源于Ⅱ类场地、北方地区、不设防的建筑物，因此对具体对象实施震害预测时必须充分地考虑上述三个因素，但目前还没有成熟的考虑方法，因此如何较合理地在群体震害预测中考虑上述三个影响因素还需要进一步研究。

4–16　设防城市的房屋预测震害矩阵与其应用

杨雅玲　杨玉成

1　引言

在我国地震区中的城市房屋,自唐山地震以来的20年期间,一般都业经抗震设防,设防城市的房屋当遇有防御目标的地震影响时,能否达到预期的效果? 即按抗震规范 GBJ 11—1989 设计的,为"小震不坏、中震可修、大震不倒";按 TJ 11—1978 设计的,当遇有基本烈度的地震影响时为"可修";按 TJ 11—1974 抗震规范设计或鉴定标准通过的,当遇有达到基本烈度的地震影响时可"不倒"。再笼统一点说,对于不同设防烈度的城市房屋,在遇有不同地震烈度影响时的易损性,能否有一个相应的预测震害矩阵? 这是在抗震防灾工作中甚为关切的问题。为此,我们将以往城市震害预测中对在设防期间建造的房屋所做出的预测震害的结果,以不同的设防烈度归类统计不同烈度下的预测震害指数和易损性指数,得到不同设防烈度的城市房屋预测震害矩阵,供设防城市预测房屋总体和群体震害参考,并以鞍山市房屋的总体震害预测为应用和检验所得矩阵的一个例子。在以往的震害预测中,我们使用获 1995 年国家科技进步二等奖的"城市现有房屋震害预测智能辅助决策系统"。

2　震害程度分级和震害矩阵格式

2.1　震害程度分级和震害指数

房屋的震害程度我们在震害调查统计和震害预测中都分为六个等级,即基本完好(包括完好无损)、轻微损坏、中等破坏、严重破坏、部分倒塌和全毁倒平,相应的震害指数为 0、0.2、0.4、0.6、0.8 和 1.0。在建设部印发的《建筑地震破坏等级划分标准》中,将其划分为五个等级,即基本完好、轻微损坏、中等破坏、严重破坏和倒塌。我们认为应以有部分倒塌这一级震害程度为宜,抗震设防标准是"大震不倒",倒塌一角或一个结构构件,也是不允许的;再则,建筑物从中等破坏、严重破坏到倒塌,造成的人员伤亡和经济损失是大幅度的

非线性递增,故设部分倒塌这一级震害程度,在定量上可避免大的跳跃,可更切合实际。

2.2　震害矩阵和易损性指数

房屋建筑的震害矩阵可用两种格式来表示:一是遭受不同烈度下的不同震害程度的分布概率所构成的震害矩阵,我们用 6 行(六个等级的震害程度)5 列(6~10 度五个地震烈度);二是当在群体震害预测中用平均震害指数与其相应的震害程度,在单体震害预测中用确定性的震害指数与其震害程度,则构成 1 × 5 的震害矩阵。为便于比较,6 × 5 的震害程度的分布概率矩阵可简化为 1 × 5 的平均震害指数的矩阵,即对不同烈度下的震害概率或百分率,通过震害程度与震害指数的关系,得到不同烈度下的平均震害指数(I_i),其算式为

$$I_i = \sum_{j=1}^{6} I_j P(D_j)_i$$

$$P(D_j)_i = N_{ij}/N = \left(N_j \bigg/ \sum_{j=1}^{6} N_j\right)_i \tag{1}$$

式中:i 为地震烈度 6~10 度;j 为震害程度的六个等级;I_j 为 j 级震害程度的指数;$P(D_j)_i$ 为烈度为 i 的 j 级震害程度的概率(或百分率);N 为统计对象的房屋总幢数或总建筑面积;N_{ij} 为烈度为 i 的 j 级震害程度的房屋幢数或建筑面积。

房屋建筑的易损性是标志处在特定场地上的房屋自身所固有的一种特性,可用不同的参数和不同个数的参数来表示,如用一个强度(抗震能力指数)或用双参数强度和变形,而用于表示预测房屋建筑震害的易损性,则一般用震害程度分布概率矩阵,或用其平均震害程度的定量标志震害指数矩阵,我们进而用不同烈度下的预测震害指数(I_i)的平均值来表示,即称为易损性指数(F_V),易损性指数的域与震害指数同为 0~1,指数愈小,抗震能力愈好,震害愈轻,其表达式为

$$F_V = \frac{1}{5} \sum_{i=6}^{10} L_i \tag{2}$$

本文出处:《第一届全国土木工程防灾学术会议论文集》,同济大学出版社,42–49 页。

3 不同城市的房屋总体预测震害矩阵

将我们自 20 世纪 80 年代以来做过现有房屋震害预测的 14 个城市和场区的预测震害指数矩阵和易损性指数，一并列在表 1 中，为便于比较和说明情况，还列出预测房屋的统计资料截至年份或现场调查获取资料的年份。从表 1 可见，各预测对象的预测结果都不同，其差异主要来自预测对象中不同房屋类型的分布数量和它们所处的环境这两方面的综合影响。

表 1 不同城市和场区的房屋预测震害指数和易损性指数（按建筑面积统计）

预测对象	不同烈度下的预测震害指数					易损性指数	资料截至年份
	6	7	8	9	10		
安阳小区	0.063	0.243	0.440	0.613	0.817	0.435	1980
兰州两厂住宅区	0.32	0.56	0.72	0.94	0.99	0.706	1984
厦门	0.114	0.337	0.517	0.697	0.883	0.510	1985
湛江	0.061	0.303	0.481	0.664	0.878	0.477	1985
三门峡	0.046	0.244	0.430	0.607	0.804	0.426	1986
太原(1985)	0.061	0.249	0.419	0.614	0.840	0.436	1985
太原(1988)	0.052	0.235	0.401	0.596	0.818	0.420	1988
无锡(砖木)	0.147	0.375	0.633	0.863	0.954	0.595	1987
铁岭	0.04	0.27	0.46	0.69	0.91	0.474	1989
天津港务局	0.02	0.17	0.36	0.56	0.76	0.375	1991
日照石臼港	0.02	0.27	0.45	0.69	0.88	0.461	1991
克拉玛依	0.029	0.255	0.431	0.636	0.884	0.446	1992
乌市石油地调处	0.004	0.20	0.38	0.59	0.82	0.398	1993
新疆石油驻乌办	0.014	0.23	0.42	0.61	0.83	0.419	1994
葫芦岛	0.05	0.29	0.47	0.64	0.87	0.463	1996

如湛江和厦门同属受强台风影响的东南沿海 7 度设防城市，房屋建筑都具南方特色，震害预测都据 1985 年年底的资料，其结果总体上厦门的震害明显比湛江重，易损性指数也高，差异主要因 1950 年以前建造的老旧房屋，厦门占总建筑面积的 25.1%，而湛江只占 5.2%。再如震害预测结果最重的兰州两厂和无锡砖木结构，砖木结构房屋比砖混结构的震害显然要严重，无锡又是古城；而兰州两厂住宅区的多层砖房易损性如此之大，因大多是 20 世纪 50 年代末建的低标准住宅，且多半已明显破损。再看表 1 中预测震害最轻的天津港务局，这主要是抗震设防的影响，该场区房屋抗震设防有三种情况，一是经受过 1976 年唐山地震两

次 8 度影响考验的，二是在唐山地震中遭到破坏后按 8 度抗震要求加固修复的，三是按 8 度设防要求新建的。因此，对不同城市和场区的震害预测，一般不可简单地用一个预测矩阵来外推，即使是房屋的建筑结构相同，或建造年代相同，或目前用途相同。

4 不同设防烈度的城市房屋群体预测震害矩阵

表 1 中的城市和场区，按资料的截至年份，6 度设防的有无锡、克拉玛依（现为 7 度）、葫芦岛（原部分 7 度）；7 度设防的有湛江、厦门、铁岭、日照（现 6、7 度线）；8 度设防的有安阳、兰州、三门峡、太原、天津（现 7 度）、乌鲁木齐（原 7 度）。

对上述列举的设防城市中，统计在要求 8 度设防期间建的房屋，其预测震害指数矩阵列于表 2。由表 2 可见，这五个预测对象的预测震害指数矩阵，即在同一烈度下的预测震害指数和易损性指数很相接近，其标准差在 0.1 级震害程度之内。故若将由这五个预测对象的平均值所得的不同烈度下的震害指数作为按 8 度设防期间建的房屋总体预测震害矩阵，其偏差将是可接受的。表 3 为对应于平均震害指数矩阵的分布概率矩阵，表中粗线以下为不满足 8 度抗震设防三个水准要求的房屋，为 7%～10%。

再将七个预测对象为 7 度抗震设防期间建造的房屋群体的预测震害指数和易损性指数列于表 4。与 8 度设防的房屋相类似，各预测对象在同一烈度下的预测震害指数也很相接近，其标准差为 0.1～0.2 级震害程度。同样也可得到平均的预测震害程度的分布概率矩阵，列于表 5，不满足 7 度抗震设防三个水准要求的房屋预测结果为 3% 左右。还需说明，在 7 度设防的预测对象中，石臼港务局的房屋群体的易损性较别的要高些，这是因它的房屋大多已有明显的温度裂缝，且设防烈度时而定为 6 度时而定为 7 度；石油驻乌办在 20 世纪 50 年代初中期建造的房屋是参照苏联地震区 7 度设防要求建造的，虽年代已久而房屋维护尚好。

从表 2 和表 4 的震害指数矩阵可见，按 8 度和按 7 度设防的房屋群体在相同地震烈度的作用下，预测其震害程度大致相差半个档级左右。

因按 6 度设防的预测对象我们只做过个别，不能用来做统计，故对按 6 度设防的房屋群体只能推断其预测震害矩阵与按 7 度设防的差异，一般要比 7 度与 8 度设防之间的差异小，即不到半个档级的震害程度。从表 1 中克拉玛依和葫芦岛的房屋预测震害结果看，比 7 度设防的平均值只差 0.1～0.2 级震害程度。但按

6 度设防的房屋易损性受设防烈度之外的环境影响较 7 度设防的要大,故也可估计到其预测震害矩阵的变异也会较大,即标准差 7 度比 8 度大,6 度比 7 度大。

表 2 在 8 度设防期间建造的城市房屋
预测震害指数矩阵和易损性指数

预测对象	不同烈度下的预测震害指数					易损性指数	房屋建造年代
	6	7	8	9	10		
三门峡	0.01	0.17	0.35	0.54	0.74	0.362	80 年代
太原	0.01	0.17	0.32	0.51	0.72	0.347	80 年代
乌市地调处	0.00	0.12	0.32	0.52	0.72	0.334	90 年代
石油驻乌办	0.02	0.16	0.37	0.53	0.70	0.355	90 年代
天津港务局	0.01	0.14	0.33	0.54	0.74	0.353	八九十年代
平均值 $\bar{I}_{i,8}$	0.01	0.152	0.338	0.528	0.724	0.350	
标准差 $\Omega_{i,8}$	0.006	0.019	0.019	0.012	0.015	0.009	

表 3 在 8 度设防期间建造的城市房屋
预测震害分布概率矩阵   单位:%

震害程度	地 震 烈 度				
	6	7	8	9	10
基本完好	95	34	11	0	0
轻微损坏	5	57	20	7	1
中等破坏	0	8	59	30	3
严重破坏	0	1	9	56	40
部分倒塌	0	0	1	6	45
全毁倒平	0	0	0	1	11

表 4 在 7 度设防期间建造的城市房屋预测
震害指数矩阵和易损性指数

预测对象	不同烈度下的预测震害指数					易损性指数	房屋建造年代
	6	7	8	9	10		
厦门	0.03	0.23	0.41	0.59	0.81	0.414	80 年代
湛江	0.02	0.27	0.44	0.62	0.85	0.440	80 年代
铁岭	0.01	0.25	0.42	0.64	0.90	0.444	80 年代
石臼港务局	0.02	0.27	0.45	0.69	0.88	0.461	八九十年代
乌市地调处	0.00	0.21	0.39	0.60	0.84	0.408	80 年代
石油驻乌办	0.01	0.24	0.41	0.60	0.84	0.421	80 年代
石油驻乌办	0.03	0.22	0.46	0.66	0.84	0.440	50 年代
平均值 $\bar{I}_{i,7}$	0.017	0.241	0.426	0.629	0.853	0.433	
标准差 $\Omega_{i,7}$	0.010	0.021	0.025	0.034	0.027	0.017	

表 5 在 7 度设防期间建造的城市房屋
预测震害分布概率矩阵   单位:%

震害程度	地 震 烈 度				
	6	7	8	9	10
基本完好	92	14	3	0	0
轻微损坏	7	54	11	2	0
中等破坏	1	29	59	9	1
严重破坏	0	3	24	66	13
部分倒塌	0	0	3	19	45
全毁倒平	0	0	0	4	41

由于我们未做过 9 度设防城市的震害预测,若对 9 度设防的房屋群体预测震害矩阵也做其推断,与 8 度设防的预测震害矩阵相差,总体上会超过半个档级的震害程度,因按 8、9 度设防的房屋,其易损性的环境影响一般受设防烈度所控制。

5 不同类型的设防房屋的群体预测震害矩阵

对不同建筑结构的房屋在相同的设防烈度下,其易损性有一定的差异。从上述预测对象的数据库中检索 20 世纪八九十年代建造的砖混和钢筋混凝土结构这两类房屋的预测震害指数矩阵和易损性指数,将其分别按 7 度和 8 度设防的平均值列于表 6 中。由表可见,7 度和 8 度设防的砖混结构房屋易损性指数和相同烈度下的预测震害指数相差大致半个档级的震害程度。而钢筋混凝土结构房屋相差甚微,这表明一般的钢筋混凝土结构房屋足以符合 7 度抗震要求。对别的结构,因预测对象的样本不足,未做统计。

表 6 设防期间建的砖混和钢筋混凝土结构房屋
预测震害指数矩阵和易损性指数

设防烈度	结构类型	震害指数	地 震 烈 度					易损性指数
			6	7	8	9	10	
7	砖混	平均值	0.020	0.262	0.432	0.622	0.846	0.440
		标准差	0.022	0.024	0.025	0.016	0.034	0.020
	钢筋混凝土	平均值	0.004	0.108	0.306	0.518	0.750	0.337
		标准差	0.008	0.018	0.022	0.029	0.050	0.014
8	砖混	平均值	0.010	0.150	0.350	0.525	0.698	0.347
		标准差	0.010	0.020	0.028	0.011	0.020	0.024
	钢筋混凝土	平均值	0.005	0.105	0.280	0.515	0.750	0.331
		标准差	0.005	0.015	0.020	0.015	0.050	0.015

6 在鞍山市房屋总体震害预测中的应用

应用设防房屋的预测震害矩阵,预测设防城市房屋总体震害,可从建成年代和建筑结构两个因素分别进行,以震害指数的平均值为基数,用标准差来调整,一般取标准差的 1~3 倍。表 7 按建筑结构、年代和质量列出鞍山市各类房屋的数量分布率。由表可见,约 80% 的房屋是按 7 度设防要求建的,包括 20 世纪八九十年代建的房屋为 65.278%,70 年代建的房屋中近 80% 是在总结海城地震经验后建的;此外的 20% 房屋都是经受过海城地震的 7 度影响,对其震损房屋,除已拆除,大多得已加固或修复。基于现场调查和专家经验,鞍山市按 7 度设防房屋的抗震能力要略高于在表 4 中的样本;而经受海城地震的房屋,毕竟年代已久,在质量栏中的严重损坏和危房基本都在此中。因此,预测鞍山市房屋总体在不同烈度下的震害指数,按表 4 所提供的平均值($\overline{I}_{i,7}$)加减相应的标准差($\Omega_{i,7}$),即

$$I_i = 0.8(\overline{I}_{i,7} - \Omega_{i,7}) + 0.2(\overline{I}_{i,7} + \Omega_{i,7}) \quad (3)$$

表 7　鞍山市每类房屋分布率　　单位:%

分类元素	分　类　代　码					
	1	2	3	4	5	6
建筑结构	钢 3.191	钢、钢混 3.906	钢筋混凝土 2.047	砖混 80.865	砖木 9.839	其他 0.152
建成年代	1949 年前 4.544	50 年代 8.429	60 年代 3.706	70 年代 18.042	80 年代 50.512	90 年代 14.766
房屋质量	完好 57.028	基本完好 29.309	一般损坏 10.958	严重损坏 2.141	危险 0.564	

再从不同的建筑结构来预测鞍山市房屋总体的震害,钢和钢筋混凝土结构占 9.144%,砖混结构占 80.865%,这两大类房屋中近 90% 是抗震设防的,其余的大多经受 7 度地震考验或加固的;而砖木和其他结构占 9.991%,大多也经受过 7 度地震,但现状为严重损坏和危房也大多在其中。由此,按表 6 所提供的设防的砖混结构震害指数($I_{Bi,7}$)和钢筋混凝土结构震害指数($I_{Ci,7}$)来推断鞍山市房屋总体在不同烈度下的预测震害指数,可由下式计算而得:

$$I_i = 0.091\,44(I_{Ci,7} - \Omega_{Ci,7}) + 0.808\,65(I_{Bi,7} - \Omega_{Bi,7}) + 0.099\,91(I_{Bi,7} + 3\Omega_{Bi,7}) \quad (4)$$

由上述两式所得的鞍山市现有房屋总体预测震害指数矩阵和易损性指数列于表 8 中,两者差异甚微,进而按震害指数调整表 5 中的震害概率矩阵,得鞍山市现有房屋总体预测震害概率矩阵,列于表 9。

表 8　鞍山市现有房屋总体预测震害指数矩阵和易损性指数

预测元素	不同烈度下的预测震害指数					易损性指数
	6	7	8	9	10	
建成年代	0.011	0.228	0.411	0.609	0.837	0.419
建筑结构	0.009	0.234	0.406	0.602	0.832	0.417
平均值	0.010	0.231	0.408	0.606	0.834	0.418

表 9　鞍山市现有房屋总体预测震害概率矩阵　单位:%

震害程度	地　震　烈　度				
	6	7	8	9	10
基本完好	95.45	20.19	5.09	0.95	0
轻微损坏	4.18	47.53	15.46	2.82	0.25
中等破坏	0.29	29.10	52.77	12.23	1.88
严重破坏	0.08	2.93	23.77	62.70	18.83
部分倒塌	0	0.25	2.86	19.10	38.58
全毁倒平	0	0	0.05	2.19	40.46

由表 8 和表 9 可见,鞍山市遇有设防烈度 7 度地震时,房屋总体的震害指数为 0.231,其中不符合抗震设防要求的严重破坏的房屋占 2.93%,部分倒塌的占 0.25%。建研院曾用模糊评判预测鞍山市房屋 7 度时平均震害指数为 0.23,严重破坏率为 2.718%,倒塌率为 0.498%;冶研院用综合统计预测鞍钢生活区 7 度时平均震害指数为 0.247,严重破坏率为 2.6%,无倒塌。由此可见,对鞍山市遇有设防烈度 7 度地震时房屋总体的预测震害,应用本文的设防城市的房屋预测震害矩阵与另两种方法所得的结果基本是一致的。表 9 粗线以上的房屋(%)表明鞍山 7 度设防符合小震不坏、大震不倒的要求。

7　结语

当前,我国地震区的城市房屋大多是在设防期间建的,本文通过对此期间建造的房屋的震害预测资料的归纳和统计,得到不同设防烈度下的城市房屋总体预测震害矩阵,以及砖混结构和钢筋混凝土结构房屋的群体预测震害矩阵,以供应用。并通过对鞍山市的示范性应用,表明是可行的。诚然,这项研究是初步的,而从其中得到的初步结果所揭示的,城市在设防期间建的房屋总体和同类房屋的群体预测震害的结果差异并不显著,可用平均值与其标准差来调控;同时,设防烈度增加 1 度,相应的震害程度并不都是相差一个档级,从 6 度到 9 度每差 1 度的震害程度的差异不相同,不同的建筑结构的差异也不相同,这在设防城市的抗震防灾中是必须注意的。

4 – 17　Knowledge-Based System for Evaluating Earthquake Damage to Buildings[*]

Yang Yucheng　Yang Yaling　Wang Zhishan　Li Dahua　Yang Liu

1　Introduction

According to the experience of earthquake damage in China, casualties and property losses during an earthquake are mainly due to the damage to and collapse of buildings and the losses are much larger in city than in countryside, thus the prediction of damage to urban existing buildings is the basic work of earthquake prevention and disaster mitigation in China. Predicting earthquake damage to multistory masonry buildings, reducing and preventing the earthquake damage to this kind of building efficiently are urgent, protracted and strenuous works because multistory masonry buildings are widely used in China and they are easy to damage. Therefore, the expert system PDSMSMB-1 which can be used to predict earthquake damage to multistory masonry buildings and the intelligence aided decision making system PDKSCB-1 which can be used to predict earthquake damage to existing building stocks in a city have been established during the research work on the prediction of earthquake damage to existing urban buildings and its countermeasures which belong to the important subject "the research on the application of intelligence aided decision making system to engineering" of the National Natural Science Foundation of China. The research work started from 1987 and the systems have been gone into application. It has been proved that the operation is efficient, the results are reliable, it has been reached expert level and have great sociological and economic benefit. The research work was sponsored by National Natural Science Foundation, State Seismological Bureau and Ministry of Construction of China.

The research object of PDSMSMB-1 system is to establish an expert system for predicting earthquake damage to multistory masonry buildings, to help common technicians to predict earthquake damage to this kind of buildings as the same level as the domain experts and make decision making analysis of earthquake resistance and disaster prevention reasonable.

The research object of PDKSCB-1 system is to establish an intelligence aided decision making system for predicting earthquake damage to existing building stocks in a city and making its countermeasuers. The information of the predicting object and its environment are saved into computer to help people remember it accurately, manage it efficiently and process it fast. The engineering knowledge and the experience of domain experts are saved into computer to help common civil technicians and managers of disaster prevention to predict earthquake damage, evaluate property losses and conduct decision making analysis of earthquake resistance and disaster prevention, to help the decision maker of government and relevant departments to make the goal of disaster mitigation and its countermeasures.

The relevant content of the two systems have been stated in reference [1]–[3] and [4]–[10]. The object of this paper is to expound something about the establishment of knowledge engineering and its application.

2　Knowledge Source

According to the current Chinese aseismic criterion of buildings, the existing buildings are only evaluated

Source: IABSE Colloquium, Beijing, 1993; Knowledge-Based Systems in Civil Engineering, International Association for Bridge and Structural Engineering Reports, Vol.68, 245 – 254.

* 杨玉成赴会用英语做报告和讨论,会前被邀为 IABSE 会员。

whether they collapse or not under their fortifying earthquake intensity. According to the new aseismic design code of buildings(GBJ 11—1989), the damage degree of new designed buildings are limited to that the building can continue been used after repairing, the building are not damaged under minor earthquake and not collapse under major earthquake(the so called minor earthquake is about 1.5 grade lower than the fortifying intensity and the major earthquake is about 1 grade higher than the fortifying intensity). Both the aseismic criterion and the design code are in the light of giving the elements of building a basic requirement, mean while, in the vulnerability evaluation and the earthquake damage prediction, the buildings are handled as a system, and in the system, not only the affection of the elements themselves but also the affection of their mutual relation, interrestriction and interaction are considered. Therefore, to reach the object of this research, the domain knowledge of the two systems should go beyond the limit of the content of both the aseismic criterion and the design code, and the knowledge base of the two systems should be established not only according to the items of both the two standards.

The data and experience of earthquake damage especially of multistory masonry buildings are very plentiful in China. Many experts of earthquake engineering experienced the site investigations from 1966 Xingtai earthquake to 1976 Tangshan earthquake, and many experimental research and theoritical analysis have been conducted. The research on prediction of earthquake damage to various kind of buildings was started from 1980's and the earthquake damage prediction are being conducted in hundreds of cities of China. Therefore, the two systems have a extensive knowledge source which includes the experience of earthquake damages and its statistical results, the research results of aseismic experiments and material property, general aseismic computation method and site affection, the corresponding items and content of aseismic design code and aseismic criterion, also, the methods, experience and results in the earthquake damage prediction practice, the countermeasures to earthquake prevention and disaster mitigation in cities. The research group have been engaged in many practice of earthquake damage investigation,

earthquake damage prediction and research works on disaster prevention, structural experiment and aseismic analysis for a long time, and participated to draw up the aseismic criterion, the design code and the guide to earthquake damage prediction, have plentiful expert knowledge and experience for establishing the two systems. Meanwhile, in the process of establishing the two systems, the research group also paid attention to absorbing the knowledge and experience of other experts, especially those experts in the compilation groups of the aseismic criterion of buildings, the regulation of strengthening of aseismic buildings and the urban earthquake countermeasures. All of the knowledge above gave the two systems a extensive knowledge source.

3　Design Ideology of Knowledge Engineering

A wealth of domain knowledge is the prerequisite for constructing applicable intelligence aided system. To design the knowledge engineering elaborately is the key to develop applicable intelligence aided system.

The knowledge engineering of the two systems is designed by domain experts themselves. Not rigidly adhere to common regulation and structural form, the design of knowledge engineering was taken great pains to "model oneself after natural" in order to reach the efficiency of "better than nature". Although the design is more difficult in this way, the constructed intelligence aided system can both reflect the knowledge, experience and logical thinking of domain experts and bring the technique of computer intelligence into full play. In this way, the intelligent system can reach the level of experts and have the function of intelligence better than experts.

For the design of knowledge engineering, the ideology of researchers in China and foreign country should be different owing to the difference of affection of their traditional thought. Take the landscape gardening as a example, the traditional gardening is regular landscape architecture in Europe and America, but the ancient landscape architecture of China had the greatest esteem for nature. When the expert system for predicting earthquake damage to multistory masonry buildings was researched by PRC-US cooperation, the writer of this paper gave the idea that the knowledge engineering (primary form) designed if according to the common formation of expert system at that time could not reflect the knowledge and experience of the domain experts, therefore designed a complicated network relationship according to the inference logic of domain expert. It looks as if exceed the technique of intelligence at that time and so not realized until the PDSMSMB-1 was constructed in 1988. We think that it is being pursuit with diligent care if the knowledge engineering is designed according to practical need and the expert system is constructed to be applicable instead of flourishing form, also, it is valuable, though it may be difficult and spend a long time.

The primary forms of knowledge engineering of the two systems in 1986 - 1987 were different. The knowledge base system of the PDSMSMB-1 which has a complete primary form, was partially substantiated and improved gradually, and extended from evaluation of earthquake damage to analysis of decision making; the block diagram of the PDKSCB-1 system was almost not changed from beginning, but the primary form was only a data base system, and it was developed into a knowledge base system in the practice and made the system extended from the prediction of status quo of buildings to developing prediction of future state and decision making goal of disaster mitigation. Therefore, it is quite necessary to substantiate, extend and improve the knowledge engineering in the developing process of intelligence aided systems.

4　Knowledge Engineering for PDSMSMB-1

The system is divided into 6 parts, they are: information collection, experience inference, computation analysis, earthquake damage prediction, seismic risk evaluation and result output.

4.1　Block Diagram

The block diagram of the system is shown in Fig. 1 from which we can see that the earthquake damage to multistory masonry buildings is dependent on the future earthquake and defence state. The affection of the effective factors and site condition is considered in the defence state. For the evaluation of seismic risk degree, the vulnerability of the building, the damage degree and its

acceptable degree and satisfaction degree to the three level of aseismic fortification according to intensity of 63%, 10% and 2%-3% exceed probability of seismic hazard assessment in the next 50 years are synthetically evaluated, then, the decision making analysis whether the building is satisfied with the requirement of earthquake fortifying is conducted combining with present use of the building.

4.2　Information Collection

The information is collected by man-machine dialogue, the information includes 10 items, they are: ① present use, ② number of stories and neighbour relationship to other building, ③ kind of building structure, ④ status quo and construction age, ⑤ earthquake fortifying standard, ⑥ the property of structure, ⑦ whether the entirety is good or not, ⑧ the aseismic capacity of its wall, ⑨ the foundation, ⑩ site condition. There are three or more then three grades of sub-items for the continue of the information. A information card with its specification have been provided in order to save time in man-machine dialogue.

4.3　Experience Inference and Computing Analysis

The knowledge engineering of the system has been designed combine the calling of the knowledge base and digital computation with the logic inference. The data base and knowledge base are constructed by using as fas as possible the current analysis method and ready-made data especially of the data of earthquake damage and its statistical results as the knowledge of fact and judgement, meanwhile the knowledge base and inference network are constructed by using the experience of experts as the knowledge of judgement and inference. The knowledge is expressed and the interrelation amount information is processed by production rule, two dimensional table, modulus and nature network in the system. The uncertainty in the specific building and in the predicting process are expressed as method of expanding certainty coefficient, i. e., the uncertainty problem is implied in the deterministic inference process by using deterministic single value, multi-value and value range. The multi-value predicted results or evaluating range are realized by modifying the corresponding information or realized among the system.

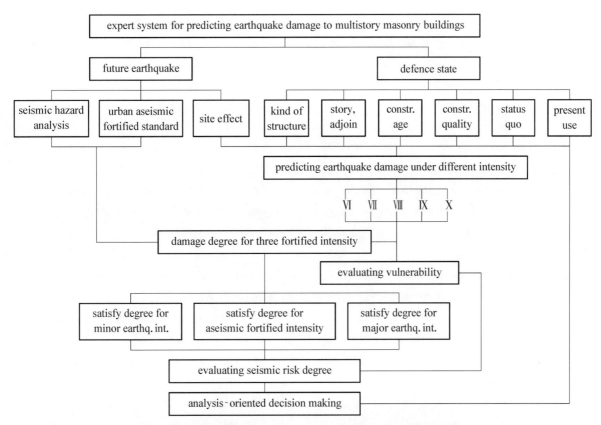

Fig.1   The block diagram of the expert prediction system PDSMSMB - 1

4.4   The Evaluation of Earthquake Damage

The evaluation of earthquake damage in the system includes: the aseismic capacity analysis, predicting earthquake damage degree, evaluating vulnerabilty, casualties, economic losses, earthquake hazard and decision making analysis.

The aseismic capacity of multistory masonry building is marked by a synthetical coefficient K_i. The damage degree is divided into 6 ranks, i.e., basically intact, slightly damaged, moderately damaged, seriously damaged, partially collapsed and total collapsed, and they are marked as a earthquake damage index the range of which is $0 - 1.0$. According to the aseismic capacity coefficient of each story and the earthquake damage index, the earthquake damage to longitudinal and transversal walls in each story can be expressed respectively, as 12 ranks in this system, from intact to collapsed.

Vulnerability is an inherent property of a building in a specific site. The vulnerability index is the weighted mean value of damage index of the building under the earthquake intensity of $VI - X$ with consideration of additional value of the affection of neighbour building.

When the hazard is evaluated, the rate of casualties and economic losses is related to the damage index and type of building. The general earthquake hazard of the building is synthetically judged. The satisfying degree is divided into four ranks, i. e., ① very good, ② ordinary, ③ reluctantly, and ④ not. The seismic rise degree is divided into 6 ranks, i.e., ① very small, ② quite small, ③ moderately (it can be accepted for common building), ④ slightly large (it can be reluctantly accepted for common building but it can not fit all requirements of the fortifying earthquake), ⑤ quite large (it can not be accepted), ⑥ very large. The decision making analysis is made according to vulnerability and earthquake hazard degree for important building and common building respectively.

4.5   Output Results and Its Inquirements

The system can provide a result report in a fixed form which includes 4 parts:

（1）The survey of the building. This is the predicting object formed in the information collecting process by the system itself. The users can modify the report about survey of the building in the screen of computer conveniently.

（2）The predicted results of earthquake damage. The earthquake damage index, the earthquake damage degree, the loss rate of the property in the building and the building itself and casualties under the intensity for $VI-X$ will be provided in a digital table.

（3）The evaluation of vulnerability which includes vulnerability index, aseismic capacity and vulnerability evaluation.

（4）The evaluation of earthquake hazard and decision making analysis. The satisfaction degree with the requirements of 3 levels of fortifying intensity and the general comment will be provided.

If the earthquake damage index and phenomenon of the each story are inquired by users, the corresponding results will also be provided in table form.

4.6 The Realization of the System and Earthquake Example Inspection

The system is installed in IBM/AST microcomputer, the Chinese character is realized by Chinese character DOS system. It is compatible to operate in English and Chinese and the display and output is in Chinese. To solve the complicated network inference and large computation problem, the main program is wrote in FORTRAN language. The structure of the program is in card of patterns lump which is combined and managed by command file. The data base is constructed utilizing DBASE soft ware and the file manage ment and report compilation are conducted by calling the Chinese character Wordstar. The batch processing function under the DOS is utilized to control and manage the system which has friendly interface which let the users can use the system rightly.

The system have been inspected by earthquake damages to masonry building in Tangshan, Haicheng, Tonghai, Yangjiang, Dongchuan, Wulumuqi earthquake, there is a good agreement between the predicted results and the data information from practical earthquake damage investigation and the agreement degree is 90 percent, the mean error is 0.1 degree of earthquake damage.

5 Knowledge Engineering for PDKSCB - 1

5.1 Block Diagram

The block diagram of the PDKSCB - 1 system is

shown in Fig.2. The system includes 3 subsystems, i.e., building, man-economic and diagram subsystem. The following results can be obtained.

（1）The predicted earthquake damage, casualties and economic losses in the whole city under given intensity VI, VII, VIII, IX and X, respectively, or ✓ and under complete probability of seismic hazard assessment in the next 50 or some years.

（2）The predicted earthquake damage, casualties and economic losses of various subareas, and the identified high risk subareas.

（3）The predicted earthquake damage, casualties and property losses of various types of building, and the identified high risk types.

（4）The potential earthquake damage and risk distribution diagram in the city.

（5）The possibility and condition of realization for the goal of disaster mitigation.

5.2 Data Base

Collecting a large amount of data for predicting damage to existing buildings in a city and storing them up in a computer, the data base can be constructed directly or supported by knowledge base. Each datum is represented by a character string with a definite length, a digit code or a numerical value. There are six basic data bases in the system, ie., data base of buildings in the whole city, data base of sample buildings, data base of population, data base of property in building and value of building itself, data base of diagram and data base of site condition.

The type of a building in the data base is represented by 5 items, ie., kind of building structure, amount of the story, construction age, building status quo and present use. There are 6 kinds of structure, 9 kinds of story, 5 kinds of age, 5 kinds of status quo and 8 kinds of present use. The type of building can be retrieved either by one-element or multi-elements. There are 33 types according to one-element retrieval and 10 800 types according to 5 - elements retrieval, but most of them in the 5 - elements retrieval are empty sets, generally, there are only about one thousand types of building in a middle or big city.

5.3 Knowledge Bases

The evaluating earthquake hazard is considered to 5

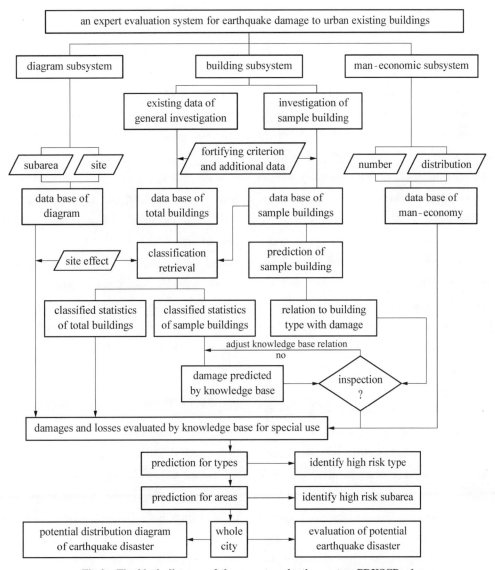

Fig.2　The block diagram of the expert evaluation system PDKSCB - 1

effective factors, ie., earthquake effect, earthquake damage, economic losses, casualties and building importance. There are four major knowledge bases in this system.

（1） Knowledge base for predicting damage to existing building. It is the basic and the largest knowledge base, in which the probability matrix of different damage degree under Ⅵ, Ⅶ, Ⅷ, Ⅸ, Ⅹ intensity for 10 800 types of building according to 5 - elements retrieval is constructed. Damage degree is divided into 6 ranks.

（2） Knowledge base for evaluating direct economic loss. The losses are related to the damage degree and the earthquake effect and they are also related to factors for evaluating both the property in building and that of building itself, such as floor area, structure, stories, age,

status quo and present use.

（3） Knowledge base for evaluating casualty. The casualties are related to the damage degree and earthquake intensity and also related to the scale （ floor area and type） of the building and occurred time （day or night）.

The casualties or economic losses under given intensity i are evaluated according to $P(D)_{ij}$ that is the predicting damage probability for the degree j under intensity i, and, under complete probability of seismic hazard assessment in the next 50 years is evaluated also.

（4） Knowledge base for site condition. Some new knowledge bases in specific site condition can be constructed making use of the following formula, thus

$$P(D)_{ijs} = a_i P(D)_{(i-1)j} + b_i P(D)_{ij} + c_i P(D)_{(i+1)j}$$
$$(1)$$

where s is the specific site, a_i, b_i and c_i are the coefficient of site condition and the sum should be equal to 1, if the effect of site exceed 1 grade for intensity, $(i \pm 1)$ could be instead of $(i \pm 2)$ or $(i \pm 3)$ in the formula(1).

The knowledge base for predicting damage is constructed according to earthquake damage data, aseismic behavior analysis and experts' experience. Because of considerable difference in aseismic capacity of same type of building in different cities, the key step to construct the knowledge base for special use is consistent inspection. Its means to let the earthquake damage to building samples predicted by the knowledge base for special use be identical to that predicted as building unit. It is controled by Hamming distance in two fuzzy sets, the distance of total deviation is limited in 0.02, the distance of point deviation is required to be less than 0.05, ie., 1/10 and 1/4 rank of damage degree, respectively.

5.4　Search of High Risk

To evaluate the potential earthquake risk, a synthetic decision analysis is conducted in the system based on 3 elements, ie., building damage, casualties and property losses. Each of the 3 elements is represented by 3 risk factors, ie., damage index, vulnerability index and easy damage probability for building damage, the number, rate and density for both the life and property losses. The high risk subarea is searched according to 9 undimensional risk factors which are obtained by dividing the 9 factors that have different dimension by their corresponding mean value of the whole city.

Identification of high risk type of building would be conducted in two steps, since the amount of building types is too many. The first step is searching vulnerability index reached threshold value. The search is conducted according to damage index, number of both the casualty and property losses under different intensity for minor, fortifying and major seismic state, respectively, as the second step. Denote the risk factor which reaches the threshold value as 1, otherwise as 0, summing up the risk factors which takes value of 1 or 0, the building type which summing number reaches 9 is the high risk building type and that reaches 5 to 8 is the next high risk building type.

5.5　Developing Prediction

The developing prediction is predicting earthquake damage to buildings, casualties and economic losses for some schemes of engineering measures and sociology countermeasures of disaster mitigation up to 2 000 or a certain age according to urban developing plan and experts' experience. From results of developing prediction, we can see for the goal of disaster mitigation and the decision making.

5.6　Input, Output and Display

The system is constructed in the IBM/AST microcomputer and the VAX/780 computer, there are input, output and display in Chinese character. The system provides four types of user interface, including menu-driven interface, query interface, natural language explanation and graphics interface. Output of the system is a series of table in fixed form and can also represented by colour figure.

6　Application

The two systems have been widely used in China. PDSMSMB－1 system has been used to the earthquake damage prediction and／or aseismic appraisal and strengthening measure selection in nearly 20 cities. PDKSCB－1 system has been used in various cities from Sanmenxia city of 80 thousand population to Zhanjiang and Xiamen city of 300 thousand population and also to Taiyuan city of 1 500 thousand population. The geographical positions of these cities are from Central Plains to south east sea bank, also to North of China, some of the sub-system have been also used in Wuxi city in south bank of Yangtse river and Tieling city in Northeast of China. The fortifying intensity of these cities are Ⅵ, Ⅶ, Ⅷ. It has been proved from the practical application that the reliability of the system is high, the decision making is efficient and applicability is strong, it will play its important role in improving the aseismic fortifying status and the public psychology status to earthquake.

7　Conclusion

The characteristics of the two systems are as follows:
(1) The wealth of domain knowledge is the outstanding characterization of this research. Therefore,

the reliability of the two systems is high.

（2） The knowledge engineering is designed by domain experts themselves, model oneself after nature and make it better than nature are basis of the system. The system could fully reflect the knowledge, experience and logical thinking of experts, the inference is very natural, it can not only agree with the engineering concept, but also make use of the advantages of technique of computer intelligence.

（3） The two systems had been progressively developed, further improved and extended in the practice. PDSMSMB－1 system experienced primary form, demonstration stage, application stage and commercial stage； PDKSCB－1 system experienced man-machine system, moderate test and knowledge base system.

（4） The serving objects are clear, the content is complete and the usage is public. Both of the two system can be installed in microcomputer and operated in Chinese character.

This research also shows that it is efficient to develop intelligence aided decision making system in earthquake damage prediction domain. The two systems will be widely used and produce greater sociological and economic benefit in the International Decade for Natural Disaster Reduction.

References

［1］ Yang Yucheng. An Earthquake Damage Evaluation System for Multistory Masonry Buildings and Its Application ［J］. World Information on Earthquake Eng., 1987(3).

［2］ Yang Yucheng, et al. Earthquake Damage Prediction System for Multistory Masonry Buildings ［J］. Computational Structural Mechanics and Applications, 1989, 6(2).

［3］ Yang Yucheng, Li Dahua, et al. An Applicable Expert System for Predicting Earthquake Damage to Multistory Masonry Buildings ［J］. Earthquake Engineering and Engineering Vibration, 1990, 10(3).

［4］ Yang Yaling, YangYucheng. The Building Data Bank of Prediction Damage in a City［J］. WIEE, 1988(1).

［5］ Yang Yucheng, et al. Application of a Man-Machine System to Predict Earthquake Damage to Existing Buildings and Loss in Sanmenxia City［J］. EEEV, 1989, 9(3).

［6］ Wang Zhishan, Yang Y C, Yang Y L. A Search Technique for High Risk Building and High Risk Subarea in Earthquake Damage Prediction in City ［J］. WIEE, 1990(4).

［7］ Yang Y C, Wang Z S, Yang Y L, Yang Liu. An Intelligence Aided Decision System for Predicting Damage to Existing Buildings in City［J］. EEEV, 1992, 12(1).

［8］ Yang Yucheng, et al. An Expert System for Predicting Earthquake Damage to Urban Existing Buildings ［C］// Proceedings of International Symposium on Building Technology and Earthquake Hazard Mitigation. Kunming, 1991.

［9］ Yang Y C. Some Proposals for the Index System of Producting Earthquake Damage［J］. WIEE, 1991(4).

［10］ Yang Yucheng, et al. An Expert Evaluation System for Earthquake Damage ［C］. Proceedings of 10th WCEE. Madrid, 1992.

Knowledge-Based System for Evaluating Earthquake Damage to Buildings
Système expert pour évaluer les dommages des bâtiments sous l'effet des séismes
Expertensystem für die Auswertung von Erdbebenschäden an Gebäuden

Yucheng YANG
Professor
State Seismological Bureau
Harbin , China

Yucheng YANG
Yaling YANG
Zhishan WANG
Dahua LI
Liu YANG

State Seismological Bureau
Harbin, China

Yucheng Yang, born 1937, graduated from the Civil Eng. Dep. of Tsinghua Univ., Beijing. Prof. Yang makes research on structural and earthquake engineering and knowledge-based engineering.

SUMMARY
Two knowledge-based systems which have been put into operation are presented in this paper. The first can be used to predict earthquake damage to multistorey masonry buildings and the second can be used to predict earthquake damage to existing building stocks in ancity, to evaluate casualties and property losses, to identify high risk subareas and high risk building types, to decide the goal of disaster mitigation and its countermeasures. A wealth of domain knowledge is the prerequisite to develop the two systems and the manner of modelling after nature is the basic point of the knowledge engineering of the system.

RÉSUMÉ
L'article présente deux systèmes experts actuellement utilisés dans le cas de séismes, le premier servant à pronostiquer les dommages subis par les constructions en maçonnerie à étages multiples, l'autre permettant de prédire les dégâts subis par l'ensemble des bâtiments d'une ville, le nombre de victimes et les pertes subies en propriétés. Cela donne ainsi la possibilité d'identifier les zones à haut risque et les types d'immeubles particulièrement mis en péril, ainsi que de fixer les mesures et les objectifs destinés à réduire les dommages. Une base de données de connaissances exhaustives et une modélisation naturelle en matière d'ingénierie constituent les fondements du développement de ces deux systèmes.

ZUSAMMENFASSUNG
Der Beitrag erläutert zwei in Betrieb befindliche Expertensysteme, von denen das eine die Bebenschäden an mehrgeschossigen Mauerwerksbauten behandelt, während das andere dazu dient, den Schaden am Gebäudebestand einer Stadt, die Anzahl Opfer und die Verluste am Eigentum vorherzusagen. Damit können Zonen hohen Risikos und besonders gefährdete Gebäudetypen ausgeschieden und die Ziele und Massnahmen für die Schadensminderung beschlossen werden. Eine umfangreiche Wissensdatenbank und die naturalistische ingenieurmässige Modellierung sind die Grundlage für die Entwicklung der beiden Systeme.

4 – 18 Research and Practice of Knowledge-Based System for Predicting Earthquake Damage to Urban Buildings and Its Fortifying Countermeasures[*]

Yang Yucheng

1 Introduction

Two knowledge-based systems have been put into operation for predicting earthquake damage to buildings in this research. The first can be used to evaluate vulnerability and predict earthquake damage to multistory masonry buildings. The second can be used to predict earthquake damage to existing building stocks in a city, to evaluate casualties and property losses, to identify high risk subareas and high risk building types, and to decide on the goal of disaster mitigation and its countermeasures. A wealth of domain knowledge is a prerequisite to develop the two systems, and to model after nature is a basic point of the design of knowledge engineering. The two systems have been progressively developed, and further improved and extended in practice. It has been proved that the inference is reliable, the results are right and the decision-making is efficient.

2 Research Object

According to the experience of earthquake damage in China, casualties and property losses during an earthquake are mainly due to the damage to and collapse of buildings, and the losses are much larger in cities than in the countryside. Besides, multistory masonry buildings widely used in China are prone to damage. Therefore, the expert system PDSMSMB – 1 which can be used to predict earthquake damage to multistory masonry buildings and the intelligence-aided decision-making system PDKSCB–1 which can be used to predict earthquake damage to existing building stocks in a city have been established in

the research on the prediction of earthquake damage to existing urban buildings and its countermeasures which belong to the important subject " Research on the Application of Intelligence-aided Decision-making System to Engineering" of the National Natural Science Foundation of China. The research work started from 1987 and the systems have gone into application. It has been proved that the operation is efficient, the results are reliable, and it has reached expert level and has great sociological and economic benefit. The research work was sponsored by National Natural Science Foundation, State Seismological Bureau and Ministry of Construction of China.

The research object of PDKSCB – 1 system is to establish an intelligence-aided decision-making system for predicting earthquake damage to existing building stocks in a city and adopting its countermeasures. The information about the predicted object and its environment are stored in a computer to help people remember it accurately, manage it efficiently and process it quickly. The engineering knowledge and the experience of domain experts are stored into a computer to help ordinary civil technicians and managers of disaster prevention to predict earthquake damage, evaluate property losses and conduct decision-making analysis of earthquake resistance and disaster prevention, to help the decision-makers of the government and relevant departments to determine the goal of disaster mitigation and its countermeasures.

3 Knowledge Source

The data and experience of earthquake damage

Source: Science Foundation in China, Vol.2, 1994, 10 – 13.
* 本文是英文版中国科学基金编辑约稿的。

especially of multistory masonry buildings are very plentiful in China. Many experts of earthquake engineering experienced the site investigations from 1966 Xingtai earthquake to 1976 Tangshan earthquake, and many experimental researches and theoretical analyses have been conducted. The research on prediction of earthquake damage to various kinds of buildings was started from the 1980s and the earthquake damage predictions are being conducted in hundreds of cities in China. Therefore, the two systems have an extensive knowledge source which includes the experience of earthquake damages and its statistical results, the research results of aseismic experiments and material property, general aseismic computation method and site influence, the corresponding items and content of aseismic design code and aseismic criterion, as well as the methods, experiences and results in the earthquake damage prediction practice, the countermeasures for earthquake prevention and disaster mitigation in cities. The research group, which has been engaged in many practices of earthquake damage investigation, earthquake damage prediction and research work on disaster prevention, structural experiment and aseismic analysis for a long time, and participated in drawing up the aseismic criterion, the design code and the guide to earthquake damage prediction, has plentiful expert knowledge and experience for establishing the two systems. Meanwhile, in the process of establishing the two systems, the research group also paid attention to absorbing the knowledge and experience of other experts, especially those experts in the compilation groups for the aseismic and the urban earthquake countermeasures. All of the above knowledge gave the two systems an extensive knowledge source.

4 Design Ideology of Knowledge Engineering

A wealth of domain knowledge is a prerequisite for constructing an applicable intelligence-aided system. To design knowledge engineering elaborately is the key to develop applicable intelligence-aided system.

The knowledge engineering of the two systems is designed by domain experts themselves. Not rigidly adhering to common regulation and structural form, the designers of knowledge engineering took great pains to model themselves after nature in order to reach the efficiency of "better than nature". Although the design is more difficult in this way, the constructed intelligence-aided system can both reflect the knowledge, experience and logical thinking of domain experts and bring the technique of computer intelligence into full play. In this way, the intelligent system can reach the level of experts and have the function of intelligence better than experts.

For the design of knowledge engineering, the ideologies of researchers in China and foreign countries may not be same owing to the difference of influence of their traditions. Take landscape gardening as a example. The traditional gardening is regular landscape architecture in Europe and America, but the ancient landscape architecture of China had the greatest esteem for nature. When the expert system for predicting earthquake damage to multistory masonry buildings was researched by PRC-US cooperation, the writer of this paper held that since the knowledge engineering (primary form) designed according to the common formation of expert system at that time could not reflect the knowledge and experience of domain experts, a complicated network relationship according to the inference logic of domain experts was designed. It looks like exceeding the technique of intelligence at that time, and so not realized until the PDSMSMB - 1 was constructed in 1988. We think that it has to be pursued sedulously if knowledge engineering is designed according to practical needs and the expert system is constructed to be applicable instead of being in flourishing form. Also, it is valuable, though it may be difficult and takes a long time.

The primary forms of knowledge engineering of the two systems in 1986 - 1987 were different. The knowledge-based system of the PDSMSMB - 1, which has a complete primary form, was partially substantiated and improved gradually, and extended from evaluation of earthquake damage to analysis of decision-making. The block diagram of the PDKSB - 1 system was almost not changed from the beginning, but the primary form was only a data-based system, and it was developed into a knowledge base system in practice and extended from the prediction of *status quo* of buildings to developing prediction of future state and decision-making goal of disaster mitigation. Therefore, it is quite necessary to substantiate, extend and improve the knowledge engineering in the developing process of intelligence-aided systems.

5　Knowledge Engineering for PDSMSMB – 1

The system is divided into 6 parts as follows: information collection, experience inference, computation analysis, earthquake damage prediction, seismic risk evaluation and result output. It can provide a result report in a fixed form which includes 4 parts:

(1) Survey of a building. This is the predicted object formed in the information-collecting process by the system itself. Users can modify the report about survey of the building on the screen of computer conveniently.

(2) Predicted results of earthquake damage. The earthquake damage index, the earthquake damage degree, the loss rate of the property in the building and the building itself and casualties under the intensity for Ⅵ–Ⅹ will be provided in a digital table.

(3) Evaluation of vulnerability which includes vulnerability index, aseismic capacity and vulnerability evaluation.

(4) Evaluation of earthquake hazard and decision-making analysis. The satisfaction degree with the requirements of 3 levels of fortifying intensity and general comments will be provided.

If the earthquake damage index and phenomenon of each story of the building are inquired by users, the corresponding results will also be provided in table form.

The system has been inspected by earthquake damages to masonry buildings in Tangshan, Haicheng, Tonghai, Yangjiang, Dongchuan and Urumqi earthquakes. There is good agreement between the predicted results and data information from practical earthquake damage investigation. The agreement degree is 90 percent, and the mean error is 0.1 degree of earthquake damage.

6　Knowledge Engineering for PDKSCB – 1

The PDKSCB–1 system includes 3 subsystems, namely, building, man-economic and diagram subsystem. The following results can be obtained.

(1) The predicted earthquake damage, casualties and economic losses in the whole city under given intensities Ⅵ, Ⅶ, Ⅷ, Ⅸ and Ⅹ, respectively, or/and under complete probability of seismic hazard assessment in the next some 50 years.

(2) The predicted earthquake damage, casualties and economic losses of various subareas and the identified high risk subareas.

(3) The predicted earthquake damage, casualties and property losses of various types of buildings, and the identified high risk types.

(4) The potential earthquake damage and risk distribution diagram in the city.

(5) The possibility and condition of realization for the goal of disaster mitigation.

The evaluating earthquake hazard is considered to have 5 effective factors, namely, earthquake effect, earthquake damage, economic losses, casualties and building importance. There are four major knowledge bases.

(1) Knowledge base for predicting damage to existing buildings. It is the basic and the largest knowledge base, in which the probability matrix of different damage degrees under Ⅵ–Ⅹ intensities for 10 800 types of buildings according to 5 - elements retrieval is constructed. Damage degree is divided into 6 ranks.

(2) Knowledge base for evaluating direct economic loss. The losses which are related to the damage degree and the earthquake effect, are also related to factors for evaluating both the property in building and that of building itself, such as floor area, structure, stories, age, status quo and present use.

(3) Knowledge base for evaluating casualty. The casualties are related not only to the damage degree and earthquake intensity but also to the scale (floor area and type) and occurring time (day or night).

(4) Knowledge base for site condition. Some new knowledge bases in specific site condition can be constructed by making use of site condition coefficient.

The knowledge base for predicting damage is constructed according to earthquake damage data, aseismic behavior analysis and experts experience. Because of considerable difference in aseismic capacity of the same type of buildings in different cities, the key step to construct the knowledge base for special use is consistent inspection. Its means to let the earthquake damage to building samples predicted by the knowledge base for special use is identical to that predicted as building unit. It is controlled by Hamming distance in two fuzzy sets, the distance of total deviation is limited in 0.02, the distance of point deviation is required to be less than 0.05, i.e., 1/10 and 1/4 rank of damage degree.

7　Application

The two systems have been widely used in China. PDSMSMB-1 system has been used in the earthquake damage prediction and / or aseismic appraisal and strengthening measure selection in nearly 20 cities. PDKSCB-1 system has been used in various cities from Sanmenxia city of 80 thousand population to Zhanjiang and Xiamen cities of 300 thousand population and also to Taiyuan city of 1 500 thousand population. The geographical positions of these cities are from Central Plains to southeast sea shore, also to North of China, some of the sub-systems have been also used in Wuxi on the south bank of the Changjiang River and Tieling in Northeast China. The fortifying intensity of these cities are Ⅵ, Ⅶ, and Ⅷ. It has been proved from practical application that the reliability of the system is high, the decision-making is efficient and applicability is strong, and it will play an important role in improving the aseismic fortifying status and the pubic psychological status to earthquake.

8　Conclusion

The characteristics of the two systems are as follows:

(1) The wealth of domain knowledge is an outstanding feature of this research. Therefore, the reliability of the two systems is high.

(2) The knowledge engineering is designed by domain experts themselves. Modeling after nature and making it better than nature are the basis of the system. The system can fully reflect the knowledge, experience and logical thinking of experts. The inference is very natural, for it can not only agree with the engineering concept, but also make use of the advantages of the technique of computer intelligence.

(3) The two systems had been progressively developed, further improved and extended in practice.

PDSMSMB-1 system experienced primary form, demonstration stage, application stage and commercial stage; PDKSCB-1 experienced man-machine system, moderate test and knowledge base.

(4) The serving objects are clear, the content is complete and the usage is public. Both of the two systems can be installed in a microcomputer and operated in Chinese.

This research also shows that it is efficient to develop intelligence-aided decision-making system in earthquake damage prediction domain. The two systems will be widely used and produce greater sociological and economic benefit in the International Decade for Natural Disaster Reduction.

References

[1] Yang Yucheng. An Earthquake Damage Evaluation System for Multistory Masonry Building and Its Application [J]. World Information on Earthquake Eng., 1987(3).

[2] Yang Yucheng, et al. Earthquake Damage Prediction System for Multistory Masonry Buildings [J]. Computational Structural Mechanics and Application, 1989, 6(2).

[3] Yang Yucheng, Li Dahua, et al. An Applicable Expert System for Predicting Earthquake Damage to Multistory Masonry Buildings [J]. Earthquake Engineering and Engineering Vibration, 1990, 10(3).

[4] Yang Yaling, Yang Yucheng. The Building Data Bank of Prediction Damage in a City[J]. WIEE, 1988(1).

[5] Yang Yucheng, et al. Application of a Man-Machine System for Predicting Earthquake Damage to Existing Buildings and Loss in Sanmenxia City[J]. EEEV, 1989, 9(3).

[6] Wang Z S, Yang Y C, Yang Y L. A Search Technique for High Risk Building and High Risk Subarea in Earthquake Damage Prediction in City[J]. WIEE, 1990(4).

[7] Yang Y C, Wang Z S, Yang Y L, Yang L. An Intelligence-Aided Decision System for Predicting Damage to Existing Buildings in a City [J]. EEEV, 1992, 12(1).

[8] Yang Yucheng, et al. An Expert System for Predicting Earthquake Damage to Existing Urban Building [C]// Proceedings of International Symposium on Building Technology and Earthquake Hazard Mitigation. Kunming, 1991.

[9] Yang Y C. Some Proposals for the Index System of Predicting Earthquake Damage[J]. WIEE, 1991(4).

[10] Yang Yucheng, et al. An Expert Evaluation System for Earthquake Damage [C]//Proceedings of 10th WCEE. Madrid, 1992.

4 – 19　Man-Computer System for Prediction of Earthquake Damage to Existing Buildings in a City[*]

Yang Yucheng　Wang Zhishan　Yang Yaling

1　Introduction

Earthquake damage prediction in a city as widely developed in China, can provide an important base for improving the aseismic strengthening state, evaluating the losses in an earthquake, drawing up the earthquake resistance and disaster prevention programme, laying down the countermeasures for risk reduction, emergency measures, and earthquake insurance. Based on the characteristics of the area, the prediction depends on the knowledge and experience of the experts as well as a great amount of data and effective factors, the development of a man-computer system, i.e., an intelligent aided- decision system, which uses a higher level computer language, constructing the data base and knowledge base, applying search techniques, designing and constructing an expert system, could provide a good start in this area.

According to the experience of earthquake damage in China, casualties and property losses during an earthquake are mainly due to the damage and collapse of buildings. The losses are much larger in a city than at countryside; thus prediction of earthquake damage to urban buildings is a key point in damage prediction. Because of this, the intelligent aided-decision system developed and used first in predicting earthquake damage to urban existing buildings.

A man-computer system for predicting earthquake damage to existing building stocks and evaluating casualties and property losses in a city was constructed as a primary form of an intelligent aided-decision system during the research work of Sanmenxia city, Henan province in 1987. From then on, the system was improved and used in Zhangjiang city, Guangdong province; Xiamen city, Fujian province and Taiyuan city, Shanxi province. During the last four years, the system has been used in various cities from a small city of 80 thousand population to middle cities of 300 thousand population, and also to a big city of more than one million population. Meanwhile, by obtaining a large amount of data and experience knowledge and adopting the search technique and network reasoning technique, a knowledge based system PDKSCB−1 has been formed for predicting damage to existing buildings and evaluating casualties and property losses in a city. The system utilizes the VAX/780 computer and IBM/AT microcomputer.

2　The Object and Block Diagram of the System

The object of the system is to predict the earthquake damage to urban existing buildings, to evaluate the casualties and direct economic losses, to decide the goal of earthquake disaster mitigation and to take into account its countermeasures. The system includes 3 subsystems, i.e. building subsystem, man-economic subsystem and diagram subsystem. The block diagram of the system is shown in Fig.1.

The following results can be obtained from this system.

(1) The predicted earthquake damage, casualties and direct economic losses in the whole city under given

Source: Proceeding of the Fourth International Seminar on Earthquake Prognostics (Abstract), Guangzhou, China, Oct., 1989; Earthquake Prognostics International Center, Earthquake Prognostics Strategy-Against the Impact of Impending Earthquake, Berlin, 1998, 337 – 348.

* 本文是该书中文编辑约稿的。提要(Abstract)是地震预报第四次国际研讨会从本书 4 – 2 文的原文摘录的,本书未编入。

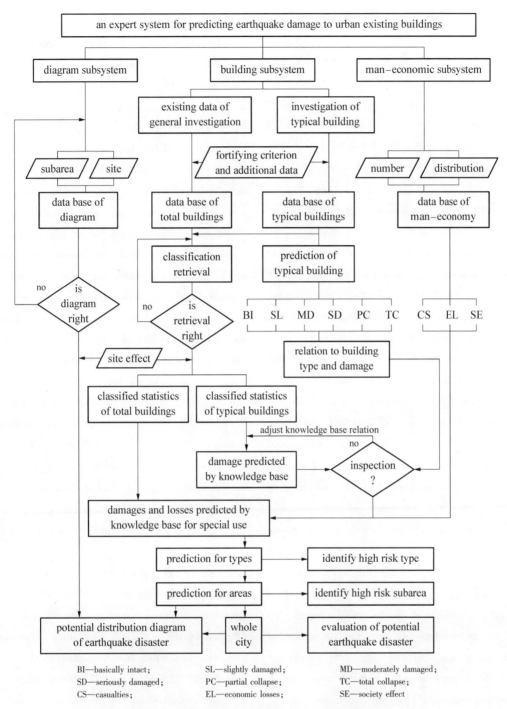

BI—basically intact;　　　SL—slightly damaged;　　　MD—moderately damaged;
SD—seriously damaged;　　PC—partial collapse;　　　TC—total collapse;
CS—casualties;　　　　　　EL—economic losses;　　　　SE—society effect

Fig.1　The diagram of the expert system PDKSCB－1

earthquake intensities 6, 7, 8, 9 and 10, respectively, and / or earthquake effects for an exceedance probability of about 63%, 10% and 2%－3%, respectively, in the next 50 years. Also, the evaluated casualties and direct economic losses in the whole city under complete probability of seismic risk assessment in the next 50 or so years.

（2）The predicted earthquake damage, casualties and property losses of various areas and subareas, and the

identified high risk subareas.

（3）The predicted earthquake damage, casualties and property losses of various kinds of buildings, and the identified high risk building types.

（4）The potential earthquake damage and risk distribution in an entire city.

（5）The possibility and condition of realization for the goal of earthquake disaster mitigation.

3 Data and Data Base

By collecting a large amount of data for predicting damage to existing buildings in a city and storing them in a computer, the data base can be constructed directly or supported by a knowledge base. Each datum is represented by a character string with a definite length, and a digit code or a numerical value. There are six basic data bases in the system.

3.1 Data Base of Existing Buildings in the Whole City

For predicting the earthquake damage to existing building stocks in a city, in a data base the data form of every building is generally represented ba 10 items, i.e. ① the serial number of an administrative area where a building is located, ② the address of the building, ③ the serial number of the building, ④ the owner of the building, ⑤ type of structure, ⑥ the amount of stories, ⑦ the construction age, ⑧ status quo of the building, ⑨ present use of the building, ⑩ the floor area of the building. Utilizing the available data of general investigation and registration of building owners and the existing files of urban planning bureaus and building management offices, the collection of the data for buildings can be obtained and the data base of the system can be constructed. If it is necessary, investigation on site for some specific buildings and building stock should be additionally conducted.

The type of a building in the data base is represented by 5 items, i.e. type of building structure, the amount of stories, construction age, building status quo, and present building use. There are 6 kinds of building structures, 9 kinds of building stories, 6 kinds of construction age, 5 kinds of status quo and 8 kinds of present building use. The type of building can be retrieved either by one-element or multi-elements. There are 34 types of building according to one-element retrieval and 12 960 types of building (10 800 types if not including types of the 1990s) according to 5 - elements retrieval, but most of them in the 5 - elements retrieval are empty sets. For example, according to the statistical data of the 1980s, there are only 926 types of building in Zhanjiang city and only 1 381 types of building in Taiyuan city.

3.2 Data Base for Typical Building

Data of each typical building in this data base which are individually collected from site investigations are used for predicting their particular earthquake damage, and the predicted results represented by damage indices under intensity 6 - 10 are also used as data input.

The typical building should be representative of the overall buildings predicted. There should be indispensable samples for major kinds of structures, amount of stories, construction age, building status quo and present use of building, and the proportion of samples should be roughly close to the proportion of the corresponding buildings in the total buildings predicted. The number of samples should fit the requirements of statistics and should generally have 2-3 percent of the total floor area of buildings. The earthquake damage to the typical building can be predicted by using expert evaluation, model method or expert system. In a common city, earthquake damage to more than half of typical buildings can be predicted using PDSMSMB-1 — Predicting Earthquake Damage Expert System for Multi-Story Masonry Buildings. The development of this expert system PDSMSMB - 1 has passed the primary form, demonstrating stage and application stage, and now is going into the practical and commercial stages.

3.3 Data Base of Population in Existing Buildings

Population data in existing buildings is obtained based on the relationship between the population in each building and the floor area, the occurrence time, and the location and present use of each building, which is supplied by the statistical information of permanent and transient population from the Statistical Bureau. The occurrence time can be divided into day and night. Instead of collecting individual data information on every building, the mean floor area for one person, which is used to obtain the population in the present use of buildings at different occurrence times of earthquakes, can be obtained from the knowledge base with some modification according to the specific location.

3.4 Data Base of Property in Building and Value of Buildings Itself

The direct economic losses to earthquake disaster to be evaluated include both the property losses in buildings and the building itself. The property of the building itself is obtained by multiplying the mean value of cost for entire building by a corresponding coefficient for different building types given in the knowledge base and is modified according to the specific location. The property in the building is obtained according to total society output value, total industrial output value and output value from fixed capitals of 100 yuan, and their relationship to the present use of the building. The relationship can be obtained from the knowledge base and modified according to the function of the specific location.

3.5　Data Base of Diagram

The data base of a diagram of a city or an area is established according to a map illustrating an outline of the city or the area, including main roads, railways, rivers, subareas, and the location of typical and important buildings which will be subject to predictions. In the PDKSCB-1 system, the data base of a diagram is the most basic component of the intelligent diagram subsystem. It must be perfected and carried out as a function of a link-up diagram subsystem with a building subsystem and a man-economic subsystem. Thus, some results of the prediction should produce new information on the diagram subsystem and can be represented by a diagram.

3.6　Data Base of Site Condition

The map of a site condition is plotted on the outline map of a city and is used to evaluate the effects of the site condition on the prediction of earthquake damage to existing buildings.

4　Relationship of Knowledge Bases and Its Inspection

4.1　Factor Relationship and Knowledge Base

The effective factors and their network relationship for evaluating the damage to existing buildings in a city is shown in Fig.2, in which there are 5 effective factors to be considered, i. e., earthquake effect, earthquake damage, economic losses, casualties and importance. There are four major knowledge bases in this system.

4.1.1　Knowledge Base for Predicting Damage to Existing Buildings

A knowledge base for predicting damage to existing buildings in a city is the basic and the largest knowledge base, in which the probability matrix of different damage degree under 6, 7, 8, 9, 10 earthquake intensity for 10 080 building types according to 5-elements retrieval is constructed. Damage degree is divided into 6 ranks, i.e., basically intact, slightly damaged, moderately damaged, seriously damaged, partial collapse and total collapse. The six-ranks damage degree is represented by corresponding damage indices of $[0-0.1]$, $(0.1-0.3]$, $(0.3-0.5]$, $(0.5-0.7]$, $(0.7-0.9]$, and $(0.9-1.0]$, respectively (in Table 1).

Table 1　The relative predicted damage degree with damage index, casualty and economic loss

damage degree		basically intact	slightly damaged	moderately damaged	seriously damaged	partial collapes	total collapse
damage index	region	$[0-0.1]$	$(0.1-0.3]$	$(0.3-0.5]$	$(0.5-0.7]$	$(0.7-0.9]$	$(0.9-1.0]$
	value[①]	0	0.2	0.4	0.6	0.8	1.0
property loss of the building itself/%	region	$[0-1]$	$(1-8]$	$(8-20]$	$(20-60]$	$(60-95]$	$(95-100]$
	value	0.4[②]	3.8	12	36	82	100
property loss in building/%	region	0	$(0-1]$	$(1-5]$	$(5-20]$	$(20-50]$	$(50-100]$
	value	0	0.2	2.2	10.5	32	75
injury/%	region	0	$(0-0.02]$	$(0.02-0.1]$	$(0.1-3]$	$(3-30]$	$(30-70]$
	value	0	0.006	0.05	0.5	10	50
death/%	region	0	0	$(0-0.01]$	$(0.01-1]$	$(1-10]$	$(10-30]$
	value	0	0	0.001	0.15	3	20

Note: ① Represented value.

② Damage index is equal to zero when degree is intact.

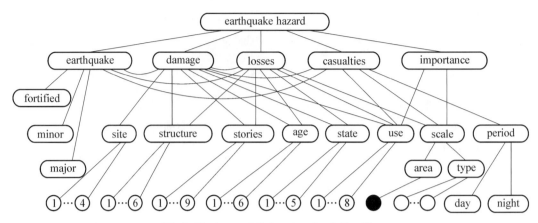

Fig.2 Factors and their network relationship

4.1.2 Knowledge Base for Evaluating Economic Losses

In a knowledge base for evaluating direct economic losses, the losses are related to the damage degree and the earthquake effect in the same level nodes of Fig.2. They are also related to the factors for evaluating both the property in a building and that of the building itself, such as floor area, structure, amount of stories, construction age, building status quo and present use of the building at the next level nodes of Fig.2.

4.1.3 Knowledge Base for Evaluating Casualties

In the knowledge base for evaluating casualties, the casualties are related to the damage degree and earthquake intensity at the same level nodes and also related to the scale (floor area and type) of the building and occurrence time (day or night) at the next level nodes.

Table 1 gives the relation between casualties ratio or economic losses ratio and damage degree in the knowledge bases. The casualties or economic losses under given intensity i are calculated according to the following formula, thus

$$L_i = \sum_{j=1}^{6} P(D)_{ij} l_j N/m_i$$

where i is the given intensity, and j is the different damage degree, $P(D)_{ij}$ is the predicting damage probability for the degree j under a given intensity i, l_j is the casualties ratio or economic losses ratio when predicting damage degree belonging to j and is shown in Table 1, N is the population or both the value of property in a building and of the building itself, m_i is the coefficient of disaster mitigation under intensity i.

The casualties or economic losses under complete probability of seismic hazard assessment in the next 50 years could be evaluated as

$$L_{50} = \sum_{i=6}^{10} \{ P(\hat{I} > i)_{50} - P[\hat{I} > (i+1)]_{50} \} L_i$$

where $P(\hat{I} > i)_{50}$ and $P[\hat{I} > (i+1)]_{50}$ are the exceeding probability in the next 50 years, when $\hat{I} > i$ and $\hat{I} > (i+1)$.

4.1.4 Knowledge Base in Consideration of the Effect of Site Condition

In a knowledge base for predicting damage to existing buildings, the probability matrix of different damage degrees under 6, 7, 8, 9 and 10 earthquake intensity should be modified according to a specific site condition of the subarea. Thus some new knowledge bases in consideration of the effect of site condition can be constructed making use of the following formula, thus

$$P(D)_{ijs} = a_i P(D)_{(i-1)j} + b_i P(D)_{ij} + c_i P(D)_{(i+1)j}$$

where s is the specific site, a_i, b_i and c_i are the coefficients in consideration of the effect of site condition, and the sum should be equal to 1, i.e.,

$$a_i + b_i + c_i = 1$$

4.2 Construction of Knowledge Base for Special Use

A knowledge base for predicting earthquake damage to existing buildings in a city is constructed according to previous earthquake damage data, aseismic behavior analysis and experts' experience. Because of considerable differences in the aseismic capacity of the same type of building in different cities, in order to construct a suitable knowledge base for special use, the basic knowledge base for predicting earthquake damage to existing buildings should first be transferred and adjusted according to experts' experiences and the predicted results of building examples, otherwise the significance for predicting damage to a specific city would be lost. The key step to construct the knowledge base for special use shown in Fig. 1 is consistent inspection, another two inspections are numerical inspection and logic inspection.

4.2.1　Consistent Inspection

Consistent inspection means allowing the earthquake damage to building samples predicted by the knowledge base for special use to be identical to that predicted as a building unit. It is controlled by the Hamming distance in two fuzzy sets. The distance of total deviation is limited in 0.02, i.e., 1/10 rank of earthquake damage degree; the distance of point deviation is required to be less than 0.05, i.e., 1/4 rank of earthquake damage degree. The distances can be expressed as follows:

$$d(A, B) = \frac{1}{5n} \sum_{c=1}^{n} \sum_{i=6}^{10} |I_A(X_c)_i - I_B(X_c)_i| \leqslant 0.02$$

$$d_{c,i} = |I_A(X_c)_i - I_B(X_c)_i| \leqslant 0.05$$

where $d(A,B)$ and $d_{c,i}$ are the distance of total and point deviation, n is the number of predicted earthquake damage to the type of building samples, $I_A(X_c)_i$ and $I_B(X_c)_i$ are the predicted damage indices of X_c type buildings according to one-element retrieval statistics that are predicted by building unit method and by knowledge base, respectively.

4.2.2　Numerical Inspection

Numerical inspection means the probability sum of different damage degrees for each type of building under each intensity should be equal to 1.

4.2.3　Logic Inspection

Logic inspection will introduce no self-contradiction in the knowledge base. Generally 3 kinds of logic inspection should be considered, i.e., ① construction age — the longer the construction age the larger the damage index for the same type of buildings under the same intensity; ② status quo — the better the status quo the less the damage index for the same type of buildings under the same intensity; ③ intensity — the higher the intensity the larger the damage index for the same type of buildings.

5　Search Technique and High Risk Identification

5.1　Compression of Data Base and Management by Grade

In the data base of a city there are as many original data as tens of thousands or hundreds of thousands on buildings. The original data base of buildings should be compressed by transferring the data base based on each building into a data base based on building type and deleting the empty sets. Thus the data base can be reduced ten to a hundred times.

Management of the data base of building types is divided into 3 grades, i.e., subarea, administrative area and the whole city. The data base of the 3 grades can be operated independently or dependently.

5.2　The Search of High Risk Subarea and High Risk Building Type

To evaluate the potential earthquake risk in a subarea, a synthetic decision analysis is conducted in the system based on 3 elements, i. e., building damage, casualties, and property losses. Each of the 3 elements is represented by 3 risk factors, i. e., damage index, vulnerability index, and easy damage probability for building damage; the number, rate and density for both the casualties and property losses. The high risk subarea is searched according to 9 undimensional risk factors which are obtained by dividing the 9 factors that have different dimensions by their corresponding mean value of the whole city.

Identification of high risk buildings should be conducted in two steps, since the amount of building types is too many. The first step is searching based on the vulnerability index for the building types in which the vulnerability index reached a threshold value. The search is conducted according to the 9 risk factors of the 3 elements as the second step. Denote the risk factor which reaches the threshold value as 1, otherwise as 0, asumming up the risk factors which take value of 1 or 0. The building type where the summing number reaches 9 is the high risk building type and that reaching 5 to 8 is the next higher risk building type.

6 Output and Example

The output of the system is a series of tables in fixed form and can be represented by a colour figure. Take Taiyuan city as an example; the predicted earthquake damage matrix to existing buildings is shown in Table 2, the total results of predicted damage and losses are in Table 3. There are 3 high risk subareas and 7 high risk building types searched. From our developing prediction in Taiyuan city, we can see for the goal of disaster mitigation up to 2 000, in which China will make an effort to reduce disaster by 30 percent. The goal of building damage mitigation can be reached by efforts, the casualties can be reduced by more than 30 percent, but the goal of economic losses reduction is difficult to reach if only by engineering measures according to the current aseismic strengthening standard and method.

Table 2　The damage matrix to buildings in Taiyuan city

damage degree	floor space	earthquake intensity				
		6	7	8	9	10
basically intact	$A/\%$	79.66	25.97	6.76	0.38	0.00
slightly damaged	$A/\%$	15.88	39.55	23.07	5.58	0.26
moderately damaged	$A/\%$	3.51	27.11	40.44	23.55	4.28
seriously damaged	$A/\%$	0.84	6.05	23.57	43.80	23.56
partial collapse	$A/\%$	0.11	1.07	4.83	19.48	30.25
total collapse	$A/\%$	0.00	0.26	1.32	7.22	41.65

Note: Total floor area: $A = 41\ 049\ 151\ m^2$.

7 Conclusion

The system PDKSCB - 1 for predicting earthquake damage to existing buildings and evaluating casualties and economic losses in a city is developed from the man-computer system. During the last four years, it was developed and used in Sanmenxia city, Henan province; Zhanjiang city, Guangdong province; Xiamen city, Fujian province; Taiyuan city, Shanxi province and Tieling city, Liaoning province. Collecting a large amount of data and experiences, the knowledge base and the system structure have been improved and become perfect. It has been proved in practice that the predicted results are satisfactory and the system is efficient.

Table 3　The predicted damage and evaluated losses in Taiyuan city

intensity	6	7	8	9	10
damage index	0.052	0.235	0.401	0.596	0.818
losses of building /million yuan	31.270	352.021	1 001.023	2 567.591	5 209.308
losses in building /million yuan	13.291	150.048	617.964	2 063.089	6 418.207
total losses /million yuan	44.561	502.070	1 618.987	4 630.679	11 627.515
injury on day /people	51	924	6 710	51 791	306 201
death on day /people	11	281	2 129	17 512	115 600
casualty on day /people	62	1 205	8 839	69 303	421 801
injury at night /people	73	1 404	9 307	63 769	360 158
death at night /people	17	444	3 088	21 751	135 629
casualty at night /people	90	1 848	12 395	85 520	495 787

References

[1] Yang Yaling and Yang Yucheng. World Information on Earthquake Engineering, 1988(1): 28 – 32.

[2] Yang Yucheng, Yang Liping, Du Ruiming, Li Dahua, Yang Yaling, Gao Yunxue. Computational Structural Mechanics and Application, 1989, 6(2): 17 – 23.

[3] Yang Yucheng, Yang Yaling, Wang Zhishan, Lu Bingzhi. Earthquake Engineering and Engineering Vibration, 1989, 9(3): 91 – 103.

[4] Yang Yucheng, Li Dahua, Yang Yaling, Wang Zhishan, Yang Liu. Earthquake Engineering and Engineering Vibration, 1990, 10(3): 83 – 90.

[5] Wang Zhishan, Yang Yucheng, Yang Yaling. World Information on Earthquake Engineering, 1990 (4): 42 – 46.

[6] Yang Yucheng, Wang Zhishan, Yang Yaling, Li Dahua, Yang Liu. Earthquake Engineering and Engineering Vibration, 1991, 11(4).

第五篇章　衍生应用

不忘震害预测初心，安居设防

5-0　开篇言　智能辅助震害预测的衍生应用推进抗震防灾救灾现代化 ……………………………… 477

5-1　安阳市城市抗震防灾规划通过评审 …………………………………………………………………… 480

5-2　三门峡市抗震防灾基础工作研究及在城市建设中的作用(含专家评审意见) ……………………… 481

5-3　克拉玛依石油城防御地震灾害的工程对策 …………………………………………………………… 485

5-4　城市抗震减灾对策 ……………………………………………………………………………………… 489

5-5　鞍山市城市综合防灾研究实施方案和系统框图 ……………………………………………………… 505

5-6　城市与工程防灾减灾的冗裕理论以及鞍山市防灾投入的重点 ……………………………………… 509

5-7　城市综合防灾的结合点和在鞍山市的示范研究(摘要) ……………………………………………… 512

5-8　鞍山市城市综合防灾系统的示范研究知识工程总体设计(摘要) …………………………………… 513

5-9　鞍山市城市火灾减灾信息研究(概要) ………………………………………………………………… 514

5-10　鞍山市区岩溶分布基本规律及其潜在灾害防治的初步探讨和小结(概要) ……………………… 515

5-11　设防城市的房屋震害统计和预测震害矩阵与其在鞍山市的应用 ………………………………… 516

5-12　论多层砖砌体住宅楼的抗倒设计——汶川地震映秀镇漩口中学宿舍楼震害探究 ……………… 520

5-13　乡镇中小学校舍抗震抗倒安居安学设防目标——汶川地震北川擂鼓镇中小学校舍震害
原因探究 …………………………………………………………………………………………………… 531

5-14　用新标准实施房屋建筑的抗震鉴定 ………………………………………………………………… 538

5-15　加层房屋的抗震安全鉴定 …………………………………………………………………………… 543

5-16　新疆石油管理局乌鲁木齐明园地区房屋建筑的抗震鉴定和震害预测 …………………………… 545

5-17　三座18墙宿舍不同加固措施的抗震效益和经济比较 ……………………………………………… 549

5-18　独山子石化总厂炼油厂炼化生产装置抗震鉴定、震害预测与灾害防御研究(概要) …………… 552

5-19　石化设备抗震抗风动力性能分析和安全性鉴定 …………………………………………………… 553

5-20　石化设备系统的动力相互影响分析 ………………………………………………………………… 558

5 – 21 在极端环境中砌体结构的抗裂研究 ·· 562

5 – 22 地震现场建筑物安全性鉴定[摘录：丽江地震考察记录(1996)] ···················· 566

5 – 23 1996 年 2 月 3 日云南丽江 7.0 级地震丽江县城震害统计和损失评估 ··············· 571

5 – 24 Statistics of Damage and Evaluation of Losses for Lijiang County Town in the Earthquake of February 03,

1996(Conclusion) ·· 578

5 – 25 Existing Building Classification System (Schema) ······························ 579

结语 ·· 581

5-0 开篇言

智能辅助震害预测的衍生应用推进抗震防灾救灾现代化

智能辅助震害预测的衍生应用,可谓属依据其区块链技术的发展,积极推进抗震防灾救灾主体的应急管理体系和能力的现代化。主要关联以下几个方面:

1. 城市抗震防灾规划和抗震减灾对策(见本书5-1~5-4文)

从在安阳创新震害预测,进而用人-机系统预测三门峡市群体震害、搜索高危害用于减灾对策,其后开发专家系统,实现智能辅助决策系统,对湛江、厦门、太原、克拉玛依、无锡、铁岭等市进行震害预测,成为由建设部主持编制城市抗震防灾规划可信任的基础数据,从而提高了编制规划的科学性。其间,又为国家地震局震害防御司执笔《震害预测工作大纲》(试行稿)和为《工程地震研究》撰写三篇相关论文,继而为《城市地震对策》编写城市抗震减灾计划(规划)、新建工程的抗震设防和现有建筑的抗震减灾对策。

5-1文附记中列出安阳市抗震防灾基础研究安阳小区震害预测的论文目录,这是开创房屋建筑震害预测留下的墨迹,16个参加单位和主要研究人员见2-4文。

5-2文全面阐述了三门峡市抗震防灾规划和基础研究与其专家评审意见,也附记了我们提交的论文目录。

5-3文全面阐述了克拉玛依抗震防灾的各项工作,是政府、企业与研究所共同合作完成的。

5-4文对抗震防灾减灾计划(规划),新建工程的选址、设计和施工,现有建筑鉴定加固这三方面论述其对策。特别值得关注的是我国抗震设计规范编制的历史,从20世纪50年代初至今不同的版本。

2. 抗裂抗倒设计和抗震鉴定安居加固决策(见本书5-12~5-17文)

20世纪的震害调查统计,从地震中学到知识,依其创新的震害预测,关联我国建筑抗震设计的抗裂抗倒双重设防。20世纪初,在我国地震灾害又频发,由设防城市如丽江、包头等地震,尤其从汶川地震遭遇不

同地震影响的震害矩阵可见,一般能达到相应的小震不坏、中震可修、大震不倒的抗裂抗倒双重设防要求,当然实际震害有不符合的。如汶川地震因山体崩塌,但也有设计不当和评述不妥的。我在汶川地震周年,随郭迅研究员团队赴极震区,逆向调研多层砖结构住宅和学校为何不倒,解析显现符合抗震设计的,遭大震是可裂而不倒的,倒塌的有因建筑构造和(或)强度不足,甚至有误之故。为此,我撰写两文(见本书5-12、5-13文)。前文关于住宅,我请多人看过,都同意我的立论;后文关于学校,是我和孙柏涛的博士生周强商讨成文的。诸多学者研究汶川地震中的抗震设防,发表的论文可说有着相同的看法,即设计得对、盖得好,可大震不倒。如王亚勇《汶川地震建筑震害启示——三水准设防和抗震设计基本要求》、张敏政的《从汶川地震看抗震设防和抗震设计》、高本立的《汶川地震砖房震害启示》,以及清华大学等编的《汶川地震建筑震害分析及设计对策》。汶川大震房不倒,我还写文"山区民居抗震范例"推荐(见本书1-11文附)。

抗震鉴定的意图为从源头上防范既有建筑地震的安全风险,把问题化解在成灾之前。当年修订国家标准《建筑抗震鉴定标准》(GB 50023—1995),是运用了震害预测研究成果的。在鉴定标准修订中我负责主持多层砌体房屋,初审前得知还另有起草,以防我们起草的在审查通不过时使用,当时我不想去和他们争,好在齐霄斋时任科研处长,要我一定去赴会。出乎我们和编制组所料,评审专家赞同我们的二次判别方法和从定性到定量的综合鉴定,评定为达到国际先进水平,要求别的章节也按此做相应修改。经修改后提交评审的鉴定标准经专家会审后认为"达到了国际水平,其中房屋综合抗震能力鉴定的方法达到了国际先进水平"。该国标获建设部科技进步三等奖(戴国莹、杨玉成、李德虎等)。

震害预测由抗震鉴定发展而来,又运用到抗震鉴定和抗震加固。两者信息链具有数据信任和结论交互的特点。我们在承担抗震鉴定任务时要做震害预测

的，反之，两者也都做的，如对航空部兰州两厂住宅（见本书2-8、2-10文）、日照港务局住宅（见本书3-4文）。在本章中对新疆石油管理局在克拉玛依和乌鲁木齐的各类房屋都做了抗震鉴定和震害预测（见本书5-14~5-16文），其中对量大面广的无腹杆拱形厂房还进行了振动台模型试验，修改了规范规定（见本书1-17文）；对不设防的多层住宅也进行了振动台模型试验，安定了民心（见本书1-18、1-19文）；对鉴定不合格的都说明了原因和解决对策，该拆的就拆，如新疆石油局总医院住院大楼（见本书5-15文）；再如影响挺大的兰州两厂住宅为"软科学"抗震决策分析1/3房屋拆除，不值得加固（见本书2-9、2-10文）。我们做抗震鉴定关联震害预测加抗震决策分析，确实在地震应急管理体系中体现了科学化、专业化、智能化、精细化水平。

3. 城市与工程多灾种综合防灾减灾研究（见本书5-5~5-11、4-13、4-14文）

由单一的地震灾害扩展到多灾种的风险预测预防研究，在国家自然科学基金重大项目"城市和工程减灾基础研究"中，1994—1998年由四个研究单位（同济大学、清华大学、建研院和工力所）依托四个城市（广州、镇江、唐山和鞍山）分别进行工作。时值"国际减灾十年"，城市灾害的综合防御和减灾是我国和世界各国减灾工作的目标。

我所依托钢都鞍山开展"城市综合防灾对策示范研究（鞍山）"，在充分调查城区灾害源和认知其现状的基础上，提出鞍山市城区的潜在灾种主要是地震和岩溶坍塌、火灾与工业燃爆。四个依托城市各有其主要灾种，但遗憾的是当年谁也没认知雾霾和水质污染的危害与其防御对策，更未提及对类似当今生物疫情的警惕和防御。对城市综合防灾的研究，当年立论四点：① 冗裕理论是实施城市防灾减灾的安全理论，其目标是减轻灾害有可得利益；② 工程防灾是各灾种综合防御最基本的结合点；③ 工程性的和非工程性的防灾措施相结合是综合防灾对策的基本原则；④ 综合成灾模式要认知多灾害的危险性互联，安全风险的交织叠加也谓互联，更要防其增值，包含通常所说的次生灾害。

在鞍山防御多灾种的研究，核心技术是城市现有房屋震害预测智能辅助决策系统，是我们研究其关联的源本（不同的研究单位自有其核心技术和源本），即从单一的地震灾害扩展提升为多灾种灾害的预测，并

将知识数据库增加图形信息，扩展提升成城市工程建设和综合防灾图形信息智能系统。正在与鞍山市建部门讨论如何进一步在全市开展工作，等领导来指示，却得知市委主要领导要离任，调出辽宁。在全市要真干实干的方案随即落空了，我们只得改为示范小区，用技术换取资料，在鞍山市实施了演示性运行（见本书4-13文）。还实施了火灾减灾图形信息的智能系统（见本书5-9文）。辽宁省建设厅的同志有积极性，想干也干不了鞍山市的事，好在沈阳市房产局有需要，实现了应用于沈阳铁西小区房屋震害预测（见本书4-14文）。

4. 特种化工设备、极端生态环境的安全风险评估（见本书5-18~5-21文）

独山子和库尔勒这两项不同寻常的任务，并非通常熟悉的震害预测和抗震鉴定。两甲方都做了前期准备，其任务目的要求挺高，也明确，且已有多个单位来洽谈过，未成。他们邀我们去，两项分别谈一次就互通，签订的两个合同得到上级总公司同意批准，对我们敢于接受这样困难的任务很放心。

将震害预测对象从房屋建筑衍生相连到特种化工设备石化装置，进行了独山子石化总厂炼油厂生产装置的抗震鉴定、震害预测与灾害防御对策研究（见本书5-18文）。我们在所内请孙景江研究员进行理论分析和周四骏高工现场测试增强团队，与同济大学合作，是双一流的强强结合，扬长同奋进的科学共同体，通过现场工作实践生产课题研究，内业计算分析，评估地震安全风险和防震减灾措施，既完成任务，又成就学业，培养博士（见本书5-20文）、硕士（见本书5-19文）各一名。毕业即走上工作岗位，有理论、明工程、得赞誉。

塔里木石油勘察开发后勤基地大二线西区，生态环境很是艰苦，位于库尔勒的西部、塔克拉玛干沙漠的东北边缘。评估对象为西区仓库砖房，大多开裂，基地基建和当地检测部门已观测记录裂缝一年多，我们与其及新疆地震局合作。研究产生裂缝原因，并非地震，主要是极端生态环境。在40多摄氏度的砾石戈壁场，地表超60℃，酷晒熏烤，逐幢调查，绘制裂缝分布图，还将砌块空运到哈尔滨对比测试，研究在内陆荒漠型环境砌体结构的安全性鉴定风险评估、工程病害诊断和防治。震害预测相连到生态环境，预测和设防极端生态环境为主因子对工程的危害，这是我国开发西部建设所需的（见本书5-21文）。

5. 地震现场的损失评估和建筑物安全鉴定及城镇重建对策(见本书5‒22~5‒24文)

震害预测关联防灾规划和减灾对策、抗震设计和抗震鉴定,均属地震灾害应急管理体系中的预案阶段,防患于未然,为从源头上防范化解重大安全风险。一旦当地震发生,瞬即转入抢险救灾和恢复重建阶段。当然,在应急管理体系中,人工智能辅助决策便由震害预测关联到了地震现场损失评估和建筑物安全鉴定。

1996年2月3日丽江7.0级地震,我任专家组组长于5日飞到昆明才知任务,即请课题组从哈尔滨的大数据库中将有关丽江的房屋建筑、人口、经济等数据调出来。在现场做损失评估时,底数一清二楚,丽江地署建委问我怎知他们的"家底",答"是你们每年向建设部上报的"。与云南省地震局联合编写的丽江7.0级地震损失评估报告,十天就送到北京做汇报。回到哈尔滨,就用智能辅助决策系统处理数据,公开发表丽江县城震害统计和损失评估论文(见本书5‒23文),后被国际地震预报中心编委约稿刊登(见本书5‒24文)。

丽江地震在我国开创了在地震应急期现场开展建筑物安全鉴定的先河(见本书5‒22文),这是地震应急管理体系的救灾端链。国务院总理率团飞抵丽江,国家地震局陈章立局长在现场做出决定,对抗震救灾具有重要作用的建筑物进行安全性鉴定。震灾防御司有备而来,陆鸣处长从北京带来表示鉴定不同结果的标签,分别为绿、红、黄三色以示安全可用、危险不用和待处理后再用。得令行使,有责有权,做鉴定、给意见,这与以往震害调查震损评估在现场不表态不同。这次地震现场安全鉴定的实践,对恢复正常的社会秩序、维护社会稳定、尽快妥善安置灾民起到了良好的效果。重建家园,力荐丽江纳西古城按"原样修复重建",有作用、有价值。

6. 编制国标地震现场《建筑物安全鉴定》2018年列入获奖体系

丽江地震后,袁一凡研究员于1996年3月急赴新疆,在伽师地震阿图什村小学做出极为有效的安全鉴定。5月包头地震,市政府有序组织和指挥避震场所及相关建筑物的安全鉴定。为贯彻国家防震减灾法,由中国地震局提出编制地震现场工作第二部分《建筑物安全鉴定》(GB 18208.2—2001)。依据历次地震的震害经验和现场安全鉴定的实践经验,以及抗震性能分析和试验研究成果,同时参照建筑抗震鉴定标准等有关法规,由杨玉成负责主持,主要起草总则、前四节和5多层砌体、10木结构、11土石墙房屋三节,6~9节房屋分别由张令心、孙景江、郭恩栋、尚久铨起草,时任工力所科研处处长孙柏涛负责协调。该国家标准于2001年2月由国家质量技术监督局发布,8月1日起实施至今。为对该标准的编制目的、背景及其所规定的内容和要求做出较为详细的解释和说明,国家地震局由卢寿德主编《地震现场工作》国家标准宣贯教材,杨玉成为该书主要编委。国标《建筑物安全鉴定》和丽江地震开创现场鉴定先河的实践,是2018年获中国地震局防震减灾科技成果一等奖的"地震现场调查评估工作技术标准体系构建及应用"的组成内容之一。

完成国标地震现场《建筑物安全鉴定》及其宣贯教材的编写,我已退休,未能将文本提升为智能系统。殷切期望在地震现场应用人工智能施行建筑物安全鉴定。当今,医生可在线问诊,千里远诊手术,受震建筑物为何不能,应该能,必然能,甘愿为之。

本书结尾篇章不忘初心,安居设防,毕生经历抗震防灾—减灾—救灾,精神永恒,国泰民安,人人生活幸福。

5－1　安阳市城市抗震防灾规划通过评审

杨玉成

河南省建设厅于 1986 年 4 月 30 日—5 月 2 日在安阳市召开了安阳市城市抗震防灾规划评审会,有 23 个单位的 31 人参加了会议。

安阳市抗震防灾规划办公室组织本市科技力量,在一年多的时间内,广泛搜集和调查了与本市抗震防灾有关的基础资料,运用"豫北安阳小区现有房屋震害预测"的方法及有关科研成果,编制了以基本烈度 8 度为防御目标的规划。在评审会上,安阳市的 7 名同志介绍了编制规划的三项基础技术工作(地震地质特征及发震构造条件分析、地震影响小区划和震害预测)、抗震防灾规划纲要和 7 个规划子项(土地利用、城市生命线工程防灾、防止次生灾害、新建工程设防和抗震加固、避震疏散、震前应急准备和震后抢险救灾、人员培训和宣传训练)。

评审委员们经过认真的讨论和评议,一致认为该规划具有一定的科学性和可行性,规划图文并茂、通俗易懂、细致具体、便于实施。评委们还指出了规划中尚需修改和充实之处。建设部抗震办陈寿梁副主任高度赞扬了安阳市自力更生、省时省钱地认真编制城市抗震防灾规划的精神,认为值得在各兄弟省市推广。

安阳市地处全国地震重点加强监测区,存在着发生中强地震的危险。因此,尽早编制该市的抗震防灾规划并加以实施,对减轻在未来地震中潜在的危害有着极为重要的意义。

附记

1980—1983 豫北安阳小区现有房屋震害预测研究
(建设部抗办科研项目)
研究报告目录
1982 安阳小区现有房屋震害预测报告集(第一集)

一、参加"豫北安阳小区建筑震害预测"专题工作单位和人员(见本书 2－4 文)

二、豫北安阳小区现有房屋震害预测研究综述

三、豫北安阳小区现有房屋震害预测总报告

四、安阳市城市地震小区划

五、安阳小区多层砖房的震害预测

六、现有多层砖房震害预测的方法及其可靠度

七、单层空旷砖房震害预测方法

八、安阳小区单层空旷砖房的震害预测

九、小区单层厂房的震害预测方法

十、安阳多层钢筋混凝土框架房屋的震害预测

十一、安阳钢筋混凝土内框架房屋的震害预测方法

十二、安阳小区平房抗震性能的评定与加固研究

十三、平房抗震性能评定方法的研究

十四、安阳市北关区的地面运动特性和安阳地堑影响的初步探讨

1983 安阳小区现有房屋震害预测报告集(第二集)

一、豫北安阳小区场地地震效应的预测

二、多层砖房震害预测方法的震例检验和二次判别数值

三、安阳市多层砖房动力特性的测定及其震害形式的估计

四、豫北四市典型多层砖房的抗震性能评定

五、三幢 18 墙宿舍不同加固措施的抗震效益和经济比较

六、安阳市委办公楼抗震加固措施及实施后震害预测

七、对一幢拐角楼抗震性能分析方法的探讨

八、安阳空旷砖房的动力特性测定

九、豫北地区典型单层空旷砖房抗震性能分析及加固意见

十、豫北五座典型钢筋混凝土单层厂房的抗震性能分析和加固方案探讨

十一、安阳工业厂房自振特性的测定

十二、安阳框架房屋动力特性的测定

十三、安阳市北关区钢筋混凝土内框架房屋震害预测

十四、安阳市北关小区单层厂房的震害预测

十五、安阳第二塑料厂抗震加固措施

十六、城镇平房典型加固示例

十七、用弹塑性动力分析法分析安阳机床厂重型车间抗震性能的研究

十八、多层砖房的震害概率

十九、安阳市地震危险性及多层砖房的地震破坏概率

本文出处:《世界地震工程》,1985 年,第 3 期。

5-2 三门峡市抗震防灾基础工作研究及在城市建设中的作用（含专家评审意见）

杨玉成　吕秉志

1 引言

三门峡于 1957 年建市,位于河南省西部、黄河南岸,是豫西的一个新兴工业城市。城区规划面积为 18 km²,已建成区为 9 km²,城区非农业人口近 10 万人。

三门峡市是我国重点抗震设防城市之一,它处于全国地震烈度区划图中的 8 度区内。为了搞好城市抗震防灾工作,三门峡市抗震办公室与国家地震局工程力学研究所和清华大学土力学教研组合作,进行了三门峡市抗震防灾基础工作的研究。依据研究结果,三门峡市抗震防灾规划办公室编制了规划,并于 1988 年 1 月通过评审,主任委员是同济大学章在墉教授。

在基础工作研究和规划编制期间,正值三门峡市建制变更,新的建筑抗震设计规范有了送审稿,为了使抗震防灾规划达到一个新的水平,更好地适应当前和今后城市发展的需要,有效地建设一个抗震的城市,减轻潜在地震灾害的损失,在研究中进一步考虑了三门峡市由原地辖市升为省辖市的实际情况,扩大了范围;按照抗震设计新规范中"小震不坏、大震不倒"的设防准则,采用地震危险性分析的不同超越概率,按三个设防水准烈度进行地震小区划和震害预测,以及人员伤亡和直接经济损失的评估。同时,也相应地增加了抗震防灾规划的深度。

2 地震危险性分析

三门峡市的地震危险性是由陈达生教授分析的,他根据以三门峡为中心的 320 km 半径范围内历史地震记录及地震地质构造特征,并参照"小浪底水库坝址场地地震危险性和地震动工程参数研究报告"划分潜在震源区,采用由我国历史地震资料的统计分析得到的断层地表破裂长度与地震震级关系的经验公式和地震烈度衰减规律的经验公式,由我国东部地区的中

强地震记录统计分析得到的峰值地面加速度衰减公式,以及目前国内外广泛采用的考虑断层破裂长度的泊松模型。分析结果表明,该市一般房屋地震危险性的三个档级的设防标准可谓:

基本烈度(设防烈度)通常按 50 年超越概率为 10%~13% 来确定,即相当于重现周期为 475~360 年,则若用烈度衰减规律公式的计算结果为 7 度强,若用 II 类场地的水平峰值加速度规律公式的计算结果为 246~204 gal,两者相差不多,为了安全起见,建议取较大者,即三门峡市的地震设防烈度(第二水准烈度)为 8 度(或水平峰值加速度为 0.25g)。

按"小震不坏、大震不倒"的设防准则,即以 50 年超越概率为 63.2%(相当于重现周期为 51 年)的地震烈度为多遇地震烈度;以 50 年超越概率为 2%~3% (相当于重现周期为 2 475~1 642 年)的地震烈度为罕遇地震烈度。则若用烈度衰减公式所得的结果,分别为 5 度强和 8 度强;若用峰值加速度衰减公式所得结果,分别为 66 gal 和 636~523 gal。考虑到用两种方法所得结果的差异,建议按平均程度确定第一水准烈度和第三水准烈度,即小震为 6 度(水平峰值加速度为 0.062 5g),罕遇大震为 9 度(水平峰值加速度为 0.50g)。

对三门峡市的地震危险性分析,评审委员会认为依据可靠、方法成熟、结论可信。不足的是地震危险性分析(烈度及峰值加速度)采用了概率方法,而(后在地震小区划中)用以合成人造地震波的基岩反应谱却采用定数法,前后不相适应,因而反应谱及人造地震波不再含有概率意义。

3 地震影响小区划

三门峡市建于黄河与其支流涧河之间的 II、III 级阶地上。阶地长 6~7 km,宽 3~4 km,建成区的建筑物大都在 III 级阶地上,而在该市的规划和在建工程中,大

本文出处:《世界地震工程》,1989 年,第 1 期,24-28 页。

量的建筑包括新的市府市委行政和住宅区集中在Ⅱ级阶地上。在Ⅱ、Ⅲ级阶地的接壤处，存在一个高差为10~20 m，平均坡度为 1：2~1：6.5，纵长约为 5 km 的自然斜坡，在平面上它恰好位于三门峡的主纵轴线。因此，在三门峡的地震小区划中，除了按常规进行场地评价和地震地面运动特性分析外，特别关注对黄土边坡地震稳定性的评价和阶地地形对地震动影响的分析。

在地震小区划的基础资料搜集过程中，三门峡市抗震办公室利用市区各基建单位在不同年代钻探的地基资料、供水钻井资料和水库地质勘察资料，绘制了市区的工程地质岩性剖面图，并自行测绘Ⅱ、Ⅲ级阶地的典型剖面。这不仅加快了工作的进程，而且节省了大量的开支。

三门峡市黄土边坡的地震稳定性及其对房屋建筑的影响，是由清华大学宋昆仑老师进行评价的。计算分析采用边坡稳定极限平衡分析条分法中的简化毕肖甫模型，并用优化技术搜索最危险滑裂面。对四个典型剖面的抗滑稳定性分析研究表明：在这些地段，遇有 7~8 度地震时一般不致发生滑坡；9 度时土质差（Ⅰ-Ⅰ剖面）坡度陡（Ⅵ-Ⅵ剖面）的地段处于抗滑稳定安全的临界状态，可能发生滑坡。同时，这项研究还表明，在Ⅲ级阶地边缘建造 4~6 层或 7~10 层房屋时，建筑的安全边缘距建议按不同的剖面地段分别取为 10~30 m 和 15~40 m。

三门峡市场地地震影响的综合评价和小区划，及其现场工程地质钻探、波速测试和地脉动测量，室内土动力学性能试验和地震动反应分析，是由刘曾武课题组与其合作者共同进行的。三门峡市的地震小区划采用三种方法进行：

（1）按建筑抗震设计规范分类。除了Ⅲ级阶地边缘上下、冲沟附近、回填或浸水区未处理的地段为不宜建造房屋的场地之外，Ⅱ、Ⅲ级阶地一般均属Ⅱ类场地。在涧河两岸的Ⅰ级阶地和Ⅱ级阶地的前缘，砾石层上的覆盖土层小于 8 m，剪切波速大于 250 m/s，按新的建筑抗震设计规范似可作为Ⅰ类场地，但在此地段建筑时，要考虑到在 30~50 m 厚的沙砾石层下有 100 m 以上厚的 Q 土层，及涧河洪泛期高水位对湿陷性黄土的影响。

（2）按场地隶属度分区。这一方法以土层的平均剪切模量和覆盖土层的厚度为衡量场地的指标，用模糊评判得到场地类别的隶属度，并与规范反应谱建立关系。在三门峡市规划区中 31 个场地的隶属度平均

值为 0.70，最大值为 0.89，最小值为 0.57。若将这 31 个场地按隶属度大小分为 A、B、C 三个区，则它们的平均隶属度分别为 0.78、0.70 和 0.63，都在新的抗震规范Ⅱ类场地的隶属度表征值 0.67 的附近。由此可见，三门峡的场地地震影响小区划按隶属度划分和按规范有较好的一致性，而隶属度能进一步表明实际场地差别的影响。

（3）按地震动反应分析划分。根据地震危险性分析的结果，用两条人工合成地震波作为远震和近震的基底输入地震波，并按三个不同水准烈度调整相应的加速度幅值对 25 个参考点按一维水平剪切模型进行土层的地震动反应计算，得出各点地面峰加速度和峰速度作为设计地震动参数小区划的基础数据，并按二维有限元模型进行阶地地形影响的计算。计算结果支持了按隶属度方法的分区，即在总体上场地各点的地震反应相差不大，但在 C 区场地中的各点反应的平均值比 B 区略大，B 区又略大于 A 区。对阶地地形场地的地震动计算结果，在距坡顶端部 20 m 范围内，地震动反应比水平土层反应大约有 10% 的放大效应。

综上，三门峡市地震小区划的设计地震动参数建议一般可不再分区，在黄河以南、涧河以北的Ⅱ、Ⅲ级阶地的范围内，除了阶地交界过渡带和冲沟附近外，抗震设计反应谱的表达式为

$$SA(T) = \alpha(n) \cdot \beta(T)$$

式中　$\alpha(n)$——不同水准烈度的水平峰值加速度，第一水准烈度（6 度）为 0.062 5g，第二水准烈度（8 度）为 0.25g，第三水准烈度（9 度）为 0.50g；

　　$\beta(T)$——动力参数，为计算的地面峰值加速度的平均值（a）和峰速度的平均值（v）之比值及建筑物自振周期（T）的函数。

$$\beta(T) = \begin{cases} 1 + \dfrac{a}{v}T & 0 \leqslant T \leqslant T_1 \\ 2.25 & T_1 \leqslant T \leqslant T_g \\ 10\,\dfrac{v}{a}T^{-1} & T_g \leqslant T \leqslant 4 \end{cases}$$

式中 a/v 值、T_1 和 T_g 值对近震（6、8 和 9 度）分别为 0.07 s、0.08 s 和 0.30 s，远震（6 度）分别为 0.11 s、0.13 s 和 0.50 s。

关于地震影响小区划工作，评审委员会认为：考虑全面，既包括了地基失效小区划，也考虑了地震动参

数小区划;抓住了主要矛盾,即Ⅱ、Ⅲ级阶地及边坡稳定的问题;并综合采用三种方法进行场地区划,数据资料基本可靠,分析计算方法成熟。边坡稳定计算方法成熟,结论可靠。评审委员会还指出:小区划的基础资料没有充分反映通过本市及其邻近的大小断裂等地质构造因素对工程影响的评述;对于作为假想基底的沙砾层还缺乏足够论证;对于二维斜坡地形计算简图所取两侧至人工边界的长度不足。

4 现有房屋震害预测及其人员伤亡和直接经济损失估计

对三门峡市现有房屋,通过现场勘察和重点调查,根据全国城镇房屋普查资料和现场补充采集的数据,由三门峡市抗震办公室按工程力学研究所现有房屋震害预测数据库规则填写幢表,共计建筑面积为146万 m²,居留人数白天95 748人,夜晚81 151人,房产总值1.79亿元,财产总值1.98亿元,这些数据是依据1985年年底的统计资料而得的。

本项研究是用人-机系统关系数据库进行的,这是工程力学研究所在1987年首创的用于城市现有房屋的震害预测、人员伤亡和直接经济损失评估的新方法。人-机系统计算机程序由王治山和杨雅玲编写,有三个数据库组成,即图形数据库、房屋数据库和伤亡-损失数据库。三门峡市有将近10万个数据信息输入计算机,根据典型房屋的预测震害和专家经验,建立关系数据库,通过一致性检验,由人为指令、计算机检索统计,得出预测震害、人员伤亡数和直接经济损失值,以及高危害的房屋类型和高危害的街坊小区。对于重要的和典型的房屋,是由高云学和杨柳采用模式法预测震害的,包括指挥机关、公安消防、医疗救护、交通通信、供水供电、粮食金融、公共建筑、中小学校和多层住宅,单层工业厂房的震害预测由三门峡市抗震办公室郭文华和刘丽杰在机械委第六设计院陶谋立高级工程师的帮助下与各厂技术人员结合进行的,其结果也输入到计算机数据库中。

从三门峡现有房屋地震危害性的总的预测结果可以看到:

当遭受到6度小震的地震影响时,现有房屋基本上都是完好无损或基本完好的,预测破坏的房屋不到5%,轻微震损的不到10%,由此造成的房产和财产的直接经济损失率估计也不到0.5%,一般不致造成人员伤亡,偶尔可能有个别受伤。当遭受到设防烈度(8度)的地震影响时,预测结果大多数房屋会有破坏,其中严重破坏的约占13%,有3%~4%的房屋可能部分倒塌或全毁倒平。直接经济损失率估计超过10%,其中房产损失率为17%~18%,财产损失率为6%~7%。估计可能有100多人死亡,约400人受伤。

当遭受到罕遇大震(9度)的地震袭击时,预测现有房屋半数以上将严重破坏,少数倒塌,其中约13%部分倒塌,近2%全毁。估计直接经济损失约为20%,死亡率为1%左右,受伤率为3%左右。

对重要的建筑,即在生命线工程中的建筑物和地震救灾应急用房,预测震害的结果表明:大多数能满足"小震不坏、大震不倒"的双重设防准则,但有些房屋抗震能力较低或不能作为地震应急用房。如:指挥机关用房中,市委原办公楼和陕县县委办公楼抗震能力低,从抗震防灾的角度,新建的市级指挥机关用房正好替代不符合要求的旧建筑;消防车库在遭受设防烈度的地震时,难以保障消防力量的安全和担负起及时扑灭地震火灾的任务;医疗救护系统中黄河医院不能满足要求;市电信楼的抗震能力差,在新建邮电大厦落成后,现电信楼应降级使用;面粉加工厂预测震害重,宜及早淘汰更新,现已新建第二面粉厂,满足设防要求;市工商银行和陕县农业银行在遭受设防烈度的地震时,也将难以保障正常开展业务活动。

本项研究结果表明,十年来三门峡市的抗震防灾工作对提高现有房屋的抗震性能减轻地震危害的效果是显著的,近期建造的房屋一般抗震性能较好,能符合8度设防要求,加固后的房屋预测震害程度比加固前的预测震害可降低半级,抗震加固对减少人员伤亡和直接经济损失更是明显。目前,三门峡市的高危害房屋类型,主要是20世纪60年代以前建造的平房和少数单层工业厂房,尤其是尚存在市区的一批修筑三门峡水利枢纽初期建造的土木砖结构平房。近年因城市规划的要求,建了六层底层商店住宅,由于抗震设计水准偏低,当遭受8度地震时,其危害也超出了可接受的程度。高危害的街坊小区,一个是古镇会兴,目前正在全面拆建;一个是六峰路以西、陕州路以东、和平路以南至Ⅲ级阶地边缘的街坊小区;另一个是涧河南的工厂区,在这个小区中有个别单层工业厂房预测震害甚重,经复查确属抗震性能差。本项研究还指出,在今后如能结合城市规划,淘汰高危害房屋类型中的平房,改造高危害街坊小区,迁移阶地边缘有危险的房屋,在注重抗震加固社会效益的同时加强对资产高的厂房的抗震鉴定和加固工作,将可有效地减轻潜在地震的危害程度。

评审委员会对这项研究的评价是：在城市建筑物群体震害预测中采用人-机系统，是国内比较先进的方法，对于大量数据信息加工，充分运用专家经验，以及进一步推广用于其他城市，均有着重要意义，这种多因素预测方法比起原来的单因素或少因素预测方法来向前迈出了一大步。评委会还指出，应在下阶段工作中补上生命线系统网络的震害预测，在损失分析中仅考虑直接经济损失而未做间接损失分析是不够的。

5 在城市建设中的作用

三门峡市城市抗震防灾基础工作研究，是以编制三门峡市城市抗震防灾规划为目的，签协内容包括地震危险性分析，地震小区划和黄土边坡稳定性评价，现有房屋震害预测及其人员伤亡和直接经济损失估计等项。1985 年秋开始现场工作，1987 年 6 月和 10 月分两批提交研究成果。其间因三门峡市建制变更而停顿，实际工作时间近一年。这项研究成果已应用于"河南省三门峡市城市抗震防灾规划"。抗震防灾规划已于 1987 年 12 月 19 日和 1988 年 1 月 16 日分别由三峡门市人大和专家评审会通过。

三门峡市建委认为：这项研究具有重大的社会效益和经济效益。研究中充分考虑到三门峡市由地辖市改为省辖市的实际情况，为三门峡市的建设发展提供了可靠的依据。研究中按新修订的抗震设计规范(送审稿)中关于"小震不坏、大震不倒"设防准则，为三门峡市提供了三个档级的设防水准烈度，即基本烈度、小震和大震的设防烈度，相应的地震动参数和不同烈度下的预测震害、人员伤亡和经济损失，以及黄土地形影响及边坡稳定分析。这些研究已成为三门峡市建设发展和抗震防灾对策的依据，为三门峡市新建工程的设防和土地利用规划、临震应急措施规划和抢险救灾规划、抗震加固规划和震后复建规划提供了基本数据和重要依据。三门峡市对基础研究中所提出的高危害小区和高危害房屋类型，有的已开始进行改造和加固，有的正在着手进行。这些对减轻三门峡市潜在的地震危害具有极为重大的社会效益和经济效益。

专家评审委员会，一致同意三门峡市城市抗震防灾基础工作研究的现有报告和规划正式通过，同时还指出，在这项基础研究工作中，体现了专业科研单位与当地力量相结合，充分利用了现有资料。我们谨向专家们的认真评审和宝贵意见致以诚挚的谢意！ 同时，我们也深深地体会到在城市抗震防灾的基础研究中，专家们指出的生命线系统网络和间接损失分析这两点是至关重要的。

附记

1987 年 10 月三门峡市抗震防灾基础
工作研究(报告集)论文目录

0 三门峡抗震防灾基础工作研究任务总报告

1 三门峡市地震危险性分析

2 三门峡市地震小区划

3 三门峡市黄土边坡的地震稳定性评价及其对建筑物的影响

4 三门峡市震害预测

4-1 三门峡市现有房屋震害预测及其人员伤亡和直接经济损失的估计

4-2 三门峡市抗震防灾重要房屋的震害预测

4-3 三门峡市中小学教学用房震害预测及其抗震加固效益的分析

4-4 三门峡市影剧院的震害预测

4-5 三门峡市多层砖住宅的震害预测和地震危害性评估

5-3 克拉玛依石油城防御地震灾害的工程对策

王玉田(杨玉成协助起草)

1 引言

克拉玛依位于新疆准噶尔盆地的西北缘。自1955年第一口钻井喷油,克拉玛依人艰苦创业40多年,在戈壁荒滩建成了一座现代化的石油城,这是我国西北地区目前最大的石油工业基地。然而在城市和工程建设中,克拉玛依对潜在地震的危害,到20世纪90年代才开始设防。

克拉玛依地区目前的基本烈度为7度,在1978年的地震烈度图中基本烈度为6度,实际上未设防。在现行的烈度区划图编制后期,中国石油天然气总公司颁发〔1990〕基抗字第164号文件,确定克拉玛依市按地震烈度7度设防。在克拉玛依防御地震灾害的工程性措施自1991年开始采取。在这六七年中进行了场地地震安全性评价、工程震害预测和抗震性能试验研究、新建工程的抗震设防和既有工程的抗震鉴定与加固、抗震防灾规划的编制等,这使克拉玛依石油城目前基本上具有抗御7度地震的能力。

2 场地地震安全性评价和抗震设防标准

克拉玛依是一城多镇集团型城市,有城区、金龙镇、三平镇、白碱滩、百口泉和乌尔禾六个场区,自南往北偏东分布,长约100 km。地震安全性评价结果表明:

(1)这六个场区正好位于阿尔泰和北天山两个强震活动带之间地震活动性较弱的地段,六个场区在历史上遭受的最大影响烈度均为Ⅵ度。

(2)这六个场区所在的克乌断裂带,在早白垩世以前就已停止活动,不具备发生6级以上地震的构造条件,但可能发生一些有感的小地震。

(3)该场区的地震危险性主要来自达尔布特断裂带活动的影响,其次是北天山地震活动和斋桑泊额尔齐斯河断裂带地震活动的影响。

(4)按50年内超越概率为10%相应的地震烈度,这六个场区的地震基本烈度均为Ⅶ度,远场地震影响。

由场区覆盖层厚度和场地土类型确定的建筑场地类别与场地土层地震动分析的设计地震动参数见表1。

表1 克拉玛依各场区的建筑场地类别和设计地震动参数

场区	建筑场地类别	抗震截面验算参数(50年超越概率63%)		抗震变形验算参数(50年超越概率2%)	
		α_{max}	T_g/s	α_{max}	T_g/s
城区(一)区	Ⅰ	0.06	0.20	0.26	0.25
(二)区	Ⅱ	0.08	0.25	0.37	0.30
(三)区	Ⅱ	0.10	0.25	0.43	0.30
金龙镇(一)区	Ⅱ	0.10	0.35	0.45	0.40
(二)区	Ⅲ	0.10	0.40	0.44	0.55
三平镇(一)区	Ⅰ	0.05	0.20	0.22	0.25
(二)区	Ⅱ	0.09	0.30	0.38	0.35
白碱滩(一)区	Ⅰ	0.06	0.20	0.23	0.25
(二)区	Ⅱ	0.09	0.25	0.41	0.30
百口泉	Ⅱ	0.10	0.30	0.41	0.35
乌尔禾	Ⅱ	0.10	0.35	0.43	0.45

地质震害预测结果:这六个场区在设防烈度(7度、远震)作用下,均不存在软土震陷、崩塌、滑坡、地震断层等地质震害;金龙镇(二)区(炼油厂厂区和拟扩建区)和乌尔禾新办公楼附近可能产生轻微液化。

因此,在克拉玛依各场区的新建工程中一般均可按建筑抗震设计规范和有关工程的抗震设防规定的7度抗震要求设计。其中油田生产中的重要工程按乙类建筑抗震设防,包括生产指挥中心和通信楼,油气田的联合站、发电厂主厂房、计算中心、输水干线和泵站、油库中的油罐、干线、长输管道的首末站和中间泵站、炼油化工装置等。

3 工程震害预测和抗震鉴定

为了查明既有工程的抗震能力,分两期进行工程

本文出处:《地震工程与工程振动》,1998年3月,第18卷第1期,113-119页。

震害预测和抗震鉴定。第一期是对 1990 年(含 1990年)以前建的不设防工程,包括房屋建筑、生命线工程和特种设备,以按类别群体为主做震害预测和抗震鉴定;第二期是对人员较集中的公用建筑做单体震害预测和抗震鉴定,对跨地区的重要工程做单体和系统的地震危险度评估和抗震鉴定。

3.1 房屋建筑的工程震害预测和抗震鉴定

在第一期中,对 481 万 m^2(6 411 幢)房屋进行了震害预测,其结果见表 2 的矩阵。按三个水准的设防要求,若将第一设防水准(小震)时房屋的破坏和倒塌率、第二设防水准(设防烈度)时房屋的严重破坏和倒塌率、第三设防水准(大震)时房屋的倒塌率这三者的平均值为易震损房屋概率,最小值和最大值作为易震损房屋的概率区间,克拉玛依市在 1990 年前建的不设防房屋的易震损概率为 3.78%,概率区间为 1.31% ~ 5.89%。现将全市和各城区不满足抗震设防要求的易震损房屋的建筑面积(m^2)与其概率列于表 3。

表 2 克拉玛依 1990 年前建的现有房屋预测震害矩阵

幢数 N = 6 411 幢 建筑面积 A = 4 811 444 m^2

震害程度和震害指数	幢数面积	地震烈度				
		6	7	8	9	10
基本完好 (0.0~0.1)	N/%	88.09	19.52	3.22	0.00	0.00
	A/%	87.17	17.15	1.78	0.00	0.00
轻微损坏 (0.1~0.3)	N/%	10.39	45.19	17.33	1.50	0.00
	A/%	11.52	44.45	17.03	0.71	0.00
中等破坏 (0.3~0.5)	N/%	1.22	29.52	46.84	14.77	1.58
	A/%	1.20	32.51	49.50	12.93	0.76
严重破坏 (0.5~0.7)	N/%	0.27	5.44	26.74	53.80	13.02
	A/%	0.10	5.74	27.61	60.16	12.07
部分倒塌 (0.7~0.9)	N/%	0.02	0.28	5.65	23.43	32.03
	A/%	0.01	0.13	3.99	20.43	31.81
全毁倒平 (0.9~1.0)	N/%	0.00	0.04	0.23	6.52	53.37
	A/%	0.00	0.01	0.10	5.81	55.37

在第一期中,对 251 万 m^2 房屋的抗震鉴定结果,有 44.52% 是符合或基本符合要求的,有 49.64% 的房屋次要部分有欠缺(如女儿墙、小烟囱)或局部有损需做维修处理的,有 3.34% 的房屋不符合 7 度抗震鉴定要求应加固或淘汰更新的,另有 2.51% 的房屋虽不符合 TJ 23—1977 鉴定标准要求,但根据试验研究结果和新的鉴定标准只有 0.11% 不符合要求,合计不符合鉴定要求应加固或淘汰的为 3.45%,这与震害预测结果的易震损概率相当。

表 3 全市和各场区不满足抗震设防要求的易震损房屋　单位: m^2

场 区	小 震		设防烈度		大震	易震损概率/%
	破坏	倒塌	严重破坏	倒塌	倒塌	
城 区	48 482	296	172 191	5 447	117 250	3.95
金龙镇	1 865	41	19 538	328	14 873	3.56
三平镇	7 022	0	26 259	46	21 756	3.95
白碱滩	4 818	115	48 216	895	38 054	3.35
百口泉	358	0	7 834	0	3 102	2.91
乌尔禾	73	0	2 827	0	4 100	3.77
全 市	62 618	452	276 865	6 716	199 135	3.78

第二期做单体震害预测和抗震鉴定的公用建筑有 55 万 m^2(485 幢),包括大、中、小学,幼儿园托儿所,退休站,医院,群众性公共文娱和文体活动场所,大中型商场,食堂浴室等。抗震鉴定根据新修订的《建筑抗震鉴定标准》(GB 50023—1995)按克拉玛依市的设防烈度和地震小区划结果的场地分类进行。震害预测的烈度为 6~10 度,采用获 1995 年国家科技进步二等奖、1993 年建设部科技重点推广项目"城市现有房屋震害预测智能辅助决策系统"中的震害预测专家系统和有关房屋类型的单体震害预测方法,结合专家经验,预测对应于不同烈度的房屋建筑的震害程度和薄弱环节,进而对房屋整体抗震性能和地震安全性做出评价,以三个设防水准的烈度(小震 6 度、设防 7 度、大震 8 度)做出是否满足抗震设防要求的决策分析,提出评估意见,并对不满足抗震鉴定(7 度)的房屋提出抗震加固或其他对策的建议。预测和鉴定的房屋,预测和鉴定者在现场都逐幢做调查和收集有关资料。其评估意见可归为八类:① 符合 7 度抗震要求,占总建筑面积的 43.36%;② 对在 1990 年后新建或加层、扩建的房屋,符合按抗震鉴定标准的 7 度要求,但不符合按抗震设计规范的 7 度要求,只占 5.4%;③ 综合抗震能力符合或基本符合 7 度抗震鉴定要求,但有应加固处理的问题,或可结合维修修复有损部位和处理不利因素,占 18.95%;④ 主体符合或基本符合 7 度抗震鉴定要求,非结构构件有损或不符合抗震要求,宜结合维修修复或做适当处理的,占 8.92%;⑤ 主体符合或基本符合 7 度抗震鉴定要求,局部小楼有不足之处,占 8.52%(只计小楼为 0.63%);⑥ 房屋主体结构存在危险点,应局部加固或做适当处理的,占 5.43%;⑦ 在单层空旷房屋中,构造措施符合要求,抗震强度有欠缺的,或承载力(强度)符合 7 度抗震鉴定要求,关键构造措施不符

合要求的,占 1.63%;⑧ 综合抗震能力不足,有的是房屋破损所致,不符合 7 度抗震鉴定要求,应加固维修或淘汰更新的,占 7.79%。

3.2　生命线工程的抗震鉴定和震害预测

在第一期对通信、交通、电力、供水、输油输气管线和供热六个系统进行抗震鉴定和震害预测,结果如下:

通信工程中的 14 幢房屋有 5 幢不合格,通信设备只有 33% 满足 7 度抗震鉴定要求。

交通工程中,公路网站 7、8 度地震时基本完好,小型机场候机室 7 度基本完好,8 度中等破坏。

电力工程中,主电厂房、冷却塔、混凝土烟囱都符合鉴定要求,14 幢变电站厂房有 3 幢不符合要求,电气设备有 14% 不满足要求,存在的问题主要是缺少固定措施。

供水工程中,263 km 长的钢输水管符合要求;位于金龙镇的铸铁水管 6、7 度时便可能发生中等破坏,8 度破坏;泵房、水池等建(构)筑物大多符合要求,但输水首站泵房和净化水厂沉液池不符合要求。

在输油输气管线中,1 172 km 长的输油管线管径小于 273 mm 和穿越农田地段管径为 273 mm 的直角弯曲处 7 度时将发生中等破坏,其他皆完好;163 km 长的输气管线管径最小的 50 mm 管段的直角弯曲处将发生中等破坏,其他皆完好。

供热工程中的 4 幢典型锅炉房均符合要求,但 45 m 和 50 m 高的砖烟囱构造措施有欠缺。

3.3　特种设备的抗震鉴定和震害预测

对塔类(27 座)和炉类(35 座)特种设备的鉴定和预测结果都符合要求,8 度仍然完好;管架(11 个)也都符合或基本符合要求。罐类(307 个)中符合要求的占 67.5%,基本符合稍有欠缺的占 30.3%,不符合要求的有 10 个,主要问题是明显渗漏或地基不均匀沉陷;机械、仪器仪表类设备(554 台)中有 34.4% 不符合要求,主要是无固定设施。

4　重要工程的地震危险度评价和抗震鉴定

4.1　水源系统的地震危险度评价和抗震鉴定

克拉玛依现有的水源系统是 20 多万克拉玛依人赖以生存和油田生产所需的唯一的供水系统,一旦遭受地震破坏而缺水、断水,问题极其严重,为此对该水源系统的这三个水库坝址和各水库间渠、管线做地震危险性分析,场地土、地质灾害评价和水库诱发地震评价,坝体动力稳定性和输水管道管线抗震鉴定。结果表明,按 50 年超越概率为 10% 的地震烈度考虑,白杨

河、黄羊泉、调节三个水库及其间输水管渠线所在场区的基本烈度为 7 度;三个水库坝址及输水管渠线南段均位于 I 类建筑场地上,输水管渠线北段位于 II 类场地上,工程地质条件良好。

根据坝体强度测试,白杨河水库混凝土大坝强度较高,分析表明稳定性好,符合安全要求;黄羊泉水库大坝存在安全隐患,在 7 度地震影响下,有潜在失稳的可能,在地震力及涌浪的共同作用下,黄羊泉水库大坝及南岸可能会遭受破坏,应采取相应的防浪加固工程措施。调节水库大坝整体上是稳定的。

输水管(渠)系统的抗震鉴定表明,在 7 度和 8 度地震影响下,合格的混凝土管、钢管等的轴向变形都满足抗震要求;震害程度预测为基本完好或轻微损坏。

黄羊泉水库、调节水库不存在水库诱发地震的可能性,白杨河水库诱发地震的可能性很小,应加强采油区地震活动的监测。

4.2　克乌输油管线的地震危险度评价和抗震鉴定

克乌输油管线是克拉玛依油田的大动脉,全长 300 km,始于克拉玛依市区东北的三坪镇首站,终于乌鲁木齐西郊的王家沟油库,中间共设 4 个热泵站,各泵站有油泵、油罐、泵房、变电所等关键设施及其配套设备。该管线自西北向东南横贯准噶尔盆地,后端约 1/3 接近地震非常活跃的天山北缘地震活动带,王家沟油库区则位于该地震带内部。

输油管线系统是一种特殊的工程系统,通过研究得到如下主要结果:

(1) 对管线沿线的断裂分析研究表明,北天山乌鲁木齐一带的活动断裂与管线不相交,这些断裂不会对管线产生直接错动影响。准噶尔盆地内部的几条隐伏断裂是老断裂,未发现现今活动的证据。

(2) 对管线工程地质环境的调查表明,王家沟油库地区附近为 I 类场地土,王家沟至呼图壁和首站附近为 II 类场地土,管线其余部分位于 III 类场地土上。

(3) 管线沿线地震危险性分析结果,末端 706 泵站南至王家沟油库区地震基本烈度为 8 度,702 泵站和 703 泵站附近一段管线为 6 度,其余部分为 7 度。

(4) 根据管线管材的参数、场地基本烈度和土类型的计算结果,地震产生的应变不会导致管道破坏。

(5) 对泵站设备和构筑物的抗震鉴定结果表明,中间泵站的各类储罐轴向压应力及环向压应力都小于容许应力,可满足 8 度区 II、III 类场地的抗震强度要求。2 000 m³ 拱顶罐和 3 000 m³ 无力矩罐地震时液体晃动波高超出安全高度,部分储油会溢出,但不致引起

严重次生灾害;705 泵站和 706 泵站储油罐有不均匀下沉现象,引起罐体倾斜及边缘板的变形,应采取措施。王家沟 50 000 m³ 储罐应力按 10% 概率地震反应谱参数计算小于许用应力,按 2% 概率环向应力大于许用应力,地震引起的液体晃动波高超出 1.5 m 的安全高度,但这种罕遇大地震出现的概率很小,可不加固,应采取措施在临震前降低液面。各储罐阀门室都是砖结构,且直接砌靠在罐壁上,地震时可能与罐壁相碰撞,造成砖墙破坏,或引起罐壁损坏。各泵站的电力变压器都是浮放在基础台上,无固定措施。

首站和王家沟油库是该系统安全运行的关键所在,首站的基本烈度属 7 度下限,按衰减关系,该泵站的影响烈度不可能超过 8 度。而王家沟油库本身就处于地震频繁的北天山地震带,其烈度可能超过 8 度,达到 9 度(只是超越概率较低)。因此,王家沟油库是整个输油系统的最关键部位。虽然该油库基本上已按 8 度设防,但仍有薄弱环节,故应专门制定抗震防灾对策。

5 抗震加固

根据场地地震安全性评价和工程抗震设防标准、震害预测和抗震鉴定的结果,对不符合设防要求的有目标按程序进行抗震加固,改善和提高抗震能力。

由于抗震加固是要求技术高、政策强的工程项目,在我局严格按程序进行。加固项目由资产所属单位提出,归口抗震办公室,以局下达的计划任务为准;加固设计统一委托,一般由原设计单位设计,要求保证抗震、方便使用,又经济、美观;加固施工队伍必须有资格证书,一般由专业加固队施工;竣工验收由抗震办公室组织专业人员进行,不合格的令其返工。

房屋建筑的加固与大修、改造相结合,计划安排 17 万 m²,已实施 10 万 m² 多,以住宅和中小学教学楼为重点。构筑物和工业设备、设施的加固与安全生产、技术改造和维修相结合,重要工程水源系统和输油管线已进行加固或技改。

6 试验研究

无腹杆钢筋混凝土拱形屋架单层厂房是克拉玛依油田生产用房中的一种主要的建筑结构形式,按现行的抗震设计规范和 TJ 23—1977 鉴定标准,屋盖系统的构造措施不符合 7 度设防要求。该类房屋量大面广,且是新疆的定型标准设计,为弄清在 7、8 度地震作用下其屋盖体系能否保障安全,在振动台上

进行了 1/3 模型的模拟地震动试验,结果表明:建于 I、II 类场地上跨度不大于 15 m 无上弦横向支撑的该类厂房,可不做加固。这既节省了抗震加固投入,又使生产工人有安全感,这一成果还纳入新的抗震鉴定标准(GB 50023—1995)之中。

在不设防的多层砖住宅中,四、五层的 8201 和 8602 型数量最多,且为当时的优秀设计,其特点是在内墙中设较多的壁柜,有的 24 cm 厚承重砖墙在门边只剩下砖垛与挖作壁柜后的 12 cm 厚砖墙相连。该类砖房在 7、8 度地震中能否得到安全保障,不致局部倒塌,也正在开展振动台模型试验,拟于 1998 年完成。

7 编制规划和网络管理

克拉玛依油田的抗震防灾规划已在 1995 年编制送审稿,1996 年审查通过。规划的指导思想:贯彻"坚持经济建设同减灾一起抓的思想",实行以防为主,防、抗、救相结合的基本方针。抗震防灾从单体工程抗震向以点、线、面相结合的区域综合减灾延伸;从建筑工程向生产装置与生命线系统相结合的抗震防灾延伸;向以抗震科研为中心的基础工作倾斜。地震灾害的预防坚持工程性设防措施和非工程性设防措施相结合的原则,并特别注意石油企业具有易燃、易爆、高温、高压的特性,采取减轻地震次生灾害的有效措施。

规划的目标:当遭受到 7 度或 7 度以下的地震影响,生产设备、工程设施不发生破坏,或稍加修理即能恢复生产,不发生次生灾害,人民生活正常;当遭到 8 度地震影响,救灾指挥得当,抢险及时,生产设备和工程设施不发生严重破坏和不危及生命安全,能制止次生灾害的发生和蔓延,能较快恢复生产。

为提高防灾减灾工作的水平,切实将减灾行动同油田生产和城市建设的发展和管理结合起来,拟在 1998 年开展房屋管理和建设同抗御灾害能力增强措施相结合的微机网络系统的试点工作。

8 结语

本文是克拉玛依油田和城市基本建设中涉及的防御地震灾害工作的几项主要的工程对策。

克拉玛依石油城抗御地震灾害能力的提高得益于中国石油天然气总公司与国家地震局长期的科技合作,本文所阐述的科研成果是委托国家地震局地球物理研究所和工程力学研究所、新疆维吾尔自治区地震局等单位协同工作完成的,并由杨玉成协助起草。

5－4　城市抗震减灾对策

杨玉成

1　引言

在《城市抗震减灾对策》第五章中有如下三节：城市抗震减灾计划；新建工程的抗震设防；现有建筑的抗震减灾对策。

2　城市抗震减灾计划[①]

预测预防、工程抗震、应急救灾和修复重建是减轻城市地震灾害的四大环节。回顾国内外的震害教训和减灾经验，加强抗震减灾工作是最积极而有效的减轻城市地震灾害的措施。目前的地震预报，特别是破坏性地震的临震预报准确度有限，尽管有的破坏性地震做出了一定程度的预报，人员得以及时从建筑物中撤出，使伤亡大幅度减少，但房屋建筑和工程设施仍不免破坏，造成重大的经济损失。这一事实说明，即使将来地震预报已过关，仍然需要加强抗震减灾工作；在目前的预报水平下，更应增强抗震减灾意识。

城市抗震减灾计划，旨在通过提高抗震能力来减轻地震灾害。它包括两个方面：一是提高单体工程的抗震能力，主要的对策是新建工程的抗震设防和现有建筑物及工程设施的抗震加固；二是提高城市的综合抗震能力。

2.1　城市抗震减灾计划的目的和性质

对地震区内的城市编制抗震减灾计划的目的，是在现有的和预估可能的技术、经济条件下，通过全面安排和合理规划，提高城市的综合抗震能力，减轻未来可能发生的地震的损失。

就其性质而言，城市抗震减灾计划首先从属于城市总体规划，受总体规划制约。它须经该市的立法机构通过，具有法规性质；同时，抗震减灾计划的依据和基本点又作为城市发展的条件之一来制约总体规划的编制。但抗震减灾规划本身具有相对的独立性。

城市抗震减灾计划是城市总体规划中的一项减轻地震灾害的专业计划，应该在城市总体规划确定的城市性质、规模、发展和改造等方针原则下编制；城市其他各项专业规划要和抗震减灾计划相协调。

2.2　城市抗震减灾计划的目标

近年来，在城市抗震减灾计划的编制工作中，统一规定了一个防御目标和一个基本目标，以及具体的减灾目标。

2.2.1　防御目标

即防御未来可能遭受到的地震。防御目标规定为采用国家地震局颁布的城市地震基本烈度。基本烈度大体上相当于 50 年超越概率为 10% 的地震动强度。

2.2.2　基本目标

规定为：逐步提高城市的综合抗震能力，最大限度地减轻城市地震灾害，保障地震时人民生命财产的安全和经济建设的顺利进行；城市在遭到相当于基本烈度的地震影响时，要害系统不遭较重破坏，重要工矿企业能很快恢复生产，人民生活基本正常。

2.2.3　减灾目标

实际上，一个城市在未来可能遭受到的地震大小是不确定的，地震发生的时间也是不确定的，加之城市的地理、历史、经济等环境和人文状况存有差异，在编制城市抗震减灾计划时，应按城市自身的特点，在基本目标总的指导思想下，制定针对不同强度地震及计划实施各个阶段的减灾目标。

基本目标是对减灾的宏观性控制，减灾目标是定量的可实施的指标。城市抗震减灾计划中所确定的减灾目标应建立在震害预测的基础上，由综合决策确定。首先，以城市的现状作为防御状态，预测在遭受不同大小的地震（一般用烈度）时造成的震害，评估人员伤亡和经济损失；然后，根据城市总体发展规划和假设几种防灾策略，再预测到各个阶段发生地震时所造成的工程震害、人员伤亡和经济损失，依此分析该城市可能采

本文出处：《城市地震对策》第五章，地震出版社，121－143 页。
① 第一节原写的是"城市抗震减灾规划"，"计划"和"规划"在地震局和建设部各用不同，而其内容大体相同。

用的防灾策略和可接受的震害程度,决策计划中的减灾目标。

确定减灾目标是编制抗震减灾计划的一个关键性问题,计划中的各项减灾对策必须为实现这个目标服务。

2.3 城市抗震减灾计划的基本内容

由于不同城市在各方面均有很大的差别,所以在制定城市抗震减灾计划时,要本着区别对待的原则,因地制宜有所侧重地进行。就总体来看,抗震减灾计划应包括总说明、基础研究、分项规划等几个方面的内容。

2.3.1 总说明(即计划纲要)

包括城市抗震减灾的现状和防灾能力的估计,抗震减灾计划的防御目标及其依据——地震危险性的估计、城市震害预测、计划的指导思想、减灾目标及其措施。

2.3.2 基础研究

基础研究中的重要问题是地震小区划。抗震减灾计划应在地震小区划的基础上进行,根据城市地震小区划的结果确定城市不同地段的抗震设防标准(可以用设防烈度或设计地震动参数来表达);同时划分出对抗震有利和不利的区域范围,编制城市土地利用规划。城市的规模不同,场地条件的复杂程度也有很大的差异。对不同的城市,地震小区划的详细程度应根据需要有所不同。如对 50 万以上人口的大城市和场地条件十分复杂的城市,都要进行较为正规的地震小区划;而对于一般的中小城市,只要划分出对抗震有利和不利的范围即可。

2.3.3 各专项计划

其中包括:避震疏散计划——划出市、区、街道等三级安全通道、疏散场地和避灾据点;救灾应急工程和生命线网络系统的防灾计划——包括指挥机关、医疗、公安消防及各种生命线工程的抗震能力估计和防灾措施;防止地震次生灾害的计划;抗震加固计划等。

针对不同规模的城市,上述计划的详细程度可以有所差别。根据城市的规模和地震背景,可以将抗震减灾计划依其重要性划分为甲、乙、丙三类。

甲类:国家和省重点抗震城市,包括 6 度及 6 度以上的特大城市、直辖市和省会、自治区首府。

乙类:6 度及 6 度以上的大城市,7 度及 7 度以上的中等城市。

丙类:其他中小城市、集镇。

下面列举三个城市,说明在编制抗震减灾计划中应掌握的侧重点。

(1)安阳市。安阳市是我国的历史古城,其老城区是抗震减灾的主要薄弱环节。结合城市总体规划中的旧城改造,规划好老城区的避震疏散对策是安阳市抗震减灾计划的侧重点。

(2)太原市。太原市也是一座古老的城市,震害预测结果表明,三个高危害小区均坐落在老城区;太原市又是一个以冶金、机械、煤炭、化工为主的百万以上人口的重工业城市,潜藏着溢毒、爆炸、火灾等严重次生灾害的危险;汾河自北向南纵贯全市,城区北、西、东三面环山,存在着滑坡、塌方等次生灾害的危险,且历史地震表明各局部地段震害有着明显的差异。基于这种情况,抗震减灾计划应进行全局性的考虑,并要考虑长远的影响。同时认为,旧城区的改造和避震疏散对策对减轻灾害至关重要;汾河两岸易液化地带的交通、能源供应等生命线网络系统中断的对策及其应急措施,应作为抗震减灾计划的重点之一;但最突出的重点是防止次生灾害的对策。

(3)三门峡市。三门峡市是 20 世纪 50 年代兴建起来的中小城市,建在黄河三级阶地上;按照总体规划,将要向二级阶地发展。在制定抗震减灾计划时,着重研究了城市地震小区划,其主要目的是确定二、三两级阶地地震影响的差异及阶地前缘陡坎部位抗震不利地段的带宽。

2.4 抗震减灾计划的编制步骤和实施

城市抗震减灾计划的编制大致可分为四步:搜集分析资料;进行地震危险性分析(或地震危险性评估)和地震小区划;进行震害预测;编制计划。

以上四步在一定程度上反映出研究机构对计划编制程序的构思。其中突出并强调了地震危险性分析、地震小区划和震害预测等三项基础工作在整个编制过程中的作用,事实上形成了研究、技术工作与编制工作同步进行,早期开展的及大城市的规划大多都是按上述步骤编制的。随着经验的不断积累,在一定程度上逐步减少了基础资料准备工作中的研究成分,而且对于不同类型的城市,各步骤所占的比重也不相同。但总的原则还是应当在扎实的基础资料的基础上编制计划。

上述四个步骤一般说来包含有下列几个具体环节:

(1)组织编制机构。计划编制委员会或办公室,领导规划编制工作。同时,由于城市抗震减灾是一项新兴的边缘学科,有不少技术问题需要向专家咨询,可邀请各界有专长的技术专家组成顾问组,对编制工作进行技术指导。

（2）拟定工作大纲。确定计划区的范围、计划期限、内容,拟定防御目标和减灾目标,制定工作计划和进度。

（3）筹集工作经费。

（4）进行资料搜集和现场调查。编制抗震减灾计划的基础资料,应尽量搜集现成的资料和利用现有的成果;搜集面可适当拓宽些;通过现场调查采集数据要有适当限度,着重于重点和典型样本;同时应有必要的试验钻孔取样资料。基础资料主要有下列几个方面:

① 城市基本情况。城市发展史和总体计划;自然环境轮廓及其图件;社会经济统计资料（近三年的统计年鉴）、城镇房屋普查资料和工业企业普查资料等。

② 城市及其附近地区的历史地震和地震地质资料。应有针对性地搜集与确定防御目标有关的资料,对遭受过破坏性地震的城市,实际震害资料尤为宝贵。

③ 工程地质、水文地质和地形地貌资料。主要搜集和汇总现有的工程勘探资料和城市工程地质详勘报告。

④ 有关建筑物、工程设施的分布和特点的资料。应同时注意群体的统计资料、重要的或典型的单体工程的资料及网络系统的资料。对工程设施只需搜集对地震敏感的或有可能造成较大危害的有关资料。

⑤ 可能发生的地震次生灾害源的分布及其成灾后果的资料。

（5）开展技术基础工作。包括下面两方面内容:

① 地震危险性分析和地震小区划。对于大城市和特大城市,应特别注意查明城市周围 30 km 范围内活断层的展布情况,然后进行相应的计算。目前以概率为基础的我国新的地震烈度区划图业已完成。对一般的中小城市,在编制抗震减灾计划时,可直接采用此图提供的烈度及有关地震危险性分析的结果作为防御目标。

地震小区划包括地震动小区划和地面破坏小区划,一般只在 50 万以上人口的大城市和场地条件十分复杂的中等城市才专门进行。一般中小城市可按土地利用规划的要求,划分出对抗震有利和不利的地段,以及不同地区适于建造的结构类型和房屋层数。

② 震害预测。包括房屋建筑的震害预测;对地震敏感的或重要的工程设施的震害预测;交通、通信、电力、供水和供气等生命线工程网络系统的震害预测;场地的震害预测和次生灾害的评估;进而预测由震害所导致的人员伤亡和经济损失,综合评估地震危害程度和社会影响。

震害预测既要从总体上预测震害类型、震害程度和震害分布,同时又要特别注重重要的单体工程和在全市所占比例相对较高的典型工程的震害预测。

震害预测应根据城市的不同特点有不同的侧重,并提出减轻灾害的措施。首先,由于地震造成人员伤亡和经济损失的主要原因是房屋建筑的破坏和倒塌,因而房屋建筑是震害预测的重点。在大中城市和工矿企业,应加强生命线工程系统与重要的工程设施和设备的震害预测,还应该对可能产生的次生灾害进行评估。对计划期内和期终可能遭遇的震害进行动态预测,是制定减灾目标和采取相应措施的依据,在编制计划的基础技术工作中,对动态预测应格外予以重视。

（6）编制计划。城市抗震减灾计划的编制工作应有针对性并突出重点,采用各种抗震减灾对策,提高综合抗震能力。计划应强调科学性、预见性和实用性,要体现多种灾害综合防御的思想。计划应以文字、表格和图件相结合的形式表达。

（7）进行专家评审。城市抗震减灾计划的技术基础工作,即地震危险性分析、地震小区划、震害预测及其损失评估,必须经过技术鉴定。抗震减灾计划本身应经有关专家评议,并向有关立法机构提出审批的建议。

（8）分级审批。城市抗震减灾计划按城市的重要程度分别由省、市人民政府或人大审批,作为具有法规意义的计划交付执行。

（9）组织实施。城市抗震减灾计划经批准后即组织实施。市政府下设的抗震减灾管理机构应充分发挥政府的职能作用,会同各有关专业部门根据计划要求制定年度实施计划,并负责组织和检查。

在实施计划的过程中,可根据城市发展、社会经济和科学技术的进步及时调整计划,以最大限度地减轻城市在未来地震中的损失。

3　新建工程的抗震设防

3.1　新建工程的抗震设防准则与设计规范

为减轻地震灾害的损失,必须对地震区的新建工程采取设防措施,这是抗震减灾的一项最基本的对策,已为我国和世界各地的地震经验所证实,并为有地震发生的国家政府所广泛采纳。

世界著名地震工程学专家 G·W·豪斯纳教授将城市地震灾害归结为取决于三个条件:① 地震的大小

（震级）；② 离城市的远近（震中距）；③ 城市做好预防准备的程度（防御目标和状态）。如果在一个不设防的城市附近或下方发生大震，就会造成重大的灾难，1976 年唐山 7.8 级地震的震害正是这种情况下产生的。然而，对设防的城市也应保持警觉，并不是一经设防的新建工程，都能抗御地震的袭击而不致破坏和倒塌。如 1976 年唐山大震前按防御目标 7 度设防的建筑物，也承受不了 10~11 度地震的袭击。但是，都以 10~11 度作为防御目标是不可能的，也是经济实力达不到的。另外，地震的发生极为偶然，发震概率很小，没有必要要求新建工程遭受地震后丝毫不损。新建工程的抗震设防准则是我们这一节首先要讨论的问题，这是一个技术政策问题，是由政府的高级领导决策的。随着国民经济和科学技术水平的不断发展和抗震减灾经验的不断积累，以及公众和政府对减轻震害和防御认识的不断深化，我国新建工程抗震设防准则（包括对地震的防御目标和地震破坏的容许程度）已进行了多次修改，有了重大发展。下面回顾 20 世纪 50 年代初至今我国的抗震设防准则及与其相关的地震基本烈度的含义，由此可对我国城市建筑物的抗震防御状态和今后新建工程的设防要求有个概略的了解。

3.1.1 "一五"期间

20 世纪 50 年代，在发展国民经济的第一个五年计划期间，我国在原有生产力极为薄弱的基础上进行大规模建设，百废待兴，国家经济十分困难。因此，为保证重点工程的建设，当时将非生产性建设的建设标准和工程造价大大地降低，作为实现工业基本建设计划的必要措施。当时我国还没有自己的抗震设计规范，参考了苏联的地震区建筑规范（TY－58－48）和（CH－8－57）进行计算。其结果是：与不设防时相比，一般民用住宅若按 8 度设防，土建投资要增加 8%；一般纺织厂若按 7 度设防，土建投资要增加 10%~12%，若按 8 度设防，投资增加 15%~16%。为节约投资，国务院于 1957 年 5 月 10 日下达"对地震烈度的处理意见"，要求降低新建工程的抗震设防标准。即：在 7、8、9 度地震区中重要工程的主要生产用房按基本烈度设防；一般的民用建筑，如办公楼、宿舍、车站、码头、学校、研究所、图书馆、博物馆、俱乐部、剧院及商店等，在 8 度及其以下地震区均暂不设防，在 9 度及其以上地震区，用降低建筑物高度和改善建筑物平面布置来达到减轻地震灾害的目的。

这一时期对新建工程的抗震设防准则的决策，在地震安全方面的认识是基于对地震的宏观震害程度的描述，即估计在发生 7~8 度地震时，不设防的建筑一般只发生些裂缝等局部损坏，不致影响整个建筑工程的安全，地震后加以修复、加固仍可照常使用。

20 世纪 50 年代主要是依据历史地震资料来确定基本烈度，系指一定地区范围内可能遭遇的最大烈度，没有考虑时间的因素。国家建委、国家计委在 1957 年和 1958 年曾先后颁发了三批，共 297 个城市的地震基本烈度。当时确定的基本烈度中，北京为 7 度（中国科学院地球物理研究所调查为 7~8 度）；徐州、太原、兰州、乌鲁木齐为 7 度；天津、唐山、邢台、成都、广州为 6 度等。

3.1.2 参考使用 1959 规范草案阶段

我国在第二个五年计划初，开始着手编制地震区建筑规范。1958 年 3 月，在国务院科学技术委员会建筑组的领导下成立了编制组，由中国科学院土木建筑研究所（现国家地震局工程力学研究所前身）等 18 个单位组成。在刘恢先所长的主持下，于 1959 年 6 月提出"地震区建筑规范草案"。该规范草案适用于基本烈度 6~10 度区域内的工业、民用、给水、排水、道路、水工等建筑物。

在编制这个规范草案时，除充分利用了我国的科学研究成果外，主要以苏联"地震区建筑规范（CH－8－57）"为依据，同时参考了其他国家的文献。在设防准则上，遵照国务院 1957 年关于"对地震烈度的处理意见"的精神，为节约投资，抗震设防标准和抗震措施都低于苏联规范的要求。1959 规范草案中，工业及民用建筑的设防烈度，即防御目标，按建筑物的重要性分为四级、五类。

Ⅰ级：特别重要的建筑，设防烈度提高 1 度。

Ⅱ级：重要建筑，系指重要企业的重要建筑（如主要生产车间、动力供应中心等）、受地震破坏可能引起重大次生灾害的建筑、重要的供水供电建筑及消防用建筑、人们经常聚集的公共场所、重要的或宏伟的建筑（如广播电台、大型博物馆、大型图书馆、大型邮电局、20 层以上的多层建筑等）、易受地震破坏的重要建筑（如高烟囱）等，设防烈度即为建筑场地烈度（场地烈度一般同基本烈度）。

Ⅲ级甲类：一般的工业、农业和民用建筑，7~10 度时的设防烈度均降低 1 度。

Ⅲ级乙类：小型作坊、1~2 层横墙较多的民用建筑及半永久性建筑物，7 度按 6 度设防，8~10 度时均降低 2 度。

Ⅳ级：临时性及不重要建筑（一般仓库），均按 6

度设防。

对给水排水工程、铁路公路的道桥和水工建筑，也都按重要性提出不同的设防要求。

关于6度设防问题，在这本规范草案中的原则规定为：当场地烈度为7度或7度以上，而设防烈度为6度时，在不增加投资的原则下，建筑物的设计应尽量考虑提高其抗震性能。

3.1.3 参考使用 1964 规范（草案）阶段

1962年5月，国家计委做出制定21项通用的设计规范的决定，指定由中国科学院工程力学研究所（现国家地震局工程力学研究所）负责与有关部门共同编制地震区建筑规范。1964年11月提出《地震区建筑设计规范（草案）》，简称1964规范。与1959年的"地震区建筑规范草案"相比，其适用范围不包括10度区，并明确6度不设防。抗震设防标准对一般建筑物有所提高，8~9度时均降低1度，7度时不降低。乙类建筑只需符合部分构造要求。

1964规范和1959规范草案虽未经国家批准公布实行，但它们的设防准则和设计方法对我国工程抗震的影响颇为深远，长期以来为设计部门所参考引用，而且成为后来编制抗震规范的基础。

1966年邢台地震和1967年河间地震后，根据周总理"要密切注视京津地区地震的动向"的重要指示，在国家科委地震办公室和国家建委京津地区抗震办公室的组织下，于1969年对北京、天津7~8度地震区的新建工程编制了《京津地区工业与民用建筑抗震设计暂行规定（草案）》。该草案是从京津地区的实际情况和迫切需要出发，在认真总结邢台地震经验的基础上，参考1964规范的有关规定提出来的。

3.1.4 试用 1974 规范阶段

继1966年邢台大地震后，1970年又发生通海大地震。为保障地震时人民生命财产的安全，1971年国家建委下达编制《工业与民用建筑抗震设计规范》的任务。1974年，抗震设计规范 TJ 11—1974 正式颁布试行。

1974规范主要参考了1964规范和1969年《京津地区工业与民用建筑抗震设计暂行规定（草案）》，并吸取了国内多次大地震的经验和有关科研成果，同时还参考了国外的抗震设计规范和有关科研成果，它的适用范围是7~9度。

1974规范的抗震设防准则、防御目标均有所变化，震害限度的期望较明确。这一规范的制定考虑了我国20世纪70年代的国民经济水平，结合了抗震减灾的要求，并考虑了当时国家地震局对基本烈度所赋予的新含义。当时基本烈度已含有明确的时间概念，即给出某地区自1973年以后未来百年内在一般场地条件下可能遭受的最大烈度。

1974规范的防御目标采用设计烈度，即过去的设防烈度。设计烈度是根据建筑物的重要性，在基本烈度的基础上按下列原则调整确定的，即：

（1）对于特别重要的建筑，设计烈度可比基本烈度高1度采用。

（2）对于重要的建筑物，设计烈度按基本烈度采用。

（3）对于一般建筑物，设计烈度可比基本烈度降低1度采用，但基本烈度为7度时不降低。

（4）对于临时性建筑物，不设防。

在1974规范中，首次明确指出设防建筑的地震破坏的容许程度，即"工业与民用建筑物经抗震设防后，在遭遇的地震影响相当于设计烈度时，建筑物的损坏不致使人民生命和重要生产设备遭受危害，建筑物不需修理或经简单修理仍可继续使用"。在该规范编制时，根据国内几次大地震的经验和国外资料，按地震灾害的宏观状况对这一容许破坏程度做了大致的估计，它大体上相当于限制在轻微或中等损坏范围内。震害划分的标准是：完好——承重结构完好，非承重结构未受损坏或有些损坏；轻微损坏——部分承重结构轻微裂缝（局部损坏），非承重结构有些损坏，稍加或不加修理仍可继续使用；中等破坏——部分承重结构有较大的裂缝，经一般修理可以使用；严重破坏——承重结构破坏严重，须大修或翻建。

3.1.5 使用 1978 规范阶段

1976年唐山大震后，国家建委随即要求建筑科学院修订抗震设计规范。1978年完成修订并批准《工业与民用建筑抗震设计规范》（TJ 11—1978）为全国通用设计规范，自1979年8月1日起实行。此次修订主要以唐山地震后的初步调查总结资料为依据，有关抗震设防准则的内容、建筑抗震的设防标准（防御目标）变动较大，既提高了抗震设防的要求，又补充了对基本烈度为6度地区的要求，但对容许破坏的程度未做修改。

1978规范对工业与民用建筑的防御目标，即建筑物的设计烈度，在海城、唐山地震经验的基础上，改为一般按基本烈度采用；对特别重要的建筑物，指具有特别重要的政治、经济意义和文化价值及次生灾害可能特别严重的少数建筑物（包括大中城市的要害系统的关键部位），为保证安全，设计烈度可比基本烈度提高

1度;对次要的建筑物,如一般仓库、人员较少的辅助建筑物,其设计烈度可比基本烈度降低1度,但基本烈度为7度时不再降低。1978规范中未提及临时建筑物,它照例不须考虑抗震设防。对于有特殊抗震要求的建筑物,如不容许开裂和损坏的建筑物,则应根据专门研究成果进行抗震设计,不属于该规范的范围。

关于基本烈度,1978规范明确规定基本烈度按国家地震局1977年正式颁布的中国地震烈度区划图采用。这张烈度区划图自1972年开始编制,故在1974规范中已采用了其基本烈度的新含义。这张区划图所划定的烈度分布与1958年颁布的结果相比,一些大城市的基本烈度有了很大的变动,如北京、天津、太原、唐山等大城市现均属8度区。

关于设防的范围,1978规范虽仍明确指出适用于设计烈度为7~9度的工业与民用建筑,但对6度地区也要求考虑地震的影响,在不增加建设投资的前提下,应尽量做到减少地震破坏。而对10度区,则明确应进行专门研究与设计。

鉴于唐山大震的惨痛教训,刘恢先教授和许多专家曾提出抗震设防要做到"小震不裂、大震不倒"的意见,当时在美国、日本等国家编制的抗震设计规范草案中,也提出与此类似的设计思想。遗憾的是对地震破坏的容许程度这一有关抗震设防准则的原则问题,在1978规范中未做认真考虑,仅在构造措施上注意到提高多层无筋砌体房屋的抗倒塌能力,增设钢筋混凝土构造柱等措施。

3.1.6 目前——使用1989新规范的开始

1981年,国家建委要求中国建筑科学研究院会同全国各有关部门对《工业与民用建筑抗震设计规范》(TJ 11—1978)进行修订。国家计委于1989年批准了新的《建筑抗震设计规范》(GBJ 11—1989),1990年起实行。1989规范是在1978规范的基础上,充分吸取了国内外大地震的经验,以及有价值的科学研究成果和新近的理论与方法修订而成的。

1989规范在抗震设防准则上有了重大的发展,其防御目标采用三个水准而不是一个水准;抗震设防准则中建筑物的地震破坏容许程度也按三个水准分别确定。1989规范对6度区中的建筑极为明确地规定应予以设防,适用范围扩大为6~9度区。

1989规范根据地震发生的风险水平所采用的三个水准如下:以50年超越概率为10%(相当于地震重现周期为475年)的地震影响为基本的防御目标——设防烈度;以50年超越概率为63%(相当于地震重现周期为50年)的地震影响为小震(多遇地震)的防御目标;以50年超越概率为2%~3%(相当于地震重现周期为2 475~1 641年)的地震影响为大震(罕遇地震)的防御目标。根据统计分析,"小震"比设防烈度低1.5度左右,"大震"比设防烈度高出1度左右。

按1989规范设防的建筑,在遭遇三个不同风险水平的地震影响时,容许的破坏程度为"当遭受低于本地区设防烈度的多遇地震影响时,一般不受损坏或不需修理仍可继续使用;当遭受本地区设防烈度的地震影响时,可能损坏,经一般修理或不需修理仍可继续使用;当遭受高于本地区设防烈度的预估的罕遇地震影响时,不致倒塌或发生危及生命的严重破坏"。对此震害限度的设防准则,被概括为"小震不坏、中震可修、大震不倒"。不过,这还只能说1989规范的抗震设防在一定程度上体现了"小震不坏、大震不倒"这种双重设防准则的设计思想,因为它所指的"小震""大震"是特指的,并不是地震工程学和人们直观的小震和大震。如在6、7度区,1989规范所能保障的仅是遇有7、8度地震的影响时不倒。可以预料,按6、7度设防的建筑,遇有9~10度大震时,很可能仍将会倒塌。尽管如此,与以往所有规范的设防标准和设计思想相比,显然有了很大的提高和发展。

1989规范的设防烈度(即1978规范的设计烈度,它又回到1964规范的名称),一般情况下可采用基本烈度,且对做过地震小区划的城市,也可采用批准的地震小区划中的设防烈度或设计地震动参数。

对不同的建筑,按其重要性分为四类进行抗震设防。即:

甲类——特殊要求的建筑(如易产生放射性物质污染、剧毒气体扩散、大爆炸的建筑,其他有重大政治、经济、社会影响的建筑等),地震作用按专门研究的地震动参数计算;抗震措施要特别制定。

乙类——国家重点抗震城市、处于6度区的省会和百万以上人口城市中的重要建筑(包括城市生命线系统的建筑物和地震时救灾需要的建筑物,如指挥中心,医疗救护、消防救火、广播通信设施,交通枢纽,供电、供水、供气设施等;还包括地震破坏会造成次生灾害或严重经济、政治损失的重要建筑),地震作用按设防烈度计算,设防烈度为6度时可不计算;抗震措施按设防烈度提高1度采用,设防烈度为9度时可适当提高。

丙类——一般建筑,地震作用按设防烈度计算,设防烈度为6度时可不计算;抗震措施按设防烈度采取。

丁类——次要建筑(如遇有地震破坏不易造成人员伤亡和较大经济损失的建筑),地震作用按设防烈度计算,设防烈度为 6 度时可不计算;抗震措施按设防烈度降低 1 度采用,但设防烈度为 6 度时不降。

在城市新建工程中,除建筑物以外,对构筑物、工程设施和设备也制定了有关新规范,应按其要求进行设防。如《构筑物抗震设计规范》《电力设施抗震设计规范》《水工建筑物抗震设计规范》《铁路工程抗震设计规范》等。这些规范的抗震设防准则与《建筑抗震设计规范》大致相仿。对特殊重要的建筑,如核电厂,抗震规范规定的设防标准极高,其防御目标和相应的震害限度分为两级:防御低水平的地震动,要求震后核电厂保持正常安全运行;防御高水平的地震动,要求核电厂能维护安全,防止放射性物质外泄。高水平的设计基准地震动的地震重现期为 1 万年,相当于 50 年超越概率为 0.5%;低水平的设计地震动峰值加速度值取高水平的一半。

综上可见,新建工程的抗震设防准则在不同的建设时期有较大的变动。防御目标(设防标准)逐步增高。以量大面广的一般建筑为例,不同时期的防御目标,即设防烈度或称设计烈度归结如下:

1989 规范:一般建筑设防烈度采用基本烈度。

1978 规范:一般建筑设防烈度采用基本烈度。

1974 规范:一般建筑设计烈度比基本烈度降低 1 度(7 度将不降)。

1964 规范:一般建筑设防烈度比基本烈度降低 1 度,其中甲类 7 度时不降,乙类 7 度时只考虑构造要求。

1959 规范:一般建筑甲类设防烈度比基本烈度降低 1 度(6 度不降);乙类设防烈度比基本烈度降低 2 度(7 度时降 1 度,6 度时不降)。

抗震设防准则中的震害限度也是逐次提高的,如当遇有防御目标的地震影响时,1989 规范为"小震不坏、中震可修、大震不倒",其他规范均为经一般修理可用;当遇有达到基本烈度的地震影响时,对一般建筑,1959、1964 和 1974 规范为"不倒",1978 和 1989 规范为"可修"。

3.2　新建工程抗震设防的三环节之一——选址

抗震设防往往被片面地理解为抗震设计。抗震设防的防御目标在 1974 规范和 1978 规范中曾被称为设计烈度;而在过去的 1959 规范草案和 1964 规范(草案)中原都称为设防烈度,在现行的 1989 规范中又称为设防烈度,这是妥切的称法。抗震设防绝不是只靠

设计一个环节能奏效的,要使新建工程能够确有成效地减轻以至避免地震灾害,必须把握住选址—设计—施工三个环节。

新建工程抗震设防的第一个环节是选址,即选择地震危险性较小的地区或地段新建工程。这在减轻地震灾害的措施中,或许是效果又好又最经济的。选址有三层含义:选择潜在地震危险性较小的地区;选择场地地震反应较小的地段;选择对结构的地震反应较小的地段。

3.2.1　选择潜在地震危险性较小的地区

新建工程如有选择余地,应选在地震危险性低的地区或非地震区,设法避开高烈度区。虽然目前的各种预测未来地震危险性的方法都有一定的局限性或失误,但在新建工程时,所在城市的地震基本烈度仍然必须按国家颁布的地震烈度区划图确定,除非是特别重要的工程才进行地震基本烈度的复核,或单独进行地震危险性分析。

3.2.2　选择场地地震反应较小的地段

自 1970 年通海地震以来,胡聿贤教授对场地条件对震害和地震动的影响做了长期、艰苦而卓有成效的研究,从地震现场的震害考察、统计分析,到地震场地反应的理论研究,都具有高度的科学价值和实用意义,为新建工程选择场地地震动反应较小的地区和地段奠定了理论和实践的基础。

场地影响主要来自地质构造、土质条件和局部地形。在地质构造上,最重要的莫过于对断层影响的评价。由通海地震震害经验得到,并为其后大震所证实了的是,发震断层控制着极震区的形状,位于其上及其附近两侧的震害最重。土质条件和局部地形的影响从宏观震害经验和理论分析计算都表明:与一般土层相比,基岩或薄覆盖土层上的场地地震动反应小,建筑物震害轻;高耸的山包、山脊、凸出的山嘴和非岩质的陡坡,地震动反应放大,震害明显加重;软土地基的地震反应特性和震害也都加重;软夹层既有放大又有减震的作用;砂土有液化现象,并可能导致地基失效。影响场地的因素也众多,新建工程选址时,应根据地震小区划结果,尽可能选择地震反应较小的地段,以利于减轻震害。

3.2.3　选择对结构的地震反应较小的地段

不同的结构在同一场地上的地震反应可以差别很大。因此,再进一步,选址要根据结构与土层的相互作用原理,选择对新建工程的结构反应较小的场地。在唐山地震中,天津市按大范围的烈度衰减,宏观烈度为 7 度而不是 8 度,但由于软土的影响,老旧的非刚性房

屋,厂房、框架等自振周期较长的房屋地震反应较大,震害达到8度地震的平均程度;而刚性多层砖房的结构反应并未放大,仍然只有7度地震的平均震害程度。在海城地震中,营口市大面积砂土液化,不同结构的震害差异更明显,多层砖房相当于7度震害,单层厂房相当于8度震害,烟囱相当于9度震害。再从墨西哥地震的震害看,墨西哥城中10~14层建筑的结构反应最大,破坏和倒塌也最严重。这些震例都表明,在选址时,应根据拟建工程的结构特性,通过宏观经验和计算分析来选择对结构的地震反应较小的场地;或者说,应根据场地的特性来布置适宜于建造的结构类型,以求结构的地震反应较小,从而减轻和避免地震的危害。

总之,在城市建设中,新建工程的场址选择应根据地震地质、工程地质、地形地貌等有关资料,从安全与经济、工程与环境等方面做出综合评价。宜选择有利的地段,避开不利的地段;当迫不得已建在不利地段时,应采取相应的抗震措施。

3.3 新建工程抗震设防的三环节之二——设计

搞好抗震设计是实现新建工程抗震设防的中间环节,这是关键的一环。设计是能动的、创造性的,倘若场地不良,可在设计中采取措施予以处理。而施工则不同,它是实施设计,按照设计要求"照样画葫芦"。如果设计不周,便无法建造起符合抗震设防要求的工程。搞好抗震设计要解决的第一个问题是参与抗震设计的人——设计者是谁;第二,地震的发生、反应、破坏都存在着众多的不确定性因素,为此,新建工程的抗震设计要着重搞好概念设计,并了解软设计理论;然后,才是按有关规范的条文要求,进行结构抗震验算和抗震构造措施的设置与检查。

3.3.1 建筑师和结构工程师

在我国,抗震设计往往被认为只是结构工程师的事,其实不然。要知道,新建工程的抗震尤其是建筑物的抗震,只靠结构设计,不仅抗震效果不会好,而且还可能使地震区的建筑形式过于单一、贫乏,失去多样化,缺乏美感,一定程度上降低了建筑本身的功能。唐山地震后,单纯从抗震角度出发,由一时的权宜之计产生的"五花大绑"式的加固,使建筑物失去了美感,扰乱了建筑环境的秩序。对此首先公开呼吁的是建筑师。现在,对抗震建筑要注意美感这一认识已经统一了,但如何由建筑师通过建筑设计来提高房屋建筑抗震能力,还有待认识的进一步深化和实践。实际上,从建筑设计来提高房屋的抗震性能和减轻地震灾害,比单方面从结构设计考虑更为经济而有效。在城市房屋

建筑的设计中,不仅建筑物的总体和平立面都要由建筑师来构思,而且在众多的工种中,一般都得由建筑师来统领全局。因此,在抗震设计中,通过建筑师和结构工程师的密切合作,充分重视并利用现有的震害经验和科学技术所提供的可能性,不仅能够使建筑形式与抗震性能统一起来,创造出实用、经济、美观和符合抗震设防要求的建筑,而且可以发挥建筑设计的潜力来有效地减轻未来地震的灾害。

3.3.2 概念设计和软设计理论

在工程设计中,存在大量的随机性和模糊性信息,为正确处理这些不确定性信息,王光远教授自1981年开始,致力于当代最新科学的研究,建立了新的软设计理论,使设计目标和约束条件软化及可选择性加强。软设计理论目前虽还未直接应用到抗震设计中,但其思想正成为建筑抗震概念设计的理论基础。

在新建工程中,概念设计的重要性在于设计者考虑到各种信息的不确定性,把握住减轻地震灾害的总目标,根据实际工程和条件的可能,选择合理的工程抗震途径和措施,以取得最佳的或满意的抗震设计效果。依据软设计理论和地震震害经验,建筑抗震概念设计的主要内容大致可归结为以下几点:

(1)总目标的概念。抗震设计中的基本烈度也好,防御目标(设防烈度)也好,都是决策者主观确定的,而地震的发生却是随机的,烈度的标准又是模糊的。抗震设计的这两个最基本的标准,并不是客观事物的必然,而是在一定客观条件下主观的选择,即决策。它将随建筑物的重要性、国民经济的水平、科学技术的发展,以及公众的心理状态和政府的可承受程度等因素的变化而有所变动。因此,建筑抗震的设计者,对待规范中的标准,除根据实际情况有可能选择之外,还可加以软化,但要以减轻地震灾害的损失(包括人员和经济)为总目标。

(2)动反应的概念。建筑物实际遭受地震时的反应和震害现象是客观存在的,具有唯一性。但设计时对地震反应的预估是由地震的随机振动统计得到的期望值,同时反应计算中的建筑场地等级又具模糊性,因此实际的反应和震害可能与预估的反应和震害有出入。在抗震设计时,应从动力反应的概念出发,尽量选择既安全又节约投资的措施。例如,选择有利于抗震的场地和结构体系,避免发生共振现象(包括在20世纪最后十年很有前途的隔震减震体系),以减小建筑结构的地震动反应,从而减轻震害程度。

(3)总体抗震的概念。抗震规范的条文大多是针

对各个部件的,抗震设计以往也往往从各个部件的抗震要求出发。但实际上,建筑物的抗震有赖于各部件有机结合起来的总体。抗震设计必须从总体出发,各部件的设计可以软化,建筑的体型、结构的抗震体系、地震作用的传递途径都可以选择,使其总体具有可靠的整体连接和结构稳定性、合理的刚度和强度分布、必要的抗震能力(包括强度、变形和吸能),从而使建筑物在地震时发挥有效的整体抗震作用。

(4) 变形协调的概念。变形协调是建筑抗震的深层知识,要求是三维的。在同一楼层平面内,要求各点的振动在同一时刻、同一方向的水平侧移量力求一致,或由侧移小的部件协同侧移大的部件共同抗御地震,避免应力集中变形突变而形成薄弱部位,避免发生明显的扭转而增大变形;在同一竖直平面内,要求同一层间的各抗侧力构件的侧移量力求一致,或由侧移小的部件协同侧移大的部件共同抗御地震;与此同时,在楼层之间的层间位移量不发生显著突变,避免出现过于薄弱的楼层。

(5) 脆弱点的概念。抗震设计切忌存在脆弱点。脆弱点系指结构的某一部分或某一构件在地震时骤然破坏而导致建筑物整幢或部分倒塌,也指个别抗震能力很差、易倒塌或掉落的部件,价格昂贵又易震损的设施、设备、装修,以至文化艺术珍品,以及局部破坏可能导致严重次生灾害的部位或部件。

(6) 冗盈度的概念。抗震设计对于非地震区或在使用期内未遭受地震的建筑物是多余的、冗长的,但为了防御潜在地震的风险,不仅要增强建筑物的抗震能力,而且还力求设置多道防线和具有结构赘余度,以使建筑物在地震时某些预估的部位或部件遭到破损后,仍然不丧失整体抗震和承受重力荷载的能力,减轻和避免主体的破坏,取得减轻地震损失的盈益。抗震设计时,只想有盈益而无冗长之处,实不可能办到;反之,处处冗长而盈益不佳者,也不可取。抗震设计要冗盈适度,即风险决策的损益要合适、满意。

3.3.3　结构抗震验算和构造措施

结构抗震的验算和抗震措施的设置与检查是地震区抗震建筑总体设计中的两项细则,用以保障设计的建筑物达到防御目标与其震害限度的要求,并使之实现规范所限定的抗震建筑的形式和体系。执行抗震规范的这些具体条文时,有三个看法需加以阐述:

(1) 软化的导向。对规范中的条文,务必区别对待不同严格程度的用词,如"必须""应""宜""可"和"参照"等,并正确理解抗震设计中的约束条件,认识

可加以软化的导向。例如:

"建筑的平、立面布置宜规则、对称"。谁都明白,在地震区中要将所有的建筑都设计成规则、对称的,这是绝对不可能,也是办不到的。这个"宜"字的软化导向,即为放松"规则""对称"的要求,即不规则、不对称也可,且在结构抗震验算时,在规范中有平动扭转耦联不对称结构的计算条文可采用。

"构造柱最小截面可采用240 mm × 180 mm",此处的"可"字表明大一点、小一点、高一点、扁一点也都并非不可。多层砌体房屋中设置构造柱的关键是要将砖砌墙体有增强的封闭边框。为此,规范条文规定"构造柱应与圈梁连接,隔层设置圈梁的房屋应在无圈梁的楼层增设配筋砖带",这里就用了两个"应"字,而不是"宜"字。同时,在抗震计算中,承重墙的承载力抗震调整系数,只有当墙体两端包括门洞口均有构造柱约束时才能取为0.9,否则均应为1.0。

再如:砌体房屋总高度和层数的限值、抗震横墙最大间距的限值,条文均明显为"不应超过"规定值。对这类条文,设计时只能在限值内取值。但是,有的条文明明要求的是"宜",如多层砌体房屋局部尺寸限值,设计者却常以"应"看待,其实其软化的导向也很清楚。局部尺寸的限制是为防止开裂及随之而来的局部掉落或倒塌,因此对于总体抗震能力较强的建筑,局部尺寸的限制便可加以软化适当放松要求。倘若建筑师和结构工程师都能把握好抗震规范中"力求""避免""宜"等词的软化导向,而不无可奈何地把这些词都视为"必要"来约束自己,这样的抗震设计就"灵"了。

(2) 设防烈度和按大小震验算。新的抗震规范(GBJ 11—1989)采用了考虑三个水准(小震、设防烈度的地震、大震)要求的设计思想,抗震设防烈度在一般情况下采用基本烈度,而在抗震验算时用"小震"来控制"不坏","大震"来控制"不倒";在过去的抗震规范(TJ 11—1978)中,抗震验算仅用设计烈度(设防烈度)来控制。它们之间的关系从抗震验算时采用的地震影响系数最大值(α_{max})可见(表1)。

表1　地震影响系数最大值(α_{max})

烈　度		6 度	7 度	8 度	9 度
GBJ 11—1989	小震	0.04	0.08	0.16	0.32
	大震	—	0.50	0.90	1.40
TJ 11—1978		0.12	0.23	0.45	0.90

新规范(GBJ 11—1989)中的"小震"(多遇地震的烈度)的地震影响系数最大值,相当于旧规范(TJ 11—

1978）中设计烈度的地震影响系数最大值折减0.35，此折减值正好为1978规范各结构影响系数（C）的平均值，其差异在抗震验算中用承载力调整系数来弥补，使两者"小震"时"不坏"的可靠度趋于相近。

1989规范中的"大震"（罕遇地震的烈度）的地震影响系数最大值，与1978规范中设计烈度的地震影响系数最大值相比，增大值随烈度的提高而有所减小，在7、8和9度时分别增大2.17、2.0和1.56倍。"大震"时的抗震验算并非各类结构都要进行。规范中规定只要验算下列结构的薄弱层（部位）的变形：8度Ⅲ、Ⅳ类场地；9度时，高大的单层钢筋混凝土柱厂房；7～9度时楼层屈服强度系数小于0.5的框架结构、底层框架砖房；有特殊要求的建筑中的钢筋混凝土结构。由此可见，实际上，目前新建的大部分建筑是通过"小震"时的抗震验算和采用设防烈度时抗震构造措施来保障"大震"时"不倒"的，只有部分钢筋混凝土结构才做"大震"时的抗震验算。

（3）强度和变形验算。在过去的抗震规范中，抗震验算只进行截面强度验算，而不做变形计算。由于钢筋混凝土结构的建筑在不同烈度的地震作用下的震害程度和形式不仅取决于截面的强度，而且也取决于层间位移（位移角）。因此，在1989规范中要求对部分钢筋混凝土结构进行抗震变形的验算。其他结构或因计算方法尚不成熟，或因主要由强度控制就可，在1989规范中没有提出验算变形的要求。同时，从1989规范中还看到，对强度验算和变形验算的强调程度是不同的。在强度验算的有关条文中用"应"，而在变形验算的有关条文中，对"小震""大震"均用"宜"。

尽管对于新建工程包括建筑物、构筑物、设施和设备等可通过抗震概念设计、结构抗震验算和抗震构造措施来防御和减轻震害，但是地震的作用、结构的反应及其与震害的关系，尚有许多现象未被认识，许多规律未被发现，抗震设计的概念、方法和措施都有待进一步发展和完善，以使减轻震害更为奏效。

3.4 新建工程抗震设防的三环节之三——施工

一个工程的抗震设计再好，倘若施工存在重大隐患，一经强烈地震便暴露出来，由此而造成严重震害的不胜枚举。例如：

海城地震，工业和民用建筑中震害最重的两个实例均是因施工质量差而倒塌的。营口市老边中板厂机修车间为单层钢筋混凝土结构厂房，Ⅱ类场地土，遭受8度地震，屋盖系统（屋面板和屋架）除一柱间外全部坠落在车间内。据震后调查人员检查，屋面板与屋架上弦间未加焊接或仅为点焊的达50%～60%，加上支撑系统为细长比特大的焊件，地震时整个屋盖失稳而倒塌。海城县招待所两侧楼为三层砖混结构，原设计墙体砌筑砂浆标号为25号，施工时用小窑水泥，震后实测砂浆标号仅10号左右，且纵墙承重体系因横墙甚少又有扭转而全毁倒平。唐山地震中，多层砖房因纵横墙联结不好甚至无拉结，造成外纵墙倒塌的，从10度区到6度区都可见到。秦皇岛油毡厂二层宿舍和玻璃纤维厂二层住宅的外纵墙倾倒，均因与内横墙无联结。唐山地委的10幢住宅，因墙体材料质量差，使用砖标号过低，全部倒毁。震后按设计要求计算，在此小区中很可能只是外纵墙倒塌。

反之，由于施工质量好，经受住地震考验的也不乏其例。例如：

唐山地震中，唐山市路南震中区达谢庄小学的一幢三层砖混结构楼房，震后裂而未倒。这是在唐山市施工的第一幢装配式楼屋盖房屋，试点工程特别精心，砖墙体和楼房盖的施工质量甚好，砌筑砂浆饱满，竖缝也有浆。唐山市北部唐丰路路东的冶金厂3幢三层1974型住宅，南北朝向的两幢裂而未倒，东西朝向的厢房楼倒塌。调查结果为厢房楼的墙体砌筑砂浆为10号，另两幢较好，达25号。海城地震中，海城镇医院设计合理，施工质量好，地震后成了"安全岛"，照常门诊、治疗，担负起医疗救护的重任。在海城镇中，还调查到用白灰砂浆砌筑墙体的二层砖混结构，部队招待所侧楼，灰浆均匀密实，砌筑质量甚好，仅轻微损坏。

关于施工质量对抗震能力影响的定量研究，全国砌体结构标准技术委员会周九仪高级工程师在西安做了极有价值的试验。用由3名不同技术水平的人员砌筑的试件来进行砌体抗剪强度、抗压强度和墙片往复水平推力的对比试验。一类试件由一名长期在试验室从事砌体试件砌筑的七级瓦工砌筑，其水平很高，砌筑质量超过施工现场的同级瓦工；二类试件由一名近十年来已很少从事砌筑操作的七级瓦工砌筑，技术水平较高，所砌筑的砖砌体质量大致相当于施工现场的5～6级瓦工水平；三类试件由一名乡镇企业建筑队的3～4级瓦工砌筑，技术水平很低，砌筑的砌体质量也很差。对比试验结果：二类试件的强度为一类试件强度的70%左右；三类试件的强度为一类试件强度的50%左右。由此可见，仅操作人员技术水平的高低所造成的施工质量的差异即可使砌体的抗剪、抗压和墙片往复水平推力的强度相差达1倍左右；如果施工用料再有差异，其强度差异就会更大。厦门市鹭江大学兰贵禄教授的理论分析表明,砌体结构如果砌筑时竖缝有浆,可使砌体的抗震强度约提高1/3。

提高施工质量对于增加抗震效益极为明显,但目前对施工质量问题普遍重视不够,尤其是与抗震能力密切相关的隐蔽工程。为提高施工质量,应加强施工中的质量监督和对使用材料的检验,同时应加强技术培训工作。

4 现有建筑的抗震减灾对策

现有建筑比新建建筑的抗震对策要复杂得多。新建工程可按照有关抗震设防的法规,通过对设计和施工的要求,使其抗震能力达到设防标准,以保障"小震不坏、大震不倒"。而现有建筑的抗震能力已是固有的,即既成事实,且差异甚大。老旧的20世纪五六十年代的和70年代早期的建筑,一般均未考虑抗震设防,它们的抗震能力大多较差,但也并非都达不到现行的设防标准所要求的抗震能力;而在20世纪70年代后期至现今新建的建筑,虽均要求进行抗震设防,但也有不少工程因设计、施工质量差或使用维护不当,仍不符合设防标准。近年发生的许多震例表明,抗震加固增强现有建筑的抗震能力,是行之有效的减轻地震灾害的抗震对策。但实践也表明,并经抗震效益决策分析证明,对所有不符合抗震设防要求的现有建筑都进行抗震加固,这是既不可能也不值得的。从以单一的抗震加固来提高现有建筑抗震能力的对策,发展到明确指出淘汰更新、保持现状并采取防灾措施,可与抗震加固一起作为现有建筑的抗震防灾对策,这一认识也经历了近十年,这是改革开放城市建设大发展的十年。

本节将从抗震设防准则、抗震鉴定方法和标准、易损性分析、抗震效益决策分析和抗震加固五个方面,来阐述现有建筑的抗震减灾对策。

4.1 现有建筑的抗震设防准则

城市现有建筑的抗震设防准则在原则上是要使现有建筑的抗震能力达到城市防震减灾基本目标的要求,并应按具体情况予以区别对待。为实现这一基本目标,相应的现有建筑抗震设防基本准则即是:逐步提高现有建筑的抗震能力,最大限度地减轻城市地震灾害,保障地震时人民生命财产的安全和经济建设的顺利进行。使城市在遭受相当于基本烈度的地震影响时,要害系统的建筑不遭较重的破坏,重要工矿企业的主要建筑的震害不致影响正常生产或能很快恢复生产,民用建筑的震害不致影响市民的基本正常生活。即对现有建筑总的要求是当遭受

到基本烈度的地震影响时,容许的破坏程度是"裂而不倒"。

显然,从总体上看,城市现有建筑的这一抗震减灾准则对一般现有建筑抗震能力的要求比新建工程的抗震设防准则的要求略低些。但是绝不能把对现有建筑的抗震能力的要求理解为比新建的低1度。这从抗震设计规范和鉴定标准(规程)中的规定可看到:对新建建筑的要求,当遭受本地区设防烈度的地震影响时,可能损坏,经一般修理或不需修理仍可继续使用;而对现有建筑没有要求限于一般性质的修理,不言而喻允许大修。此外,"一般"两字甚为关键。当遭受高于本地区设防烈度的预估的罕遇地震影响时,要求新建建筑不致倒塌或发生危及生命的严重破坏;而对现有建筑没有提出类似的要求,当然这并不等于现有建筑都将倒塌,而是存在倒塌的可能性,即有一定的倒塌概率。基于目前现有建筑总体的抗震能力和它的复杂性,以及我国经济技术条件的限制,现有建筑的抗震设防准则只能是"裂而不倒",而不能像新建工程那样采用"小震不坏、大震不倒"的双重设防准则。

同时,还应贯彻对现有建筑按具体情况区别对待的原则,主要指下列四个方面:

(1)根据地震的危险性和城市的重要性,首先应在重点抗震设防城市提高现有建筑的抗震能力,使其达到现有建筑抗震设防准则中震害限度的要求。

(2)根据城市的经济技术条件、历史变革和发展规划,分期分批地提高现有建筑的抗震能力,使之达到抗震设防准则中震害限度的要求。

(3)根据现有建筑抗震能力的差异,采取不同的对策,使之符合减震防灾的要求。

(4)根据现有建筑的重要性,可有不同的抗震能力的标准。对抗震防灾重要的建筑和重要的工矿企业中的主要建筑,应按抗震减灾计划的基本目标提高其抗震设防的要求;对古建筑和有特殊政治和纪念意义的建筑,更应采取妥善的措施;对一旦倒塌也不致造成人员伤亡、重大经济损失和严重次生灾害的建筑,可降低抗震设防的要求。

4.2 抗震鉴定的方法要点

对现有建筑进行抗震鉴定的方法要点如下:

(1)现行标准的鉴定方法是将整幢房屋建筑分离为各个单独的部件来进行鉴定,其中某一项不满足标准的要求,就需做加固处理。由于技术上的不合理,导致了一些不必要的加固,在经济上耗费财力物力。而实际上,应着重结构的整体性和关键薄弱部位提出综

合评定现有建筑抗震能力的方法,有效地保证主体结构在遭遇设防烈度的地震影响时不致倒塌伤人和砸坏重要生产设备。

(2)应当总结我国近年抗震鉴定加固和震害预测的主要科研成果和大量的实践经验,结合实际,采用分级鉴定和选用抗震能力指数的简单方法来评定现有建筑的抗震能力。这种方法方便、实用、可靠,体现了区别对待的原则。

(3)进行抗震鉴定时,除了按不同烈度、建筑重要性和使用要求予以区别对待外,还应区分不同场地的影响和补充对地基基础的鉴定,使鉴定方法更全面,更切合实际。

(4)对于经抗震鉴定不符合要求的建筑,不一定每幢都要加固。可根据实际情况采取不同的抗震减灾对策,应在对策分析后再对有加固价值的建筑物进行抗震加固。这就在一定程度上缩小了加固面,节约了抗震加固投资。实际上,一些城市在近期的发展中已经拆除了不少加固过的房屋,大量抗震能力较差的老旧房屋也还待淘汰更新。

现以在我国城镇中数量最多、分布最广的多层砌体房屋为例,进一步说明抗震鉴定中应采取的步骤和方法要点。

多层砌体房屋的抗震鉴定,应根据房屋的结构体系、整体性、砌体强度和有无易于引起房屋倒塌或造成人员伤亡的部件,按不同烈度和场地条件,对整幢房屋的综合抗震能力分两级鉴定。在第二级鉴定中又分为甲、乙两种情况。凡符合任一级鉴定的多层砌体房屋则符合抗震鉴定要求。图1为多层砌体房屋抗震鉴定程序图。首先,应鉴定结构体系是否属刚性结构体系且无扭转影响,若是,则结构体系影响系数 $\psi_1 = 1$;否则,视鉴定状况取 $\psi_1 < 1$ 的值。然后,鉴定房屋整体性是否良好,若是,则整体性系数 $\psi_2 = 1$;否则,视鉴定状况取 $\psi_2 < 1$ 的值。再检查有无易倒部件,若无,则 $\psi_3 = 1$;否则,视鉴定状况取 $\psi_3 < 1$ 的值。按结构体系、整体性和有无易倒部件综合判断影响系数 ψ,若为 1,则按第一级鉴定。第一级鉴定通不过的再进行第二(甲)级鉴定;若影响系数 $\psi < 1$,则接第二(乙)级鉴定。第二(甲或乙)级鉴定通不过的,可采取加固措施或其他抗震减灾对策;对拟加固的建筑还需再次鉴定加固后是否符合鉴定标准的要求,或只是适当提高抗震能力。砌体房屋的第一级鉴定以房屋层数、砌筑砂浆标号、抗震横墙间距和房屋进深等因素粗略地确定抗震能力,以期用这种简单的鉴定方法放过一大批房屋;第

二级鉴定则以综合抗震能力指数,即影响系数与墙体抗震能力指数的乘积来判断是否符合鉴定的要求。墙体抗震能力指数为实际房屋的楼层纵向或横向墙体的面积率与基准(最小)面积率之比。

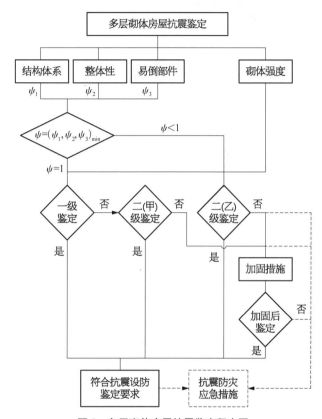

图1 多层砌体房屋抗震鉴定程序图

4.3 地方建筑的易损性分析

我国幅员辽阔,历史悠久,城市建筑种类繁多。除常见的多层砖房、多层和高层钢筋混凝土结构房屋、单层工业厂房、空旷砖房、内框架房屋和砖平房等建筑结构之外,还有大量独具城市风貌、地方特色、民族文化特征的建筑。如闽南的石结构、广东的骑楼、江淮的空斗墙、川滇的穿斗木构架、北方的木柁架等,以及古建筑如亭、塔、楼阁、宫殿、庙宇等。这些地方建筑在城市新建房屋中已很少见,且一般认为在地震时易遭破坏和倒塌。但实际并不尽然,确切地说,它们的抗震能力差别很大,且难以用计算模式来分析。现对一些地方建筑的地震易损性和抗震减灾对策简要地谈些看法。

4.3.1 木结构房屋

以木梁木柱承重的现有木结构房屋,大体上有五类:穿斗木构架、木柁架、康房、木排架和古建筑。总的来说,木结构房屋的承重体系抗震能力比较好,易倒部件是围护墙和装饰物。

(1)穿斗木构架房屋。在云南四川地震区的一、

二层穿斗木构架房屋,抗震性能二层比一层好,横向比纵向好。穿斗木构架在7、8度地震时,一般基本完好,9度时可能架歪房斜,或在楼盖处木柱折断。但围护墙若用毛石垒筑的,在7度时就有可能倒塌;用土坯或夯土的,在7、8度时可能有倒塌,9度时倒塌便很普遍;用低标号砂浆砌筑的砖墙,在8、9度时也可能架推墙倒。穿斗木构架房屋的抗震对策应增强结构体系的稳定性,减小侧向位移,其措施可在梁柱节点用银锭榫和通长的穿枋,木柱榫槽减少的截面面积不宜大于总截面的1/3,围护墙宜采用轻质抗震墙。

(2)木柁架房屋。多见单层,抗震能力差异甚大。简单的门式柁架,大柁细柱小插榫,木架自身不稳定,得依靠墙体控制,7、8度便有倒塌的震例。有前廊或兼有后厦,且用双檩更用双檩间夹檩枋的柁架,属纵横向稳定性均良好的空间结构体系。这类房屋的围护墙一般用整砖砌筑,但屋顶装饰物较多,9度时主体结构一般不致倒塌,装饰物在8度时便有可能掉落。对简单的构架应加角撑、铁件增强联结和稳定性,减轻屋面自重。不用碎砖夹泥墙,刚性横墙间距不宜大于5开间,轻质抗震墙间距不宜大于4开间。

(3)木排架房屋。木柱木屋架房屋一般较空旷,应增设简单的抗震措施。如在木柱与屋架间设角撑,屋架间设支撑,柱间隔20 m左右设支撑,以增强稳定性减少变形。

(4)古建筑。宫殿楼阁等木结构古建筑一般结构体系稳定性好、用料大、连接牢,抗震能力较好。屋盖外挑部分采用斗拱,具有较好的韧性和较大的变形能力,震时稍有松动也可起到消能作用。易损部位是装饰物,联结处被削弱的断面,且屋盖较重,围护墙的强度偏低,有的已年久失修,存在腐朽蚁蚀现象。其抗震对策应是:认真检查,谨慎处理,加固措施宜暗不宜明,既要保障地震安全,又要保持建筑原貌。

4.3.2　石结构房屋

有毛石和料石两类石材砌筑的石墙承重房屋。这两种不同石材的房屋抗震性能差别极为明显,并与砌筑砂浆标号和施工质量有关。

(1)毛石房屋。用泥浆或低标号砂浆砌筑的毛石房屋,比用同类砂浆强度砌筑的砖墙房屋的抗震能力要低;用不低于50号砂浆砌筑的毛石墙房屋,又比砖房的抗震能力要高些。毛石房屋的震害离散性特别大。如在1969年阳江地震的6度区中,同一地点的二层毛石墙民居,有倒塌的、严重破坏的,也有基本完好的;在唐山地震震害统计分析中,石结构房屋的离散性

远大于砖结构房屋。震害差异大的原因是砌筑质量不同。用低于25号砂浆砌筑的毛石墙,应以在石块间有硬点接触(石碰石)为好,且应在铺浆前先行试放石块,使之稳定不动。

(2)料石房屋。闽南和其他地震区的料石房屋抗震性能比毛石墙房要好。这类房屋有垫片或无垫片的,抗裂能力都不如同类砖房,而抗倒能力只要楼盖支承长度足够则比同类砖房都好。

4.3.3　空斗墙房屋

空斗墙是江南砖砌体的传统砌筑法,传统用砖比普通砖薄,厚度仅3 cm左右。有一斗一眠、三斗一眠、五斗一眠和全空斗等砌法。20世纪60年代在低标准住宅中曾推广过空斗墙,用普通黏土砖砌筑。北京市也建有二三层的上层为空斗墙房屋。

1974年和1979年溧阳发生5.5级和6.0级两次地震,空斗墙房屋的破坏和倒塌比实心墙房屋要严重得多。1990年常熟-太仓地震仅5.1级,震中烈度才6度,破坏和损失却比较严重。其主要原因是当地沿用空斗墙砌体,且砌筑砂浆一般不高于4号,有的还用全空斗砌法。这种省料节能但若楼层高、开间大、门窗孔大、内部空旷、装饰讲究、图表不求实的空斗墙房屋,当遭到7度地震的影响,倒塌将会相当普遍。空斗墙房屋的抗震能力差,突出的表现为,一旦严重开裂,便可能倒塌。这与砌筑方法也有关,采用全空斗和五斗一眠砌法的墙体易倒;三斗一眠和一斗一眠显然要好些。对于空斗墙房屋,如果符合抗震设计方法和鉴定规程(标准)的要求,可抗御7、8度地震。

4.3.4　骑楼

南国的骑楼建筑遍及闽粤地震区城市的老商业街,一旦震倒,危害严重。骑楼是在城市抗震减灾中需予以重视的建筑。

在1969年广东阳江地震中,骑楼的震害率与当地一般多层砖房相当。骑楼的破坏一般是临街纵向砖拱开裂,成排骑楼的两端拱和拱脚不等高的连拱有细裂缝。破坏严重的骑楼,临街面有明显的外闪现象,尤以拐角处为甚。

据对厦门市的震害预测结果,现有的骑楼抗震能力的差异很大,有在6度时便可能局部倒塌的,也有在7度时只轻微损坏,8度时中等破坏的。在鉴定骑楼的抗震能力时要注意:建造年代和老旧程度;骑楼为砖木结构还是钢筋混凝土框架结构;骑楼的结构布置,横向与主体的拉结;所处的位置,在成排的两端、拐角和差落处均为不利。骑楼建筑从单体来分析,地震时有

明显的扭转效应,成排依邻两端的扭转效应便要小得多,不甚明显。故在翻修改建时,不宜将成排骑楼分段,更不应拆成单幢,宜采取成排整修并着重加固两端,或成排更新的措施。

4.4 抗震决策分析和对策

4.4.1 问题的提出

自 1976 年唐山地震以后,我国开展了普遍的抗震加固,有的收到了效益。但是我国需要加固的建筑物很多,加固是否就是提高抗御地震能力、减轻地震灾害的唯一手段? 即什么样的建筑需要抗震加固,什么样的建筑才值得进行抗震加固? 这一重大问题提到人们的面前。可以肯定地说,不是所有的现有建筑都需要且又都值得抗震加固的。即并非所有的现有建筑都需要再提高抗震能力。其中有的已经满足了抗震要求,就不再需要加固;有的虽不满足,但不值得加固,即加固的效益差,或已列入城市近期改造规划,更不应加固。需要加固且又值得加固的建筑又究竟采用怎样的抗震措施为宜? 要确有成效地解决这些问题,显然只凭现行的抗震鉴定标准或震害预测方法是不够的。除了需要在抗震加固技术上进一步研究外,必须通过决策分析来为决策机构提供充分的决策依据(见本书 2 - 9、2 - 10 文)。

对现有建筑进行抗震效益的决策分析,我们是在 1985 年首次进行的。当时遇到的实际问题是,航空部在兰州的新兰仪表厂和万里机电厂在 20 世纪 50 年代末期建造了一批多层砖房,现有 74 幢房屋建筑面积 10 万多平方米。这批房屋在唐山地震后的七八年中,一直是我国抗震鉴定和加固工作中的一个难题。1985 年上半年,国家地震局工程力学研究所在对这批房屋进行抗震性能鉴定和震害预测的基础上,做了抗震效益决策分析,大胆地提出这两厂中的多层砖房约有2/3不值得加固,建议这些房屋不再做加固处理,暂保持现状逐年淘汰更新。这个建议被航空部抗震办公室和厂方所采纳。这项首创的软科学决策分析不仅节约了抗震加固投资经费(如按常规加固两厂多层砖房当时至少需要 500 万元),更是提高了抗震减灾工作的科学管理水平,也为提高居住水平和减轻地震潜在危害起了积极的作用。

4.4.2 决策目标和抗震对策

抗震决策目标通常可确定为使现有建筑物在防御或在未来可能遭遇到的地震中消耗和损失减小到最低的限度。衡量实现决策目标的数量化标准,一是总经济损益,二是人员的伤亡数。也有将人员的伤亡按人寿保险金额,或减少一人伤亡所需采取措施的投资额等形式折算为经济损失,即将两者用一个经济指标来衡量的。非数量化标准是社会影响,它受控因素众多。但一般来说,它与数量化标准是相关联的,除了一些有特殊影响的之外,数量化标准在一定程度上内含了非数量化标准。同时,对确定的一幢或一类建筑,伤亡人数的多少与经济损失的大小也有相关性。因此,我们在抗震决策分析中仅从经济的角度评估直接的总损益。

决策分析的目标可以是无条件的,也可以是有条件的。抗震决策的目标一般是有约束条件的,条件要视实际情况来确定。诸如宏观经济条件(包括国家、地方和单位)、城市发展总体规划、建筑物的重要性、需求的迫切性等。

现有房屋建筑的抗震决策分析不能只提供一个可行性方案,需要制定多个可供决策者选择的方案。在每一个备选方案中,所采取的策略(对策)或措施必须是不同的,而考虑的状态(防御目标)即地震烈度或地震动强度的参数则可以是一个或多个,但所有备选方案中的状态都应是等同的。

抗震决策分析考虑的状态一般不只限于考虑基本烈度一种状态,可考虑六种状态,即无震(5 度及 5 度以下)、6 度、7 度、8 度、9 度和 10 度;也可按发震概率的三个水准状态考虑,即设防烈度的地震、小震和大震。

为减轻地震灾害,对现有建筑所采取的抗震减灾对策,即决策分析的策略,一般有三个方案。第一方案为维持现状;第二方案为加固处理;第三方案为淘汰更新。其中第二方案可以采取不同的抗震加固措施。

4.4.3 损益模式和最佳选择

(1) 损益模式。抗震决策分析的总经济损益(L)的模式为策略变量(A)和状态变量(Q)的函数,即

$$L_{ij} = L(A_i, Q_j)$$

它既包括在未来地震中的直接经济损失费和震前抗震加固的消耗费,也可能附有某些增益或节省。估计总经济损益的项目应视实际条件来确定,一般包括如下项目:

维持现状方案的总经济损益:

$$L_{1j} = R_{ij} + P_{ij}$$

抗震加固方案的总经济损益:

$$L_{2j} = R_{ij} + P_{ij} + S_{ik}$$

淘汰更新方案的总经济损失：

$$L_{3j} = R_{ij} + P_{ij} + W + N + E + B$$

式中：R_{ij} 为 i 策略 j 状态的震后房屋修复费；P_{ij} 为 i 策略 j 状态的震后财产损失费；S_{ik} 为 i 策略 k 措施的抗震加固费；W 为现有建筑的使用价值；N 为拆除旧建筑和重建新建筑用款；E 为免除在新建时所需土地的征购费和城市维护费（盈益值）；B 为回收延长使用期的折旧费（盈益值）。在总经济损益中，也可再考虑银行贴息利率和修路铺道、增设辅助工程等项目的费用。

（2）决策分析方法的选择。在抗震决策分析的备选方案中，评价最佳方案的目标是明确的，即最小损失值。评价的准则是按确定型、非确定型，还是随机型决策问题进行分析，虽然与不同变量所导致的预测震害的确定程度有关，但主要取决于状态变量，即地震的确定程度。

若按确定型决策问题分析（这是目前工程中所惯用的），它要求：地震信息——基本烈度（确定的）；震害预测——确定的震害和损失。

若按随机型决策问题分析（这是目前研究中所常见的），它要求：地震信息——由地震危险性分析给出未来若干年内发生不同烈度或地震动强度的超越概率；震害预测——不同烈度或地震动强度下的震害和损失的确定值或概率值。

若按不确定型决策问题分析（这可能更易被人们和决策者所接受），它要求：地震信息——综合的（可以是不同烈度）；震害预测——不同烈度或地震动强度下的震害和损失的确定值和概率值。

从当前的地震科学水平来看，我们认为抗震决策分析按不确定型的方法来选择最佳方案或满意方案较为合适。按确定型决策问题分析，即在各被选方案中选择当遭遇基本烈度的地震时，损失最小的为最佳方案。按随机型决策问题分析，对各被选方案按不同状态的分布概率计算总经济损失的期望值，从中选择损失最小的为最佳方案。按不确定型决策问题分析，通常有五种方法选择最佳方案，但五种结果不一定相一致，从中再挑选出相对满意的方案。这五种方法是：

① 乐观系数法——在各被选方案的最小值中取最小值。

② 保守系数法——在各被选方案的最大损失值中取最小值。

③ 折中系数法——将 3/5 乐观系数与 2/5 保守系数之和作为各被选方案的损失值，从中取最小值。

④ 最小遗憾法——将每一个状态（烈度）中各被选方案的损失值减去该状态（烈度）的最小损失值，为该状态各方案的遗憾数，在各被选方案的最大遗憾数中取最小值。

⑤ 等概率法——在各被选方案的总经济损失期望值中选取最小值。

抗震决策分析需要综合考虑经济损失、生命安全和社会影响等因素，而生命安全和社会影响与经济损失往往相关联。对单体或同类建筑，一般来说可以从总经济损益的分析来选择最佳策略或满意策略。但对不同建筑（包括同类建筑结构的房屋做不同用途）的抗震决策分析，当居留人数、重要性和社会影响有明显差异时，就必须做综合分析。对有些不值得加固的建筑是很容易决策的，可不必进行总经济损益分析，如危房，建在城市近期要改造拆迁地段的建筑，或属于城市要淘汰的建筑类型。

4.5　抗震加固程序及其要点

对需要加固又值得加固的建筑，抗震加固必须按照抗震鉴定、加固设计、设计审批、工程施工和工程验收五个程序进行。

4.5.1　抗震鉴定

对拟加固的工程应有抗震能力的鉴定报告，并指出其薄弱环节，以此作为加固设计的依据。必须强调一点，对加固工程的抗震鉴定，鉴定者一定要到现场去查看建筑现状，不能单凭原始设计图和情况介绍进行鉴定。在鉴定报告中应阐述工程的现状、场地和环境。

4.5.2　加固设计

加固工程的设计技术方案应注重提高建筑的整体抗震能力，力求消除关键薄弱部位，可从加强结构的整体性、提高变形能力和增强抗震强度三方面着手。同时应与维修、改善使用条件和环境功能及灾害的综合防御相结合。抗震加固设计是一项十分复杂的工作，搞不好就有可能出现加而不固甚至加而有害的现象。为此，在加固设计时应特别注意以下几点：

（1）薄弱层和薄弱部位是抗震加固的重点，但在加固后不应出现新的更危险的薄弱层和薄弱部位。为此，对多层建筑的薄弱层，加固后的抗震能力不宜超过相邻下层楼层的抗震能力，超过时应采取同时增强下部楼层抗震能力的措施。对非承重或自承重结构，加固后的综合抗震能力不宜超过同一楼层中未加固的承重结构的抗震能力，超过时宜采取同时增强承重结构抗震能力的加固措施。

（2）非刚性结构体系的单层和多层建筑在选用抗

震加固方案时,如系采用仍保持非刚性结构体系的加固措施,应控制层间位移和提高其变形能力;如系采用改变结构体系的加固措施,应特别慎重,不仅要考虑结构自重的增加,而且要考虑结构刚度的增加,导致地震作用的加大和分配的变化,尤其是当建在坚硬的地基上时。

(3)抗震加固的后加构件之间及其与原结构之间,设计上必须要有可靠的连接。特别是当为改善使用条件而增设通长阳台或局部阳台时,新增的阳台不可支承在原建筑的砖墙体上,应设钢筋混凝土柱支承;新增的阳台台面和原楼盖、柱与原墙体间,都须有可靠拉结并成一体结构。

(4)加固设计时,必须考虑所采取的加固措施在施工时原则上不会削弱、松动、破损原有结构,不会造成补表损本不利抗震的新隐患。

(5)现有建筑的加层加固不宜提倡,如需设计时,均应按新建工程的设防要求进行抗震验算。验算原有建筑的抗震能力时,必须考虑后加楼层对它的地震作用。

(6)五花大绑、肥梁胖柱的抗震加固年代虽已过去,但由于我国的抗震加固设计一般为结构工程师所从事,建筑师未参与,也不需城市规划部门审批,因此建筑的艺术功能与周围环境的协调往往未加考虑或考虑不周。在抗震加固设计时,一定要注意建筑立面的协调和美观。特别是在风景名胜地的现有建筑加固设计,更要注重建筑美感和当地的建筑风格相协调;对古建筑,更不能因加固而破坏原貌。

4.5.3 设计审批

城市现有建筑的抗震加固设计审批目前不同于一般土建工程那样需要层层把关,它由抗震办公室系统组织。一般现有建筑抗震加固工程设计方案和概算都要经加固单位的上一级主管部门(抗震办公室)组织审批。国家重点工程要由有关部、省、自治区或直辖市抗震办公室组织设计审批。为了更有效地决策现有建筑是否值得加固,加固方案的建筑立面与外形是否与城市建设相协调,应请城市规划部门参与审批。

4.5.4 工程施工

现有建筑抗震加固工程的施工是在原有建筑上进行的,它与新建工程相比,一般量大而繁杂,在施工方法和质量上都有许多特殊的要求,其要点是:

(1)新增的加固构件与原有的建筑结构之间,在结构上要形成一个整体能共同作用抗御地震;在建筑上要形成一个统一体能有完美协调感。加固施工时切忌在新旧间内部连接马虎、外表交接残迹斑斑。

(2)绝不能因施工操作而降低、破坏原有建筑的抗震能力。如:应采用机具钻孔,而不用人工凿打;应铲面剔缝不破碎砖砌块,更不得用强力锤击来除去面层造成墙体酥松的隐患。

(3)精心组织施工,提高工效,尽量避免和减少影响用户的正常生产和生活。

4.5.5 工程验收

加固工程的验收往往众目睽睽、褒贬兼有,应按管理权限全面、认真组织进行,并听取用户意见。

在以往的加固工程中,有加固效果好并经受了实际地震考验的,有一般的,也有加而不固、加而有害的实例。对于加固工程上报或花了加固经费的,因设计或施工不合格,工程验收时决不能姑息,更不能以未加固工程论处。对好的、无效的、有害的加固工程,均应从技术、管理两方面总结经验,进一步提高现有建筑的抗震加固水平,增强抗震能力,减轻潜在地震的损失。

5-5　鞍山市城市综合防灾研究实施方案和系统框图[*]

杨玉成　杨雅玲　王治山　张志远　苏志奇　陈金华

1　引言

鞍山市位于辽宁省中部,是我国北方的老工业城市,经济发达,人口稠密,现有城市人口 120 多万,是我国 35 座超百万人口的特大城市之一。市区设铁东、铁西、立山三个行政区和鞍钢厂区,建成区用地面积 80 多平方千米,规划区 120 多平方千米。

2　编制实施方案的总体思想和过程

根据我国城市迅速发展和减灾工程建设的需要,国家科委和国家自然科学基金会联合资助和组织的重大项目"城市与工程减灾基础研究",选定鞍山市为典型城市综合防灾对策研究的四座示范依托城市之一,进行超前的城市综合减灾应用基础性研究,受到鞍山市党政领导的热诚欢迎和重视,并得到辽宁省建设厅的指导和协助,他们都提出了进一步的要求。认为这是一件好事,对鞍山市的发展、防灾都有益处,明确指示要为鞍山市实干、真干,并责成课题组拟定具体方案。根据鞍山市委市政府领导的指示和有关部门的意见,课题组扩充和修改了基金课题原计划,提出在鞍山市开展城市综合防灾研究的初步方案,提交市建委讨论后,又拟定三个投入不同经费和工作深度的实施方案,经多次磋商并召开研讨会,确定编制实干、真干、适当超前的鞍山市城市综合防灾研究实施方案,总体思想为:适当深化现状,建成可供鞍山市实际运作的城市综合防灾智能辅助决策系统,为城市建设发展和防灾减灾服务。并认为可以原第二方案为蓝本,调入第三方案中的一些内容来充实基础工作和包含按百万人口以上城市编制抗震防灾规划所要求的工作。依此就鞍山市城市综合防灾研究实施方案达成协议,联合研究随即开始,计划

1997 年完成。为使该课题的研究顺利进行,对鞍山市的城市建设、综合防灾减灾起到指导示范的作用,鞍山市政府同意支持课题研究经费,并组建城市建设管理电子计算机中心^①。

鞍山市城市综合防灾研究的实施方案贯彻了江泽民主席关于"坚持经济建设同减灾一起抓的指导思想"的指示精神。回顾编制实施方案的过程,是逐步加深理解这一指导思想并使之具体化的过程。

3　研究目标和防御灾种

3.1　研究目标

进一步调查研究鞍山市城市灾害源和工程防御状态,评估各类单发的灾害、伴生的和次生的灾害危害程度,建立城市建设工程智能信息库、灾害预测和综合防御对策的知识工程,实现鞍山市城市综合防灾智能辅助决策系统的运行,用以达到指导鞍山市城市建设的发展和现代化管理,有效地减轻城市潜在灾害损失的目的。

3.2　防御灾种

鞍山市的潜在灾种有:

全局性的——地震、火灾和工业爆炸;

局部性的——塌陷、滑坡和泥石流;

不严重的——内涝、洪水、飓风和冰雪。

在综合防灾中最为普遍性的问题是预防火灾和工业爆炸的发生,这在人口稠密的老工业基地鞍山市较为突出。据最近几年的调查,工业生产和储运的易燃易爆源,除鞍钢厂区外,在市内尚有炼油、化工、煤气、橡胶、制药、纺织、高压容器、石油和液化气储罐等 20 多处;加之分散在居民家中的石油液化气罐和煤气管网,最近这几年公共场所的易燃装饰和化纤布服,这些都极易引起爆炸和酿成火灾。为此,鞍山市建立了比

本文出处:《自然灾害学报》,1995 年 7 月,第 4 卷增刊,132-137 页;国家自然科学基金重大项目"城市与工程减灾基础研究"1994 年论文汇编。

　*　该项目由国家科学技术委员会、国家自然科学基金会联合资助。本课题"城市综合防灾对策示范研究(鞍山)"为三级子课题。

　①　支持经费和计算机中心因市委主要领导调离,未实施。

较严密的安全防火组织体系,消防队伍训练有素,有针对性地开展防火宣传,及时发现和排除火险隐患,有效地控制和扑救火灾事故。但火灾仍时有发生,损失也较大。显然,防御火灾和工业爆炸是鞍山市综合防灾研究中的主要内容之一。

在 1975 年 7.3 级海城地震中,鞍山市区遭受到 7 度影响的灾害,郯庐大断裂在市区以西约 30 km 处贯穿,在市区内有三条业已被重视但未查明的断裂。鞍山市的抗震防灾规划与其基础工作在 1989 年和 1990 年两年按乙类模式进行,鞍钢的抗震防灾规划基础工作于 1991 年按甲类模式完成并通过鉴定。已编制的鞍山市抗震防灾规划不包括鞍钢厂区,且尚未评审。鞍山市区内的建(构)筑物自海城地震后均按 7 度设防。防震减灾在鞍山市一直受到重视,这必将有利于鞍山市城市综合防灾研究的顺利开展。

岩溶塌陷,在鞍山市区灰岩的分布约占 1/3。自海城地震以来,岩溶塌陷在市区西南部屡屡发生,有震陷、钻井陷落、雨后塌坑等事件。在 1984 年和 1989 年分别对市区南部和西部做过岩溶普查,物探结果如下:岩溶发育,溶洞小,覆土厚,并圈划出 11 个岩溶构造防范区。近年,岩溶塌陷已在鞍山引起不安,影响建设发展和规划决策。因此,防御岩溶塌陷也要作为鞍山市综合防灾研究的主要内容之一。

其他的地质灾害,滑坡和泥石流在郊区有发生的背景,但危及不到城区内。

水灾在鞍山市区不可能产生危害,流经市区的三条河流,上游的汇水面积较小,汛期对建成区的威胁不大。市区的内涝也不严重,地势东高西低,落错 20 多米,汛期地面雨水随自然坡度通过管渠排泄,且有筑堤挖湖的拦洪蓄水工程,只局部存在"坐汤水"。

飓风和冰雪这类自然灾害在鞍山的历史上也都不严重。

综上,本课题研究所针对的灾种以防御全局性的为主,兼顾局部的,即地震、火灾、工业爆炸和岩溶塌陷。

4 系统框图

鞍山市城市综合防灾研究要为鞍山市建立一个可供实际运行的城市综合防灾智能辅助决策系统。这个系统拟在国家自然科学基金"七五"重大项目"工程建设中智能辅助决策系统的应用研究"中建立的城市现有房屋震害预测智能辅助决策系统的基础上,加以扩展和开发,并进一步推向实用。鞍山市城市综合防灾智能辅助决策系统的框图如图 1 所示。在该系统中有三个子系统,即城市建设工程子系统、防灾知识工程子系统和救灾知识工程子系统,而其目标是发展建设和减轻灾害。

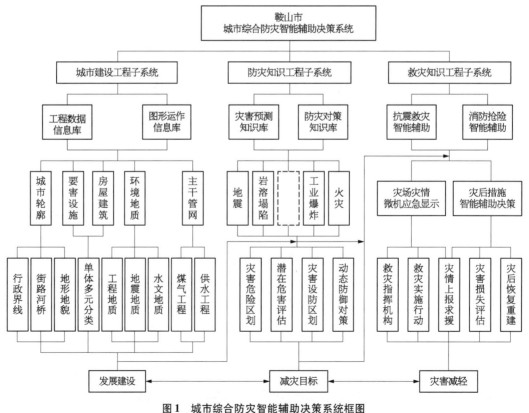

图 1　城市综合防灾智能辅助决策系统框图

4.1　城市建设工程子系统

该子系统是本项研究的基础,要求建立的不是个框架和演示系统,而要以实际的工程数据和图形信息,建立一个城市建设工程信息系统,并可独立运行,这是鞍山市对本项研究最为关切之点。为此,在鞍山市城市综合防灾研究的实施方案中特别强调,这是必须完成的两项基础工作,即在该系统中建立全市的工程数据信息库和图形信息库,这是防灾减灾也是迅速发展中的鞍山市工程建设和现代化管理所迫切需要的。

该子系统即城市建设工程信息系统,拟建立以综合防灾为主的12个子库,包括:

① 行政分区;　　　　② 街路桥河;

③ 地面高程;　　　　④ 房屋建筑;

⑤ 煤气干管网;　　　⑥ 供水干管网;

⑦ 工程地质;　　　　⑧ 地震地质;

⑨ 岩溶分布;　　　　⑩ 消防系统;

⑪ 潜在高危害源;

⑫ 防灾救灾重要建筑和场所。

这些子库可以单独运行,也可合成叠加,在这个系统中,要将大量的数据信息与图形信息,建立一一对应的关系,加以集成,使之不仅具有智能数据库管理系统的功能,还可以运用地理信息系统技术来任意编辑和显示图形。

建立这些信息库,是要与鞍山市的各有关部门共同来完成的。在实施方案中,尚不包括鞍钢厂区的有关数据,建议鞍钢单独建库后,再联网或归并入全市数据库中。

建库工作量最大的是房屋信息库,现已建成一个示范区,占鞍山市铁东区的1/4,有14个小区。以每幢房屋产籍登记表的数据库为基础,集成数据-图形的信息库可按房屋产权、建筑结构、层数、年代、现状完好程度和目前用途等元素,对整个示范区(将来为全市)和各个小区做多元统计分析和图示每一幢房屋特征元素的彩色分布图,并可指向任意一幢房屋在屏幕的窗口中显示其有关数据。在示范小区的图形信息中,还有管网与街道和房屋的合成叠加。图形的输入是按1/1 000的鞍山城区图用数字化仪测读的。

4.2　防灾知识工程子系统

在防灾知识工程中,要建立灾害预测知识库和防灾对策知识库,针对的灾种主要为地震、溶洞塌陷、火灾和工业爆炸,包括单发的和综合的灾害危险区划、潜在危害评估、灾害设防区划和动态防御对策。设计鞍山市防灾知识工程,应收集、利用、表达鞍山市的与一般通用的经验和知识,同时要通过深入研究在鞍山市的防灾工作中尚需揭露的事实或解决的问题,进一步提取和表达知识,方能有效地建立鞍山市的防灾知识工程子系统。

4.3　救灾知识工程子系统

在本课题研究中,将侧重于从工程角度来减轻灾害,也考虑到一般的社会问题,但不做深入研究。灾害的发生可能是面域的或是点域的,拟将设计的救灾知识工程分别针对这两种成灾范围,对应急救灾和灾后措施提供智能辅助决策,拟包括救灾指挥机构和实施行动的发布、灾害损失评估方法和恢复重建对策、灾情上报、求援和保险索赔等。

5　研究工作重点

在鞍山市的综合防灾研究工作中,有五个重点问题在现有的基础上需做进一步的研究来获取和提炼知识。

5.1　断裂构造和地震动特性的影响

鞍山市区断裂构造十分复杂,地形地貌和工程地质特征变化明显,存在抗震设防的有利地段和不利地段,其地震动特性对工程结构存在不同的影响。这关系到城市的发展规划和工程的抗震设防,拟在已编制的抗震防灾规划的基础上进一步开展下列工作:

对市区内的三条断裂的分布和性质要进一步勘察,并研究其对工程的影响。

开展地震动特性和地震小区划研究。对鞍山市的场地划分,在按乙类模式编制的抗震防灾规划中由场地土类别确定,本项研究拟将发展到按地震动特性分类。

对鞍山市不同场区的工程建设提出目前的和超前的两种设防标准的建议。

从抗震防灾的角度对鞍山市土地利用规划提出建议。

5.2　溶洞的分布及其影响

鞍山市区岩溶分布较广,对城市建设的发展、规划和工程的安全有着明显的影响。为此而需要进行以下工作,包括:

勘察——在收集和利用现有资料的基础上,进一步分析勘察岩溶的分布和形态。

评价——分析在覆盖土层、工程设置和地震作用下溶洞的稳定性和地面的塌陷程度及其对工程的影响。

鉴定——评价已建在溶洞上的重要建筑和工程设施的安全性。

对策——对城市已建工程和发展规划提供防灾对策。

5.3 生命线工程的安全性评价和灾害防治措施

鞍山市的城市基础设施还在发展，其中生命线工程的设置、安全性评价和直接的、次生的灾害的预防至关重要。燃气爆炸往往是恶性大火的火源，同时又可能是火灾的伴生灾害。本项研究拟以鞍山市抗震防灾规划基础工作中对煤气主干管网和自来水主干管网的震害预测为基础，开展综合防灾的工程安全性评价和灾害防治措施的研究。

5.4 易燃易爆工业厂房和设备的安全性评价及其防灾对策

鞍山市工业区的易燃易爆源特别多，隐患更为严重。防治工业燃爆正是鞍山市作为防灾研究示范城市的特点之一，拟开展下列工作：

汇总消防队、地震台和编制抗震防灾规划时收集的资料，进一步确定重点防范的易燃易爆对象。

逐个评价重点防范易燃易爆厂房和设备的安全可靠性及其防治措施。

预测易燃易爆厂房和设备的震害及评估次生灾害的影响。

5.5 防灾救灾重要建筑物的抗灾能力评价和减灾对策

对指挥机关、消防公安、医疗救护、交通通信、金融保险、粮食供应等防灾救灾重要的建筑物，调查分析房屋的防火等级、存在隐患和消防能力，评价抗震能力和预测震害，并提出防灾减灾的对策。

对住宅和一般的工业与民用建筑防御灾害的能力，拟做抽样调查和分析。

6 关键问题

在建立鞍山市城市综合防灾智能系统的研究中，有几个关键的技术问题需要突破：

（1）以鞍山市实际的大量的数据和图形信息建立工程建设的企业化数据库，而不滞留在试验数据库的水准，并集成图形功能，把工程建设信息系统推向实用。

（2）以知识工程为基础的综合防灾智能辅助决策系统的建立和运行。

（3）大中型工业集中的城市保障连续生产过程和防止次生灾害的多种灾害设防准则和防灾对策。

（4）从城市的发展、设防水准的提高、现有工程的老化、淘汰和加固等因素进行动态震害预测，为在鞍山市实现我国政府提出的未来十年的防震减灾目标，即达到具备抗御6级左右地震的能力进行智能辅助决策。

（5）在救灾系统中，对火灾、爆炸的即时反应，提供受灾工程与其环境的图形和数据信息、消防能力和救灾对策的智能辅助决策。

7 结语

实施鞍山市城市综合防灾研究，必须强调真实、实用与适当超前相结合，"坚持经济建设同减灾一起抓的指导思想"。在这半年的实践中，本项研究起到了推动有关部门的建设发展和现代化管理的积极作用，受到了欢迎。但是，要在未来三年时间内建成鞍山市城市综合防灾智能辅助决策系统仍然是十分艰难的，除了要坚持正确的指导思想和解决技术上的难点，同时必须有各有关单位的密切配合、协同工作和资金的及时到位才能实现。在这实施方案中，详细列出了每项研究工作的内容、进度和预计经费，当然在其实施过程中，还需要适时调整好研究内容和进度。总之，我们将同心协力使该项研究推向实用，达到为发展建设和减轻灾害服务的预期。

研究课题：城市综合防灾减灾对策示范研究（鞍山）。

研究单位：国家地震局工程力学研究所。课题主持负责人：杨玉成。

协作单位：鞍山市建设委员会、鞍山市地震局、鞍山市房管局户籍处、清华大学土木工程系、辽宁省城乡规划设计处、辽宁省城乡建设厅、沈阳市抗震办公室、沈阳市房产管理局。

参加研究人员：杨玉成、王治山、杨雅玲、杨柳、赵宗瑜、李大华、杨昇田、张志远、戴盛斌、罗丹凌、邓正贤、崔京浩、陈金华、苏志奇、王炳权、武力军、李国华、万木青、程洁、陈沈来、贺富春、杨栋等。

5-6 城市与工程防灾减灾的冗裕理论以及鞍山市防灾投入的重点

杨玉成 杨雅玲 武力军

1 引言

在城市与工程减灾基础研究中,将防灾减灾的冗裕理论作为城市综合防灾示范研究的重点,这正符合"国际减灾十年"确定 1996 年减灾日为"城市化和灾害"的首要目的:"提高市政当局对减轻灾害可得利益的认识"。按此,本文探讨了城市与工程防灾的冗裕目标、冗裕总体表达式、工程防灾的冗裕标准和经济冗裕表达式,并以 1996 年丽江 7.0 级地震为例加以说明。最后结合鞍山市综合防灾示范研究,指出该市为取得减轻灾害的可得利益,在工程防灾中应重点加强投入的几个方面。

2 冗裕目标——减轻灾害·可得利益

采取防御各种灾害的措施,在工程和社会活动中增加投入,为的是降低城市总体的灾害易损性,一旦遭受灾害,便能减轻危害程度,减少损失。然而,倘若在无潜在灾害的城市采取防御措施,或对有潜在灾害的城市采取了防灾措施而实际灾害比预估的低得多,甚或未发生灾害,如房屋建筑的抗震设计,对于非地震区或在使用期内未遭受到破坏性地震的房灾,则防灾措施确是多余的、冗长的。但灾害不能不防,为了防御潜在灾害的风险,不仅要增强工程和城市总体的抗灾能力,降低易损性,而且要增强全社会的人文抗灾意识和政府的管理职能,还力求设置多道防线和具有赘余度,以便遭到某些预期的灾害时,仍然不丧失城市和工程的整体抗灾能力,取得减轻损失的盈益。因此,城市与工程防灾只想盈益而无冗长之处,实不可能办到,谁也不希望它来灾,但都得有备无患;反之,处处冗长也无必要,不考虑盈益或盈益不佳,也不可取。城市与工程防灾的冗长要适度,即风险决策的冗裕要合适、满意,即达到"减轻灾害可得利益"的目标。这对工程和城市中的工程防灾,我们称之为工程安全冗裕理论,它是防灾减灾的基点。

3 冗裕总体表达式

在城市和工程防灾中,究竟怎么算"裕"呢?

先以丽江地震为例:在 1996 年丽江 7.0 级地震中,丽江县城大研镇遭受到 8 度地震袭击,死亡 77 人,直接经济损失 7.86 亿元,其中房产损失 5.44 亿元,占建筑总面积 53.8% 的砖混和钢筋混凝土结构房屋的房产损失 1.95 亿元,只占房产总损失的 35.8%。砖混结构和钢筋混凝土结构这两类房屋在丽江县城大多是按 8 度设防的,其平均震害指数分别为 0.26 和 0.22,总体上为轻微破坏,符合抗震设防的要求,且该两类房屋的震害未造成人员死亡。实际地震表明,这两类房屋在丽江的抗震设防是有成效的,公认灾害损失明显减轻。这一结论的得来不只从可以量化的经济损失和人员伤亡,而且从这个民族地区震后社会稳定的影响、政府计划重建恢复期的缩短等难以量化的因素来看,也都是采取防灾措施所得到的利益。

诚然,丽江的例子是从宏观的、概念性的防灾减灾综合评估所得到的以感性为主的又有一定量化的认知,从中我们可以深化和扩展,设想灾害防御的冗裕总体表达式,即为

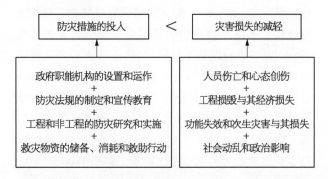

本文出处:《城市与工程防灾减灾基础研究论文集》,中国科学技术出版社,1996 年,166-171 页。

在上述例子和总体表达式中,投入和减损既要算经济账,这是一个甚为敏感可用定量数字来表达的基础问题,但又不能只局限于算经济账,有政治、社会乃至国家、民族更为重要的根本问题在内。因此,灾害防御的冗裕是对防灾减灾系统的风险决策和综合评估,经济是其中的一个重要因素,但不应是唯一的决定因素,冗裕理论的可得利益指社会效益和经济效益。

4 工程防灾的冗裕标准

城市综合防灾对策中的基本结合点是工程防灾,要加强工程防灾意识和工程设防措施。评估工程防灾的冗裕标准总体上可包括两方面:一是确定防御目标与其投入的可接受程度;二是遭受灾害的可接受程度和相应的损失减轻。

工程的防御目标对不同的灾种、不同的城市和工程是不尽相同的。如防洪工程有按数十年一遇、数百年一遇乃至千年一遇的洪水作为防御目标。所选取的防御目标要依据防御对象的重要程度和在经济上的投入的可接受程度而定。再如我国现行的抗震设防标准,对一般工程的防御目标是发生地震的 50 年超越概率为 10%,接近 500 年一遇。对这个防御目标的投入为我国当前的经济建设所能接受,且当遭受到防御目标的地震,设防工程可能出现轻微到中等程度的可修的震害,这对一般工程也是可接受的;但对重要工程可修的震害便不可接受,往往要提高到可正常使用的设防标准;再说按现行的一般设防标准,在 20 世纪五六十年代就花不起这么多钱,当时不得不降低设防标准减少投入。

继续以丽江地震的实例来说明。丽江的防御目标自 20 世纪 90 年代起要求按烈度 9 度设防。实际除了少数重要建筑外,未被接受而沿用 8 度设防,原因是 9 度设防势必限制城市发展,且为当地经济所难以承受。这在我国的 9 度地震区普遍存在此情况,要求降低 9 度设防标准,其原因主要是我国抗震设防规范中对 9 度设防和 6~8 度设防的要求在遇有设防烈度的地震影响时的震害程度基本相同,尤其是将遇有高出设防烈度 1 度的地震同作为大震来要求,即不倒塌。的确,这是不合情理的,应该看到人们对遭受不同烈度的地震的可接受程度是不相同的,且 8 度到 9 度的房屋抗震设防费要成倍增加。但对重要工程的抗震设防可以也是应该提高的。丽江机场是个典型的例子,它的设防投入相当可观,震后安然无恙,成为抗震防灾最重要的唯一可以立即启用的通道,迅速及时运出伤员、运

进救灾物资,党中央国务院慰问团直飞灾区,这是高目标高投入所取得的难以用经济盈益来计算的高盈裕。

制定防御法规,确定防御目标,是工程防灾投入的先导。抗震规范为防御法规之一,丽江地震表明,规范中砖混和钢筋混凝土结构 8 度设防是可接受的,也是盈裕的。相反,从丽江的穿斗木构架土坯围护墙房屋的震害可见,在 20 世纪 80 和 90 年代新建的两个小区中平均震害指数超过 0.7,总体的震害程度为部分倒塌,人员伤亡也主要由该类房屋的震害所致,远超过防御目标的要求,这可归因于抗震规范第十章第二节中未区分土坯和砖围护墙的不同要求,导致该类房屋设防失误,震害不可接受。惊回首,当年对编制抗震规范第十章的重视程度远较其他各章差得多,投入力量也太少,这在新修编建筑抗震鉴定标准时得到纠正,予以一定的重视和投入,对穿斗木构架土坯围护墙房屋的 8 度设防,有设置轻质抗震墙的规定,该类房屋凡符合 8 度鉴定设防要求的,震害轻微,可接受,达到防御目标的要求。

火灾不同于地震和洪涝自然灾害,特大火灾的发生肯定是不可接受的,究其原因大致有三:规范人的行为不力;工程防火措施欠缺;消防警力和设施不足。总的来说还是防灾投入太少吃的亏。当前有的地方有的单位对火灾的损失上报得很小,与实际修复费相差到一两个量级,这种虚报造成防灾冗裕标准的错觉,大大地影响防火投入的增加,使之形成恶性循环。

5 经济冗裕表达式

灾害损失与其减轻的经济估计是一个要量化的复杂问题,尤其是掺假和私情使其失去真实性,一般是自然灾害往上抬,人为灾害往下压,其下压幅度很大。无论是从国家的宏观调控还是防灾减灾的研究分析,经济损失和减灾的评估都需要有一个统一的基本原则。以分两步为宜,一是工程防灾的实际投入和灾害的直接损失与其减轻的评估,这要有明确的规定;二是多因素的综合评估,包括灾害的间接损失和后效,宜分项宏观确定系数或总值。头一步是基础,应由工程界为主进行评估,第二步则应以经济学界为主。

在头一步中,指的只是冗裕总体表达式中实施工程的防灾直接经济投入和工程的灾害直接经济损失,在地震灾害损失评估中采用下式:

防灾直接经济投入 = 工程总量 × 单价 × 工程防灾投入比 + 工程中的设备价值 × 设备防灾投入比

灾害直接经济损失 = 工程总量 × 单价 × 工程损失比 +
与工程相关的有价财产值 ×
财产损失比

其中

损失比 = $\sum$ (不同程度的损伤率 ×
相应损伤程度的损失率)

则评估灾害的投入和减轻的直接经济冗裕的表达式为

$$T_d = \Delta E_d / E_{0d}$$

式中：T_d 为直接的经济冗裕指数，一般来说大于 1 是盈裕的，在遇有设防重现周期的灾害时，防灾工程的 T_d 起码不应小于 1，否则工程防灾措施是冗长的或是不当的；ΔE_d 为直接经济损失的减轻或防止；E_{0d} 为工程防灾的直接经济投入。计算投入和损失的取值要相对应，以往在单价的取法上出入比较大，可有 3～4 种取值，即：一是损失按当前的重建和修复价计，防灾投入也以重建费的增值计；二是损失按工程现值计（重建价×折旧率），投入也按现值或按原造价×物价上涨指数和贴现率；三是都按原价。用这三种相对应的投入和损失来求得的冗裕指数一般是相接近的，其中都以重建费计是较方便的。倘若只评估损失，不宜用原造价，更不能用原造价×折旧费计，这对于老旧的工程，经济损失可能变得微乎其微。损失评估一般宜按现值计，同时再评估重建费，这样的损失是实在的，重建修复费肯定比损失要大。

再以丽江地震中的砖混结构房屋为例，平均震害指数为 0.26，房产损失比为 0.128 1，按重建费计算损失值为 1.076 亿元。倘若不设防，砖混结构的震害指数为 0.4 左右，损失比约为 0.236，则房产损失值可达 1.982 亿元。可见，设防减少房产损失比为 0.108，减少房产损失值为 0.906 亿元。且对室内财产损失比的减少可为 0.043 3，约减少室内财产损失值为 0.104 亿元。因而丽江县城的 120 万 m² 砖混结构的 8 度抗震设防在这次地震中可减少房产和室内财产的损失值合计为 1.01 亿元。砖混结构房屋 8 度设防的投入比约为 8%，工程防灾投入为 0.672 亿元，则工程防灾直接盈益 0.338 亿元，冗裕指数为 1.01/0.672 = 1.65。由此可见，像丽江县城那样的 8 度设防遭受 8 度地震，砖混结构的工程防灾的自身是直接盈裕的，但并不大；倘若按 9 度设防，工程防灾的直接冗裕指数将为小于 1，即当遭受 8 度地震对 9 度设防的工程本身来说是冗长的。

欲定量求得灾害投入和减轻的经济冗裕综合指数

是困难的，在冗裕总体表达式中有的项目要用社会效益来衡量，难以甚至不可能用经济价值来计算。在此，用类同于直接经济冗裕指数的形式来表达综合冗裕指数，即为

$$T = (2n \cdot \Delta E_d + \sum \Delta E_m) / \sum E_0$$

式中：$\sum E_0$ 为各项防灾投入之和；ΔE_d 为直接经济损失的减轻或防止；n 为评估直接损失中有关项的减损倍数；ΔE_m 为评估因素中有关项的减损值；T 为综合冗裕指数。

用于评估发生灾害后的 T_d 和 T 是确定性的，即使评估方法不同，得到不同的冗裕值，甚至对 T 值中难以量化的因素也可定性确定。但当用于决策投入效益，则 T_d 和 T 与防御目标中的灾害重现周期有关，且很多因素是不确定的，这是尚需专门研究的不确定性问题。

6　鞍山市综合防灾的投入重点

针对鞍山市城区潜在的主要灾种——地震、岩溶塌陷、工业爆炸和火灾，在综合防灾的结合点工程上把握住灾害防御的关键，采取各种措施，以降低城市地区的灾害易损性，取得减轻灾害的盈裕利益。建议在下列九方面应重点加强工程防灾的投入：

（1）进一步投入认知潜在灾害的信息，勘察市区内三条断裂的分布位置和性状、岩溶发育程度和分布。这是防御地震和岩溶塌陷灾害的基础。

（2）进一步投入认知防御灾害的信息，按政府有关部门的规定，采用甲类模式进行地震小区划和抗震设防区划、相应的岩溶塌陷区划，并应包括鞍山钢铁公司厂区在内，编制抗震抗塌防灾规划，以确定防御水准，纳入城市发展总体规划之中。

（3）进一步投入认知工程防灾能力的信息，开展重要工程和典型工程的震害预测，抗震抗塌和防火、防爆鉴定，包括在设防时期建造的工程，用以确定降低灾害易损性的工程对象和措施。

（4）强化政府机构的职能，调控在岩溶塌陷构造断裂防范区的地下水资源的开采，谨防降到土层和石灰岩接触面；在水位降落漏斗和地面下沉盆底，减少新建工程，开辟绿地空地。

（5）在尚未进一步认知宋三台断裂带之前，在其附近应降低建筑和人口密度，可先适当提高抗震设防水准，不宜新建高层和重要工程，倘若非建不可，必须做单体工程的地震场地安全性评价。在断裂带附近的

出露基岩或薄土层场区,不应作为Ⅰ类建筑场地。

（6）加快危房和破旧房屋的改造,老旧的煤气和供水管道的更换;不得再在煤气管道中使用石棉水泥硬接口,现有的管道大部分为硬接头,应引起有关部门的高度重视,做好防灾紧急处理预案;完善铁东、铁西供水网络的安全路径;限制位于居民区内有易燃爆或有毒物工厂的发展,必要时规划搬迁。

（7）尽快增设消防站,配备为城市建设发展所必需的消防装备,完善消防用水系统;在对工业企业和公共场所中有火灾爆炸隐患的单位,在强化管理、严加防范、执行死看死守的同时,应尽快采取工程措施,达到防火防爆规章的要求。

（8）加强工业企业中设备设施的抗灾能力,应谨防受灾时的直接破坏和次生灾害及日常运行和储存中设备设施自身的原生灾害,严防类似1993年农药厂泄毒、1995年妇幼医院毒气外漏的事故发生。

（9）应用城市综合防灾示范系统,建成实际运行系统,作为工程建设和防灾管理与指挥的中心,在城市建设和防灾中发挥双重作用。

7 结语

作为城市和工程综合防灾的冗裕理论,为取得防灾的盈余利益,要求对灾害的危险性与其特征做多方面的探讨和研究,充分认识和把握住城市灾害防御的关键,并予以逐步实施。反之,如果听之任之、草率行事,或一味追求工程增强措施,将可能遭殃。故该理论在鞍山市的综合防灾示范系统的知识工程中,是需要特别加以关注的。

作者的立论、表达式和对事例的评述,均属初步探索,有待深入,诚望赐教。

5－7 城市综合防灾的结合点和在鞍山市的示范研究（摘要）

杨玉成　王治山　杨雅玲　张志远　苏志奇　陈金华

在本项研究进展中,初步形成鞍山市城市综合防灾的几个结合点:建立城市综合防灾智能系统与工程建设数据库管理系统;实施地震小区划和岩溶塌陷小区划;加强工程防灾意识和工程防灾措施。这是鞍山市综合防灾的基本结合点。

在示范研究中,初步建成一个示范小区的房屋建筑信息管理和震害预测智能系统,进行了供水供气网络数据库和图形系统的前期工作,初步开展了灾害地质信息数据库和图形系统工作;对鞍山的岩溶塌陷提出了从区划到小区划、预测和防治对策的构思;探讨了鞍山商场和克拉玛依友谊馆两起特大火灾的原因,根源是在工程,是缺乏工程防火知识和缺乏工程防火措施。从而指出工程防灾对策应同是防洪、防震和防火、防爆之本,减灾之源。

本文出处:《城市与工程减灾基础研究论文集(1995)》,中国科学技术出版社,135－140页。

5-8 鞍山市城市综合防灾系统的示范研究知识工程总体设计（摘要）

杨玉成　王治山　杨雅玲　杨　柳　张志远　戴盛斌　苏志奇　陈金华

防灾知识工程系统所针对的是鞍山市区的主要潜在灾种：地震、岩溶塌陷、工业爆炸和火灾。要建立灾害预测知识库和防灾对策知识库，并基于城市综合防灾的结合点是工程防灾和工程防灾的冗裕理论，就要先建立城市建设工程和灾害源的信息系统，依此为基础，分析灾害危险性，评估潜在危害，编制设防区划和防御对策，以实现防灾效益的目标。

由于综合防灾的知识领域涉及广泛，且目前尚无成熟的经验可循，设计综合防灾知识工程的知识吸取要充分考虑到各有关方面，既内含基础性的原始知识，又包容各方面结论性的本本知识和经验性的专家知识。知识的表达和知识库的构成不拘泥于通用的规则和结构形式，而是力求自然，便于综合，将各方的知识融会为一个整体，并把握鞍山市城区灾害防御和减轻损失在工程中的关键。或者说让条条道路（知识源）通向防灾减灾，力求获得较高的冗裕指数（防灾效益），而其目的是发展建设和减轻灾害，即贯彻"坚持经济建设同减灾一起抓的指导思想"。

鞍山市综合防灾知识工程中的基础知识和工程数据库是在鞍山市政府和市建委的布置下，得到各有关部门的大力协同，无偿提供或以技术换取的。

鞍山市综合防灾的深层知识和专家经验得到众多先驱单位和教授专家无私无偿提供的指导和帮助。中国建筑科学院抗震所陈一平研究员提供了鞍山市震害预测报告和专家知识；冶金工业部建筑研究总院杜肇民研究员和清华大学秦权教授提供了鞍山钢铁公司抗震防灾规划基础工作研究报告；地矿部岩溶地质研究所康彦仁、项式均、谢云鹤研究员提供了有关岩溶塌陷和防治的专家知识，并由该所科研处组织专家对鞍山市既有的岩溶工作做出评价；桂林工学院高技术研究所海戴媛教授提供了有关岩溶塌陷和防治的专家知识与建议。各方的前期工作和研究成果、众位专家教授的经验知识是建成鞍山市综合防灾系统知识工程总体设计的基奠和导师，在此深表谢意。

本文出处：《城市与工程减灾基础研究论文集（1996）》，中国科学技术出版社，145-154页。

5-9 鞍山市城市火灾减灾信息研究（概要）

杨雅玲　杨玉成　王治山　张志远

在本课题的实施过程中，通过对鞍山市和有关城市的火灾燃爆和减灾信息的研究，我们对城市防火防爆和减灾救灾曾提出过一些深层次的问题，可归纳为以下四个基本观点：

（1）城市火灾燃爆损失年分布形态，其规律为持平—高跳—回落—持平—再高跳⋯⋯这是人为灾害的特点。鞍山市 20 世纪 80 年代以来的火灾灾情，认知鞍山市火灾高跳周期约为 5 年左右的灾损预测模式，从市消防支队提供这 5 年灾情来看，得到验证。

（2）城市火灾和燃爆不同于地震和洪涝自然灾害，它多为人为所引发，防火防爆过去侧重于规范人的行为和强化消防救灾系统，这固然重要。我们通过对特大火灾的克拉玛依友谊馆 1994 年 12 月 8 日劫难中的工程问题、1995 年 3 月 13 日鞍山商场特大火灾的原因探讨，认知根源在工程，因而在这重大项目中所研究的工程防灾对策应同是防洪、防震和防火、防爆之本。

我们对于上述两例的分析，当时与官方公布的原因并不相一致，为避免麻烦还特地申明"本文纯属学术讨论，不作为法律依据"。嗣后，在 1996 年夏与鞍山市消防协会负责同志座谈中，他们赞同我们对鞍山商场大火原因的分析。在鞍山商场大火后，经消防部门联合检查，列出鞍山市有 36 项重大火险隐患，基本上也都是工程问题。可见，在工程建设中，严把防火关、做好防火审核，是城市防火的重要内容，火灾强调工程防灾这一点，已得到有关部门的共识。

（3）评估火灾灾损过低，使防灾投入不力，出现灾损有增无减的恶性循环。鞍山自 1993 年到 1996 年 6 月的火灾的日均发生率近一起，直接经济损失年均近400 万元，死伤年均分别为 23 人和 19 人。实际上，直接经济损失远大于上报值，除了有的属人为压低之外，建筑损失的评估往往按原造价×折旧系数计，而地震损失的评估则以现值甚至修复重建价计，如果再计入间接经济损失，火灾损失可能将比目前评估的要高 1~2 个量级。如国家地震局工程力学研究所大楼三层办公室、图书阅览室、四层会议室和木结构大屋顶烧毁，消防部门评估的损失还不到 10 万元，这是按 20 世纪 50 年代初建的房屋造价，再折旧下来便不值多少钱了，微机等设备也按用旧折损的计，但修复大屋顶、重购图书和设备的有价之物就得数百万元，何况还有无法计算价值的技术档案等被烧掉。鞍山市的火灾损失评估也不例外，实际的经济损失比上报中的统计值要高。低估灾损势必带来过低投入，故应改进现行的火灾损失评估方法，以增加消防投入来减少火灾损失。

（4）鞍山市未来的重大或特大火灾燃爆可能仍不在工矿企业，还将发生在公共建筑场所，尤其是商场和娱乐场所。

有信息表明，这些观点或为有关方面所共识，或得到验证。在本文中着重阐述火灾减灾信息系统的研究成果，包括鞍山市重大火险隐患、潜在地震中可能引发严重次生灾害的易燃易爆源和消防站的分布图形库及其属性数据库，并用图形信息系统编辑和分析消防站的行车距与责任区，指出现有的消防站不足，在按规划新增加后可达到要求。彩色图形均由信息系统自行生成和展示。

鞍山市城市燃气状况及危险性分析由清华大学土木工程系邓正贤、崔景浩协同进行研究①，可供参考。

本文出处：国家自然科学基金重大项目城市与工程减灾基础研究第五次学术交流暨课题验收会，1997 年，广州。
① 《城市与工程减灾基础研究论文集(1995)》，中国科学技术出版社，1996 年，172-176 页。

5–10 鞍山市区岩溶分布基本规律及其潜在灾害防治的初步探讨和小结（概要）

戴盛斌　杨玉成　张志远

1 防治对策初步探讨[①]

研究岩溶塌陷的预测模式,应采取以防为主、防治结合的对策:

(1) 最首要的是认知先决条件,探明石灰岩地区中的断裂褶皱地带,以确定构造断裂防范区,进而尽量探明洞穴的事实区,与此同时要做好该区域中水源地的调查,对水文地质和工程地质做出负责的评价,用以控制判断条件和诱发条件。

(2) 在判断条件中,土层的厚度和性状可视为不变的,鞍山市已有第四系覆盖土层厚度分布图,还可用已有的钻孔资料来校验和细划。在铁西区大部分土层较厚,这对防御岩溶塌陷是有利的,一般来说,当土层厚度大于 50 m 或 60 m,在无极其强烈的诱发条件下,即使在土洞事实区,建造一般的工业与民用建筑仍属安全场地。认知这一点,对于土地利用规划是必须的。

(3) 在鞍山市防治岩溶塌陷最关键的是控制好判断条件中的地下水位与由此而产生的地面沉降。铁西水源地是鞍山市自来水公司向市内供水 1/4 的水源地,岩溶地下水资源不能不开采利用,要贯彻"坚持经济建设同减灾一起抓的指导思想",对开采量、降深、降速都应严格加以控制,要充分研究其安全取水的强度,尽快规划地下水位的降落高度,不使地下水位在土层和石灰岩接触面上下变动。为此,在这一特殊环境系统中,应该建立地下水长期自动监测系统,显示地下水动态变化趋势,及时发布导致城市公害的地下水临界水位和临界水位降速警报,达到合理开采地下水又不致恶化岩溶塌陷因素,以保障鞍山市和鞍钢的可持续发展。

(4) 对处于判断条件不利的地面沉降盆底、水位降落漏斗和岩溶地下水主径流带,不应再布置高层建筑和一旦塌陷或遭到地震可能引发严重次生灾害的工程,并减少新建工程,多开辟绿地空地。

(5) 控制人为诱发条件,在防范区内不宜布置有强烈振动和冲击力的工程,限制建筑密度和高度,在建设居住小区和高层建筑时应做工程地质详勘,并核定洞穴顶板和洞壁的安全度。

工程力学所杨昇田等的论文《岩溶塌陷的一种计算方法》[②]仅供参考应用。

2 结语

岩溶塌陷的潜在危害已影响到鞍山当前工程建设的安全和日常用水的保障,乃至制约城市总体规划和危及可持续发展,这在本项研究期间已为鞍山各界所共识。

通过对鞍山市岩溶塌陷和洞穴事例、危险性和防范区划的信息研究,以及预测模式的建立,特别重要的是已由国家计委立项开展勘察,因此鞍山市岩溶塌陷防治对策的全面实施前景有望,这也必将为鞍山市政府与各有关部门所共识和努力。

本文出处:《自然灾害学报》,1995 年,第 4 卷增刊,138 – 144 页;国家自然科学基金重大项目城市与工程减灾基础研究 1994 年度论文汇编;1997 年城市综合防灾对策示范研究(鞍山)总结报告。
① 原文作者为鞍山市地震局戴盛斌。
② 《城市与工程减灾基础研究论文集(1995)》,中国科学技术出版社,1996 年,141 – 147 页。

5 – 11 设防城市的房屋震害统计和预测震害矩阵与其在鞍山市的应用

杨玉成   杨雅玲

1 引言

从 1966 年邢台地震到 1976 年唐山地震,在这期间遭受到地震破坏的城市除了京津地区,一般是不设防的,或是遭受实际地震影响的烈度远比设防烈度要高的。而从 20 世纪 70 年代末到 80 年代末是我国地震活动的相对平静期,故我国的建筑抗震设计规范与鉴定标准的防御目标和实施条文、震害预测的方法和判据,乃至地震烈度表,仍都是以六七十年代的地震活动相对活跃期中的不设防或设防目标远低于实际地震烈度的房屋建筑的震害经验为主要的知识源。如今,在唐山地震后的 20 年期间,在我国地震区中的城市一般都业经抗震设防,这样设防城市的房屋建筑当遇有防御目标的地震影响时能否达到预期的效果?对这些房屋建筑的震害预测结果能否与实际震害相符?设防城市的地震宏观烈度以什么标准评定?这都是抗震防灾工作中甚为关注的问题。为此,我们从云南丽江地震的实地调查和发生在 90 年代的六七级地震的震害资料,统计设防城市的房屋震害;同时,将以往城市震害预测中对在设防期间建造的房屋所做出的预测震害的结果,以不同的设防烈度归类统计不同烈度下的预测震害指数和预测震害矩阵,一并供设防城市预测房屋建筑群体震害参考和用于鞍山市现有房屋的群体震害预测。在以往的震害预测中,我们使用获 1995 年国家科技进步二等奖的"城市现有房屋震害预测智能辅助决策系统"。

2 设防城市的房屋震害统计

2.1 8 度设防城市丽江遭受 8 度地震的震害统计

1996 年 2 月 3 日,云南丽江发生 7.0 级地震,县城大研镇遭受 8 度地震的破坏。丽江县城自 20 世纪 70 年代末、80 年代初开始抗震设防,在 1977 年的第二代烈度区划图中为 8 度设防区,1990 年第三代烈度区划图为 9 度设防区,但一般房屋仍按 8 度设防。丽江县城的房屋大致可归纳为五类,它们的建筑面积列于表 1,总计为 390.6 万 m^2。在表中还列出在县城逐幢房屋调查震害的建筑面积共计为 54.21 万 m^2,占总建筑面积的 13.88%。其中八九十年代建造的为 40.32 万 m^2。调查震害的房屋按五元(建筑结构、年代、层数、质量和用途)分类建立数据库。房屋的震害程度分为六个档级,即基本完好(包括完好无损)、轻微损坏、中等破坏、严重破坏、部分倒塌和全毁倒平,相应的震害指数为 0、0.2、0.4、0.6、0.8 和 1.0。

表 2 列出了 11 个调查统计点中在八九十年代建造的不同建筑结构的房屋的震害指数及其按建筑面积的加权平均值。其中钢筋混凝土结构、砖混结构和民族砖木房屋平均震害指数分别为 0.22、0.24 和 0.29,这表明该三类房屋遭受到 8 度地震的影响,总体的平均震害程度为轻微损坏,达到抗震设防的预期目标的要求;而民族土木和砖木结构的房屋震害指数分别为 0.73 或 0.72,总体的平均震害程度已进入部分倒塌,显然这不符合防御目标的要求。

表 1   丽江县城房屋震害调查数

项 目	建筑面积/万 m^2					
	民族土木	民族砖木	砖木结构	砖混结构	钢筋混凝土结构	总计
实有房屋总数	165	15.6	15.6	120	90	390.6
震害调查总数	12.90	2.22	5.30	12.67	21.13	54.21
其中八九十年代建	4.34	1.62	1.51	11.72	21.13	40.32

本文出处:《城市与工程减灾基础研究论文集(1996)》,中国科学技术出版社,155 – 165 页。

表2 丽江县城调查统计点各类房屋震害指数

调查统计点	民族土木		民族砖木		砖木结构		砖混结构		钢筋混凝土结构		综 合	
	①	②	①	②	①	②	①	②	①	②	①	②
五一街道办事处	0.52	/	0.08	0.00	0.23	/	0.09	0.09	0.04	0.04	0.45	0.07
七一街道办事处	0.61	/	0.18	0.18	0.51	/	0.08	0.08	/	/	0.56	0.15
新义街道办事处	0.53	/	0.12	/	/	/	0.07	0.07	/	/	0.49	0.07
北门街道办事处	0.68	/	0.42	/	/	/	0.33	0.33	0.20	0.20	0.54	0.31
西安街道办事处	0.74	0.74	0.31	0.31	/	/	0.26	0.26	/	/	0.54	0.54
新大街-义正村	0.68	0.71	/	/	0.73	0.82	0.27	0.27	0.30	0.30	0.45	0.44
福慧路	/	/	/	/	0.21	0.60	0.23	0.23	0.20	0.20	0.22	0.22
环城路—机床厂	0.16	0.16	0.06	0.00	0.55	0.13	0.17	0.17	0.16	0.16	0.25	0.16
民主路	0.56	/	/	/	0.34	0.40	0.33	0.33	0.18	0.18	0.24	0.19
长水路	0.68	/	/	/	0.49	/	0.31	0.31	0.19	0.19	0.29	0.21
单体调查八系统	0.40	/	/	/	0.54	0.71	0.30	0.30	0.22	0.22	0.27	0.25
按调查数加权平均		0.73		0.29		0.72		0.24		0.22	0.35	0.30
按房屋总数加权平均	0.62		0.26		0.51		0.26		0.22		0.41	

注：① 为各类房屋调查总数的震害指数；② 为调查房屋中八九十年代建的房屋震害指数。

在表2中的第①列为各类房屋在各统计点调查总数的震害指数。对照①、②两列的震害指数可知：调查震害的钢筋混凝土结构均在八九十年代建造，两列相等；砖混结构平均震害指数②列比①列稍小；与其相反，民族土木房和砖木结构的房屋②列的平均震害指数比①列要大，这是由于新建的民族土木房或因结构或因场区，其抗震性能还不如古城的建筑；而砖木结构主要因调查房屋中全毁倒平的不设防厂房是在90年代建造的。从表2的综合值可见，调查房屋总的震害指数为0.35，其中设防时期建的房屋震害指数为0.30，按县城各类房屋总数加权平均的震害指数为0.41，这相当于中国地震烈度表(1980)中一般房屋8度的震害指数(0.3~0.5)。

从表2可见，丽江古城的调查点平均震害指数超过0.5，而新城区的震害指数不到0.3，但烈度的评定并不按此分别为9度和7度，而认为是在新城区砖混和钢筋混凝土结构这两类房屋的震害正是业经8度抗震设防的房屋遭受8度地震影响的标志，在古城大多是穿斗木构架土坯围护墙的民族土木房，土墙的部分倒塌也正是遭受8度地震影响的标志。

进一步在表3中列出丽江县城在八九十年代建的各类房屋的震害程度分布率，其中达到GBJ 11—1989抗震规范中防御目标要求的，包括基本完好、轻微损坏和中等破坏这三类房屋，砖混结构和钢筋混凝土结构分别为88.63%和95.31%，砖木结构只有24.02%，民族土木和民族砖木房分别为8.27%和97.59%。在表4中

列出八九十年代建的各类住宅的不同震害程度分布率，其中钢筋混凝土和砖木结构住宅都达到防御目标的要求，砖混结构住宅的符合率略比表3中的大，这表明该三类住宅的抗震能力比其总体要强。

表3 丽江县城八九十年代建的各类房屋震害分布率

单位：%

震害程度	民族土木	民族砖木	砖木结构	砖混结构	钢筋混凝土结构	调查房屋合计
基本完好	0.62	8.06	2.05	32.39	24.77	22.86
轻微损坏	2.22	45.04	7.94	24.60	46.89	34.07
中等破坏	5.43	44.49	14.03	31.64	23.65	24.48
严重破坏	17.96	0.74	19.23	10.92	4.70	8.32
部分倒塌	72.19	1.67	15.40	0.44	0	8.55
全毁倒平	1.58	0	41.34	0	0	1.72

表4 丽江县城八九十年代建的各类住宅震害分布率

单位：%

震害程度	民族土木	民族砖木	砖木结构	砖混结构	钢筋混凝土结构	调查房屋合计
基本完好	0.47	8.06	0	38.53	54.21	24.26
轻微损坏	2.24	45.04	0	32.43	19.24	23.96
中等破坏	5.97	44.49	100	20.21	26.55	20.43
严重破坏	18.25	0.74	0	8.70	0	9.39
部分倒塌	71.36	1.67	0	0.13	0	21.45
全毁倒平	1.71	0	0	0	0	0.51

丽江县城砖混结构和钢筋混凝土结构这两大类房屋遭受 8 度地震影响的震害分布率反映出我国城市当前按 8 度抗震设防的一般水准,同时也表明在设防阶段建造的房屋,砖混结构仍有 10% 左右,钢筋混凝土结构也仍有 5% 左右,达不到抗震设防的要求。在丽江,严重破坏的砖混和钢筋混凝土结构房屋,除了因抗震设计有明显的缺陷和施工质量问题外,另一原因是丽江未进行工程场地抗震设防区划,如地区卫校因场地原因使震害加重,在要求设防阶段建的砖木结构,表 4 中的住宅均属中等破坏,而表 3 中的倒塌率却如此之高,主要是抗震设防失控,如合资企业泰康木业厂自行找人设计,不设防的厂房倒毁,砸坏机器设备。民族形式的穿斗木构架房屋,围护墙用砖砌的,几乎都能经受 8 度地震,而八九十年代建的土坯围护房屋,严重破坏和倒塌的高达 90% 以上,在要求城市 8 度抗震设防所建的房屋出现如此严重的问题,除了新建的两个住宅小区场地影响较不利之外,恐怕主要是在《建筑抗震设计规范》第十章第二节的规定中,对穿斗木构架房屋在不同设防烈度下的构造措施规定不明确,对土坯和砖围护墙无不同要求。这在《建筑抗震鉴定标准》中已有不同的要求,符合 8 度鉴定要求的民族土木房屋震害较轻。

2.2 不同设防地区在地震损失评估中的房屋破坏比

自 1993 年国家地震局发布地震损失评定指南和细则后,每次破坏性地震都由受灾地区的省地震局按此调查震害和评估经济损失。评估中将震害分为五个档级,即基本完好、轻微损坏、中等破坏、严重破坏和毁坏。本节引用 1993 年以来 7 个 6.0 级以上地震损失评估中砖混结构和钢筋混凝土结构房屋的破坏比(国家地震局、国家统计局编,《中国大陆地震灾害损失评估汇编(1990—1995)》,地震出版社,1996 年,北京)。表 5 和表 6 分别为在 7、8 度设防区遭受不同烈度的地震中这两类房屋的破坏比,即震害矩阵。表中①~⑦为 7 个不同的地震,即:① 1993 年 1 月 27 日云南普洱 6.3 级地震;② 1993 年 3 月 20 日西藏拉孜-昂仁 6.6 级地震;③ 1994 年 1 月 3 日青海共和-兴海 6.0 级地震;④ 1995 年 7 月 12 日云南孟连西中缅交界地区的 7.3 级地震;⑤ 1995 年 10 月 24 日云南武定 6.5 级地震,还波及四川为⑤';⑥ 1996 年 2 月 3 日云南丽江 7.0 级地震;⑦ 1996 年 5 月 3 日内蒙包头西 6.4 级地震。这 7 个地震的有关资料,①~⑤引自上述文献;⑥引自《1996 年丽江 7.0 级地震灾害损失评估报告》(云南省地震局、国家地震局专家组联合考察队);⑦引自《包头西 6.4 级地震灾害损失评估报告》(内蒙古地震局)。

表 5　7 度设防区在地震损失评估中的房屋破坏率

单位: %

结构类型	震害程度	6 度				7 度			8 度	9 度
		①	③*	⑤	⑤'	②	③*	⑤	⑤	⑤
砖混结构	基本完好	77	42.5	77	92	12	5.8	62	59.0	19.8
	轻微损坏	15	45.3	20	7	38	29.1	25	25.7	16.5
	中等破坏	8	9.2	3	1	32	38.5	12	26.4	14.5
	严重破坏	0	3.0	0	0	18	24.8	1	6.7	38.1
	毁坏	0	0	0	0	0	1.8	0	2.2	11.0
钢筋混凝土结构	基本完好	83		89		20		82		
	轻微损坏	16		11		35		16		
	中等破坏	1		0		30		2		
	严重破坏	0		0		15		0		
	毁坏	0		0		0		0		

注:　*　青海共和-兴海地震中 6、7 度设防区的房屋破坏率。

表 6　8 度设防区在地震损失评估中的房屋破坏率

单位: %

结构类型	震害程度	6 度		7 度			8 度	9 度
		④*	⑥**	④	⑥	⑦***	⑥**	⑥
砖混结构	基本完好	80	77	59	62	75.73	19.0	16.8
	轻微损坏	16	20	22	25	15.25	33.7	19.5
	中等破坏	4	3	18	12	7.02	36.4	14.5
	严重破坏	0	0	1	1	1.96	8.7	38.1
	毁　坏	0	0	0	0	0.01	2.2	11.0
钢筋混凝土结构	基本完好	80	85	80	68	63.17	26	21
	轻微损坏	13	15	16	25	26.44	43	34
	中等破坏	1.5	0	4	7	10.38	26	33
	严重破坏	0	0	0	0	0	5	12
	毁　坏	0	0	0	0	0	0	0

注:　*　孟连西地震中 6 度区框架结构破坏比原文有误。
　　**　丽江地震中 6 度区 7、8 度设防区的房屋破坏比,8 度区的破坏比不包括丽江县城。
　　***　钢筋混凝土结构一栏中破坏率,在包头西地震中实为砖柱和混凝土柱工业厂房的破坏率。

由于地震损失评估中的房屋破坏率用作上报经济损失的基本数据,因此在评定地震烈度和震害程度与其对应关系中,有的偏差较为明显,有的破坏率还不全由实际地震震害调查所得。从表 5、表 6 来看,7 度设防区遭 7 度地震的破坏率计算平均震害指数砖混结构和钢筋混凝土结构分别为 0.266 和 0.150,且与表 2 丽江地震 8 度设防遭 8 度的震害指数相当,为 0.24 和 0.22。与此相对照,7 度设防遭 7 度地震较 8 度设防遭 8 度地震钢混结构轻,砖混结构重,这是合理的。这也就表明,由地方政府非专业队伍提供的震害调查统计数据大体上是符合震害现象的。

3 设防城市的房屋预测震害矩阵(同本书 4 - 16 文 2.2~2.5 节,略)

4 在鞍山市房屋总体震害预测中的应用(略)

预测城市房屋总体的震害,最简捷的方法是应用已有的预测震害矩阵或地震震害矩阵和震害指数。鞍山市 7 度设防,预测其总体平均震害指数和震害矩阵,应用预测震害指数和矩阵的方法得鞍山市的结果,见本书 4 - 16 文第 6 节,为 0.231。本文再用上述 7 度震害砖混结构和钢筋混凝土结构的平均震害指数 0.266 和 0.150 代入建筑面积和年代影响系数,则得鞍山市房屋总体的平均震害指数为 0.276。若采用预测震害的标准差 0.024 和 0.018 则为 0.242,与建研院、冶研院的结果也都相接近。

5 结语

唐山地震以来的 20 年中,我国地震区中的城市新建房屋一般都要求抗震设防。丽江、包头等地震的震害经验表明,在抗震设防期间建造的量大面广的砖混结构和钢筋混凝土结构的设防是有成效的,总体可达到预期的防御目标,减轻了震灾损失;但有的工程抗震设防失控,设计或施工质量低劣,加重了损失,因此应强化管理严加防范和适时检查消除隐患。同时,震害经验还表明,应加强对土石木结构的抗震设防,加速抗震设防区划编制。

当前,我国地震区的城市房屋大多是在设防期间建的,作者试图通过对此期间发生的地震的震害统计和预测震害资料的归纳,建立不同设防烈度下的城市房屋总体预测震害矩阵及砖混结构和钢筋混凝土结构房屋的群体预测震害矩阵,以供应用。通过对鞍山市的示范性应用,表明是可行的。诚然,这项研究是初步的,而从其中得到的初步结果表明,城市在设防期间建的房屋总体和同类房屋的群体,预测震害的结果差异并不显著,可用平均值与其标准差来调控;同时,设防烈度增加 1 度,相应的震害程度并不都是相差一个档级,从 6 度到 9 度每差 1 度的震害程度的差异不相同,不同的建筑结构的差异也不相同,这是在设防城市的震害预测中必须注意的。

附:城市综合防灾对策示范研究(鞍山)总结报告摘要

摘要

该项研究课题"城市综合防灾对策示范研究"以老工业城市钢都鞍山为依托城市,城区人口 120 多万,灾害防御的主要灾种为地震、岩溶塌陷、火灾和工业燃爆。

本总结报告共分八章。第一章为概述,为该课题的研究目的和意义、国内外现状、研究工作进展和主要成果。第二章为城市与工程防灾减灾的冗裕理论,这是防灾减灾的知识基础。第三、四、五章分别为城市火灾减灾信息、地震防御对策和岩溶塌陷防治对策的示范研究,这三章是对鞍山市主要的三种潜在灾害的危险性信息和防灾对策的研究。第六章为城市综合防灾的结合点和工程对策,这章阐述有关综合防灾的论点和综合成灾模式。第七章阐述城市综合防灾图形信息智能辅助决策系统的框图和结构模块设计,该系统在鞍山市的演示性运行和沈阳市铁西小区的应用。第八章为结语。

该课题经四年的研究,在综合防灾上形成四个重要的论点,即:① 冗裕理论,这是城市和工程实施防灾减灾的安全理论,是采取灾害防御对策的知识基础,其目标是减轻灾害可得利益。② 工程防灾,这是城市各灾种的综合防灾中最基本的结合点,无论其成灾因素是自然界变异还是人为影响为主的灾种,都要大力加强工程防灾意识和工程防灾措施。③ 工程性的防灾措施和非工程性的防灾措施相结合,是采取城市综合防灾对策的基本原则。④ 综合成灾模式,为多种灾害的危险性互链的增殖模式,综合防灾的要点就是要认知互链而防其增殖。

该项示范研究建立了一个城市工程建设和综合防灾图形信息智能系统,在鞍山市实施演示性运行,并在沈阳市铁西小区房屋震害预测中得到应用。该系统的总体尚属演示性阶段,且作为综合防灾系统也只局限于依托城市鞍山的潜在灾害,而在其系统中可独立运行的城市现有房屋震害预测图形信息智能辅助决策系统,可应用于实际。

5-12 论多层砖砌体住宅楼的抗倒设计

——汶川地震映秀镇漩口中学宿舍楼震害探究

杨玉成　孙柏涛

1　引言

　　根据 1966 年的邢台地震、1975 年的海城地震、1976 年的唐山大震和 1996 年的丽江地震的震害经验,我国编制并修订的建筑抗震设计规范有 1964 版、1974 版、1978 版和 1989 版,明确了抗震设防目标为"小震不坏、中震可修、大震不倒",21 世纪又修订为 2001 版 GB 50011—2001。映秀镇漩口中学的房屋建筑理应按规范设计建成的,却倒塌这么多,必有问题。

　　的确,映秀镇遭到的地震强度远比房屋建筑所设防的 7 度要高得多,但倒塌并不是应该发生的。就在映秀中学的西北角,有 5 幢教师宿舍楼(住宅)依然全都屹立着,这些建筑在 8 级地震的极震区不倒,意义重大。这证实了我国自主创新的多层砌体房屋构造柱圈梁抗震体系的功能极为有效,超越了大震不倒一般以 9 度或高于设防烈度 1.5~2 度的界限,突破了传统观念,使大众的居室有望建成 10~11 度强烈地震不倒的真正的安居工程。唐山大地震的震害总结取得了我国量大面广的多层砖房抗裂抗倒经验[4,6],发现了多层砖房中钢筋混凝土构造柱的增强作用,在震后我国的抗震工作大力协同,从理论分析和试验研究到工程实践取得共识,创新这一抗震体系,编入加固规程和设计规范,列为强制性条文,必须严格执行,从而在我国得到普及与使用。

　　总结汶川大震震害经验,我们有责任从震灾中进一步总结能抵御强烈地震的结构体系和有效措施,以减免震灾。这就很有必要对漩口中学的 5 幢教师宿舍(住宅楼),连同上部四层坐落在震塌的底层上的学生宿舍做进一步的震害分析,究其原因。

2　现场震害考察

　　汶川地震周年次日,本文第一作者随郭迅研究员

的调查组进入漩口中学现场,在外观察和摄影,还买到映秀镇全景的震害照片。在教师宿舍区还伸胳膊手摸震碎的砌体,敲下两处砂浆。学生宿舍有的窗口似人为扰动过。图 1 为取自映秀镇全景中的漩口中学震害照片,可见 5 幢教师宿舍分列两排,南排 3 幢,北排 2 幢。图 2 为在两排房屋间由西向东拍摄,前景右侧为南排西幢的北立面和西山墙角,左侧为北排西幢的南立面和西山墙角。

图 1　漩口中学全景震害

本文出处:《地震工程与工程振动》,2010 年 12 月,第 30 卷第 6 期,1-12 页。

图2 南排和北排教师宿舍

南西幢为四层二单元,图3为其南立面和西山墙,属中等破坏,砖砌体的裂缝处尚无明显的滑移错位。其震害现象纵向底层窗间墙普遍开裂,多为斜向或交叉裂缝,贴面石片掉落;第二层窗肚墙都有交叉裂缝,面石也大片掉落,窗间墙有可见裂缝,第三层窗肚墙也

图3 南西幢中等破坏

图4 南中幢严重破坏

有开裂,第四层偶有裂缝。山墙底层有交叉和斜向裂缝,面石掉落,第二层有明显的斜裂缝和楼盖下的通长水平缝。

南中幢为五层二单元,图4为其北立面和东山墙,属严重破坏。底层山墙有贯通的斜裂缝和底圈梁上的水平缝,滑移错位明显,局部破碎,面石大片掉落。纵向底层窗间墙有贯通的斜裂缝和交叉裂缝,局部断裂,面石掉落,外露构造柱;上部各层的窗肚墙有不同程度的裂缝,第二层较普遍,面石掉落,第三、四层的交叉裂缝也较明显,抹灰层掉落,窗间墙偶有斜裂缝。

图5 南东幢严重破坏

南东幢为五层二单元,图5为其北立面和西山墙,属严重破坏。外纵墙底层的震害在房屋中段最重,窗间墙的下口高度水平断裂,面石脱落,外露构造柱,窗下角砌体崩落,窗间墙上的斜裂缝反而不明显;房屋两端的窗间墙则以斜裂缝为主,第二层窗间墙有斜向和交叉裂缝,部分明显有滑移错位现象;上层窗肚墙均有裂缝,第二、三层较重,贴面石整片掉落,抹灰层脱落,第四层次之,第五层部分窗肚墙开裂。山墙第一、二层开裂严重,有水平和斜向裂缝,局部崩角。

北东幢为五层二单元,震害严重,图6为其南立面与东墙角,图7为其北立面与西墙角。外纵墙底层几近全破碎,窗间墙的斜裂缝连同构造柱侧边的竖缝与窗下墙的八字缝相连,延伸至底圈梁,砌体错位局部分离、震落,面石掉落,构造柱外露;第二层窗间墙有可见斜裂缝和上下水平缝,上层窗肚墙开裂,各层程度不同,第二、三层较重,第四层次之,第五层窗肚也有抹灰局部震落的。山墙底层开裂严重,在底圈梁上错位,上下墙角崩落;第二层也有明显的水平缝和斜裂缝。

图 6　北东幢严重破坏（南立面）

图 9　北西幢严重破坏（北立面）

图 7　北东幢严重破坏（北立面）

北西幢为五层三单元，图 8 和图 9 分别为其南立面与西山墙、北立面与东山墙，震害属中等至严重破坏，有滑移错位迹象但不明显，较东幢要轻。底层外纵墙的窗间墙有明显的斜向和沿构造柱的竖向裂缝，窗

下墙有八字裂缝，至底圈梁；上层窗肚墙裂缝，第二层明显，抹灰脱落，第三层次之，也可见明显的交叉裂缝和小片抹灰掉落，第四层只个别明显。山墙底层有斜向延伸的水平缝，底圈梁上的水平缝有滑移错位迹象，第二层也有可见裂缝，但不明显。

学生宿舍为五层，中间走廊南北单间轴 1～15。底层倒平，上部四层坐落其上，破坏严重。图 10～图 13 分别为残存四层的南、北纵墙和西山墙，可见外纵墙遍体裂缝，轴 9 的南北墙均塌落，窗间和窗肚的裂缝相连，呈整墙面的斜向大交叉裂缝，窗间墙多处破裂外鼓甚至局部掉落，第三层（残存的第二层）较第二、四层更严重。山墙也有斜向和水平裂缝，较外纵墙要轻得多；通过窗口所见的内墙也都开裂，但详情不明。残存的上部四层，在塌落时震害有所加剧，在救灾中也可能有人为破损，但其形态尚属震损原状。

这 5 幢教师宿舍住宅楼和学生宿舍楼的震害程度一并列于表 1。

表 1　漩口中学多层砖宿舍楼的震害程度

房屋名称	教师宿舍（单元式住宅）					学生宿舍
	南西幢	南中幢	南东幢	北东幢	北西幢	
层数	4	5	5	5	5	5
震害程度	中等破坏	严重破坏	严重破坏	严重破坏	中等至严重破坏	底层倒平上层严重

3　设计资料解读

漩口中学总平面图、教师宿舍（二）和学生宿舍楼的设计资料是孙柏涛的博士生闫培雷提供的，他们是在地震现场收集到的，曾发表震害概述和原因简析[9]（注：本文不是该文的进一步分析，着力点不同，有的看法相左）。

图 8　北西幢严重破坏（南立面）

图 10 学生宿舍楼残存四层南立面

图 11 学生宿舍楼残存四层山墙

图 12 学生宿舍楼残存四层北立面

图 13 学生宿舍楼残存四层局部

级注册建筑师和一级注册结构师的名章。可见设计施工资料是正规的,但不知学生宿舍施工时有何修改。这三份图中的工程名称均为汶川县映秀中学,即现漩口中学。

图 14 由总平面图截取,解读此图可见,南西幢和南中幢图上均标明为教师宿舍(二)5F 南西幢实际只建四层,且无出屋顶楼梯间小楼;南中幢的平面布置实际与图反向,楼梯间在南,阳台在北。南排东幢与中、西两幢实际不在平面的同一直线,要南移近半幢,且平面布置实际与总图南北反向。北东幢在总图上与南东幢同为教师宿舍(一),观其外立面也相同。北西幢在总图上为二单元,实际为三单元,且无出屋顶小楼,图中标明为原有教师宿舍,外墙呈褐黄色,新建的 4 幢均为白色。

教师和学生宿舍均为砖混结构,教师宿舍(二)的底层单元平面如图 15 所示,图 16 为学生宿舍的平面。设计说明中均为 7 度抗震设防,设计基本地震加速度值为 0.10g。场地类别为Ⅱ类,稍密卵石层做基础持力层,地基承载力为 250 kPa,基底 -2.5 m,条形基础,毛石混凝土大方脚,素混凝土基础墙厚 300 mm,用 C12 ±0.00 标高下铺水泥砂浆防潮层厚 60 mm,钢筋混凝土底圈梁宽 240 mm,高 300 mm,C15。教师宿舍(二)竣工图补充局部基础加深加宽带有圈梁。水泥砂浆地面。

现浇钢筋混凝土楼屋盖,双向配筋,C25,厚 100 mm,层层设沿墙圈梁,断面为 240 mm × 240 mm,配筋 4ϕ12。楼盖活荷载一般为 20 kN/m²,上人屋顶。

教师宿舍楼各层层高均为 3.0 m,室内外高差 1.0 m,学生宿舍层高均为 3.2 m,室内外高差 0.45 m,女儿墙高均为 1.4 m,楼梯间出屋顶小楼高 2.7 m。

墙体厚 240 mm,底层外墙面贴石片。结构设计说

总图和教师宿舍(二)为竣工图,设计、审查、施工、监理公章齐全,学生宿舍为施工图,有设计院的技术文件发行专用章和咨询公司的施工图设计文件审查专用章。这三份图都有单位负责人中华人民共和国一

明中,学生宿舍用MU10普通烧结砖,教师宿舍(二)用MU10页岩砖,从震害所见,也是用普通烧结砖,砖表层红色(图17)。第一、二层均用M10水泥混合砂浆,上层用M7.5,在教师宿舍宏观判断的两处砂浆标号不低于M10。从震害来推断,学生宿舍的三层墙体震害较第二层稍重,第三层砌筑砂浆比第二层低,而教师宿舍无此现象,砌筑砂浆未查试块资料,故仍按设计值计。

教师宿舍(二)的钢筋混凝土构造柱设置如图15所

示,在内外纵横墙交接处几乎都有,断面为240 mm×240 mm,构造措施也都按规范要求,其中构造柱钢筋与基础内留出的钢筋搭接长度要求不小于450 mm,有一墙角震害露出的只有100 mm多(图17)。

学生宿舍的钢筋混凝土构造柱设置如图16所示,只在外墙阳角、楼梯间四角和底层门厅四角设置,底层共有20个,上层有14个,不知何故还将楼梯间轴14内角的构造柱画到轴12与内纵墙的交接处。

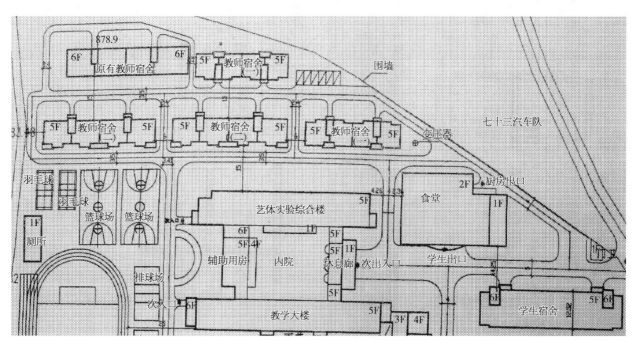

图14 漩口中学设计总平面图

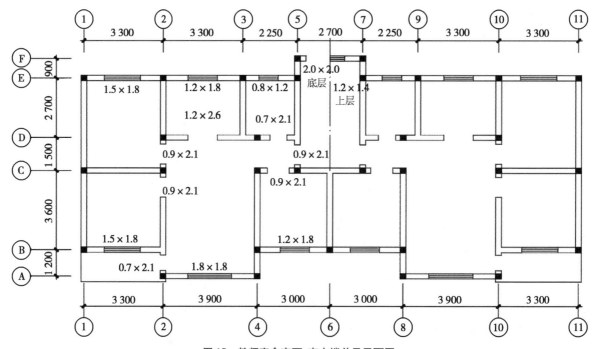

图15 教师宿舍南西、南中楼单元平面图

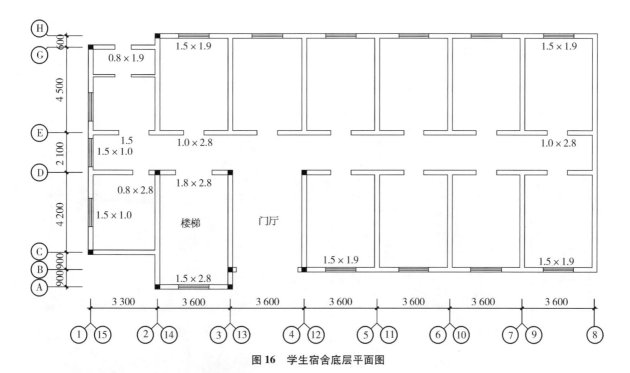

图 16　学生宿舍底层平面图

图 17　构造柱预埋钢筋搭接长度不足

学生宿舍的平立剖从残存楼层所见,山墙窗洞的设置与设计图不相同(图10和图11),原设计的3个窗洞不一样大,本文图16已按现状修改;学生宿舍轴9墙体塌落,设计图上未见特殊,是否与屋顶设置钢架有关,也不详。

教师宿舍南中幢的设计图为教师宿舍(二),南西幢也按其(二)图建四层,但非五层。北东和南东两幢教师宿舍(一)的设计图和原有建筑北西幢的设计图均未见到,从其震害和外形来看,抗震措施似同教师宿舍(二),内墙布置由外立面推断,按当地一般住宅设计的单元平面如图18和图19所示,用作震害分析。

4　抗震构造措施评析

按 GB 50011—2001 建筑抗震设计规范中的强制性条文,逐条评析:

7.1.2 条　层数和总高度。南西幢教师住宅楼四层,总高度从室外地坪算起为 13 m,该条注 2:当室内外高差大于 0.6 m 时,总高度容许增加不超过 1 m,则该住宅不超过烈度为 9 度四层 (12 + 1) m = 13 m 限值的要求。

其他 4 幢教师宿舍为五层住宅楼,总高度为 16 m,在烈度为 8 度的限值之内。

学生宿舍五层,总高度为 16.45 m,也在 8 度抗震设防限值之内。

7.1.5 条　横墙间距。教师和学生宿舍的抗震横墙间距都不超过 4 m,均在钢筋混凝土现浇楼屋盖的横墙间距最大值烈度为 9 度时为 11 m 之内。

7.3.1 条　构造柱设置。教师宿舍四层的南西楼和五层的 4 幢住宅分别达到 9 度和 8 度的要求,即外墙四角、内墙与外墙交接处、内墙的局部较小墙垛处、楼梯间四角、内纵墙与横墙交接处均设置构造柱。柱的构造措施和施工程序也都符合规范要求,但如前所述,从五层住宅楼的一墙角震害可见,构造柱与基础的预留钢筋搭接长度过短,远不到设计要求的 450 mm。

学生宿舍只在外墙四角(阳角)、较大洞口两侧(门厅底层)和楼梯间四角设置构造柱。五层 7 度抗震设防尚要求隔开间横墙与外墙交接处、山墙与内纵

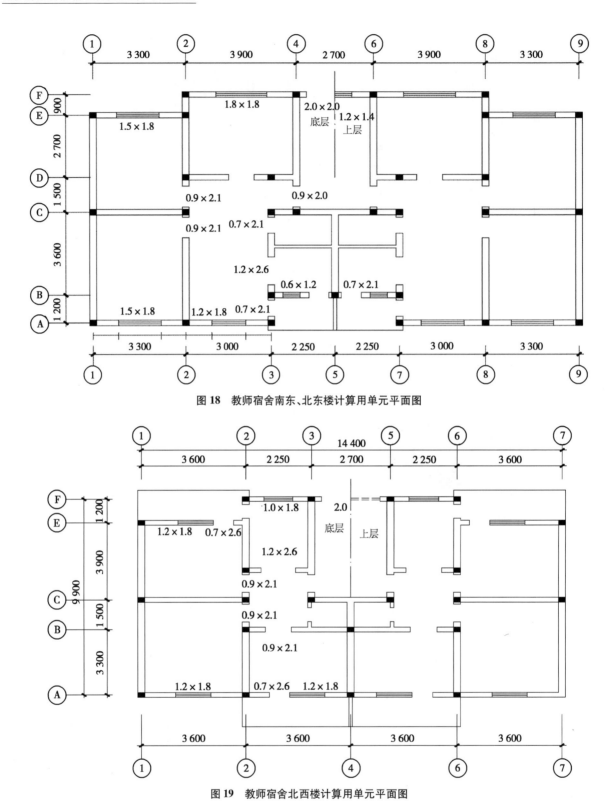

图 18 教师宿舍南东、北东楼计算用单元平面图

图 19 教师宿舍北西楼计算用单元平面图

墙交接处设置构造柱,学生宿舍的设计图上没有。即使是五层 6 度设防,还要求隔 15 m 横墙与外纵墙交接处设置构造柱,设计图上也没有。因此,学生宿舍的构造柱设置不符合抗震设防的要求,甚至连 6 度抗震设防也达不到。从残存墙体的震害来看,有可能横墙与外纵墙的交接处隔间设构造柱,有构造柱的窗间墙震

害相对轻点,无砌体震落,但未见竣工图的修改设计资料也未能实地查看,故此推断尚不足为据。

7.3.3 条 圈梁。教师和学生宿舍都是现浇钢筋混凝土楼屋盖,层层沿墙设置圈梁,配筋和连接也都符合规范要求,可达 9 度抗震设防。

7.3.5 条 楼屋盖。现浇钢筋混凝土楼屋盖,满铺

满盖,伸入纵横墙的长度均不小于 120 mm,且双向配筋,符合抗震设防要求。教师和学生宿舍均属以横墙为主的纵横墙共同承重的结构体系,符合7.17条多层砌体房屋应优先采用的结构体系的要求。

此外,有关的非强制性条文,如:

7.1.4 条　房屋最大高宽比。五层的宿舍楼符合 8 度不大于 2.0 的要求,四层的教师宿舍符合 9 度不大于 1.5 的要求。

7.1.6 条　房屋的局部尺寸限值。教师和学生宿舍的承重窗间墙宽度、门窗洞边的距离都符合设防要求。五层和四层教师宿舍中小于 8 度和 9 度限值的,设有构造柱或改用混凝土贴条。女儿墙高 1.4 m,超过无锚固女儿墙限值要求,故设构造小柱,断面为 240 mm × 240 mm,配筋 4φ10,每开间两个,间距不大于 2.0 m,且有压顶圈梁,达到设防要求。

7.3.8 条　四层凸出屋顶的楼梯间。构造柱伸入顶部,五层的教师和学生宿舍都符合此抗震设防要求。

7.3.10 条　过梁。门窗洞处无砖过梁,且与圈梁连成一体,符合抗震设防要求。

7.3.13 条　基础。采用同一类型,且埋置在同一标高,0.0 m 标高下均设钢筋混凝土基础圈梁。当有加深的,局部加宽,带有基础圈梁,符合抗震设防要求。但在基础圈梁与墙砌体间设 60 mm 厚水泥砂浆防潮层,对抗震的影响说法不一。

对抗震构造措施的评析结果,叙述如下:

教师宿舍四层住宅楼南西幢,抗震构造措施达到 9 度抗震设防的要求。

教师宿舍五层住宅楼的抗震构造措施达到 8 度抗震设防的要求。

五层楼的学生宿舍抗震构造措施不符合抗震设计规范。

GB 50011—2001 的 7 度设防要求主要是构造柱设置欠缺,甚至连 6 度设防要求的构造柱设置也欠缺。如若该建筑是在 20 世纪 70 年代建的,则可达到按建筑抗震鉴定标准 GB 50023—1995 的 8 度鉴定要求,也即按现行的 GB 50023—2009 鉴定标准中的 A 类建筑来鉴定。但在 21 世纪建造的房屋,现行鉴定标准中简称 C 类建筑,是不可按 A 类建筑来鉴定的,即使按 GB 50023—1995 鉴定也要求按建筑抗震设计规范 GBJ 11—1989 来鉴定。

教师宿舍和学生宿舍的设计图说明中,是按 7 度抗震设防要求设计,评析其抗震构造措施的设防程度,构造柱的设置差异竟如此之大。教师宿舍住宅楼是业主和设计人员有意为还是设计院的通常做法,不清楚,其效果自然是好的,经受住了汶川大震极震区 11 度的强烈地震;学生宿舍不满足抗震设防要求。

5　楼层抗震能力指数

砌体房屋的抗震能力在设计时一般验算最弱墙截面,以满足小震不坏、中震可修的要求,而不要求验算罕遇地震的影响,即大震不倒。本文用抗震鉴定中的楼层平均(综合)抗震能力指数,进一步分析抗倒能力。鉴定标准和设计规范对抗震能力的计算方法和原理是相同的,结果可转化的,计算过程要简便些。

表 2 列出了漩口中学各幢教师和学生宿舍的楼层平面积(A_{0i})、楼层纵横向抗震墙面积(A_i)和楼层抗震墙的面积率。其中楼层面积包括阳台面积在内,墙面积以轴线计。

表 3 列出了漩口中学教师和学生宿舍各楼层单元面积重力荷载代表值 $g_E(kN/m^2)$,楼面活荷载设计值为 2.0 kN/m²,抗震规范中组合值系数为 0.5,即实际计算活荷载为 1.0 kN/m²,顶层荷载将女儿墙和出屋顶小楼均摊在内。

表 2　漩口中学教师和学生宿舍楼层面积(m²)和面积率

房 屋 名 称			教师宿舍(住宅楼)					学生宿舍
			南西幢	南中幢	南东幢	北东幢	北西幢	
楼层平面积			378.92	378.92	342.13	342.13	472.16	624.51
抗震墙面积	纵向	底层	19.58	19.58	16.66	16.66	23.33	29.57
		上层	19.97	19.97	17.04	17.04	23.33	31.54
	横向各层		24.82	24.82	22.13	22.13	28.51	35.71
楼层面积率	纵向	底层	0.051 7	0.051 7	0.048 7	0048 7	0.049 4	0.047 3
		上层	0.052 7	0.052 7	0.049 8	0.049 8	0.049 4	0.050 5
	横向各层		0.065 5	0.065 5	0.064 7	0.064 7	0.060 4	0.057 2

表3　漩口中学教师和学生宿舍各楼层单元
面积重力荷载代表值 g_E 　　单位：kN/m²

楼层	教师宿舍（住宅楼）					学生宿舍
	南西幢	南中幢	南东幢	北东幢	北西幢	
5		11.39	11.27	11.27	9.61	11.0
4	10.03	13.21	12.93	12.93	12.31	12.51
3	13.21	13.21	12.93	12.93	12.31	12.51
2	13.21	13.21	12.93	12.93	12.31	12.51
1	15.31	15.31	14.93	14.93	13.92	13.35

表4列出了按7度设防的漩口中学教师和学生宿舍楼层平均抗震能力指数 β_i 按鉴定标准中的算式计算，即

$$\beta_i = A_i / (A_{0i}\xi_{0i}\lambda)$$

式中：楼层抗震墙面积率见表2中的数值；基准面积率 ξ_{0i} 按 GB 50023—2009 附录 B 表 B.01－2 和表 B.01－3 分别取值，再乘以 $g_E/12$。横墙无门窗，纵墙有一门或一窗（表 B.01－2 中 M10 四层的 1～2 层的基准面积率应为 0.020 1，勘误后为 0.024 1）。烈度影响系数 λ 按 7 度取值为 1.0。

表4　漩口中学教师和学生宿舍楼层
平均抗震能力指数（7度设防）

抗震墙	楼层	教师宿舍（住宅楼）					学生宿舍
		南西楼	南中楼	南东楼	北东楼	北西楼	
纵向	5		4.71	4.49	4.49	5.22	4.68
	4	5.58	2.60	2.52	2.52	2.61	2.69
	3	2.79	2.05	1.98	1.98	2.07	2.11
	2	2.72	2.33	2.25	2.25	2.35	2.40
	1	2.30	2.01	1.91	1.91	2.08	2.07
横向	5		5.41	5.44	5.44	5.92	4.93
	4	6.48	2.91	2.94	2.94	2.89	2.74
	3	3.13	2.19	2.21	2.21	2.16	2.06
	2	2.96	2.51	2.54	2.54	2.49	2.35
	1	2.56	2.17	2.19	2.19	2.20	2.17

构造柱对砌体房屋楼层抗震能力的增强作用，在 GB 50023—1995 鉴定标准中是不计入的，而作为安全储备，在 GB 50023—2009 中的 A 类建筑也不计入。在抗震设计规范 GB 50011—2001 中，对两端有构造柱的砌体承载力抗震受剪调整系数 γ_{RE} 为 0.9，即增强系数为 1.1。实际上，构造柱对砌体房屋的抗裂抗倒作用是明显的，尤其是抗倒作用。唐山大地震后大量的研究

结果表明，抗裂增强作用其系数为 1.1～1.3，抗倒增强系数可达 1.5～2.0，甚至更高。在抗震加固规程中两端有构造柱砌体的 $M \geq 5$ 取增强系数为 1.1，这是保守的偏于安全的抗裂增强系数。

表5列出了按7度设防的漩口中学教师和学生宿舍底层墙体在不同增强系数下的楼层综合抗震能力指数。教师宿舍的墙体两端几乎都有构造柱，楼层抗震能力增强系数按设计规范和加固规程均为 1.1；学生宿舍按加固规程取有构造柱的墙道数与总墙道数的比，则底层墙体的抗裂增强系数为 1.03。表6列出了教师和学生宿舍底层增强系数分别取 1.1 和 1.03，不同地震烈度下底层墙体抗裂楼层综合抗震能力指数。

表5　底层墙体在不同增强系数下的
楼层综合抗震能力指数（7度设防）

抗震墙	增强系数	教师宿舍（住宅楼）					学生宿舍
		南西楼	南中楼	南东楼	北东楼	北西楼	
纵向	1.03						2.13
	1.1	2.53	2.21	2.10	2.10	2.29	
	1.3	2.99	2.61	2.48	2.48	2.70	
	1.5	3.45	3.02	2.86	2.86	3.12	
	2.0	4.60	4.02	3.82	3.82	4.16	
横向	1.03						2.24
	1.1	2.82	2.39	2.41	2.41	2.42	
	1.3	3.33	2.82	2.85	2.85	2.86	
	1.5	3.84	3.26	3.28	3.28	3.30	
	2.0	5.12	4.34	4.38	4.38	4.40	

由表6可见，按鉴定标准 GB 50023—1995，即现行的 GB 50023—2009 中 A 类建筑，四层的教师宿舍南西楼可达 9 度鉴定的要求，底层（最弱楼层）的综合抗震能力指数为 1.01；而五层的教师和学生宿舍也都可达到 8 度鉴定的要求。实际上，21 世纪建造的房屋是不容许按鉴定标准中 A 类建筑鉴定的，应按设计规范要求验算最弱墙段，通常最弱墙段的抗震能力指数为楼层平均值的 80% 左右。由此推测，四层的教师宿舍可达到 8 度抗震设防的要求，楼层综合抗震能力指数为 1.26，则当遭到 8 度地震影响时为基本完好，即小震不坏、中震可修；五层的教师和学生宿舍楼层综合抗震能力指数在 1.05～1.14，按 8 度设防稍有欠缺，最弱墙段可能开裂，房屋的最弱楼层为轻微损坏，但都符合 7 度设防的要求。

表6 在不同地震烈度影响下底层墙体
抗裂楼层综合抗震能力指数

法规	烈度	影响系数	教师宿舍（住宅楼）					学生宿舍
			南西楼	南中楼	南东楼	北东楼	北西楼	
鉴定标准A	7	1	2.53	2.21	2.10	2.10	2.29	2.13
	8	1.5	1.69	1.47	1.40	1.40	1.53	1.42
	9	2.5	1.01	0.88	0.84	0.84	0.92	0.85
设计规范	7	0.08	2.53	2.21	2.10	2.10	2.29	2.13
	8	0.16	1.26	1.10	1.05	1.05	1.14	1.06
	9	0.32	0.63	0.55	0.52	0.52	0.57	0.53
	10	0.64	0.32	0.28	0.26	0.26	0.29	0.27

6 抗倒能力推断

一般来说，以往在唐山地震之后由大量的震害资料统计分析所得的震害与楼层综合抗震能力指数的判别式有如下的关系[5]：

$$1.0 \leq \beta_c < 1.2 \quad 轻微损坏$$

$$0.6 \leq \beta_c < 1.0 \quad 中等破坏$$

$$0.3 \leq \beta_c < 0.6 \quad 严重破坏$$

$$\beta_c < 0.3（或0.33）\quad 倒塌$$

当时由统计分析所得的一个重要结论是多层砖砌体房屋的抗倒能力为抗裂的3倍。

再从表6可见，在9度地震时教师和学生宿舍的楼层综合抗震能力指数均大于0.3（0.33），由此推断，均不可能发生倒塌，9度时四层的南西楼属中等破坏，其楼层综合抗震能力指数为0.63；五层的教师和学生宿舍可能遭到严重破坏，其指数在0.52~0.57，处于刚进入严重破坏的临界状态。

在设计规范中未列入10度地震的影响系数，按其与烈度的关系可得的影响系数与对应的楼层综合抗震能力指数也列在表6中，可见10度时，四层的南西楼其指数为0.32，处于倒塌的临界状态，五层的教师和学生宿舍其指数均小于0.3，该属倒塌。但事实上，教师宿舍4幢五层楼均未倒塌，因此用构造柱和圈梁增强的多层砖砌体房屋应采用抗倒增强系数，对于墙体两端有构造柱上下有圈梁的，建议用2.0，也同样采用有设置构造柱的墙道数与总体的比。则教师宿舍的抗倒增强系数为2.0，学生宿舍只有1.06。

表7列出了在不同地震烈度影响下底层墙体抗倒楼层综合抗震能力指数，简称为抗倒能力指数。列在表中有抗震设计规范7、8、9度的多遇地震和罕遇地震的影响系数，以及7、8、9和10、11度的设计基本地震加速度值，因多遇地震用10、11度是不合常理的，故用其加速度值，它与多遇地震用影响系数在7、8、9度时的抗倒能力指数是相同的。

表7 在不同地震烈度影响下底层墙体抗倒楼层综合抗震能力指数

设计规范	地震烈度	影响系数	教师宿舍（住宅楼）					学生宿舍
			南西楼	南中楼	南东楼	北东楼	北西楼	
多遇地震	7	0.08	4.60	4.02	3.82	3.82	4.16	2.19
	8	0.16	2.30	2.01	1.91	1.91	2.08	1.10
	9	0.32	1.15	1.01	0.96	0.96	1.04	0.55
罕遇地震	7	0.50	0.74	0.64	0.61	0.61	0.67	0.35
	8	0.90	0.41	0.36	0.34	0.34	0.37	0.19
	9	1.40	0.26	0.23	0.22	0.22	0.24	0.13
设计基本地震加速度值	7	0.1g	4.60	4.02	3.82	3.82	4.16	2.19
	8	0.2g	2.30	2.01	1.91	1.91	2.08	1.10
	9	0.4g	1.15	1.01	0.96	0.96	1.04	0.55
	10	0.8g	0.58	0.50	0.48	0.48	0.52	0.27
	11	1.6g	0.29	0.25	0.24	0.24	0.26	0.14

再解读表7的指数值，9度时，学生宿舍在28道墙体中只有8道墙两端设构造柱，抗倒能力指数为0.55，与抗震指数相差无几，应仍属严重破坏。教师宿舍的

抗倒能力指数都在1.0左右，可理解为构造柱与圈梁对开裂的墙体开始起约束作用，限制裂缝的扩展，使其不发生滑移错位，震害程度可为轻微至中等破坏。10

度时,学生宿舍的抗倒指数为0.27,仍小于0.3,显然为倒塌;教师宿舍的抗倒能力指数在0.48~0.58,均大于0.3,显然是裂而不倒。此时可理解为构造柱变形,柱顶、柱根或中段产生裂缝,甚至局部裂崩,而墙体破损滑移错位,甚至局部崩落,其震害程度可为中等至严重破坏。11度时,教师宿舍的抗倒能力指数在0.24~0.29,均小于0.3,按判别式均属倒塌。其中四层的南西楼为0.29,濒于倒塌临界值,但实际上教师宿舍仍都裂而不倒。

对10、11度地震,从表7的抗倒能力指数来判断震害即说倒与不倒,可以说与实际震害基本上是相吻合的。的确,这里有存疑,抗倒增强系数取2.0是否合适?是否偏低?抗倒判别式是否需调整?这几个问题需要进行进一步的震害调查分析和试验研究。再则,漩口中学场所的宏观烈度评定是否偏高?没有强震纪录,汶川地震中也没纪录到高达1.6g的加速度值。

再看表7中的罕遇地震,其影响系数理应比多遇地震高得多,更为不同的是7、8、9度的地震影响系数,多遇地震是1:2:4而罕遇地震为1:1.8:2.8,类似于鉴定标准(A类建筑)的烈度影响系数1:1.5:2.5。从强度指标来判别,学生宿舍的抗震能力指数达到7度设防要求,但构造措施不符合抗震要求,在7度罕遇地震的抗倒能力指数为0.35,濒于倒塌临界值,但仍属严重破坏,不倒塌。8度和9度罕遇地震的抗倒能力指数为0.19和0.13,当然是倒塌。教师宿舍的抗震能力指数达7度设防要求,8度稍有欠缺,而其构造措施四层的达9度,五层的都达到8度设防的要求,在7度罕遇地震时的抗倒能力指数为0.61~0.74,属中等破坏;在8度罕遇地震的抗倒能力指数为0.34~0.41,尚属严重破坏,裂而不倒;在9度罕遇地震时的抗倒能力指数为0.22~0.26,均小于0.3属倒塌。

诚然,在抗震设计规范中对多层砌体房屋是不需验算罕遇地震的,而本文从抗倒能力来做的震害分析实例,表明多层砌体房屋同样可达到抗震规范中规定的对罕遇地震的设防要求,即当遭受高于本地区抗震设防烈度预估的罕遇地震影响时,不致倒塌或发生危及生命的严重破坏。同时,这也表明本文所做的抗倒能力推断是合理的。

7 结语

本文第一作者去了现场,读了几篇有关文献,深感有责任有义务对汶川映秀镇漩口中学的多层砖砌体房屋的震害原因说几句实话,并奋笔成文,论述我国大众居住的多层砖砌体住宅的抗倒设计,旨在建造大震不倒的真正让人放心的安居工程。

(1) 汶川8.0级地震极震区映秀镇漩口中学,5幢教师宿舍(住宅楼)全都裂而不倒,而学生宿舍底层倒平,上部四层坐落其上。设计图都是按7度抗震设防的,解读设计资料所见,五层教师宿舍抗震构造措施可达8度,四层的可达9度。学生宿舍的构造措施不符合抗震设防要求,主要是构造柱欠缺。同一单位在同一地点设计的宿舍,教师的偏高,学生的偏低,致使产生倒与不倒截然不同的后果。无疑,该案例正说明抗震构造措施在抗震设防中的重要性,抗震设计不能只用计算程序来验算承载力,一定要严把抗震概念设计关,符合抗震措施的要求。这也可说明,对重要建筑应提高抗震构造措施的设防要求的道理,以保障大震不倒。

(2) 实例表明,按现行的设计规范设计,采用构造柱圈梁抗震体系的多层砖房,可达到大震不倒的设防目标,技术措施成熟方便,增加建筑造价甚微。希望建房者真心实意建造震不倒的安居房,开发商切勿借提高抗震能力而提高售价。经适房、廉租房更不能因成本低廉、利润空间有限而降低抗震设防的功能。

(3) 本文所采用的抗倒能力判别方法同现行的抗震设计和鉴定方法是相一致的,且将楼层综合抗震能力指数发展为抗倒能力指数,判别结果与震害相符。故此,抗倒能力指数可用来判别罕遇地震时的震害。地震中房屋建筑的倒塌由多种因素造成,汶川地震就因山体崩塌、滑移、泥石流等地质灾害,大量被淹埋或倒塌。本文仅从建筑结构自身分析其抗震能力。

(4) 汶川地震高烈度区多层砖房的震害应进一步调查分析,特别是裂而不倒的,本文仅是一个实例。

参考文献

[1] GB 50011—2001,建筑抗震设计规范[S].
[2] GB 50023—2009,建筑抗震鉴定标准[S].
[3] JGJ 116—2009,建筑抗震加固技术规程[S].
[4] 杨玉成,杨柳,高云学.多层砖房的地震破坏和抗裂抗倒设计[M].北京:地震出版社,1981.
[5-8] 见本书2-1、1-5、1-6、5-11、1-19文.
[9] 孙柏涛,闫培雷,胡春峰,等.汶川8.0级大地震极重灾区映秀镇不同建筑结构震害概述及原因简析[J].地震工程和工程振动,2008,28(5):1-9.
[10] 清华大学,等.汶川地震建筑震害分析及设计对策[M].北京:中国建筑工业出版社,2009.
[11] 高本立,肖飞.汶川地震砖房震害的启示[M]//汶川地震后工程结构安全与防灾新进展.南京:江苏大学出版社,2009.

5－13　乡镇中小学校舍抗震抗倒安居安学设防目标

——汶川地震北川擂鼓镇中小学校舍震害原因探究

孙柏涛　周　强　杨玉成

1　引言

在 2008 年汶川 8.0 级地震科考过程中,于 6 月 2 号进入北川县山坳场地的擂鼓镇,见到大量房屋倒塌,严重破坏的有些正在或已被拆除。对尚存在镇内的校舍做了调查,收集到 5 幢中小学和幼儿园教学楼、2 幢教师住宅楼,在地震现场考察震害、摄影、测绘、宏观判定砂浆标号,未能收集到设计图等原始资料。

擂鼓镇的校舍是按规范设计建成的,设防烈度 7 度,倒塌便很可能发生。有 2 幢住宅和 4 幢教学楼,采用了多层砌体房屋构造柱圈梁抗震体系,在 8 级地震

的极震区不倒,经受住了一般设防烈度要 9 度才能高于设防烈度 1~1.5 度的强烈地震。这一震例表明,乡镇中小学校舍有望建成 10 度强烈地震震不倒的真正的安居安学工程。

本文对擂鼓镇这 2 幢住宅楼和 5 幢教学楼做进一步的震害分析,探究原因,以期作为中小学校舍达到小震不坏、大震不倒的安居安学设防目标的示例。

2　现场震害考察

2.1　房屋建筑概况(表 1)

2.2　震损现象

7 幢校舍震害程度见表 2。震害现象分别阐述。

表 1　擂鼓镇 7 幢校舍的建筑概况

建筑功能及编号		教学楼					住宅楼	
		No.1	No.2	No.3	No.4	No.5	No.6	No.7
建造年代		1993	2004	1993	2000	2000	1984	1995
结构类型		砖混结构						
层数		3	3	3	3	3	2	4
承重墙体		纵横墙	纵横墙	纵横墙	纵横墙	纵横墙	纵横墙	纵横墙
圈梁设置		各层均有	各层均有	各层均有	各层均有	各层均有	各层均有	各层均有
构造柱设置		横墙两端	横墙两端、楼梯间四角	横墙两端	横墙两端、进深梁下	横墙两端、楼梯间四角	单元四角	纵横墙交接处
砂浆	宏观判断	质量较好,不易捏碎	质量较好,不易捏碎	质量较差,易捏碎	质量很好,很难捏碎	质量较好,不易捏碎	质量很好,很难捏碎	质量较差,易捏碎
	计算强度	M5	M5	M2.5	M7.5	M5	M7.5	M2.5
横墙厚度		240 mm	240 mm	240 mm	240 mm	240 mm	240 mm	240 mm
纵墙厚度		370 mm	240 mm	240 mm	240 mm	240 mm	240 mm	240 mm
楼板类别		预制板	预制板	预制板	预制板	预制板	预制板	预制板
屋盖类别		预制板	预制板	预制板	预制板	预制板	木屋架	预制板
平面布置图		图 1a	图 2a	图 3a	图 4a	图 5a	图 6a	图 7a

本文出处:《地震工程与工程振动》,2011 年 4 月,第 31 卷第 2 期,1－10 页。

表2　擂鼓镇7幢校舍的震害程度

建筑编号	No.1	No.2	No.3	No.4	No.5	No.6	No.7
震害程度	严重破坏	严重破坏,濒于倒塌	局部倒毁	严重破坏	严重破坏	轻微损坏	严重破坏

2.2.1　擂鼓初中1号教学楼(No.1楼)

底层震害严重,横墙普遍出现贯通的交叉裂缝,滑移错位明显,图1两山墙的构造柱在与圈梁连接处出现严重裂缝,其他构造柱在与圈梁连接处大多也有明显裂缝;两纵墙窗肚普遍出现严重裂缝,圈梁及门窗过梁部分断裂,过梁上窗肚墙严重开裂,窗下角墙

体严重开裂,局部崩落,严重震害主要在大开间的教室处,其他部位相对偏轻;墙体普遍沿圈梁底部出现水平裂缝;上层震害相对较轻,第二层多数墙体出现斜裂缝,少数墙体出现贯通的交叉或斜裂缝;第三层少数墙体出现斜裂缝。该建筑属严重破坏。

2.2.2　擂鼓初中汉龙教学楼(No.2楼)

底层震害甚为严重,外廊底层纵墙濒于倒塌。图2a B轴承重纵墙连同壁柱在窗口上下严重断裂,四角大多崩落,出平面错位;A轴的1、2轴间墙体交叉裂缝,面层大片剥落,轴2构造柱柱头断裂,混凝土崩落;A轴在4、5轴间的外廊柱倾倒,其他外廊柱在顶部和

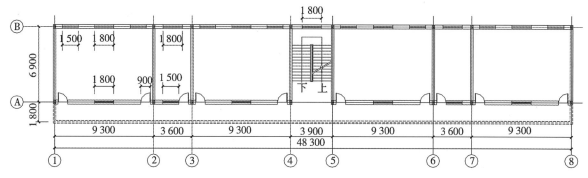

图1　擂鼓初中1号教学楼

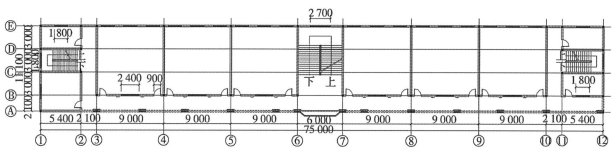

(a) 平面简图

(b) 南立面震害

(c) 底层走廊震害

图2　擂鼓初中汉龙教学楼

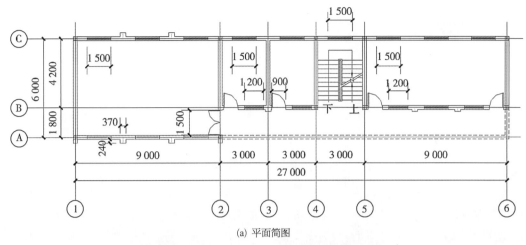

(a) 平面简图

(b) 南立面震害

(c) 轴2处室内震害

图 3 擂鼓初中 2 号教学楼

底部普遍出现水平裂缝;E 轴纵墙震害明显轻于 B 轴;山墙、教室横墙和楼梯间横墙有斜向或交叉裂缝,震害轻于纵墙;3、4、5 轴与 B 轴相交处构造柱断裂,其他构造柱也普遍在门窗洞口沿高度出现明显裂缝。二、三层震害相对轻些,震害分布与底层相似,二层纵墙普遍出现贯通的斜裂缝;三层部分墙体出现斜裂缝。

2.2.3 擂鼓初中 2 号教学楼(No.3 楼)

一至三层楼梯间与其轴 4 横墙相邻的单间和 3、5 轴间外廊全部倒毁。轴 2 横墙一、二层大部分震倒,连带预制板楼盖塌落。纵墙普遍出现斜裂缝,且多为沿着砖块出现的阶梯形裂缝,门窗间墙小垛上下断裂,位移倾斜,窗肚墙各层均开裂,纵墙普遍沿圈梁底部出现水平裂缝。底层 3、5 轴内横墙出现多道贯通的斜裂缝,山墙交叉裂缝严重,滑移错位明显,两端构造柱断裂、露筋。上层中间部分倒毁,二层多数墙体出现斜裂缝,三层震害轻于二层。该建筑属局部倒塌。

2.2.4 擂鼓镇小学校西楼(No.4 楼)

该楼有东西两部分,其间由变形缝分割。东楼较

空旷,倒塌,未纳入本文研讨之列。西楼如图 4 所示,底层震害明显,横墙普遍出现贯通的斜向或交叉裂缝;纵墙普遍出现斜裂缝,少数贯通,梁下水平缝,门窗洞口多见八字裂缝;C 轴与 1、3 轴相交处构造柱在与圈梁连接处出现严重裂缝;外廊混凝土柱未见明显破坏。上层震害明显轻于底层,震害分布与底层相似。该校西楼属严重破坏。

2.2.5 擂鼓镇中心幼儿园(No.5 楼)

震害底层较重,横墙普遍出现贯通的斜向或交叉裂缝;纵墙出现交叉裂缝和窗口的斜裂缝,3~6 轴间教室的窗间墙严重开裂,贯通的交叉裂缝致使砖壁柱中部断裂,后纵墙 3 和 4 轴间中部酥碎。上层震害相对较轻,二层部分横墙出现贯通的斜裂缝,教室门窗洞口角部贯通斜裂;三层少数横墙出现斜裂缝,纵墙教室门窗洞口角有八字斜裂。该建筑属严重破坏。

2.2.6 擂鼓初中 1 号教师住宅楼(No.6 楼)

结构主体基本完好,屋面普遍溜瓦,部分挑檐震落,个别阳台上的后砌隔墙震倒。该建筑属轻微损坏。

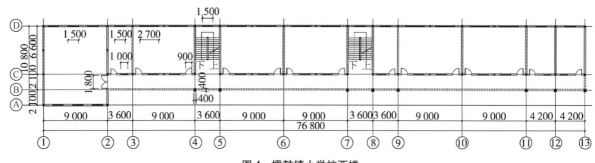

图4 擂鼓镇小学校西楼

2.2.7 擂鼓初中2号教师住宅楼(No.7楼)

震害底层严重,墙体普遍出现贯通的交叉或斜裂缝,C、D轴上的纵墙震害重于其他纵墙,山墙交叉裂缝严重,滑移错位明显,两侧外推,构造柱酥碎,柱顶破碎露筋,其他部位构造柱上端普遍断裂。上层震害相对轻些,墙体的震害分布与底层相似。该建筑属严重破坏。

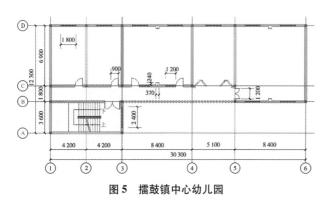

图5 擂鼓镇中心幼儿园

3 抗震构造措施评析

按《建筑抗震设计规范》(GB 50011—2001)中的强制性条文,逐条评析:

7.1.2条 层数和总高度。7幢校舍中5幢为三层,1幢为两层,1幢为四层,总高度最大值为12 m,层数及高度均符合乙类房屋设防烈度8度要求。

7.1.5条 横墙间距。7幢校舍均在装配式混凝土楼屋盖的横墙间距最大值8度为11 m之内。

7.3.1条 构造柱设置。7幢校舍除No.6楼外,均达到8度的要求,即外墙四角、内墙与外墙交接处、楼梯间四角均设置构造柱。

No.6楼只在外墙四角和单元墙两端设置构造柱。二层8度要求楼梯间四角设置构造柱,7度可无要求。

7.3.3条 圈梁。各校舍楼层沿墙设置圈梁,符合8度抗震设防要求,配筋和连接不详。

7.3.5条 楼屋盖。7幢校舍楼、屋盖的钢筋混凝土梁板与墙、柱连接可靠。但教学楼均设单边悬挑外廊,除No.4楼进深梁下和横墙端均有钢筋混凝土构造柱承载外,其他教学楼由纵墙垛或370 mm厚纵墙承载悬挑构件,不利于抗震。

此外,特别要指出的是,擂鼓初中2号教学楼局部倒毁原因经杨玉成和周强再三查看照片才确认。No.3楼楼梯间轴4横墙端虽有构造柱,但外廊不是由大梁外挑承载,而由横墙上的圈梁外伸,且柱三边无墙拉结,故震塌。轴2横墙名义上两端有构造柱,但在走廊一端纵横墙交接处两边开门而无构造柱,也致使局部墙倒屋塌。No.2楼外廊纵墙门窗洞口过大过多,开孔率达55%,濒于倒塌。木屋盖的No.6楼的木挑檐在屋顶圈梁外连接不可靠,震落。

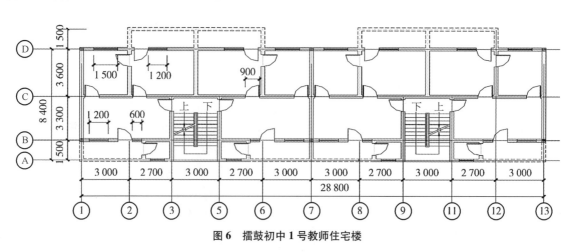

图6 擂鼓初中1号教师住宅楼

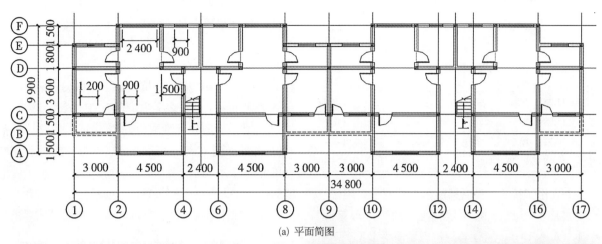

(a) 平面简图

(b) 外立面底层山墙破裂　　　　　　　　(c) 一层房间纵横墙裂缝

图7　擂鼓初中2号教师住宅楼

表3　擂鼓镇7幢校舍楼层平面面积(m²)和面积率

房 屋 名 称			教学楼					住宅楼	
			No.1	No.2	No.3	No.4	No.5	No.6	No.7
楼层平面面积			420.21	832.50	162.00	687.06	293.85	267.12	308.52
抗震墙面积	纵向	底层	18.76	23.40	5.90	17.33	11.16	12.38	16.42
		上层	18.09	22.75	5.54	16.85	11.59	12.38	16.42
	横向各层		13.25	23.54	6.55	22.18	12.10	13.61	21.05
楼层面积率	纵向	底层	0.044 6	0.028 1	0.036 4	0.025 2	0.038 0	0.046 4	0.053 2
		上层	0.043 0	0.027 3	0.034 2	0.024 5	0.039 4	0.046 4	0.053 2
	横向各层		0.031 5	0.028 3	0.040 4	0.032 3	0.041 2	0.050 9	0.068 2

4　楼层抗震能力指数

砌体房屋的抗震能力,本文采用抗震鉴定中的楼层平均(综合)抗震能力指数,并采用增强系数以进一步分析抗倒能力。

表3列出这7幢楼的楼层平面面积(A_{0i})、楼层纵横向抗震墙面积(A_i)和楼层抗震墙面积率。楼层面积包括外挑走廊和阳台面积在内,面积以轴线计。表4列出各楼层单元面积重力荷载代表值g_E(kN/m²),楼面活荷载计算值为20 kN/m²,组合值系数为0.5,顶层荷载将女儿墙和出屋顶小楼均摊在内。

表4 擂鼓镇7幢校舍各楼层重力荷载代表值 g_E

单位：kN/m^2

楼层	教学楼					住宅楼	
	No.1	No.2	No.3	No.4	No.5	No.6	No.7
4							11.32
3	11.25	9.84	9.28	9.72	10.72		13.20
2	13.08	10.18	12.07	10.51	11.97	6.99	13.20
1	13.71	10.58	12.77	10.97	12.16	13.60	14.04
均值	12.68	10.20	11.37	10.40	11.62	10.29	12.94

表5列出了按7度设防擂鼓镇7幢校舍底层楼层平均抗震能力指数 β_i，按鉴定标准中的算式计算，即 $\beta_i = A_i/(A_{0i}\xi_{0i}\lambda)$。式中：楼层抗震墙面积率见表3中的数值；基准面积率 ξ_{0i}。按 GB 50023—2009 附录 B 取值，再乘以 $g_E/12$。烈度影响系数 λ 按7度取值为1.0。

表5 擂鼓镇7幢校舍楼层平均抗震能力指数（7度设防）

抗震墙	楼层	教学楼					住宅楼	
		No.1	No.2	No.3	No.4	No.5	No.6	No.7
纵向	底层	2.26	1.77	1.64	1.76	2.10	4.41	1.74
横向	底层	1.40	1.56	1.55	1.99	2.00	4.53	2.02

考虑到构造柱对砌体房屋楼层抗震能力的增强作用，以及不利于抗震的局部影响系数，按抗震鉴定标准中的算式计算楼层综合抗震能力指数，其算式为 $\beta_{ci} = \psi_1\psi_2\beta_i$，式中 ψ_1 为体系增强系数，ψ_2 为局部影响不利系数。增强系数在 GB 50023—1995 鉴定标准中是不计入的，而作为安全储备，在 GB 50023—2009 中的 A 类建筑也仍不计入。在抗震设计规范 GB 50011—2001 中，对两端有构造柱的砌体承载力抗震受剪调整系数 γ_{RE} 为 0.9，即增强系数为 1.1。在抗震加固规程中两端有构造柱砌体的 $M \geq 5$ 取增强系数为 1.1，这是偏于安全的抗裂增强系数。唐山大地震后大量的研究结果表明，构造柱对砌体房屋的抗裂抗倒作用是明显的，尤其是抗倒作用。增强作用其系数为 1.1~1.3，抗倒增强系数可达 1.5~2.0，甚至更高。

表6列出了按7度设防计算的擂鼓镇7幢校舍底层墙体的不同抗裂增强系数、局部影响系数和底层的楼层综合抗震能力指数。对教学楼而言，该指数系指有局部不利影响的薄弱墙段。教学楼横墙及 No.7 楼的墙体两端都有构造柱，楼层抗裂增强系数按设计规范和加固规程均为 1.1，No.6 楼按加固规程取有构造柱的墙道数与总墙道数的比，则底层墙体的抗裂增强系数为 1.02。纵墙的增强系数只 No.4 楼在支撑大梁下均有构造柱取 1.05，其他均取为 1。表6中局部影响

系数按鉴定标准，支撑悬挑结构构件的承重墙取 0.8。No.3 楼楼梯间轴4悬挑梁不当，且楼梯间墙两侧楼盖不在同一平面，有错层影响，故取为 0.8 × 0.9。No.4 楼承重纵墙的梁下都有混凝土柱，故取 1.0。不同地震烈度影响下底层墙体综合抗震能力指数，按 A 类建筑和 B 类建筑分别列于表7中。表中的地震烈度影响系数，A 类建筑按鉴定标准取值，B 类建筑即按设计规范取值，并外推到 10 度。由表中抗震能力指数所示，这7幢校舍都符合7度的要求；8度时教学楼及 No.7 住宅楼的抗震能力都达不到抗震设计要求。No.1、4 和 5 教学楼和教师住宅楼可达到8度鉴定 A 类的设防要求。

表6 擂鼓镇7幢校舍底层综合抗震能力指数（7度设防）

校舍编号	方向	教学楼					住宅楼	
		No.1	No.2	No.3	No.4	No.5	No.6	No.7
抗裂增强系数 ψ_1	纵向	1.0	1.0	1.0	1.05	1.0	1.02	1.1
	横向	1.1	1.1	1.1	1.1	1.1	1.02	1.1
局部影响系数 ψ_2	纵向	0.8	0.8	0.8	1.0	0.8	1.0	1.0
	横向	1.0	1.0	0.8 × 0.9	1.0	1.0	1.0	1.0
综合抗震能力指数 β_{ci}	纵向	1.81	1.41	1.31	1.85	1.68	4.50	1.92
	横向	1.54	1.72	1.23	2.19	2.20	4.62	2.22

表7 擂鼓镇7幢校舍在不同地震烈度影响下底层综合抗震能力指数

类别	烈度	影响系数	墙体	教学楼					住宅楼	
				No.1	No.2	No.3	No.4	No.5	No.6	No.7
A 类建筑	7	1.0	纵向	1.81	1.41	1.31	1.85	1.68	4.50	1.92
			横向	1.54	1.72	1.23	2.19	2.20	4.62	2.22
	8	1.5	纵向	1.21	0.94	0.87	1.23	1.11	3.00	1.28
			横向	1.03	1.15	0.82	1.46	1.46	3.08	1.48
	9	2.5	纵向	0.72	0.57	0.52	0.74	0.67	1.80	0.77
			横向	0.62	0.69	0.49	0.88	0.88	1.85	0.89
B 类建筑	7	1.0	纵向	1.81	1.41	1.31	1.85	1.68	4.50	1.92
			横向	1.54	1.72	1.23	2.19	2.20	4.62	2.22
	8	2.0	纵向	0.90	0.71	0.65	0.92	0.84	2.25	0.96
			横向	0.77	0.86	0.61	1.10	1.10	2.31	1.11
	9	4.0	纵向	0.45	0.35	0.33	0.46	0.41	1.13	0.48
			横向	0.39	0.43	0.31	0.55	0.55	1.16	0.55
	10	8.0	纵向	0.23	0.18	0.16	0.23	0.21	0.56	0.24
			横向	0.19	0.21	0.15	0.27	0.27	0.58	0.28

在唐山地震之后由大量的震害资料统计分析所得的震害与楼层综合抗震能力指数的判别式，有如下的关系：

$$1.0 \leqslant \beta_c < 1.2 \quad \text{轻微损坏}$$

$$0.6 \leqslant \beta_c < 1.0 \quad \text{中等破坏}$$

$$0.3 \leqslant \beta_c < 0.6 \quad \text{严重破坏}$$

$$\beta_c < 0.3（\text{或} 0.33）\quad \text{倒塌}$$

当时由统计分析所得的一个重要结论是多层砖砌体房屋的抗倒能力为抗裂的3倍,这是在无或只有其少几个构造柱时得出的。

再从表7可见,在9度地震时各楼的楼层综合抗震能力指数只No.3楼为0.31和0.33可能倒塌,No.2楼纵墙为0.35接近倒塌,其他教学楼和No.7楼都在严重破坏的范围内。8度时教学楼及No.7楼处于中等破坏,但在10度时,5幢教学楼和No.7楼其震害指数均小于0.3,该属倒塌。实际震害仅No.3楼部分倒塌,因此用构造柱和圈梁增强的多层砖砌体房屋还需采用抗倒增强系数。

5 抗倒能力推断

表8列出了在不同地震烈度影响下各校舍底层墙体抗倒楼层综合抗震能力指数,简称为抗倒能力指数。表8中的抗倒增强系数,教学楼横向墙体两端有构造柱上下有圈梁的,建议用2.0,纵墙大梁下的窗间墙无混凝土柱的取1.5,有柱的取2.0。No.7楼的抗倒增强系数为2.0,No.6楼为1.13,也同样采用有设置构造柱的墙数与总墙数的比值。

表8 擂鼓镇7幢校舍在不同地震烈度
影响下底层综合抗倒能力指数

校舍编号		教学楼					住宅楼	
		No.1	No.2	No.3	No.4	No.5	No.6	No.7
抗倒增强系数	纵向	1.5	1.5	1.5	2	1.5	1.13	2
	横向	2	2	2	2	2	1.13	2
烈度	7度 纵向	2.71	2.12	1.96	3.52	2.52	4.99	3.49
	7度 横向	2.80	3.12	2.23	3.98	3.99	5.12	4.03
	8度 纵向	1.36	1.06	0.98	1.76	1.26	2.49	1.74
	8度 横向	1.40	1.56	1.12	1.99	2.00	2.56	2.02
	9度 纵向	0.68	0.53	0.49	0.88	0.63	1.25	0.87
	9度 横向	0.70	0.78	0.56	1.00	1.00	1.28	1.01
	10度 纵向	0.34	0.27	0.25	0.44	0.31	0.62	0.44
	10度 横向	0.35	0.39	0.28	0.50	0.50	0.64	0.50

从表8的指数值可见,9度时,抗倒能力指数无一小于0.30(0.33),都不致倒塌,且仅No.2和No.3楼的纵向的抗倒能力指数小于0.6,属严重破坏;其他楼的

抗倒能力指数都大于0.6,可理解为构造柱与圈梁对开裂的墙体开始起约束作用,限制裂缝的扩展,使其不发生滑移错位,震害程度No.6楼可为轻微损坏,教学楼和No.7楼为中等破坏。10度时,No.3楼的抗倒指数为0.25和0.28,No.2楼的纵向为0.27,其震害应为倒塌;其他楼的抗倒能力指数在0.31~0.64,均大于0.3,裂而不倒。此时可理解为构造柱变形,柱顶、柱根或中段产生裂缝,甚至局部裂崩,而墙体破损滑移错位,甚至局部崩落,其震害程度可为中等或严重破坏。由此可见,从表8所列出的抗倒能力指数来判断震害,倒与不倒与实际震害是相吻合的。

在抗震设计规范中对多层砌体房屋是不验算抗倒的,而本文对擂鼓镇7幢校舍从抗倒能力来做震害分析,实例表明,多层砌体房屋可达到安居安学的抗震设防目标,确保在10度大震中不致倒塌或不发生危及生命的严重破坏。同时,这也表明本文所做的抗倒能力推断是合理的。

6 结语

单层和二三层砌体结构目前在我国乡镇中小学校舍中广为应用。在南方地区多为单面外廊,一般认为抗震不利,抗倒能力较差,汶川地震的教训惨痛沉重。本文对擂鼓镇多层砖砌体房屋的震害进行了分析,在此基础上再论述我国乡镇中小学校舍的多层砖砌体房屋的抗倒设计,旨在建造大震不倒的乡(村)镇安居安学工程。

实例表明,按现行的设计规范设计,采用构造柱圈梁抗震体系的多层砖砌体校舍,且其平面布置合理,抗震构造措施得当,教学楼的进深大梁有混凝土柱或构造柱支承,砌筑砂浆不低于M5,纵墙开孔率不大于50%,可达到小震不坏、中震损坏可修、10度大震不倒和不发生危及生命的破坏的安居安学设防目标。如擂鼓镇的No.1、4和5教学楼,是达到抗裂抗倒安居安学设防目标的典型震例。

本文所采用的抗倒能力判别方法同现行的抗震设计和鉴定方法是相一致的,且将楼层综合抗震能力指数发展为抗倒能力指数,判别结果倒的与不倒的是与震害相符的。地震中房屋建筑的倒塌由多种因素造成,本文杨玉成和周强仅从建筑结构自身分析其抗震构造措施和楼层抗震能力指数论证,有待对倒塌机制、抗倒措施、抗倒增强系数做进一步研究。

汶川地震中高烈度区中小学校舍的震害甚为严重,应做进一步深入分析,特别是裂而不倒的,本文仅是一个典型的实例。

5-14 用新标准实施房屋建筑的抗震鉴定

杨玉成　陈新君　李亦斌　杨雅玲　陈友库　林学东　杨　柳　赵宗瑜

1 引言

克拉玛依市和乌鲁木齐市现行的抗震设防烈度分别为 7 度和 8 度,在第三代《中国地震烈度区划图(1990 年)》颁发前,这两市的基本烈度分别为 6 度和 7 度。实际上,克拉玛依市的房屋建筑在 1991 年之前建成的一般均未进行抗震设防。为保障我国西部重要石油基地的生产和生活的地震安全,搞好新疆石油系统的抗震防灾工作,有效地减轻潜在的地震危害,新疆石油管理局抗震办公室会同国家地震局工程力学研究所,在 1993—1996 年的四年中先后对克拉玛依市的多层居住建筑、生产建筑、公用建筑、中小学校舍和乌鲁木齐市内新疆石油管理局所属各单位的房屋建筑实施了抗震鉴定,并结合震害预测结果,采取防灾减灾对策,这项工作已取得了良好的社会效益和经济效益。

2 鉴定依据和方法

克、乌两市的房屋建筑抗震鉴定系处在新修订的国家标准《建筑抗震鉴定标准》(GB 50023—1995)正式发布实施之前的报批期间。当时该标准的送审稿和试用稿已通过评审,有关部门的会审结果认为,"从总体上看,该标准内容丰富,方法比较实用,达到了国际水平,其中房屋综合抗震能力鉴定的方法达到了国际先进水平,对推动现有建筑的抗震鉴定,减轻地震灾害将起积极作用,可有较明显的社会效益和经济效益"。故有关部门同意我们主要依据修订中的新标准进行房屋建筑的抗震鉴定,同时对照 TJ 23—1977 鉴定标准。

鉴定方法按新标准的要求进行,首先是搜集原始资料和实地调查房屋现状,然后分析综合抗震能力,并结合震害预测,做出鉴定结论和提供处理意见。

原始资料的搜集包括设计竣工图、施工记录、场地勘探报告和地震区划结果;对无设计图的做了必要的现场测绘。

现场调查除了克拉玛依的标准住宅只查看各单位自报现状有损的房屋和抽样查看各类现状好的房屋外,其余全部都是逐幢查看并做记录的。现场调查需查明三点:① 房屋的完好程度,并分析损坏的原因,同时对其中的非抗震问题,如漏水、抹灰龟裂等,尽量为用户排忧解难;② 对照房屋现状和原始资料的相符程度,特别是关键部位和易倒部件;③ 施工质量,对砌体结构的砌筑砂浆标号尽可能做现场宏观判断和抽样回弹实测。鉴定人员要亲临现场做调查,这是按新标准做抗震鉴定的最基本的要求,在查明现状的同时可做出综合评定的宏观判断。

综合分析房屋建筑的抗震能力,这是按新标准与原标准实施鉴定的最大不同点。TJ 13—1977 原标准是对建筑结构的各个构件和部件实施分项鉴定,孤立地看待它们的抗震作用,实行"一票否决",即在房屋建筑中有一项鉴定达不到标准时,即认为该房屋建筑便为不符合鉴定标准的要求。按 GB 50023—1995 新标准,整幢房屋建筑将作为一个系统,整个系统的抗震能力由各部件与其相互间关系,包括场地在内的分项信息综合反映,即根据信息集合来综合评定抗震能力,做出鉴定结果。其中对多层砌体房屋、多层钢筋混凝土房屋、内框架和底层框架上层砖房,整体抗震能力采用综合抗震能力指数来定量,其表达式为

$$\beta = \kappa \cdot \Pi \psi_1 \cdot \min(\psi_2) \qquad (1)$$

式中:β 为楼层综合抗震能力指数;$\Pi \psi_1$ 为各项体系影响系数的乘积;$\min(\psi_2)$ 为各项局部影响系数的最小值;κ 为不同结构类型的抗震能力主因子。

多层砌体结构的抗震能力主因子为墙体抗震能力指数,即

$$\kappa = \beta_i = A_i / A_{bi} \xi_{0i} \lambda \qquad (2)$$

或

本文出处:《世界地震工程》,1997 年 3 月,第 13 卷第 1 期,24-31 页。

$$\kappa = \beta_{ij} = A_{ij}/A_{bij}\xi_{0i}\lambda \qquad (3)$$

式中：β_i 为第 i 楼层的纵向或横向墙体平均抗震能力指数；β_{ij} 为第 i 层 j 墙段的综合抗震能力指数；A_i 为第 i 楼层的纵向或横向抗震墙在层高 1/2 处净截面的总面积；A_{ij} 为第 i 层 j 墙段在层高 1/2 处的净截面面积；A_{bi} 为第 i 楼层的建筑平面面积；A_{bij} 为第 i 层 j 墙段考虑楼盖刚度影响的从属面积；ξ_{0i} 为第 i 楼层的纵向或横向抗震墙的基准面积率；λ 为烈度影响系数，6、7、8 和 9 度时分别为 0.7、1.0、1.5 和 2.5。

多层钢筋混凝土结构的抗震能力主因子为楼层屈服强度系数，即

$$\kappa = \xi_y = V_y/V_e \qquad (4)$$

式中：ξ_y 为楼层屈服强度系数；V_y 为楼层现有受剪承载力；V_e 为楼层的弹性地震剪力。

对整幢房屋综合抗震能力的鉴定，可按实际情况分级进行，即按新标准实施抗震鉴定的内容和程序，针对不同的鉴定对象，繁简不一。第一级鉴定以宏观控制为主，通过结构体系、抗震构件布置、连接构造和易倒部件的查看，并考虑现状的完好程度和场地条件实施综合评定。如能通过第一级鉴定，便可"一锤子定音"，不必再进行第二级鉴定，这确实可方便地简化一批房屋的鉴定程序，减少投入。克拉玛依的单层厂房和乌鲁木齐的单层钢筋混凝土柱厂房，大多可通过第一级鉴定而不再进行抗震强度的验算。第一级鉴定虽然往往有失粗略，却不乏整体思维，倘若没有真知灼见，鉴定者不可能由直觉来做出综合评定。第二级鉴定往往要包括确定体系影响系数和局部影响系数，计算抗震能力主因子或验算抗震强度，才能实施综合抗震能力的评定。由于在本项鉴定的同时要进行震害预测，并要求采取适用于预测房屋单体震害的方法，因而一般都做抗震承载力的计算，故在本项鉴定工作中，对有些符合一级鉴定要求的房屋，仍给出了二级鉴定所要求的综合抗震能力指数，这也是为了便于比较，结合震害预测做出防震减灾的决策。

鉴定的结论不是简单地提出符合或不符合，一般都给出符合或不符合的程度、存在的薄弱环节和要注意的问题与处理意见。处理意见的提出也不是孤立地看待每个构件和部件，不采取"头痛医头、脚痛医脚"，即缺啥加啥的加固措施，而是看其对整体抗震能力的影响大小和可能致灾的严重程度。对综合抗震能力指数小于 1，即总体不符合要求的房屋，加固也不是唯一的处理意见，而是要考虑使用要求、城市规划、加固难易和经济实力，提出维持现状警惕危害、改变使用功能、维修、加固、局部拆除和淘汰更新等相应的减灾对策。

3 鉴定结果

3.1 克拉玛依的房屋

该市房屋建筑的抗震鉴定已实施两批。1993 年鉴定未经抗震设防的房屋，包括全部多层居住建筑、重要的和典型的生产建筑和公用建筑，共计 1 610 幢房屋，建筑总面积为 251 万 m^2。这些房屋中，除少数生产建筑建于 20 世纪五六十年代外，均为七八十年代建成。1995 年鉴定全部中小学校舍，有 39 所学校（含中专）的 253 幢房屋，建筑总面积为 30.24 万 m^2，包括这些学校的全部旧平房和部分 90 年代按 7 度设防设计建造的房屋也在内，这次鉴定是该市在 1994 年 12 月 8 日发生友谊宫特大火灾后，为保障中小学的地震安全所采取的防灾措施。

克拉玛依属高寒强风戈壁盐渍土地区，房屋的设计基本风压为 0.65 kN/m^2，外墙厚度一般用 37 cm，房屋的勒脚和檐头碱蚀较为普遍。对这两批房屋的抗震鉴定与结合震害预测所做出的结果见表 1，表中对房屋综合抗震能力的评价及其抗震防灾对策分七栏列出，如下：

（1）符合 7 度抗震鉴定要求的房屋。

（2）在第一批鉴定房屋中，符合 1995 新标准综合抗震能力指数的要求，但不符合 1977 旧标准中圈梁设置或局部尺寸限值等要求的，占 11.2%；在第二批鉴定房屋中，未与 1977 旧标准做对照，而查核其中按 7 度抗震设计要求建造的房屋，不符合抗震设计规范要求的占鉴定房屋总建筑面积的 5.1%，约占鉴定 90 年代建的设防房屋的近 1/4（尚不包括下述栏目中的房屋），其中有因超高、构造柱设置不当、最弱墙段抗震强度不足、承重墙洞边局部尺寸过小、长向板边侧与墙体无拉结或缺圈梁等造成的问题，也有抗震概念设计中的问题。

（3）主（总）体符合抗震鉴定要求，局部应注意或可待维修时处理的。其中有的是属于非结构构件有欠缺，数量较多的是女儿墙不封闭且超高和小烟囱在出入口；有的是属于大片填充墙开裂、饰物易掉、阳台安全性等问题；还有的现状虽有损坏，但对抗震能力无影响或考虑其影响后的房屋综合抗震能力仍可达到鉴定标准的要求。

表 1 克拉玛依房屋建筑抗震鉴定结果统计表

鉴定房屋	总幢段数和建筑面积		(1) 符合 7 度鉴定要求	(2) 符合 1995 标准不符 1977 标准	符合鉴定不符设计	(3) 主体符合局部注意	(4) 主体符合小楼不足	(5) 有危险点局部加固	(6) 整体不足应做加固	(7) 整体不足淘汰更新
第一批多层住宅生产建筑公用建筑	幢	1 610	541	274	/	723	3	27	38	4
	m²	2 509 629	891 550	280 664	/	1 251 022	6 513	30 768	46 956	2 156
	%	100	35.53	11.18		49.85	0.26	1.23	1.87	0.09
第二批中小学校舍	幢	253	121		8	67	14	13	9	21
	m²	302 427	139 779		15 523	75 020	(2 584)① 33 983	21 495	8 651	7 976
	%	100	46.22		5.13	24.81	(0.85)① 11.24	7.11	2.86	2.64
合计	幢	1 863	944			790	129			
	m²	2 812 056	1 327 516			1 326 042	158 498			
	%	100	47.21			47.16	5.64			

注：① 括号内的为小楼建筑面积与其百分率，括号下的为小楼所在房屋的建筑面积与其百分率。

（4）主体符合抗震鉴定要求，顶层局部小楼或天窗的抗震能力不足，可采取限制使用或局部加固等防灾措施。

（5）有局部危险点，应做局部加固处理的。多见到的是门厅、楼梯间承重大梁在内墙阳角处的支承长度不足且已有裂纹和支承端阳台的承重砖墙角尺寸过小；有的是托墙大梁支承墙的强度不足且已有裂缝、独立砖柱柱头开裂、变形缝设置不当形成三开间悬墙且已有出平面错动或地基基础局部失效致使上部结构已开裂等可能导致房屋在地震时局部倒塌的危险。

（6）房屋主体综合抗震能力不足，或关键部位缺抗震构造措施（钢筋混凝土柱排架结构无支撑、18 m 跨拱形屋架无支撑），或房屋现状破损较重影响抗震能力，应做加固或维修加固。

（7）房屋的综合抗震能力不足，且无加固价值，或老旧破损不值得修复加固，以淘汰更新为宜。

综上所述，克拉玛依的抗震设防由 6 度升为 7 度的情况下，鉴定房屋的 90% 以上可不采取抗震加固措施。其中综合抗震能力符合 1995 新鉴定标准的有近半数，另有半数主体也符合鉴定标准的要求，只是非结构构件或次要部位有所欠缺，可不为此而专门采用抗震加固或拆除措施，但应提高警惕以防地震时掉落砸人，宜在维修时做适当处理。房屋的整体抗震能力不足、有危险点或顶层小楼和天窗局部抗震能力不足，应加固或淘汰更新的房屋数量不多，占鉴定房屋建筑总面积的 5.6%，其中约有半数尚可采取局部加固。如果按 1977 旧标准鉴定，则加固和淘汰的房屋将达

15%～20%。在中小学校舍中，因包括老旧平房在内，同时有两套标准图顶层均设局部小楼，故抗震能力不足的比例较高。特别要指出的，在近年新建的中小学校舍中，有的虽达到鉴定标准的要求，但尚不满足抗震设计规范中 7 度设防的要求，这其实是不符合现行抗震设防标准的。

3.2 乌鲁木齐的房屋

新疆石油管理局在乌鲁木齐的房屋建筑的抗震鉴定和震害预测，是在 1994 年和 1995 年做的，共 496 幢，建筑面积总计 527 304 m²，包括下述四个单位：

（1）石油局地质调查处的新基地、研究所、供应站、机修部和南山库区五个场区的全部房屋，273 幢，计 283 749 m²。其中钢筋混凝土结构占 6.9%，砖混结构占 93.1%。从建造年代来看，基本上都是 20 世纪八九十年代按 7 度设防建造的，70 年代建造的不设防房屋只有 3.4%。从房屋的层数来看，近 60% 的为四、五层，六、七层的很少。房屋的现状 14.4% 为有一般损坏，1.2% 属严重破坏。

（2）石油局驻乌办事处的明园、705 接待站、九家湾库区和南山农场四个场区的全部房屋，197 幢，计 204 652 m²。其中 20 世纪 50 年代按苏联 7 度设防建造的砖木结构占 21%，六七十年代不设防的砖混结构占 11%，大多则是八九十年代按 7 度设防建造的砖混结构，钢筋混凝土结构只占 3.5%，一、二、三、四层的房屋各占 13% 左右，六、七层的共占 24%，5.5% 的房屋现状为有损坏。

（3）石油局器材供应处乌鲁木齐站的 11 幢房屋，

计 11 637 m²，都是八九十年代建的砖混结构。

（4）新疆石油学院的 15 幢房屋，计 27 266 m²，是 50 年代建造的砖木结构住宅和教学楼，70 年代建造的砖混住宅。

对这些房屋的抗震鉴定结果，与结合震害预测所提出的意见见表 2。表中共分三大类八个栏目列出。

表 2　乌鲁木齐市内新疆石油管理局的房屋建筑抗震鉴定结果统计表

鉴定单位	总幢段数和建筑面积		符合 8 度鉴定可不加固			满足 7 度设防 8 度鉴定不足			加固维修或淘汰更新	
			总体符合鉴定要求 ①	主体符合鉴定要求 ②	基本符合鉴定要求 ③	8 度鉴定略有欠缺 ④	强度构造明显不足 ⑤	8 度鉴定明显不足 ⑥	抗震鉴定明显不足 ⑦	承重结构现状破损 ⑧
地质调查处	幢	273	153	30	18	8	14	29	8	13
	m²	283 749	131 322	57 453	17 924	11 678	17 565	35 141	4 019	8 647
	%	100	46.28	20.25	6.32	4.11	6.19	12.38	1.42	3.05
驻乌办事处	幢	197	108	24	10	9	20	9	7	10
	m²	204 652	75 170	32 054	10 950	16 911	38 057	14 723	13 620	3 167
	%	100	36.73	15.66	5.35	8.26	18.60	7.19	6.66	1.55
器材处乌站	幢	11	7		1		1	1		1
	m²	11 637	7 753		1 806		1 685	180		213
	%	100	66.62		15.52		14.48	1.55		1.83
石油学院	幢	15	2	3	6					4
	m²	27 266	2 048	3 402	8 617					13 199
	%	100	7.51	12.48	31.60					48.41
合计	幢	496	270	57	35	17	35	39	20	23
	m²	527 304	216 293	92 909	39 297	28 589	57 307	50 044	31 051	11 814
	%	100	41.02	17.62	7.45	5.42	10.87	9.49	5.89	2.24
	%	100	66.09			25.78			8.13	

第一大类为符合或基本符合 8 度抗震鉴定要求而可不加固的，占 66.09%，共包括三栏：①栏为综合抗震能力符合 8 度抗震鉴定的房屋，占 41.02%；②栏为主体符合 8 度鉴定要求，非结构构件或次要部位在构造上有所欠缺，可不采取拆除或为此而专门进行抗震加固，但需要提高警惕以防地震时掉落砸人，宜结合房屋的维修采取适当措施，占 17.62%；③栏为基本符合鉴定要求，可不加固的，占 7.45%，一般最弱抗震能力综合指数略小于 1，而预测震害的结果，在三个设防水准下都可接受的，即"小震不坏、中震可修、大震不倒"。

第二大类的房屋总的来说是没有全面符合 8 度抗震鉴定的要求，但都满足 7 度抗震设计规范的要求，占 25.78%。这类房屋的数量较多，一般也是八九十年代按 7 度抗震设防要求建造的，对其处理意见，我们建议除了重要的和易发生严重次生灾害的房屋外，一般可暂不加固，有待统一的规定。这类房屋也分为三栏：④栏为按 8 度鉴定稍有欠缺，一般是多层房屋中的最弱抗震能力综合指数小于 1、大于等于 0.9，占

5.42%；⑤栏为抗震承载力符合 8 度鉴定要求，而构造措施中有关键部位只满足 7 度抗震要求，或相反，构造措施可符合 8 度鉴定要求，而综合抗震能力指数只能满足 7 度要求，前者多为按 7 度设防的单层钢筋混凝土排架结构，后者多为按 7 度设防的六、七层住宅，共占 10.87%；⑥栏为符合 7 度抗震要求，按 8 度鉴定明显不足的，占 9.49%，不配筋的单层砖柱厂房和空旷砖房一般均属此列，还有一些房屋综合抗震能力指数较低，在 0.67~0.9，只能达到 7 度抗震要求。

第三大类的房屋都是不符合 8 度抗震鉴定要求，应加固维修、加固或不值得加固而需淘汰更新的，占 8.13%，包括：⑦栏为抗震能力差，有的连 7 度设防也不能满足的，占 5.89%；⑧栏为房屋的承重结构都有破损，不值得加固或应加固维修的，占 2.24%。

综上可见，表 2 中二、三两大类不符合 8 度抗震鉴定要求的房屋占总建筑面积的 1/3，其中八九十年代按 7 度设防建造的房屋约有 30% 不符合 8 度鉴定要求，50 年代按苏联 7 度抗震设计建造的房屋因大多为

二层,不符合 8 度鉴定要求的比例反而要低些,而六七十年代建的不设防房屋不符合 8 度鉴定要求的超过 80%。从按 7 度设防房屋的不同建筑结构类型来看,分述如下:

多层钢筋混凝土框架房屋按 7 度设防的规则框架,都可符合 8 度鉴定要求;对不规则框架,构造措施有明显欠缺,考虑体系影响系数和局部影响系数之后,综合抗震能力指数一般还基本符合要求。

单层钢筋混凝土柱厂房和有空旷大厅的剧场,对排架柱的承载力和变形验算结果都可符合或基本符合 8 度鉴定要求,但按 7 度设防的这类房屋构造措施却不能符合 8 度鉴定要求,且在鉴定标准中为其关键部位,故鉴定结果一般属⑤栏。而在震害预测中,单层钢筋混凝土柱厂房在遭受高于设防烈度 1 度的地震影响时,一般可不超过中等破坏。这样,对 7 度设防的单层混凝土柱厂房,按 8 度抗震鉴定与震害预测的结果是不相匹配的,即鉴定结果为不符合要求,震害预测结果潜在危害为可接受。

在多层砖房中,二至五层的住宅宿舍一般属表 2 中的①、②栏,符合或主体符合 8 度鉴定要求,但六、七层的住宅由于抗震鉴定对承载力的要求相同于设计规范的设防水准,故大多综合抗震能力指数小于 1,属表 2 中的④、⑤栏。办公、医疗和教学楼鉴定结果较离散,但平面局部缩进的顶层或屋顶小楼一般不符合 8 度鉴定要求。

单层砖柱厂房和空旷砖房大部分不能符合 8 度鉴定要求。因按 7 度设防的要求,砖柱可不配筋,但按 8 度鉴定要求配筋;同时,对屋架系统的支撑,7 度和 8 度的要求也不同,尤其是采用梯形屋架。配筋砖柱厂房和已用混凝土柱加固的厂房,承载力验算和构造措施一般可符合或基本符合 8 度鉴定的要求。

在鉴定房屋中,还有在八九十年代加层、扩建或施工过程中做方案性修改的,既不符合 8 度鉴定要求,也不满足 7 度抗震设计的要求。这是要强调的,加层和变更设计的房屋,必须整幢符合现行抗震设防的设计规范的要求。

乌鲁木齐的抗震设防烈度由 7 度升为 8 度,倘若对不符合 8 度鉴定要求的房屋都做加固或淘汰更新的处理,这在人力物力上几乎是不可能的,从震害预测的结果来看,似亦未必必要。我们认为:在乌鲁木齐不符合 8 度鉴定要求的房屋,在近期应加固或列为淘汰更新的,是表 2 中第三大类的房屋;对表 2 中第二大类的房屋,抗震决策处理应结合震害预测结果和房屋的重要性,予以区别对待,且以优先采取加固之外的其他防震减灾措施为宜。抗震加固是一项技术性要求高又政策性很强的工作,故对已按 7 度设防但不符合 8 度鉴定要求的房屋,决策处理要有待政府和主管部门做出统一的规定后方可实施。

4 结语

克拉玛依和乌鲁木齐的地震设防烈度提高后,新疆石油管理局的领导和广大职工对已建工程能否经得住地震,心中无底,又得知近十年西北地震活动有增强趋势,特别是 1990 年苏联斋桑泊地震造成克拉玛依部分房屋破坏,总是担心地震对生产的影响和住房的安全,在 1994 年 12.8 特大火灾后对校舍的地震安全尤为关切,为此对房屋建筑分期分批进行抗震鉴定和震害预测。这项工作的实施使局领导和主管部门对工程抗震的能力有了全面的了解,心中有数;使广大职工对自己的住房、生产用房和子女求读的学校的地震安全有了科学的认识,对他们安心本地本职工作,保障克拉玛依油田的正常生产、生活秩序起到了积极稳定的作用。本项成果不仅为编制抗震防灾规划,也为新疆石油局的生产基地,尤其是后勤和生活基地的工程建设和发展规划提供了科学依据。

根据抗震鉴定并结合震害预测的结果,现已有针对性地分清轻重缓急开展了加固工作,从而有效地增强了房屋建筑的抗震能力,同时避免了加固工作的盲目性。在本项工作开展之前,曾预计有 1/3 的房屋建筑需要加固,并已开始加固部分只少圈梁的房屋。本项工作按新标准从房屋的整体出发对综合抗震能力的鉴定结果,不符合抗震鉴定要求需加固或淘汰的房屋可控制在总建筑面积的 10% 之内,其中在克拉玛依的鉴定房屋中约占 5%,在乌鲁木齐的鉴定房屋中约占 8%,这使抗震加固和更新的工程量大大减少,仅多层住宅一项估计就可节约加固费 1 亿元以上。

5-15 加层房屋的抗震安全鉴定

黄 巍 常新安 杨雅玲 朱广萍 陈新君 杨玉成

1 引言

近十年来,我们在抗震设防为7度的克拉玛依和8度的乌鲁木齐,对许多加层房屋进行了抗震安全鉴定,鉴定时加层后的房屋要符合抗震设计规范 GBJ 11—1989 中的规定,当原有建筑的抗震强度和构造措施达不到 GBJ 11—1989 规定的要求时,采取加固措施;对已加层的房屋,则按 GB 50023—1995 标准进行抗震安全鉴定,并结合震害预测做出综合决策。本文阐述有代表性的3幢加层房屋的抗震安全鉴定与其决策处理的意见,其中1幢属危房,要拆除;1幢未达到鉴定标准的要求,主要是因为加层时克拉玛依和乌鲁木齐的基本烈度尚分别为6度和7度,同时也有加层处理不当的教训。

2 加层失误的医院大楼

2.1 房屋现状调查

新疆石油管理局总医院住院部大楼系砖混结构,由6个矩形区段组成,设5条变形缝。1958年建5个区段的二层楼,1977年扩建二层后楼,1981年将中间3个区段加接一层变为三层楼。该大楼建筑总面积为 7 438 m^2,其中中段三层楼为 4 548 m^2,两侧二层楼为 2 288 m^2,后建楼为 647 m^2。在这次安全鉴定的现场调查时,经十多处检测点查实,原建筑中的非承重外墙为空腔墙。

该总医院是新疆油田和克拉玛依市的中心医院有600个病床床位,住院部大楼为该医院内科、妇产科和小儿科的病房,中心血库、中心药库、信息中心和X线放射科也设在该大楼内,故该住院部大楼按《建筑抗震设防分类标准》属乙类建筑。

房屋现状:1958年建的底层墙体普遍破损,调查时在外墙检测点和抹灰层剥落处,见有整块砖已碱蚀酥松,砌筑砂浆粉化无黏结力;背立面的外纵墙近1/3

墙段外鼓,以中段东楼最为严重,鼓出最大处达 17 cm;内墙面的局部剥落也较普遍。1977年扩建的后楼,底层墙体局部破损,有一处达危险点的程度。上层墙体和楼屋盖混凝土构件的老化未达到危险点的程度。毛石基础外露地表部分,凸缝普遍已损坏,砂浆粉化,但未见明显的不均匀沉降。

该大楼破损严重,主要是因为从1981年加层到2000年8月这次鉴定的现场调查前,都不知外墙为空腔墙。加层时误认为原建筑的外墙均为500 mm厚的实心墙体,后加的外墙与原外墙面取齐,压在空腔墙壁120 mm厚的外层和60 mm的空隙上,受力极不合理。当空腔墙外层砌体碱蚀破损后,造成外墙面出鼓弯倾,且日趋严重。加之年久老化,地基基础对盐渍土未采取防范措施,近几年地下水位上升,致使墙体砖块严重碱蚀酥松和砂浆粉化,破损加剧。

2.2 抗震安全鉴定和震害预测

对该大楼的鉴定按照我国现行的有关法规《建筑抗震鉴定标准》(GB 50023—1995)和《危险房屋鉴定标准》(JGJ 125—1999),收集了房屋的有关资料,调查检测建筑现状,采用二级抗震鉴定方法和危险房屋等级评定方法,进行了计算分析,并应用获国家科技进步奖(二等奖)的城市现有房屋震害预测智能系统,结合专家经验,预测在不同烈度下的震害,综合评定该大楼的安全性和危险等级,从而提出处理意见。

用二级抗震鉴定方法得到的楼层综合抗震能力指数均以底层为最弱,分别是:中段中楼为0.47,中段东楼为0.34,中段西楼为0.52,东侧楼为0.62,西侧楼为0.66,后建楼为0.97。可见,除后建楼略小于1,稍为欠缺外,该大楼1958年建的5个区段均不符合7度抗震鉴定的要求,且最弱综合抗震能力指数均小于0.67,按危房鉴定标准属D级危险房屋,后建楼属B级有危险点的房屋。

按房屋破损现状,在设防烈度7度时的预测震害

本文出处:《世界地震工程》,2001年6月,第17卷第2期,95-97页。

指数和震害程度,分别为:中段中楼 0.708,属部分倒塌;中段东楼 1.0,属全部倒塌;中段西楼 0.650,属严重破坏;东侧楼 0.608,属严重破坏;西侧楼 0.613,属严重破坏;后建楼 0.468,属中等破坏。显然,中段中楼和中段东楼不符合 7 度抗震设防要求,中段西楼和东、西侧楼也不符合乙类医疗建筑的抗震设防要求,只有后建楼符合要求。

2.3　鉴定结论和处理意见

据震害预测、抗震鉴定和危房鉴定结果,住院部大楼 1958 年建造的 5 个区段的房屋均不符合 7 度抗震的要求,属 D 级整幢危险建筑,作为乙类医疗建筑已无维修加固再使用的价值。在这次安全鉴定前,曾设计了用构造柱和圈梁来增强的加固方案,因该方案也解决不了空腔墙偏压的问题,故被否定。处理意见为整幢拆除。

该大楼中 1977 年扩建的后楼为 B 级有危险点的建筑,预测 7 度地震的震害为中等破坏,在修复处理危险点后可使用。但后楼的建筑面积不到住院部的 1/10,在原大楼拆除时是否保留或一起拆除可由医院的总体规划来确定。

3　加层加固不当的住宅楼

新疆石油管理局驻乌鲁木齐办事处的明园 13 号住宅楼 1995 年做抗震鉴定,1996 年做抗震加固和修复处理,1999 年进行抗震鉴定复查。

13 号住宅楼原建于 1954 年,系三层砖木结构,1989 年接建加两层,为五层房屋,总高度 16.1 m,底层做商店,上层为住宅,总建筑面积 2 677.5 m²。原建一至三层为砖墙体承重,后加的四至五层用加气混凝土砌块承重,在支承大梁的集中载荷处和外墙阳角设构造柱。一至二层为木楼盖,三至五层为预制钢筋混凝土楼屋盖,设圈梁,承重体系为纵横墙(进深梁),墙体砌筑砂浆经现场判定,原建的一至二层为 25 号强,三层为 10 号强,后加的四至五层为 50 号。现场调查发现,房屋结构有损坏,加气混凝土女儿墙根部的四角明显开裂,顶层部分横墙上部有斜裂缝,地基基础正常。

1995 年对 13 号楼的抗震性能评价为:抗震性能较差,易损性较大,后接楼层震害可能重于原建楼层,女儿墙在地震时可能掉落。抗震鉴定意见为:后接楼层时未按抗震设防要求设计,且顶层横墙开裂明显,横向墙体综合抗震能力指数一至二层接近于 1,三层为 0.8 左右,后接的四层为 0.6 左右,不符合抗震鉴定要求。综合评估意见为:地震危害度大,不符合抗震鉴定要求,应尽早采取处理措施。

1996 年,13 号楼做了抗震加固,修复了女儿墙。在外墙四角和楼梯间外角加了钢筋混凝土构造柱,一至二层外加了钢筋混凝土圈梁,山墙和单元横墙加了钢拉杆。

1999 年查看现场和加固资料发现,1996 年的加固设计图未经市、局抗震办公室审批,抗震加固措施未达到 8 度抗震鉴定的要求。现状是在女儿墙根部仍有水平裂缝。复查的意见为:13 号楼的加固设计不当,仍不符合抗震鉴定的要求,且已是 40 多年的老旧房屋,加固难度也大,不值得再做加固,应从城市发展规划和住房建设的需要做出综合决策,暂时保留使用或拆除新建,在保留期间应警惕地震危害,如遇震情预报应及时撤离人员。而 1995 年的鉴定意见为应尽早采取处理措施,也未明确指出需要加固。

4　经抗震设计的加层住宅楼

乌鲁木齐明园的 12 号住宅楼原建于 1954 年,系三层砖木结构,1992 年接建加两层,并加固改造为现五层房屋,总高度 15.6 m,底层改造为商场,上层为单元式住宅,总建筑面积 2 677.5 m²。该楼加层改造时,四至五层砖墙体承重,填充墙用轻质混凝土砌块,一至二层顶板仍为木楼盖,部分用钢梁加固,上层为预制钢筋混凝土楼盖,承重体系为纵横墙(进深梁)。加层时,按 7 度设防进行抗震加固设计,三至五层内外墙顶增设圈梁,外加钢筋混凝土构造柱,隔开间设置。加层设计墙体砌筑砂浆为 50 号,原墙底层砌筑砂浆较好,为 50 号,三层为 25 号。

1995 年对 12 号楼的抗震鉴定意见为:加层时按当时的设防标准 7 度抗震设计的构造措施加固原建筑;按 8 度抗震鉴定综合抗震能力指数,最弱楼层纵横向分别为 1.11 和 0.98,基本符合要求,略微欠缺,再综合震害预测结果,认为可不再做加固处理。在该意见中还指出,拆接房屋受施工质量的影响较大,预测震害有较大的不确定性。

1999 年复查时发现,房屋现状仍为基本无损,地基基础仍属正常,与 1995 年鉴定时相比稍显老旧。复查意见重申 1995 年的抗震鉴定意见仍有效,即按乌鲁木齐市抗震设防烈度 8 度鉴定,基本符合要求,虽略微欠缺,仍可不再做加固。基于 12 号住宅楼已是使用了 45 年的老旧房屋,继续保留使用或拆除,应从城市发展规划和住房建设的需要,做出综合决策。

5－16 新疆石油管理局乌鲁木齐明园地区房屋建筑的抗震鉴定和震害预测

杨玉成 杨雅玲 陈友库 林学冬 周四骏 赵宗瑜 王 燕

1 引言

迪化明园以前是官府私宅园林,后曾是苏联专家的居住地,再后归属新疆石油管理局,为其驻乌鲁木齐办事处所在地。明园的房屋建筑在 1994—1995 年和 2008—2009 年做过两次抗震鉴定和震害预测。

1.1 第一次明园地区房屋建筑抗震鉴定和震害预测

按国家地震局和中国石油天然气总公司的科技合作要求,工程力学研究所在 1992—1993 年对克拉玛依抗震防灾基础工作进行房屋建筑、生命线工程和特种结构的抗震鉴定和震害预测,由三个研究室联合组队,杨玉成总负责,如期完成任务。1994 年经双方领导和专家评审,顺利通过。其后,总公司和新疆石油管理局又要我们去做乌鲁木齐的房屋建筑抗震鉴定和震害预测,先生产(地质调查处)后生活(明园)。

1994—1995 年对新疆石油管理局驻乌鲁木齐办事处明园地区的房屋建筑进行 8 度抗震鉴定和震害预测,按要求完成如下报告:

(1) 1994 年 10 月提交现场评估和六项工作单体评定。

(2) 1995 年 6 月编写房屋震害预测和抗震鉴定单体报告集: ① 明园地区多层住宅; ② 明园地区公用建筑; ③ 705 招待站、南山农场、九家湾库区。

(3) 1995 年 7 月提交房屋建筑震害预测和抗震鉴定总报告。其总况见《用新标准实施房屋建筑的抗震鉴定》(见本书 5－14 文)和《加层房屋的抗震安全鉴定》(见本书 5－15 文)。该项共有房屋 197 栋,204 652 m²,大多是 20 世纪八九十年代按 7 度设防建造的,11% 是六七十年代不设防的砖混结构,这些房屋按 8 度抗震鉴定有章可循,在此不再赘述。难点重点是 50 年代初期按苏联专家要求建造的砖木结构,占 21%,已历经 40 多年。如何评定抗震性能来进行抗震鉴定和震害

预测,有三法: 其一,明园地区在 1965 年 6.7 级乌鲁木齐地震中遭受 7 度影响。查阅资料,工程力学所 1966 年的调查表明明园二层小楼都无明显震害属完好无损;三层办公楼还有裂缝图,属轻微损坏,在门窗口和墙角偶有短细裂缝,大楼也可安全使用。其二,逐幢检查现状,未见明显破损。办公楼的地震裂纹经粉饰个别有影迹,没有展延。宏观判定砖墙体砌筑规正,砂浆标号达 50 号(M5),小楼一般 25 号(M2.5)。门窗尚牢靠,木楼盖基本完好,稍有变形也不影响正常使用,主要检查措施,爬进木屋盖内(5 栋小楼)查看,结构合理、材料质优、松木坚实,无腐蚀虫蛀。其三,新疆石油管理局档案资料管理正规有序。我们有在所里专职图书资料管理的,找到了用俄文绘制的明园房屋设计图,按当时苏联标准 7 度抗震设计的。

综上,明园砖木结构的抗震鉴定结论明确,二层住宅小楼符合 8 度抗震要求,办公楼也基本符合 8 度鉴定要求,可安全使用。明园的老建筑能抗震,不用拆,不应拆。中俄园林文化相融的明园,优美、有历史积淀、有故事。我们力荐保存保护。2004 年,乌鲁木齐人民政府公布石油局明园住宅楼群为文物保护单位。

1.2 第二次明园地区住宅及学校建筑抗震鉴定

汶川 8.0 级地震后,新疆石油管理局邀请我们对明园地区 1990 年前建造的住宅及学校建筑再次进行抗震鉴定。2008 年 8 月 27 日,与明园物业管理中心签订技术服务合同。对需鉴定的 40 栋共计 69 841.23 m² 房屋,按国家标准 GB 50023—1995《建筑抗震鉴定标准》的 8 度抗震要求和汶川地震后新疆和中国石油天然气总公司的有关要求进行鉴定。2008 年 8—9 月,甲、乙双方共同进行逐栋进户调查和资料收集,重点在 1994 年 9 月以后房屋现状的变化,据此,要求在 1995 年抗震鉴定和震害预测基础上再行分析计算复核,对现役建筑整体抗震性能做出评价,对不符合抗震的建

本文出处: 中国地震局工程力学研究所报告集汇编,1994—2009 年。

筑提出相应的抗震对策和处理意见。

2009年2月13日在乌鲁木齐市明园办事处,由新疆石油管理局矿区服务事业部和建设部组织专家对完成的《明园地区住宅和学校建筑抗震鉴定报告集》进行评审验收。11位专家经查看现场、提问答疑和认真讨论,一致同意通过验收。形成如下评审验收意见:"根据甲方委托,乙方按照合同约定内容,完成了明园地区1990年以前建造的房屋建筑的抗震鉴定工作,并形成了报告集。该报告技术路线正确、思路清晰、鉴定依据充分、资料翔实、结果可信,采用鉴定标准适宜,符

合GB 50023—1995《建筑抗震鉴定标准》和汶川地震后自治区制定的相关文件要求,鉴定结论对下一步整改工作有明确地指导作用。"

本文摘录该报告集中的表1和3号住宅楼。表1列出了明园地区住宅和学校建筑共计41栋和附加的昌吉小区的抗震鉴定汇总表。在新疆石油管理局乌鲁木齐明园地区房屋建筑抗震鉴定报告集中给出了每栋房屋的现状变化、对抗震能力的评估、抗震鉴定和震害预测及其处理意见。其中3号住宅楼(见附记)的变化大,影响明园住宅楼群保护和安全。

表1　明园地区住宅和学校建筑抗震鉴定总表

序号	建造年份	房屋名称	建筑面积/m² 主体	搭扩封	抗震鉴定结论和评估处理意见
1	1952	1号住宅楼	1 078	237	主体符合8度鉴定要求,应恢复承重墙原状。自搭房宜拆除,地震安全的不确定性较大,架空小楼应率先拆除
2	1952	2号住宅楼	740	105	主体符合8度鉴定要求。自搭房地震安全的不确定性较大宜拆除,架空小楼应率先拆除
3	1952	3号住宅楼	1 078	308	主体不符合8度鉴定要求,应恢复承重墙原状,拆除外挑大阳台。扩建小楼待整改处理
4	1952	4号住宅楼	1 078	88	主体符合8度鉴定要求。自搭房地震安全的不确定性较大宜拆除,架空小楼应率先拆除
5	1952	5号住宅楼	1 078		主体符合8度鉴定要求,阳台宜恢复原貌
6	1952	6号住宅楼	1 078		主体符合8度鉴定要求,阳台宜恢复原貌
7	1952	7号住宅楼	1 078	77	主体符合8度鉴定要求。自搭房地震安全的不确定性较大宜拆除,架空小楼应率先拆除
8	1952	8号住宅楼	1 078		主体符合8度鉴定要求,阳台宜恢复原貌
9	1952	9号住宅楼	1 078	127	主体符合8度鉴定要求,应恢复承重墙原状。自搭房宜拆除地震安全的不确定性较大,不要用作板床卧室
10	1954	10号住宅楼	1 103	100	主体符合8度鉴定要求,应恢复承重墙原状。自搭房宜拆除地震安全的不确定性较大,不要用作板床卧室
11	1978	20号住宅楼	2 268	183	不符合8度鉴定要求,7度欠缺,应加固或改造更新
12	1978	21号住宅楼	2 268	425	已加固,扩建后符合7度不符合8度鉴定要求,宜做加固面层或其他增强措施
13	1978	22号住宅楼	1 367	110	不符合8度鉴定要求,应加固或改造更新
14	1979	23号住宅楼	908	200	符合8度鉴定要求,注意女儿墙角易震落
15	1980	25号住宅楼	1 904	300	符合8度鉴定要求,已加固,应恢复取消的钢拉杆
16	1978	26号住宅楼	1 367	250	符合8度鉴定要求,已加固,外挑出的阳台应拆改为统一式样
17	1980	27号住宅楼	1 931	300	符合8度鉴定要求,已加固,架空楼阁和自扩阳台应拆改为统一式样
18	1983	28号住宅楼	1 857	230	不符合8度鉴定要求,应加固
19	1983	29号住宅楼	1 857	230	不符合8度鉴定要求,应加固
20	1984	30号住宅楼	1 983	156	不符合8度鉴定要求,应加固或改造更新
21	1984	31号住宅楼	2 757	268	不符合8度鉴定要求,7度欠缺,应加固或改造更新

（续表1）

| 序号 | 建造年份 | 房屋名称 | 建筑面积/m² | | 抗震鉴定结论和评估处理意见 |
			主体	搭扩封	
22	1986	32 号住宅楼	2 865	286	不符合 8 度鉴定要求,7 度欠缺,应加固或改造更新
23	1985	33 号住宅楼	1 245	155	符合 8 度鉴定要求
24	1986	34 号住宅楼	1 652	246	符合 8 度鉴定要求,加宽阳台应拆改为统一式样
25	1986	35 号住宅楼	1 983	260	不符合 8 度鉴定要求,应加固
26	1987	36 号住宅楼	3 081	390	符合 8 度鉴定要求,拆墙加大的门洞应复原
27	1987	37 号住宅楼	1 398	120	符合 8 度鉴定要求,应拆除屋顶鸽棚
28	1988	38 号住宅楼	1 726	122	符合 8 度鉴定要求
29	1988	39 号住宅楼	1 108	189	符合 8 度鉴定要求,已加固
30	1989	40 号商住楼	666	96	不符合 8 度鉴定要求,应加固或改造更新,伙房和廊屋应拆除
31	1990	41 号住宅楼	2 989	360	不符合 8 度鉴定要求,应加固
32	1990	43 号住宅楼	1 567	250	符合 8 度鉴定要求
33	1990	44 号住宅楼	2 282	227	不符合 8 度鉴定要求,应加固
34	1990	45 号住宅楼	1 020	80	不符合 8 度鉴定要求,7 度欠缺,应加固
35	1990	46 号住宅楼	1 020	80	不符合 8 度鉴定要求,室内不可堆放重物
36	1982	1 号干休住宅楼	1 538	230	符合 8 度鉴定要求
37	1982	2 号干休住宅楼	1 592	240	符合 8 度鉴定要求,自建小屋应拆改为阳台统一式样
38	1983	老局长住宅小楼	852		符合 8 度鉴定要求
39	1977	幼儿园	2 258		主体符合 8 度鉴定要求,半悬挑外楼梯应加固,已裂封山墙角应局部拆除
40	1975	明园学校民族部教学楼	2 383	121	不符合 8 度鉴定要求,应加固或改变用途或改造更新
41	1975	明园学校教学楼	4 582		主体符合 8 度鉴定要求,应谨防局部震落,增设和重新组织救灾通道
附	No.昌	昌吉小区	3 936	185	符合设计基本加速度为 0.15g 的 7 度抗震设防的要求

合计：建筑面积主体 72 677 m²,自搭房扩建房封闭阳台 7 331 m²
总计：建筑面积 80 008 m²

附记：明园 3 号住宅楼

1 原房屋概况(1994 年 9 月调查)

1952 年按苏联设计图建造,无接扩建,施工质量一般,在 1994 年调查时基本无损。建筑面积 1 078 m²。檐高 8.1 m,二层,无地下室。黏土砖实心墙体,木楼盖,三支点人字木屋架,铁皮顶屋盖,隔栅下弦有钢拉杆,木龙骨顶棚。三单元,建筑外形对称,内墙布置基本均衡对称,承重体系顶层为纵向墙体,底层纵横向墙体。按苏联抗震设计规范 7 度设防,设计图中墙顶均有配筋砖带,外墙顶有木卧梁。地基基础正常,场地土

质为砂卵石层。

2 房屋现状变化(2008 年 8 月调查,见彩页)

扩建两层小楼,砖混结构,贴后纵墙和北山墙,通长外扩宽分别为 2.6 m 和 2.5 m,高至原房檐口下。扩建建筑面积 308.4 m²。其中一单元北端 1－102 和 1－202 两户各增扩 48.6 m²。

在现场调查后,1－202 户给我们拿来由乌鲁木齐市城市规划管理局 2003 年 6 月 25 日批发的明园房屋扩建红线图和盖有设计者注册工程师个人专用章的

2004 年 9 月设计施工图,图上标明抗震设计烈度为 8 度,以示扩建小楼是合法的,但在明园办事处和物业公司都未查到这两份图件。其施工平面图无公章,且开孔结点图的墙厚为 240 mm 和 370 mm,不是 3 号楼的外墙。该项设计未按扩建要求与主体一起达到 8 度抗震设防的设计规范要求来进行,更无与既有建筑的联结做法,以致住户自行拆承重墙体,破坏主体结构,严重违规。如:一单元靠北山墙的上下都在原承重山墙拆开宽约 3.76 m 的门洞,上层还在前纵墙原端开间拆开宽约 1.4 m 的门和新加外挑 1.2 m 的封闭开窗大阳台,这样,在前、后、侧三面共增扩建筑面积达 50 多平方米,为明园住户扩建面积最多者;底层也在前纵墙

拆开宽约 1.5 m 的窗,还将原后纵墙的门连窗改为宽约 1.8 m 的门洞,一单元上层 1 - 201 和二单元上层 2 - 202 两户均拆原承重后纵墙的两窗与其间墙,分别拆开宽约 3.76 m 和 3.6 m 的门洞,将原门连窗改宽为门洞,这两户还均将前纵墙的小阳台加扩为外挑约 1.3 m 两开间相连为一体的封闭开窗大阳台,长约 7 m。二单元上层 2 - 201 户拆承重后纵墙开宽约 2.45 m 和 2.1 m 的门洞,其间留小砖垛,前阳台也扩封开窗。3 号楼上层 1 - 201、2 - 201 和 2 - 202 三户在后纵墙上开孔多又大,其间的多个承重的门窗间墙垛被拆除或减小,1 - 102 和 1 - 202 两户的抗震山墙和抗震前纵墙端部被拆除开洞,不符合 8 度抗震要求,在地震中易引起局部倒塌。

3 现房屋震害预测

建筑部位	地震烈度	6 度	7 度	8 度	9 度	10 度
房屋主体	震害指数	0.070	0.310	0.548	0.732	0.834
	震害程度	基本完好	中等破坏	严重破坏	部分倒塌	部分倒塌
第二层主体	纵墙震害现象	基本完好	部分开裂	后墙震落	后墙倒塌	大部倒塌
	横墙震害现象	基本完好	部分开裂	北山震落	北山倒塌	大部倒塌
第一层主体	纵墙震害现象	完好无损	基本完好	部分开裂	多处开裂	部分震落
	横墙震害现象	基本完好	个别开裂	北山震落	北山倒塌	部分倒塌
自搭加扩建筑	震害现象 (不确定性较大)	基本完好 或窗角裂	角部开裂 或联结裂	多处裂或 随主体坏	严重裂或 随主体塌	墙倒屋塌 随主体倒

4 抗震鉴定和评估处理意见

1995 年抗震鉴定结论:3 号楼符合 8 度抗震第一级鉴定要求。评估意见为抗震性能中等偏好,地震危害程度较小,经 1965 年 7 度地震基本完好,现状无损,故可不加固,8 度时墙角可能开裂,9 度时可能掉角。

现状抗震能力评估和综合指数:在扩建房屋时,要与主体一起按 8 度设计验算截面抗震抗剪承载力与其 8 度地震作用的比值,后纵墙上、下层分别为 0.67 和 0.94,北山墙上、下层分别为 0.71 和 0.68。

现房屋抗震鉴定结论:扩建小楼后房屋主体不符合 8 度抗震鉴定要求,更不符合 8 度抗震设计的要求,后纵墙上层和北山墙上、下两层易震损,以致 8 度地震时主体连同小楼有局部倒塌的危险。

处理意见:为保障 8 度抗震设防的地震安全,应做整改处理,房屋主体应恢复拆除的 50 cm 厚的承重墙体,并应拆除在前纵墙端开间新加的外挑大阳台和恢复加扩的封闭大阳台的原貌。必须指出,3 号楼的扩建与其设计的不周使明园砖木老宅住户互相效仿,导致了擅自搭建违章建筑普遍存在,更有甚者擅自拆掉承重墙体,严重违规,地震安全得不到保障,一旦遭遇地震可能危及生命。

5-17 三座 18 墙宿舍不同加固措施的 抗震效益和经济比较

陆锡蕾　杨玉成　杨　柳

1 引言

在安阳市人民大道北侧有三幢并排的临街建筑——安阳机械厂单身宿舍。这三幢宿舍的建筑结构基本相同,纵横内墙是采用普通黏土砖砌筑的,墙厚 18 cm,外墙 24 cm,屋盖和楼盖均为空心板,横墙承重,建于 1969 年。西面两幢的设计完全一样。

加固这三幢宿舍的目的除了根据抗震鉴定判断不完全符合 8 度要求外,根据"豫北地区典型建筑抗震性能评定和加固措施"专题科研组集体讨论的意见,为研究加固方法,采用三种不同的措施,一旦在此地震预报重点监视区发震,可做抗震加固措施效果的对比。现将这三幢宿舍的抗震性能的评定结果和加固措施分述如下。

2 抗震性能的评定

这三幢宿舍的结构体系是刚性的。多层砖房结构体系的属性一般取决于刚性横墙的间距和楼盖、屋盖在平面内的侧向刚度,也与房屋的总高度有关,对每开间都设置刚性横墙的房屋,一般属于刚性结构体系。

在确定这三幢宿舍为刚性多层砖房后,对其抗震性能进行综合评定,首先依据墙体的抗震抗剪强度,判别它在遭遇多大的地震烈度的影响时仍然基本完好,或有轻微损坏、破坏和倒塌。然后从连接强度是否得到保证,是否存在有利或不利的地基土的影响,建筑结构是否存在局部的不利因素和采取加固措施等方面来进行二次判别,以确定其抗震能力。

对刚性结构的多层砖房,在振动时以剪切变形为主,作用于各楼层的水平地震荷载,按倒三角形分布。

2.1 砖墙体抗震强度的计算分析

(1) 按《工业与民用建筑抗震鉴定标准》进行鉴定,三幢宿舍按基本烈度为 8 度鉴定,除了东单身楼的凸出屋顶楼梯间纵墙面积小于规定值 19%(仍在允许

范围 30%以内)外,主体结构从第一层到第三层纵、横墙体均符合抗震强度验算的要求。

(2) 按小震不裂、大震不倒的双重设防准则,对抗震性能进行分析:按抗震规范设计的多层砖房,只能在遭遇到低于或相当于基本烈度的地震影响时,保证它的损坏不致使人民的生命财产遭受危害,一旦发生超过基本烈度的地震影响时,就无法保证安全了。因此,这里对这三幢宿舍按双重设防准则分析它们的抗震性能,预测在遭到小于或大于基本烈度时的震害情况。

这三幢宿舍的墙体抗震强度系数的计算结果见表 1。

表 1　抗震强度系数

建筑名称	墙体	各层墙体最小 抗震强度系数			各层墙体平均 抗震强度系数		
		1	2	3	1	2	3
东宿舍	横	0.177	0.192	0.286	0.195	0.210	0.303
	纵	0.122	0.137	0.215	0.152	0.168	0.257
西宿舍	横	0.168	0.184	0.277	0.185	0.199	0.291
	纵	0.126	0.141	0.224	0.153	0.170	0.284

东、西宿舍的墙体抗震强度相差不大,只是因东宿舍的开间比西宿舍小些,横墙的抗震能力东宿舍略比西宿舍强。这三幢宿舍的纵墙抗震能力均比横墙小 30%左右,也就是说当遭遇足够大的地震时,纵墙将会比横墙先开裂或倒塌。在假定纵横墙体联结强度可靠的情况下,预测震害:7 度时,房屋有轻微损坏,少数纵墙开裂,横墙完好;7 度强时,一、二层纵墙普遍开裂,底层山墙也有裂缝,内横墙基本完好;8 度时,房屋仍属中等破坏,墙体普遍开裂,主体结构及其联结部位多处发生明显裂缝;8 度强破坏至 9 度严重破坏,墙体错位、酥碎,甚至局部掉角;10 度时,外纵墙近乎全部倒塌;10 度强时,全楼倒毁,一塌到底。

本文出处:《地震工程动态》,1982 年 3 月,42-44 页。

2.2 二次判别

这三幢宿舍的地基土均属Ⅱ类,二次判别时不必考虑场地修正。房屋维护现状属一般,仅西面第二幢单身楼的厕所和洗脸间部位基础因为下水道堵塞长期被水浸泡,造成局部下沉,使内外纵墙从一层到三层的窗洞口均有长短不一的斜裂缝。故这幢宿舍可能会先于其他宿舍出现局部破坏现象,但不致影响整幢房屋的震害程度。东楼出屋顶小楼在强烈地震时也有可能比主体结构更早地破坏,但它也不致影响到整幢房屋的震害程度。影响这三幢宿舍震害程度的关键是18 cm厚墙体的联结强度。

(1)据向施工单位了解,当时施工均留马牙槎,且因是18墙,砂浆更不易饱满,因此该三幢宿舍的纵横墙的联结强度的不确定性甚大,如果全部咬槎砌筑,联结强度系数在0.9~1.0,远大于抗震强度系数,则不会发生外纵墙的倾覆破坏;如果咬槎砌筑不到一半,施工质量又不好,在强烈地震时有可能外纵墙倾覆;如果不足1/3,遇到8度时,外纵墙和横墙间就有可能拉裂。

(2)圈梁设置。仅顶层窗上有断面为12 cm×24 cm钢筋混凝土圈梁配筋4ϕ12,其余两层均为3ϕ6钢筋砖圈梁,且未在内横墙拉通,这不符合现行规范规定;实际上对增加联结强度的作用也不大。

(3)横墙长5.4 m,大于鉴定标准第16条中8度时规定的5.1 m,板与墙之间无拉结措施。

3 加固措施

鉴定标准第一章总则是我们加固的原则,并尽可能做到小震不裂、大震不倒。这三幢宿舍虽都符合鉴定标准的8度抗震强度验算,但从抗震构造措施上看,还有许多不足之处,尤其是纵横墙联结不可靠。

它们的加固措施除了满足8度要求外,因要对比加固方法的抗震效果,还采用了比预期更为强化的措施。

加固措施考虑到这三幢宿舍之间稍微存在的不同点而采用的,以期使这三幢宿舍在遭受到同样烈度的地震时都能有效地减轻地震灾害。期望在8度时三幢宿舍都不超过中等程度的破坏,9度时不出现因联结不好而倒塌的现象,并且也试比较出三种不同的加固措施在同样的建筑物上所起的作用。

(1)西一单身楼。

此楼的加固措施是完全按照鉴定标准8度加固要求进行的,即为了保证纵横墙的联结可靠。每层每开间设置2ϕ12钢拉杆,楼梯间及山墙设1ϕ16通长钢拉杆加花兰螺栓。另外,为加固纵横墙联结,在外纵墙与横墙联结处沿楼高,底层设两道、第二层设三道、第三层设四道ϕ12锚拉筋,入墙内40 cm,用树脂胶泥灌浆。

(2)西二单身楼。

此楼由于加固前部分纵墙已开裂,加上纵墙的抗震强度系数小于横墙,因此决定对第一、第二层的山墙、窗间墙及部分横墙用钢筋网水泥砂浆面层的方法加固,钢筋网间距横向采用25 cm,纵向采用50 cm;再则,每层、每开间均设2ϕ12钢拉杆,山墙、楼梯间设1ϕ16通长钢拉杆,加花兰螺栓。这幢宿舍的加固措施除了增强联结强度外,还加强了纵横墙体的抗震强度,可望墙体的破坏比西楼轻。

(3)东单身楼。

此楼采用的加固措施为目前流行的每层、每开间设钢拉杆,隔间设构造柱,第一、第二层增设外圈梁的加固方案,女儿墙上加钢筋混凝土压顶。

4 几点说明

(1)圈梁的设置。

按鉴定标准第14条规定,在8度区,凡18 cm厚砖墙承重房屋在屋盖及每层楼盖处,沿所有内外墙应有圈梁。考虑到此新增圈梁的位置在墙外,对提高砖墙体的整体性作用比墙上圈梁要小得多,同时已采用钢拉杆,加上为比较加圈梁和不加圈梁的不同效果,所以仅在东单身楼第一、第二层增设了圈梁。

(2)构造柱的设置。

虽然鉴定标准第9条规定8度区18 cm砖墙的高度限值为6 m,但是注意到1978规范第29条规定8度区18 cm砖墙的高度限值为9 m,并且1978规范是在鉴定标准颁发后一年制定的,按照1978规范,此三幢宿舍正好在限值范围以内,无必要设置构造柱。

但是1978规范的编制说明就第29条做了如下解释:"本规范对18 cm厚砖墙体的规定主要是指采用18 cm多孔砖墙体而言,尽量不用普通砖砌体18 cm厚砖墙。"而这三幢宿舍恰好都是普通砖墙体,为了比较构造柱加拉杆与不加构造柱单纯用拉杆的建筑物在地震时的不同效果,在这三幢宿舍的东单身宿舍上采用了隔间设构造柱的方案。

(3)加固效果的估计。

如果加固的施工质量能保证,加固措施有效,那么这三幢宿舍都不会发生外纵墙因联结不好而倾覆倒塌。在遇有7度地震影响时,将是轻微损坏或基本完好;8度时,西一单身楼、东单身楼两幢中等破坏,纵横墙联结处不会普遍出现裂缝,西二单身楼轻微损坏;9度时,西一单身楼严重破坏,西二单身楼中等破坏,东单身楼在中等或严重破坏之间,即如果隔间设构造柱效果良好,为中等破坏,不好则为严重破坏;9度强到10度地震时,西一单身楼外纵墙倒塌,西二单身楼严重破坏,东单身楼严重破坏或局部倒塌。

5　效益和经济比较

三幢宿舍在加固后的抗震效益和经济比较列于表2。表中的加固费为实用材料和施工费,无设计费。预测震害条件的一栏中,加固之后三幢宿舍的联结强度都得以确保,在采用夹板墙后,估算底层墙体的抗震强度系数可增加50%左右,构造柱加固的抗裂强化系数在 1.0~1.1,而抗震系数(抗御严重破坏和倒塌)约为1.3。由表可见,只加钢拉杆消除了联结强度的不可靠性,即联结强度得以确保,加固费最便宜,为 3 元/m²;夹板墙和构造柱分别为 7 元/m² 和 9 元/m²。而一般来说,在 8 度区预测为中等破坏的房屋是可不进行加固的。

表 2　加固措施的效益和经济比较表

预测震害条件	宿舍	联结强度系数 K_e	烈度									加固费
			7度弱	7度	7度强	8度	8度强	9度	9度强	10度	10度强	
钢拉杆加固	西一	$K_e > K_i$	好	轻	中	中	重	重	重	外纵墙倒塌	倒平	2.92 元/m²
隔一、二开间夹板墙和钢拉杆加固	西二	$K_e > K_i$ $K_i \times 1.5$	好	好	轻	轻	中	中	重	重	局部倒塌	7.10 元/m²
隔间构造柱和钢拉杆加固	东	$K_e > K_i$ $K_i \times 1.3$	好	轻	中	中	中	重	重	重	局部倒塌	9.02 元/m²

注:1. 好—基本完好;轻—轻微损坏;中—中等破坏;重—严重破坏。
　　2. 原造价 50 元/m²,现造价 80~90 元/m²。

后注　本文加固的三座房屋并非工程实际所需。因当年地震预报在豫北地区可能有大地震,纯属研究抗震措施课题所为,一旦遭遇大地震,作为足尺模型试验研究才得有关部门批准实施。故此加固方案不可作为推广应用示例,而其各种加固方法有通用性。

5-18 独山子石化总厂炼油厂炼化生产装置抗震鉴定、震害预测与灾害防御研究(概要)

杨玉成　罗奇峰　曹炳政　杨树龙　周四骏　孙景江

独山子炼油厂的抗震防灾任务具体的要求是生产单位(甲方)提出的,双方通过交流明确目标,确保生产装置8度抗震的安全鉴定。合作极其融洽,这项工作得到中国石油天然气总公司审批同意和新疆石油管理局抗震办的指导及新疆地震局的协助。工程力学所和同济大学扬其所长,实践经验和理论分析、教育与实战紧密结合,可谓珠联璧合,顺利完成任务。课题负责人为杨玉成研究员、罗奇峰教授。

中国石油天然气总公司2003年在哈尔滨组织专家评审,确认全面完成任务,一致同意通过验收,提交的报告集汇编如下所列:

(1)总结报告:独山子石化总厂炼油厂炼化生产装置抗震鉴定、震害预测与灾害防御对策研究(2002年12月)。

(2)阶段报告:催化裂化生产装置催化车间气体分馏生产装置抗震鉴定和震害预测(2002年4月)。

(3)分编报告:独山子石化总厂炼油厂各炼化生产装置的抗震鉴定震害预测和灾害防御对策。分编报告集12册(2002年12月):(一)催化车间;(二)蒸馏车间;(三)丙烷车间;(四)、(五)、(六)为酮苯、润滑油、焦化车间(合订本);(七)重整芳烃车间;(八)、(九)为供气、原料车间(合订本);(十)、(十一)、(十二)为供排水、工业水、电修车间(合订本)。

(4)附报告:独山子石化总厂炼油厂机关大楼抗震鉴定和震害预测(2002年12月)。

(5)研究论文:《石化设备抗震抗风动力性能分析和安全性鉴定》(2003年2月,见本书5-19文);《石化设备系统的动力相互影响分析》(2003年3月,见本书5-20文)。

石化企业研究所大学三结合现场工作团队

炼化生产装置现场调研

本文出处:中国地震局工程力学研究所和同济大学结构工程与防灾研究所报告集汇编,2002年12月。

5－19　石化设备抗震抗风动力性能分析和安全性鉴定

杨树龙　曹炳政　罗奇峰　杨玉成　孙景江

1　引言

在近代地震中石化设备遭受的震害非常严重。石化企业的生产过程具有连续性,多处于高温、高压、负压等特殊环境,其原料和产品具有易燃易爆、有毒腐蚀等特性。地震中设备装置一旦发生破坏,不仅会影响生产,往往还会引发爆炸、火灾、毒气泄漏等严重次生灾害,若不能及时扑救,还可能给整个企业带来毁灭性的灾难。因此,石化设备的抗震鉴定工作是一项关系到国家财产和人民生命安全的重要工作。国外对一些重要工业设备进行了抗震研究,取得了较好的成果。我国在唐山地震之后,收集了大量的震害资料,开展了工业设备的抗震研究,编制了抗震设计规范和鉴定标准,也取得了许多成果。

目前石化设备的抗震安全评估主要依据国家和行业的有关鉴定标准。根据国内外震害资料,石化设备的震害形式主要包括连接构件间焊缝拉裂、地脚螺栓拉长或剪断、支腿或拉杆拉断、设备移位甚至倾倒,以及与设备相连接的工艺管线拉断等。前述震害很多是由于石化设备在地震作用下的位移和变形引起的,而现有石化设备抗震鉴定标准是基于强度和稳定性要求的,用以预测设备可能会忽略的由于位移和变形引起的震害。本文作者在于 2002 年进行的独山子炼油厂生产设备抗震鉴定工作中,结合装置生产要求及设备的特点,基于位移变形和抗震性能的要求进行了石化设备的抗震鉴定。鉴定的石化设备包括塔、炉、球罐、常压立式储罐、卧罐、立罐和各种支腿类设备等现行抗震鉴定规范中有相关规定的常规设备,也有一些特殊形式的设备和构筑物(以下称为特殊设备),如气柜、火炬、塔罐联合平台、反应-再生塔平台、设备与管道联结系统等。这些特殊设备的抗震鉴定属工作中的重点和难点。本文以独山子炼油厂的一些石化设备为例,简要介绍其抗震鉴定方法和震害预测结果。

独山子地区基本烈度为 8 度(设计地震分组为第二组),Ⅱ类场地。该地区基本风压为 0.60 kN/m²,是内陆最大的风压,因对瓦斯排放火炬、联合平台的塔罐和反应-再生塔平台等高耸结构风载的结构动力反应控制作用明显,故本文对它们还进行了抗风验算,并按照有关规定将风载作用和地震作用组合,验算结构的强度和稳定性。

2　常规设备的抗震鉴定

常规设备着重讨论常压立式储罐和球形储罐。

2.1　常压立式储罐

独山子炼油厂需要抗震鉴定的常压立式储罐分八类,共四种结构形式,抗震验算烈度为 8 度、9 度,其验算内容和部位包括:

(1)罐壁底部最大轴向压力,用以评估罐壁的稳定性,预测象足破坏的可能性。

(2)不同高度处的罐壁环向应力,用以校核罐壁强度,预测其变形、开裂的可能性。

(3)罐壁底和边缘板角焊缝的高度,用以校核角焊缝的强度,预测其变形和罐体位移的可能性。

(4)液面晃动波高,用以控制液面的操作高度,预测储液溢出和罐顶破坏的可能性。

常压立式储罐的基本参数见表 1,8 度抗震验算结果与 8、9 度抗震鉴定结论见表 2。

表 1　常压立式储罐基本参数

序号	公称容量/m³	罐体结构	高度/m		罐底壁		角焊缝/mm
			罐体	液面	内径/m	厚度/mm	
1	50 000	外浮顶	19.35	17.85	60	31.5	12
2	20 000	外浮顶	15.85	14.35	40.5	15	8
3	12 000	无力矩	13.5	9.00	36.47	16	15
4	8 500	无力矩	9.15	7.72	34.87	15	15
5	5 000	内浮顶	15.85	14.35	21.0	12	6
6	2 000	内浮顶	12.69	11.19	14.510	10	6
7	1 000	拱顶	9.585	8.63	12.048	8	5
8	700	拱顶	9.38	8.44	9.848	6	4.5

本文出处:《自然灾害学报》,2003 年 2 月,第 12 卷第 1 期,77－83 页。

独山子炼油厂20世纪七八十年代前安装的立式储罐已普遍做过抗震鉴定和抗震加固,之后安装的采用炼油化工设计通用图,按8度抗震验算,壁厚不够的则根据验算结果修改原设计增加了壁厚。对按规范验算晃动波高超高的,在实际操作中已经加以控制。由表2可见,该厂八类储罐全部满足8度抗震设防要求,但在9度地震时有的储罐可能发生失稳破坏或者罐壁环向拉伸变形。鉴于储罐所在地区的地势高,考虑场地对地震动的影响,在已做的研究中有两种不同的观点,即8度和9度,故在表2中还列出了按9度进行抗震验算的鉴定结论,并建议在防震减灾应急预案中对立式储罐制定相应的抗震对策,以防止遭受烈度为9度的地震作用时立式储罐出现破坏。

表2 常压立式储罐8度抗震验算结果与鉴定结论

序号	罐壁底部轴压应力/MPa	罐壁环向应力(底部变钢材处)/MPa	罐内液面晃动波高/m	罐底边缘板角焊缝高度/mm	8度抗震鉴定结论	9度抗震鉴定结论
1	5.4	208.7 (367.2)	1.018	10.143	无震损	罐壁中段变形较大
2	8.2	304.1 (272.0)	1.048	4.83	无震损	罐底失稳罐壁中段变形较大
3	3.04	106.6	0.88	7.084	无震损	无震损
4	2.27	93.0	0.814	4.83	无震损	无震损
5	16.1	151.7	1.11	3.864	无震损	罐壁底部失稳
6	12.28	97.4	1.088	3.22	无震损	无震损
7	10.0	78.31	1.052	2.576	晃动液面超高	晃动液面超高
8	12.3	82.7	0.98	1.932	晃动液面超高	晃动液面超高罐壁底部失稳

2.2 球形储罐

400 m³、1 000 m³球形储罐结构形式都为赤道正切

柱式支承,这类球形储罐抗震鉴定的重点在于其支撑结构抗震性能。按《石油化工设备抗震鉴定标准》对球罐进行验算,内容包括支柱压弯验算、地脚螺栓受剪验算、基础板验算、拉杆受拉验算、支柱与球壳连接焊缝强度验算。球罐的抗震验算基于以下假定:

(1)球壳和基础均为刚体。

(2)支柱顶部为固定端,固定支点位置在支柱与球壳连接焊缝竖向长度的中点上。

(3)支柱底端为铰接。

(4)拉杆两端为铰接。

独山子炼油厂现场调查表明,球罐与支柱连接焊缝饱满,支柱的拉杆紧张程度均匀,拉杆交叉处未焊死,结合验算结果,可以得出结论:两类球罐在8度地震作用时球壳不会破坏,焊缝不会拉裂,拉杆不会发生塑性变形,地脚螺栓仍在弹性范围内工作,符合8度抗震鉴定要求;9度时球壳和焊缝仍安全,拉杆会出现较大塑性变形,支柱的地脚螺栓可能拉长或剪断。为防御该类球罐破坏成灾,在地震应急预案中应有适当措施。

3 特殊设备的抗震鉴定

特殊设备包括瓦斯排放火炬、瓦斯气柜、联合平台、反应-再生塔平台、设备与管道联结系统等没有规范规定的石化设备。

3.1 供气车间瓦斯排放火炬

独山子炼油厂瓦斯排放火炬原为拉线式桅杆结构,后改为自立式等边三角形无缝钢管塔架结构。火炬总高度60 m,其中塔架高54 m,分10层,每隔一层设有钢平台;火炬头为组合体,质量为1.4 t,高出塔架6 m。对火炬塔架和火炬采用有限元方法进行三维空间有限元动力分析,塔架采用空间桁架单元,火炬采用空间梁单元。图1为分析得到的火炬与塔架的前5阶振型。

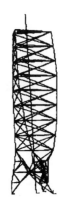

图1 火炬与塔架的前5阶振型

从图1可见,前4阶振型为塔架和火炬共同工作的悬臂梁弯曲振型,第5阶振型是塔架绕火炬筒的扭转振动。计算结果还表明,塔架和火炬在地震作用下的水平位移要小于风载作用下的反应;地震和风载按有关规范组合后计算的结构反应,还不及风载单独作用下结构反应的一半。地震力与风载组合后,塔架最大层间位移角为1/696,小于抗震规范中钢结构的限值1/300。火炬为高耸结构,一般认为地震中其火炬头根部最为危险,但计算表明最大层间位移角虽在火炬头部位,其值仅为1/620,并未突变。对塔架还进行了强度校核和失稳验算,地震作用与风载组合后塔架杆件的应力还不及风载的大,一层塔柱处应力最大,其值也仅为31.25 MPa,远小于钢材强度,有足够的安全储备;塔架的整体稳定验算也满足要求。验算结果表明,8度地震作用下,塔架不倾覆,杆件不失稳,火炬头也不致弯折和震落,火炬筒体、塔架杆件和地脚螺栓均在安全工作范围内。分析结果表明,风载对火炬与塔架起主要控制作用,整个结构有足够的安全储备。但从构造上看,建议塔架一、二层增设一些腹杆,这样当将塔架杆件视为桁架单元时,整个火炬塔架结构为稳定结构。

3.2　瓦斯气柜

独山子炼油厂供气车间两座气柜,一座为浮顶湿式气柜,容积为2 500 m³,另一座为稀油密封 MAN 型干式瓦斯气柜,容积为20 000 m³。

(1) 浮顶湿式气柜。浮顶湿式气柜主要由水槽和钟罩两部分组成,随储气量变化,钟罩在水槽中升降,水平地震力由变壁厚水槽承受。因气柜结构形式与立式储罐相似,故参照常压立式储罐抗震鉴定标准对气柜的水槽壁进行验算。

对水槽的10个位置在7、8、9度地震作用下的环向应力进行了计算,结果表明最大环向应力出现在底部,8度和9度地震时最大环向应力都小于许用应力。

验算水槽底壁的稳定时,许用临界应力值按下式计算:

$$[\sigma_{cr}] = 0.186Et/D = 10.64(\text{MPa}) \quad (1)$$

式中:E 为水槽壁材料弹性模量;t 为水槽底壁厚;D 为水槽底外径。8度地震作用下,水槽壁底部的最大轴向压应力为

$$\sigma(C_V N/A) + (C_1 M/Z) = 3.68(\text{MPa}) \quad (2)$$

式中:N 为水槽壁底部竖向总荷载;M 为水槽壁底部地震弯矩;A 为水槽壁底部断面面积;C_V 为竖向地震作用影响系数;C_1 为翘离影响系数;Z 为底层水槽壁的断面系数。

验算结果表明,在8、9度地震作用下,湿式气柜底壁不失稳,也不会发生柜壁拉裂破坏,符合抗震设防要求。验算中没有考虑气柜平台的抗风梁的作用,上述抗震验算结果是偏于保守和安全的。

(2) 稀油密封 MAN 型干式瓦斯气柜。稀油密封 MAN 型干式瓦斯气柜为正十四边形壳体结构,它由三大部分组成:柜体、柜顶和内部活塞。其中柜体结构有立柱、侧板和抗风环三大结构部件,在正多边形柜体的角点设置工字形截面立柱。在立柱与立柱之间焊接柜体侧板,侧板由卷边 L 形钢一块块叠置焊接而成。在柜体外侧沿高度每隔一定距离设置抗风环,抗风环是由两个槽钢上铺钢板,并与侧板焊接组成。柜顶结构由柜顶桁架、柜顶板及通风气楼构成。内部活塞本身是一个由空间桁架和活塞底板、密封机构组成的复杂结构,瓦斯气从气柜底部进入或排出,活塞随之升降。采用有限元方法对该气柜进行抗震分析。验算中取活塞全升这一抗震最不利工况,柜壁用板单元,立柱用梁单元,柜顶结构简化为自身平面刚度为无限大而平面外刚度可以忽略的结构,其质量均匀地分布在檐口。活塞以水平集中质量的形式分摊给各立柱,各个平台的质量以空间质量的形式分摊给立柱。

验算结果表明,稀油密封 MAN 型干式瓦斯气柜的地震反应以第一振型为主,高阶振型的影响很小。气柜在8度地震作用下完好,9度地震作用下基本完好。9度地震时层间位移角仍较小,大致在1/500左右;底层支柱失稳,会产生较大变形,但还不致造成危害;地脚螺栓仍在其安全工作范围内。干式气柜符合8度抗震设防的要求,在构造上应要求确保立柱和柜板的连接。

3.3　塔罐联合平台

催化裂化装置广泛采用塔罐联合平台,它是在混凝土框架结构的平台上安装两塔一罐。塔罐联合平台由分馏塔 T201、轻柴油汽提塔 T202、回炼油罐 R202 组成,T202 和 R202 是上下串联连接的,T201 和 R202 均用螺栓与平台固定。

联合平台混凝土板厚度和刚度都很大,可将平台简化为平面刚片,分析时仅考虑其平面振动和平面内扭转;塔罐设备属于细长高耸柔性结构,塔和塔罐串联结构只考虑其平面振动,不考虑其扭转,可以用空间梁

单元模拟。联合平台的动力分析模型如图 2 所示，图中较矮的梁单元为塔罐串联结构。分析计算得到 15 阶空间振型，前 5 阶振型是设备的横向振动、纵向振动及扭转振动，其中第一和第二振型是 T201 与平台的横向和纵向振动，第三和第四振型是塔罐串联结构与平台的横向和纵向振动，第五振型是设备连同平台的扭转振动。表 3 为前 5 阶振型的周期。

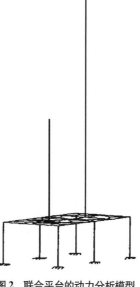

图 2　联合平台的动力分析模型

表 3　联合平台的前 5 个振型的周期

横向(y)	纵向(x)	设备、平台扭转
1.034 3	1.002 9	—
0.371 1	0.365 7	0.233 1

分别计算 8 度地震作用、风载作用作用在下塔、塔罐串联结构和框架平台的位移变形，并按有关标准规定，组合地震与风载作用，分析联合平台的抗震性能。分析结果表明，平台框架柱顶的横向位移大于纵向位移，地震与风载共同作用下框架位移角为 1/1 684，T201 顶点位移与自身高度之比为 1/400，塔罐串联结构顶点位移与自身高度之比为 1/673，塔罐连接处的位移不到其高度的 1/900，位移变形均满足抗震设计规范要求。

塔罐串联结构强度和变形虽满足 8 度抗震验算，但地脚螺栓却严重不足。9 度地震作用难以保障不发生严重危害，应做加固处理。T201 单体符合 8 度抗震鉴定要求，但受联合平台的影响较大，应仔细检查 T201 与进出管道和相邻设备间的连接，要求联结可靠，或允许连接破坏而不至发生灾害。混凝土基座、混凝土平台框架、混凝土柱的抗震强度验算符合 8 度鉴定要求。基于平台的重要性且平台板受力又较复杂，为确保设备在 8、9 度地震时的安全，宜对混凝土平台框架做适当加固。综合评定，该联合平台局部不符合 8 度抗震设防要求。

3.4　反应-再生塔平台

反应-再生塔平台结构体系较复杂，反应塔 T101 支承在十层钢架上，再生塔 T102 支承在三层钢架上。

两个钢架由两层较薄弱的钢梁相连。十层钢架的另一侧为 16 层钢架楼梯间。以纵向平面模型计算，且将钢架楼梯在 T101 基座以上部分作为荷载加在节点上。

表 4　反应-再生塔平台前 4 阶自振周期

振型	自振周期/s	振型描述
1	1.091	十层钢架与 T101 的振动
2	0.665	三层钢架与 T102 的振动
3	0.230	高架与 T101 的振动变形为主
4	0.136	低架与 T102 的振动变形为主，高架与 T101 的振动变形也很明显

用动力分析方法计算了前 20 阶纵向周期，表 4 给出了前 4 阶振型的自振周期与振型描述。再高的振型更为复杂，在第三、四振型中十层钢架中无横梁的第二层柱节点的水平位移偏大，极易失稳破坏，第 5 振型中该节点的变形更大。

计算 8 度地震作用和风载作用下塔与钢架不同高度的纵向水平位移，地震作用较风载要大。按有关标准规定组合地震与风载的共同作用，反应塔 T101 塔顶位移与其总高度之比为 1/588；十层钢架顶的位移与钢架总高之比为 1/612；T101 塔的位移与塔筒高之比为 1/551，均符合钢结构变形的一般要求。十层钢架的层间位移角，最大的第九层为 1/462，也小于抗震设计规范要求。再生塔 T102 塔顶节点位移与其总高度之比为 1/739；三层钢架顶的位移与架高之比为 1/1 254，钢架的层间位移角都小于 1/1 000；T102 塔顶相对三层钢架顶的位移与塔高之比为 1/662，均符合 8 度鉴定要求。

经验算，反应-再生塔平台结构体系塔筒体当量应力及裙座当量应力、T101 的地脚螺栓、钢架梁、柱和斜撑的强度与稳定性均符合 8 度抗震鉴定要求。按石化标准反应-再生塔平台钢架的抗震构造措施需提高 1 度，因此 T102 的地脚螺栓按 8 度鉴定要求，稍嫌欠缺，应做适当加强；二层钢架柱节点产生的侧向水平位移，易使十层钢架的二层柱失稳，应做适当处理；T102 塔顶的管道及与塔体的连接段应确保有可靠的联结，管道通向高架的弯头，应允许有 5~10 cm 的变形。楼梯与平台、天桥的通道允许有震损，但应有措施，谨防在地震时碰撞和构件掉落。

3.5　设备与管道联结系统

炼油厂有许多用管道连接两个设备的复杂生产系统，如独山子炼油厂的一个糠醛圆筒炉与高低压蒸发塔之间，就是用直径为 1.0 m、厚 10 mm 的架空管道联结的。过去对这种复杂系统的抗震性能研究较少。作者在地震反应计算模型中,用悬臂梁模拟圆筒炉和高低压蒸发塔结构,用联结元模拟加热炉之间的连接管道(分析模型如图3所示)。数值计算说明,设备与管道之间的相互作用对设备的地震反应有较大的放大作用,单体设备设计时对这种放大作用考虑不足,这正是导致设备与管道交接处破坏的重要原因。为减小这种相互影响,可以采取如减小两个设备的固有频率差别及在管道与设备之间增设耗能装置等措施。

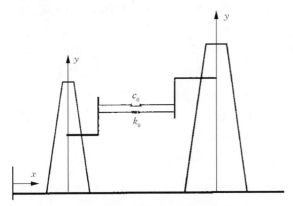

图3 设备与管道系统分析模型

4 结语

对独山子炼油厂的一些石油化工设备进行了抗震鉴定,其中对风载起控制作用的高耸结构还进行了抗风验算。从计算分析结果可得出以下结论:

(1)常压立式储罐满足8度抗震设防要求,在实际操作中应控制液面高度。但在9度地震时,有的储罐可能发生失稳破坏或罐壁环向拉伸变形。

(2)球罐符合8度抗震鉴定要求,9度时球壳和焊缝仍安全,但拉杆会出现较大塑形变形,支柱地脚螺栓可能拉长或剪断。

(3)瓦斯排放火炬为高柔结构,其主要受风载控制。8度地震时,塔架不倾覆,杆件不失稳,火炬头也不致弯折和震落,地脚螺栓在安全工作范围内。

(4)瓦斯气柜抗震验算结果表明,在8、9度地震时该结构不失稳,不会发生柜壁拉裂破坏,符合抗震设防要求。

(5)联合平台局部不符合8度抗震设防要求,塔罐串联系统的地脚螺栓严重不足,应加固。基于平台的重要性及其受力的复杂性,为确保设备在8、9度地震时的安全,宜对混凝土平台框架做适当加固。

(6)反应-再生塔组合平台是一系统结构,其支承钢架的抗震构造措施要求提高1度,故应做适当处理。还要防止结构之间的管道脱落、构件间的碰撞等。

(7)设备与管道的联结系统对设备的地震反应有较大影响,可在管道与设备之间增设耗能装置等措施,以减小其相互影响。

需要说明的是,本文只简要给出了几种主要石化设备的抗震抗风验算方法与结果,详细内容可见中国地震局工程力学研究所和同济大学结构工程与防灾研究所编写的研究报告集《独山子石化总厂炼油厂炼化生产装置抗震鉴定、震害预测与灾害防御对策研究》(作者的同济大学硕士学位论文)。

5－20 石化设备系统的动力相互影响分析

曹炳政 罗奇峰 杨玉成

1 引言

石化设备系统中有许多子系统,如圆筒加热炉与高低压蒸发塔系统、再生塔与三旋框架系统等,这些子系统均是由设备、管道、设备(或构筑物中设备)构成的。这些设备在石化系统中都相当重要,比如加热炉是直接用于明火操作的少数化工设备之一,被加热的多是烃类可燃性气体或液体,一旦遭受地震破坏,其直接的、间接的地震灾害都是相当巨大的。加热炉的震害调查结果表明,主要破坏形式有烟囱产生倾斜或倒塌、结构衬里耐火材料的脱落及进出口管线的断裂。分析前两种震害形式主要是由于加热炉变形过大引起的,而后一种震害形式产生的原因较为复杂。1999 年 8 月 17 日土耳其 Kocaleli(Izmit)地震中有家灯泡厂的加热炉管道遭到破坏,有人认为是由于高温引起过大的变形,从而导致管线与炉体接口处在地震中变形进一步加剧而断裂,也有人认为是由于管道与加热炉动力相互作用的放大作用引起的。

现行《石油化工设备抗震鉴定标准》(SH 3001—1992)只对加热炉、塔、管道等设备单体的强度、稳定性做出要求,且在设备单体的地震反应计算时通常不考虑与其相连管道的影响。卢薇等曾考虑过工业设备、联结、设备之间的相互作用,只是将设备与管道简化为双质块联结模型。Filiatrault 和 Kremmidas、Der Kiureghian 等分别从试验、理论方面研究了变电所电力设备间的动力相互作用问题。本文就石化立式设备(塔、炉或架)由管道联结的系统进行理论与数值分析,考察该系统的动力相互作用的影响,为石化设备抗震鉴定标准的完善提供一定的理论基础。

2 立式设备-管道系统理论分析

2.1 分析模型

炉、塔等石化立式设备本身结构较为复杂,再加上

附属部件就更复杂了,尽管如今的有限元技术已经能解决大多数的复杂问题,但需花费大量的机时和人力,因此有必要用简化的模型来考察复杂的系统动力相互作用问题。本文用悬臂梁来模拟立式设备,用联结元来模拟其间的联结管道,图 1 为该系统的分析模型。悬臂梁为线弹性结构,联结元为一并联的无质量的线性弹簧(刚度为 k_0)和黏性阻尼器(阻尼为 c_0)。联结元在悬臂梁上的位置分别为 y_1 和 y_2,悬臂梁的材料特性用沿竖向轴分布的单位长度的质量、阻尼、弯曲刚度表示,分别为 $\rho_i(y)$、$c_i(y)$、$EI_i(y)$,地面运动为 $x_g(t)$。

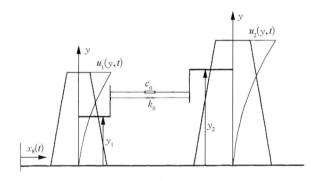

图 1 系统分析模型

2.2 运动方程

悬臂梁的位移用 $u_i(y,t)$ 来描述,令 $u_i(y,t) = \psi_i(y)z_i(t)$,$i=1,2$,其中 $\psi_i(y)$ 是位移形函数,$z_i(t)$ 是相应的广义坐标。$\psi_i(y)$ 必须满足几何边界条件,为了简便选择悬臂梁的位移形函数作为系统中梁的形函数,并且将接触点处的位移定义为单位值,即 $\psi_i(y_i) = 1$,$i=1,2$。系统位移的变分可表示为 $\delta u_i = \psi_i(y)\delta z_i$,$i=1,2$。式中 δz_i 为广义坐标的变分。由系统的动力学平衡方程可得到接触点处的位移控制方程,其矩阵形式为

$$M\ddot{U} + C\dot{U} + KU = -L\ddot{x}_g \qquad (1)$$

其中:

本文出处:《世界地震工程》,2003 年 3 月,第 19 卷第 1 期,57－61 页。

$$U = \begin{bmatrix} u_1 \\ u_2 \end{bmatrix}; M = \begin{bmatrix} m_1 & 0 \\ 0 & m_2 \end{bmatrix}; C = \begin{bmatrix} c_1 + c_0 & -c_0 \\ -c_0 & c_2 + c_0 \end{bmatrix};$$

$$K = \begin{bmatrix} k_1 + k_0 & -k_0 \\ -k_0 & k_2 + k_0 \end{bmatrix}; L = \begin{bmatrix} l_1 \\ l_2 \end{bmatrix}$$

式中：m_i、k_i、l_i、c_i 分别表示为各设备的有效质量、有效刚度，相当于外部惯性力的有效质量、阻尼。

2.3　模态特性

由控制方程(1)可得系统的模态特性方程为

$$\begin{vmatrix} k_1 + k_0 - \lambda m_1 & -k_0 \\ -k_0 & k_2 + k_0 - \lambda m_2 \end{vmatrix} = 0 \qquad (2)$$

式中：$\lambda = \Omega^2$，Ω 为系统的自振频率。为了讨论的简便，令

$$\kappa = \frac{k_0}{k_1 + k_2} \qquad (3)$$

现将式(2)展开可得

$$\lambda^2 - a\lambda + b = 0 \qquad (4)$$

其中 a、b 分别为

$$a = (1 + \kappa)(\omega_1^2 + \omega_2^2) + \kappa\left(\frac{m_1}{m_2}\omega_1^2 + \frac{m_2}{m_1}\omega_2^2\right)$$

$$b = (1 + 2\kappa)\omega_1^2\omega_2^2 + \kappa\left(\frac{m_1}{m_2}\omega_1^4 + \frac{m_2}{m_1}\omega_2^4\right)$$

在 a、b 中，$\omega_1 = \sqrt{k_1/m_1}$，$\omega_2 = \sqrt{k_2/m_2}$，分别表示为设备1、2的自振频率。式(4)的根为

$$\lambda_1 = \frac{a - \sqrt{a^2 - 4b}}{2}; \lambda_2 = \frac{a + \sqrt{a^2 - 4b}}{2} \qquad (5)$$

系统的振型向量为 Φ_i，$i = 1,2$，即用 $\Phi_i = \begin{bmatrix} 1 & \varphi_i \end{bmatrix}^T$ 来表示，将 Φ_i 代入式(1)的无阻尼方程，可得

$$\varphi_i = \frac{1 + (m_1/m_2)\omega_1^2/\omega_2^2}{1 + (m_2/m_1)\omega_2^2/\omega_1^2} \times \frac{1 - (\Omega_i/\omega_1)^2}{1 - (\Omega_i/\omega_2)^2}, i = 1,2 \qquad (6)$$

由式(5)、式(6)可知系统的模态特性跟设备单体的频率比 ω_1/ω_2、质量比 m_1/m_2、联结刚度比 $k_0/(k_1 + k_2)$ 有关。在分析系统的动力相互作用之前，有必要探讨一下系统模态特性与 ω_1/ω_2、m_1/m_2、$k_0/(k_1 + k_2)$ 的关系。

2.4　模态特性分析

当设备单体有相同的频率（$\omega_1 = \omega_2 = \omega$），系统的频率分别为 $\Omega_1 = \omega$，$\Phi_2 = \omega[1 + \kappa(2 + m_1/m_2 +$

$m_2/m_1)]^{1/2}$。将 ω_i、Ω_i 代入式(6)，可求得 φ_1、φ_2，相应的振型为 $\Phi_1 = \begin{bmatrix} 1 & 1 \end{bmatrix}^T$，$\Phi_2 = \begin{bmatrix} 1 & -m_1/m_2 \end{bmatrix}^T$。当设备单体具有相同的频率时，系统第一振型并不引起系统之间的任何相互作用。

分析联结元刚度的影响，先来考察一下 κ 的极限情况。当 $\kappa \to 0$ 时，联结元的刚度可以忽略不计，此时系统的模态特性为 $\Omega_1 = \omega_1$，$\Omega_2 = \omega_2$，$\Phi_1 = \begin{bmatrix} 1 & 0 \end{bmatrix}^T$，$\Phi_2 = \begin{bmatrix} 0 & 1 \end{bmatrix}^T$。当 $\kappa \to \infty$ 时，联结元无限刚度系统形似一个单自由度系统，系统的自振频率为 $\Omega = \sqrt{(k_1 + k_2)/(m_1 + m_2)}$。

现用数值方法来具体刻画系统频率的特性：考虑 $0.1 \leqslant \omega_1/\omega_2 \leqslant 1$，$m_1/m_2 = 2$，联结元刚度 κ 分别取0.2和1的两种情况，分析系统频率与设备2基频的比值，设备1、2基频比值 ω_1/ω_2 之间的关系如图2所示。图2中从上往下依次为中心线（$\kappa = 1.0$）、密虚线（$\kappa = 0.2$）、虚线（$\kappa = 1.0$）、实线（$\kappa = 0.2$），分别表示了 Ω_2/ω_2（大圈所示）、Ω_1/ω_2（小圈所示）随 ω_1/ω_2 的变化关系。从图2中可看出系统的两个频率随着联结刚度的增大而增大，这与系统由于管道的联结而变刚是吻合的。

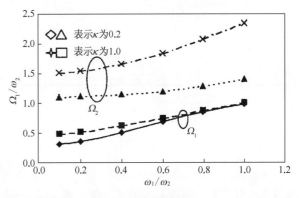

图2　系统频率特性

3　系统响应分析

设备与管道之间的动力相互作用究竟有多大，有必要做进一步的分析。相互作用直接发生在管道与设备的接触点处，研究接触点处的位移、作用力能够断定相互作用的影响。由于作用力与接触点处的位移差有关，如果求出位移的相互影响，那么力的相互影响就很方便地判断出。

根据《石油化工设备抗震鉴定标准》（SH 3001—1992）中的相关条文规定，对系统的地震反应分析采用振型反应谱方法，用CQC法组合振型。对于接触点处的位移响应需要先确定振型参与系数，振型参与系数是 $\gamma_i = \Phi_i^T L/M_i(i = 1,2)$，其中 M_i 是模态质量。将相

关系数代入可得参与系数为

$$\gamma_i = \frac{l_1 + l_2\varphi_i}{m_1 + m_2\varphi_i^2}, i = 1,2 \quad (7)$$

为分析系统中设备与管道间的相互影响,取参数 $R_i(i = 1,2)$:

$$R_i = \frac{u_{imax}}{u_{i0max}} \quad (8)$$

式中,u_{imax} 是系统中设备峰值位移($i = 1,2$ 分别对应设备1与设备2);u_{i0max} 是无管道连接时单体设备的峰值位移($i = 1,2$ 分别指单体设备1与单体设备2)。

u_{imax}、u_{i0max} 由 CQC 法求出:

$$u_{imax} = \sum_{j=1}^{2} |\varphi_{ij}\gamma_j z_{jmax}|; u_{i0max} = \frac{l_i}{m_i} z_{i0max} \quad (9)$$

式中:z_{jmax}、z_{i0max} 分别为规范中标准位移反应谱中不同频率所对应的峰值位移。

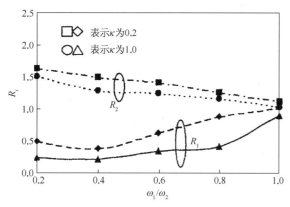

图 3 系统响应

为计算分析系统内设备间相互影响,需要对计算参数做一些假定。假定系统地处8度区的Ⅱ类场地,考虑到单体设备的频率一般在 5~20 rad/s 范围内,取 $\omega_2 = 20$ rad/s,相应地考察 ω_1/ω_2 在 0.1~1.0 范围变化,并且令 $m_1/m_2 = 2, \zeta_1 = \zeta_2 = 0.02, l_1/m_1 = l_2/m_2$。同时考虑管道联结刚度的影响,分别计算了取 0.2 和 1 的不同情况,设备在系统中与单体峰值位移比值与单体基频比值的关系如图3所示。图3中从上往下依次为中心线($\kappa = 0.2$)、密虚线($\kappa = 1.0$)、虚线($\kappa = 0.2$)、实线($\kappa = 1.0$),分别表示了 R_2(小圈所示)、R_1(大圈所示)随 ω_1/ω_2 的变化关系。从图3中可以得出以下几点关于相互影响的结论:

(1)当 $\omega_1/\omega_2 = 1.0$ 时,$R_1 = R_2$。说明具有相同频率、相同阻尼比的两个设备发生相同的位移,尽管 κ 不同,两设备间没有动力相互作用产生。

(2)当 $0 < \omega_1/\omega_2 < 1.0$ 时,有 $R_1 < 1.0, R_2 > 1.0$,

充分说明产生了动力相互影响。相互影响减小了设备1的响应位移,却增大了设备2的响应位移。并且随着频率比 ω_1/ω_2 的减小,相互影响作用越为明显,图中可看到对设备2的动力放大效应高达1.8倍,这种放大现象是不容忽视的。

(3)当 κ 取不同的值时相互影响作用不一样,随着联结刚度的增大,相互影响效果(增大、减小)减弱,该结果显然是合理的。

4 工程实例

本工程实例是新疆独山子炼油厂润滑油生产装置中的一个子系统——糠醛圆筒炉3与高低压蒸发塔 T-3/AB 系统,基本情况如下。

4.1 糠醛圆筒炉3与高低压蒸发塔 T-3/AB 概况

糠醛圆筒炉3(简称炉3)的基本参数:炉总高26.4 m,炉烟囱高11.0 m,内径1.1 m,壁厚6 mm,重19.643 t;对流室高4.3 m,截面 2.55 m×1.9 m,壁厚4 mm,四角布置4根22a工字形钢,重39.308 t;辐射室高8.9 m,内径5.01 m,壁厚4 mm,圆周均匀布有8根16a工字形钢,重41.883 t;支座高2.2 m,内径5.256 m,圆周均匀布置8根22a工字形钢,重9.654 t。地震设防烈度8度,Ⅱ类场地。

高低压蒸发塔 T-3/AB(简称塔 T-3/AB)由 T-3/A 和 T-3/B 串联,总高23.639 m。裙座高4.355 m,外径2.254 m,壁厚12 mm;塔体外径为2.224 m,壁厚12 mm,塔 A 高9.78 m,塔 B 高9.204 m。介质是糠醛、油,设计压力 $P_A = 0.24$ MPa,$P_B = 0.3$ MPa。金属重22.76 t,总重计45 t。底座环外径2.57 m,内径2.03 m,厚22 mm,筋高为350 mm,材质A3F。

炉3与 T-3/AB 之间用直径为1.0 m、厚10 mm 的管道联结,管道下有3个钢构柱,构柱均用2根32a构成。

4.2 地震反应分析

炉3与塔 T-3/AB 系统简化为平面杆系模型,地震反应分析采用 Ansys 5.7 程序进行计算,求得自振周期及8度地震作用下的位移响应。结构计算简图如图4所示。

4.2.1 自振周期

分析计算振型10个,相对应的前3个振型周期为0.4326 s、

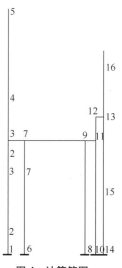

图 4 计算简图

0.210 6 s、0.128 9 s。不考虑管道的相互影响时,炉 3、塔 T - 3/AB 的基本周期分别为 0.431 8 s、0.418 1 s。由周期可见管道的影响是存在的。

4.2.2　位移反应

8 度地震时系统中炉 3、T - 3/AB 在不同高度的水平位移值分别列于表 1 和表 2。在表中还列出了不考虑管道作用时相应的水平位移。

表 1　8 度时糠醛圆筒炉 3 位移　　单位:mm

标高/m	不考虑管道	考虑管道
26.4	17.89	21.81
15.4	1.97	2.14
11.1(*)	0.95	1.14
2.2	0.03	0.08

表 2　8 度时高低压蒸发塔 T - 3/AB 位移　　单位:mm

标高/m	不考虑管道	考虑管道
23.339	14.62	5.60
14.135(*)	6.81	2.06
4.355	0.8	0.19

由表 1 可知,炉 3 的变形在考虑系统与不考虑系统相差不大。系统中的炉 3 和不考虑管道的炉 3 顶点水平位移之比为 1.219,管道接触点处(表中带 *)两者水平位移之比为 1.2。由表 2 可见,考虑系统与不考虑系统的位移值相差很大。前者与后者塔顶水平位移之比为 0.383,管道接触点处(表中带 *)相对应的塔顶水平位移之比为 0.302。这充分说明管道与设备的相互影响放大了炉 3 而减小了塔 T - 3/AB 的地震反应。这也进一步验证了理论分析所得结论的正确性。

5　结语

本文用悬臂梁模拟石化设备,用联结元模拟两个设备间的管道系统,用此模型研究设备和管道系统之间的相互作用问题,并就联结元的刚度变化分析这一石化生产系统的模态特性、地震响应。数值计算结果说明,设备与管道之间的相互作用对设备 2 地震反应有较大放大作用,这种放大作用在单体设备设计中是考虑不够的,但可能是导致设备与管道交接处破坏的直接原因。并用具体的工程实例来验证了理论分析结论的正确性。文中仅就联结元刚度变化对系统的影响问题做了一些分析,联结元的质量对于系统的影响在作者的同济大学博士学位论文中做了进一步的研究。为减小这种相互影响,可以采取如减小两个设备的固有频率差别,在管道与设备之间增设耗能装置等措施。

5-21 在极端环境中砌体结构的抗裂研究[*]

杨玉成　杨雅玲　陈有库　赵宗瑜　王治山

1 引言

西北往往有着特殊的环境,甚至极端的环境,诸如极为干燥、酷热严寒且温差变化急骤的戈壁荒漠,飓风暴雪的袭击,盐渍程度严重的地基上,加之潜在的地震危险。本文将阐述近十年来我们在新疆对房屋建筑进行安全鉴定和试验研究工作中,有关砌体结构的开裂原因分析与其防治措施的若干研究结果。这些工作为开发西部内陆荒漠型极端环境中的工程建设,控制砌体结构的裂缝,保障工程的结构安全,积累了经验,提供了科学依据。

30多年来,我们一直从事砖砌体房屋的抗震研究,近十多年又涉及砌体结构的安全性鉴定、工程病害诊断和防治,我们期望能推进我国砖砌体的抗裂设计和研究,控制裂缝,尽早改变对砖砌体裂缝不在意的房屋设计、建造和物业管理。

2 内陆荒漠型环境中的砖房裂缝

在塔里木石油勘探开发指挥部后勤基地大二线西区,砖房大多开裂,我们曾与当地合作,研究产生裂缝的原因和处理措施。

2.1 内陆荒漠型环境

大二线西区位于新疆库尔勒市的西部、塔克拉玛干沙漠的东北边缘,北面紧靠虎拉山,为中粗砂充填的角砾石戈壁场地,极端干燥,夏季酷热,冬季寒冷,年温差超过60℃,在现场工作时测试记录到的相对湿度低于20%,砖砌体中砖的含水率可在0.1%以下。

2.2 裂缝的形态和变化规律的测试

该区有库房67幢和辅助平房6幢,首批在1990—1992年建造43幢单层砖混结构库房,采用钢筋混凝土折板结构的屋盖,保温和非保温的砖墙体均普遍开裂;其他的库房和平房墙体开裂的也达半数。对这些房屋

的裂缝,我们逐幢详细调查,绘制裂缝分布图。此前也已进行了两年逐月裂缝宽度的测量,头一年度由巴州质检站量测3幢库房的裂缝,第二年由塔指抗震办量测4幢。宏观查看和测试结果,裂缝特征我们可归纳如下:

(1)库房纵墙上的裂缝大多是砖和灰缝一起裂的,为从上到下的竖缝,自高窗窗台线开始裂到地坪,或在墙高的中部,也有的自窗台线下开裂一段或在下部的墙裙开裂一段。纵墙上裂缝的分布无确定位置,在每开间墙面的中段、沿墙垛边或正处壁柱的墙上都有出现,而在高窗的窗间墙上未出现裂缝,端开间纵墙上的竖缝极少,山墙上没从上到下的竖缝。

(2)库房竖缝一般贯通墙内外,多数裂缝的中部比上下两端的明显,裂缝宽度一般在0.3~2.0 mm 范围内,较宽的为2~3 mm。从两年的裂缝宽度的量测进一步看到裂缝的物理特征,竖缝是在年复一年地周期运动着,变化是稳定的,不再发展,即12月和1月最宽,7、8月份最窄,振幅一般为0.7~0.8 mm,最大的略超过1 mm,通条裂缝的振幅大体相同,且与原始裂缝宽度关系不明显。各条裂缝测点的宽度变化与温度变化的关系大致呈线性,其斜率近乎相同,在50℃温差范围内的变化率,红砖墙体为0.012 mm/℃,灰砂砖墙体为0.015 mm/℃。

(3)用灰砂砖砌筑墙体的房屋都比普通黏土红砖墙体上的裂缝要多、要宽,且当砌筑砂浆低于 M4~M10,裂缝沿灰缝开裂。拱屋架的库房在窗间墙上有自梁垫下始裂的八字缝、斜缝或竖缝。

(4)纵墙和山墙大门过梁两端的墙体大多有裂缝,短者只在梁端头2、3皮砖,长者上到窗台线,向下斜裂到墙垛边。

(5)非折板结构屋盖的库房,墙体上的裂缝比折板结构的要少、要轻。钢筋混凝土柱库房的砖填充墙上未出现竖向通长裂缝。

本文出处:《2000年全国砌体结构学术会议论文集》,中国建筑工业出版社,374-378页。

* 第6节和结语是作者在本书中加入的。

2.3　砖和砖砌体的温差和干湿应变的测试

从大二线西区房屋中拆取红砖和灰砂砖,分别在实验室和现场条件下测试温差和干缩应变。前者我们在哈尔滨测试,后者由巴州建材构配件检测中心测试。

(1) 温差线胀系数 α_T 与其统计相关系数的测试结果:

库尔勒灰砂砖: $\alpha_T = 7.4 \times 10^{-6}/℃$, $\gamma = 0.981$

库尔勒红砖: $\alpha_T = 6.7 \times 10^{-6}/℃$, $\gamma = 0.985$

哈尔滨红砖: $\alpha_T = 5.6 \times 10^{-6}/℃$, $\gamma = 0.884$

显然,库尔勒当地的灰砂砖和红砖的线胀系数较一般烧制黏土砖砌体的线胀系数 ($5 \times 10^{-6}/℃$) 要大。哈尔滨红砖线胀系数的统计回归线性相关要差些,这可能是因哈尔滨的黏土红砖是掺炉渣烧制的,锯开后可见掺和得并不均匀,有黑块。

(2) 干缩湿胀应变量的测试结果:库尔勒的红砖和灰砂砖的含水量当分别小于 3%～4% 和 4%～5% 范围时,试件随含水量的增加而湿胀,应变与含水量的关系近于线性,当含水率超过其值后,应变趋于平稳,试件不再湿胀。测得的湿胀最终值 $\varepsilon_{h\infty}$,红砖为 0.174～0.203 mm/m,平均为 0.19 mm/m,灰砂砖为 0.204～0.216 mm/m,平均为 0.21 mm/m。

从温差和干湿应变的测试结果可以推断,在塔指大二线西区极端干燥的场区,砖砌体干缩过程的应变量可达到相当于温度变化 30℃ 左右所产生的应变。

(3) 现场自然条件下的含水率(%)测试结果:放在库房内的灰砂砖为 0.10～1.13,平均为 0.45,标准差为 0.27,红砖为 0.010～0.108,平均为 0.065,标准差为 0.029;放在库房外的灰砂砖为 0.05～1.15,平均为 0.53,标准差为 0.32,红砖为 0.010～0.124,平均为 0.066,标准差为 0.032。

可见,大二线西区砖墙体的含水率极低,灰砂砖夏季为 0.10% 左右,冬季上升到 1% 左右,红砖含水率更低,也随季节变化。由此推断,该区墙体的干缩应变已近于最终值。

(4) 砖和砖砌体温差线胀系数的现场测试结果:

灰砂砖: $\alpha_T = 10.9(1 \pm 85\%) \times 10^{-6}/℃$

灰砂砖砌体: $\alpha_T = 13.9(1 \pm 108\%) \times 10^{-6}/℃$

红砖: $\alpha_T = 7.9(1 \pm 77\%) \times 10^{-6}/℃$

红砖砌体: $\alpha_T = 13.4(1 \pm 62\%) \times 10^{-6}/℃$

现场测试的线胀系数平均值比实验室测得的要大些,且变异系数高达 100%,此因现场操作的误差较大,除此之外,试件的应变不只是温差线胀,同时还因砖和砖砌体中含水率的降低,有干缩因素在内,也正因此,砖砌体比砖的线胀系数要大。

2.4　裂缝原因分析

大二线西区库房砖墙体的裂缝是由多个因素造成的,是对在该区这一特定环境中进行工程建设缺乏足够的工程经验和科学知识,从而采用了一般的设计、施工方法,也即在工程建设中未认识到和未考虑到气候殊为干燥和温差大且变化急骤这一环境特点,砖墙体的干缩温差约束应变大,超过抗裂能力,是导致砖墙体普遍开裂的主要原因。

在结构上,折板屋盖使砖墙体受到轴向力的横向效应外,边板和风载有附加横向拉力,且折板结构对砖墙体的约束较承载屋架的要强,故易产生裂缝。个别库房屋架梁垫下砖砌体的裂缝,显然是砌体强度不足之故。

在材料上,灰砂砖砌体的极限拉伸应变较红砖砌体小,而干缩应变的最终值和温差线胀系数均比红砖砌体大,即灰砂砖砌体的抗裂能力比红砖砌体差,自然它的裂缝较红砖砌体的严重。而库尔勒的红砖,试验测得的线胀系数也较一般的偏大。

在材料上的另一易裂因素是该区砖砌体大多采用水泥砂浆或戈壁土水泥砂浆,这比用混合砂浆的变形能力要小,且其水泥多为火山灰水泥,它的干缩比普通硅酸盐水泥又要大,故砖墙体也易开裂。

工程场地的影响研究人员曾困惑多年。结合中国地震局地质所和新疆地震局在该场区的地震小区划工作,经宏观勘察、挖坑、取样分析和地质雷达的探测结果,该区库房的裂缝与地质断裂构造无关,但该区属盐渍土场地,氯盐土体的溶陷和硫酸盐的重结胀抬,可能增加砖墙体开裂的应变。地基土的局部失效造成局部墙体的开裂是显而易见的,但在该区不普遍,也不严重。

2.5　砖砌体的开裂条件和抗裂计算

砖砌体的裂缝因其结构的承载应变(ε_f)和变形变化的约束应变(ε_r)之和超过其极限拉伸应变(ε_p)而产生,即开裂条件如下式所示:

$$(\varepsilon_f + \varepsilon_r) > \varepsilon_p$$

且将其比值 $\varepsilon_p/(\varepsilon_f + \varepsilon_r)$ 称为抗裂指数 K_0,一般当 K_0 大于 1 为无宏观裂缝,小于 0.5 则严重开裂。通常,砖砌体只做强度验算,而将干缩温差应变用构造措施来控制。对大二线西区这一特殊环境中砖墙体的裂缝,我们用变形控制作抗裂计算,以进一步论证开裂原因分析。

该区库房用 MU7.5 砖 M2.5 砂浆砌筑，红砖砌体的极限拉伸应变 ε_p 为 2.6×10^{-4}。灰砂砖砌体的抗拉强度一般取红砖砌体的 $0.5 \sim 0.7$，则灰砂砖的 ε_p 为 $(1.3 \sim 1.8) \times 10^{-4}$。

结构的承载应变有两部分：ε_{f1} 为由竖向压力的横向效应所产生的拉伸应变，其值为 0.24×10^{-4}；ε_{f2} 为由边板和风载通过圈梁传递给砖墙体所产生的拉伸应变，其值为 0.18×10^{-4}。可见，这两项承载应变之和远小于砖砌体的极限拉伸应变，它不可能是折板屋盖的库房开裂的主因，但它是其综合因素之一。

该库房墙体的干缩应变已接近最终值 $\varepsilon_{h\infty}$，最大温差按 60℃ 计，则由温差引起的 ε_{max} 按试验测得库尔勒红砖和灰砂砖分别为 4×10^{-4} 和 4.4×10^{-4}，若按规范 GBJ 3—1988 为 3×10^{-4}。显而易见，由温差和干缩所产生的应变远超过砖砌体的 ε_p 值。但由变形变化所产生的应变，只有当变形变化受到约束，由内外约束所产生的拉伸约束应变 ε_r 超过 ε_p 时墙体才开裂。

若该区库房砖墙体变形变化的约束应变，只考虑由温差和干缩所产生，不计入地基土的沉陷胀抬等因素所产生的应变，则砖墙体产生裂缝的约束应变将大于 $(\varepsilon_p - \varepsilon_f)$ 值，小于 $(\varepsilon_{h\infty} + \varepsilon_{max})$ 值，即红砖砌体和灰砂砖砌体的 ε_r 分别为 $(2.2 \sim 5.9) \times 10^{-4}$ 和 $(1.1 \sim 6.5) \times 10^{-4}$。灰砂砖墙体的开裂严重，抗裂能力甚低，抗裂指数若取 0.33，红砖墙体开裂程度一般偏重，抗裂能力属较低，抗裂指数若取 0.6，则红砖和灰砂砖砌体的约束应变分别为 3.9×10^{-4} 和 4.3×10^{-4}。灰砂砖和红砖砌体的变形变化的平均约束系数 $(\sum \varepsilon_i / \varepsilon_r)$ 正好均为 0.66，此值可供同类条件下评估砖砌体的抗裂能力参考。

实际上砖砌体的温差和干缩变形变化的约束系数是不相等的，温差和含水量的变化愈急骤，内约束力愈大，约束系数也大。大二线西区首批库房在竣工验收前便发现裂缝，主要是砌筑时砌体中的含水量很快失去，可能在较短时间内便接近干缩应变最终值，干缩的约束应变系数将大于平均值，约束应变值也大，灰砂砖砌体已超过极限拉伸应变值，红砖砌体也为其 60% ~ 70%。因此，该库房的砖墙体裂缝主要是极端干燥环境中的干缩，加之昼夜和施工时期的温差所致。

本项研究在取得实际数据的基础上，通过分析计算模式，以定性和定量的结果论证了墙体开裂的主因和其他的影响因素。在本项研究中还评价了工程结构现状的安全性和提出了处理措施，有关此内容不再在本文阐述，参见文献[1]。

3 飓风对多层砖房的危害

在多层砌体房屋的设计中，通常是不考虑风荷载的。在我国内陆设计风压最高的准噶尔盆地西缘克拉玛依地区，石油职工享有大风津贴，而砖房仍无防风措施。在这几年的房屋安全鉴定中，见到飓风对多层砖房产生的危害，可归为两类：

一是风振。如八字形平面的五层住宅楼，口子朝迎风面，9、10 级大风便发生振动，上层住户人明显有感，杯中水溢出。在采取散水坡加宽、加刚和降低地下水位措施外，用建一幢外八字形住宅楼来挡风、泄风，有效地减弱了风压，基本上控制了风振。

二是檐口外伸板或梁在大风中颤动。危害轻的，靠边的一、二块屋顶预制板的板缝明显开裂；危害重的，在横墙上自挑梁内端或板端有向下外斜裂缝，甚至在顶层外纵墙上产生水平裂缝，且略显外倾。山东日照港务局办公楼顶层墙体也因此而明显开裂，因采用无拉结的自平衡外伸梁板而未计入风压影响。

4 盐渍土和膨胀土对房屋建筑的危害

在大西北盐渍土分布较广，在克拉玛依现有房屋的工程病害中，大半因盐渍土或膨胀性红岩土所致，其危害程度也较为严重，有属危房的。多层房屋一般是一、二层墙体连同楼盖开裂，单层房屋可从下到上裂通，裂缝形态以斜向为主，多为下比上宽。

地基土中盐渍土的成分有含氯盐、硫酸盐及亚硫酸盐等。硫酸盐结晶时体积增大，地基土胀抬，脱水时体积缩小，温度变化可使硫酸盐时胀时缩，冬季气温低时便产生大量结晶，可使土体胀抬。氯盐有明显的吸湿性，溶解度大，在较小含水量时便可使含氯盐土强度破坏，发生溶陷。红岩土遇水膨胀，岩体破坏，危害甚大，其分布为局部小块或条状。盐渍土和红岩土地基上的房屋，出现工程病害，除因其土质岩性外，主要有下述两方面的原因：

一是工程前期未做详勘，挖槽见到这两类土时处理又欠妥。一般只换土 50 cm 深。

二是近年该地区雨水多，地下水位上升，已建工程一般均无截排水措施。

加固处理措施一般是加深、加刚基础和控制地表、地下水。近年还研究盐渍土的成分，用化学处理和控制基础与地基温度的方法。

5　戈壁土场地的地震动特性与潜在影响

早在总结 1965 年乌鲁木齐地震和 1966 年邢台地震的震害经验时,我国地震工程学奠基人刘恢先教授便探究乌鲁木齐地震中土房震害比邢台地震轻,而砖房反而严重的原因。这与两地土房的材质和结构有差异外,有着地震动特性的影响,但那时无强震记录。这几年我们为试验在新疆量大面广的无腹杆拱形屋架厂房和克拉玛依不同类型的砖住宅楼的抗震性能,选用振动台模拟地震动的输入波,研究了新疆多次地震中的强震记录,发现在戈壁土场地上地震波的频谱特性,大多具 Ⅱ 类场地土的属性,且频谱卓越区段较宽,恰恰多层砌体房屋和单层砖厂房的基频与其在结构震损后的下降频率,一般都在此区段,这使该两类砖房的地震反应较为强烈。因此,对建在戈壁土场地上的砖房,在进行抗裂抗倒设计时必须注意其地震动特性的影响。

我们在振动台模型试验中,采用的地震波与其频谱见文献[3]、[4]。其中一组(三向)疏附波为 1985 年 8 月 23 日新疆乌恰 7.4 级地震后,9 月 12 日 6.8 级强余震的记录,其频谱与 EL Centre 地震波相类似。

6　冻土层地基对刚性砖结构的危害

黑龙江省德都县在 1986 年严寒冰冻期连续发生两次 5 级地震,我们去调查发现,二至四层砖结构房屋比以往统计的震害分布要重得多,而单层空旷房屋甚至简易的土木草房并不重,反而略微偏轻。同年夏天又发生 5 级多地震,多层砖房并不加重震害,而空旷房屋和土木草房却发生明显的震害,尤其在淤泥地段。为此,我们在 1986 年、1987 年两年进行了冻土地区动力特性的测试,研究不同冻层深度的影响与减轻危害的措施(见本书 1-8、1-9 文)。

7　结语

本文通过实例调查、现场测试、实验室试验和理论计算,分析研究了在所述的特殊环境中砖结构开裂原因和减轻措施,可供应用参考。尤其是在开发我国西部和东北地区时,更值得关注。

参考文献

[1] 杨玉成,杨雅玲,陈友库,等.塔里木石油后勤基地(西区)房屋工程裂缝原因探讨及处理措施[R].国家地震局工程力学研究所,塔里木石油勘探开发指挥部,1994.

[2] 王铁梦.建筑物的裂缝控制[M].上海:上海科学技术出版社,1987.

[3] 杨玉成,陈新君.振动台地震模拟试验输入波的选择和结论的真伪[J].结构工程师,1997,增刊.

[4] 杨玉成,崔平,杨建,等.砖住宅楼系列模型地震模拟试验设计[J].地震工程与工程震动,1999,19(4).

5-22 地震现场建筑物安全性鉴定[*]

[摘录：丽江地震考察记录(1996)]

杨玉成

1 现场接受任务

1996年2月3日19时14分，云南丽江发生7.0级地震，国务院总理率慰问团4日直飞抵达灾区。国家地震局局长陈章立随团，4日晚在前方指挥部提议：现在天气寒冷，群众多露宿在外，有的房屋实际上是可用的，在地震灾害损失评估的同时，可以结合震后趋势判定开展房屋安全性鉴定，帮助地方政府解决群众住宿的问题。5日在现场，又向震灾调查人员指示，要进行受灾建筑的安全鉴定。

我们工程力学研究所四人——杨玉成(组长)、袁一凡、郭恩栋、柳春光，作为国家地震局派遣的专家组5日飞抵昆明，到云南省地震局才得知去丽江的任务是评估震灾的损失，我立即电告在哈尔滨组里杨柳，从智能辅助系统的数据库中把有关丽江数据发过来。6日早上在机场，要去丽江的人挤得满满的，得特许我们四人买到去丽江的机票。候机时还接受日本记者的采访，当即被传到日本电视播出。

6日上午我们飞抵丽江，机场是9度设防的，完好无损。国家地震局震害防御司陆鸣来接我们。递给我一张纸条，说是陈局长昨天飞离现场前给他的，下令要我们做两件事——震损评估和现场建筑物安全鉴定。车到地震应急接待站丽江宾馆。午饭前就有震灾防御司和丽江的领导同陆鸣和我们赶去做邮电局大楼的安全鉴定。

2 地震现场安全性鉴定第一楼

邮电综合大楼在震后即已上报为严重破损，柱断裂，房倾斜，估计损失接近2亿。电信职工为保障通信通畅，下决心要与大楼"同生死、共存亡"。这并不是口号式的说说，有行文上报的。我们进大厅看到员工的确紧张认真地工作着。对大楼内外观察查看后，初步觉得震损并不严重。我初看柱头开裂直觉是抹灰层，便请他们用锤子把三个开裂最明显的柱头打掉抹灰层，经多人上去仔细查看柱头混凝土确无裂纹，这就明确只是柱头抹灰层开裂，混凝土柱并不断裂。随后为说明大楼并不倾斜，我拿出随身携带的包中吊锤查看是不倾斜，但现状是主配楼之间的变形缝确是上窄下宽，被认为是倾斜所致。为此，我找到了震落在旁边的盖缝铁皮条板，内侧仍留有抹灰层痕迹，放到缝处，一模一样，缝未变大小，表明大楼并不倾斜。查过设计图纸，是8度设防。我就当即宣布安全鉴定结论：该楼为安全建筑，即使再遇到这样大的地震还是安全的，员工尽可在楼内上班工作，大楼不会倒塌。但对震损的女儿墙角应及时处理排险，以免掉落砸人；检查浮放设备，以免余震滑落。由此，该楼为在大震后余震仍频发的地震应急期间正式进行了房屋建筑安全鉴定的首例，见表1。

3 贴示现场安全鉴定结论第一楼

震后应急期间，人们要用钱，要求银行早日恢复营业，这是维护社会稳定恢复社会秩序的一项重要举措，地区建委主任周津陪同我们到工商银行大楼鉴定，查看楼内楼外和查阅设计图后，主任和我两人在银行外墙贴上绿色的安全标签(图1)，走进搭建在银行庭院的帐篷，行长正和职工在商讨如何搭建简易棚明日好上街用于营业。当我告知他们鉴定结论：大楼是安全建筑，没有倾斜，没有下沉，只是配楼的女儿墙撞坏了主楼的一个窗户下的窗肚墙，大楼外的大台阶随填土震陷了，大楼是按9度设防的，即使再来比这次更大一点的地震也还是安全的。并建议明天在门前大台阶铺

本文出处：《地震现场工作》，中国标准出版社。

* 摘录自丽江地震考察记录(1996)，《地震现场工作》国家标准宣贯教材(上)，卢寿德主编，中国标准出版社，2002年3月。

上红地毯就可营业,瞬即满抗震棚爆发出欢笑声和热烈的掌声。安全鉴定意见见表2。

这次在丽江地震现场,开创了地震后应急期间进行房屋建筑安全鉴定的先河,国家地震局震害防御司是有备而来的,从北京带来专门制作的绿、红、黄三种颜色的不干胶标签(30 cm × 21 cm),分别以示安全可使用、危险不能使用和不安全经修复或加固后可用。在实际操作上,考虑到这是初次现场鉴定,结论中只贴安全建筑的绿色标签,还写上应注意事项。为避免负面影响,黄、红标签未贴,而将鉴定结果告诉有关人员。

另一幢银行大楼就没这样幸运了。丽江地区的一位行署领导邀我同去看这幢施工中的银行大楼,主体结构刚建成,填充墙多处开裂,要我去看的是一根混凝土大梁开裂弯扭露筋,说震毁了。我查看后就明白,说:"大楼与配楼两个各自的地盘(地基基础),它们之间的连梁在地震时两楼振动不一把连梁拉裂震毁了,有这样的建筑设计,主体没毁,裂纹轻微。"舍车马保将师了。同来者听后知其然也就没来时那样紧张了。

4　安全鉴定有序轮不到的两楼主动巧邀施行

现场安全鉴定的房屋建筑是由地震应急指挥部统一安排的。抗震救灾中不可中断和急需使用的,如通信、电力、交通枢纽、医院保健站、地震应急接待站、政府办公楼、金融机构办公营业楼、有易燃易爆源工厂等优先进行安全性鉴定。接着鉴定中小学校舍和对恢复社会秩序与重建工作具有较大作用的,如面粉厂、木材厂、水泥厂、造纸厂、信用联社、百货公司、宗教寺院、民族特色庭院等,以及部分居民小区。

但轻工局的两栋楼排不上队,不在现场安全鉴定之列。像这样轮不到的,主动联系要求给予鉴定的有之,我们就利用中饭后的空隙时间去进行鉴定。在现场鉴定检查房屋内外时,许多人配合介绍情况,从设计施工到地震时的情景,更有轻工局大量职工和家属聚在庭院的帐篷内等候,想尽早知道鉴定结果。经检查鉴定,我们进帐篷告其结论为:两层办公小楼没有受损,可安全使用。四层办公宿舍楼的混凝土框架完好,只是三、四层的轻质填充墙震裂,经维修加固或拆砌后方可安全,三、四层现暂不使用,一、二层可安全使用,框架根本不用拆除。我话声刚落,瞬即爆发出热烈的掌声,又蹦又跳的。安全鉴定意见见表3。

此外,还去邻县,看鹤庆县工人俱乐部,特向临震指挥得当、观众免遭不测的放映员致以敬意。这是抗震救灾的好事例,见表4。

反之,丽江地震震害最为惨重的一木材加工厂,并非地震次生火灾所为,而是木柱木屋架厂房群全都震倒了,还砸坏了设备机器。看后即知是没有支撑连杆,设计错了。问建委干事怎么审批的,说这是外资企业,地方不管,管不了,是他们请私人设计建造的。教训深刻! 地震现场鉴定也得管,要上报。

5　丽江古城按原样修复重建

丽江古城,纳西风情,小桥流水(附照片一页)。在飞机上空俯视,震害不重,确因古城穿斗木构架房建造考究,成片相依,尤其屋面筒瓦间用浆黏结,地震中不易下滑溜瓦,俯瞰依然成整体,街井有序。丽江地震现场建筑物安全鉴定是与地震灾害损失评估同时进行的。古城有五个街道办事处,震害指数平均值为0.52,其中民族土木房屋有倒塌和倒毁的高达40%左右。而民族砖木房屋震害要轻得多,总体上古城的震害为中等至严重破坏。也就是说在这次7级地震中丽江古城并没损毁殆尽,也不像在飞机高空看那样轻微。

丽江古城震前刚申报"国家非物质文化遗产",尚无动静,震后怎么办? 丽江地区行署、县政府难以科学决策,是废弃还是保存震迹? 有多位曾问起我的意见,我就建议按原样修复重建。当时国家建委下放丽江任副职的同志也有这个想法,古城震后得以重建。

如今,丽江纳西古城之美闻名中外。

图1　丽江工商银行大楼贴上地震现场
安全鉴定绿色安全标签

后记　陆鸣在从震害防御司上调后的2005年9月9日来信中写道:"最让我敬佩您的是丽江老房重建。您的'修复'高见使我在后来几年里体会到了其真正的作用和价值。"

表1　地震现场建筑物安全鉴定意见表

编号：　　1　　　名称：邮电综合大楼

地点：丽江县城

　　　　地震宏观烈度8度区

房主：地区邮电局

建筑面积：　6 591 m²　,其中安全建筑　6 591 m²

房屋用途：邮电通信

建筑结构：框架

房屋层数：主体8层配楼4层（设变形缝）

建成年份：1992年

震前质量：完好

预期地震作用：（同等大）震作用（8）度

建筑物原抗震设防状况：（A抗震设防）

设防烈度：（8）度

应急期建筑使用性质类别：（乙）类

鉴定结论：（整幢）（安全）使用建筑

处理意见：该楼按8度设防,震后轻微损坏,再遭同等大的地震仍安全。建议：① 及时处理震坏的女儿墙角,以免掉落砸人；② 进一步检查浮放设备,做好防震措施。

说　　明：① 据震情趋势分析,按预期地震作用为同等既发地震影响进行鉴定；② 在现场敲掉抹灰层开裂较明显的柱头,逐根柱检查混凝土均无裂纹；③ 将震落的主配楼间的盖缝板卡上,丝毫不差,并在现场用吊锤目测,经检查大楼不倾斜；④ 进口的会议电视系统尚在调试,浮放着,震时摔下来。

鉴定人：杨玉成　袁一凡

单　　位：国家地震局专家组（工程力学研究所）

日　　期：1996年2月6日

表2　地震现场建筑物安全鉴定意见表

编号：　　6　　　名称：中国工商银行丽江分行大楼

地点：丽江县城

　　　　地震宏观烈度8度区

房主：丽江工商银行

建筑面积：　5 500 m²　,其中安全建筑　5 500 m²

房屋用途：金融商业

建筑结构：框架

房屋层数：主体10层配楼4层（设变形缝）

建成年份：1994年

震前质量：完好

预期地震作用：（同等大）震作用（8）度

建筑物原抗震设防状况：（A抗震设防）

设防烈度：（9）度

应急期建筑使用性质类别：（乙）类

鉴定结论：（整幢）（安全）使用建筑

处理意见：该楼按9度设防,震后基本完好,在遭更大一点的地震仍安全。建议在大门台阶上铺红地毯,即可正常营业。

说　　明：① 据震情趋势分析,按预期地震作用不会超过既发地震进行鉴定；② 配楼女儿墙把主楼一个窗户下的墙体撞坏,用吊锤目测,大楼没倾斜；③ 大台阶因填土震陷而严重破裂,大楼没有下沉；④ 办公桌上的微机安然无恙,未见明显滑动。

鉴定人：杨玉成　周津

单　　位：国家地震局专家组（工程力学研究所）　丽江地区建委

日　　期：1996年2月9日

表 3　地震现场建筑物安全鉴定意见表

编号　　9　　　名称　轻工宿办楼

地点：丽江县城(与办公小楼同一院内)

　　　地震宏观烈度 8 度区

房主：丽江县轻工局

建筑面积：　1 580　m²,其中安全建筑　790 m²

房屋用途：宿舍办公

建筑结构：框架

房屋层数：4 层

建成年份：1993 年

震前质量：完好

预期地震作用：(小)震作用(7)度

建筑物原抗震设防状况：(A 抗震设防)

设防烈度：(8)度

应急期建筑使用性质类别：(丙)类

鉴定结论：(局部)(暂不)使用建筑

处理意见：该楼按 8 度设防,震后轻微损坏。三、四层轻质填充墙与框架间明显开裂,需修复加固或拆砌后方安全,故三、四层暂不使用,

　　　　一、二层可安全使用。

说　　明：① 据震情趋势分析,按预期地震作用小于既发地震影响进行鉴定;② 填充砖墙砌筑砂浆强度偏低,现场宏观判断只为 M1.0;

　　　　③ 框架梁柱未见震损,三、四层填充墙两侧和顶、三边普遍裂缝,再遇 7、8 度地震易震倒,故三、四层暂不使用;④ 基于三、四层

　　　　填充墙一旦倒塌也不致砸穿现浇混凝土楼盖,一、二层尚可安全使用。

鉴定人：　杨玉成　　陆鸣

单　位：　国家地震局专家组(工程力学研究所　震害防御司)

日　期：　1996 年 2 月 13 日

表 4　地震现场建筑物安全鉴定意见表

编号　　10　　　名称　鹤庆工人俱乐部

地点：鹤庆县城

　　　地震宏观烈度 7 度区

房主：鹤庆县工会

建筑面积：　474　m²,其中安全建筑　0 m²

房屋用途：文娱

建筑结构：砖木

房屋层数：1 层

建成年份：20 世纪 70 年代

震前质量：基本完好

预期地震作用：(小)震作用(6)度

建筑物原抗震设防状况：(B 未经抗震设防)

设防烈度(7)度

应急期建筑使用性质类别：(丙)类

鉴定结论：(整幢)(暂不)使用建筑

处理意见：前后山墙连同两端跨屋盖震落,其余屋盖系统和纵向墙体轻微损坏,在修复加固前整幢房屋暂不使用。

说　　明：这类已局部倒塌的房屋,对未倒塌部分即使破坏轻微也可不再进行安全鉴定,而评估为暂不使用。地震时俱乐部内正在放电

　　　　视,放映员高喊"大家别动,不要跑,地震了"。随即停电—舞台后山墙连同边跨屋盖塌下—门厅前山墙倒塌—主震过去—马上

　　　　组织大家跑出去。现场调查时特向这位临震指挥得当、免遭不测的放映员致敬、致谢。

鉴定人：　杨玉成等

单　位：　国家地震局专家组(工程力学研究所)　云南地震局鹤庆地震办

日　期：　1996 年 2 月 14 日

丽江玉龙雪山

丽江古城大研镇

街坊、木房、小桥流水

纳西文字

楼房震害

抗震迎春

民俗赶集

5–23 1996年2月3日云南丽江7.0级地震 丽江县城震害统计和损失评估

杨玉成 袁一凡 郭恩栋 柳春光 杨雅玲

1 引言

1996年2月3日19时14分18秒在云南省丽江县境内发生强烈地震,震灾波及丽江、迪庆、大理和怒江四个市(州)的九个县。据我国地震台网测定:震级M为7.0,震中位置在北纬27°18′,东经100°13′,震源深度为10 km。据云南省地震局的现场考察,宏观震中在丽江县城以北约25 km的黑水与玉龙之间,北纬27°05′,东经100°16′,震中烈度为9度。

国家地震局地震灾害损失评定委员会已于3月7日在京审定由云南省地震局、国家地震局专家组联合考察队提交的"1996年丽江7.0级地震灾害损失评估报告"。本文是丽江7.0级地震联合考察队所提交的评估报告中的部分内容。丽江县城的震害调查和损失评估现场工作历时十天(1996年2月6—15日),是在国家地震局的指导下和丽江地区行署和县政府的密切配合下,与云南省地震局共同进行的,并在现场做了初步统计评估,而后回到工程力学研究所,将调查数据输入计算机建库。本文是由智能辅助决策系统做出的统计结果。

丽江开发较早,有远古文明,为国家级历史文化名城和国家级风景名胜区,是我国唯一的纳西族自治县。

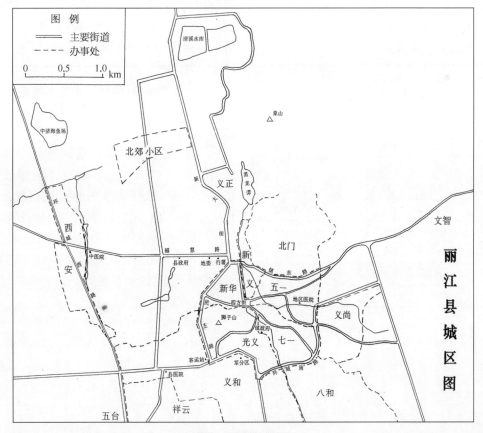

图1 丽江县城区图

本文出处:《地震工程与工程振动》,1996年3月,第16卷第1期,19–29页。

据 1994 年的统计资料,全县总人口为 33.57 万人(其中非农业人口为 5.59 万人),国民经济总产值为 6.125 亿元,工农业总产值为 3.785 亿元(其中农业总产值为 2.373 亿元),地方财政总收入为 0.543 亿元。丽江县城大研镇,常住人口有 61 617 人,8 502 户,是丽江行政公署和丽江县政府的所在地,设 14 个办事处,其中老城区(即大研镇古城)有 5 个街道办事处(五一、七一、新华、新义和光义),20 世纪 70 年代在老城区的路北建北门街道办事处,80 年代在城西建西安街道办事处,郊区也设 7 个办事处(五台、祥云、八河、文智、义正、义尚和义和),自老城区以西至西安街的大片郊区已建成新城区,在新城区以北 90 年代新建北郊住宅小区。丽江县城在第二代烈度区划图中为 8 度设防区,第三代区划图中为 9 度设防区。图 1 为丽江县城区图。

2 人员伤亡

按云南省震灾统计资料,在这次地震中死亡 309 人,重伤 4 070 人,轻伤 12 987 人,其中丽江全县死亡 294 人,重伤 3 984 人,轻伤 12 654 人,据大研镇镇政府提供的统计资料,丽江县城大研镇共死亡 77 人。各办事处的户数、人口数、死亡人数和死亡率列于表 1。大研镇居民在这次 7 级地震中的平均死亡率为 12.5‰,一般均为房屋倒塌或墙体倒塌所致。

表 1 丽江县城(大研镇)在 7.0 级
地震中的人员死亡率($\times 10^{-4}$)

地　点	户数	人口数	死亡人数	死亡率
五一街道办事处	981	3 632	3	8.26
七一街道办事处	692	2 506	2	7.98
新华街道办事处	436	1 639	0	0
新义街道办事处	490	1 751	2	11.42
光义街道办事处	806	2 888	10	34.63
北门街道办事处	609	2 458	2	8.14
西安街道办事处	951	3 358	1	2.98
五台办事处	516	2 142	5	23.34
祥云办事处	448	1 811	3	16.57
八河办事处	225	890	1	11.24
文智办事处	730	3 437	24	69.83
义正办事处	793	3 109	19	61.11
义尚办事处	287	1 145	1	8.73
义和办事处	526	1 781	4	22.46
机关(单位数)	(12)	29 070	0	0
大研镇总计	8 502	61 617	77	12.50

3 房屋建筑的震害统计

3.1 房屋类型

丽江县城大研镇的房屋建筑大致可归纳为五类:

(1)民族土木,即穿斗木构架土坯围护墙房屋。这类房屋一般为两层,每幢上下各 3 间,建筑面积约 15 m²/间,屋脊高约 7 m。丽江的穿斗木构架房屋用木料粗,做工精细,前廊多为雕花彩绘木门窗和栏板;块(条)石基础和勒脚,上砌土坯墙白灰抹面,墙在架外,木构架外檐吊柱半露上层墙体外;小青筒瓦屋面,底瓦黏结,盖瓦至少在屋脊、檐口和两山各约 1 m 用白灰膏黏结,屋脊和四角多有飞翘,饰纹封檐瓦,院落多有具民族特色的垂花门。为区别于一般穿斗木构架房屋,故称民族土木房。

(2)民族砖木。与民族土木不同的是,围护墙用砖砌,一般做工装修更讲究,故称民族砖木房。

这两类独具民族风格的房屋是中国古建筑的瑰宝之一,是东巴文化的重要组成部分。大研镇古城家家有庭院(图 2),户户门前有流水(图 3)。在近年,民族形式的房屋仍大量建造,一般不另加抗震措施,也有在土墙中加竹筋或草筋的,抗震效果并不显著;个别房主建造时采用加钢筋和混凝土抗震措施,有的房屋采用木框板隔断,起到轻质抗震墙的作用,效果甚好。

(3)砖木结构,即砖墙承重木楼盖木屋盖或砖柱木屋架房屋。这类房屋一般也未按抗震设防的要求建造和加固。

(4)砖混结构。20 世纪 80 年代大量建造的砖混结构房屋,一般按 8 度抗震要求设计建造,多为二、三层房屋,设有钢筋混凝土构造柱,均用现浇钢筋混凝土楼屋盖。90 年代建造的,仍多为 8 度设防。

(5)钢筋混凝土结构包括钢筋混凝土排架、框架和高层框架剪力墙结构的房屋。一般按 8 度抗震要求设计建造,新建成和在建工程中有的按 9 度设防要求设计。

烟囱和水塔的数量甚少。

3.2 房屋的震害程度划分

丽江县城大研镇的房屋震害,按其实际破坏状态分为基本完好(含完好无损)、轻微损坏、中等破坏、严重破坏、部分倒塌和全毁倒平六个档级。按其承重结构和非承重结构破坏及其修复的难易程度划分如下:

(1)基本完好——没有震害,或非结构部件偶尔有极轻微的破坏。

（2）轻微损坏——非主体结构局部有明显的破坏，或主体结构局部有轻微的破坏，不影响正常使用，一般只需稍加修理或不加修理即可使用。其中民族土木和民族砖木结构房屋的墙体局部开裂，或木构架稍有松动，或瓦屋面滑移甚或局部掉落；砖混和砖木结构房屋的个别承重墙体偶有可见微细裂缝，或非主体结构局部有明显的裂缝；框（排）架结构与填充墙之间部分出现裂缝，或非承重构件少数有明显裂缝。

（3）中等破坏——非主体结构普遍遭到破坏，或主体结构多处发生破坏，经局部修复或加固处理后仍可使用。其中民族土木和民族砖木结构的房屋，木构架基本完好，柱脚明显位移，墙体开裂明显，甚至山尖、檐墙或墙角局部掉落，或瓦屋面大片滑落；砖混和砖木结构的房屋，许多承重墙体出现可见裂缝，或部分墙体有明显裂缝而构造柱不开裂，或非主体结构破坏严重；框（排）架结构的房屋，承重构件少数有微细裂缝，非承重构件与其联结处许多明显开裂或少数开裂严重。

（4）严重破坏——主体结构普遍遭到破坏，或部分有极严重的破坏，须经大修方可使用或已无修复价值。其中民族土木和民族砖木结构房屋，围护山墙和前后墙的上部倒塌，木构架无损或轻度倾斜甚或个别构件折损；砖混和砖木结构的房屋，承重墙体普遍出现明显的裂缝，或部分有极严重的破坏，甚至构造柱开裂、混凝土崩落、墙体局部掉角；框（排）架的承重结构普遍出现明显的破坏，或个别极为严重。

（5）局部倒塌——民族土木和砖木房屋的墙体大部甚或全部倒塌，木构架正立、歪斜甚至折断但未倒，或局部架倒。砖混和砖木结构的房屋，部分倒塌，包括墙体大部倒塌而屋不塌，部分墙倒屋塌。

（6）倒毁——木构架房屋全毁倒平，砖结构房屋大部或全部倒塌。

3.3 震害调查统计

对丽江县城大研镇房屋震害的调查统计，在5个街道办事处（五一、七一、新义、北门和西安）和沿5条街道（新大街—义正村、福慧路、环城路—机床厂、民主路和长水路）进行，并将对八个系统（医疗、电力、通信、金融、交通、旅游、教学和工商）中调查震害进行单体安全性评定的房屋也统计在内。调查房屋震害的建筑面积总计为54.21万 m²，抽样率为13.88%，表2列出丽江县城（大研镇）各类房屋震害调查的建筑面积和抽样率。

表 2　丽江县城（大研镇）房屋震害调查统计抽样率

建筑面积和抽样率	民族土木	民族砖木	砖木结构	砖混结构	钢筋混凝土结构	总计
震害调查数/万 m²	12.90	2.22	5.30	12.67	21.13	54.21
实有房屋数/万 m²	165	15.6		120	90	390.6
抽样率/%	7.82	48.21		10.56	23.48	13.88
	11.31			16.10		

对上述11个调查点的震害统计结果，将在下面简述，其震害指数列于表3。

表 3　丽江县城（大研镇）调查统计点各类房屋震害指数

调查统计点	民族土木	民族砖木	砖木结构	砖混结构	钢筋混凝土结构	综合
五一街道办事处	0.52	0.08	0.23	0.09	0.04	0.45
七一街道办事处	0.61	0.18	0.51	0.08	/	0.56
新义街道办事处	0.53	0.12	/	0.07		0.49
北门街道办事处	0.68	0.42	/	0.33	0.20	0.54
西安街道办事处	0.74	0.31	/	0.26		0.54
新大街—义正村	0.68	/	0.73	0.27	0.30	0.45
福慧路	/	/	0.21	0.23	0.20	0.22
环城路—机床厂	0.16	0.06	0.55	0.17	0.16	0.25
民主路	0.56		0.34	0.33	0.18	0.24
长水路	0.68		0.49	0.31	0.19	0.29
单体调查八系统	0.40	/	0.54	0.30	0.22	0.27
按调查数加权统计	0.62	0.26	0.51	0.26	0.22	0.35
按各类房屋数统计						0.41

五一街道办事处在老城区，共调查了42 577 m²建筑面积的房屋，综合震害指数为0.45。90%以上的房屋为民族形式的，其中民族土木结构的房屋部分倒塌和倒毁的分别为38.46%和0.88%，民族砖木的震害甚轻。

七一街道办事处也在老城区，共调查了21 915 m²建筑面积的房屋，综合震害指数为0.56，其中民族形式的房屋占95%，砖木与土木之比约为1:10，民族土木房屋的倒塌率高达48%。

新义街道办事处也在老城区,共调查了 17 415 m² 建筑面积的房屋,综合震害指数为 0.49。民族形式的房屋占 96%,民族土木房屋也大多严重破坏和局部倒塌,民族砖木房屋的震害则很轻。

北门街道办事处各类房屋是在 20 世纪 70 年代开始建的,共调查了 15 135 m² 建筑面积的房屋,综合震害指数为 0.54,比老城区的五一和新义街道办稍高。

西安街道办事处各类房屋是在 20 世纪 80 年代开始建的,共调查了 55 300 m² 建筑面积的房屋,综合震害指数为 0.54,也比老城区的五一和新义街道办稍高。

义正办事处中沿新大街包括义正村在内的各类房屋,共调查了 67 319 m²,综合震害指数为 0.45。

新城区东西向主干线福慧路东段两旁的各类房屋,共调查了 44 171 m²,均为砖混、砖木和钢筋混凝土结构的房屋,综合震害指数为 0.22,调查中没有倒塌的房屋。

环城南路包括机床厂在内的各类房屋,共调查了 29 488 m²,综合震害指数为 0.25,除砖木结构的房屋外其他类型的房屋也无倒塌。

民主路的各类房屋,共调查了 60 850 m²,钢筋混凝土结构的房屋占 64%,综合震害指数为 0.24。

长水路的各类房屋,共调查了 32 335 m²,综合震害指数为 0.29。调查房屋中也大多为钢筋混凝土结构房屋,占 59%;砖木结构的房屋在各调查地点中占的比例最高,为 26%,它的震害比民族砖木、砖混和钢筋混凝土结构都要重。

在评定房屋单体安全性的八个系统中,共调查房屋 155 609 m²,综合震害指数为 0.27,也以钢筋混凝土结构的房屋为多,占 64%,其中包括 4 幢框剪高层建筑,2 幢 9 度设防的基本完好,2 幢 8 度设防但设计有缺陷的,其一轻微损坏,另一中等破坏。

从表 3 中丽江县城大研镇 11 个调查统计点的房屋综合震害指数和各类房屋的震害指数的统计结果,按调查房屋数大研镇房屋的综合震害指数为 0.35,由于各类房屋的抽样率不同(表 2),且震害较轻的钢筋混凝土结构的抽样率较高,故按各类房屋的实有数统计丽江县城大研镇房屋的综合震害指数为 0.41。

由表 3 比较这 11 个震害调查统计点的综合震害指数可见:在老城区与其相应以民族土木房屋为主的调查统计点的综合震害指数在 0.5 左右,即总体上为中等至严重破坏,统计数据表明,在这次 7 级地震中丽江县古城并没损毁殆尽。在新城区,沿主要街道的两旁建筑,以砖混和钢筋混凝土结构房屋为主,调查统计

点的综合震害指数在 0.2~0.3,即总体上为轻微损坏,有的调查点砖混结构的综合震害指数刚由轻微损坏进入中等破坏,这表明按 8 度设防要求建造的丽江新城区遭遇到设防烈度的地震袭击后,房屋的震害总体上在抗震设计规范所限定的范围,经受住了这次 7 级地震的严峻考验,即"当遭受本地区设防烈度的地震影响时,可能损坏,经一般修理或不需修理仍可继续使用"。

丽江县城大研镇五类房屋的震害分布率和震害指数列于表 4 中,从表 4 和表 3 中可见:在这五类房屋中,民族土木结构的震害最重,平均震害指数为 0.62,在 11 个统计点中除个别点该类房屋较少,震害又轻之外,震害指数也都比别类房屋高,半数民族土木结构的房屋为部分倒塌,即土坯墙大部倒塌,而木构架依然或只轻微歪斜。民族砖木结构房屋与土木结构相比,震害要轻得多,平均震害指数为 0.26,严重破坏和倒塌的只近 3%,40% 为中等破坏,大部为轻微损坏或基本完好。砖木结构的房屋,震害也较重,仅次于民族土木结构,平均震害指数为 0.51,且在不同调查统计点的差异较大,在这五类房屋中砖木结构的全毁倒平率最高,达 13.6%,大多为不设防的简易单层砖柱木屋架厂房。砖混和钢筋混凝土结构的这两类房屋,震害指数分别为 0.26 和 0.22,总体上符合抗震设防的要求,大多为

表 4　丽江县城(大研镇)各类房屋的震害分布率和震害指数

震害程度和震害指数	建筑面积和震害率	民族土木	民族砖木	砖木结构	砖混结构	钢筋混凝土结构	调查房屋合计
基本完好 0	m²	3 115	3 645	3 207	38 778	52 319	101 064
	%	2.42	16.41	6.05	30.62	24.77	18.64
轻微损坏 0.2	m²	14 090	8 895	8 653	31 287	99 061	161 986
	%	10.92	40.04	16.33	24.70	46.89	29.88
中等破坏 0.4	m²	19 135	9 030	16 102	38 922	49 955	133 144
	%	14.84	40.65	30.38	30.73	23.65	24.56
严重破坏 0.6	m²	26 770	300	11 762	14 265	9 926	63 023
	%	20.75	1.35	22.19	11.26	4.70	11.63
部分倒塌 0.8	m²	64 384	345	6 068	3 405	0	74 202
	%	49.92	1.55	11.45	2.69	0.00	13.69
全毁倒平 1.0	m²	1 487	0	7 208	0	0	8 695
	%	1.15	0.00	13.60	0.00	0.00	1.60
各类房屋调查总数	m²	128 981	22 215	53 000	126 657	211 261	542 114
	%	23.79	4.10	9.78	23.36	38.97	100
震害指数		0.62	0.26	0.51	0.26	0.22	0.35

基本完好和轻微损坏，这两类房屋分别为 55% 和 72%；在中等破坏和严重破坏的房屋中，从八个系统的单体调查评定安全性的房屋看来，有的设计虽按 8 度设防，但有明显不足之处或施工质量不好。8 度设防的砖混结构房屋，普遍遭到严重破坏且构造柱崩裂的地区卫校房屋，除了砌筑砂浆稍为偏低外，主要是受场地的影响。在砖混结构中部分倒塌率为 2.69%，均是未经抗震设计的。

在震害调查中，还见到两个 30 m 高砖烟囱，均上部有多道水平裂缝和滑移错位，另有一个砖烟囱掉头，还有一个钢筋混凝土烟囱完好无损，两个砖筒水塔筒身开裂。

4　房屋建筑的震害损失评估

丽江县城大研镇各类房屋按原样新建的平均造价，由地区建设局提供，民族土木结构房屋为 380 元/m²，民族砖木和砖木结构房屋为 500 元/m²，砖混结构房屋为 700 元/m²，钢筋混凝土结构房屋为 1 200 元/m²，这与县建设局核算的大致相当，比我们在现场调查时询问的实际造价偏高有限。考虑到近年物价上涨的因素，当地政府提供的造价，按《震害调查及地震损失评定工作指南》的规定，可接受依此作为评估房屋建筑震害损失的基价。

从丽江城市房屋的震害特征出发将其震害程度分为六个档级，因而房屋建筑不同震害程度的房产损失率，采用"城市现有房屋震害预测智能辅助决策系统"（获 1995 年国家级科技进步二等奖）中的房产损失率范围，并按丽江县城的实际情况取值，则基本完好为 1%，轻微损坏为 5%，中等破坏为 15%，严重破坏为 40%，局部倒塌为 80%，倒毁为 100%，由表 4 中各类房屋的震害率计算各类房屋的房产损失比，列于表 5 中，民族土木为 0.521 8，民族砖木为 0.100 4，砖木结构为 0.370 7，砖混结构为 0.128 1，钢筋混凝土结构为 0.080 2。丽江县城大研镇各类房屋的房产经济损失评估结果也列于表 5 中。房产总损失为 5.44 亿元，大部分为民族土木结构房屋的损失为 3.27 亿元，砖混和钢筋混凝土结构的房产损失分别为 1.08 亿元和 0.87 亿元。

5　生命线工程的震害损失

根据丽江县城的实际情况，把生命线工程的震害损失分为供水及水利、电力、电信和交通四个系统分别进行评估。生命线工程中的房屋建筑震害损失，已一并在上节中评估，故不包括在此生命线工程的震害损失评估中。

表 5　丽江县城（大研镇）房屋建筑经济损失评估

类　型	民族土木	民族砖木	砖木结构	砖混结构	钢筋混凝土结构
房产损失比	0.521 8	0.100 4	0.370 7	0.128 1	0.080 2
总建筑面积 /万 m²	165	4.6	11	120	90
建筑造价 /(元·m⁻²)	380	500	500	700	1 200
房产损失 /万元	32 717	231	2 074	10 760	8 662
房产总损失 /亿元	5.444 4				

5.1　供水及水利系统

丽江县城的生产及生活用水主要由老水厂提供，另有部分自备水源。新建的水厂尚未投入使用。震后由于给水管道多处破裂，供水中断。在供水主干线抢修现场可以看到，长仅百余米的铸铁管线破坏达十几处。其他供水工程建筑物如水池等破损轻微。

距古城北西 2.5 km 的中济水库，主体大坝右翼发生滑坡、塌陷。滑坡区长达 30 m，坝顶下沉达 1 m。坝顶面沿纵向可见多道裂缝，缝宽达 10 cm。清溪和新团水库主坝坝体也有裂缝出现。

经初步估算，供水系统的经济损失（包括管线的材料费及施工费等）为 1 500 万元，三个水库受损坝段及农田水利设施的修复重建费为 1 800 万元。

5.2　电力系统

丽江地区电力公司计有白浪花和黑白水一级、尾水和黑白水二级、关坡和黑白水三级六个电站，还有北门坡、南口、玉龙山和白汉场四个变电站，城镇 10 kV 线路有 526 km，城镇低压线路有 700 km，全区电力网 110 kV 线路有 138 km。这次地震中，各电站的取水枢纽、引水工程、前池、厂房、机电部分、压力管道及线路都有不同程度的损坏，地震发生后，主要因滑坡落石砸倒高压输电线杆而造成供电中断。同时，位于震中附近的水电站取水枢纽、引水隧道和机电设备有不同程度的破坏，各变电站内的电器设备也遭到了一些破坏。输电线路，尤其是老城区的低压线路，伴随房屋的倒塌及破损，损失较重。初步统计，各类损失总额可达 4 300 万元，其中主要为设备的修复和更换费用，以及各类构筑物的加固重建费用。

5.3　电信系统

这次地震中，由于采取了抗震措施，邮电和通信系统的大部分电气设备只受到轻微损坏，市话和农话用户电缆有不同程度的破坏，老城区重一些，且与所属乡的通话中断。安装在邮电综合大楼中的进口会议电视倾倒损坏。初步估算,通信系统的损失(设备、材料、人力等费用)为2 300万元。

5.4 交通系统

丽江县城的道路布局比较混乱,尤其是古城区道路狭窄,震后由于街道两边的围墙和房屋的倒塌,造成数条街道和河渠堵塞,由解放军抢险疏通。新老城区的路灯等基础设施也有破损。去玉峰雪山下白水山庄旅游景点的公路,有近百米植皮滑塌,堵塞交通,白水桥岸坡稍有震陷,桥栏端杆开裂,尚不影响正常使用。经估算交通系统的总损失可达1 300万元。

综上所述,生命线工程中四个系统(房屋建筑除外)的总经济损失合计为1.21亿元。

6 室内财产的损失评估

房屋室内财产的损失包括两部分:居民房屋室内财产的损失和企事业单位(不包括上述生命线工程)的损失。

6.1 民居室内财产损失评估

在丽江县城大研镇的居民住宅总建筑面积为207.1万 m^2。在11个房屋震害调查统计点中,共调查各类住宅(含宿舍)20.5万 m^2,其震害分布率和震害指数汇总在表6中。其中半数以上的民居为民族土木结构,震害指数为0.61,部分倒塌率近50%。根据调查询问的实际情况,并参考城市现有房屋震害预测智能辅助决策系统所提供的范围,不同震害程度的室内财产损失率:基本完好为0%,轻微损坏为1%,中等破坏为4%,严重破坏为12%,部分倒塌为35%,全毁倒平为80%。各类房屋的居民室内财产损失比列于表7中。民族土木结构的民居室内财产损失比为0.208 9,民族砖木为0.027 4,砖木结构的民居为0.083 3,砖混结构的民居为0.022 1,钢筋混凝土结构的民居为0.012 5。

民居的室内财产值不包括票证、现金、金银首饰和字画古物等,平均按100元/ m^2 估算,则居民室内财产损失总值为3 188万元,其中绝大部分为民族土木民居震害所致。

6.2 企事业单位的室内财产损失评估

工商财贸和文教卫生行政等企事业单位的室内财产损失估计,据建筑物的震害程度和各单位自报的损失数,也采取抽样的办法,重点对工厂企业、学校、医院、百货等系统进行实地调查,受时间和人力的限制对粮食、物资、乡镇企业的室内财产损失基本上采用自报损失值。损失值总计为9 800万元,其中工业企业设备

等为3 600万元,商贸物资、粮食等为1 800万元,文教卫生系统为1 700万元,乡镇企业为1 700万元,市政设施为1 000万元。

表6 丽江县城(大研镇)居住房屋的震害分布率和震害指数

震害程度和震害指数	建筑面积和震害率	民族土木	民族砖木	砖木结构	砖混结构	钢筋混凝土结构	调查房屋合计
基本完好 0	m^2	2 995	3 555	1 317	18 324	6 160	32 351
	%	2.59	16.07	15.30	38.24	54.21	15.75
轻微损坏 0.2	m^2	13 835	8 895	2 133	15 785	2 187	42 835
	%	11.98	40.20	24.79	32.94	19.24	20.85
中等破坏 0.4	m^2	17 530	9 030	1 626	9 613	3 017	40 816
	%	15.18	40.81	18.89	20.06	26.55	19.87
严重破坏 0.6	m^2	24 618	300	2 630	4 138	0	31 686
	%	21.32	1.36	30.56	8.64		15.42
部分倒塌 0.8	m^2	55 226	345	900	60	0	56 531
	%	47.84	1.56	10.46	0.13		27.51
全毁倒平 1.0	m^2	1 245	0	0	0	0	1 245
	%	1.08					0.61
各类房屋调查总数	m^2	115 449	22 125	8 606	47 920	11 464	205 464
	%	56.19	10.77	4.19	23.32	5.53	100
震害指数		0.61	0.26	0.39	0.20	0.14	0.44

表7 丽江县城(大研镇)民居室内财产损失评估

类型	民族土木	民族砖木	砖木结构	砖混结构	钢筋混凝土结构
室内财产损失比	0.208 9	0.027 4	0.083 3	0.022 1	0.012 5
居住建筑面积/万 m^2	145	27.5	1.6	30	3
室内财产值/(元·m^{-2})	100				
室内财产损失/万元	3 029.1	75.4	13.3	66.3	3.8
民居室内财产损失总值	3 188万元				

上述两项室内财产损失的评估结果总计为1.30亿元。

7 结语

(1)在1996年2月3日的丽江7.0级地震中,丽江县城大研镇遭受到8度地震的破坏。人员死亡77

人,死亡率为 12.5‰。直接经济损失总值为 7.86 亿元,其中房产损失为 5.44 亿元,生命线工程损失为 1.12 亿元,室内财产损失为 1.30 亿元。

(2)大量民族形式的穿斗木构架土坯围护墙房屋,即民族土木结构的房屋,在这次地震中破坏严重,而民族砖木结构的房屋,其破坏程度对 7 级大震说来是可接受的。因此,对民族形式的土木结构房屋,我们认为在重建家园中应采取抗震措施或建民族砖木结构房屋。

(3)按 8 度抗震设防建造的砖混和钢筋混凝土结构的房屋,大多基本完好或轻微损坏,经受住了这次 7 级地震的考验。生命线工程的抗震设防,在这次地震中也基本经受住了考验。通信、交通较快恢复,供电、供水得到一定程度的保障,特别是新建的丽江机场完好无损,航线通畅。我们认为,丽江地震的震害表明抗震设防是有成效的,而有关恢复重建和今后新建工程的设防标准与地震小区划的工作需尽快研究,作为重建丽江的抗震设防依据。

(4)对工程建设质量,地震确是最无情的检验。通过地震的检验,暴露出工程建设中一些严重的问题,如:合资企业的厂房因未曾设防而倒塌;设备因抗震设计不周而破坏,致使停产;房屋建筑因抗震设计未达到要求(有借章设计的,也有甲级院设计的)或因施工质量差而明显破坏等。我们认为,凡出现按设防标准不可接受的震害,需由有关部门进行处理,也有些问题是需改进抗震设计规范才能解决的。

(5)丽江地震是按地震损失评估工作指南(试行稿)要求进行损失评估的第一个 7 级地震,由于经验不足,在我们的工作中可能存在一定的问题,恳望批评指正。同时,通过这次实践,我们也深感工作指南(试行稿)需进一步完善和改进,使损失评估工作在抗震救灾减轻灾害损失中更为及时、更有实效。

(6)丽江地处边远,自救能力较弱,为重建历史文化名城和风景名胜区,保护民族文化,发展地方经济,亟待国家、省和各有关部门及国际机构和友人在人力、财力、技术和物资上的救助。

图 2　丽江纳西族民居小院

图 3　古城大研镇木房、小桥流水

图 4　震灾现场考察

图 5　古寺请教问史

5 – 24 Statistics of Damage and Evaluation of Losses for Lijiang County Town in the Earthquake of February 03, 1996 (Conclusion) *

Yang Yucheng   Yuan Yifan   Guo Endong   Liu Chunguang   Yang Yaling

The Lijiang earthquake of M = 7.0 occurred on Feb., 3, 1996 in the Southwest of China, these conclusion for evaluation of damage to and losses of Lijiang county town.

(1) Dayan Town, Lijiang County Seat, suffered a seismic damage of 8 degree of intensity in Lijiang Earthquake (M_s = 7.0). 77 people died, and the death rate is 1.25‰. The sum of direct economy losses of buildings, properties in houses and lifeline engineerings is 7.86 hundred millions Yuan. It is equal to the total value of industry and agriculture of recent two years in the whole Lijiang county.

(2) The buildings of brick-concrete or reinforced concrete structure and lifeline engineerings which were designed to resist an earthquake influence of 8 degree of intensity have withstood the test of this earthquake, most of them are basically undamaged or lightly damaged. Lifeline systems returned soon. Especially, the Lijiang airport is completely undamaged and provided an effective basis for disaster relief activities. We can say: "Seismic protection is effective."

(3) A large number of the local traditional buildings with wood structure and adobe wall (TWA) have been seriously damaged by the strong earthquake. However the damages of local buildings with wood structure and brick wall (TWB) are acceptable. Therefore, aseismic measures should be adopted, when TWA buildings are rebuilt, or replaced by TWB buildings instead.

(4) The building construction quality can be checked by earthquakes strictly. In the Lijiang earthquake, many serious problems related to damage were revealed, such as the facts that some industry buildings were not protected against earthquake, design defects and poor construction were found in some new buildings, no anti-seismic measures has been adapted to equipments etc..

It is necessary to emphasize that management and regulation must control construction in our rapidly developing period. Some technical problems can be solved by further study and modification of Seismic Building Codes.

(5) Lijiang is located in a remote minority area of China. Its self-help capacity is weak. For the aim of reconstruction of the famous national historical culture town and scenic spot, and for the sake of development of local economy, national and international support by personal, finances and techniques is necessary.

Source: Earthquake Prognostics Strategy-Against the Impact of Impending Earthquake, Earthquake Prognostics International Center, Berlin, 1998, 480 – 489.

* 本文由中方编辑约稿,为本书 5 – 23 文的中译英版本,本书删略,只摘录结语。

5 - 25 Existing Building Classification System (Schema)

Yang Liu

In order to know the present situation of buildings in a city or region in detail, classifying existing buildings are essential. For different purposes of classification, different results of classification systems are obvious. Two classification systems as follows are widely used in China at present.

Classification system for building general survey as shown in Table 1. Works of building general survey are going on in cites and towns in China. December 31, 1985 is specified as the date for general survey day of buildings all over the country. The goal of building general survey is to investigate the situation of all buildings and the people's housing condition, so that will provide a reliable base for an appropriate construction plan and real estate management.

Classification system for aseismic consideration as shown in Table 2. It is corresponding to the classification used in aseismic building code and criteria for evaluating the building aseismic behavior, and is consistent with the data of systematic damage survey in the past destructive earthq. fields in China. It is easy to use the damage data, experiences and statistical results from the historical earthquake events to predict the damage of individual building or evaluate the vulnerability of different types of buildings using existing approach.

However, we face a problem: how to combine the two building classification systems and in vulnerability analysis and damage prediction of buildings how to make full use of data from building general survey in order to highly minimize work of investigating in site and classifying arrangement for identifying high risk buildings.

Table 1

Category	Sub-category	Structure	Present use	Number of story	Built. age	Total floor area	Quality of building	Worth of existing building	Configuration
1		Steel	· Dwelling · Industry, traffic, storehouse · Commerce, service · Education, medical-treatment, science · Culture, sport, amusement · Office · Other	Single 2 - 3 4 - 6 7 - 11 Above 11	Before 1949 The 50s The 60s The 70s The 80s	(m²)	Intact Basical intact Damage Serious damage Danger	(Yuan/m²)	According to plan of each floor of bldg. judge regularity of plan and elevation
2		Steel and reinforced concrete							
3		Reinforced concrete							
4		Combine (brick, R.C. and/or wood)							
5		Brick-wood							
6		Other (bamboo, wood, earth, stone, brick arch or cave dwelling)							

Source: PRC-USA Cooperation Project Workshop on "Risk Analysis and Seismic Safety of Existing Structures", Sep. 25 - 27, 1985; Research Reports on Seismic Hazard Analysis and Damage Prediction of Existing Buildings, Liu Huixian Research Team, IEM, SSB, 1989, 262 - 265.

Table 2   Building classification scheme

1. Multistory brick building
   (including masonry unit building)
   1.1   Brick walls, wood floor and roof
   1.2   Brick walls, R.C. floors and R.C. or wood roof
   1.3   Masonry unit walls
   1.4   Reinforced masonry walls

2. Reinforced concrete building
   2.1   Frame
   2.2   Frame with shear wall
   2.3   Shear wall

3. Dual combination structure
   3.1   Exterior brick wall with interior R.C. frame
   3.2   Whole frame or interior frame with shear wall for first floor, brick structure for upper floor
   3.3   Whole frame, interior frame or spacious brick structure for first floor, rigid brick structure for upper floor

4. Single story industrial building
   4.1   Reinforced concrete columns
   4.2   Steel structure
   4.3   Brick columns or walls

5. Large span building
   5.1   Unreinforced brick columns or walls
   5.2   Reinforced brick columns or walls
   5.3   Steel or R.C. columns

6. Single story brick building
   6.1   Brick walls, R.C. roof
   6.2   Brick walls and arched roof
   6.3   Brick walls, wood roof covering tiles
   6.4   Brick walls, wood roof covering mud

7. Earth architecture
   7.1   Purlins supported on transversal Adobe walls
   7.2   Transversal beams supported on longitudinal adobe walls
   7.3   Adobe walls with brick facing
   7.4   Adobe walls and arched roof
   7.5   Cave dwelling

8. Wood framed building
   8.1   Tenon through wood frame
   8.2   Beam-column type of wood frame
   8.3   Wood truss supported by wood column
   8.4   Tibetan-type wood building

9. Stone building
   9.1   Finished-stone masonry walls
   9.2   Rubble walls

结　　语

（1）耄耋老牛，回首。从事工程科研一甲子、地震工程半个多世纪，唯愿国泰民安，为之勤耕一生。敢于担当、探索和创新，我唯有灵感和自信，只会构思和书写，所幸有真挚肯干能干的课题组，又有一个又一个高智可靠、协同奋力的团队，汇集英才，凝聚共识，团结友好，有主攻和声和助攻，更要深情恭谢诸位老所长、老先生和师兄的引领、解惑和帮助，才结出有真实价值的创新研究成果，并编撰成书，奉之朝向国泰民安、小康大众，礼献建党百年华诞。

（2）初心，家国安居。始创房屋建筑震害预测迄今整整 40 年（20 世纪 80 年代初创），1987 年获国家科技进步三等奖；城乡房屋震害预测智能辅助决策系统的创新与应用已有 30 年左右（20 世纪 90 年代初创），1995 年获国家科技进步二等奖；开创地震现场抗震救灾建筑物安全鉴定先河和丽江古城重建对策发声"按原样修复"（1996 年），已有 25 年，当今纳西古城丽江名扬中外；编制国家标准（GB 18208.2—2001），实施也有 20 个年头。21 世纪新时代科学技术迅速发展，遥观未来，真切祝愿新的年轻一代，必将会厚实知识，应用 5G、人工智能技术，依托北斗系统，加鞭创新，昂首立业，进一步推进我国社会和工程建设与其防震减灾应急管理体系和抗震救灾能力的现代化，践行家国安宁富强，迎来人民大众生活幸福美好的新时代。

（3）出成果出人才，众人拾柴火焰高。本书汇集编著者的 105 篇研究论文和工作报告，分编为五个篇章。第一作者 23 人和两集体，共同署名作者近百人，该论文集是诸子百家的研究成果。有诸位导师和所内外众多协同合作的同事才结出成果，也出人才。真可谓众人拾柴火焰高。要感谢诸位，在结语中再次真挚致谢，谨向仙逝老所长致敬鞠躬。

论文的第一作者，有院士 1 位、教授 2 位、总工 3 位、研究员 3 位、副研 1 位、高工 8 位、博士 2+1 位、硕士 3+3 位。论文贡献者是德高望重的中国地震工程之父刘所长刘恢先院士、清华大学陈聘教授、厦门鹭江大学蓝贵禄教授，院士教授的论文我虽都伴名但只字未写，都是他们亲自拾柴捆札立论书写的。三位老总不辞辛劳，领众聚柴，我只帮擦根火柴，他们是河北省建委总工邬天柱、克拉玛依油田建委总工王玉田、天津建材设计院总工陆锡蕾。研究员是我所时任所长孙柏涛和民用建筑抗震大组长陈懋恭。高工有工程力学研究所邱玉洁、辽宁省建委陈金华、克拉玛依建委黄巍、建筑科学研究院抗震所王开顺、鞍山市地震局戴盛斌。

第一作者或学位论文涉及的博士 3 人，是工程力学研究所李大华（导师刘恢先）、同济大学曹炳政（导师罗奇峰、杨玉成）、哈尔滨工程大学周强（导师孙柏涛）；硕士 6 人，是工程力学研究所陈友库（导师谢礼立、杨玉成）、杨丽萍（导师杜瑞明）、白亮（导师江近仁、杨玉成）、陈珊（导师孙柏涛），同济大学杨树龙（导师罗奇峰、杨玉成），天津大学张晓临（导师宋秉泽）。

课题组基干 5 人共有 85 篇第一作者论文，杨玉成研究员 71 篇；杨柳副研究员 4 篇，他擅长概率分析、震害预测全国房屋数据库知识、砖房震害预测抗震鉴定和农村土房抗震评估；高云学高工 4 篇，他主持基底砂层隔震测试、冻土对砖房抗震影响、地震次生灾害评估、砖房和木结构房屋抗震评估；杨雅玲高工 3 篇，她建立房屋抗震数据库系统，建设知识库，管理实施专家系统和智能辅助系统，设防城市房屋震害预测；王治山高工 3 篇，他完善砖房震害预测专家系统投入使用，开发高危害和动态减灾目标搜索技术，建成城市房屋震害预测智能辅助决策系统，进而实施图形智能系统。

课题组共事论文或获奖的再列 30 多位：朱玉莲、李玉宝、杨桂珍、刘一威、石兆吉、林学东、周四骏、赵宗瑜、孙景江、张培珍、郁寿松、白玉麟、黄浩华、王新英等，所外的宋昆仑、王燕、陈新君、李亦斌、崔平、杨健、彭亚忻、楼永林、武力军、吕秉志、刘丽洁、郑鹄、赵琨、张志远、程洁、王炳权、苏志奇等。歉意，恕不一一列出。

我们课题组是个与时俱进、富有创新精神、能广聚英才的好团队，所里省里曾授予先进集体奖，砖房抗震创新研究于1983年获国家地震局二等奖，又在杭州举办全国研讨会，集众多专家经验和知识之大成，才进一步出成果的，两获国家科学技术进步奖（1987年获三等奖，1995年获二等奖）。课题组组长杨玉成1991年2月荣获黑龙江省优秀专家称号（终身享受）；1992年晋升为研究员；1992年10月起享受国务院政府特殊津贴；1996年5月国家地震局鉴于他为我国抗震减灾事业做出的贡献，授予他"从事防震减灾工作三十年"荣誉证书；1997年3月退休；2019年荣获中共中央、国务院、中央军委颁发的"庆祝中华人民共和国成立70周年"纪念章（2019010585）。杨柳晋升为副研究员；杨雅玲、王治山由助理研究员晋升为高级工程师；高云学由工程师晋升为高级工程师。

高云学　杨柳　杨玉成　王治山　杨雅玲

（4）编辑谏题，序言荐书。

这本论文集《城乡房屋智能辅助震害预测和安居设防》的书名，是上海科学技术出版社工业编辑部初审后建议的。原先我递交给出版社的论文集，书名用获国家科技进步二等奖的课题"城市现有房屋震害预测智能辅助决策系统"。我十分钦佩编辑部的专业精神，审阅书稿，发现问题，指出路径，既尊重历史理解初心，又面向当今服务读者，将过去写的文稿升跃到现代用的书册。在出版编审过程中，又给予我诸多有益的指导，我在各篇章前增写了开篇言，要我去情绪化，阐述创新驱动、学术争论、成果艰程，五篇章有序相联融合成册。谨向出版社工业编辑部的编辑付出心力，在出版过程中给予的支持和帮助致以深切的谢意。

真挚感谢百忙之中谢所长谢礼立院士和清华大学、上海交通大学刘西拉双教授撰写序言（一）和（二）。其贵言，顺应自然，功事成，恬然淡之。诚然，序言荐书，就摘录其所述作为本书最后的结语，首尾呼应。

本论文集就是以摘得了国家科技进步二等奖的优异成绩为主要内容加上之后取得的新成果经系统整理而成的。该论文集记录了我国在地震工程领域进步的一个个重要而又坚实的脚印。论文集的出版也必将会大大丰富地震工程科学的内容，这是一本在土木工程和结构工程领域里与人工智能、知识工程相关的珍贵的论文集。

该书从事科研工作的风格是：首先，选择的科研方向紧紧跟随国家发展需要。自唐山地震发生以来，一直瞄准城镇建筑的震害和安全不放，几十年不变，是"拼着命"干的富有创新精神的科技英才。科研成果在全所也是名列前茅的,为我国工程抗震做出了重要的贡献。其次,十分重视调查研究,特别重视数据库的建立和完善,紧紧抓住第一性的信息。为我国积累了大量有价值的第一手震害资料并建立了数据库,在实际的震害研究中抓住科学线索,发现并证实了重要的震害规律,揭示了结构地震破坏的机理和抗震性能。震害预测也已经成为地震工程领域中的一个具有明显中国特色的重要科学分支。最后,开展国际交流与合作,学习国际同行的优势和长处。杨玉成及其课题组的研究成果(唐山地震多层砖房震害总结和工程抗震分析),得到美国首届访华地震工程代表团的高度重视,认为该成果对砖结构抗震有着重要的科学价值,并在之后多次邀请出席国际科学论坛介绍他们的成果。

十分高兴向读者推荐。

希望大家能喜欢这本论文集,并从中受益。

迎中秋国庆双节,请容编著者(1937年正月生)和夫人(1941年正月生)向诸位中外师长、同仁、新朋老友问好,致敬意、致谢意!

杨玉成　赵宗瑜
2021辛丑牛年迎中秋国庆双节

FULU
_____

附录

附录1 敬重文献 ··· 587
从地震(大的试验)中学习(译文摘录) ···························· 587
砖结构模型试验和试验现场指导 ································· 590
砖结构模型试验(大纲) ··· 591
附录2 刘恢先研究课题组研究报告集(1984—1988) ········· 592
《地震危险性分析与现有房屋震害预测》前言、论文目录 ········· 592
附录3 杨玉成研究团队新疆十八年(1992—2009)完成22项任务清单目录 ······· 597

附录1 敬重文献

从地震(大的试验)中学习(译文摘录)

G.W. Housner

1 引言

多年来,美国地震工程师强调需要从地震中学习。最近的例子就是国家科学院的一份报告——《地震工程学研究1982》。在这份报告中得出结论:重要资料只能从地震中得到。例如,破坏性地震的许多最重要的情况是无法在实验室中研究的。把地震看成足尺试验是很重要的,并应有足够的思想准备:如果地震发生的话,从地震中学习知识。

当然,对把地震看成足尺动力试验并从地震事件中学习的客观需要,不会有人提出疑问。但总感到我们从过去发生的地震中学到的知识不像我们应当学到的那么多,并且感到应当格外努力从未来的地震中学习更多的知识。诚然,我们已经从过去发生的地震中学到一些有价值的东西。例如,为了记录地面震动和结构振动而设置加速度仪是沿着这个方向迈出的第一步。在1940年加州EL Centro地震(M7.1),记录到了强地面加速度,这是值得学习的经验。地震时结构振动的记录也提供了许多信息,特别是关于地震时多层房屋的线性振动。这些结构的记录验证了某些分析方法,但也说明了动力分析的局限性。在1979年10月加州帝国峡谷地震时获得了大量的记录。地震使新建的六层钢筋混凝土的县行政大楼遭到严重破坏。在震前,这座结构安置有一台中心式记录器加上13个加速度拾震器:第一层柱子的顶部和底部开裂时(实际形成了部分铰),可以看到振动周期变化很大。在这个记录中还能看到四个端柱倒塌的影响。在这种情况下,地震的确起到了足尺试验的作用,而且所提供的数据已经引起结构动力学研究工作者的很大兴趣。这座房屋是1968年按统一建筑规范的要求设计的,遭受的破坏清楚地证实了规范的要求对这个地方是不适用的。但除了这个事实之外,设计工程师从大部分记录数据中几乎没学到什么知识。

2 地震的记载

如果发生大地震,应该准备和发布两种文件。在地震发生后一个月内应签发初步报告。在地震后头几个月内有许多有意义的地震问题值得注意,从而做出决策和采取行动。大地震也应该由更完整的报告形成文件,完整的报告可以在几年后出版。这种报告旨在叙述发生了什么,而且应该包括那些对读者有意义的项目,如建筑物破坏、生命线破坏、对政府工作的影响、对公众的影响及对经济的影响等。1923年关东地震(M8.3)和1964年阿拉斯加地震(M8.4)的有关报告叙述了这些地震事件。

阿拉斯加地震除了有关工程的一卷外,也有记载其他情况的卷册。它们是:生物学(287页);水文学(441页);地质学(834页);海洋学和海岸工程学(556页);地震学和测地学(599页);环境生态学(510页)。如对有关工程卷册所做的评价一样,通过对这些卷册的评价可以得出结论,编辑大地震报告集是个重大任务,但是在过去为准备那种报告所需付出的巨大努力被低估了。

3 地震工程学

从研究的角度,多年来已经从地震中学到了许多知识。现在对地震危险性、强地震动的性质和结构振动反应特性等有了更多的了解。但是,为了工程设计目的从地震中学习知识就较为困难,学习的主要方式是"既然房屋破坏,就可得出设计方法不适当的结论,因此应该修改建筑规范"。这是试凑(trial-and-error)法,因为在规范被修改之后,在下一次地震中,又有房屋震害,又要修改规范。可以断定,从工程设计的观点来看,我们从地震中学到的知识是不会完全令人满意的。仅仅记载震害是不充分的,而必须继续深入研究和开展试验。我的看法对于绝大多数地震来说,像过去所做的那样追根问底的研究已显示出人员和经费不足。在美国,用于地震工程研究的费用只占建设费用很小的一部分。这是不相适应的。

从地震中学习的问题之一是认识到工程设计方法是不很科学的,是由简化的半经验的准则组成的。因为准则的原理一般是不清楚的,依据观察到的地震效应很难知道如何修改该准则。此外,地震后对被破坏结构的研究很少能在掌握结构未破坏时的资料的情况下进行。为了充分地向地震学习知识,要求对问题有良好的洞察力,能很好地判断出什么是不重要的,并具有进行必要的研究能力。从1976年唐山地震(M7.8)学到工程设计知识的一个很好的例子是哈尔滨中国科学院工程力学研究所的工程师们所提出的一篇文章(杨玉成等,唐山地震多层砖房震害总结和工程分析,中国科学院工程力学研究所报告,No.78-05,1978年5月)。图1表示唐山七个区房屋地震系数①图。这是根据建筑规范对应于一层中剪力墙面积算得的基底剪力地震系数图。当房屋只有一层遭到破坏时,就标绘出相应于这层的地震系数,除此情况之外,标绘出最小基底剪力值。这张图清楚地说明房屋名义上的规范强度如何与地震时遭到的破坏程度相关联。当地震系数大约低于0.25时,大多数结构倒塌;当地震系数大约大于0.7时,结构基本上没有损坏。

建筑规范里规定的抗震设计的简化等效静力法可能很难从地震中得到什么验证,除了认识到现有设计方法是不适宜的以外。然而,似乎应该能学到更多的知识,虽然可能很困难。据我看,建筑规范提出的方法掩盖了地震表现的重要特性,所以不鼓励工程师去研究它。地震效应的研究弄清了这一点,即结构受力超过初始屈服点或开裂点但并未达到倒塌点时的性能是结构反应的一个非常关键的状态。目前,我们对于地面扰动作用下结构的累积破坏还理解得不全面。在过去,大多

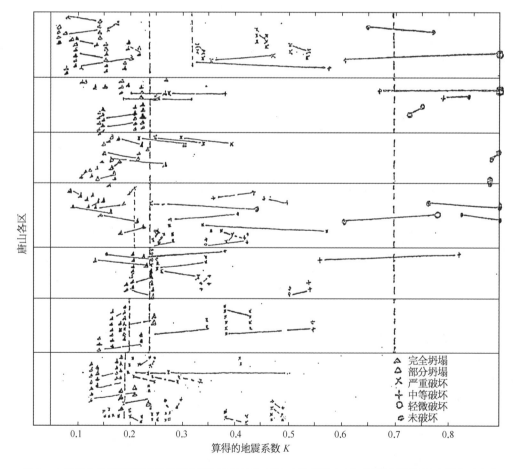

图1 中国唐山市多层砖房震害[1976年地震(M7.8),唐山市的房屋有85%倒塌或严重破坏,图表示出唐山市里七个区的房屋震害,图中标出的地震系数是震后按建筑规范算得的最小基底剪力系数,从中可以看出,如果算得的系数小于0.25,则房屋倒塌;如果系数大于0.7,则大体没有损坏或没有损坏]

① 本文中的"地震系数"意指抗震强度系数。——译者注

数地震研究引出这种论点："许多房屋遭到了破坏,但幸运的是地震的时间还没有延续到使许多房屋都倒塌那么长"。实际上,遭到破坏的房屋可能离倒塌还远得很,地震动的延续将不致引起塌毁。倘认为按建筑规范设计的结构将不会为未来地震所破坏,这是不对的。因而关于结构有一个很重要的工程问题要提出:对于多大的地震动强度和持续时间的组合将使结构处于倒塌的边缘? 或者更一般地说,在强地震动作用下累积破坏的机理是怎样的? 如果把这些问题潜心进行调查和震后研究,是能够从地震中学到许多知识的。

4 从未来地震中学习

从研究的角度,从过去发生的地震中已经学到许多关于地震动和结构反应的知识;但从设计的角度学到的并不多。在美国,从地震中学到的实际知识已经有助于使政府机构和公众更加认识到需要采取抗地震安全措施。例如,国家科学院的报告"地震工程学研究1982"指出:"过去十年来,破坏性地震的震后调查是着重于工程与地质两个因素,这对地震危险性的进一步认识和修正措施的实行起到了巨大的作用。"

例如,1971 年 San Fernando 地震的震后研究促使:① 地方建筑规范的较大改进;② 医院的抗震设计予以特殊考虑,这一点已被条例所承认;③ 检查坝的程序更为严格,并加以改进;④ 制定有关把结构建在活断层带内的新的州法律;⑤ 修订公路桥梁建筑标准;⑥ 重新加强修复1933 年前的无筋砖石结构;⑦ 强化公安、消防和其他处理紧急事务机构改善反应过程;⑧ 加速研究断层带,着重于确定地震重现间隔和活动度;⑨ 设置仪器,记录强地面震动及房屋的强烈振动,为地震工程学的进展提供依据。

但是,这种经验并不能直接作为抗震设计的数值依据。同时从这个角度来说,从地震中学到的知识仍然不是那么多的。在过去 50 年里,世界上发生了不少破坏性地震。但如果我们问,从所有这些地震中已经学到了什么? 应该肯定,我们已经学到的知识比可能学到的要少。在地震发生前进行专门的研究是必要的。想要从地震中学到知识,但如果只是等待地震的到来,则学习将受到阻碍。在地震国家里,应该从下列观点研究特定的城市:当地震到来时,我们可以学到什么? 如果可以学到某些有价值的知识,在地震到来之前应该进行什么准备和研究? 应该记住,当强烈的地震冲击大城市时,社会的损失可达几十亿美元。因此,通过学习努力解决地震危害问题,从经济角度看是完全必要的。本文的论述适用于所有地震工程学研究,而且特别适用于重点在于累积破坏的抗震设计的研究。

译自:久保庆三郎先生退官纪念国际地震工学シンポウム,1983 年 7 月 29 日,东京。

原题:Learning from Earthquake—The Great Experiment。

(陈达生 译 王孝信 校)

砖结构模型试验和试验现场指导

刘恢先

中国科学院工程力学研究所　　　　　　　　　　　　　第　页

砖结构模型试验

试验目的：

1. 破坏程度与地面运动峰值的对数成正比。

2. 证明破坏程度有无阶梯性的阈值。

3. 证明持续时间的影响是不是如想像的那样大；据缩短振等说能否定。

4. 观察倒塌是由于猛烈冲击还是由于持续振动。

试验步骤：

1. 自振特性试验。尽可能接近模型等加载。确定频率、振型、阻尼。

2. 长持时输入，逐步增幅。（选用 El Centro 记录）
   持续时间按等数比例折减。
   观测反应、位移、加速度，破裂地震等种反应过程。
   观测自振特性随破坏程度的变化。

3. 试验材料强度和刚度，从破坏的模型取试样。
   计算自振特性和地震反应。

4. 如有特殊地震输入，选用 near field 记录。
   重复特性长以做补充试验。

20×20＝400

刘恢先

砖结构模型试验（大纲）

刘恢先

试验目的：

1. 证明破坏程度与地面运动峰值的对数成正比。

2. 证明破坏程度有无阶梯性的阈值。

3. 证明持续时间的影响是不是如想象的那样大；低循环疲劳说能否建立。

4. 观察倒塌是由于猛烈冲击还是由于持续振动。

试验步骤：

1. 自振特性试验。尽可能按模型率加载。确定频率、振型、阻尼。

2. 长持时地震输入，逐步增幅（选用 EL Centro 记录）。

持续时间按基频比例折减。

观测应变、位移、加速度、破裂现象各种反应过程。

观测自振特性随破坏程度的变化。

试验材料强度和刚度，从破坏的模型取试样。

计算自振特性和地震反应。

3. 短持时地震输入，选用 Parkfield 记录。

重复对长持时输入做过的试验。

刘恢先所长 1989 年冬亲临地震模拟实验室指导
大型振动台第一个大型结构模型试验

照片中刘所长　左侧坐　黄浩华　许文德
　　　　左侧立　董　莹　林荫琦　李大华
　　　　右侧立　陆锡蕾　杨玉成　骆文琼

附录2
刘恢先研究课题组研究报告集(1984—1988)

《地震危险性分析与现有房屋震害预测》
前言、论文目录

地震危险性分析与现有房屋震害预测

国家地震局工程力学研究所
刘恢先研究课题组
(1984—1988)

本报告集是下列研究项目的成果汇编:

(1) 中美地震工程合作研究项目:

"地震危险性分析与现有房屋抗震性能评定和加固"

(Risk Analysis and Seismic Safety of Existing Structures)

(2) 地震科学联合基金资助课题:

"京津冀地区烈度区划与现有房屋震害预测"

课题负责人: 刘恢先
参　加　者: 陈达生　杨玉成
　　　　　　陶夏新　杨　柳
　　　　　　王　阜　高云学
　　　　　　黄　迈　杨雅玲

地震危险性分析与现有房屋震害预测
研究报告集
RESEARCH REPORTS ON
SEISMIC HAZARD ANALYSIS AND DAMAGE PREDICTION OF EXISTING BUILDINGS
(1987—1992)

中美地震工程合作研究项目
PRC-US Cooperation Project on Earthquake Engineering

地震科学联合基金资助课题
Project Sponsored by the Joint Earthquake Science Foundation

国家地震局工程力学研究所刘恢先研究课题组
Liu Huixian Research Team
Institute of Engineering Mechanics, SSB
1989

前　言

本报告集系国家地震局工程力学研究所刘恢先研究组 1984—1988 年期间于不同场合发表的研究报告的汇编,是两个研究项目的研究成果:(1)地震科学联合基金资助的"京津冀地震烈度区划与现有房屋震害预测";(2)中美地震工程合作研究中的"地震危险性分析与现有房屋抗震性能的评定和加固"。报告集分三部分:(1)地震危险性分析与地震区划;(2)震害预测与减轻灾害;(3)1985 年 9 月 25 日至 27 日在北京召开的中美地震危险性分析与现有建筑物加固专题讨论会上工程力学研究所的论文摘要。

唐山大地震后,刘恢先教授认为为了减轻大地震灾害,应该在震前做一系列准备工作。唐山地震的惨重教训在于低估了唐山的基本烈度和对现有房屋的抗震性能未能给予足够的重视。他认为为大地震做准备应当注意三个环节,即地震危险性的评估、对各类工程结构抗震性能的预测和加固,以及对震后的救济与修复做出预谋。本项研究就是针对前两个环节开展的。

Frank Press 博士在 1984 年召开的第八届世界地震工程会议上倡议在 20 世纪最后十年里世界各国联合起来开展国际减轻自然灾害十年活动,1987 年 12 月联合国通过决议接受了这个倡议并定名为"国际减轻自然灾害十年(IDNDR)"。本项研究符合 IDNDR 的精神。

本研究报告集提出了编制我国第三代地震烈度区划图的技术思路,即充分考虑地震发生在时间分布上和空间分布上的不均匀性,将潜在震源区做两级划分,以一级震源标志大范围的地质构造单元作为地震活动参数的统计单元,然后按地震活动性的差异,在一级震源内划分次级震源,将一级震源内的地震发生概率以加权方式分配到次级震源中去。为了更细致地描述潜在地震危险性的空间不均匀性,还提出了对网格单元做识别的潜在震源划分方法,将地震资料和地质资料结合起来,使潜在震源划分的不确定性由各单元地震活动性参数的不确定性表征,并归入地震烈度的固有随机性中。为了弥补常用的均匀泊松模型的不足,本报告集探索了一些新的地震发生概率模型,诸如:用地震间隔时间为 Gamma 分布的更新点过程模型来反映大震的记忆性和小震的无记忆性;采用 Bernoulli 试验模型描述在一给定区内地震发生位置的不确定性并利用 Bayes 方法把历史地震数据与专家判断结合起来去均衡估计地震发生概率。为了反映大地震发生在空间上的记忆性,应用 Markov 链模型来描述大地震沿一条断裂带的迁移过程。为了考虑地震震级的模糊性在地震危险性分析中带来的不确定性,应用顶角法把最小二乘法加以延伸去处理模糊震级。本报告集还建立了椭圆衰减模型,采用 weibull 分布表述衰减公式的离散,用以计算京津唐地区的地震危险性。

对未来地震灾害进行预测并制定抗震防灾对策,是减轻地震灾害的一个关键步骤。课题组以往的工作着重于震害经验的总结。本报告集在此基础上以我国量大面广的砖房为对象,发展了评估多层砖房在不同烈度下的震害概率的方法并把它应用于京、津、唐三市的多层砖房和美国旧金山砖砌房屋,为以后开展震害预测专家系统的工作打下基础。此外,以航空工业部兰州两工厂的建筑为例,进行了抗震决策分析。

以上是本报告集内容的概括。现在汇集成册,作为本项研究一个段落的小结,希望读者给予批评指正。

最后,尚应说明,中美合作项目的中方负责人为国家地震局工程力学研究所刘恢先教授和建设部中国建筑技术发展中心叶耀先主任;美方负责人为斯坦福大学 J. A. Blume 地震工程研究中心 Haresh C. Shah 教授、James Gere 教授和加州大学伯克利分校环境设计中心 Henry Lagorio 教授、Howard Friedman 教授。本报告集汇集的仅仅是在工程力学研究所进行的工作,资料整理工作由我所情报资料室庄树英协助。

刘恢先研究组的全体同志,衷心感谢中国国家地震局和建设部、美国国家科学基金会对本项工作的支持。

编者:陈达生

杨玉成

目　录

PREFACE ……………………………………… (1)

前言 ……………………………………………… (1)

第一部分　地震危险性分析和地震区划

1-1　对我国第三代地震烈度区划编图的初步
　　　设想 ………………………………… 刘恢先(3)
　　　(地震区划工作资料汇编之一　1986.3)

1-2　编制我国第三代地震烈度区划图技术
　　　方案 ………………………………… 刘恢先(6)
　　　(地震区划工作资料汇编之一　1986.3)

1-3　On the Seismic Zoning Map of China
　　　……………………………………… 刘恢先(10)

（国际地震区划学术讨论会会议论文集
1987.12　广州）

1-4　地震区划方法的新发展
　……………………… 陶夏新（博士生）（18）
　（世界地震工程　1987 年 2 期）

1-5　论潜在震源区的划分 …………… 陶夏新（28）
　（博士研究生论文节选）

1-6　（1）地震发生的更新过程模型及其在地震
　　　危险性分析中的应用
　………………… 王　阜（博士生）（37）
　（地震工程与工程振动　1986 年 6 卷 2 期）

　　　（2）Seismic Hazard Analysis Based on a Renewal
　　　Process Model
　　　（国际地震区划学术讨论会会议论文集
　　　1987.11　广州）

1-7　地震动破坏作用的因子分析研究
　………………………… 黄　迈（硕士生）（56）
　（硕士生毕业论文摘要）

1-8　地震发生的空间概率模型 ……… 王　阜（58）
　（地震工程与工程振动　1986 年 6 卷 3 期）

1-9　（1）震级模糊化处理与地震重现关系的
　　　研究 ……… 陈达生　董伟民　Shah（66）
　（地震工程与工程振动　1986 年 6 卷 4 期）

　　　（2）Earthquake Recurrence Relationships from
　　　Fuzzy Earthquake Magnitudes
　　　（Soil Dynamics and Earthquake Engineering
　　　1988, Vol.7 No.3）

1-10　地震迁移的马尔可夫链模型 …… 王　阜（83）
　（地震工程与工程振动　1987 年 7 卷 1 期）

1-11　A Seismic Hazard Analysis Procedure for Zoning
　Map of the Beijing-Tianjin-Tangshan Region
　………………………………… 陶夏新（93）

1-12　Seismic Hazard Assessment for Beijing
　Tianjin and Tangshan ………… 陈达生（129）

1-13　（1）模糊震级在地震危险性分析中的
　　　效应 …………… 陈达生　左惠强（158）
　（第二届全国地震工程学术会议论文集
　　　1987.11　武汉）

　　　（2）Effects of Fuzzy-Magnitude in Seismic Hazard
　　　Analysis
　　　（国际地震区划学术讨论会会议论文集
　　　1987.12　广州）

第二部分　震害预测和灾害减轻

2-1　Some Thoughts on Earthquake Hazard Mitigation
　in China ……………………… 刘恢先（174）
　（中美日三方减轻多种自然灾害的工程科学讨
　论会会议论文集　1985.1　北京）

2-2　The Sole Course of Mitigating Earthquake
　Risk ………………………… 刘恢先（193）
　（Proceedings of the Ninth World Conference on
　Earthquake Engineering, Vol. Ⅱ, Tokyo-Kyoto
　Japan 1988.8）

2-3　我国震害预测研究的进展概况 …… 杨玉成（201）
　（世界地震工程　1985 年 4 期）（见本书 2-7 文）

2-4　Prediction of Damage to Brick Buildings in
　Cities in China ……… 杨玉成　杨　柳（204）
　（中美砖结构抗震学术讨论会会议论文集
　　　1986.5　哈尔滨）（见本书 2-18 文）

2-5　多层砌体房屋震害评估系统雏形及其在
　美国的应用 ………………… 杨玉成（220）
　（世界地震工程　1987 年 3 期）（见本书 3-1 文）

2-6　现有建筑物的抗震决策分析 …… 杨玉成（227）
　（地震工程与工程振动　1987 年 7 卷 4 期）（见
　本书 2-9 文）

2-7　现有建筑物的震害预测和抗震决策
　分析 ……………………… 杨玉成（239）
　（第二届全国地震工程学术会议论文集
　　　1987.11　武汉）（见本书 2-10 文）

2-8　京津唐多层砖住宅震害概率预测 …… 杨　柳
　杨玉成　杨雅玲　高云学（245）（见本书 2-6 文）

第三部分　中美地震危险性分析和现有建筑物抗震性
　　　　　能专题讨论会报告摘要（英文）
　　　　　（PRC-USA Cooperation Project Workshop on
　　　　　Risk Analysis and Seismic Safety of Existing
　　　　　Structures　1985.9　刘恢先研究组）

3-1　Seismic Risk Mitigation of Existing Buildings
　………………………………… 刘恢先（255）

3-2　Seismic Hazard Assessment …… 陈达生（256）

3-3　A Seismic Hazard Analysis Procedure
　for the Zoning Map of the Beijing-Tianjin-Tangshan
　Region ………………………… 陶夏新（258）

3-4　A Renewal Process Model of Earthquake
　Occurence for Seismic Hazard Estimation
　………………………………… 王　阜（259）

3-5 The Principal Destructive Factor and a New
Descriptive Parameter of Ground Motion
·· 黄 迈(260)

3-6 Existing Building Classification System
·············· 杨 柳(262)(见本书5-25文)

3-7 Progress of Research and Application on
Prediction of Damage to Existing Buildings
·············· 杨玉成(266)(见本书2-20文)

3-8 Prediction of Damage to Multistory
Brick Buildings ·················· 杨玉成(271)
(见本书2-21文)

3-9 Aseismic Decision Analysis of Existing
Buildings ························· 杨玉成(273)
(见本书2-22文)

中美地震危险性分析和现有建筑物抗震性能专题讨论会代表合影
1985 年 9 月 25 日 杨玉成摄

附录3
杨玉成研究团队新疆十八年(1992—2009)
完成22项任务清单目录

[1] 1992—1993.4 克拉玛依抗震防灾基础工作报告
(1) 新疆石油管理局克拉玛依市工程抗震鉴定和震害预测任务总报告(见本书3-3文)
(2) 现有房屋总体震害预测和损失估计
(3) 多层居住建筑抗震鉴定和震害预测
(4) 多层居住建筑抗震鉴定和震害预测单体报告集
(5) 生产建筑抗震鉴定和震害预测
(6) 生产建筑抗震鉴定和震害预测单体报告集
(7) 公用建筑抗震鉴定和震害预测
(8) 公用建筑抗震鉴定和震害预测单体报告集
(9) 生命线工程抗震鉴定和震害预测总报告
(10) 通信工程与交通工程抗震鉴定与震害预测
(11) 电力工程抗震鉴定与震害预测
(12) 供水工程抗震鉴定与震害预测
(13) 输油输气管线抗震鉴定与震害预测
(14) 几座锅炉房的抗震鉴定与震害预测
(15) 特种结构抗震鉴定与震害预测
(16) 罐类设备抗震鉴定与震害预测
(17) 塔类设备抗震鉴定与震害预测
(18) 炉类设备抗震鉴定与震害预测
(19) 管架抗震鉴定与震害预测
(20) 机械、仪器仪表设备抗震鉴定与震害预测
附：新疆石油管理局克拉玛依场地地震安全性评价报告,1993.4
新疆石油管理局抗震防灾规划(克拉玛依油田)送审稿,1995.5

[2] 1993—1994.6 新疆石油管理局地质调查处房屋建筑震害预测和抗震鉴定(见本书3-3、5-14文)
(一) 现有房屋震害预测和抗震鉴定总报告
(二) 新基地房屋震害预测和抗震鉴定单体报告集
(三) 研究所房屋震害预测和抗震鉴定单体报告集

(四) 新村供应站房屋震害预测和抗震鉴定单体报告集
(五) 新村机修部房屋震害预测和抗震鉴定单体报告集

[3] 1993—1994 塔指大二线房屋工程裂缝原因探讨及处理措施(见本书5-21文)
1993.11 塔指大二线(西区)房屋工程现场调查情况和裂缝原因初步(宏观)分析及有关问题的汇报——第一阶段工作汇报材料
1994.3 塔指大二线(西区)房屋工程抗震性能分析和可靠性综合评定——第二阶段工作汇报材料
1994.11 塔里木石油后勤基地(西区)房屋工程裂缝原因探讨及处理措施(总结报告)

[4] 1993—1995.2 新疆石油管理局克拉玛依市无腹杆钢筋混凝土拱形屋架房屋振动台模型试验和地震安全性评价(见本书1-17文)

[5] 1994—1995 新疆石油管理局驻乌鲁木齐办事处房屋建筑震害预测和抗震鉴定(见本书5-14~5-16文)
1994.10 新疆石油管理局驻乌鲁木齐办事处现有房屋建筑的震害预测和抗震鉴定——现场宏观评估和六项工程单体评定
1995.6—7 新疆石油管理局驻乌鲁木齐办事处房屋建筑震害预测和抗震鉴定单体报告集
(一) 明园地区多层住宅建筑
(二) 明园地区公用建筑
(三) 705接待站·南山农场·九家湾库区
1995.7 新疆石油管理局驻乌鲁木齐办事处房屋建筑震害预测和抗震鉴定总报告

[6] 1994—1995 新疆石油学院房屋建筑震害预测和抗震鉴定
1994.11 新疆石油学院教学楼抗震鉴定和震害预测

1995.4　新疆石油学院住宅楼震害预测和抗震鉴定单体报告集

［7］1995.4　新疆石油管理局器材供应处乌鲁木齐站房屋震害预测和抗震鉴定单体报告集

［8］1995—1997　克拉玛依市新疆石油管理局公用建筑单体抗震鉴定和震害预测（见本书5-13~5-15文）

1996.4　克拉玛依市新疆石油管理局公用建筑单体抗震鉴定和震害预测报告集

（一）克拉玛依市区小学房屋抗震鉴定和震害预测

（二）克拉玛依市区中学房屋抗震鉴定和震害预测

（三）克拉玛依大中专学校房屋抗震鉴定和震害预测

（四）白碱滩区中小学房屋抗震鉴定和震害预测

1997.3　（五）托儿所幼儿园房屋抗震鉴定和震害预测

（六）医疗保健综合办公房屋抗震鉴定和震害预测

（七）文娱体育退休站房屋抗震鉴定和震害预测

（八）食堂浴堂商业服务房屋抗震鉴定和震害预测

［9］1996.6　新疆石油管理局钻井公司14幢房屋的抗震鉴定

［10］1997—1998.12　克拉玛依住宅抗震性能振动台模拟地震试验研究（见本书1-18文）

· 纵墙承重四层砖住宅房屋振动台模型试验研究

· 不设防的五层点式砖住宅房屋抗震性能和加固效果振动台模型试验研究

· 抗震设防的六层砖房振动台模型破坏试验研究（见本书1-19文）

［11］1999.6　地质录井公司综合楼抗震性能评定和震害预测研究报告

［12］1999.6—7　新疆石油管理局房产公司住宅楼抗震安全鉴定

［13］1999.6　新疆石油高级技工学校宿舍楼抗震安全鉴定和处理意见

［14］1999.6　新疆石油管理局克拉玛依电厂生产办公楼和单身宿舍抗震鉴定

［15］1999.6　新疆石油管理局供电公司J188变电所抗震安全鉴定

［16］2000.9　新疆石油管理局总医院住院部大楼危房鉴定和震害预测综合报告（见本书5-15文）

［17］2000.9　新疆石油管理局采油工艺研究院化验楼抗震安全鉴定及处理意见研究报告

［18］2000.11　新疆石油管理局物资供应总公司乌鲁木齐储运公司房屋抗震安全鉴定

［19］2001—2002　独山子石化总厂炼油厂炼化生产装置抗震鉴定、震害预测与灾害防御对策研究（见本书5-18文）

2002.4　阶段报告

· 独山子炼油厂一催化裂化生产装置震害预测与抗震安全鉴定

· 独山子炼油厂催化车间气体分馏生产装置单体震害预测和抗震安全鉴定

2002.12　分编报告集

（一）催化车间

（二）蒸馏车间

（三）丙烷车间

（四）（五）（六）酮苯、润滑油、焦化车间

（七）重整芳烃车间

（八）（九）供气、原料车间等

（十）（十一）（十二）供排水、工业水、电修车间

＊机关大楼

2002.12　独山子石化总厂炼化生产装置抗震鉴定震害预测与灾害防御研究总报告

2003.2　石化设备抗震抗风动力性能分析和安全性鉴定（见本书5-19文）

2003.3　石化设备系统的动力相互影响分析（见本书5-20文）

［20］2003.12.15　沁园小区10号楼与其洞穴场地隐患处理工程综合性安全评价

［21］2005.4　克拉玛依市南泉小区阁楼墙体裂缝原因分析、处理方案和安全性评估

［22］2008.8　新疆石油管理局乌鲁木齐明园物业管理中心,明园地区住宅和学校建筑抗震鉴定

2008.12　明园地区房屋建筑抗震鉴定报告集（42幢单体报告）（见本书5-14、5-15文）

2009.2　乌鲁木齐明园地区房屋抗震鉴定震害预测总报告（见本书5-16文）

国家科学技术进步二等奖
城市现有房屋震害预测智能辅助决策系统

为表彰在促进科学技术进步工作中做出重大贡献，特颁发此证书，以资鼓励。

奖 励 日 期：一九九五年十二月

证 书 号：12-2-003-01

获 奖 项 目：城市现有房屋震害预测智能辅助决策系统

获 奖 者：杨玉成

奖 励 等 级：二等奖

国家科学技术委员会

为表彰在促进科学技术进步工作中做出重大贡献，特颁发此证书，以资鼓励。

奖 励 日 期：一九九五年十二月

证 书 号：12-2-003-06

获 奖 项 目：城市现有房屋震害预测智能辅助决策系统

获 奖 者：赵宗瑜

奖 励 等 级：二等奖

国家科学技术委员会

天道酬勤

中国科学院土木建筑研究所 中国科学院工程力学研究所
国家地震局工程力学研究所 中国地震局工程力学研究所

国家科学技术进步三等奖
豫北安阳小区现有房屋（多层砖房）震害预测

为表彰在促进科学技术
进步工作中做出重大贡献，
特颁发此证书，以资鼓励。

奖 励 日 期：一九八七年七月

证 书 号：城-3-011-01

获 奖 项 目： 豫北安阳小区现有房屋（多层砖
房）震害预测

获 奖 者： 杨玉成

奖 励 等 级： 三 等

国家科学技术进步奖
评审委员会

安阳市北关小区多层砖房震害预测图

(6度)

(7度)

(8度)

(9度)

(10度)

比例尺

0　100　200/m

图例　━基本完好　━轻微损坏　━中等破坏
　　　━严重破坏　━局部倒塌　━全毁倒平

刘恢先所长 1989 年冬亲临地震模拟实验室指导
大型振动台第一个大型结构模型试验

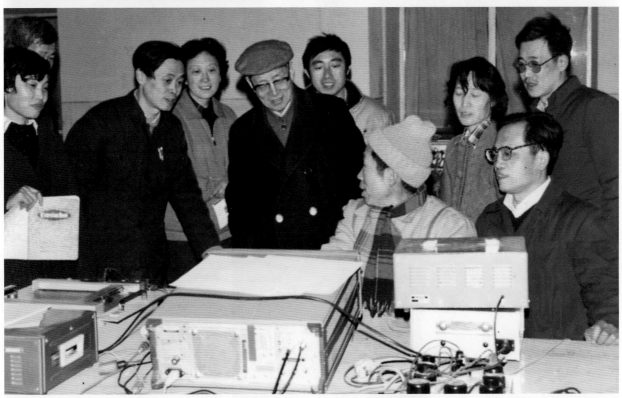

照片中刘所长　左侧坐　黄浩华　许文德
左侧立　董　莹　林荫琦　李大华
右侧立　陆锡蕾　杨玉成　骆文琼

大师兄辅佐科研创新历程

观礼斯坦福毕业庆典

他乡遇故人（室主任朱继澄）

科研路上三结缘（左陈达生，右董伟民）
创新震害预测安居设防
奋进专家系统智能辅助

Shah 教授指导研究的 Blume 团队

大师兄达生厚道、乐观、爱国，早先归国华侨，那年斯坦福教授留他，我们同回国

Blume 地震工程中心门前

课题研究组抗震范例

中国地震局工程力学研究所杨玉成课题组

汶川地震山区民居抗震范例

工作团队协同奋力安居设防
感谢您，独山子的今天离不开您的关心
欢迎您，独山子的未来更需要您的支持

石化企业研究所大学三结合现场工作团队

抗震防灾新疆十八年

炼化生产装置现场调研

石油抗办合作完成任务 22 项

调查小楼现状

明园故事小楼园林

丽江地震抗震救灾

丽江纳西族民居小院

震灾现场考察民居

方桌保两老

丽江工商银行大楼贴上地震现场安全鉴定绿色安全标签

山坡现场考察

古寺请教问史

丽江地震玉龙雪山遥望依然

丽江纳西古城过年节前迎春

丽江古城大研镇

街坊、木房、小桥流水

纳西文字

万朵茶花古树

抗震迎春

民俗赶集

荣誉证书

授予杨玉成同志
明个人称号。
为我所一九八九年文
中共国家地震局工程力学研究所委员会
国家地震局工程力学研究所
一九 年 月 十六日

证书

杨玉成同志：

在社会主义现代化建设中做出突出贡献，特授予"黑龙江省优秀专家"称号。

编号：90038

中共黑龙江省委员会
黑龙江省人民政府
一九九 年 月 日

政府特殊津贴
证书
中华人民共和国国务院

证 书

杨玉成同志：

为了表彰您为发展我国科学技术事业做出的突出贡献，特决定从1992年1月起发给政府特殊津贴并颁发证书。

政府特殊津贴第92419015号

一九九二年十月一日

中华人民共和国国务院

榮譽證書

榮譽證書

杨玉成同志从事防震减灾工作三十年，为我国防震减灾事业做出了贡献，特此纪念。

国家地震局
1990年5月

2019 年荣获中共中央、国务院、中央军委颁发的"庆祝中华人民共和国成立 70 周年"纪念章

曾获国家科学技术进步奖 2 项 [1987 年三等奖"豫北安阳小区现有房屋（多层砖房）震害预测"；1995 年二等奖"城市现有房屋震害预测智能辅助决策系统"]